ÖKOSYSTEMFORSCHUNG WATTENMEER SYNTHESEBERICHT

Stock, M.

Schrey, E.

Kellermann, A.

Gätje, C.

Eskildsen, K.

Feige, M.

Fischer, G.

Hartmann, F.

Knoke, V.

Möller, A.

Ruth, M.

Thiessen, A.

Vorberg, R.

Kartographie:

Kohlus, J.

Moser, D.

Ortmann, C.

Stumpe, H.

Grundlagen für einen Nationalparkplan

ÖKOSYSTEM
FORSCHUNG
WATTENMEER
SCHLESWIG-HOLSTEIN

Impressum

Herausgeber
Landesamt für den Nationalpark
Schleswig-Holsteinisches Wattenmeer
Schloßgarten 1
25832 Tönning
Telefon: 04861/6160
Fax: 04861/459

**Autorinnen
und Autoren**
M. Stock
E. Schrey
A. Kellermann
C. Gätje
K. Eskildsen
M. Feige
G. Fischer
F. Hartmann
V. Knoke
A. Möller
M. Ruth
A. Thiessen
R. Vorberg

Kartographie
J. Kohlus
D. Moser
C. Ortmann
H. Stumpe

Umschlagentwurf
M. Stock
F. Hartmann

Layout, Produktion
i.de Werbeagentur GmbH, Stampe

Verlag und Herstellung
Westholsteinische
Verlagsanstalt
Boyens & Co., Heide

September 1996

ISBN - Nr.: 3-8042-0695-6
ISSN - Nr.: 0946-7645

Diese Broschüre wurde aus 100 % Recyclingpapier hergestellt.

Zitiervorschlag
Stock, M. et al. (1996): Ökosystemforschung Wattenmeer - Synthesebericht: Grundlagen für einen Nationalparkplan. – Schriftenreihe des Nationalparks Schleswig-Holsteinisches Wattenmeer, Heft 8, 784 Seiten.

Die Schriftenreihe des Nationalparks Schleswig-Holsteinisches Wattenmeer dient der Veröffentlichung wissenschaftlicher Arbeiten aus allen Gebieten der Wattenmeerforschung. Die Verantwortung für den fachlichen Inhalt der Hefte tragen die Autorinnen und Autoren.

Anschriften der Autorinnen und Autoren

Dr. Martin Stock, Dr. Eckart Schrey,
Dr. Adi Kellermann, Dr. Christiane Gätje,
Kai Eskildsen, Gundula Fischer,
Dr. Frank Hartmann, Anja Thiessen,
Jörn Kohlus, Dorothea Moser,
Christa Ortmann und Hartmut Stumpe
Landesamt für den Nationalpark
Schleswig-Holsteinisches Wattenmeer,
Schloßgarten 1, 25832 Tönning;

Dr. Mathias Feige
Deutsches Wirtschaftswissenschaftliches
Institut für Fremdenverkehr, Büro Berlin,
Werderstr. 14, 12105 Berlin;

Andrea Möller
Deutsches Wirtschaftswissenschaftliches
Institut für Fremdenverkehr,
Postfach 330264, 80062 München;

Vera Knoke
WWF-Wattenmeerstelle,
Norderstr. 3, 25813 Husum;

Maarten Ruth
Harriesstr. 40, 24114 Kiel;

Ralf Vorberg
Bornweg 33, 21521 Dassendorf.

Vorwort

Am 1.6.1989 begann an der Westküste Schleswig-Holsteins ein umfangreiches interdisziplinäres Großforschungsvorhaben, die „Ökosystemforschung Wattenmeer". Der junge, erst 1985 gegründete Nationalpark mußte geschützt und möglichst im Einklang mit den traditionellen Nutzungen entwickelt werden. Insofern bestand großer Bedarf sowohl an grundlegenden Struktur- und Prozeßdaten als auch an handfester Politikberatung. Erstmalig in der Wattenmeerregion arbeiteten in einem Projekt Natur- und Wirtschaftswissenschaftler zusammen mit der zuständigen Naturschutzbehörde an gemeinsamen Fragestellungen und Zielen. Wissenschaftlich, organisatorisch und z.T. auch finanztechnisch war in vielen Fällen Neuland zu betreten. Die UNESCO würdigte daher den Vorbildcharakter dieses Vorhabens mit der Anerkennung als internationales Pilotprojekt im Rahmen des MaB-Programms „Der Mensch und die Biosphäre".

Ein Jahr vorbereitende und erprobende Arbeiten, drei Jahre Hauptmeßphase und drei Jahre Auswertung und Synthese sind nun abgeschlossen. Sie wurden finanziert durch das Bundesministerium für Umwelt, Naturschutz und Reaktorsicherheit, das Bundesministerium für Bildung, Wissenschaft, Forschung und Technologie und das Land Schleswig-Holstein.

Mit diesem wichtigsten Bereich der Synthesearbeiten wird das Ziel erreicht, das seit der sogenannten Leuschner-Studie im Mittelpunkt der Bemühungen stand: Ökosystemforschung anwendbar machen. Deshalb werden mit diesem Synthesebericht Grundlagen für einen Nationalparkplan angeboten. 35 Abschlußberichte der Einzelvorhaben, über 60 Examens-, Diplom- und Doktorarbeiten und mehr als 150 wissenschaftliche Publikationen wurden hierfür ausgewertet.

Nicht das Auftürmen allen Wissens sondern die Zusammenfassung der Erkenntnisse für zukünftiges Handeln war die Richtschnur für diese Synthese. Deutlich wird der erfolgreiche Praxisbezug des Gesamtvorhabens auch daran, daß einige wichtige Ergebnisse und Vorschläge bereits heute umgesetzt sind.

Der nun vorliegende Synthesebericht ist das gemeinsame Werk von mehreren Autorinnen und Autoren und basiert auf der Vielzahl der Einzelberichte und Vorschläge. Natürlich ist eine derartige Fülle wissenschaftlicher Arbeiten nicht in allen Fällen widerspruchsfrei. Es war deshalb auch unsere Aufgabe, Abwägungen vorzunehmen, Entscheidungen zu treffen und Kompromisse zu schließen. Der zeitliche und inhaltliche Aufwand um einen gemeinsamen Abschlußbericht, der von allen Autoren getragen wird war enorm und geschah unter Zurückstellung von Bedenken einzelner Autorinnen und autoren. In Teilen blieben unterschiedliche Auffassungen bestehen. Wir glauben, daß dieser Aufwand sich dennoch gelohnt hat und daß mit den vorliegenden Ergebnissen der Ökosystemforschung eine Zukunftsperspektive für das schleswig-holsteinische Wattenmeer und die Nationalparkregion eröffnet wird.

Die Autorinnen und Autoren

Die Zusammenfassung und die hervorgehobenen Kernaussagen dieses Berichtes wurden vom Herausgeber verfaßt.

Inhalt

VII Bewertung 327

Synthesebericht Ökosystemforschung – Teil II

Synthesebericht Ökosystemforschung – Teil III

Verzeichnis der GIS-Karten:

Zusammenfassung

Die Zusammenfassung kann das Studium des Syntheseberichtes nicht ersetzen. Um die Grundlage und die daraus folgenden Empfehlungen in vollem Umfang verstehen zu können, sollte der Bericht parallel zu der Zusammenfassung gelesen werden.

1. Einleitung

Am 01.06.1989 begann das Großforschungsvorhaben "Ökosystemforschung Wattenmeer". In einem Projekt arbeiteten Natur- und Wirtschaftswissenschaftler zusammen mit der zuständigen Naturschutzbehörde an gemeinsamen Fragestellungen und Zielen. Die UNESCO würdigte diesen vorbildlichen, den Ausgleich zwischen ökologischen und ökonomischen Erfordernissen und Notwendigkeiten suchenden Ansatz dieses Vorhabens mit der Anerkennung als internationales Pilotprojekt im Rahmen des MaB-Programms "Der Mensch und die Biosphäre".

Nach 5 jähriger Projektarbeit und einer Synthesephase von weiteren zwei Jahren liegt jetzt der Synthesebericht des Ökosystemforschungsprojektes vor. Ein wesentlicher Schwerpunkt der Ökosystemforschung war die Erfassung der Verbreitung von Organismen im Raum und deren saisonales Auftreten. Hinzu kam eine Charakterisierung physikalisch-chemischer und topographischer Größen, ergänzt durch eine Analyse des sozio-ökonomischen Systems. Die Gesamtanalyse beinhaltet dann sowohl das natürliche als auch das sozio-ökonomische System sowie deren Wechselwirkungen.

Eine Hauptaufgabe der Synthese war es, die Wechselwirkungen zwischen den beiden genannten Systemen zu bilanzieren und in Ausmaß und Entwicklungstrends zu bewerten. Sich abzeichnende oder auch anzunehmende Veränderungen in Struktur und Funktion beider Systeme - z.T. in Szenarien verdeutlicht - wurden hinsichtlich ihrer Auswirkungen untersucht. Diese Analyse mündet in die Bereitstellung von Instrumentarien, die zur Verwirklichung der langfristigen Schutz-, Planungs- und Überwachungsaufgaben im Nationalpark notwendig sind.

Der Synthesebericht liefert somit die Grundlagen für einen künftigen Nationalparkplan.

Im *ersten Teil* des Syntheseberichtes sind die für die Umsetzung in naturschutzpolitisches Handeln wichtigsten *Ergebnisse* der Ökosystemforschung zusammenfassend dargestellt. Sie wurden ergänzt um eine ausführliche Gebietsbeschreibung, um eine Darstellung der Planungsvorgaben und eine Beschreibung der nationalen und internationalen Rahmenbedingungen.

Der *zweite Teil* des Syntheseberichtes enthält neben der Zielsetzung und dem Naturschutz-Leitbild eine Konfliktanalyse sowie *Konzepte für den zukünftigen Schutz des Nationalparkes* und unterbreitet ein Entwicklungskonzept für ein zukünftiges „Biosphärenreservat Westküste". Abgeleitet aus den Konzepten werden Empfehlungen für ein neues Nationalparkgesetz aufgestellt. Der konzeptionelle Teilschließt mit Finanzierungsvorschlägen und einer Aufstellung für zukünftigen Forschungsbedarf.

Fast alle Überlegungen sowie die Vorschläge für raumbezogene und sektorale Schutzkonzepte für den Nationalpark sind das Syntheseergebnis der Ökosystemforschung. Hinzugezogen wurden normative Vorgaben aus nationalen und internationalen Verpflichtungen. In einigen Fällen wurden bereits erarbeitete bzw. verabschiedete Konzepte in die Vorschläge mit aufgenommen.

In der Zusammenfassung verzichten wir auf eine beschreibende Kurzfassung der Planungsvorgaben und Rahmenbedingungen, der naturwissenschaftlichen Grundlagen und die raumbezogenen Bewertung und verweisen auf die Einzeldarstellungen in Teil 1 des Syntheseberichtes.

Aufgrund der besonderen Bedeutung des konzeptionellen Teiles des Syntheseberichtes werden dessen Inhalte nachfolgend zusammenfassend dargestellt.

2. Ziel und Leitbild des Naturschutzes im Nationalpark
(Kap. VIII und IX)

Oberstes Ziel des Naturschutzes im Nationalpark ist die Gewährleistung eines weitestmöglich vom Menschen unbeeinflußten Ablaufes der natürlichen Prozesse. Nur wenn die Selbstorganisation der Natur im Wattenmeer anerkannt und zugelassen wird, können die charakteristischen Funktionsabläufe gesichert werden. Unter dieser Voraussetzung kann sich eine lebensraumtypische Vielfalt oder auch Einfachheit einstellen. Die pflegende Hand des Menschen kann dies nicht erreichen!

Nebenziel des Naturschutzes kann in gut begründeten Einzelfällen der „klassische" Schutz von Biotopen und Arten sein. In der Naturschutzgesetzgebung ist dieses Schutzziel, der deutschen Naturschutztradition entsprechend, fast immer enthalten. In Nationalparken gilt es in diesem Zusammenhang allerdings äußerste Zurückhaltung zu wahren: Einflußnahme zugunsten einzelner Biotoptypen ist immer mit Auswirkungen auf andere oder gar deren teilweisem Verlust verbunden. Jede Artenschutzmaßnahme ist somit eine aktive Abkehr vom Hauptziel „natürliche Entwicklung zulassen".

Nationalparke dienen aber auch dem Erleben, Verstehen und Vermitteln von Natur. Der Nationalpark Schleswig-Holsteinisches Wattenmeer öffnet sich deshalb in weiten Teilen den Besuchern. Dies erfordert eine angebotsorientierte Besucherlenkungs- sowie Informations- und Öffentlichkeitsarbeit.

Charakteristisch für das Nationalpark-Leitbild ist, daß dynamische Entwicklungen meist nicht vorhersagbar sind. Obwohl schwierig zu vermitteln, muß dieser zentrale Gedanke erläutert werden. Im Unterschied zum klassischen Naturschutz, der auf klar umrissene Ziele hinarbeitet, z. B. Artenvielfalt oder den

Schutz gefährdeter Arten, beinhaltet die „natürliche Entwicklung" immer Offenheit gegenüber der sich einstellenden Entwicklung.

Entscheidende Voraussetzung, um sich diesem Leitbild des Ablaufs natürlicher Prozesse zu nähern, ist die Bereitstellung von großräumigen Gebieten, die frei sind von Ressourcennutzung. In diesen kann sich die Natur nach den ihr eigenen Gesetzmäßigkeiten entwickeln, wenn diejenigen menschlichen Eingriffe, die die natürliche Dynamik nachhaltig beeinflussen, in Zukunft unterlassen werden. Wege zum Erreichen des Naturschutzzieles im Nationalpark sowie deren ökonomischen Konsequenzen sind wichtiger Gegenstand der Leitbildanalyse.

3. Konfliktfelder
(Kap. X)

Direkte und indirekte menschliche Eingriffe in den Naturhaushalt haben gravierende Veränderungen des Ökosystems sowie seiner Einzelbestandteile verursacht oder wirken beständig fort. Sie können Naturschutzzielen entgegen stehen. Da menschliches Handeln mit Wirkung auf den Nationalpark oft auch im Nationalparkvorfeld stattfindet und darüberhinaus Fernwirkungen auftreten, sind auch die Gebiete in die Betrachtung einbezogen, die in einem engen ökologischen Zusammenhang mit dem Wattenmeer stehen.

Um Auswirkungen zu bewerten, wurden naturwissenschaftliche und normative Kriterien herangezogen. Aus naturwissenschaftlicher Sicht ist ein Einfluß dann gravierend, wenn er eine nicht kompensierbare, nachteilige Wirkung hervorruft. Dies ist der Fall, wenn es zu Auswirkungen auf der Ebene von Populationen, von Lebensgemeinschaften oder Lebensräumen kommt. Bei den normativen Vorgaben (Gesetze, Verordnungen und internationale Übereinkünfte) wird zwischen rechtlich verbindlichen Bestimmungen einerseits sowie Vereinbarungen und politischen Absichtserklärungen andererseits unterschieden.

Die Entscheidung, ob ein bestimmter menschlicher Einfluß tolerierbar ist oder gemindert bzw. unterbunden werden muß, kann nur gesellschaftlich getroffen werden. Wichtig ist dabei das in der 6. trilateralen Ministererklärung in Esbjerg vereinbarte Vorsorgeprinzip, nach dem Einflüsse menschlichen Handelns auch dann reduziert oder unterbunden werden müssen, wenn eine negative Wirkung zwar bislang nicht nachgewiesen, aber wahrscheinlich ist.

Die einzelnen Konfliktbereiche werden in Kapitel X dargestellt. Dabei wird zwischen globalen Einflüssen wie Klimaänderung, stofflichen Einträgen und eingeschleppten Arten einerseits sowie lokalen Einflüssen wie Küstenschutz und Binnenlandentwässerung, Nutzung nachwachsender und nicht-nachwachsender Ressourcen, Tourismus, Verkehr, Militär und Kommunikationsproblemen andererseits unterschieden.

4. Konzepte für den Nationalpark

4.1 Öffentlichkeitsarbeit und Umweltbildung (Kap. XI 1.1)

Die Öffentlichkeitsarbeit und Umweltbildung im und am Nationalpark Schleswig-Holsteinisches Wattenmeer soll Verständnis und Akzeptanz für die Schutzziele und die damit einhergehenden Regelungen und Maßnahmen fördern. Ein kritisches Umweltbewußtsein, das zu eigenverantwortlichem und naturverträglichem Handeln über den Nationalpark hinaus führt, ist das Ziel der Arbeit.

Nationalparke haben in dieser Hinsicht eine besondere Funktion: Sie sind die Umweltschulen der Nationen. Als Gebiete von nationaler Bedeutung sind sie besonders geeignet, großräumige und globale Umweltprobleme zu verdeutlichen. Gleichzeitig ist das Beobachten und emotionale Erleben elementarer Naturvorgänge möglich, die in den übrigen, weitgehend vom Menschen überformten Landschaften Mitteleuropas nur noch bedingt erfahren werden können. Öffentlichkeitsarbeit und Umweltbildung haben

deshalb einen herausragenden Stellenwert im Nationalpark Schleswig-Holsteinisches Wattenmeer.

Öffentlichkeitsarbeit und Umweltbildung im und am Nationalpark Schleswig-Holsteinisches Wattenmeer soll:

▶ Verständnis und Akzeptanz für die Schutzziele und die damit einherge henden Regelungen und Maßnahmen fördern,
▶ ökologische Zusammenhänge im Wattenmeer und in der Nordsee aufzei gen, die die Empfindlichkeit und Gefährdung dieser Gebiete darstellen,
▶ kritisches Umweltbewußtsein fördern, das zu eigenverantwortlichem und naturverträglichem Handeln über den Nationalpark hinaus führt,
▶ die Entwicklung einer ökologischen Ethik unterstützen,
▶ Naturerlebnis ermöglichen,
▶ Besucherströme lenken,
▶ die Besucherinnen und Besucher für die Probleme der Menschen in dieser Region sensibilisieren und
▶ den Gästen die Kultur der Region erschließen.

Öffentlichkeitsarbeit und Umweltbildung wurden im schleswig-holsteinischen Wattenmeer schon lange vor Einrichtung des Nationalparks von Naturschutzverbänden betrieben. Das seit Jahrzehnten in einem derartigen Umfang bestehende kontinuierlich ehrenamtliche Engagement von Naturschutzverbänden ist innerhalb Deutschlands und vermutlich sogar weltweit ohne Beispiel. Die Öffentlichkeitsarbeit und Umweltbildung sowie die Schutzgebietsbetreuung im Nationalpark sollen deshalb auch zukünftig in enger Zusammenarbeit mit den Naturschutzverbänden erfolgen.

Im Konzept werden die Zielgruppen der Arbeit, das didaktische und methodische Vorgehen und die Grundlagen für ein einheitliches Erscheinungsbild, das zusammen mit den betreuenden Verbänden und den Kuratorien entwickelt werden soll, dargestellt.

Die Instrumente der Öffentlichkeitsarbeit und Umweltbildung sind neben dem bestehenden System der Informationszentren auch Informationseinrichtungen und Besucherlenkungsmaßnahmen vor Ort (Abb. 1), die über das Besucherlenkungs

Nationalpark-Eingangspfahl

Nationalparkschild
mit Zusatztafel

INFO-Pavillon

INFO-Tafel

INFO-Karte

Brut- und Rastgebietschilder

Objekttafel

Aktueller Aushang

INFO-Wagen

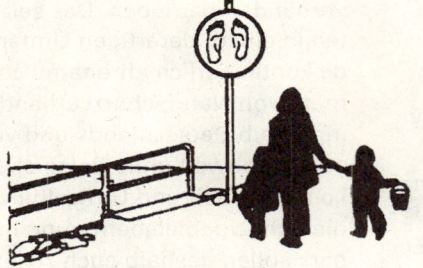

Übergangspunkt

Beobachtungsstand

INFO-Mobil

Abb. 1
Zukünftige
Informations- und
Besucherlenkungs-
instrumente im
Nationalpark

Die Zusammenfassung kann das Studium des Syntheseberichtes nicht ersetzen. Um die Grundlage und die daraus folgenden Empfehlungen in vollem Umfang verstehen zu können, sollte der Bericht parallel zu der Zusammenfassung gelesen werden.

konzept raumbezogen eingesetzt werden.

Die Palette der Informations- und Kommunikationsinstrumente reicht von der Rucksackschule über die Nationalpark-Bürgerstunde bis zum Nationalpark auf Draht, beinhaltet Umweltbildungsarbeit im schulischen und außerschulischen Bereich und umfaßt Pressearbeit sowie die Produktion und den Vertrieb von audiovisuellen und Printmedien.

Breiten Raum im Konzept nimmt die Beschreibung der erforderlichen Zusammenarbeit mit den verschiedenen Verbänden, den Wattführerinnen und Wattführern und den Trägern anderer Bildungseinrichtungen ein.

Um die Produktpalette effektiv verfüg- und abrufbar zu gestalten, wird die Gründung einer Nationalpark-Infodienst-GmbH vorgeschlagen, die die Koordination des Informationsangebotes für die Gäste des Nationalparks und seines Umfeldes übernehmen kann.

4.2 Zentrum für Wattenmeer-Monitoring und Information (Kap. XI 1.2)

Die dauerhafte Umweltüberwachung (Monitoring) liefert zunehmend Grundlagen für Naturschutzmaßnahmen und Umweltgesetzgebung. Oft aber fehlt das Verständnis, da Sinn und Notwendigkeit der Forschung mangels allgemein verständlicher Vermittlung und Darstellung wissenschaftlicher Daten nicht erkannt werden.

In Tönning soll in einem speziell für diesen Zweck errichteten Gebäude Monitoring und ökologische Wissenschaft didaktisch aufbereitet einer breiten

Öffentlichkeit attraktiv und publikumswirksam vermittelt werden.

Um die Vorgehensweise der Dauerbeobachtung und der ökologischen Wissenschaft nachvollziehbar und verständlich zu vermitteln, soll im didaktischen Konzept des Zentrums für Wattenmeer-Monitoring und Information erstmals die innovative Leitidee Vermittlung nach Wirkungsketten realisiert werden.

Modellcharakter erhält das Zentrum für Monitoring und Information in Tönning auch dadurch, daß aktuelle Daten der Umweltbeobachtung attraktiv aufbereitet und der Öffentlichkeit sofort zugänglich gemacht werden. Jeder Indikatororganismus ist mit Funktions- und Wirkungskettenmodellen vertreten, an denen die Gäste das Monitoring nachvollziehen können. Großaquarien, verschiedene optische Geräte, Computer, Funkkameras, Großbildschirme, bedienbare Funktionsmodelle, Filme sowie wissenschaftliches Originalgerät sollen die Informationen veranschaulichen.

Das Bildungsangebot des Zentrums für Monitoring und Information wird über die Erlebnis- und Aktionsmöglichkeiten im Gebäude selbst hinausgehen und Institutionen und Unternehmen der Region und des Landes über vielfältige Kooperationen einbinden.

Die Trägerschaft liegt zunächst bei der Stadt Tönning. Es ist beabsichtigt, eine private Trägergemeinschaft zu gründen. Falls dies nicht gelingt, hat sich das Land Schleswig-Holstein bereit erklärt, nach Ablauf der Projektphase die Trägerschaft für die Monitoring-Station zu übernehmen.

4.3 Nationalpark-Service (Kap. XI 1.3)

Nationalparke benötigen einen hauptamtlichen Außendienst, der in der Fläche präsent ist und Aufgaben der Besucherbetreuung, der Besucherlenkung, der Besucherinformation sowie der Kontrolle wahrnimmt. Gegenwärtig findet eine Betreuung in weiten Teilen des Nationalparks lediglich mit Hilfe ehrenamtlicher Kräfte statt. Auch die Naturschutzverbände unterstützen seit langem die Forderung der deutschen Nationalparkverwaltungen sowie der FÖNAD (Föderation der Nationalparke Deutschland) nach einer hauptamtlichen Betreuung im Nationalpark.

Unter dem Begriff Nationalpark-Service wird der gesamte Außendienst zusammengefaßt, der „vor Ort" Ansprechpartner für die Bürgerinnen und Bürger sowie Gäste ist und über Ziele und Aufgaben von Schutzmaßnahmen informiert. Zu den Aufgaben zählt auch die Einhaltung von Schutzvorschriften. Der Nationalpark-Service soll bei seiner Arbeit von dem Grundsatz „anbieten statt verbieten" geleitet werden.

Der Nationalpark-Service hat folgende Ziele:

► Der Nationalpark soll in der Fläche präsent, erkennbar und ansprechbar sein;
► für die Ziele des Wattenmeer-Naturschutzes soll bei Einheimischen, Gästen sowie Nutzergruppen geworben werden (Akzeptanzförderung);
► Gäste sollen durch Informationen und Erklärungen gelenkt werden;
► das Nationalparkgebiet soll überwacht werden, um Störungen zu vermeiden und
► das Monitoringprogramm im Wattenmeer soll unterstützt werden.

Die Aufgaben des hauptamtlichen Nationalpark-Service, des ehrenamtlichen Naturschutzdienstes sowie der Verbände mit Betreuungsauftrag werden ausführlich beschrieben.

Ein erster Schritt zur Umsetzung des beschriebenen Service-Konzeptes erfolgt seit April 1996 mit einem zeitlich befristeten Projekt, das vor allem aus Mitteln der Arbeitsförderung finanziert wird.

4.4 Ökologische Umweltbeobachtung (Kap. XI 1.4)

Ökologische Umweltbeobachtung (Monitoring) dient als Grundlage für eine umfassende Zustandsbewertung. Sie beinhaltet die rückwirkende sowie vor allem fortlaufende Erfassung von physikalischen, chemischen, biologischen und sozioökonomischen Parametern auf einer regionalen Skala. Aufgrund trilateraler und internationaler Vereinbarungen ist die ökologische Umweltbeobachtung eine verpflichtende Aufgabe. Die vom Bund und den Ländern geförderte Ökosystemforschung Wattenmeer lieferte wesentliche Grundlagen für das Trilaterale Monitoring- und Bewertungsprogramm (TMAP).

Für die Durchführung des Programmes sind, wie auf der Trilateralen Ministerkonferenz in Esbjerg formuliert, ausreichend große und über das gesamte Wattenmeer verteilte Gebiete festzulegen, die als Referenzgebiete für die Durchführung des TMAP dienen können. In diesen Gebieten sollen keine Ressourcennutzung und keine störenden Aktivitäten stattfinden. Im Kapitel Zonierung (XI 2.2) wird daher auch aus diesem Grund ein Vorschlag für Referenzgebiete unterbreitet.
Zusätzlich zur ökologischen Dauerbeobachtung ist ereignisorientierte oder anwendungsbezogene Forschung Bestandteil des integrierten Monitoringprogramms.

Am 1. Januar 1994 wurde das Trilaterale Monitoring- und Bewertungsprogramm offiziell begonnen. In der Installationsphase (1994-1997) besteht das Meßprogramm zunächst aus denjenigen Parametern des Konzeptes, die Bestandteil bereits laufender Monitoring-

Die Zusammenfassung kann das Studium des Syntheseberichtes nicht ersetzen. Um die Grundlage und die daraus folgenden Empfehlungen in vollem Umfang verstehen zu können, sollte der Bericht parallel zu der Zusammenfassung gelesen werden.

programme in den drei Wattenmeeranrainerstaaten sind.

Vorrangige Aufgabe während der Installationsphase des TMAP ist es, die in den drei beteiligten Staaten angewandten Methoden für Probenahme, Messung und Analyse zu harmonisieren. Darüberhinaus ist eine effektive Qualitätssicherung für die Datenerhebung und eine abgestimmte statistische Auswertung erforderlich. Die Koordination des Wattenmeer-Monitoringprogramms im deutschen Wattenmeer hat das Nationalparkamt in Tönning übernommen.

4.5 Äußere Grenzen des Nationalparks (Kap. XI 2.1)

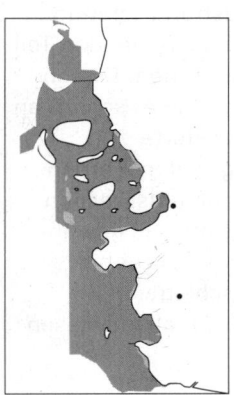

Der Nationalpark Schleswig-Holsteinisches Wattenmeer ist 1985 mit dem Ziel ausgewiesen worden, den Naturraum mit seinen besonderen Eigenarten und in seiner Ursprünglichkeit zu bewahren und den möglichst ungestörten Ablauf der Naturvorgänge zu sichern (§ 2 NPG).

Wesentliche naturräumliche Bestandteile des Ökosystemkomplexes wurden jedoch bei dessen Einrichtung aus politischen Gründen nicht Bestandteil des Nationalparks, fehlen folglich oder sind flächenmäßig deutlich unterrepräsentiert.

Ziel
Ein ausreichender Schutz des großräumigen und in sich eng verzahnten Ökosystemkomplexes mit einer einheitlichen Verwaltung. Hierfür ist eine neue Grenzziehung unumgänglich.

Begründung
Die wichtigsten Argumente, die für den Einbezug der vorgeschlagenen Gebiete in den Nationalpark sprechen, sind in Tab. 1 zusammenfassend und im Synthesebericht ausführlich dargestelllt.

Voraussetzungen
Folgende Voraussetzung besteht für den Vorschlag, ein Gebiet in den Nationalpark zu integrieren:

Tab. 1
Zusammenfassung der wichtigsten Argumente für die Einbeziehung der vorgeschlagenen Gebiete

▶ *Der gesetzliche Auftrag, einen ökosystemaren Schutz von Lebensräumen zu gewährleisten (LNatSchG, §1) wird umgesetzt.*
▶ *Der gesetzliche Auftrag, Vorrangflächen für den Naturschutz um geeignete Bereiche zu erweitern (LNatSchuG, §15), wird erfüllt.*
▶ *Fehlende Naturraumbestandteile werden dem Nationalpark hinzugefügt.*
▶ *Eine repräsentative, naturraumtypische Verteilung der Lebensräume eines Ökosystems wird gewährleistet.*
▶ *Es wird ein räumlicher Verbund zu anderen Lebensräumen hergestellt.*
▶ *Ein Walschutzgebiet im Nationalpark kann eingerichtet werden.*
▶ *Es wird eine administrative Vereinfachung ermöglicht (einheitliche naturschutzfachliche Verwaltung).*
▶ *Die Schutzgebietsbetreuung wird vereinfacht.*
▶ *Besucherangebote und die Besucherlenkung wird vereinheitlicht.*
▶ *Der Nationalpark und die Region können durch ein einheitliches Erscheinungsbild ihre Attraktivität steigern.*

Alle charakteristischen Biotopbestandteile des Ökosystemkomplexes sollten dann in den Nationalpark integriert werden, wenn eine natürliche Entwicklung in diesen Gebieten ablaufen kann. Wo dies nicht unmittelbar möglich ist, sollen die Gebiete mit dem Ziel „natürliche Entwicklung" weiterentwickelt werden. In besonders begründeten Ausnahmefällen werden Abweichungen von diesem Grundsatz zugelassen.

Ist die Voraussetzung nicht erfüllt, bestehen aber gleichwohl engste ökologische Wechselwirkungen mit dem Nationalpark, sollte die naturschutzfachliche Zuständigkeit für das betreffende Gebiet auf das Nationalparkamt übertragen werden.

Die Voraussetzung für den Einbezug von Flächen ist insbesondere dann nicht erfüllt, wenn das Naturschutzziel „natürliche Entwicklung" zwar in der Verordnung genannt ist, die Gebiete aber wasser-

Die Zusammenfassung kann das Studium des Syntheseberichtes nicht ersetzen. Um die Grundlage und die daraus folgenden Empfehlungen in vollem Umfang verstehen zu können, sollte der Bericht parallel zu der Zusammenfassung gelesen werden.

wirtschaftlich und küstenschutztechnisch genutzt werden. Dies ist z. B. im Beltringharder Koog der Fall.

Folgender *Änderungsvorschlag* wird unterbreitet:

Der 150 m - Streifen

Dort wo ein Landesschutz- oder Sommerdeich, eine Steinkante oder sonstige künstliche Befestigung oder Begrenzung vorhanden ist, bildet die seewärtige Kante des Deichfußes, der Steinkante oder der sonstigen künstlichen Befestigung oder Begrenzung die angemessene Grenze des Nationalparks.

In den deichnahen Bereichen vor Landesschutzdeichen (18-Ruten-Streifen) soll auch weiterhin eine küstenschutztechnische Bewirtschaftung stattfinden. Dieser Kompromiß trägt allen bestehenden küstenschutztechnischen Sicherheitsanforderungen Rechnung.

Dort wo keine Begrenzung in Form von Landesschutz- oder Sommerdeichen, Steinkanten oder sonstigen künstlichen Befestigungen oder Begrenzungen vorhanden ist, liegt die fachlich begründete Grenze 150 cm über der mittleren Tidehochwasserlinie. Durch diese Begrenzung wären alle Salzwiesenbereiche auf den Inseln und an der Festlandsküste eingeschlossen.

Die Ästuare Godelniederung und Neufeld

Die Godelniederung ist das einzige naturnah erhaltene Ästuar im gesamten deutschen Wattenmeer. Es sollte entsprechend dem Begrenzungsvorschlag für das geplante NSG „Godelniederung" in den Nationalpark integriert werden.

Auch die Neufelder Ästuarsalzwiese mit den sich seeseitig anschließenden Brackwasserröhrichten und Watten in einer Größe von ca. 1.900 ha ist entsprechend dem Begrenzungsvorschlag für das geplante NSG „Neufelder Ästuarbereich" in den Nationalpark einzubeziehen. Die landseitige Grenze im Bereich Neufeld wäre der seewärtige Fuß des Landesschutzdeiches. Im deichnahen Bereich soll auch weiterhin eine küstenschutztechnische Bewirtschaftung stattfinden. Dieser Kompromiß trägt allen bestehenden küstenschutztechnischen Anforderungen Rechnung.

Dünen, Heiden, Strandwälle, Salzwiesen und Kliffs auf den Inseln und am Festland

Die in Tab. 2 aufgelisteten bestehenden bzw. geplanten Naturschutzgebiete auf den Inseln Sylt und Amrum sowie an der Festlandsküste in St. Peter-Ording mit den in der Überschrift genannten Biotopen gehören aus fachlicher Sicht in den Nationalpark. Hinzu kommen das Goting Kliff auf Föhr und das Steenodder Kliff auf Amrum.

Die 3 sm - Zone

Seeseitige Begrenzung des Nationalparks ist aus fachlicher Sicht die 20 m - Tiefenlinie. Da Landeshoheit aber nur bis zur 3 sm - Grenze gilt, wird diese als neue Nationalparkgrenze vorgeschlagen.

Nicht in den Nationalpark einbezogen werden sollen die sich im Privatbesitz befindenden Halligen Hooge, Langeneß, Oland, Gröde und Nordstrandischmoor. Sie repräsentieren im überwiegenden Teil ihrer Fläche Kulturlandschaften. Diesen Halligen sollte der freiwillige Anschluß an das vorgeschlagene erweiterte Biosphärenreservat angeboten werden. Um ihnen zusätzlich einen entsprechenden rechtlichen Schutzstatus zu gewähren, sollten sie als Naturschutzgebiet entsprechend dem Vorschlag von HILDEBRANDT et al. (1993) ausgewiesen werden.

Gleichfalls nicht in den Nationalpark einbezogen werden sollen die bewohnten, bebauten und überwiegend landwirtschaftlich und anderweitig genutzten Bereiche der Inseln und des Festlandes sowie ebenfalls *nicht* die Naturschutz- und Speicherköge an der Westküste.

Auswirkungen

Durch die Kombination einer land- und seeseitigen Erweiterung des Nationalparks würden große Teile der Strände und Sandplaten auf den Inseln Sylt und Amrum in den Nationalpark integriert. Die Strände sollen auch in Zukunft weit überwiegend für Erholungszwecke genutzt werden. Spezifische Regelungen sind im Kap. XI 3 dargestellt und betreffen den Schutz von Brut- und Rastgebieten. Notwendige Küstenschutzmaßnahmen, z. B. Sandvorspülungen, müssen auch weiterhin stattfinden können. Dieser Kompromiß trägt allen bestehenden küstenschutztechnischen Anforderungen Rechnung.

Lage	Gebiet	Status	Biotop	Größe
Sylt	Nord Sylt	NSG,E	Düne, Salzwiese	1.851 ha
	Nielönn	NSG	Salzwiese	64 ha
	Braderuper Heide	NSG, E	Heide	155 ha
	Dünenlandschaft rotes Kliff	NSG	Kliff, Düne	177 ha
	Morsum Kliff	NSG, E	Kliff, Düne Heide	235 ha
	Rantum Dünen	NSG	Düne, Salzwiese	397 ha
	Rantumer Salzwiesen	V	Salzwiese	45 ha
	Baakdeel-Rantum/Sylt	NSG, E	Düne	330 ha
	Hörnum Odde	NSG, E	Düne, Strand	176 ha
	Hörnumer Dünen	V	Düne	224 ha
	Arsumer Salzwiesen	V	Salzwiese	206 ha
Amrum	Nordspitze Amrum	NSG	Düne, Nehrung	71 ha
	Amrumer Dünen	NSG,E	Düne	800 ha
	Amrumer Heide	V	Heide, Düne	244 ha
	Amrumer Strandwiese	V	Kliff, Strandwall	73 ha
Föhr	Godelniederung	V	Salzwiese, Nehrung	158 ha
St. Peter	Küstendünen St. Peter	V	Düne	375 ha
Neufeld	Neufelder Vorland	V	Ästuarsalzwiesen	1.900 ha
Summe				7.481 ha

Das erweiterte Nationalparkgebiet erfüllt die Kriterien der FFH-Richtlinie. Es sollte deshalb in gleichen Grenzen als FFH-Gebiet, als Schutzgebiet nach der EU-Vogelschutzrichtlinie und als neu gefaßtes Feuchtgebiet internationaler Bedeutung nach der Ramsar-Konvention benannt werden.

Durch die vorgeschlagene Grenzänderung würde sich der Nationalpark sowohl land- als auch seeseitig vergrößern. Während der bestehende Nationalpark eine Fläche von ca. 273.000 ha umfaßt (die bisherige offizielle Angabe von 285.000 ha trifft aufgrund genauer Flächenberechnungen sowie natürlicher Veränderungen nicht mehr zu) vergrößert sich der Nationalpark durch die Einbeziehung der vorgeschlagenen Gebiete um ca. 76.000 ha auf ca. 349.000 ha. Dies entspricht einer Vergrößerung um rund 28 %.

Es werden überwiegend solche Gebiete für die Einbeziehung in den Nationalpark vorgeschlagen, die nicht bebaut, besiedelt oder landwirtschaftlich genutzt werden und die in der Regel bereits unter Naturschutz stehen.

In diesen Gebieten bringt die vorgeschlagene Grenzänderung keine Nachteile für irgendeine Bevölkerungsgruppe mit sich. Im Gegenteil: Vor allem in den Dünen- und Heidegebieten läßt sich - vielleicht stärker noch als in den eigentlichen Watt- oder Strandbereichen - ein wichtiges Ziel des Nationalparkes verwirklichen: das unmittelbare Erlebnis der Natur.

Die urwüchsigen Strukturen der Dünenlandschaft und die blühenden Heidegebiete sind einerseits Oasen der Ruhe und Erholung für alltagsgeplagte Urlauberinnen und Urlauber und bieten sich andererseits für naturkundliche Exkursionen für interessierte Gäste geradezu an. Wenn es gelingt, diese Landschaft mit dem attraktiven Begriff Nationalpark zu verbinden, kann dieses nur im Sinne eines auf die Zukunft ausgerichteten, krisensicheren Tourismus mit neuen, attraktiven Arbeitsplätzen im Bereich der Gästebetreuung und Umweltpädagogik sein. Die ökonomischen Auswirkungen würden - soweit heute prognostizierbar - positiv sein und zu einer Stärkung und Stabilisierung der Tourismuswirtschaft führen.

Durch die Verwaltungsvereinfachung würden bestehende Mehrfacharbeit vermieden werden, es käme zu einer Verwaltungsvereinfachung. Küstenschutzfragen würden nicht berührt, da der Küstenschutz im 150 m-Streifen und vor den sandigen Küsten auch im Nationalpark weiterhin Vorrang hat (vergl. Kap. XI 3.10 Küstenschutzmaßnahmen im Vorland und Kap. XIII 1 Empfehlungen für ein neues Nationalparkgesetz).

4.6. Zonierung innerhalb des Nationalparks (Kap. XI 2.2)

Nach dem Bundesnaturschutzgesetz sind Nationalparke rechtsverbindlich festgesetzte, *einheitlich* zu schützende Gebiete, die im überwiegenden Teil die Voraussetzungen eines Naturschutzgebietes erfüllen müssen (§ 14 Abs. 1 BNatSchG). Dies beinhaltet den Anspruch auf einheitlichen Ökosystemschutz auf ganzer Fläche und nicht nur in besonders geschützten Teilbereichen. Auch das Nationalparkgesetz fordert den möglichst ungestörten Ablauf der Naturvorgänge sowie den Erhalt der artenreichen Tier- und Pflanzenwelt folgerichtig für den *gesamten* Nationalpark (§ 2 Abs. 1 Nationalparkgesetz).

Das Wattenmeer mit seinen Nationalparken im niedersächsischen, hamburgischen und schleswig-holsteinischen Teil steht in Deutschland in großen Teilen unter Nationalpark-Schutz. Da dieser Naturraum seit Jahrhunderten auch Lebens- und Wirtschaftsraum des Menschen mit zum Teil traditionellen Nutzungen ist, sind Konflikte zwischen Nutzungsansprüchen und Naturschutz vorprogrammiert.

Die räumliche bzw. zeitliche Zonierung ist ein Instrument zur Vermeidung bzw. Entschärfung von Interessenskonflikten innerhalb von Großschutzgebieten.

Der Nationalpark Schleswig-Holsteinisches Wattenmeer ist per Gesetz in drei Zonen unterteilt, von denen bislang nur die Zone 1 ausgewiesen ist. Eine entsprechende Verordnung für die Ausweisung von Zone 2 und 3 fehlt bis heute. Die mosaikartig angeordneten und kleinflächigen Zone-1-Gebieten können den Schutz des Ökosystemkomplexes mit seiner Strukturvielfalt und den im Gebiet ablaufenden Prozessen nicht in ausreichendem Umfang gewährleisten. Aus heutiger Sicht weist die bestehende Zonierung eine Reihe von Defiziten auf, die eine Neuzonierung erforderlich macht:

► Als Kriterien für die Ausweisung wurden aufgrund der seinerzeit lückenhaften Datenbasis lediglich Robbenliegeplätze, Brut- und Mausergebiete von Küstenvögeln und geomorphologisch bedeutsame Bereiche zugrundegelegt.

► Nur ein Teil der besonders schutzbedürftigen Räume wurde als Zone 1 ausgewiesen. Mit Rücksicht auf die bestehenden Waffenerprobungen wurde z. B. der Bielshövensand nicht als Zone 1 ausgewiesen.

► In keinem Fall weisen die jetzigen Zone-1-Gebiete eine zusammenhängende und repräsentative Ausstattung mit den typischen Habitaten des Ökosystemkomplexes auf.

► Die bestehende Zone 1 gewährleistet nicht den erforderlichen Schutz ökologisch bedeutsamer Strukturen und Prozesse, da nach dem bestehenden Nationalparkgesetz z. B. die Garnelen- und Miesmuschelfischerei auf der gesamten Fläche zugelassen ist.

► Die bestehenden und geographisch festgelegten Grenzlinien der Zone-1-Gebiete sind nicht geeignet für einen Lebensraum, der von ständigen Veränderungen geprägt ist. Im Extremfall kann es passieren, daß eine sich ursprünglich in Zone 1 befindliche und von Seehunden als Liegeplatz genutzte Sandbank durch morphodynamische Prozesse aus der Zone 1 herausverlagert.

Ziel
Das vorrangige Ziel der neuen Zonierung ist ein wirksamer Ökosystemschutz bei gleichzeitiger Minderung und Entschärfung von Interessenskonflikten. Mit der Neuzonierung sollen ressourcennutzungs- und störungsfreie Kernbereiche des Nationalparks ausgewiesen werden, die den erforderlichen Schutz auf großer Fläche sicherstellen. Entgegen der bisherigen Zonierungsregelung sind die neuen Kernzonen ausdrücklich für Erholungs- und Bildungszwecke zugänglich. In besonders sensiblen Bereichen, wo das Betreten und Befahren dem Schutzzweck entgegen steht, sind jedoch spezielle Regelungen erforderlich. Gleichzeitig soll die neue Zonierung einfacher und verständlicher als bisher sein.

Begründung
Bei der Begründung für einen Neuzuschnitt der Zonierung im schleswig-holsteinischen Wattenmeer sind folgende Überlegungen von ausschlaggebender Bedeutung:

Die Zusammenfassung kann das Studium des Syntheseberichtes nicht ersetzen. Um die Grundlage und die daraus folgenden Empfehlungen in vollem Umfang verstehen zu können, sollte der Bericht parallel zu der Zusammenfassung gelesen werden.

▶ Naturwissenschaftliche Erwägungen,
▶ Nationale und internationale Vereinbarungen - normative Vorgaben,
▶ die Erfordernisse des trilateralen Monitoringprogrammes sowie
▶ das Vorsorgeprinzip (ausführliche Darstellung in Kap. XI 2.2.2).

Vor dem Hintergrund der nachgewiesenen und der vermuteten Einflüsse, verschiedener menschlicher Nutzungen und Beeinflussungen, nationaler und internationaler Empfehlungen sowie der Anforderungen des trilateralen Monitoringprogrammes ist es erforderlich, Ressourcennutzungen in den zukünftigen Kernzonen des Nationalparks auszuschließen. Bezüglich der Garnelenfischerei siehe Regelungen zur Garnelenfischerei.

Vorgehensweise

Verteilungskarten von Organismen bzw. Ökosystemelementen im Nationalpark und in den benachbarten Gebieten wurden mit Hilfe des Geographischen Informationssystems zu einer Bestandsaufnahme und ökologischen Bewertung der Flächen und Objekte des Nationalparks nach ihrer ökologischen Bedeutung weiterverarbeitet. Dies erlaubte die Abgrenzung von Gebieten, die eine Anhäufung von Habitaten, Strukturen oder ökologischen Prozessen mit Schlüssel- oder Steuerfunktion im Wattenmeer aufweisen. In einem weiteren Schritt wurden Karten mit Räumen besonderer Nutzungen und besonderer ökonomischer Bedeutung erstellt.

Der Abgleich dieser Karten führte zur Abgrenzung von Bereichen, die meist ein oder mehrere Wattströme mit den angrenzenden Platen umfassen. Da die Platen insbesondere für nahrungssuchende, rastende und mausernde Vögel von herausragender Bedeutung sind, müssen die Wattströme mit den angrenzenden Platen zu einem ökologisch zusammenhängendem ‚Wattstromgebiet' kombiniert werden.

Daneben gibt es weitere Gebiete, die für mausernde Eider- und Brandenten sowie Seehunde und Kegelrobben als Mausergebiete bzw. als Liege- und Jungenaufzuchtplätze herausragende Bedeutung haben.
Es wird deshalb vorgeschlagen, die bestehende Zonierung aufzulösen und eine neue Zonierung auf der Basis großflächiger Raumeinheiten vorzunehmen. Die abgrenzbaren Wattstromgebiete sowie die zusätzlich überwiegend aus Gründen des Robben- und Vogelschutzes abgegrenzten Bereiche werden Kernzonen genannt.

Dies bedeutet eine Annäherung an die national und international verbreitetste Terminologie, vor allem aber durch die Beschränkung auf nur eine Zone eine wesentliche Vereinfachung gegenüber der bestehenden Regelung.

Zonierungsvorschlag

Die Änderung der Zonierung bedeutet keine grundsätzliche Auflösung des Schutzstatus der bisherigen Gebiete, da viele in die vorgeschlagenen Kernzonen integriert werden. In einigen Fällen werden bestehende Zone-1-Gebiete aufgelöst.

Die Ausdehnung und Lage der neuen Kernzonen ist in Abb. 2 dargestellt. Alle Kernzonen zusammen umfassen eine Fläche von ca. 181.500 ha. Dies entspricht einem Anteil von ca. 56 % der bestehenden bzw. von 45 % der erweiterten Nationalparkfläche entsprechend Vorschlag aus Kapitel XI 2.1.

Regelungen

In allen Kernzonen sollen weitestgehend die gleichen Bedingungen gelten. Sie sind in Kapitel 2.2.3.4 ausführlich beschrieben und in Abb. 2 zusammengefaßt.

Im Falle der Garnelenfischerei lassen sich Einflüsse auf das Ökosystem nicht eindeutig und abschließend bewerten. Da das deutsche Wattenmeer zudem großflächig unter Nationalparkschutz gestellt wurde, kann und soll diese traditionelle Art der Fischerei, die zum Teil im Nationalpark stattfindet, aus sozialen, kulturellen und wirtschaftlichen Gründen nicht verboten werden. Einschränkungen wären nur auf der Basis des Vorsorgeprinzips zu begründen. Bei den störungsfreien Referenzgebieten für Monitoring und Forschung liegt eine schlüssige Begründung allerdings vor. Nur die Einrichtung von Referenzgebieten ohne jegliche Ressourcenentnahme kann langfristig Informationen über die natürliche Entwicklung der Lebensgemeinschaften des Wattenmeeres und damit für den erforderlichen Schutz des Ökosystemes liefern. Deshalb muß dort neben allen anderen Stoffentnahmen auch die Garnelenfischerei ausgeschlossen werden.

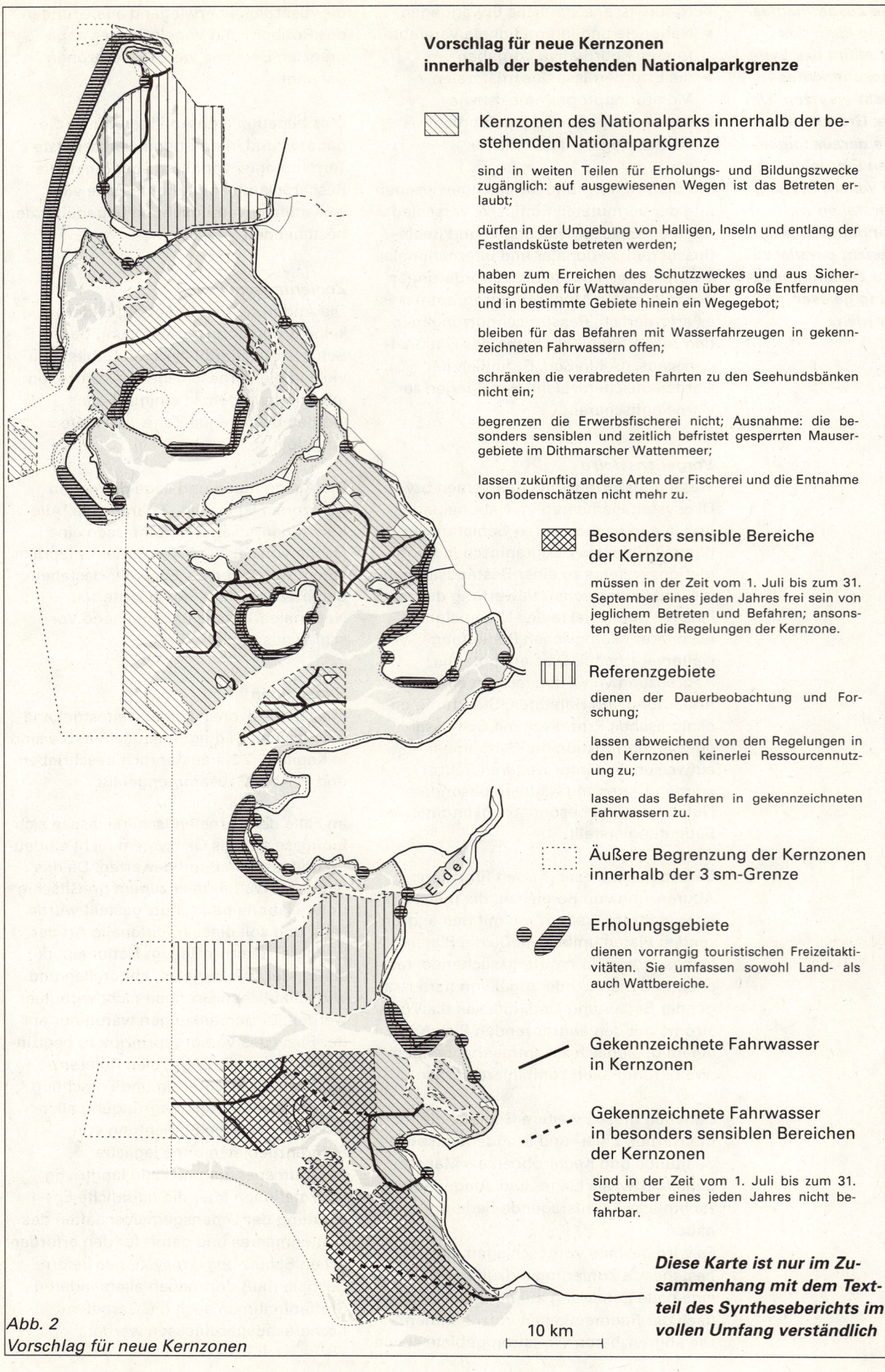

Vorschlag für neue Kernzonen innerhalb der bestehenden Nationalparkgrenze

Kernzonen des Nationalparks innerhalb der bestehenden Nationalparkgrenze

sind in weiten Teilen für Erholungs- und Bildungszwecke zugänglich: auf ausgewiesenen Wegen ist das Betreten erlaubt;

dürfen in der Umgebung von Halligen, Inseln und entlang der Festlandsküste betreten werden;

haben zum Erreichen des Schutzzweckes und aus Sicherheitsgründen für Wattwanderungen über große Entfernungen und in bestimmte Gebiete hinein ein Wegegebot;

bleiben für das Befahren mit Wasserfahrzeugen in gekennzeichneten Fahrwassern offen;

schränken die verabredeten Fahrten zu den Seehundsbänken nicht ein;

begrenzen die Erwerbsfischerei nicht; Ausnahme: die besonders sensiblen und zeitlich befristet gesperrten Mausergebiete im Dithmarscher Wattenmeer;

lassen zukünftig andere Arten der Fischerei und die Entnahme von Bodenschätzen nicht mehr zu.

Besonders sensible Bereiche der Kernzone

müssen in der Zeit vom 1. Juli bis zum 31. September eines jeden Jahres frei sein von jeglichem Betreten und Befahren; ansonsten gelten die Regelungen der Kernzone.

Referenzgebiete

dienen der Dauerbeobachtung und Forschung;

lassen abweichend von den Regelungen in den Kernzonen keinerlei Ressourcennutzung zu;

lassen das Befahren in gekennzeichneten Fahrwassern zu.

Äußere Begrenzung der Kernzonen innerhalb der 3 sm-Grenze

Erholungsgebiete

dienen vorrangig touristischen Freizeitaktivitäten. Sie umfassen sowohl Land- als auch Wattbereiche.

Gekennzeichnete Fahrwasser in Kernzonen

Gekennzeichnete Fahrwasser in besonders sensiblen Bereichen der Kernzonen

sind in der Zeit vom 1. Juli bis zum 31. September eines jeden Jahres nicht befahrbar.

Diese Karte ist nur im Zusammenhang mit dem Textteil des Syntheseberichts im vollen Umfang verständlich

10 km

Abb. 2
Vorschlag für neue Kernzonen

Die Zusammenfassung kann das Studium des Syntheseberichtes nicht ersetzen. Um die Grundlage und die daraus folgenden Empfehlungen in vollem Umfang verstehen zu können, sollte der Bericht parallel zu der Zusammenfassung gelesen werden.

Flankierend zum Zonierungskonzept sollen sektorale Maßnahmen für die Garnelen- und Miesmuschelfischerei entwickelt werden, da bei einer Aufwandssteigerung in der Garnelenfischerei neben der in der Literatur beschriebenen ökonomischen Überfischung auch eine Wachstumsüberfischung möglich ist, die den Zielen des Nationalparks entgegensteht. Details sind in den sektoralen Konzepten ausführlich dargestellt (vergl. Kap. XI 3.4).

Auswirkungen

Mit der vorgeschlagenen Neuzonierung können sich, insbesondere von Seiten der wirtschaftlichen Nutzungen im Nationalparkbereich, verschiedene Fragen an das Konzept ergeben. Die wichtigsten sind in Tab. 3 aufgeführt.
Der Tourismus erfährt durch die Regelungen der neuen Zonierung keine Verminderung der Attraktivität, im Gegenteil: Die Kernzonen können in weiten Bereichen betreten und die Natur des Wattenmeeres erlebt werden. In den Salzwiesen und an den Stränden werden ausdrücklich Erho-

Tab. 3 Zusammenfassung wichtiger Fragen, die an dieses Konzept gestellt werden können.

lungsgebiete ausgewiesen (vergl. Abb. 2). Die auch in den Kernzonen vorgesehene Öffentlichkeits- und Besucherlenkungsarbeit orientiert sich an dem Leitbild „Angebot statt Verbot". Bestehende Regelungen der Fahrten zu den Seehundsbänken sind durch die neue Zonierung nicht betroffen.

Die Sportschiffahrt ist in den Kernzonen auf ausgewiesenen Fahrwassern weiterhin möglich. Im südlichen Dithmarscher Wattenmeer muß die Sportschiffahrt in den empfindlichsten Bereichen der Kernzonen während der Hauptmauserzeit vom 1.7. - 31.9. ruhen.

Die Saatmuschelfischerei wird durch die Zonierung räumlich begrenzt. Miesmuschel- und Austernkulturen müßten schrittweise aus der Kernzone Lister Tief verlagert werden, damit dieses Referenzgebiet seine Funktion erfüllen kann.
In den beiden Referenzgebieten Lister Tief und Wesselburener Loch müßte die Garnelenfischerei zukünftig ruhen.

Eine zeitliche Einschränkung sollte darüberhinaus während der Hauptmauserzeit von Brand- und Eiderenten vom 1. Juli bis zum 30. September in Teilen der Kernzone Bielshövensand, Hakensand und Nordergründe gelten. Gegenüber der bisherigen Situation, in der potentiell ca. 45 % des Nationalparks befischt werden konnten, können in diesem Zeitraum - bezogen auf die alten Außengrenzen - noch ca. 38 % bekurrt werden.
Die Fischerei auf andere Fisch- oder Muschelarten ist von den Regelungen der neuen Zonierung nur geringfügig betroffen, da sie bislang nur eine untergeordnete Rolle gespielt hat bzw. nicht ausgeübt wird.

Andere Ressourcennutzungen (z. B. Kies- und Schillentnahmen, Strandholzsammeln) haben bisher im Nationalpark keine nennenswerte sozio-ökonomische Bedeutung gehabt. Sie wurden nur lokal und nur von einigen wenigen Personen durchgeführt. Die Einschränkungen durch die Regelungen der neuen Zonierung sind daher vertretbar. Küstenschutzmaßnahmen sind durch die Zonierung nicht eingeschränkt, grundsätzlich sollen aber Sand- und Kleientnahmen zukünftig nicht mehr in den Referenzzonen stattfinden.

▶ **Wird der Küstenschutz eingeschränkt?**
Küstenschutzmaßnahmen sind grundsätzlich nicht eingeschränkt. Eine Sand- und Kleientnahme soll künftig jedoch nicht mehr in den Referenzzonen erfolgen. Im Vorlandbereich ist es gemeinsames Ziel von Küstenschutz und Naturschutz, vorhandenes Vorland zu erhalten und vor den Schardeichen neu zu entwickeln (vergl. Kap. XI 3.10).

▶ **Soll die Beweidung in den deichnahen Salzwiesen eingestellt werden?**
Dies ist nicht der Fall. Eine Beweidung kann auch weiterhin stattfinden (vergl. Kap. XI 3.10).

▶ **Wird der Tourismus eingeschränkt?**
Dies ist nicht der Fall, da eine Angebotsverbesserung bezweckt ist (vergl. Kap. XI 2.3). Im Besucherlenkungs- und Schutzkonzept für die Salzwiesen und Strände werden vielfältige Informations- und Erholungsmöglichkeiten angeführt.

▶ **Wird das Betreten des Nationalparks eingeschränkt?**
Es ist ausdrückliches Ziel, den Nationalpark erlebbar zu machen (vergl. Kap. XI 2.2 und 2.3). Dazu gehört es auch, daß der überwiegende Teil betreten werden darf.

▶ **Wird die wirtschaftliche Nutzung der angrenzenden Gebiete eingeschränkt?**
Eine nachhaltige wirschaftliche Nutzung wird im Rahmen des Biosphärenreservatkonzeptes ausdrücklich empfohlen (vergl. Kap. XII). Erste Vorschläge zur wirschaftlichen Entwicklung und Förderung werden unterbreitet.

▶ **Wird die wirtschaftliche Nutzung in der 3 sm-Zone eingeschränkt?**
Dies ist nur bei der Garnelenfischerei in zwei Referenzgebieten für Monitoring und Forschung und, zeitlich befristet, in den besonders sensiblen Bereichen der Kernzonen der Fall (Vergl. Kap. XI 2.2).

4.7 Besucherlenkung - Salzwiesen und Strände (Kap. XI 2.3)

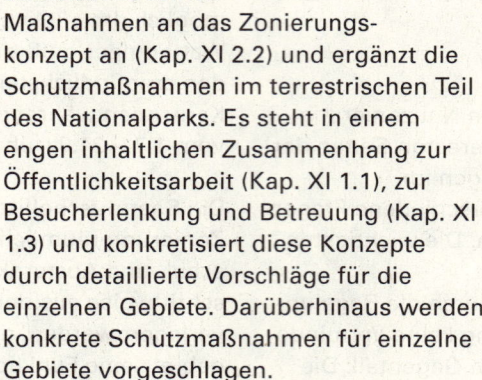

Das Besucherlenkungskonzept schließt mit seinen Maßnahmen an das Zonierungskonzept an (Kap. XI 2.2) und ergänzt die Schutzmaßnahmen im terrestrischen Teil des Nationalparks. Es steht in einem engen inhaltlichen Zusammenhang zur Öffentlichkeitsarbeit (Kap. XI 1.1), zur Besucherlenkung und Betreuung (Kap. XI 1.3) und konkretisiert diese Konzepte durch detaillierte Vorschläge für die einzelnen Gebiete. Darüberhinaus werden konkrete Schutzmaßnahmen für einzelne Gebiete vorgeschlagen.

Das Lenkungskonzept umfaßt 47 Einzelgebiete. Abgedeckt ist damit die gesamte Küstenlinie des Festlandes, der Inseln Amrum, Föhr und Pellworm sowie der Halligen. Bewußt werden auch Gebiete außerhalb des Nationalparks in die Betrachtungen und Vorschläge einbezogen, da ein wirkungsvolles Schutzkonzept sowohl aus sozioökonomischen als auch aus ökologischen Gründen nur für den Verflechtungsraum Nationalpark und Nationalpark-Vorfeld sinnvoll ist.

Für die Insel Sylt wurde keine Planung durchgeführt. Dort hat der Landschaftszweckverband Sylt das sogenannte „Westküstenkonzept" initiiert und mit den Gemeinden umgesetzt. Ein Konzept für die Ostküste Sylts befindet sich in Planung. Beide Konzepte stimmen in ihren Grundzügen mit unseren Planungen gut überein und sollten in einen zukünftigen Nationalparkplan übernommen werden.

Vorgehensweise

Grundlage des Schutzkonzeptes ist ein Gebietskataster, in dem die wichtigsten ökologischen und nutzungsrelevanten Daten für jedes Einzelgebiet nach einem einheitlichen Gliederungsschema zusammengestellt wurden. Auf der Grundlage dieses Katasters wurde für jedes Einzelgebiet der Status quo bewertet, eine Konfliktanalyse durchgeführt sowie Vorschläge für Schutzmaßnahmen erarbeitet. Die Vorschläge können grundsätzlich folgenden Kategorien zugeordnet werden:

► Angebotserweiterung bzw. Schaffung neuer Angebote;
► Erhalt des Status quo;
► Rückbau von Nutzungen.

Leitbilder

Das Schutzkonzept baut auf folgende Grundideen auf:

► Angebot statt Verbot

Wo immer machbar, soll mit einem konkreten Angebot als Lenkungsinstrument gearbeitet werden, um mögliche Konflikte zwischen den verschiedenen Nutzungen und den bestehenden Naturschutzansprüchen zu vermeiden.

Treibselabfuhr- und Deichverteidigungswege sollen grundsätzlich für das Radfahren und für Spaziergänge geöffnet sein und den Zugang zum Nationalpark ermöglichen. Nur in einigen wenigen, gut begründeten Ausnahmefällen sollen bestimmte Abschnitte der Treibselabfuhrwege in sensiblen Zeiten gesperrt werden.

Die Salzwiesen dürfen außerhalb ausgewiesener Brut- und Rastgebiete frei betreten werden. In den meisten Gebieten soll ein Wegeangebot auf vorhandene und gut erkennbare Wege hinweisen, die bevorzugt zu benutzen sind. Dies gilt besonders für Wege in den Salzwiesen, die als Zugänge zu Watt und Wasser ausgeschildert werden. Betretungsverbote sind nur in gut begründeten Fällen erforderlich.

Bei der Planung wurde auch die herausragende Bedeutung überregional bekannte Ausflugs- und Urlaubsziele, wie Halligen, Westerhever Leuchtturm oder Dünengebiete als besondere Attraktivität der Region anerkannt. Sie begründen in ihrer Einzigartigkeit wesentlich den Stellenwert des Tourismusstandortes Westküste.

► Maximum an Einheitlichkeit und Einfachheit.

Diese Prinzipien gelten sowohl bei der Schaffung von Schutzkategorien als auch bei der Darstellung des Nationalparks insgesamt und betreffen ebenso konkrete Schutzkategorien wie Brutvogelgebiete, Rastvogelgebiete oder Robbenschutzgebiete.

► **Nationalpark-Personal im Gebiet**

Eine verbesserte Lenkung durch Information und damit erhöhte Akzeptanz für Schutzgedanken und vorgeschlagene Maßnahmen ist nur mit Betreuerinnen und Betreuern im Gebiet sicherzustellen. Dringend notwendig ist daher Sicherung und Ausbau des hauptamtlichen Nationalpark-Service.

Raumbezogene Schutzmaßnahmen

Die raumbezogenen Schutzmaßnahmen sind im Besucherlenkungskonzept für die einzelnen Teilgebiete differenziert dargestellt.

Vorschlag für ein Walschutzgebiet

4.8 Walschutz
(Kap. XI 2.4)

Die Gewässer westlich der Knobsände und der Insel Sylt weisen innerhalb der Deutschen Bucht die höchsten Zahlen von Schweinswalen auf. Im Vergleich zur restlichen Nordsee ist darüber hinaus in diesen Gewässern eine ungewöhnlich hohe Dichte von Mutter-Kalb Gruppen anzutreffen. Das Gebiet hat offenbar eine herausragende Bedeutung als Aufzuchtgebiet für die Schweinswalpopulation der Nordsee.

Schweinswale und andere Kleinwale gelten als gefährdete Arten. Bei der Fischerei mit Stell- und Treibnetzen lassen sich Beifänge von Kleinwalen nicht vermeiden, insbesondere wenn die Fanggeräte keine besonderen Vorrichtungen aufweisen, die die Netze für Kleinwale erkennbar machen. So ertrinken jährlich über 7.000 Kleinwale in der Nordsee allein in den Netzen dänischer Fischer. Sie bedürfen daher eines besonderen Schutzes besondes in der Wurf- und Aufzuchtzeit von Mitte Mai bis Ende Dezember.

Es wird vorgeschlagen, ein Walschutzgebiet einzurichten, das im Norden an der vorgeschlagenen Nationalparkgrenze beginnt und im Süden bis zur Südspitze der Insel Amrum reicht. Die seewärtige Ausdehnung sollte bis zur 12 sm-Grenze reichen. Die Lage des Gebietes ist in Abbildung 7 dargestellt. Davon sollte der Bereich bis zur 3 sm-Grenze Nationalpark werden.

Folgende Regelungen werden vorgeschlagen:

► Für das Walschutzgebiet muß eine gesetzlich festgeschriebene Höchstgeschwindigkeit für Wasserfahrzeuge von maximal 12 Knoten festgelegt werden.

► Im Gebiet dürfen Jet-Skis und andere motorgetriebene Wassersportgeräte nicht eingesetzt werden.

► Im Walschutzgebiet muß die Stell- und Treibnetzfischerei verboten werden. Es muß untersucht werden, ob die Schweinswale vor Sylt durch Fischerei geschädigt werden. Falls ja, müßte die Fischerei im Aufzuchtgebiet eingeschränkt bzw. verboten werden.

► Ressourcennutzung (z.B. Sandentnahme, Trogmuschelfischerei), militärische Nutzung, Errichtung von Bauwerken sowie Sondernutzung der küstennahen Bereiche für sportliche Zwecke (Regatten und andere Wettbewerbe) bedürfen im Walschutzgebiet einer Genehmigung durch das Nationalparkamt, die erst nach einer ökologischen Bewertung erteilt werden darf.

► Besonders auf der Insel Sylt ist eine breit angelegte Öffentlichkeitsarbeit durchzuführen, die Gäste und Einheimische über das Vorkommen der Wale informiert. Wale und Delphine haben heutzutage weltweit eine hohe Attraktivität für den Tourismus, die durchaus touristisch vermarktet werden kann. Dadurch ist eine breite Akzeptanz und eine positive Identifikation mit unseren Kleinwalen möglich.

4.9 Sektorale Schutzkonzepte (Kap. XI 3)

Sektorale Schutzkonzepte ergänzen die raumbezogenen Schutzkonzepte. Sie können größtenteils auch ohne eine Novellierung des Nationalparkgesetzes realisiert werden.

Ziviler Luftverkehr (Kap. XI 3.1)

Flugverkehr ist eine der Hauptstörungsursachen für Vögel und Meeressäuger im Nationalpark Schleswig-Holsteinisches Wattenmeer und stellt auch für den erholungssuchenden Menschen eine Beeinträchtigung dar. Ein wesentlicher Schritt zur Verringerung der Beeinträchtigungen des Wattenmeeres durch den Luftverkehr wurde mit der 1995 festgelegten Anhebung der Mindestflughöhe auf 600 m bereits getan.

Folgende Regelungen werden vorschlagen:

► Ergänzend zu der Anhebung der gesetzlichen Mindestflughöhe ist in der ICAO-Karte der gesamte Nationalpark als Gebiet mit Flugbeschränkungen auszuweisen. Die flächendeckende Eintragung des Nationalparks als ökologisch wertvolles Gebiet stellt sicher, daß die maßgeblichen Vorschriften und Empfehlungen allen nach Sichtflugregeln fliegenden Piloteinnen und Piloten bekannt sind und bei der Planung von Flügen berücksichtigt werden.

► Eine Ausweitung des privaten Flugverkehrs über dem Wattenmeer darf es nicht geben. Deshalb muß weiteren Flug- und Landeplatzplanungen bereits im Vorfeld entgegengetreten werden. Eine Kapazitätsbegrenzung bestehender Flugplätze sowie touristischer und gewerblicher Rundflüge ist erforderlich.

► Flugschneisen am Festland sind so zu legen, daß die festgelegte Mindestflughöhe über dem Wattenmeer eingehalten werden kann.

► Eine vollständige Überwachung des Flugverkehrs ist sicherzustellen und bei Verstößen (z. B. bei Unterschreitung der Mindestflughöhe und gravierenden Störungen) ist die Beweisführung wesentlich zu erleichtern.

► Eine standardisierte und dauerhafte Erfassung dieses wesentlichen Störfaktors im Wattenmeer innerhalb des Trilateralen Monitoring-Programmes ist sicherzustellen.

► Das Nationalparkamt muß die konstruktiven Gespräche mit den organisierten Sportfliegerinnen und Sportfliegern auf Orts-, Länder- und Bundesebene fortsetzen und nach Möglichkeit intensivieren.

► Über Veröffentlichungen in einschlägigen Fachzeitschriften sollen insbesondere die nicht organisierten Sportfliegerinnen und Sportflieger erreicht werden.

► Das Nationalparkamt soll durch die Teilnahme an der Aus- und Fortbildung der Fluglehrerinnen und Fluglehrern (Multiplikatorenschulung) Informationsdefizite über den Wattenmeerschutz abbauen.

Schiffsverkehr (Kap. XI 3.2)

Die geltende Befahrensverordnung des Bundesverkehrsministers aus dem Jahre 1995 wird dem Schutzzweck des Nationalparks nicht gerecht. Vom Wassersport und von der Schiffahrt können erhebliche störende Einflüsse auf das Wattenmeer ausgehen. Besonders betroffen sind mausernde Entenvögel und Meeressäuger.

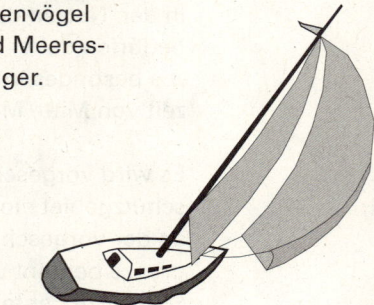

Die Zusammenfassung kann das Studium des Syntheseberichtes nicht ersetzen. Um die Grundlage und die daraus folgenden Empfehlungen in vollem Umfang verstehen zu können, sollte der Bericht parallel zu der Zusammenfassung gelesen werden.

Folgende Regelungen werden vorgeschlagen:

► Der Schutzzweck der Befahrensverordnung muß an dem Schutzzweck des Nationalparkgesetzes ausgerichtet werden. Bei zukünftigen Regelungen ist das Einvernehmen der Bundesbehörde mit dem Nationalparkamt erforderlich.

► Außerhalb der gekennzeichneten Fahrwasser müssen die Kernzonen des Nationalparks ganzjährig und flächendeckend gesperrt werden. Für die Ausübung der gewerblichen Fischerei gilt diese Regelung jedoch nur in den Referenzgebieten für Monitoring und Forschung und - zeitlich befristet - in den gekennzeichneten Bereichen des Bielshövensandes, des Hakensandes und der Nordergründe in der Zeit vom 1. Juli bis 30. September eines jeden Jahres.

► Wassermotorräder, Jet-Ski und sonstige motorisierte Wassersportgeräte dürfen im Nationalpark nicht betrieben werden.

► Es ist eine generelle Geschwindigkeitsbegrenzung von maximal 12 Knoten im gesamten Nationalpark festzulegen.

► Eine Minimalforderung für das zukünftige Verfahren ist in der Bundesratsinitiative der Länder zu sehen, die von Schleswig-Holstein initiiert worden ist. Danach sollte das Bundeswasserstraßengesetz in § 5 Satz 3 wie folgt geändert werden: „ Das Befahren der Bundeswasserstraßen in Naturschutzgebieten und Nationalparken nach §§ 13 und 14 des Bundesnaturschutzgesetzes kann durch Rechtsverordnung, die der Bundesminister für Verkehr im Einvernehmen mit dem Bundesminister für Umwelt, Naturschutz und Reaktorsicherheit mit Zustimmung des Bundesrates erläßt, geregelt, eingeschränkt oder untersagt werden, soweit dies zur Erreichung des Schutzzweckes erforderlich ist."

► Das Befahrensverbot sollte künftig auch für Wasserfahrzeuge des Bundes und der Länder gelten. Eine Ausnahmeregelung muß jedoch für Notfalleinsätze sowie für die Durchführung von erforderlichen Arbeiten in der Fläche gelten.

Jagd (Kap. XI 3.3)

Jagdliche Aktivitäten sind mit den Nationalparkzielen grundsätzlich nicht zu vereinbaren.

Innerhalb des Nationalparks werden Wasservögel nur noch in wenigen Bereichen bejagt. Wenn im Jahr 2003 der letzte Jagdpachtvertrag ausläuft, wird die Jagd im Nationalpark endgültig ruhen.

Folgende Regelungen werden vorgeschlagen:

► Das alte System der Jagdpachtbezirke soll im wesentlichen beibehalten werden, um den Sachverstand und das Engagement einheimischer Jägerinnen und Jäger weitestmöglich zu nutzen und die aus Küstenschutzgründen erforderliche Bejagung von wühlenden Tieren (vor allem Kaninchen) am Deich sicherzustellen.

► Die Jagdpächter sollen Aufgaben der Gebietskontrolle wahrnehmen und an der Sammlung lebender, kranker und toter Tiere beteiligt werden.

► Gezielte Eingriffe im Sinne einer Regulierung (z. B. Bekämpfung von Füchsen in Brutgebieten von Seeschwalben) sollen im Nationalpark grundsätzlich nicht durchgeführt werden. Sie könnten allenfalls als Ausnahmefälle im Rahmen von Einzelanordnungen geregelt werden.

► Die Zusammenarbeit zwischen Jägerinnen und Jägern und dem Nationalparkamt sollte weiter entwickelt werden. Insbesondere ist anzustreben, daß sich Erlaubnisscheininhaber als ehrenamtliche Nationalparkwartinnen und Nationalparkwarte zur Verfügung stellen, um aktiv an der Umsetzung der Nationalparkziele mitzuarbeiten.

► In jedem Fall muß in ein zukünftiges Nationalparkgesetz ein Jagdverbot ausdrücklich aufgenommen werden.

► Jagdtourismus im Vorfeld des Nationalparkes (Halligen) ist weiterhin auszuschließen.

Die Zusammenfassung kann das Studium des Syntheseberichtes nicht ersetzen. Um die Grundlage und die daraus folgenden Empfehlungen in vollem Umfang verstehen zu können, sollte der Bericht parallel zu der Zusammenfassung gelesen werden.

Garnelenfischerei

Die Garnelenfischerei ist durch die Einrichtung von Referenzgebieten in gleicher Weise wie alle anderen Nutzungen und Stoffentnahmen betroffen. Hinzu kommt eine zeitliche Einschränkung im Hauptmausergebiet von Brand- und Eiderenten vom 1. Juli bis zum 30. September in Teilen der Kernzone Bielshövensand, Hakensand und Nordergründe.

Folgende weitere Regelungen werden vorgeschlagen:

► Garnelenfischereifahrzeuge sollten EU-weit, auch außerhalb der 12 sm-Zone, nicht mehr als 300 PS haben dürfen.

► Einrichtung eines regional begrenzten aber exklusiven Fischereirechts für kleinere Betriebe, die der Tidenfischerei in ihren angestammten Revieren nachgehen (Revierfischerei).

► Die Festlegung eines maximal zulässigen Gewichts für die Baumkurre ist eine sinnvolle Ergänzung zu der bestehenden Begrenzung der Motorleistung und damit eine geeignete Maßnahme zur Aufwandskontrolle oder sogar -beschränkung.

► Verbesserung der Selektionswirkung des Fanggerätes durch Verwendung eines Trichternetzes bzw. von Sortiergittern.

► Monitoring der Fische und Krebse im Wattenmeer, um sowohl die Kenntnis über die Bestandssituation und -dynamik der Garnelen als auch über die von der Fischerei betroffenen Beifangarten zu vervollständigen.

► Umrüstung der Grundtaue auf von-Holdt-Rollen.

Fischerei (Kap. XI 3.4)

Muschelfischerei

Das neue Landesfischereigesetz regelt in §§ 40 und 41 die Rahmenbedingungen der Muschelfischerei (MELFF 1996). Das von der Landesregierung im Januar 1996 entworfene Programm zur Bewirtschaftung der Muschelressourcen (Muschelfischereiprogramm) enthält trotz der Prämisse, die aktuell vorhandenen Kulturflächen erhalten zu wollen, wichtige naturschutzfachliche Forderungen. Es beinhaltet einen wirkungsvollen Schutz ökologisch wertvoller und störungssensibler Gebiete und begrenzt zugleich den Fischereiaufwand auf den verbleibenden Flächen.

Folgende Maßnahmen würden am ehesten den Nationalparkzielen entsprechen:

► Reduzierung der Kulturfläche auf den Stand vor Nationalparkgründung.

► Quotierung der jährlichen Anlandungsmenge auf den Durchschnittswert zu Anfang der 80er Jahre.

► Ausnahmslose Sperrung der Kernzonen.

► 5 cm Mindestmaß angelandeter Muscheln mit festgelegtem Höchstanteil untermaßiger Muscheln ohne Ausnahmemöglichkeit.

► Kontrolle der Bestände und der Muschelfischerei durch ein Monitoring seitens des Nationalparkamtes.

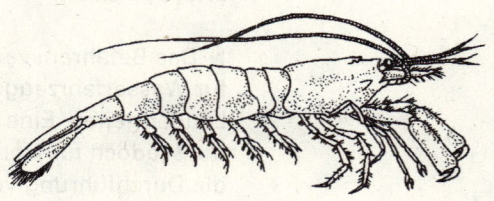

Hobbyfischerei

Seit dem 1. April 1994 haben mehr als 300 Hobbyfischer nach § 15 Küstenfischereiordnung (KüFO) die Genehmigung erhalten mit Reusen, 3-m-Baumkurren, Senken und Setzladen zu fischen. In Reusen können Wasservögel ertrinken. Kleine Baumkurren werden in flachen Bereichen eingesetzt, wo die größeren Kutter der Erwerbsfischerei nicht fischen können, und es kommt in diesen sonst ruhigen Bereichen zu Störungen von Vögeln und Seehunden. Außerdem wird der Fischereidruck auf die Krabbenbestände, die sich am Rande der Überfischung befinden, weiter erhöht.

Folgende Regelungen werden vorgeschlagen:

▶ Bei der Erteilung einer Ausnahmegenehmigung nach § 15 KüFO im Nationalparkgebiet ist Einvernehmen mit dem Nationalparkamt herzustellen. Dies muß bei der Novellierung der KüFO berücksichtigt werden.

▶ Für die Technik der Fanggeräte, insbesondere bei Reusen, sind Maßnahmen erforderlich, um den Beifang von Wasservögeln auszuschließen.

▶ Saisonale Fangbeschränkungen in ökologisch besonders sensiblen Gebieten.

Nebenerwerbsfischerei

Zwischen 1994 und 1995 stieg die Zahl der Nebenerwerbsfischer um mehr als 200 % an. Nebenerwerbsfischer dürfen bislang auch in Zone 1 fischen und alle zulässigen Fanggeräte der Erwerbsfischerei einsetzen. Nach § 6 (2) Nationalparkgesetz ist die Fischerei in Zone 1 nur im bisherigen Umfang zulässig.

Folgende Regelung wird vorgeschlagen:

▶ Bei allen, den Nationalpark betreffenden fischereilichen Regelungen ist Einvernehmen mit dem Nationalparkamt herzustellen.

Rohstoffnutzung
(Kap. XI 3.5)

Erdölförderung

Die Landesregierung hat 1992 trotz erheblicher ökologischer Bedenken die Genehmigung für die Ölförderung auf der Mittelplate erteilt. Dort kann das Konsortium Mittelplate A bis zum Jahre 2011 Öl aus dem Nationalpark fördern. Danach verlängert sich die Erlaubnis automatisch, wenn nicht die Lagerstätte entleert ist bzw. das Konsortium die Verträge aufkündigt.

Das Fördergebiet ist Mausergebiet für rund 100.000 Brandenten aus allen Teilen Europas und für etwa 30.000 Eiderenten.

Folgende Regelungen werden vorgeschlagen:

▶ Es ist notwendig, die Rechtslage zu prüfen und ggfs. im verbleibenden Zeitraum auf eine Änderung der Rechtsnormen hinzuarbeiten.

▶ Die Alternative einer Erdölförderung von Land aus sollte gesucht und unterstützt werden.

▶ Es muß geprüft werden, ob nicht eine deutliche Erhöhung der Förderzinsen angemessen wäre, die für zusätzliche umweltverbessernde Maßnahmen zur Verfügung gestellt werden.

Kiesfischerei

Kies bzw. Sand wird im südlichen Nordfriesland abgebaut. Das Material wird ausschließlich als Baustoff auf Inseln und Halligen insbesondere für den Wegebau benutzt.

Folgende Regelungen werden vorgeschlagen:

▶ Einstellung der Kiesfischerei im Rahmen einer Übergangsregelung.

▶ Keine Erteilung neuer Lizenzen.

▶ Die bestehenden Befreiungen sollten mit dem Ausscheiden der Genehmigungsinhaber aus dem Berufsleben auslaufen.

Kleientnahme

Klei aus dem Wattenmeer wird für Deichbauten und andere Küstenschutzzwecke verwendet. In den letzten Jahren werden überwiegend alternative Entnahmestandorte im Binnenland genutzt.

Folgende Regelung wird vorgeschlagen:

▶ Nach Vorgabe des Landesnaturschutzgesetzes sind Kleientnahmen nur im Ausnahmefall im Wattenmeer möglich.

Sandentnahmen für Deichbauzwecke

Sandentnahmen machen den größten Teil der Rohstoffentnahmen im Wattenmeer aus. Sand wird ausschließlich zu Küstenschutzzwecken genutzt. Sandentnahmestandorte stehen auch im Binnenland zur Verfügung und sollten wann immer möglich genutzt werden.

Folgende Regelung wird vorgeschlagen:

▶ Nach Vorgabe des Landesnaturschutzgesetzes sind Kleientnahmen nur im Ausnahmefall im Wattenmeer möglich.

Strandholzsammeln

Das traditionelle Sammeln von Strandholz findet vor allem auf den Außensänden statt. Es ist in den Kernzonen per Ausnahmeregelung zugelassen.

Folgende Regelungen werden vorgeschlagen:

▶ Auslaufen der Genehmigungen in den Kernzonen des Nationalparks im Rahmen einer Übergangsregelung.

▶ Neuen Antragstellern soll keine Ausnahmegenehmigung mehr erteilt werden.

▶ Bisherigen Genehmigungsinhabern wird bis zur Aufgabe des Strandholzsammelns aus eigener Motivation eine Ausnahmegenehmigung erteilt.

Telekommunikation, Energieversorgung, Wasserver- und -entsorgung

(Kap. XI 3.6)

Versorgungsleitungen

Die Versorgung mit Telekommunikationseinrichtungen, Energie (Strom, Gas) sowie Wasser zählen zu den unverzichtbaren Infrastrukturmaßnahmen. Sie gehören deshalb gemäß § 6 Abs.1 Nr.1 NPG zu den im Nationalpark zulässigen Maßnahmen.

Folgende Regelungen werden vorgeschlagen:

▶ Bündelung von Trassen;

▶ Meidung besonders sensibler Gebiete;

▶ Durchführung von notwendigen Unterhaltungs- bzw. Erneuerungsarbeiten außerhalb besonders sensibler Jahreszeiten;

▶ Durchführung von Kontrollen mit möglichst geringer Frequenz und unter Verwendung umweltschonender Verfahren;

▶ Entfernung nicht mehr genutzter Kabel.

Windenergienutzung

Eine vermehrte Nutzung der Windenergie an geeigneten Standorten ist das energiepolitische Ziel der Landesregierung. Dabei sollen erhebliche Beeinträchtigungen von Natur und Landschaft sowie von Kulturgütern vermieden und unvermeidbare Beeinträchtigungen ausgeglichen werden.

Die Zusammenfassung kann das Studium des Syntheseberichtes nicht ersetzen. Um die Grundlage und die daraus folgenden Empfehlungen in vollem Umfang verstehen zu können, sollte der Bericht parallel zu der Zusammenfassung gelesen werden.

Über die Scheuchwirkung von Anlagen und ihre Barrierewirkung liegen eine Reihe von wissenschaftlichen Untersuchungen vor. Demnach sind erhebliche Auswirkungen auf die Lebewelt im Wattenmeer, hier insbesondere auf brütende und wandernde Vögel, nachgewiesen.

Folgende Regelungen werden vorgeschlagen:

▶ Es müssen ausreichende Abstände zum Nationalpark, Naturschutzgebieten und sonstigen schützenswerten Flächen eingehalten werden.

▶ Bekannte traditionelle Vogelfluglinien müssen großräumig von einer Windkraftnutzung freigehalten werden.

▶ Auf der dem Meer zugewandten Seite der Deiche und der Küste dürfen keine Windkraftanlagen errichtet werden.

▶ Auch landseitig muß durch planungsrechtliche Instrumente dafür Sorge getragen werden, daß der Ausbau der Windenergie in einem umwelt- und vor allem landschaftsverträglichen Rahmen stattfindet und die Belange des Naturschutzes berücksichtigt werden.

Abwasserentsorgung

Die Einträge von Schad- und Nährstoffen aus ungenügend geklärten industriellen und kommunalen Abwässern bedeuten einen großen Belastungsfaktor des Ökosystems Nordsee und damit des Nationalparks Schleswig-Holsteinisches Wattenmeer.

Folgende Regelungen werden vorgeschlagen:

▶ die Umsetzung der Förderprogramme zur Kläranlagennachrüstung, insbesondere:

▶ die Eliminierung insbesondere von Stickstoffverbindungen nach dem Stand der Technik, sowohl bei zentraler Ortsentwässerung als auch bei Einzeleinleitern;

▶ die Aufstellung eines Einleiterkatasters;

für alle Gewässer 1. Ordnung

▶ die Aufstellung eines Konzeptes zur umweltgerechten Entsorgung des auf den Inseln und Halligen anfallenden Klärschlammes.

Militärische Nutzung

Der von Privatfirmen der Rüstungsindustrie im Auftrag des Bundesverteidigungsministeriums und 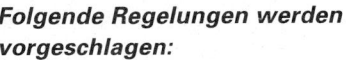 unter Aufsicht der Bundeswehr durchgeführte Erprobungsbetrieb im Nationalpark hat neben seinen Störwirkungen auf Organismen erhebliche Auswirkungen auf die generelle Bewertung und Akzeptanz des Nationalparks bei der Bevölkerung.

Folgende Regelungen werden vorgeschlagen:

▶ Endgültige Einstellung jeglicher Waffenerprobung in der Meldorfer Bucht.

▶ Störwirkungen durch Militärflugzeuge und -hubschrauber müssen durch verbindliche Regelungen mit den fliegenden Verbänden minimiert werden.

▶ Im Nationalpark sind Flugtrassen festzulegen.

Nährstoffbelastung und -eintrag

Das gesamte Wattenmeer von der niederländischen bis zur dänischen Küste ist ein Eutrophierungs-Problemgebiet, da neben den atmosphärischen Einträgen die einmündenden Flüsse erhebliche Nährstofffrachten mit sich führen. Auch Vogelsterben durch Botulismus und die Bildung von Schwarzen Flecken wird wahrscheinlich durch Eutrophierung der Sedimente gefördert. Weitere negative Folgen, wie z. B. die Förderung toxischer Algenblüten werden mit Stickstoffüberschuß in Verbindung gebracht. Aktuelle Berichte von sogenannten Schwarzen Flecken erheblicher Größe in Niedersachsen deuten in dieselbe Richtung.

Die Zusammenfassung kann das Studium des Syntheseberichtes nicht ersetzen. Um die Grundlage und die daraus folgenden Empfehlungen in vollem Umfang verstehen zu können, sollte der Bericht parallel zu der Zusammenfassung gelesen werden.

Folgende Regelungen werden vorgeschlagen:

▶ Verminderung der Nährstoffeinträge aus der Landwirtschaft durch weitere Extensivierungsmaßnahmen und vor allem durch die Unterstützung der Landwirtschaft bei der Umstellung auf den ökologischen Landbau.

▶ Zusätzlich müssen weitere Maßnahmen zur Reduktion der diffusen Nährstoffeinträge über Flüsse und Atmosphäre umgesetzt werden (Verkehr, Hausbrand, Industrie).

Schadstoffbelastung und -eintrag

Trotz Reduzierung der Einleitungen sind Schadstoffe wie Schwermetalle und organische Verbindungen immer noch in viel zu hohen Konzentrationen vorhanden. Sichtbare Zeichen sind z. B. Geschwüre bei verschiedenen Fischarten des Wattenmeeres oder die durch Schadstoffe zumindest geförderte Seehundseuche 1988.

Folgende Regelungen werden vorgeschlagen:

▶ Die Bemühungen zur Verringerung der Einträge müssen intensiviert werden. Ziel zukünftiger Politik für das Wattenmeer muß dabei sein, daß die Schwermetallkonzentrationen den natürlichen Hintergrundwerten angenähert werden und menschengemachte Verbindungen mittelfristig nicht mehr in den Ökosystemkompartimenten nachweisbar sind.

▶ Um Schadstoffeinträge über Schiffe in die Küstengewässer und die Nordsee zu reduzieren, ist eine Pflichtentsorgung von Öl, Chemikalienrückständen, Müll und Fäkalien in den Häfen zu fordern, die gemäß dem Verursacherprinzip über die Hafengebühren zu finanzieren ist. Zur Vermeidung von Wettbewerbsverzerrungen sollte eine entsprechende Entsorgungsregelung in den Seehäfen mindestens EU-weit, besser auf globaler Ebene getroffen werden.

Küstenschutzmaßnahmen im Vorland

Nach § 63 Abs. 2 Landeswassergesetz ist die Sicherung des Vorlandes Aufgabe des Landes, soweit dies für die Erhaltung der Schutzfunktion der in der Unterhaltungspflicht des Landes stehenden Deiche erforderlich ist.

Das Landesnaturschutzgesetz stellt eine Reihe von Biotopen unter besonderen Schutz. Wattflächen und Salzwiesen werden in § 15a LNatSchG als „vorrangige Flächen für den Naturschutz" bezeichnet. § 15a Abs. 2 LNatSchG verbietet alle Handlungen, die zu einer Beseitigung, Beschädigung, sonstigen erheblichen Beeinträchtigungen oder zu einer Veränderung des charakteristischen Zustands der geschützten Biotope führen können.

Zur Umsetzung der Bestimmungen aus dem Landesnaturschutzgesetz und dem Landeswassergesetz hat eine Arbeitsgruppe (AG Vorland) aus Vertretern des MELFF, des Ministeriums für Natur und Umwelt (MNU), des Landesamtes für den Nationalpark Schleswig-Holsteinisches Wattenmeer (NPA), des Landesamtes für Wasserhaushalt und Küsten (LW), des Marschenverbandes und der Ämter für Land- und Wasserwirtschaft (ÄLW) Heide und Husum folgende Grundsätze für das künftige Management erarbeitet:

▶ Es ist gemeinsames Ziel von Küstenschutz und Naturschutz, vorhandenes Vorland zu erhalten und vor Schardeichen neu zu entwickeln.

▶ Die Maßnahmen zur Vorlandentwicklung sind, abhängig von den örtlichen Verhältnissen, möglichst naturverträglich auszuführen. Dort, wo es die örtlichen Verhältnisse zulassen, wird auf technische Maßnahmen verzichtet.

Ausgehend von den Grundsätzen sind regionale Küstenschutzkonzepte entwickelt worden, die künftig dem Genehmigungsverfahren nach § 15a LNatSchG zugrunde gelegt werden. Sie werden anhand eines gemeinsam getragenen Vorlandmonitoringprogrammes auf ihre Effektivität und auf ihre Naturverträglichkeit hin überprüft und weiter entwickelt. Die als Vorrangfläche für eine natürliche

Entwicklung ausgewiesenen, in denen Küstenschutzmaßnahmen nicht bzw. nicht mehr stattfinden, werden beobachtet und überwacht. Veränderungen und Entwicklungstendenzen sollen im Rahmen eines Monitoringprogrammes dokumentiert werden. Dort, wo eine 200 m breite Vorlandzone in ihrem Bestand aus Küstenschutzsicht gefährdet ist, stimmen NPA und ALW die zu ergreifenden Maßnahmen miteinander ab.

Die regional differenzierten Küstenschutzkonzepte haben eine Gültigkeit von ca. zehn Jahren, sollen aber anhand eines Monitoringprogrammes laufend überprüft und wenn nötig modifiziert werden. Alle in die Pläne aufgenommene Maßnahmen zielen auf eine Eingriffsminimierung bei gleichzeitiger voller Gewährleistung aller Küstenschutzfunktionen.

Die den regionalen Plänen zugrundegelegten Prinzipien sind in einer Matrix zusammengetragen Es wird zwischen Vorland im Aufbau und vorhandenem Vorland unterschieden. Im vorhandenen Vorland werden nur noch Maßnahmen zur Sicherung der Vorlandkante, zur Haupt- und Deichfußentwässerung sowie zum Management von Sodenflächen ausgeführt. Dies bedeutet, daß im begrünten Vorland keine flächenwirksamen Küstenschutzmaßnahmen durch Beweidung und Begrüppung mehr stattfinden. Für im Aufbau befindliches Vorland wird ein gestaffeltes System, aufgeteilt in eine Vorland-, Anwachs- und Turbulenzzone, angestrebt. Hier finden Managementmaßnahmen statt.

Das Konzept wird als gute und tragfähige Arbeitsgrundlage eingestuft und inhaltlich in die Empfehlungen der Ökosystemforschung übernommen.

Baggergutverbringung
(Kap. XI 3.11)

Zur Erhaltung der Vorflutfunktion der Fließgewässer sowie zur Erhaltung der Schiffbarkeit, insbesondere der Sicherheit und Leichtigkeit des Schiffsverkehrs, werden in Fließgewässern, in Bundeswasserstraßen, in Häfen und in den Zufahrten zu den Häfen regelmäßig Unterhaltungsbaggerungen durchgeführt. Als zuständige Genehmigungsbehörde hat

das Nationalparkamt bei Baggerungen im Nationalpark sowie bei Einbringung von Baggergut in den Nationalpark über eine Ausnahmezulassung nach Naturschutzrecht zu entscheiden.

Folgende Regelungen werden vorgeschlagen:

► Um die Beeinträchtigungen bzw. Eingriffe zu vermeiden oder möglichst gering zu halten, ist nach Maßgabe des Baggergutkonzeptes vom Unterhaltungspflichtigen zu prüfen, ob eine Verwertung des Baggergutes an Land als Baustoff möglich ist oder ob anderweitige Verwendungsmöglichkeiten bestehen.

► In zweiter Priorität ist zu prüfen, ob die Sedimente für Küstenschutzzwecke (Sandvorspülung, Auffüllung von Lahnungsfeldern) verwendet werden können.

► Erst wenn beide Verwendungsmöglichkeiten ausscheiden, ist über eine Verspülung in Tiderinnen oder auf Wattflächen zu entscheiden.

► Bevor Baggermaßnahmen zugelassen werden, sind Sedimentproben auf Schadstoffgehalte zu analysieren. Nur wenn festgelegte Grenzwerte nicht überschritten werden, wird einer Verbringung in das Wattenmeer zugestimmt.

Tierseuchen
(Kap. XI 3.12)

Massensterben von
Meeressäugern

Der Weltbestand des Seehundes wird mit 300.000 - 400.000 Individuen angegeben. Die Unterart der ostatlantischen Seehunde, zu denen auch die Wattenmeerpopulation gehört, umfaßt etwa 70.000 Tiere.

Nach Beendigung der Jagd - in Schleswig-Holstein im Jahre 1974 - nahm die Population zuerst langsam, dann zügig zu. Diesem Populationswachstum wurde 1988 bei einem gezählten Bestand von ca. 10.000 Tieren durch den Ausbruch einer Epidemie ein plötzliches Ende bereitet.

Mehr als 60 % des Bestandes fielen einer
Seuche zum Opfer. Die Ursache des
Seehundsterbens war ein hochinfiziöser
Morbillivirus, der die Bezeichnung
Seehundstaupevirus (Phocid distemper
virus = PDV) erhielt. Ein erneuter Ausbruch der Seuche kann nicht ausgeschlossen werden. Probleme gibt es bei Massensterben von Großtieren regelmäßig bei
der Entsorgung der Kadaver.

Die Schweinswalpopulation vor Schleswig-Holstein hat eine ähnliche Größenordnung wie die der Seehunde. Anzeichen für
Epidemien gibt es nicht. Kegelrobben und
vereinzelt andere Robbenirrgäste, verschiedene Delphinarten und kleinere Wale
werden hin und wieder tot aufgefunden.
Tote Tiere dieser Arten stellen hinsichtlich
Anzahl und Entsorgung kein Problem dar.
Anders ist dies bei Strandungen von
großen Blau-, Finn-, Pott- oder Buckelwalen.

Normalerweise werden jährlich ca. 200
Totfunde von Meeressäugern registriert,
zumeist Seehunde und Schweinswale.

Dem Nationalparkgedanken würde es
zwar entsprechen, Kadaver auf abgelegenen Sänden oder einsamen Stränden
liegen und die natürlichen Zersetzungsprozesse ablaufen zu lassen. In Einzelfällen kann auch durchaus so verfahren
werden. Bei Strandungen großer Wale
oder bei Massensterben kleinerer Meeressäuger sollten die Tiere allerdings
schnellstmöglich entfernt werden, da mit
einer späteren höheren Flut die verwesenden Kadaver leicht an von Menschen
frequentierte Strände getrieben werden
können. Die Bergung und u. U. die Zerlegung von dann bereits weitgehend
zersetzten Tierkörpern wäre kaum zumutbar. Großwalkadaver müssen auch deswegen beseitigt werden, weil sie nach einem
eventuellen Freispülen ein gefährliches
Schiffahrtshindernis darstellen können.

Botulismus

Botulismus ist eine durch Bakterien
(**Clostridium botulinum**) hervorgerufene
Vergiftungskrankheit, die in mehreren
Formen vorkommt. Von Botulismus
betroffen werden in großem Umfang
insbesondere Wasser- und Watvögel, die
das Nervengift in Watt- und Schlick-

bereichen mit der Nahrung aufnehmen.
Schon äußerst geringe Mengen bewirken
Lähmungen der Bein-, Flug- und Halsmuskulatur sowie der Atmung. Die Tiere
ersticken dann oder ertrinken, weil sie den
Kopf nicht mehr über Wasser halten
können.

Botulismus-gefährdete Gebiete sollten
während länger andauernder Hitzeperioden und bei aufkommenden Sauerstoffdefiziten regelmäßig kontrolliert werden.
Entsprechend § 5 in Verbindung mit § 3
Abs. 1 des Tierkörperbeseitigungsgesetzes
muß bei Ausbruch der Krankheit grundsätzlich versucht werden, tote Tiere
möglichst weitgehend abzusammeln und
sie in einer Tierkörperverwertungsanstalt
beseitigen zu lassen. Da bei größeren
Vogelansammlungen nicht selten auch
anders ausgelöste Vogelsterben, z. B.
durch Salmonellose auftreten, sollten die
ersten anfallenden Tiere mit Botulismus-
Symptomen veterinärmedizinisch untersucht werden. Bei Auftreten des Typs E
wäre zudem eine weitere Ausbreitung in
stärker marine Bereiche zu befürchten. Die
Gefährdung überaus bedeutender Bestände von Brut- und Zugvögeln (z. B. Brandente) rechtfertigt maßvolle Eingriffe durch
Sammeln, auch in den Kernzonen des
Nationalparks.

Umgang mit aufgefunde-
nen Vögeln

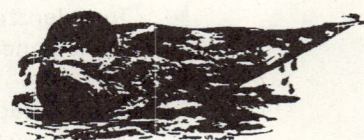

Alljährlich werden an der Nord- und
Ostseeküste Schleswig-Holsteins mehrere
hundert geschwächte oder sterbende See-
und Küstenvögel gefunden. Ein Teil dieser
Tiere gelangt in privat betriebene Rettungsstationen, wo sie gepflegt und z. T.
später wieder ausgesetzt werden. Eine
einheitliche, landesweite und praxisorientierte Regelung für den Umgang mit
diesen Tieren bestand bisher nicht.

Landwirtschafts- und Umweltministerium
haben deshalb Handlungsempfehlungen
entworfen, die den Umgang mit aufgefundenen Vögeln an den schleswig-holsteinischen Küsten regeln und den Umgang mit
diesen Tieren vereinheitlichen sollen. Sie

werden in den Grundsätzen zum Umgang mit aufgefundenen Vögeln an den Küsten Schleswig-Holsteins wiedergegeben. Der Umgang mit aufgefundenen Vögeln ist dort ausführlich dargestellt.

Heulerproblematik

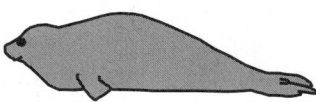

Heuler sind bis zu sechs Wochen alte Seehundjungtiere, die den Kontakt zur Mutter suchen. Um diesen wiederherzustellen, geben sie Kontaktsuchlaute ab, die dem menschlichen Ohr wie ein jämmerliches Klagen erscheinen. Heuler werden daher allzu leicht aus Unkenntnis und falsch verstandener Tierliebe vom Strand entfernt, in Gefangenschaft aufgezogen und später unter Risiken für das Tier und den Wildbestand wieder ausgewildert.

Zwar werden Seehunde seit 1974 nicht mehr bejagt, gelten aber weiterhin nach Bundesjagdgesetz als jagdbares Wild. Daher dürfen nur Jagdaufseher, in diesem Fall die von der Obersten Jagdbehörde bestellten Seehundjäger, sich dieser Tiere annehmen.

Da eine Heuleraufzucht wegen der steigenden Seehundbestände aus Natur- und Artenschutzgründen nicht notwendig ist, aber Nachteile und Risiken mit sich bringt, und gleichzeitig Tierschutz und jagdrechtliche Bestimmungen zu beachten sind, verfolgt das Land Schleswig-Holstein eine sogenannte Heulervermeidungsstrategie. Dabei arbeiten Nationalparkamt und Landesjagdverband eng zusammen.

Mit der Heulervermeidungsstrategie soll sichergestellt werden, daß Störungen auf den Mutterbänken minimiert werden, Heuler nach Möglichkeit wieder mit der Mutter zusammengeführt werden und möglichst wenige Jungtiere in Gefangenschaft geraten. Um dies zu erreichen, sind die Kernzonen des Nationalparks so geschnitten, daß der größte Teil der Mutterbänke darin eingeschlossen ist.

▶ Kurzfristig ist eine konsequente, strikte Umsetzung der Heulervermeidungsstrategie umzusetzen.

▶ Mittelfristig würde es der veränderten Situation entsprechen, die bestehende Schonzeit für den Seehund auf volle zwölf Monate auszudehnen und damit die vorhandene Möglichkeit zur Bejagung endgültig zu beenden. Ein dann gesetzlich festzulegendes ganzjähriges Jagdverbot hätte gegenüber der alternativ denkbaren Herausnahme aus dem Bundesjagdgesetz den Vorteil, daß das funktionierende Aufsichtssystem der Seehundjäger erhalten bliebe und Robbenbergungsprämien, Forschungsprojekte und die vom Land autorisierte Seehundstation weiterhin aus der Jagdabgabe finanziert bzw. finanziell unterstützt werden können.

▶ Langfristig ist zu überprüfen, inwiefern die Heuleraufzucht überhaupt sinnvoll und zu verantworten ist. Die bisherigen Ergebnisse haben gezeigt, daß die überwiegende Anzahl der wieder ausgewilderten Tiere im Freiland monatelang Verhaltensauffälligkeiten aufwiesen. Da die Auswilderung mit verschiedenen Risiken für die Wildpopulation, insbesondere dem der Eintragung von gefangenschaftstypischen Krankheitserregern, verbunden ist, ökologisch jedoch keine Vorteile bringt, muß ihr Sinn anhand zukünftiger Erfahrungen und zusätzlicher Untersuchungen hinterfragt werden.

5. Entwicklungskonzept für ein Biosphärenreservat Schleswig-Holsteinische Westküste (Kap. XII)

Ziel und Leitbild des Biosphärenreservates

Die gemeinsame und aufeinander abgestimmte Entwicklung des Nationalparks und des angrenzenden Wirtschafts- und Lebensraumes ist eine wichtige Zukunftsaufgabe, da nicht nur die Lebensräume bestimmter Tiere und Pflanzen sondern auch wichtige Wirtschaftsbereiche in diesen Bereichen eng miteinander ver-

Die Zusammenfassung kann das Studium des Syntheseberichtes nicht ersetzen. Um die Grundlage und die daraus folgenden Empfehlungen in vollem Umfang verstehen zu können, sollte der Bericht parallel zu der Zusammenfassung gelesen werden.

knüpft sind. Gleichzeitig benötigt die strukturschwache Westküste langfristig tragfähige Entwicklungsperspektiven. Bereits seit 1990 ist der Nationalpark Schleswig-Holsteinisches Wattenmeer von der UNESCO als Biosphärenreservat im Rahmen des Programms Mensch und Biosphäre anerkannt. Dem bestehenden Biosphärenreservat fehlt jedoch bisher die Entwicklungszone, denn Nationalparkfläche und Biosphärenreservatsfläche sind identisch. Inseln, die großen Halligen sowie die anrainenden Festlandsgemeinden und damit der Hauptlebens- und Wirtschaftsraum der Region gehören nicht dazu.

In Schleswig-Holstein wäre eine räumliche Erweiterung des bereits bestehenden Biosphärenreservates notwendig. Die schleswig-holsteinische Landesregierung möchte daher erreichen, daß sich Gemeinden auf den Inseln und Halligen sowie am Festland durch eigenen Entschluß dem Konzept Biosphärenreservat anschließen und aktiv mitarbeiten.

Entscheidend ist dabei, daß die Zielsetzung von Biosphärenreservaten den Menschen mit seinen Nutzungsansprüchen nicht ausschließt, sondern ihn bewußt und ausdrücklich als Teil der Biosphäre einbezieht. In Biosphärenreservaten sollen gemeinsam mit den hier lebenden und wirtschaftenden Menschen beispielhafte Konzepte zu Schutz, Pflege und nachhaltiger Entwicklung der Ressourcen erarbeitet und umgesetzt werden. Biosphärenreservate sind also keine neuen Naturschutzgebiete, sondern Gebiete, in denen um einen Kern von Schutzgebieten - hier einen Nationalpark - herum menschliches Wirtschaften im Sinne einer nachhaltigen Entwicklung erprobt und gefördert wird.

Unter dem Leitbild nachhaltige Entwicklung werden Nutzungsformen und Lebensweisen verstanden, die langfristig ökologisch verträglich und wirtschaftlich tragbar sind. Sie nutzen natürliche Ökosysteme und ihre Ressourcen in der Weise, daß diese dauerhaft leistungsfähig blei-

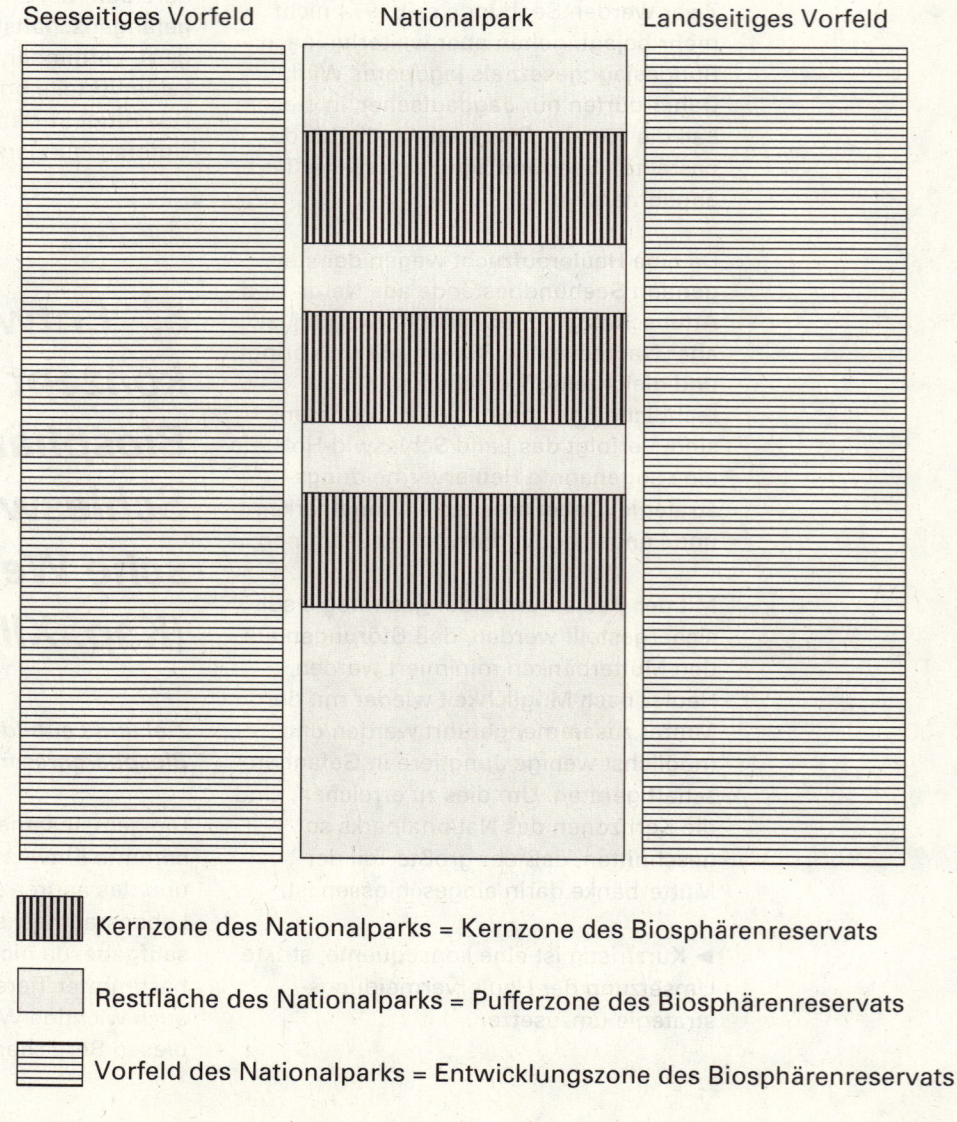

*Abb. 3
Einbezug des Vorfeldes in das Biosphärenreservatsschema: Das vorgeschlagene Biosphärenreservat sollte um ein see- und landseitiges Vorfeld erweitert werden. Auf diese Weise kann der Kerngedanke des Biosphärenreservates auch räumlich verwirklicht werden. Die Kernzonen des Nationalparkes entsprächen dann der Kernzone des Biosphärenreservates. Die verbleibende Nationalparkfläche wäre Pufferzone und das Vorfeld des Nationalparkes Entwicklungszone des Biosphärenreservats.*

Seeseitiges Vorfeld   Nationalpark   Landseitiges Vorfeld

Kernzone des Nationalparks = Kernzone des Biosphärenreservats

Restfläche des Nationalparks = Pufferzone des Biosphärenreservats

Vorfeld des Nationalparks = Entwicklungszone des Biosphärenreservats

Die Zusammenfassung kann das Studium des Syntheseberichtes nicht ersetzen. Um die Grundlage und die daraus folgenden Empfehlungen in vollem Umfang verstehen zu können, sollte der Bericht parallel zu der Zusammenfassung gelesen werden.

ben, ohne sich zu erschöpfen. Ziel ist es, in Biosphärenreservaten modellhaft Strategien zu entwickeln, die dem Menschen langfristig eine Existenzgrundlage sichern.

Es ist Ziel eines Biosphärenreservates, ökonomische Entwicklungen anzuschieben, die die Gesetze der Ökologie beachten und die gerade deswegen wirtschaftlich erfolgreich sind. Daneben haben Biosphärenreservate in Deutschland die vorrangige Aufgabe, Informationsvermittlung und Umweltbildung zu fördern, Ausbildungsstrukturen zu etablieren und einen Beitrag zur globalen Umweltbeobachtung zu leisten

Vorschlag für ein Biosphärenreservat Schleswig-Holsteinische Westküste

Es wird der Vorschlag unterbreitet, das bestehende Biosphärenreservat „Schleswig-Holsteinisches Wattenmeer" zu einem Biosphärenreservat Schleswig-Holsteinische Westküste zu erweitern. Der Einbezug des Vorfeldes ist in Abb. 3 schematisch dargestellt.

Die Kernzone des erweiterten Biosphärenreservats mit dem Leitbild der ungestörten Naturentwicklung muß mit den Kernzonen des Nationalparks übereinstimmen. Die Nationalpark-Halligen Habel, Hamburger Hallig, Süderoog, Südfall und Norderoog sind somit Bestandteil der Kernzone. Küstenschutzmaßnahmen auf diesen Halligen sollen auch weiterhin entsprechend dem Küstenschutzkonzept durchgeführt werden.

Als Pufferzone des erweiterten

Biosphärenreservats sollten diejenigen Flächen des Nationalparks ausgewiesen werden, die nicht zur Kernzone zählen. Sie dienen einem abgestuften Schutz der Kernzone.

Die Entwicklungszone des erweiterten Biosphärenreservats mit der Zielsetzung einer nachhaltigen wirtschaftlichen Nutzung könnte das seeseitige Vorfeld bis zur 12 sm - Grenze, die sich im Privatbesitz befindenden Halligen Hooge, Langeneß, Oland, Gröde und Nordstrandischmoor sowie die Inselbereiche außerhalb des Nationalparks und das landseitige sozio-ökonomische Vorfeld (Abb. 4) umfassen.

Nach geltendem Landesrecht kann die Entwicklungszone nicht festgesetzt werden. Der einzig mögliche Weg ihrer Realisierung besteht in einer freiwilligen Absichtserklärung von Gemeinden, die sich dem Biosphärenreservat anschließen wollen. Sollte die Entwicklungszone entstehen, wären die genannten Halligen dieser Zone zugeordnet, da bei ihnen Erhaltung und Pflege der Kulturlandschaft im Vordergrund steht. Die Bewirtschaftung dieser Halligen sollte sich wie bisher an den Maßnahmen des Halligprogrammes orientieren. Für das seeseitige Vorfeld bis zur 12 sm-Grenze muß geprüft werden, ob es durch Landesrecht, z. B. als Naturschutzgebiet, festgesetzt werden kann. Hier müssen ggf. naturverträgliche und ressourcenschonende Strategien für die Fischerei ausgearbeitet und umgesetzt werden. Der nördliche Teil dieses Gebietes ist das wichtigste Schweinswalaufzuchtgebiet im küstennahen Flachwasserbereich der Nordsee und erfordert besondere Vorkehrungen zum Schutz dieser Meeressäuger.

Im landseitigen Vorfeld des Nationalparks können mit einem umwelt- und sozialverträglichen Tourismus, ressourcenschonender Energienutzung, einer langfristig ökologisch verträglichen Landbewirtschaftung sowie verwandten Strategien nachhaltige Nutzungsformen entwickelt und in neue, wirksame Marketing-Strategien umgesetzt werden.

Die Entwicklungszone ist als Kommunikations- und Interaktionsraum aufzufassen, in dem Gemeinden, Einwohnerinnen und Einwohner, Interessengruppen, Entscheidungsträger, Landkreise sowie die Nationalparkverwaltung eng zusammenarbeiten (Abb. 5). Zur Entwicklung des skizzierten Biosphärenreservates müssen

Abb. 4
Ein Planungsansatz sollte vom Verflechtungsdenken geleitet sein

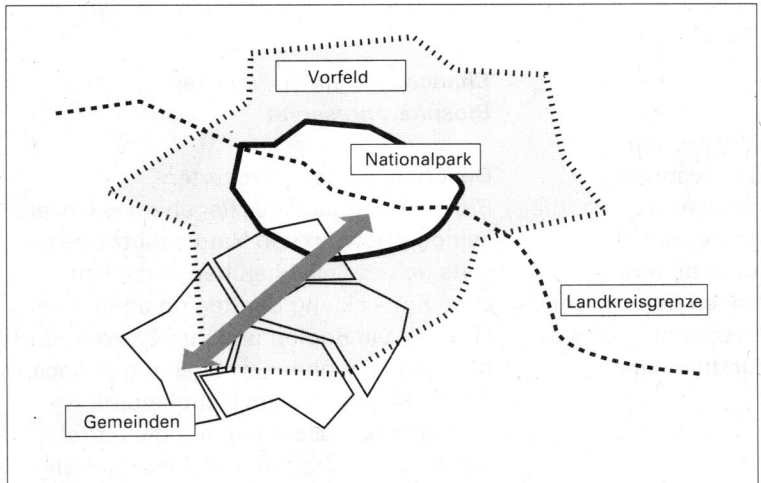

*Abb. 5
Abgrenzung des
Nationalparkvor-
feldes nach sozio-
ökonomischen
Kriterien. Die dicke,
gestrichelte Linie
zeigt die landseitige
Begrenzung.*

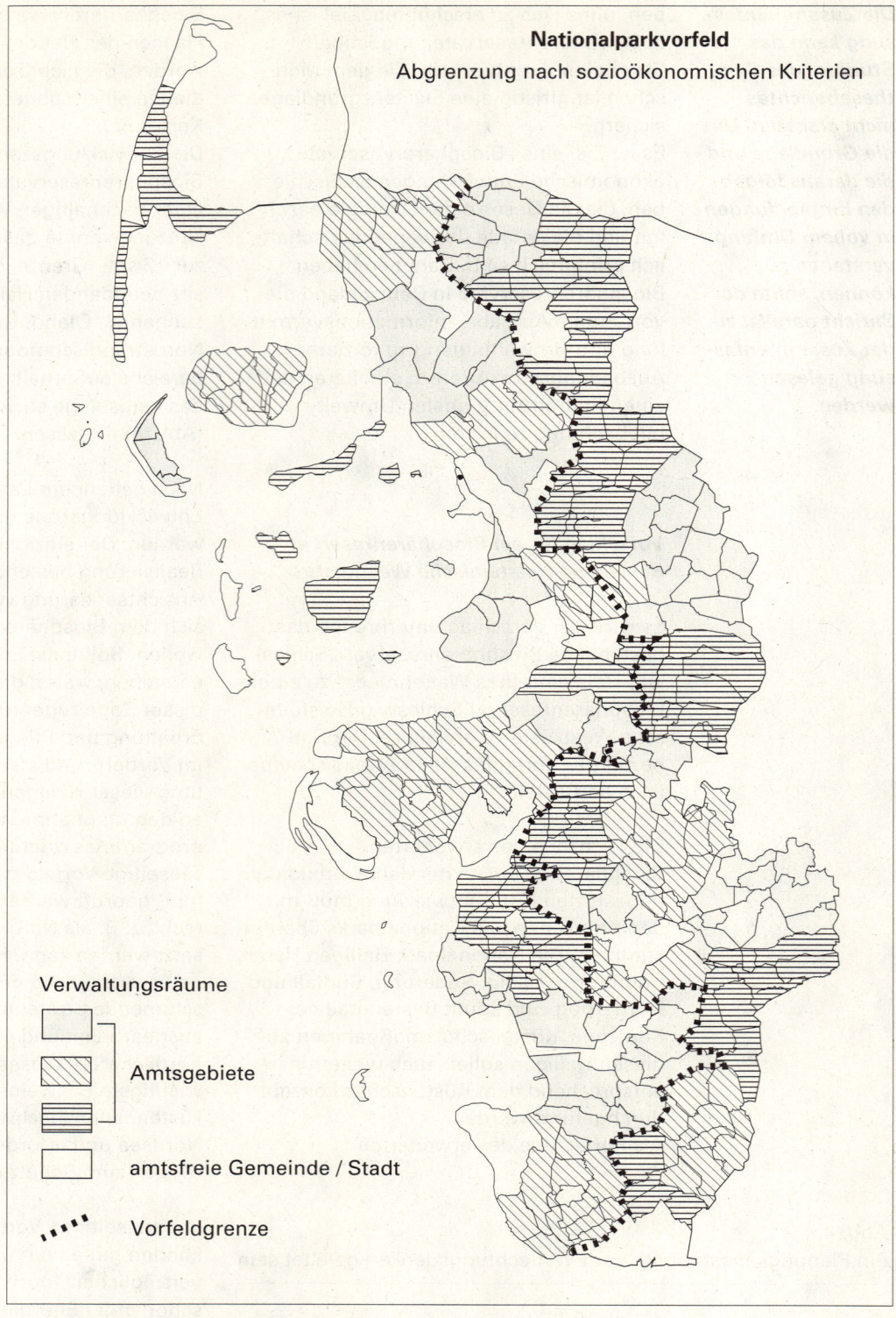

Nationalparkvorfeld
Abgrenzung nach sozioökonomischen Kriterien

Verwaltungsräume

⬚⬜ ⎤
▨ ⎬ Amtsgebiete
▤ ⎦

⬜ amtsfreie Gemeinde / Stadt

▪▪▪ Vorfeldgrenze

also nicht in erster Linie Räume abgegrenzt, sondern vor allem themenadäquate Kommunikationsformen über
Kuratorien, Arbeitskreise, Gesprächsrunden und ähnliches gesucht werden, die
die Interessen und Kompetenzen beispielsweise der Kreise oder anderer
übergeordneter Institutionen berücksichtigen. Vielversprechend erscheint in diesem
Zusammenhang die Gründung eines
Zweckverbandes.

**Chancen für ein erweitertes
Biosphärenreservat**

Die Chancen des erweiterten
Biosphärenreservates liegen im wechselseitigen Gewinn von Naturschutz einerseits und der nachhaltigen wirtschaftlichen Entwicklung der Region andererseits
(Tab. 4). Die Region und ihre Einwohnerinnen und Einwohner erhalten die Chance,
die Potentiale, die ein Nationalpark
Wattenmeer zusammen mit den attraktiven Kulturlandschaften der Inseln, Halli-

Region und ihre Einwohner	Schutzgebietsverwaltung
Positive Teilhabe am Schutz-gebiet und seinen Potentialen anstelle von Abgrenzung und Konfrontation; Nutzung des Image und der Herkunft "Biosphärenreservat"	Aufbrechen der Isolation des Nationalparks und seiner Verwaltung gegenüber lokalen Strukturen
Beratung und Unterstützung beim Aufbau zukunftsträchtiger Wirtschaftstrukturen, Wieder-belebung von Entwicklungs-potentialen und regionalen Wirtschaftskreisläufen	Besserer Schutz für den Nationalpark durch Puffer- und Entwicklungszone des Biosphärenreservats
Erhaltung und Verbesserung des natürlichen und kulturge-gebenen Lebensraumes sowie der wirtschaftlich relevanten Resourcen.	Erhöhte Akzeptanz gegen-über Schutzzielen und Maß-nahmen bei der Bevölkerung durch Identifikation mit dem Biosphärenreservat
Verstärkte Akquisition sowie Koordination von Fördermitteln und Förderprojekten	Möglichkeit der großräumi-gen Steuerung und Beein-flussung von Nutzungen, die Nationalpark tangieren (Tourismus- und Verkehrs-lenkung, Landwirtschaft und Wasserwirtschaft etc.)
Synergieeffekte durch die Zu-sammenarbeit und Koordina-tion zwischen verschiedensten Interessengruppen; Vermeidung von Reibungs-verlusten durch eine integrierte, abgestimmte Entwicklung	Vereinfachte Abstimmung der naturschutzfachlichen und allgemeinen Raumentwick-lung durch direkte Mitwir-kung des Nationalparkamtes bei der Verwaltung des Biosphärenreservates

Tab. 4
Chancen für die Region und die Schutzgebiets-verwaltung im Rahmen eines erweiterten Biosphärenreservats

gen und Festlandsbereiche in sich bergen, aktiv und positiv für sich zu nutzen. So bietet eine einheitliche Marketingstrategie beim Vertrieb landwirtschaftlicher Produk-te aber auch in vielen anderen Wirt-schaftsbereichen Wettbewerbsvorteile. Über koordinierte und verstärkte Mobili-sierung von Fördermitteln aus ökologisch orientierten bzw. integriert angelegten Förderprogrammen könnten regionale Wirtschaftskreisläufe belebt werden.

Souveränität und Planungshoheit der Kommunen bleiben bei all diesen Maß-nahmen unangetastet, da das Konzept des Biosphärenreservates auf freiwilliger Teilnahme aufbaut.

Als strukturschwacher Raum gehört die Westküste zu den bundesdeutschen Förderschwerpunkten (vergl. Kapitel II 3.8 und 3.10). Damit stehen grundsätzlich auch eine Reihe von Fördermittelquellen zur Umsetzung der Ziele eines Biosphärenreservates zur Verfügung. Die Förderrichtlinien der meisten Programme schließen heute ökologische Zielsetzun-gen mit ein (vergl. Kap. II 3.10). Eine

Biosphärenreservatsverwaltung, z. B. in Form eines Zweckverbandes, kann jedoch aufgrund der Breite und Komplexität der Handlungsfelder bei der Mehrheit der Fördermaßnahmen nur den Anstoß geben. Als Träger und Antragsteller von Fördermaßnahmen und Projekten müssen die erwähnten privatrechtlichen Organisa-tionen sowie Unternehmen, Personen, Institutionen der Region selbst auftreten.

6. Auswirkungen der Planung (Kap. XIII)

6.1 Empfehlungen für eine Novellierung des Nationalparkgesetzes

Aus dem vorliegenden Abschlußbericht der Ökosystemforschung im Schleswig-Holsteinischen Wattenmeer leiten sich folgende Empfehlungen für eine Novellie-rung des Nationalparkgesetzes ab:

► Um dem Schutzzweck gerecht werden zu können ist es notwendig, durch die Gestaltung des Nationalparkgesetzes als Artikelgesetz andere Rechtsvorschriften anzupassen und an den Zielen des Natio-nalparks zu orientieren. Damit würden alle landeshoheitlichen Maßnahmen im Nationalpark zumindest das Einverneh-men des Nationalparkamtes vorausset-zen.

► Aus dem Vorschlag der Ökosystem-forschung, den Nationalpark um bestimm-te angrenzende Gebiete und fehlende Ökosystembestandteile zu erweitern (vergl. Kap. XI 2.1), ergibt sich die Not-wendigkeit einer diesbezüglichen Ergän-zung der Beschreibung seiner Bestandtei-le (§ 1 NPG).

► Entsprechend wären die Grenzen des Nationalparks neu zu definieren (§ 3 NPG).

► Der bestehende Katalog der Schutz-bestimmungen ist zu konkretisieren und zu ergänzen. Dabei sind insbesondere die Vorgaben des LNatSchG zu berücksichti-gen (§§ 7 bis 15a).

Die Zusammenfassung kann das Studium des Syntheseberichtes nicht ersetzen. Um die Grundlage und die daraus folgenden Empfehlungen in vollem Umfang verstehen zu können, sollte der Bericht parallel zu der Zusammenfassung gelesen werden.

▶ Die Regelungen zu den Bereichen Jagd, Fischerei, Landwirtschaft, Küstenschutz, Wasserwirtschaft und Binnenlandentwässerung sollten entsprechend der Vorschläge in den betreffenden Kapitel in jeweils eigenen Paragraphen fixiert werden.

▶ Die Beschreibung des Schutzzwecks (§2 NPG) sollte eindeutiger als bisher formuliert sein. An erster Stelle muß hier der oberste Grundsatz des Naturschutzes im Nationalpark stehen:

„Schutzzweck ist, das Wattenmeer in seiner Ganzheit und seiner natürlichen Dynamik um seiner selbst willen und als Lebensstätte der in diesem Lebensraum natürlich vorkommenden Arten und der zwischen diesen Arten bestehenden Lebensgemeinschaften zu erhalten und vor Beeinträchtigungen zu schützen."

▶ Der Absatz 2 des § 2 Nationalparkgesetzes sollte aus dem Passus zum Schutzzweck herausgenommen werden und in einen § „Gebote" Eingang finden.

▶ Als weiteres Gremium sollte die Nationalparkverwaltung neben den Kuratorien, die vor allem die Interessen der Bevölkerung vertreten, um einen fachlichen Beirat ergänzt werden, der die Verwaltung naturschutzfachlich berät.

▶ Die Definition und detaillierte Beschreibung der Schutzzonen (§ 4) muß entsprechend den Vorschlägen in den Kap. XI 2.2 bis 2.4 angepaßt werden (§ 4).

▶ Bisher fehlt im Nationalparkgesetz eine vollständige Beschreibung der Aufgaben des Nationalparkamtes, wie sie im folgenden aufgeführt sind:

▶ Das Nationalparkamt ist untere und obere Naturschutzbehörde für den Nationalpark (§ 45 LNatSchG) und direkt dem Ministerium für Natur, Umwelt und Forsten unterstellt. Seine Aufgaben bestehen in der:

* Einrichtung und Unterhaltung eines Nationalpark-Service;
* Öffentlichkeitsarbeit und Umweltbildung für den Nationalpark;
* Durchführung, Initiierung und Koordination von Monitoring und Forschung;
* Beschaffung, Bereithaltung und Pflege von wattenmeerelevanten Daten sowie Betrieb eines Geographischen Informationssystems zur Darstellung, Bearbeitung und Verschneidung flächenhafter Daten;
* Wahrnehmung von Aufgaben im Bereich der trilateralen Kooperation;
* Erstellung eines Nationalpark-Plans, der periodisch fortzuschreiben ist;
* Planung, Förderung und Durchführung von Maßnahmen zum Schutz des Nationalparks auf der Grundlage des Nationalparkplans;
* Zuständigkeit für die Vergabe der Betreuung des Wattenmeeres und die Förderung der betreuenden Verbände im Sinne von § 21d LNatSchG;
* Zuständigkeit für Vereinnahmung und Entscheidung über die Verwendung von Ausgleichszahlungen nach § 8b LNatSchG.

▶ In einen neu einzuführenden Paragraphen „Gebote" sollten folgende Punkte Eingang finden:

▶ Bei der Erfüllung seiner Aufgaben hat das Nationalparkamt unzumutbare Beeinträchtigungen der Interessen und herkömmlichen Nutzungen der einheimischen Bevölkerung zu vermeiden, soweit der Schutzzweck dadurch nicht in Frage gestellt wird.

▶ Das Nationalparkamt, die staatlichen und kommunalen Behörden und öffentlichen Stellen sowie die Verbände, die für das Gebiet des Nationalparks planen, entscheiden, es bewirtschaften oder betreuen, haben zu gewährleisten,

* daß auf möglichst großer Fläche die ungestörte und natürliche Entwicklungsdynamik gesichert und die standorttypischen Lebensräume mit ihren Lebensgemeinschaften erhalten werden,
* daß die zugelassenen wirtschaftlichen Nutzungen sich an den Ansprüchen der im Gebiet lebenden Pflanzen und Tiere ausrichten, und daß sie die Eigenart, Schönheit und Ursprünglichkeit der Landschaft nicht verändern oder beeinträchtigen;
* daß das Gebiet der Bevölkerung und den Gästen zu Bildungs-, Erholungs- und Naturerlebniszwecken zugänglich gemacht wird, wo es der Schutzzweck erlaubt.
* daß die Entwicklung eines umweltschonenden, naturnahen und sozial verträglichen Tourismus gefördert wird, soweit dies mit dem Schutzzweck vereinbar ist;

Die Zusammenfassung kann das Studium des Syntheseberichtes nicht ersetzen. Um die Grundlage und die daraus folgenden Empfehlungen in vollem Umfang verstehen zu können, sollte der Bericht parallel zu der Zusammenfassung gelesen werden.

- daß internationale Verpflichtungen, die sich aus der Anerkennung des Nationalparks oder Teilen davon als Feuchtgebiet von internationaler Bedeutung nach der RAMSAR-Konvention, als Gebiete, die die Kriterien der EU-Vogelschutz-Richtlinie bzw. der EU-Flora-Fauna-Habitat Richtlinie erfüllen, als von der UNESCO anerkanntes Biosphärenreservat, beachtet und umgesetzt werden;
- daß die Zusammenarbeit mit den Wattenmeeranrainerländern und -staaten in Fragen des Umwelt- und Naturschutzes, des Monitoring, der Forschung, der Umweltinformation und der Regionalentwicklung insbesondere im Bereich der naturnahen Erholung gestärkt und gefördert wird.

6.2 Finanzierung unter besonderer Berücksichtigung von Öffentlichkeitsarbeit, Umweltbildung und Nationalparkservice

Die aus den Ergebnissen der Ökosystemforschung abgeleiteten Vorschläge sollen den Schutz des Wattenmeeres, die Akzeptanz des Nationalparkes und seiner Regelungen sowie die Effizienz des Nationalparkamtes verbessern. Ihre Umsetzung erfordert zum Teil erhebliche Mittel, die die heutigen Möglichkeiten des Landeshaushaltes übersteigen.

Als Landesoberbehörde ist das Nationalparkamt mit einem Haushalt ausgestattet, welcher sich am Aufgabenspektrum des Nationalparkgesetzes orientiert. Schon bisher konnten einige wesentliche Umsetzungsmaßnahmen jedoch nur mit Hilfe von Drittmitteln erfüllt werden. Dies wird auch künftig unerläßlich sein, da nicht davon ausgegangen werden kann, daß sich die angespannte Haushaltslage des Landes mittelfristig verbessert.

Wenn die angestrebten Schutzstrategien und Maßnahmen, vor allem die der Öffentlichkeitsarbeit und Umweltbildung sowie des Nationalparkservices, realisiert werden sollen, bedarf es einer gezielten Suche nach Finanzierungsquellen.

Ausgehend von einer Beschreibung des bestehenden Haushaltes sowie des künftigen Mittelbedarfs des Nationalparkamtes werden folgende Möglichkeiten zur Verbesserung der wirtschaftlichen Situation des Nationalparkamtes dargestellt:

► Flexibilisierung der Mittelverwendung des Nationalparkamtes

Bereits durch flexiblere Verwendung des bestehenden Haushaltes lassen sich positive Effekte im Mitteleinsatz erzielen. Am wichtigsten sind die Möglichkeiten, Mittel zwischen den Titelgruppen zu verschieben sowie auf andere Haushaltsjahre, gegebenenfalls zeitlich befristet, zu übertragen. Eine Vermehrung der Haushaltsmittel ist damit aber nicht verbunden. Es ist darüberhinaus zu prüfen, welche Effekte sich durch einen Generalhaushalt erzielen lassen. Kleine Schritte in diese Richtung werden derzeit gegangen.

► Refinanzierungsquellen

Zur Finanzierung von Maßnahmen, die der Schaffung und dem Erhalt einer kurörtlichen Atmosphäre dienen, dürfen sogenannte prädikatisierte Fremdenverkehrsgemeinden wie Seebäder, Luftkur- oder staatlich anerkannte Erholungsorte eine Kurtaxe erheben. Abgabepflichtig sind alle nicht geschäftlich sich in diesen Gemeinden aufhaltenden Übernachtungsgäste. Die Kurtaxe wird vom Vermieter und Gemeinden erhoben und an die Gemeinde abgeführt. Diese verwendet die Mittel z.B. für Infrastrukturmaßnahmen und Dienstleistungen (Kurpark, Kurmittelhaus u.a.), von denen alle Gäste profitieren.

Seit einigen Jahren wird diskutiert, ob nicht als Pendant zur Kurtaxe auch eine „Nationalparkabgabe" erhoben werden kann, um Naturschutzmaßnahmen zu finanzieren, die durch die Inanspruchnahme seitens der Besucher notwendig werden bzw. die einen Beitrag zur Erschließung der Natur für die Besucher leisten.

Im Nationalpark Schleswig-Holsteinisches Wattenmeer kann eine derartige Abgabe nur über ein Sonderabgabengesetz realisiert werden.

► *Gründung einer privatrechtlichen Vermarktungsgesellschaft*

Eine weitere Möglichkeit den finanziellen Spielraum des Nationalparkamtes zu erhöhen, besteht in der Ausgliederung von ausgewählten Aufgaben aus der Verantwortung des Amtes durch Überführung in eine privatwirtschaftliche Betreiberform. Dies kann nur solche Aufgaben betreffen, die nicht hoheitliche Funktionen erfüllen (z.B. Lizenzüberwachung), oder spezielle Veranstaltungen des Amtes, Führungen (Wissenschaftlergruppen, Politiker) u.a.m.. Insbesondere Teile der Öffentlichkeitsarbeit sind hierfür geeignet.

7. Forschungsbedarf

Mit den beiden Ökosystemforschungsvorhaben im schleswigholsteinischen und niedersächsischen Wattenmeer und den Projekten SYNDWAT und TRANSWATT sind in den letzten Jahren umfangreiche interdisziplinäre Forschungsarbeiten im Wattenmeer durchgeführt worden. Deren Synthese eröffnet die Chance, sorgfältig Bilanz zu ziehen, noch vorhandene Wissenslücken aufzuzeigen und neu aufgetretene Fragestellungen für zukünftige Forschung im Wattenmeer zu formulieren.

Der Synthesebericht gibt Beispiele für Forschungsdefizite, die bereits jetzt benannt werden können. Genannt werden Themen der Grundlagenforschung, aber auch anwendungsorientierter Forschung. Die Aufstellung wird abgerundet um Vorschläge für Ökosystem-Modellierungsvorhaben, für begleitende Forschung zum Monitoring und zur Ergänzung des Monitorings durch sozio-ökonomische Parameter.

I. Einleitung

Im Auftrag des Umweltbundesamtes und des Landesamtes für den Nationalpark Schleswig-Holsteinisches Wattenmeer erarbeitete LEUSCHNER (1988) die Konzeption für das Verbundvorhaben „Ökosystemforschung Wattenmeer". Die Aufgabenstellung des Forschungsvorhabens formulierte er folgendermaßen:

„Das Wattenmeer der deutschen - und namentlich der schleswig-holsteinischen Küste wird seit langem vom Menschen besiedelt und in vielfältiger Weise genutzt (GIS-Karte 1). Der Mensch ist daher integraler Bestandteil der dortigen Ökosysteme und hat diese mitgestaltet, aber auch unter den herrschenden Naturgewalten gelitten. Die großen Sturmflut-Katastrophen des Mittelalters wie auch der sechziger Jahre sind hier unvergessen. Verständlicherweise war das Verhältnis des Menschen zum Meer vielfach stärker auf Abwehr, Schutz und Beherrschung ausgerichtet als auf die Erhaltung und Sicherung dieser ökologisch besonders empfindlichen Randbereiche der Nordsee.

Die Erarbeitung von Bewertungskriterien sowie die Bereitstellung von Instrumentarien zur Verwirklichung der langfristigen Schutz-, Planungs- und Überwachungsaufgaben des Nationalparkamtes war eine Hauptaufgabe der Synthese

Die langfristige Erhaltung und vorausschauende Entwicklung dieser natürlichen Lebensräume und ihrer Ressourcen wird jedoch heute zu einer unverzichtbaren Notwendigkeit für Mensch und Natur, da menschliches Wirken - wie aktuelle Ereignisse gerade in diesen Küstengewässern gezeigt haben - innerhalb kurzer Zeiträume zu irreversiblen Schädigungen führen kann.

Eine sich positiv auswirkende Steuerung der zukünftigen Entwicklung des Wattenmeeres und des angrenzenden Siedlungsraumes erfordert gesicherte Erkenntnisse über die Funktionsweise zumindest der wichtigsten Bestandteile der natürlichen und auch der anthropogenen Systeme dieses Raumes, ihrer anthropogenen wie auch natürlichen Belastungssituation und eine Abschätzung der hiermit verbundenen Risiken. Dieses Wissen dient als Grundlage zur Einschätzung der Entwicklungspotentiale des Lebensraumes Wattenmeer. Diese Erkenntnisse sind schließlich den Entscheidungsträgern in Politik und Verwaltung wie auch der regionalen Bevölkerung zugänglich zu machen, um die dringend notwendigen Entscheidungen für wirksamen Schutz

und Management der Lebensgrundlagen von Mensch und Natur im Wattenmeer auf eine sichere wissenschaftliche Grundlage zu stellen" (LEUSCHNER 1988).

Seitdem sind acht Jahre vergangen, und das Vorhaben ist in weiten Teilen abgeschlossen. Ein Kernbereich der gemeinsamen Auswertung, das Syntheseergebnis, wird mit dieser Arbeit vorgelegt.

An dieser Stelle muß auch die Frage beantwortet werden, ob die damals gesteckten Ziele erreicht worden sind, die LEUSCHNER so formulierte:

1. Die Erlangung eines grundlegenden Verständnisses der Funktionsweise des Systems Natur-Mensch im Wattenmeer, insbesondere um für die Lösung zukünftiger Umweltprobleme, die wir heute noch nicht kennen, gerüstet zu sein.

2. Die frühzeitige Bereitstellung von Kenntnissen, die zur Lösung bzw. Entschärfung von aktuellen Umweltproblemen im Wattenmeer benötigt werden.

3. Die Erarbeitung von Bewertungskriterien sowie Bereitstellung von Instrumentarien, die zur Verwirklichung der langfristigen Schutz-, Planungs- und Überwachungsaufgaben des Nationalparkamtes in Tönning notwendig sind.

Besonders der Arbeitsbereich A „Struktuelle Ökosystemforschung, Ökologische Umweltbeobachtung" war darauf angelegt, die politikberatenden Aufgaben zu erfüllen.

Im ersten Teil des Syntheseberichtes sind die für die Umsetzung in naturschutzpolitisches Handeln wichtigsten Ergebnisse zusammenfassend dargestellt. Basis für diese Zusammenstellung sind die Abschlußberichte aus den Einzelprojekten. Ergebnis ist ein Beitrag zu Ziel 1, von dem es schon in der Konzeption hieß, daß „selbst in wichtigen Teilbereichen eines längerfristigen Ökosystemforschungsprogrammes keine Vollständigkeit erreicht werden kann, weder in einem Abschnitt von fünf Jahren noch in längeren Zeiträumen" (LEUSCHNER 1988).

Dennoch, so meinen wir, kann sich das Ergebnis, eine zusammenfassende Darstellung des Natur-Mensch-Systems im Wattenmeer, sehen lassen. 10 Jahre Nationalpark-Erfahrung, fünf Jahre wissenschaftliche Arbeit und ein Jahr der Zusammenführung haben sich gelohnt.

Aber auch das Versprechen, das mit Ziel 2 verbunden war, wurde eingelöst. Die Projektadministration hat es gemeinsam mit dem Nationalparkamt, vor allem aber mit der Unterstützung der beteiligten Wissenschafterinnen und Wissenschaftler geschafft, schon während der Projektlaufzeit an der „Entschärfung aktueller Umweltprobleme" zu arbeiten.

Wichtige Fortschritte der letzten Jahre, die ohne das Vorhaben Ökosystemforschung undenkbar gewesen wären, sind:

Das Erstellen eines Nationalparkplanes ist wichtige Aufgabe der Nationalparkverwaltung

▶ das Schutz- und Verkehrslenkungskonzept Hamburger Hallig;
▶ störungsfreie Brutplätze von Seeregenpfeifer und Zwergseeschwalbe am Badestrand von St. Peter-Böhl;
▶ störungarme Ausflugsfahrten zu Robbenliegeplätzen, die keine Mutterbänke sind;
▶ die sozialverträgliche Rücknahme der Salzwiesen-Beweidung;
▶ die gemeinsam von Küsten- und Naturschutz formulierte Zielvorstellung zum Salzwiesenschutz und die Entwicklung eines flächenscharfen Konzeptes zum Vorlandmanagement;
▶ die Entwicklung eines in ökologischer und ökonomischer Hinsicht verbesserten Rollengeschirrs für die Garnelenfischerei;
▶ die naturverträgliche Begrenzung der Miesmuschelfischerei bei gleichzeitiger Berücksichtigung der ökonomischen Belange;
▶ die Entwicklung eines gemeinsam zwischen Dänemark, Deutschland und den Niederlanden abgestimmten ökologischen Umweltbeobachtungsprogramm für das gesamte Wattenmeer.

Ziel 3 schließlich konnte ebenfalls erreicht werden. Im zweiten Teil dieses Schlußberichtes sind - ebenfalls als Syntheseleistung des Forschungsvorhabens - die konzeptionellen Teile zusammengefaßt. Im von der damaligen (1988) Landesregierung und den zuständigen Bundesministerien gebilligten Antrag werden operationelle Bezüge zu einer vorsorgenden Umweltpolitik wie folgt gefordert:

▶ Ausweisung von Ökosystemtypen, die aufgrund ihres geringen Flächenbestandes hohe Schutzpriorität erhalten müssen;
▶ Empfehlungen zur Neufassung der Schutzzonen-Gliederung des Nationalparkes (Zone 1, Befahrens-Regelungen etc.) unter Berücksichtigung erarbeiteter (bw. vorliegender) Erkenntnisse zu Störungseinflüssen, Habitatansprüchen und Aktivitätsräumen von Vögeln, Robben und Fischen im Wattenmeer;
▶ Benennung von Organismenarten des Wattenmeeres, die aufgrund ihrer natürlichen oder anthropogen bedingten Seltenheit spezifische Artenschutz-Konzepte benötigen;
▶ Erstellung von Konzepten zur Überwachung des Gesundheitszustandes namentlich der Robben, aber auch wichtiger Vogel- und Fischtaxa;
▶ Aufstellung von Konzepten zur umweltschonenden und naturverträglichen Gestaltung von Freizeitaktivitäten und touristisch bedingten Nutzungen im Nationalpark;
▶ Erstellung von Konzepten zur Verbesserung der Umwelterziehung.

National wie international gehört es in fast allen Nationalparkgesetzen oder -verordnungen zu den ureigensten Aufgaben der Nationalparkverwaltungen, einen Pflege- und Entwicklungsplan, einen Managementplan, ein Nationalparkprogramm oder dergleichen zu erstellen. Zwar ist dies im schleswig-holsteinischen Nationalparkgesetz nicht ausdrücklich gefordert, die Notwendigkeit ergibt sich aber aus der Forderung nach der Umsetzung des Nationalparkgesetzes.

Bereits im November 1991 hatte die Landesregierung einen Bericht „Zur Weiterentwicklung des Nationalparks Schleswig-Holsteinisches Wattenmeer" vorgelegt. Darin heißt es: „Die beiden großen Forschungsvorhaben, Ökosystemforschung Wattenmeer Teil A und Teil B, liefern die wissenschaftlichen Grundlagen für die Ausgestaltung des detaillierten Nationalparkprogrammes, das das Nationalparkgesetz ausfüllt. Die Forschungsergebnisse werden jeweils in die Teilprogramme eingearbeitet und in Einzelprojekten umgesetzt. Alle Bereiche - sowohl aus dem Forschungsprogramm als auch die Empfehlungen der Arbeitskreise und der Nationalpark-Kuratorien - werden dann, soweit diese geeignet sind, in die Novellierung des Nationalparkgesetzes einfließen".

Am 15.12.1994 bzw. am 16.3.1995 haben die Kuratorien in Nordfriesland und Dithmarschen das Nationalparkprogramm in seinem damaligen Stand zustimmend zur Kenntnis genommen. Beide Kuratorien stellten fest, daß das Nationalparkprogramm fortgeschrieben werden müsse und daß dabei eine Beteiligung der Kuratorien unabdingbar sei.

Der Synthesebericht wird in Form eines Entwurfs "Nationalparkplan" vorgelegt

Um die zukünftige Arbeit des Nationalparkamtes, diesen Plan zu erstellen, zu erleichtern, wird dieser Synthesebericht bereits in der Form eines Entwurfs „Nationalparkplan" vorgelegt. Diese gutachterliche Fachplanung soll die Grundlage für eine ergebnisoffene Diskussion und Beschlußfassung in den Kuratorien sein. Die anschließend zu fertigende, amtliche Version wird als Naturschutz-Fachplanung des Nationalparkamtes wiederum den Kuratorien und dem Umweltministerium zur Ressortabstimmung vorgelegt.

Der auf der Basis der Ökosystemforschung Wattenmeer erarbeitete, abgestimmte Nationalparkplan erlangt seine Wirksamkeit letztendlich in der Novellierung des Nationalparkgesetzes durch den schleswig-holsteinischen Landtag.

II. Beschreibung des Gebietes

1. Abgrenzung des Betrachtungsraums Nationalpark und Nationalparkvorfeld

Das Wattenmeer ist eine einzigartige Naturlandschaft im Schelfbereich der Deutschen Bucht und erstreckt sich auf einer Länge von 450 km vom niederländischen Den Helder bis zum dänischen Esbjerg. Es ist ein flach abfallender, sandig-schlickiger Küstenstreifen mit einer mittleren Breite von 10 km, in dem der tägliche Gezeitenwechsel eine ausgeprägte Dynamik hervorruft.

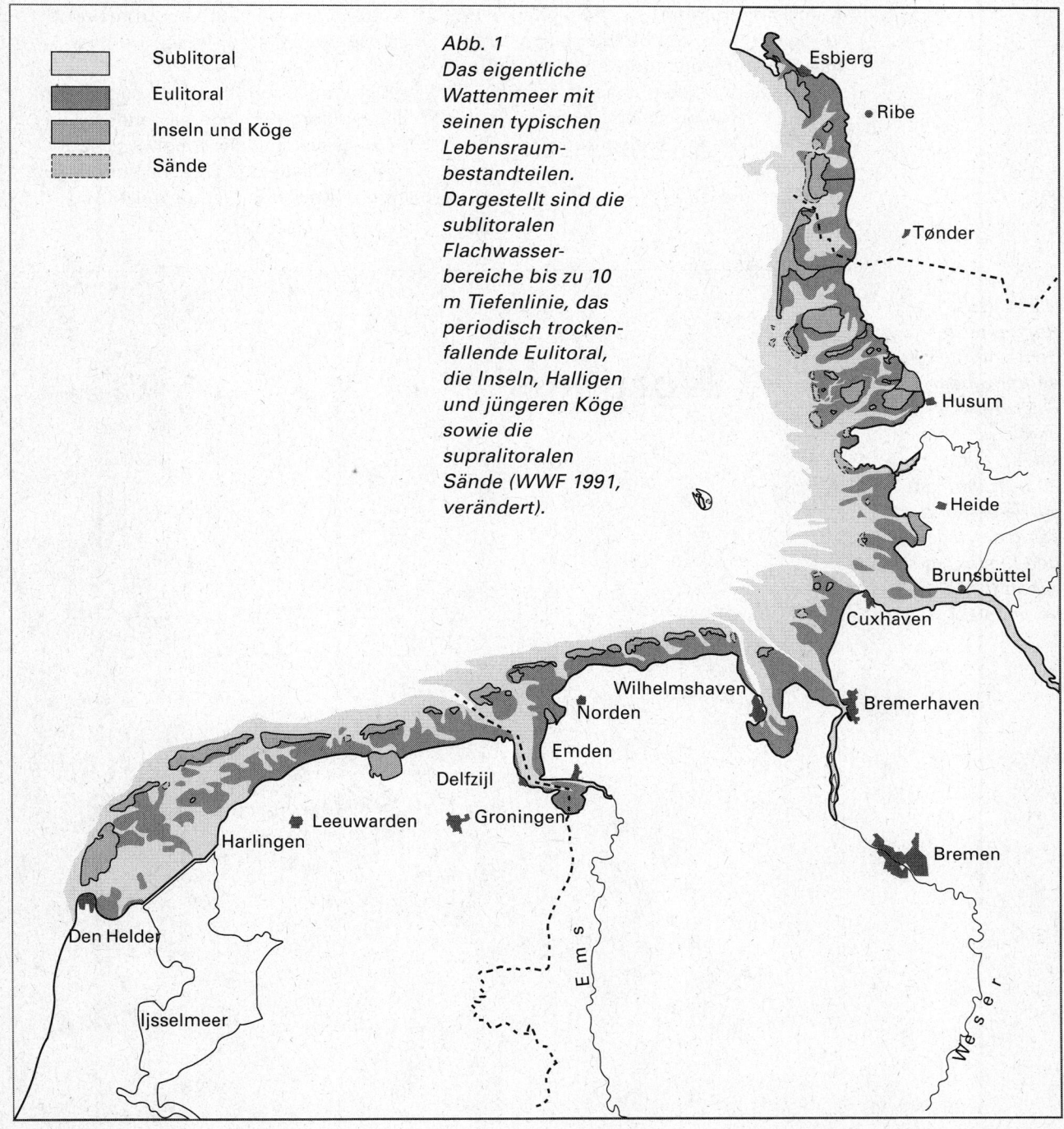

Sublitoral

Eulitoral

Inseln und Köge

Sände

Abb. 1
Das eigentliche Wattenmeer mit seinen typischen Lebensraumbestandteilen. Dargestellt sind die sublitoralen Flachwasserbereiche bis zu 10 m Tiefenlinie, das periodisch trockenfallende Eulitoral, die Inseln, Halligen und jüngeren Köge sowie die supralitoralen Sände (WWF 1991, verändert).

Das Wattenmeer ist funktional ein einheitlicher Ökosystemkomplex und landschaftlich ein über politische und administrative Grenzen hinweg reichender Naturraum (Abb. 1), der in Deutschland fast flächendeckend durch drei Nationalparke geschützt ist. Zur Sicherung der ineinander greifenden ökologischen Funktionen und der vom Umfeld nicht trennbaren Landschaftseinheiten ist eine weiterreichende Abgrenzung des Naturraumes und eine über die Ländergrenzen hinausreichende Strategie für den Schutz des Wattenmeeres erforderlich.

Kriterien für die Abgrenzung von Raumkategorien sind vielfältig (siehe u.a. FEIGE & MÖLLER 1994 c). Eine Differenzierung kann anhand homogener Strukturen (z.B. Natur- und Kulturräume, vergl. Kap V 1.) vorgenommen werden oder durch funktionale Zusammengehörigkeit (z. B. administrative Räume, vergl. Kap. III 1. und 2., Räume mit biologischen Wechselwirkungen, vergl. Kap. V 3.) begründet sein.

Grundsätzlich sind vier Bezugsebenen zu unterscheiden (WWF 1991):

▶ Das eigentliche Wattenmeer. Dazu gehören die typischen Lebensraumbestandteile wie das Sublitoral bis hin zur Barrenzone, die in etwa von der 10 m Tiefenlinie begrenzt wird, das periodisch trockenfallende Eulitoral, die Inseln, Halligen und jüngeren Koogflächen sowie die supralitoralen Sände und Salzwiesen.

▶ Die Wattenmeerregion zusammen mit dem unmittelbaren Nachbargebiet der Nordsee, seewärts bis etwa zur 20 m Tiefenlinie sowie der landseitig angrenzenden Küstenlandschaft (Abb. 2).

▶ Das Wassereinzugsgebiet der in das Wattenmeer mündenden Ströme und Flüsse (Abb. 3).

▶ Der biogeographische Verbundraum, der z.B. durch die weitreichenden Wanderungssysteme der Vogelwelt charakterisiert ist, die das Wattenmeer als Teil ihres Jahreslebensraums nutzt (Abb. 4).

Abb. 2
Die Wattenmeer-Region besteht aus dem unmittelbar angrenzenden Flachwasserbereich der Nordsee bis zur 20-m-Tiefenlinie sowie der landseitig angrenzenden Küstenlandschaft (WWF 1991, verändert).

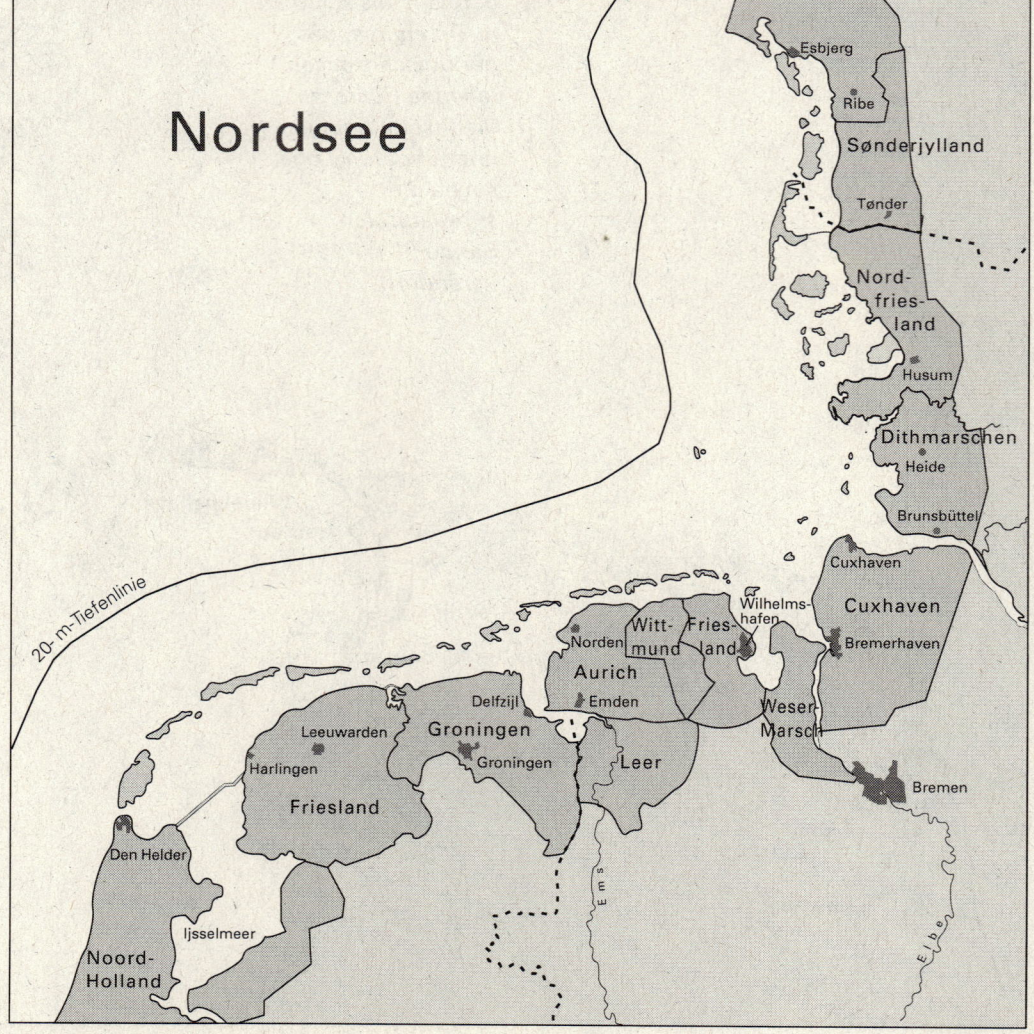

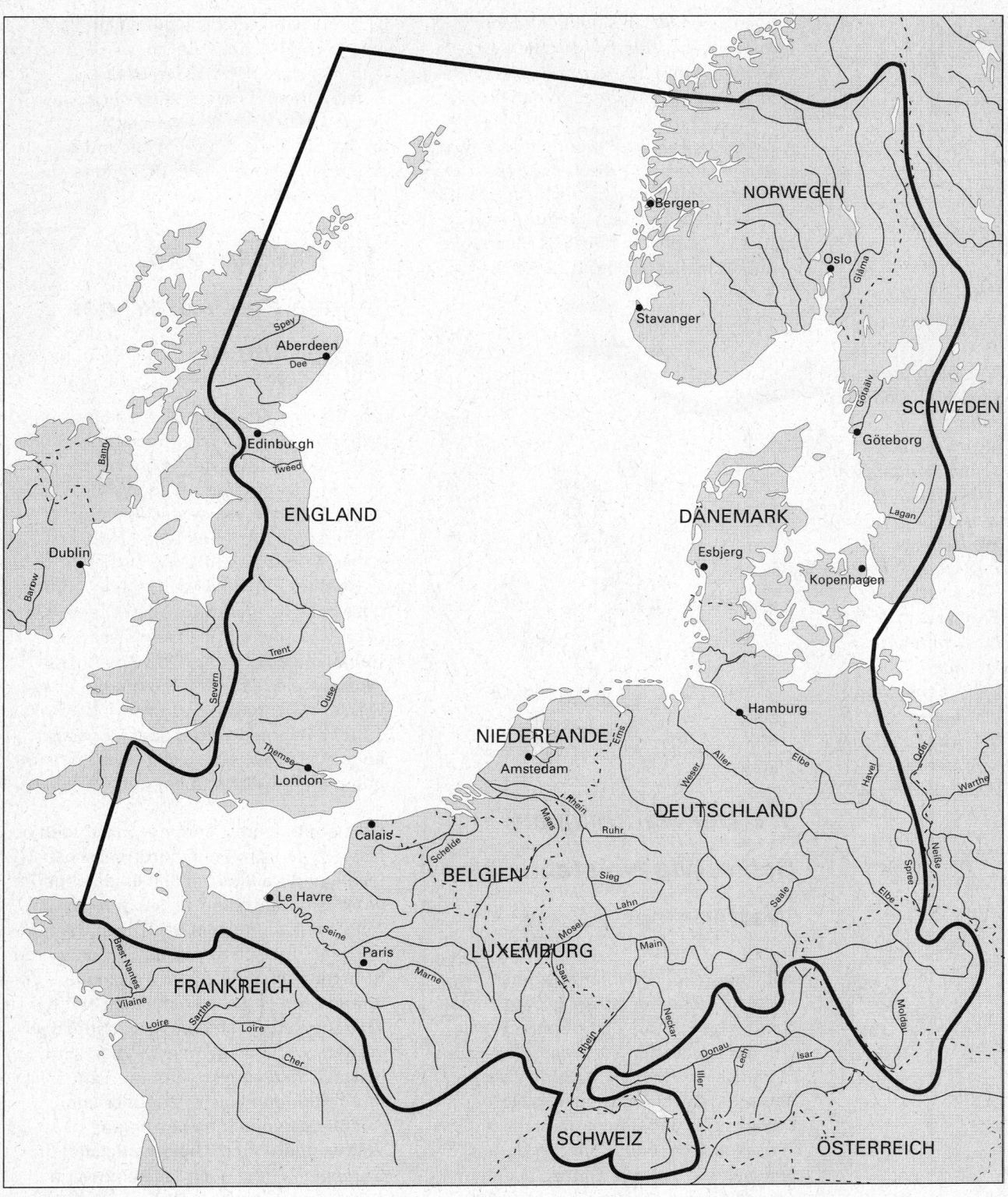

Abb. 3
Das Wasserein-
zugsgebiet der in
das Wattenmeer
mündenden
Ströme und Flüsse
(WWF 1991).

Für die trilaterale Zusammenarbeit zum Schutz des Wattenmeeres bildet das Prinzip der Kohärenz, d.h. des Flächenzusammenhangs, die geographische Grundlage. Da das Wattenmeer eine ökologische Einheit ist, bedeutet dies auch, daß der Zustand der Umwelt in allen Lebensräumen der Küste von Interesse ist. Ausgehend von diesem Prinzip ist ein trilaterales Kooperationsgebiet festgelegt worden (Abb. 5, CWSS 1995).

Sowohl bei der Grenzziehung der Nationalparke als auch bei der Gebietsausweisung von anderen Großschutzgebieten im Wattenmeer wurden naturschutzfachliche Kriterien in der Vergangenheit häufig nicht ausreichend berücksichtigt. Eine Abgrenzung wurde vielmehr nach politischen Kriterien und wirtschaftlichen Abwägungen vorgenommen. Für einen wirksamen Naturschutz des Lebensraumes ist es aber wichtig, daß eine Begrenzung vorrangig nach naturräumlichen, landschaftsbezogenen und biogeographischen Gegebenheiten erfolgt, da innerhalb dieser Bezugsräume weitreichende physikalische, chemische und biologische Verflechtungen existieren.

Im Hinblick auf eine Nationalparkplanung unterscheiden wir zwischen der bestehenden Nationalparkfläche als Planungsraum (GIS-Karte 2) und dem see- und landseitigen Nationalparkvorfeld als erweitertem Betrachtungsraum (GIS-Karte 3).

Abb. 4
Der biogeographische Verbundraum:
Aus ihren arktischen Brutgebieten ziehen über 10 Millionen Wat- und Wasservögel in ihre Überwinterungsgebiete in Europa und Afrika. Das Wattenmeer ist wichtigste Zwischenstation auf diesem ostatlantischen Zugweg der Küstenvögel (WWF 1991).

1.1 Der Nationalpark Schleswig-Holsteinisches Wattenmeer

Der Nationalpark Schleswig-Holsteinisches Wattenmeer ist der größte deutsche Nationalpark (Abb. 6). Er erstreckt sich von der nördlichen Wattkante des Hauptfahrwassers der Elbe im Süden bis zur deutsch-dänischen Grenze im Norden. Seewärts ist das Gebiet durch die äußersten Wattflächen und Sände begrenzt. Landseitig wurde die Grenze in einem Abstand von 150 m von der seewärtigen Kante der Krone der Landesschutzdeiche, von der Mitteltidehochwasserlinie (MThw-Linie) bei Geesthängen bzw. vom Dünenfuß festgelegt. Bei den Halligen beginnt der Nationalpark in einer Entfernung von 150 m von der seewärtigen Krone der Sommerdeiche und bei unbedeichten Küstenabschnitten in gleicher Entfernung vom Böschungsfuß der Deckwerke, der Abbruchkante oder der MThw-Linie. Die Inseln sowie die großen Halligen Oland, Langeneß, Gröde, Hooge und Nordstrandischmoor zählen nicht zum

Nationalpark. Gleiches gilt für die zu den Inseln und Halligen führenden Dämme mit einem beidseitigen 150 m breiten Streifen sowie für die Häfen entlang der Küste. Die äußeren Grenzen des Nationalparks sind in der GIS Karte 2 dargestellt und Bestandteil des Nationalparkgesetzes (MELFF 1985).

1.2 Das see- und landseitige Vorfeld des Nationalparks

Der Betrachtungsraum Nationalparkvorfeld umfaßt landseitig im weiteren Sinne die beiden Westküstenkreise Nordfriesland und Dithmarschen sowie seeseitig weite Bereiche des deutschen Küsten-Hoheitsraumes der Nordsee (ANONYMUS 1994a) (GIS-Karte 3). Das seeseitige Vorfeld weicht im südlichen Teil von den gesetzlich festgeschriebenen Grenzen ab (Abb. 7), um die Hoheitsgewässer um Helgoland auszuschließen. Sowohl die Westküstenkreise als auch die Hoheitsgewässer bis zur 12 sm Grenze sind administrative Räume, weisen aber z.B. auch enge sozio-ökonomische Wechselwirkungen mit dem Wattenmeer auf.

Die unmittelbaren Anrainergemeinden des Nationalparks mit den nordfriesischen Inseln und Halligen stellen einen engen sozio-ökonomischen Verflechtungsraum mit dem Nationalpark dar. Diese Gemeinden sind vielfach direkt die Steuerzentren für nationalparkbezogene Nutzungen. Von ihren Häfen aus bewegen sich Schiffe ins Wattenmeer, sie stellen die wichtigsten Fremdenverkehrsgemeinden dar, sind Kristallisationspunkte des Tourismus, an ihren Stränden lagern Urlauber und Ausflügler, von ihnen aus beginnen Wattwanderungen. Gleichzeitig sind die Gemeinden aber auch Betroffene von Nutzungsregelungen. Die unmittelbaren Anrainergemeinden sind in Abbildung Abb. 8 dargestellt und werden im Gegensatz zu den Westküstenkreisen bzw. der Westküste als Nationalparkregion bezeichnet.

Der gesamte Betrachtungsraum Nationalparkvorfeld umfaßt landseitig eine Fläche von ca. 3.450 km², der seeseitige Raum innerhalb der 12 sm Zone hat eine Fläche von ca. 2.780 km². Das gesamte Betrachtungsgebiet hat somit eine Größe von 6.230 km².

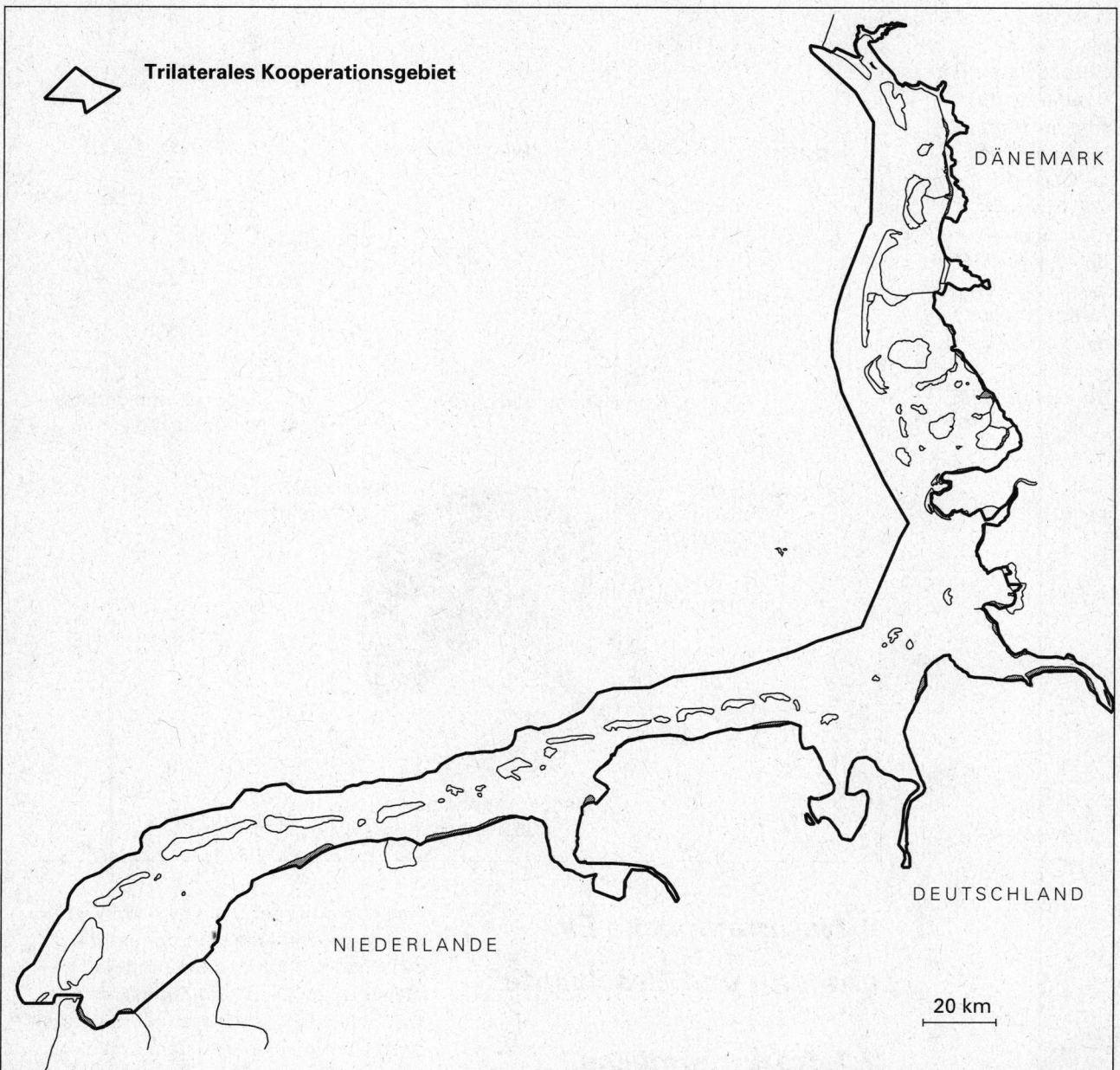

Trilaterales Kooperationsgebiet

DÄNEMARK

DEUTSCHLAND

NIEDERLANDE

20 km

Abb. 5
Das trilaterale
Kooperationsgebiet
(CWSS 1995 a,
verändert).

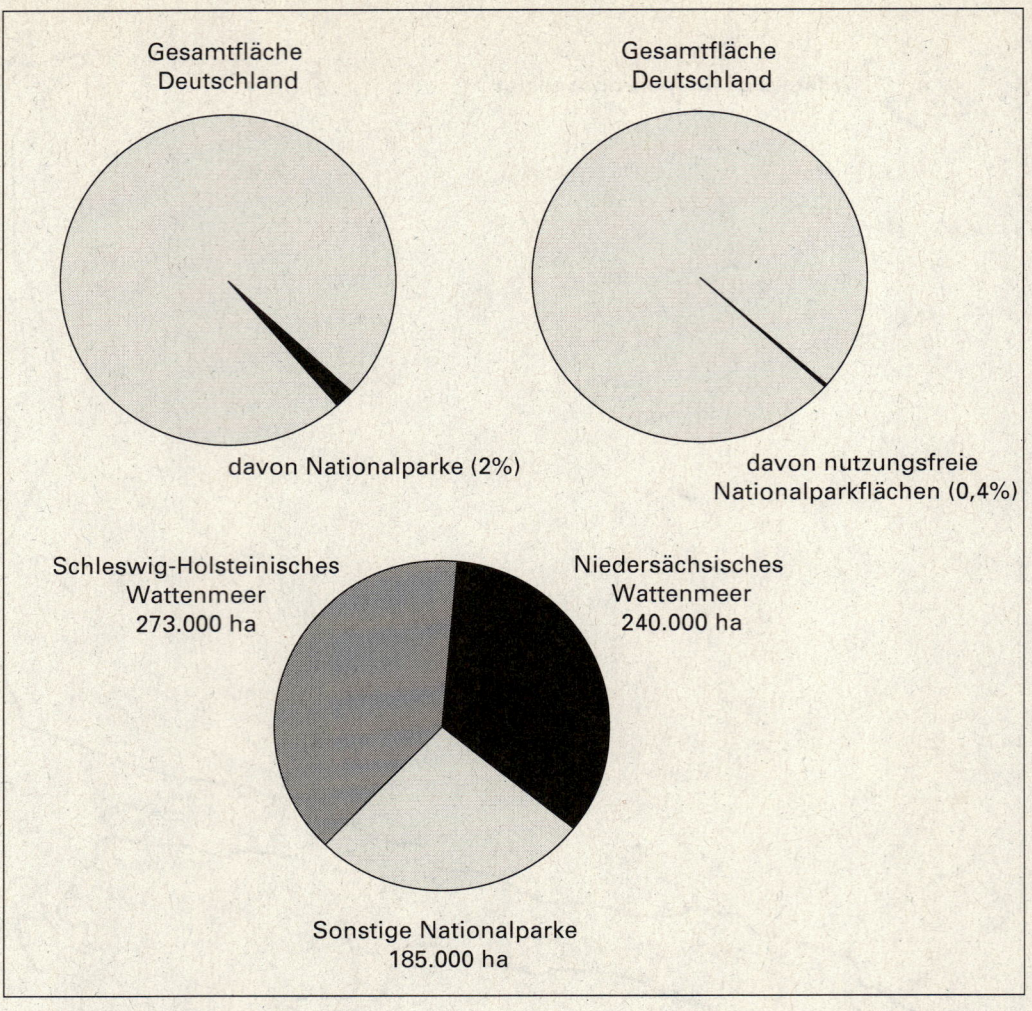

Abb. 6
Nur 2 % der
Gesamtfläche der
Bundesrepublik
sind als National-
park geschützt;
lediglich 0,4 % sind
vollkommen
nutzungsfrei. Das
Schleswig-Holstei-
nische Wattenmeer
ist mit 273.000 ha
der größte Natio-
nalpark der
Bundesrepublik.

Gesamtfläche
Deutschland

davon Nationalparke (2%)

Gesamtfläche
Deutschland

davon nutzungsfreie
Nationalparkflächen (0,4%)

Schleswig-Holsteinisches
Wattenmeer
273.000 ha

Niedersächsisches
Wattenmeer
240.000 ha

Sonstige Nationalparke
185.000 ha

2. Naturräumliche Ein- ordnung und Geschichte

2.1 Naturräumliche Einordnung

Das Wattenmeer stellt als Küstenregion einen ausgesprochenen Spezialfall dar (SEIBOLD 1974). Entscheidende Voraus- setzungen für seine Entstehung und Erhaltung sind:

► die Zufuhr von Feinmaterial aus Meer und Flüssen,
► die Gezeiten,
► Inseln, Strandwälle oder vorgelagerte Sandbänke, die zur Sicherung ruhiger Sedimentationsräume beitragen,
► ein allmählich abfallender Meeresbo- den,
► ein gemäßigtes Klima mit entsprechen- der Pflanzen- und Tierwelt und
► ein in Senkung begriffener Küstenraum (RAT VON SACHVERSTÄNDIGEN FÜR UMWELTFRAGEN 1980).

Aus geologischer Sicht sind die Watten und Marschen eine Übergangszone zwischen der offenen See und der pleistozänen Geest. Im Zuge küsten- dynamischer Prozesse ist auf der eiszeitli- chen Oberfläche ein küstenparalleler Sedimentkörper entstanden, dessen Basis von Torfen gebildet wird. Der Sediment- körper erreicht im Bereich der Dünen- inseln und Ästuare mit bis zu 30 m die größten Mächtigkeiten und erstreckt sich landwärts mit abnehmender Mächtigkeit über Wattgebiete und Marschen bis an den Geestrand (Abb. 9).

In der naturräumlichen Gliederung nach MEYNEN & SCHMIDTHÖSEN (1962) wird das Wattenmeer nicht als eigenständiger Naturraum angesehen, obwohl es als natürliches und großflächiges Ökosystem von besonderer Bedeutung für den Naturhaushalt, die Tier- und Pflanzenwelt, aber auch für den Menschen als Lebens- und Wirtschaftsraum ist. Von den drei großen Naturräumen in Schleswig- Holstein – Marsch, Geest und östliches Hügelland – sind im landseitigen Nationalparkvorfeld Marsch und Geest vertreten. Während die küstennahe Geest

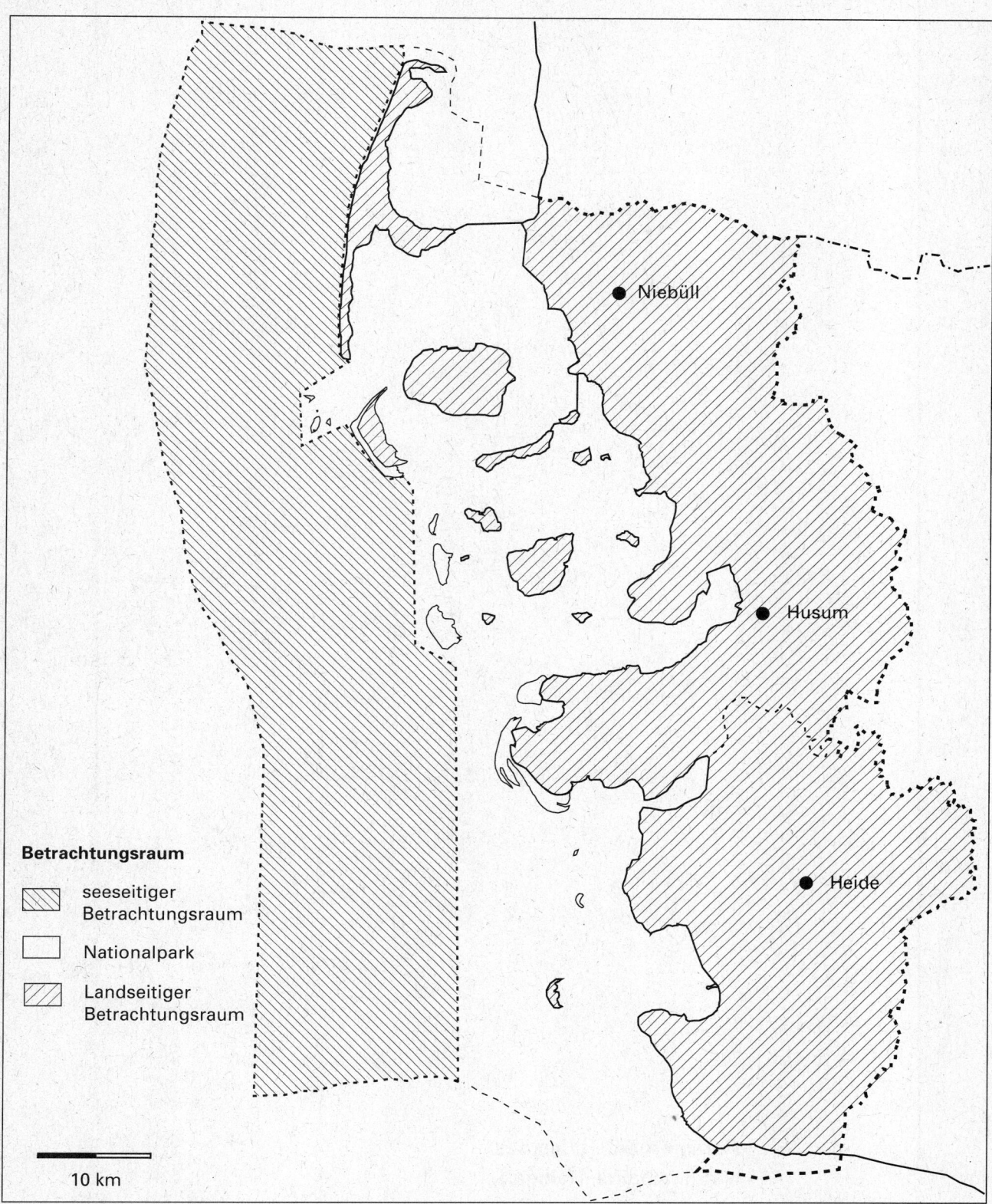

Betrachtungsraum

seeseitiger
Betrachtungsraum

Nationalpark

Landseitiger
Betrachtungsraum

Niebüll

Husum

Heide

10 km

Abb. 7
Der Betrachtungsraum des ÖSF Synthese-
berichtes umspannt den Nationalpark, die
beiden Westküstenlandkreise als
landseitiges Vorfeld sowie das seeseitige
Vorfeld im Bereich des deutschen Küsten-
Hoheitsraumes der Nordsee.

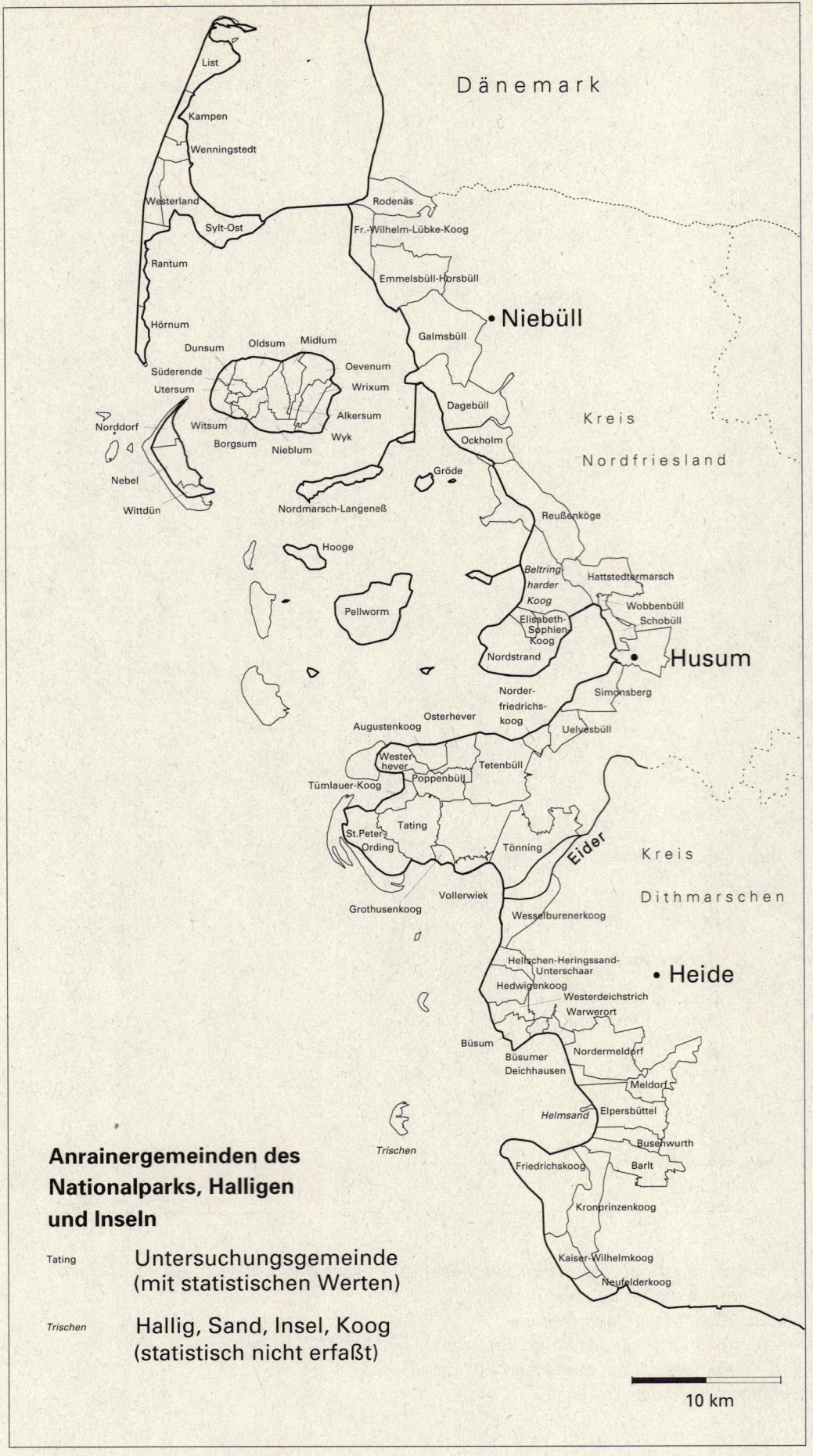

*Abb. 8
Die Anrainer-
gemeinden des
Nationalparkes
(FEIGE et al.
1994a).*

Dänemark

List

Kampen

Wenningstedt

Rodenäs

Fr.-Wilhelm-Lübke-Koog

Westerland

Sylt-Ost

Emmelsbüll-Horsbüll

Rantum

Galmsbüll

• Niebüll

Hörnum

Dunsum   Oldsum   Midlum

Kreis

Süderende   Oevenum

Utersum   Wrixum

Nordfriesland

Dagebüll

Norddorf   Witsum   Alkersum

Borgsum   Nieblum   Wyk

Ockholm

Nebel

Gröde

Wittdün

Nordmarsch-Langeneß

Reußenköge

Hooge

Beltring-
harder
Koog

Hattstedtermarsch

Pellworm

Wobbenbüll

Schobüll

Elisabeth-
Sophien-
Koog

Nordstrand

• Husum

Norder-
friedrichs-
koog

Simonsberg

Osterhever

Uelvesbüll

Augustenkoog

Wester-
hever

Tetenbüll

Tümlauer-Koog

Poppenbüll

Tating

St.Peter-
Ording

Tönning

Eider

Kreis

Vollerwiek

Dithmarschen

Grothusenkoog

Wesselburenerkoog

Hellschen-Heringssand-
Unterschaar

• Heide

Hedwigenkoog

Westerdeichstrich

Warwerort

Büsum

Nordermeldorf

Büsumer
Deichhausen

Meldorf

Helmsand

Elpersbüttel

Trischen

Busenwurth

Friedrichskoog

Barlt

Kronprinzenkoog

Kaiser-Wilhelmkoog

Neufelderkoog

Anrainergemeinden des
Nationalparks, Halligen
und Inseln

Tating Untersuchungsgemeinde
(mit statistischen Werten)

Trischen Hallig, Sand, Insel, Koog
(statistisch nicht erfaßt)

10 km

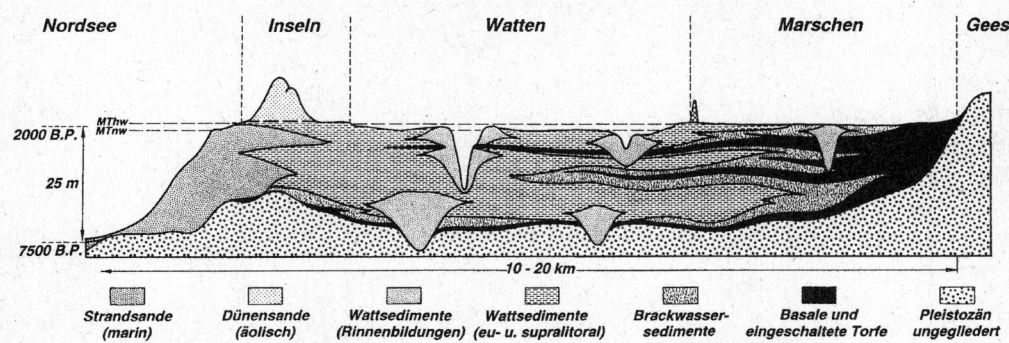

*Abb. 9
Schematischer
geologischer
Schnitt von der
Nordsee bis zum
Geestrand. Die
heutige Küsten-
landschaft ist durch
ein Ansteigen des
Meeresspiegels um
25 m in einer
Zeitspanne von
5.500 Jahren
entstanden. Bei
diesem Prozeß
verschob sich die
Küstenlinie durch-
schnittlich 10 bis 20
km landwärts, und
über der „ertrin-
kenden" Geest-
landschaft wurde
eine kompliziert
aufgebaute Abfol-
ge von Küstenab-
lagerungen aufge-
schüttet (STREIF
1993).*

eiszeitlicher Entstehung ist und aus saalezeitlichen Moränen mit dazwischen liegenden weichselzeitlichen Sandern besteht, wurde der Naturraum der Marschen vom Meer geprägt.

2.2 Landschaftsgeschichte

Die heutige Küstengestalt der Nordsee und die heute im Küstenraum wirksamen dynamischen Prozesse sind das Produkt einer wechselvollen und keineswegs abgeschlossenen geologischen Entwicklung.

Mindestens seit dem Perm (300 Millionen Jahre) ist das Nordseebecken ein Senkungsgebiet, in dem sich mächtige Sedimente abgelagert haben (STREIF & KÖSTER 1978). Die ältesten, im schleswig-holsteinischen Nordseeküstenraum aufgeschlossenen Sedimente befinden sich am Morsum-Kliff auf Sylt. Es sind die Ablagerungen des oberen Tertiärs (22 bis 2,3 Millionen Jahre). Sie dokumentieren in ihrer Abfolge den Übergang vom wärmeren Tertiärklima zum beginnenden Eiszeitalter, das mit einem Rückzug des Meeres verbunden war.

Die Entwicklung des Nordseeraumes im Quartär wurde durch starke klimatische Schwankungen und damit abwechselnde Kalt- und Warmzeiten bestimmt. Während der Elster-Vereisung war fast der gesamte Nordseeraum vom Inlandeis bedeckt (WOLDSTEDT & DUPHORN 1974). In der folgenden Holstein-Warmzeit stieg der Meeresspiegel bis auf ca. 5 m über den heutigen Stand (STREIF & KÖSTER 1978). Während der anschließenden Saale-Vereisung erstreckte sich das Inlandeis über die gesamte Nordseeregion. Die ausgedehnten Geschiebemergel-ablagerungen bilden die heutige Hohe Geest und die Geestkerne der Inseln. Im Verlauf der Eem-Warmzeit erfolgte wieder

ein Anstieg des Meeresspiegels, dessen Höchststand in Schleswig-Holstein 4 m unter dem heutigen Niveau lag (STREIF & KÖSTER 1978). Während dieser Warmzeit befand sich die Westseite einiger Geestkerne schon im Abbruch. In der Weichseleiszeit blieb der gesamte östliche und südliche Nordseeraum eisfrei. Doch auch die Nähe des Eisrandes führte zu Veränderungen wie beispielsweise einer Abflachung der Hohen Geest und der Ausbildung von Schmelzwasserrinnen.

Seit dem Rückzug des Eises ist der Küstenraum der Nordsee, insbesondere im südlichen und südöstlichen Bereich, ständigen und tiefgreifenden Wandlungen unterworfen gewesen. Dieser natürliche, sich über mehrere Jahrtausende erstreckende Wandlungsprozeß der landschaftlichen Strukturen setzt sich bis heute fort. Die jetzige Form des Wattenmeeres, der Festlandsküste, der Inseln und Halligen ist das Ergebnis von eiszeitlich vorgeprägtem Relief, Anstieg des Meeresspiegels, Gezeiten, Sturmfluten, und, seit Beginn des zweiten nachchristlichen Jahrtausends, auch den Eingriffen des Menschen.

Während der Weichsel-Vereisung, in der große Wassermengen als Inlandeis gebunden waren, lag der Meeresspiegel etwa 100 m tiefer als heute, und das Nordseebecken war weitgehend trocken (Abb. 10). Mit dem Abschmelzen der Gletscher im Zuge der Erwärmung stieg der Meeresspiegel an (Abb. 11) und erreichte am Ende des Spätglazials ein Niveau von 45 m unter Normal Null (Abb. Abb. 12). Hier kam es vorübergehend zu einem Stillstand des nacheiszeitlichen Meeresspiegelanstiegs (STREIF & HINZE 1980). Erst mit dem weiteren Ansteigen des Meeresspiegels, der sogenannten Flandrischen Transgression, begann das marine Transgressionsgeschehen in der Deutschen Bucht (Abb. 13). Dabei stieg der Meeresspiegel bis etwa 5.000 Jahre

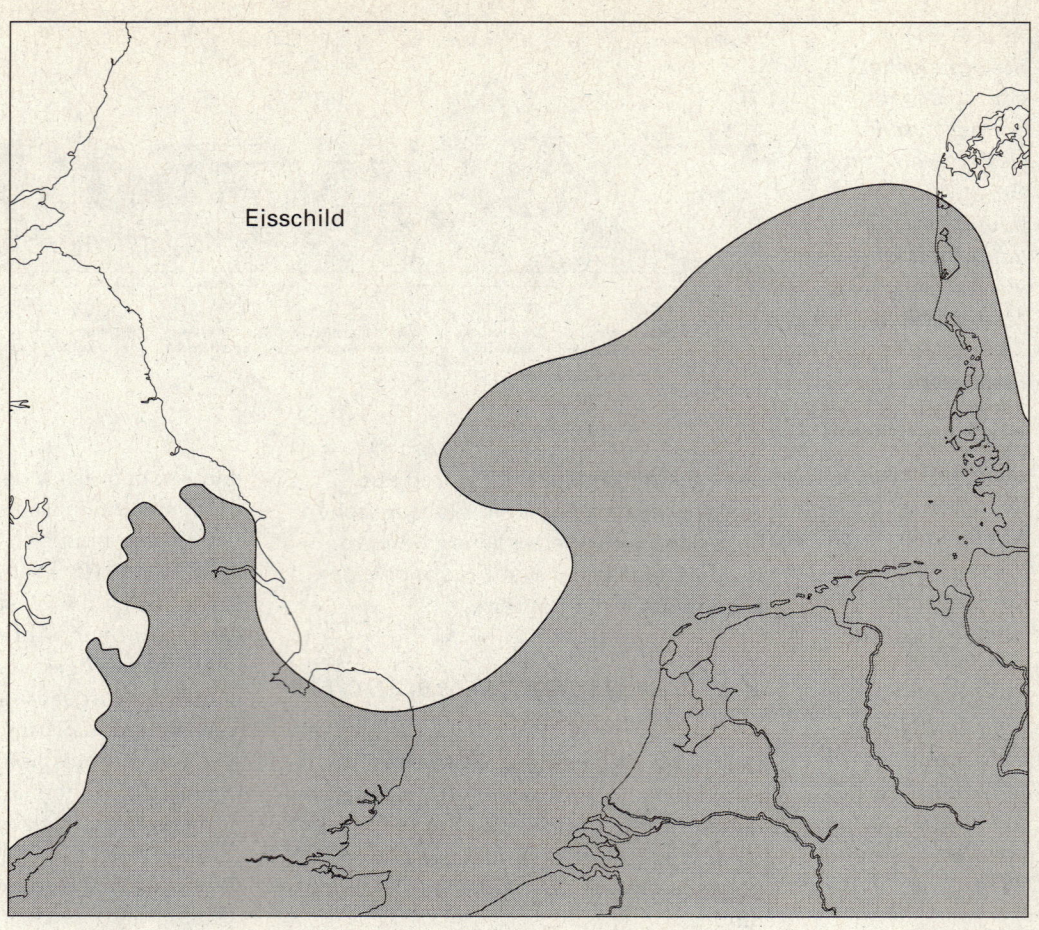

Abb. 10
Das Nordsee-
becken vor
ca. 45.000 Jahren
während der
Weichselvereisung.
Die weiße Fläche
kennzeichnet das
Eisschild.

Eisschild

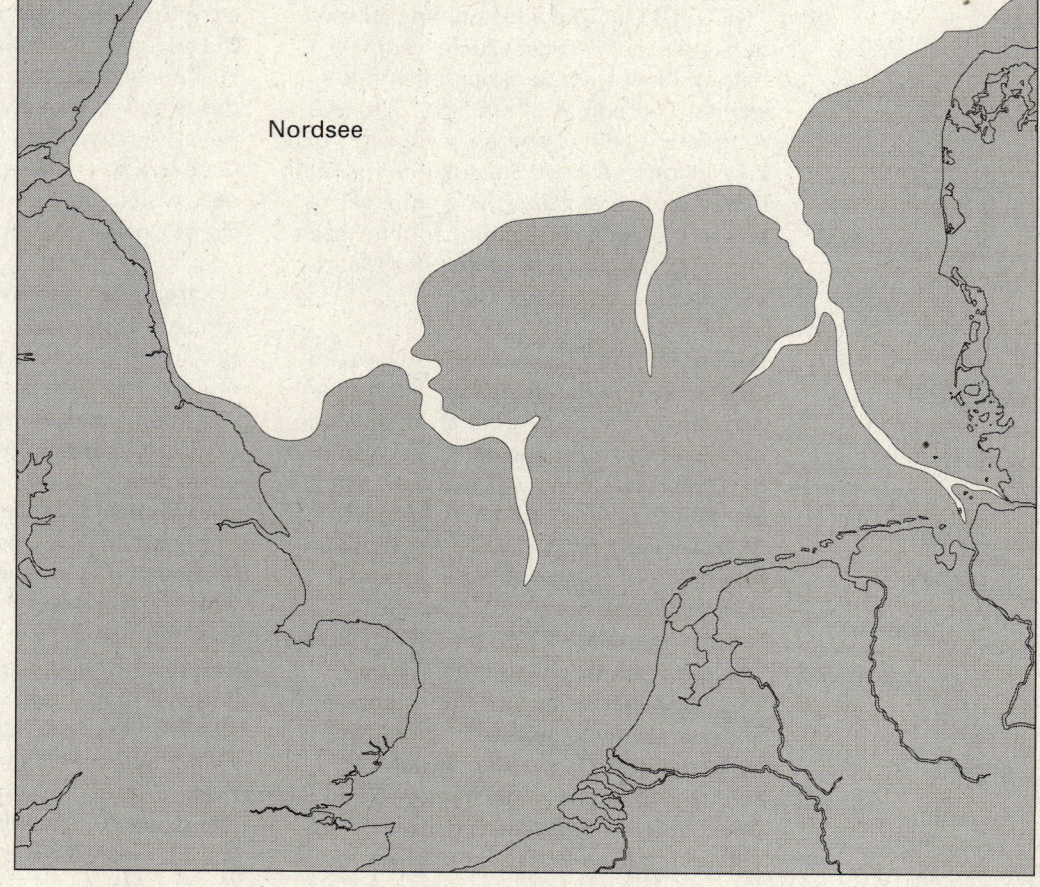

Abb. 11
Das Nordsee-
becken vor
ca. 12.000 Jahren
am Ende der Ver-
eisung.
Der Meeresspiegel
(weiße Fläche) lag
100 m tiefer als
heute.

Nordsee

Abb. 12
Im Zuge der
Erwärmung stieg
der Meeresspiegel
(weiße Fläche) an
und erreicht vor
ca. 8.000 Jahren
ein Niveau von
45 m über Normal
Null.

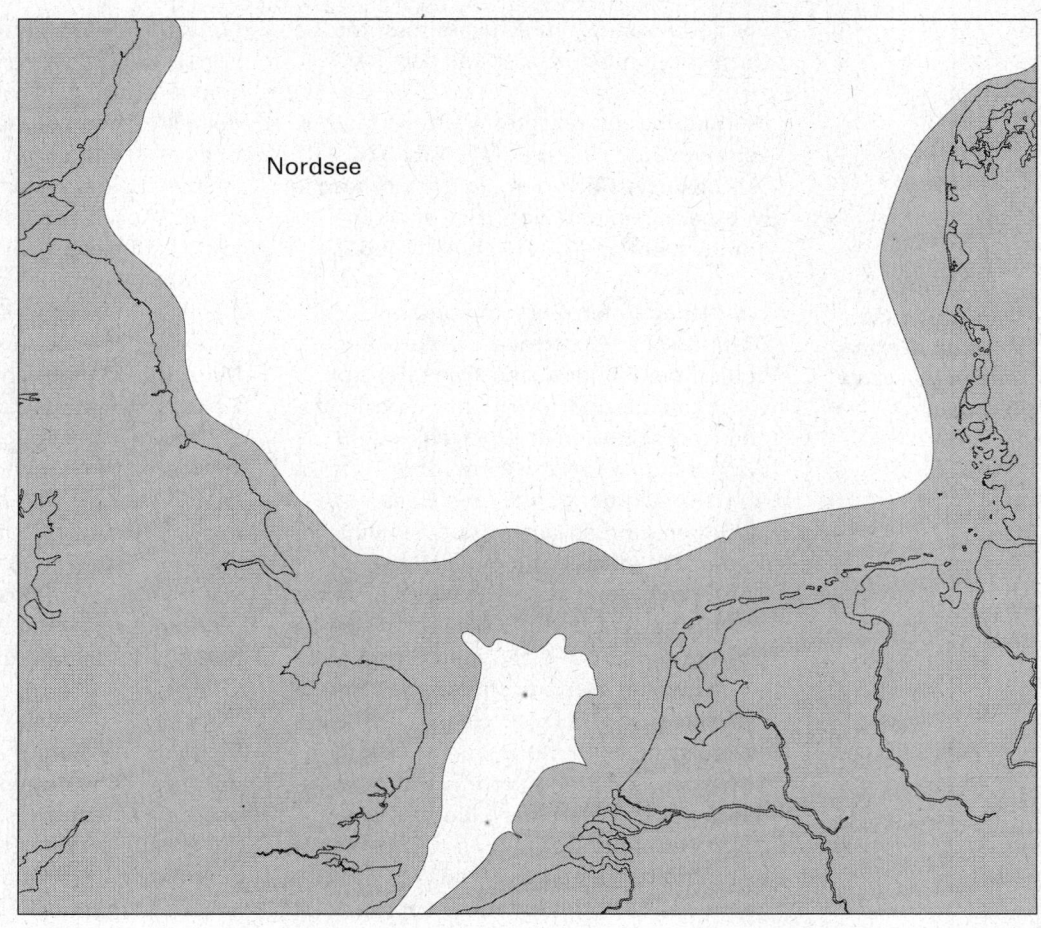

Abb. 13
Mit weiterem
Meeresspiegelan-
stieg, der Flandri-
schen Trans-
gression, stieg der
Meeresspiegel
weiter an.
Die weiße Fläche
zeigt die Ausdeh-
nung der Nordsee.

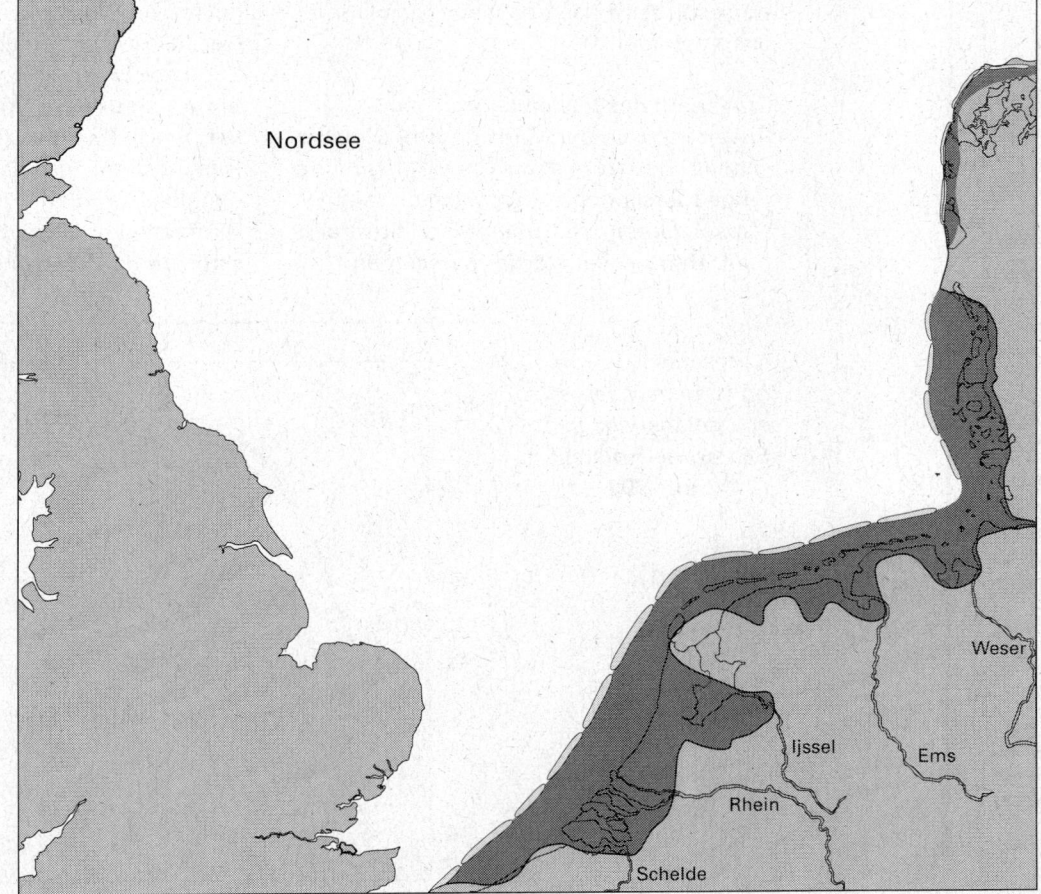

vor heute schnell, anschließend unter Oszillationen langsamer an (Abb. 14).

Die Bildung der rezenten Watten begann vor etwa 5.000 Jahren (MENKE 1976) (Abb. 15). Dabei verlief die Entwicklung in Dithmarschen und Nordfriesland sehr unterschiedlich (BANTELMANN 1966).

Die Bildung der heutigen Watten begann vor etwa 5000 Jahren

Die tiefliegenden Gebiete vor dem Dithmarscher Geestrand wurden im Verlauf der Flandrischen Transgression verhältnismäßig früh von der vordringenden Nordsee erreicht. Die steigenden Wasserstände führten zu marinen Abrasionsvorgängen an den Geestvorsprüngen, und es kam vor etwa 4.000 Jahren zur Ausbildung einer Haken- und Nehrungsküste. Die offene Nordsee mit erheblicher Wassertiefe erstreckte sich bis unmittelbar vor den heutigen Geestrand. Im Gegensatz zum nordfriesischen Bereich waren hier westlich des Geestrands keine saaleeiszeitlichen Moränen erhalten geblieben, sondern durch Schmelzwasserflüsse in den Tälern der Elbe und Eider bereits erodiert. So muß es dort verhältnismäßig lange gedauert haben, bis genügend Material herantransportiert und abgelagert werden konnte, daß sich Watten und Marschgebiete bilden konnten. Bis in die Zeit um Christi Geburt haben sich dort jedoch sehr stabile Marschgebiete von erheblicher Ausdehnung mit teilweise hochliegenden Oberflächen gebildet.

Im Verlauf des letzten Jahrtausends erweiterte sich der Marschgürtel Dithmarschens wiederum seewärts, so daß heute junge Marschgebiete westlich der alten Marsch liegen. Im frühen Mittelalter zeigt die Dithmarscher Nordermarsch das typische Relief einer Seemarsch auf: Im Westen waren teilweise jüngere, hohe, seit dem 7./8. Jahrhundert n. Chr. besiedelte Marschen aufgelandet, welche die Entwässerung der binnenwärtigen Gebiete soweit einschränkten, daß sich hier örtlich Moore ausdehnten. Die alte, noch in der römischen Kaiserzeit dicht besiedelte Marsch wurde so zum Sietland (MEIER 1995). Eine Überdeckung der alten, bereits im ersten Jahrtausend n. Chr. besiedelten Marschflächen durch jüngere marine Sedimente hat während des genannten Zeitraums nur in begrenztem Umfang stattgefunden. Landverluste sind im letzten Jahrtausend nur an einzelnen, sehr exponierten Küstenabschnitten nachzuweisen, insbesondere im Bereich der ehemaligen Insel Büsum sowie im Elbmündungsgebiet bei Brunsbüttel, dort bedingt durch eine Stromverlagerung der Elbe.

Eine völlig andere Entwicklung hat im nordfriesischen Raum stattgefunden. Der größte Teil Nordfrieslands war zunächst mit Schmelzwassersanden bedeckt, deren Oberfläche im Vergleich zu der Dithmarschens verhältnismäßig hoch lag und mit geringem Gefälle nach Westen einfiel. Im Gebiet nördlich des heutigen Eiderstedts drang infolge dieser erheblich höheren Oberfläche das Meer erst wesentlich später ein als in das Dithmarscher Küstengebiet. Im Westen waren saaleeiszeitliche Geestkerne vorgelagert, deren Abbau im Zuge des Meeresspiegelanstiegs durch Brandung und Strömung früh begonnen hat. Sie stellen die Lieferanten eines wesentlichen Teils der in Nordfriesland abgelagerten Sedimente dar. Wie vor der Dithmarscher Geest bildeten sich auch seitlich der Altmoränenhöhen des nord-

Abb. 14
Kurve des holozänen Meeresspiegelanstiegs in Schleswig-Holstein (BAYERL 1992).

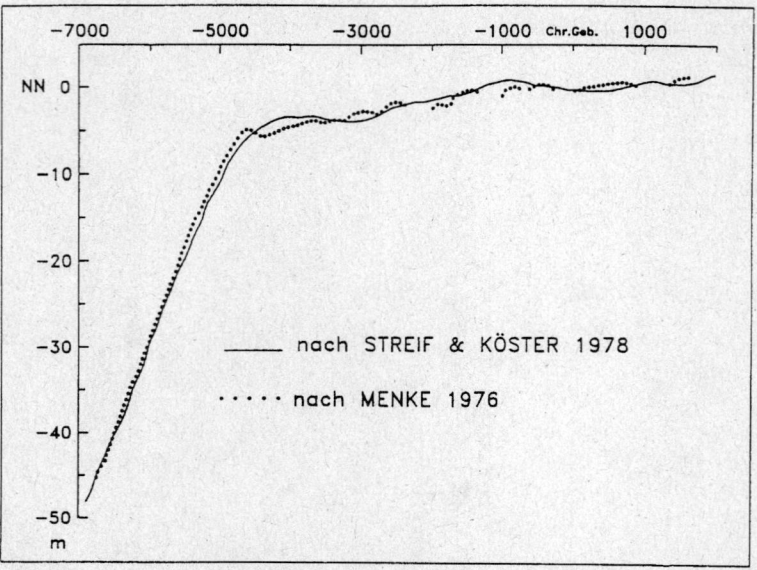

16

Abb. 15

Vor etwa 5.000 Jahren erreichte die Nordsee in Nordfriesland und Dithmarschen den Geestrand, einen Rücken aus Sand und Kies (dunkel grau), den die Gletscher der Saale-Eiszeit hierher geschoben hatten. An der Dithmarscher Geest bildeten sich durch den Brandungsabtrag Kliffs. Das abgespülte Material wurde von der Meeresströmung zu Sandbänken und Strandwällen aufgespült, auf ihnen bildeten sich Dünen. Die heutige Küstenlinie ist unterlegt.

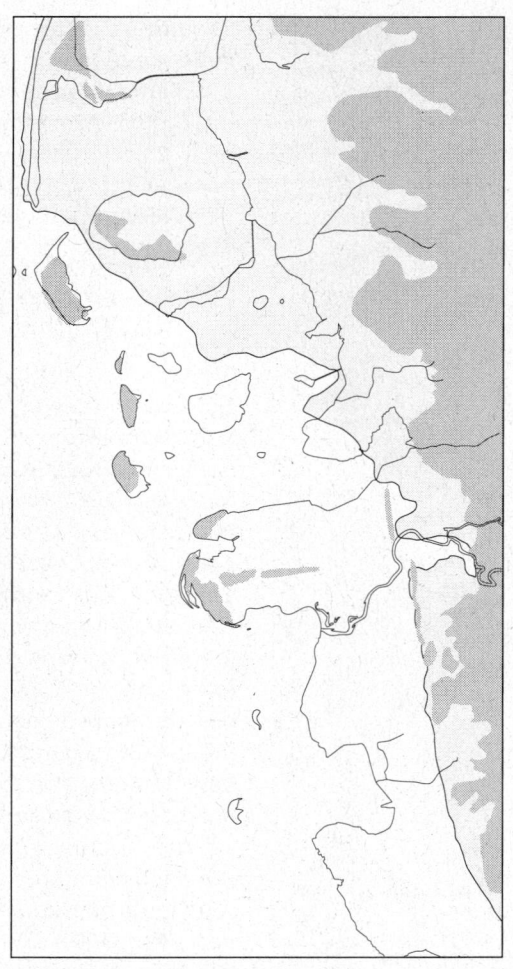

Abb. 16

Um die Zeitenwende war der Bereich des heutigen nordfriesischen Wattenmeeres durch vorgelagerte Geestkerne und Sandwälle dem direkten Einfluß des Meeres entzogen. Der Meeresspiegel stieg nicht mehr weiter an, im Schutz der Sandwälle entstanden Schilfsümpfe und Moore (dunkle Fläche), die rasch verlandeten. Es bildeten sich die ersten Seemarschen. Die Abbildung repräsentiert den Küstenbereich in der Zeit von 0 bis 400 nach Chr. Die heutige Küstenlinie ist unterlegt.

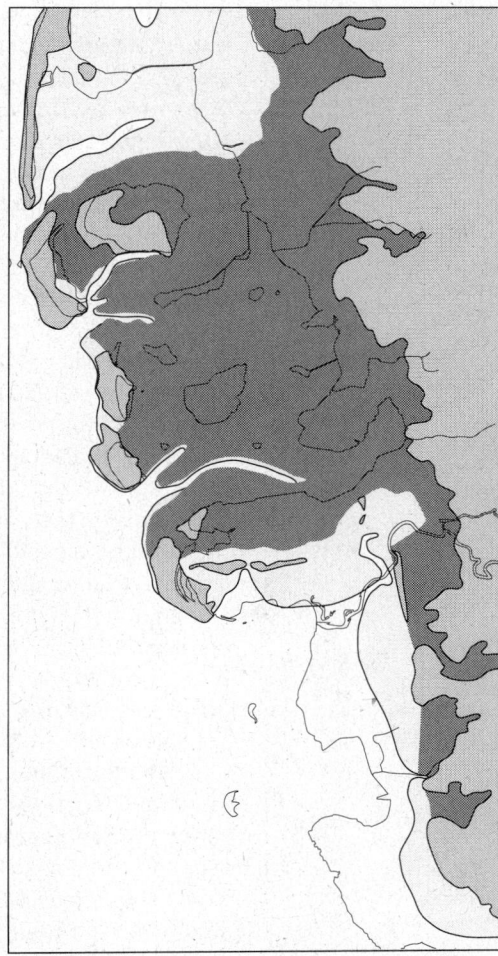

friesischen Bereiches Nehrungen und Strandwälle. Diese lagen jedoch inselförmig weit vor dem heutigen Geestrand auf einer Linie westlich von Sylt-Amrum-Eiderstedt. In ihrem Schutze setzte die Wattbildung ein. Die Sedimentzufuhr muß im Gegensatz zu der Dithmarschens von Beginn der Überflutung an so stark gewesen sein, daß sie mit dem steigenden Wasserstand schritthalten konnte. Spuren mariner Abrasion fehlen daher am Rande der heutigen Festlandsgeest Nordfrieslands.

In der Folgezeit – nach geologisch – archäologischen Befunden etwa seit 2.000 v. Chr. – setzten im nordfriesischen Raum Verlandungs- und Vermoorungsprozesse ein. Zwischen der seewärts wachsenden marinen Verlandungszone und dem Geestrand bestand ein geschützter Raum. Da die Zerschneidung offenbar gering war und der Gezeiteneinfluß landeinwärts schnell abnahm, bildete sich hier ein brackiges, mit Röhricht bestandenes Sumpfgebiet, über dem später Niederungsmoore, Bruchwälder und schließlich sogar Hochmoore aufwuchsen. Nach archäologischen Befunden besaßen die betretbaren Oberflächen, sei es Marsch oder Sumpf, bereits um 1.500 v. Chr. erhebliche Ausdehnung (BANTELMANN 1966) (Abb. 16).

Im Verlauf des Mittelalters drang der Meereseinfluß weiter vor als jemals zuvor. Die älteren Meeresablagerungen wurden teils zerschnitten, teils von jüngeren marinen Sedimenten bedeckt. Heute ist der ehemals von ausgedehnten, größtenteils versumpften und vermoorten Flächen eingenommene Raum zwischen der Insel Föhr und der Halbinsel Eiderstedt weitgehend in ein Wattgebiet umgewandelt, das von einem dichten Netz von Gezeitenrinnen zerschnitten ist. Ausschlaggebend für die heutige Form Nordfrieslands mit den Inseln und Halligen sind vor allem die beiden gewaltigen Sturmfluten 1362 (Abb. 17) und 1634 (Abb. 18), bei denen große Teile des mittelalterlichen Kulturlandes zerstört und zum heutigen Wattenmeer wurden.

Seit dem 12. Jahrhundert ist auch der Mensch durch Entwässerung und Deichbau zunehmend zum landschaftsgestaltenden Faktor geworden. Die Veränderungen in der Wattenmeerregion seit dem Beginn menschlicher Einflußnahme verdeutlicht Abbildung 19, in der Querschnitte durch das Gebiet vor dem

Abb. 17
Seit dem 12. Jahrhundert greift der Mensch mit dem Bau von Deichen aktiv in die Gestaltung der Küste ein. Die Seemarschen Nordfrieslands waren allerdings von Prielen durchschnitten, so daß die Bedeichung schwierig und kleinräumig war. Heute bekannte Deichabschnitte des Mittelalters sind hervorgehoben. Die Abbildung repräsentiert den Küstenbereich in der Zeit vor 1362. Die Geest ist dunkel grau dargestellt, die Seemarsch hellgrau. Die heutige Küstenlinie ist unterlegt.

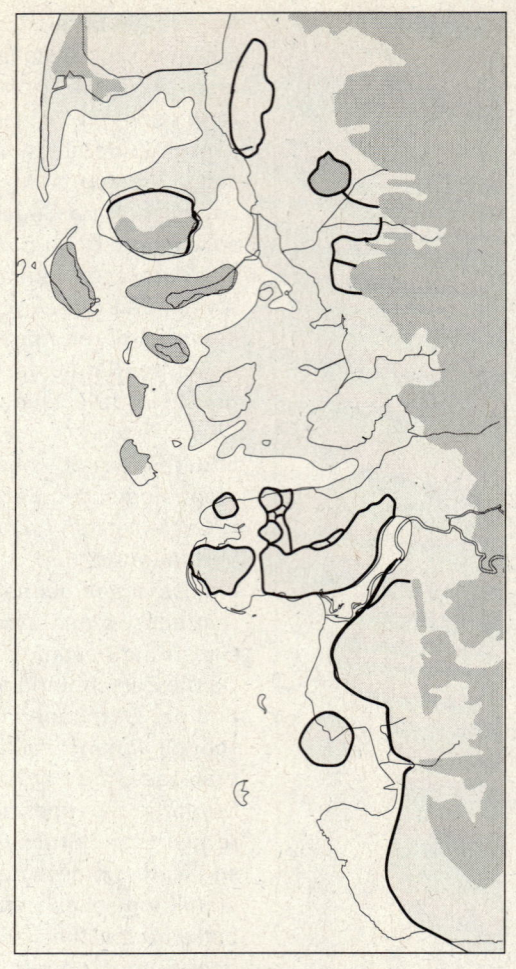

Abb. 18
Der Landzuwachs des Mittelalters wurde durch Deiche gesichert, Köge entstanden. Ein Koog ist landseitig durch den alten, seeseitig durch den neuen Deich geschlossen. Die frühen Deiche konnten aber den verheerenden Sturmfluten des Mittelalters und der frühen Neuzeit nicht standhalten. Bei Katastrophenfluten (z. B. von 1362 und 1634) wurden riesige Kulturflächen wieder zu Wattenmeer. Tausende von Menschen kamen ums Leben. Die Abbildung zeigt den Küstenbereich vor 1634.

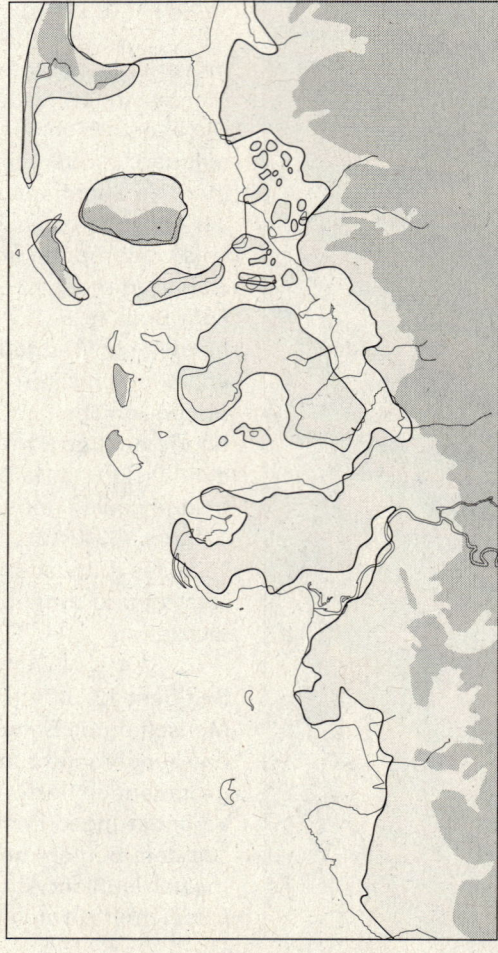

Beginn des anthropogenen Einflusses und in der heutigen Situation dargestellt sind. Die planmäßige Landgewinnung setzt sich bis in die Neuzeit fort, wobei insbesondere im 20. Jahrhundert eine verstärkte Rückgewinnung von Marschland stattfand, die zur heutigen Küstenlinie führte.

2.3. Siedlungsgeschichte

Mit dem Vorrücken der Nordsee im Holozän wurden steinzeitliche Jäger und Sammler aus dem Gebiet der heutigen deutschen Bucht vertrieben. Reste der noch nachweisbaren ältesten Besiedlung im Küstenbereich konzentrieren sich auf pleistozänen Geestkernen, Dünen, Prieluferwälle und Sandwälle. In Schleswig-Holstein belegen wenige Funde aus der jüngeren Steinzeit (Flint- und Felsgesteinsäxte), daß um 2.000 v Chr. einige Nehrungen Dithmarschens und des westlichen Eiderstedts wahrscheinlich von Menschen bewohnt oder doch hin und wieder aufgesucht wurden (BANTELMANN 1966).

Die nächstjüngeren und weitaus häufigeren Funde stammen aus der Stein-Bronze-Zeit (um 1.500 v. Chr.). Noch nachweisbare Fundorte dieser stein-bronze-zeitlichen Artefakte (Flintdolche und Flintsicheln) beschränken sich in Dithmarschen auf höhergelegene Geest- und Sandflächen sowie einem schmalen Saum westlich des Geestrands. Nördlich der Eiderstedter Nehrungen reichen sie jedoch weit nach Westen. Daraus läßt sich schließen, daß die betretbare Landoberfläche zu dieser Zeit im Gebiet des nordfriesischen Wattenmeeres weit ausgedehnter gewesen sein muß als im dithmarscher Raum.

Eine dichte bäuerliche Besiedlung gab es auf den Marschflächen der schleswig-holsteinischen Westküste erst in der römischen Kaiserzeit (0 bis 400 n. Chr.) (Abb. 20). Für die 1.500 Jahre zwischen der Stein-Bronze-Zeit und der älteren römischen Kaiserzeit konnten dort, im Gegensatz zum südlichen Nordseeküstengebiet, keine Belege gefunden werden. Während im dithmarscher Bereich die Marsch zur genannten Zeit dicht besiedelt war und offensichtlich auch seewärts an Breite gewonnen hatte (MEIER 1994, 1995), ist eine Siedlungsleere im Gebiet des heutigen nordfriesischen Wattenmeeres auffällig. Die eisenzeitlich besiedelten Bereiche beschränkten sich – abgesehen vom südlichen Eiderstedt – auf die saalezeitlichen Geestkerne,

Abb. 19
Schematischer
Querschnitt durch
die Wattenmeer-
Landschaft vor
ca. 1.000 Jahren
(oben) und in der
Gegenwart (unten)
(WOLFF 1992).

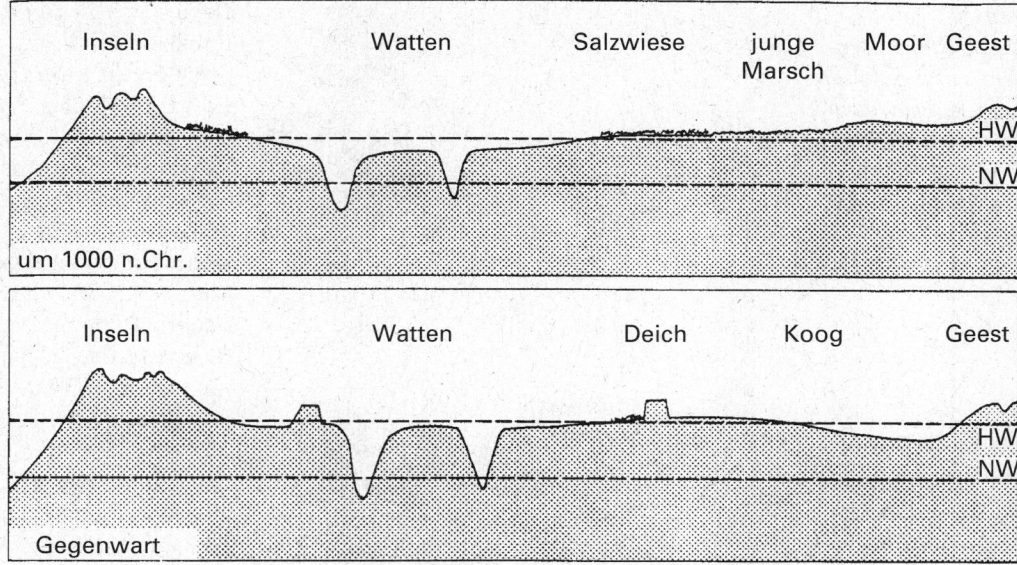

die Wiedingharde und eine Siedlung in der Marsch von Sylt. Grund hierfür ist wahrscheinlich die großflächige Vermoorung im Gebiet nördlich von Eiderstedt, die eine extrem siedlungsfeindliche Landschaft bildete (BANTELMANN 1966).

Offensichtlich war den damaligen bäuerlichen Siedlern in Dithmarschen und dem südlichen Eiderstedt der Schutz durch umfassende Bedeichung unbekannt. Bevorzugte Siedelareale stellten die hohen Uferwälle in den Flußmarschen oder Brandungswälle in den Seemarschen dar (MEIER 1994). Hier erlaubte ein niedriger Sturmflutspiegel um Christi Geburt die Anlage von Flachsiedlungen. Die vermutlich seit dem 2. Jahrhundert n. Chr. höher auflaufenden Sturmfluten sowie eine Verlagerung der Wohnplätze nach Westen in neu aufgelandete, niedrige Marschen führten aber zur Aufhöhung der Wohnplätze, dem Warftenbau. Spätestens seit dem 5. Jahrhundert n. Chr. läßt sich in vielen Marschgebieten ein Siedlungsrückgang, bedingt durch die einsetzende Völkerwanderung und häufiger auflaufende Sturmfluten, nachweisen.

In der Völkerwanderungszeit scheinen die Marschflächen, ebenso wie der größte Teil des übrigen Schleswig-Holsteins, weitgehend von der Bevölkerung verlassen worden zu sein. Nachdem die Schwankungen des Meeres- und Sturmflutspiegels in den ersten Jahrhunderten n. Chr. zum Teil erheblichen Veränderungen der Küstenlinie geführt hatten, entstanden mit einem erneuten Absinken der Sturmflutwasserstände junge und fruchtbare Seemarschen (Abb. 21). Bei der Neubesiedlung wurden zunächst wieder die

höhergelegenen Gebiete bevorzugt und Flachsiedlungen angelegt. Hier nutzten vor allem die Friesen seit dem 7. Jahrhundert n. Chr. auch höhere Marschflächen. Diese mußten jedoch aufgrund des sich verstärkenden Meereseinflusses frühestens seit dem 8./9. Jahrhundert entweder verlassen oder aufgehöht werden (MÜLLER-WILLE et al. 1988, BANTELMANN 1975). Im dithmarscher Küstengebiet und im Mündungsbereich der Eider erschloß die Ansiedlung bäuerlicher Bevölkerungsgruppen die Flächen einer aufgelandeten, höheren Seemarsch. Ein niedriger Sturmflutspiegel begünstigte im 7./8. Jahrhundert auch dort die Anlage von Flachsiedlungen, die jedoch schon bald zu Wurten aufgehöht wurden (BANTELMANN 1975, MEIER 1995). Im Bereich des heutigen nordfriesischen Wattenmeeres blieb die Besiedlung während dieser Zeit auf die höheren saalezeitlichen Geestkerne im Bereich der Inseln Sylt, Föhr und Amrum beschränkt. Archäologische Funde von der Wiedingharde sowie im Wattgebiet von Hallig Hooge weisen jedoch Teile der Seemarschen als besiedelt aus, während sich in weiten Teilen ausgedehnte Moor- und Reetflächen erstreckten. Diese boten keine Möglichkeiten für die Anlage von Wohnplätzen (BANTELMANN 1966, MÜLLER-WILLE et al. 1988, MEIER 1994).

Bei der weiteren Marschenbesiedlung zu Beginn unseres Jahrtausends wurden schließlich auch die schlecht entwässerten, mit Sümpfen und Mooren bedeckten küstenfernen Marschflächen erfaßt, die von der älteren Besiedlung weitgehend gemieden worden waren. Durch die Anlage eines künstlichen Entwässerungsnetzes und die Errichtung schützender

Abb. 20
Das Landschafts-
bild um die Zeiten-
wende. Das Meer
reicht bis an die
Geest. Die dith-
marscher Marsch
war zu dieser Zeit
bereits besiedelt.

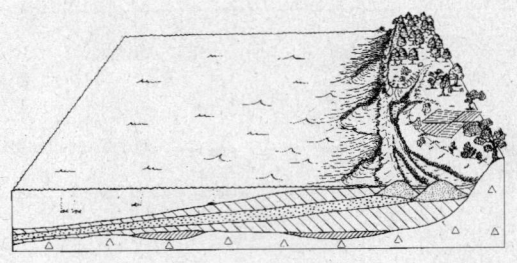

Abb. 21
Mit dem Absinken
der Sturmflut-
wasserstände im
ersten Jahrhundert
nach Christi
bildeten sich junge
und fruchtbare
Seemarschen. Die
höher gelegenen
Marschflächen
waren besiedelt.

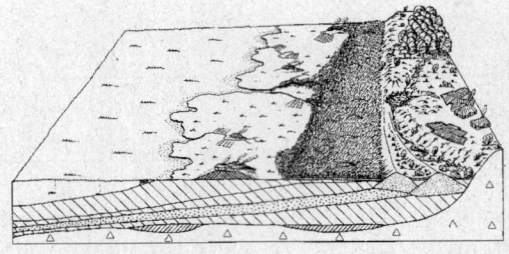

Abb. 22
Zu Beginn unseres
Jahrhunderts
begannen die
Marschbauern
durch Eindeichung
und Entwässerung
mit einer tiefgrei-
fenden und dauer-
haften Verände-
rung ihrer Umwelt.

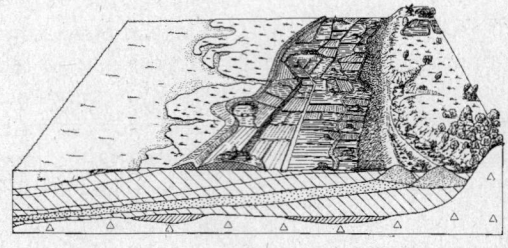

Abb. 23
Die planmäßige
Landgewinnung,
der Deichbau und
die Entwässerung
der neu gewonnen
Gebiete setzte sich
bis heute fort.

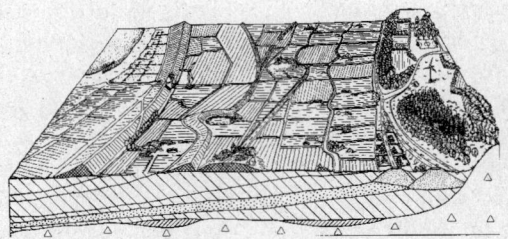

Deiche wurde nun auch der ehemals unbesiedelte Bereich zwischen Eiderstedt und Föhr in einer zweiten Einwanderungs- welle von Friesen in Besitz genommen. Dies hatte eine Umwandlung der Natur- landschaft zur Kulturlandschaft zur Folge. In Dithmarschen nutzte die Landnahme neu aufgewachsene Seemarschen, die sich westlich an das Altsiedelland anschloßen. Auch hier griffen die Marsch- bauern ab dem 12. Jahrhundert durch Deichbau und geregelte Entwässerung tiefgreifend und dauerhaft in ihre natürli- che Umwelt ein (Abb. 22). Größere geschlossene Marschgebiete wurden durch umfassende Deichbauten geschützt, während man sich in Gebieten, die schon zu Beginn unseres Jahrtausends durch ein Netz von Gezeitenrinnen zerschnitten waren, mit einer Teilbedeichung kleinerer Flächen begnügte und das übrige Land ungeschützt blieb. In den Sietländern entstanden als Schutz gegen das Binnen- wasser flache Hofwurten in langen Reihen (Marschhufensiedlungen).

Die zunächst erfolgreiche Kultivierung vermoorter Marschflächen hatte im späten Mittelalter und in der frühen Neuzeit weitreichende Folgen, vor allem in Nordfriesland. Durch die Entwässerung und die damit verbundene Sackung sowie den Abbau der meist dicht unter der Oberfläche anstehenden Torfe zur Salzge- winnung gerieten weite Teile der mittelal- terlichen Marschen unter das Niveau des damaligen Mittleren Tidehochwassers. Durch immer häufiger und höher auflau- fende Sturmfluten brachen in schon bestehende Gezeitenrinnen, die als alte Schmelzwasserrinnen im Untergrund schon vorgeformt waren, Wattströme ein und verwandelten mittelalterliches Kultur- land in ein Wattenmeer. Vor allem die Marcellusflut am 16. Januar 1362 hatte katastrophale Folgen. Das Kulturland der Uthlande wurde zerstört, die flachen Deiche und Warften fortgerissen und das gesamte Gebiet mit Meeressedimenten bedeckt. Viele Menschen ertranken bei der „Groten Mandränke", auch der sagenum- wobene Ort Rungholt ist dabei unterge- gangen. Nur die Geestkerninseln und ei- nige Inseln im Bereich der heutigen Halli- gen sowie ein Teil der Insel Strand blieben erhalten. Im Jahre 1634 gab es nochmals eine vergleichbare Flut, die die verbliebe- nen Reste mittelalterlichen Landes und die große, hufeisenförmige Insel Strand zerstörte. Durch diese beiden großen Sturmfluten ist die ungefähre Form des heutigen Nordfrieslands entstanden.

Noch heute sind bei Niedrigwasser freigespülte Kulturspuren im Watt zu finden, so z.B. ehemalige Warften, Pflugspuren, Brunnenreste oder Keramikscherben. Besonders der Untergang des legendären Orts Rungholt hat bis in die Neuzeit hinein die Phantasie der Menschen beschäftigt, und Siedlungsreste im Watt wurden oft als Überreste Rungholts gedeutet. Obwohl mittlerweile unumstritten ist, daß es Rungholt wirklich gegeben hat, bestehen unterschiedliche Auffassungen über die Lage dieser ehemaligen Handelsmetropole. Zum Schutze der Kulturdenkmale wurde der Bereich der Watten und Sände des nordfriesischen Wattenmeeres zum Grabungsschutzgebiet erklärt, in dem ohne Genehmigung des Landesamtes für Vor- und Frühgeschichte keine Grabungen vorgenommen werden dürfen.

Die planmäßige Landgewinnung und der Deichbau setzen sich bis heute fort (Abb. 23). Während früher vor allem wirtschaftliche Interessen im Vordergund standen, dienen heutige Deichbauvorhaben in erster Linie dem Küstenschutz.

3. Grundlegende Strukturdaten des Gebietes

3.1 Größe des Nationalparks

Der Nationalpark Schleswig-Holsteinisches Wattenmeer hatte bei seiner Ausweisung im Jahr 1985 eine Größe von 285.000 ha (MELFF 1985). Da die südliche Grenze des Nationalparks per Gesetz durch die nördliche Wattkante des Hauptfahrwassers der Elbe, der Medem-Reede, der Neufelder Rinne sowie deren Verbindungslinien definiert ist, hat sich der Nationalpark durch die Verlagerung des Elbstromes nach Norden sowie durch weitere Flächenreduzierung (Eindeichungen, Vordeichungen, Hafenausbauten) verkleinert. Seine Größe beträgt heute 273.000 ha. Dies entspricht einem Anteil von 1,74 % der Landfläche Schleswig-Holsteins.

Tabelle 1 gibt eine Übersicht über die Größe des Nationalparks, der bestehenden Zone 1 sowie der einzelnen Biotoptypen im Nationalpark. Diese Angaben wurden mit dem Geographischen Infor-

mationssystem des Nationalparkamtes berechnet und beruhen auf einer Digitalisierung von den in Kapitel IV 2. angegebenen Kartenquellen für die topographische Übersichtskarte des Nationalparks. Die Werte sind gerundet. Wir gehen von einer Genauigkeit von mindestens ± 3 % aus, da bei der Digitalisierung aufgrund der Liniennachführung ein Fehler von etwa ± 0,5 mm angenommen werden kann.

In den Salzwiesen wurde eine Flächenermittlung anhand von Karten und Luftbildern im Maßstab 1 : 5.000 bzw. 1 : 10.000 durchgeführt (STOCK et al. 1996). Bei allen weiteren detaillierten Betrachtungen in diesem Bericht und allen Angaben zu Brut- oder Rastgebietsgrößen im terrestrischen Bereich werden diese Daten verwendet.

Tab. 1: Flächenanteile der Lebensräume im „Nationalpark Schleswig-Holsteinisches Wattenmeer"

Lebensraum	Fläche (ha)	Anteil (%)
Gesamtfläche	273.000	100
Zone 1	85.000	31
Watt	135.000	50
Sublitoral	128.000	47
Sände	4.000	1,5
Salzwiesen (Festland, Inseln)	6.000	2,2
Salzwiesen (Halligen)	150	<0,1
Dünen	10	< 0,1

3.2 Struktur und Aufgaben der Nationalparkverwaltung

Das Landesamt für den Nationalpark Schleswig-Holsteinisches Wattenmeer ist Landesoberbehörde und untere Naturschutzbehörde für den Bereich des Nationalparks. Es ist für die Verwaltung des Nationalparks zuständig und hat seinen Sitz in Tönning. Das Nationalparkamt hat am 1. Oktober 1985 seine Tätigkeit aufgenommen. Bis 1988 gehörte es zum Organisationsbereich des Landwirtschaftsministeriums. Mit der Gründung des Ministeriums für Natur und Umwelt im Juli 1988 ist das Nationalparkamt dem Umweltministerium zugeordnet und diesem unmittelbar unterstellt worden.

Mit der Einrichtung des Nationalparkamtes als Landesoberbehörde hat die Landesregierung einen Weg gewählt, der
► international angemessen ist,
► der großen Mehrheit der anderen deutschen Nationalparkverwaltungen entspricht und der
► der Tatsache Rechnung trägt, daß der Nationalpark Schleswig- Holsteinisches Wattenmeer Angelegenheit des gesamten Landes Schleswig-Holstein ist.

Die Arbeit des Nationalparkamtes wird von den Kuratorien begleitet

Im Nationalparkamt arbeiten 36 festangestellte Mitarbeiterinnen und Mitarbeiter, davon elf als Teilzeitarbeitskräfte. Zur Unterstützung sind für das Projekt „Ökosystemforschung" elf Angestellte zeitlich befristet eingestellt worden. Für die Öffentlichkeitsarbeit des Nationalparkamts werden jedes Jahr für die Zeit vom 1. März bis 30. November weitere sechs Saisonkräfte in den Informationzentren des Nationalparkamts eingestellt. Diese Saisonkräfte sind ebenfalls Teilzeitkräfte. Eine weitere Mitarbeiterin ist im Rahmen einer Arbeitbeschaffungsmaßnahme für die Öffentlichkeitsarbeit des Nationalparkamts auf der Insel Föhr tätig. Ab dem 1. Mai 1996 kommen 22 Personen hinzu, die im Bereich Nationalparkservice das Nationalparkamt in der Fläche vertreten sollen.

Das Nationalparkamt ist in die Dezernate Verwaltung, Naturschutz , Öffentlichkeitsarbeit und Umweltbildung sowie Monitoring und Forschung gegliedert. Eine Projektgruppe Nationalparkservice soll geschaffen werden.

Das Nationalparkamt arbeitet als Landesoberbehörde und untere Naturschutzbehörde eng mit der Bevölkerung, mit Verbänden sowie vielen staatlichen Institutionen der an das Wattenmeer angrenzenden Regionen zusammen. Dazu gehören insbesondere die Ämter und Gemeinden, die unteren Naturschutzbehörden der Kreise Nordfriesland und Dithmarschen, die Ämter für Land- und Wasserwirtschaft in Husum und Heide, die Deich- und Sielverbände, die Wasserschutzpolizei, das Fischereiamt sowie das Wasser- und Schiffahrtsamt Tönning.

Um die Interessen der heimischen Bevölkerung zu wahren, sind auf Landkreisebene Nationalparkkuratorien eingerichtet worden. Durch die Einrichtung dieser Kuratorien hat die Landesregierung dem

Nationalparkamt ein überwiegend regionales Korrektivorgan beigegeben, das in anderen Bundesländern als beispielhaft angesehen wird.

Die Kuratorien sollen das Nationalparkamt beraten. Grundsatzfragen und langfristige Planungen sind mit den Kuratorien einvernehmlich abzustimmen. Sie haben an Verordnungen, die aufgrund des Nationalparkgesetzes erlassen werden können, mitzuwirken (§ 9 Abs. 3 Nationalparkgesetz).

Die Kuratorien Dithmarschen und Nordfriesland sind mit jeweils 24 Mitgliedern besetzt, die auf fünf Jahre bestellt werden. Die an den Nationalpark angrenzenden Gemeinden sind mit jeweils fünf Vertreterinnen bzw. Vertretern beteiligt. Hinzu kommen Vertreterinnen bzw. Vertreter der Wasser- und Bodenverbände, des Tourismus, des Wassersports, der Landwirtschaft, der Fischerei, der ansässigen gewerblichen Wirtschaft und der Gewerkschaften, Beauftragte für Naturschutz und Landschaftspflege, des Landesnaturschutzverbandes sowie zwei Wissenschaftlerinnen bzw. Wissenschaftler und zwei Repräsentantinnen bzw. Repräsentanten der im Wattenmeer tätigen Naturschutzverbände. Die Bundesministerien für Umwelt und für Verkehr entsenden jeweils ein Mitglied. Das breite Spektrum der Kuratoriumsmitglieder verdeutlicht, daß viele Interessen bei der Umsetzung der Schutzbestimmungen im Nationalpark berücksichtigt werden müssen. Um die erforderlichen Entscheidungen der Kuratorien vorzubereiten, werden anstehende Probleme oft vorab in Arbeitskreisen diskutiert und wann immer möglich einvernehmlich gelöst.

Dazu sind zehn Arbeitskreise eingerichtet worden (Abb. 24).
Darüberhinaus müssen viele Landes- und Bundesbehörden aufgrund eigener Zuständigkeiten bei Angelegenheiten am und im Nationalpark beteiligt werden und in die Entscheidungsfindung integriert werden. In Tabelle 2 sind die wesentlichen Behörden und deren Aufgaben sowie die gesetzlichen Grundlagen aufgelistet.

Mit allen Kommunikationspartnern und nicht zuletzt mit der einheimischen Bevölkerung und deren Gästen hat das Nationalparkamt „nach pflichtgemäßem Ermessen" die Durchführung des Nationalparkgesetzes, des Landesnaturschutzgesetzes und der ergänzenden

Abb. 24
In den Arbeits-
kreisen erfolgt die
Konsensbildung
im Nationalpark.

Konsensbildung im Nationalpark - die Arbeitskreise

Arbeitskreis Fischerei	Arbeitskreis Seehunde
Arbeitskreis Weiße Flotte	Arbeitskreis Deichschafhaltung
Arbeitskreis St. Peter Ording	Arbeitskreis Fraßschäden
Arbeitskreis Naturschutzverbände	Arbeitskreis Hamburger Hallig
Arbeitskreis Jagd	Arbeitskreis Wattführer

Verordnungen zu verwirklichen. Dabei gilt es, die Notwendigkeit des Naturschutzes mit den Interessen der Bevölkerung in Einklang zu bringen, gemeinsam Lösungen zu erarbeiten und den Gesetzesrahmen auszufüllen.

3.3 Bewohnerinnen und Bewohner des Nationalparks

Den Nationalpark bewohnen drei Personen. Auf der Insel Trischen ist eine Person und auf der Hallig Süderoog sind zwei Personen mit erstem Wohnsitz gemeldet. Trischen ist jedoch nur in den Sommermonaten bewohnt.

3.4 Eigentumsverhältnisse

Der überwiegende Teil des National-parks ist Bundes-eigentum

Der überwiegende Teil des Nationalparks ist Bundeseigentum. Nach § 2 Abs. 2 Bundeswasserstraßengesetz (BWaStrG) ist der Bund Eigentümer der Seewasserstraßen. Seewasserstraßen sind die Flächen zwischen der MThw-Linie und der seewärtigen Begrenzung des Küstenmeeres, der 12 sm Grenze. Damit reicht das Bundesgebiet weit über die bestehende Nationalparkgrenze hinaus. Diese

Regelung gilt auch bei Niedrigwasser.

Nicht zu den Bundeswasserstraßen gehören:

► Hafeneinfahrten, die von Leitdämmen oder Molen ein- oder beidseitig begrenzt sind. Nach § 91 des Landeswassergesetz (LWG) gehören diese Hafeneinfahrten den jeweiligen Trägern. Sie sind nicht Bestandteil des Nationalparks (§ 3 Abs. 2 Nationalparkgesetz).
► Außentiefs, die sich im Anschluß an Siele außerhalb des Deiches befinden und der Binnenlandentwässerung dienen. Außentiefs gehen seewärts in Priele über. Nach § 41 in Verbindung mit § 90 des LWG gehören die Außentiefs im Nationalpark dem Land.
► Küstenschutzanlagen, dies sind insbesondere Deiche, Dämme, Buhnen und Lahnungen. Sie befinden sich im Eigentum des Landes Schleswig-Holstein.

Badeanlagen und der trockenfallende Badestrand gehören darüberhinaus nicht zum Bundeseigentum.

Eigentümer des Deichvorlandes oberhalb der MThw-Linie ist das Land Schleswig-Holstein.

Tab. 2: Behördliche Zuständigkeit im Nationalpark

Behörde	Aufgabe	gesetzliche Grundlagen
BMVg Wehrbereichverwaltung I	Luftverkehr (Übungen) Schießplatz Meldorfer Bucht	Grundgesetz § 38 BNatSchG
BMV Wasser- und Schiffahrtsdirektion Wasser- und Schiffahrtsamt	Schiffahrtsregelung	BWaStrG Seeaufgabengesetz SeeSchStr0 Befahrensverordnung
BMV MWTV	ziviler Luftverkehr	Luftverkehrsgesetz Luftverkehrsordnung
MWTV Oberbergamt Bergamt	Ölförderung Mittelplate	Bundesberggesetz
Wasserschutzpolizei Bundesgrenzschutz/Zoll	Polizeiaufgaben	Strafgesetzbuch LVWG Pol.-Org.-Gesetz
MELFF Fischereiamt	Fischerei	Fischereigesetz Küstenfischereiordnung
MELFF MNU	Jagd, Seehundjäger	Bundesjagdgesetz Landesjagdgesetz Nationalparkgesetz
MELFF LANU Amt für Land- und Wasserwirtschaft	Küstenschutz	Wasserhaushaltsgesetz Landeswassergesetz
MNU LANU Amt für Land- und Wasserwirtschaft	Gewässerschutz Gewässerbenutzung Untersuchung der Bodenqualität	Wasserhaushaltsgesetz Landeswassergesetz
MNU Kreis Gemeinde Kreis	Tierkörperbeseitigung Abfallbeseitigung	Kreislaufwirtschaft- und Abfallgesetz Landesabfall- wirtschaftsgesetz Tierkörperbeseitigungs- gesetz
Landesamt für Vor- und Frühgeschichte	Denkmalpflege Ausgrabungen im Watt	Denkmalschutz Grabungsschutzgebiets- verordnung
MdI Kreisordnungsbehörde Ämter/Amtsfreie Gemeinden	Öffentliche Sicherheit	§ 175 LVwG

In sechs Gebieten ist das Vorland Eigentum Dritter:

▶ Vorland vor St. Peter-Ording, Gemeinde St. Peter-Ording, ca. 325 ha;

▶ Vorland nördlich von St. Peter-Ording, Deich- und Hauptsielverband Eiderstedt, ca. 25 ha;

▶ Vorland nördlich von Föhr, Deich- und Hauptsielverband Föhr, ca. 70 ha;

▶ Vorland vor dem Marienkoog, Deich- und Hauptsielverband Marienkoog, ca. 70 ha;

▶ Vorland vor dem Sönke-Nissen-Koog, Deich- und Hauptsielverband Sönke-Nissen-Koog, ca. 60 ha;

▶ Hallig Norderoog, Verein Jordsand, ca. 11 ha.

Nicht abschließend geklärt ist die Eigentumsfrage an den natürlich entstandenen Salzwiesen an der Ostküste der Insel Sylt.

3.5 Verwaltungszugehörigkeit

Die räumliche Zuordnung von Wattflächen zu Anrainergemeinden erfolgte bereits Ende des letzten Jahrhunderts

Die Inkommunalisierung des Wattenmeeres, d. h. die jeweilige räumliche Zuordnung von Wattflächen zu den Anrainergemeinden, erfolgte bereits Ende des letzten Jahrhunderts. Die Gemeinden haben damit die Planungshoheit für die jeweiligen Gebiete erhalten; bei baulichen Vorhaben sind die Gemeinden zu beteiligen.

Die Anrainerämter und amtsfreien Gemeinden sind örtliche Ordnungsbehörde im Sinne von § 164 Landesverwaltungsgesetz und im Wattenmeer zuständig für die öffentliche Sicherheit und die Gefahrenabwehr. In nicht inkommunalisierten Gebieten obliegen die o.g. Rechte und Pflichten dem Land Schleswig-Holstein. Die Eingemeindung erfolgte in den einzelnen Bereichen wie folgt:

▶ ehemaliger Kreis Südtondern: durch Beschluß des Kreisausschusses vom 19.05.1892 (nicht veröffentlicht);

▶ ehemaliger Kreis Husum: durch Verfügung des Oberpräsidenten in Schleswig vom 09.05.1885 (amtlich bekanntgemacht);

▶ ehemaliger Kreis Eiderstedt: durch Verfügung des Oberpräsidenten in Schleswig vom 04.04.1886 (amtlich bekanntgemacht);

▶ Dithmarschen: die Wattflächen wurden 1895 inkommunalisiert. Die Verfügungen sind im „Dithmarscher Boten" Nr. 44 des

Kreises Norderdithmarschen und „Kreisblatt" Nr. 24 des Kreises Süderdithmarschen bekanntgemacht. Die Gebietszuweisungen bei Auflösung der Gutsbezirke des Kreises Süderdithmarschen im Jahre 1928 ergeben sich aus der Amtlichen Bekanntmachung der Regierung zu Schleswig (Sondernummer vom 10.10.1928 „Amtsblatt der Regierung zu Schleswig").

Der überwiegende Teil des Nationalparks ist damit Anrainergemeinden zugeordnet und somit auch jeweiliges Gemeindegebiet. Bis heute fehlt allerdings eine verbindliche Übersicht der Grenzlinien, weil die Inkommunalisierungsverfügungen nur verbale Grenzfestlegungen ohne Kartenanlage enthalten. Eine abschließende Entscheidung des Innenministeriums steht aus. Das seit geraumer Zeit laufende Anhörungs- und Abstimmungsverfahren des Innenministeriums mit den Kreisen Dithmarschen und Nordfriesland sowie den betroffenen Gemeinden ist noch nicht abgeschlossen.

Die Kartenanlage (GIS-Karte 4) ist folglich nicht verbindlich, sie stellt nur einen Extrakt aus den Stellungnahmen der Gemeinden bzw. den Vorschlägen der Kreise Dithmarschen und Nordfriesland an das Innenministerium dar.

3.6 Administrative Gliederung

Der Nationalpark und das Nationalparkvorfeld gliedern sich politisch-administrativ in die Kreise Nordfriesland und Dithmarschen mit 137 bzw. 117 Gemeinden (vergl. Abb. 8). Die Gemeinde ist die kleinste, sich selbst verwaltende kommunale Einheit, der laut Grundgesetz die alleinige Zuständigkeit für Angelegenheiten der örtlichen Gemeinschaft zuerkannt ist. Aufgaben, die sich nicht auf ihr Gemeindegebiet begrenzen lassen, werden durch übergeordnete Körperschaften, die Kreise, oder durch das Land übernommen.

Angesichts der geringen Einwohnerstärken vieler Ortschaften – die Hälfte aller Nationalpark-Anrainergemeinden (vergl. Abb. 8 in Kap. II 1.) hat weniger als 500 Einwohnerinnen und Einwohner – läßt sich eine funktionierende Selbstverwaltung an der Westküste nur in Gemeindeverbänden, sogenannten Ämtern, durchführen. Diese führen die gemeindlichen

Geschäfte, wobei die Gemeinden beschlußfassende Organe bleiben.

Für den Nationalpark und seine Verwaltung ist die administrative Gliederung, d.h. die räumliche Aufteilung des Vorfeldes in die einzelnen Gebietskörperschaften und sonstige Zuständigkeitsbereiche, in mehrerlei Hinsicht bedeutsam:

Der Nationalpark und die zuständige Nationalparkverwaltung entstanden 1985 als zusätzliche Verwaltungseinheit mit eigener, räumlicher Zuständigkeit innerhalb bereits bestehender politischer und administrativer Gebietsstrukturen. Daraus ergab sich grundsätzlich die Problematik konkurrierender Zuständigkeiten sowie die Notwendigkeit einer Übergangsfrist, in der sich tragfähige Kooperations- und Kommunikationsstrukturen zwischen Nationalparkbehörde, Kreis und Gemeinden etablieren mußten. Dabei führt die Kleinteiligkeit der Verwaltungsstrukturen unterhalb der Kreisebene dazu, daß die Nationalparkverwaltung, gerade was Entwicklungen in ihrem angrenzenden Vorfeld betrifft, einer Vielzahl von gemeindlichen Planungsträgern mit z.T. sehr unterschiedlichen Interessen gegenübersteht (Tab. 3).

Als Landesoberbehörde und untere Naturschutzbehörde untersteht die Nationalparkverwaltung direkt dem Umweltministerium in Kiel. Um ihre Ziele erreichen zu können, ist sie jedoch immer auch auf die Kooperationsbereitschaft der Kommunen angewiesen. Dies gilt insbesondere für Entwicklungen im Vorfeld des Nationalparks, wo im wesentlichen die Gemeinden und Kreise über Infrastrukturausbau und Erschließung entscheiden und damit häufig auch über das Ausmaß von Nutzungen im Nationalpark selbst.

Hinzu tritt der Kooperations- und Abstimmungsbedarf mit weiteren Behörden mit Zuständigkeiten im Nationalpark wie dem Bundesverkehrsministerium, dem Wasser- und Schiffahrtsamt und den Ämtern für Land- und Wasserwirtschaft.

Von Anfang an wurden beim Aufbau der Nationalparkverwaltung auch Mitbestimmungsstrukturen für die Region angelegt. An erster Stelle sind diese die bereits genannten Nationalparkkuratorien.

Der Nationalpark wurde in einem Gebiet errichtet, das kleinräumige Unterschiede sowohl kultureller Art als auch bezüglich der Identität seiner Bevölkerung zeigt. So

Tab. 3: Administrative Gliederung des Nationalpark-Vorfeldes

Gebietskörperschaften im Nationalparkvorfeld	**Behörden mit besonderer Zuständigkeit im Nationalparkgebiet sowie im Übergangsbereich (Deich, 150-Meterstreifen, Köge), öffentliche Verbände**	**Verbände, und sonstige Organisationen mit Bezug zum Nationalpark**
Kreis Dithmarschen und Kreis Nordfriesland	Behörden der oberen Verwaltungsebene: Bundesverkehrsministerium, Landesumweltministerium, Landwirtschaftsministerium, Staatskanzlei	Gewerbliche Interessensvertretungen: Bauernverbände, Schafzüchtervereine, Fremdenverkehrsverbände, Wirtschaftsfördervereine, Hotel- und Gaststättenverband
254 Gemeinden mit 28 Ämtern, 4 amtsfreie Gemeinden, 13 Städte	Sonstige Behörden regionaler Zuständigkeit: Ämter für Land- und Wasserwirtschaft, Wasser- und Schiffahrtsamt, Fischereiamt, Hafenämter, Untere Naturschutzbehörde, Kreisordnungsamt, Kreisumweltamt	Naturschutzorganisationen, betreuende Verbände, Bürgerinitiativen
Nationalparkregion mit 69 Anrainergemeinden	Deich- und Sielverbände; Wasser- und Bodenverbände	Sonstige Interessenvertretungen: Segel- und Surfvereine, Jagdvereinigungen, Luftsportvereinigungen

ist beispielsweise die Insel- und Halligwelt nicht mit dem dithmarscher Festland vergleichbar. Sowohl die Öffentlichkeitsarbeit und Umweltbildung des Nationalparkamtes als auch konkrete bauliche und andere Maßnahmen, die über das Nationalparkgebiet hinausreichen, wie z.B. die mögliche Entwicklung eines Biosphärenreservates (vergl. Kap. XII), müssen diese regionalen Besonderheiten berücksichtigen.

Der Nationalpark und das Nationalparkvorfeld gliedern sich politisch-administrativ in die Kreise Nordfriesland und Dithmarschen

Die administrativen und politischen Grenzen, die heute das Nationalparkvorfeld in verschiedene verwaltungsmäßig, aber auch von der Identität her zusammengehörige Gebietskörperschaften gliedern, sind das Ergebnis einer wechselvollen Geschichte. Kennzeichnend für die Region ist zum einen eine Diskrepanz zwischen einer vergleichsweise kontinuierlichen Entwicklung der administrativen Gebietsstrukturen in Dithmarschen und einem eher bruchhaften, uneinheitlichen Verlauf in Nordfriesland (vergl. Kap. II 2.3). Zum anderen hat sich vor allem durch die geringe Bevölkerungsdichte des Raumes sowie die geographische Aufteilung in Festland und Inseln eine Kleinteiligkeit der politischen Strukturen ergeben (FEIGE & MÖLLER 1994 c).

Beide Westküstenkreise bestehen in ihren heutigen äußeren Grenzen und z.T. auch in ihrer inneren Gliederung erst seit 1970. Eine Kreisgebietsreform, die vor allem der Rationalisierung der öffentlichen Verwaltung dienen sollte, führte damals zur Zusammenlegung von insgesamt fünf Landkreisen zu nunmehr zwei (JOCHIMSEN et al. 1971). Die ehemals selbständigen Kreise Eiderstedt, Husum und Südtondern gingen in dem neuen Kreis Nordfriesland auf, Norder- und Süderdithmarschen wurden zu Dithmarschen zusammengefaßt.

Für die Dithmarscher, die bis 1559 bereits auf demselben Territorium in einer Bauernrepublik gelebt hatten, bedeutete diese Neuordnung prinzipiell ein Anknüpfen an historische Zustände und damit nichts völlig Neues (JESSEL 1991). In Nordfriesland dagegen, wo von jeher die Gliederung in Teilräume prägend war und eine gemeinsame eigenständige Verwaltungsstruktur kein historisches Vorbild hatte, verlief der Kreisaufbau nicht ohne Konflikte. In den alten Kreisen Südtondern und Eiderstedt fürchtete man Bedeutungsverluste für die alten Verwaltungssitze Niebüll und Tönning

(JOCHIMSEN et al. 1971), die aus heutiger Sicht auch eingetroffen sind.

Insbesondere für den nordfriesischen Teil der Nationalparkregion läßt sich eine Beständigkeit gewachsener historischer Raumstrukturen feststellen, die auch heute noch die regionale Identität prägen. Neben den Geestinseln Sylt, Amrum und Föhr, wo über Beziehungen zu Dänemark, durch dänische Herrschaftsperioden und die friesische Herkunft der Einwohner eigenständige kulturelle Systeme entstanden sind, bilden die Halligen als besondere, extreme Lebens- und Wirtschaftsstandorte eigene Raumtypen. Auch heute noch führen sie aufgrund ihres charakteristischen Landschaftsbildes, der engen Halliggemeinschaft, der besonderen Bewirtschaftungsform aus Küstenschutz und Landwirtschaft sowie Tourismus ein gewisses Eigenleben innerhalb des Gesamtraumes.

Im Festlandsbereich nördlich von Husum existieren traditionelle Verbindungen nach Dänemark, aber auch nach Schleswig-Flensburg. Die Halbinsel Eiderstedt entstand durch die gemeinsame Eindeichung der drei Inseln Everschop, Utholm und Eiderstedt. Unter starken holländischen Einflüssen entwickelten sich dort spezifische Wirtschaftsweisen und eine eigenständige Hausform, der sogenannte „Haubarg" (JOHANNSEN 1992). Auch Eiderstedt hat sich bis heute wegen seiner individuellen Entstehungsgeschichte als Teilraum innerhalb des Gesamtkreises einerseits politisch als Amt Landschaft Eiderstedt, andererseits als Identitätsraum der „Eiderstedter" erhalten.

Gerade die Ämtergliederung spiegelt geschichtlich gewachsene Strukturen wider. Die Ämter Wiedingharde oder Bökingharde schließen an die mittelalterlichen Verwaltungsräume der sogenannten „Harden" an. Das Amt Landschaft Eiderstedt umfaßt vor allem die drei genannten ehemaligen Inselgebiete.

Neben den Gebietskörperschaften, bestehend aus Gemeinden oder Kreisen bzw. Ämtern, lassen sich auch eine Reihe weiterer „Zuständigkeitsgebiete" abgrenzen; hierzu gehören z.B. die Vereinsgebiete der Fremdenverkehrsvereine oder Verbandsgebiete von Bauernverbänden, Siel- bzw. Wasser- und Bodenverbänden etc. Diese bauen auf der Raumgliederung der Gebietskörperschaften auf. Aber auch hier schlagen sich historische Gebiets-

strukturen deutlich nieder. Fremden-
verkehrsvereinigungen werben unter
historischen Begriffen, wie z.B. den
Harden oder den Uthlanden, Bauernver-
bände basieren heute noch auf den alten
Kreisstrukturen (Südtondern, Husum-
Land, Eiderstedt).

3.7 Siedlungsstruktur und Bevölkerungsentwicklung

Die Siedlungs- und Wirtschaftsstruktur eines Raumes gibt ein Bild davon, wie und wovon die Menschen leben

Die Siedlungs- und Wirtschaftsstruktur
eines Raumes gibt ein Bild davon, wie und
wovon die Menschen leben. Aus Sicht des
Nationalparks ist die Kenntnis der wirtschaftlichen Situation der Menschen in
seiner Umgebung aus verschiedenen
Gründen notwendig:

Schutzstrategien und Maßnahmen sollen,
soweit mit dem Schutzzweck des Nationalparks vereinbar, die Bedürfnisse und
ökonomischen Grundlagen der regionalen
Bevölkerung berücksichtigen (§ 2 Abs. 2
Nationalparkgesetz). Um die ökonomischen Konsequenzen von Schutzmaßnahmen für das Vorfeld abschätzen zu können, muß also die Funktionsweise des
„Wirtschaftssystems Westküste" bekannt
sein.

Notwendig ist dabei auch eine Differenzierung nach einzelnen Teilräumen, denn
diese können, wie beispielsweise die
Halligen oder die ländlichen Festlands-
räume, wegen ihrer peripheren Lage und
geringen Einwohnerzahl besonders
sensibel auf Veränderungen reagieren.

Relevant ist die Analyse und Beobachtung
der wirtschaftlichen und sozialen Entwicklung im Vorfeld aber auch im Hinblick auf
eine anzustrebende nachhaltige
Wirtschaftsweise in diesem Gebiet.
Bereits in Kapitel II 3.8 wurden die Wechselwirkungen zwischen Nationalparkvorfeld und den Nutzungen im Nationalpark
selbst angesprochen. Dauerhaft kann der
Schutzzweck des Nationalparks nur
erreicht werden, wenn auch in seinem
Vorfeld eine nachhaltige Entwicklung
stattfindet und sich eine ressourcen-
schonende und langfristig tragfähige
Wirtschaftsform durchsetzt.

Die Nationalpark-region ist ein dünnbesiedeltes Gebiet

Nationalparkregion und Kreise sind von
jeher ein dünnbesiedeltes Gebiet (Abb.
25), nur in einigen wenigen Landstädten
konzentriert sich die Bevölkerung. Mit
jeweils rund 21.000 Einwohnerinnen und

Einwohnern bleiben die beiden größten
Städte Husum und Heide jedoch weit
hinter den Größenordnungen der Ballungszentren der Ostseeküste wie Kiel
oder Lübeck zurück. Die Bevölkerungsdichte der Westküstenkreise lag mit rund
90 Einwohnerinnen und Einwohnern pro
km² in Dithmarschen und rund 75 in
Nordfriesland seit den sechziger Jahren
unverändert deutlich unter dem Landes-
und Bundesdurchschnitt mit einer zwei-
bis viermal höheren Bevölkerungsdichte.
An diesen Grundstrukturen der beiden
Kreise ändern auch leichte Zuwächse seit
der Volkszählung 1987 nichts.

In einem dünnbesiedelten Landstrich
kommt den wenigen kleineren Zentren,
die sich historisch aus Hafenplätzen,
Verkehrsknotenpunkten sowie weltlichen
und kirchlichen Gründungen entwickelt
haben, eine besondere Bedeutung zu.
Eine möglichst gleichwertige Versorgung
der Gesamtregion mit allen Einrichtungen
der Daseinsvorsorge, wie Kulturstätten,
öffentlichen und privaten Dienstleistungs-
betrieben, Schulen, Krankenhäusern,
Freizeit- und Sportstätten sowie Behörden, kann nur durch die Konzentration
von Finanzmitteln und Einrichtungen in
ausgewählten „Zentralen Orten" gewährleistet werden.

Einwohnerstärkere Städte wie Husum,
Meldorf oder Tönning erhalten entsprechend ihrer Zentralitätsstufe Mittel im
Rahmen des kommunalen Finanzaus-
gleichs, um bestimmte Versorgungs-
aufgaben für ihre umliegenden
Verflechtungsräume, die Nahbereiche,
erfüllen zu können. Abbildung 26 zeigt das
Grundmuster des Zentrale-Orte-Systems
der Westküste auf der Ebene der Nahbereiche, welche die Grundversorgung mit
Nahrungs- und Genußmitteln sowie
kurzfristig anfallenden Dienstleistungen
wie Post, Sparkasse etc. umfassen.

Der Tourismus hat dabei zu einer eigenen
Zentrenbildung geführt: Die zusätzliche
Nachfrage durch Übernachtungsgäste und
Ausflüglerinnen und Ausflügler ließ in
ehemals dörflichen Gemeinden ein
umfassendes und abwechselungsreiches
Einkaufsangebot, eine breite Palette von
Freizeiteinrichtungen und Dienstleistungen entstehen, die diese Orte aufgrund
ihrer Bevölkerungszahl nicht aus sich
selbst heraus entwickelt hätten. Häufig
sind es sogar früher benachteiligte,
landwirtschaftlich unattraktive Gebiete,
die heute prosperierende Urlaubsorte

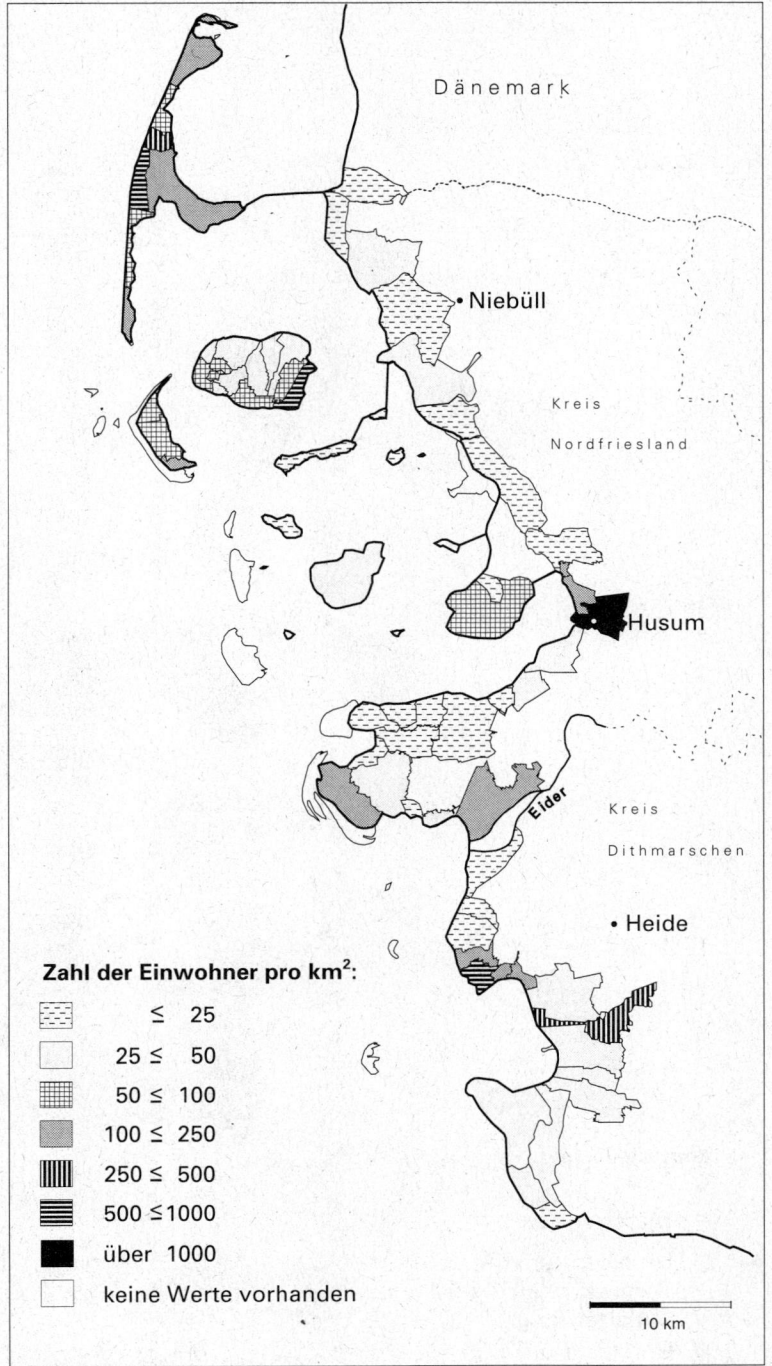

Abb. 25
Bevölkerungsdichte in der National-parkregion Schleswig-Holsteinisches Wattenmer im Jahr 1990 (FEIGE et al. 1994a).

Dänemark

• Niebüll

Kreis

Nordfriesland

Husum

Elder

Kreis

Dithmarschen

• Heide

Zahl der Einwohner pro km²:

	≤ 25
	25 ≤ 50
	50 ≤ 100
	100 ≤ 250
	250 ≤ 500
	500 ≤ 1000
	über 1000
	keine Werte vorhanden

10 km

innerhalb einer kriselnden landwirtschaftlichen Umgebung sind, wie das Beispiel St. Peter-Ording zeigt (FEIGE & MÖLLER 1994a).

Zwangsläufig kommt es mit der örtlichen Konzentration von öffentlichen Einrichtungen und staatlichen Investitionen sowie der Ausbildung von Fremdenverkehrszentren in gewissem Umfang auch zu einer Unterversorgung der umliegenden ländlichen Bereiche. 24 Zentren unterschiedlicher Stufe stehen in den beiden Kreisen mehr als 200 ländliche Gemeinden gegenüber, in denen differenzierte Einzelhandelsangebote, Schulen, Dienstleistungsunternehmen usw. weitgehend fehlen.

In Gemeinden, die keine zentralörtliche oder touristische Entwicklung aufweisen und aufgrund einer geringen Einwohnerzahl über eine schwache Wirtschaftskraft verfügen, müssen die Erwerbstätigen auspendeln (HAHNE 1988). Solche sogenannten „Schlafdörfer" mit Auspendlerquoten von über 50 % finden sich u.a. im Nordteil Nordfrieslands, aber auch im südlichen Dithmarschen und Büsumer Umland. Viele Einwohnerinnen und Einwohner wandern auch ganz ab. Besonders junge Leute sind vom fehlenden Angebot an Ausbildungs- und Arbeitsplätzen betroffen.

Abb. 26
Zentrale Orte und
Nahbereiche in den
Kreisen Nordfries-
land und Dithmar-
schen. Aneinander
angrenzende
Nahbereiche sind
durch unterschied-
liche Flächen-
färbung voneinan-
der abgegrenzt
(FEIGE et al.
1994a).

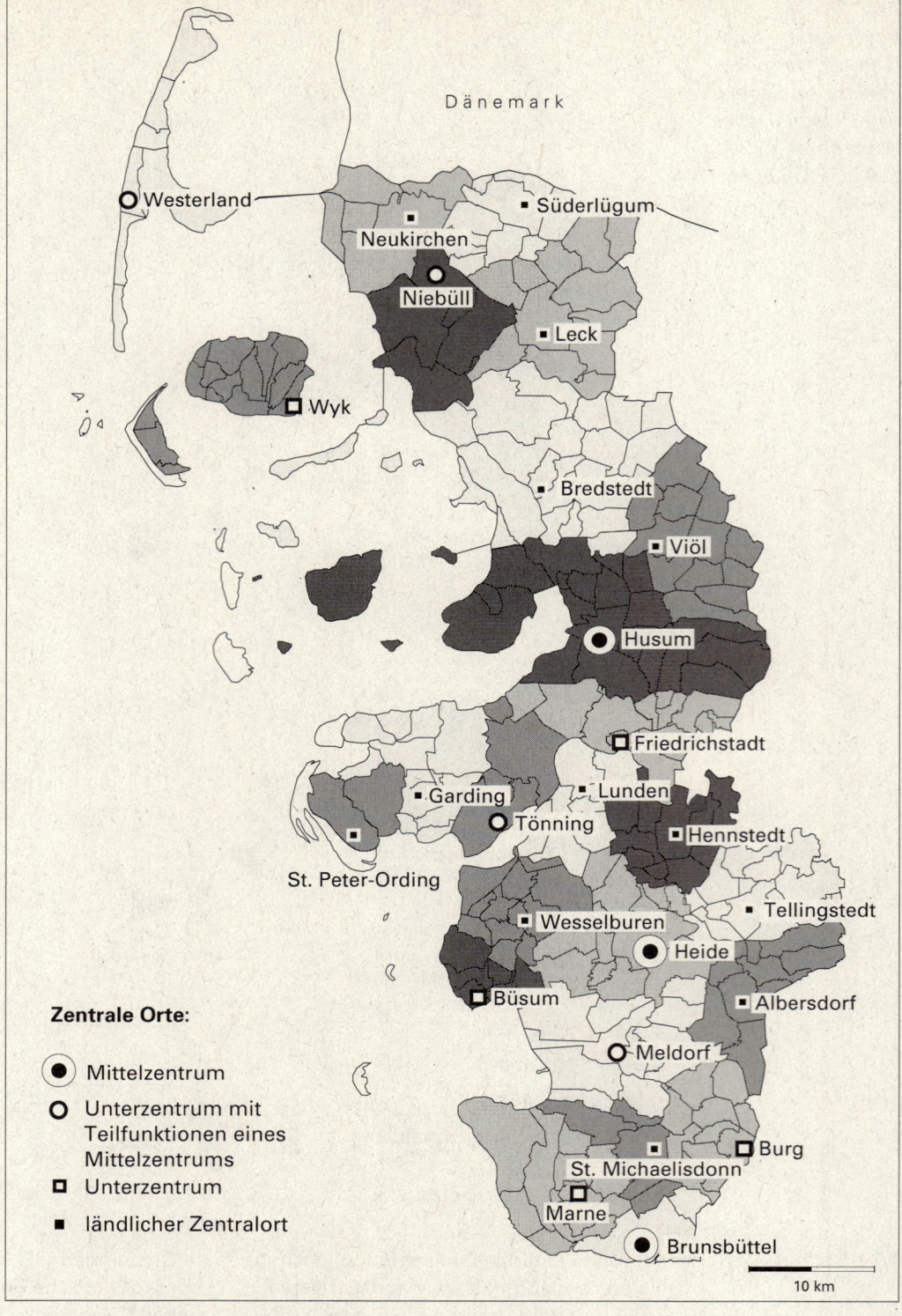

Dänemark

Westerland

Süderlügum

Neukirchen

Niebüll

Leck

Wyk

Bredstedt

Viöl

Husum

Friedrichstadt

Garding

Lunden

Tönning

Hennstedt

St. Peter-Ording

Tellingstedt

Wesselburen

Heide

Büsum

Albersdorf

Meldorf

Burg

St. Michaelisdonn

Marne

Brunsbüttel

Zentrale Orte:

◉ Mittelzentrum

○ Unterzentrum mit
Teilfunktionen eines
Mittelzentrums

▫ Unterzentrum

▪ ländlicher Zentralort

10 km

Über eine Doppelstrategie wird staatlicherseits versucht, eine möglichst ausgewogene Entwicklung zwischen ländlichen Zentren und den Dörfern zu ermöglichen. Zur Schaffung von Arbeits-plätzen sowie der Gewährleistung von Ausbildungsmöglichkeiten und Versor-gung werden die knapper werdenden Mittel auf die Zentren konzentriert. Im Rahmen der Dorferneuerung wird gleich-zeitig die Stärkung der ländlichen Siedlungsbereiche angestrebt (MELFF 1995c).

Erschwerend zur geringen Bevölkerungs-dichte kommen Überalterungstendenzen hinzu, hervorgerufen auch durch die selektive Abwanderung junger Bevölke-rungsschichten. Abbildung 27 verdeutlicht mehrere Tendenzen für den Raum: Zu-nächst die dünne Basis der Bevölkerung von unter 6 Jahren im Gegensatz zum Anteil der über 60-jährigen. Gegenüber den siebziger Jahren hat sich dabei die Situation gravierend verschlechtert. Während der Anteil der unter 6-jährigen deutlich abnahm (hier hat sich die absolute Zahl zum Teil mehr als halbiert), stieg der Anteil der Älteren relativ sowie auch absolut an. Besonders problematisch ist die Entwicklung im dithmarscher Bereich. Gut ein Viertel der Bevölkerung (25,4 %) war 1987 über 60 Jahre alt, im Vergleich zu 21 % im Landesdurchschnitt.

Die Nationalparkregion zeigt im Landes- und Kreisvergleich eine Überalterung der Bevölkerung

Die Age-Child-Ratio (Tab. 4), ausgedrückt als Verhältnis der Gruppe der über 60-jährigen zu den unter 18-jährigen, trifft eine Aussage darüber, ob ein Gleichgewicht zwischen älteren und jüngeren Bevölkerungsschichten besteht. Hier tritt im Landes- und Kreisvergleich gerade die Nationalparkregion durch ungünstige Strukturen hervor. MÜLLER et al. (1991) beschreiben die Situation für diesen Lebensraum wie folgt: "[Deutlich zeigt sich] eine Überalterung der Bevölkerung. Mit der Altersstruktur direkt verbunden sind die Erwerbsstruktur und die Nutzung der Gebäude [.....] sowie persönliche Lebenseinstellungen, die sich z.B. auf die Anpassungsfähigkeit an Innovationen und auf die Investitionsbereitschaft auswirken. Insbesondere in einem extremen Lebensraum wie der Halligwelt ist die Funktionsfähigkeit der Gemeinschaft existentiell. Ohne stabile Entwicklung und einer permanenten Offenheit dieser Entwick-

lung gegenüber wird die Erhaltung wesentlicher Einrichtungen des täglichen Lebens problematisch. Es wäre wenig wünschenswert, wenn die auf dem Festland in der Regel vorhandene Trennung von Wohnort und Arbeitsort auch auf die Halligen übergreift und die freiwerdenden Wohngebäude zu nur selten benutzten Freizeitwohnsitzen werden."

In Hinsicht auf den Nationalpark birgt die dünne Besiedlung im Vorfeld ökologisch bestimmte Vorteile, wie z.B. eine geringe Flächenversiegelung sowie nur geringfügige industrielle Tätigkeit mit den entsprechenden Emissionen. Ökonomisch bedeutet sie eine Benachteiligung, da Erweiterungsquellen fehlen.

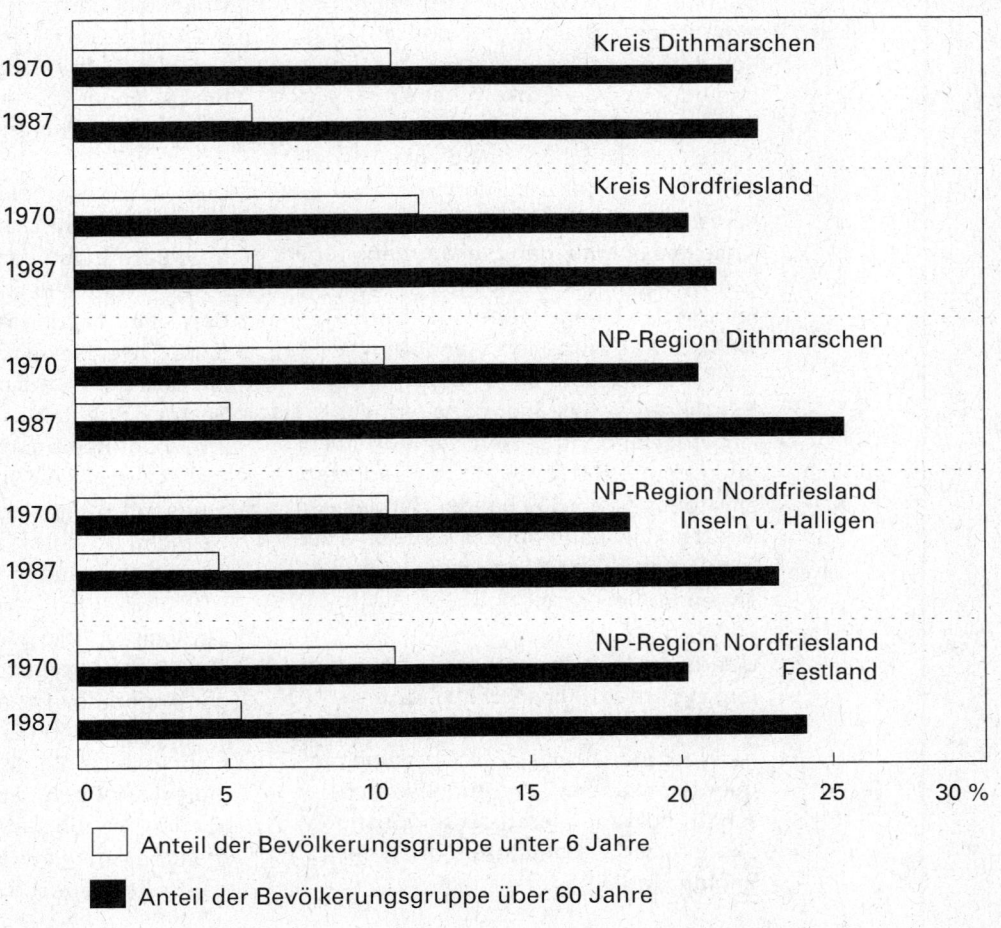

Abb. 27
Die Altersverteilung der Bevölkerung in den Westküstenkreisen und in der Nationalparkregion in den Jahren 1970 und 1987 in %. Berechnungen des DWIF nach STATISTISCHES LANDESAMT SCHLESWIG-HOLSTEIN (1989d, 1975).

Altersverteilung der Bevölkerung

☐ Anteil der Bevölkerungsgruppe unter 6 Jahre

■ Anteil der Bevölkerungsgruppe über 60 Jahre

Tab. 4: Age-Child-Ratio in der Nationalpark-region, in den Westküstenkreisen und in Schleswig-Holstein, 1987. Berechnungen nach Angaben STATISTISCHES LANDES-AMT SCHLESWIG-HOLSTEIN (1989a).

	Age-Child-Ratio 1987
Nationalpark-Region: insgesamt	136,9
Nationalpark-Region: Dithmarschen	138,5
Nationalpark-Region: Inseln/Halligen	146,0
Nationalpark-Region: Nordfriesland	130,2
Kreis Nordfriesland	106,6
Kreis Dithmarschen	112,3
Schleswig-Holstein	114,5

3.8 Allgemeine Wirtschaftsstruktur

Die beiden Westküstenkreise gehören zu den am schwächsten strukturierten Landesteilen Schleswig-Holsteins

Die beiden Westküstenkreise gehören zu den am schwächsten strukturierten Landesteilen Schleswig-Holsteins. Sie liegen verkehrsfern zu den großen Ballungszentren und können daher nicht, wie beispielsweise die Kreise Pinneberg, Segeberg, Storman oder Lauenburg im sogenannten Speckgürtel um Hamburg, von Betriebsverlagerungen, Neugründungen oder von der Einkommensteuer durch Pendler profitieren. Immer noch gilt es in weiten Landstrichen, den Strukturwandel vom Agrargebiet zum modernen Wirtschaftsstandort und vor allem die Krise des ehemaligen Einkommensträgers Landwirtschaft zu bewältigen. Hinzu kommt der Truppenabbau der Bundeswehr, der an einzelnen Standorten zu massiven Verlusten an Arbeitsplätzen führt. Betroffen ist hier vor allem der Kreis Nordfriesland mit seinen Standorten Leck und Husum (BMW 1994), wo mindestens ein Abbau von 2.500 bei der Bundeswehr direkt sowie weiteren 800 Arbeitsplätzen in vor- und nachgelagerten Branchen angenommen wird.

Überdurchschnittliche Arbeitslosenquoten, ein unterdurchschnittliches Einkommensniveau sowie ein teilweise sehr geringer Industrialisierungsgrad gegenüber dem Landes- und Bundesdurchschnitt dokumentieren die ungünstige ökonomische Ausgangssituation der Region (Tab. 5).

Auch eine aktuelle Analyse der sozioökonomischen Entwicklung in den ländlichen Regionen seit Ende der achtziger Jahre durch die Landesregierung bewertet die Westküstenkreise mit ihrer Lage außerhalb städtischer Umlandbereiche als besonders benachteiligt (MELFF 1995). Die beiden Westküstenkreise sind zwar durch z.T. unterschiedliche Strukturen gekennzeichnet (Abb. 28), grundsätzlich gelten jedoch ähnliche Entwicklungstendenzen und Probleme:

Der Umstrukturierungsprozeß äußert sich in einem gravierenden Rückgang des ökonomischen Beitrages der Landwirtschaft zur Bruttowertschöpfung der Region mit gleichzeitiger massiver Zunahme in den weiter wachsenden Dienstleistungsbereichen. Abbildung 29 verdeutlicht den Strukturwandel anhand der Aufgliederung der Bruttowertschöpfung nach Wirtschaftsbereichen im Zeitverlauf der letzten 22 Jahre beispielhaft für den Kreis Nordfriesland. Die Bruttowertschöpfung umfaßt alle in den einzelnen Wirtschaftsbereichen produzierten monetären Werte innerhalb eines Jahres. Vorleistungen, die jeweils von einem anderen Wirtschaftsbereich erbracht wurden, sind abgezogen. So werden in der Nahrungsmittel- und Genußwaren-Industrie die dort verarbeiteten landwirtschaftlichen Erzeugnisse mit ihrem Warenwert vom Umsatz der Nahrungsmittelindustrie in Abzug gebracht. Sie sind bereits in der Bruttowertschöpfung der Landwirtschaft enthalten.

Der Dienstleistungssektor beinhaltet Handel, Verkehr, Nachrichtenübermittlung, freie Berufe und sonstige Dienstleistungen sowie öffentliche und nicht-wirtschaftliche Bereiche. Hierzu gehören Organisationen ohne Erwerbszweck, Gebietskörperschaften und Sozialversicherungen. Dieser Sektor ist heute der Haupteinkommenszweig der Region. Industrie und Handwerk stabilisieren die Wirtschaft zwar, allerdings mit stagnierendem ökonomischen Gewicht. Durchschlagende Wachstumsimpulse sind durch sie kaum zu erwarten.

Der weitere Rückgang der landwirtschaftlichen Produktion ist durch die EU-Politik der Angebotsverknappung programmiert. Weil entstehende Einkommenseinbußen nicht vollständig durch staatliche Ausgleichszahlungen abgedeckt werden können, ist auch künftig mit einem abnehmenden Anteil des primären Sektors an der Bruttowertschöpfung zu rechnen

Tab. 5: Indikatoren für die Strukturschwäche der Westküstenkreise: Arbeitslosenquote, Bruttojahreslohn pro Kopf und Industrialisierungsgrad in den Arbeitsmarktregionen Husum und Heide sowie im Bundesgebiet (alte Bundesländer); (IHK 1995a; BUNDES-MINISTER FÜR WIRTSCHAFT 1994).

	Arbeitsmarktregion Heide	**Arbeitsmarktregion Husum**	**Bundesgebiet (alte Bundesländer)**
Durchschnittliche Arbeitslosenquote im Zeitraum April 1989 bis März 1993 (%)	9,1	8,4	6,9
Bruttojahreslohn der sozialversicherungspflichtigen Beschäftigten 1992 (DM pro Kopf)	34.589	31.361	39.834
Industrialisierungsgrad 1994 (Zahl der Beschäftigten pro 1.000 Einwohner)	53	20	90

Abb. 28 Sektorale Aufteilung der Bruttowertschöpfung 1992. Dargestellt sind die Anteile der jeweiligen Wirtschaftsbereiche in % (IHK 1995a).

Sektorale Aufteilung der Bruttowertschöpfung 1992

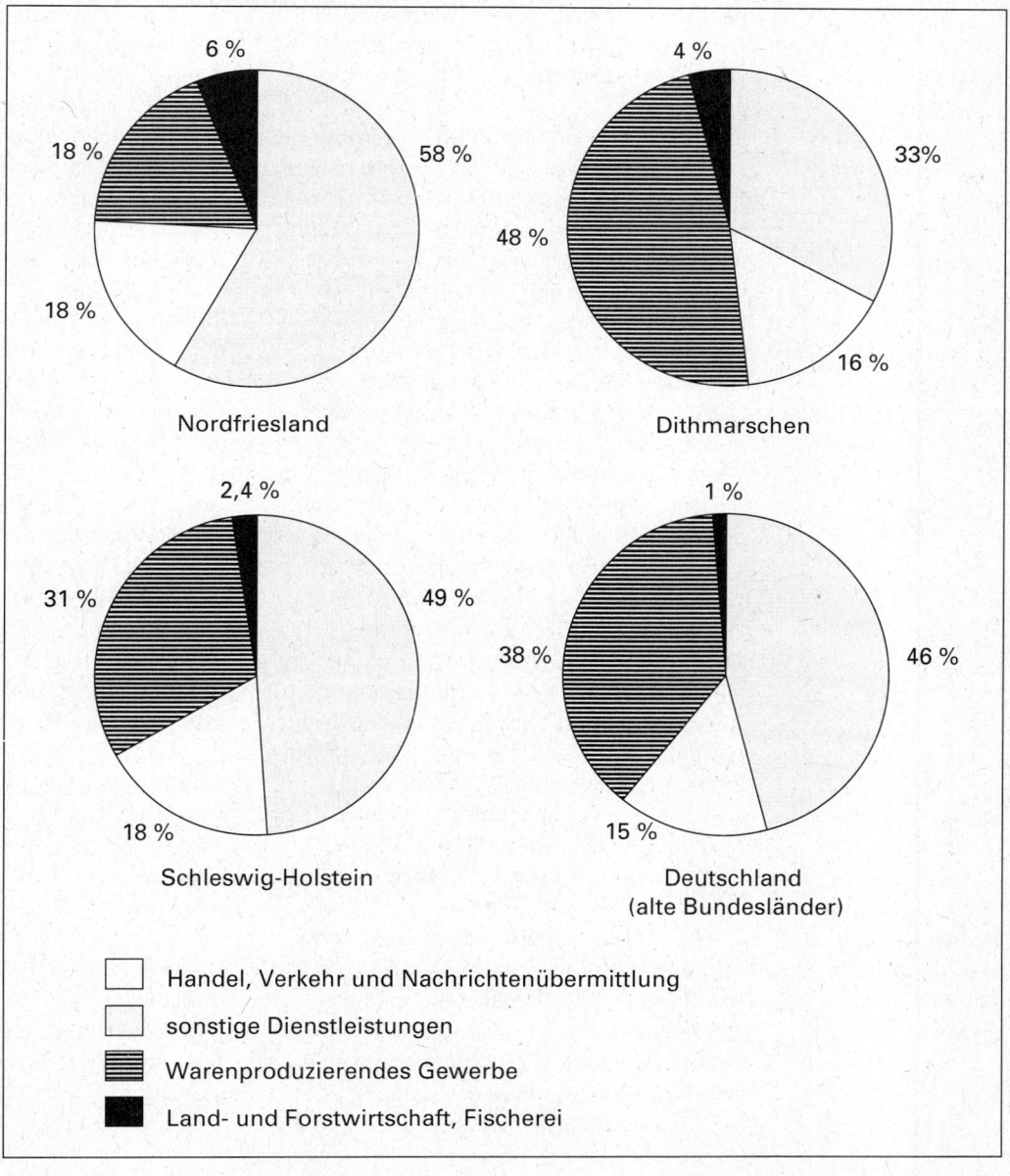

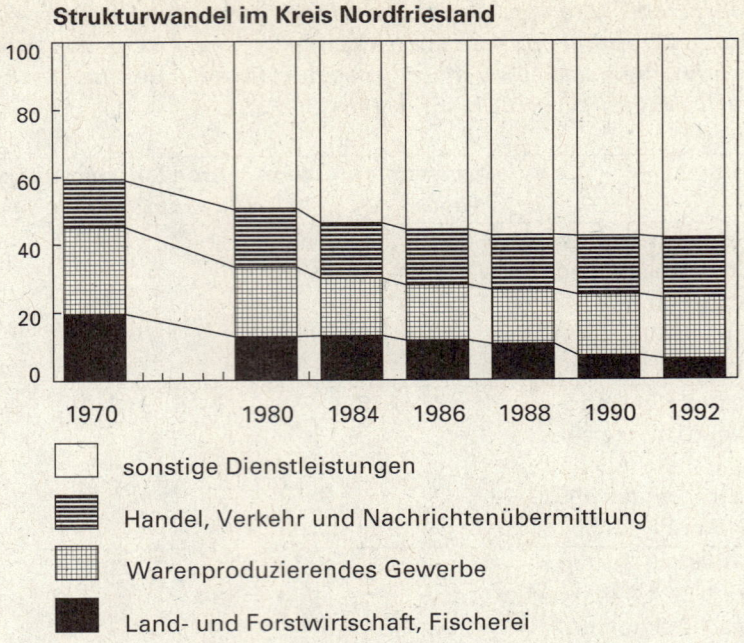

Strukturwandel im Kreis Nordfriesland

Abb. 29 Strukturwandel im Kreis Nordfriesland. Dargestellt ist die sektorale Aufteilung der Bruttowertschöpfung als %-Anteil der einzelnen Wirtschaftsbereiche an der Bruttowertschöpfung des Kreises. IHK (1995a), STATISTISCHES LANDESAMT SCHLESWIG-HOLSTEIN (1989e), MELF (1991c)

▫ sonstige Dienstleistungen

▬ Handel, Verkehr und Nachrichtenübermittlung

▦ Warenproduzierendes Gewerbe

■ Land- und Forstwirtschaft, Fischerei

(MELFF 1995a). Entsprechend gilt es, ergänzende Einkommensquellen für die in der Landwirtschaft Beschäftigten zu finden sowie Arbeitsplätze in anderen Wirtschaftsbereichen zu schaffen.

Die gewerbliche Produktion außerhalb der Landwirtschaft ist vielfach auf den regionalen Markt ausgerichtet, von dem angesichts geringer Bevölkerungszahlen nur schwache Nachfrageimpulse ausgehen können. Grundsätzlich fehlen Ballungsräume mit ihrem Angebot an qualifizierten Arbeitskräften, um verstärkt Betriebe ansiedeln zu können. Traditionelle Branchen des produzierenden Gewerbes wie der Schiffbau sind mit dem Werftensterben zum Erliegen gekommen (NUHN 1988). Ganze neun Beschäftigte arbeiteten 1993 im Arbeitsamtbezirk Heide noch im Schiffbau (Kreis Dithmarschen plus Dienststelle Tönning, ARBEITSAMT HEIDE 1994a). Die stark vertretene Nahrungs- und Genußmittelindustrie - auf sie entfielen 1994 ein Fünftel aller industriell-gewerblichen Beschäftigten der Kreise Nordfriesland, Dithmarschen, Schleswig-Flensburg sowie der Stadt Flensburg - ist konjunkturell stark anfällig und aktuell von den Einschränkungen beim privaten Konsum betroffen (IHK 1995a, IHK 1995b).

Der Tourismus erschließt neue Einkommensquellen

Wichtiger wirtschaftlicher Aktivposten angesichts der angesprochenen Strukturprobleme ist der Tourismus. Er konnte der Region nicht nur mit seinen typischen Teilbranchen wie dem Gaststätten- und Beherbergungsgewerbe neue Einkommensquellen erschließen, sondern

bringt mit Übernachtungs- und Tagesgästen zusätzliche Kaufkraft in die Region, von der der Einzelhandel, aber auch die Anbietenden verschiedenster Dienstleistungen profitieren. Vorleistungsbranchen wie das Baugewerbe sind in hohem Maße vom Fremdenverkehr abhängig. Für viele landwirtschaftliche Betriebe ist die Zimmervermietung zu einem wichtigen Zuverdienst geworden, der hilft, den Hof zumindest im Nebenerwerb zu erhalten.

Seit einigen Jahren zeichnen sich jedoch auch außerhalb des Tourismus positive Entwicklungslinien ab, die, aufbauend auf den lokalen Ressourcen, neue Perspektiven für die Wattenmeerregion eröffnen:

Am bekanntesten dürfte die Entwicklung der Windkraft und der mit ihr verbundenen Branchen sein. 536 Windkraftanlagen sind bis 1993 landesweit entstanden, über 70 % davon an der Westküste mit Schwerpunkt Nordfriesland. Hier werden gleichzeitig 80 % der Gesamtleistung auf diesem Energiesektor erbracht. Zahlreiche Windparks sowie auch Produktionsbetriebe wurden angesiedelt, im Falle der Schiffswerft in Husum bot die Windkraft sogar eine dringend benötigte Produktionsalternative zum zurückgehenden Schiffbau.

Die Windkraft trägt im übrigen über die direkt in Anlagenproduktion und Energiegewinnung geschaffenen Arbeitsplätze hinaus zu einer Stärkung des Wirtschaftsstandortes Westküste und zu einem innovativen Image weit über seine Gren-

Die Windkraft trägt zu einer Stärkung des Wirtschaftsstandortes Westküste bei

zen hinaus bei. 1995 konnte mit der Messe „Husum Wind '95", mit der zeitgleich ein Kongreß zum Thema Windkraft durchgeführt wurde, ein wichtiger Schritt beim Ausbau Husums als Messestandort getan werden. Daß die Windkraft und ihre Nutzung das Image der Westküste positiv beeinflussen, wiesen Urlauberbefragungen sowie Untersuchungen verschiedener Institute zu Beginn der neunziger Jahre nach (N.I.T., MAI Markforschung GmbH Hamburg, CAU Kiel und Institut für Raum Energie, Institut für Wirtschafts-, Regional- und Energieberatung GmbH). Wie ein Engagement im Tourismus, stellt auch der Betrieb von Anlagen eine interessante Erwerbsalternative für landwirtschaftliche Betriebe dar und trägt dazu bei, die strukturellen Probleme zu überwinden. Von den 1994 installierten 934 Windkraftanlagen wurden 70 % durch Landwirte und Landwirtinnen betrieben (MELFF 1995a).

Neue Technologien werden gezielt gefördert

Neue Technologien der Bereiche Kommunikation und Informatik wurden bereits in den achtziger Jahren in kleineren Einheiten gezielt von Land und Kreis sowie der EU gefördert. Mit dem ITAI (Institut für theoretische und angewandte Informatik) entstand 1987 in Niebüll eine Keimzelle für die Entwicklung anwendungsorientierter Software für regionale Betriebe sowie eine kompetente Beratungsstelle in Sachen EDV. 1991 wurde das NIC (Nordfriesisches Innovationscentrum) als Gründungszentrum für junge Unternehmen errichtet, die in ihrer Gründungsphase technologisch, organisatorisch und betriebswirtschaftlich zusammen mit dem ITAI gestützt werden (ITAI 1994). Neue Überlegungen betreffen zur Zeit den Standort Husum, wo laut Information der Wirtschaftsförderungsgesellschaft ein weiterer Entwicklungspol mit dem „Nordfriesischen Dienstleistungs- und Gewerbezentrum" geplant ist.

Auch Dithmarschen hat unter dem Stichwort „Technologietransferlandschaft ProTEC-System Dithmarschen" analoge Strukturen im Bereich neuer Technologien aufgebaut. Mit der Vernetzung verschiedener Zentren für die Produktentwicklung, für den Technologietransfer sowie die Existenzgründung sollen Zugang und Kooperation zwischen forschenden und produzierenden Stellen verbessert werden. Wichtiger Bestandteil dieses Konzepts ist ein Forschungsverbund zwischen der Kieler Universität, der neuen Fachhochschule Westküste in Heide und den

anderen schleswig-holsteinischen Fachhochschulen sowie dem „Centrum für angewandte Technik" (CaT/Meldorf), welches mehrere berufsbildende Einrichtungen sowie ein Gründerzentrum in Meldorf miteinander verbinden soll (KREIS DITHMARSCHEN o.J.).

Gerade für einen gering besiedelten sowie verkehrsfernen Raum wie die Westküste wird die ökonomische Zukunft zu großen Teilen auch davon abhängen, inwiefern es gelingt, die einzelnen, dezentral gelegenen Anbietenden verschiedener Branchen mittels neuer Kommunikationstechnologien, Informations- und Datenpools miteinander zu vernetzen und schlagkräftige Kooperationsstrukturen zu schaffen. Nur dann können die in der Regel klein- und mittelständischen Betriebe sich gegenüber Großunternehmen der Ballungsräume bei der Auftragsakquisition behaupten (MELFF 1995c).

Regional erzeugte Produkte vor Ort zu veredeln und selbst zu vermarkten, darin liegt eine weitere Chance, die ständig sinkende Einkommensbildung im landwirtschaftlichen Sektor dauerhaft zu kompensieren. Für die Kohl- und Sauerkrautproduktion ist es dem Kreis Dithmarschen bereits gelungen, sich europaweit eine Marktposition zu erkämpfen. Für Nordfriesland wurde 1995 ein eigenes Konzept der Produktveredelung und Vermarktung (AGREEMA) vorgestellt, wobei für gewisse Marktsegmente innerhalb des Jahres 1996 die Realisierungschancen getestet werden sollen (Informationen der Wirtschaftsfördergesellschaft 1995). Lokale Vorreiter, wie ein Zusammenschluß von Pellwormer Betrieben, konnten sich bereits im bisher nur als Nischenmarkt anzusprechenden Segment der ökologisch erzeugten Produkte etablieren.

Im Agrarbereich kündigen sich außerdem Verknüpfungsmöglichkeiten mit dem Technologiesektor an. So ist eine Weiterentwicklung des ITAI im Bereich der Lebensmittel- und Biotechnologie sowie der Umweltanalytik angedacht.

Diese generell geschilderten ökonomischen Strukturen und Entwicklungen müssen für Teilräume differenziert betrachtet werden. Den ländlichen oder strukturschwachen Raum mit einheitlichen Merkmalen gibt es heute nicht mehr. Die eingangs angesprochenen Entwicklungstendenzen führen zu einer regionalen

Vielfalt ländlich geprägter Räume, die ihre individuellen Probleme, aber auch Potentiale besitzen (MELFF 1995). Keinesfalls darf man dabei die einzelne Gemeinde isoliert betrachten, sondern muß immer auch die Entwicklung der Gesamtregion berücksichtigen. Erhöhte Mobilität mit Pendelbeziehungen zur Arbeits- oder Ausbildungsstätte verbindet so z.B. Nordfriesland mit dem Schleswig-Flensburger Gebiet zu einem Wirtschaftsraum.

Der Kreis Dithmarschen ist gegenüber Nordfriesland stärker industriell-gewerblich geprägt

Schon auf der Kreisebene zeigen sich charakteristische Unterschiede. Der Kreis Dithmarschen erscheint gegenüber Nordfriesland als deutlich stärker industriell-gewerblich geprägt (vergl. Abb. 28). Über 40 % der Bruttowertschöpfung stammen aus dem produzierenden Gewerbe. Mit massiver staatlicher Unterstützungspolitik sollten hier in den siebziger Jahren industrielle Pole entstehen. Auch wenn sich die damaligen Erwartungen nicht im gewünschten Maße erfüllt haben - für das Hauptprojekt Brunsbüttel waren 20.000 Arbeitsplätze avisiert worden, wovon bis 1988 nur rund 8.000 realisiert werden konnten (WIRTSCHAFTSFÖRDERUNGS-GESELLSCHAFT SCHLESWIG-HOLSTEIN 1988) – bleibt eine merkliche industrielle Ausrichtung bestehen.

Das traditionsreiche und aufstrebende Ferienziel Nordfriesland ist stark vom Tourismus getragen

Das traditionsreiche und aufstrebende Ferienziel Nordfriesland hat dagegen direkt aus dem Agrarstatus heraus eine stark vom Tourismus getragene Entwicklung zum Agrar-Dienstleistungsstandort ohne eine stärkere Industrialisierungsphase vollzogen. Der Landwirtschaftssektor spielt in diesem Kreis heute angesichts mangelnder Industrialisierung und extrem peripherer Lage immer noch eine größere Rolle als in Dithmarschen.

Auch innerhalb der Kreisgebiete zeigen sich teilräumlich voneinander abweichende Strukturen. Abbildungen 30 und 31 geben einen Überblick über Wirtschaftsstruktur und -entwicklung sowie über die Arbeitslosigkeit in den Dienststellengebieten der Arbeitsämter an der Westküste. Deutlich voneinander zu trennen sind Teilräume mit touristischen oder industriell-gewerblichen Entwicklungsansätzen von überwiegend agrarisch geprägten und peripheren Gebieten (Kap. II 3.8). Geringe Arbeitslosenquoten, ein überdurchschnittliches Arbeitsplatzwachstum sowie ein deutlich dominierender Dienstleistungsbereich (hier nur freie Berufe und sonstige Dienstleistungen) kennzeichnen

die Wirtschaftsstruktur der Inseln Sylt, Amrum und Föhr. Sie können ohne Frage als stabilste und prosperierendste Teilräume der Westküste gelten. Träger dieser ökonomischen Gunstsituation ist der Tourismus.

Mit Abstrichen ist auch die Halbinsel Eiderstedt diesem Raumtypus zuzuordnen. Da sich hier jedoch die touristische Entwicklung weit überwiegend auf die Gemeinde St. Peter-Ording beschränkt, schlagen die Strukturprobleme der landwirtschaftlich dominierten Kooggemeinden sowie der schwach strukturierten Städte Tönning und Garding mit einer überdurchschnittlich hohen Arbeitslosenquote zu Buche. Seit den siebziger Jahren verzeichnen Eiderstedt, Heide und Husum die höchsten Arbeitslosenquoten der Region (vergl. Abb. 30 und 31).

Die Anstrengungen um die industriell-gewerbliche Entwicklung zeigen in den durch das produzierende Gewerbe dominierten Bereichen Meldorf sowie Brunsbüttel bislang nur einen bedingten Erfolg. Zwar konnte ein durchschnittliches bis leicht überdurchschnittliches Arbeitsplatzwachstum erreicht und die Arbeitslosenquoten seit Ende der achtziger Jahre damit dem allgemeinen Landes- und Bundesniveau stärker angeglichen werden. Sie sind aber im Vergleich zu den Inselgebieten immer noch überdurchschnittlich hoch. Spezielle Wachstumsbranchen wie die Windenergie im Umfeld Brunsbüttels sowie staatliche Investitionen in Forschungs- und Bildungsinstitutionen (CaT-Zentrum Meldorf) unterstützen die wirtschaftliche Stabilisierung in diesen Teilräumen, konnten allerdings nur in begrenztem Umfang Impulse setzen.

Den Regionen Husum und Niebüll im nördlichen Nordfriesland fehlt eine vergleichbare Schwerpunktbildung, sei es im touristischen oder industriell-gewerblichen Bereich. Mit Ausnahme der Kreisstadt Husum handelt es sich um agrarisch geprägte Gemeinden sowie um die Extremstandorte der Halligen und Marschinseln, die zudem durch ihre Insellage besonders schlecht an den Gesamtraum angebunden sind. Entsprechend gering ist in diesen Regionen das Arbeitsplatzwachstum.
Für Niebüll macht sich allerdings, ebenso wie in Brunsbüttel, der Ausbau der Windenergie bemerkbar. Das Institut für

Abb. 30
Arbeitslosenquoten
in den Arbeitsamts-
Dienststellen an
der Westküste
(ARBEITSAMT
HEIDE 1994b, 1995;
ARBEITSAMT
FLENSBURG o. J.).

Arbeitslosenquoten an der Westküste (in %)

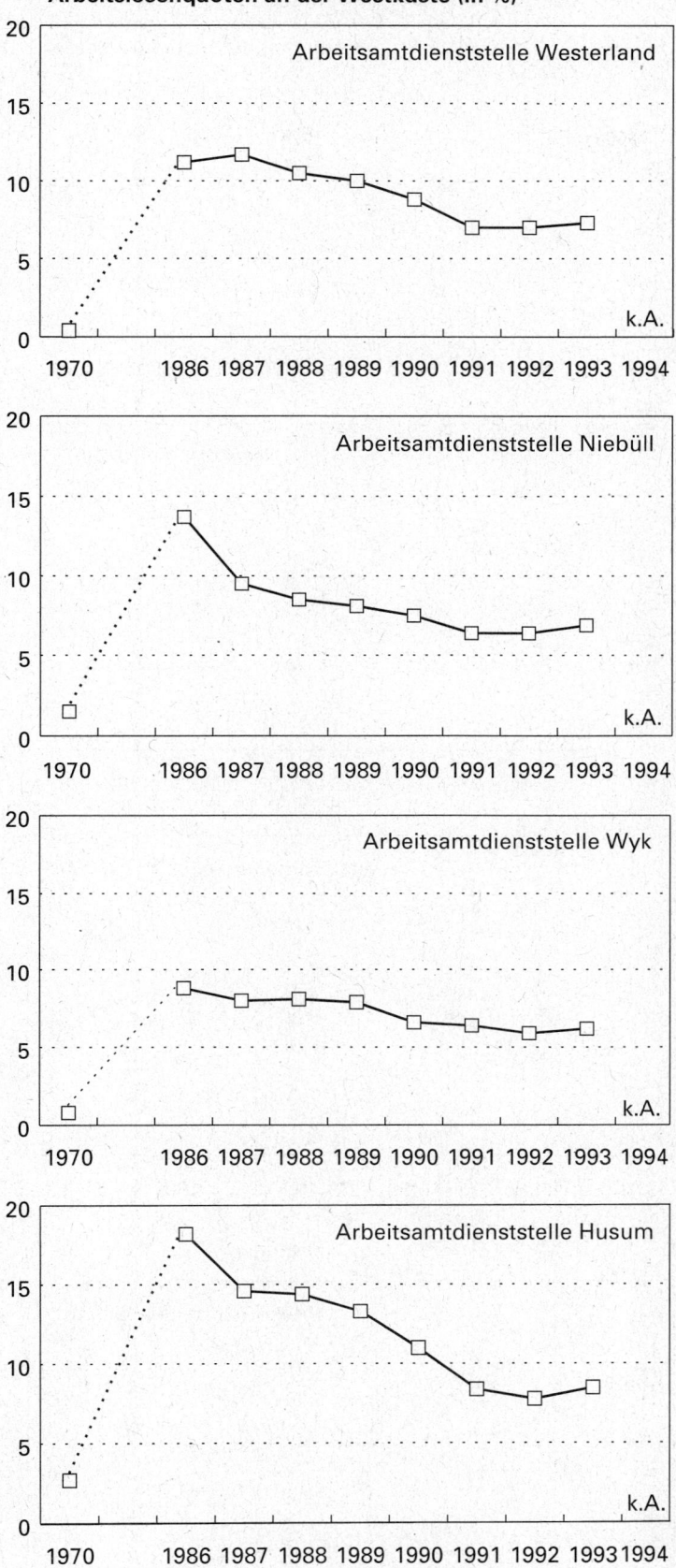

Abb. 31
Arbeitslosenquoten
in den Arbeitsamts-
Dienststellen an
der Westküste
(ARBEITSAMT
HEIDE 1994b, 1995;
ARBEITSAMT
FLENSBURG o. J.).

Arbeitslosenquoten an der Westküste (in %)

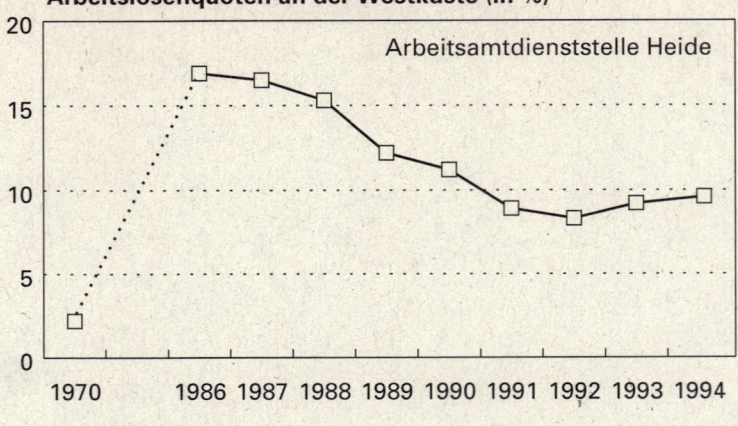

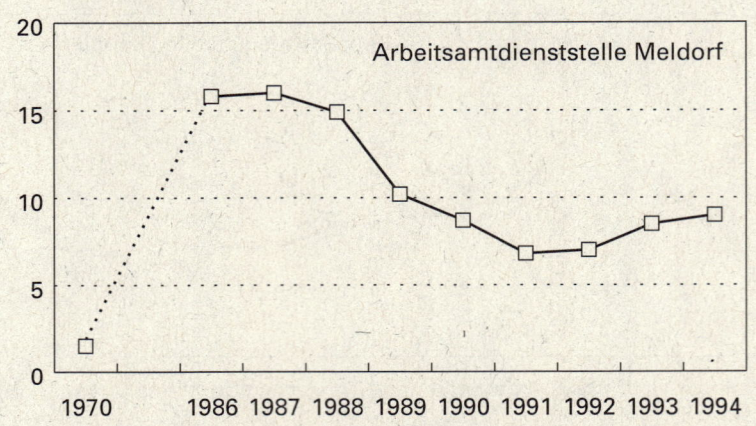

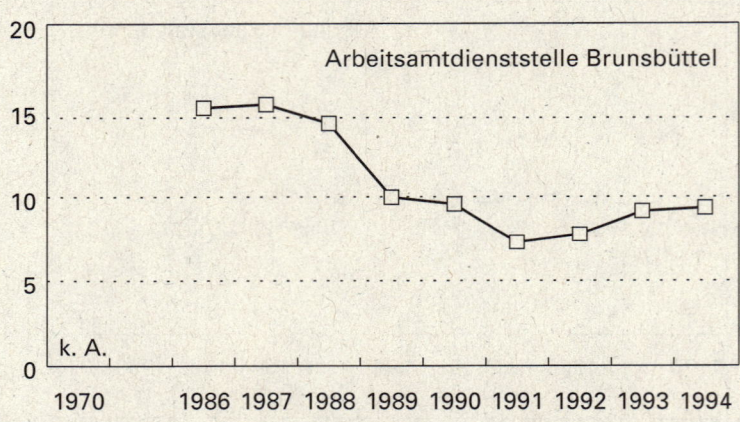

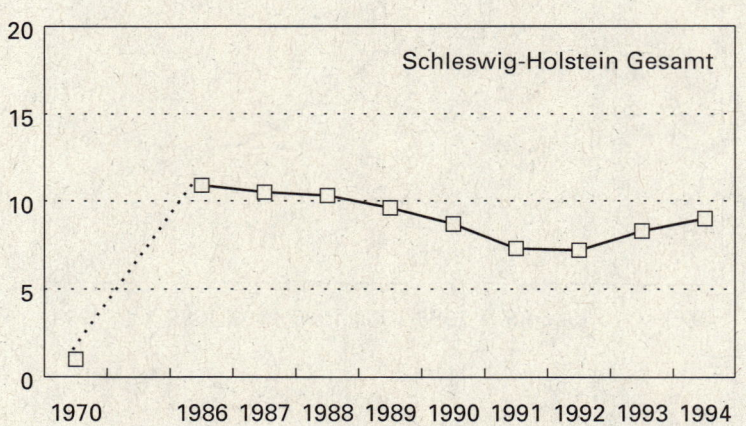

38

theoretische und angewandte Informatik (ITAI) und das Nordfriesische Innovationszentrum (NIC) sowie die grenzübergreifende Kooperation mit Dänemark werden dieser Region zumindest in Teilbereichen Anschluß an die wirtschaftliche Entwicklung bieten.

Mit der Kreisstadt Husum besitzen der festländische Umlandbereich sowie die per Straßendamm angebundene Insel Nordstrand zwar ein gewichtiges Arbeitsplatzzentrum – rund 8.000 Arbeitnehmerinnen und Arbeitnehmer pendelten 1987 nach Husum ein (FEIGE & MÖLLER 1994b). Militärabbau und kriselnde Produktionsbetriebe bedeuten jedoch eine merkliche Gefährdung.

Die verkehrsferne, landwirtschaftliche Prägung sowie geringe Einwohnerzahl der Halligen und Marschinseln (MÜLLER et al. 1991) unterstreichen die besondere Sensibilität dieser Räume. Auf den Halligen besteht eine hohe Abhängigkeit von staatlichen Transferzahlungen, sei es im Rahmen der landwirtschafts- und naturschutzbezogenen Ausgleichszahlungen des Halligprogrammes (Kap. II 3.10) oder in Form von Zuwendungen für Gebäudeerhalt und Infrastruktur sowie Entgelt für Küstenschutzarbeiten. Produktiver Sektor im eigentlichen Sinne ist allein der Fremdenverkehr. Vor allem der Tagestourismus bildet eine wichtige Einkommensquelle (z.B. Hooge), ist gleichzeitig aber mit extremen, saisonalen Belastungen für die räumlich begrenzten

Halligen verbunden (Kap. VI 1.5.4 und VI 2.3.5).

Auch für die Marschinsel Pellworm liegen die wirtschaftlichen Perspektiven im Tourismus, wobei die naturräumliche Benachteiligung gegenüber den Geestinseln eine spezifische Förderung verlangt. Als besonders wichtig muß die Verzahnung der noch immer bedeutsamen Landwirtschaft der Insel mit dem Tourismus angesehen werden, denn sie ist durch zusätzliche Transportkosten und Marktferne besonders benachteiligt. Ökologische Produktionsweisen, die gezielte Vermarktung der insularen Produkte, eine verstärkte Förderung des Urlaubs auf dem Bauernhof sowie die Entwicklung alternativer Energieversorgung mit den Trägern Sonne, Wind und Biomasse weisen bereits heute einen Weg zu einem eigenen regionalen Profil, sofern die Balance gewahrt wird.

Insgesamt weisen die Westküstenkreise mit Beendigung der ökonomisch schwierigen Phase der achtziger Jahre seit 1989 wieder positive Wanderungssalden und damit einen Bevölkerungsgewinn durch Zuwanderungen auf (Abb. 32). Für 1987 wurden wegen der damaligen Volkszählung keine Wanderungen ausgewiesen. Kleinräumig zeigen sich jedoch merkliche Unterschiede zwischen attraktiven, durch Zuzug gekennzeichneten Wachstumsgebieten und von Bevölkerungsabwanderung geprägten Räumen.

Die Westküstenkreise weisen seit 1989 wieder positive Wanderungssalden und damit einen Bevölkerungsgewinn durch Zuwanderungen auf

Abb. 31 Absolute Wanderungssalden (Zuzüge - Fortzüge) in den Westküstenkreisen im Zeitraum von 1985 bis 1993. Für 1987 liegen keine Angaben vor (STATISTISCHES LANDESAMT SCHLESWIG-HOLSTEIN 1985, 1986, 1987, 1989d, 1990a, 1991a, 1992a, 1993a, 1994a).

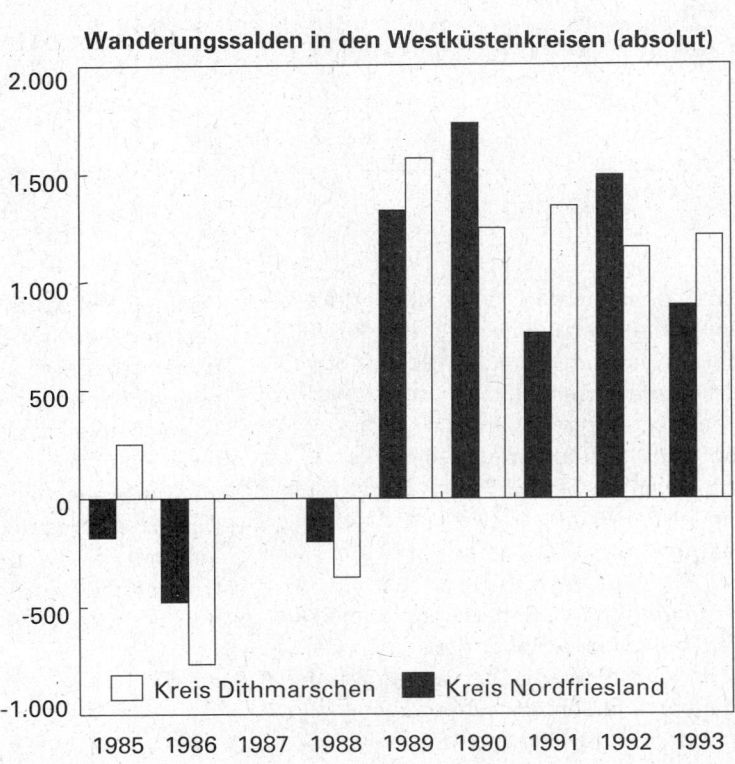

Wanderungssalden in den Westküstenkreisen (absolut)

☐ Kreis Dithmarschen ■ Kreis Nordfriesland

Abb. 33
Wanderungssalden
in der National-
parkregion im
Zeitraum von 1988
bis 1991. Darge-
stellt sind die
Salden in % der
Bevölkerung von
1988 auf
Gemeindeebene
(FEIGE et al.
1994a).

**Wanderungssalden
in % der Bevölkerung von 1988**

(= Zugezogene - Fortgezogene)

	≤ -5
	-5 ≤ -1
	-1 ≤ 1
	1 ≤ 5
	5 ≤ 10
	über 10
	keine Werte vorhanden

10 km

In den direkt an den Nationalpark grenzen-
den Gemeinden sind es nur die touristischen Wachstumsgebiete, die ihre Bevölkerung mit Arbeitsplätzen und attraktivem
Infrastrukturangebot an sich binden
können. Wachstumsräume sind die
touristisch hochentwickelten Geestinseln
und Festlandszentren wie Sylt, Amrum,
Föhr und St. Peter-Ording (Abb. 33).

Stagnations- bzw. Entleerungsräume sind
die ländlichen, peripher gelegenen Gebiete, in denen Erwerbsalternativen wie der
Tourismus fehlen bzw. ungenügend
entwickelt sind. Hierzu gehören die

Halligen, Pellworm sowie das nördliche
Festland Nordfrieslands. Der
Bevölkerungsverlust in diesen Teilräumen
geht nicht nur einher mit dem Rückgang
von Arbeitsplätzen und einem weitverbrei-
teten Höfesterben. Verbunden ist damit
vielerorts auch ein kultureller Verfall.
Dörfliche Infrastrukturen wie Schulen,
Vereine, Feuerwehr, Lebensmittelgeschäf-
te, Post und Banken ziehen sich im Extremfall zurück (PRIEBS 1987).

3.9 Bedeutung der nationalparkbezogenen Wirtschaftszweige Landwirtschaft, Fischerei und Tourismus

Teile des Nationalparks werden seit langem durch den Menschen genutzt. Diese Nutzungen sind vielfältig und reichen vom lokal begrenzten Sammeln von Strandgut über Fischerei, Beweidung und Ölförderung, bis zur nahezu flächendeckenden Freizeitnutzung durch Touristen und Einheimische (Kap. VI). Wichtig ist es vor allem, die ökonomische Bedeutung dieser konkreten Nutzungsverflechtungen für das Nationalparkvorfeld zu ermitteln, um abschätzen zu können, welche Auswirkungen Schutzstrategien und -maßnahmen auf die Existenzgrundlagen der einheimischen Bevölkerung haben. Die Betrachtung konzentriert sich hier auf die Nationalparkregion, also die direkten Anrainergemeinden, von denen der Großteil der Nutzungen im Nationalpark ausgeht.

Mit dem Tourismus, der Landwirtschaft und der Fischerei werden hier die Nutzungsformen ökonomisch näher betrachtet, die mehr oder weniger flächendeckend im Nationalpark vorkommen, eine Ressourcennutzung im eigentlichen Sinne darstellen bzw. allgemein von hoher ökonomischer Bedeutung für die Region sind.

Andere Nutzungsformen mußten dagegen von einer wirtschaftlichen Bewertung ausgeklammert werden, da sie sich entweder nicht sinnvoll monetarisieren ließen (militärische Nutzung der Meldorfer Bucht), Datengrundlagen fehlten oder unter den Datenschutz fielen, da nur ein einziges Unternehmen betroffen war (Erdölförderung).

Die drei Wirtschaftszweige werden hier als „nationalparkbezogen" bezeichnet, da sie nur zum Teil das Nationalparkgebiet und dessen Ressourcen direkt nutzen. So stammt z.B. nur ein Teil der angelandeten Garnelen der örtlichen Krabbenfischerei direkt aus dem Nationalpark Wattenmeer. Im Tourismus laufen wesentliche Vorgänge der Wirtschaftätigkeit wie Beherbergung oder Verpflegung in der Gastronomie außerhalb des Nationalparks ab. Der Nationalparkbezug, d.h. die Abhängigkeit einer Nutzung vom Nationalpark, läßt sich nach Erkenntnissen der Ökosystemforschung nur näherungsweise quantifizieren.

Gemessen am Beitrag zum Volkseinkommen und den Beschäftigungswirkungen bildet der Tourismus mit 19,4 % Einkommensbeitrag das ökonomische Rückgrat der Nationalparkregion. Die traditionellen Sektoren Landwirtschaft und Fischerei sind demgegenüber mit rund 5 % bzw. weniger als 1 % Einkommensbeitrag sowie deutlich geringeren Beschäftigtenzahlen für die Existenzsicherung der Regionalbevölkerung von erheblich geringerer Bedeutung (Abb. 34).

Das Basisjahr für die Wirtschaftsstrukturanalyse im Rahmen der ÖSF ist 1990. Abbildung 34 gibt einen Einblick in die Bedeutung der einzelnen Sektoren sowie in ihre Gewichtung zueinander. Diese erweist sich in den letzten Jahren als zunehmend stabiler, da sich Schwankungen von Jahr zu Jahr, z.B. in den Übernachtungszahlen oder Anlandungsmengen oder Ernteerträgen, nicht in grundsätzlichen Strukturverschiebungen

Abb. 34
Die wirtschaftliche Bedeutung der nationalpark-bezogenen Wirtschaftszweige Tourismus, Landwirtschaft und Fischerei für die Nationalparkregion im Jahr 1990. Dargestellt ist die Wertschöpfung der nationalpark-bezogenen Wirtschaftszweige (1. und 2. Umsatzstufe).
1) Produzierendes Gewerbe, Baugewerbe, sonstiger tertiärer Sektor/ Dienstleistungen (ohne tourismusbedingte Wertschöpfung) (FEIGE & MÖLLER 1994a, 1994b).

Wertschöpfung in der Nationalparkregion

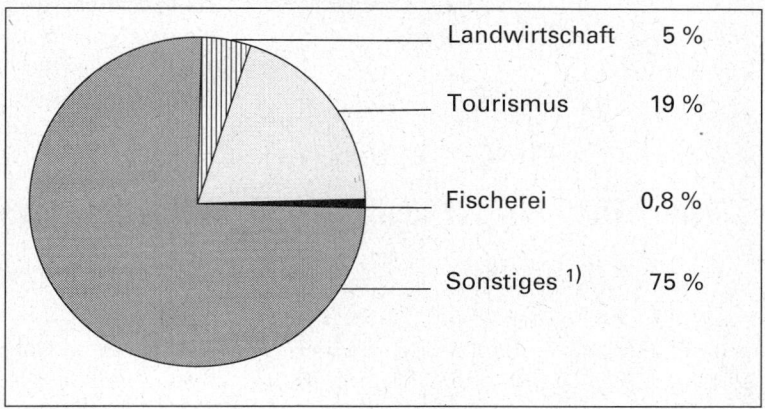

Landwirtschaft	5 %
Tourismus	19 %
Fischerei	0,8 %
Sonstiges 1)	75 %

niederschlagen. So etwas ist erst in einer deutlich längerfristigen Zeitreihenbetrachtung der Fall.

Der Tourismus hat heute schon eine so große Bedeutung, daß für die Region insgesamt Steigerungen der Übernachtungszahlen in einzelnen Gemeinden keine maßgeblichen Veränderungen des touristischen Einkommens der Gesamtraumes mehr bewirken können.

Bei der Landwirtschaft ist von einer weiter abnehmenden Bedeutung auszugehen, denn sie konnte ihre absolute Bruttowertschöpfung (in Millionen DM) allgemein in ländlichen Regionen innerhalb des letzten Jahrzehnts nur marginal steigern. Bei einem insgesamt nominal gestiegenen Bruttoinlandsprodukt ging damit das relative Gewicht des Agrarsektors stetig zurück (MELFF 1995). Die Fischerei vereinigt einen so geringen Anteil des regionalen Einkommens auf sich, daß hier fallende oder steigende Erlöse gesamtwirtschaftlich nicht ins Gewicht fallen.

3.9.1 Wirtschaftszweig Tourismus

Der Tourismus hat einen engen Bezug zum Nationalpark

Der Tourismus der Westküste hat einen ausgesprochen engen Bezug zum Nationalpark und ist in hohem Maße von der Zugänglichkeit bestimmter Standorte für Freizeitnutzungen abhängig. Nach Befragungen von mehreren Tausend Übernachtungsgästen und Ausflüglerinnen und Ausflüglern hat der Freizeitstandort Wattenmeer mit Stränden, Watt- und Wasserflächen für die Nordseeurlauberinnen und -urlauber einen vergleichbaren Stellenwert wie die Berge für die Alpintouristinnen und -touristen: Im Durchschnitt halten sich jeden zweiten Tag 80 % der Gäste während ihres Aufenthaltes am Strand auf (Kap. VI 1.3).

Die Landwirtschaft ist im Vorfeld des Nationalparks bedeutender Wirtschaftsfaktor

Nicht nur der Gesamtbeitrag des Tourismus zum Einkommen der Region ist für die Bewertung seiner wirtschaftlichen Bedeutung entscheidend. Als sogenannter „Querschnittssektor" sorgt er auch für Umsätze in den verschiedensten Branchen außerhalb des Gastgewerbes. Für viele Einzelhandelsgeschäfte auf den Inseln oder auch verschiedene Dienstleistende begründen die Einnahmen durch Urlaubgäste die Existenz. Bezieht man sämtliche Umsätze der mehr oder minder

tourismusabhängigen Branchen wie Einzelhandel, Verkehrssektor, touristisch relevante Dienstleistende, aber auch der Vorleistungsbereiche mit ein, so sind fast 40 % des Produktionswertes (Summe aller Umsätze in der Nationalparkregion) mit dem Tourismus verknüpft. Das ist weit mehr, als durch den direkten Einkommensbeitrag in Höhe von 20 % ausgedrückt wird (FEIGE & MÖLLER 1994a).

Darüber hinaus stützt der Tourismus als Erwerbsalternative in der Landwirtschaft und Fischerei mit Vermietung, Direktvermarktung, Gastronomieabsatz etc. den primären Sektor in der Region.

In der Konsequenz bedeutet dies: Der Tourismus erweist sich bei positiver wirtschaftlicher Entwicklung in den verschiedensten Branchen als „Wachstumsmotor" und stabilisierender Faktor. Umgekehrt würde eine schwerwiegende Beeinträchtigung des Wirtschaftszweiges Tourismus weitreichende bis existenzgefährdende Auswirkungen für das Gesamtwirtschaftssystem der Region haben

3.9.2 Wirtschaftszweig Landwirtschaft

Einen direkten Nationalparkbezug gibt es in der Landwirtschaft nur in einem kleinen Teilbereich, nämlich bei der Schafbeweidung von zum Nationalpark gehörigen Salzwiesen. Die aus der Schafhaltung im Nationalpark erzielten Umsätze von ca. 1,4 Millionen DM jährlich machten 1990 weniger als 0,5 % der Landwirtschaftsumsätze in der Nationalparkregion insgesamt aus und sind daher wirtschaftlich ein zu vernachlässigender Faktor. Seit 1990 werden Pachtverträge im Rahmen des Küstenuferrandstreifenprogramms durch das Nationalparkamt herausgekauft, so daß diese Umsätze stetig sinken (FEIGE & MÖLLER 1994d). Nutzungsregelungen für die Salzwiesenbeweidung haben keine ökonomische Bedeutung für die Region.

Dagegen muß die Landwirtschaft im Vorfeld des Nationalparks immer noch als bedeutender Wirtschaftsfaktor gesehen werden, der insbesondere in peripheren und gering besiedelten Teilräumen, wo sich keine touristischen oder sonstigen Entwicklungsansätze zeigen, Haupteinkommensquelle bleibt. Zum Großhandelsbereich bestehen merkliche Verflechtungs-ansätze, denn dort werden Vorleistungen wie Düngemittel oder Futtermittel bezogen und die eigenen Erzeugnisse teilweise abgesetzt.

Die Umgestaltung dieses weit überwiegenden Teils der Landwirtschaft bedarf jedoch umfassender Konzepte. Trotz insgesamt stark rückläufiger ökonomischer Bedeutung ist die Agrarwirtschaft in vielen Landgemeinden noch Hauptarbeitgeber und besitzt in der Fläche eine wichtige landschaftsgestaltende Funktion. Gerade letztere Funktion ist in ihrem Wert nicht zu unterschätzen, hat die Landwirtschaft doch das Gesicht des Ferienziels Westküste als „Region der grünen Weiden, schwarzbunten Kühe und Haubarge" entscheidend mitgeprägt (NAETHER 1986). Solche bisher nur unzureichend monetarisierbaren Effekte sind angesichts eines sich verstärkenden Wettstreits unter den touristischen Inlandsdestinationen nicht zu unterschätzen.

Für bestimmte Teilräume zeichnen sich naturschonende Entwicklungen ab. Zu nennen sind das Halligprogramm, die integrierten Inselschutzkonzepte für Pellworm und Föhr oder die Konzeption des „Eider-Treene-Sorge-Raumes". Sie versuchen u.a., die ökonomischen Belange der Landwirtschaft mit den Ansprüchen der Ökologie sowie des Tourismus zu vereinbaren.

3.9.3 Wirtschaftszweig Fischerei

Die Miesmuschel-fischerei ist mit ihren Kulturflächen vollständig auf den Nationalpark konzentriert

Die Bedeutung der Fischerei im Nationalpark ist – abhängig von der speziellen Nutzungsart – sehr unterschiedlich. Die Miesmuschelfischerei ist mit ihren Kulturflächen vollständig auf den Nationalpark konzentriert und damit zu 100 % von ihm abhängig. Für die Garnelenfischerei läßt sich wegen der variablen Fang- und Absatzsituation kein genauer Anteil des Nationalparks am jährlichen Fangaufkommen festlegen. GUBERNATOR (1994) schätzt den Anteil der Fangzeit im Wattenmeerbereich auf 30 bis 35 % der Gesamtfangstunden, was jedoch nichts über Fangmengen oder über die Erträge aussagt.

Ein Drittel der insgesamt 145 Kutter an der schleswig-holsteinischen Westküste war 1990 mit einer Motorleistung von unter 180 PS ausgerüstet. Ein Fischen mit Schleppnetzen auf Seezungen außerhalb des Nationalparks ist damit nicht möglich. Diese Kutter müssen innerhalb des Nationalparks oder in dem unmittelbar angrenzenden Flachwasserbereich der Nordsee fischen. Die übrigen Kutter können zeitweise auf die Seezungenfischerei umsteigen, die für zahlreiche Kutterbetriebe inzwischen zu einem zweiten ökonomischen Standbein geworden ist.

Zumindest für die gering motorisierten Fangfahrzeuge ist der Nationalpark also von hoher Bedeutung. Aber auch für die seegängigen Kutter kann die Fangmöglichkeit im Nationalpark bei bestimmten Konstellationen betriebswirtschaftlich notwendig sein. Es ist also davon auszugehen, daß auch in der Garnelenfischerei noch eine starke Abhängigkeit vom Fanggebiet Nationalpark gegeben ist.

Die Frischfisch-Fischerei findet überwiegend vor der Wattkante statt. Aber auch die nachgewiesene hohe Fischereiintensität vor dem Wattenmeer beeinflußt Artenzusammensetzung und Bestandsverhältnisse im Nationalpark sowie das Nahrungsangebot für Vögel und Seehunde. Im Nationalpark gibt es Frischfischfischerei nur in sehr begrenztem Umfang als Nebenerwerbs- und Hobbyfischerei. Letztere konnte wegen fehlender Daten nicht ökonomisch bewertet werden.

Muschelfischerei und Garnelenfischerei machen zusammengenommen etwa 60 bis 80 % der Erlöse der Haupterwerbsfischerei aus. Damit hing der überwiegende Teil der Fischerei in den letzten 15 Jahren mehr oder weniger stark vom Nationalpark ab. Schwarzverkäufe und Nebenerwerbsfischerei sind nicht enthalten. Mit ein bis zwei Dritteln entfiel auf die Garnelenfischerei der Hauptanteil der Erlöse, die Muschelfischerei erwirtschaftete gut ein Fünftel.

Ökonomisch gesehen weist die Fischerei in ihrer Gesamtheit gleichmäßig verteilte Vorleistungsbeziehungen zu Handwerk, Gewerbe, Großhandel und Dienstleistungen auf. Hinzu kommen, wenn auch in geringem Maße, Verflechtungen zur regionalen Verarbeitungsindustrie. Die ökonomischen Querschnittswirkungen der Fischerei bleiben jedoch innerhalb der Gesamtregion wegen der geringen Umsatzstärke im Vergleich zu anderen Wirtschaftszweigen ebenfalls sehr gering.

Selbst bei Einrechnung der fischereilich bedingten Umsätze durch Vorleistungen sowie der Fischverarbeitung in der Region steigt ihr Anteil am Volkseinkommen nur auf 1,4 %.

Gesamtwirtschaftlich betrachtet hätte eine Einschränkung der Garnelen- und Miesmuschelfischerei nur sehr geringe ökonomische Auswirkungen

Gesamtwirtschaftlich betrachtet hätte daher eine Einschränkung der Garnelen- und Miesmuschelfischerei nur sehr geringe ökonomische Auswirkungen. Dies könnte jedoch einzelne, besonders strukturschwache Gemeinden und ihr Umland destabilisieren. Ein Beispiel ist der von der Muschelfischerei stark geprägte nördliche Festlandsraum bei Dagebüll und Emmelsbüll-Horsbüll. Auch kleinere Hafengemeinden wie Tönning und Friedrichskoog würden den Wegfall der Fischerei ökonomisch spüren.

Im Zusammenhang mit der Garnelenfischerei ist auch ihre Bedeutung für das typische Erscheinungsbild der Region wichtig. Ebenso wie die Landwirtschaft läßt sich auch diese Fischerei als "landschaftliches und kulturelles Strukturelement" nicht zuverlässig monetarisieren. Dabei haben ihre Produkte, der Fischer als Identifikationsfigur und die gewachsenen Hafenstrukturen einen nachgewiesenermaßen hohen Wiedererkennungswert für Touristen und können die touristische Wettbewerbsstellung der Region stärken (NAETHER 1986). Mit der ständigen Modernisierung der Fahrzeuge sowie der Konzentration auf wenige Hafenstandorte drohen allerdings auch hier gewachsene Strukturen zu verfallen.

Die Garnelenfischerei ist als traditionell gewachsener Wirtschaftszweig fester Bestandteil regionaler Identität und Kultur. Die Nutzung mariner Ressourcen wird von der Regionalbevölkerung als angestammtes Recht empfunden.

3.10 Ziele, Aufbau und Bedeutung staatlicher Förderung

Viele Förderprogramme finden im Nationalparkvorfeld Anwendung

Im folgenden werden Förderziele und Fördermittelstruktur in den Westküstenkreisen vorgestellt. Einem allgemeinen Überblick über den Aufbau und politische Zielsetzungen von Förderung schließt sich die Analyse der tatsächlich ausgegebenen Fördermittel in den beiden Westküstenkreisen für den Zeitraum 1988/89 bis 1993/94 an.

3.10.1 Allgemeiner Aufbau und Ziele der Förderung

Vielschichtige Konzeptionen und Förderprogramme finden im Nationalparkvorfeld Anwendung:

Übergeordnete Fonds und Programme

Die Region ist besonders schwach strukturiert. Um die Disparitäten, sei es beim Einkommen, den Arbeitsplätzen oder bei den allgemeinen Lebensbedingungen zu verringern, wurden staatlicherseits mehrere übergeordnete Programme und Fonds aufgelegt, die die Hauptförderquellen bilden (Tab. 6). Mittel aus den EU-Fonds müssen in der Regel durch Landes- und/oder Bundesmittel ergänzt werden. Aus diesen Programmen und Fonds werden dann einzelne, konkrete Fördermaßnahmen finanziert, so z.B. die "Förderung von landwirtschaftlichen Betrieben in benachteiligten Gebieten" durch eine Ausgleichszulage. Das Operationelle Programm koordiniert die Mittel der EU-Strukturfonds EFRE, EAFGL und ESF, um zusammen mit Landes- und Bundesmitteln optimale Förderstrukturen für den ländlichen Raum zu schaffen (MELFF 1991a). Daneben legen EU, Bund und Land auch eigene Programme auf.

Sektorale Konzeptionen und Förderprogramme

Konzeptionen formulieren Ziele und Prioritäten der politischen Entscheidungsträger für bestimmte Bereiche. Für den Nationalpark und das Vorfeld sind vor allem folgende sektorale Konzeptionen relevant:

▶ die Landesfremdenverkehrskonzeption "Sanfter Tourismus" (1991),
▶ das Schleswig-Holsteinische Agrarkonzept (1991),
▶ die Verkehrspolitik des Landes Schleswig-Holstein, Verkehrskonzeption (1990),
▶ der Generalplan "Deichverstärkung, Deichverkürzung und Küstenschutz in Schleswig-Holstein" (1963, fortgeschrieben 1977 und 1986) und
▶ das Energiekonzept Schleswig-Holstein (1992).

Hier finden sich Ziele für nationalparkbezogene Wirtschaftszweige und Handlungsfelder, deren Umsetzung durch Programme gefördert wird. Dies geschieht, indem Förderrichtlinien auf die Ziele der Konzeptionen Bezug nehmen

Tab. 6: Wichtige übergeordnete Fonds und Programme mit Bedeutung für die Westküste; BMELF (1993b), BMW (1994), PRESSESTELLE (1993) und MELFF (1991a).

Programm	Träger	Ziel
Europäischer Fonds für regionale Entwicklung (EFRE)	EU	Ziel 5b-Gebiet Westküste: Entwicklung und strukturelle Anpassung des ländlichen Raumes auch bei Rückgang der Fischerei.
Operationelles Programm	EU, Land, Bund	Koordiniert die Mittel der drei EU-Strukturfonds EFRE, ESF (Europäischer Sozialfonds), EAFGL (Europäischer Ausrichtungs- und Garantiefonds für die Landwirtschaft).
Gemeinschaftsaufgabe (GA) „Verbesserung der Agrarstruktur und des Küstenschutzes"	Bund, Land	Verbesserung der Produktions- und Arbeitsbedingungen in Land- und Forstwirtschaft, Neuordnung ländlichen Grundbesitzes, Gestaltung des ländlichen Raumes, Verbesserung der Marktstruktur, Küstenschutz.
Gemeinschaftsaufgabe (GA) „Verbesserung der regionalen Wirtschaftsstruktur"	Bund, Land	Einzelbetriebliche Förderung und Ausbau wirtschaftsnaher Infrastruktur.
Regionalprogramm für strukturschwache ländliche Räume in Schleswig-Holstein (ehemals: Regionalprogramm Westküste und Landesteil Schleswig)	Land	Erweitertes Regionalprogramm zur Verbesserung der Standortvoraussetzungen und Wirtschaftsstruktur unter Berücksichtigung der ökologischen Funktionen des ländlichen Raumes sowie der Beschäftigungs- und Qualifizierungschancen, insbesondere der Frauen.

oder aber spezielle Programme eigens aufgelegt werden. Die inhaltlichen raumpolitischen Zielvorstellungen, die im Landesraumordnungsplan, Regionalplänen oder Kreisentwicklungsplänen festgelegt sind, müssen bei der Förderpraxis berücksichtigt werden. Sie werden in Kapitel III beschrieben.

Wichtige sektorale Förderprogramme sind in Tabelle 7 mit ihrer Zielsetzung aufgeführt und lassen sich folgendermaßen skizzieren:

Hauptziel der einzelbetrieblichen Förderung in den Wirtschaftszweigen Landwirtschaft, Fischerei und Fremdenverkehr ist die Schaffung wettbewerbsfähiger Betriebe. Speziell in der Landwirtschaft und Fischerei kommen Verbesserungen der Verarbeitung und Vermarktung hinzu. Im Agrarbereich fehlt hier der gesamte Bereich der Marktordnungsausgaben (Mutterkuh-, Schaf-, Rindfleischerzeugerprämien) und Verbilligungen (Gasölverbilligung), da sie als direkte Zahlungen die Erzeuger stützen, nicht aber an Struk-

turveränderungen geknüpft sind. Diese Ausgaben machen einen hohen Anteil der Zuwendungen an die Landwirtschaft aus.

Im Fremdenverkehr liegt der Schwerpunkt in der Förderung der Infrastruktur und nicht auf der einzelbetrieblichen Förderung.

Ökologische Zielsetzungen werden innerhalb der Förderungen für einzelne Wirtschaftszweige nur geringfügig über eigene Programme unterstützt, allerdings schlagen allmählich die stärker ökologisch orientierten Konzeptionen auch auf die Förderrichtlinien durch. Das Umweltministerium finanziert in nicht unbedeutendem Umfang Maßnahmen für eine ökologischere Landbewirtschaftung (Biotopmaßnahmen im Agrarbereich), technischen Umweltschutz im Bereich der Abwasserreinigung (Dringlichkeitsprogramm), Renaturierungsmaßnahmen und die Entwicklung von Schutzgebieten.

Tab. 7: Wichtige Förderprogramme in den Bereichen Landwirtschaft, Fremdenverkehr, Fischerei, Verkehr und Umwelt; MELFF (1995a), MELFF (1991a), PRESSESTELLE (1993), SCHLESWIG-HOLSTEINISCHER LANDTAG (1993).

Fremdenverkehr

Fördermaßnahme	Ziel
Förderung öffentlicher Fremdenverkehrseinrichtungen im Rahmen der Gemeinschaftsaufgabe und des Regionalprogramms	Schaffung und Verbesserung der für den Fremdenverkehr erforderlichen öffentlichen Infrastruktur im Einklang mit der Strategie des „Sanften Tourismus" mit den Zielen Qualitätsverbesserung, Attraktivitätssteigerung und ökologische Ausrichtung
Sonderbedarfszuweisungen gemäß §17 FAG	Förderung von dem Fremdenverkehr dienenden Maßnahmen sowie Naherholungsmaßnahmen durch Bezuschussung fehlender Eigenmittel in Fremdenverkehrsgemeinden
Einzelbetriebliche Förderung von Beherbergungsbetrieben im Rahmen der Gemeinschaftsaufgaben	Investitionszuschüsse zur Förderung von Arbeitsplätzen, seit 1993 nur an Konversionsstandorten; Ausnahme: Raumbedeutsame Projekte wie Golfhotels, Feriendörfer, Landgasthöfe außerhalb von Konversionsstandorten
Zuschüsse zur Verbesserung des Angebotes „Ferien auf dem Lande/ Urlaub auf dem Bauernhof"	Förderung von Investitionen zur Schaffung neuer Urlaubsunterkünfte und zur Qualitätsverbesserung des Urlaubsangebotes

Landwirtschaft und Agrarstruktur

Einzelbetriebliche Maßnahmen

Fördermaßnahme	Ziel
Förderung einzelbetrieblicher Investitionen in landwirtschaftlichen Betrieben (GA)	Verbesserung der Anpassungs- und Leistungsfähigkeit der Betriebe, betriebliche Investitionen für verbesserte Produktions- und Arbeitsbedingungen
Förderung von landwirtschaflichen Betrieben in "benachteiligten Gebieten"– Ausgleichszulage (GA)	finanzieller Ausgleich von Standortnachteilen für Betriebe
Agrarkreditprogramm (GA)	Sicherung der Existenz von kleinen und mittleren Betrieben
Energieeinsparung (GA)	Förderung von Vorhaben in Land- und Gartenbaubetrieben zur Senkung des Energieverbrauchs und für die Umstellung auf umweltfreundliche Energiearten
Förderung von Junglandwirten	Erleichterung der Betriebsübernahme durch Gewährung einer Niederlassungsprämie

Marktstrukturverbesserung

Fördermaßnahme	Ziel
Förderung von Erzeugergemeinschaften und Unternehmen der Ernährungswirtschaft nach Marktstrukturgesetz (GA).	Zusammenfassung landwirtschaftlicher Produkte zu großen vermarktungsfähigen Parteien.
Förderung der Vermarktung nach besonderen Regeln erzeugter landwirtschaftlicher Erzeugnisse (GA).	Anpassung von Erzeugnissen an die Markterfordernisse, Organisations- und Investitionskosten für Erfassung, Lagerung, Kühlung, Sortierung, Aufbereitung, Verpackung etc..
Förderprogramm „Direktvermarktung und Vermarktung ökologisch erzeugter landwirtschaftlicher Produkte" (MELFF)	Gezielte Nachfragebefriedigung, Erschließung weiterer Einkommensquellen für Landwirte, Entlastung von Überschußmärkten, Verwaltungs- und Organisationskosten von Betriebszusammenschlüssen

Sonstige Maßnahmen für die Agrarstruktur

Fördermaßnahme	Ziel
Flurbereinigung (GA)	Verbesserung der Agrarstruktur durch Neuordnung ländl. Grundbesitzes, Landtausch, Wegebau, Dorferneuerung, Maßnahmen zur Sicherung des Naturhaushalts, Biotopverbundmaßnahmen.
Förderung von wasserwirtschaftlichen und kulturbaulichen Maßnahmen (GA)	Unterstützung der Land- und Forstwirtschaft und des ländlichen Raumes, Sicherung eines nachhaltigen Naturhaushaltes, Ausgleich des Wasseranflusses, ländliche Wege, Wasserversorgungs- und Abwasseranlagen.
Förderung der Dorferneuerung (GA) und Landesprogramm zur Weiterentwicklung der Dorferneuerung	Verbesserung der Lebens- und Arbeitsverhältnisse einschließlich der natürlichen Lebensgrundlagen, Neugestaltung und Erhalt ortsbildprägender Bausubstanz, dorfgemäße Gemeinschaftseinrichtungen; Weiterentwicklung durch Umnutzung und Substanzverbesserung von Einzelobjekten, Verbesserung der Dorfökologie, Schaffung von Mietwohnungen in ehemals landwirtschaftlicher Bausubstanz

Küstenschutz

Fördermaßnahme	Ziel
Förderung von Maßnahmen zur Erhöhung der Sicherheit an den Küsten der Nord- und Ostsee sowie an den fließenden oberirdischen Gewässern im Tidegebiet gegen Sturmfluten (GA).	Vorarbeiten, Sperrwerke und Bauwerke in der Hochwasserschutzlinie, Neubau von Schutzwerken und Buhnen, Vorlandarbeiten vor scharliegenden Seedeichen.

Fischerei

Fördermaßnahme	Ziel
Zuschüsse an die Kutter- und Küstenfischerei	Erneuerung/ Modernisierung der Fischereiflotte
Darlehen zur Förderung der Kleinen Hochsee- und Küstenfischerei	Förderung der Erneuerung/ Modernisierung der Fischereiflotte
Prämien des Bundes für die endgültige Stillegung von Fischereifahrzeugen	Verminderung der Fangkapazitäten
Prämien des Bundes für die vorübergehende Stillegung von Fischerei-fahrzeugen	Einschränkung der Fischerei
Zinsverbilligungszuschüsse des Landes für die Kleine Hochseefischerei	Zinsverbilligung von Darlehen für den Neubau, Umbau, technische Modernisie-rung von Kuttern, für Fanggeräte- und Gebrauchtfahrzeugekauf
EG-Zuschüsse für Maßnahmen zur Verbesserung der Verarbeitungs- und Vermarktungsbedingungen für Erzeugnisse der Fischerei	Investitionen zur Vermarktung und Ver-arbeitung von Fischerei- und Aquakultur–erzeugnissen für den menschlichen Verbrauch

Umwelt- und Naturschutz

Fördermaßnahme	Ziel
Dringlichkeitsprogramm zur Entlastung der Nord- und Ostsee von Nährstoffen aus Abwassereinleitungen	Reduzierung des Gehaltes an Nährstoffen durch technischen Ausbau von Klär-anlagen und mechanisch-biologischen Klärstufen, Ausrüstung von Küsten-kläranlagen mit Desinfektionsstufen
Küstenuferrandstreifenprogramm	Extensivierung/ Herausnahme der Schafbeweidung aus Salzwiesen
Biotopprogramm im Agrarbereich	Extensivierung der Landbewirtschaftung im Vertragsnaturschutz für Wiesen- und Weidenökosysteme, Obstwiesen, Ackerbrachen etc., Förderung biotop-gestaltender Maßnahmen wie Knick-anlagen
Förderung von Naturschutz- und Land-schaftspflegemaßnahmen eines Biotopverbundsystemes	Erhaltung naturnaher und natürlicher Lebensräume heimischer Arten, Aufbau
Förderung der Landschaftsplanung	Verwirklichung der Naturschutzziele auf Ortsebene durch Förderung der Aufstellung sowie Fortschreibung von Landschaftsplänen
Pflegeentgelt im Rahmen des Hallig-programmes, Integrierte Schutzkonzepte	siehe Tabelle „Wichtige übergeordnete Fonds und Programme mit Bedeutung für die Westküste"

Verkehr

Fördermaßnahme	Ziel
ÖPNV-Landesprogramm	Stabilisierung und Verbesserung des ÖPNV auf der Straße durch Förderung der Einführung bzw. Erweiterung von Verkehrs- und Tarifgemeinschaften sowie von Modellvorhaben
ÖPNV-Förderung nach §25 FAG	Bestandssicherung und Verbesserung flächendeckender Verkehrs- und Tarifgemeinschaften durch Aufrechterhaltung/ Verbesserung des Leistungsangebotes der Infrastruktur
Landesprogramm für die Verbesserung der Verkehrsverhältnisse in den Gemeinden nach GVFG und FAG	Schwerpunktmäßiger Ausbau verkehrswichtiger, kommunaler, überörtlicher und innerörtlicher Straßen (Ortsdurchfahrten) einschließlich Rad- und Gehwegen, Netzergänzungen, Verkehrsberuhigung, Verkehrsleitsysteme, Park & Ride
Förderung der kommunalen Hafeninfraaufgaben und des Regionalprogrammes	Aufrechterhaltung der Festland-Inselstruktur im Rahmen der Gemeinschafts-Verbindungen, Anpassung an Schiffsentwicklung und Umschlagstechnik

Energie

Fördermaßnahme	Ziel
Förderprogramm „Erneuerbare Energien"	Kontinuierliche Weiterentwicklung und Erreichung eines höheren Nutzungsgrades neuer und erneuerbarer Energieträger (Laufwasserkraftwerke, Solarenergie, Biomassenutzung)
Windkraftanlagen	Förderung der Errichtung von Windkraftanlagen

Raumbezogene und Integrierte Ansätze
Eine erfolgreiche und zielgerichtete Entwicklung soll heute immer stärker durch die sinnvolle Kombination der verschiedenen Förderprogramme erreicht werden. Bei Entwicklungskonzeptionen müssen dabei zunächst einmal Ziele und Prioritäten für den jeweils förderbedürftigen Raum erarbeitet werden, damit dann Fördermittel gezielt eingesetzt werden können. An der Westküste versuchen verschiedene raumbezogene und integrierte Ansätze, dies im Bereich der Förderung und der Entwicklungskonzeptionen zu leisten (Tab. 8).

Tab. 8: Raumbezogene und integrierte Programme sowie Konzepte in den Westküstenkreisen; MINISTERPRÄSIDENTIN (1994), ANONYMUS (1991), PRESSESTELLE (1993),
Informationen des Kreises Nordfriesland.

Programm/Konzept (betroffene Gebiete)	Beschreibung
„Modellgemeinde für die Dorf- und Inselentwicklung Nordstrand" (Nordstrand, Elisabeth-Sophienkoog, Nordstrandischmoor)	Entwicklungskonzeption für die Bereiche Landwirtschaft, Fremdenverkehr und gewerbliche Wirtschaft, finanziert im Rahmen des Dorfentwicklungs-programmes
„Struktur- und Entwicklungsanalyse für die Landschaft Eiderstedt" (Amt Landschaft Eiderstedt, Amt Friedrichsstadt, St. Peter-Ording, Garding, Tönning, Friedrichstadt, Simonsberg und Südermarsch)	Entwicklungskonzeption für die Bereiche Landwirtschaft, Fremdenverkehr und gewerbliche Wirtschaft, finanziert im Rahmen des Regionalprogramms
Integrierte Inselschutzkonzepte (Sylt, Pellworm, Föhr, Amrum, Nordstrand, Pellworm, Helgoland)	Integrierte Entwicklungsplanung unter Beteiligung örtlicher Entscheidungsträger für verschiedene Bereiche (natur- und umweltfreundliche Verkehrs-, Siedlungs- und Wirtschaftsweisen, Energie- und Flächennutzung), Koordinierung von Fördermitteln zur Umsetzung der Vorschläge, finanziert durch MNU
Halligprogramm	Programm zum Erhalt der Halligen in ihrem naturnahen ursprünglichen Charak-ter, Maßnahmenbereiche Landwirtschaft, Naturschutz, Küstenschutz und Fremden-verkehr, finanziert durch MELFF und MNU.
„Eider-Treene-Sorge-Konzept" (Gemeinden der Kreise Nordfriesland, Dithmarschen, Schleswig-Flensburg und Rendsburg Eckernförde)	Integrierte Entwicklungsplanung für die Eider-Treene-Sorge-Niederung mit außer-landwirtschaftlichen Alternativen. Naturschutzinformation und Besucher-lenkung, ländlicher Tourismus, finanziert durch MNU

3.10.2 Fördermittelstruktur in den Westküstenkreisen zwischen 1988/89 und 1993/94

Eine detaillierte inhaltliche Analyse der Förderpolitik in den einzelnen Sektoren, Tourismus, Landwirtschaft, Fischerei und Küstenschutz erfolgt in den Kapiteln VI 1, VI 3, VI 5 und VI 1. Daten zu Fördersummen konnten nur auf Kreisebene bezogen werden. Nur Teilbereiche, wie z.B. die integrierten Inselschutzkonzepte, lassen sich enger regionalisieren. Die vielen unterschiedlichen Quellen für Fördersummen führen teilweise zu abweichenden Zeiträumen, für die Angaben ermittelt werden konnten. Geachtet wurde jedoch darauf, daß sie sich jeweils auf einen 6-Jahreszeitraum bezogen, d.h. entweder 1989 bis 1994 oder 1988 bis 1993. Teilweise endeten Förderprogramme jedoch früher oder es waren keine Daten für den Gesamtzeitraum zu erhalten.

Als besonders geförderte Landesteile Schleswig-Holsteins zählen beide Kreise zu den Förderkulissen der Europäischen Fonds für regionale Entwicklung (EFRE) sowie der Gemeinschaftsaufgabe (GA) des Bundes und der Länder (BMW 1994). Seit 1989 wird speziell für die Westküste ein Regionalprogramm aufgelegt, das mit einem konstanten Mittelvolumen von 25 Millionen DM pro Jahr ausgestattet ist.

Die Westküste erhält besonders hohe staatliche Transferzahlungen

Die hohe Abhängigkeit der Westküste von staatlichen Transferzahlungen läßt sich exemplarisch für den Bereich der Wirtschaftsstrukturförderung zeigen. Insbesondere der Kreis Nordfriesland wird, bezogen auf die Zahl seiner Einwohner, fast viermal stärker gefördert als Fördermittel pro Einwohner im Bundesdurchschnitt (ohne die neuen Bundesländer) aufgewendet werden (Tab. 9). Einbezogen sind Fördermittel, die im Rahmen der Gemeinschaftsaufgabe „Verbesserung der regionalen Wirtschaftsstruktur" ausgezahlt wurden.

Die staatliche Förderpolitik verfolgt in einem strukturschwachen Raum wie der Westküste, die gleichzeitig ein naturschutzpolitisches Entwicklungsgebiet mit dem hochrangigen Schutzstatus eines Nationalparks beinhaltet, zwei gelegent-

Tab. 9: Fördermittel im Rahmen der Gemeinschaftsaufgabe „Verbesserung der regionalen Wirtschaftsstruktur" in der Zeit von 1988 bis 1993. Bundesrepublik (früheres Bundesgebiet), Schleswig-Holstein und Westküstenkreise. (BMW 1994).

	Fördermittel (DM pro Einwohner)
Bundesrepublik	105,5
Schleswig-Holstein	222,5
Kreis Nordfriesland	381,8
Kreis Dithmarschen	255,5

lich miteinander konkurrierende Zielsetzungen: Mit dem Rückgang der traditionellen Wirtschaftszweige Landwirtschaft, Fischerei und Schiffbau steht wirtschafts- wie auch sozialpolitisch der Abbau der Benachteiligung an der Westküste gegenüber anderen Landesteilen durch eine Verbesserung von Wirtschaftsstruktur und Standortvoraussetzungen im Mittelpunkt. Mit der Errichtung des Nationalparks haben daneben die naturschutzpolitischen Ziele sowie die Etablierung einer nachhaltigen ressourcenschonenden Entwicklung im Nationalparkvorfeld an Gewicht gewonnen.

Staatliche Förderung an der Westküste muß demnach unter zwei Aspekten analysiert werden:

► Regionalwirtschaftlich betrachtet ist zu fragen, ob insbesondere produktive Wirtschaftszweige, die maßgeblich zur Einkommensbildung in der Region beitragen könnten, auch entsprechend unterstützt werden. Perspektivisch gilt es dabei zu berücksichtigen, inwiefern überholte Strukturen durch Fördermittel weiter verfestigt werden oder innovative Ansätze im Mittelpunkt stehen.

► Nationalparkbezogen interessiert vor allem, inwieweit Grundsätze der nachhaltigen Entwicklung sowie des verstärkten Naturschutzes bereits Eingang in die Förderpolitik des Raumes gefunden haben.

Eine lückenlose Erfassung aller Förderungen ist aufgrund der vielen verschiedenen Träger, z.B. EU, Land und Bund, sowie der unterschiedlich zusammengesetzten Finanzierungsquellen nicht möglich. Hochdotierte, wirtschaftlich relevante sowie zumindest bis auf die Kreisebene regionalisierbare Fördermittelzahlungen und Förderbereiche, die einen besonderen Bezug zum Nationalpark haben, werden besonders ins Auge gefaßt. Daher wird auf die Darstellung allgemeiner kommunaler Investitionsbereiche wie Schulen, soziale und Gesundheitseinrichtungen, aber auch auf den Wohnungs- und Städtebau verzichtet.

Bei den Angaben zum Tourismus fehlen die einzelbetrieblichen Fördermittel. Sie würden die Gesamtfördersumme, gemessen an der landesweiten Situation, um schätzungsweise 20 % erhöhen. Bezüglich des Agrarsektors konnten wichtige agrarstrukturelle Förderbereiche wie Dorferneuerung, einzelbetriebliche Maßnahmen und ländliche Siedlungen, Flurbereinigung oder wasserwirtschaftliche Maßnahmen nicht regionalisiert und damit nicht einbezogen werden.

Landwirtschaft und Küstenschutz binden zwei Drittel aller Fördermittel

Die Analyse der Fördermittel erfolgte über einen mehrjährigen Zeitraum (1989 bis 1994), um kurzfristige Schwankungen auszuschließen. Aus niedrigen Sätzen in einem Jahr kann nicht grundsätzlich auf eine geringere Förderneigung des Staates für bestimmte Bereiche oder Regionen geschlossen werden. Projekte wie der geplante Bau einer Westtangente bei Husum können Mittelvolumina von einem aufs nächste Jahr extrem erhöhen. Speziell bei einzelbetrieblichen Förderungen entscheidet neben der Förderfähigkeit eines Projektes auch das Interesse der Betriebe für bestimmte Programme. Auch können sich Förderrichtlinien im Laufe der Zeit ändern (MELFF 1995a).
Aus regionalwirtschaftlicher Sicht ist die Förderpolitik für die Westküste durch drei Tendenzen geprägt (Abb. 35):

1. Die Landwirtschaft ist der am stärksten geförderte Wirtschaftszweig.
2. Ein hoher Anteil der Fördersumme ist durch technisch-infrastrukturelle Maßnahmen des Küstenschutzes im nicht-produktiven Bereich gebunden.
3. Der Anteil innovativ einzustufender Fördermaßnahmen ist vergleichsweise gering.

Mit der dominierenden Landwirtschaftsförderung (33 % aller Fördermittel) überwiegt die Konservierung bestehender Wirtschaftsstrukturen. Ein Großteil der Agrarförderung gehört in den typischen Bereich der Erhaltungshilfen, d.h. zu den Subventionen, die nicht ausdrücklich an strukturverändernde Umstellungen gekoppelt sind, sondern aus verteilungspolitischen und versorgungssichernden Gründen erteilt werden (BUNDESREGIERUNG 1993). Ausgleichszulage, soziostruktureller Ausgleich, Gasölverbilligung sowie Prämien für Fleisch- und Getreideerzeugung sichern den am Markt nicht mehr wettbewerbsfähigen landwirtschaftlichen Betrieben ihr Einkommen. Der Anteil von unternehmensbezogenen Beihilfen sowie personenbezogenen Einkommensübertragungen am Gesamteinkommen eines Betriebsinhaberehepaars betrug in Schleswig-Holstein 1990/91 37 % des Gesamteinkommens (MELFF 1993b). Daß die Landwirtschaft in Deutschland überproportionale Förderung erfährt, zeigt sich im folgenden: Im EU-Vergleich wendet Deutschland mit 20 % den höchsten Fördermittelanteil, gemessen an der in der Landwirtschaft erzielten Bruttowertschöpfung, auf. Der EU-Durchschnitt liegt bei 9,6 % (o.V. 1993). Allgemein ist ein deutliches Ungleichgewicht

Abb. 35 Fördersummen für die Westküstenkreise Dithmarschen und Nordfriesland nach Bereichen für den Zeitraum 1988/89 bis 1993/94. Angaben in % der Gesamtfördermenge.

Fördersummen für die Westküstenkreise

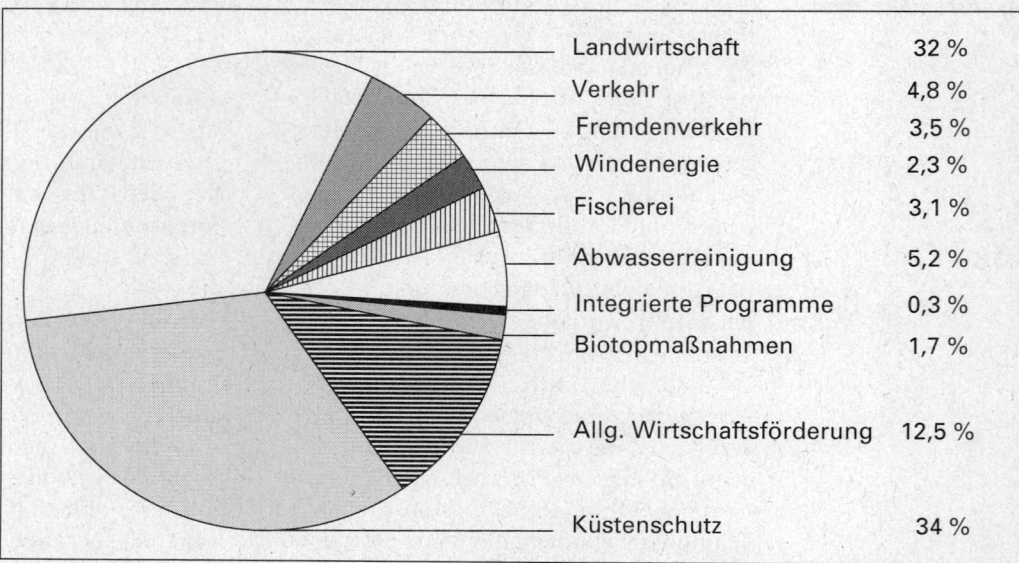

Landwirtschaft	32 %
Verkehr	4,8 %
Fremdenverkehr	3,5 %
Windenergie	2,3 %
Fischerei	3,1 %
Abwasserreinigung	5,2 %
Integrierte Programme	0,3 %
Biotopmaßnahmen	1,7 %
Allg. Wirtschaftsförderung	12,5 %
Küstenschutz	34 %

gegenüber anderen einkommens-
bildenden Wirtschaftsbereichen wie dem
Tourismus festzustellen, auch wenn auf
die immer noch relativ hohe wirtschaftliche Bedeutung der Landwirtschaft außerhalb touristischer und städtischer Zentren
hingewiesen werden muß.

II

**Extremes Un-
gleichgewicht der
Förderung**

Beim Vergleich der Fördersummen
Tourismus - Landwirtschaft - Fischerei
ergeben sich extreme Diskrepanzen:
Obwohl die Landwirtschaft nur etwa 5 %
zum Volkseinkommen der Nationalparkregion bzw. 4 bis 7 % zur Bruttowertschöpfung der Kreise beiträgt, wird
sie zehnmal stärker gefördert als der
Fremdenverkehr. Dieser erwirtschaftet,
bezogen auf die Nationalparkregion, direkt
fast 20 % der Einkommen, auf Kreisebene
bewegt er sich schätzungsweise auf
gleichem Niveau wie die Landwirtschaft
(rund 5 % der Bruttowertschöpfung). Im
Vergleich zur Fischerei schuf der Tourismus zwar zwanzigmal soviel Einkommen,
erhielt im Vergleichszeitraum jedoch nur
eine um ein Achtel höhere Förderung.

In Anbetracht der wachsenden Konkurrenz
durch ausländische Reiseziele, aber auch
durch die mecklenburg-vorpommersche
Ostseeküste sowie aufgrund einer zu
geringen Bereitschaft zur Anpassung und
Modernisierung touristischer Einrichtungen drohen auch dem Tourismus der
Westküste künftig Strukturprobleme. Für
die notwendige Qualitätsverbesserung
besteht erhöhter Förderbedarf.

Auch der gesamte Bereich der allgemeinen Wirtschaftsförderung (ohne Tourismus) reicht mit insgesamt 193 Millionen
DM bei weitem nicht an die Subventionierung der Landwirtschaft heran. Wirtschaftsförderung besteht zu einem überwiegenden Teil aus Infrastrukturförderung
(180 Millionen DM bzw. 11,5 % aller
Fördermittel). Dieser Bereich ist zwar im
ökonomischen Sinne nicht direkt produk-
tiv, hier erbringt der Staat jedoch wichtige
Vorleistungen für die gewerbliche
Wirtschaftstätigkeit. Hierzu zählen nicht
nur die technischen Infrastrukturmaßnahmen wie Verkehrsausbauten oder
Gewerbegebietserschließung, sondern
auch Ausbildungs- und Weiterbildungs-
institutionen, kommunale Einrichtungen
der Verwaltung etc. Die direkte einzelbetriebliche Förderung in Handwerk,
Industrie und im Dienstleistungssektor
konnte 1988/89 bis 1993/94 nur ein
Fördervolumen in Höhe von rund 48
Millionen DM verzeichnen (3 % aller

**Förderrichtlinien
schreiben immer
stärker integrierte
Ansätze als Vor-
aussetzung für die
Förderfähigkeit
von Projekten vor**

Fördermittel). Dies liegt vor allem an der
geringen zulässigen Förderquote im
Vergleich zur betrieblichen Gesamtinvesti-
tion: Durchschnittlich 8 % beträgt der
Fördermittelanteil an den Gesamtinvesti-
tionen im gewerblichen Bereich.

Hohe Fördermittelanteile gehen, wie in
anderen Regionen auch, in den Ausbau
und die Unterhaltung verschiedener
Formen der technischen Infrastruktur. Eine
regionale Besonderheit ist die Förderung
des Küstenschutzes. Küstenschutz bindet
im Untersuchungsgebiet 34 % aller
Fördermittel. Gut 80 % der Küstenschutz-
mittel fließen in den Kreis Nordfriesland,
der, bedingt durch die zu unterhaltende
Küstenlänge, einen entsprechend hohen
Bedarf hat. Weitere wichtige Förder–
bereiche sind die Abwasserreinigung und
der Verkehr.

Als neuer wirtschaftlicher Ansatz schlägt
die Förderung der Windenergie mit
immerhin 36 Millionen DM für den Zeitraum zwischen 1988 und 1993 zu Buche.
Der Anteil der Ende der achtziger Jahre
begonnenen, vorsichtigen Entwicklung
von staatlich geförderten Projekten der
Forschung, Informatik und Technologie
(ITAI und NIC in Niebüll etc.) ist mit
insgesamt 2,1 Millionen DM Fördermitteln
im Gesamtkontext eher gering.

Die geringen Fördermittel im innovativen
Bereich der gewerblichen Förderung sind
auch Folge einer fehlenden Industrie-
tradition. So muß die Förderung von
Zukunftsindustrien bzw. -gewerben
entweder auf besonderen regionalen
Ressourcen wie der Windenergie aufbau-
en oder dezentral Forschungs- und
Technologieeinrichtungen schaffen. Die
Politik der Förderung von Industriepolen
wie Brunsbüttel hat sich als nicht adäquat
für den Raum erwiesen. Die in sie gesetzten Erwartungen wurden nicht erfüllt
(FEIGE et al. 1994b).

Förderrichtlinien schreiben immer stärker
integrierte Ansätze als Voraussetzung für
die Förderfähigkeit von Projekten vor. Das
bedeutet, daß die ökonomischen Wirkungen und Arbeitsmarkteffekte eines Projektes fach-, ressort- und ortsübergreifend
sein sollten. Als besonders zukunftsträch-
tig werden die Veredelung und die Weiterentwicklung regional erzeugter Produkte
und Dienstleistungen, zusammen mit dem
vor Ort erzeugten Know-How und der
Technologie, gesehen.

Programme mit ökologischer Zielsetzung sind mit insg. 163 Millionen DM im Zeitraum 1988/89 bis 1993/94 im Vergleich zu ökonomisch ausgerichteten Förderprogrammen unterrepräsentiert.

Folgende ökologisch orientierten Programme konnten im einzelnen für die beiden Westküstenkreise mit ihren Fördersummen 1988/89 bis 1993/94 ermittelt werden:

Programme mit ökologischer Zielsetzung sind im Vergleich zu ökonomisch ausgerichteten Förderprogrammen unterrepräsentiert

► die Förderung von Projekten mit Vorbildcharakter und von Darstellungen mit Informationscharakter zur Umsetzung der Strategie des „Sanften Tourismus" (0,17 Millionen DM),
► die Integrierten Inselschutzkonzepte und das Halligprogramm (6,2 Millionen DM),
► Biotopmaßnahmen (24,6 Millionen DM),
► ÖPNV-Förderung (mindestens 15,1 Millionen DM),
► Windenergieförderung (35,8 Millionen DM),
► Abwasserreinigung (81,4 Millionen DM).

Projekte zum „Sanften Tourismus" vereinen gerade einmal 0,25 % der Tourismusförderung auf sich. Diese Förderung lief 1995 aus Einsparungsgründen bereits wieder aus (MELFF 1995c). Auf Landesebene machten die Biotopmaßnahmen im Agrarbereich zwischen 1986 und 1994 nur 10,6 % (80,2 Millionen DM) der konventionellen Fördermaßnahmen in der Landwirtschaft von 1988 bis 1994 aus (MELFF 1995c).

Aus Naturschutzgesichtspunkten sind jedoch nicht alle auf den ersten Blick „ökologisch ausgerichteten" Projekte uneingeschränkt zu begrüßen.

Die Förderung der Windenergie ist wegen der Nutzung regenerierbarer Ressourcen umweltpolitisch sinnvoll. Aufgrund ihrer negativen Wirkung auf das Landschaftsbild und aufgrund ihrer Störwirkung bei verschiedenen Vogelarten bestehen jedoch ästhetische sowie ökologische Konflikte. Dies betrifft die Standortsuche und die Dimension von Windparks. Ideale Standorte liegen gemäß der Windverhältnisse vorzugsweise in Deichnähe sowie auf Inseln und Halligen, doch sind hier die ökologischen Bedenken größer als bei deichfernen Binnenlandstandorten. Mit der Erarbeitung von Vorrangräumen mußten hier Kompromißstandorte gefunden werden. Die technische Optimierung der Anlagen ermöglicht heute zudem bereits eine rentable Energiegewinnung

im Binnenland, z.B. auf Geeststandorten (WINDTEST KAISER-WILHELM-KOOG GmbH 1994).

Die forcierte Förderung des Radwegebaus kann generell zur Entlastung von PKW-bedingten Immissionen führen, indem beispielsweise Urlauberinnen und Urlauber vermehrt das Rad nutzen, um die Region zu erkunden. Gleichzeitig lassen sich mit Radwegen Gebiete wesentlich besser flächendeckend erschließen als mit Straßen, so daß auch Störwirkungen dieser touristischen Nutzung nicht mehr nur konzentriert, sondern flächendeckend auftreten können. Durch den Ausbau von deichparallelen Verteidigungs- und Treibselabfuhrwegen wird der Nationalpark zudem an seiner deichseitigen Grenze für Radfahrer und Fußgänger erschlossen (vergl. Kap. VI 2).

Seit 1995 wird mit dem Regionalprogramm Westküste im Bereich der allgemeinen Wirtschaftsförderung explizit auch die Berücksichtigung der ökologischen Funktionen des ländlichen Raumes gefördert. Für das Projektauswahlverfahren über einen Qualitätswettbewerb wird seit 1992 als Auswahlkriterium unter anderem der mögliche Beitrag der Maßnahme zur Realisierung umweltpolitischer Zielsetzungen der Region genannt. Von förderfähigen tourismusbezogenen Projekten wird verlangt, daß sie der Zielvorgabe der landespolitischen Tourismuskonzeption eines „Sanften Tourismus" entsprechen müssen. Bereits mit Anlaufen des Programmes bestand ein Antragsbereich „Umweltschutz und Energie", der insbesondere in Zusammenhang mit Gewerbegebieten zu einer umweltverträglicheren Gestaltung wirtschaftlicher Tätigkeit führen soll.

Auf dem Agrarsektor kam es insbesondere in Teilbereichen der agrarstrukturellen Förderung zur Berücksichtigung ökologischer Belange. So bekennt sich das Schleswig-Holsteinische Agrarkonzept von 1991 neben den klassischen Zielen auch zu ökologischen Zielsetzungen (MELFF 1991b). Von der Landwirtschaft ausgehende nachteilige Umweltauswirkungen sollen unter Berücksichtigung des Standes der Technik minimiert werden.

Waren z.B. Flurbereinigungsverfahren noch in den siebziger Jahren vielfach durch eine technische Sichtweise gekennzeichnet, so sollen Bodenordnungsverfahren heute gleichzeitig auch zur

Sicherung eines nachhaltig-leistungsfähi-
gen Naturhaushaltes beitragen. Beispiele
sind der Wegeausbau ohne gebundene
Oberfläche, der Aufbau vernetzter Biotop-
strukturen und die Überführung ökologisch wertvoller Flächen an geeignete
Träger. Dieser Wandel von einer uni–
sektoralen, stark auf die landwirtschaftliche Produktion fixierten Sichtweise hin zu
einem vernetzten Handeln hat auch das
Förderinstrument „Dorferneuerung"
verändert. Statt rein baulicher und
betriebsbezogener Maßnahmen werden
heute koordinierende, übergreifende
Konzepte verfolgt, die auch die Dorf-
ökologie mit einbeziehen.

4. Einzelbestandteile des Betrachtungsraums und geschützte Flächen im Nationalpark

4.1 Der Nationalpark

Das schleswig-holsteinische Wattenmeer
ist seit dem 1. Oktober 1985 durch Landes-
gesetz als Nationalpark unter Schutz
gestellt (Gesetz zum Schutze des
schleswig-holsteinischen Wattenmeeres,
Nationalparkgesetz). Die Inhalte und
Voraussetzungen für einen Nationalpark
sind in § 14 Bundesnaturschutzgesetz
(BNatSchG) festgelegt. Das schleswig-
holsteinische Wattenmeer erfüllt die
Kriterien der Großräumigkeit und besonderen Eigenart, entspricht flächendeckend
den Voraussetzungen eines Naturschutzgebietes, befindet sich in einem vom
Menschen wenig beeinflußten Zustand
und dient vornehmlich der Erhaltung
eines artenreichen, sehr spezifischen
Pflanzen- und Tierbestandes. Bereits vor
dem Nationalparkgesetz war das gesamte
Nordfriesische Wattenmeer als Naturschutzgebiet ausgewiesen, für Dithmarschen war dies vorgesehen.

Die Inseln, die fünf großen Halligen und
angrenzende, für den Naturschutz wichtige Marschgebiete gehören nicht zum
Nationalpark, obwohl ökologisch und
naturräumlich enge Beziehungen bestehen. Sie sind unter anderem wegen ihrer
Bedeutung für Landwirtschaft, Küstenschutz und Fremdenverkehr nicht mit
einbezogen worden.

4.2 Zonierung im Nationalpark

Der Nationalpark ist nach § 4 Abs. 1
Nationalparkgesetz in drei verschiedene
Schutzzonen eingeteilt. Zone 1 wurde
räumlich festgelegt und umfaßt ca. 30 %
der Gesamtfläche des Nationalparks. Sie
besteht aus einem Mosaik von 16 Einzel-
gebieten, die vor allem nach den Erfordernissen des Seehund- und Vogelschutzes
ausgerichtet wurden. Damit sich die Natur
in diesen Gebieten möglichst ungestört
entwickeln kann, unterliegt die Zone 1
einem strengerem Schutz als die übrigen
Bereiche. Sie soll daher weitgehend
nutzungsfrei bleiben, wenngleich verschiedene Maßnahmen und Nutzungen
von dieser Regelung ausgenommen sind.
Dazu zählt nach § 6 Abs. 2 unter anderem
auch die traditionelle Fischerei.

Die weniger streng geschützten Zonen 2
und 3 sollen in Verordnungen festgelegt
werden (§ 4 Abs. 2 Nationalparkgesetz).
Bisher umfaßt die Zone 2 alle Salzwiesen,
die nicht innerhalb der Zone 1 liegen. Die
anderen Bereiche sind bislang nicht
ausgewiesen.

4.3 Bestehende und potentielle Naturschutzgebiete im Nationalpark und Nationalparkvorfeld

Naturschutzgebiete sind Kernbereiche des
Arten- und Ökosystemschutzes, in denen
besonders gefährdete Lebensräume sowie
Pflanzen- und Tierarten geschützt werden
sollen. Nach § 13 Bundesnaturschutzgesetz (BNatSchG) und § 17 Landesnaturschutzgesetz (LNatSchG) sind
Naturschutzgebiete neben Nationalparken
die strengste Schutzform zur Erhaltung
ökologisch wertvoller Gebiete. Hier haben
nach dem Gesetz der Schutz und die
Erhaltung der Natur Vorrang vor
Nutzungsinteressen.

Das Landesamt für Naturschutz und
Landschaftspflege (heute: Landesamt für
Natur und Umwelt) als obere Naturschutzbehörde hat im Rahmen einer Biotopkartierung ökologisch wertvolle und
schutzbedürftige Landesteile landesweit
erfaßt. Diese wurden in einer umfangrei-

Tab. 10: Bestehende und vorgeschlagene Naturschutzgebiete (NSG) im Bereich des Nationalparks (HILDEBRANDT et al. 1993). Vergl. GIS-Karte 5.

Bestehende Naturschutzgebiete

Nordfriesland

Nr.	Gebiet	Größe (ha)
1	Wattenmeer nördlich des Hindenburgdammes	20.190 ha
2	Nordfriesische Wattenmeer	139.880 ha
3	Nord-Sylt	1.796 ha
4	Kampener Vogelkoje auf Sylt	10 ha
5	Nielönn	64 ha
6	Braderuper Heide/Sylt	137 ha
7	Dünenlandschaft auf dem Roten Kliff	177 ha
8	Morsum-Kliff	43 ha
9	Rantumer Dünen	397 ha
10	Rantum-Becken/Sylt	579 ha
11	Baakdeel-Rantum/Sylt	242 ha
12	Hörnum-Odde/Sylt	157 ha
13	Nordspitze Amrum auf der Insel Amrum	71 ha
14	Amrumer Dünen	728 ha
15	Hamburger Hallig	216 ha
16	Vogelfreistätte Hallig Norderoog	23 ha
17	Hallig Süderoog	60 ha
18	Hallig Südfall	58 ha
19	Rickelsbüller Koog	534 ha
20	Beltringharder Koog	3.350 ha
21	Wester-Spätinge	27 ha
22	Grüne Insel mit Eiderwatt	1.000 ha

Dithmarschen

Nr.	Gebiet	Größe (ha)
23	Dithmarscher Eidervorland mit Watt	620 ha
24	Wöhrdener Loch/Speicherkoog Dithmarschen	395 ha
25	Kronenloch/Speicherkoog Dithmarschen	532 ha
26	Insel Trischen	2.591 ha

chen Liste dem Ministerium für Natur und Umwelt als oberster Naturschutzbehörde zur Ausweisung von Naturschutzgebieten vorgeschlagen. Je nach Gefährdungsgrad und Dringlichkeit führt das Ministerium für Natur und Umwelt das förmliche Verfahren zur Unterschutzstellung durch (MNU 1994b).

Bis Mitte 1995 gab es in Schleswig-Holstein 166 Naturschutzgebiete mit einer terrestrischen Fläche von knapp 38.000 ha; das entspricht 2,4 % der Landesfläche Schleswig-Holsteins. Dazu kommen die jeweils nach § 21 LNatSchG einstweilig sichergestellten Naturschutzgebiete. Insgesamt sind nach den Erhebungen des Landesamtes für Naturschutz und Landschaftspflege etwa 4,5 % der terrestrischen Landesfläche derzeit so wertvoll, daß sie bereits als Naturschutzgebiet ausgewiesen sind bzw. ausgewiesen werden müßten (MNU 1994b).

An der schleswig-holsteinischen Westküste befinden sich, meist direkt an den Nationalpark angrenzend bzw. in derselben Fläche, derzeit 26 Naturschutzgebiete. Hinzu kommen 29 vorgeschlagene Naturschutzgebiete bzw. Naturschutzgebiets-Erweiterungen. Die beiden größten Naturschutzgebiete sind das Nordfriesische Wattenmeer mit ca. 139.880 ha und das Wattenmeer nördlich des Hindenburg-

Vorschläge für neue Naturschutzgebiete

Nordfriesland

Nr.	Gebiet	Größe (ha)
27	Lister Marsch	112 ha
28	Erweiterung NSG Nord-Sylt	55 ha
29	Erweiterung NSG Braderuper Heide	18 ha
30	Archsumer Salzwiesen	206 ha
31	Erweiterung NSG Morsum Kliff	192 ha
32	Rantumer Salzwiesen	45 ha
33	Erweiterung NSG Baakdeel-Rantum	88 ha
34	Hörnumer Dünen	224 ha
35	Erweiterung NSG Hörnum Odde	19 ha
36	Risum/Amrum	73 ha
37	Erweiterung NSG Amrumer Dünen	72 ha
38	Amrumer Heide	244 ha
39	Amrumer Strandwiesen	73 ha
40	Südost-Amrum	139 ha
41	Godelniederung/Föhr	158 ha
42	Hallig Langeneß	839 ha
43	Hallig Oland	94 ha
44	Hallig Gröde-Appelland	190 ha
45	Hallig Nordstrandischmoor	157 ha
46	Waldhusener Tief/Pellworm	60 ha
47	Hauke–Haien–Koog	559 ha
48	Untere Arlau	72 ha
49	Untereider Nordfeld bis Oldensworter Vorland	680 ha
50	Ehemaliges Katinger Watt	421 ha
51	Brösumer Spätinge	33 ha
52	Küstendünen St. Peter	372 ha
53	Schobüller Küste	61 ha
54	Marineflugplatz Westerland/Sylt	656 ha

Dithmarschen

Nr.	Gebiet	Größe (ha)
55	Südliche NSG-Erweiterung des Kronenlochs	66 ha
56	Neufelder Sand/ Neufelder Watt	2.300 ha
57	Eider von Nordfeld bis Tönning	529 ha

dammes mit ca. 20.190 ha. Sie haben in vollem Umfang innerhalb des bestehenden Nationalparks Bestand, solange die Schutzzonen gemäß § 4 Nationalparkgesetz nicht durch Verordnung räumlich festgelegt sind. Der Landflächenanteil beträgt ca. 3.800 ha, wovon nur etwa 1.600 ha oberhalb der MThw-Linie liegen. Bestehende und geplante Naturschutzgebiete im Nationalpark und seinem Vorfeld sind in GIS-Karte 5 (vergl. Tab. 10) dargestellt.

4.4 Gebiete mit sonstigem Schutzstatus

4.4.1 Landschafts-schutzgebiete

Landschaftsschutzgebiete sollen gemäß § 15 Abs. 1 BNatSchG und § 18 LNatSchG den besonderen Schutz der Natur gewähr-leisten. Die Ausweisung von Landschafts-schutzgebieten erfolgt durch Verordnung der unteren Naturschutzbehörde und ist als begleitende Mindestmaßnahme für mittel- bis langfristig angelegte groß-flächige Schutz- und Entwicklungs-maßnahmen geeignet, so z.B. im Rahmen des Aufbaus eines Schutzgebiets- und Biotopverbundsystems. Bestehende Landschaftsschutzgebiete in der Nationalparkregion sind in GIS-Karte 5 (vergl. Tab. 11) dargestellt.

Tab. 11: Bestehende und vorgeschlagene Landschaftsschutzgebiete (LSG) im Bereich des Nationalparks (HILDEBRANDT et al. 1993). Vergl. GIS-Karte 5.

Bestehende Landschaftsschutzgebiete

Nordfriesland

Nr.	Gebiet Größe (ha)	
1	Nord-Ost-Heide Kampen	10 ha
2	Süd-Ost-Heide Kampen	25 ha
3	Jükermarsch und Tipkenhügel	101 ha
4	Archsum	140 ha
5	Morsum	294 ha
6	Rantum/Sylt	108 ha
7	Dünen- und Heidelandschaft Hörnum auf Sylt	273 ha
8	Amrum	2.700 ha
9	Schobüller Berg	585 ha

Dithmarschen

Nr.	Gebiet	Größe (ha)
10	Dithmarscher Wattenmeer (Blauortsand/Tertiussand)	6.750 ha

Vorschläge für neue Landschaftsschutzgebiete

Nordfriesland

Nr.	Gebiet	Größe (ha)
11	Westerland- Kampen	393 ha
12	Sylt-Ost	2.244 ha
13	Föhr	6.623 ha
14	Hallig Hooge	459 ha
15	Pellworm	1.681 ha
16	Trendermarsch	820 ha
17	Eiderstedt	27.509 ha
18	Mittlere Nordfriesische Marsch	2.827 ha
19	Geest- und Marschlandschaft der Arlau	8.870 ha
20	Porrenkoog-Dockkoog	305 ha

Dithmarschen

Nr.	Gebiet	Größe (ha)
	keine	

4.4.2 Gesetzlich geschützte Biotope

Eine ganze Reihe von natürlichen und naturnahen sowie durch spezifische traditionelle Nutzungen geprägte Lebensräume sind für den Arten- und Biotopschutz in Schleswig-Holstein von ganz besonderer Bedeutung. Diese Biotope sind heute mehr oder weniger stark gefährdet. Sie unterliegen dem gesetzlichen Schutz des § 15a LNatSchG. Im Bereich des schleswig-holsteinischen Wattenmeeres zählen zu den gesetzlich geschützten Biotopen z.B. Wattflächen, Salzwiesen, Brackwasserröhrichte, Priele, Sandbänke, Strandseen, Heiden, Binnen- und Küstendünen sowie Steilküsten. Die insgesamt 31 aufgeführten Biotoptypen sind Vorrangflächen für den Naturschutz und wie Naturschutzgebiete zu behandeln. Sie werden vom Landesamt für Natur und Umwelt im Rahmen der landesweiten Biotopkartierung erfaßt und künftig in einer amtlichen Liste, dem Naturschutzbuch, geführt.

4.4.3 Biotopverbundplanung

Die Sicherung der noch verbliebenen ökologisch bedeutsamen Lebensräume ist eine Grundvoraussetzung für einen erfolgversprechenden Arten- und Ökosystemschutz. Gleichzeitig wird deutlich, daß die Sicherung des Biotopbestandes allein nicht ausreichen wird, um die Gesamtheit der heimischen Tier- und Pflanzenarten in dauerhaft überlebens- und evolutionsfähigen Populationen zu erhalten (HILDEBRANDT et al. 1993). Aus diesem Grund ist neben der Erhaltung, Erweiterung und Wiederherstellung von Lebensräumen insbesondere auch der räumliche Verbund natürlicher, naturnaher und halbnatürlicher Biotoptypen von Bedeutung. Ein Konzept zur Schutzgebiets- und Biotopverbundplanung wird vom Landesamt für Natur und Umwelt erarbeitet.

Entsprechend der bestehenden Konzeption sind alle ökologisch bedeutsamen Lebensräume zu erhalten, wobei bereits bestehende bzw. vorgesehene Naturschutzgebiete die Kernbereiche der Biotopverbundplanung bilden. Sie sollen um geeignete Entwicklungs- bzw. Puffer-

Die Biotopverbundplanung soll repräsentative Biotoptypen in naturraumtypischer Verteilung sichern und miteinander verbinden

zonen erweitert werden. Zusätzlich ist die Entwicklung von naturraumtypischen Biotopkomplexen und Landschaftsausschnitten sowie die Wiederherstellung repräsentativer Biotoptypen in naturraumtypischer Verteilung anzustreben. Die genannten Gebiete sind durch weitere ökologisch bedeutsame Flächen so miteinander zu verbinden, daß zusammenhängende Systeme entstehen. Ziel ist es, auf 15 % der Landesfläche dem Naturschutz Vorrang zu gewähren. Dies geschieht durch den Ankauf von Flächen, durch Vertragsnaturschutz sowie durch die Ausweisung weiterer Naturschutzgebiete (MNU 1994b).

Die Gesamtkonzeption für das Schutzgebiets- und Biotopverbundsystem erstreckt sich über die verschiedenen Ebenen der Landschaftsplanung. Auf landesweiter Ebene werden im Entwurf des Landschaftsprogramms (Stand Dezember 1995) Schwerpunkt- und Achsenräume ausgewiesen, die für die Erhaltung und Entwicklung von Natur und Landschaft besonders geeignet sind. An der schleswig-holsteinischen Westküste stellen dabei das gesamte Wattenmeer, die Inseln Sylt und Amrum sowie einige Köge und Niederungsgebiete mit ihrer Vielfalt an schutz- und entwicklungsbedürftigen Biotoptypen Schwerpunkträume dar. Als Achsenräume werden große Teile der nordfriesischen und dithmarscher Festlandsküste sowie die Bereiche entlang ökologisch bedeutsamer, größerer Fließgewässer benannt. Die in der GIS-Karte 6 aufgeführten Schwerpunkt- und Achsenräume beinhalten einen repräsentativen Ausschnitt des Naturraums der Westküste und integrieren gleichzeitig überregional und international bedeutsame Schutzgebiete.

III Planungsvorgaben und Rahmenbedingungen

1. Gesamtplanerische Vorgaben für den Nationalpark

Die Landesplanung hat die Aufgabe, eine übergeordnete und zusammenfassende Planung für eine den wirtschaftlichen, sozialen, kulturellen und ökologischen Anforderungen entsprechende Ordnung des Raumes in sogenannten „Raumordnungsplänen" auf- und festzustellen. Dabei hat die Landesplanung raumordnerische Vorgaben gemäß bundesrechtlicher Aussagen (Raumordnungsgesetz, 10.1993) zu berücksichtigen. Durch diese fachübergreifende Gesamtplanung werden die verschiedenen öffentlichen Planungen und Maßnahmen der Landesministerien, der Kreise und Gemeinden sowie der sonstigen öffentlichen Planungsträger aufeinander abgestimmt.

Raumordnungspläne legen die anzustrebende räumliche Entwicklung für das Gesamtgebiet des Landes fest

Die Raumordnungspläne legen die anzustrebende räumliche Entwicklung für das Gesamtgebiet des Landes (Landesraumordnungsplan) und seine fünf Teilräume (Regionalpläne I-V) für einen Zeitraum von mindestens 15 Jahren verbindlich fest. Bei ihrer Aufstellung sind u.a. die raumbedeutsamen Ergebnisse der naturschutzfachlichen Planungen (Landschaftsprogramm, Landschaftsrahmenplanung) zu berücksichtigen. Einen Überblick über die verschiedenen Planungsebenen fachübergreifender und naturschutzfachlicher Planung gibt Tab. 12.

Die Regionalplanung wird, insbesondere im Planungsraum V (Nordfriesland, Schleswig-Flensburg, Flensburg), ergänzt durch die mit der Landesplanung abgestimmten Landes- und Regionalprogramme, z.B. das Regionalprogramm für die „Westküste" und das Fremdenverkehrskonzept.

Als weitere Maßnahmen der Landesplanung wurden Planungsgrundsätze für die Standorte von Windenergieanlagen und von Golfplätzen aufgestellt. Sie sollen in den Landesraumordnungsplan übernommen werden und eventuell in den Regionalplänen weiter vertieft werden.

Zur Umsetzung eines flächenhaften Naturschutzes wurden und werden landesweit eine Vielzahl von aufeinander abgestimmten Programmen und Projekten ausgearbeitet. Hierzu gehören sowohl landesweite Konzepte wie das Biotopverbundkonzept, das Uferrandstreifenprogramm und Abwasserreinigungsprogramme als auch spezielle Programme für einzelne Räume wie das Entwicklungsprogramm für die Eider-Treene-Sorge-Niederung, das Halligprogramm und die Integrierten Schutzprogramme auf den nordfriesischen Inseln, in denen teilweise auch Nutzungen behandelt werden.

Mit der Einrichtung des Nationalparks Schleswig-Holsteinisches Wattenmeer im Oktober 1985 wurden u.a. die im Regionalplan IV (Dithmarschen, Steinburg) aufgeführten naturschutzfachlichen

Tab. 12: Planungsebenen der Landes- und Landschaftsplanung

Planungsebene	fachübergreifene Planung (Landes- und Bauleitplanung)	Fachplanung des Natur- und Landschaftsschutzes (Landschaftsplanung)
Land	Landesraumordnungsplan	Landschaftsprogramm
Planungsraum	Regionalplan	Landschaftsrahmenplan
Gemeinde	Flächennutzungsplan	Landschaftsplan
Teil der Gemeinde	Bebauungsplan	Grünordnungsplan

Zielsetzungen der Landesplanung für den Küstenbereich erfüllt. Die vor diesem Zeitpunkt aufgestellten Raumordnungspläne enthalten daher auch noch keine Aussagen zur angestrebten Entwicklung des Nationalparks. Diesbezügliche Angaben finden sich in dem im März 1992 von der Landesregierung verabschiedeten „Rahmenprogramm für die Entwicklung des Nationalparks Schleswig-Holsteinisches Wattenmeer".

1.1 Landes-
raumordnungsplan

Der Landesraumordnungsplan für Schleswig-Holstein wurde 1979 von der Landesregierung festgestellt und ist auch heute noch planerische Grundlage. Seine Fortschreibung ist auf der Grundlage des zwischenzeitlich geänderten Bundesrechtes und der Novellierungen der Landesgesetze vorgesehen (RAUM–ORDNUNGSBERICHT DER LANDESREGIERUNG 1991). Der neue Landesraumordnungsplan liegt als Entwurf (Stand August 1995) vor.

Der Landesraumordnungsplan ist nach § 4 Abs. 1 Landesplanungsgesetz rahmensetzender Leitplan. Alle Träger der öffentlichen Verwaltung haben für seine Verwirklichung einzutreten und dürfen keine Planungen aufstellen, bestehen lassen, genehmigen oder verwirklichen sowie Maßnahmen durchführen, die mit ihm nicht im Einklang stehen.

Der zukünftige Landesraumordnungsplan muß den Erfordernissen des Natur- und Umweltschutzes und der Umweltvorsorge in stärkerem Maße Rechnung tragen

Die Zielsetzungen des noch gültigen Landesraumordnungsplans von 1979 betreffen Planungsbereiche, die auch für den Nationalpark und das Vorfeld von Bedeutung sind. So werden die Entwicklungsziele der Wirtschaftszweige Landwirtschaft, Fischerei und Fremdenverkehr, des Küstenschutzes, der Standorte militärischer Anlagen sowie des Natur- und Landschaftsschutzes festgeschrieben. Grundsätzlich sollen bei allen Planungen und Maßnahmen die Eingriffe in den Bestand der Landschaft auf ein Minimum beschränkt werden.

Der neue Landesraumordnungsplan (Entwurf August 1995) muß den Erfordernissen des Natur- und Umweltschutzes und der Umweltvorsorge in stärkerem Maße Rechnung tragen. In den Neufassungen des Raumordnungsgesetzes des Bundes und des Landesplanungsgesetzes

Schleswig-Holsteins sind die ökologischen Belange als eine von vier raumordnerischen Leitvorstellungen ausdrücklich enthalten. Das Gesetz über Grundsätze zur Entwicklung des Landes (Landesentwicklungsgrundsätzegesetz) in der Fassung vom 31.10.1995 berücksichtigt durch eine Neubewertung ökologischer Gesichtspunkte die Belange des Naturschutzes weitreichend. Der neue Landesraumordnungsplan befindet sich z.Zt. in der Anhörung.

Die Landesplanung wird von Leitbildern einer räumlichen Entwicklung Schleswig-Holsteins geleitet, die weit über den Planungszeitraum hinausreichen. Alle zukünftigen Planungen haben die Belastbarkeit von Natur und Umwelt zu beachten. Ziel ist die nachhaltige Sicherung der natürlichen Grundlagen des Lebens. Wo erforderlich, sind Maßnahmen zur Sanierung und Regeneration der natürlichen Ressourcen einzuleiten. Freiräume sollen geschützt und in ihren Funktionen qualitativ entwickelt werden. An Freiräume gebundene Nutzungen wie Land- und Forstwirtschaft, mineralische Rohstoff- und Grundwassergewinnung, Sport und Erholung sind auf die Erfordernisse der nachhaltigen Sicherung des Naturhaushaltes abzustimmen. Für die Erhaltung der Vielfalt, Eigenart und Schönheit der Landschaft ist Sorge zu tragen. Bei allen Planungen ist auf natürliche und naturnahe Landschaftsstrukturen Rücksicht zu nehmen. Für das landesweite Biotopverbundsystem, das 15 % der Landesfläche umfassen soll, sind in den Raumordnungsplänen entsprechende Eignungsräume darzustellen.

Im Entwurf des Landesraumordnungsplans sind unterschiedliche Raumkategorien ausgewiesen.

Die sogenannten Ordnungsräume zeichnen sich durch einen erheblichen, unter Umständen auch nur zeitlich begrenzten Siedlungsdruck aus und bedürfen in besonderem Maße ordnenden Maßnahmen.

► Als Ordnungsräume für Fremdenverkehr und Erholung gelten an der Westküste die Nordfriesischen Inseln und Halligen sowie die Räume um St. Peter-Ording, Büsum und Friedrichskoog (GIS-Karte 20). Hier sollen Natur, Umwelt und Landschaft als wichtige Grundlagen für Fremdenverkehr und Erholung besonders geschützt werden. Aufgrund der bereits erreichten

Konzentration fremdenverkehrlicher Infrastruktur, der Nutzungsansprüche durch Erholungssuchende und der damit verbundenen hohen Belastung der Landschaft sollen sich in diesen Räumen Fremdenverkehr und Erholung nur noch zurückhaltend ausweiten. Vorrang vor einer reinen Kapazitätserweiterung des Angebotes sollen hier Maßnahmen zur Struktur- und Qualitätsverbesserung sowie Saisonverlängerung haben.

Mit dem Ziel der Bestands- und Funktionssicherung werden in den Raumordnungsplänen Räume mit besonderer Eignung und Vorranggebiete dargestellt. Im Hinblick auf den Nationalpark und das Vorfeld sind folgende Räume von Bedeutung:

▶ Räume mit besonderer Eignung zum Aufbau eines Schutzgebiets- und Biotopverbundsystems (vergl. Kap. II 4.4.3 und GIS-Karte 6).
▶ Räume mit besonderer Eignung für Fremdenverkehr. Fremdenverkehr und Erholung sollen sich in diesen Räumen unter besonderer Beachtung der Umwelt- und Sozialverträglichkeit verstärkt weiterentwickeln und ein landestypischer Fremdenverkehr angestrebt werden. Die Fremdenverkehrsinfrastruktur soll zur Steigerung der Qualität und Attraktivität von Fremdenverkehr und Erholung verbessert werden. Größere landschaftliche Freiräume sind in diesen Räumen besonders zu erhalten bzw. in ihrer Funktion nicht zu beeinträchtigen. Die Ordnungsräume für Fremdenverkehr und Erholung sind zugleich Räume besonderer Eignung (GIS-Karte 20).
▶ Räume mit besonderer Eignung für Windenergieanlagen (vergl. Kap. VI 7).
▶ Vorranggebiete für den Naturschutz; dazu zählen der Nationalpark Schleswig-Holsteinisches Wattenmeer, bestehende und geplante Naturschutzgebiete sowie nach § 15a LNatSchG geschützte Biotope. Die Vorranggebiete stellen die Kernzonen der Schwerpunktbereiche innerhalb des Schutzgebiets- und Biotopverbundsystems.

1.2 Regionalpläne

Die Regionalpläne konkretisieren die Ziele des Landesentwicklungsgrundsätzegesetzes und des Landesraumordnungsplanes und setzen sie für die einzelnen Planungsräume fest (Abb. 36). In die Regionalpläne fließen die naturschutzfachlichen Anforderungen mit ein, die durch die Landschaftsrahmenpläne festgelegt worden sind.

1.2.1 Regionalplan – Planungsraum IV

Auf der Grundlage des Landesraumordnungsplanes von 1979 ist der Regionalplan des Planungsraums IV (Kreise Dithmarschen und Steinburg) 1984 festgestellt worden. Er enthält landschaftsbezogene Darstellungen in Text und Karte sowie Aussagen zu raumbedeutsamen Zielen aus der parallel durchgeführten Landschaftsrahmenplanung.

Der Regionalplan legt die Fremdenverkehrsgestaltungs- bzw. -entwicklungsräume sowie die angestrebte Entwicklung konkret fest. Dort werden Büsum einschließlich des Nahbereiches mit Westerdeichstrich, Büsumer Deichhausen und Warwerort, die Gemeinde Wesselburener Koog und der Ort Wesselburen, der Helmsander Koog und Friedrichskoog genannt. In Gebieten mit besonderer Eignung für die Erholung in der Landschaft sollen in erster Linie Einrichtungen wie Wanderwege, Radwege, Badestellen und Parkplätze geschaffen werden. Dabei ist in der Nähe von Naturschutzgebieten zurückhaltend zu verfahren. Die Häfen als Standorte der Krabbenfischerei sollen auch wegen ihrer Bedeutung für den Fremdenverkehr erhalten bleiben. Maßnahmen des Küsten- und Hochwasserschutzes sind zur Zeit nur in kleinerem Umfang notwendig.

Laut Regionalplan sind die Ziele des Natur- und Landschaftsschutzes mit der Einrichtung des Nationalparks Schleswig-Holsteinisches Wattenmeer im dithmarscher Küstenbereich weitgehend erfüllt. Ausdrücklich wird im Regionalplan betont, daß das Dithmarscher Watt bis zur Elbmündung als weiträumiges Schutzgebiet ausgewiesen werden soll.

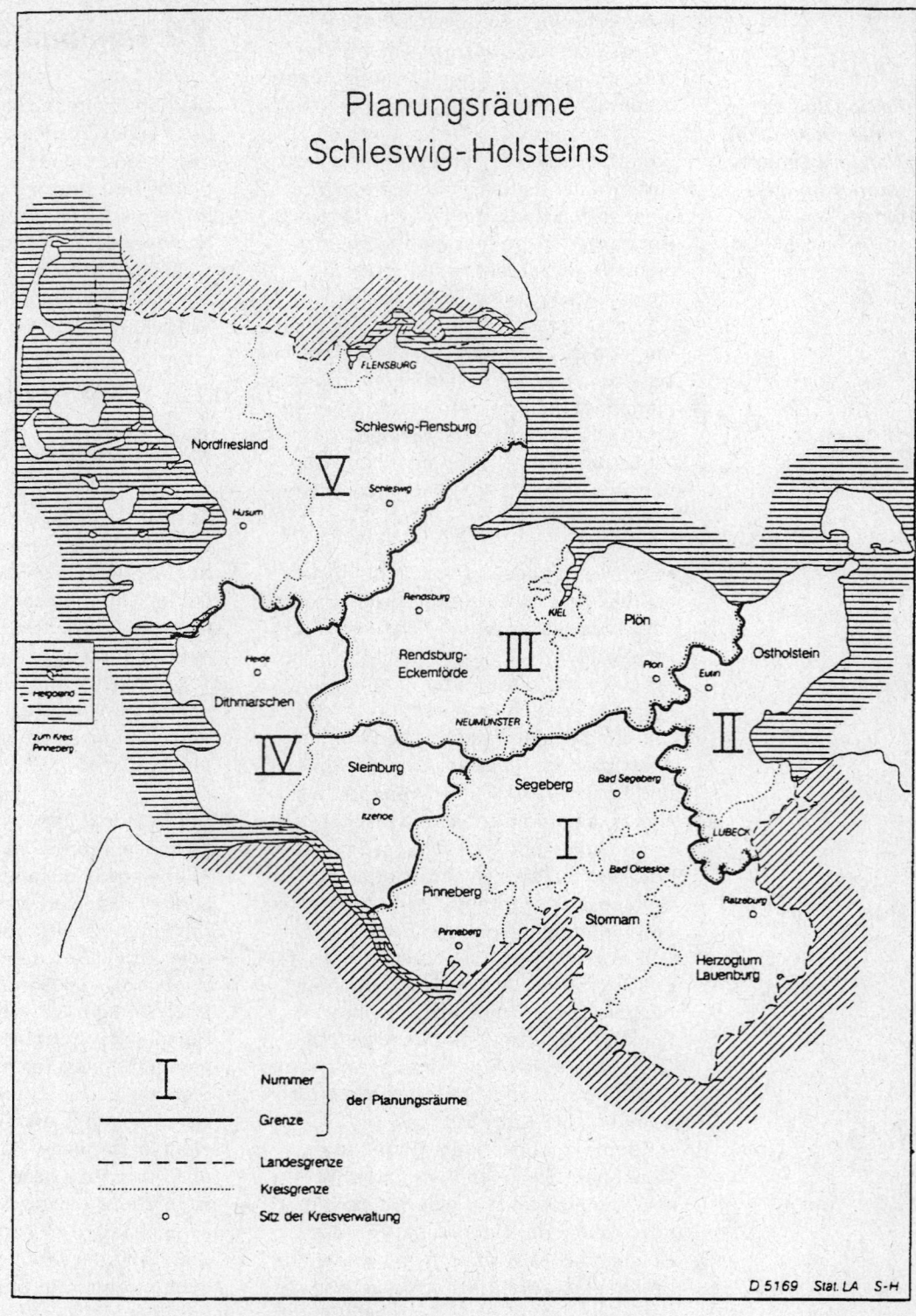

III

Planungsräume Schleswig-Holsteins

I	Nummer
—	Grenze

der Planungsräume

- - - - - Landesgrenze

.... Kreisgrenze

o Sitz der Kreisverwaltung

D 5169 Stat. LA S-H

1.2.2 Regionalplan –

Planungsraum V

Die Aussagen des Regionalplans für den Planungsraum V sind in vielfälti- ger Hinsicht überholt und bedürfen einer Neufassung

Der Regionalplan des Planungsraums V (Kreise Nordfriesland und Schleswig- Flensburg sowie die kreisfreie Stadt Flensburg) stammt noch aus dem Jahr 1975. Da in diesem Raum, abgesehen von den Fremdenverkehrsordnungsräumen Sylt, Föhr und Amrum, wenig Lenkungs- bedarf besteht, wurde die Neuaufstellung des Regionalplans bislang nicht als

notwendig erachtet (RAUMORDNUNGS- BERICHT DER LANDESREGIERUNG 1991). 1995 wurde ein Verfahren zur Teilfort– schreibung eingeleitet, das sich inhaltlich auf die Windenergienutzung beschränkt (GEMEINSAMER RUNDERLASS 1995).

Die Aussagen des Regionalplans für den Planungsraum V sind jedoch in vielfältiger Hinsicht überholt und bedürfen aus der Sicht der Ökosystemforschung dringend einer Neufassung. Wir geben dennoch die grundlegenden Ziele unkommentiert wieder.

Im Regionalplan von 1975 wird als grundlegendes Ziel dargestellt, den Entwicklungsrückstand im Planungsraum zu beseitigen und zusätzliche, außerlandwirtschaftliche Arbeitsplätze zu schaffen. Demnach wäre der Wirtschaftsfaktor Fischerei, insbesondere die Garnelen- und Miesmuschelfischerei, erhaltenswert und entsprechend zu fördern.

Der Fremdenverkehrsordnungsraum Nordfriesische Inseln soll qualitativ, weniger quantitativ weiterentwickelt werden. Im Fremdenverkehrsgestaltungsraum Sankt Peter-Ording wird eine über dem Landesdurchschnitt liegende Entwicklung des Fremdenverkehrs angestrebt. Als Fremdenverkehrsentwicklungsräume gelten laut Regionalplan das Gebiet der Eidermündung/Katinger Watt, Westerhever, Vollerwiek/Tetenbüll, Pellworm und Nordstrand, Schlüttsiel/Dagebüll sowie der Nahbereich Husum einschließlich Schobüll, Dockkoog-Spitze und Simonsberg. Der Regionalplan sieht weiterhin eine Erweiterung der Wassersportmöglichkeiten im Bereich des Lister Hafens sowie der Eider und einen Ausbau des Bäderluftverkehrs vor. Soweit es mit dem Schutzzweck vereinbar ist, sollen die unter Naturschutz stehenden Wattgebiete und Dünen der Allgemeinheit zum Zwecke der Erholung zugänglich gemacht werden.

Laut Regionalplan soll der Küstenschutz neben der bereits erfolgten Eindeichung der Nordstrander Bucht durch den Bau eines Leitdammes zwischen dem Festland und der Insel Pellworm verbessert werden. Von besonderer Bedeutung wären darüber hinaus Küstenschutzmaßnahmen auf den Nordfriesischen Inseln.

2. Landschaftsplanerische Vorgaben für den Nationalpark

Die Landschaftsplanung ist die Fachplanung für den Bereich des Naturschutzes und der Landschaftspflege (§§ 4-6a LNatSchG). Ihre Aufgabe ist es, die Erfordernisse und Maßnahmen zur Verwirklichung der Ziele des Naturschutzes auf Landes-, Regional- und Gemeindeebene zu ermitteln und darzustellen. Als Fachplanung findet die Landschaftsplanung Eingang in die Raumordnungsplanung. Sie ist ein mehrstufiges Instrument und untergliedert sich in das Landschaftsprogramm (landesweit), die Landschaftsrahmenpläne (jeweils auf Ebene der fünf regionalen Planungsräume) und die Landschaftspläne (auf Gemeindeebene). Diese landschaftsbezogenen Planungen sind den fachübergreifenden Raumplanungen der jeweiligen Ebene entsprechend zugeordnet (Tab. 12). Die Landschaftsplanung leistet einen wichtigen Beitrag zur Gesamtplanung des Landes und ist damit auf der jeweiligen Planungsebene unabdingbare Grundlagenplanung. Dies ergibt sich außer dem Bundesnaturschutzgesetz (BNatSchG) auch aus dem Landesnaturschutzgesetz (LNatSchG), in dem u.a. ein Bezug zur Umweltverträglichkeit von Vorhaben und zu Eingriffen in den Naturhaushalt und das Landschaftsbild hergestellt wird.

2.1 Landschaftsprogramm

Das landesweite Landschaftsprogramm (§ 4 a LNatSchG) liegt als Entwurf (Stand Dezember 1995) im Ministerium für Natur und Umwelt als oberster Naturschutzbehörde vor. Das Landschaftsprogramm enthält umfassende fachplanerische Aussagen für die Koordinierung der landesweiten Aufgaben in Naturschutz und Landschaftspflege. Die Einarbeitung der raumbedeutsamen Erfordernisse und Maßnahmen des Landschaftsprogramms in die Raumordnungsplanung ist gesetzlich vorgesehen.

Das Landschaftsprogramm basiert auf einer landesweiten Erfassung des Zustandes von Natur und Landschaft und beinhaltet eine ausführliche Darstellung der Besonderheiten der verschiedenen Landschaftsräume und ihrer Lebensgemeinschaften. Auf der Grundlage dieser Zustandserfassung und von Entwicklungsprognosen werden im Landschaftsprogramm Zielkonzepte für die verschiedenen Naturräume entwickelt. Dabei sind bereits bestehende landesweite Programme, z.B. zum Artenschutz oder zur Extensivierung der landwirtschaftlichen Produktion, zu integrieren.

Gemäß der naturschutzrechlichen Vorgabe nach Bundesnaturschutzgesetz und Landesnaturschutzgesetz (§ 1 Abs. 1) setzt das Landschaftsprogramm (Entwurf Dezember 1995) voraus, daß Naturschutz auf 100 % der Fläche notwendig ist und differenziert die gesamte Landesfläche in drei Funktionsräume. Ziel des Funktionsraums 1, dem auch der Nationalpark zugeordnet ist, ist die Sicherung und Entwicklung besonders schutzbedürftiger, überwiegend naturnaher Landschaftsräume. Er stellt somit die höchsten Anforderungen von seiten des Naturschutzes an die Landschaftsnutzung, schließt aber nicht von vornherein jegliche Nutzung aus.

Für die verschiedenen Landschaftsräume Schleswig-Holsteins werden Leitbilder entwikkelt

Für die verschiedenen Landschaftsräume Schleswig-Holsteins werden Leitbilder entwickelt, wobei besonders die Belange des Arten- und Biotop- sowie des Landschaftsschutzes Berücksichtigung finden. Gleichzeitig werden die Bedeutung der natürlichen, naturnahen und halbnatürlichen Biotoptypen im Landschaftsraum sowie Landschaftsteile von landesweiter Bedeutung für den Erhalt und die Entwicklung von Natur und Landschaft herausgestellt.

Weiterhin beschreibt das Landschaftsprogramm die naturschutzfachlichen Anforderungen zur nachhaltigen Sicherung der Naturgüter Boden und Ausgangsgestein, Gewässer sowie Klima und Luft. Es legt den Handlungsrahmen für Naturschutz und Landschaftspflege fest. Dazu zählt der Arten- und Biotopschutz mit den dazugehörigen Arten- und Flächenschutzmaßnahmen sowie dem Schutzgebiets- und Biotopverbundsystem. In diesem Zusammenhang sind auch der Landschaftsschutz, Eingriffs-/Ausgleichsregelung und spezielle Gebietsprogramme wie das Halligprogramm zu nennen.

Von Bedeutung sind schließlich die naturschutzfachlichen Anforderungen an andere Fachplanungen und Nutzungen. Hier stellt das Landschaftsprogramm grundsätzliche Forderungen auf.

2.2 Landschaftsrahmenpläne

Die überörtlichen Erfordernisse und Maßnahmen zur Verwirklichung der Ziele des Naturschutzes werden in Landschaftsrahmenplänen festgestellt

Die überörtlichen Erfordernisse und Maßnahmen zur Verwirklichung der Ziele des Naturschutzes werden auf der Ebene der fünf regionalen Planungsräume in Landschaftsrahmenplänen vom Ministerium für Natur und Umwelt als oberster Naturschutzbehörde festgestellt (§ 5 LNatSchG). Die Landschaftsrahmenpläne konkretisieren die fachlichen und räumlichen Ansprüche des Landschaftsprogramms. Dabei sind die unteren Naturschutzbehörden, die obere

Naturschutzbehörde, die Kreise, Gemeinden, sonstige Träger öffentlicher Belange und die nach § 29 BNatSchG anerkannten Naturschutzverbände zu beteiligen. Die naturschutzfachlichen Anforderungen der Landschaftsrahmenpläne bilden die Basis für die ökologischen Aussagen der Regionalpläne.

2.2.1 Landschaftsrahmenplan – Planungsraum IV

Für den Planungsraum IV (Kreise Dithmarschen und Steinburg) existiert ein Landschaftsrahmenplan aus dem Jahr 1984. Eine Anpassung und Fortschreibung ist gegenwärtig nicht absehbar.

Laut Landschaftsrahmenplan ergeben sich für das Wattenmeer und angrenzende Gebiete neben übergeordneten Zielsetzungen und den daraus folgenden speziellen landschaftspflegerischen Zielen bestimmte Anforderungen. So besteht die Notwendigkeit der Ausweisung von Gebieten mit besonderen ökologischen Funktionen, zu denen u.a. Watt- und Vorlandflächen einschließlich ihrer Übergangsbereiche zählen. Hier dürfen Maßnahmen nur dann durchgeführt werden, wenn sie den Zustand der Gesamtheit der natürlichen Faktoren nicht wesentlich verändern und nicht zu einer dauerhaften und erheblichen Belastung eines einzelnen Ökofaktors führen. Solche Maßnahmen sind beispielsweise Ausweisungen von Gebieten mit besonderer Erholungseignung oder mit besonderer Eignung zur Versorgung mit oberflächennahen mineralischen Rohstoffen, für deren Abgrenzung bestimmte Kriterien festgelegt sind.

Der Forderung nach der „endgültigen Abgrenzung weiträumiger Naturschutzgebiete und Landschaftsschutzgebiete im Dithmarscher Wattenmeer bis zur Elbmündung" wurde mit der Einrichtung des Nationalparks Schleswig-Holsteinisches Wattenmeer nur zum Teil Rechnung getragen. Die Neuausweisungen von Naturschutzgebieten im Bereich des Eiderwatts sowie im Bereich „Wöhrdener Loch" und „Kronenloch" sind erfolgt.

Als Entwicklungsbereiche für Erholung sind im Landschaftsrahmenplan u.a. der Raum Büsum, der Helmsander Koog (Nördlicher Teil) und Friedrichskoog/

Friedrichskoog-Spitze ausgewiesen. In diesen Gebieten können Einrichtungen für die landschaftsgebundene Erholung (Wanderwege, Radwege, Parkplätze, Badestellen, Zelt- und Campingplätze, Golfplätze usw.) geschaffen werden, wobei in der Nähe von Naturschutzgebieten zurückhaltend und unter Vermeidung von Beeinträchtigungen zu verfahren ist (Landesraumordnungsplan Ziff. 4.2).

2.2.2 Landschaftsrahmenplan – Planungsraum V

Für den Planungsraum V (Nordfriesland, Schleswig-Flensburg, Flensburg) existiert kein Landschaftsrahmenplan. Der Beginn der Arbeiten zu diesem Plan ist in 1996 vorgesehen.

2.3 Landschaftspläne

Landschaftspläne sind Fachpläne für Naturschutz und Landschaftspflege auf kommunaler Ebene

Landschaftspläne sind Fachpläne für Naturschutz und Landschaftspflege auf kommunaler Ebene. Sie zeigen auf, wie die Ziele des Naturschutzes konkret umgesetzt werden können. Das Landesnaturschutzgesetz verpflichtet die Gemeinden zur Aufstellung eines Landschaftsplanes, wenn ein Bauleitplan aufgestellt, geändert oder ergänzt werden soll oder wenn im Gemeindegebiet agrarstrukturelle oder nutzungsändernde Planungen beabsichtigt sind, die größere Teile des Gemeindegebiets betreffen.

Unter der Geltung des Landschaftspflegegesetzes 1982 wurden nur vereinzelt Landschaftspläne von Gemeinden und Städten aufgestellt. Seit dem Landesnaturschutzgesetz 1993 hat sich dies verändert. Angesichts des baulichen Entwicklungsbedarfs der Kommunen ist mit der Neuregelung die Erstellung von Landschaftsplänen unumgänglich geworden. In Verbindung mit dem „Förderprogramm zur Erstellung von Landschaftsplänen in Gemeinden" ist man dem Ziel, eine flächendeckende Landschaftsplanung für Schleswig-Holstein zu erreichen, ein erhebliches Stück näher gekommen. Aufgrund dieser Regelung wurden von zahlreichen Gemeinden Landschaftspläne in Auftrag gegeben. Von den Anrainergemeinden des Nationalparks ist bis zum Dezember 1995 lediglich der Landschaftsplan der Gemeinde St. Peter-Ording festgestellt worden.

Die gesetzliche Grundlage für den Natur- und Landschaftsschutz sind das Bundesnaturschutzgesetz und das Landesnaturschutzgesetz des Landes Schleswig-Holstein

Die Landschaftspläne sind dem Landschaftsprogramm und den Landschaftsrahmenplänen anzupassen und haben die Ziele der Raumordnung und Landesplanung zu beachten. Die Anforderungen an die Inhalte der Landschaftspläne sind in § 6a LNatSchG dargestellt. Im übrigen ist ein Richtlinienentwurf über Mindestinhalte der Landschaftspläne in der Verbandsanhörung und wird evtl. im Herbst 1996 erlassen. Über die Landschaftspläne hinaus sind für Teilbereiche, die eine vertiefende Darstellung erfordern, Grünordnungspläne anzufertigen.

3. Nationale Rahmenbedingungen

Die gesetzliche Grundlage für den Natur- und Landschaftsschutz sind das Bundesnaturschutzgesetz (BNatSchG) als Rahmengesetz des Bundes für die Landesgesetzgebung und das Landesnaturschutzgesetz (LNatSchG) des Landes Schleswig-Holstein. Diese Gesetze und die auf ihrer Grundlage ergangenen Rechtsvorschriften und kommunalen Satzungen bilden das innerstaatliche Naturschutzrecht, das in enger Wechselwirkung zu den verschiedenen Umweltrechtsmaterien steht.

Für das Nationalparkgebiet ist das am 22.07.1985 vom Landtag beschlossene Gesetz zum Schutze des schleswig-holsteinischen Wattenmeeres" (Nationalparkgesetz) und die aufgrund dieses Gesetzes erlassenen Verordnungen maßgebend (vergl. Kap. XVI 1). Das Nationalparkgesetz regelt entsprechend § 15 des LNatSchG die Errichtung des Nationalparks "Schleswig-Holsteinisches Wattenmeer". Als zuständige Landesoberbehörde wurde gemäß Nationalparkgesetz das Landesamt für den Nationalpark "Schleswig-Holsteinisches Wattenmeer" (Nationalparkamt, NPA) mit dem Sitz in Tönning errichtet. Es ist für die Durchführung des am 01.08.1985 in Kraft getretenen Gesetzes und der aufgrund dieses Gesetzes erlassenen Verordnungen zuständig.

Im Bereich des Nationalparkes gelten ferner eine Vielzahl von Gesetzen, Verordnungen und Richtlinien. Die wichtigsten Rechtsvorschriften im Umweltbereich und anderer Regelungskomplexe mit Bezug zum Nationalparkgebiet sind in Kap. XVI 2 zusammenfassend dargestellt.

4. Internationale Rahmenbedingungen

→ Vermerk: Vorf... gut...

Eine Reihe internationale und supranationale rechtliche Regelungen sind als Rahmenbedingungen für den Nationalpark Schleswig-Holsteinisches Wattenmeer von Bedeutung. Sie lassen sich einteilen in EU-Verordnungen mit Gesetzescharakter, EU-Richtlinien mit Umsetzungsverpflichtung der Mitgliedsstaaten in ihr nationales Recht, andere völkerrechtlich bindende Vorgaben sowie weitere internationale Vereinbarungen.

4.1 EU-Richtlinien

Die Europäischen Union (EU), früher Europäische Gemeinschaft (EG), verfügt über eine eigene Gesetzgebung und hat bislang schon über 200 die Umwelt betreffende Rechtsakte erlassen. Die Verordnungen der EU sind rechtlich unmittelbar bindend. EU-Richtlinien sind Rechtsakte, in denen bindende Ziele formuliert werden, die innerhalb einer bestimmten Frist von den Mitgliedsstaaten in nationales Recht umgesetzt werden müssen. Die Europäische Kommission kann Mitgliedsstaaten, die eine Richtlinie nicht fristgerecht umsetzen, vor dem Europäischen Gerichtshof verklagen.

4.1.1 Die Vogelschutzrichtlinie

Die EU-Vogelschutzrichtlinie fordert die Ausweisung von Schutzgebieten, um wildlebenden Vogelarten den notwendigen Lebensraum zu sichern

Die im allgemeinen als EU-Vogelschutzrichtlinie bekannte Richtlinie des Rates über die Erhaltung der wildlebenden Vogelarten (79/409/EWG) ist 1979 vom Rat verabschiedet worden. Sie fordert die Ausweisung einer ausreichenden Anzahl und Fläche von Schutzgebieten, um wildlebenden Vogelarten den notwendigen Lebensraum zu sichern. Besonderer Schutz wird dabei den in Anhang I aufgeführten 175 außergewöhnlich empfindlichen Arten zuteil. Dies gilt gleichermaßen für die dort nicht aufgeführten Zugvögel und deren Rast- und Überwinterungsgebiete. Somit kommt auch den international bedeutsamen Feuchtgebieten große Bedeutung zu.

Im Bereich der schleswig-holsteinischen Westküste sind zur Zeit sechs Gebiete zu besonderen Schutzgebieten erklärt worden, nämlich die Naturschutzgebiete Grüne Insel und Eiderwatt, Dithmarscher Eidervorland mit Watt, Rantumbecken/ Sylt, Rickelsbüller Koog sowie Wöhrdener Loch und Kronenloch im Dithmarscher Speicherkoog. Das schleswig-holsteinische Wattenmeer ist bisher noch nicht als sogenanntes Artikel 4 Gebiet (= Europäisches Vogelschutzgebiet) benannt worden.

Die Landesregierung beabsichtigt, gleichzeitig mit der Ausweisung des Westküstenbereichs als FFH-Gebiet, dasselbe Gebiet „Nationalpark Schleswig-Holsteinisches Wattenmeer und angrenzende Gebiete" auch nach der EU-Vogelschutzrichtlinie auszuweisen (Tab. 13, GIS-Karte 8).

Vermerk?

Tab. 13: Schutzgebiete und deren Schutzstatus im und am schleswig-holsteinischen Wattenmeer. X = ausgewiesen, ● = vorgeschlagen. Landesdrucksache 13/2817.

Schutzstatus

Gebiet	MaB Gebiet	Ramsar Gebiet	FFH Gebiet	EU-Vogel-schutzgeb.
Nationalpark Schl.-Holst. Wattenmeer	X	X	●	●
NSG Nord-Sylt		X	●	●
NSG Kampener Vogelkoje Sylt		X		
NSG Nielönn/Sylt		X	●	●
NSG Dünenlandschaft auf dem Roten Kliff		X	●	●
NSG Braderuper Heide/Sylt		X	●	●
NSG Morsum Kliff/Sylt		X	●	●
NSG Rantum-Becken/Sylt		X	●	X
NSG Baakdeel-Rantum/Sylt		X	●	●
NSG Rantumer Dünen/Sylt		X	●	●
NSG Rickelsbüller Koog		X	●	X
NSG Hörnum-Odde/Sylt		X	●	●
NSG Nordspitze Amrum		X	●	●
NSG Amrumer Dünen		X	●	X
NSG Wester-Spätinge		X	●	●
NSG Wöhrdener Loch/ Speicherkoog Dithmarschen		X	●	X
NSG Kronenloch/ Speicherkoog Dithmarschen		X	●	X
NSG Grüne Insel mit Eiderwatt		X	●	X
NSG Dithmarscher Eidervorland mit Watt		X	●	X
Godelniederung		X		
NSG Beltringharderkoog		X	●	●
Lister Koog		X		
Speicherbecken Hauke-Haien-Koog		X		
Primärdünen Amrum/Kniepsand				
Halligen Langeneß, Hooge, Gröde, Nordstrandischmoor, Oland		X		
NSG Oldensworter Vorland/Eider		X	●	●
Neufelder Vorland		X		
NSG Wattenmeer nördlich des Hindenburgdammes			●	●
NSG Nordfriesisches Wattenmeer			●	●
NSG Hamburger Hallig			●	●

III

4.1.2 Die Flora-Fauna-Habitat-Richtlinie

Hauptziel der FFH-Richtlinie ist die „Erhaltung der biologischen Vielfalt und der natürlichen Lebensräume und wildlebenden Tier- und Pflanzenarten von gemeinschaftlichem Interesse"

Die Richtlinie zur Erhaltung der natürlichen Lebensräume sowie der wildlebenden Tiere und Pflanzen (FFH-Richtlinie 92/43 EWG) trat am 21. Mai 1992 in Kraft. Hauptziel der FFH-Richtlinie ist die „Erhaltung der biologischen Vielfalt und der natürlichen Lebensräume und wildlebenden Tier- und Pflanzenarten von gemeinschaftlichem Interesse". Den in Anhang I + II der FFH-Richtlinie aufgelisteten Lebensräumen und Arten von europäischer Bedeutung soll durch die Ausweisung besonderer Schutzgebiete effektiver Schutz geboten werden. Die Lebensräume sollen erhalten und gegebenenfalls der frühere Zustand wiederhergestellt werden. Die Frist für die Umsetzung der FFH-Richtlinie in nationales Recht ist im Juni 1994 verstrichen, ohne daß die Bundesrepublik Deutschland die Bestimmungen dieser Richtlinie in das Bundesnaturschutzgesetz aufgenommen hat.

Die bestehenden EU-Vogelschutzgebiete unterliegen den Bestimmungen der FFH-Richtlinie und sind Teil des Schutzgebietssystems NATURA 2000

Die FFH-Richtlinie klammert den Schutz der Vögel aus, da diese bereits im Rahmen der Vogelschutz-Richtlinie ausführlich behandelt werden. Die beiden genannten Richtlinien setzen gemäß dem Willen der Mitgliedsstaaten die Minimalstandards für den Schutz der Biodiversität fest. Die unter den beiden Richtlinien auszuweisenden Schutzgebiete werden zukünftig zusammen ein „NATURA 2000" genanntes ökologisches Netz bilden mit dem Ziel, die aufgeführten Arten und Lebensräume zu erhalten, sie effektiv zu schützen und eine Grundlage für die Wiederansiedlung von Arten zu schaffen. Es ist geplant, komplexe Ökosysteme unter Schutz zu stellen, die untereinander durch Korridore und andere geeignete Landschaftselemente verbunden sind. Stark beanspruchte Landschaften sollen als Entwicklungsräume einbezogen werden. NATURA 2000 unterliegt einer Monitoring- und Berichtspflicht.

Hinweis des Herausgebers: Der Minister für Natur, Umwelt und Forsten hat diese Gebiete im Juli 1996 angemeldet

Es gibt eine Reihe von Gebieten, deren Ausweisung nach bestehenden nationalen und internationalen Schutzkategorien die Kriterien der FFH-Richtlinie grundsätzlich erfüllen und die in die Gebietsauswahl für NATURA 2000 aufzunehmen sind:

► Nationalparke,
► Kernzonen der Biosphärenreservate,
► Feuchtgebiete internationaler Bedeutung entsprechend Ramsar Konvention,
► Gebiete, die nach der Vogelschutzrichtlinie benannt worden sind, und
► Großschutzgebiete mit überregionaler Bedeutung.

Die FFH-Richtlinie legt die Ausweisung der Schutzgebiete in mehreren zeitlichen Phasen fest. Bis Juni 1995 hatte jeder EU-Mitgliedsstaat die Möglichkeit, der EU-Kommission eine nationale Gebietsliste der „Gebiete von gemeinschaftlicher Bedeutung" (proposed Site of Community Interest, pSCI) vorzulegen. Die schleswig-holsteinische Landesregierung hat mit Kabinettsbeschluß geplant, an der schleswig-holsteinischen Westküste den Nationalpark sowie die angrenzenden Naturschutzgebiete an die Bundesregierung zu melden, die die Meldung danach an die Kommission weiterleitet.

Bis Juni 1998 trifft die Bundesregierung eine endgültige Auswahl der „Gebiete gemeinschaftlicher Bedeutung" (Site of Community Interest, SCI). Diese unterliegen bis zur formalen Ausweisung als europäisches Schutzgebiet einer Sicherungspflicht, insbesondere einem Verschlechterungsverbot. Bis zum Juni 2004 soll dann die Ausweisung der „Besonderen Schutzgebiete" (Special Area of Conservation, SAC) als Schutzgebietsnetz NATURA 2000 nach nationalem Recht erfolgen (SSYMANK 1994). Die bestehenden EU-Vogelschutzgebiete (Special Protection Area, SPA) unterliegen direkt den Bestimmungen der FFH-Richtlinie und sind bereits jetzt Teil des Schutzgebietssystems NATURA 2000.

4.2. Internationale Naturschutzübereinkommen

4.2.1 Die Rio Konvention

Im Mai 1992 wurde ein weltweit gültiges Übereinkommen über biologische Vielfalt verabschiedet und auf dem Umweltgipfel von Rio im Juni des gleichen Jahres von über 150 Staaten und der EU unterzeichnet. Das Übereinkommen, das Ende 1993 für die Bundesrepublik Deutschland in Kraft getreten ist, wurde bislang von über 30 Nationen ratifiziert.

Es handelt sich um das erste global zum Einsatz kommende Instrument, das mit einem umfassenden Ansatz die Probleme des Schutzes der biologischen Vielfalt der Welt in Angriff nimmt und die nachhaltige Nutzung der natürlichen Lebensgrundlagen anstrebt. Die Vertragsparteien sind sich bewußt, daß beträchtliche Investitionen zum Schutz der biologischen Vielfalt notwendig sind, aber auch, daß daraus eine große Bandbreite an ökologischen, wirtschaftlichen und sozialen Vorteilen resultieren wird.

Die Rio-Konvention fordert ein Netz von Schutzgebieten für den Erhalt der biologischen Vielfalt

Ein wichtiger Gesichtspunkt der Konvention ist die Erkenntnis, daß Netze von Schutzgebieten für den Erhalt der biologischen Vielfalt von zentraler Bedeutung sind. Diese Aspekte werden in folgenden Bestimmungen berücksichtigt:

► Artikel 6 verpflichtet die Vertragsparteien nationale Strategien, Pläne oder Programme zum Schutz und zur nachhaltigen Nutzung der biologischen Vielfalt zu entwickeln und diese in die Planung, die in anderen wichtigen gesellschaftlichen Bereichen stattfindet, zu integrieren. Es wird ein systematischer Plan für die Schutzgebiete gefordert.
► Artikel 8 a verlangt von den Unterzeichnerstaaten ein System von Schutzgebieten oder solchen Gebieten einzurichten, in denen besondere Maßnahmen zum Erhalt der biologischen Vielfalt stattfinden.
► Artikel 8 e fordert, eine umweltverträgliche und nachhaltige Nutzung in den an die Schutzgebiete angrenzenden Gebieten zu fördern, um den Schutz der Schutzgebiete zu verstärken.

Der Nationalpark sowie einige an den Nationalpark angrenzende Gebiete sind als Ramsar-Gebiete gemeldet

4.2.2 Die Ramsar Konvention

Das Wattenmeer sollte Weltnaturerbe (World Heritage Site) werden

Das als Ramsar Konvention bezeichnete Übereinkommen über Feuchtgebiete von internationaler Bedeutung ist 1975 völkerrechtlich in Kraft getreten und wurde 1976 von der Bundesrepublik Deutschland ratifiziert. Es handelt sich um das einzige weltweit geltende Abkommen aus dem Umweltschutzbereich, das sich mit einem bestimmten Lebensraum beschäftigt. Es verpflichtet die ca. 80 Vertragsparteien, zumindest ein Feuchtgebiet internationaler Bedeutung für die sogenannte Ramsar-Liste zu benennen. In die Ramsar-Liste werden auf Antrag der Vertragsstaaten Gebiete (Ramsar-Sites) aufgenommen, in denen international bedeutsame Populationsanteile rastender Wat- und Wasservogelarten, mindestens 1 % der

biogeographischen Population, vorkommen. Die Gebiete sollen wandernden Wat- und Wasservögeln ungestörte Aufenthaltsgebiete in wichtiger Trittsteinlage sichern.

Die Vertragsstaaten verpflichten sich, eine Feuchtgebietspolitik zu entwickeln und in Kraft zu setzen sowie generell Feuchtgebiete als Naturschutzgebiete auszuweisen. Auch soll die internationale Zusammenarbeit bei Erforschung und Beaufsichtigung der Feuchtgebiete gefördert werden. An der schleswig-holsteinischen Westküste wurden 1990 der Nationalpark Schleswig-Holsteinisches Wattenmeer, alle Halligen, 26 bestehende und geplante Naturschutzgebiete im Randbereich des Nationalparks sowie einige an den Nationalpark angrenzende Gebiete (insgesamt ca. 229.000 ha) als Ramsar-Gebiete gemeldet und 1991 in die vom Internationalen Büro für Wasservogelforschung (IWRB) geführte Liste aufgenommen (GIS-Karte 7).

4.2.3 Die World Heritage Konvention

1972 hat die Generalkonferenz der UNESCO (United Nations Educational, Scientific and Cultural Organization) das Übereinkommen zum Schutz des Kultur- und Naturerbes, die „World Heritage Convention" beschlossen. Diese trat 1976 in Kraft. Die Mitgliedsstaaten verpflichten sich zur Ausweisung von ausgewählten Natur- und Kulturflächen, die eine überragende Bedeutung für das gesamte Weltgefüge haben, den „World Heritage Sites". 83 Staaten, davon 17 europäische inklusive Deutschland, sind bereits Mitglied in der World Heritage Convention. In Deutschland kommen für die Liste des Welt-Naturerbes lediglich das Wattenmeer und die Alpen als großflächige Naturlandschaften in Frage.

Es wird angestrebt, das Wattenmeer bzw. Teile davon, gemäß Artikel 23 der Leeuwarden Erklärung bis zum Jahr 1997 als World Heritage Site zu benennen und anerkennen zu lassen (CWSS 1995a).

4.2.4 Die Bonner Konvention

Die Bonner Konvention von 1979, ein Übereinkommen über wildlebende und wandernde Tierarten, hat weltweite Geltung. Sie wurde im gleichen Jahr von der Bundesrepublik Deutschland unterzeichnet, trat aber erst 1984 in Kraft. Gegenstand der Bonner Konvention ist der Schutz wandernder wildlebender, hier insbesondere bestimmter, in zwei Anlagen aufgelisteter, weltweit und regional gefährdeter Arten. Die Vertragsparteien haben sich mit Unterzeichnung der Konvention verpflichtet, Forschungen über wandernde Arten zu fördern und zu unterstützen (NOWAK 1982).

Im Rahmen der Bonner Konvention besteht die Möglichkeit, Regionalabkommen zum Schutz bestimmter gefährdeter Arten zu schließen (vergl. Kap. III 4.2.4). Diese Übereinkommen können einen Management-Plan und einen Aktions-Plan mit konkreten Maßnahmen enthalten. Maßnahmen zum Erhalt solcher Arten und ihrer Lebensstätten, nämlich Biotopschutz und Schutz vor direkten menschlichen Eingriffen (Tötung, Fang und sonstige Nutzung), werden von den Arealstaaten einzeln, aber auch zusammenwirkend, vereinbart (NOWAK 1982).

4.2.4.1 Das Seehundabkommen

Das Seehundabkommen war das erste Regionalabkommen unter der Bonner Konvention

Das Abkommen zum Schutz der Seehunde im Wattenmeer vom 16.10.90 war das erste Regionalabkommen unter der Bonner Konvention und gleichzeitig das erste trilaterale Abkommen der Wattenmeeranrainer Niederlande, Dänemark und Deutschland. Anlaß dazu war das Seehundsterben 1988, bei dem ca. 2/3 der Seehundsubpopulation des Wattenmeeres verendeten.

Das Abkommen hat zum Ziel, für die Seehunde im Wattenmeer eine günstige Erhaltungssituation herzustellen und zu sichern. Es schreibt die Ausarbeitung eines Erhaltungs-, Hege- und Nutzungsplans (Managementplan) sowie die Koordination der Forschungs- und Monitoringprogramme vor (Zählungen, Wanderungen, Krankheiten, Überlebenschancen, Altersstruktur, Geschlechter-

verhältnis). Es verbietet die Entnahme von Seehunden aus dem Wattenmeer mit Ausnahmen für die Forschung und für zu bezeichnende Einrichtungen, die Seehunde pflegen, um sie nach ihrer Genesung wieder auszusetzen, soweit es sich um erkrankte oder geschwächte oder um offensichtlich verlasssene Heuler handelt. Das Abkommen verpflichtet zur Schaffung eines Netzes von Schutzgebieten und zum Schutz der Lebensstätten vor menschlichen Störungen. Angestrebt wird die Ermittlung von Verschmutzungsquellen, die Erforschung von Schadstoffeffekten und die Überwachung der Schadstoffkonzentrationen in Seehunden und Beuteorganismen. Außerdem verpflichtet das Abkommen zu Informations- und Aufklärungsarbeit in der breiten Öffentlichkeit.

Im Managementplan (Esbjerg, 13.11.1991) für die Jahre 1991 bis 1995 wurde das Seehundabkommen konkretisiert. Dabei wurden für jedes der beteiligten Länder die laufenden Maßnahmen aufgeführt und die erforderlichen Maßnahmen sowie die Zielvorgaben festgelegt.

Mit Auslaufen des bisherigen Managementplans ergibt sich die Notwendigkeit einer Fortschreibung von 1996 bis 2000, wobei die Beschlüsse der trilateralen Regierungskonferenz in Leeuwarden (November 1994) zu berücksichtigen sind, insbesondere im Hinblick auf trilaterale Prinzipien für Richtlinien zur Behandlung aufgefundener Seehunde. In der Ministererklärung wird festgestellt, daß
▶ die Aufzucht von Heulern ökologisch gesehen unnötig ist,
▶ das gegenwärtige Entnahmeniveau von Seehunden aus dem Wattenmeer zu hoch ist; es wird ein möglichst niedriges Niveau angestrebt,
▶ es Risiken bei der späteren Auswilderung gibt, nämlich das Einschleppen fremder Krankheitskeime in die Wildpopulation, die Umkehr der natürlichen Selektion, die Reduzierung der Widerstandskraft und bei gebietsfremdem Aussetzen die Vermischung von Teilpopulationen. Seehunde dürfen daher nur im Entnahmegebiet ausgewildert werden, wenn sie nicht mit bestimmten Medikamenten behandelt wurden, keine der Wildpopulation fremden Krankheitserreger tragen, sich nur kurz (max. 1/2 Jahr) in der Station befunden haben und nicht mit wattfremden Tieren zusammengehalten wurden.
Der derzeitige Entwurf des neuen

Managementplans sieht u.a. vor, eine Schutz- bzw. Interessenzone für Seehunde seewärtig zu definieren und versuchsweise Schutzzonen zu schaffen, die ganzjährig gesperrt sind. Bezogen auf die deutsche Befahrensregelung wird gefordert, die Größe der bestehenden Robbenschutzgebiete und das zeitliche Fahrverbotsfenster von drei Stunden nach bis drei Stunden vor Hochwasser für die Zone 1 zu überdenken. Außerdem wird eine verbesserte Aufsicht über Ausflugsfahrten zu den Seehundbänken angemahnt. Beifänge der Fischerei von Robben von außerhalb des Wattenmeeres sollen zentral erfaßt werden. Herzmuschel- und Miesmuschel- (und in Sonderfällen Krabben-) fischerei in bzw. in der Nähe von Robbenschutzzonen sollen eingestellt werden. Es wird die Planung eines gemeinsamen Forschungsprojektes zur Ernährungsökologie von Seehunden gefordert sowie ein weiteres Projekt zur Abschätzung der Korrekturfaktoren für die Flugzählungsergebnisse. Außerdem wird die Anzahl der Zählflüge für den genannten Zeitraum festgelegt. Das am Monitoring beteiligte Personal soll Langzeitverträge erhalten. Weiter wird die Ausarbeitung von nationalen Richtlinien zur Behandlung von krank oder geschwächt aufgefundenen Robben und beim Fund von Heulern angestrebt sowie eine Spezifizierung der Medikamente, nach deren Verabreichung nicht mehr ausgewildert werden darf. An den Seehundstationen soll sichergestellt werden, daß die Tiere durch eine spezialisierte Veterinärmedizinerin bzw. einen -mediziner betreut werden, ein Stationstagebuch geführt wird, eine Vollzeitbetreuung durch qualifizierte Kräfte erfolgt und gemeinsame Betreuungsstandards entwickelt werden.

4.2.4.2 Das Kleinwal-
abkommen

Das Kleinwalabkommen ist ein Regionalabkommen unter der Bonner Konvention

Das internationale Abkommen vom 31.03.1992 zur Erhaltung der Kleinwale in der Nord- und Ostsee (Agreement on the Conservation of Small Cetaceans in the Baltic and the North Seas = ASCOBANS) ist ebenfalls ein Regionalabkommen unter der Bonner Konvention und dient dem Schutz der 14 in diesem Gebiet vorkommenden Kleinwalarten. Dazu zählen z.B. die am Rande des Wattenmeeres regelmäßig vorkommenden Schweinswale, aber auch Delphine und Schwertwale. Vertragsstaaten sind bislang Belgien, Dänemark, Deutschland, Niederlande, Schweden, Großbritannien und als Staatengemeinschaft die EU.

Viele der Kleinwalarten gelten als tatsächlich gefährdet, insbesondere wegen der hohen Beifangraten in der Fischerei (ca. 7.000 Tiere allein in der dänischen Stellnetzfischerei auf Kabeljau und Plattfische). Ein anderer gefährdender Faktor ist die zunehmende Unterwasserverlärmung durch steigenden Schiffsverkehr, durch die Einführung von hochfrequenzemittierenden Jetantrieben, durch vermehrte seismische Untersuchungen für geologische Zwecke bzw. für Ressourcenerkundung und durch Ölbohraktivitäten. Da sich Kleinwale über ein Unterwassersonar orientieren und ihre Beute orten und zudem über eine breite Palette verschiedenster Laute miteinander kommunizieren, sind sie von der Unterwasserverlärmung besonders betroffen. Als weiterer Gefährdungsfaktor kamen Schiffskollisionen und damit verbundene typische Schraubenverletzungen schon in der Vergangenheit immer wieder vor. In Zukunft ergibt sich durch die gegenwärtige Einführung von Hochgeschwindigkeitsschiffen (jetgetriebene Katamarane und Gleiter) eine erhöhte Kollisionswahrscheinlichkeit.

ASCOBANS verpflichtet die Vertragsparteien, eng zusammenzuarbeiten, um eine günstige Erhaltungssituation für Kleinwale herbeizuführen und aufrechtzuerhalten. Zu diesem Zweck wurde ein Managementplan mit fünf Punkten erarbeitet:

1. Erhaltung des Lebensraumes sowie Hege und Nutzung (Schadstoffreduzierung, Beifangvermeidung insbesondere durch Änderungen an den Fischfanggeräten, Sicherung der Nahrungsgrundlagen, Verhütung insbesondere akustischer Störungen);
2. Erhebungen und Forschung (Bestandszahlen, Wanderungen, Feststellung der Aufzuchtgebiete, Aufdecken möglicher Bedrohungen);
3. Verwendung von Beifängen und gestrandeten Tieren (Meldesystem, Autopsien, internationale Datenbank);
4. Gesetzgebung (Verbot der absichtlichen Entnahme und Tötung, Wiederfreilassungsgebot);
5. Unterrichtung und Aufklärung (Information der Öffentlichkeit und Einbindung der Fischer in das Meldesystem).

4.2.4.3 Das Afrikanisch-Eurasische Wasservogelabkommen

Jüngstes Abkommen im Rahmen der Bonner Konvention ist das Afrikanisch-Eurasische Wasservogelabkommen

Das Abkommen wurde ebenfalls im Rahmen der Bonner Konvention entwickelt und im Juni 1995 in Den Haag von Delegationen aus 67 Staaten und 12 internationalen Organisationen abschlies–send ausgehandelt. Seit Oktober 1995 können die Arealstaaten aus Afrika und Europa und die EU das Abkommen unterzeichnen und Vertragsparteien werden. Die Vertragspartner verpflichten sich damit zur Gewährung von rechtlichem Schutz für bedrohte Wasservogelpopulationen. Das Abkommen soll die direkten Gefährdungen für Wasservögel verringern und zu einem internationalen Schutzgebietssystem führen, das die wichtigsten Brut-, Nahrungs-, Rast- und Überwinterungsgebiete in der ganzen afrikanisch-eurasischen Region sicherstellt. Für große Teile Europas und insbesondere Deutschland ergeben sich daraus keine grundsätzlich neuen Verpflichtungen, da die Ziele schon seit langem durch nationale Naturschutzbemühungen und internationale Verpflichtungen (u.a. Ramsar Konvention, EU-Vogelschutzrichtlinie, FFH-Richtlinie) verfolgt werden (BOYE 1994). Die Bundesrepublik Deutschland hat das Abkommen 1995 unterzeichnet.

4.2.5 Die Berner Konvention

Die Berner Konvention ist ein regional begrenztes Übereinkommen zur Erhaltung der europäischen wildlebenden Pflanzen und Tiere und ihrer natürlichen Lebensräume. Sie wurde vom Europarat ins Leben gerufen, einer zwischenstaatlichen Organisation mit 32 Mitgliedsstaaten. Hauptgegenstand dieses Abkommens ist der Schutz bedrohter Arten und ihrer Lebensräume. Die Berner Konvention wurde 1979 vereinbart und ist 1982 völkerrechtlich in Kraft getreten. 1985 wurde sie von der Bundesrepublik Deutschland ratifiziert. Sie stellt im Vergleich zu anderen regionalen Abkommen einen Meilenstein dar, da sie konkrete Verpflichtungen enthält.

Jeder Vertragspartner verpflichtet sich, bei seiner Planungs- und Entwicklungspolitik

und auch bei seinen Maßnahmen gegen die Umweltverschmutzung die Erhaltung der Populationen wildlebender Pflanzen und Tiere sowie derer Lebensräume zu berücksichtigen. Dabei wird dem Schutz endemischer Arten und gefährdeter Arten mit besonderer Empfindlichkeit, sowie dem Schutz gefährdeter Lebensräume besondere Aufmerksamkeit gewidmet. Die Notwendigkeit des Schutzes soll der Bevölkerung durch allgemeine Information und erzieherische Maßnahmen verdeutlicht werden.

4.3 Internationale Meeresschutzabkommen

4.3.1 Das MARPOL-Abkommen

MARPOL enthält Regeln zur Verhütung von Meeresverschmutzung durch den Schiffsbetrieb

Das international geltende MARPOL-Abkommen (MARine POLlution) wurde 1973 erarbeitet und 1974 von der Bundesrepublik Deutschland unterzeichnet. Es trat 1983 in Kraft. MARPOL enthält Regeln zur Verhütung von Meeresverschmutzung durch den Schiffsbetrieb.

Die wesentlichen Bestimmungen befinden sich in fünf Anlagen mit folgenden Themenbereichen: Öl (I), Schädliche flüssige Stoffe als Massengut (II), Schadstoffe in verpackter Form (III), Schiffsabwasser (IV) und Schiffsmüll (V). Für die Anlagen I, II und V können Sondergebiete mit strengem Schutz ausgewiesen werden.

Das MARPOL-Abkommen wurde mehrfach geändert (1984, 1985, 1987, 1989, 1991, 1992), wobei in der Regel die Bestimmungen der Anlagen verschärft und der Sondergebietsstatus unter Anlagen I, II und V auf weitere Regionalgewässer übertragen wurde (BIERMANN 1995). Beispielsweise ist seit 1991 die Nordsee MARPOL-Sondergebiet für Schiffsmüll (V). Desweiteren haben die Nordseeanrainerstaaten auf der 4. Internationalen Nordseeschutzkonferenz in Esbjerg beschlossen, die Nordsee schnellstmöglich nach Anlage I, d.h. für Öl, als Sondergebiet durch die IMO ausweisen zu lassen.

4.3.2 Die London Konvention

Das Londoner Dumping-Abkommen von 1972 hat weltweite Geltung. Es enthält Regelungen über die Verhütung der Meeresverschmutzung durch das Einbringen von Abfällen und anderen Stoffen und umfaßt auch die Abfallverbrennung. Zur Sicherung gegen mögliche Umgehungen des Abkommens erteilt ein Vertragsstaat nicht nur Genehmigungen für Stoffe, die auf seinem Gebiet verladen werden, sondern auch für solche, die von einem unter seiner Hoheit stehenden Schiff oder Luftfahrzeug im Hoheitsgebiet eines Nichtvertragsstaates geladen werden.

4.3.3 Die Oslo Konvention

Das von 13 Nordostatlantikstaaten ratifizierte Oslo-Abkommen von 1972 regelt das Einbringen von Abfällen durch Schiffe und Luftfahrzeuge und auch die Abfallverbrennung auf hoher See. Der Geltungsbereich erstreckt sich über den Nordostatlantik und die Nebenmeere bis in den Teil der Regionalgewässer inklusive der Nordsee, der von den Vertragsparteien jeweils dafür bestimmt wurde (vergl. Kap. VI 9.). Aufsichtsbehörde ist die Oslo-Kommission (OSCOM).

4.3.4 Die Paris Konvention

Die Paris Konvention von 1974 ist ein Übereinkommen zur Verhütung der Meeresverschmutzung vom Land aus, z.B. durch Einträge über Wasserläufe, Rohrleitungen und sonstige Bauwerke wie Förderplattformen. Der Geltungsbereich der Paris Konvention erstreckt sich über den gesamten Nordostatlantik inklusive der Nordsee. Für die Aufsicht über die Durchführung des Abkommens ist die Paris-Kommission (PARCOM) zuständig. Das Übereinkommen ist im April 1982 für die Bundesrepublik Deutschland in Kraft getreten.

Die neue Paris Konvention von 1992 zum Schutz der Meeresumwelt des Nordostatlantiks tritt an die Stelle der Paris- und Oslo-Konvention (s.o.). Die in den letzten 20 Jahren erzielten Fortschritte im Meeresschutz werden damit rechtsverbindlich festgeschrieben. Das grundsätzliche Verbot der Abfallbeseitigung auf See

stellt nur einen Teilbereich des neuen Übereinkommens dar. Es regelt ebenso die Verschmutzung von Land aus, also über Flüsse, wie auch über die Atmosphäre sowie Einträge, die von Öl- und Gasförderplattformen ausgehen.

Neuerdings sind auch das Vorsorgeprinzip und das Verursacherprinzip definiert und völkerrechtlich verankert. In Teilregionen des Vertragsgebietes „Nordostatlantik", besteht die Möglichkeit, schärfere Maßnahmen zu ergreifen, so läßt sich das Abkommen auch speziell für den Nordseeschutz nutzen. Neue zusätzliche Problemfelder können so über die Erarbeitung weiterer Annexe integriert werden (ZENTRALE FÜR WASSERVOGELFORSCHUNG UND FEUCHTGEBIETSSCHUTZ IN DEUTSCHLAND 1993).

4.4 Weitere relevante Vereinbarungen

4.4.1 Internationale Nordseeschutzkonferenzen

Angesichts der fortschreitenden Gefährdung der Meeresumwelt werden von den Anrainerstaaten in regelmäßigen Abständen Internationale Nordseeschutzkonferenzen (INK's) durchgeführt. Die meisten Beschlüsse der INK's sind als Soll-Vorschriften formuliert und haben keinerlei völkerrechtliche Verbindlichkeit. Gleichwohl besitzen sie eine erhebliche politische Anstoßfunktion. Ein wichtiger Beschluß der vergangenen Konferenzen ist die Beachtung des Vorsorgeprinzips (INK 1984, 1987). Im Rahmen der 2. und 3. INK (INK 1987, 1990) wurde eine Reduktion der Nähr- und Schadstoffeinträge um 50 % bzw. 70 % beschlossen, die im Zeitraum von 1985 bis 1995 zu erreichen ist.

Dabei ergaben sich eine Reihe von Schwierigkeiten: Problematisch ist zum einen die Erfassung der diffusen Einträge von Nähr- und Schadstoffen über die Atmosphäre, zum anderen erweist sich die Effizienzkontrolle der Maßnahmen als äußerst kompliziert, da in den meisten Fällen die Basis- oder Referenzdaten fehlen. Die 4. INK fand im Juni 1995 in Esbjerg statt. Positives Ergebnis dieser Konferenz war der Beschluß der Nordsee-

Die Beschlüsse der Internationale Nordseeschutzkonferenzen haben keinerlei völkerrechtliche Verbindlichkeit, besitzen aber eine erhebliche politische Anstoßfunktion

III

75

anrainerstaaten, für die Nordsee so schnell wie möglich Sondergebietsstatus nach MARPOL Anlage I (Öl) bei der IMO zu beantragen. Dagegen gab es im Bereich der Fischerei keinerlei Fortschritte zu vermelden, auch ist festzustellen, daß nach wie vor die Anrainerstaaten verschiedene Verpflichtungen der letzen INK's nicht erfüllt haben.

4.4.2 Trilaterale Wattenmeerkonferenzen

Die trilaterale Zusammenarbeit zum Schutz des Wattenmeeres zwischen basiert auf den Ergebnissen und Vorgaben der trilateralen Regierungskonferenzen

Die trilaterale Zusammenarbeit zum Schutz des Wattenmeeres zwischen Dänemark, Deutschland und den Niederlanden basiert auf den Ergebnissen und Vorgaben der Regierungskonferenzen, die seit 1978 in meist dreijährigem Turnus stattfinden. Die Grundlage für diese Zusammenarbeit ist die „Joint Declaration on the Protection of the Wadden Sea", die 1982 während der 3. Konferenz in Kopenhagen unterzeichnet wurde. Die drei Staaten verpflichten sich darin zum Schutz des Wattenmeeres als ökologischer Einheit und erklären ihre Bereitschaft zur Kooperation hinsichtlich der Umsetzung internationaler Abkommen, insbesondere der Konventionen von Ramsar, Bonn, Bern und der EU-Vogelschutzrichtlinie. Im Rahmen der trilateralen Kooperation wurde 1987 das Gemeinsame Wattenmeer-Sekretariat (CWSS) in Wilhelmshaven eingerichtet.

Das Wattenmeer soll so weit wie möglich als sich selbst erhaltendes Ökosystem geschützt werden, in dem natürliche Prozesse ungestört ablaufen können

Die 6. Konferenz von Esbjerg 1991 formulierte konkrete gemeinsame Grundsätze und Ziele. Nach diesen Grundsätzen soll das Wattenmeer so weit wie möglich als sich selbst erhaltendes Ökosystem geschützt werden, in dem natürliche Prozesse ungestört ablaufen können. Die Teilnehmerinnen und Teilnehmer vereinbarten, das Wattenmeer als zusammenhängendes besonderes Schutzgebiet auszuweisen, für das ein koordinierter Managementplan gemäß der vereinbarten Prinzipien gelten soll. Grundlage des Managementplans sind die Vogelschutzrichtlinie, die Flora-Fauna-Habitat-Richtlinie sowie die Ramsar Konvention.

In der Liste der gemeinsamen Ziele weist die Esbjerg-Erklärung detaillierte Vereinbarungen zu Nutzungen und Schutzmaßnahmen im Wattenmeer auf, u.a. zu Küstenschutz, Ressourcennutzung, Freizeit und Erholung, Eintrag von Schadstoffen, Artenschutz (Seehundabkommen),

Monitoring und Forschung, Öffentlichkeitsarbeit sowie abgestimmte Zusammenarbeit in internationalen Gremien.

Während der 7. Regierungskonferenz von Leeuwarden 1994 wurde eine Gebietsabgrenzung im Wattenmeer festgelegt und somit der Geltungsbereich der Erklärungen definiert (CWSS 1994). Ein weiterer Punkt ist die Verabschiedung von konkreten Qualitätszielen für das Wattenmeer, die neben ökologischen Kriterien auch kulturelle und historische Aspekte einbeziehen (vergl. Kap. III 4.4.3).

4.4.3 Umweltqualitätsziele Wattenmeer

Während der 6. Trilateralen Regierungskonferenz in Esbjerg wurde vereinbart, bis zur folgenden Konferenz einen Katalog von gemeinsamen ökologischen Zielen für den Wattenmeerschutz zu formulieren. Die daraufhin einberufene Eco-Target Group (ETG) legte im Oktober 1993 einen umfassenden Bericht sowie eine Liste ökologischer Qualitätsziele vor. Auf der Basis der vereinbarten gemeinsamen Grundsätze wurden flächenbezogene, biologische und chemische Zielvorstellungen entwickelt (CWSS 1994). Die Leitmotive sind vor allem der Schutz ungestörter natürlicher Prozesse, die Verbesserung von Wasser-, Boden- und Luftqualität, die Optimierung der Lebensbedingungen von Flora und Fauna sowie der Erhalt typischer Landschaftsbilder.

Auf der Grundlage dieses ETG-Berichtes wurden von der 7. Trilateralen Regierungskonferenz 1994 konkrete Qualitätsziele für das Wattenmeer beschlossen. Sie umfassen neben den ökologischen auch die kulturellen und historischen Aspekte. Sie gliedern sich auf in Habitat- und Artenschutzziele, ausformuliert für alle Teillebensräume im Wattenmeer. Ferner findet eine Unterteilung in Ziele statt, die die Qualität von Wasser und Sediment festlegen sowie in solche Ziele, die die Charakteristik und Vielfalt der Wattenmeerlandschaft und das kulturhistorische Erbe sichern sollen.

4.4.4 IUCN-Kriterien für Nationalparke

Die Internationale Union zum Schutz der Natur (IUCN) wurde 1948 gegründet. Mitglieder sind Staaten, staatliche Stellen sowie ein weites Spektrum unabhängiger Organisationen (NGO's). Sie verzeichnet inzwischen über 800 Mitglieder aus 125 Ländern.

Die IUCN unterstützt weltweite Bemühungen, die natürlichen Lebensgrundlagen auf lokaler, nationaler und globaler Ebene durch Ausweisung von Schutzgebieten zu bewahren. Um die Vereinheitlichung der Schutzziele und eine vergleichbare Kategorisierung zu gewährleisten, entwickelte sie verschiedene Schutzgebietskategorien, die ein breites Spektrum schützenswerter Bereiche umfassen, von Gebieten mit ei-nem großartigen Naturerbe bis hin zu landschaftlich und/oder kulturell außergewöhnlich reizvollen Regionen. Die Einordnung dieser Landschaften und Regionen in bestimmte Kategorien richtet sich danach, welche Managementziele in diesen Gebieten in erster Linie verfolgt werden (IUCN 1994a, b).

Im Jahre 1978 veröffentlichte die IUCN ein erstes System von zehn Schutzgebietskategorien, das unter anderem als Grundlage für die Liste der Nationalparke und Schutzgebiete der Vereinten Nationen gedient hat. Die Inhalte der einzelnen Kategorien waren damals nicht klar genug herausgearbeitet, zum Teil überschnitten sie sich oder sie waren zu unflexibel, um regionale Unterschiede zu berücksichtigen.

Inzwischen ist das Klassifikationssystem überarbeitet worden, um dem neuen Umweltverständnis und den Wechselwirkungen zwischen natürlichen und anthropogenen Systemen gerecht zu werden und auch, um dem Schutz der Meere die angemessene Aufmerksamkeit zukommen zu lassen (IUCN 1994b). Das neue System basiert nunmehr auf vereinfachten Versionen der ersten fünf Kategorien von 1978 und einer zusätzlichen, neuen Kategorie.

Die IUCN definiert ein Schutzgebiet als: „Ein Land- und/oder marines Gebiet, das speziell dem Schutz und Erhalt der biologischen Vielfalt sowie der natürlichen und der darauf beruhenden kulturellen Lebensgrundlagen dient und das aufgrund rechtlicher oder anderer wirksamer Mittel verwaltet wird" (IUCN 1994b).

Tab. 14: Beziehung zwischen Management-Zielen und Management-Kategorien für Schutzgebiete (IUCN 1994b).
Ia = Strenges Naturreservat, Ib = Wildnisgebiet, II = Nationalpark, III = Naturmonument, IV = Biotop–/ Artenschutzgebiet mit Management, V = geschützte Landschaft/ marines Gebiet, VI = Ressourcenschutzgebiet mit Management.
1 = vorrangiges Ziel, 2 = nachrangiges Ziel, 3 = unter besonderen Umständen einschlägiges Ziel, - = nicht einschlägiges Ziel.

Managementziel	Ia	Ib	II	III	IV	V	VI
wissenschaftliche Forschung	1	3	2	2	2	2	3
Schutz der Wildnis	2	1	2	3	3	-	2
Artenschutz und Erhalt der genetischen Viefalt	1	2	1	1	1	2	1
Erhalt der Wohlfahrtswirkungen der Umwelt	2	1	1	-	1	2	1
Schutz bestimmter natürlicher/ kultureller Erscheinungen	-	-	2	1	3	1	3
Tourismus und Erholung	-	2	1	1	3	1	3
Bildung	-	-	2	2	2	2	3
nachhaltige Nutzung von Ressourcen aus natürlichen Ökosystemen	-	3	3	-	2	2	1
Erhalt kultureller und traditioneller Besonderheiten	-	-	-	-	-	1	2

Alle Arten von Schutzgebieten orientieren sich an dieser allgemeinen Zielsetzung, doch jede Schutzgebietskategorie hat ein anderes übergeordnetes Hauptziel, das vorrangig jegliches Management des Gebietes bestimmt, wie beispielsweise die wissenschaftliche Forschung oder den Schutz der Wildnis (vergl. Tab. 14). Die vorrangigen Managementziele in Nationalparken müssen auf mindestens 75 % der Fläche umgesetzt werden (IUCN 1994b).

Für Nationalparke gilt Kategorie II: (IUCN 1994b):
Nationalparke sind demnach Schutzgebiete, die hauptsächlich zum Schutz von Ökosystemen und zu Erholungszwecken verwaltet werden.

Definition:
„Natürliches Landgebiet oder marines Gebiet, das ausgewiesen wurde um (a) die ökologische Unversehrtheit eines oder mehrerer Ökosysteme im Interesse der heutigen und kommender Generationen zu schützen, um (b) Nutzungen oder Inanspruchnahme, die den Zielen der Ausweisung abträglich sind, auszuschließen und um (c) eine Basis für geistig-seelische Erfahrungen sowie Forschungs-, Bildungs- und Erholungsangebote für Besucher zu schaffen. Sie alle müssen umwelt- und kulturverträglich sein.

Managementziele:
► Schutz natürlicher Regionen und landschaftlich reizvoller Gebiete von nationaler und internationaler Bedeutung für geistige, wissenschaftliche, erzieherische, touristische oder Erholungszwecke;
► dauerhafter Erhalt charakteristischer Beispiele physiographischer Regionen, Lebensgemeinschaften, genetischer Ressourcen und von Arten in einem möglichst natürlichen Zustand, damit ökologische Stabilität und Vielfalt gewährleist sind;
► Besucherlenkung für geistig-seelische, erzieherische, kulturelle und Erholungszwecke in der Form, daß das Gebiet in einem natürlichen oder naturnahen Zustand erhalten wird;
► Beendigung und sodann Unterbindung von Nutzungen oder Inanspruchnahme, die dem Zweck der Ausweisung entgegenstehen;

► Respektierung der ökologischen, geomorphologischen, religiösen oder ästhetischen Attribute, die Grundlage für die Ausweisung waren;
► Berücksichtigung der Bedürfnisse der eingeborenen Bevölkerung einschließlich deren Nutzung bestehender Ressourcen zur Deckung ihres Lebensbedarfs mit der Maßgabe, daß diese keinerlei nachteilige Auswirkungen auf die anderen Managementziele haben.

Auswahlkriterien:
► Das Gebiet muß ein charakteristisches Beispiel für Naturregionen, Naturerscheinungen oder Landschaften von herausragender Schönheit enthalten, in denen Pflanzen- und Tierarten, Lebensräume und geomorphologische Erscheinungen vorkommen, die in geistig-seelischer Hinsicht sowie für Wissenschaft, Bildung, Erholung und Tourismus von besonderer Bedeutung sind.
► Das Gebiet muß groß genug sein, um ein oder mehrere vollständige Ökosysteme zu erfassen, die durch die laufende Inanspruchnahme oder menschlichen Nutzungen nicht wesentlich verändert wurden.

Zuständigkeiten:
Die oberste zuständige Behörde eines Staates sollte im Normalfall Eigentümer des Schutzgebietes und dafür verantwortlich sein. Die Verantwortung kann aber auch einer anderen Regierungsstelle, einem Gremium von Vertretern der eingeborenen Bevölkerung, einer Stiftung oder einer anderen rechtlich anerkannten Organisation übertragen werden, die das Gebiet einem dauerhaften Schutz gewidmet hat."

Das Schleswig-Holsteinische Wattenmeer könnte nach den gültigen IUCN-Kriterien als Nationalpark der Kategorie II eingeordnet werden, weil diese eine Nutzungsfreiheit auf ganzer Fläche nicht mehr ausdrücklich fordern. In Nationalparken der Kategorie II ist die ökologische Unversehrtheit eines oder mehrerer Ökosysteme im Interesse der heutigen und kommenden Generationen zu schützen und Nutzungen oder Inanspruchnahmen, die den Zielen der Ausweisung abträglich sind, sind auszuschließen (IUCN 1994b).

4.4.5 „Statutory framework" für Biosphärenreservate

Im Oktober 1970 rief die UNESCO das Programm "Man and the Biosphere" (MAB) ins Leben. Aufgabe des MAB-Programms ist es, auf internationaler Ebene wissenschaftliche Grundlagen für eine ökologisch nachhaltige Nutzung sowie für die Erhaltung der natürlichen Ressourcen der Biosphäre zu erarbeiten bzw. diese Grundlagen zu verbessern. Dieses Anliegen setzt voraus, daß der Mensch mit seinen raumwirksamen Tätigkeiten in die Arbeiten mit einbezogen wird und daß Konzepte zum Erhalt und zur nachhaltigen Nutzung der natürlichen Ressourcen entwickelt werden (ERDMANN & NAUBER 1995).

Innerhalb der 14 Projektbereiche bildet die Ausweisung der Biosphärenreservate zur Erhaltung und Erforschung von Naturgebieten und des enthaltenen genetischen Potentials das Kernstück.

Biosphärenreservate sind großflächige, repräsentative Ausschnitte von Natur- und Kulturlandschaften

Biosphärenreservate sind großflächige, repräsentative Ausschnitte von Natur- und Kulturlandschaften. Sie gliedern sich abgestuft nach dem Einfluß menschlicher Tätigkeit in eine Kernzone, eine Pufferzone und eine Entwicklungszone, die gegebenenfalls eine Regenerationszone enthalten kann. Biosphärenreservate dienen zugleich der Erforschung von Mensch-Umwelt-Beziehungen, der ökologischen Umweltbeobachtung und der Umweltbildung.

Auf der 2. Internationalen Konferenz über Biosphärenreservate in Sevilla wurden 1995 Statuten für das weltweite Netz der Biosphärenreservate erarbeitet und von der 28. Generalkonferenz der UNESCO als international gültiges „Statutory framework" beschlossen.

Dem Biosphärenreservat fehlt die Entwicklungszone

Die Statuten sind völkerrechtlich nicht verbindlich, sollen jedoch einen Rahmen setzen für die Selbstverpflichtung der Mitgliedsländer. Festgeschrieben wurde 1995 ein bisher nicht vorgesehenes Aberkennungsverfahren und die Definition, daß die Biosphärenreservate als Gesamtgebiet nicht als Schutzkategorie per se aufgefaßt werden, sondern als ein modellhaftes Instrument für nachhaltige Entwicklung. Insbesondere in der

Entwicklungszone der Biosphärenreservate sollen beispielhafte Lösungsansätze entwickelt und erprobt werden, die für die im Rahmen der Rio-Konferenz (1992) eingegangenen Verpflichtungen Vorbild sein können. Kern- und Pufferzone haben Schutzfunktionen.

Eine nach deutschem Recht verbindliche Vorgabe zu Inhalten und Zielsetzungen von Biosphärenreservaten existiert bisher nicht. Mit Zustimmung der LANA (Länderarbeitsgemeinschaft Naturschutz, Landschaftspflege und Erholung) wurden durch die Ständige Arbeitsgruppe der Biosphärenreservate in Deutschland "Leitlinien für Schutz, Pflege und Entwicklung" publiziert, die Empfehlungen für das Management der Gebiete enthalten (STÄNDIGE ARBEITSGRUPPE DER BIOSPHÄRENRESERVATE IN DEUTSCHLAND 1995). Diese "Leitlinien" sollen zu verbindlichen "Kriterien" entsprechend der internationalen Vorgaben weiterentwickelt werden, nach denen die Gebiete gemanagt und zukünftige Anträge der Länder auf Anerkennung von Biosphärenreservaten nach strukturellen und funktionalen Gesichtspunkten geprüft und gegebenenfalls zurückgewiesen werden sollen.

Die Entwicklung der Gebiete soll in fünfjährigen Abständen überprüft werden. Bislang ist der Schutzstatus „Biosphärenreservat" nicht im Bundesnaturschutzgesetz verankert.

Das Schleswig-Holsteinische Wattenmeer ist von der UNESCO im Rahmen des Projektbereiches 8, „Erhaltung von Naturgebieten und dem darin enthaltenen genetischen Material", seit dem 16. November 1990 als Biosphärenreservat anerkannt. Seine Grenze ist mit der des Nationalparks identisch, wobei lediglich Kernzone (= Zone 1) und Pufferzone enthalten sind. Eine Entwicklungszone fehlt bisher. Es ist jedoch erklärter Wille der Landesregierung, den Anrainergemeinden auf freiwilliger Basis den Beitritt zu einer Entwicklungszone zu ermöglichen. Dieser Teil eines dann erweiterten Biosphärenreservates würde nicht zum Nationalpark gehören, dessen Schutz jedoch erheblich verbessern können.

IV Planungshilfen und weitere Grundlagen

1. Datengrundlagen

Wesentliche Grundlage für diesen Synthesebericht sind die in der „Ökosystemforschung Schleswig-Holsteinisches Wattenmeer" gewonnenen Ergebnisse und Erkenntnisse.

Das Forschungskonzept (LEUSCHNER 1988) sah einen interdisziplinären Ansatz vor, der naturwissenschaftliche und gesellschaftswissenschaftliche Fragestellungen in einem gemeinsamen Vorhaben Ökosystemforschung integrierte. Das Vorhaben war mit der Einrichtung einer Steuergruppe im Nationalparkamt unmittelbar an die alltägliche Arbeit der Verwaltung angebunden, so daß Ergebnisse noch während der Laufzeit in Entscheidungen einfließen konnten. Im Gegenzug war es möglich, Fragen der Verwaltung an die Wissenschaftlerinnen und Wissenschaftler mit ihrer Kenntnis von Gebiet und Materie weiterzuleiten. So sind viele Produkte aus der wissenschaftlichen Arbeit entstanden, die nicht nur in den Abschlußberichten der Projekte nachzulesen sind, sondern auch in bereits verabschiedeten Konzepten von Landesbehörden und anderen Institutionen. Beispiele sind das gemeinsam mit Natur- und Küstenschutz erarbeitete Konzept zum Vorlandmanagement oder das Konzept zur Bewirtschaftung der Muschelvorkommen des schleswig-holsteinischen Wattenmeeres.

Neben der Ökosystemforschung lieferten weitere wissenschaftliche oder technische Arbeiten wichtige Planungsgrundlagen. Beispielhaft sei hier das Schutzkonzept von SCHUBERT (1987), die von den Verbänden erstellten Gutachten und Betreuungsberichte, die von den ÄLW betreuten oder erarbeiteten Gutachten und Berichte, die Forschungsarbeiten besonders des FTZ/Büsum, des GKSS Forschungszentrums/Geesthacht und der BAH/List im Wattenmeer sowie historische Quellen oder andere Publikationen genannt.

Grundlage für diesen Synthesebericht sind die in der „Ökosystemforschung Schleswig-Holsteinisches Wattenmeer" gewonnenen Ergebnisse und Erkenntnisse

Die Ökosystemforschung im schleswig-holsteinischen Wattenmeer wurde in zwei Teilen konzipiert und durchgeführt:

Der angewandte, problemorientierte Teil A widmete sich der Erfassung der Schlüsselstrukturen in den natürlichen und sozioökonomischen Systemen. Die enge Wechselwirkung beider Systeme erforderte die Einbeziehung menschlichen Wirkens als integrales Element des Ökosystems. Daher lag ein Schwerpunkt des Teils A auf der Erfassung der wirtschaftlichen und sozialen Rahmenbedingungen der Nutzungen sowie deren Auswirkungen auf die ökologischen Strukturen des Wattenmeeres.

Gleichzeitig waren die Rückwirkungen von Veränderungen des natürlichen Systems auf das sozioökonomische System gefragt. In einem zweiten Schwerpunkt wurden mit flächendeckenden Kartierungsarbeiten die wichtigsten Lebensgemeinschaften und Landschaftsstrukturen wie z.B. Salzwiesen, Benthosgemeinschaften, Seegraswiesen und Prielfische sowie die menschlichen Nutzungen an den Brennpunkten erfaßt. Weiterhin wurden in den Prielen und Watten sowie in vorgelagerten Bereichen der Nordsee und in den Salzwiesen ausgewählte Arten hinsichtlich ihrer Eignung als Bioindikatoren für den Zustand und für Entwicklungstrends im Ökosystem untersucht. Die Abschlußberichte des Teils A bilden den Kernbereich der Erkenntnisse, die für den vorliegenden Synthesebericht ausgewertet wurden.

Der grundlagenorientierte Teil B war funktional ausgerichtet. Das Wattenmeer ist als Übergangszone zwischen Land und Meer zwar ein eigener abgrenzbarer Lebensraum, wird aber stark von den benachbarten Regionen geprägt. Die Austauschprozesse mit der Nordsee, den terrestrischen (Salzwiesen) und limnischen (Flußmündungen) Systemen sowie mit der Atmosphäre sind für das Wattenmeer von grundlegender Bedeutung und regulieren seinen Stoffhaushalt.

Die Stoffumsätze innerhalb des Systems und die externen Austauschvorgänge wurden kleinskalig im Königshafen an der Ostküste der Insel Sylt sowie großmaßstäbig im Sylt - Rømø - Watt, einem Gezeitenbecken zwischen zwei Verbindungsdämmen zum Festland, untersucht. Die Auswahl des Sylt - Rømø - Watts war von der allseitigen Begrenzung dieses großen, reichstrukturierten Wattstromgebiets geleitet, das über nur eine Ein- und Ausstromöffnung zur Messung des Ein- und Austrages während der Tideperioden verfügt. Der Teil B umfaßt eine Vielzahl von Projekten, die auf verschiedenen chemischen, physikalischen und ökologischen Ebenen des Ökosystems Bilanzierungen vornehmen.

Der Teil A der Ökosystemforschung wurde vom Umweltbundesamt aus Mitteln des Bundesministers für Umwelt, Naturschutz und Reaktorsicherheit sowie vom Land Schleswig-Holstein über eine fünfjährige Laufzeit gefördert und im Mai 1994 abgeschlossen. Der Teil B wurde vom Bundesminister für Forschung und Technologie (jetzt BMBF) über eine gleichfalls etwa fünfjährige Laufzeit bis August 1995 gefördert mit einer Anschlußfinanzierung für die Synthese des Gesamtvorhabens bis Juni 1996.

Die im Rahmen des Teils A erzeugten Daten und eine Untermenge der im Teil B erhobenen Daten werden in der Wattenmeerdatenbank WaDaBa am GKSS Forschungszentrum in Geesthacht zusammengeführt, wo sie über das Wattenmeerinformationssystem WATiS abgerufen werden können. Das WATiS wurde im Zuge der Thematischen Kartierung im gesamten deutschen Teil des Wattenmeeres aufgebaut, die als Eigenleistung der GKSS in die Ökosystemforschung im schleswig-holsteinischen Wattenmeer integriert ist. Das WATiS ist für den Zugriff durch die zuständigen Naturschutzbehörden, z.B. das Landesamt für den Nationalpark, aber auch für andere externe Nutzer offen.

Folgende Teilprojekte wurden durchgeführt:

Die Teilprojekte des Teils A:

Aufbau eines Wattenmeer-Informationssystems/ Kartierung und Monitoring
► Geographisches Informationssystem (GIS)
► WATiS

► Biotopkartierung im Eulitoral des Wattenmeeres (Sensitivitätskartierung der deutschen Nordseewatten)
► Monitoring rastender Brutvogelbestände im Wattenmeer
► Kartierung der Brutvogelverbreitung in den Vorländern des Wattenmeeres
► Kartierung des Vorkommens von Fischen in den Prielen des Wattenmeeres
► Flächendeckende Momentaufnahme der relativen Häufigkeit von Fischen und dekapoden Krebsen im Wattenmeer
► Verbreitung von Mies- und Herzmuschelvorkommen im Wattenmeer
► Räumliche Variation der Schadstoffgehalte in Sedimenten des Wattenmeeres
► Verbreitung der Seegraswiesen und Makroalgen im Wattenmeer

Nutzungskonflikte und Schutzstrategien
► Analyse der sozio-ökonomischen Systeme des Nationalparks und des mit diesen verknüpften Randbereiches
► Fallstudie St. Peter-Ording
► Geographisches Informationssysten-West (GIS-West)
► Historische Entwicklung des Eintrages von Schadstoffen in Sedimente des freien Watts (Eulitoral)
► Historische Entwicklung des Eintrages von Schadstoffen in Sedimente der Salzwiesen (Supralitoral)
► Rasterbildverarbeitung
► Grundlagen für eine ökologisch verträgliche Mies- und Herzmuschelfischerei im Nationalpark
► Minimierung der negativen Auswirkungen der Garnelenfischerei
► Entwicklung eines Schutz- und Managementkonzeptes für die Salzwiesen des Wattenmeeres
► Vögel im Wattenmeer: Raumbedarf und Auswirkungen von menschlichen Störungen

Bioindikatoren und Prozesse
► Sensibilität qualitativer Bioindikatoren im Wattenmeer: Untersuchungen zur Elastizität und Stabilität der Lebensgemeinschaften: Bioindikatoren im Eu- und Sublitoral
► Sensibilität qualitativer Bioindikatoren im Wattenmeer: Untersuchungen zur Elastizität und Stabilität der Lebensgemeinschaften: Bioindikatoren im Supralitoral: Pflanzen
► Sensibilität qualitativer Bioindikatoren im Wattenmeer: Untersuchungen zur Elastizität und Stabilität der Lebensgemeinschaften: Bioindikatoren im Supralitoral: Tiere
► Phytoplankton und seine -Dauerstadien

in halbgeschlossenen, stagnierenden Brackwasserkörpern (Speicherbecken) am Rande des Wattenmeeres, unter besonderer Berücksichtigung toxischer Formen

Die Teilprojekte des Teils B (SWAP):

Untersuchungen zur Wasser-, Nährstoff- und Schwebstoffbilanz
► Hydrodynamisches Modell des Wattenmeeres
► Transportbilanz Watt/Nordsee: Erfassung des Transports von Nährstoffen, gelöster und partikulärer Substanz
► Modellierung des Stofftransportes im Sylt-Römö-Watt
► Messungen zum Schwebstofftransport

Untersuchungen zum Sedimenttransport und zur Sedimentbilanz
► Sedimentation von Feinmaterial im Sylter Wattenmeer
► Sedimentation, Erosion und Biodeposition
► Sedimentations- und Erosionsexperimente
► Sedimentbilanz der Wattflächen, Kartenauswertung und Luftbildanalyse

Untersuchungen zu Stoffumwandlungen und zum Stoffaustausch
► Mikrobielle Ökologie und Biochemie der Sedimente des Königshafens
► Untersuchungen zu mikrobiellen Nährstoffumsetzungen
► Grenzfläche Sediment/Atmosphäre: Lokale Nettoflüsse gasförmiger Kohlenstoff-, Stickstoff- und Schwefelverbindungen
► Produktion und Stoffaustausch des Benthos
► Tropischer und regulierender Stellenwert der Vögel im Ökosystem Wattenmeer

Untersuchungen zu Verteilung, Transport und Wanderungen von Organismen
► Phytoplankton: Besiedlungsstrategien der Wasserkörper und Transportmechanismen
► Fernerkundung von Sediment und Benthos
► Benthoskartierung von Megaplankton und mobilem Benthos
► Quantitative Untersuchungen von Biomasse, Wanderungen und Konsumtion der Fische und dekapoden Krebse im Sylter Wattenmeer

Die Ergebnisse beider Teilvorhaben sind entweder in projektbezogenen Abschlußberichten oder in Syntheseberichten zusammengefaßt dargestellt. Einzel- und synthetische Ergebnisse wurden in der wissenschaftlichen Fachliteratur veröffentlicht (vergl. Kap. XVI).

2. Karten

2.1 Die Kartengrundlage

Ein Planungswerk für einen Raum benötigt eine Vielzahl von räumlichen Informationen, die als Koordinaten- oder Ortsnamenlisten oder aber als Karten und kartenähnliche Darstellungen vorliegen. Viele Karten des Abschlußberichtes wurden mit Hilfe eines Geographischen Informationssystemes (GIS) erstellt (Software ARC-INFO V5.01). Auf die Quellen für diese Karten und ihre Erzeugung wird im Kapitel IV 2 hingewiesen. Für die anderen Darstellungen sind die Quellen direkt angegeben.

Die wichtigsten kartographischen Grundlagen sind:
► Topographische Karten der Maßstäbe 1 : 25.000 und 1 : 100.000 des Landesvermessungsamtes Schleswig-Holstein. Genutzt wurden die jeweils aktuellsten Ausgaben der Karten.
► Seekarten des Bundesamtes für Seeschiffahrt und Hydrographie, im allgemeinen in der Ausgabe von 1994.
► Für kleinräumige Betrachtungen standen Auswertungen von Karten des Projektes GIS-West der Universität Kiel zu Verfügung (KOHLUS 1994).

Im Rahmen der Ökosystemforschung Wattenmeer wurden zahlreiche raumbezogene Erfassungen durchgeführt. Die meisten der verwendeten Daten wurden über das GIS erfaßt und für den Abschlußbericht aufbereitet. Zu nennen sind hier u.a. die Kartierungen von Grünalgen und Seegraswiesen (BUHS & REISE 1991, BOCK & BRODOWSKI 1992), wie auch die Erfassung des Vorkommens von 53 Fischarten durch die fischereilichen Teilprojekte der Ökosystemforschung Schleswig-Holsteinisches Wattenmeer (BERGHAHN & VORBERG 1994, BRECKLING et al. 1994). Die Vorkommen von natürlichen Muschelbänken wurden durch RUTH (1994) erfaßt. Ein rezentes *Sabellaria*riff wurde von BERGHAHN & VORBERG (1994) nachgewiesen.

Weiterhin sind die Flugzeugzählungen der Meeresenten (NEHLS 1994) und die pflanzensoziologische Kartierung der Salzwiesen (HAGGE 1988, 1989) im Rahmen dieses Projektes zu nennen. Für die Salzwiesen wurden als kartographische Grundlagen die Vorlandkarten der ÄLW Husum und Heide benutzt. Morphologische Aussagen stützten sich unter anderem auf die Wattgrundkarten 1 : 10.000 dieser Landesbehörden.

Zahlreiche Daten über die Wirtschafts- und Bevölkerungsstruktur auf Gemeindeebene wurden durch das Deutsche Wirtschaftswissenschaftliche Institut für Fremdenverkehr (DWIF) zusammengetragen, ebenso weitere raumbezogene Informationen über die touristische Ausstattung und Nutzung (FEIGE & MÖLLER 1994 a,b,c,d).

2.2 Eigenschaften der GIS-Karten

Karten, die mit Hilfe des GIS hergestellt werden, unterscheiden sich grundsätzlich von klassischen Kartenwerken. Die Informationen, die in den jeweiligen Karten dargestellt sind, entstammen einer Vielzahl von Quellen. Sie liegen im GIS nach Themen und geometrischen Eigenschaften strukturiert vor und werden jeweils nach Bedarf ausgewählt und gemeinsam dargestellt.

Um dieses Verfahren zu verdeutlichen, kann man sich vorstellen, daß einzelne Themen auf einzelnen Folien (= Cover) dargestellt sind. Für eine bestimmte Kartenaussage werden nun die passenden Folien zusammengestellt und übereinandergedruckt. Im Unterschied zur Folie können mit Hilfe der Software aber auch nur Auszüge wie z. B. einzelne Linien oder Flächen der jeweiligen Schichten zur Darstellung ausgewählt werden (Abb. 37). Somit verfügt das GIS über eine sehr große Variabilität.

In den Karten sind die wichtigsten Quellen für die jeweilige thematische Karte angegeben. Da die Datengrundlagen aber nur teilweise ersichtlich sind, findet sich eine Dokumentation der relevanten Quellen für die verwendeten Themenschichten im Anhang (Kap. XVI). Die Dokumentation umfaßt nur die hier als Kartendarstellung ausgewählten Themenschichten, die Gesamtheit der Informationen wurde mit Stand Oktober 1994 dokumentiert und beinhaltet mehr als 500 Seiten (KOHLUS 1994).

Die im Anhang (Kap. XVI) genannten Quellen sind zum Teil veröffentlichte Karten, Literaturhinweise oder auch nur Verweise auf die Erfassungsmethode und die Bearbeiterin bzw. den Bearbeiter. Alle Daten wurden verifiziert und entsprechend dem topographisch-topologischen Modell für Übersichtskarten des GIS überarbeitet. In keinem Fall wurden Daten unter der Genauigkeit von 1 : 100.000 verwendet, so daß im gedruckten Maßstab von kleiner als 1 : 250.000 die Ansprüche an die kartographische Exaktheit gewahrt bleiben. Der Ausdruck der GIS-Information entspricht daher originären Quellen.

Die Auswahl der Inhalte, Kartenüberschriften, Legendentexte und Farbgebung zur Unterstützung der jeweiligen Beiträge wurde von den Autorinnen und Autoren und der Synthesegruppe festgelegt.

*Abb. 37
Ebenenmodell des
GIS. Durch die
Kombination
einzelner Ebenen
(ökologisches
Potential, Land-
schaftselement,
touristische Nut-
zung) kann in einer
Synthese, z. B. die
aktuelle Flächen-
nutzung ermittelt
und eine Bewer-
tung vorgenom-
men werden.*

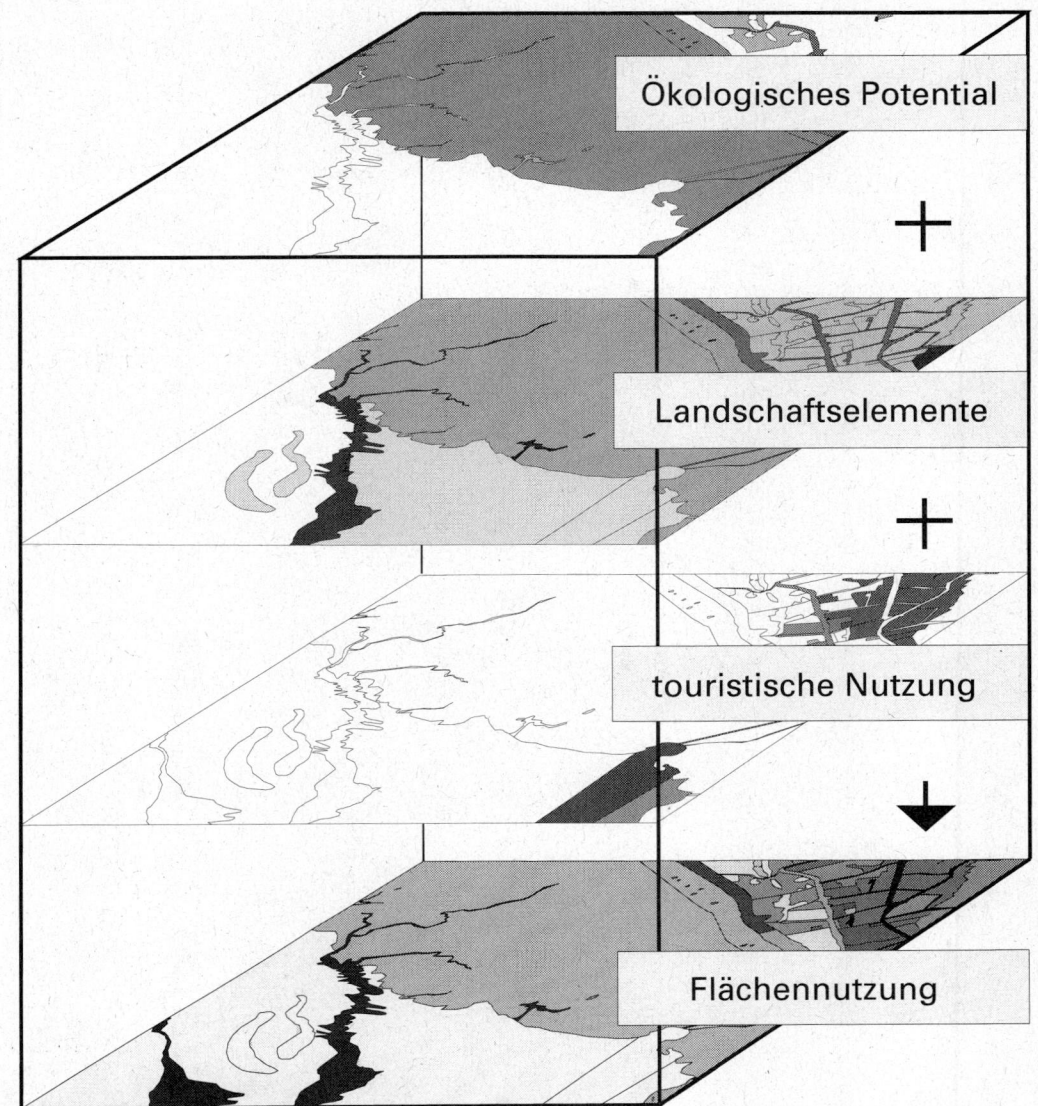

Ökologisches Potential

Landschaftselemente

touristische Nutzung

Flächennutzung

IV

V Naturausstattung und Landschaftsprägung durch den Menschen

1. Landschaftsgliederung

1.1 Naturräumliche Einheiten

Dieses Kapitel beschreibt die naturräumlichen Einheiten im Nationalpark Schleswig-Holsteinisches Wattenmeer sowie der angrenzenden Region. Die Betrachtung erfolgt dabei von der offenen Nordsee zum Festland hin und richtet sich damit in etwa nach dem abnehmenden Grad des marinen Einflusses. Eine solche Folge kann nicht bruchlos sein, denn gerade die naturräumliche Verflochtenheit mariner und terrestrischer Elemente zeichnet das Wattenmeer mit seinen Inseln und Halligen sowie dem angrenzenden Festland aus. Die Beschreibung konzentriert sich im wesentlichen auf die Geomorphologie und die formbildenden, abiotischen Prozesse, während die biotischen Grundlagen Gegenstand des Kapitels V 3 sind.

Grundsätzlich ist die naturräumliche Gliederung des Gebietes einfacher nachvollziehbar, wenn sie sich auf die Kenntnis der Entstehungsgeschichte des Raumes gründet. An dieser Stelle sei auf Kapitel II 2 verwiesen, das die naturräumliche Entwicklung des Gebietes beschreibt.

1.1.1 Die angrenzende Nordsee

Dem schleswig-holsteinischen Wattenmeer ist im Westen die Flachsee der Deutschen Bucht vorgelagert. Während die mittlere Tiefe der Nordsee etwa 94 m beträgt, sind das gesamte küstennahe Meer und die Doggerbank wesentlich flacher. In der inneren Deutschen Bucht werden bei Helgoland 20 m Tiefe erreicht (BUCHWALD 1990). Dieser abgeflachte Rand der Nordsee liegt mit der Ausweisung der 12 sm-Linie als seeseitige Begrenzung der nationalen Gewässer im Hoheitsbereich der Bundesrepublik Deutschland.
Tiefe und Morphologie der Deutschen Bucht sowie Strecke, Dauer und Stärke der Windeinwirkung auf das Wasser sind bestimmend für die Seegangsenergie, die ihre Erosionswirkung an der Wattaußenkante bzw. den äußeren Inseln entfaltet. Die an der Außenküste des Nordfriesischen Wattenmeers beobachteten Werte des Rückversatzes reichen von ca. einem bis 30 m/Jahr (PETERSEN 1978). Nach TAUBERT (1986) sind die Ursachen für die unterschiedlich starke Ostverlagerung der Wattaußenkante im Küstenvorfeld zu suchen.

Der Bereich der Nordsee stellt zwar das Liefergebiet des überwiegenden Teils der Sedimente des Wattenmeeres dar, die durch marine Prozesse in die Küstenregion verfrachtet worden sind, jedoch hat sich dieser Prozeß vor allem während und kurz nach der Transgression abgespielt. Mit der Einebnung des Nordseebodens und dem Anstieg des Nordseespiegels ist die Sedimentzufuhr aus diesem Gebiet zunehmend geringer geworden (KÖSTER 1991).

Die hydrologischen Grundlagen des Nordseeraumes werden in Kapitel V 2 behandelt.

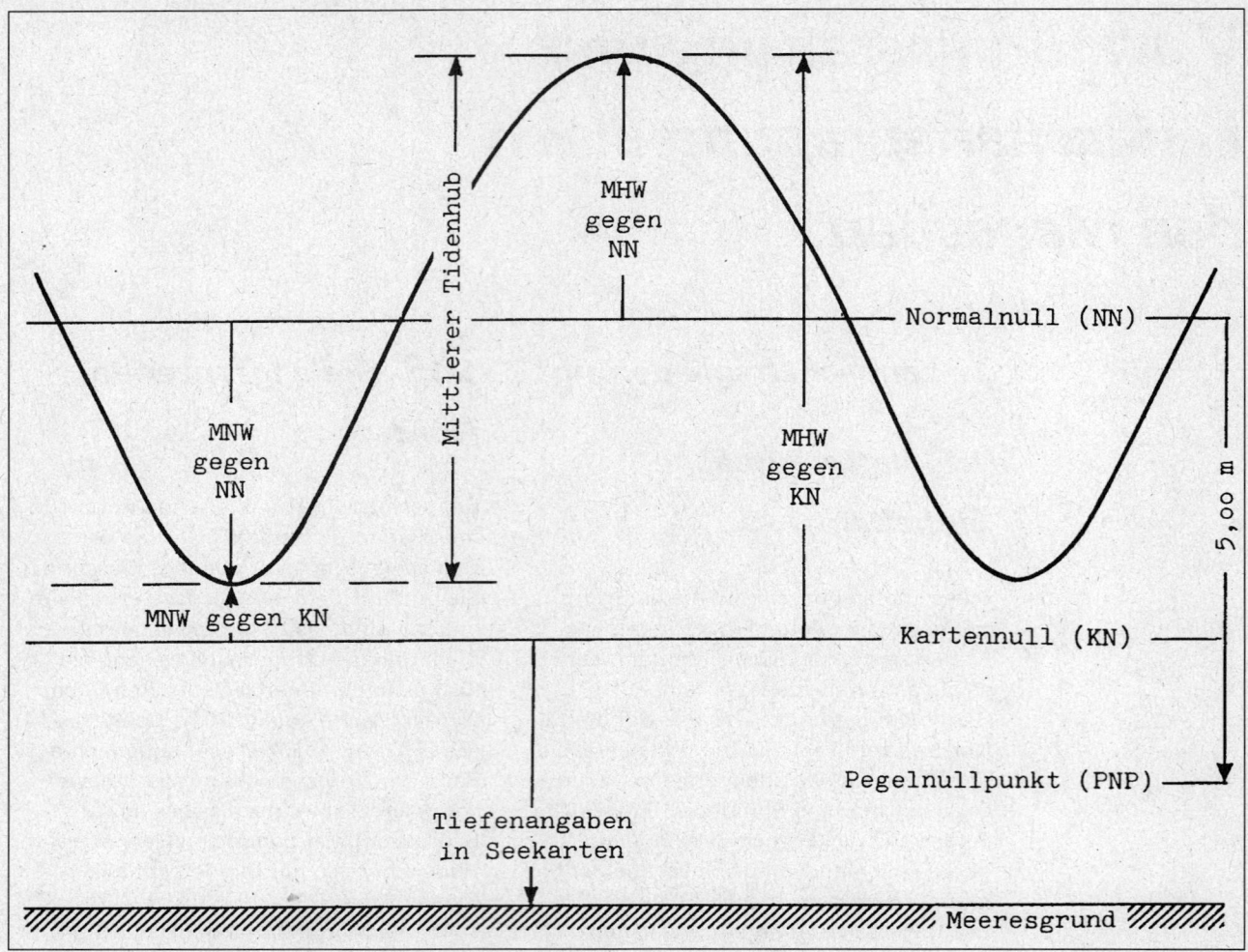

Abb. 38
Ebbe und Flut prägen das Wattenmeer. Täglich laufen zwei Hochwasserwellen gegen den Uhrzeigersinn vom westlichsten Punkt des Wattenmeeres zum nördlichsten. Hochwasser ist beim höchsten Wasserstand. Das langjährige Mittel wird Mittleres Tidehochwasser (MThw od. MHw) genannt. Niedrigwasser ist beim niedrigsten Wasserstand (Mittleres Tideniedrigwasser = MTnw od. MNw). Der mittlere Tidenhub (MTH) ist der Unterschied zwischen den mittleren Höhen des Hoch- und Niedrigwassers. Normalnull (NN) kennzeichnet die Höhe des halben Tidehubes. Der Pegelnullpunkt liegt 5 m über NN (BSH 1995).

1.1.2 Das Barrieresystem

*Das Wattenmeer
ist gegen die
offene Nordsee
durch ein ausge-
dehntes Barriere-
system geschützt*

Das Wattenmeer ist gegen die offene
Nordsee durch ein ausgedehntes Barriere-
system geschützt, das sich von den
Niederlanden bis nach Dänemark erstreckt
und entsprechend der Höhe des Tidenhubs (Abb. 38) unterschiedlich ausgeprägt
ist (DAVIES 1964, HAYES 1979). In Gebieten mit geringem Tidenhub, dem
mikrotidalen Bereich, haben sich geschlossene Barrieresysteme entwickelt,
wie sie in den Niederlanden und in
Dänemark vorzufinden sind. Bei zunehmendem Tidenhub, im mesotidalen
Bereich, wird die geschlossene Dünenküste von Dünen- oder Barriereinseln
abgelöst. Beispiel hierfür sind die West-
und Ostfriesischen Inseln. Überschreitet
der mittlere Tidenhub 2,90 m
(makrotidaler Bereich), so bilden sich
Sandbanksysteme, denen auch die
schleswig-holsteinischen Außensände
zuzuordnen sind.

1.1.2.1 Außensände

Als Außensände werden die über MThw
liegenden Sandrücken im Bereich der
Außenküste im inneren Teil der Deutschen
Bucht bezeichnet. Ihre Ausbildung im
makro- und hoch-mesotidalen Bereich
(EHLERS 1988, STREIF 1986) sowie ihre
exponierte und damit ungeschützte Lage
zur offenen Nordsee bedingen, daß die
Außensände höchsten hydrodynamischen
Belastungen ausgesetzt sind (TAUBERT
1986). Die damit einhergehenden Um-
lagerungsvorgänge der Sedimente äußern
sich in fortwährenden Veränderungen der
Morphologie sowie beträchtlichen
Verlagerungsraten von z.T. mehr als 30 m/
Jahr in östlicher Richtung (TAUBERT 1986,
WIELAND 1972). Die Außensände besitzen
eine wichtige Schutzfunktion für die
rückseitigen Bereiche der offenen, nicht
durch Inseln geschützten Watten.

*Die Außensände
besitzen eine
wichtige Schutz-
funktion für die
rückseitigen
Bereiche der
offenen Watten*

Durch das Wechselspiel von Brandung,
Gezeiten- und Driftströmungen in Abhängigkeit von den Windverhältnissen reichern sich, vergleichbar einem "Besen-
effekt", Sedimente im hochgelegenen
Kopfbereich der küstennormal verlaufen-
den Wattrücken an. Unter normalen
Tidebedingungen herrschen hier relativ
energiearme hydrodynamische Bedingungen vor. Nach dem Modell von TAUBERT
(1986) läuft die Bildung und Veränderung
von Außensänden in verschiedenen

Phasen ab. Nach der Bildung einer Untiefe
erfolgt durch die Energieverluste mit
einsetzender Brandung die Erhöhung der
Sandplaten auf ein Niveau über MThw.
Dieser Phase gehören die schleswig-
holsteinischen Außensände Trischen,
Blauortsand, Linnenplate, Süderoogsand,
Norderoogsand und Japsand an. Infolge
des vorherrschenden Seegangseinflusses
aus West findet eine Ostwärtsverlagerung
der Außensände statt, bis hin zu einem
teilweisen oder völligen Anschmiegen des
Sandes an ein Fixelement (Insel oder
Küstenlinie). Dieser Phase sind die
Außensände St. Peter-Sand,
Westerheversand und Kniepsand zuzuordnen. Ihre Verlagerungsraten liegen mit
weniger als 2 m/Jahr deutlich niedriger als
die der erstgenannten Außensände von
mehr als 30 m/Jahr.

Durch Brandung, Gezeitenströmung und
Driftströme, aber auch durch äolische
Transportprozesse finden sehr wirkungsvolle Sortierungsvorgänge statt. Außen-
sand-Sedimente sind durch eine sehr gute
Sortierung und erhöhte Mittelsandanteile
charakterisiert, während die Ton-Silt-
Fraktion nahezu vollständig fehlt. Untersuchungen an mehreren schleswig-holsteinischen Außensänden haben gezeigt, daß
die verschiedenen Außensände
sedimentologisch ähnlich aufgebaut sind
(KESPER 1992).

Starkwindereignisse und damit verbundene Brandungsenergie aus überwiegend
westlicher Richtung führen zu intensiven
ostwärts gerichteten Transportprozessen
mit erosiven Vorgängen am Westrand und
Sedimentationsprozessen auf der Leeseite
der Außensände (Abb. 39). Damit verbunden ist gleichzeitig auch eine Rück-
verlagerung der Kopfbereiche der Wattrücken. Untersuchungen an verschiedenen Außensänden ergaben, daß in einigen
Fällen die Rückverlagerungsraten in den
letzten Jahren deutlich zugenommen
haben (HOFSTEDE 1993, KESPER 1992,
WIELAND 1972), was als Folge der erhöhten Sturmfluthäufigkeit und einer reduzierten Sedimentzulieferung interpretiert
wird. Für die zukünftige Entwicklung der
Außensände spielen die Zunahme von
Wellenhöhe und Tidenhub sowie
Meeresspiegelanstieg und Änderungen im
Sedimentangebot eine entscheidende
Rolle.

V

Abb. 39
Die Insel Trischen
wandert beständig
ostwärts. Die
Skizze zeigt fünf
Ausschnitte der
Ostverlagerung
von 1885 bis 1973
(EHLERS 1988).

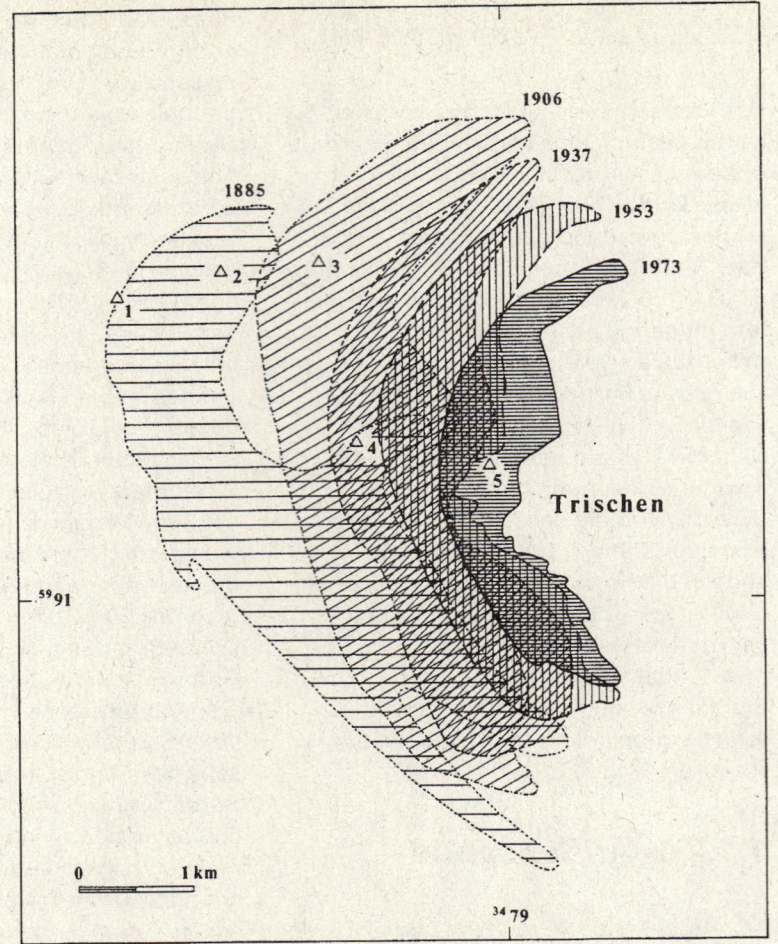

Abb. 39
Die Insel Trischen wandert beständig ostwärts. Die Skizze zeigt fünf Ausschnitte der Ostverlagerung von 1885 bis 1973 (EHLERS 1988).

1.1.2.2 Inselbarrieren

Die an der Wattaußenkante gelegenen Inseln Amrum und Sylt sind Teil des Barrieresystems, stellen aber keine Barriere-Inseln im engeren Sinne dar. Sie besitzen pleistozäne, z.T. auch tertiäre Kerne, an die sich holozäne, marine Sande angelagert haben (STREIF & KÖSTER 1978). Auf die Geestkerninseln wird in Kapitel V 1.1.7.2 näher eingegangen.

1.1.3 Das Rinnensystem

Das Wattenmeer gliedert sich in Rinnensysteme und Wattflächen

Das Wattenmeer selbst kann in das Rinnensystem und die Wattflächen untergliedert werden. Darüberhinaus läßt sich in Abhängigkeit von der Wasserbedeckung eine Zonierung des Watts in verschiedene Bereiche vornehmen, die sich morphologisch und z.T. auch in der biotischen Ausstattung unterscheiden. Das Sublitoral umfaßt den ständig mit Wasser bedeckten Bereich unterhalb der mittleren Niedrigwasserlinie (MTnw). Ihm ist ein Großteil des Rinnensystems zuzuordnen. Der eigentliche Auftauchbereich zwischen mittlerem Niedrigwasser

(MTnw) und mittlerem Hochwasser (MThw) wird als Eulitoral bezeichnet. Dieser Bereich umfaßt im wesentlichen die Wattflächen, schließt aber auch kleinere, bei Niedrigwasser trockenfallende Wattrinnen mit ein. Oberhalb schließen sich Supralitoral und Epilitoral an, die nur noch bei extremem Hochwasser bzw. Sturmfluten vom Wasser erreicht werden.

1.1.3.1 Prielströme

Als Prielströme werden die Wattrinnen bezeichnet, die das Wattenmeer vom Übergangsbereich zur offenen Nordsee bis zur Festlandsküste hin durchschneiden. Sie werden z.T. mehr als 4 km breit und führen auch bei Niedrigwasser vielfach mehr als 1 m Wasser. Im schleswig-holsteinischen Wattenmeer zählen dazu: Lister Tief, Hörnum-/Vortrapptief, Norderaue/Rütergat, Süderaue/Schmaltief, Rummelloch West, Norderhever/Mittelhever, Süderhever, Wesselburener Loch, Norderpiep, Süderpiep, Falsches Tief und Norderelbe sowie die marinen Flußrinnen von Eider/Purrenstrom und Elbe. Die Prielstromsysteme besitzen Einzugsgebiete, die durch die Wattwasserscheiden voneinander abgegrenzt werden können (vergl. Kap. V 1.1.4).

Die Prielströme gliedern sich in den seewärtigen Barrenbereich des Ebbdeltas, den Strombereich und das Flutdelta (Abb. 40). Durch die hohen Fließgeschwindigkeiten werden vom Ebbstrom große Sedimentmengen durch den Prielstrom bewegt. An der Mündung in die offene Nordsee nimmt die Fließgeschwindigkeit soweit ab, daß ein Großteil der gröberen Sedimente abgelagert wird. So entsteht vor der Mündung des Prielstroms ein Barrenbereich, der als Ebbdelta oder Riffbogen bezeichnet wird. Diese Ebbdeltas bestehen aus einer Reihe von Sandbänken, die durch mehrere Meter tiefe Rinnen voneinander getrennt sind. Es handelt sich um sehr instabile Gebilde, die raschen Umformungen unterliegen (EHLERS 1994).

Durch die Prielströme wird der überwiegende Teil des Wasseraustauschs mit der Nordsee während einer Tide vollzogen. In Nordfriesland behindern Inseln und Platen den direkten Abfluß von den Watten. Besonders im Bereich der Gatts, den Übergangsgebieten zur Nordsee, kommt es hier zur Ausbildung hoher Strömungsgeschwindigkeiten (> 170 cm/s) (Abb. 41). Infolge der hohen Fließgeschwindigkeiten werden die Prielströme sehr tief in den Untergrund eingeschnitten. Ihre Sohle liegt oft deutlich unter dem Niveau des Meeresbodens. So beträgt beispielsweise die Tiefe des Nordseebodens vor Sylt etwa -10 m, während im Lister Tief Tiefen von über 35 m erreicht werden.

Die Stromrinne eines Prielstroms kann in einen relativ ebenen Sohlenbereich und die Abhangsbereiche mit Gleit- und Prallhangbildungen untergliedert werden. Im Sohlenbereich der Stromrinnen treten bei hohen Strömungsgeschwindigkeiten verbreitet Megarippeln auf. Sie bestehen aus Grobsand mit unterschiedlich hohem Schillanteil, in einigen Fällen sogar fast ausschließlich aus Schill, und sind hochdynamische Gebilde. In Bereichen mit geringerer Strömungsgeschwindigkeit können feinere sandige Sedimente den Boden bilden. Auf Teilstrecken haben die Rinnen auch glaziales Material angeschnitten, wodurch Steine und Kiese zutage treten.

Im Bereich zwischen den Rinnenabhängen (Wassertiefen bei MTnw ca. 6 m) und der MTnw-Linie befinden sich mehr oder weniger ausgedehnte sublitorale Flächen (sublitorale Plateaus). Der Anteil dieses Bereiches nimmt innerhalb der genannten Prielstromsysteme von Süden nach Norden aufgrund des abnehmenden Tidenhubs deutlich zu. Innerhalb der einzelnen Prielsysteme besteht ein entsprechender Gradient vom festlandsnahen zum festlandsfernen Bereich. In das sublitorale Plateau sind relativ reliefarme

Abb. 40
Das Ebb- und Flutdelta eines Prielstromes (EHLERS 1988).

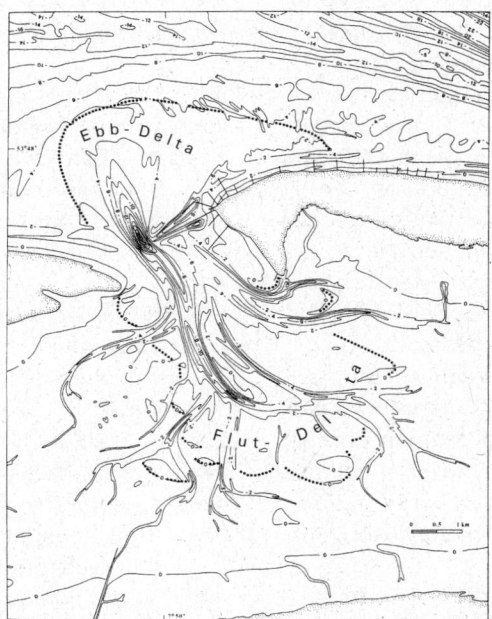

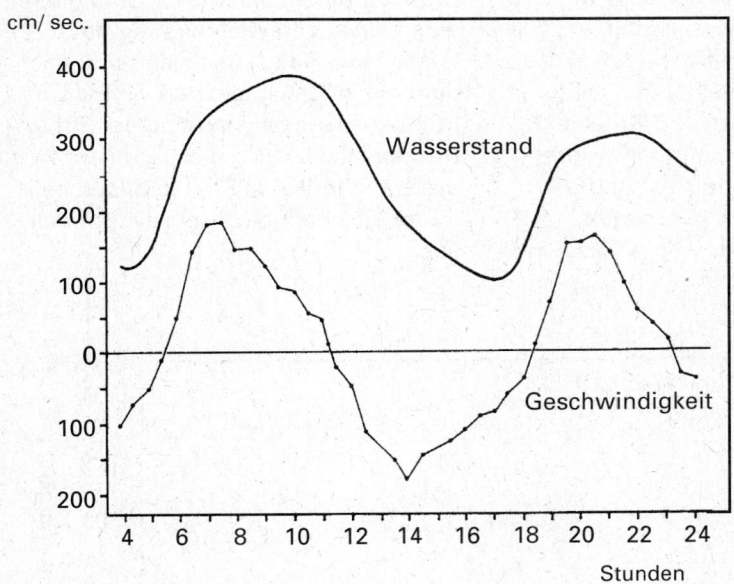

Abb. 41
Die Strömungsgeschwindigkeit in Prielströmen (cm/sec) ist bei auflaufendem Wasser größer als bei ablaufendem. Da die gleiche Wassermasse in das Wattenmeer hinein und hinausfließt, ist damit der Ebbstrom länger als der Flutstrom (EISMA 1983).

Vertiefungen ausgeformt, deren Bildungen den Kräften des Flutstroms zuzurechnen sind und die als unterseeische Flutbuchten bezeichnet werden. Auf der Wattseite eines Prielstroms bildet sich unter dem Einfluß des Flutstromes normalerweise ebenfalls ein Gezeitendelta aus.

1.1.3.2 Priele

Als Priele werden die kleineren Wattrinnen bezeichnet, die in die Prielströme entwässern und meist weniger als 1 m Wasser führen. Sie werden vorwiegend vom Ebbstrom geprägt, der gegenüber dem Flutstrom deutlich höhere Strömungsgeschwindigkeiten aufweist (Abb. 42). Das Maximum wird kurz vor Niedrigwasser erreicht, wenn sich große Wassermengen, die von den trockengefallenen Wattflächen abgeflossen sind, in den Prielen konzentrieren. Die Genese der Priele ist daher vor allem dem Ebbstrom zuzuschreiben, weshalb sie auch als Ebbpriel zu bezeichnen sind. Im Gegensatz zu den Prielströmen, deren Lage nur langsam wechselt, mäandrieren Priele beträchtlich und unterliegen ständigen Veränderungen (SCHWEDHELM & IRION 1985) (Abb. 43).

Priele mäandrieren beträchtlich und unterliegen ständigen Veränderungen

An der Einmündung der Priele in die Prielströme kommt es, ähnlich wie bei den Prielströmen selbst, zur Bildung eines Prielebbdeltas. Das sedimentierte Material wird dabei häufig in Richtung der Ebbströmung des Prielstroms mitgezogen, so daß das typische Prielebbdelta abgeschrägt ausgebildet wird. Der Bereich des Prielebbdeltas ist durch geringe Wassertiefe gekennzeichnet und stellt im Sommer wie im Winter eine Temperaturscheide dar. Im Sommer ist die Wassertemperatur in den Prielen deutlich höher und im Winter deutlich geringer als im benachbarten Prielstrom. Gleiches gilt für den Sauerstoffgehalt und, im Falle von starken Regenfällen bei Niedrigwasser, auch für den Salzgehalt.

Am Übergangsbereich zum Prielebbdelta befindet sich zumeist eine flache, zungenförmige Bucht, die an ihrem oberen Ende von einer sichelförmigen Sandbank begrenzt wird. Dieser Bereich wird von Kräften des Flutstroms geformt und daher Flutbucht oder auch Flutpriel genannt.

In Flutstromrichtung des Prielsystems kann sich, bei abnehmender räumlicher Skala, die Formation von flachen, den Prielebbdeltas ähnelnden Barrenbereichen mit anschließender Ebbprielrinne und Flutbucht mehrfach wiederholen.

Die Ebbpriele sind in ihrem Sohlenbereich von relativ starker Sedimentbewegung gekennzeichnet. Es wechseln sich sandige Abschnitte mit von Schill dominierten Bereichen ab, an einigen Stellen kommen auch Kies und Steine vor. Flutbuchten weisen gegenüber den Ebbprielen geringere Strömungsgeschwindigkeiten auf. Dementsprechend überwiegen hier feinere Sedimente, und die Sedimentverteilung ist deutlich homogener.

Die Wattrinnen enden zum Land hin in einem stark verästelten Prielsystem („Drainagepriele"), die sich schließlich dadurch auszeichnen, daß sie bis auf Stillwassersenken während der Ebbe trocken fallen. Auch diese kleinen, sehr ortsveränderlichen Rinnen bilden bei ihrem Eintritt in die Priele ein Ebbdelta aus.

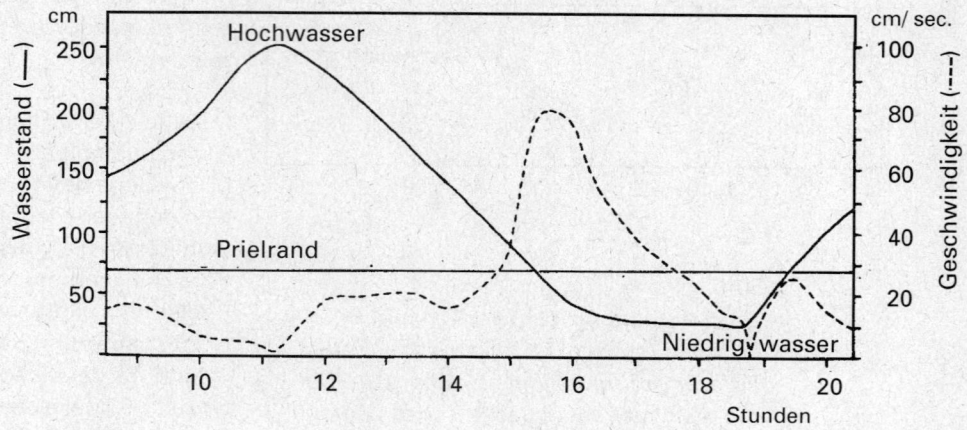

Abb. 42
Die Strömungsgeschwindigkeit in einem Priel ist im Ebbstrom am größten. Das Maximum der Geschwindigkeit wird kurz vor Niedrigwasser erreicht (EISMA 1983).

Abb. 43
Während sich die
Lage eines Priel-
stromes nur
langsam verändert,
mäandrieren Priele
beträchtlich. Da
Priele vorwiegend
vom Ebbstrom
gebildet werden
(vgl. Abb. A 5-5),
werden sie
Ebbpriel genannt.
Die feinen Veräste-
lungen sind
Drainagepriele
(nach EHLERS
1988).

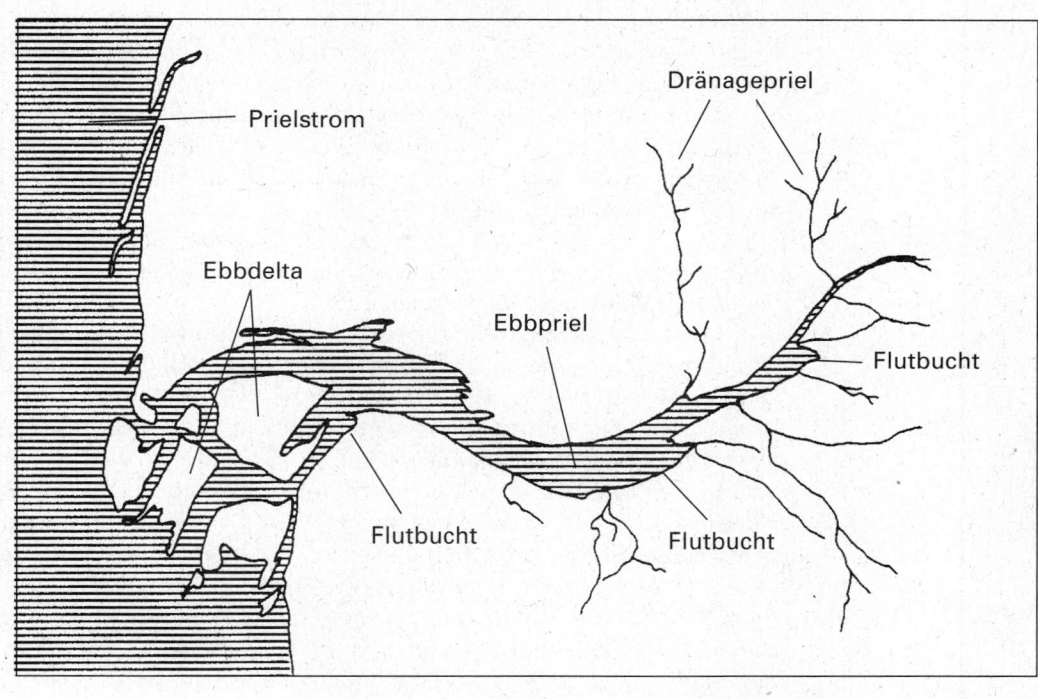

V

1.1.4 Die Wattflächen

Als Wattflächen oder Platen werden die hohen, trockenfallenden Wattrücken bezeichnet. Sie bilden das eigentliche Eulitoral. Die Wattflächen sind groß-morphologisch eben und werden vom zuvor beschriebenen Rinnensystem zerteilt. Die Wattflächen sind durch Rippeln, Marken und Lebensspuren oft stark strukturiert (SCHWEDHELM & IRION 1985).

Auf den Platen verlaufen die Watt-wasserscheiden, die die Prielstromein-zugsgebiete gegeneinander abgrenzen. Die Wattwasserscheiden werden durch die Linie der höchstgelegenen Punkte zwischen den Entwässerungssystemen gebildet. Auch die Wattflächen können damit den Prielstromeinzugsgebieten zugeordnet werden.

Die Sedimentzusammensetzung auf den Platen ist immer ein Abbild der Sediment-verfügbarkeit und der vorherrschenden hydrodynamischen Kräfte sowie der äolischen Einträge. Dabei werden die Sedimente generell zur Tidehochwasser-linie hin feiner (REINECK 1982).

Sandwatt ist in der Regel dort ausgebildet, wo die Energie des auf- und ablaufenden Wassers am größten ist und sich feinkör-niges Material nur selten dauerhaft ablagern kann. Die Sandwatten bilden meist große, ebene Flächen, deren Ober-fläche durch Kleinrippeln und durch die

Besiedlungsstrukturen des Wattwurmes strukturiert sind. Die Wattsande sind durch eine sehr gute Sortierung charak-terisiert und bestehen überwiegend aus Feinsanden mit 0-10 % Ton-Silt-Anteil (Anteil < 63 μm) und bis zu 10 % Mittel-sand. Sandwatten können sich auch in Gebieten mit einem starken äolischen Sandeintrag ausbilden, wie es in den Leebereichen der Außensände und der Inseln Sylt und Amrum der Fall ist. Gröbe-re, schlechter sortierte Sande mit Kiesen stammen aus dem pleistozänen Unter-grund und sind beispielsweise auf den Platen zwischen Föhr, Sylt und Amrum sowie im festlandsnahen Abschnitt des Wattenmeeres nördlich des Hindenburg-dammes zu finden.

Die Mischwatten stellen eine Übergangs-zone dar, deren Sedimentzusammen-setzung aus Feinsanden mit einem Ton-Silt-Gehalt zwischen 10 und 50 % besteht. Sie sind durch Kolke, Rinnen und Bänke relativ stark strukturiert.

Schlickwatt kann sich nur dort ausbilden, wo die Strömungs- und Seegangsenergie des Wassers so gering ist, daß sich auch Schwebstoffe ablagern können. Dies ist in hochliegenden, festlandsnahen Bereichen sowie im Schutze einiger Inseln und Halligen der Fall. Schlickwattsedimente zeichnen sich durch eine schlechte Sortie-rung und einen Ton-Silt-Gehalt > 50 % sowie einen organischen Anteil von bis zu 20 % aus. Charakteristisch sind die hoch-plastischen Eigenschaften, die zu einem Einsinken bei Begehung führen.

GIS-Karte 10 gibt eine Übersicht über die Verteilung der Watt-Typen im schleswig-holsteinischen Wattenmeer. Es zeigt sich, daß der größte Anteil der Wattflächen aus Sandwatt (79,6 %) besteht, während die Schlickwatten den geringsten Anteil (< 10,0 %) ausmachen (FIGGE et al. 1980).

Aufgrund der offenen Exposition zur See und dem Einfluß der Elbe sind die Sedimente im dithmarscher Wattenmeer deutlich sandiger ausgebildet als im nordfriesischen Wattenmeer. Im nordfriesischen Wattenmeer finden sich, entsprechend der landschaftlichen Entwicklung, zahlreiche Kulturspuren und Reste der im Mittelalter zerstörten Marschen wie der „Urwald bei Gröde" oder Klei- und Torfreste. Klei- und Torfreste treten, wie auch Schillflächen, auf Erosionsflächen auf. Sie sind diagenetisch verfestigt und können herauspräpariert werden, indem die darüberliegenden, unverfestigten Wattsedimente erodiert werden.

1.1.5 Küstennahe Marsch-gebiete, Marschinseln und Halligen

1.1.5.1 Marsch

Zwischen den Watten und dem Hinterland sowie an den Mündungs-trichtern der Flüsse erstrecken sich die ebenen See- und Flußmarschen

In der Übergangszone zwischen den Watten und dem pleistozänen Hinterland sowie an den Mündungstrichtern der Flüsse erstrecken sich die ebenen See- und Flußmarschen. Dieses junge, holozäne Schwemmland wurde von den Gezeiten der Nordsee und im Tidebereich der Flüsse abgelagert. Der Name Marsch wurde auch auf die Böden dieser Landschaft übertragen (SCHEFFER & SCHACHTSCHABEL 1984).

Marschen bilden sich aus marinen bzw. ästuarinen Sedimenten und entstehen natürlicherweise dort, wo eine beruhigte Seegangs- und Strömungssituation die Sedimentation vor allem feinkörnigen Materials erlaubt. Sobald die natürliche Aufschlickung eine bestimmte Höhe erreicht hat, siedelt sich Vegetation an, die wiederum als Schlickfänger wirkt und eine weitere Sedimentation fördert. Das weitere Hochwachsen der Marsch ist von Extremwasserständen abhängig. Besonders im Winterhalbjahr wird bei Sturmflut sedimentreiches Wasser aufgestaut und

das Material lagert sich ab. Im Sommer wird das Sediment durch Pflanzen gebunden, die wiederum durch die Stromabbremsung eine weitere Sedimentation fördern. Auf diese Art bildet sich die Sturmflutschichtung der Vorlandsedimente aus gröberen und vegetationsarmen Schichten im Winter und feinen humosen Schichten im Sommer.

Mit dem Herauswachsen der Wattsedimente aus dem Bereich täglicher Überflutungen erfolgt der Übergang vom marinen Watt zur Salzmarsch. Gleichzeitig beginnen die Prozesse der Setzung, der Entsalzung und der Sulfidoxidation. Die Salzmarschen werden auch als Vorländer oder Salzwiesen bezeichnet, wobei letzteres gleichzeitig Hinweis auf eine besondere Pflanzenwelt gibt. Einen Überblick über die verschiedenen Salzwiesentypen enthält Kap. V 3.3.

Mit der Verringerung des marinen Einflusses, spätestens mit der Eindeichung, und der damit einhergehenden Entsalzung des Oberbodens erfolgt der Übergang zur Kalkmarsch. Hierzu zählen die jüngst eingedeichten Flächen, die einen hohen Anteil pflanzenverfügbarer Nährstoffe enthalten und zu den ertragreichsten Ackerböden gehören. Nach der Entkalkung des Oberbodens geht die Kalkmarsch in eine Kleimarsch über. Damit setzen verstärkt Prozesse wie Versauerung, Silicatverwitterung, Verbraunung sowie in manchen Fällen Tonverlagerung ein (SCHEFFER & SCHACHTSCHABEL 1984). Bei gutem Gefüge können auch die bereits entkalkten Kleimarschen noch zu den ertragreichen Ackerböden gezählt werden. Die Tonverlagerung führt schließlich zur Bildung tonreicher, dichter Horizonte im Unterboden, die als Knick bezeichnet werden. Knickmarschen mit hoch anstehendem, undurchlässigen Knick bereiten aufgrund schlechten Gefüges der ackerbaulichen Nutzung große Schwierigkeiten. Während tonärmere Knickmarschen unter hohem Meliorationsaufwand noch bedingt ackerbaulich nutzbar sind, können tonreichere nur als Grünland genutzt werden. Letzteres ist vor allem in den älteren Kögen der Fall, weil früher länger mit der Eindeichung gewartet wurde. Die Stromgeschwindigkeiten bei der Sturmflutsedimentation erreichten auf den hohen Flächen nur geringe Werte und konnten hier nur noch feinstes Material ablagern.

Unter den nordfriesischen und teilweise Eiderstedter Marschen liegen torfige Sedimente, die sacken können. Die dithmarscher Marschen sind hingegen fast ausschließlich aus stabilen marinen Sedimenten gebildet.

1.1.5.2 Köge

Die Marschen sind seit dem 11. Jahrhundert schrittweise eingedeicht worden (GIS-Karte 9). Das durch Deiche vor dem Meer geschützte Marschgebiet wird im allgemeinen als Koog bezeichnet. Traditionell wurde neu aufgeschlicktes Vorland aufgrund des fruchtbaren Bodens als Koog eingedeicht und damit als landwirtschaftliche Nutzfläche dem marinen Einfluß entzogen. Die landwirtschaftliche Nutzung dieses Raumes ist nur durch eine aufwendige Steuerung der Vorflutsituation möglich, die über ein System von Grüppen, Gräben und Sielzügen erfolgt.

Der neuere Koogbau hingegen orientiert sich in erster Linie an den Belangen des Küstenschutzes wie der Deichlinienverkürzung oder der Erhöhung der Deichsicherheit. Auch die jüngeren Köge werden zum Teil ackerbaulich genutzt, teilweise wurden Speicher- und Naturschutzköge eingerichtet. Speicherköge nehmen das Wasser der Vorfluter auf und speichern es, wenn hohe Wasserstände der Nordsee ein Abfließen verhindern. Damit wird eine Überschwemmung der tiefliegenden Marschgebiete des Hinterlandes vermieden. Die in der jüngsten Zeit im Zuge von Deichbaumaßnahmen geschaffenen Köge und Speicherbecken wurden größtenteils als Naturschutzgebiete ausgewiesen.

1.1.5.3 Marschinseln

Die Marschinsel Pellworm und die durch den Dammbau 1935 und den Bau des Beltringharder Kooges dem Festland angegliederte Insel Nordstrand sind größtenteils Reste mittelalterlichen Kulturlandes (vergl. Kap. II 2). Die Serie der Sturmfluten im Mittelalter veränderte den nordfriesischen Raum tiefgreifend. Schon die Sturmflut von 1362 wandelte große Marschflächen in ein Wattenmeer um. Während der Sturmflut von 1634 wurde dann die große, hufeisenförmige Insel Strand zerstört, aus der die Inseln Nordstrand und Pellworm hervorgingen. Während auf Pellworm ein Teil des

Deichschutzes von den Einwohnern wieder instand gesetzt werden konnte, blieb Nordstrand zwei Jahrzehnte ohne Deichschutz. Daher sind einzelne Köge Pellworms, z.B. der Alte Koog von 1637, älter als die Nordstrands, wo erst zwischen 1654 und 1691 wieder sturmflutgesichertes Kulturland in Nutzung genommen werden konnte (BÄHR 1987).

Für Inseln bedeutet die Ausbildung von ringförmigen Umströmungen eine besondere Gefährdung. Fortgeschritten zeigt sich dies um Pellworm. Insbesondere ein unsymmetrisch ausgerichteter Flutstrom führt zu weitreichenden Umgestaltungen. Damit unterliegen die Wattsockel der betroffenen Inseln Pellworm und Föhr gravierenden Veränderungen. Aufgrund der stabilen Bildung der dithmarscher Seemarsch kam es dort nie zu ausgedehnten Landverlusten. Eine Verinselung fand nicht statt.

1.1.5.4 Halligen

Eine Besonderheit des Wattenmeeres stellen die zehn Halligen (Süderoog, Norderoog, Hooge, Langeneß, Oland, Südfall, Gröde, Habel, Nordstrandischmoor und die Hamburger Hallig) dar. Anders als die Marschinseln sind die Halligen nur durch Deckwerke oder Sommerdeiche geschützt und werden bei Sturmflut vom Meerwasser überspült. Ihre Besiedlung ist daher nur auf Warften möglich.
Während die Halligen früher als Überbleibsel des während der mittelalterlichen Sturmfluten zerstörten Marschlandes gedeutet wurden (REINECK 1982), besteht heute generell die Auffassung, daß es sich bei den Halligen um jüngere Ablagerungen handelt. Unter ihnen setzen sich stellenweise die Pflugspuren ehemaligen mittelalterlichen Kulturlandes fort, wodurch sie als neue Auflandungen gekennzeichnet sind (DIETZ 1953, WOHLENBERG 1985). Sie entstanden erst, als infolge der mittelalterlichen Sturmfluten die alten Marschoberflächen aufgearbeitet und teilweise wieder abgelagert wurden. Da die Halligen nach ihrer Entstehung gravierenden Umgestaltungen mit Abbrüchen im Westen und Anlandungen im Osten unterlagen (Abb. 44), ist ihr genaues Alter nicht mehr festzustellen.

Aus alten Überlieferungen ist bekannt, daß es einst wesentlich mehr halligähnliche Bildungen gegeben haben muß,

Eine Besonderheit des Wattenmeeres stellen die zehn Halligen dar, die bei Sturmflut vom Meerwasser überspült werden

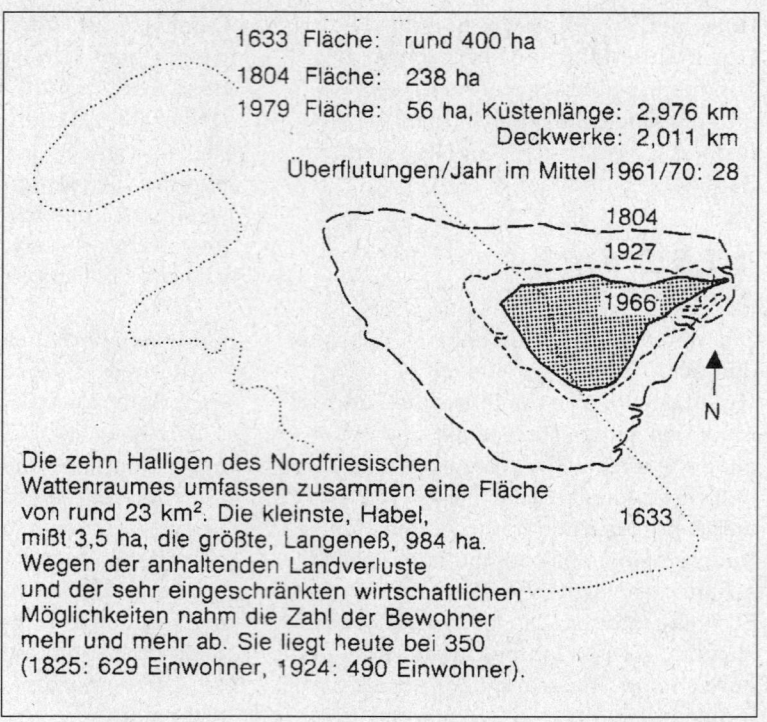

Abb. 44
Die Hallig Südfall
ist wie alle Halligen
vor der Befesti-
gung der Hallig-
kante mit einem
Deckwerk bestän-
dig kleiner gewor-
den. Die Abbildung
zeigt die Verände-
rung von 1633 bis
1966 (STADEL-
MANN 1981).

1633 Fläche: rund 400 ha
1804 Fläche: 238 ha
1979 Fläche: 56 ha, Küstenlänge: 2,976 km
                       Deckwerke: 2,011 km
Überflutungen/Jahr im Mittel 1961/70: 28

1804
1927
1966
1633

N

Die zehn Halligen des Nordfriesischen
Wattenraumes umfassen zusammen eine Fläche
von rund 23 km². Die kleinste, Habel,
mißt 3,5 ha, die größte, Langeneß, 984 ha.
Wegen der anhaltenden Landverluste
und der sehr eingeschränkten wirtschaftlichen
Möglichkeiten nahm die Zahl der Bewohner
mehr und mehr ab. Sie liegt heute bei 350
(1825: 629 Einwohner, 1924: 490 Einwohner).

von denen die meisten unbewohnt blieben. Diese verschwanden entweder bei
Sturmfluten, z.B. die Beenshallig östlich
von Hooge und Hallig Nubel bei Südfall,
wurden miteinander durch Deichbauten
verbunden, z.B. Nordmarsch, Buhtwehl
und Langeneß zur heutigen Hallig
Langeneß, Gröde und Appelland zur Hallig
Gröde, von den Landgewinnungs-
maßnahmen des Festlands erreicht, wie
die Hamburger Hallig, oder dem Einfluß
des Meeres durch Vordeichung entzogen,
Dagebüll, Fahretoft, Ockholm und viele
mehr.

Die gelegentlichen Überflutungen der
Halligen führen zu einer leichten
Aufschlickung und damit Erhöhung. Durch
die Überflutungen sind die Böden und die
Vegetation der Salzmarsch ähnlich.
Besonders auf Hallig Hooge, die durch
einen Sommerdeich geschützt ist, ist eine
Entsalzung zu beobachten. Fast alle
Halligen sind bewohnt, ihre agrarische
Nutzung beschränkt sich auf die Weide-
wirtschaft.

**Dünen befinden
sich fast aus-
nahmslos außer-
halb des National-
parks**

1.1.6 Sandige Luv-Küsten

Strand- und Dünenküsten machen nur
einen geringen Anteil an der schleswig-
holsteinischen Nordseeküste aus. Sie
treten überwiegend dort auf, wo die Küste
unmittelbar der Brandung ausgesetzt ist.
Das sandige Material hat seinen Ursprung
in glazialen Ablagerungen, die von der
Nordsee aufgearbeitet und an den Insel-
und Festlandsküsten abgelagert worden
sind. Dabei wurde vor allem Material der
im angrenzenden Nordseebereich gelegenen Moränen durch küstendynamische
Prozesse in die Küstenregion verfrachtet,
aber auch der bis heute anhaltende
Abbruch der heutigen Geestkerne mit
anschließendem Küstenlängstransport
des Materials spielt eine Rolle. Besonders
ausgedehnte Sandstrände stellen die an
die Insel- oder Festlandsküste angelager-
ten Außensände (Amrum, St. Peter-
Ording, Westerhever) dar.

Voraussetzungen für die Bildung von
Dünen sind ausreichende vegetationslose
Sandflächen und Winde von bestimmter
Richtung und Stärke. Wenn die Sandflächen zumindest zeitweise trockenfallen,
kann bei Niedrigwasser Sand aus dem
nassen Strand ausgeblasen und unter
Mitwirkung der Vegetation zu Dünen auf-
gehäuft werden. Nennenswerte Dünenvor-
kommen liegen auf Sylt und auf Amrum
sowie in St. Peter-Ording. Zum Sturmflut-
schutz und zur Vermeidung von Verlage-

rungen werden die Dünen fast überall bepflanzt. Aufgrund dieser anthropogenen Schutzmaßnahmen sind Wanderdünen, wie z.B. im Listland auf Sylt, sehr selten geworden. Die Festlegung der Dünen unterbindet den mit den vorherrschenden Westwinden einhergehenden Ost-transport. Damit wird zugleich eine Landneubildung auf der Leeseite der Inseln verhindert. Nur wenige Dünen sind als Primär- oder Weißdünen anzuspre-chen, während sich der Großteil der Dünen auf Sylt, Amrum und in St. Peter Ording zu Grau- oder Braundünen entwik-kelt hat (vergl. Kap. V 3.2.3).

Strandwälle, Haken und Nehrungen kommen im schleswig-holsteinischen Nordseeküstenraum sowohl fossil als auch rezent vor. In Dithmarschen bildeten sich im Verlaufe der Transgression von Geestvorsprüngen aus Haken und Neh-rungen, die als "Donns" große Fächer bilden (STREIF & KÖSTER 1978). Ein anderer Haken reicht als "Lundener Nehrung" nach Norden, ein weiterer durchzieht die Mitte Eiderstedts und verläuft durch die Hevermündung nord-wärts (AUSTEN 1992). Diese fossilen Sandwälle liegen heute weit im Binnen-land. Aktive Strandwallbildungen können an der Küste von St. Peter Ording und auf Amrum beobachtet werden. Haken und Nehrungen bilden sich auch heute noch an den Außensänden, in St. Peter Ording, auf Amrum und Sylt.

Haken und Nehrun-gen bilden sich auch heute noch an den Außen-sänden, in St. Peter Ording, auf Amrum und Sylt

1.1.7 Die angrenzenden Geestgebiete

1.1.7.1 Die küstennahe Festlandsgeest

Den Watten und Marschen Schleswig-Holsteins schließen sich im Osten die flachwelligen Altmoränenkomplexe der Lecker, Husumer und Heide-Itzehoer Geest an. Diese saaleeiszeitlichen Ablagerungen sind durch Niederungen unterbrochen und von eiszeitlichen Schmelzwasser-flüssen ausgeräumt worden. Beispiele hierfür sind das Urstromtal der Eider sowie die heutigen Talräume der Soholmer Au, Arlau, Miele und Süderau. Dadurch entstanden insel- oder horst-artige Bereiche, die sich deutlich aus der Umgebung herausheben. An ihren Rän-

Als Geestkern-inseln werden die Inseln Sylt, Amrum und Föhr bezeich-net

dern sind in der ausgehenden Eiszeit häufig Flugsande deckenartig, wie in den Löwenstedter Sandbergen, oder zu Dünen, wie z.B. die Süderlügumer Binnen-dünen, aufgeweht worden. Östlich an die Altmoränen schließen sich die ebenen Sanderablagerungen der Weichsel-vereisung an.

Die Altmoränengebiete zeichnen sich durch ihr flachwelliges Relief und ihre stark verwitterten und ausgewaschenen Böden aus. Wärmere Klimaphasen im Anschluß an die Saalevereisung, periglaziale Prozesse während der nach-folgenden Weichseleiszeit und die erneute Erwärmung haben ihren Anteil an der heutigen Situation.

Die Geest grenzt, abgesehen von den Inseln Sylt, Amrum und Föhr, nur bei Schobüll direkt an die Nordsee. Die Festlandsküste wird hier vom Kliff des Geestrandes gebildet und stellt gleichzei-tig die einzige unbedeichte Stelle an der schleswig-holsteinischen Westküste dar.

1.1.7.2 Geestkerninseln

Als Geestkerninseln werden die Inseln Sylt, Amrum und Föhr bezeichnet, deren Kerne aus saaleeiszeitlichen Geschiebe-mergelablagerungen bestehen. Die Geestkerne sind Reste einer ehemals weit nach Westen reichenden Moränenland-schaft der Saalevereisung (WOLDSTEDT & DUPHORN 1974). Während die weiter westlich gelegenen Geschiebemergel-ablagerungen inzwischen erodiert sind, bilden die Sylter, Amrumer und Föhrer Geestkerne heute das Rückgrat dieser Inseln. Auf Sylt sind drei kleinere Geest-kerne durch Marschland miteinander verbunden, während sich im Norden und Süden langgestreckte Dünenzüge, z.T. über Marschland, anschließen (RAT VON SACHVERSTÄNDIGEN FÜR UMWELT-FRAGEN 1980). Das Material zum Aufbau der holozänen Sandakkumulationen stammt maßgeblich von den weiter westlich gelegenen, inzwischen erodierten Moränenablagerungen (AHRENDT 1994). Amrum besteht aus einem ausgedehnten Geestkern, dem sich im Osten ein schma-ler Marschengürtel, im Westen Dünen und ein vorgelagerter Außensand angliedern. Föhr besitzt einen großen Geestkern im Süden, dem sich nördlich ausgedehntes Marschland anschließt.
Die marine Abrasion führt zur Rück-verlegung der Geestkerne unter der

typischen Ausbildung von Kliffs. Beispiel hierfür ist das "Rote Kliff" des Westerländer Geestkerns auf Sylt, dessen ursprüngliche Ausdehnung sich mehr als 10 km weit nach Westen verfolgen läßt (KÖSTER 1979). Nach dem Abbruch unterliegt das Moränenmaterial den küstendynamischen Prozessen und lagert sich zum Teil an Stränden und Nehrungen ab.

1.1.8 Ästuare

Durch die Einwirkung der Gezeiten sind die Unterläufe der in die Nordsee mündenden Flüsse trichterförmig erweitert. Diese Flußmündungsform wird als Ästuar bezeichnet. Sie entsteht, wenn erosive Kräfte von Ebb- und Flutstrom stärker sind als die strömungsbedingten Sedimentablagerungen. Süßwasser und Meerwasser treffen hier im Flußmündungsgebiet aufeinander, wobei es zu komplizierten Schichtungs- und Mischprozessen kommt. Dadurch entstehen Zonen unterschiedlichen Salzgehaltes, die durch Ebbe und Flut flußab- bzw. flußaufwärts verlagert werden. Im Tidebereich der Ästuare kommt es zur Ausbildung von Ästuarwatten und -marschen.

An der schleswig-holsteinischen Westküste gibt es zwei größere Ästuare, das Elbe- und das Eiderästuar. Durch Fahrwasservertiefungen, Vordeichungen, Uferbebauung und, im Fall der Eider, dem Bau des Eidersperrwerks sind Morphologie und Ökologie stark verändert worden (vergl. Kap. V 3.7). Alle kleineren Wasserläufe sind heutzutage durch Siele oder Schöpfwerke von der Nordsee abgeschnitten und haben ihren ursprünglichen Ästuarcharakter verloren. Einzige Ausnahme bildet die Godelniederung auf Föhr, die als die letzte weitgehend natürliche Fließgewässermündung betrachtet werden kann.

Vor der Abriegelung der Ästuare war der Tideeinfluß zum Teil bis weit in die Flüsse hinein bemerkbar. Bei Flut kam es zum Rückstau von Brack- und Süßwasser der Flüsse, und in die breiten Mündungstrichter der größeren Flüsse konnten auch immer wieder Sturmfluten eindringen. Den dadurch entstehenden Überschwemmungen der tiefliegenden Marschgebiete und Niederungen wird seit dem Beginn dieses Jahrtausends mit Hilfe wasserbaulicher Maßnahmen und Deichbau begegnet. Damit sind gleichzeitig die ehemals großflächigen, vernäßten und

moorigen Gebiete mit ihren großen Schilfbeständen verschwunden. Reste sind im außerhalb des Nationalparks liegenden Vorland von Neufeld erhalten. Die zur Regelung der Vorflut entstandenen Speicher- und Naturschutzköge (vergl. Kap. V 1.1.5.2) haben sekundäre Rückzugsgebiete für einige aus diesem Lebensraum verdrängte Lebensgemeinschaften bilden können.

Als fluviatil-mariner Übergangsbereich wirken die Ästuarien als "Sinkstoff-Falle", denn hier ändern sich die physiko-chemischen Randbedingungen wie pH-Wert, Redoxpotential, Salzgehalt, etc. Dadurch kommt es zu Ausflockungen und zur Ablagerung eines Großteils der Schwebstoffe. Dies ist insbesondere auch für die Schadstoffbelastung von Bedeutung. Schadstoffe, die in den Flüssen in gelöster Form oder an Schwebstoffe gebunden transportiert werden, kommen bevorzugt zur Ablagerung, so daß die ästuarinen Sedimente vor allem der größeren Flüsse eine hohe Belastung aufweisen.

1.2 Landschaftsbilder

Der Begriff "Landschaftsbild" bezeichnet die äußere, sinnlich wahrnehmbare Erscheinung von Natur und Landschaft. Das Landschaftsbild wird durch die Begriffe Vielfalt, Eigenart und Schönheit in § 1 BNatSchG beschrieben.

Das Landschaftsbild ist neben dem Naturhaushalt einschließlich der Tier- und Pflanzenwelt zentraler Gegenstand des Naturschutzrechts. Gemäß § 1 Abs. 1 BNatSchG sind die Vielfalt, Eigenart und Schönheit von Natur und Landschaft nachhaltig zu sichern. Für das schleswig-holsteinische Wattenmeer sieht das Nationalparkgesetz in § 2 Abs. 1 die Bewahrung seiner besonderen Eigenart, Schönheit und Ursprünglichkeit vor und verlangt damit den Schutz des Landschaftsbildes.

Die Vielfalt, Eigenart und Schönheit des Landschaftbildes ergeben sich aus den sinnlich wahrnehmbaren Erscheinungen der Lithosphäre (Gesteinsrinde), Pedosphäre (Bodendecke), Hydrosphäre (Wasserhülle), Atmosphäre (Lufthülle), Biosphäre (Pflanzen- und Tierwelt) und Anthroposphäre (vom Menschen hervorgebrachte Erscheinungen), die den speziellen Naturraum ausmachen (BREUER 1993). Dabei wird das Landschaftsbild in hohem Maße durch die mit dem Auge wahrnehmbaren Erscheinungen bestimmt, wobei der Geruch, das Gehör und das gesamte Wohlbefinden ebenfalls entscheidend zur Wahrnehmung beitragen (BÖTTCHER 1993).

Als Naturraum wird die physisch-geographische Raumeinheit mit typischen Landschaften, Bio- und Ökotopen bezeichnet. Dabei ist der Naturraumbegriff keineswegs auf die vom Menschen unbeeinflußte Naturlandschaft eingeengt, sondern umfaßt zusätzlich deren Veränderung durch die Tätigkeit des Menschen, d.h. auch die Überformung zur Kulturlandschaft. Dabei gilt jedoch eine wichtige Einschränkung: Vielfalt, Eigenart und Schönheit des Landschaftsbildes bilden nur jene anthropogenen Erscheinungen, die aus dem Naturraum hervorgegangen sind, d.h. naturraumtypisch, also landschaftsgerecht, und historisch gewachsen sind.

Am Anfang jeder Landschaftsbildbewertung steht daher die Differenzierung der landschaftsbildrelevanten Erscheinungen danach, ob sie naturraumtypisch sind oder nicht. Während naturraumtypische Erscheinungen die Vielfalt, Eigenart und Schönheit des Landschaftsbildes ausmachen, stellen nicht naturraumtypische Erscheinungen Beeinträchtigungen bzw. „Vorbelastungen" des Landschaftsbildes dar. Grundlage dieser Unterscheidung ist ein naturschutzfachliches Leitbild, das den für eine Region angestrebten Zustand darstellt. Es orientiert sich am naturräumlichen Potential und der besonderen Eigenart des Gebietes, die sich aus den natürlichen Standortverhältnissen und der kulturhistorischen Entwicklung herleitet (FINCK et al. 1993).

1.2.1 Prägende Elemente

Das Wattenmeer ist Teil der Nordsee. Es unterliegt damit der starken Dynamik des Meeres als dem wichtigsten landschaftsgestaltenden Faktor. Kennzeichnend für das Watt ist der periodische Wechsel von Trockenfallen und Überflutung. Gezeiten, Strömungen, Wellen und Wind formen eine ständig wechselnde Oberflächengestalt. Dieses Formenspiel ist im kleinen wie im großen Abbild der charakteristischen Dynamik dieses Naturraumes, die wiederum die besondere Eigenart des Wattenmeeres ausmacht.
Charakteristisch für das Wattenmeer sind die geringen Reliefunterschiede. Der

Haupteindruck liegt damit vor allem in der erlebbaren Weite des Naturraumes, wo ohne Sichthindernisse über weite Strecken der Horizont sichtbar ist. Selbst geringe Erhöhungen haben in dieser Landschaft ein merkliches Gewicht. In dieser Hinsicht weisen das nordfriesische und das dithmarscher Wattenmeer Unterschiede im Landschaftsbild auf. Kennzeichnend für Nordfriesland sind die Inseln und Halligen. Ihre Erhöhungen, z.B. Geestkerne, Warften, Siedlungen oder Bäume, sind auch aus größeren Entfernungen noch als Silhouette am Horizont sichtbar und lassen das Landschaftsbild abwechslungsreich erscheinen. Große Vogelschwärme oder die von Möwen begleiteten Fischkutter sind weitere typische Eindrücke.

Über diese visuellen Wahrnehmungen hinaus tragen auch Geräusche, Gerüche und emotionale Wahrnehmungen zur Intensität des Landschaftserlebens bei. Die Stille des Wattenmeeres fernab der Zivilisation wird nur vom leisen Knistern der Wattflächen, dem Rauschen des Windes und dem Geschrei der Seevögel unterbrochen. Der intensive Watt- und Meergeruch, ein fast immer spürbarer Wind sowie das Gefühl von Salz auf der Haut und Wattboden unter den Füßen sind weitere typische Empfindungen in dieser Landschaft.

Wer könnte diese Eigenschaften besser beschreiben als Theodor Storm in seinem Gedicht „Meeresstrand"?

„Ans Haff nun fliegt die Möwe,
und Dämmerung bricht herein;
über die feuchten Watten
spiegelt der Abendschein.

Graues Geflügel huschet
neben dem Wasser her;
wie Träume liegen die Inseln
im Nebel auf dem Meer.

Ich höre des gärenden Schlammes
geheimnisvollen Ton,
einsames Vogelrufen –
So war es immer schon.

Noch einmal schauert leise
und schweiget dann der Wind;
vernehmlich werden die Stimmen,
die über der Tiefe sind."

Das Wattenmeer ist gekennzeichnet durch seine Natürlichkeit. Vor allem die Außensände Japsand, Süderoogsand, Norderoogsand, Blauortsand und Trischen sowie die vorgelagerten Sände von Eiderstedt und Amrum sind weitgehend naturbelassen. Die mäandrierenden und sich ständig verlagernden Priele und Wattströme weisen ebenso wie die veränderlichen Wattflächen auf eine große natürliche Dynamik hin. Zur Festlandsküste und zu den Inseln und Halligen hin nimmt die Naturnähe durch küstenschutztechnische Maßnahmen, z.B. Lahnungsfelder und Dammbauten, deutlich ab. Solche Küstenschutzmaßnahmen verändern das Gesamterscheinungsbild der Naturlandschaft Wattenmeer und greifen in die natürliche Dynamik dieses Raumes ein. Beeinträchtigungen des Landschaftsbildes stellen weiterhin technische Anlagen wie die Ölbohrinsel Mittelplate dar.

Vor der Festlandsküste, den Inseln und Halligen prägen in weiten Teilen Salzwiesen das Landschaftsbild des Wattenmeeres. Salzwiesen mit natürlichen bzw. naturnahen morphologischen Strukturen, mit einem natürlichen Entwässerungssystem und ohne Sicherungsmaßnahmen in Form von Lahnungen oder Steinbuhnen sind jedoch nur noch selten anzutreffen: Große Teile sind durch den Einfluß des Menschen geprägt und durch die praktizierte küstenschutztechnische Bearbeitung weitgehend normiert worden. Die am wenigsten beeinflußten Salzwiesen befinden sich auf den Inseln Sylt, Trischen und Föhr sowie bei St. Peter Ording, bedingt auch auf Amrum und im Neufelder Vorland sowie, zunehmend beeinflußt durch Küstenschutzmaßnahmen, auf den Halligen und an wenigen, eng begrenzten Bereichen der Festlandsküste (STOCK et al. 1996).

Landschaftsbildrelevant ist schließlich auch der direkte Übergang vom Wattenmeer zum Festland bzw. zu den Inseln und Halligen. Naturraumtypische, vom Menschen weitgehend unbeeinflußte Übergänge zwischen Wattenmeer und Festland gibt es nur am kurzen, unbedeichten Küstenabschnitt bei Schobüll, wo die hohe Geest direkt an das Watt grenzt. Ansonsten ist der gesamte Küstenverlauf durch einen Landesschutzdeich gekennzeichnet, der das Watt gegen die hinter dem Deich liegenden Marschgebiete abgrenzt. Er bildet die starre Grenze zum dynamischen Naturraum Wattenmeer, stellt aber gleichzeitig ein für die Marschen naturraumtypisches Element dar, das aus dem Kampf der Bewohner gegen das Meer hervorgegangen ist. Dabei wirkt

Natürliche Meer-Land-Übergänge findet man nur auf den Geestkerninseln Sylt, Amrum und Föhr

Die zehn nordfriesischen Halligen sind Landschaftselemente mit besonderer Eigenart

ein Dünendeich (bei St. Peter Böhl) naturnäher als ein Grasdeich oder gar ein Asphaltdeich. Gleiches gilt für Deiche mit vorgelagerten Salzwiesen, bei denen sich ein natürlicher Meer-Land Übergang zumindest andeutet, im Gegensatz zu scharliegenden Deichen. Innerhalb der Deichlinie fallen Elemente wie die modernen Sielanlagen, Schöpfwerke und Schleusen, z.B. das Eidersperrwerk, oder auch Fähranleger besonders auf.

Natürliche Meer-Land-Übergänge findet man darüber hinaus nur auf den Geestkerninseln Sylt, Amrum und Föhr vor. Typische Ausformungen sind an der Brandungsseite Sände mit anschließendem Dünengürtel oder Kliffküsten. Dort sind auch die größten Reliefunterschiede und -vielfalten ersichtlich. Die am schönsten ausgeprägten Küstendünenlandschaften liegen auf Sylt und Amrum sowie am Festland bei St. Peter Ording. Wanderdünen, wie z.B. in List auf Sylt, sind aufgrund der anthropogenen Schutzmaßnahmen sehr selten geworden. Doch auch dort ist das Landschaftsbild durch Bebauung und Küstenschutzmaßnahmen, z.B. massive Befestigung im Dünengürtel oder Tetrapoden, zum Teil schon erheblich verändert. Zu den weitgehend naturbelassenen Küstensäumen gehören auch die sanft auslaufenden Übergänge der Salzwiesen in das Rückseitenwatt der Inseln.

Dagegen weisen die Marschinseln Nordstrand und Pellworm festlandsgleich einen geschlossenen Seedeich auf. Der Übergang Meer-Land ist auf die zum Teil nur durch Landgewinnung möglichen Salzwiesen in seiner naturraumtypischen Weise angedeutet und wird durch den Deich unterbrochen. In ihrer Struktur ähneln die Marschinseln den jungen Marschen des Festlandes.

Die zehn nordfriesischen Halligen sind Landschaftselemente mit besonderer Eigenart. Sie sind unbedeicht oder nur mit einem Sommerdeich geschützt, so daß bei Sturmfluten lediglich die Warften aus dem Meer herausragen. Um die Ausbildung einer typischen Abbruchkante zu verhindern und die Halligen gegen fortschreitende Erosion zu schützen, sind große Teile der Halligküsten mit festen Deckwerken versehen. Gleichwohl kann die Struktur der Hallig selbst und der auch heute bestehende Übergang vom Watt in die Salzwiese noch als vergleichsweise naturnah gelten. Die Halligen an sich wie auch die Strukturen, die sie beinhalten, stellen naturraumtypische Landschaftselemente dar. Dazu zählen beispielsweise die Warften mit den Häusern und Fethingen oder die gewundenen Halligpriele, die das Grünland durchziehen.

Auch die Marschen sind landschaftsgenetisch vom Meer geschaffene Landschaftsformen und damit in Entstehung und historischer Entwicklung wesentlich geprägt vom Faktor Wasser. In der heutigen Landschaft sind hiervon die zahlreichen kleineren und größeren Gewässersysteme übriggeblieben, die immer noch mit dem Meer in Verbindung stehen. Im Gegensatz zum Naturraum Wattenmeer spürt man dort überall die Hand der Menschen, die hier seit Jahrhunderten ihren Lebensraum schufen. Unter hohem Himmel mit rasch wechselndem Wolkenspiel dehnt sich eine flache, weite Landschaft aus. Wälder fehlen fast vollständig.

Durch den zivilisatorisch-technischen Wandel seit etwa 50 Jahren, der sich in vollem Maße auch in der Nutzung von Natur und Landschaft niederschlägt, lösen sich die meisten Nutzungsarten zunehmend von den natürlichen Voraussetzungen. Das hat auch weitgehend zum Verlust der landschaftstypischen, extensiven Flächennutzungen und Siedlungsstrukturen geführt (BREUER 1993). So zeigt die Marsch heutzutage das Bild eines landwirtschaftlich intensiv genutzten Raumes. Landschaftstypisch ist hingegen eine strukturreiche Agrarlandschaft mit überwiegend extensiver Grünlandnutzung. Diesem Landschaftsbild entsprechen am ehesten die alten Marschgebiete, die aufgrund der Bodenverdichtung weitgehend nur eine Nutzung als Dauergrünland zulassen, wie z.B. weite Teile Eiderstedts. Dagegen überwiegt in der jungen Marsch, z.B. im Sönke-Nissen-Koog, eine intensive Ackernutzung.

Landschaftstypisch sind weiterhin naturnahe oder kulturhistorisch bedeutende Kleinstrukturen. Dazu zählt ein vielfältiges Grabennetz, das vor allem in den älteren Kögen die Grünländereien und Äcker durchzieht. Dieses System von Grüppen, Gräben und Sielzügen dient der Steuerung der Vorflut, ohne die eine landwirtschaftliche Nutzung des Raumes nicht möglich wäre. Weitere landschaftstypische Elemente sind die alten Deiche und Warften, die die einzigen Erhöhungen innerhalb dieser flachen Landschaft bilden. Auch die modernen Landesschutz-

Die für die Marsch typischen Schilf- und Sumpflandschaften sind durch Meliorationsmaßnahmen heute weitgehend verschwunden

Landschaftstypische Elemente sind die alten Deiche und Warften, die die einzigen Erhöhungen innerhalb dieser flachen Landschaft bilden

deiche als Weiterentwicklung älterer Deiche sind als typisch für den Naturraum der Marschen anzusehen. Hinter den Deichen entstanden durch Deichbrüche, aber auch durch Kleientnahme, ökologisch wertvolle Kleingewässer, sogenannte Wehlen bzw. Spätinge. Landschaftstypische Siedlungsstrukturen bilden die verstreut liegenden Einzelsiedlungen, die oft von hohen, windgeschorenen Bäumen umgeben sind. In den alten Marschgebieten sind alte Gehöfte fast ausschließlich auf deutlichen Erhebungen, Warften oder Geestinseln, anzutreffen.

Die für die Marsch typischen Schilf- und Sumpflandschaften in tiefliegenden Kögen und ehemaligen Prielen und Wattströmen, sogenannte Reetfleethe, sind durch Meliorationsmaßnahmen heute weitgehend verschwunden. Auch naturnahe Flußlandschaften, die im Unterlauf im Kontakt zur Wattenmeerdynamik salzwasserbeeinflußte Ästuarwatten und Überflutungsbereiche ausbilden, sind mit einer einzigen Ausnahme, der Godelniederung auf Föhr, nirgends mehr erhalten.

Zu den untypischen Erscheinungen der Landschaft zählen neben der bereits genannten intensiven landwirtschaftlichen Nutzung auch die Bebauung ohne Beachtung naturraumtypischer Strukturen, wie z.B. Siedlungen ohne die charakteristischen Windschutzgehölze, und ohne Berücksichtigung regionaler Besonderheiten in Bauweise, Materialwahl oder Farbgebung. Besondere Beeinträchtigungen des Landschaftsbildes stellen in diesem Zusammenhang die Bauformen der Fremdenverkehrszentren, z.B. in Westerland, Büsum oder St. Peter Ording dar, deren Bauhöhe und auch sonstige Bauweise in keinerlei Hinsicht landschaftsgerecht sind. Auch industrielle Anlagen, wie beispielsweise die Ölraffinerie bei Hemmingstedt, beeinträchtigen das Landschaftsbild. Eine weitere Vorbelastung des Landschaftsbildes der Marsch, das sich durch seine Weite und Offenheit auszeichnet, bilden die allerorts sichtbaren Hochspannungs-Freileitungen. Sie beeinträchtigen diese „Landschaft der offenen Horizonte" in besonderem Maße durch ihre Allgegenwärtigkeit. Ähnliches gilt für Windenergieanlagen und vor allem Windparks, die in den letzten Jahren zunehmend das Landschaftsbild bestimmen.

V

1.2.2 Traditionelle Kulturräume

Als kulturelle Merkmale einer Region können alle von „Menschen in den jeweiligen Erdräumen zu bestimmten Zeiten hervorgebrachten Lebens- und Handlungsformen" definiert werden (LESER 1986). Aus dieser Vielzahl von Kulturgütern und -merkmalen wurde hier eine gebietsbezogene Auswahl getroffen. Die Schwerpunkte liegen im folgenden auf der historisch-politischen Entwicklung, den Siedlungs- und Hausformen sowie der Sprache. Anhand dieser Merkmale haben sich „Kulturräume" herausgebildet, innerhalb derer die Bevölkerung ein bestimmtes Regionalbewußtsein entwickelt hat.

Dithmarschen und Nordfriesland spielten eine Sonderrolle in der schleswig-holsteinischen Geschichte. Die Ursache dafür läßt sich zum einen aus der naturgeographischen Abgeschlossenheit des Landes, zum anderen aber auch aus der zähen Lebenskraft und dem Freiheitswillen seiner Einwohnerschaft erklären. Gleichzeitig hat die historisch-politische Entwicklung mit Dithmarschen im Süden und Nordfriesland im Norden zu einer grundsätzlichen Zweiteilung des Nationalparkvorfeldes geführt, die ihren Ausgang bereits mit Abklingen der Völkerwanderung im frühen Mittelalter nimmt.

Während Dithmarschen von Sachsen besiedelt wurde, fanden im 7. bis 10. Jahrhundert in Nordfriesland erste Einwanderungswellen niederländischer Friesen statt. Unterschiedliche Herrschaftsverhältnisse haben diese Zweiteilung bis in die Gegenwart erhalten. Während Dithmarschen zwischen ca. 1.000 bis 1.500 n. Chr. bis auf die Lehnsherrschaft durch Bremen in politischer Selbständigkeit bestand und erst 1559 unter dänische Herrschaft kam, pflegten die Friesen früh Kontakte zu den Schleswigern und unterstanden geraume Zeit immer wieder dänischer Herrschaft (JESSEL 1991). Dithmarschen ist durch räumliche Geschlossenheit und kontinuierlichen Aufbau politischer Selbstverwaltung gekennzeichnet (von den „Geschlechtern" bis zum Dithmarscher Landrecht).

Nordfriesland zeigt, nicht zuletzt aufgrund der starken naturräumlichen Zergliederung, auch kulturräumlich und politisch eine starke innere Differenzierung. Einen umfassenden Überblick gibt das Buch von BANTELMANN et al. (1995). Gegenüber den sogenannten drei Geestharden des nordfriesischen Festlandes mit den nach jütischem Recht lebenden und unter Herrschaft von Schleswig stehenden „Herzogfriesen", lassen sich die 13 Harde der Uthlande abgrenzen. Die Uthlande, also die festländischen Marschgebiete sowie die Inseln, unterstanden mit den sogenannten „Königsfriesen" zunächst direkt dem dänischen König, später dann auch dem Herzogtum Schleswig. Die vergleichsweise frühe und enge Bindung an Schleswig sowie auch die naturräumliche Zergliederung verwehrte es den Friesen, trotz weitgehender Selbständigkeit einheitliche Verwaltungs- und Rechtsverhältnisse aufzubauen, wie es den Dithmarschern gelang. In ihrer historisch-politischen Entwicklung blieben die Friesen mit dem Wohl und Wehe des Schleswiger Reiches verbunden.

Die Haus- und Siedlungsformen als landschaftsbildprägende Elemente weisen enge Bezüge zum Naturraum und zur Wirtschaftsweise, aber auch zu kulturell eigenständigen Bevölkerungsgruppen auf. Landschaftsbestimmend in den Marschen Nordfrieslands und Dithmarschens sind die verstreut liegenden Einzelhöfe. Diese Siedlungsstruktur änderte sich erst mit dem hoch- und spätmittelalterlichen Landesausbau in den inzwischen bedeichten Marschgebieten. Unter dem Einfluß der Landesherrschaft entstanden planmäßige Reihensiedlungen entlang alter Dämme und Deiche, die sogenannten Marschhufensiedlungen. Von hier aus erfolgte eine systematische Entwässerung und Kultivierung auch der vernäßten und vermoorten Sietländer.

Auf der höhergelegenen Geest dagegen dominieren lockere Haufendörfer. Ab dem Mittelalter kam es zur Ausbildung von Städten an natürlich günstigen Standorten wie z.B. die Ausbildung von Hafenstädten an Auen und Flüssen (Husum, Tönning, Meldorf) oder durch günstige Lage an den Verkehrswegen des Geestrandes (Heide).

Die Marschen an der Nordseeküste wurden zumindest teilweise von der See her besiedelt, zumal sie früher mit Schiffen oder Booten leichter erreichbar waren als auf dem Landwege. Daher bestanden stets enge kulturelle Beziehungen zwischen den Nordseemarschen der Nieder-

Die Haus- und Siedlungsformen als landschaftsbildprägende Elemente weisen enge Bezüge zum Naturraum und zur Wirtschaftsweise auf

lande, Niedersachsens, Schleswig-Holsteins und Dänemarks (ELLENBERG 1990). Das prägt sich vor allem in der Wohnkultur aus, während die Konstruktion der Bauernhäuser nur dort Ähnlichkeiten aufweist, wo wirtschaftliche, klimatische und sonstige Bedingungen dies nahelegten.

Gulfhäuser und Haubarge sind typisch für die Halbinsel Eiderstedt und Dithmarschen

Mit dem Gulfhaus hat sich in der dithmarscher Marsch und auf der Halbinsel Eiderstedt ein an die Waldarmut angepaßter Haustyp durchgesetzt. Der „Gulf", ein zentraler, von vier Ständern getragener Teil, wird vom Boden bis unter das Dach als Erntelager genutzt und schafft so viel Platz mit wenig Bauholz. In den vom 11. Jahrhundert an zunehmend sicher durch Deiche geschützten Marsch- und Moorbereichen Dithmarschens verdrängte das Gulfhaus die hier einst herrschenden Hallenhäuser. Vor allem in den neu eingedeichten Kögen wurde es bevorzugt, da es den dort anfallenden hohen Ackererträgen mehr Lagerraum bot als das Hallenhaus mit seinem nur dachlastigen Stapelraum. Auf der Halbinsel Eiderstedt ist seit dem Ende des 16. Jahrhunderts ein Bauernhaustyp mit eindrucksvollem Sondercharakter entstanden, der Haubarg. Daneben existieren, vor allem im nördlichen Eiderstedt, sogenannte Langhäuser. Mit ihrem niedrigen Dach, das sich oft hinter Windschutz-Gehölzen versteckt, fallen letztere im Landschaftsbild allerdings weniger auf.

Nördlich der Halbinsel Eiderstedt fehlen die großen Einfirsthöfe. Auf den Halligen und Geestinseln herrschen niedrige Langhäuser vor, die auch als „uthlandfriesische" Häuser bezeichnet werden. Stürme, Überflutungsgefahr, beengter Bauplatz und Materialmangel bewirkten, daß auf den Halligen keine Großbauten entstanden. Auch auf den Geestinseln waren die Häuser meist klein und denen der Halligen ähnlich. In den Marschen der nordfriesischen Westküste dominieren neben Langhäusern wie auf den Inseln auch größere Drei- oder Vierseithöfe, die häufig auf eigenen Warften liegen. Daß diese Höfe niedrig blieben, dürfte vor allem mit den starken Winden zusammenhängen, die den geduckten Gebäuden weniger anhaben können (ELLENBERG 1990) sowie mit dem Mangel an hochwüchsigen und geraden Hölzern. Zudem spielte neben der Viehhaltung der Getreidebau nur eine untergeordnete Rolle, so daß keine großen erdlastigen Stapelräume benötigt wurden.

Zu den traditionellen Nutzungen zählen die Landwirtschaft und die Fischerei

Die kulturellen Besonderheiten einer Region werden auch in der Sprache als unverwechselbare, regionale Eigenheit deutlich. Während in Nordfriesland zum großen Teil friesisch gesprochen wurde und teilweise auch heute noch wird, ist Dithmarschen Verbreitungsgebiet des Plattdeutschen. Die friesische Sprache gehört als eigene Sprache der westgermanischen Sprachfamilie an. Es ist die einzige Sprache eines autochthonen germanischen Volksstammes, die ohne den Rückhalt eines eigenen Nationalstaats bis heute erhalten geblieben ist. Der gegenwärtige Sprachraum hat sich auf die nordfriesischen Inseln, Helgoland und den Festlandsbereich zwischen Bredstedt und der dänischen Grenze verkleinert. Hauptmundarten sind das Insel- und Festlandsfriesisch, wobei sich ersteres nach Inseln in Sölring (Sylt), Fering-Öömrang (Föhr-Amrum) und Halunder (Halligen) unterteilt. Auf Eiderstedt und im Husumer Raum wurde die friesische Sprache bereits im 17. Jahrhundert vom Plattdeutschen verdrängt. Im Gegensatz zum Friesischen handelt es sich beim Plattdeutschen, das überwiegend in Dithmarschen gesprochen wird, nicht um eine eigene Sprache, sondern um eine niederdeutsche Mundart, die sprachwissenschaftlich betrachtet aus dem Niederländischen stammt.

1.2.3 Traditionelle Nutzungen

Die Nutzungsformen des Wattenmeeres und seiner angrenzenden Küstenregion sind, von der Besiedlungsgeschichte und den wechselnden politischen und wirtschaftlichen Rahmenbedingungen her, ständigen Änderungen unterworfen gewesen. Zu den traditionellen Nutzungen zählen die Landwirtschaft und die Fischerei, die sich von der ehemaligen Subsistenzwirtschaft zur intensiven Nutzung gewandelt haben. Andere traditionelle Nutzungen werden mittlerweile nicht mehr oder nur noch sehr eingeschränkt ausgeführt. Dazu zählen die Salzgewinnung, die Reetgraswirtschaft, die Jagd (vergl. Kap. VI 4) sowie einzelne Zweige der Fischerei (vergl. Kap. VI 5). Auch in den traditionellen Nutzungen zeigt sich die deutliche Trennung zwischen Dithmarschen und Nordfriesland. Naturräumliche Gegebenheiten sowie die Verbindung zu den holländisch-niederrheinischen Friesen erklären die stärkere

Meeresorientierung mit Fischerei, Handelsseefahrt und Salzgewinnung der Friesen gegenüber den Dithmarschern.

Ein Grund für die Einwanderung niederländischer Friesen nach Nordfriesland dürfte in ihren ausgeprägten Handelsbeziehungen zu Ripen und Haithabu gelegen haben. Die buchtenreiche nordfriesische Küste mit ihren Naturhäfen bot dafür gute Voraussetzungen, und über Eider und Treene war es möglich, sehr nahe an Haithabu heranzukommen (JESSEL 1991). Zwischen dem 12. und der Mitte des 14. Jahrhunderts erlebten die nordfriesischen Marschen eine wirtschaftliche Blüte. Dafür sorgte vor allem die Gewinnung des "friesischen Salzes" durch den großflächigen Abbau des Salztorfs sowie der Export von Vieh und Getreide (KÜHN 1993). In diese Blütezeit fallen der Bau erster Kirchen und erste Eindeichungen, vermutlich auch der Aufstieg des legendären Rungholts zur größten Hafenstadt Nordfrieslands.

Durch die große Sturmflut von 1362 sowie den Aufstieg der Hanse, die den lukrativen Fernhandel fast gänzlich unterband, fand die positive Entwicklung Nordfrieslands zunächst ein Ende. Eine weitere kurze wirtschaftliche Blütezeit erlebte vor allem das südliche Nordfriesland gegen Ende des 16. Jahrhunderts. Verstärkt einwandernde Niederländer strukturierten den bisher dominierenden Ackerbau in eine einträgliche Weide- und Milchwirtschaft um. Während dieser Zeit wurden die Stadtrechte an Tönning und Garding (1590) sowie an Husum (1603) verliehen, ferner Friedrichstadt gegründet (1621). Auch während dieser Zeit fand eine rege Handelsseefahrt statt.

Der Fischfang war vor allem auf den Geestkerninseln und Halligen von Bedeutung, wo die Landwirtschaft nur eine untergeordnete Rolle spielte. Nach dem Niedergang der Heringsfischerei Anfang des 17. Jahrhunderts nutzten die seefahrtserfahrenen Insel- und Halligfriesen die Möglichkeit, auf holländischen und später auch hamburgischen Walfangschiffen auf „Grönlandfahrt" zu gehen. Den während dieser Zeit erstmals erreichten Wohlstand dokumentieren die vornehmlich aus dem 18. und 19. Jahrhundert stammenden „Kapitänshäuser" der drei Geestinseln. Weiteren Aufschwung brachte die anschließende, erfolgreiche Handelsseefahrt, die mit der Kontinentalsperre im Jahre 1806 wiederum ein jähes

Ende fand. Die heutige Fischerei ist im wesentlichen durch die Garnelen- und die Miesmuschelfischerei gekennzeichnet. Die Garnelenfischerei gehört zu den traditionellen Nutzungen im Wattenmeer, die sich allerdings von der Subsistenzfischerei zum wirtschaftlich bedeutenden Fischereizweig entwickelt hat (vergl. Kap. VI 5.3).

In Dithmarschen spielte seit jeher die Landwirtschaft die wichtigste Rolle. Durch Bedeichungen, vor allem im 11. Jahrhundert, entstanden geschützte, sehr fruchtbare Marschgebiete, die sich hervorragend für den Getreideanbau eigneten und damit zum Wohlstand der dithmarscher Bauern führten. Wenngleich einige dithmarscher Bauern als Kaufleute auftraten und auch Schiffe besaßen, so blieb Dithmarschen doch ein Bauernland. Es fehlte eine Durchgangsstraße durch Dithmarschen sowie ein gut erreichbares Hinterland als Abnehmer von Produkten. Neben einer Reihe kleinerer Häfen bzw. Lösch- und Ladeplätze existierte im Mittelalter Meldorf als einzige Stadt in Dithmarschen.

Während des tiefgreifenden Wandels der Landwirtschaft von der extensiven Wirtschaftsweise zu hochtechnisierten, marktorientierten Betrieben unterlagen auch die landwirtschaftlichen Nutzungen selbst Veränderungen. So wandelte sich im Bereich Eiderstedt die vorherrschende Ackerwirtschaft unter niederländischem Einfluß zur Milchwirtschaft, um dann mit wachsendem Fleischbedarf ein wichtiges Standbein in der Viehwirtschaft zu entwickeln (MUUSS & DEGN 1974). In den Marschgebieten Dithmarschens war es vor allem der Preisverfall für Getreide, Zuckerrüben und Mastochsen, der zur Initialzündung für den Kohlanbau wurde (BÄHR 1987).

Die Fischerei ist heute wesentlichen durch die Garnelen- und die Miesmuschelfischerei gekennzeichnet

2. Abiotische Grundlagen

2.1 Klimatische Randbedingungen

Das Klima im Schleswig-Holsteinischen Wattenmeer ist feucht-gemäßigt. Für die Ausbildung der klimatischen Verhältnisse im Gebiet der Nordsee sind vor allem die drei Faktoren geographische Lage, Westwinddrift sowie Wärmespeicherfähigkeit des Wassers ausschlaggebend.

Das Klima im Schleswig-Holsteinischen Wattenmeer ist feucht-gemäßigt

Das Wattenmeer liegt im Einflußbereich der planetarischen Frontalzone, deren mäandrierender Westwindgürtel während des ganzen Jahres Tiefdruckgebiete über dem Atlantik bedingt. Daraus ergeben sich Niederschläge zu allen Jahreszeiten mit einem gering ausgeprägten Minimum im Winter (Januar bis März). Aufgrund der Zugrichtung der Niederschlagsgebiete erhöht sich die Niederschlagsmenge von Süd nach Nord (RAT VON SACHVERSTÄNDIGEN FÜR UMWELTFRAGEN 1980).

Die höchsten Niederschlagsmengen im Wattenmeergebiet erhält die unmittelbare Küste, so liegen die Werte beispielsweise für St. Peter-Ording von 1977 bis 1988 im Durchschnitt bei 904 mm. Die geringsten Niederschlagsmengen im Gebiet werden auf den Inseln gemessen. Sie betragen z.B. für List/ Sylt im gleichen Zeitraum 815 mm (KIRSCHNING 1991, Abb. 45). Die Werte für das eigentliche Wattenmeer dürften denen der Inseln ähneln. Lokal, z.B. im Sylt-Rømø-Wattenmeergebiet, kann die Leewirkung der Inseln zu noch geringeren Niederschlägen führen (LOHSE & MÜLLER 1995).

Die Westwinddrift bewirkt, daß Westwinde rund 50 % der Jahreshäufigkeit ausmachen. Sie sind das ganze Jahr vorherrschend und bringen Starkwindwetterlagen mit sich. Wegen der geringeren Bodenreibung der Luftmassen über dem freien Meer sind die Windgeschwindigkeiten im Wattenmeergebiet grundsätzlich höher als im Binnenland. Sturmtiefs treten vorwiegend im Winterhalbjahr bei einem Maximum im Januar auf, können als Wetterextreme aber auch während der anderen

*Abb. 45
Isolinien der Niederschlagsmenge im Jahr 1994 in mm.*

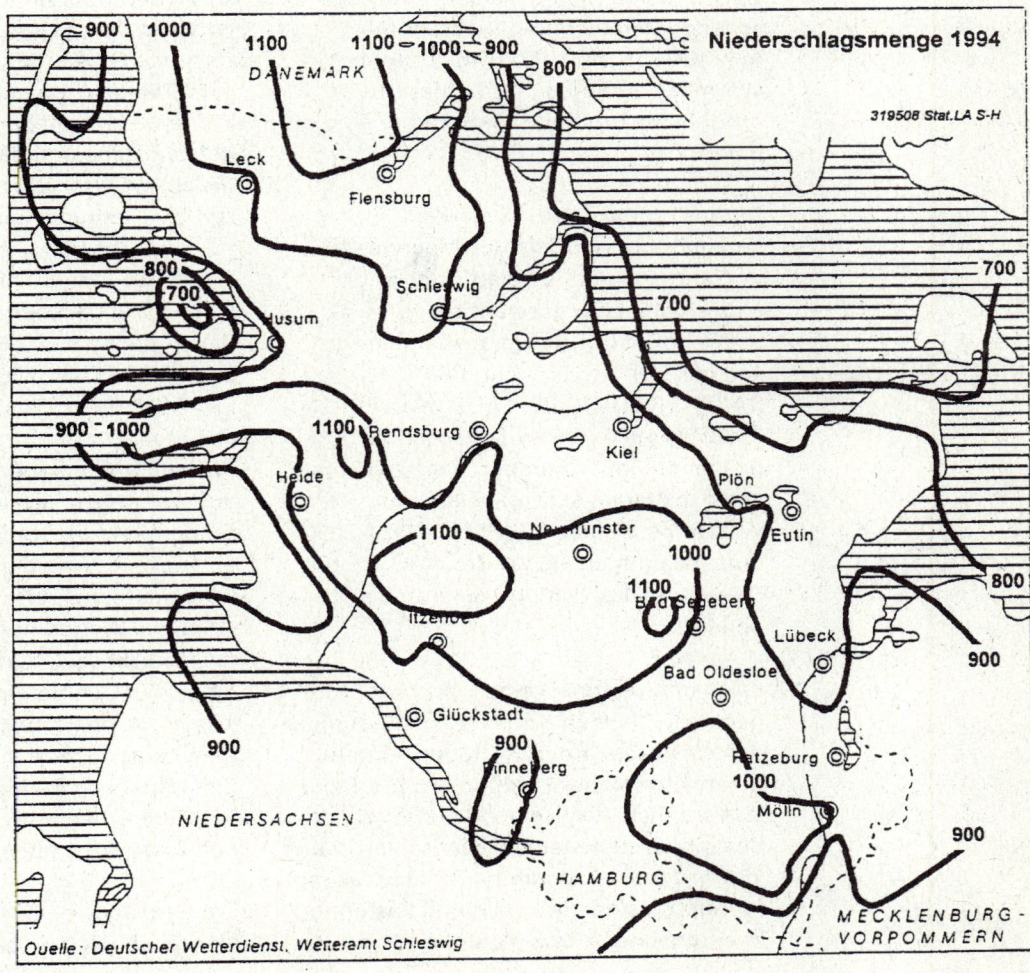

Jahreszeiten erscheinen (SCHINKE 1993). Sie führen zu einem Windstau in der Deutschen Bucht, der dann Sturmfluten nach sich zieht (REINECK 1982).

Die Wärmespeicherfähigkeit des Wassers sorgt dafür, daß klimatische Extremwerte der Temperatur abgemildert werden. Bei einer Abkühlung des Meerwassers um 1 °C bis in eine Tiefe von 1 m, kann die Lufttemperatur mit der abgegebenen Wärmemenge bis in eine Höhe von vier Kilometern um 1 °C erwärmt werden. Wasser- und Lufttemperatur gleichen sich daher relativ schnell einander an (RAT VON SACHVERSTÄNDIGEN FÜR UM-WELTFRAGEN 1980). Zudem erhöhen warme atlantische Meeresströmungen äquatorialen Ursprungs die Temperatur der Oberflächenwasserschichten um bis zu 9 °C über den theoretischen Wert für diese Breitengrade.

Die Lage des Wattenmeeres im Übergangsbereich zwischen Ozean und dem größten Kontinent der Erde läßt aber auch immer wieder Einflüsse kontinentaler Klimamerkmale sichtbar werden. Daraus ergeben sich häufige Wechsel zwischen ozeanischem und kontinentalem Einfluß. Mehrere Tage bis Wochen können stabile Ostwindwetterlagen die sonst vorherrschende Westrichtung blockieren (BACKHAUS 1993, Abb. 46). Erhöhte Wärmeausstrahlung im Winter bzw. erhöhte Einstrahlung im Sommer sind die Folge.

Daraus ergibt sich eine stärkere Temperaturamplitude des Meerwassers im Jahresgang. Sie beläuft sich in der südöstlichen Nordsee auf bis zu 14 °C, während sie im Übergangsbereich zum Atlantik nur 7 °C erreicht (RAT VON SACHVERSTÄNDIGEN FÜR UMWELT-FRAGEN 1980). Diese Tatsache fällt besonders im Winter auf, nach zwei bis drei Frosttagen setzt die Eisbildung vom Wattenmeer aus ein (EHLERS 1994). In durchschnittlich ein bis drei Wintern pro Dekade ist das Wattenmeer von Eis bedeckt.

Lokal und regional zeigen sich Änderungen dieser klimatischen Grundsituation an der Westküste. Im Bereich des Wattenmeeres treten bei Strahlungswetterlagen tageszeitlich wechselnde Land- und Seewindsysteme auf, die zwischen 10 und 16 Uhr zu einer Abnahme der Bewölkung führen. So sind die Inseln und küstennahen Bereiche in Bezug auf die Sonnenscheindauer begünstigt. Sie liegt im Sommer (Juni bis August) zwischen 650 (St. Peter-Ording) und 710 (List/Sylt) Stunden im Mittel der Jahre 1968 bis 1988 (KIRSCHNING 1991).

Mikroklimatisch können erhebliche Abweichungen von den großklimatischen Bedingungen auftreten. So ist u.a. in unbewachsenen Dünentälern bodennah eine höhere Temperatur und eine geringere Windgeschwindigkeit festzustellen als in den umgebenden Gebieten (KIRSCHNING 1991). Über moorigen Flächen dagegen sind Frosttage bis in den Juni hinein häufig.

2.2 Wasserhaushalt und Hydrodynamik

Die Nordsee steht mit dem Atlantik über drei Meeresströmungen in Verbindung. Über den Ärmelkanal gelangen etwa 3.400 km³ Atlantikwasser/ Jahr in die Nordsee, über den Fair Isle Current zwischen Schottland und den Shetlands etwa 9.000 km³/Jahr. Der größte Einstrom erfolgt mit ca. 51.000 km³/Jahr über den Nordatlantik. Diese Wassermassen bilden somit den Hauptanteil des Nordseewassers. Der Einstrom erfolgt entlang der Ostküste Großbritanniens, folgt der niederländischen und niedersächsischen Wattenmeerküste, um über die schleswig-holsteinische und dänische Küste durch die Norwegische Rinne in den Atlantik zurückzukehren (Abb. 47).

Die Verweildauer des Tiefenwassers der Nordsee in der Deutschen Bucht beträgt dabei mehr als 30 Monate (RAT VON SACHVERSTÄNDIGEN FÜR UMWELT-FRAGEN 1980). Diese Strömung tritt wie alle Meeresströmungen mit randlichen Wirbeln und mäandrierenden Schlingen auf, aus denen sich einzelne Strömungszellen mit kreisförmiger Bewegung entwickeln. Über diese, entgegen dem Uhrzeigersinn kreisenden Restströme steht das Wattenmeer mit dem Gesamtsystem Nordsee in Verbindung (BUCHWALD 1990). Für den Bereich der kontinentalen Küste und damit des gesamten Wattenmeeres ist zusätzlich der Einstrom durch den Kanal von Bedeutung, da sich seine Wassermassen im wesentlichen entlang der Küste ausbreiten.

Die Gezeitenwelle des Atlantik dringt von Norden in die Nordsee ein und folgt

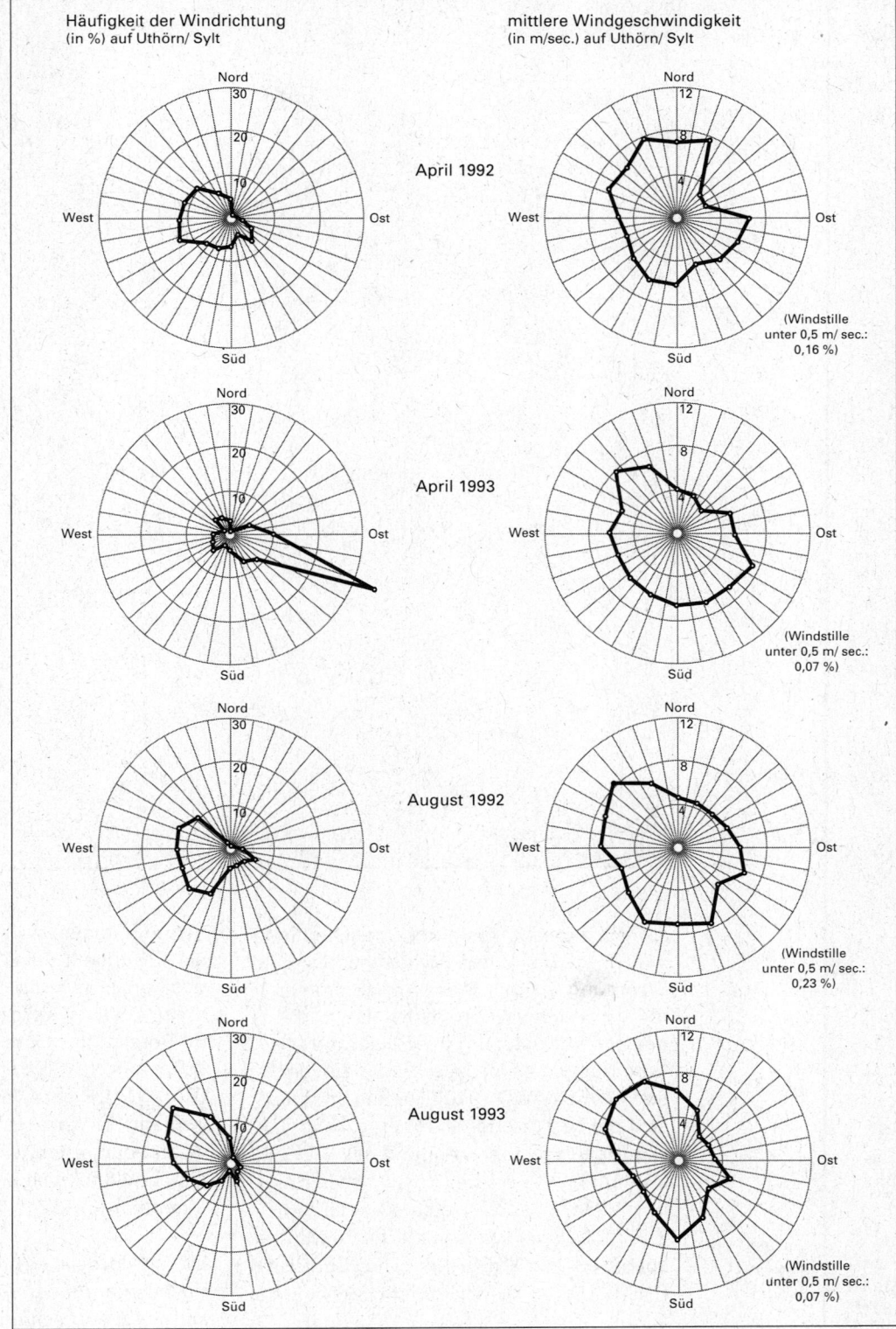

Abb. 46
Häufigkeit der
Windrichtung und
mittlere Wind-
geschwindigkeit für
das Frühjahr und
den Hochsommer
der Jahre 1992 und
1993 auf Sylt
(LOHSE & MÜLLER
1995, verändert).

Häufigkeit der Windrichtung
(in %) auf Uthörn/ Sylt

mittlere Windgeschwindigkeit
(in m/sec.) auf Uthörn/ Sylt

April 1992

(Windstille
unter 0,5 m/ sec.:
0,16 %)

April 1993

(Windstille
unter 0,5 m/ sec.:
0,07 %)

August 1992

(Windstille
unter 0,5 m/ sec.:
0,23 %)

August 1993

(Windstille
unter 0,5 m/ sec.:
0,07 %)

V

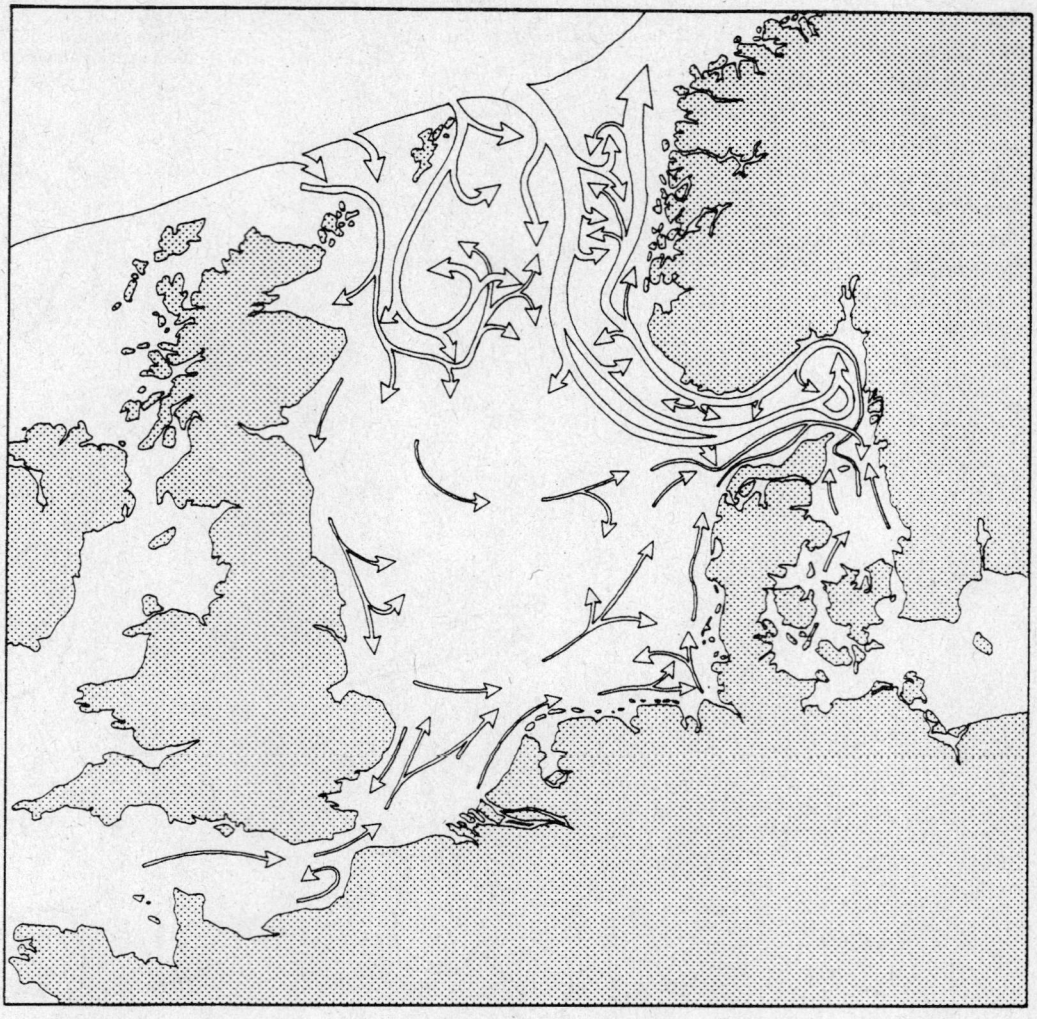

Abb. 47
Das Strömungs-
geschehen in der
Nordsee (vergl.
Text) (ICES 1993b).

zunächst der Ostküste der Britischen Insel südwärts. Sie verläuft, wie auch die Strömung, gegen den Uhrzeigersinn an der niederländischen, deutschen und dänischen Küste, um über die norwegische Küste die Nordsee wieder zu verlassen (BUCHWALD 1990). Daraus erklären sich die verschiedenen Hoch- bzw. Niedrigwasserzeiten entlang der Wattenmeerküste. Ein Hochwasser, das um 12 Uhr Büsum erreicht hat, läuft in Husum beispielsweise erst gut 70 Minuten später auf (BUNDESAMT FÜR SEESCHIFF-FAHRT UND HYDROGRAPHIE 1994).

Das tägliche
Wechselspiel von
Ebbe und Flut ist
der prägende
Faktor des Watten-
meeres

Das täglich zweimalige Wechselspiel von Ebbe zu Flut ist der prägende Faktor des Wattenmeeres. Die daraus resultierenden Tideströme bilden den bestimmenden hydrologischen Faktor im Wattenmeer. Auf diesem Wege strömen mit jeder Flut etwa 15 km³ Meerwasser in das Gebiet des gesamten Wattenmeeres ein und überfluten die Wattflächen (CWSS 1993). Dabei müssen die Wassermassen in kurzer Zeit zum Teil sehr enge Durchlässe, wie das Lister Tief zwischen Sylt und Rømø, passieren. Daraus resultieren

Strömungsgeschwindigkeiten von mehr als 150 cm/s (REINECK 1982). Im Rahmen des Forschungsprojektes Sylter Wattenmeer Austauschprozesse (SWAP) wurden im Bereich des Lister Tiefs Geschwindigkeiten bis zu 130 cm/s ermittelt (BACKHAUS et al. 1996), die die Erosionswirkung im Vergleich zum umgebenden Wattgebiet erheblich verstärken. Das Lister Tief hat sich auf mehr als 40 m eingetieft (EHLERS 1994).

Da die Nordsee ein relativ abgeschnürtes, flaches Randmeer des Atlantiks bildet, können Oberflächenphänomene, die nur bis in geringe Tiefen vorstoßen, insbesondere küstennah bis auf den Meeresgrund wirksam werden. Im Wattenmeer gilt dies vor allem für windinduzierte Strömungen und Schwankungen der Wassertemperatur (KELLETAT 1989). Erhebliche Unterschiede in der Ausprägung der Strömungsverhältnisse (Abb. 48), je nach Windrichtung und -stärke, wurden während der SWAP-Untersuchungen belegt (BACKHAUS et al. 1995).

Abb. 48
Die Strömungs-
verhältnisse im
Königshafen Sylt
bei lokalen West-
winden (oben) und
Ostwinden (unten)
(BACKHAUS et al.
1995).

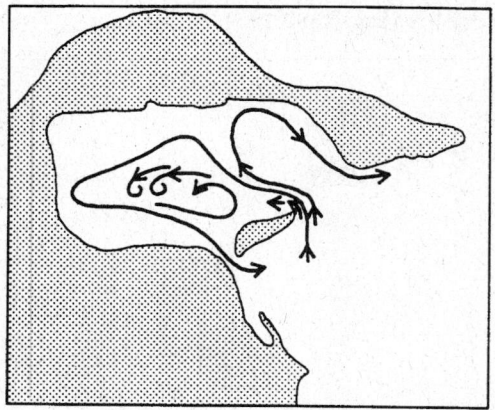

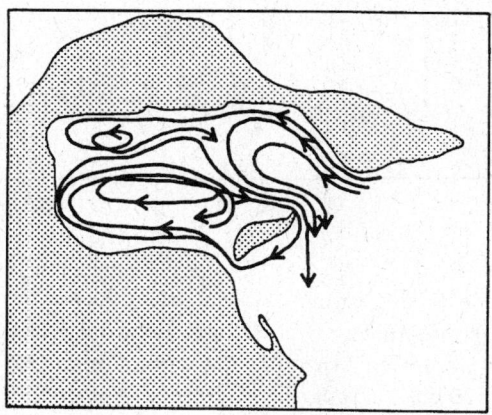

Lokal betrachtet bedingen die unterschiedlichsten Parameter den Grad der Erwärmung des Wassers. Windrichtung und -geschwindigkeit, Bewölkungsgrad, spezifische Feuchte und die topographischen Voraussetzungen beeinflussen den Energieeeintrag. Daraus ergeben sich Temperaturdifferenzen zwischen minimaler und maximaler Wassertemperatur von z.B. 2,4 °C im Lister Tief und bereits 4,2 °C am nördlichen Hindenburgdamm, während im Rahmen von SWAP die höchste Differenz mit bis zu 8 °C im Königshafen ermittelt wurden (BACKHAUS et al. 1995). Zudem spielt das tageszeitliche Eintreten des Niedrigwassers eine Rolle. Zwei Niedrigwasserperioden am Tage erwärmen die Wattflächen stärker als nur eine.

Umgekehrt gilt, daß sich die freien Wattflächen auch schneller abkühlen als der Wasserkörper. Diese Tatsache ist an der im Wattenmeer einsetzenden Vereisung der Nordsee während des Winters abzulesen (REINECK 1982). Ein thermodynamisches Modell für das Nordsylter Wattenmeer zeigt, daß die Auskühlung, dokumentiert an der Eisbildung, vor allem stark mit der Lufttemperatur und den abnehmenden Wärmeflüssen im Gebiet korreliert. Die Eisbildung setzt in flachen Wattgebieten nahe dem Rømø-Damm ein, wächst rasch auf und erreicht schnell eine Bedeckung von nahezu 100 %. In den strömungsstarken Bereichen des Untersuchungsgebietes ändert sich der Grad der Eisbedeckung in Abhängigkeit von der Verdriftungsneigung und den Gezeiten (BACKHAUS et al. 1995).

In Küstennähe kommt als weiterer hydrologischer Faktor die Süßwasserzufuhr hinzu. Im langjährigen Mittel gelangen etwa 60×10^9 m³ Süßwasser aus den Flüssen über das Wattenmeer in die Nordsee. Den Hauptanteil tragen Elbe, Weser und Ems (CWSS 1993). Auf Grund der vorherrschenden Strömungen (vergl. Abb. 47) ist insbesondere der Abfluß der Elbe für das schleswig-holsteinische Wattenmeer von Bedeutung, der im Mittel 700 m³/s (ohne die schleswig-holsteinischen Zuflüsse Stör, Krückau und Pinnau) beträgt, jedoch je nach Witterungsbedingungen (Abb. 49) erheblich schwanken kann (BUCHWALD 1990). Obwohl die Eider mit rund 10^9 m³ jährlich nur etwa 5 % der Wassermenge der Elbe ins Wattenmeer entläßt, ist sie durch ihre unmittelbare Nähe vor allem für den nordfriesischen Teil des Wattenmeeres von Bedeutung (ICES 1993b).

Der Wasserkörper zeigt sich dementsprechend gut durchmischt und weist in der Regel keine vertikale Schichtung auf (FANGER et al. 1995). Im Gegensatz zu der langen Verweildauer des Tiefenwassers wird das Oberflächenwasser in kürzeren Zeiträumen ausgetauscht, da es stärker von den äußeren Bedingungen beeinflußt wird. Für den Bereich zwischen Nordstrand und Eiderstedt ermittelte die BUNDESAMT FÜR SEESCHIFFAHRT UND HYDROGRAPHIE (1994) in einem Modell eine Wasseraustauschzeit von 20 Tagen.

Für den Wärmeenergieeintrag in die Wassersäule des Wattenmeeres sind der Wechsel von Ebbe und Flut sowie die geringe Tiefe von ausschlaggebender Bedeutung. Im gesamten Wattenmeer fallen ca. 5.300 km² der Wattfläche trocken. Rund 200 km² sind zu mehr als zwei Dritteln der Niedrigwasserzeit ohne Wasserbedeckung (CWSS 1993). Durch den periodischen Wechsel erhält das auflaufende Wasser, insbesondere im Sommer, einen zusätzlichen Energieeintrag über die aufgeheizten Wattflächen, da diese sich schneller aufwärmen als der Wasserkörper. Insbesondere die flachen Wattgebiete, die am längsten der direkten Erwärmung ausgesetzt sind, erwärmen die Wassersäule (EHLERS 1994).

Abb. 49
Die Abflußraten der Elbe schwanken innerhalb und zwischen den Jahren erheblich. Die Süßwasserzufuhr beeinflußt die Salinitätsverhältnisse (vergl. Abb. 13) (HESSE 1995).

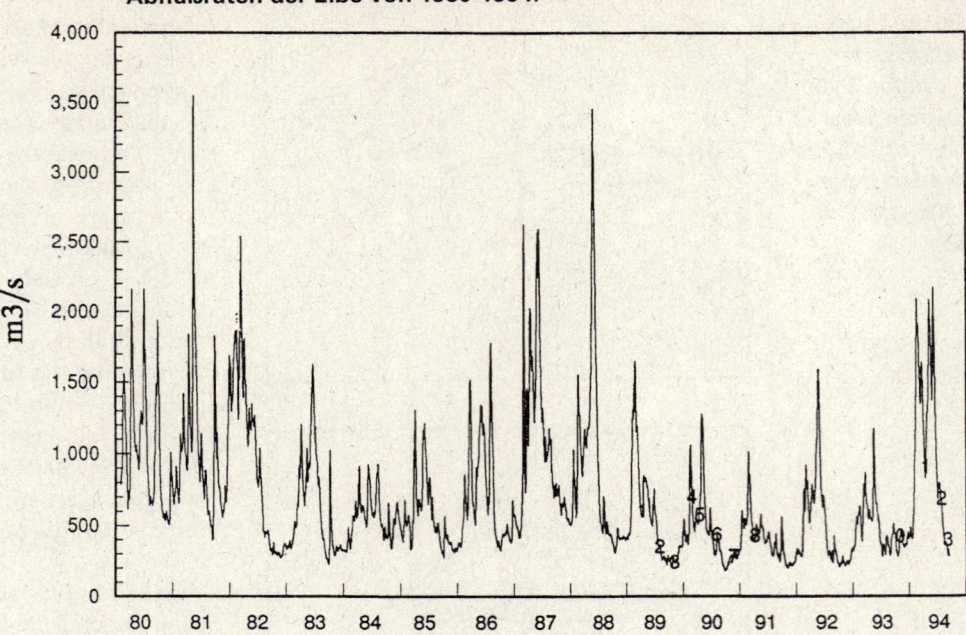

Abflußraten der Elbe von 1980-1994.

Die Süßwassermengen nehmen Einfluß auf den Salzgehalt des Wattenmeeres. Während die Salinität in der freien Nordsee nahezu konstant bei 35 psu (practical salinity units) liegt, schwanken die Werte in Küstennähe erheblich. Auch hier liefert die SWAP-Forschung konkretere Zahlen für ihr Untersuchungsgebiet. Während des Ebbstroms fällt der Salzgehalt im Rømø-Tief von 31 psu auf 28,5 psu. Dieser Effekt zeigt, daß selbst kleine Süßwasserzuflüsse (hier: Vidå) zumindest lokal nicht zu vernachlässigen sind (FANGER et al. 1995). Erheblich größere Auswirkungen auf die Salinität besitzen folglich die großen Flüsse, die in das Wattenmeer münden. Abbildung 50 zeigt, daß der Salzgehalt bis weit in den nordfriesischen Teil des Wattenmeeres reduziert ist und in Richtung Elbe-Ästuar deutlich abnimmt.

Auf Grund der schwankenden jährlichen Abflußmengen verschieben sich jedoch die Isolinien des Salzgehaltes (BROCKMANN et al. 1995). Andererseits übt das Salzwasser einen Einfluß auf die Flußästuare aus. Je nach Stärke des Flutstromes zieht sich der Einfluß bis zu 50 km (Elbe) stromaufwärts und bildet dort einen Salzgradienten aus (EHLERS 1994).

Jahreszeitliche Schwankungen beeinflussen den Süßwasserzustrom. In den mittleren Breiten ist der Süßwasserzustrom in der Regel im frühen Herbst am geringsten, im März und April dagegen am höchsten. Dementsprechend erreicht die Salinität des Wattenmeeres im Oktober ihr Maximum, stark abnehmende

Das Wattenmeer ist eines der produktivsten Ökosysteme der Welt

Salzgehalte sind im Frühjahr zu verzeichnen. Extremwerte werden lokal auf trockenfallenden Wattflächen gemessen. Je nach Wetterlage können bei Starkregen oder schmelzenden Eisplatten Minimalwerte von 10 psu oder bei starker Sonneneinstrahlung im Sommer Maximalwerte weit oberhalb des durchschnittlichen Salzgehaltes auftreten (EHLERS 1994).

2.3 Nährstoffe

Das Wattenmeer ist eines der produktivsten Ökosysteme der Welt. Für die Produktion von Biomasse ist eine gute Versorgung mit Nährstoffen erforderlich. Obwohl für den Aufbau von Biomasse im Wattenmeer eine große Zahl chemischer Elemente und Verbindungen eine Rolle spielt, bilden im wesentlichen Stickstoff-, Phosphor- und Siliziumverbindungen die Grundlage für die Primärproduktion (BUCHWALD 1990).

Nährstoffe setzen sich im Wattenmeer aus Nährsalzen und organischen Verbindungen zusammen. Sie können in gelöster, kolloidaler und partikulärer Form vorliegen. Gelöste Substanzen bewegen sich wie der Wasserkörper, kolloidale und partikuläre Substanzen bewegen sich mit dem Wasserkörper und folgen dementsprechend den hydrologischen bzw. sedimentologischen Bedingungen (BROCKMANN et al. 1994).

Die wichtigsten Nährsalze sind Phosphat, Nitrat, Ammonium und Silikat (BROCK-

Abb. 50
Beispiel für einen
Salinitätsgradienten
im inneren Watten-
meerbereich, der
wesentlich von der
Süßwasserzufuhr
der Flüsse geprägt
wird (BROCK-
MANN et al. 1995).

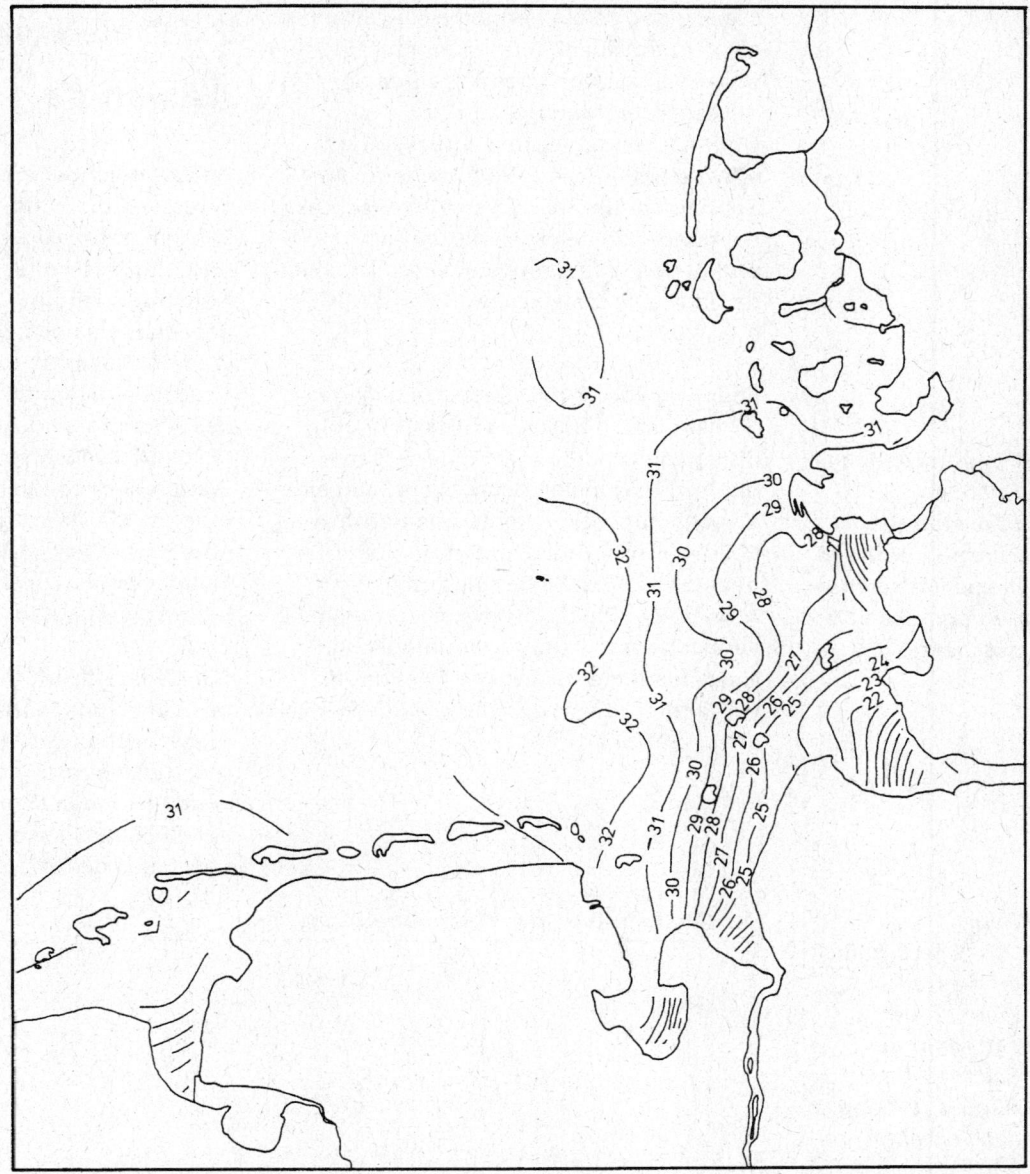

MANN et al. 1994). Die wichtigsten organischen Verbindungen sind die stickstoff- und phosphorhaltigen (HESSE 1995). Die Zusammensetzung der einzelnen Stickstoffverbindungen schwankt im Jahresgang. Im Sommer bilden organische Stickstoffverbindungen je nach Region 75 % bis 90 % des gesamten gelösten Stickstoffs. Im Wattenmeer stellt anorganisches ortho-Phosphat bis zu 90 % der gelösten Phosphorverbindungen (BARANIOK et al. 1995). Im Küstenwasser dagegen erreichen organische Phosphorverbindungen Werte bis zu 50 % des gelösten Gesamtphosphors, das mit dem Flutstrom auf das Wattenmeer einwirkt (HESSE 1995).

Das Stickststoff - Phosphor- Verhältnis ist verschoben

Silikat ist im Wattenmeer vor allem für Kieselalgen von Bedeutung, andere Phytoplanktonarten sind von der Silikatkonzentration im wesentlichen unabhängig (BUCHWALD 1990). Zudem währt der Prozess der Remineralisierung von Silikat am längsten, so daß häufig dessen Konzentration die Entwicklung der Kieselalgen begrenzt (BROCKMANN et al. 1995).

2.3.1 Nährstoffverhältnis

Das Verhältnis von Stickstoff (N) zu Phosphor (P) gibt einen Hinweis auf die Bedingungen für den Aufbau von Biomasse durch das Phytoplankton (CWSS 1993). Das normale N/P-Verhältnis liegt bei einer insgesamt hohen Nährstoffkonzentration, auf das auch die Produzenten eingestellt sind, bei 16:1 (BROCKMANN et al. 1994). Im gesamten nordfriesischen Wattenmeer lag im August 1989 das N/P-Verhältnis unter 4:1, während im dithmarscher Teil Verhältnisse zwischen 4:1 und 16:1 ermittelt wurden (Abb. 51).

Diese untypischen Verhältnisse werden auf gleichbleibend hohe Werte für Phosphate bei gleichzeitiger Abnahme der Stickstoffverbindungen im Untersuchungszeitraum zurückgeführt (CWSS 1993). Eine Erhöhung der Stickstoffzufuhr beispielsweise aus direkt einmündenden Flüssen würde sich unmittelbar in einer gesteigerten Produktion im Watt widerspiegeln (BROCKMANN et al. 1994).

Ebenfalls von großer Bedeutung ist das Verhältnis von Silikat zu Stickstoff- und Phosphorverbindungen. Eine Verschiebung zu Ungunsten des Silikats kann eine Verschiebung der Artenzusammensetzung bei den Primärproduzenten zur Folge haben. Die Verschiebung der zeitlichen Abfolge der Phytoplanktonarten sowie das verstärkte Auftreten bestimmter Algen werden auf die veränderten Nährstoffverhältnisse zurückgeführt (BROCKMANN et al. 1994).

Der anthropogene Anteil der Stickstoff- und Phosphoreinträge in das Wattenmeer wird auf etwa 90 % geschätzt

2.3.2 Herkunft der Nährstoffe

Das Wattenmeer enthält je nach Nährstoff eine zwei- bis fünfmal höhere Nährstoffkonzentration als die Deutsche Bucht (BROCKMANN et al. 1994). Dieser relative Nährstoffreichtum wird aus drei Quellen gespeist. Als noch weitgehend natürlich wird der Zustrom von - im Vergleich zur Nordsee - nährstoffreichem Tiefenwasser des Atlantiks eingestuft (RADACH et al. 1990). Diese Nährstoffzufuhr ist für das Wattenmeer von untergeordneter Bedeutung, da die Nährstoffe vor allem in der nördlichen Nordsee zirkulieren. Das Tiefenwasser erreicht das Wattenmeer nur indirekt (vergl. Kap. V 2.2).

Die Nährstoffzufuhr über die Flüsse und aus der Atmosphäre ist so stark von menschlichen Aktivitäten geprägt, daß natürliche Einträge davon nicht isoliert werden können (RADACH et al. 1990). JENSEN (1991) schätzt den anthropogenen Anteil der Stickstoff- und Phosphor-

Abb. 51
Das N/P-Verhältnis im Wasser des Wattenmeeres beträgt in der Regel 16:1. Im August 1989 lag das Verhältnis im nördlichen Bereich bei 4:1. Dies untypische Verhältnis wurde auf eine Abnahme der Stickstoffverbindungen bei gleichzeitig steigenden Phosphatgehalten zurückgeführt (BROCKMANN et al. 1994, verändert).

N/P Verhältnis an der Wasseroberfläche

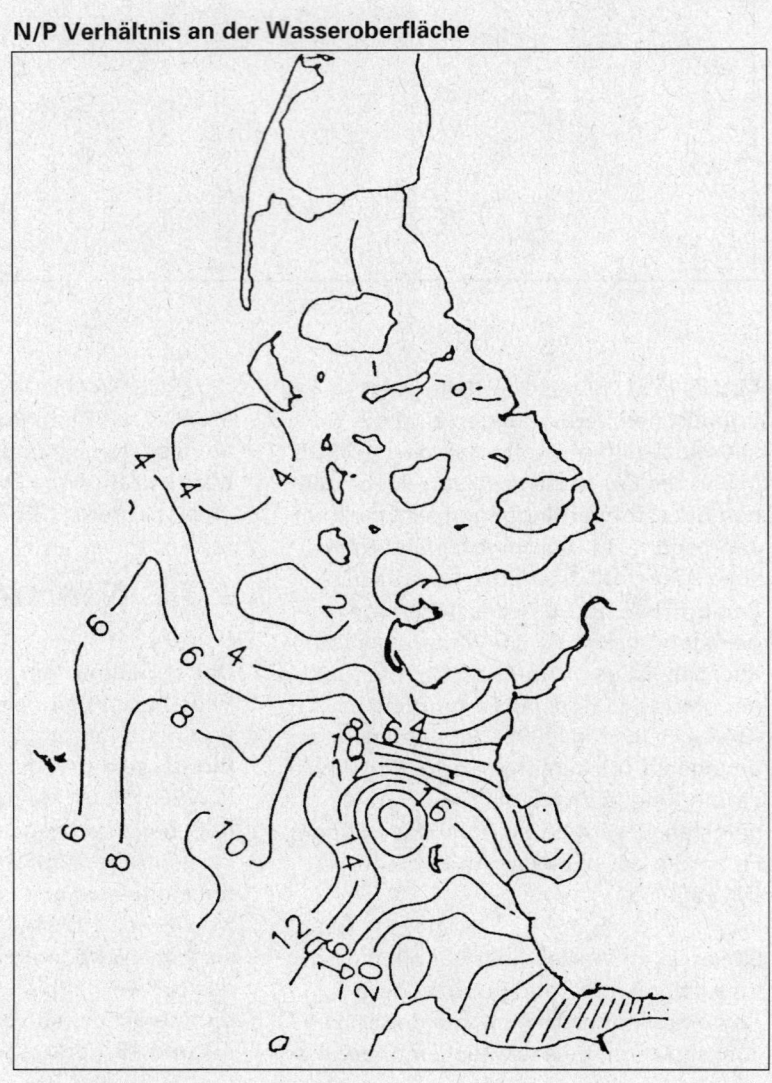

einträge in das Wattenmeer auf etwa 90 %. 52 % der Gesamteinträge vor der kontinentalen Küste gehen auf die Frachten der angrenzenden Flüsse zurück (RADACH et al. 1990).

Für den Nationalpark Schleswig-Holsteinisches Wattenmeer ist vor allem die Nährstoffzufuhr aus der Elbe von Bedeutung (vergl. Kap. V 2.2). Im Gebiet der Sylt-Rømø Bucht ist der Einfluß der Elbe gegenüber den lokalen Zuflüssen noch sechsfach erhöht (HICKEL 1980). Etwa ein Viertel der gesamten Stickstoffzufuhr in die Nordsee stammt aus der Elbe (BUCHWALD 1990). Für 1990 geben BROCKMANN et al. (1994) die Stickstoffmenge insgesamt mit 120.000 t an. Die Phosphatwerte liegen im Durchschnitt der Jahre 1977 bis 1983 bei 4.900 t/Jahr (RADACH et al. 1990), für 1990 bei 6.000 t/Jahr (BROCKMANN et al. 1994). Damit bildet das von der Elbe beeinflußte Küstenwasser die größte Nährstoffquelle für das schleswig-Holsteinische Wattenmeer (JENSEN 1991).

Atmosphärische Einträge haben für das Wattenmeer insofern eine besondere Bedeutung, als sie während der Niedrigwasserzeiten direkt auf das Wattenmeer einwirken können (BROCKMANN et al. 1994). Insbesondere Stickoxid-Immissionen erfolgen auf trockengefallenen Wattflächen stärker als in Meerwasser (SCHLÜNZEN 1994). Atmosphärische Stickstoffeinträge in Form von Stickoxiden und Ammonium sind eng mit der Niederschlagsmenge korreliert, so daß MARTENS (1989) 20 bis 30 % des Stickstoffeintrages in die Sylt-Rømø Bucht aus Niederschlägen vermutet. Für die Verteilung spielen dann lokale Bedingungen des Wettergeschehens wie Niederschlag, Windrichtung und Windstärke eine Rolle. Insbesondere südöstliche Windrichtungen verstärken die Nährstoffeinträge,

Etwa 70 % der atmosphärischen Stickstoffeinträge stammen aus Verkehr und Viehhaltung

da dann nahegelegene Ballungszentren wie Hamburg und Bremen als Emissionsgebiete wirksam werden (SCHLÜNZEN 1994). Etwa 70 % dieser atmosphärischen Stickstoffeinträge stammen aus Verkehr (Stickoxid) und Viehhaltung (Ammonium) (CWSS 1993). Insgesamt wird der atmosphärische Eintrag an Stickstoff in das gesamte Wattenmeer für das Jahr 1990 mit 7.800 t angegeben (BROCKMANN et al. 1994).

2.3.3 Verteilung der Nährstoffe

Die Verteilung der Nährstoffe ist lokal und regional sehr unterschiedlich (BROCKMANN et al. 1994) und unter anderem von hydrologischen (MARTENS 1989), sedimentologischen (BUCHWALD 1990) und witterungsbedingten (SCHLÜNZEN 1994) Faktoren abhängig. Hinzu kommen Rückkopplungen mit biotischen Teilsystemen wie Miesmuschelbänken oder Seegrasbeständen (SCHNEIDER et al. 1995). Diese extreme Variabilität des Ökosystems, zu der zusätzlich tidale, saisonale und jährliche Effekte auftreten (JENSEN 1991), macht das Erkennen der Bedingungen besonders problematisch. So konnten im Rahmen des Forschungsvorhabens Sylter Wattenmeeraustauschprozesse (SWAP) keine allgemeingültigen Aussagen zur Verteilung der Nährstoffe gemacht werden (SCHNEIDER et al. 1995).

Tabelle 15 zeigt einen qualitativen Vergleich zwischen dem Teilgebiet Königshafen und der gesamten Sylt-Rømø Bucht. Es zeigt sich, daß lediglich für die Phosphatwerte im Sommer gleiche Vorzeichen angegeben werden können. Ansonsten ergibt sich für beide Gebiete aufgrund verschiedener Bedingungen ein indifferentes Bild (SCHNEIDER et al. 1996).

Tab. 15: Qualitativer Vergleich der Flußrichtungen von Nährstoffen zwischen dem Königshafen und dem Sylt-Rømø-Becken. KH = Königshafen, SRB = Sylt-Rømø-Bucht, + = Import, - = Export, 0 = indifferent (nach SCHNEIDER et al. 1995, 1996).

	Frühjahr		Sommer		Herbst	
	KH	SRB	KH	SRB	KH	SRB
Nitrat	-	0	0	-	+	-
Nitrit	0	-	-	0	0	0
Ammonium	0	0	+	0	0	0
Phosphat	+	0	+	+	+	0
Silikat	0	0	-	+	0	0

Um den Einfluß der Organismen grob ausschließen zu können, werden Winterdaten herangezogen, da zu dieser Jahreszeit die biologische Aktivität am geringsten ist (RADACH et al. 1990). Dabei ergibt sich, daß die Werte für Nitrit, Nitrat und Phosphat im Bereich des Elbeästuars am höchsten, im Bereich südlich des Hindenburgdamms dagegen am geringsten sind (BROCKMANN et al. 1994).

2.3.4 Zeitliche Entwicklung

In den letzten drei bis vier Jahrzehnten hat der Nährstoffgehalt der Oberflächenabflüsse zugenommen. Kommunale Abwässer, Industrieabwässer und die Drainage landwirtschaftlicher Flächen haben besonders die Stickstoff- und Phosphorfrachten ansteigen lassen (JENSEN 1991). Eine Langzeitmeßreihe der Station Helgoland-Reede, die bis in das Jahr 1962 zurückreicht, belegt einen Anstieg der Meerwasserkonzentration für Nitrat-Stickstoff um das 3-4fache und für Phosphat-Phosphor um das 2fache bis in das Jahr 1986 (HICKEL et al., 1995). Dagegen blieb die Silikat-Konzentration während dieser Zeit konstant (BUCHWALD 1990). Seitdem sind die Einträge für Stickstoff und Phosphor rückläufig, wobei die Phosphoreinträge stärker zurückgegangen sind (CWSS 1993).

Nitrat-Stickstoffeinträge sind in den letzten 30 Jahren um das 3-4fache angestiegen

Im Sylt-Rømø-Gebiet zeigte sich in den neunziger Jahren eine zwei- bis dreifach höhere Sommerkonzentration als in den achtziger Jahren. Dabei wurden Werte erreicht, die über den Winterwerten früherer Jahre lagen. Dagegen ist der Sommergehalt von Phosphaten nach einem Höchstwert im Sommer 1991 wieder auf Werte zurückgegangen, wie sie in den siebziger Jahren gemessen wurden (ELBRÄCHTER & MARTENS 1996)

Vergleiche der Phosphatkonzentration aus Datensätzen von 1936 und 1978 im Küstenwasser unmittelbar vor dem Wattenmeer zeigen, daß eine Erhöhung um den Faktor 3 stattgefunden hat (WEICHART 1986). War in den Jahren vor 1988 der Phosphatgradient im wesentlichen von der Elbfahne geprägt, so belegen die Zahlen von 1989 und 1990, daß nunmehr auch das Wattenmeer als Phosphatquelle deutlich in Erscheinung tritt (BROCKMANN et al. 1994). Insbesondere Phosphorverbindungen werden in Sedimenten zwischengelagert (BUCHWALD 1990). Die über viele Jahre andauernde Eutrophierung führt zu einer sekundären Nährstoffquelle, wenn eine Remineralisierung einsetzt. Die hohe Dynamik des Wattenmeeres und mögliche Änderungen bei Erosions- und Sedimentationsprozessen innerhalb des Systems Wattenmeer können bereits aus dem Wasserkörper entfernte Nährstoffe freisetzen und dem Kreislauf wieder zufügen (JENSEN 1991). Das bedeutet, daß das Wattenmeer aufgrund seiner bisherigen Speicherfunktion zukünftig für die mittel- und langfristige Eutrophierung des Gesamtsystems eine beträchtliche Rolle spielen wird (BROCKMANN et al. 1994).

2.4 Klimawandel

Nachdem bereits in den frühen siebziger Jahren auf mögliche Gefahren durch eine anthropogen bedingte Klimaverschiebung hingewiesen worden ist, gilt dies heute in den betreffenden Wissenschaften als unumstritten (z.B. HOFSTEDE 1994, GRASSL 1995). Seit Beginn intensiver Forschungen zu diesem Thema sind eine Reihe von Indizien zusammengetragen worden, die auf eine Klimaänderung hindeuten. Die ENQUETE-KOMMISSION (1992) „Schutz der Erdatmosphäre" des Deutschen Bundestages hat die wichtigsten und statistisch abgesicherten Änderungen unabhängig von den möglichen Ursachen zusammengefaßt:

► Das jahreszeitliche Mittel für die bodennahe Lufttemperatur ist in den letzten 100 Jahren global um $0,45 \pm 0,15$ °C angestiegen.
► Sechs der sieben wärmsten Jahre dieses Jahrhunderts fallen in den Zeitraum seit 1983.
► Die Temperatur der tropischen Ozeane ist seit 1949 um 0,5 °C angestiegen. Damit stieg auch der Wasserdampfgehalt (das bedeutendste klimarelevante Gas) in diesen Gebieten an.
► In den letzten 20 Jahren nahm die mittlere Windgeschwindigkeit zwischen $0,4$ m s^{-1} und 1 m s^{-1} global zu.
► Die nahezu ortsfesten Wintertiefdruckgebiete der Nordhalbkugel (z.B. Islandtief) haben sich seit 1970 um bis zu 8 h Pa vertieft.
► Seit 1966/67 hat sich die relative Sturmhäufigkeit im Bereich des Islandtiefs von 18 % auf 26 % erhöht.
► Der CO_2-Gehalt stieg auf 355 ppm bis 1991 an, auch bei anderen klimarelevanten Gasen (z.B. Methan, FCKW) ist

seit Beginn der Industrialisierung ein Anstieg festzustellen.

► Auf der Nordhalbkugel sank die Schneebedeckung seit 1973 um 8 %.

► Die Masse der Inlandgletscher in den Alpen hat seit 1850 um die Hälfte abgenommen.

► Die Meereisausdehnung nördlich von Grönland ist im Zeitraum 1978 bis 1987 signifikant zurückgegangen.

Eine anthropogen bedingte Klimaverschiebung ist unumstritten

Um die Folgen einer anthropogen bedingten Klimaänderung zu klären, hat sich in den letzten Jahren die Klimawirkungsforschung etabliert. Sie steht bei ihrer Tätigkeit vor allem zwei Problemen gegenüber. Einerseits beruht die Klimaforschung auf der Auswertung langjähriger Meßreihen, die für einzelne Klimaelemente nicht in ausreichendem Maße (globale Verteilung, Zeitreihen etc.) vorliegen (ALEXANDER & MÜLLER 1991), um die hohe natürliche Variabilität der einzelnen Klimafaktoren auszuschalten (HOFSTEDE 1994). Auf der anderen Seite handelt es sich um einen hochgradig rückgekoppelten Komplex, in dem sich Wechselwirkungen sowohl gegenseitig abbauen als auch verstärken können (SCHELLNHUBER & BLOH 1993).

Vor diesem Hintergrund werden zeitabhängige Modellberechnungen (Abb. 52) durchgeführt, die zum Teil durch paläoklimatische Ergebnisse, z.B. der Analyse

von Eisbohrkernen Grönlands, ergänzt oder gestützt werden (BACKHAUS 1993). Allgemein anerkannt sind vor allem globale Voraussagen über Änderungen des Klimas, da aufgrund der groben Rasterung der Modelle regionale Aussagen mit Problemen behaftet sind. Im einzelnen wird ein globaler Anstieg der Temperaturen an der Erdoberfläche bis zum Jahr 2100 um 3 °C prognostiziert. Hierbei rührt die größte Unsicherheit aus der veränderten Wolkenbildung (GRASSL 1993). Sie kann je nach Zusammensetzung mildernd oder beschleunigend wirken (ENQUETE-KOMMISSION 1992). Pro Grad Temperaturzunahme wird der mittlere Niederschlag um 3 % zunehmen. Dabei profitieren vor allem die höheren nördlichen Breiten und – weniger deutlich – die inneren Tropen. Das Innere der Kontinente wird geringere Niederschläge erhalten. Der nördliche Nordatlantik und das ozeanische Gebiet um die Antarktis werden verzögert an der globalen Erwärmung teilhaben (FLOHN 1990, GRASSL 1993, 1995). Damit wird der Temperaturgradient vom Äquator zu den höheren mittleren Breiten eher zu- als abnehmen, eine Verstärkung der atmosphärischen Zirkulation mit einer Zunahme der Windgeschwindigkeit am Boden und in der Höhe über den Ozeanen der Nordhalbkugel zeichnet sich ab (FLOHN 1991).

V

*Abb. 52
Berechneter mittlerer Temperaturanstieg an der Erdoberfläche nach mehreren gekoppelten Ozean-Atmosphäre-Modellen (GRASSL 1993).*

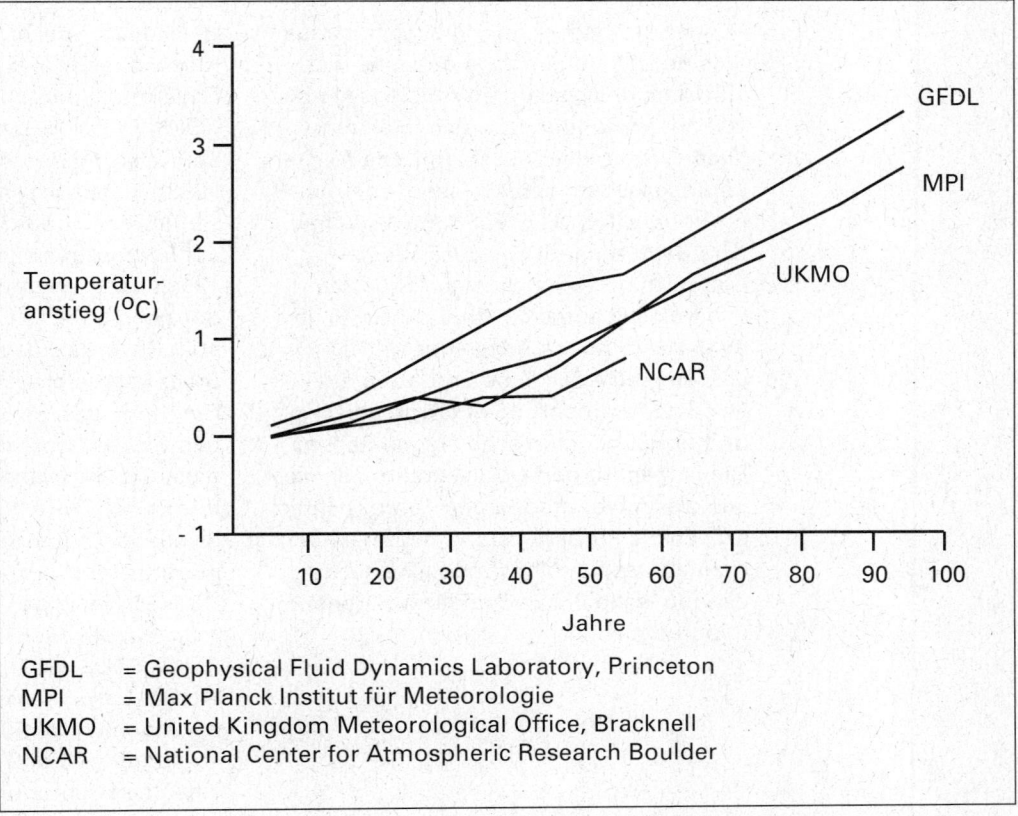

GFDL = Geophysical Fluid Dynamics Laboratory, Princeton
MPI = Max Planck Institut für Meteorologie
UKMO = United Kingdom Meteorological Office, Bracknell
NCAR = National Center for Atmospheric Research Boulder

2.4.1 Klimawandel und Meeresspiegelanstieg

Der Meeresspiegel ist seit dem Ende der letzten Eiszeit mit wechselnden Raten angestiegen (vergl. Kap. V 1.1). Diese Raten werden für die Vergangenheit durch eustatische, d.h. Änderungen der Wassermengen in den Ozeanen, isostatische, d.h. Ausgleichsbewegungen des Landes durch die Druckentlastung nach Abschmelzen des Eises, sowie lokale tektonische Vorgänge bestimmt (ALEXANDER & MÜLLER 1991). In dem Zeitraum von 1890 bis 1980 zeigt sich jedoch eine Beschleunigung des Meeresspiegelanstiegs auf global 22,7 cm/Jahrhundert, in der zweiten Beobachtungshälfte bei einem Durchschnitt von global 14,3 cm/Jahrhundert (GRASSL 1991). Heutige Szenarien geben einen Meeresspiegelanstieg von global 35 bis 60 cm bis zum Jahr 2100 an (STERR 1995). Dieser Anstieg wird überwiegend durch die Ausdehnung des Oberflächenwassers der Ozeane bei Erwärmung (BACKHAUS 1993) verursacht, das Abschmelzen von Inlandgletschern trägt dazu bei (KÖSTER 1991). Während die Eismassen der Antarktis in den Modellen zur Zeit keine oder kaum relevante Auswirkungen zeigen (GRASSL 1993), ist das Verhalten des grönländischen Inlandeises noch unklar (ENQUETE-KOMMISSION 1992).

Die Beschleunigung des Meeresspiegelanstiegs wird erhebliche hydrographische und morphodynamische Folgen haben

Für den Nordseeraum ergibt sich daraus eine Beschleunigung um das zwei- bis vierfache des bisherigen Anstiegs (15 bis 20 cm/Jahrhundert), da sich in einem flachen Randmeer die thermische Ausdehnung des Oberflächenwassers überproportional auswirkt (STERR 1995). Damit wird das Szenario, das die Enquete-Kommission zum Schutz der Erdatmosphäre 1992 aufgestellt hat (Abb. 53), in einem Zeitraum von weniger als 100 Jahren realistisch. Eine Erhöhung um ca. 50 cm wird erhebliche hydrographische und morphodynamische Folgen haben. Die Folgen für den Nordseeraum, die sich aus diesen Veränderungen voraussichtlich ergeben, sind Gegenstand der folgenden Kapitel. Dabei bleiben mögliche sozioökonomische Problemfelder weitgehend unberücksichtigt.

2.4.2 Hydrographische Entwicklung

Flache Rand- und Nebenmeere spiegeln nahezu unmittelbar das Wettergeschehen der Atmosphäre wider. Ändern sich klimatische Grundbedingungen, so wird erwartet, daß sie ohne größere zeitliche Verzögerung auf die Nordsee wirken (BACKHAUS 1993). Für eine hydrographische Prognose ist daher neben der Berücksichtigung der Auswirkungen eines Meeresspiegelanstieges der Blick auch auf meteorologische Trends erforderlich (Abb. 54).

Für das Gebiet der Nordsee wird in der Zukunft erwartet, daß sich die Höhenwinde aufgrund größerer Temperatur- und Druckgradienten verstärken (FLOHN 1991). Diese sind für das Wettergeschehen in den mittleren Breiten von besonderer Bedeutung. Eine Verstärkung von Tiefdruckgebieten und damit eine Häufung von Starkwindereignissen wäre die Folge. Seit 1930 wird ein ansteigender Trend der Zyklonenanzahl mit tiefem Luftdruck (< 990 mbar) beobachtet, gleichzeitig nimmt der mittlere Druck ab (SCHINKE 1993).

Für die hydrographische Entwicklung eines Gebietes ist die Intensität und die zeitliche Verteilung von Niederschlägen von Bedeutung. Beide könnten im Bereich der Nordsee bei einer Verschiebung der Klimazonen, wie sie bei einer globalen Erwärmung prognostiziert wird (ENQUETE-KOMMISION 1992), einer umfassenden Veränderung unterliegen (BACKHAUS 1993). Insbesondere ein verändertes Abflußregime der Flüsse nähme Einfluß auf hydrographische Prozesse (KUNZ 1993), unter anderem ändert sich der Salzgehalt. Ein verringerter Oberflächenabfluß würde zu einer Verschiebung der Brackwasserzonen flußaufwärts, zu einer Erhöhung des Salzgehaltes in küstennahen Gewässern und zu einer veränderten halinen Schichtung des Meerwassers führen (BACKHAUS 1993). Je nach Stärke dieser Veränderung sind in Nebenmeeren selbst hervorgerufene langfristige Höhenänderungen des Meeresspiegels möglich, die die globalen überlagern (BACKHAUS 1993). Gleichzeitig ist ein Einfluß des in seiner Reaktion auf Veränderungen wesentlich trägeren Ozeans vorhanden, so daß für den Nordseeraum sowohl mit einer lang- als auch mit einer

Abb. 53
Gefährdung der
europäischen
Küstenzonen durch
den Meeresspiegel-
anstieg und das
Eindringen von
Salzwasser in die
Flußmündungen
und Grundwasser-
körper (ENQUETE-
KOMMISSION
1992).

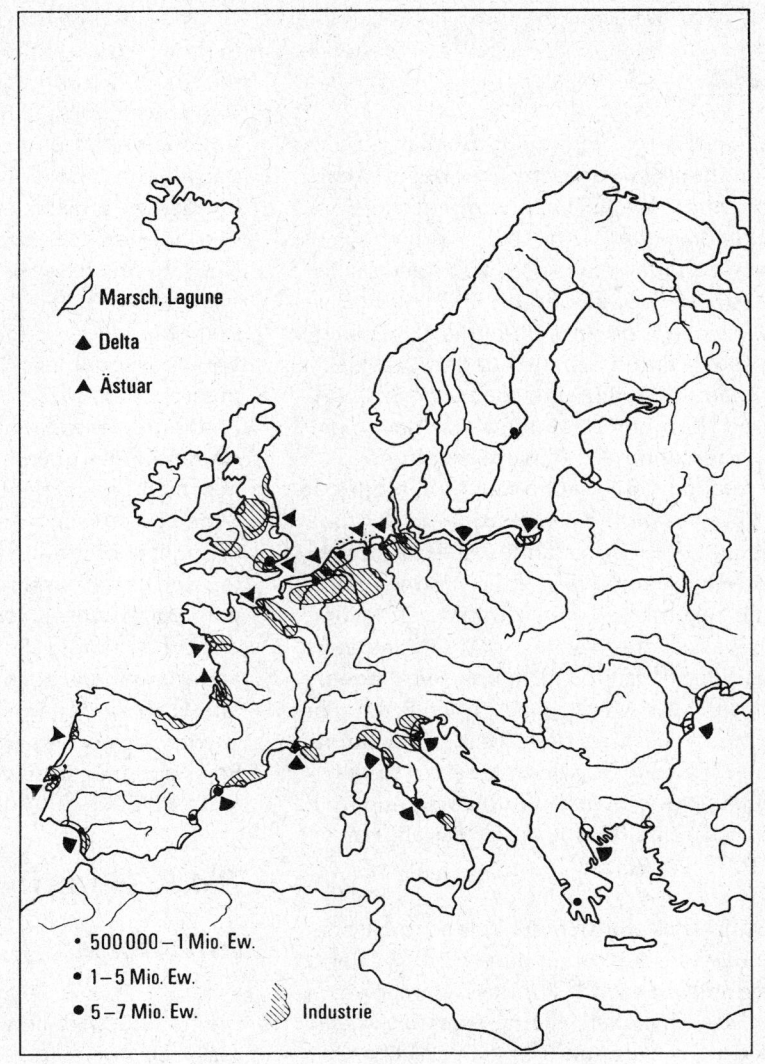

/ Marsch, Lagune

▲ Delta

▲ Ästuar

• 500 000 – 1 Mio. Ew.

● 1 – 5 Mio. Ew.

● 5 – 7 Mio. Ew.   Industrie

Abb. 54
Zuordnung hydro-
graphischer
Variablen, deren
Größe durch
Klimaänderungen
beeinflußt wird
(KUNZ 1993).

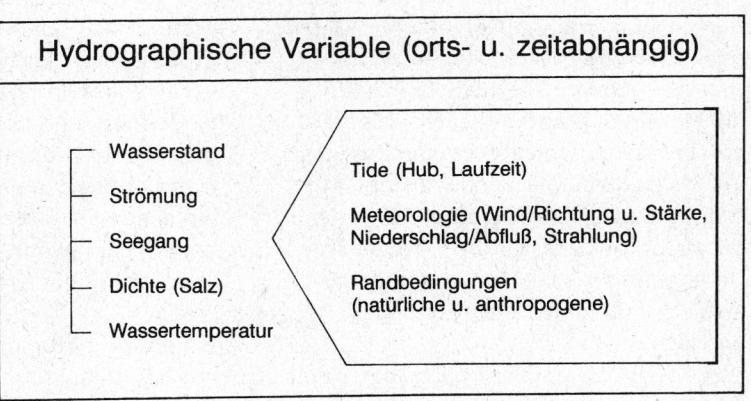

Hydrographische Variable (orts- u. zeitabhängig)

Wasserstand

Strömung

Seegang

Dichte (Salz)

Wassertemperatur

Tide (Hub, Laufzeit)

Meteorologie (Wind/Richtung u. Stärke,
Niederschlag/Abfluß, Strahlung)

Randbedingungen
(natürliche u. anthropogene)

kurzfristigen Komponente für die zukünftig erwarteten Änderungen zu rechnen ist (BACKHAUS 1993).

Wasserstand, Strömung, Seegang, Salzgehalt und Wassertemperatur bestimmen die hydrographischen Verhältnisse eines Gebietes (vergl. Abb. 55), Hinzu kommen anthropogene Einflüsse wie Küstenschutz oder Vorflutregelung (STERR 1995). Die Wasserstände im Wattenmeer unterliegen ausgeprägten Schwankungen. Neben regelmäßigen Ereignissen (z.B. Spring- und Nipptiden) treten auch zeitlich nicht vorhersehbare (z.B. wetterbedingter Windstau) auf, die höhere bzw. niedrigere Wasserstände mit sich bringen. Daraus resultieren Pegelstände, die eine starke Streuung aufweisen. Eine Prognose für die zukünftige Entwicklung der Tideverläufe ist daher schwierig. Da Pegeldaten seit dem letzten Jahrhundert vorliegen, besteht die Möglichkeit, deren Ergebnisse unter Ausschluß periodischer Erscheinungen in bezug auf einen Meeresspiegelanstieg auszuwerten und vorsichtig, d. h. für kurze Zeiträume, zu extrapolieren (TÖPPE 1992).

Tidehochwässer und der Tidenhub haben sich in den letzten 40 Jahren signifikant erhöht

Danach haben sich die Tidehochwässer und der Tidenhub in den letzten 40 Jahren signifikant erhöht, für das Tideniedrigwasser ergibt sich keine statistisch nachweisbare Veränderung (HOFSTEDE 1994, STENGEL & ZIELKE 1994). Darauf aufbauende Modellrechnungen zeigen deutliche Änderungen in der Tidedynamik besonders in küstennahen Gebieten. Im Gebiet des schleswig-holsteinischen Wattenmeeres rechnen STENGEL & ZIELKE (1994) vor, daß sich bei einem Meeresspiegelanstieg von 100 cm der Tidenhub auf bis zu 30 % des Anstiegs signifikant erhöht. Besonders betroffen davon sind die Ästuargebiete, für die Elbe gehen die Berechnungen über 30 % hinaus und erreichen 60 % des Meeresspiegelanstiegs.

Änderungen des Tidenhubs beeinflussen die Verweildauer des Wassers auf den Wattflächen (STENGEL & ZIELKE 1994). Ein erhöhter Meeresspiegel führt, da sich die Erhöhung auf Wattflächen teilweise als Verdopplung des Wasserstandes zeigt (KUNZ 1993), zu gesteigerter Seegangsenergie von der freien Nordsee (STERR 1995), sofern die Wattfläche nicht mitwächst. Zusammen mit der erwarteten Häufung von Starkwindereignissen wird die Energie, die in das Wattenmeer eingetragen wird, weiter zunehmen.

Die momentanen Strömungsverhältnisse in der Nordsee stehen in engem Zusammenhang mit den vorherrschenden Windverhältnissen. Eine Änderung der Hauptwindrichtung um 30 ° würde die derzeitigen Zirkulationsmuster zu Bedingungen verändern, die einen deutlich verringerten Wasseraustausch mit dem Nordatlantik bewirken (BACKHAUS 1993).

Erste Modellberechnungen, die mögliche Veränderungen der Ebb- und Flutströme untersuchen, weisen auf eine generelle Zunahme der maximalen Flutstrom- bei Abnahme der maximalen Ebbstromgeschwindigkeiten hin. Für die Südspitze Sylts erhöhen sich die Durchflußraten, die in südliche Richtung weisen. Das Verhalten der Restströme ist im wesentlichen von den topographischen Begebenheiten vor Ort abhängig. Sowohl Richtungsänderungen als auch Veränderungen der Intensität sind möglich, generell ist eine leichte Steigerung der derzeitigen Bewegungstendenz zu erwarten (STENGEL & ZIELKE 1994).

2.4.3 Geomorphologische Entwicklung

Die hohe Sensibilität des Wattenmeeres resultiert aus den weitgehend unverfestigten Sedimenten und dem flach abfallenden Relief. Auch ohne die Auswirkungen des „Treibhauseffektes" zeichnet sich das Wattenmeer durch hochdynamische Prozesse aus. Trotzdem werden die im voranstehenden Kapitel dargestellten berechneten und prognostizierten hydrographischen Veränderungen deutliche Auswirkungen auf die geomorphologischen Prozesse des Wattenmeeres haben, auch wenn viele Fragen zur Zeit noch nicht beantwortet werden können.

Viele morphologische Prozesse hängen mit den Auswirkungen des Tidenhubs zusammen. Für das Wattenmeer sind zwei Szenarien denkbar, die mutmaßlich nach lokalen Voraussetzungen und Synergismen nebeneinander ablaufen werden. Im ersten Fall wachsen die Watten mit dem ansteigenden Meeresspiegel auf. Damit ändern sich die Tiefenverhältnisse zwischen den Wattgebieten und den übrigen Flächen, die Böschungsneigung zwischen Nordsee und Watt wird erhöht (HOFSTEDE 1994). Die Folge ist eine verstärkte Erosion durch höhere Seegangswirkung und Sturmfluthäufigkeit an den Außenküsten (STERR 1993). Für die nordfriesischen Außensände wird mit einer Beschleunigung der küstenwärtigen Verlagerung gerechnet (HOFSTEDE 1993). Die Versteilung des Vorstrandbereiches vor Sylt mit seinen westexponierten Kliffs, Dünen und Stränden wäre einer zunehmend negativen Materialbilanz ausgesetzt, da die stärkere Brandung das Material großräumiger verfrachten kann (STERR 1995).

Im zweiten Fall wird davon ausgegangen, daß die Wattflächen nicht mit dem Meeresspiegelanstieg aufwachsen (STENGEL & ZIELKE 1994). In diesem Fall werden besonders Sedimentumlagerungen aufgrund geänderter Strömungsgeschwindigkeiten eintreten. Durch die größeren Wassertiefen erhöht sich der Energieeintrag durch Wellenbewegung in das Wattgebiet. Sie führt zu einer flächenhaften Erosion des Wattbodens, besonders gefährdet sind die Wattwasserscheiden (STERR 1995). Wo und wann diese Sedimente wieder abgelagert werden, richtet sich nach den lokalen Bedingungen. Die Sedimentation im Küstenbereich wird dem erhöhten Wasserstand folgen (KÖSTER 1991).

Aufgrund von bestehenden Küstenschutzmaßnahmen ist eine landseitige Anpassung des Wattenmeeres bei einem Meeresspiegelanstieg nicht mehr möglich

Im Gegensatz zu der bisherigen Entstehungsgeschichte des Wattenmeeres ist eine landseitige Anpassung des Systems an einen steigenden Meeresspiegel aufgrund der Küstenschutzmaßnahmen heute nicht mehr möglich. Dadurch wird das Wattenmeer zukünftig einem „Einengungstrend" (REISE 1993b) unterliegen.

2.4.4 Prognose für den Küstenraum Nordfriesland

Für den Küstenraum Nordfrieslands hat STERR (1995) eine Prognose erstellt, die mögliche Auswirkungen der Klimaänderung beschreibt (Abb. 55). Dabei ist grundsätzlich festzuhalten, daß das Ausmaß und vor allem die Geschwindigkeit des Wandels zur Zeit insbesondere auf regionaler Ebene nicht präzise prognostiziert werden kann. Zur Verdeutlichung der möglichen tiefgreifenden Änderungen ist es - bei aller Unsicherheit - sinnvoll, die Daten auf ein Gebiet wie den nordfriesischen Küstenraum zu übertragen.

Das Wattenmeer wird aufgrund der hydrographischen und morphologischen

Veränderungen (vergl. Kap. V 2.2) sukzessive beschnitten werden. Von der Seeseite ist eine beschleunigte Erosion des Wattsockels (W 1) zu erwarten. Damit unmittelbar verbunden ist eine - bereits beobachtete - Erhöhung der Wanderungsrate der Außensände, sie wird sich weiter beschleunigen (W 2). Erhöhter Seegang und gesteigerte Strömungsgeschwindigkeiten im Wattenmeer bewirken eine Zunahme der Sedimentbewegungen und damit eine stärkere Trübung (W 3, W 5). Gleichzeitig ist eine Vertiefung der Tiderinnen zu erwarten (W 4). Damit ist ein Wandel in den Sedimentbilanzen denkbar. Gebiete, die zur Zeit eine positive Bilanz aufweisen, könnten in Zukunft Verlustbereiche werden. Inwieweit und wo eine Sedimentation von Schwebstoffen noch stattfinden kann, ist unklar.

Besonders betroffen von den Änderungen sind in dieser Prognose die Salzwiesen. Sie werden zukünftig häufigeren Überflutungen unterliegen. Gerade die Anzahl der Überflutungen ist ein mitentscheidender Faktor für die Ausprägung dieser Randbereiche des Wattenmeeres. Rückkopplungen auf hydrologische und morphologische Prozesse sind die Folge. Zudem nimmt die Leistung als „Wellenbrecher" vor der Festlandsküste ab (F 1, F 2).

Für den Bereich der Inseln und Halligen stellt die Vertiefung und Verlagerung der Tiderinnen eine Gefährdung dar (W 4). Dadurch verstärken sich Erosionsprozesse im Randbereich der Inseln. Zu beobachten sind solche Prozesse bereits zwischen Pellworm und Nordstrand. Die exponiert im Wattenmeer liegenden Inseln Amrum und Sylt werden bei gesteigerter Seegangswirkung und Sturmflutaktivität seeseitig einer zunehmend negativen Materialbilanz unterliegen (I 1, I 2). Die schmalen Enden der Inseln sind dazu einer erhöhten Durchbruchgefahr ausgesetzt (I 4). Damit steigt auch die Verlustrate der ungeschützten wattseitigen Gebiete (I 3). So gingen im Februar 1992 am Südende Sylts mehrere Hektar Dünengebiet bei einer Sturmflut verloren (STERR 1995).

Die Festlandsküste ist auf weitaus größter Strecke durch Seedeiche geschützt. Damit werden die Auswirkungen des Klimawandels vorwiegend auf diese Bauwerke einwirken. Der Verlust ausgedehnter Vorlandbereiche (F 1) setzt die Deiche in stärkerem Maße der Energie der Sturmfluten aus. Dadurch sind Beschädigungen im

V

119

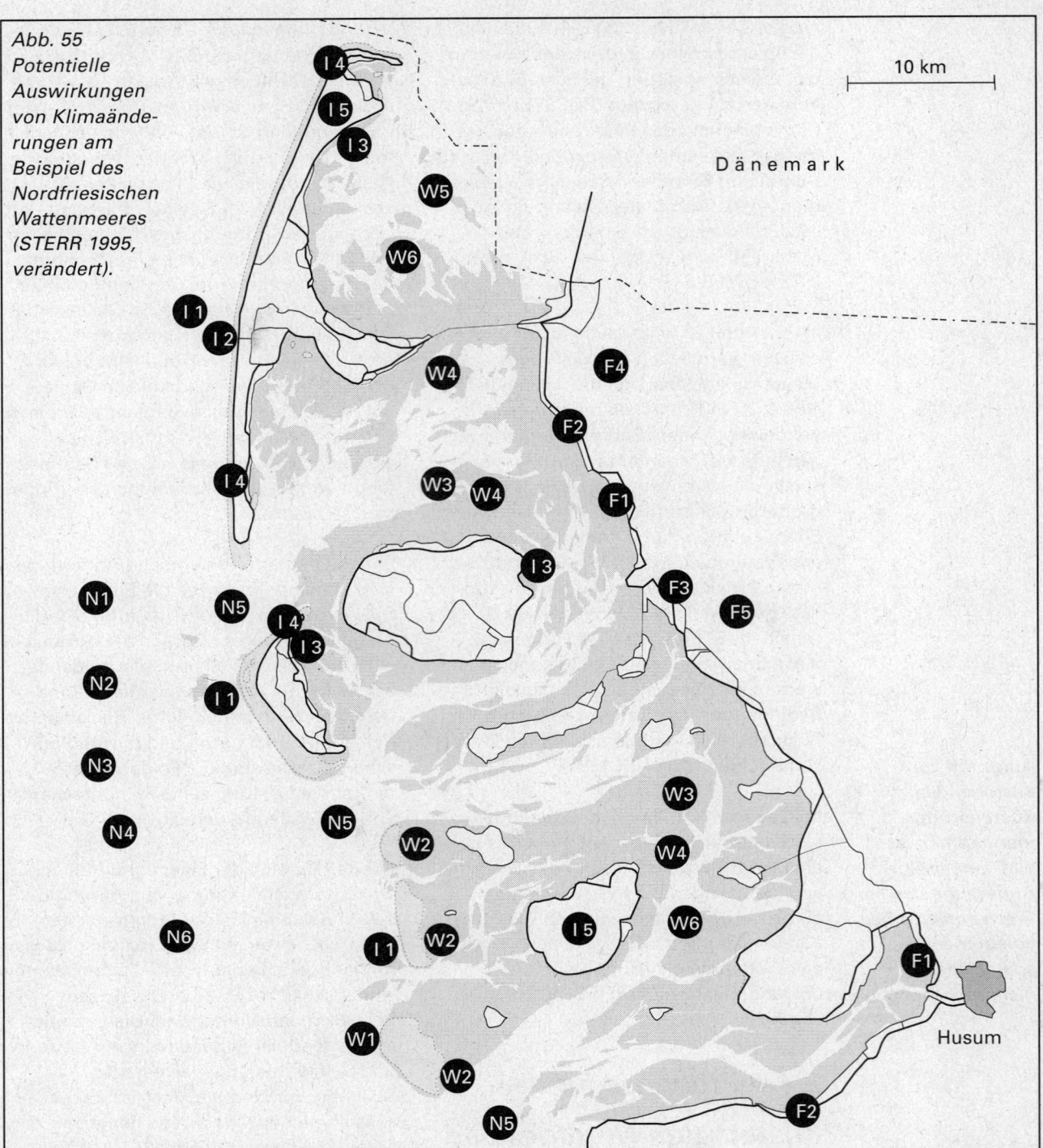

Abb. 55
Potentielle
Auswirkungen
von Klimaände-
rungen am
Beispiel des
Nordfriesischen
Wattenmeeres
(STERR 1995,
verändert).

10 km

Dänemark

Husum

Nordsee:

N1 höhere Wassertemperatur

N2 beschleunigter Meeresspiegelanstieg

N3 stärkere Luftdruck-Gegensätze

N4 zunehmende Sturm(flut)häufigkeit

N5 erhöhter Tidenhub

N6 gesteigerte Planktonproduktion

Watt:

W1 seeseitige Watterosion

W2 raschere Verlagerung der Außensände

W3 stärkere Sediment-umlagerung

W4 vertiefte Tiderinnen

W5 stärkere Wassertrübung

W6 Sauerstoff-Mangel

Inseln:

I1 versteiltes Vorstrand-Profil

I2 erhöhte Strand- und Kliff-Erosion

I3 wattseitige Landverluste

I4 Gefahr von Inseldurchbrüchen

I5 zunehmende Grundwasser-versalzung

Festland:

F1 Verlust von Deichvorländern

F2 zunehmende Deichschäden

F3 Gefahr von Deichüberflutungen

F4 Überflutungsgefahr im Binnenland

F5 zunehmende Grundwasser-versalzung

größerem Rahmen und geringerem zeitlichen Abstand zueinander zu erwarten (F 2).

Selbst eine Überflutung einzelner Seedeiche ist nach den den Deichplanungen zugrunde liegenden Daten für die nahe Zukunft nicht auszuschließen, wenn sich der Trend der letzten 15 Jahre fortsetzt (STERR 1995). Damit ist auch das tiefliegende Marschland hinter den Deichen potentiell vom Meerwassereinbruch bedroht (F 4).

Obwohl die obigen Ausführungen weitgehend auf konstruierten Szenarien beruhen, zeigt sich, daß die möglichen Auswirkungen auf das Ökosystem Wattenmeer durch geänderte klimatologische, hydrologische und geomorphologische Bedingungen weitreichend sind. Auch für die in der Region lebenden und arbeitenden Menschen wird die angenommene Klimaänderung weitreichende Folgen haben.

3. Biotische Grundlagen

Eine Beschreibung der Naturausstattung des Wattenmeeres ist aufgrund der großen biologischen Vielfalt nur exemplarisch möglich. Sie bezieht sich im Rahmen dieses Syntheseberichts vor allem auf Erkenntnisse, die in der Ökosystemforschung Schleswig-Holsteinisches Wattenmeer erarbeitet wurden. Weitergehende Darstellungen sind den Originalarbeiten und Abschlußberichten (Anhang) sowie den im Literaturverzeichnis aufgeführten Arbeiten zu entnehmen.

3.1 Der Gezeitenbereich unterhalb der mittleren Hochwasserlinie

3.1.1 Ökologische Grundlagen

Die Lebensgemeinschaften des Wattenmeeres zeichnen sich durch ihren extremen Wechsel in Bezug auf Ort und Umfang der Besiedlung aus

Im terrestrischen Bereich unserer geographischen Breiten war die Eiszeit die letzte großflächige Katastrophe, die zu einer völligen Neubesiedlung weiter Bereiche geführt hat. Ohne den Eingriff des Menschen wäre eine bis heute andauernde Sukzession aufgetreten. Das Ergebnis dieser Sukzession ist heute nur noch in wenigen Teilflächen mit primärer Vegetati-

on, z. B. dem alpinen Wald, zu beobachten (ELLENBERG 1986). Natürliche Veränderungen der Besiedlung bestimmter Orte treten in der Dimension von Jahrhunderten auf.

Im Wattenmeer dagegen kommt es häufig innerhalb einiger Monate oder Jahre zu katastrophalen Ereignissen, die zu einer fast völligen Bodentiersterblichkeit in weiten Bereichen führen (REISE 1985). Zudem kann die einsetzende Sukzession bereits bald wieder von einer nächsten Katastrophe unterbrochen werden. Die meisten Lebensgemeinschaften des heutigen Wattenmeeres zeichnen sich infolgedessen durch ihren extremen Wechsel in Bezug auf Ort und Umfang der Besiedlung aus. Vorhersagen, welche Lebensgemeinschaft einen Standort über welche Zeitspanne besiedelt, werden durch die hohe Morphodynamik des Sediments bei Stürmen sowie die unregelmäßig auftretende Eisbedeckung des Eulitorals erschwert. Daher kommt es nur in wenigen Fällen zur Ausbildung von langfristig stabilen Lebensgemeinschaften, die häufig flächenmäßig dominant sind. Beispiele sind die wenig dynamischen Bereiche der eulitoralen Miesmuschelbänke, die Arenicola-Watten und die Zwergseegraswiesen. Abbildung 56 zeigt beispielhaft die benthischen Lebensgemeinschaften im Königshafen von Sylt. Die von MÖBIUS (1877) beschriebene Lebensgemeinschaft der Austernbänke ist aus dem heutigen Wattenmeer verschwunden.

Prägend für die Besiedlung eines Standortes sind die herrschenden abiotischen Bedingungen. Im Eulitoral sind dies insbesondere die Trockenfallzeiten mit den damit verbundenen Temperatur- und Salzgehaltsschwankungen (vergl. Kap. V 2.). Grundsätzlich jedoch richtet sich die Besiedlung eines Ortes nach den Sedimentverhältnissen, die ihrerseits abhängig sind von der Sedimentverfügbarkeit sowie der Sortierung der Sedimente durch Strömung und Seegang (vergl. GIS-Karte 10; Abb. 56). Die Ansiedlung von Bodentierlarven ist zu einem gewissen Grad sedimentspezifisch. Ganze Habitate können sich im Verlauf eines Sturmes durch Sedimentüberlagerung tiefgreifend ändern. Beispielsweise kann auf einer Fläche innerhalb weniger Stunden Sand abgetragen werden, eine Schillfläche entstehen oder ein kiesigsteiniger Bereich freigelegt werden. Wird andererseits eine kiesige Fläche von Sand

Für die in der Region lebenden und arbeitenden Menschen wird die angenommene Klimaänderung weitreichende Folgen haben

Schlickwatt Mischwatt Sandwatt

Scoloplos armiger

Bäumchenröhrenwurm

Plattmuschel

Seeringelwurm

Pygospiowurm

Herzmuschel

Opalwurm

jung   Wattwurm   erwachsen

Klaffmuschel

Kotpillenwurm

Pfeffermuschel

Schlickkrebs

Wattschnecke

Abb. 56
Verbreitungs-
schwerpunkte
häufiger Besiedler
des Wattenmeeres
in den verschiede-
nen Watttypen
(BUCHWALD 1990).

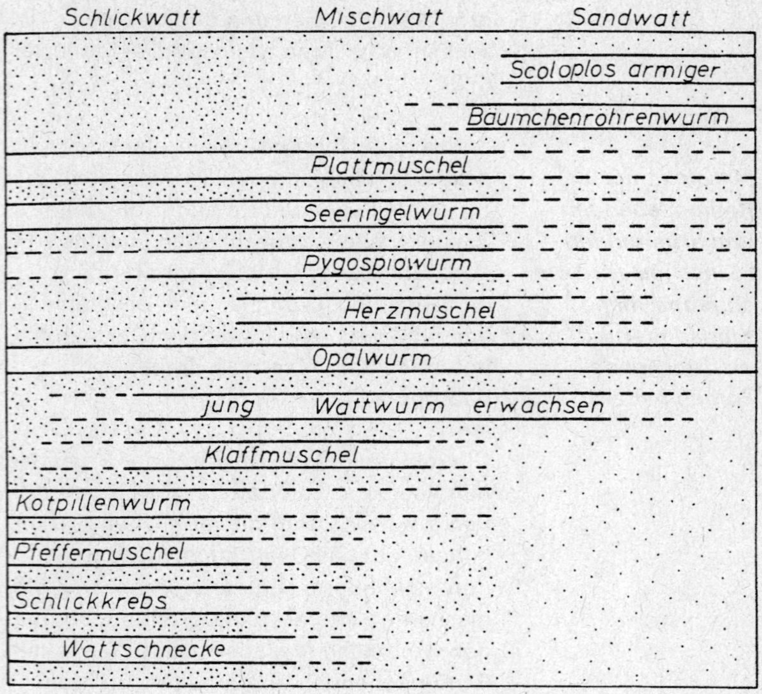

überdeckt, so stirbt der sessile Teil der Lebensgemeinschaft ab. Stattdessen etabliert sich an diesem Ort möglicherweise eine Sandlebensgemeinschaft. Genauso kann der Sand innerhalb kürzester Zeit aber auch wieder abgetragen werden, und das wieder freiliegende kiesige Substrat wird erneut besiedelt. Diese Besiedlung muß jedoch nicht notwendigerweise der Ursprünglichen gleichen (REISE 1981). Einen ähnlich starken Einfluß zieht auch eine Eisbedeckung nach sich, deren Auswirkungen sind allerdings auf die trockenfallenden Bereiche begrenzt.

Das Besiedlungmuster im Watt ist räumlich und zeitlich unterschiedlich. Benthische Organismen besiedeln ihren Standort in der Regel erst nach einem mehrere Wochen bis Monate dauernden passiven Transport der Fortpflanzungsstadien durch die Meeresströmungen. Einige Arten durchlaufen ihren gesamten Lebenszyklus im Watt, sind aber in ihrer Verbreitung nicht auf das Watt beschränkt. Larven und Adulte fast aller Arten werden zwischen dem Wattenmeer und der angrenzenden Nordsee ausgetauscht. Diese Transportvorgänge können auch aktiv gerichtet sein. Die an einem Ort zu einer Zeit auftretende Larvenkonzentration und damit der primäre Ansiedlungserfolg ist u. a. vom zufälligen Zusammenspiel aktueller Wetterentwicklung, den Gezeiten und Meeresströmungen abhängig. Die Ausprägung des Bodentierlebens kann also vom Geschehen weit außerhalb des eigentlichen Wattenmeeres bestimmt sein. Der marine Teil des Wattenmeeres ist demnach biologisch ein offenes System (LOZÁN et al. 1994a).

Selbst bei weitgehend identischen abiotischen Faktoren können zeitlich und räumlich verschiedene Lebensgemeinschaften auftreten. Darüberhinaus beeinflussen habitatbildende Arten über die Ausbildung biogener Strukturen die Standortbedingungen. Diese habitatbildenden Arten schaffen spezifische Strukturen, die später von einer typischen Faunengemeinschaft besiedelt werden. Ein Charakteristikum der zusammen mit den habitatbildenden Arten auftretenden Lebewesen ist der geringe Spezialisierungsgrad. Dies ist auf die hohe Dynamik sowie auf die grundsätzlichen Veränderungen des Lebensraumes im Verlauf weniger Jahrhunderte zurückzuführen. Lebewesen mit einem hohen Spezialisierungsgrad sind nur dann zu erwarten, wenn die Rahmenbedingungen über Jahrtausende stabil sind, wie im Fall der Korallenriffe (ODUM 1980).

3.1.2 Strategien

Der im Gezeitenrhythmus trockenfallende Wattbereich gehört aufgrund hoher Schwankungen der abiotischen Faktoren zu den extremsten marinen Lebensräumen überhaupt (vergl. Kap. V 2.). Organismen, die hier dauerhaft existieren, sind in ihren Überlebens- und Arterhaltungsstrategien in vielfältiger Weise an die herrschenden Bedingungen angepaßt. Während bewegliche Arten wie Vögel,

Robben oder Fische Extremen durch Wanderung ausweichen, haben festsitzende Formen häufig besondere Schutzmechanismen gegen Schwankungen von Temperatur, Salz- und Sauerstoffgehalt, Sedimentation sowie gegen Trockenfallen oder Eisbedeckung entwickelt.

Um das Fortbestehen der Art zu sichern, bedienen sich die Organismen vereinfacht zweier Strategien. Die sogenannten k-Strategen erzeugen wenige Fortpflanzungsstadien pro Generation und betreiben häufig Brutpflege (REMMERT 1984). Die Elterntiere sind entweder relativ langlebig oder den Verhältnissen im Watt besonders gut angepaßt und werden verhältnismäßig spät geschlechtsreif. Zudem haben sie oft spezifische Standortanforderungen. Ihrer Lebensstrategie entsprechend weisen diese Arten geringe Schwankungen in der Elternbestandsgröße und eine hohe Standorttreue auf. Vertreter dieser Strategie sind der Wattwurm (*Arenicola marina*) und das Zwergseegras (*Zostera noltii*).

Dagegen zeigen andere Arten ein begrenztes Maß an spezieller Anpassung. Für festsitzende Organismen bedeuten Eisbildung im Winter, sturmbedingte Turbulenz oder Sandüberlagerung durch wandernde Sände Katastrophen, die von der Mehrheit der Individuen nicht überlebt werden. Dementsprechend schwankt der Elternbestand dieser Arten extrem, und bestimmte Standorte werden nur zeitweise besiedelt. Arten dieser Gruppe, die sogenannten r-Strategen, erreichen meist schon im ersten Lebensjahr die Geschlechtsreife. Sie geben große Mengen von befruchteten Fortpflanzungsstadien in das umgebende Wasser ab. Jede weitere Brutpflege entfällt, und Wegfraß der eigenen oder fremden Fortpflanzungsstadien ist verbreitet. Ein typischer Vertreter ist die Herzmuschel (*Cerastoderma edule*). Die Larven sind im Verlauf ihrer Entwicklung einer Vielzahl von Risiken ausgesetzt. Sie können weitgehend aus dem Lebensbereich der Adulten verdriftet werden, von Prädatoren fast völlig weggefressen werden, sich aufgrund ungünstiger Umweltbedingungen nicht entwickeln oder nicht genügend Nahrung vorfinden. Durch die hohe Anzahl der Larven ist jedoch gewährleistet, daß einige Nachkommen die Geschlechtsreife erreichen, sich fortpflanzen und somit der Arterhaltung dienen. Diese Arten können extrem starke Nachwuchsjahrgänge ausbilden, falls im Verlauf der Entwicklung

günstige Bedingungen herrschen. So können sie katastrophenbedingte Verluste leicht wieder ausgleichen. Nach strengen Wintern mit hoher Benthossterblichkeit treten starke Nachwuchsjahrgänge von r-Strategen regelmäßig im Wattenmeer auf.

3.1.3 Primärproduktion
3.1.3.1 Mikrophytobenthos

Der größte Teil der Primärproduktion im höheren Gezeitenbereich des Wattenmeeres wird vom Mikrophytobenthos gestellt (MEYER 1990). Für das Gebiet des Königshafens (Sylt) wurde ein Anteil von 80 % an der Gesamtprimärproduktion berechnet (ASMUS et al. 1994). Bisher sind im gesamten Wattenmeer 635 Arten benthischer Mikroalgen festgestellt worden (VAN DEN HOEK et al. 1979). Die weitaus artenreichste Gruppe stellen die Diatomeen (Kieselalgen). Nach einer Abschätzung von NIENHUIS (1993) für die Primärproduktion aller marinen Pflanzen erreicht das Mikroshytobenthos einen Anteil von 30-35%, das Phytoplankton 60-70%.

Die Algen sind nicht nur auf den sandigen und schlickigen Wattflächen zu finden, sie siedeln auch auf anderen Substraten, z.B. auf Muschelschill, anderen Pflanzen wie Seegräsern, Lahnungen, Steinschüttungen sowie auf Miesmuschelbänken oder Holz. Damit sind Diatomeen praktisch überall im Wattenmeer vertreten. Dementsprechend werden sie auch von vielen herbivoren Tieren gefressen. Die Bandbreite reicht von Tieren der Mikrofauna (< 1 mm) wie Ruderfußkrebse über die weidende Wattschnecke, die pipettierende Baltische Plattmuschel (*Macoma balthica*) bis zum Wattwurm (*Arenicola maritima*). Selbst die Meeräsche (*Crenimugil labrosus*) weidet in den Sommermonaten den Diatomeenrasen ab (ASMUS et al. 1994).

Aufgrund dieser Stellung am Beginn des Nahrungsnetzes haben Veränderungen in der Artenzusammensetzung und der physiologischen Leistungsfähigkeit des Mikrophytobenthos weitreichende Konsequenzen für das Ökosystem Wattenmeer. Es gibt Hinweise, daß die Artenvielfalt in marinen Küstengebieten bei steigender Eutrophierung abnimmt. Dazu ist eine quantitative Verschiebung innerhalb des vorhandenen Artenspektrums möglich, da die verschiedenen Arten unterschiedlich

Der größte Teil der Primärproduktion im höheren Gezeitenbereich des Wattenmeeres wird vom Mikrophytobenthos gestellt. Davon stellen die Diatomeen die weitaus artenreichste Gruppe

V

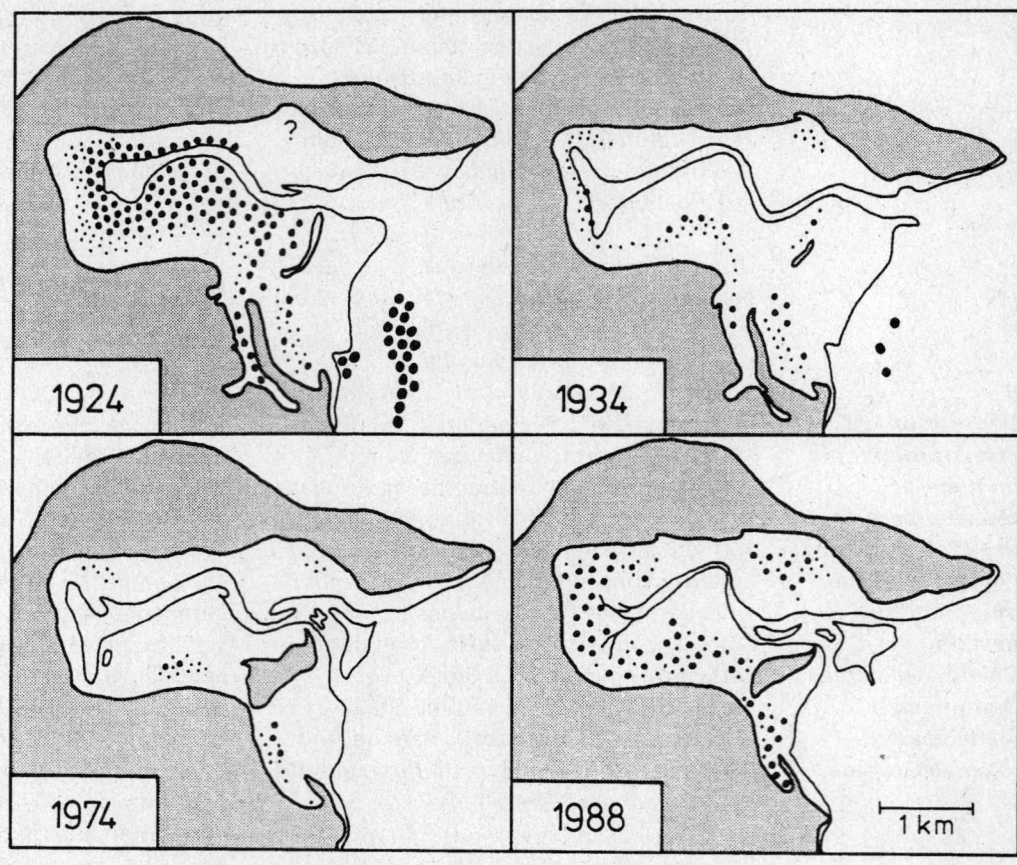

Abb. 57 Verbreitung von Seegras im Königshafen von Sylt in den Jahren 1924, 1934, 1974 und 1988 (REISE et al. 1989).

•• großes Zostera marina   •• kleines Z. marina   ·• Z. noltii

auf veränderte Bedingungen reagieren können (ASMUS et al. 1994).

3.1.3.2 Seegraswiesen

Seegräser sind Blütenpflanzen, die im Wattboden wurzeln. Im Gebiet treten das Große Seegras (*Zostera marina*) und das Zwergseegras (*Zostera noltii*) auf. Die Lichtmenge begrenzt das Vorkommen der Seegräser auf die Platen. Die untere Grenze ihrer langfristigen Salzgehalts-toleranz liegt bei 0,6 bzw. 1 %. Damit bildet die Salinität im Wattenmeer keinen begrenzenden Faktor. Nach der auf Befliegungen basierenden Aufnahme von REISE et al. (1994) gab es im Sommer 1991 etwa 70 km² dichten und ca. 61 km² büscheligen Seegrasbewuchs im schleswig-holsteinischen Wattenmeer. Im nordfriesischen Teil des Wattenmeeres waren nach dieser Schätzung, die aller-dings methodenbedingt nicht eindeutig nach Arten differenziert und auch nicht immer Grünalgen von Seegräsern unter-scheiden konnte, 62 % der im gesamten europäischen Wattenmeer vorkommen-den Bestände angesiedelt. Zwar sind in fast allen Beständen beide Arten vertre-

ten, in der Regel dominiert jedoch eine Art. Daher wird in den folgenden Ab-schnitten eine Trennung in Zwergseegras-wiesen bzw. Bestände des Großen Seegra-ses vorgenommen.

Zwergseegras bildet dichte, langlebige Bestände aus. Die Standorttreue und Langlebigkeit begründet ihre Überwinterungsstrategie. Das Zwerg-seegras bildet dauerhafte Wurzeln (Rhizo-me), aus denen im Frühjahr neues Laub sprießt. Die Vermehrung erfolgt selten über Samen, meist geschieht dies über Wurzelteilung oder die Verdriftung dersel-ben. Der Hauptstandort der Zwerg-seegraswiesen liegt außerhalb von tieferen Restwasserflächen zwischen Normalnull und der mittleren Nipp-tidenhochwasserlinie in sandigen Misch-bis Schlickwattbereichen des nordfriesi-schen Wattenmeeres (REISE et al. 1994). Seltener liegen Zwergseegraswiesen unter Normalnull. Die Bestände sind dort weniger stabil, da auf solchen Standorten häufig Miesmuscheln siedeln.

Ausgeprägte Zwergseegraswiesen existie-ren östlich von Gröde, auf den Platen südlich von Langeneß, westlich von

Hooge, nordöstlich von Pellworm und entlang der Süd- und Nordküste des Sylter Geestkerns (GIS-Karte 12a/12b).

Zwergseegras-wiesen liegen seewärts der Salzwiesen

Zwergseegraswiesen schließen sich unmittelbar seewärts der überwiegend durch Lahnungsbau entstandenen Salzwiesen an. Hier existiert heute jedoch nur noch selten ein schmaler Zwergseegras-streifen. Es handelt es sich wahrscheinlich um Reste eines ehemalig breiten Zwerg-seegrasgürtels, dessen landseitiger Abschnitt vom Lahnungsbau und den anschließenden Begrüppungsarbeiten zerstört wurde. Aufgrund der Fortpflanzungsstrategie des Zwerg-seegrases ist nur sehr langfristig die Neubildung bzw. Flächenvergrößerung von Beständen zu erwarten.

Zwischen den Nehrungshaken der Nord- und Südspitze Amrums existierte fast durchgehend eine natürliche Abfolge von Strandwall, Marschabbruchkante und vorgelagerter Zwergseegraswiese. Durch Lahnungsarbeiten in den achziger Jahren wurde hier diese natürliche Zonierung auf wenige hundert Meter Küstenstreifen, die nicht mit Lahnungen versehen sind, reduziert.

Bestände des Großen Seegrases treten in der Regel zwischen Normal-null und der mittleren Spring-tidenniedrig-wasserlinie auf

Bestände des Großen Seegrases treten in der Regel zwischen Normalnull und der mittleren Springtidenniedrigwasserlinie auf (REISE et al. 1994). Bevorzugt werden flache, auch bei Niedrigwasser wasser-führende Senken auf sandigem Mischwatt sowie auf Klei- und Torfuntergründen der Halligsockel. Das Große Seegras bildet im Platenbereich des Wattenmeeres in der Regel keine dauerhaften Wurzelstöcke aus. Die Bestände sind daher von jährli-cher Wiederbesiedlung durch Samen abhängig. Diese werden von den Gezeiten und vom Wind transportiert. Dementspre-chend zeigt das Große Seegras nur eine geringe Standorttreue. Die räumliche Ausdehnung der Bestände schwankt von Jahr zu Jahr stark.

Stärker noch als die Zwergseegraswiesen beeinflussen dichte Bestände des Großen Seegrases die eigenen Standort-bedingungen. Seegräser induzieren einen so hohen Strömungswiderstand, daß in dichten Beständen bei Niedrigwasser ein bis zu 20 cm tiefer Restwasserkörper verbleibt. Unter diesen Umständen ist das Große Seegras in der Lage Rhizome auszubilden und kann eine mehrjährige Standorttreue bei vergleichbar hoher Besiedlungsdichte aufweisen.

Seegraswiesen bieten vielen Organismen einen Lebensraum

Die Bestände der Seegräser unterliegen im Wattenmeer stets größeren Schwan-kungen (Abb. 57). Der Schleimpilz *Labyrinthula zostera* vernichtete in den dreißiger Jahren dieses Jahrhunderts einen Großteil der Bestände. Während sich die Bestände an den übrigen europäi-schen Küsten relativ schnell wieder erholten, war dies im Wattenmeer nicht der Fall. Eine mögliche Ursache liegt in einem verminderten Lichteintrag durch zunehmende Wassertrübung, die eine Folge der Abdämmung von Sedimen-tationsgebieten ist. Weiter kann ein verstärkter Bewuchs der Seegrasblätter mit Algen auftreten, wenn der Nährstoff-gehalt erhöht ist. Zusätzlich sind Seegrä-ser gegenüber mechanischer Belastung empfindlich, wie sie neben dem Lahnungsbau auch beim Dredgen nach Herzmuscheln auftreten. Zudem hat sich stellenweise das eingeschleppte Schlick-gras (*Spartina anglica*) in Gebieten ange-siedelt, in denen ehemals auch Zwerg-seegras anzutreffen war (REISE et al. 1994).

Seegraswiesen bilden für viele Organis-men einen Lebensraum. Sie sind generell dichter besiedelt als umgebende, unbe-wachsene Sedimente. Restwasserflächen werden zeitweise von gezeitenwandern-den Crustaceen und Fischen aufgesucht. Insbesondere die Wattschnecke (*Hydrobia ulvae*) kommt hier in großer Dichte vor. Besonders das Verschwinden sublitoraler Seegraswiesen hat Auswirkungen auf die Fauna. Einige Schnecken- und Fischarten, z.B. die Schlangennadel (*Enklurus spinachia*), sind mit dem Rückgang eben-falls selten geworden. Auch die Laich-gebiete von Hering und Hornhecht liegen in sublitoralen Seegraswiesen.

Eulitorale Seegraswiesen bilden die Kinderstube für Garnele und Strandkra-ben. Hier konsumieren Ringelgänse (*Branta bernicla*) und Pfeifenten (*Anas penelope*) im Herbst etwa die Hälfte der Seegrasbiomasse (REISE 1994).

3.1.3.3 Grünalgenmatten

In den Sommermonaten kommt es in jüngster Zeit regelmäßig zur Ausbildung von dichten Beständen verschiedener Grünalgenarten, wobei *Enteromorpha* spec. dominiert, und die ausgedehnte, auf dem Boden aufliegende Matten ausbilden. Früher waren diese Bestände auf ufernahe Bereiche begrenzt. Nach der Wachstumsphase, wenn diese Algenmatten absterben, kann Sauerstoffmangel auftreten, der u.a. zur Bildung von giftigem Schwefelwasserstoff führt, der die dort vorhandenen Benthostiere absterben läßt bzw. zum Abwandern zwingt.

Die Grünalgenmatten bilden sich heute meist in Gebieten mit sandigen Sedimenten vor allem in festlandsfernen Bereichen. Oft sind sie mit Seegraswiesen oder Miesmuschelbänken assoziiert. In den letzten Jahren ist es zu extremen Massenentwicklungen gekommen, die im August 1990 ihren bisherigen Höhepunkt fanden. Dies ist vermutlich eine Folge der zunehmenden Eutrophierung der Küstengewässer. 1994 wurden mit etwa 60 km² bedeckter Fläche ca. 30 % des Spitzenwertes von 1990 erreicht (REISE 1994).

Grünalgen können temporär bedeutende Nahrungsareale für Seevögel bilden. Vor allem Pfeifenten (WILLIAMS & FORBES 1980) und Ringelgänse (BERGMANN et al. 1994) nutzen die Matten intensiv.

3.1.4 Zoobenthos

Der Meeresboden des Wattenmeeres bietet einer großen Zahl von Lebewesen Lebensraum. Dabei wird die Biomasse der benthischen Tiere von wenigen Arten dominiert, die über ihr hohes Fortpflanzungspotential zeitweise extrem hohe Individuenzahlen und -dichten erreichen können. Die Besiedlung der

Lebensräume richtet sich nach den abiotischen Bedingungen wie Sedimentationsrate, Strömungsgeschwindigkeit oder Trockenfallzeit. (vergl. Abb. 58)

Im Nationalparkgebiet weit verbreitet sind feinsandige Areale. Hier dominieren Lebewesen, die sich in das Substrat eingraben. Im Sublitoral finden sich die eingeschleppte Amerikanische Schwertmuschel (*Ensis directus*), in Sänden mit etwas Schlickanteil die Baltische Plattmuschel (*Macoma balthica*) und in feineren Sänden die Dünne Plattmuschel (*Tellina tenuis*). Als Besonderheit in diesem Bereich ist das Auftreten von großen Individuen der Seenelke (*Metridium senile*) zu nennen.

Mittelsandige Flächen werden häufig vom Bäumchenröhrenwurm (*Lanice conchilega*) besiedelt. Typische Standorte sind priel- und platenseitige Randbereiche tiefliegender Miesmuschelbänke, sandige Geländesenken im Bereich der Wasserscheiden und Sandwatten mit geringer Erosionstendenz. Aber auch in Flutbuchten ist er auf größeren Flächen anzutreffen. Der Boden wird durch die Röhren von *Lanice* soweit verfestigt, daß das Areal deutlich vertikale Strukturen erhält. In kleinen Aushöhlungen leben versteckt Taschenkrebse. Seesterne, Aktinien und Einsiedlerkrebse treten in hohen Individuendichten auf. Gelegentlich ist auch der Strandigel (*Psammechinus miliaris*) häufig.

Abb. 58 Benthische Gemeinschaft im Königshafen/Sylt. 1. Pomatoschistus microps, 2. Hydrobia ulvae, 3. Pygospio elegans, 4. Macoma balthica, 5. Scoloplos armiger, 6. Cerastoderma edule, 7. Arenicola marina, 8. Carcinus maenas, 9. Mytilus edulis mit Seepokken und Blasentang, 10. Littorina littorea, 11. Tubificoides benedeni, 12. Heteromastus filiformis, 13. Mya arenaria, 14. Nephtys hombergi, 15. Lanice conchilega, 16. Nereis diversicolor, 17. Corophium volutator (REISE 1985).

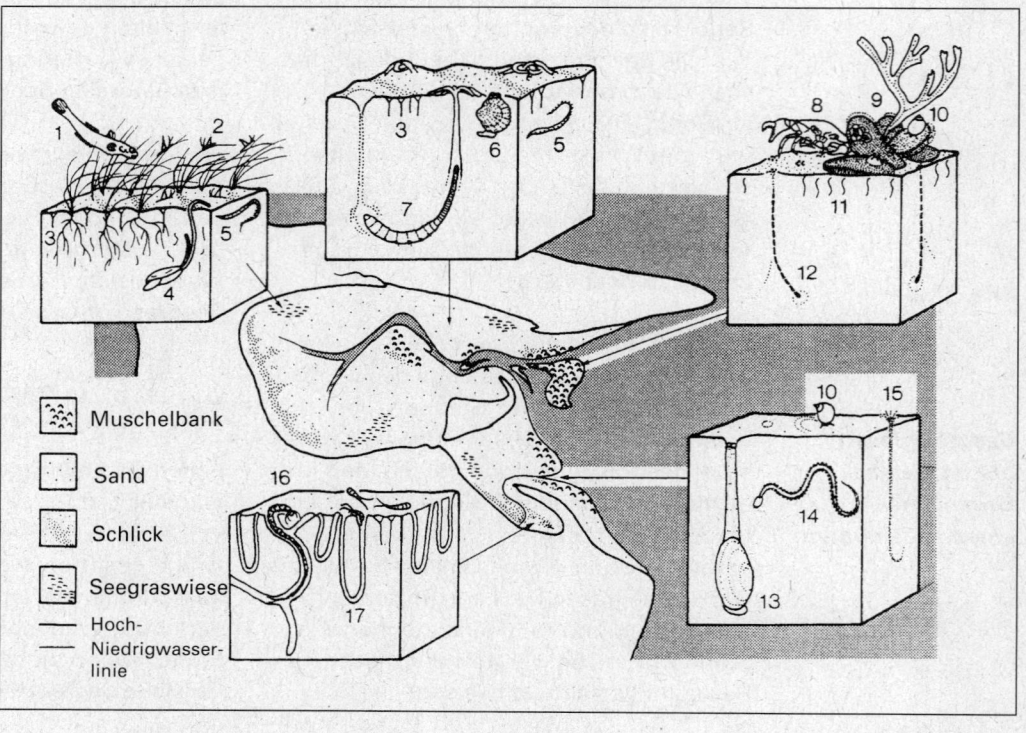

Muschelbank

Sand

Schlick

Seegraswiese

Hoch-
Niedrigwasser-
linie

Herzmuscheln (*Cerastoderma edule*) weisen eine weniger enge Bindung an das Substrat auf. So sind im dithmarscher Wattengebiet ausgedehnte Bestände in festen sandigen Sedimentoberflächen zu finden, während die höchsten Dichten im nordfriesischen Teil im Bereich der schlickigen Rückseitenwatten auftreten. Sie besiedeln in erster Linie eulitorale Flächen, sind aber auch dann jedoch in meist nur geringer Individuendichte im Sublitoral anzutreffen (REISE 1985). Unter günstigen Lebensbedingungen kann ihre Individuendichte bis zu 500 Individuen pro m² erreichen.

Die Herzmuschel ist die einzige Muschelart der Endofauna, die auch als ausgewachsenes Tier an die oberste Sedimentlage gebunden ist. So ist sie besonders von Freßfeinden, aber auch von Sturm und Eisgang bedroht. Dieser Bedrohung begegnet die Herzmuschel mit ihrer Fortpflanzungsstrategie. Herzmuscheln sind r-Strategen. Die große Zahl ihrer Larven kann Bereiche wieder besiedeln, in denen im Jahr zuvor die Bestände durch Freßfeinde oder Eisgang sehr stark dezimiert worden sind.

23 Muschelarten sind für die zweite Hälfte des 20. Jahrhunderts im schleswig-holsteinischen Wattenmeer nachgewiesen worden (WOLFF 1983, RUTH pers. Mitt.). Elf von ihnen sind auch im Eulitoral anzutreffen. Von den 27 Schneckenarten leben dagegen nur neun im Bereich des Eulitorals (ZIEGELMEIER 1966). Dieser Befund unterstreicht die Artenarmut der Makrofauna aufgrund der extremen und ständig wechselnden Lebensbedingungen innerhalb sehr kurzer Zeiträume.

3.1.4.1 Miesmuschelbänke

Die Miesmuschel ist die einzige im Wattenmeer vorkommende Muschelart, die auf dem Substrat siedelt. Sie ernährt sich von Plankton und Detritus, den sie aus dem umgebenden Meerwasser herausfiltriert. Schutz vor Verdriftung und Versinken bietet die gegenseitige Vernetzung und die Verbindung mit Hartsubstrat durch Byssusfäden. Miesmuscheln (*Mytilus edulis*) haben pelagische Larvenstadien, die von der Meeresströmung über weite Distanzen transportiert werden können. Die Erstansiedlung erfolgt auf fädigen Strukturen. Danach ist eine weitere pelagische Phase möglich, wodurch sich der Ort der endgültigen An-

siedlung in großer Entfernung zu den Erstansiedlungsplätzen befinden kann. Das Gros der Miesmuscheln tritt in ausgedehnten Bänken auf, die auch fischereiliche Bedeutung haben (vergl. Kap. VI 5.). Neben den sublitoralen Miesmuschelbänken sind im trockenfallenden Bereich Bänke mit geringer und mit hoher Bestandsdynamik voneinander zu unterscheiden.

Sublitorale Miesmuschelbänke werden in Bereichen mit geringer Sedimentumlagerungsrate angetroffen. Voraussetzung ist eine ausreichend hohe Ansiedlungsrate durch pelagische Larven oder eine Anreicherung von Miesmuscheln, die zuvor an anderer Stelle siedelten und verdriftet wurden. Die im Sublitoral vorkommenden Miesmuscheln weisen eine weitaus höhere Dynamik auf als die Bestände im Eulitoral. Ursachen dieser natürlichen Dynamik sind Ansiedlungsprozesse, direkte und indirekte Sturmeinwirkungen sowie Prädation (RUTH 1994). Erfolgreiche Ansiedlungen von Miesmuscheln werden vor allem auf mit Seepocken besetztem Hartsubstrat beobachtet. Die mutmaßlich sekundäre Ansiedlung erfolgt in den Ritzen und Kerben der Seepockenpanzer (*Balanus* spec.).

Als Ansiedlungsorte kommen hauptsächlich Bereiche mit hydrographischen Fronten und Wirbeln in Frage. Viele Bänke liegen in Bereichen, für die im Strömungsmodell Wirbel berechnet wurden (DICK 1987). Die Individuendichte ist bei Ansiedlungsereignissen so hoch, daß die betroffene Fläche flächendeckend von einer mehrlagigen Schicht juveniler Muscheln bedeckt wird. In der sommerlichen Phase hohen Wachstums bilden die Muscheln innerhalb weniger Wochen eine mehrere Dezimeter dicke, biogene Schicht aus, die die Muschellage vom ursprünglich kiesigen Substrat trennt. Die Muscheln sind während dieser Phase nur sehr gering miteinander verbunden.

Stürme aus westlichen Richtungen erhöhen die Strömungsgeschwindigkeit und die Turbulenz am Standort. Die nur ungenügend mit dem Untergrund verbundenen und auch nicht zu größeren Aggregaten versponnenen Miesmuscheln werden dadurch verdriftet. Kleinere Muscheln können dann an anderer Stelle neue Bestände ausbilden. In der Mehrzahl der Fälle ist die Dispersion der Muscheln jedoch zu groß, bzw. die Muscheln werden in Bereiche mit zu hoher Sediment-

Der Meeresboden des Wattenmeeres wird von einer großen Zahl von Lebewesen besiedelt

Die im Sublitoral vorkommenden Miesmuscheln weisen eine weitaus höhere Dynamik auf als die Bestände im Eulitoral

dynamik verdriftet, wo sie vermutlich absterben. Von hier aus gelangen sie jedoch auch ins Eulitoral, wo sie die Chance haben, neue Bänke zu bilden.

Aus der offensichtlich zufälligen Natur der Ansiedlungsvorgänge im Sublitoral, der nicht größenlimitierten Prädation, sowie der Befischungsaktivität, um Saatmuscheln zu gewinnen, kann abgeleitet werden, daß diese Standorte meistens nicht dauerhaft mit Miesmuscheln besiedelt sein können. Als zeitliche Skala für das Auftreten einer erfolgreichen Ansiedlung bis zur natürlichen Auflösung des Bestandes können Zeiträume zwischen wenigen Wochen bis zu etwa zwei Jahren angegeben werden. Die aktuelle Zeitspanne ist hierbei von Standorteigenschaften, Wachstumsverlauf und Wettergeschehen abhängig. Jahr und Lage von erfolgreichen sublitoralen Miesmuschelansiedlungen zeigt GIS-Karte 14.

Muschelbänke im Eulitoral mit einer hohen Bestandsdynamik liegen im höheren Gezeitenbereich zwischen Prielhang und Normalnull. Als Ursache für ihre Bestandsdynamik wird in der Hauptsache ein hohes Rekrutierungspotential dieser Standorte sowie die Empfindlichkeit von Miesmuschelbeständen auf diesen Standorten gegenüber Stürmen und Eisgang angenommen. Die stärksten Lageveränderungen der Bänke sind westlich der Halligen und Marschinseln zu finden, wo aufgrund der Sturmexposition eine hohe Dynamik vorherrscht (NEHLS & THIEL 1993). Die Ursache für die hohe Empfindlichkeit solcher Standorte gegenüber Sturm ist in der Untergrundbeschaffenheit zu finden. Durch das Fehlen von schweren Hartsubstraten werden die Miesmuscheln aus dem Verband gerissen. Bei Bewuchs mit Blasentang (*Fucus vesicolosus*) verstärkt sich diese Empfindlichkeit noch. Die Miesmuschelaggregate bilden dann relativ schnell absterbende lockere Streubesiedlungen auf den anliegenden Sandwattbereichen. Driftende Eisschollen verursachen ähnliche Auswirkungen. Zusammen mit der fischereibedingten Sterblichkeit (bis 1995) bewirken diese Gegebenheiten das Verschwinden dieser Bänke innerhalb weniger Jahre.

Die Besiedlung von Standorten im Eulitoral scheint innerhalb kurzer Zeit zu erfolgen. So bildeten sich im Herbst 1987, im Sommer 1991 und im Herbst 1993 an mehreren Stellen Miesmuschelbänke an

solchen Standorten aus. Zuvor waren dort nur einzelne Miesmuschelaggregate anzutreffen. Die Bildung war offensichtlich abhängig von der Verfügbarkeit geeigneter Ansiedlungssubstrate in bei Niedrigwasser strömungsarmen Restwasserflächen, beispielsweise in Gebieten mit starker Seegrasbesiedlung. Die sich bildende Miesmuschelbank überwuchs in der Folgezeit den gesamten Bereich (RUTH 1994). Durch das Wachstum der Miesmuscheln und die Ablagerung von biogenem Schlamm erhöht sich das Niveau der Bank, so daß innerhalb der Bankfläche kaum Restwasserflächen auftreten. Dies reduziert die weitere Rekrutierung der Bank.

Im unteren Gezeitenbereich erstrecken sich Miesmuschelbänke zumeist von den Ufern der Priele und Prielströme bis zum Übergang in den flachen Platenbereich. Sie werden als tiefliegende eulitorale Miesmuschelbänke bezeichnet und sind stabil.

Diese Stabilität kann auf mehrere Standorteigenschaften zurückgeführt werden. Einer der wichtigsten Standorteigenschaften ist die Versorgung der Muscheln mit Plankton. Die relativ geringe Zeit des Trockenfallens verhindert, daß im Verlauf strenger Winter die Miesmuscheln an Eisschollen festfrieren. Zudem tritt bei Eisgang durch die größere Wassertiefe keine mechanische Wirkung des treibenden Eises auf den Untergrund auf. Miesmuscheln an Prielrändern liegen meist auf festerem Untergrund auf, da die höhere Strömung die von den Muscheln gebildeten Pseudofaeces abtransportiert. Dadurch ist es den Muscheln möglich, sich an Steinchen oder größeren Schillpartikeln im Untergrund anzuheften. Diese Bestände werden daher nicht so häufig durch Stürme von ihrem Untergrund oder aus ihrem Verband gelöst wie die in den flachen, schlickigen Platenbereichen der Rückseitenwatten (RUTH 1994).

Beständige eulitorale Miesmuschelbänke stellen ein sekundäres Hartsubstrat im Wattenmeer für die Ansiedlung vieler Arten dar. Vor allem Seepocken, Hydroidpolypen (*Laomedea* spec.) und Aktinien nutzen so die Miesmuschelbänke. Die Miesmuscheln bilden durch ihre Filtrationsaktivität dicke Lagen biogenen Schlammes aus, die von weiteren Makrozoobenthosorganismen besiedelt sind. Insgesamt lassen sich für langjährig stabile Miesmuschelbänke im Eulitoral 41

Im unteren Gezeitenbereich erstrecken sich Miesmuschelbänke zumeist von den Ufern der Priele und Prielströme bis zum Übergang in den flachen Platenbereich

Eulitorale Miesmuschelbänke stellen ein sekundäres Hartsubstrat im Wattenmeer für die Ansiedlung vieler Arten dar

Abb. 59
Vereinfachter
Energiefluß durch
die wichtigsten
Glieder einer
Muschelbank-
gemeinschaft des
Gezeitenbereiches
(RUTH & ASMUS
1994).

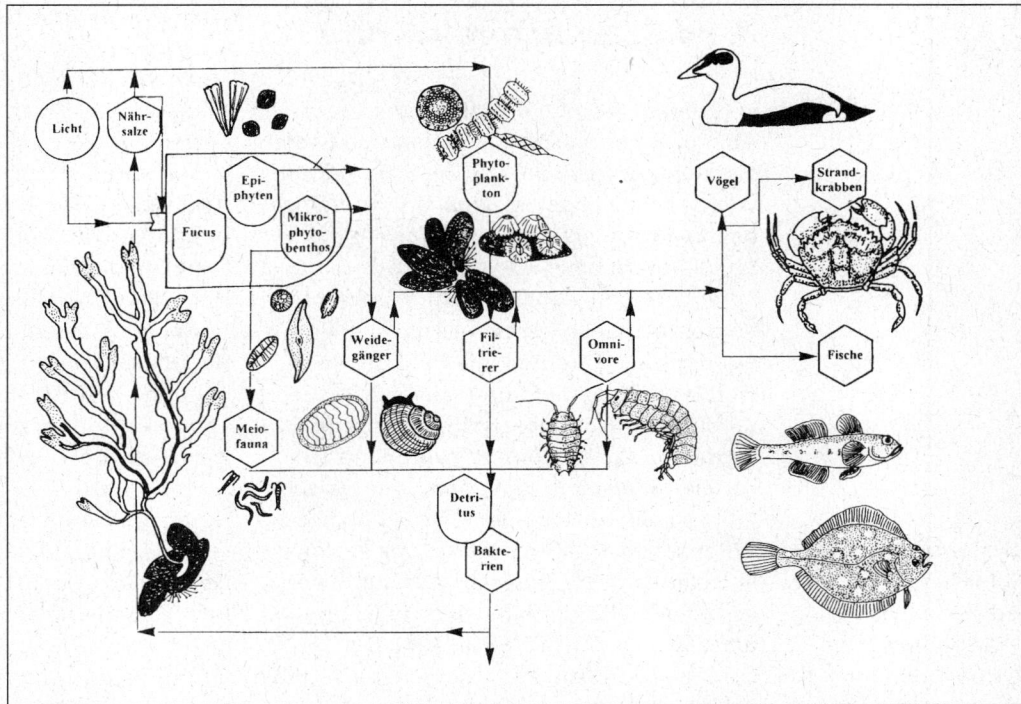

V

Makrozoobenthosarten angeben (ASMUS 1987). Viele Bänke des Eulitorals weisen zudem Bewuchs mit Blasentang auf, der sich vegetativ fortpflanzt. Die Thalli des Tangs bieten vielen anderen Organismen Lebensraum und/oder Schutz vor Austrocknung. Diese insgesamt sehr biomassereiche Lebensgemeinschaft wird vor allem von Seevögeln als Nahrungsareal genutzt (HERTZLER 1995). Das Nahrungsnetz innerhalb einer Miesmuschelbank-Gemeinschaft ist in Abbildung 59 dargestellt.

Außerhalb von größeren Miesmuschelbänken finden sich im Wattenmeer Miesmuscheln auch als Aufwuchs an künstlichen und natürlichen Hartsubstraten wie Steinen, Spundwänden und Leitdämmen. Zusätzlich erscheinen Miesmuscheln noch als über weite Flächen verstreute Aggregate von einigen wenigen bis zu hunderten von miteinander durch Byssusfäden vertroßten Individuen.

3.1.4.2 Arenicola-Watt

Große Teile des Sand- und Mischwatts sind dicht vom Wattwurm besiedelt

Große Teile des Sand- und Mischwatts sind dicht vom Wattwurm (*Arenicola marina*) besiedelt. Er tritt überall dort auf, wo keine flächigen Restwasserflächen verbleiben. Durch seine Lebensweise ist diese Art bestens an die Extrembedingungen des Standortes angepaßt. Die große Bedeutung für die

endobiontische Lebensgemeinschaft liegt in der ständigen Grab- und Pumptätigkeit der Wattwürmer. Diese Sedimentumlagerung (Bioturbation) versorgt, zusammen mit der Zufuhr von Oberflächenwasser, den Wattboden mit Sauerstoff (REISE 1985) und sorgt im Gegenzug für eine Freisetzung von Nährsalzen aus dem Wattboden in das darüberfließende Gezeitenwasser.

Der Wattwurm wird selten von Räubern ganz gefressen. Fischen, Krebsen und Vögeln gelingt es jedoch, das Schwanzende, welches bei der Kotabgabe an die Oberfläche ragt, zu erbeuten. Zu seinem Schutz kann der Wurm einen Teil seines Schwanzendes an einer Sollbruchstelle abwerfen. Die verbleibenden Schwanzsegmente verlängern sich, so daß die Würmer regenerieren. Dieser Vorgang kann bis zu dreißigmal ablaufen. So ist eine regelrechte „Beweidung" des Wattwurms möglich (VLAS 1979).

Eine Besonderheit im Lebenszyklus des Wattwurms stellen die *Arenicola*-Brutwatten dar. Im Frühjahr lassen sich die Postlarven in hochgelegene Schlickwatten verdriften und gehen zur bodenlebenden Lebensweise über. Diese Brutwatten beherbergen bis zu 1.000 Individuen pro m² (REISE 1985). Von hier aus wandern die Tiere aktiv in die tiefergelegenen Sandwatten und besiedeln dort neue Gebiete oder lassen sich in der Nähe der anderen Adulten nieder (REISE 1985).

3.1.4.3 Sandkorallenriffe

Im Bereich morphologisch stabilerer Abhänge des Sublitorals finden sich Reste einstiger *Sabellaria*-Riffe. Die Riffe werden von dem Polychaeten *Sabellaria spinulosa* gebildet (Abb. 60), der Wohnröhren aus Sandkörnern baut, die von der Strömung herangetragen werden. Unter bestimmten Voraussetzungen kommt es zur Ausbildung großer Kolonien, die Riffe genannt werden. Aus der Literatur (HAGMEIER & KÄNDLER 1927) und von Einheimischen wird über das Vorkommen von Sandkorallenriffe seit langem berichtet. Derzeit gibt es sehr viel weniger Riffe als noch zu Anfang dieses Jahrhunderts. Das einzige im schleswig-holsteinischen Wattenmeer verbliebene Riff befindet sich im Rütergat (BERGHAHN & VORBERG 1994). Die Ursache des Rückgangs ist nicht eindeutig geklärt. Biologie und Ökologie von Sandkorallenriffen wurden an der nahe verwandten Art *Sabellaria alveolata*, die an der französischen und englischen Atlantikküste ausgedehnte, zum Teil trockenfallende Riffe ausbildet, untersucht (BERGHAHN & VORBERG 1994).

Damit sich ein Riff ausbilden kann, müssen an einem Standort Hartsubstrate und eine ausreichend hohe Ansiedlungsrate der *Sabellaria*-Larven vorhanden sein. Als Substrat kommen Kies- oder Schillflächen sowie existierende Riffe in Frage. Da im Wattenmeer nur hydrographische Effekte zu hohen Konzentrationen von Larven führen, dürfte die Neubildung eines Riffs ein seltenes Ereignis darstellen, das zuletzt 1951 auf Norderney im Bereich einer Steinschüttung stattfand (LINKE 1951).

Das schließt jedoch nicht aus, daß es innerhalb eines längeren Zeitraumes zu einer außerordentlich erfolgreichen Ansiedlung der Larven kommen kann, da Einzeltiere dieser Art im Wattenmeer und in der Nordsee verbreitet sind. Eine Ansiedlung innerhalb eines Gebietes prägt dann das Verbreitungsbild der Sandkorallenriffe der nächsten Dekaden. Hinzu kommt, daß die Larven bevorzugt bestehende, lebendige oder abgestorbene Riffe besiedeln, so daß für die Aufrechterhaltung eines Riffes erheblich niedrigere Larvenkonzentrationen im Wasser erforderlich sind als zur Neubildung eines Riffs.

Durch die Längenzunahme der Einzelröhren und die Ansiedlung mehrerer Generationen übereinander können die Riffe Höhen von etwa 1 m erreichen. Das weitere Höhenwachstum hängt von der Verfügbarkeit aufgewirbelten Sandes ab. Je größer die Würmer sind, desto größere Sandkörner benötigen sie für den Röhrenbau. Dabei bestimmt die Strömungsgeschwindigkeit und die Turbulenz die maximale Höhe, bis zu der Sedimentteilchen aufgewirbelt werden. Dadurch wird auch die maximale Höhe des Riffbaus begrenzt.

Sobald die aktuelle Ansiedlungsrate der Larven sinkt, schrumpft auch das Riff. Hierdurch werden unbesiedelte Lücken in der Oberfläche des Riffs geschaffen, die den erodierenden Kräften der Strömung einen Ansatzpunkt bieten. Individuelle Riffe können von Sand überlagert werden und dadurch absterben. Sinkt an einem Standort die Strömungsgeschwindigkeit, so verstopfen die Röhren, und die Würmer sterben ab. Strömung ist folglich der bestimmende Faktor für Entstehen und

Das einzige im schleswig-holsteinischen Wattenmeer verbliebene Sandkorallenriff befindet sich im Rütergat

Abb. 60 Wohnröhren von Sabellaria (REMANE et al. 1986).

Vergehen von Sandkorallenriffen. Gleichzeitig aber beeinflußt ein großes Riffbauwerk, das eine Ausdehnung von mehreren Hektar erreichen kann, nachhaltig das kleinräumige Strömungsregime und die Sedimentationsverhältnisse in seiner Umgebung. Ein Riff kann nur dann jahrzehntelang an einem Ort existieren, wenn die Strömungsbedingungen weitgehend konstant bleiben. Diese Verhältnisse sind durch den andauernden Meeresspiegelanstieg und vor allem durch die in immer kürzeren Zeitintervallen fertiggestellten Küstenschutzbauwerke kaum noch gegeben (FÜHRBÖTER 1989, GERRITSEN 1992).

Die Ursachen für den Rückgang der Sandkorallenriffe im Wattenmeer sind umstritten

Der Rückgang der Sandkorallenriffe im Wattenmeer im Verlauf dieses Jahrhunderts könnte hauptsächlich darauf zurückzuführen sein, daß durch die anthropogen gesteigerte Variabilität im Strömungsgeschehen fast keine Kolonien mehr ausgebildet werden können. Eventuell handelt es sich aber auch um den Ausdruck eines temporären Bestandstiefs innerhalb einer sehr langfristigen Bestandsentwicklung. Da der Rückgang der *Sabellaria*-Riffe aber etwa zeitgleich mit dem Aussterben der gesamten Austern-Lebensgemeinschaft geschah und die betroffenen Räume unmittelbar benachbart sind, ist der Hypothese des veränderten Strömungsregimes der Vorrang zu geben (BERGHAHN & VORBERG 1994).

Im Rahmen der Ökosystemforschung konnten 63 Fischarten in den Prielen des Wattenmeeres nachgewiesen werden

Eine gezielte Zerstörung der Riffe in der Vergangenheit durch die Fischerei ist wenig plausibel. Zur Zeit des starken Rückgangs der Bestände (1930 bis 1950) waren die vorhandenen Kutter zu schwach motorisiert, um die doch recht massiven Gebilde zu zerstören. Außerdem gab es Riffe bis in die nicht befischten eulitoralen Bereiche. So wird in Brehms Tierleben (1893) die bei Niedrigwasser freilaufende „Krabbenplate" beschrieben, „welche fast ganz von den Bauten der *Sabellaria spinulosa* bedeckt ist". Sandkorallenriffe existierten auch in den Bereichen des Hörnumtiefs, wo wegen der großen Steine keine Baumkurrenfischerei möglich war. RIESEN & REISE (1982), REISE (1989) und REISE & SCHUBERT (1987) vermuten jedoch, daß auch die Fischerei einen Einfluß auf den Rückgang der *Sabellaria*-Riffe hatte. Unterwasservideos (BERGHAHN & VORBERG 1994) zeigten allerdings, daß eine über ein Riff gezogene Garnelenbaumkurre keine Zerstörung zur Folge hatte.

3.1.4.4 Seemooswiesen

Areale mit einem höheren Anteil an Kies oder Schill sind häufig von Seemoos (*Sertularia cupressina*), einem koloniebildenden Hydroidpolypen, besiedelt. Neben *Sertularia* treten in diesen Bereichen auch das Korallenmoos (*Hydralmania falcata*) und das Blättermoostierchen (*Flustra foliacea*) auf. Hartsubstrate sind vereinzelt mit Brotkrumenschwämmen (*Halichondria panacea*) überwachsen. Zwischen den Schwämmen und dem Seemoos leben Gespensterkrabben (*Caprella linearis*).

Seemoos pflanzt sich über pelagische Stadien fort. Dadurch kommt es zu starken natürlichen Fluktuationen der Populationsgröße. Über den langfristigen Bestandsverlauf gibt es keine Untersuchungen. Bis in die siebziger Jahre gab es jedoch gezielte Seemoosfischerei, die einen deutlichen Einfluß auf die Populationsgröße ausübte. Garnelenbaumkurren reißen nach einer Analyse von Unterwasservideos nur vereinzelt Kolonien ab, so daß BERGHAHN & VORBERG (1994) von einem Bestand ausgehen, der weitgehend unbeeinflußt von der Garnelenfischerei ist.

3.1.5 Fische

Im Rahmen der Ökosystemforschung konnten 63 Fischarten in den Prielen des Wattenmeeres nachgewiesen werden, wobei nach Individuenzahlen Jugendstadien von Hering (*Clupea harengus*) und Scholle (*Pleuronectes platessa*) sowie Strandgrundeln (*Pomatoschistus minutus*) dominierten (BRECKLING et al. 1994). Keine dieser Arten ist ausschließlich im Wattenmeer anzutreffen. Einige, darunter Sandgrundel und Aalmutter (*Zoarces viviparus*), verbringen als Standfische ihren gesamten Lebenszyklus im Wattenmeer. Viele dieser Standfische betreiben als Anpassung an die hohe Dynamik des Wattenmeeres Brutpflege, um ihre Nachkommen vor Verdriftung zu schützen. Am weitesten ausgeprägt ist diese Anpassung bei der Aalmutter, die ihre Jungen lebend gebärt (MUUS & DAHLSTRÖM 1965).

Andere Fischarten durchlaufen bestimmte Entwicklungsstadien im Wattenmeer. So laichen u.a. Hering und Scholle in der offenen Nordsee. Die jungen Larven nutzen dann den zur Küste gerichteten

V

Flutstrom aktiv aus und gelangen so bis ins Wattenmeer. Hier finden sie optimale Entwicklungsbedingungen, da sie die Ebbphasen in Restwasserflächen verbringen können und so für diese Zeit vor Feinden aus dem Meer geschützt sind. Sie verlassen das Wattenmeer erst nach mehrmonatigem Aufenthalt, meist zum Winter.

Sobald sich das Wattenmeer im Frühjahr erwärmt, wird es von vielen Fischarten gezielt aufgesucht. So folgt die Makrele (*Scomber scombrus*) ihrer Nahrung, den Jungheringen und -sprotten. Auch Meeräschen und Hornhechte wandern gezielt ein, um im Wattenmeer auf Nahrungssuche zu gehen. Andere Arten verlassen das Wattenmeer im Winter, um den niedrigen Temperaturen auszuweichen. Daraus folgt eine nach Jahreszeiten abgrenzbare Artenzusammensetzung der Fischfauna. Die maximale Artenzahl tritt zu Beginn des Sommers auf (BRECKLING et al. 1994).

Die Fischreichsten Priele befinden sich im küstennahen dithmarscher Bereich

Die Individuendichte und Biomasse der Fische nimmt von Süd nach Nord und von Ost nach West ab. Die individuenreichsten Priele befinden sich folglich im küstennahen dithmarscher Bereich (BRECKLING et al. 1994). Die Priele bilden das Rückzugsgebiet der Fische bei Ebbe. Erst mit der Überflutungsphase des Eulitorals können die Fische die hochproduktive und biomassereiche Benthoslebensgemeinschaft nutzen. Diese tidebeeinflußten, kleinräumigen Wanderungen werden von vielen Fischarten ausgeführt, pelagische Arten wie der Hering führen diese Wanderungen allerdings nicht gezielt durch (BRECKLING et al. 1994). Besonders wichtig ist das Wattenmeer auch als Überwinterungsgebiete für anadrome Wanderfische aus Ästuarien, wie Stint und Stichling, darunter viele heute seltene Arten, wie Schnäpel, Stör, Lachs und Meerforelle.

3.1.6 Meeressäuger

3.1.6.1 Robben

Der Seehundbestand hat sich seit dem Seehundsterben im Jahr 1988 wieder erholt

Der Seehund (*Phoca vitulina*) ist im schleswig-holsteinischen Wattenmeer weit verbreitet. Daneben kommt die Kegelrobbe (*Halichoerus grypus*) vor, die im schleswig-holsteinischen Wattenmeer lebt und Junge aufzieht (VOGEL 1994b). Beide Arten sind Nahrungsopportunisten

und ernähren sich von den jeweils am häufigsten vorkommenden Fischarten. Von jungen Seehunden ist bekannt, daß sie nach der Entwöhnung vom Muttertier bevorzugt Garnelen fressen (SCHWARZ & HEIDEMANN 1994).

Insgesamt wurden im schleswig-holsteinischen Wattenmeer etwa 480 Seehundliegeplätze kartiert, von denen maximal 171 gleichzeitig besetzt waren (GIS-Karte 18, Robbenliegeplätze) (VOGEL 1994b, 1996). Diese Standorte werden unterschiedlich genutzt. Die seeseitigen Liegeplätze werden vor allem während des Winters besetzt, da die Seehunde von hier aus längere Wanderungen in die Nordsee unternehmen, während im Sommer auch auf den weiter landwärts gelegenen Flächen Seehunde anzutreffen sind. Im Frühjahr nehmen die Gruppengrößen auf den Liegeplätzen erheblich zu. Bis zu 700 Tiere konnten auf einer Sandbank angetroffen werden (SCHWARZ & HEIDEMANN 1994).

Im inneren Wattenmeer, meist in Bereichen mit geringem Schiffsverkehr, liegen die Platen, die von kleineren Rudeln zur Aufzucht der Jungen von Ende Mai bis Mitte Juli aufgesucht werden. Im Spätsommer werden diese landnahen Liegeplätze wieder verlassen, und die Seehunde sammeln sich zum Wechsel des Haarkleides auf den hohen seeseitigen Sandbänken (SCHWARZ & HEIDEMANN 1994).

Nach dem Seehundsterben von 1988 hat sich der Seehundbestand im schleswig-holsteinischen Wattenmeer wieder erholt. Während nach der Epidemie 1989 etwa 1750 Seehunde gezählt wurden (VOGEL 1994b), lag der gezählte Bestand im Sommer 1995 bereits bei 3.745 Tieren (Abb. 61). Der Bestand stieg damit durchschnittlich um rund 13 % pro Jahr.

Im Gegensatz zum Seehund gebären die Kegelrobben ihre Jungen im Winter. Dazu sind die Tiere auf überflutungssichere und störungsfreie Wurfplätze angewiesen. Diese Gebiete liegen zwischen Sylt und Amrum. Es handelt sich um eine kleine Kolonie von bis zu 70 Tieren (VOGEL 1994b). Ihre künftige Entwicklung ist zum einen von wiederholter Zuwanderung von Kegelrobben aus anderen Gebieten abhängig. Insbesondere das anhaltende Populationswachstum in Großbritannien führt dort zu einer Abwanderungsbereitschaft, die den hiesigen Beständen zugute kommt (SCHWARZ & HEIDEMANN 1994).

*Abb. 61
Populations-
entwicklung des
Seehundes im
Wattenmeer.
SH = Schleswig-
Holstein, NDS =
Niedersachsen,
DK = Dänemark,
NL = Niederlande.*

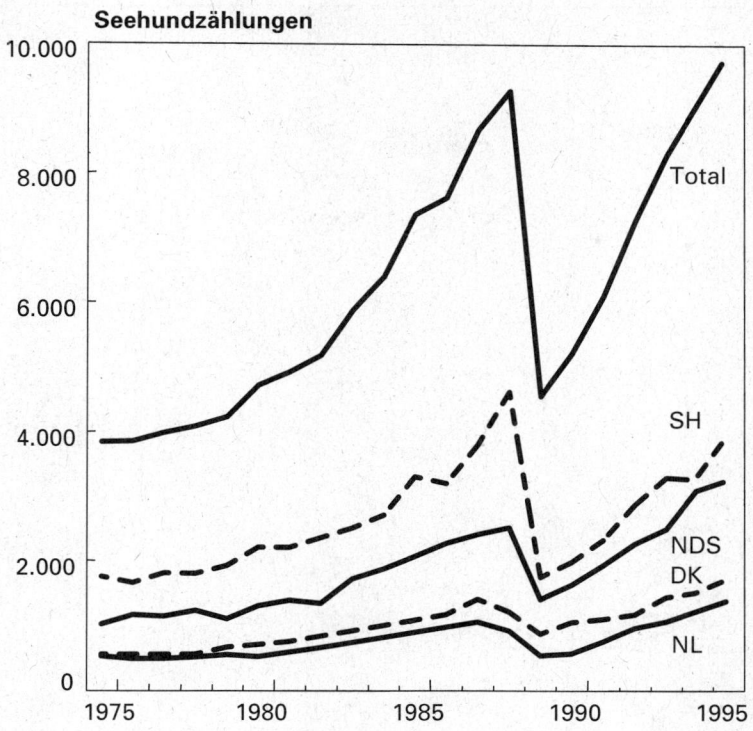

Seehundzählungen

Auf der anderen Seite ist die weit-gehende Beruhigung der potentiellen Wurf-plätze / Hörnum Odde, Amrumer Kniepsand) besonders in der Zeit von Geburt und Aufzucht (November bis Februar) er-forderlich. Nur auf diese Weise sind die Überlebenschancen der Jungen zu erhö-hen und das schleswig-holsteinische Wattenmeer als Wurfgebiet der Kegel-robben zu erhalten (VOGEL 1994b).

3.1.6.2 Wale

**Schweinswale
können zu allen
Jahreszeiten
westlich von Sylt
und Amrum
beobachtet werden**

Schweinswale *(Phocoena phocoena)* kön-nen zu allen Jahreszeiten am Übergang zwischen Nordsee und Wattenmeer beob-achtet werden. Die meisten Sichtungen erfolgen im nördlichen Teil der Deutschen Bucht (GIS-Karte 19). Insbesondere in den Gewässern westlich von Sylt und Amrum wurden viele Beobachtungen gemacht. Flugzählungen von Schweinswalen im Juli 1992 erbrachten in den Gewässern um den nördlichen Teil der Insel Sylt 30 Sich-tungen mit 40 Tieren (Abb. 62; HEIDE-JØRGENSEN et al. 1993). Besonders inte-ressant ist, daß sich dabei acht Mutter-Kalb-Gruppen befanden. Dies deutet auf ein Aufzuchtgebiet in den Gewässern westlich Sylts für Schweinswale hin. Häufig wurden auch neugeborene, tote Schweinswale an der Küste Sylts ange-spült, die einen guten Erhaltungszustand aufwiesen und nicht allzu weit entfernt gestorben sein dürften (Abb. 63); BOHLKEN & BENKE 1992).

Zu Beginn dieses Jahrhunderts konnten Schweinswale regelmäßig und in großer Zahl im Wattenmeer beobachtet werden. Noch 1935 wurden größere Schulen in der Nähe von Elb- und Eidermündung gesich-tet (MOHR 1935). In den letzten Jahrzehn-ten ist bei den Schweinswalen, wie auch bei den meisten anderen küstennah leben-den Kleinwalarten, ein starker Rückgang der Bestandszahlen zu verzeichnen (KRÜ-GER 1986). Im Watt werden Schweinswale heute nur selten gesichtet (GIS-Karte 19).

An der deutschen Wattenmeerküste war die Anzahl der Totfunde im Norden größer als im Süden. In den Jahren 1991 bis 1994 wurden jährlich zwischen 74 und 103 tote Schweinswale gezählt. Die weitaus meisten Strandfunde wurden an den schleswig-holsteinischen Küsten mit Schwerpunkt Nordfriesland registriert. Den größten Anteil machten vor allem Tiere aus, die jünger als ein Jahr waren. Besonders im Sommer 1993 wurden sehr viele tote Jungtiere gefunden, von denen die meisten in einem sehr schlechten Ernährungszustand waren (BENKE & SIEBERT 1994).

Insgesamt sind für die Nordsee zwanzig Kleinwalarten nachgewiesen. Häufig sind außer dem Schweinswal noch der Weiß-schnauzendelphin, der Weißseitendelphin und der Große Tümmler. Sie geraten gelegentlich auch in das Wattenmeer-gebiet, doch sind sie hier als Irrgäste anzusehen (BENKE & SIEBERT 1994).

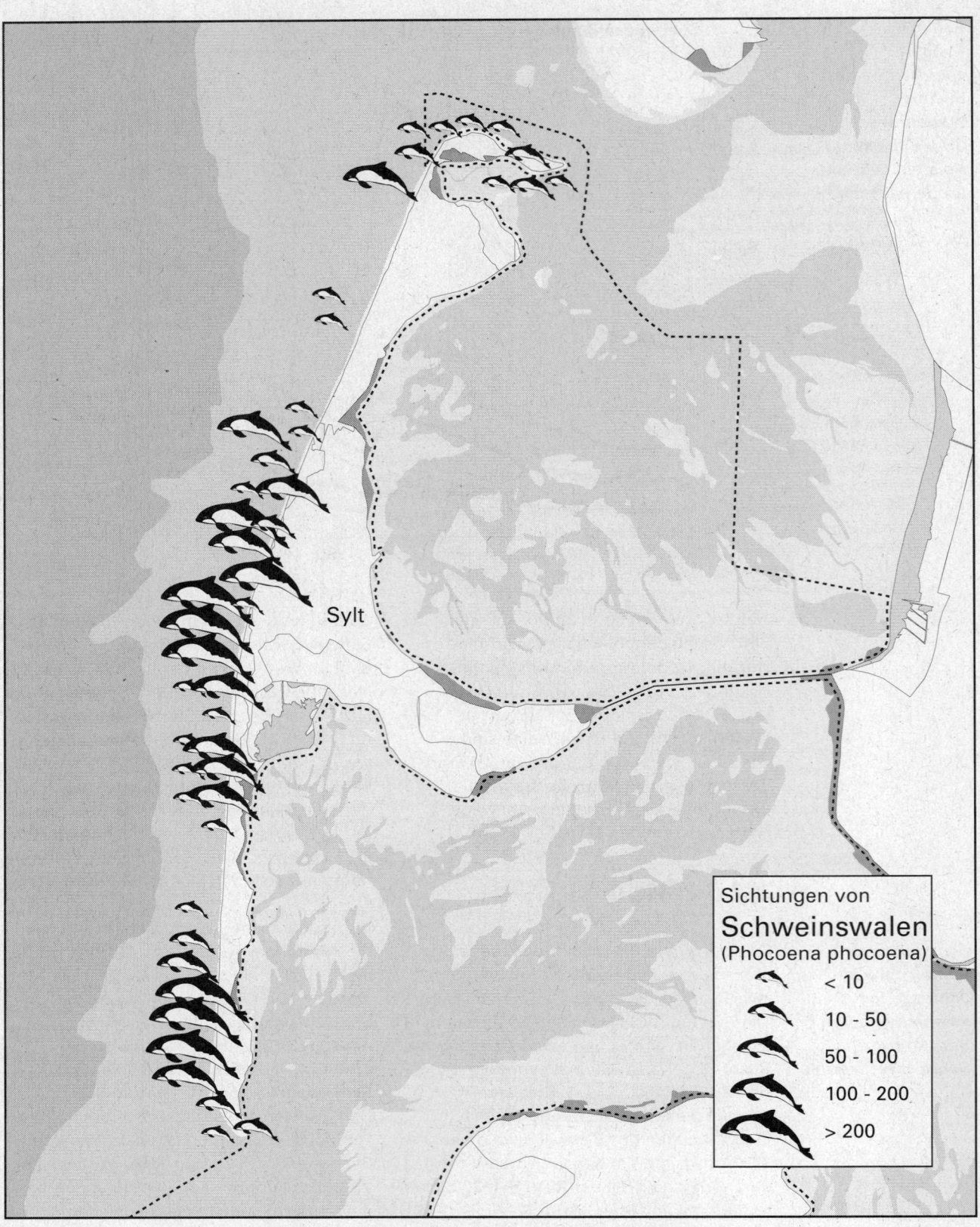

Sichtungen von
Schweinswalen
(Phocoena phocoena)

< 10

10 - 50

50 - 100

100 - 200

> 200

Sylt

Abb. 62
Sichtungen von
Schweinswalen an
der Westküste von
Sylt (BENKE et al.
1994).

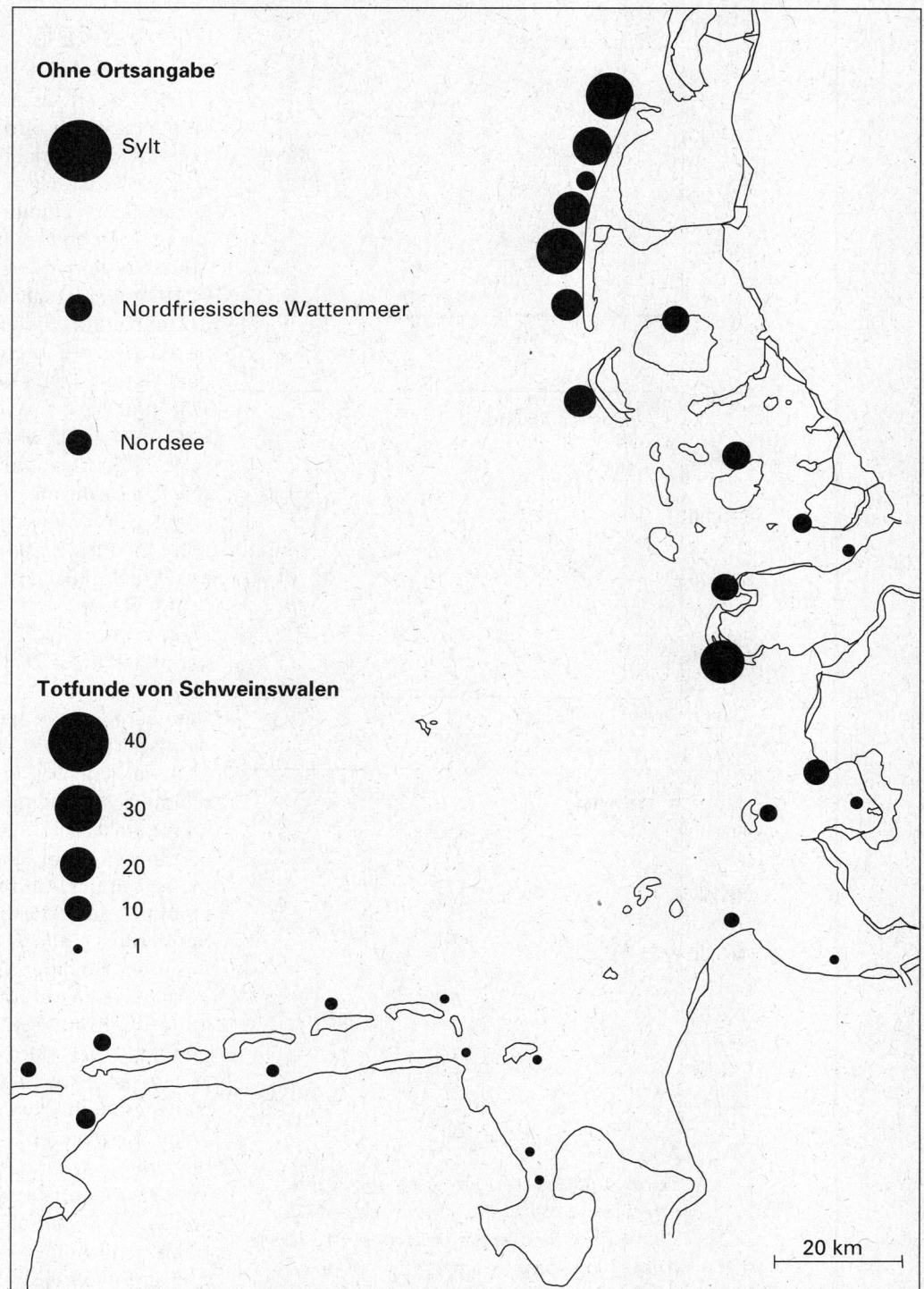

Abb. 63
Totfunde von
Schweinswalen an
der deutschen
Nordseeküste von
1990 bis 1993
(BENKE & SIEBERT
1994, verändert)

Ohne Ortsangabe

Sylt

Nordfriesisches Wattenmeer

Nordsee

Totfunde von Schweinswalen

40

30

20

10

1

20 km

V

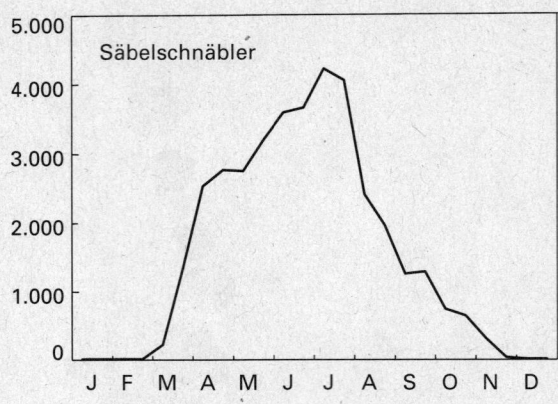

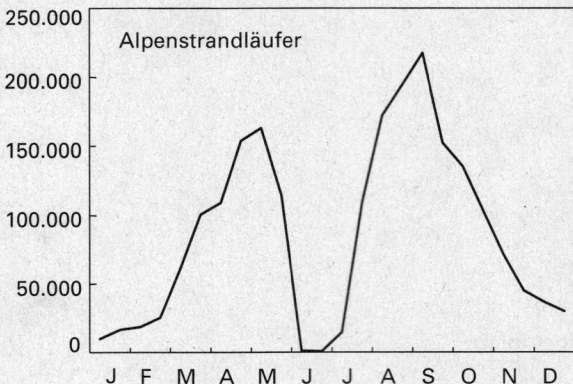

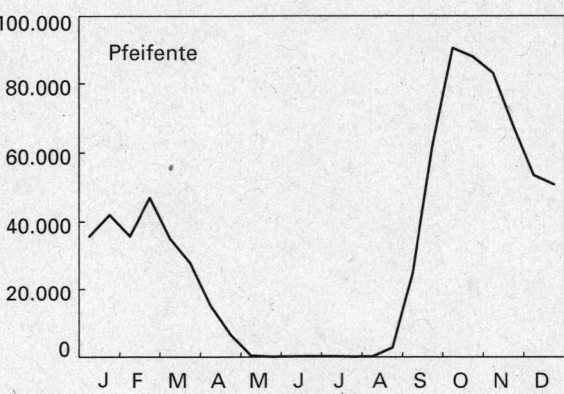

Abb. 64
Durchzugsphänologie typischer Vogel-
arten im Wattenmeer im Jahreslauf. Der
Säbelschnäbler ist als Brutvogel in großer
Anzahl im Sommer im Wattenmeer
anzutreffen. Der Alpenstrandläufer brütet
überwiegend in der Arktis und in Skandi-
navien. Er ist als Zugvogel im Frühjahr
und Herbst im Wattenmeer anzutreffen.
Die Pfeifente ist typischer Herbst- und
Wintergast (nach RÖSNER 1994 a,b).

3.1.7 Vögel

Für die Vogelwelt ist das Wattenmeer von herausragender Bedeutung. Das dichte Nebeneinander nahrungsreicher aquatischer Lebensräume und naturnaher terrestrischer Habitate (Dünen, Salzwiesen) bilden für eine Vielzahl von Vögeln optimale Lebensbedingungen. Das Wattenmeer ist sowohl das bedeutendste Brutgebiet für Küstenvögel in Mitteleuropa als auch ein international herausragendes Rast- und Überwinterungsgebiet für Wat- und Wasservögel (PROKOSCH 1984, EXO 1994, MELTOFTE et al. 1994, RÖSNER et al. 1995). Das Wattenmeer bildet eine zentrale Drehscheibe auf dem ostatlantischen Zugweg. Alljährlich wird es von Millionen Zugvögeln, die im Herbst aus ihren arktischen und subarktischen Brutgebieten und im Frühjahr aus den Überwinterungsgebieten eintreffen, genutzt (RÖSNER 1994a, b).

Das räumliche Verteilungsmuster und das jahreszeitliche Auftreten variiert von Art zu Art erheblich. Die räumliche Verteilung richtet sich nach den Anforderungen der einzelnen Arten an das Habitat. Diese lassen sich unter anderem aus der Regelmäßigkeit des Auftretens einer Art in einem Gebiet ableiten. So ist der Sanderling *(Calidris alba)* in küstenferneren, sandigen Gebieten, in denen er vorzugsweise auf Nahrungssuche geht, mit großer Stetigkeit anzutreffen. Dagegen findet sich der Dunkle Wasserläufer *(Tringa erythropus)* vorwiegend in der Nähe von Schlickwattflächen. Beide Arten sind „Spezialisten" (RÖSNER 1994a, b), die eine enge Bindung an ihr Habitat aufweisen. Vogelarten mit einem weniger speziellen Anspruch an ein geeignetes Habitat erscheinen in vielen Gebieten mit großer Regelmäßigkeit. Dieses Verteilungsmuster weisen unter anderem Alpenstrandläufer *(Calidris alpina)* und Austernfischer *(Haematopus ostralegus)* auf (RÖSNER 1994a, b).

Prinzipiell sind alle Vögel des Wattenmeeres Zugvögel, da auch ein erheblicher Anteil der Brutvogelpopulationen das Wattenmeer zeitweise verläßt. Dementsprechend treten jahreszeitliche Schwankungen in den Beständen der verschiedenen Arten auf. Die Brutvögel erreichen die höchsten Bestandsdichten zumeist während der Sommermonate, wie in Abbildung 64 am Beispiel des Säbelschnäblers *(Recurvirostra avosetta)* dargestellt ist. Vor

Abb. 65
Räumliche Vertei-
lung des Knutt im
Wattenmeer
zwischen Ende
April und Anfang
Mai (MELTOFTE et
al. 1994).

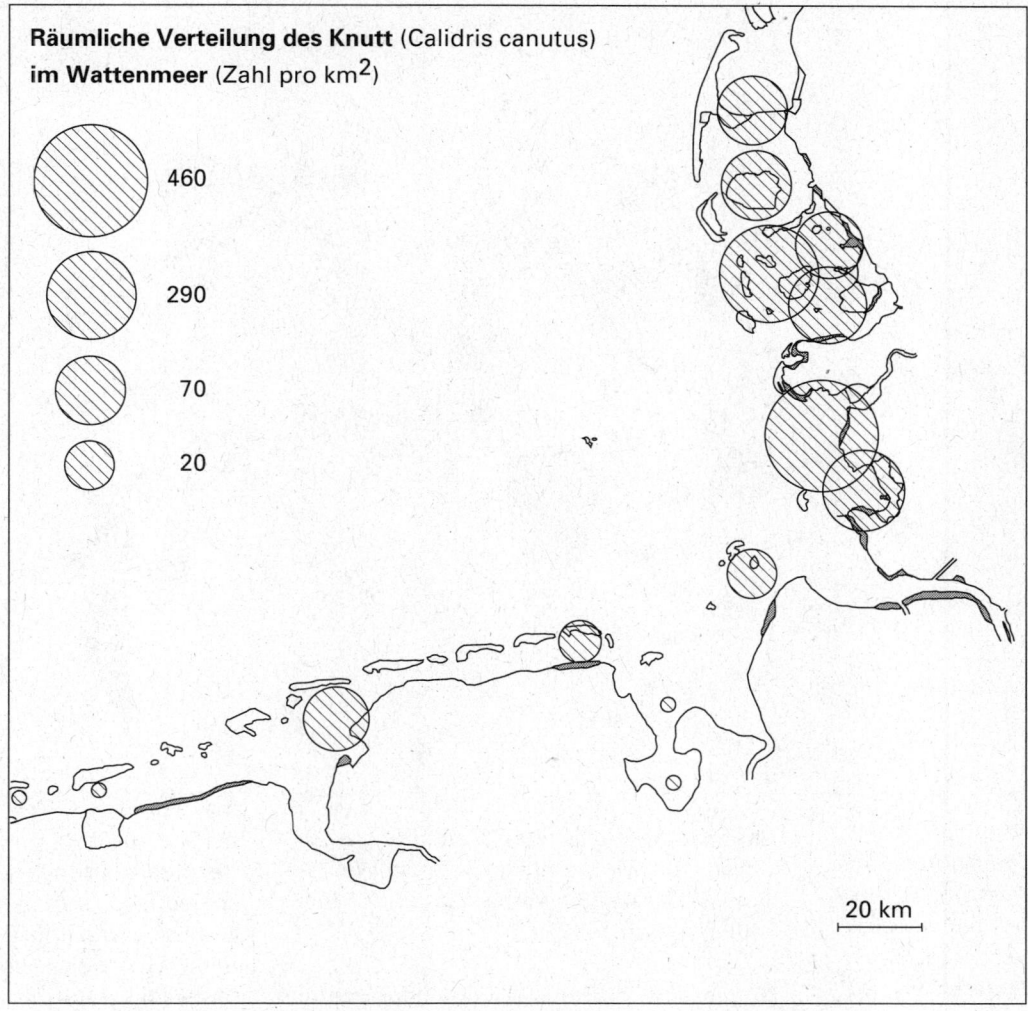

Räumliche Verteilung des Knutt (Calidris canutus)
im Wattenmeer (Zahl pro km^2)

460

290

70

20

20 km

V

**Für die Vogelwelt
ist das Wattenmeer
von herausragen-
der Bedeutung**

Beginn der Brutzeit steigen die Bestände
allmählich an, erreichen ihr Maximum mit
dem Flügge-Werden der Jungvögel, um
dann im Herbst das Wattenmeer wieder zu
verlassen (RÖSNER 1994).

Das Beispiel der Pfeifenten (Anas
penelope) zeigt die jahreszeitliche Verteilung für eine Art, die das Wattenmeer
während des gesamten Winters nutzt. Aus
den Brutgebieten erreichen die Enten das
Wattenmeer im Spätsommer. Das Maximum des Bestandes stellt sich Spätherbst
ein. Danach zieht ein Teil der Enten in
andere Überwinterungsgebiete (z.B.
Niederlande). Viele Tiere bleiben jedoch
im schleswig-holsteinischen Wattenmeer.
Im Frühjahr ist aufgrund der aus anderen
Gebieten wieder eintreffenden Individuen
ein weiteres Maximum auf niedrigerem
Niveau zu beobachten. Je nach
Witterungsbedingungen im Winterhalbjahr kann diese Phänologie schwanken.
Gerade Pfeifenten neigen bei Eis und
Schnee dazu, das schleswig-holsteinische
Wattenmeer zu verlassen (ESKILDSEN
1994).

Kurzfristige Durchzügler suchen das
Wattenmeer nur für wenige Wochen auf.
Sie verbringen den Winter in südlicher
gelegenen Gebieten. Daher weist ihre
Bestandsphänologie zwei deutlich ge-
trennte Maxima aus. Hohe Individuenzahlen sind dann innerhalb relativ enger
Zeiträume im Herbst und im Frühjahr
festzustellen (RÖSNER 1994). In dieser
Zeit füllen sie ihre Energiereserven auf.
Zumeist sind diese Arten extreme
Langstreckenzieher wie der Knutt (Calidris
canutus), der im Wattenmeer in zwei
Unterarten erscheint, die das Wattenmeer
zeitlich und räumlich getrennt nutzen
(Abb. 65). Zuerst trifft im März/April die
grönländisch-kanadische Unterart (C. c.
islandica) ein, die in Europa überwintert
hat. Während des Frühjahrszuges hält sich
über 75 % der Gesamtpopulation dieser
Unterart im schleswig-holsteinischen
Wattenmeer auf (Abb. 66, MELTOFTE et al.
1994). Ein funktionsfähiges Ökosystem
Wattenmeer ist nicht nur für diese Art eine
Frage des Überlebens, da andere Biotope
mit vergleichbarem Nahrungspotential
nicht existieren. Diese Vögel bleiben bis
Mitte Mai im Wattenmeergebiet. Die in
Sibirien brütenden Knutts (C. c. canutus)

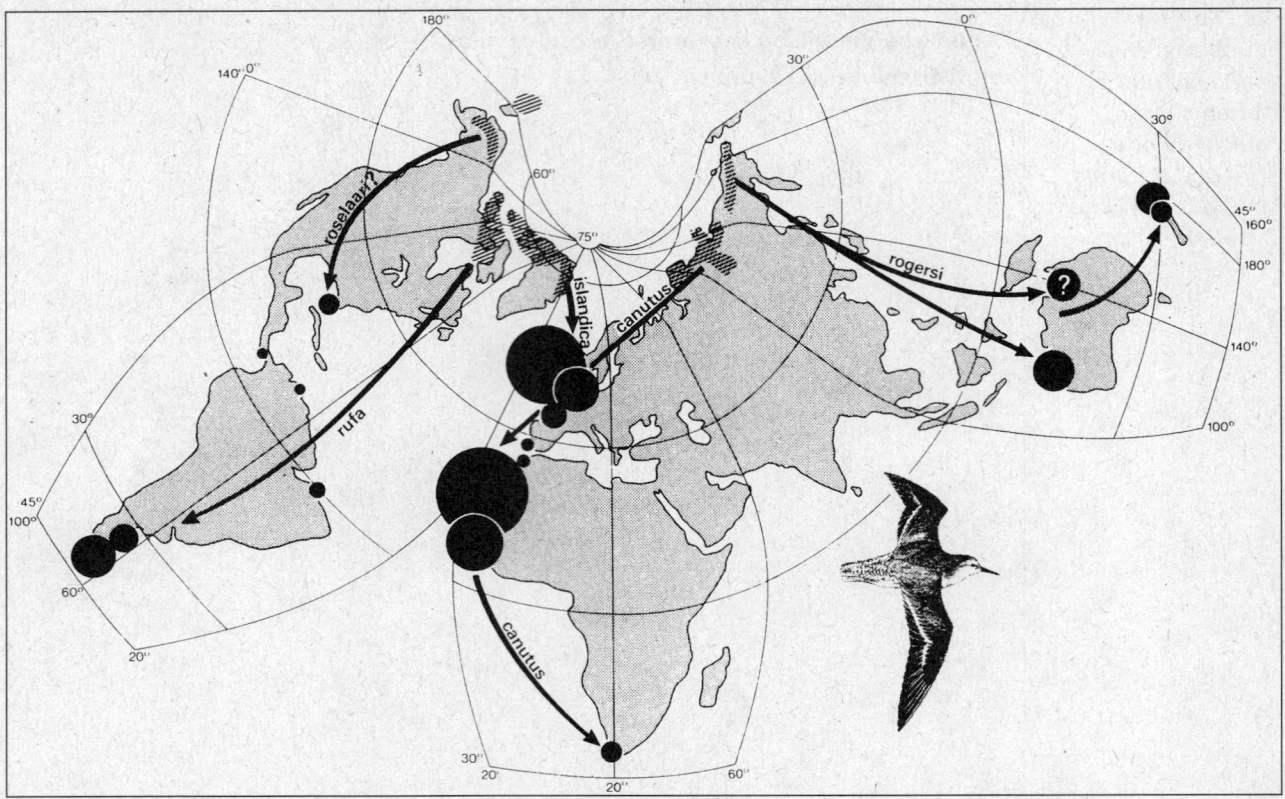

Abb. 66
Der Knutt ist mit mehreren Unterarten weltweit verbreitet. Die Unterarten islandica und canutus nutzen das Wattenmeer als wichtigstes Nahrungsgebiet auf ihrem Zug. Für die Unterart canutus ist die Banque d'Arguin in Westafrika ein weiteres wichtiges Aufenthalts- und Überwinterungsgebiet. Ein Teil der Population zieht jedoch bis nach Südafrika (PIERSMA 1994).

Eider- und Brandenten sind während der Mauser auf störungsarme Gebiete angewiesen

kommen in der zweiten Maihälfte aus ihren Überwinterungsgebieten in West- und Südafrika. Sie verlassen das Wattenmeer im Juni wieder.

In dieser Zeit füllen die Vögel ihre Energiereserven in sehr kurzer Zeit wieder auf. Im schleswig-holsteinischen Wattenmeer nehmen Knutts in nur drei Wochen im Mittel um 50 % an Gewicht, d.h. ca. 70 g, zu. Damit reichen die Fettreserven, um die Brutgebiete in etwa 5.000 km Entfernung im Non-Stop-Flug zu erreichen. Auf ihrem Weg von den Überwinterungsgebieten in die Brutgebiete, der eine Entfernung von bis zu 16.000 km ausmacht, nutzen die Tiere das Wattenmeer als „Tankstelle" (EXO 1994, PIERSMA 1994).

Während ihres Aufenthaltes sind Knutts nicht gleichmäßig im Wattenmeer verteilt. Von Bedeutung sind geeignete Hochwasserrastplätze und Vorkommen und Häufigkeit ihrer Hauptnahrung, der Baltischen Tellmuschel (PIERSMA 1994). Diese Spezialisierung verhindert, daß die Knutts mit anderen Vogelarten in Nahrungskonkurrenz geraten. Daß die große Individuen- und Artenzahlen sich im Wattenmeer Energiereserven anfressen können, liegt neben der hohen Produktionsleistung der Bodenfauna auch an der unterschiedlichen Nutzung durch die Vögel. Die beiden Unterarten des Knutts sind z.B. zu unterschiedlichen Zeiten im Wattenmeer anzutreffen und gehen sich so gewisser-

maßen aus dem Weg. Zeitgleich anwesende andere Arten ernähren sich von unterschiedlichen Organismen oder suchen das Gebiet zu anderen Tidezeiten auf. Die unterschiedliche ökologische Einnischung läßt sich beispielsweise an den unterschiedlichen Schnabellängen und -formen ablesen (Abb. 67).

Andere Vogelarten verbleiben mehrere Monate oder sogar den gesamten Winter im Wattenmeer. Diese Arten, zu denen u.a. Alpenstrandläufer (*Calidris alpina*), Großer Brachvogel (Numenius arquata), Brandente (*Tadorna tadorna*) und Eiderente (*Somateria mollissima*) zählen, mausern während ihres Aufenthaltes (EXO 1994, KEMPF 1994, NEHLS 1995). Insbesondere Eider- und Brandenten sind während der Mauser auf störungsarme Gebiete angewiesen, da sie für etwa drei Wochen flugunfähig sind und dementsprechend scheu und störungsempfindlich. Etwa 90 % des europäischen Brandentenbestandes versammelt sich traditionell im Spätsommer im südlichen dithmarscher Watt zur Mauser (Abb. 68). Sie konzentrieren sich auf den Platen und Prielen südlich der Meldorfer Bucht (NEHLS 1994). Dieses Gebiet wird von den Brandenten mutmaßlich aus zwei Gründen aufgesucht. Einerseits haben die Tiere während der Flügelmauser vor Menschen eine Fluchtdistanz von über 2 km, so daß sie Bereiche mit größtmöglicher Entfernung zu besiedeltem Land aufsuchen, obwohl ihre

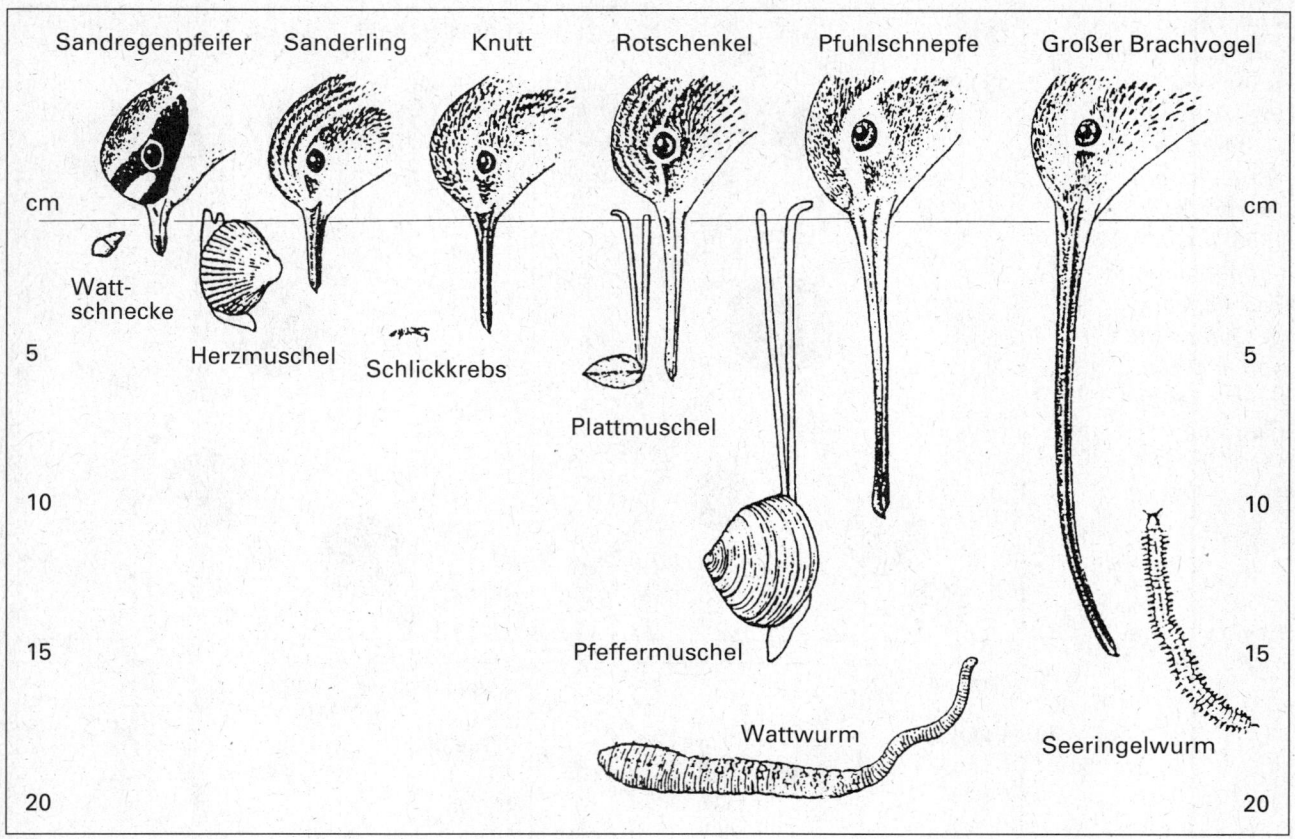

| Sandregenpfeifer | Sanderling | Knutt | Rotschenkel | Pfuhlschnepfe | Großer Brachvogel |

cm

Watt-
schnecke

5

Herzmuschel

Schlickkrebs

Plattmuschel

Pfeffermuschel

Wattwurm

Seeringelwurm

cm

5

10

15

20

10

15

20

V

Abb. 67
Je nach Schnabel-
länge können
Watvögel unter-
schiedlich tief im
Wattboden lebende
Tiere erbeuten.

Schiffsverkehr und
Fischerei lösen
Störungen unter
den mausernden
Vögeln aus

Haupnahrung, kleine Wirbellose wie die Wattschnecke, hier nicht so dicht anzutreffen ist. Auf der anderen Seite ist der Salzgehalt im Elbemündungsbereich geringer als in anderen Gebieten des Wattenmeeres (vergl. Kap. V 2.2). Dies bedeutet einen physiologischen Vorteil, da die mausernden Vögel flugunfähig sind und kein Süßwasser erreichen können (KEMPF 1994).

Dieser traditionelle Mauserplatz weist jedoch starke anthropogene Nutzungen auf. Die Ölbohrinsel Mittelplate liegt in diesem Gebiet. Die Brandenten meiden jedoch deren unmittelbare Umgebung, so daß potentielles Mausergebiet ungenutzt bleibt. Auch Schiffsverkehr und Fischerei lösen Störungen unter den mausernden Vögeln aus. Insbesondere mehrere Tage im Gebiet verweilende und in den Prielen fischende Schiffe führen zum Ausweichen in andere Gebiete und sind mit Streß und Energieaufwand verbunden (KEMPF 1994).

Auch die Eiderenten nutzen das schleswig-holsteinische Wattenmeer als Mausergebiet (GIS-Karte 17). Überwiegend sind dies Brutvögel des Ostseeraumes. Im Oktober erreichen die Werte mit etwa 150.000 Exemplaren ihr Maximum. Die Eiderenten suchen ebenfalls Bereiche geringer menschlicher Aktivität

auf. Die wichtigsten Gebiete liegen im Bereich der Föhrer Schulter sowie in der Umgebung von Norder- und Süderoogsand. Im Gegensatz zu den Brandenten konzentrieren sich die Eiderenten nicht so stark.

Die Eiderenten ernähren sich zu etwa zwei Dritteln von Herz- und zu einem Drittel von Miesmuscheln. Dabei nutzen die Eiderenten auch Muschelkulturen, zeitweise in erheblichem Umfang. Die Ergebnisse von NEHLS & RUTH (1994) weisen darauf hin, daß dies aber zu keiner Beeinträchtigung der Miesmuschelfischerei führt. Die Entnahme der Muscheln durch die Eiderenten wird wahrscheinlich vollständig durch verbesserte Wachstumsbedingungen ausgeglichen. Auf der anderen Seite ist bislang auch kein Einfluß der Muschelfischerei auf die Eiderentenbestände im schleswig-holsteinischen Wattenmeer erkennbar (NEHLS 1995).

Die in den angrenzenden Bereichen des Wattenmeeres brütenden mehr als 30 Vogelarten nutzen das Wattenmeer als Nahrungsgebiet (EXO 1994). Fischjagende Seeschwalben sind häufig an Prielen und Prielebbdeltas anzutreffen, da sich hier bei Niedrigwasser oberflächennah die Fische aufhalten. Benthosfressende Arten wie Austernfischer (*Haematopus ostralegus*) oder Säbelschnäbler (*Recurvirostra*

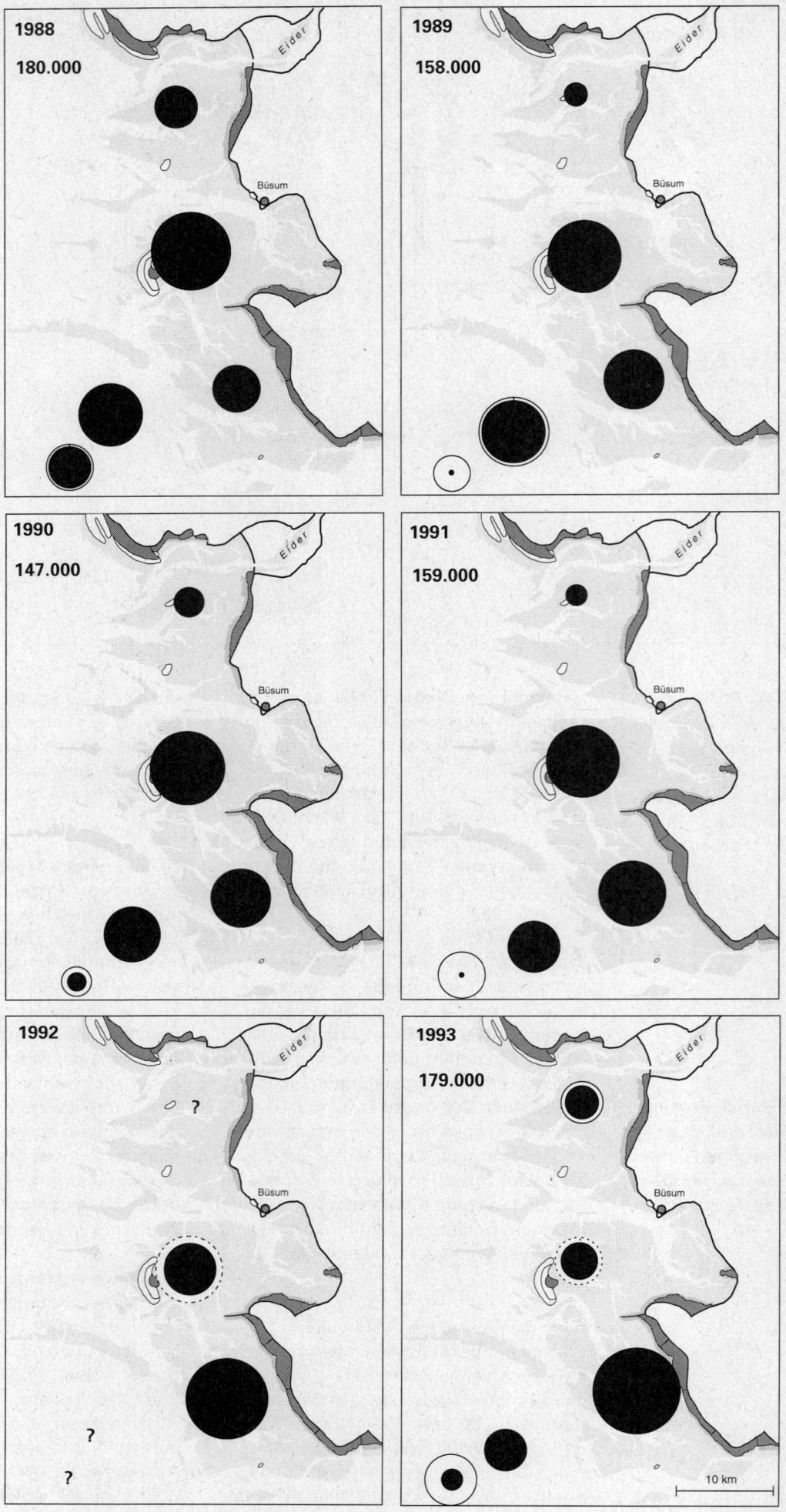

Abb. 68
Das Mauservor-
kommen der
Brandente im
Dithmarscher
Wattenmeer in den
Jahren 1988 bis
1993. Im Jahr 1992
konnte nur von
Trischen aus
gezählt werden. In
den anderen
Jahren fanden
Flugzählungen statt
(KEMPF 1994,
verändert).

avosetta) suchen den freifallenden Wattbereich nach geeigneter Nahrung ab.
Insgesamt weist die Mehrzahl der Arten
spätestens seit Beginn der siebziger Jahre
einen Anstieg der Bestände auf (EXO
1994). Ausgenommen hiervon sind
Vogelarten, deren Brutgebiet in direkter
Konkurrenz zu menschlichen Nutzungen
steht (STOCK et al. 1994b; vergl. Kap. V
3.3 und V 3.4).

3.2 Strände, Sandplaten und Außensände

Definitionsgemäß zählen der Strand und
die teilweise weitläufigen Sandplaten zum
Supralitoral. Es ist die überwiegend
vegetationslose Zone von der Mittleren
Tidehochwasserlinie (MThw) bis zur
Springtiden-Hochwasserlinie (MSpThw)
am Fuß der Dünen. Reine Sandstrände
befinden sich vor allem an der Brandungs-
küste. Sie sind nur selten mit einer ausdauernden Vegetationsdecke bewachsen.
Sandplaten können sich aber auch auf den
Leeseiten der Inseln im Kontakt zu Salzwiesen oder der flach auslaufenden Geest
bilden.

Die Außensände, die über die MThw-Linie
angewachsen sind, sind wie die
Sandplaten vegetationslos oder nur
kurzfristig von höheren Pflanzen besiedelt.
Vegetation kann sich dort nur im Angespül
oder auf Sandaufwehungen im Wind-
schatten von größerem Treibgut ansiedeln. An solchen Stellen finden sich
häufig auch flugfähige oder kleine, vom
Wind verdriftete Insektenarten ein. Beson-
ders die Außensände sind wichtige
Rastplätze für viele Watvogelarten wie
Pfuhlschnepfe, Knutt, Alpenstrandläufer
und Sanderling (Abb. 69). Seehunde
suchen im Wattenmeer nur noch die
Außensände oder trockenfallende Sandbänke als Ruheplätze sowie für die
Jungenaufzucht auf, obwohl auch die
Strandbereiche auf den Inseln oder an der
Festlandsküste mit zu ihren angestammten Liegeplätzen zählen (VOGEL 1994a).
Die touristische Beanspruchung dieses
Lebensraumes verhindert heute eine
Nutzung durch Seehunde. Gleiches gilt für
Kegelrobben. Sie sind daher nach Sperrung des Südstrandes der Insel Sylt auf
dem Strand anzutreffen und könnten
dieses Gebiet bei Störungsfreiheit mögli-
cherweise sogar für die Fortpflanzung
nutzen (KOCH 1989, 1992).

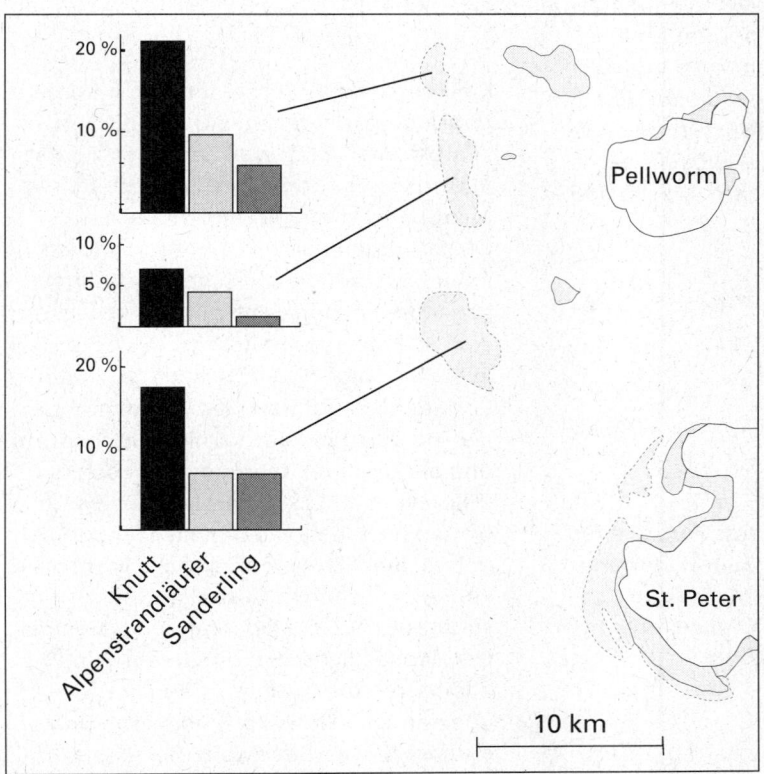

*Abb. 69
Die Bedeutung der
nordfriesischen
Außensände als
Rastgebiet für
Watvögel. Darge-
stellt ist der pro-
zentuale Anteil am
jeweiligen maxima-
len Rastbestand im
schleswig-holstei-
nischen Watten-
meer (RÖSNER
1994b, verändert).*

3.2.1 Farbstreifen-Sandwatten

LICHT

NACHT TAG

SEEWASSER

N_2

CO_2

O_2 O_2

H_2S H_2S

SAND: GELB

CYANOBAKTERIEN: GRÜN

SCHWEFELPURPUR-BAKTERIEN: ROT

SULFAT-REDUZIERENDE BAKTERIEN: SCHWARZ

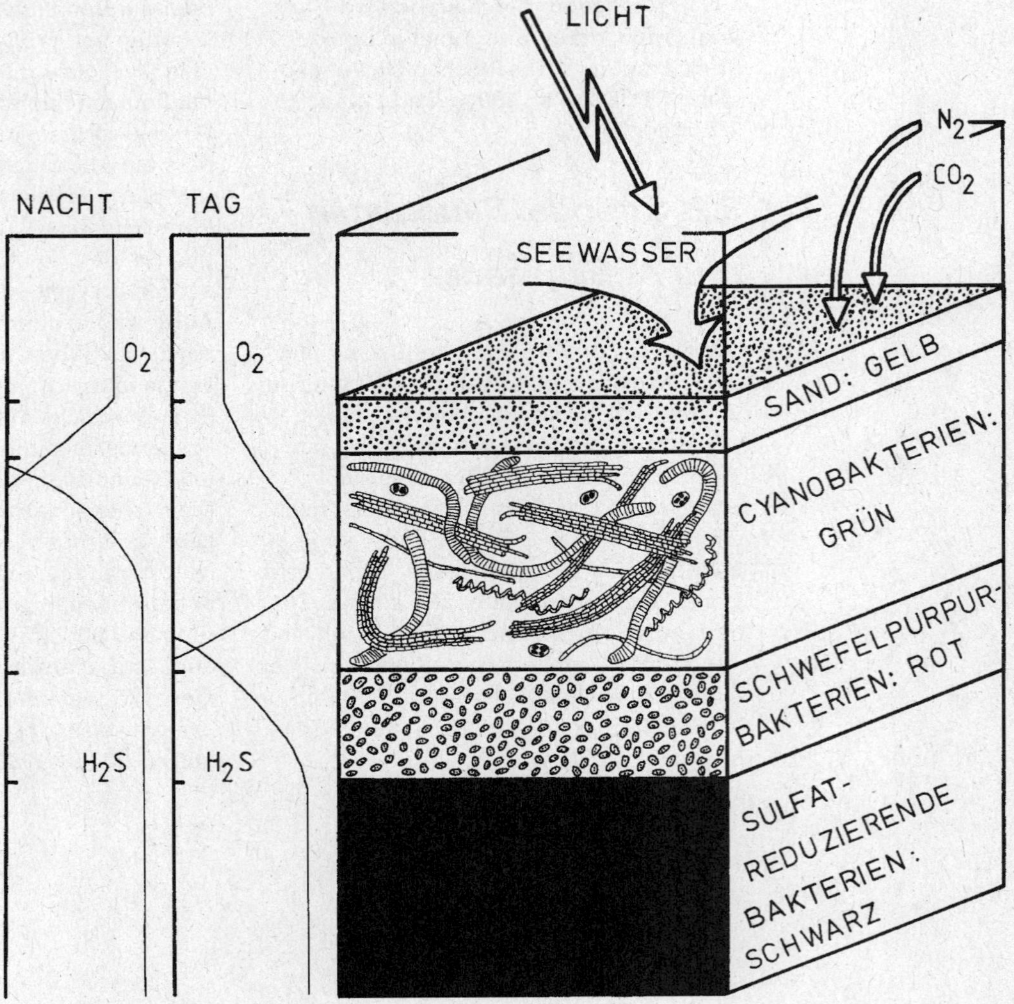

Abb. 70 Schematische Darstellung des Farbstreifensandwatts. Eine sandbedeckte Cyanobakterienmatte wird von unterschiedlich mächtigen Lagen von Schwefelpurpurbakterien und sulfatreduzierenden Bakterien unterlagert. Sonnenlicht stellt die Hauptenergiequelle dar. Im täglichen Rhythmus kommt es abwechselnd zu Sauerstoffübersättigung und Schwefelwasserstoffeinbrüchen, gegen die die Flora Anpassungen entwickeln muß. Die Cyanobakterien sorgen für den Eintrag von Kohlendioxid und Stickstoff aus der Atmosphäre (KRUMBEIN 1987).

Das Farbstreifen-Sandwatt gehört zu den ältesten Ökosystemen der Erde

Eine besondere Erscheinung im unteren Supralitoral der Strände bildet das „Farbstreifen-Sandwatt", das häufig erst in Anrissen sichtbar wird. Es besteht aus Mikrobenmatten, die zu den ältesten Ökosystemen der Erde gehören und auch im schleswig-holsteinischen Wattenmeer, besonders in den Sandwatten vor Amrum und St. Peter, verbreitet sind (HOFFMANN 1942, SCHULZ 1937). Es ist in der Roten Liste der Biotoptypen des Wattenmeeres als von vollständiger Vernichtung bedroht und als kaum regenerierbar eingestuft (RIEKEN et al. 1994). Farbstreifen-Sandwatten bestehen aus drei bis vier deutlich unterschiedlich gefärbten Schichten, die von verschiedenen Bakterien besiedelt sind (Abb. 70). Die obere graue bis gelbliche Sandschicht wird durch den Wind oder durch die Gezeiten ständig übersandet. Die blaugrün bis grün und oft durchschimmernde zweite Schicht ist

überwiegend aus Cyanobakterien aufgebaut, die den Sand durch ihre Scheiden, Kapseln und extrazellulären Schleime verkleben. Die folgende Schicht ist auffällig rosa bis purpurrot gefärbt und enthält verschiedene Arten von Schwefelpurpurbakterien. Eine tiefschwarze Schicht schließt sich in der Tiefe an. Das tiefschwarze Sediment wird durch ausgefallenes Eisensulfid erzeugt. Das Sulfid entsteht durch die Tätigkeit schwefel- und sulfatreduzierender Bakterien. Gegen den Untergrund verwischt sich die Grenze, oder die Färbung wird heller, da sich amorphes Eisensulfid durch Reduktion mit Schwefel in das gelbe Pyrit umformt. Die untere Grenze des Farbstreifen-Sandwattes ist nicht leicht von der darunter liegenden, durch Sauerstoff oxidierten Sandlage, zu unterscheiden. Die gesamte Schichtdicke des Farbstreifen-Sandwattes ist gering. Sie beträgt je nach Art und

Ausbildung 2 bis 20 mm. Die Bakterien-
matten bilden Stromatolithe aus. Das sind
feingeschichtete Gesteine, deren Ursprung in deutlichem Zusammenhang mit
der Aktivität der Lebensgemeinschaften
der beschriebenen Mikroorganismen steht
(KRUMBEIN 1987).

Die Farbstreifen-
Sandwatten
weisen eine
charakateristische
Fauna auf

Die Farbstreifen-Sandwatten weisen eine
charakateristische Fauna auf, die sich aus
mariner und terrestrischer Makrofauna
sowie aus einer typischen Meio- und
Mikrofauna zusammensetzt (SCHULZ
1934, GERDES 1987). Zur Meio- und
Mikrofauna zählen verschiedene Arten der
Muschel- und Ruderfußkrebse, Faden- und
Strudelwürmer, Räder- und Wimpertier-
chen sowie Foraminiferen (GERDES 1987).
Die marine Makrofauna setzt sich aus
Flohkrebsen, Ringelwürmern, Muscheln
und Schnecken zusammen. Die marinen
Arten können diesen Grenzbereich zwischen Land und Meer besiedeln, weil sie
große Schwankungen einzelner
Lebensraumfaktoren ertragen können und
ein besonders schnelles Ausbreitungs-
vermögen besitzen. Die terrestrische
Makrofauna besteht überwiegend aus
Käfern und Fliegen. Typische Arten sind
die Kurzflügelkäfer wie *Bledius spectabilis*,
verschiedene Laufkäfer der Gattung
Dyschirius sowie der Sägekäfer
Heterocerus flexuosus. Alle Arten haben
aufgrund physiologischer und
ethologischer Anpassungen diesen
Lebensraum erobert (HEYDEMANN 1967).

Sowohl die marinen Arten wie der
Polychaet *Pygospio elegans* und der
Seeringelwurm (*Nereis diversicolor*) als
auch die terrestrischen *Bledius*-Arten
ernähren sich von den Cyanobakterien der
Algenmatten. Das mit mikrobieller
Biomasse angereicherte und dadurch
bindige Sediment macht das Farbstreifen-
Sandwatt zum bevorzugten Lebensraum
des algenfressenden Kurzflügelkäfers
Bledius spectabilis (HEYDEMANN 1967).

3.2.2 Strandwälle

Spülsäume werden
von hochspeziali-
sierten, pflanzen-
verzehrenden und
detritophagen
Insektenarten
besiedelt

Strandwälle entstehen im Wattenmeer
auch heute noch (vergl. Kap. V 1.1). Am
Meeresstrand bildet der von Brandung
und Wind transportierte Sand unter
bestimmten Strömungsverhältnissen
deutliche Wälle in schmaler Längsaus-
dehnung aus. Bei der Strandwallbildung
werden zum Teil Meeresbuchten abgerie-
gelt. Landseitig bilden sich Lagunen mit
offenen Wasserflächen, die nach und nach

verlanden. Auf der Seeseite der Wälle, wo
mit jeder Flut organisches Material
angeschwemmt wird, keimen die von den
Winterfluten zusammengespülten Samen
verschiedener Pflanzenarten und bilden
eine charakteristische Spülsaum-
gesellschaft aus. Durch die sich wieder-
holende Bildung von Strandwällen und die
dadurch ausgelöste Verlandung und
Salzwiesenbildung entstehen kompliziert
aufgebaute Strandwallsysteme. Ein
solches finden wir am Strand von St.
Peter-Ording.

Spülsaumgesellschaften stellen sich im
nährstoffreichen Angespül spontan ein.
Im Nationalpark sind sie heute nur noch
selten anzutreffen, da das Angespül der
überwiegend als Badestrand genutzen
Strände entweder regelmäßig entfernt
wird oder sich die Lebensgemeinschaften
durch übermäßige Trittbelastung nicht
ausbilden können. HEYKENA (1965) hat
die Vegetation der Spülsäume des Wattenmeeres untersucht. Die Spießblättrige
Strandmelde (*Atriplex littoralis*) und das
Kali-Salzkraut (*Salsola kali*) zählten in den
sechziger Jahren noch zu den häufigen
einheimischen Vertretern der Spülsäume.
Der Meerkohl (*Crambe maritima*) und die
Rote Rübe (*Beta maritima*) als wildlebende Vorfahren unserer Kulturarten sind
heute von den Spülsäumen der
Wattenmeerküste verschwunden und
daher in der Roten Liste der gefährdeten
Pflanzenarten in Schleswig-Holstein als 3
bzw. 4 eingestuft (MIERWALD & BELLER
1990). Die Spülsaumgesellschaften selbst
sind ebenfalls hochgradig gefährdete
Pflanzengesellschaften (DIERSSEN 1983).
In einigen Bereichen sind heute noch
Meersenf-reiche Gesellschaften (*Cakile*
maritima) in übersandeten frischen
Spülsäumen am Watt- und Außenstrand
anzutreffen (HEYKENA 1965).

Spülsäume werden von hochspezialisierten, pflanzenverzehrenden und
detritophagen Insektenarten besiedelt
(HEYDEMANN & MÜLLER-KARCH 1980).
Im Strandanwurf selbst leben 250 bis 300
Arten der Makrofauna. Typische Vertreter
sind Springschwänze, Mücken, Fliegen
und Kurzflügelkäfer. Besonders auffällig
sind die Flohkrebse (SIOLI 1985). Diese
dienen vielen Limikolen als Nahrung. So
sind im Strandbereich im Angespül häufig
Sanderlinge, See- und Sandregenpfeifer
sowie verschiedene Möwenarten auf
Nahrungssuche anzutreffen.

Zwergseeschwalbe und Seeregenpfeifer: Indikatorarten der Strandwälle

Die Strandwälle selbst sind häufig von einer ausdauernden Vegetation besiedelt. Es gibt fließende Übergänge zu Sandsalzwiesen und Küstendünen. Die Vegetation des im schleswig-holsteinischen Wattenmeer ausgeprägtesten Strandwallsystems mit der sich anschließenden Sandsalzwiese in St. Peter-Ording wurde von KÖNIG (1983) und in jüngster Zeit von DAUMANN (1990) untersucht und wird an dieser Stelle exemplarisch beschrieben.

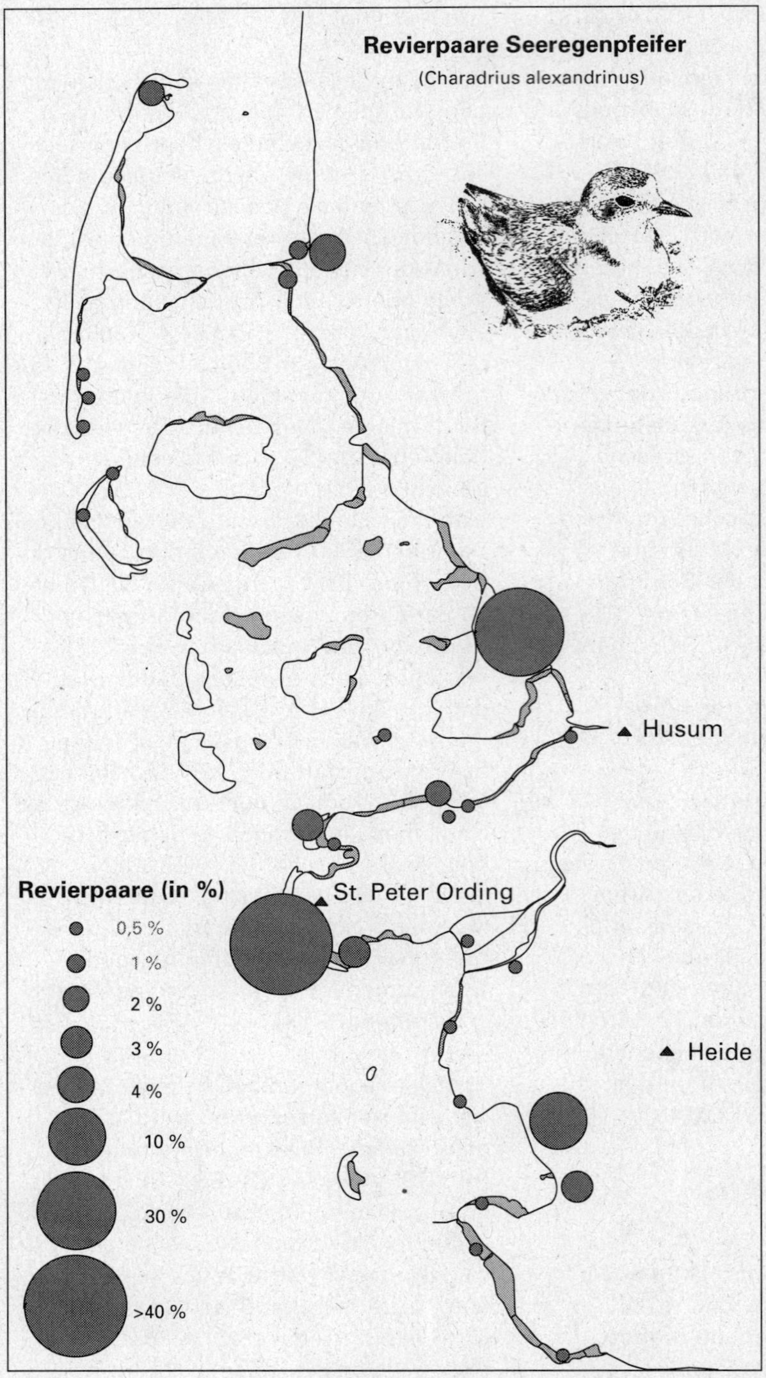

Das Vorland in Bereich von St. Peter-Ording besteht aus mehreren hintereinander liegenden Strandwällen. Landeinwärts liegen zwischen den verschieden alten Strandwällen mehrere Senken, die von zahlreichen Prielen durchzogen werden. Je nach Höhenlage und Alter der Strandwälle zeigen sich unterschiedliche Sukzessionsstadien der Vegetation. Der jüngste Strandwall ist fast ausschließlich mit der Strandquecke bewachsen, die erst zu Beginn der achtziger Jahre diesen Standort eingenommen hat. Die Bestände sind im seewärtigen Bereich charakteristischerweise sehr spärlich. Großflächige Strandquecken-Vordünen sind nur im südlichen Teil bei St. Peter-Böhl ausgebildet. In der sich anschließenden landseitigen Senke findet man sowohl einen lockeren Quellerbestand (Salicornietum) als auch verschiedene Sukzessionsstadien der feuchten Sandsalzwiese. Es sind fließende Übergänge vom Andelrasen (Puccinellietum maritimae) zum Grasnelken-Rasen (Amerion maritimae) anzutreffen.

Je nach Höhenlage werden die tiefliegenden Bereiche bis zu 50 mal jährlich überflutet. Die höhergelegenen Strandwälle nur ca. 10 mal. Die äußeren Strandwälle sind aufgrund von Wellenschlag und Strömung großen morphologischen Veränderungen unterworfen. Ausgedehnte Embryonaldünen sind nur wenig verbreitet.

Die Entomofauna der Strandwälle ist aufgrund der ökologischen Bedingungen sehr verarmt. In den tiefliegenden und damit feuchteren Bereichen ist die Besiedlung vergleichbar zu der auf den Sandplaten. In den trockeneren Bereichen treten verschiedene Hautflügler auf (HOOP 1977). Eine auffällige Käferart auf den Strandwällen ist der Meerstrand-Sandlaufkäfer (Carabus maritima) (HEYDEMANN & MÜLLER-KARCH 1980).

Strandwälle sind bei Touristen und Vögeln gleichermaßen beliebt. Die meisten liegen auf den Inseln Sylt und Amrum sowie auf der Halbinsel Eiderstedt. Indikatorarten für diesen Lebensraum sind die Zwergseeschwalbe und der Seeregenpfeifer. Vergleicht man frühere Angaben mit den heutigen Brutbestandszahlen, so zeigt sich eine drastische Abnahme einiger Seevogelbestände innerhalb der letzten Jahrzehnte (BECKER & ERDELEN 1987). Besonders betroffen sind die Brutvögel von Sandplaten und Primärdünen: Fluß-

Revierpaare Seeregenpfeifer
(Charadrius alexandrinus)

Revierpaare (in %)
- 0,5 %
- 1 %
- 2 %
- 3 %
- 4 %
- 10 %
- 30 %
- >40 %

▲ Husum

St. Peter Ording

▲ Heide

Abb. 71
Die Brutverbreitung des Seeregenpfeifers im schleswig-holsteinischen Wattenmeer. Dargestellt ist die Verteilung der Revierpaare als Mittel aus der Revierpaarzahl der Jahre 1990 - 1992 (HÄLTERLEIN 1996, verändert).

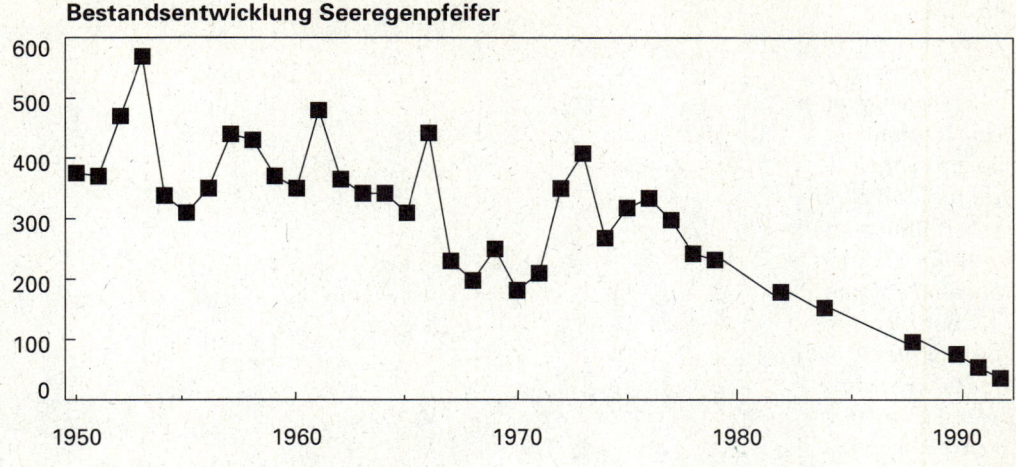

Abb. 72
Bestands-
entwicklung des
Seeregenpfeifers in
33 bedeutenden
Brutgebieten des
deutschen Watten-
meeres von 1950
bis 1992 (STOCK
1992, ergänzt).

V

und Küstenseeschwalbe, Zwergsee-schwalbe und Seeregenpfeifer. Die beiden letztgenannten Arten zählen heute zu den stark gefährdeten Brutvogelarten (KNIEF et al. 1990) und können nur noch in wenigen, unzugänglichen Strand- und Nehrungsbereichen brüten (Abb. 71). Die Bestandsentwicklung beider Arten in den letzten 45 Jahren ist in Abbildung 72 dargestellt.

Seeregenpfeifer sind selten gewor-den. Ursache sind Störungen sowie Lebensraumverlust

Der Seeregenpfeifer ist nicht nur im Wattenmeer, sondern auch in Schweden, Ungarn und anderen Ländern selten geworden. In Norwegen, England sowie an der Ostseeküste ist er ganz verschwun-den. Wichtigste Ursache für seinen Rückgang sind die Verbauung ganzer Küstenabschnitte, die Störungen durch den Massentourismus sowie natürliche Lebensraumverluste (ESKILDSEN 1989, SCHULZ & STOCK 1991, 1993, STOCK 1992). Die größte Seeregenpfeiferkolonie beherbergt der äußere Strandwall im Vorland von St. Peter-Böhl auf der Halbin-sel Eiderstedt. Dort brüten bis zu 200

Paare - die Hälfte des gesamten deutschen Seeregenpfeifer-Brutbestandes (STOCK 1992).

Der zur Verfügung stehende potentielle Lebensraum dieser Art war bis 1991 ohne jeglichen Schutz. Infolgedessen konnten weite Bereiche nicht besiedelt werden. Der Bruterfolg zeigte eine direkte Abhän-gigkeit von der Besucherintensität in der Umgebung der Gelege (Abb. 73). Bei hohem Besucheraufkommen gingen knapp die Hälfte aller begonnenen Gelege verloren. Fast alle erfolgreichen Bruten befanden sich in den abgelegenen Berei-chen und in der Kernzone des National-parks. Durch eine flächige Sperrung des Gebietes während der Brutzeit konnte in den nachfolgenden Jahren erreicht werden, daß das potentielle Brutgebiet dann sofort von Seeregenpfeifern und von der Zwergseeschwalbe besiedelt wurde, wenn eine ausreichende Pufferzone vorhanden war. Abbildung 74 zeigt die Lage der bevorzugten Brutgebiete sowie die Wahl der Gelegestandorte und das

Abb. 73
Gelegeverlust des
Seeregenpfeifers in
St. Peter-Böhl in
Abhängigkeit von
der Störungs-
intensität im
Brutgebiet wäh-
rend der Brutzeit
(STOCK 1992,
verändert)

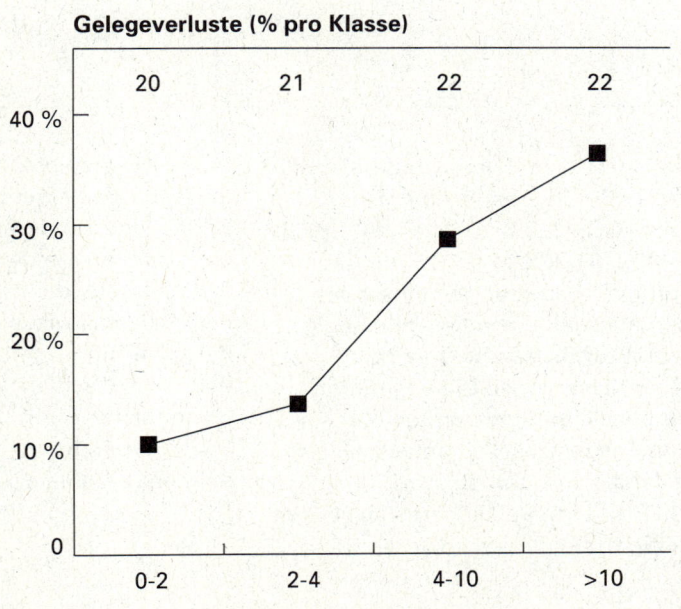

145

*Abb. 74
Seeregenpfeifer brüten bevorzugt in lockerer Vegetation (dunkelgraue Fläche) auf Nehrungen und Stränden. Halten sich viele Touristen in diesen Gebieten auf, dann können die Brutplätze nicht oder nicht erfolgreich besiedelt werden (oben). Während einer zeitlich befristeten Sperrung des potentiellen Brutgebietes besiedelten Seeregenpfeifer und auch Zwergseeschwalben ihren Lebensraum (STOCK et al. 1994b).*

Sperrungen im Brutgebiet ermöglichen eine Wiederbesiedlung

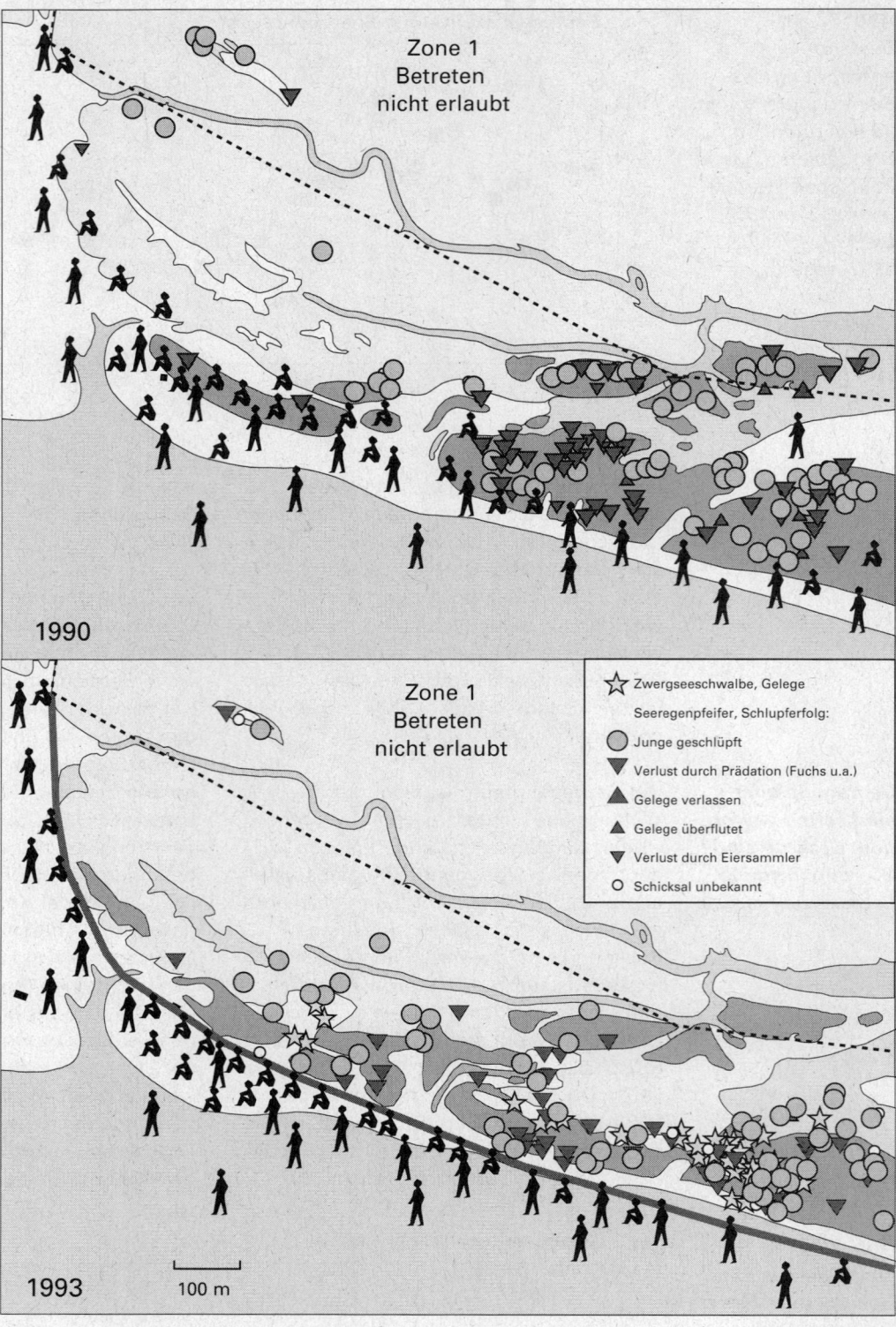

Schicksal der Eier im Vergleich der Jahre 1990 und 1993. Die Absperrung war erfolgreich (SCHULZ & STOCK 1991, 1993, STOCK 1992, STOCK et al. 1993). Kleinräumige Absperrungen dieser Art sind aber langfristig gesehen kein geeignetes Mittel zur Sicherung von Bruträumen für diese Vögel. Die Vegetation der Strandwälle und die der dahinterliegenden Sandsalzwiesen entwickelt sich mit den Jahren fort. Der zur Verfügung stehende Brutraum verkleinert sich somit. Gleichzeitig treten in den späteren Sukzessionsstadien vermehrt Beutegreifer auf. Dies sind einerseits Möwen oder Rabenvögel, andererseits aber auch Beutegreifer wie der Mink (*Mustela vison f. domestica*), der mehrfach im Strandwall-Sandsalzwiesen-Ökosystem von St. Peter-Ording nachgewiesen wurde (BORKENHAGEN 1993). In alternden Brutgebieten nimmt der Bruterfolg der Seeregenpfeifer ab, und die Vögel besiedeln neue Gebiete.

3.2.3 Küstendünen und Küstenkliffs

Dünenküsten nehmen zwar in Europa den größten Teil aller Meeresküsten ein (GÉHU 1985), sind aber im Nationalpark unterrepräsentiert, da die eigentliche Küstenlinie nicht zum Nationalpark zählt. Aufgrund der Küstensenkung und des gleichzeitigen Anstiegs des Meeresspiegels erodieren die heutigen Dünenküsten. Bedingt durch die Festlegung der Küstenlinie durch Küstenschutzmaßnahmen und die geologischen Gegebenheiten können sich neue Dünen nur noch dort ausbilden, wo landwärts gerichtete Winde und Strömungen Sand transportieren und sich dieser lokal anhäuft. Neue Dünen entstehen am Festland insbesondere dort, wo vorgelagerte Inselketten fehlen, oder aber auf den zur offenen See gekehrten Stränden der Inseln. Die Inselgruppen des Wattenmeeres mit ihren Dünen unterscheiden sich in ihrer Genese und in ihren abiotischen Faktoren erheblich. Während die Nordfriesischen Inseln holozäne oder pleistozäne bzw. tertiäre Festlandsreste enthalten, sind die Ostfriesischen Inseln neuzeitlich durch Ansandungen entstanden. Auf den Ostfriesischen Inseln überwiegen grobe Sande mit einem höheren Kalkgehalt. Aus diesem Grunde verläuft die Boden- und Vegetationsentwicklung unterschiedlich (HEYKENA 1965, NEUHAUS & WESTHOFF 1994). Da die Küstenform und damit auch die Ausbildung von Düneninseln an bestimmte Höhen des Tidenhubes gebunden ist, fehlen Strandwälle, Düneninseln und Platen im Inneren der Deutschen Bucht (BEHRE 1991).

Primärdünen, Weißdünen, Graudünen und Braundünen sind vegetations- und bodenkundlich unterschiedliche Stadien fortschreitender Dünenentwicklung und damit der Dünenalterung. Dünen weisen folglich eine charakteristische Sukzessionsabfolge der Vegetation von grasbeherrschten Initialstadien zu Zwergstrauch-, Busch- oder Waldformationen auf. Die klimatischen Einflüsse des Meeres nehmen in breiten Dünensystemen landeinwärts schnell ab, gleichzeitig steigt mit dem Abklingen der extremen abiotischen Bedingungen und der zunehmenden Bodenentwicklung die Vielfalt der Lebensgemeinschaften. Die Vegetation der Küstendünen sowie die charakteristische Sukzession sind ausführlich bei DIJKEMA & WOLFF (1983) dargestellt.

HEYKEMA (1965), NEUHAUS (1990), NEUHAUS & WESTHOFF (1994) u.a. haben die Verhältnisse der Küstendünen in Schleswig-Holstein beschrieben. An dieser Stelle erfolgt daher nur ein kurzer Überblick.

Die ersten Pioniergräser, die die Dünenentwicklung einleiten, müssen den hohen Salzgehalt des Standortes ertragen und sind gegenüber Sandschliff unempfindlich. Die Dünenquecke (*Agropyrum junceum*) dominiert in den Primärdünen und siedelt bevorzugt auf eingesandetem Strandgut und Angespül auf dem Strand. Mit zunehmender Höhe der Primärdünen nimmt die Überflutungshäufigkeit und damit der Salzgehalt ab. Die Auswaschung der Salze durch Niederschläge dominiert vor dem Nährstoffeintrag durch das Meer. Strandhafer (*Ammophila arenaria*) und Strandroggen (*Elymus arenarius*) dringen in die Dünen ein und bauen bis zu 10 m hohe, humusfreie und nährstoffarme Weißdünen auf. Beide Grasarten sind gegenüber den mächtigen Übersandungen ihres Standortes unempfindlich. Während die seeseitigen Dünenhänge artenarm sind, kommen auf der Leeseite weitere Pflanzen wie die Stranddistel (*Eryngium maritimum*) oder die Kleinblütige Nachtkerze (*Oenothera ammophila*) hinzu.

Graudünen, deren Farbe auf eine beginnende Humusbildung hinweist, sind das folgende Stadium der Dünenentwicklung. Auf den küstenferneren und damit weniger beweglichen Sanden gedeihen artenreiche Rasengesellschaften mit Silbergras (*Corynephorus canescens*), Dünenschwingel (*Festuca rubra ssp. arenaria*), Straußgras (*Agrostris stolonifera*), Sandsegge (*Carex arenaria*) sowie Flechten und Moose. Weitere typische Pflanzenarten der Graudünen sind die Sandsegge, die Pimpinell-Rose (*Rosa pimpinellifolia*), die Kriechweide (*Salix arenaria*) sowie zahlreiche Moose und Flechten.

Mit dem Einwandern der ersten Zwergsträucher beginnt die Sukzession zur Braundüne. An ihren Nordhängen herrschen die Krähenbeere (*Empetrum nigrum*) und der Tüpfelfarn (*Polypodium vulgare*) vor. An den windgeschützten Südhängen sowie auf den flachen Dünen gesellt sich die Besenheide (*Calluna vulgaris*) hinzu. In kalkfreien Dünen bilden je nach Lage die Besenheide und die Krähenbeere als dominierende Zwergsträucher die Klimaxgesellschaft. Wind

Dünenküsten sind im Nationalpark unterrepräsentiert, da die eigentliche Küstenlinie nicht zum Nationalpark zählt

V

und Sandzufuhr sind die entscheidenden Faktoren, die eine weitere Entwicklung dieser Dünenheiden zum Wald hin verhindern. Kiefern- und Laubholzbestände in den Dünen sind daher immer vom Menschen angepflanzt.

In sekundären und tertiären Dünen entstehen natürlicherweise immer wieder Windanrisse, aus denen der Sand ausgeblasen wird. Unter günstigen Bedingungen werden solche Windanrisse aber schnell wieder von Pflanzen zurückerobert. Sehr effektiv ist die Strandsegge, die mit ihren meterlangen Ausläufern solche Flächen schnell wieder begrünen kann. Wanderdünen sind weitgehend vegetationslos und wandern durch die Kraft des Windes in Hauptwindrichtung. Sie sind im Wattenmeer überwiegend durch Degradation von Weiß-, Grau- oder Braundünen entstanden (NEUHAUS 1994).

Dünen, Heiden, Kliffs sind besonders geschützte Lebensräme

Dünentäler bilden sich nach seeseitiger Anlagerung neuer Dünen in deren Rückseiten aus. Die Täler haben anfänglich noch einen zeitweiligen Zugang zum Meer. Hier stellen sich Strand-Mastkraut und Zwergbinsengemeinschaften sowie Strandlingsfluren ein. Nach endgültigem Abschluß vom Meer können sich bei hohem pH-Wert Kleinseggengesellschaften mit vielen gefährdeten Pflanzenarten einstellen. Bei hohem Grundwasserstand bildet sich eine Torfschicht aus. Dünentäler an solchen Standorten werden von säureliebenden Kleinseggengesellschaften oder von Schilfbeständen besiedelt. Sekundäre Dünentäler entstehen durch Ausblasungen von bestehen Dünen bis auf den kapillaren Grundwassersaum. Auch sie sind häufig sehr artenreich und durchlaufen eine kürzere Sukzession als in primären Dünentälern. Auf ärmeren Standorten endet die Sukzession mit einer Feuchtheide (HEYKENA 1965, NEUHAUS 1990, NEUHAUS & WESTHOFF 1994). Solche feuchten Dünentäler kommen besonders auf Sylt, auf Amrum sowie im Dünengebiet von St. Peter-Ording vor und haben landesweite Bedeutung (HILDEBRANDT et al. 1993). Viele Pflanzengesellschaften dieser Standorte sind landesweit stark bedroht und daher in die Rote Liste der Pflanzengesellschaften aufgenommen worden (DIERSSEN 1983).

Wanderdünen sind durch Festlegung bedroht

Abbruchufer der Küsten sind auffällige Landschaftsbestandteile zwischen Land und Meer. Diese Kliffs wandern an der Nordseeküste jährlich um einige Meter landeinwärts. Den extremen Verhältnissen am Kliff sind nur wenige Pflanzen- und Tierarten gewachsen. Eine Besonderheit der Westküstenkliffs ist der häufige Direktkontakt zu anderen naturnahen Lebensräumen wie Heiden, Magerrasen, Dünen und Salzwiesen (HILDEBRANDT et al. 1993). Nach geologischen Gesichtspunkten kann man Abbruchufer der Geest, der Dünenküste und der Marsch unterscheiden. Abbrüche der Altmoräne gibt es an der deutschen Nordseeküste nur auf den Nordfriesischen Inseln. Im Wechsel mit Salzmarschbuchten prägen sie die Ostküste von Amrum, die Südküste von Föhr sowie die Wattenmeerküste von Sylt zwischen Morsum und Kampen (HILDEBRANDT et al. 1993). Das tertiäre Morsumkliff ist eine Besonderheit. Hier spiegeln sich 30 Millionen Jahre norddeutsche Erdgeschichte in natürlichen Aufschlüssen wider. Geologisch bedeutsam sind auch das Rote Kliff bei Wenningstedt sowie das Weiße Kliff bei Braderup. Ungestörte, durch natürliche Dynamik geformte Weißdünenkliffs gibt es nur an wenigen Stellen auf Sylt, so in Hörnum und am Ellenbogen, und im mittleren Teil der Westküste von Amrum. Braundünenabbrüche sind auf die Wattenmeerküste der Insel Sylt beschränkt (HILDEBRANDT et al. 1993).

Sämtliche beschriebenen Lebensräume sind nach § 15a des schleswig-holsteinischen Landesnaturschutzgesetzes (LNatSchG) besonders geschützt. Entsprechend der Roten Liste der gefährdeten Biotoptypen der Bundesrepublik Deutschland (RIEKEN et al. 1994) sind insbesondere Dünentäler und Wanderdünen von vollständiger Vernichtung bedroht. Alle anderen Biotope werden als gefährdet eingestuft.

Insgesamt treten etwa 400 Insektenarten in den Küstendünen Schleswig-Holsteins auf. Die Verteilung der Arten in den Dünen ist dabei im wesentlichen von den Faktoren Vegetation, Mikroklima und Salzeinfluß abhängig. Die Anzahl der Arten nimmt daher von der Primärdüne über die Weißdüne zu den Graudünen zu.

Auf den freien Sandflächen innerhalb der Weißdünen ist die Strand-Wolfsspinne *Arctosa perita* anzutreffen, auf die mehrere Wegwespenarten spezialisiert sind. Viele Arten betreiben Brutfürsorge und tragen Wolfsspinnen als Nahrung für ihre Larven in ihre unterirdische Bruthöhlen ein. Die lückig bewachsenen Böden der

Graudünen haben eine große Bedeutung für bodennistende Hymenopteren. Dünenheiden und Dünenrasen sind Lebensraum für viele wärmeliebende Insektenarten. Typische Vertreter in Norddeutschland sind z.B. die Küsten-Stiftsschwebfliege (*Sphaerophoria philanthus*) und die Schwarze Heideschwebfliege (*Paragus tibialis*) (RÖDER 1990).

Ein wichtiger Streuzersetzer der Dünen ist die Tausendfüßlerart *Cylindroiulus frisius* sowie die wenig anspruchsvolle Assel *Porcellio scaber*. Typisch sind ferner verschiedene wärmeliebende Heuschreckenarten, die innerhalb der Küstenbiotope in den Dünen ihren Verbreitungsschwerpunkt haben. Zum Arteninventar kommen verschiedene Laufkäfer- und Kurzflügelkäferarten hinzu. Charakteristisch für das Ökosystem Düne sind bei den Spinnen die Haubennetzspinne *Enoplognatha maritima* und die Zwergspinne *Troxochrus scabiculus* (HEYDEMANN & MÜLLER-KARCH 1980).

Die Schneckenfauna der Küstendünen ist artenarm. Nach WIESE (1991) besiedelt die Gemeine Windelschnecke (*Vertigo pygmea*) auch die Trockenrasen an der Küste und kommt hier zusammen mit *Helicella* sp. und *Candidula* sp. vor. Die Moospuppenschnecke (*Pupilla muscorum*) besiedelt gerne Küstensanddünen, aber auch die Trockenrasen der Deiche. Weitere Arten der Sanddünen, allesamt mit Fundnachweisen auf der Insel Sylt, sind die Schiefe sowie die Glatte Grasschnecke (*Vallonia excentrica* und *V. pulchella*). Der einzige ältere schleswig-holsteinische Nachweis der Großen Karthäuserschnecke (*Monacha cantiana*) stammt von Sylt, wo die Art auch Dünen besiedelt hat. Die Karthäuserschnecke gilt heute in Schleswig-Holstein als ausgestorben bzw. verschollen.

Möwen nutzen die Dünen als Brutplatz

Das Vorkommen von Amphibien und Reptilien in den Dünen an der schleswig-holsteinischen Westküste ist auf einige wenige Orte begrenzt. Die Kreuzkröte ist ein typischer Besiedler locker-sandiger Böden der Dünengebiete und Strandbereiche und kommt auf Sylt und Amrum häufig in der Nähe zu feuchten Dünentälern vor. Auch auf Föhr ist die Art verbreitet. Die Zauneidechse bewohnt die wärmsten und sonnigsten Räume, die zudem noch vegetationsarm sein müssen. An der Westküste ist ihre Verbreitung auf Dünengebiete und Heiden der Insel Sylt beschränkt (DIERKING-WESTPHAL 1981).

Die Kreuzkröte ist ein typischer Besiedler der Dünen

Herbivore Säugetiere üben einen großen Einfluß auf ihre Nahrungsgrundlage aus. Kaninchen spielen in Dünenökosystemen eine besondere Rolle. Sie kommen auf allen schleswig-holsteinischen Geestinseln vor (BORKENHAGEN 1993). Die Beweidung der Dünenvegetation durch Kaninchen, die im 16. und 17. Jahrhundert eingeführt wurden, ist besonders in den Graudünen lebensraumprägend. Das Fehlen von Raubfeinden und die leichten Sandböden bieten ideale Entwicklungsbedingungen für diese Art. KIFFE (1989) und WESTHOFF & VAN OOSTEN (1991) konnten auf den West- und Ostfriesischen Inseln zeigen, daß Kaninchenbeweidung eine Monotonisierung und Verarmung der Vegetation nach sich zieht. Kaninchen fressen bevorzugt Kräuter wie das Berg-Sandglöckchen (*Jasione montana*) und den Hornklee (*Lotus corniculatus*). Konkurrenzschwache Kryptogamen und stickstoffliebende Kräuter können sich infolgedessen auf diesen Flächen ausbreiten. Seit dem Eintreten der Myxomatose-Krankheit hat die lokale Dezimierung der Kaninchenpopulation auf den Westfriesischen Inseln zur Vergrößerung der Feinstruktur der Vegetation und zur Verbuschung geführt (WESTHOFF & VAN OOSTEN 1991). Einer der Nutznießer der Kaninchen ist die Brandente. Sie brütet in Höhlen und nutzt dafür auch Kaninchenbauten (STOCK et al. 1995a).

Unter den Vögeln nutzen besonders Möwen die Dünen als Brutplatz (Abb. 75). Zahlenmäßig ist die Silbermöwe am stärksten vertreten. Sie brütet wie die Herings- und die Sturmmöwe in Kolonien, deren Brutgebiete sich überlagern können. Gemischte Paare von Herings- und Silbermöwe treten immer wieder auf. Die Heringsmöwe weist in Schleswig-Holstein als Brutvogel einen ansteigenden Trend auf. Während 1979 in Schleswig-Holstein nur 50 Paare festgestellt wurden, lag ihr Bestand 1994 bereits bei 3.783 Paaren. Ihr Brutgebiet konzentriert sich dabei auf Trischen und Amrum (HÄLTERLEIN 1996).

Lange Zeit wurden die Möwen, insbesondere Silbermöwen, stark verfolgt, weil die Reduzierung anderer Küstenvögel durch Eier- und Kükenraub befürchtet wurde (EXO 1994). Trotzdem nahmen die Bestände weiter zu. Der Erfolg der Möwen wird auf ihre hohe Anpassungsfähigkeit zurückgeführt. So haben sie den über Bord gehenden Beifang der Fischereifahrzeuge ebenso als Nahrungsquelle

Abb. 75
Anzahl der Brut-
paare der häufig-
sten Arten in den
Dünen der
schleswig-holstei-
nischen Westküste
(HÄLTERLEIN 1996)

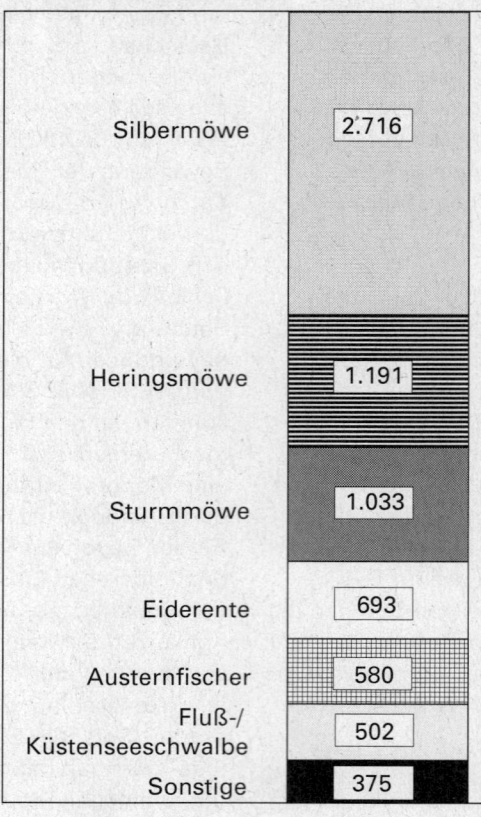

Brutpaare in den Dünen

Silbermöwe	2.716
Heringsmöwe	1.191
Sturmmöwe	1.033
Eiderente	693
Austernfischer	580
Fluß-/ Küstenseeschwalbe	502
Sonstige	375

3.3 Salzmarsch

Salzwiesen bilden den allmählichen,
natürlichen Übergang vom Watt zum
Festland, den Inseln und Halligen. Dieser
semiterrestrische Lebensraum entsteht
natürlicherweise dort, wo in strömungs-
beruhigten Bereichen von Buchten oder
auf der Leeseite der Inseln Sedimente
abgelagert werden. Stetige Sedimentation erhöht das Niveau der Fläche, so daß
erste Pflanzen Fuß fassen können. Die
Pionierpflanze, die am Beginn der Besiedlung steht, ist der Queller (*Salicornia
ssp.*). Er erträgt aufgrund spezieller
Anpassungsmechanismen eine tägliche
Überflutung mit Salzwasser und tritt
daher bereits in Bereichen auf, die bis ca.
40 cm unterhalb der Mitteltide-Hochwasserlinie liegen. Ursprünglich war der
Queller die einzige Blütenpflanze in
diesem Bereich. In den zwanziger Jahren
wurde das Schlickgras (*Spartina anglica*)
aus England eingeführt und ist heute in
der Quellerzone weit verbreitet (STOCK
et al. 1995a). Wächst der Wattboden
durch Sedimentation weiter auf, schließt
sich die Andelzone (Puccinellietum) an.
Sie ist von der Quellerzone teilweise
durch ein 20-30 cm hohes Kliff getrennt
(HEYDEMANN & MÜLLER-KARCH 1980).
Das Andelgras (*Puccinellia maritima*)
kann sich hier ansiedeln, weil das Meerwasser diese Zone nur noch etwa 250mal
im Jahr erreicht (Abb. 76). Der geringere
Salzgehalt und die bessere Belüftung des
Bodens ermöglichen neben dem Andelgras
nun auch anderen Pflanzen die Ansiedlung. Die Portulak-Keilmelde (*Halimione
partulacoides*)ist vor allem an Prielrändern zu finden, da sie auf eine gute
Versorgung mit Sauerstoff angewiesen
ist. Der Strandflieder (*Limonium vulgare*)
tritt in wenig entwässerten Bereichen auf.
Schlickreiche Areale sind der bevorzugte
Standort der Strandaster (*Aster tripolium*). Sie bildet Hochstaudenfluren und
kommt im August zur Blüte. Gemeinsam
mit anderen Arten wie dem Meerstrand-
Beifuß (*Artemisia maritima*) und der
Strandsode (*Suaeda maritima*) bildet die
Andelzone ein vielfältiges Vegetations-
mosaik. Diese Zone reicht bis etwa 35 cm
über die mittlere Hochwasserlinie. In
höher gelegenen Bereichen folgt die
Rotschwingelzone (STOCK et al. 1995a).
Dieser Bereich wird vom Hochwasser
seltener als 50mal im Jahr überflutet. Der
Salz-Rotschwingel (*Festuca rubra ssp.
littoralis*) dominiert hier.

entdeckt wie die Müllhalden des Binnenlandes. Inwieweit besonders Silber- und
Heringsmöwen von diesen Nahrungsquel-
len abhängig sind, ist nicht bekannt.
HÜPPOP et al. (1994) beobachteten vor
Helgoland, daß die Bestände bei fehlender
Nahrung aus dem Beifang der Fischer auf
einen Bruchteil ihres vorherigen Wertes
sanken und die verbliebenen Vögel auf
sonst verschmähte Seesterne und
Schwimmkrabben als Nahrung auswichen.

**Salzwiesen bilden
den allmählichen
Übergang vom
Watt zum Festland,
den Inseln und
Halligen**

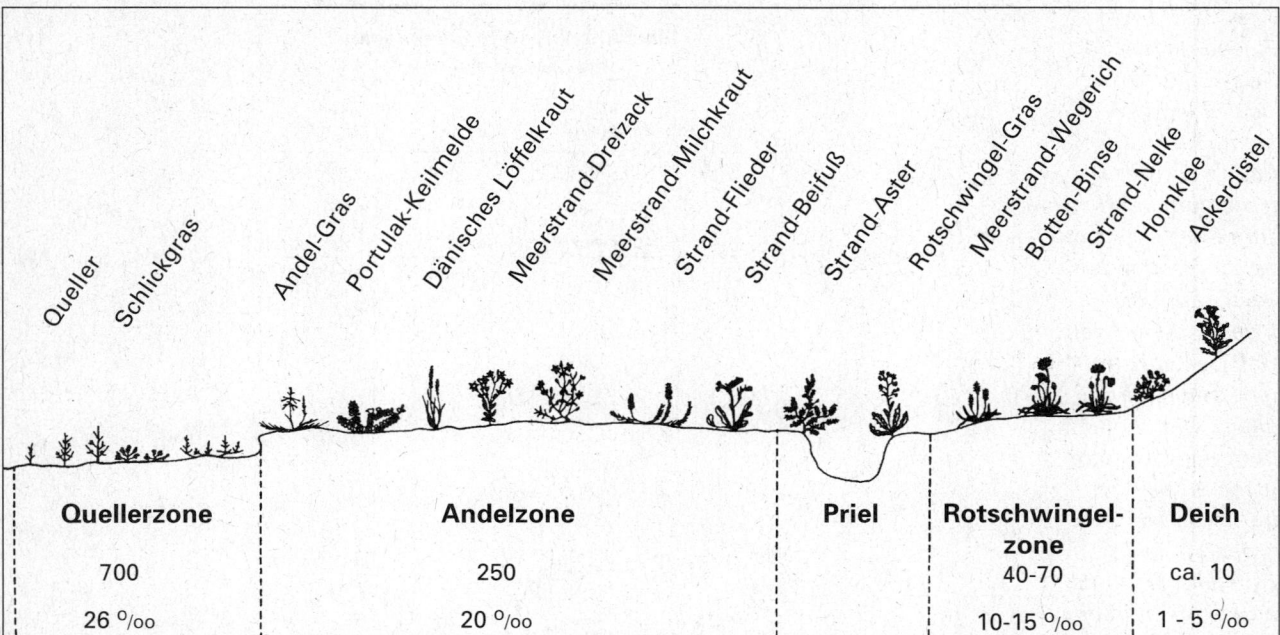

Quellerzone	Andelzone	Priel	Rotschwingel-zone	Deich
700	250		40-70	ca. 10
26 °/oo	20 °/oo		10-15 °/oo	1 - 5 °/oo

Abb. 76
Salzwiesen sind abhängig von der Überflutungshäufigkeit zoniert. Diese bestimmt auch den Salz- und Feuchtigkeitsgehalt des Bodens. Die Quellerzone wird bis zu 700 mal im Jahr überflutet. Die höher gelegene Andelzone wird noch 250 Mal überflutet. In der darauffolgenden Rotschwingelzone beträgt die Überflutunghäufigkeit noch 40 - 70. Der Salzgehalt nimmt von der Quellerzone kontinuierlich ab.

Daneben gedeihen u.a. die Grasnelke (*Armeria maritima*) und der Meerstrandwegerich (*Plantago maritima*).

Viele Salzwiesenarten können auch in nicht salzbeeinflußten Bereichen auftreten. Sie sind dort jedoch der Konkurrenz anderer Pflanzen unterlegen, so daß rund 90 % der Arten nur in der Salzwiese vorkommen (HEYDEMANN & MÜLLER-KARCH 1980). Naturnahe Salzwiesen aller Zonen sind daher stark gefährdete Biotoptypen, die nur schwer zu regenerieren sind (RIEKEN et al. 1994). Sie sind im Landesnaturschutzgesetz unter besonderen Schutz gestellt worden.

3.3.1 Vorlandsalzwiesen

Vor dem Beginn des Deichbaus bildeten ausgedehnte Salzwiesen den Übergang vom Land zum Meer. Bis in die jüngste Vergangenheit wurden diese Flächen zur Landgewinnung eingedeicht und so dem Einfluß der Nordsee entzogen. Heute ist nur noch ein schmaler, häufig unterbrochener Salzwiesenstreifen an der Festlandsküste anzutreffen (Abb. 77), der zudem überwiegend durch Lahnungsarbeiten entstanden ist. Diese Vorlandsalzwiesen machen etwa 75 % der gesamten Salzwiesenfläche aus. Weit überwiegend

Heute ist nur noch ein schmaler Salzwiesenstreifen an der Festlandsküste anzutreffen

sind sie künstlich zum Schutz der dahinterliegenden Deiche angelegt worden (RAABE 1981).

Das Gros der Vorlandsalzwiesen wurde intensiv von Schafen beweidet. Es dominieren daher robuste Gräser wie Andel und Rotschwingel. Eine monotone Weide ist entstanden, von der die verbiß- und trittempfindlichen Kräuter und deren Blütenstände weitgehend verschwunden sind. Den Unterschied zwischen beweideten und unbeweideten Flächen zeigt Abbildung 78. Schafe können die Pflanzen sehr kurz über dem Boden abbeißen, so daß intensiv beweidete Flächen nur eine wenige Zentimeter hohe Vegetation aufweisen. Einige Pflanzenarten werden zudem von den Schafen sehr gezielt ausgewählt. So zeigte die Strandaster (*Aster tripolium*) sowohl auf extensiv als auch auf intensiv beweideten Flächen starken Verbiß. Dagegen wird Rotschwingel (*Festuca rubra*) auf extensiv genutzten Bereichen weniger gern gefressen (DIERSSEN et al. 1994b).

Als Folge des Verbisses sind die Pflanzen nur schwer in der Lage, Blüten auszubilden. Besonders für die Strandaster und die Portulak-Keilmelde (*Halimione portulacoides*) hat die Schafbeweidung einen gravierenden Einfluß. Sie kommen

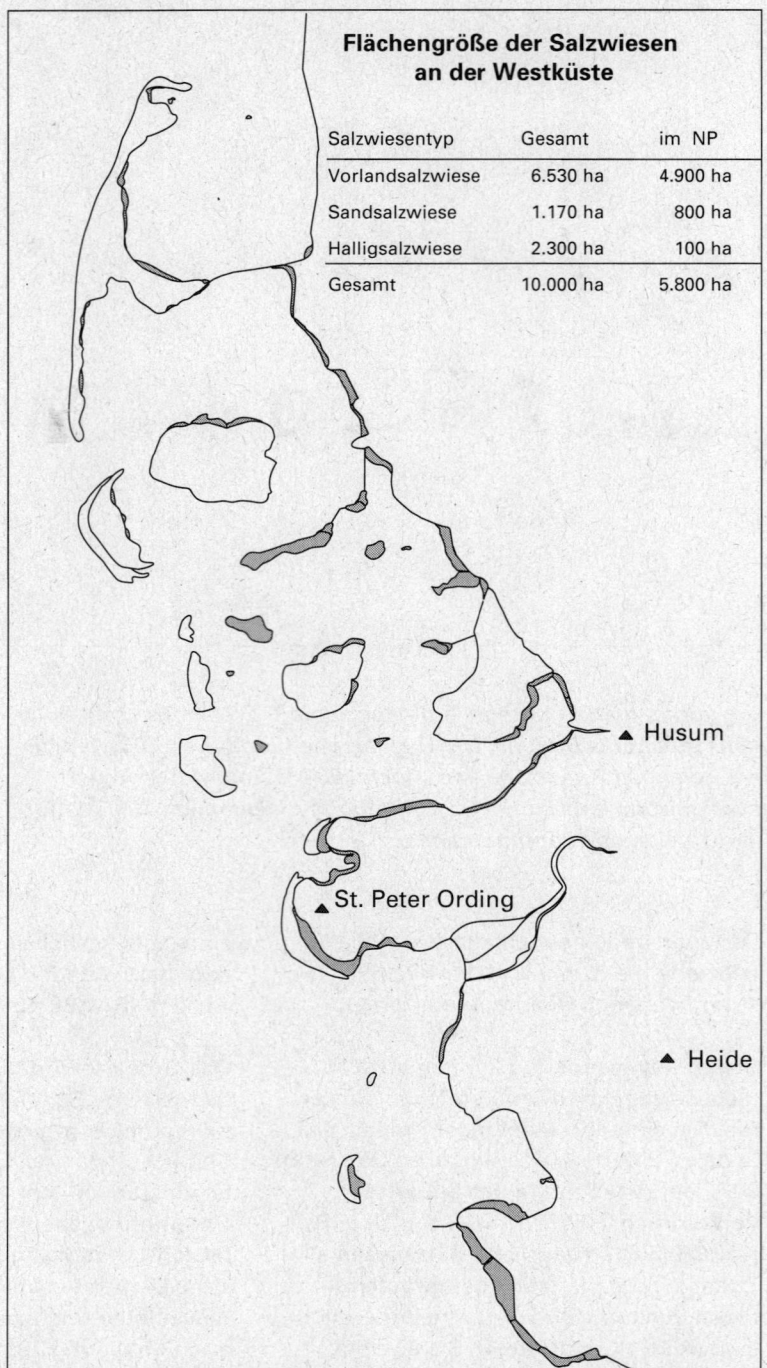

Flächengröße der Salzwiesen an der Westküste		
Salzwiesentyp	Gesamt	im NP
Vorlandsalzwiese	6.530 ha	4.900 ha
Sandsalzwiese	1.170 ha	800 ha
Halligsalzwiese	2.300 ha	100 ha
Gesamt	10.000 ha	5.800 ha

Abb. 77
Flächengröße der Salzwiesen in Schleswig-Holstein. Salzwiesen bilden den Übergang vom Land zum Meer und sind an der Festlandsküste, auf den Inseln und auf den Halligen anzutreffen (graue Flächen). Die Größe der geomorphologisch unterscheidbaren Salzwiesentypen sowie ihr Anteil im Nationalpark (NP) ist in der Tabelle angegeben (STOCK et al. 1996, verändert).

bei intensiver Beweidung nur in Ausnahmefällen zur Blüte. Dies führt zu einem geringen Samenpotential. Weil daneben Jungpflanzen und Keimlinge bevorzugt verbissen werden, ist eine generative Vermehrung in diesen Flächen nahezu ausgeschlossen. In beweideten Flächen haben daher diejenigen Pflanzenarten Vorteile bei der Ausbreitung, die in der Lage sind, sich schnell vegetativ zu vermehren. Eine ungestörte Entwicklung der meisten mehrjährigen Krautarten ist nur auf unbeweideten Flächen generativ und vegetativ möglich (DIERSSEN et al. 1994b).

Abb. 78
Eine Vegetations-
kartierung auf
Versuchsflächen im
Sönke-Nissen-
Koog-Vorland im
Jahr 1990 verdeut-
licht den Einfluß
der Schafbe–
weidung auf die
Vegetation. Links:
monotone Salz-
wiese auf einer
intensiv
beweideten Fläche
(3,4 Schafeinheiten
entsprechen etwa
12 Schafen pro
Hektar). Rechts:
vielfältig struktu-
rierte, unbeweidete
Salzwiese zwei
Jahre nach
Beweidungsaufgabe
(KIEHL & STOCK
1994).

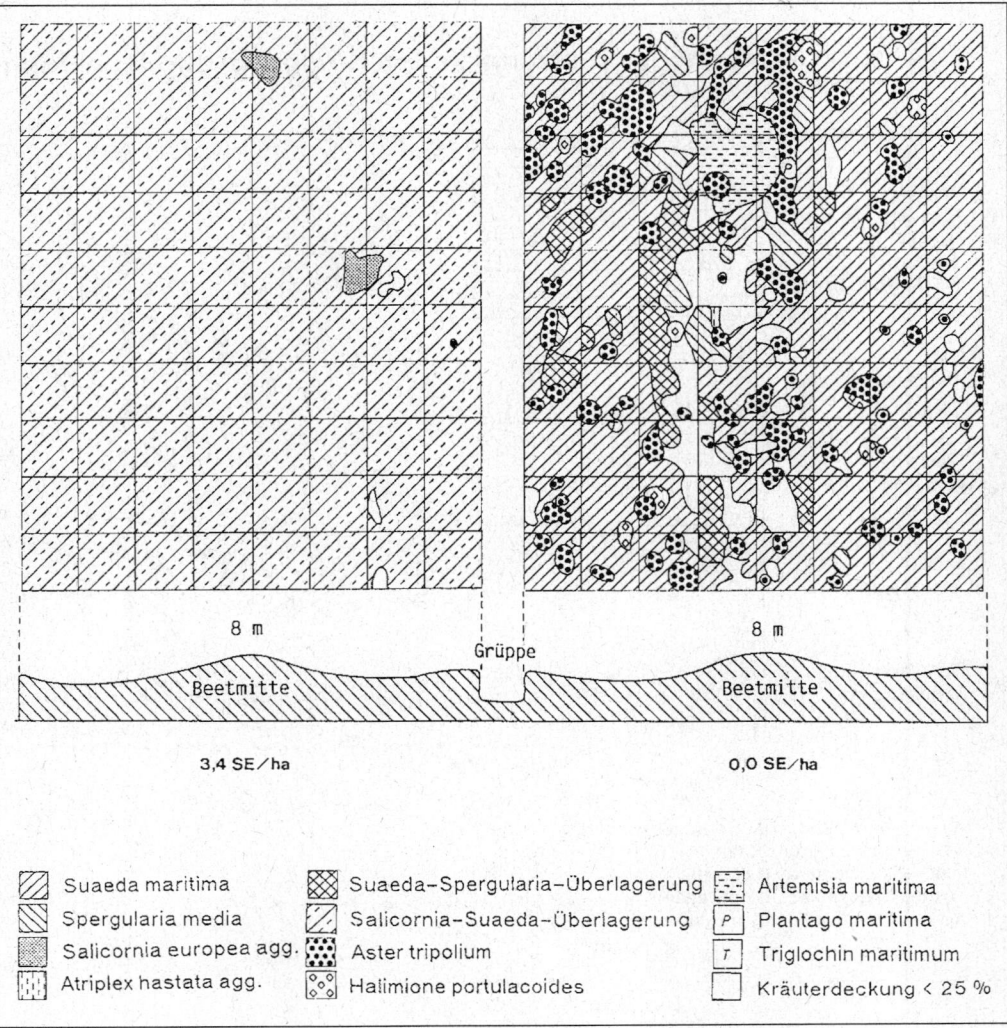

⊘	Suaeda maritima	⊠	Suaeda–Spergularia–Überlagerung	⊡	Artemisia maritima
⊘	Spergularia media	⊘	Salicornia–Suaeda–Überlagerung	P	Plantago maritima
▦	Salicornia europea agg.	⊞	Aster tripolium	T	Triglochin maritimum
▦	Atriplex hastata agg.	○○	Halimione portulacoides	☐	Kräuterdeckung < 25 %

**Sandsalzwiesen
sind im schleswig-
holsteinischen
Wattenmeer selten**

3.3.2 Sandsalzwiesen

Sandsalzwiesen sind im schleswig-
holsteinischen Wattenmeer mit nur 10 %
Flächenanteil selten (STOCK et al. 1996).
Sie finden sich nur vor St. Peter und auf
den Inseln. Ihre Entstehung verdanken sie
der räumlichen Nähe zu sandigem
Sedimentationsmaterial. Hier herrschen
andere ökologische Bedingungen als in
den mehr tonreichen Sedimenten an der
übrigen Festlandsküste. Nährstoffe und
Feuchtigkeit werden durch das sandige
Sediment schneller abgeführt. Aus diesem
Grund beherbergt die Sandsalzwiese
zusätzliche Florenelemente, die an den
extremen Standort angepaßt sind. Dazu
zählen beispielsweise der Erdbeerklee
(*Trifolium fragiferum*) und die seltene
Lückensegge (*Carex distans*). Sie sind
besonders empfindlich gegen Vertritt und
Beweidung (STOCK et al. 1995a).

3.3.3 Fauna der Salzwiesen

Die Entomofauna der Salzwiesen weist
eine enorm hohe Arten- und Formen-
vielfalt hochspezialisierter Wirbelloser auf.
Etwa 1650 Arten terrestrischer und rund
350 Arten marin-aquatischer Herkunft
kommen in den Salzwiesen vor
(HEYDEMANN & MÜLLER-KARCH 1980).
Etwa 50 % des gesamten Arteninventars
tritt nur in den Salzwiesen auf. Viele
Wirbellosen-Lebensgemeinschaften sind
an bestimmte Habitatstrukturen gebunden, die sie nur in naturnahen und natürlichen Salzwiesen vorfinden. Nur hier läßt
sich ein eng verzahntes Nebeneinander
von Kolken, Prielen, vegetationslosen
Flächen, Flächen mit unterschiedlich
hoher Vegetation und Detritusan-
häufungen antreffen. Eine solche
Habitatvielfalt stellt sich in den vom
Menschen ungenutzten Salzwiesen von
selbst ein. Gering ist die Habitatvielfalt
hingegen bei intensiver Beweidung und
intensiver küstenschutztechnischer
Bearbeitung. Eine Intensivnutzung der
Flächen schlägt sich folglich bei vielen

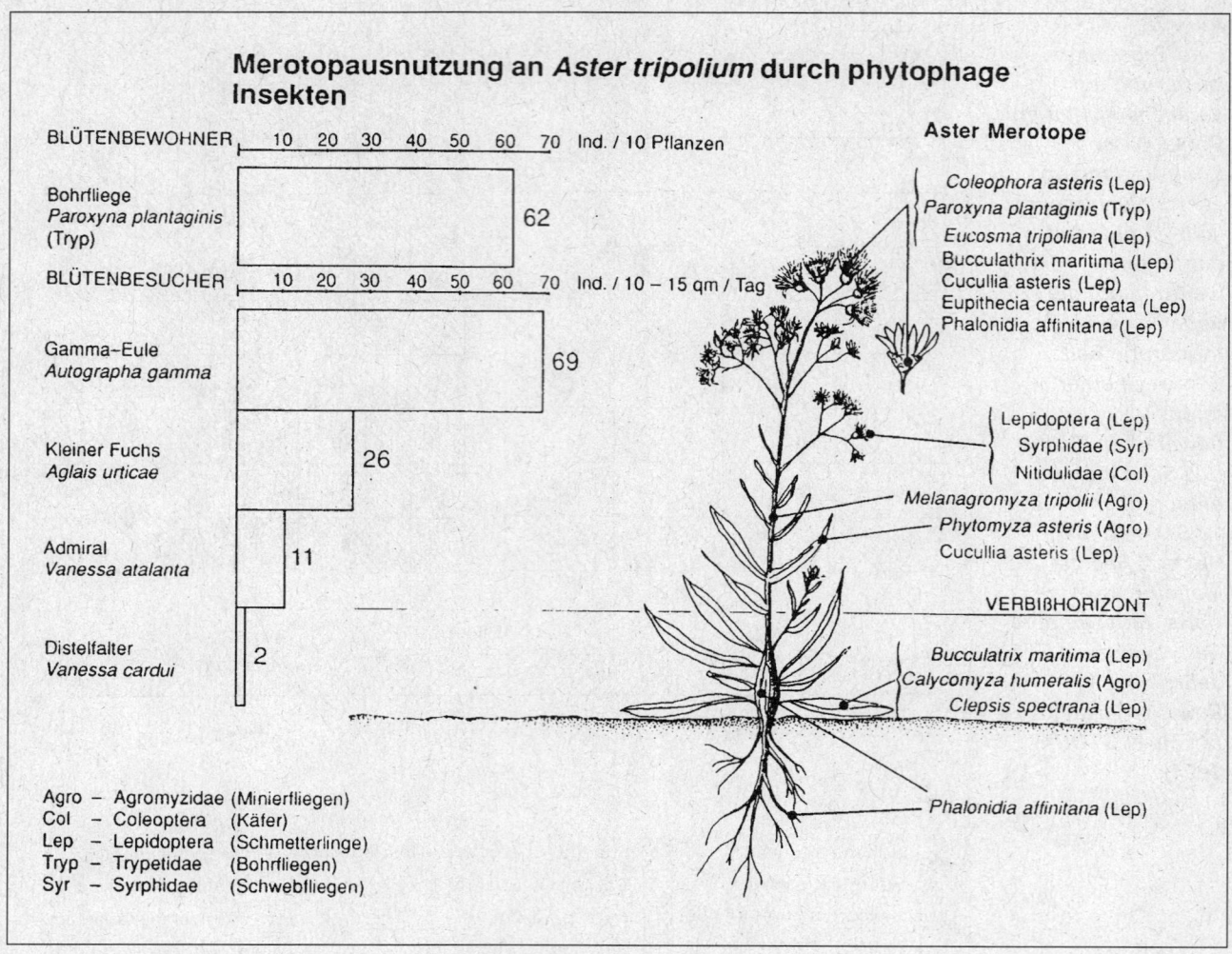

Merotopausnutzung an *Aster tripolium* durch phytophage Insekten

BLÜTENBEWOHNER	10 20 30 40 50 60 70 Ind. / 10 Pflanzen	
Bohrfliege *Paroxyna plantaginis* (Tryp)		62
BLÜTENBESUCHER	10 20 30 40 50 60 70 Ind. / 10 – 15 qm / Tag	
Gamma–Eule *Autographa gamma*		69
Kleiner Fuchs *Aglais urticae*		26
Admiral *Vanessa atalanta*		11
Distelfalter *Vanessa cardui*		2

Aster Merotope

Coleophora asteris (Lep)
Paroxyna plantaginis (Tryp)
Eucosma tripoliana (Lep)
Bucculathrix maritima (Lep)
Cucullia asteris (Lep)
Eupithecia centaureata (Lep)
Phalonidia affinitana (Lep)

Lepidoptera (Lep)
Syrphidae (Syr)
Nitidulidae (Col)
Melanagromyza tripolii (Agro)
Phytomyza asteris (Agro)
Cucullia asteris (Lep)

VERBIßHORIZONT

Bucculatrix maritima (Lep)
Calycomyza humeralis (Agro)
Clepsis spectrana (Lep)

Phalonidia affinitana (Lep)

Agro – Agromyzidae (Minierfliegen)
Col – Coleoptera (Käfer)
Lep – Lepidoptera (Schmetterlinge)
Tryp – Trypetidae (Bohrfliegen)
Syr – Syrphidae (Schwebfliegen)

Abb. 79 Merotopausnutzung an Aster tripolium durch phytophage Schmetterlinge, Zweiflügler sowie Rüssel- und Blattkäfer (ergänzt nach IRMLER et al. 1988) mit Zahlenangaben für das Jahr 1990 zum Blütenbesuch durch Tagfalter und zur Blütennutzung als Wohnraum durch Bohrfliegen (Paroxyna plantaginis) (TISCHLER et al. 1994).

Tieren in einer reduzierten Arten- und Individuenzahl nieder. Dies wurde für Schmetterlinge, Blatt- und Rüsselkäfer und Gallmücken nachgewiesen (TISCHLER 1985, MEYER 1984). Die Ergebnisse der Ökosystemforschung unterstützen diese Befunde. Die Wirbellosenfauna der Salzwiese zeigt eine deutliche zonale Einnischung, so daß viele Insektenarten auf eng begrenzte Zonen im Überflutungs-gradienten der Salzwiese konzentriert sind. Dazu ist die Abundanz vieler Insektenarten abhängig von der Beweidungsintensität mit Schafen (TISCH-LER et al. 1994).

Eine wichtige Komponente im Stoffumsatz in den Küstensalzwiesen des Watten-meeres spielen die phytophagen Arten. Ihr Spezialisierungsgrad an bestimmte Pflanzenarten der Salzwiese ist meist stark ausgeprägt. Einzelne Insektenarten sind folglich auf wenige Pflanzenarten ange-wiesen. Die phytophagen Arten sind über die Präsenz ihrer spezifischen Wirtspflan-zen an bestimmte Salzwiesenzonen gebunden. So steigt beispielsweise die Artenzahl von Rüssel- und Blattkäfern und die von Gallmücken mit der Zunahme der

Wirtspflanzen von der unteren Andelzone zur oberen Rotschwingelzone deutlich an. Der Ausnutzungsgrad vorhandener Strukturteile einzelner Salzwiesen-pflanzen ist unterschiedlich. Eine beson-ders intensive Nutzung findet bei der Strandaster (*Aster tripolium*) (Abb. 79) und beim Meerstrandwegerich (*Plantago maritima*) (Abb. 80) statt (TISCHLER et al. 1994). Die Ökologie der häufigsten Salzwiesenkäfer ist bei STOCK (1985) beschrieben.

Die Ergebnisse der Ökosystemforschung haben gezeigt, daß die Schafbeweidung der Salzwiesen einen großen Effekt auf die Besiedlung dieses Lebensraumes mit Wirbellosen hat (MEYER et al. 1995). Die Untersuchungen fanden auf einer tiefer-liegenden Salzwiese vor dem Sönke-Nissen-Koog und auf einer höher gelege-nen Salzwiese im Friedrichskooger Vorland statt.

Die Beweidung führt zu einem veränder-ten abiotischen und biotischen Faktoren-gefüge. In der Folge werden auch Arten-bestände, Artenzusammensetzung und die Populationsdichte einzelner Arten der

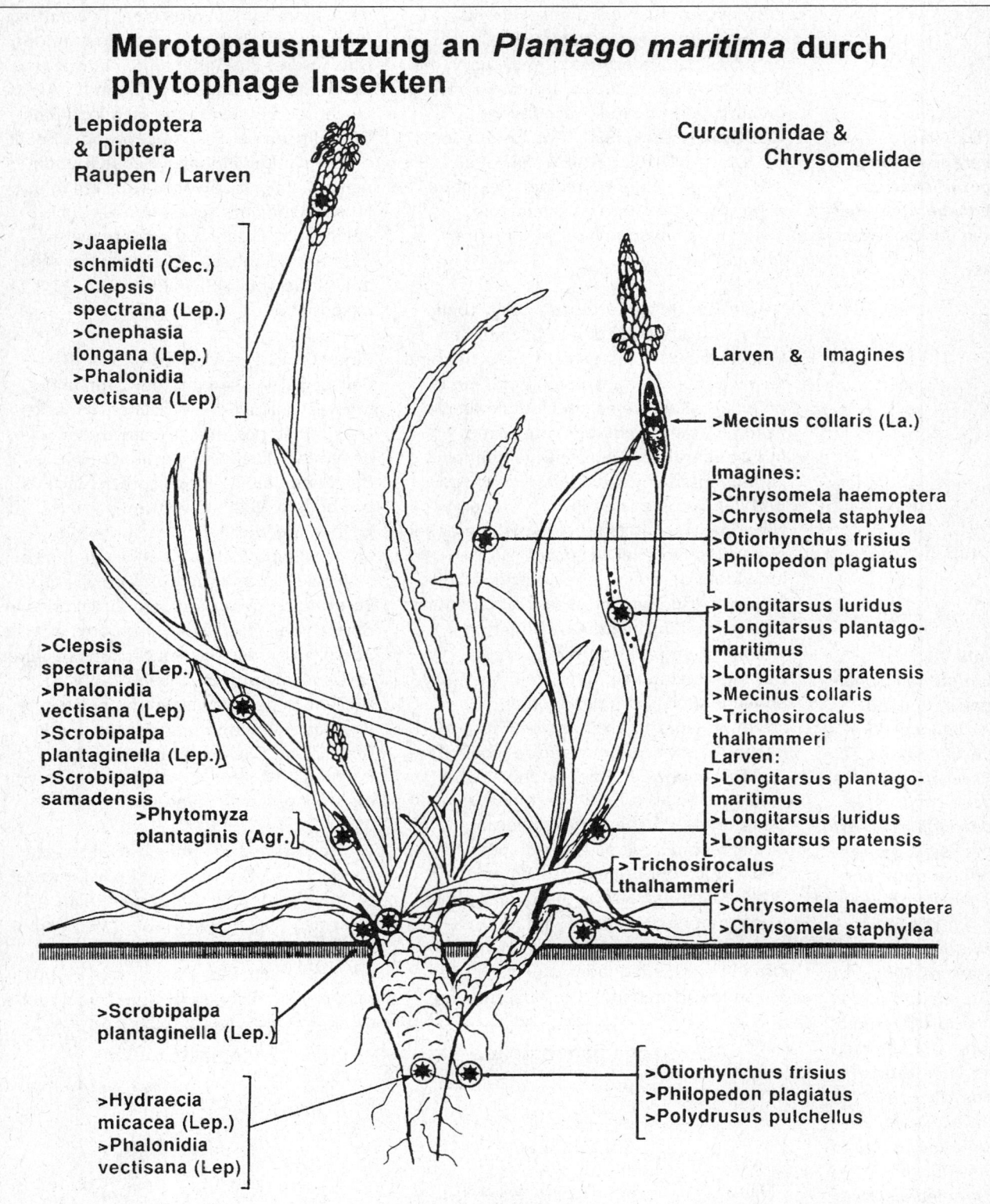

Merotopausnutzung an *Plantago maritima* durch phytophage Insekten

Lepidoptera & Diptera Raupen / Larven

>Jaapiella schmidti (Cec.)
>Clepsis spectrana (Lep.)
>Cnephasia longana (Lep.)
>Phalonidia vectisana (Lep)

>Clepsis spectrana (Lep.)
>Phalonidia vectisana (Lep)
>Scrobipalpa plantaginella (Lep.)
>Scrobipalpa samadensis
>Phytomyza plantaginis (Agr.)

>Scrobipalpa plantaginella (Lep.)

>Hydraecia micacea (Lep.)
>Phalonidia vectisana (Lep)

Curculionidae & Chrysomelidae

Larven & Imagines

>Mecinus collaris (La.)

Imagines:
>Chrysomela haemoptera
>Chrysomela staphylea
>Otiorhynchus frisius
>Philopedon plagiatus

>Longitarsus luridus
>Longitarsus plantago-maritimus
>Longitarsus pratensis
>Mecinus collaris
>Trichosirocalus thalhammeri
Larven:
>Longitarsus plantago-maritimus
>Longitarsus luridus
>Longitarsus pratensis

>Trichosirocalus thalhammeri

>Chrysomela haemoptera
>Chrysomela staphylea

>Otiorhynchus frisius
>Philopedon plagiatus
>Polydrusus pulchellus

V

Abb. 80
Merotopausnutzung an Plantago maritima durch phytophage
Schmetterlinge, Zweiflügler sowie Rüssel- und Blattkäfer
(Abb. nach TISCHLER 1985 mit Ergänzungen zum Arteninventar)
(TISCHLER et al. 1994)

Wirbellosenfauna verändert. Für viele Wirbellosenarten ergibt sich ein populationsmindernder Einfluß durch die Schafbeweidung. Dies wurde auch von anderen Autoren mehrfach belegt (z.B. ANDRESEN et al. 1990, IRMLER & HEYDEMANN 1986, RAHMANN et al. 1987). Neben einer deutlichen Beeinflussung einzelner Arten wird auch die gesamte Lebensgemeinschaft in ihrer Struktur verändert.

Die größte Gesamtartenzahl an Wirbellosen wurde stets auf den unbeweideten Versuchsflächen festgestellt. Entscheidend für die Entwicklung, Leistung und Funktion eines Ökosystems sind jedoch flächenbezogene Angaben über Arten- und Individuenrelationen. Die Diversität der Fauna gibt in abgewandelter Form das Bild der Dominanzstrukturen wieder. Niedrige Diversitätsindices spiegeln dabei, abgesehen von der Artenzahl, die Individuendominanz einer einzigen oder weniger Arten wieder. Artendiversität und Artenverteilung zeigten in beiden Untersuchungsstandorten über alle Beweidungsintensitäten verhältnismäßig ähnliche Werte. Um den Übereinstimmungsgrad zwischen den Faunabeständen zu ermitteln, wurde eine Arten- und Dominanzidentität ermittelt. Dabei zeigte sich, daß sich die Bestände je nach Standort und Vegetationszonierung deutlich voneinander unterschieden. Hinsichtlich der Individuendichte der Wirbellosen gab es sowohl Zu- als auch Abnahmeerscheinungen. Algen- und streuverzehrende Arten zeigten eine Zunahme mit steigender Beweidungsintensität. Die Ausdünnung

der Vegetation bei intensiver Beweidung führt zu einer höheren Lichteinstrahlung. Dies fördert die Bodenalgenbildung und damit die Nahrungsressourcen für Algenverzehrer. Bei den räuberisch lebenden Wirbellosen der Salzwiese war die Reaktion auf die Beweidungsintensität uneinheitlich. Es gab sowohl Arten, die in ihrer Individuendichte zunahmen als auch solche, die abnahmen; andere waren indifferent (Abb. 81). Die Ursachen sind ausführlich bei TISCHLER et al. (1994) beschrieben.

Eine typische Bewohnerin der Außendeichs-Salzwiesen und der Gräben der Meeresküste ist die Marschenschnecke (*Assiminea grayana*). Sie ist an der gesamten Westküste verbreitet. Die Bestände gehen jedoch zurück, und die besiedelten Gebiete werden immer kleiner. Sie wird teilweise durch die eingeschleppte Neuseeländische Deckelschnecke (*Potamopyrgus antipodarum*) verdrängt. Stärker auf den nordfriesischen Bereich der Westküste beschränkt ist das Vorkommen des Mäuseöhrchens (*Ovatella myosotis*) (Abb. 82). Diese Art besiedelt Außendeichs-Salzwiesen mit naturnaher Vegetation bei geringer oder fehlender Beweidung. Die Bestände sind stark rückläufig (WIESE 1991), und die Art wird als stark gefährdet eingestuft.

Große Bedeutung haben die Salzwiesen als Rastgebiet für Wat- und Wasservögel (vergl. Kap. V 3.3). Während der Hochwasserzeit nutzt eine Vielzahl von Watvögeln, Enten, Gänsen und Möwen die Salzwiesen als Rastplatz. Große Trupps rasten dann dicht an dicht in traditionellen

*Abb. 81
Einfluß der Schafbeweidung auf wirbellose Tiere der Salzwiese. Die Populationsdichte der abfallfressenden Flohkrebs-Art Orchestia gammarellus nimmt bei intensiver Beweidung (3,4 Schafeinheiten, SE/ha) stark ab. Mögliche Gründe dafür sind die Bodenverdichtung, der Vertritt und der Mangel an pflanzlichem Abfall. Dagegen steigt der Bestand der Mücken-Art Symplecta stitica auf den beweideten Versuchsflächen an. Sie profitiert offenbar vom gesteigerten Futterangebot: kleinen Bodenalgen, die auf Flächen mit ausgedünnter Vegetation besser wachsen (TISCHLER et al. 1994).*

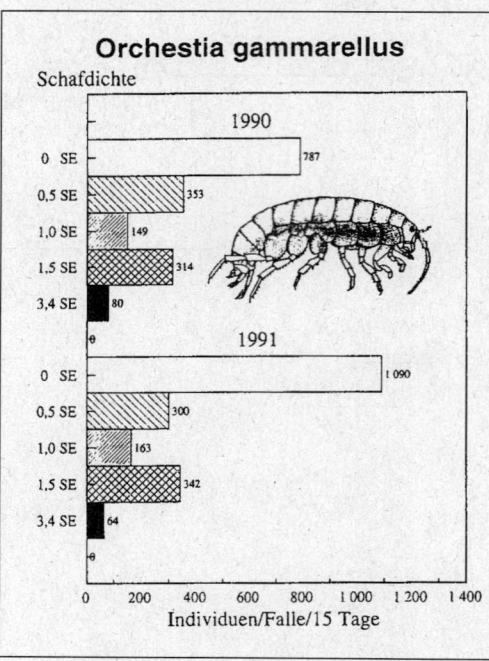

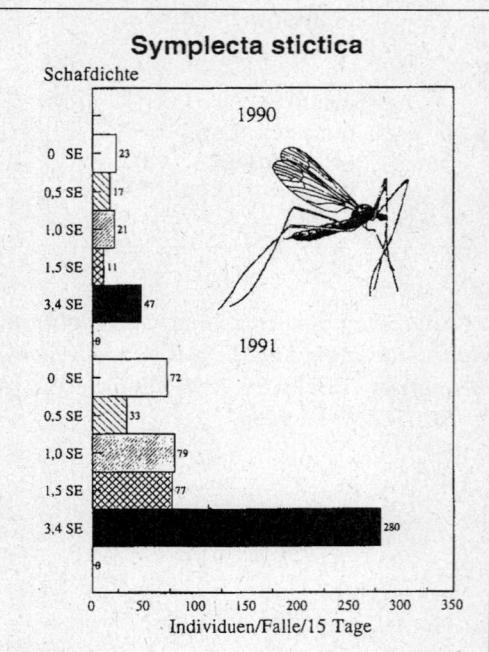

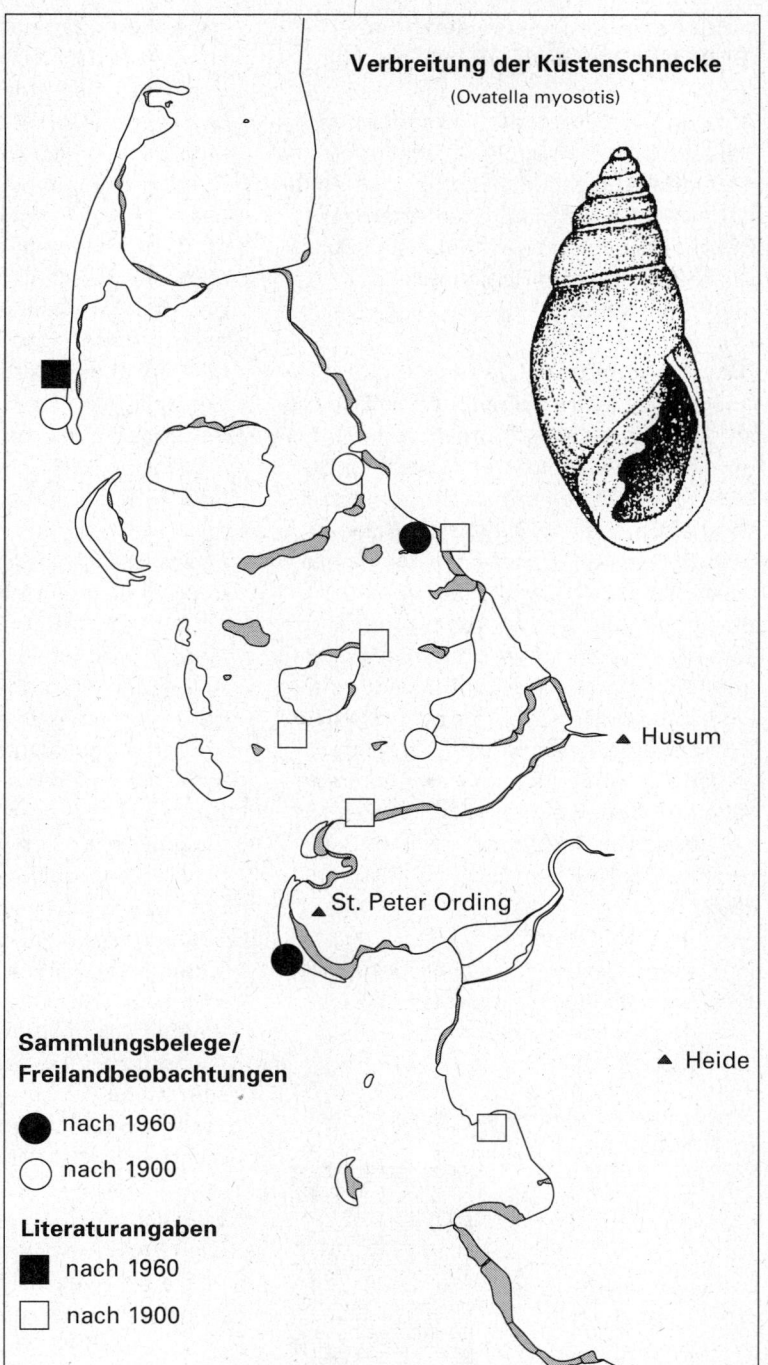

Abb. 46
Die Verbreitung der
Küstenschnecke
Ovatella myosotis
(Mäuseöhrchen) im
schlewig-holsteini-
schen Wattenmeer
(WIESE 1991,
verändert).

Gebieten. Nur wenige Watvögel ernähren sich auch auf den Salzwiesen. Dazu zählt u.a. der Goldregenpfeifer (*Pluvialis apricaria*).

Für die herbivoren Arten Pfeifente (*Anas penelope*), Nonnengans (*Branta leucopsis*) und Ringelgans (*Branta bernicla*) sind die Salzwiesenflächen von existentieller Bedeutung (BRUNCKHORST 1996, ESKILDSEN 1994; STOCK et al. 1995a). Die Ringelgänse sind besonders im Frühjahr, wenn Seegras als Nahrung nicht mehr zur Verfügung steht, auf die Nahrungssuche in den Salzwiesen angewiesen. Dabei bevorzugen sie Andel, Rotschwingel und Strandwegerich. Nahezu der gesamte Weltbestand der Unterart *B. b. bernicla* ist im Winterhalbjahr im Wattenmeer anzutreffen (BERGMANN et al. 1994). Dabei sind die Vögel störungsempfindlich. Menschen und Flugzeuge machen einen Großteil der Störungen aus, da die Ringelgänse in den Salzwiesen nur wenige natürliche Feinde besitzen (STOCK et al. 1994b). In einem Gebietsvergleich zwischen einem weitgehend ungestörten und einem von Menschen stark frequentierten Areal hat sich gezeigt, daß die wenig gestörten Tiere 30 % weniger Zeit zur Nahrungsaufnahme verwenden müssen (STOCK & HOFEDITZ 1994). Das kann dazu führen, daß häufig gestörte Ringelgänse weniger Fettreserven anlegen können. Dies kann den Bruterfolg in den

sibirischen Brutgebieten gefährden
(BERGMANN et al. 1994).

Auf den Salzwiesen der Vorländer und
Halligen brüten etwa 20 Küstenvogelarten.
Abbildung 83 stellt die Brutpaarzahlen der
Vorländer für die häufigsten Arten dar.
Besonders Lachmöwen, Säbelschnäbler,
Austernfischer und Rotschenkel nutzen
die Vorländer zur Brut.

Die folgenden Beispiele zeigen, daß die
Ansprüche der verschiedenen Vogelarten
an die Salzwiese als Brutgebiet durchaus
unterschiedlich sind. Der Austernfischer
bevorzugt Flächen mit kurzer, schütterer
Vegetation, die er z.B auch auf Halligen
oder Strandwällen vorfindet. Möglicherweise hat der Austernfischer von der
Beweidung der Salzwiesen profitiert, da
seine Gelege durch Vertritt am geringsten
gefährdet sind und er auf Beweidung am
wenigsten empfindlich reagiert (SCHULTZ
1987). Die höchsten Revierpaardichten
finden sich aber auch für den Austernfischer auf unbeweideten Flächen wie z.B.
auf Nordstrandischmoor und Langeneß
(HÜPPOP & HÜPPOP 1995, STOCK et al.
1992).

Im Gegensatz zum Austernfischer sucht
der Rotschenkel vorzugsweise Bereiche

mit höherer Vegetation auf, die er in
charakteristischer Weise laubenartig über
dem Nest zusammenzieht. In einem
beweideten Gebiet ist dieser Nestbau
nicht möglich, so daß er in wenig genutzte
Randbereiche abgedrängt wird. Er profitiert von den Extensivierungsmaßnahmen
deutlich. Dies zeigt sich auf Langeneß, wo
89 % der Rotschenkelgelege in
ungemähten Randstreifen einer seit 1987
extensivierten Fläche gefunden wurden
(STOCK et al. 1992). Auch auf der Hamburger Hallig vervierfachte sich die Zahl der
Revierpaare bis zum Jahr 1994, nachdem
die Fläche 1991 extensiviert worden war
(HÄLTERLEIN 1996).

Lachmöwen (*Larus ridibundus*), die zu
über 35 % in den Vorlandsalzwiesen
brüten (HÄLTERLEIN 1996), üben auf
andere Brutvogelarten eine besondere
Anziehungskraft aus. Diese profitieren
dabei vor allem von der Aufmerksamkeit
und der intensiven kollektiven Feindab-
wehr der Lachmöwen innerhalb der
Brutkolonie. Dieser Vorteil überwiegt über
die gelegentlichen Verluste, die durch eier-
bzw. kükenraubende Lachmöwen entstehen. Spürbare Auswirkungen auf die
Bestandsentwicklung der einzelnen Arten
sind bislang nicht zu beobachten. An der
Nordseeküste Schleswig-Holsteins werden
u.a. Säbelschnäbler, Rotschenkel, Austernfischer sowie Fluß- und Brandseeschwalben häufig in den Kolonien der
Lachmöwe in besonders hohen Brutpaardichten angetroffen. Für die genannten
Seeschwalben kann stellenweise geradezu
von einer Abhängigkeit von den
Lachmöwenkolonien gesprochen werden,
da sie bei einer Verlagerung der Möwen-
kolonie zum Teil mit den Lachmöwen
umziehen (THIESSEN 1986, VAUK &
PRÜTER 1987, STOCK et al. 1992,
HÄLTERLEIN 1996).

Fast alle in der Salzwiese brütenden
Vogelarten sind bestrebt, ihr Nest an
Strukturen im Gelände anzulehnen, die
Schutz vor Wind und Wetter, aber auch
einen gewissen Sichtschutz bieten. Die
Vegetationshöhe im unmittelbaren Nest-
bereich sollte den Elternvögeln hingegen
ein freies Sichtfeld in alle Richtungen
erlauben, um rechtzeitig auf potentielle
Feinde aufmerksam zu werden. Insgesamt
darf die Vegetation nicht zu großflächig
niedriges Niveau besitzen, da in diesem
Fall Flucht- und Versteckmöglichkeiten für
die Jungvögel nicht zur Verfügung stehen.
Auch die Dichte der Insekten, die u.a. als
Nahrungsquelle für viele Jungvögel

*Auf den Salz-
wiesen der Vor-
länder und Halligen
brüten etwa 20
Küstenvogelarten*

*Die höchsten
Revierpaardichten
von Austern-
fischer und Rot-
schenkel sind auf
unbeweideten
Flächen zu finden*

*Abb. 83
Lachmöwen und
Austernfischer sind
zahlenmäßig die
häufigsten Brut-
vögel in den
Vorländern
(HÄLTERLEIN
1996).*

**Dominanzverhältnisse der Küstenvögel
in Vorländern**

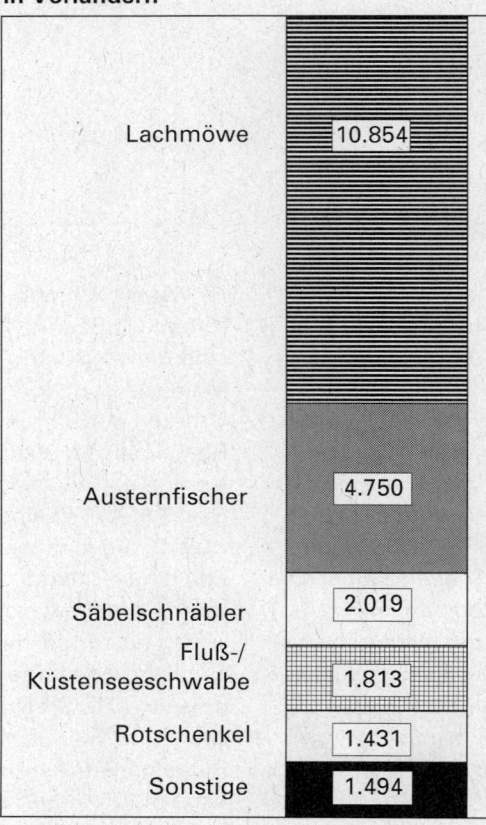

Lachmöwe	10.854
Austernfischer	4.750
Säbelschnäbler	2.019
Fluß-/ Küstenseeschwalbe	1.813
Rotschenkel	1.431
Sonstige	1.494

dienen, nimmt bei niedriger Vegetations-
höhe ab. Die „ideale" Salzwiese für
Brutvögel setzt sich demnach aus einem
Mosaik aus Kraut- und Graspflanzen in
unterschiedlicher Höhe zusammen (z. B.
SCHULTZ 1987, HÄLTERLEIN 1996).

Abbildung 84 gibt den Verlauf des Brutbestandes von Vögeln in Salzwiesen im
Vergleich zu anderen Gebieten seit 1983
wieder. Es zeigt sich, daß die Extensivierung großer Teile der Salzwiese überwiegend positive Folgen für den Brutbestand gehabt hat. Kiebitz (*Vanellus
vanellus*) und Rotschenkel weisen im
Vergleich zu den anderen Brutgebieten
einen positiven Trend in der Salzwiese
auf. Ein negativer Trend der Brutpaare,
wie bei Säbelschnäbler sowie Fluß-
(*Sterna hirundo*) und Küstenseeschwalben
(*Sterna paradisaea*), korreliert mit dem
Trend, der auch für andere Brutgebiete
festgestellt worden ist (HÄLTERLEIN
1996), und ist offensichtlich auf andere
Ursachen als die Extensivierung zurückzuführen.

3.4 Speicherköge

Bis zum Ende der fünfziger Jahre wurden
Salzwiesen und Wattflächen mit dem Ziel
eingedeicht, landwirtschaftliche Nutzflächen zu gewinnen. Seither fand Deichbau
nur noch aus Küstenschutzgründen
(Verkürzung der Deichlinie) und zur
Verbesserung der Vorflutfunktion (Schaffung von Speichervolumen) statt (MELFF
1992a). Vor diesem Hintergrund sind die
sogenannten Speicherköge entstanden,
zum Teil großräumige Feuchtgebiete, die
auf natürliche Weise an der Küste nicht
entstanden wären.

*„Naturschutz-
Köge" haben
internationale
Bedeutung als
Rastgebiete für
Zugvögel*

Die Eindeichung eines Gebietes, das zuvor
dem Gezeiteneinfluß ausgesetzt war,
bringt tiefgreifende Veränderungen des
Ökosystems mit sich. Durch den Ausfall
regelmäßiger Überflutung mit Meerwasser und durch Aussüßung verändern sich
die Lebensbedingungen für Pflanzen und
Tieren in gravierender Weise.

Die in der jüngsten Zeit im Zuge von
Deichbaumaßnahmen geschaffenen
Speicherbecken sind in Tabelle 16 kurz
charakterisiert, ihre Lage ist Abbildung 85
zu entnehmen. Die meisten von ihnen
wurden nachträglich zu Naturschutzgebieten erklärt. Vor allem die „Naturschutz-
Köge" haben internationale Bedeutung als
Rastgebiete für Zugvögel des ost-

atlantischen Zugweges. Durch gezieltes
Habitatmanagement wurde in einigen
Fällen versucht, den Lebensraum struktur-
reicher und damit für ein breites Spektrum
von Arten mit unterschiedlichen ökologischen Ansprüchen attraktiv zu gestalten.
Sowohl im Nordteil des Beltringharder
Kooges als auch im Rickelsbüller Koog
findet ein Management hinsichtlich
Wasserführung und Beweidung statt.
Durch das Überstauen von Grünlandflächen im Winter, Wasserstands-
regulierung im Frühjahr und extensive
Beweidung im Sommer entstehen Feuchtwiesen, die zahlreichen Wiesenvögeln
geeignete Brutplätze bieten. Das angestrebte und unter günstigen Witterungsbedingungen ganzjährig verfügbare
Nahrungsangebot für Enten und Gänse
bindet diese an die in den Kögen vorhandenen Äsungsflächen. Die unbeweideten
Flächen im Südteil des Beltringharder
Kooges werden dagegen von einigen
Arten wie z.B. Pfeifenten und Nonnengänsen gemieden.

In den Speicherkögen sind verschiedene
Habitate zu unterscheiden: terrestrische
und semiterrestrische Lebensräume (z.B.
Süß- bzw. Salzwiesen), aquatische Systeme wie Süß-, Brack- und Salzwasserseen
und sogenannte Ersatzwatten mit
wattenmeerähnlichem Tideregime (z.B.
das Salzwasserbiotop im Beltringharder
Koog und das Kronenloch im
Speicherkoog Dithmarschen).

V

Eingedeichtes Gebiet	Jahr(e) der Entstehung	Fläche (ha)	Aquatische Lebensräume	Schutzstatus Nutzung
Rantumbecken	1938	570	1 Süß-/Brackwassersee (1982), Salzwasserbiotop, 1 Klärteich, 1 Süßwassersee	Naturschutzgebiet (1962) Aalreusen, Schilfmahd
Rickelsbüller Koog	1981/1982	534	Brackwassersee (ca. 60 ha), 2 Brackgewässer (je 6 ha), Feuchtgrünland (470 ha)	Naturschutzgebiet (1982) Extensive Pflegebeweidung
Vordeichung Fahretoft	1988	51	1 aussüßender Brackwassersee	Kein Schutzstatus (als NSG vorgeschlagen) Keine Nutzung
Hauke-Haien-Koog	1958/1959	700	3 Süßwasserseen, über Siele verbunden (559 ha)	Seevogelschutzgebiet (1967), als NSG vorgeschlagen, extensive Weidewirtschaft, Schilfmahd
Vordeichung Ockholm	1990	ca. 55	Wasserflächen (37 ha)	Kein Schutzstatus (als NSG vorgeschlagen) Keine Nutzung
Beltringharder Koog (Nordstrander Bucht)	1982-1987	3350	2 Brackwasserseen (309/289 ha), 2 Süß-/Brackgewässer (70 ha), 2 Speicherbecken (46/534 ha), Salzwasserbiotop (853 ha), Feuchtgrünland (320 ha), „Feuchtsukzession" (750 ha)	Naturschutzgebiet (1992) Extensive Pflegebeweidung zur Erhaltung von Feuchtgrünland
Speicherbecken Finkhaushalligkoog	1965-1967	30	2 Spül- bzw. Speicherbecken	Kein Schutzstatus Wasserwirtschaftliche Nutzung
Westerspätinge	1967	27	Röhrichtbestandener Brackwasserteich, Wasserflächen (3 ha)	Naturschutzgebiet (1978)
Speicherbecken Tetenbüllspieker	1968-1970	14	1 Speicherbecken	Kein Schutzstatus Wasserwirtschaftliche Nutzung
Katinger Watt	1968-1973	1273	Feuchtgebiete (392 ha), Wasserflächen (118 ha)	z.T. Naturschutzgebiet (1989), Wald- und Agrarflächen, Fremdenverkehrsvorbehalt-Flächen
Speicherkoog Dithmarschen (Meldorfer Bucht)	1969-1987	4800	Süßgewässer (253 ha), Speicherbecken (195 ha), Salzwasserbiotop (532 ha), Hafenanlage (35 ha), Ackerflächen	2 Naturschutzgebiete (1985) Landwirtschaft, extensive Weidewirtschaft, wehrtechnisches Erprobungsgelände, z.T. Surfen und Baden

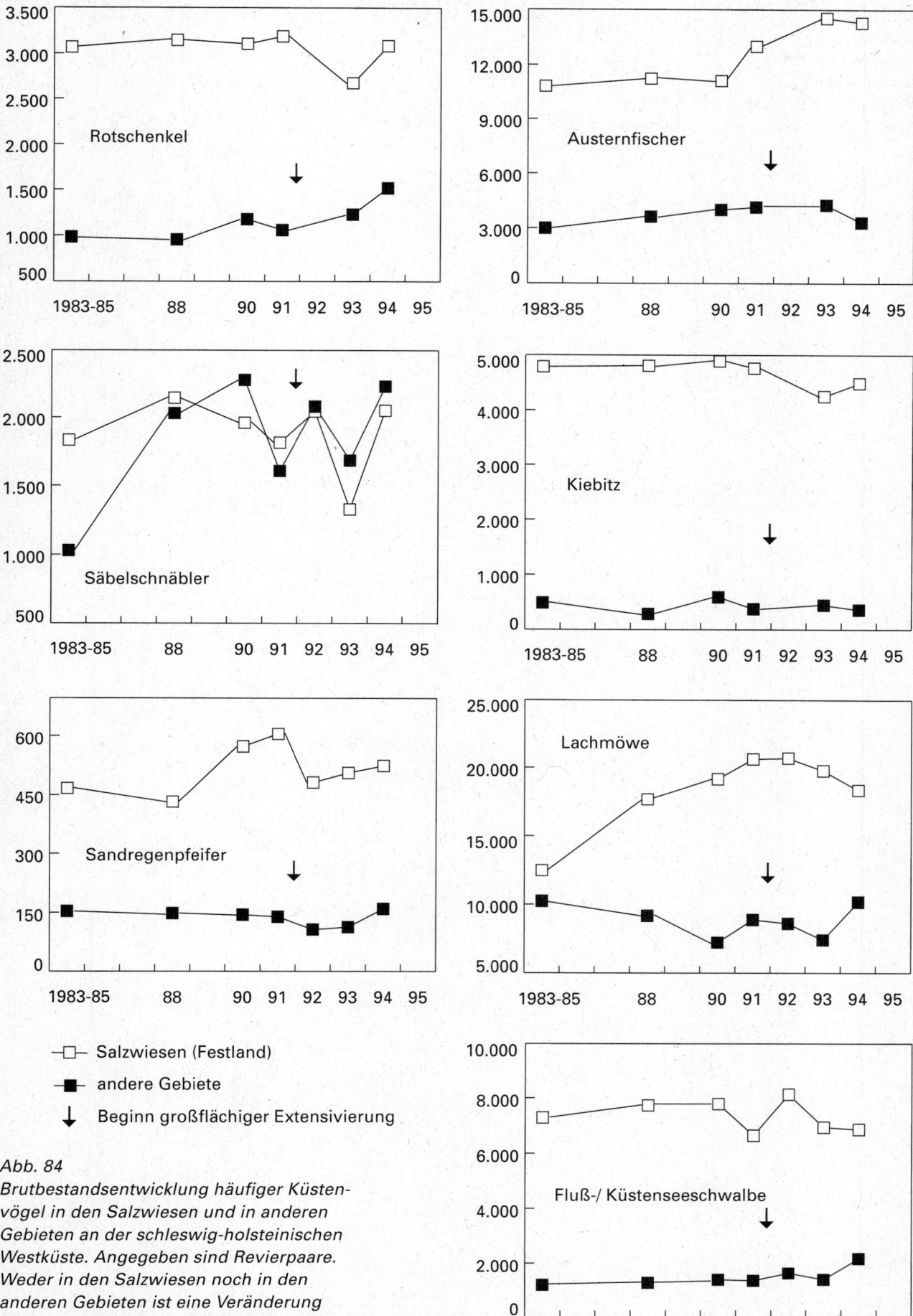

V

Salzwiesen (Festland)

andere Gebiete

↓ Beginn großflächiger Extensivierung

Abb. 84
Brutbestandsentwicklung häufiger Küsten-
vögel in den Salzwiesen und in anderen
Gebieten an der schleswig-holsteinischen
Westküste. Angegeben sind Revierpaare.
Weder in den Salzwiesen noch in den
anderen Gebieten ist eine Veränderung
der Bestandsdichte in Abhängigkeit vom
Zeitpunkt großflächiger Extensivierungs-
maßnahmen in den Salzwiesen ersichtlich
(HÄLTERLEIN, 1996)

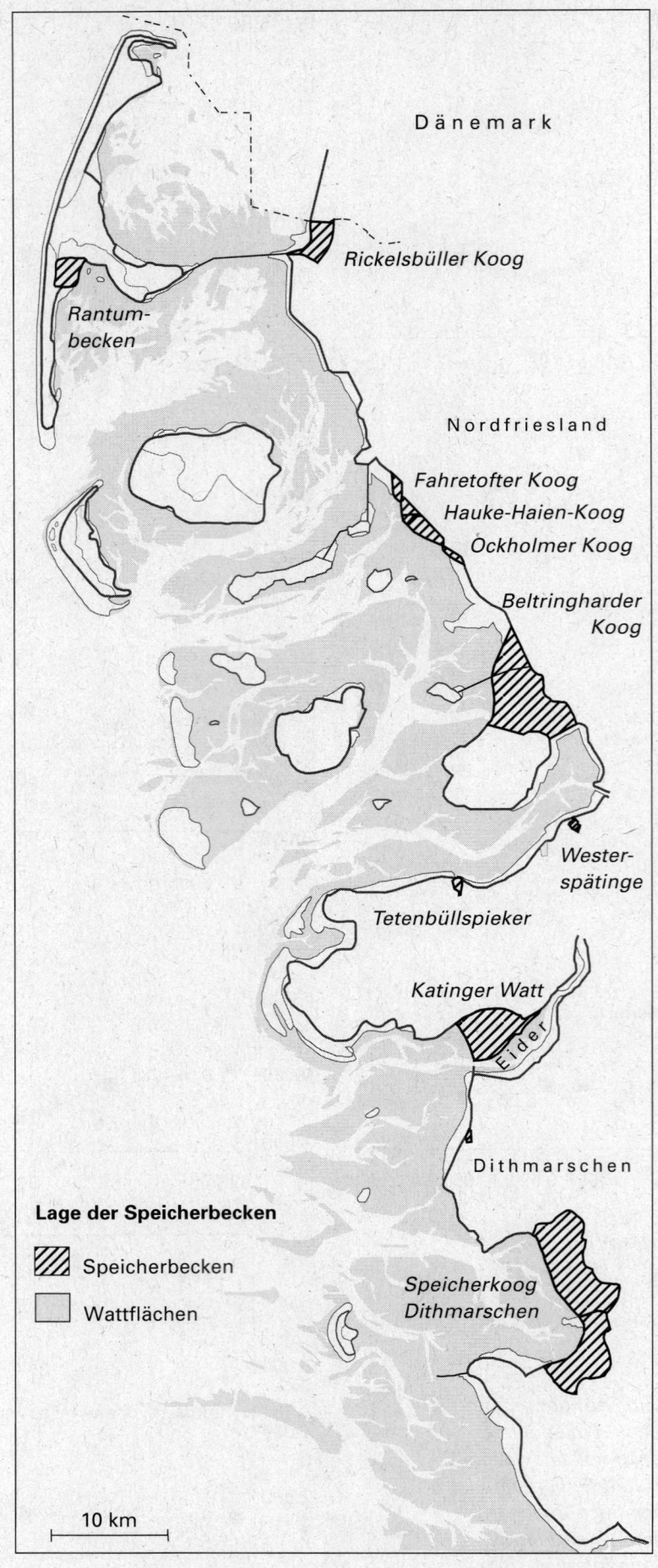

Abb. 85
Lage der
Speicherköge an
der schleswig-
holsteinischen
Westküste.

3.4.1 Plankton der Speicherköge

Nährstoffeinträge aus landwirtschaftlichen Flächen begünstigen die Massenentwicklung von Kleinalgen

In Rahmen von Planktonuntersuchungen in den Brackwasserbecken des Beltringharder Koogs und des Dithmarscher Speicherkoogs (AGATHA et al. 1994) wurden rund 490 Planktonarten bzw. -formen erfaßt. Zeitweise traten, begünstigt durch hohe Nährstoffeinträge aus den benachbarten, landwirtschaftlich genutzten Flächen, Massenentwicklungen von Kleinalgen auf (Abb. 86). Die dabei erreichten Zellzahlen gehören zu den höchsten Phytoplanktondichten, die bisher weltweit in salzhaltigem Wasser beobachtet wurden. Darunter befanden sich keine potentiell toxischen Arten. Zwar gibt es je nach hydrographischer Situation sowohl Einträge von Wattenmeerphytoplankton in die Speicherbecken als auch einen Austrag von Plankton, jedoch wurden keine Hinweise auf von den Koogbecken ausgehende Massenentwicklungen im Wattenmeer gefunden. Für Dauerstadien von Dinoflagellaten stellen die Becken eine Senke dar.

Vergleiche der Artenzusammensetzung des Zooplanktons im Salzwasserbiotop nach dem Beginn des regelmäßigen Tidenbetriebes mit Proben aus dem vorgelagerten Wattenmeer zeigten keine wesentlichen Unterschiede (AGATHA et al. 1994).

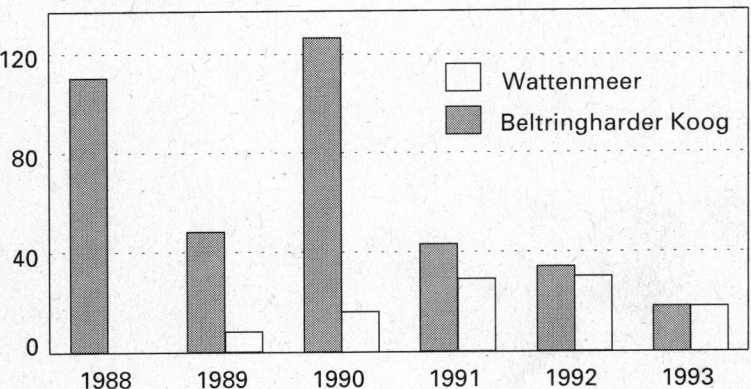

Jahresmittelwerte der Makrozoobenthos-Biomasse
(g AFTG / m^2)

*Abb. 86
Makrozoobenthos-Biomasse (g Aschefreies Trockengewicht AFTG/m²)
im Eulitoral des Salzwasserbiotops im Beltringharder Koog im Vergleich zum angrenzenden Wattenmeer (HAGGE 1994).*

3.4.2 Vegetation

Mehrjährige Vegetationskartierungen im Beltringharder Koog (NEUHAUS & GREIN 1993) dokumentieren beispielhaft die potentielle Sukzession der Pflanzengesellschaften. Auf ursprünglich mit Queller oder Schlickgras bewachsenem Watt entwickeln sich Andelbestände, die von Wiesengräsern und Weidenröschen, dann von hochwüchsigen Gräsern und schließlich von Weiden-Gebüschen mit Erlen und Eschen abgelöst werden. Rotschwingelrasen gehen über ein Zwischenstadium mit Kratzdistel-Beständen in Weidelgras-Weißklee-Weide/Straußgras-Rasen über.

Im Rickelsbüller Koog ist der Bestand an Salzwiesenpflanzen nach der Eindeichung deutlich zurückgegangen, während sich die Süßvegetation in starker Ausbreitung befindet und fast flächendeckend vorhanden ist.

3.4.3 Insekten und Spinnen

Ökologische Begleituntersuchungen zu den Küstenschutzmaßnahmen in der Nordstrander Bucht zeigen, daß nur im Bereich des Salzwasserbiotopes des Beltringharder Kooges das Arteninventar der Laufkäfer, Uferwanzen und Spinnen noch eine weitgehend salzwiesentypische Zusammensetzung aufweist (ABRAHAM et al. 1994). In den übrigen Gebieten des Kooges ist diese Gemeinschaft durch andere, überwiegend euryöke Arten verdrängt worden. Unter den phytophagen Käfern sind einige Arten mit dem Rückgang ihrer Wirtspflanzen bereits nach kurzer Zeit völlig verschwunden (ABRAHAM & VIDAL 1992).

3.4.4 Wirbeltiere

Untersuchungen der Fischfauna in den Kögen an der Westküste Schleswig-Holsteins (HINZ 1994) zufolge weisen das Rantumbecken, das Kronenloch des Dithmarscher Speicherkooges und der Salzwasserbiotop im Beltringharder Koog durch eine relativ gute Verbindung zum Wattenmeer eine wattenmeerähnliche Zusammensetzung der Fischfauna auf. In diesen Salzwasserbereichen wird auch die höchste Artenzahl im Vergleich zu den Gewässern mit geringerem Salzgehalt erreicht. In den Brackwasserbiotopen ermöglichen abiotische Faktoren wie niedrige Salinität, hohe Nährstoffbelastung, hohe pH-Werte und extreme Sauerstoffschwankungen nur wenigen widerstandsfähigen Fischarten wie Aal und Stichling langfristige Überlebens–bedingungen. Die Süßwasserspeicherbecken sind durch limnische und süßwassertolerante Arten geprägt.

Die Speicherbecken stellen überaus attraktive Lebensräume für rastende Küstenvögel dar. Im schleswig-holsteinischen Wattenmeerbereich wird in diesen Gebieten die höchste Artenvielfalt von Rastvögeln erreicht (Tab. 17). Der Bestand umfaßt sowohl typische Wattenmeerarten als auch Arten binnenländischer Feuchtgebiete (RÖSNER 1994a, b).

Die Auswertung der Vogelwartberichte von 1971 bis 1984 für den Hauke-Haien-Koog (SCHMIDT-MOSER 1986) liefert eine ausführliche Beschreibung dieses Gebietes und seines Tierbestandes. Der Koog ist als Feuchtgebiet von internationaler Bedeutung einzustufen, z.B. traten 1980 sechs Wasservogelarten (Zwergschwan, Graugans, Pfeifente, Krickente, Säbelschnäbler, Dunkler Wasserläufer) mit mehr als 1 % ihrer biogeographischen Population (1 %-Kriterium gemäß Ramsar-Konvention) dort auf. Insgesamt wurden dort 233 Vogelarten registriert. Von den 43 regelmäßig dort brütenden Arten stehen

14 auf der Roten Liste für Schleswig-Holstein. Darüberhinaus wurde eine Reihe von Säugetierarten, vier Amphibien- sowie diverse Insektenarten (u.a. neun Kleinlibellen und zehn Großlibellen) erfaßt.

Die Vogelwelt des Beltringharder Kooges wurde von HÖTKER & KÖLSCH (1993) detailliert beschrieben. Danach ist die ehemalige Nordstrander Bucht als Hochwasserrastgebiet und als Schlafplatz für Vögel von großer Bedeutung. Da jedoch mit der Eindeichung ein Verlust von Wattflächen einherging und auf den vom Wattenmeer abgeschnittenen Flächen die Zoobenthosbiomasse abnahm, existieren dort für benthosfressende Watvögel kaum noch geeignete Nahrungsflächen. Die Bedeutung des Gebietes hat daher für typische Wattenmeervögel seit der Eindeichung deutlich abgenommen. Allerdings förderte das wattenmeer-ähnliche Tidemanagement im Salzwasserbiotop eine sukzessive Wiederbesiedlung mit Makrozoobenthos (HAGGE 1994). Nach HÖTKER & KÖLSCH (1993) flogen im Beltringharder Koog 43 % aller gezählten Vögel regelmäßig zum Nahrungserwerb in andere Gebiete (Abb. 87), wobei die ökologische Vernetzung zwischen Koog und Wattenmeer stärker ist als die zwischen Koog und Binnenland. Eine weitere Auswirkung von Eindeichungen ist in typischen Bestandsveränderungen zu

Die Bedeutung des Beltringharder Kooges für Wattenmeervögel hat seit der Eindeichung deutlich abgenommen

Abb. 87 Anteile der im Koog rastenden Vögel, die täglich das Wattenmeer (schwarze Pfeile) bzw. das Binnenland (graue Pfeile) aufsuchen (HÖTKER & KÖLSCH 1993).

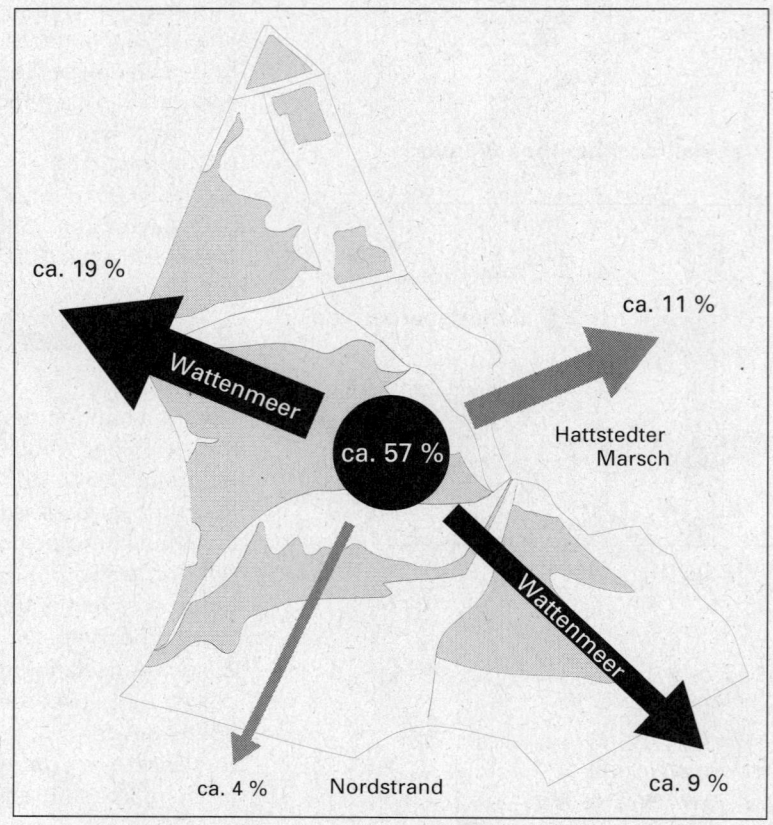

Tab. 17: Rastvogel-
arten in Kögen und
Speicherbecken
(RÖSNER 1994a,
b). * Ramsararten =
Arten, die zu mind.
einem Zeitpunkt
mit mind. 1 % des
Gesamtbestandes
bzw. der Fly-way-
Population in dem
jeweiligen Zähl-
gebiet anwesend
waren. **Fettge-
druckt:** Arten, die
bei mind. 10 %
aller Zählungen im
jeweiligen Zähl-
gebiet in internatio-
nal bedeutsamen
Zahlen auftreten,
oder bei denen der
1 %-Wert im Mittel
um den Faktor 2
und im Maximalfall
um den Faktor 5
überschritten wird.

Gebiet	Ramsararten* Rastvögel	5 häufigste Rastvogelarten	Mittlere Artenzahl
Rantumbecken	Brandente, Pfeifente, Krickente, Spießente, Löffelente, Knutt, Säbelschnäbler, Alpenstrandläufer, Pfuhlschnepfe, Grünschenkel	Alpenstrandläufer, Pfuhlschnepfe, Knutt, Pfeifente, Lachmöwe	29
Rickelsbüller Koog	*Nonnengans*, Ringelgans, Brandente, *Pfeifente*, Krickente, *Spießente, Löffelente*, Säbelschnäbler, Goldregenpfeifer	Pfeifente, Alpenstrandläufer, Stockente, Krickente, Goldregenpfeifer	27
Vordeichung Fahretoft	–	Pfeifente, Austernfischer, Lachmöwe, Alpenstrandläufer, Stockente	15
Hauke-Haien-Koog	Brandente, Pfeifente, Dunkler Wasserläufer	Stockente, Pfeifente, Brandente, Alpenstrandläufer, Austernfischer	24 12 18
Vordeichung Ockholm	–	Austernfischer, Säbelschnäbler, Lachmöwe, Löffelente, Kiebitz	4
Beltringharder Koog (Nordstrander Bucht)	*Nonnengans*, Brandente, *Pfeifente*, Krickente, Spießente, Löffelente, Austernfischer, *Säbelschnäbler*, Kiebitzregenpfeifer, Alpenstrandläufer, Großer Brachvogel	Pfeifente, Alpenstrandläufer, Austernfischer, Stockente, Nonnengans	50
Speicherbecken Finkhaushalligkoog	(Dunkler Wasserläufer?)	Alpenstrandläufer, Lachmöwe, Kiebitz, Pfeifente, Austernfischer	10
Westerspätinge	–	Lachmöwe, Stockente, Dunkler Wasserläufer, Krickente, Großer Brachvogel	5
Speicherbecken Tetenbüllspieker	Knutt, Alpenstrandläufer, (Dunkler Wasserläufer?)	Alpenstrandläufer, Knutt, Pfeifente, Pfuhlschnepfe, Sturmmöwe	14
Katinger Watt	*Nonnengans*	Nonnengans, Pfuhlschnepfe, Alpenstrandläufer, Stockente, Pfeifente	24
Speicherkoog Dithmarschen-Nord (Meldorfer Bucht)	*Nonnengans, Pfeifente*, Kiebitzregenpfeifer, Großer Brachvogel	Pfeifente, Austernfischer, Stockente, Großer Brachvogel, Nonnengans	26
Speicherkoog Dithmarschen-Süd (Meldorfer Bucht)	*Nonnengans*, Löffelente	Nonnengans, Pfeifente, Austernfischer, Alpenstrandläufer, Stockente	19

V

sehen, die sich im Beltringharder Koog ebenso wie im Dithmarscher Speicherkoog (GLOE 1989) in einer Zunahme von fischfressenden und pflanzenfressenden Vogelarten zeigten.

Auch im Rickelsbüller Koog ging nach dem Deichbau die Biomasseproduktion des Zoobenthos zurück (um 80 bis 85 %), entsprechend nahm der Anteil von Watvögeln am Gesamtvogelbestand von 64 % (1980) auf 31 % (1985) ab (PETERSEN 1987). Langfristig sind die Bestände und die Artenzusammensetzung der Wat- und Wasservögel sehr stark abhängig vom Beweidungsmanagement, vom Wasserstand und - soweit keine Bewässerung möglich ist - vom Niederschlag. Bei sehr hohen Wasserständen steigen die Bestände deutlich an (z.B. 1992 durchschnittlich 21.000 Vögel/Tag), und die Watvögel erreichen einen Anteil von bis zu 40 % des Gesamtbestandes. In trockenen Jahren gehen die Bestände zurück (z. B. 1993 durchschnittlich 13.300 Vögel/Tag), und der Anteil der Watvögel sinkt auf unter 20 % ab (ANDRESEN 1994). Es dominieren die überwiegend im Binnenland vorkommenden Watvogelarten wie Kiebitz, Goldregenpfeifer, Uferschnepfe und Kampfläufer, während Wattenmeerarten bevorzugt bei Sturmflutwasserständen den Koog zur Rast aufsuchen.

In anderen eingedeichten Gebieten (Margrethekoog: LAURSEN 1986, Hauke-Haien-Koog: SCHMIDT-MOSER 1986, Lauwersmeer: PROP & VAN EERDEN 1981) verlief die Entwicklung der Vogelbestände ähnlich: Es fand eine Verschiebung von Vogelarten der Küstengewässer zu Arten, die eher typisch für binnenländische Feuchtgebiete sind, statt. Die Bedeutung der Gebiete als Nahrungsgebiet für rastende Watvögel ging zurück, wobei ihre Funktion als Hochwasserrastplatz jedoch erhalten blieb (HÖTKER & KÖLSCH 1993).

Die Bedeutung der Speicherköge als Bruthabitat ist in Abbildung 88 exemplarisch anhand der Populationsentwicklung des Säbelschnäblers dargestellt (BEHM-BERKELMANN & HECKENROTH 1991, HÄLTERLEIN 1996). Jeweils wenige Jahre nach der Eindeichung einer Wattfläche stieg die Zahl der Brutpaare an. Die Zahl fällt nach ein bis zwei Jahrzehnten im jeweiligen Gebiet wieder ab, da die Eignung als Säbelschnäbler-Bruthabitat - bevorzugt werden Flächen ohne oder mit niedriger Vegetation (FLEET et al. 1994) - infolge der natürlichen Vegetationssukzession abnimmt.

Ungeachtet der Eignung der Speicherköge als Bruthabitat ist deren Bedeutung für die Jungenaufzucht gering. Säbelschnäblerfamilien wandern daher regelmäßig mit ihren Jungvögeln aus den Speicherkögen aus. Im Vergleich zu unbedeichten Brutgebieten ist ihr Fortpflanzungserfolg herabgesetzt.

Der Anteil der in den binnendeichs gelegenen Feuchtgebieten brütenden Vogelarten wurde mit denen der übrigen Zählgebiete im Wattenmeerbereich verglichen (Abb. 89). Besonders für Kampfläufer (56 % der gezählten Brutpaare), Uferschnepfe (55 %), Kiebitz (46 %), Seeregenpfeifer (43 %), Sandregenpfeifer (38 %), Säbelschnäbler (31 %), Bekassine (28 %) und Brandente (26 %) sind die Speicherbecken als Bruthabitate von herausragender Bedeutung. Der relativ hohe Prozentsatz des Brutbestandes in den Speicherkögen ist bei einigen Arten aber darauf zurückzuführen, daß die

Abb. 88 Populationsentwicklung des Säbelschnäblers im niedersächsischen und schleswigholsteinischen Wattenmeer sowie in einigen Kögen in Schleswig-Holstein (FLEET et al. 1994, verändert).

Populationsentwicklung des Säbelschnäblers (Revierpaare)

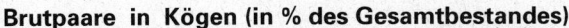

Brutpaare in Kögen (in % des Gesamtbestandes)

*Abb. 89
Kampfläufer, Ufer-
schnepfe, Kiebitz
und Seeregen-
pfeifer brüten mit
über 50 % ihres
Gesamtbestandes
des Wattenmeer-
bere ches in Kögen
und an Speicher-
becken
(HÄLTERLEIN 1996,
verändert).*

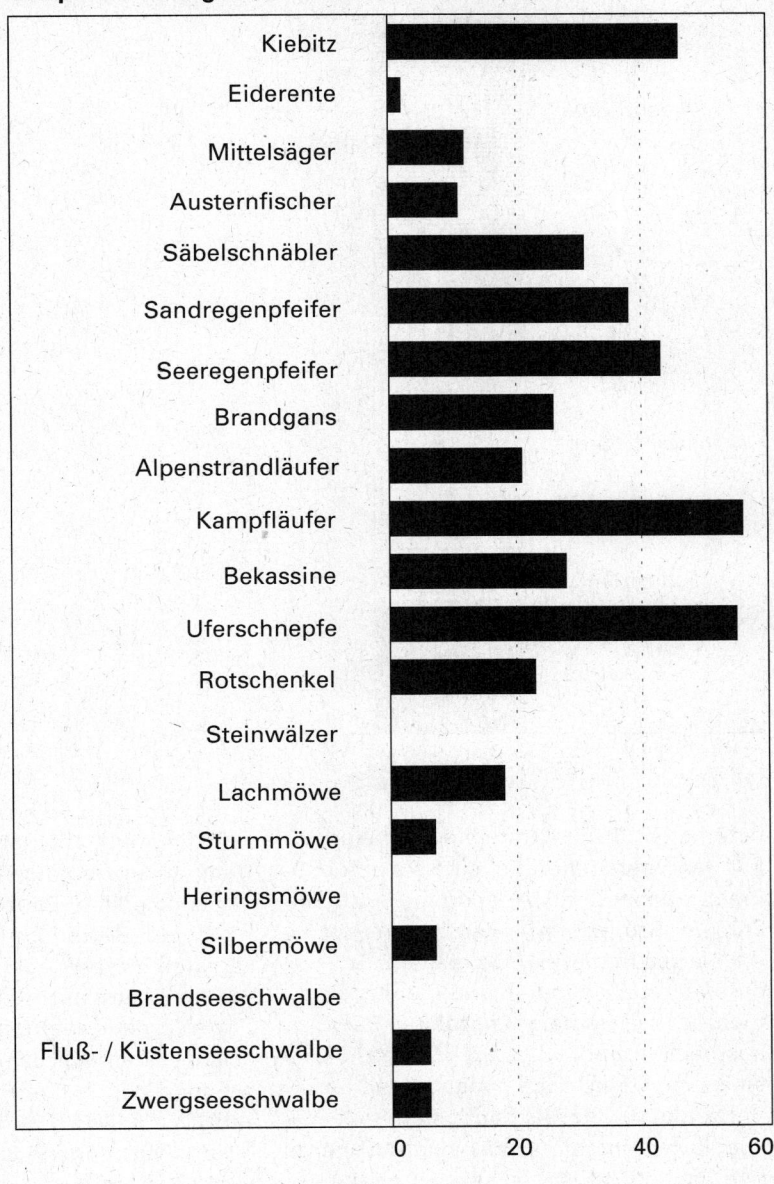

V

167

Abb. 90
Lachmöwe, Kiebitz
und Austernfischer
sind die häufigsten
Brutvögel in den
Kögen und an
Speicherbecken
der Wattküste
(HÄLTERLEIN
1996).

Häufige Brutpaare in Kögen

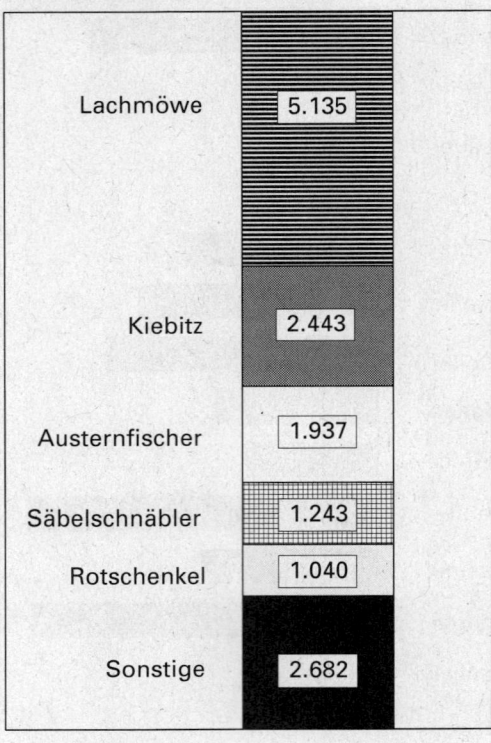

natürlichen Bruthabitate blockiert sind. Für den Seeregenpfeifer sind sie eindeutig Ersatzlebensräume. Abbildung 90 gibt die Zahl der Brutpaare der häufigsten Brutvogelarten in diesen Gebieten an. Es dominieren Lachmöwe und Kiebitz, die mehr als die Hälfte der gezählten Paare ausmachen. Tab. 18 gibt gesondert für die einzelnen Gebiete die bedeutenden Bestände, die jeweils häufigsten Brutvogelarten und die Artenzahl an, wobei zu berücksichtigen ist, daß diese Angaben auch durch die Größe des jeweiligen Gebietes beeinflußt werden. Arten internationaler Bedeutung, die in einem Teilgebiet mit mehr als 1 % des nordwesteuropäischen Bestandes brüten, sind Säbelschnäbler und Seeregenpfeifer im Dithmarscher Speicherkoog, im Rickelsbüller Koog und im Beltringharder Koog.

Im Beltringharder Koog und Rickelsbüller Koog halten sich etwa 36 % der Pfeifenten des schleswig-holsteinischen Wattenmeeres auf

Hervorzuheben ist die Bedeutung insbesondere des Rickelsbüller und des Beltringharder Kooges für Pfeifenten. In diesen beiden Kögen halten sich etwa 36 % der Pfeifenten des schleswig-holsteinischen Wattenmeeres auf (BRUNCKHORST & RÖSNER 1994). Durch die Eindeichung wurden diese Gebiete in Habitate umgewandelt, die – zumindest zeitweise – für diese Entenart besonders geeignet sind. Die Präferenz der Pfeifenten für die wasserreichen Köge wird mit den relativ geringen menschlichen Störungen

(Betretungs- und Jagdverbote) und der engen Verzahnung von Land- und Wasserflächen erklärt. Schätzungsweise 10 bis 20 % der Bestandszunahme seit dem Beginn der achtziger Jahre sind auf die Eindeichung des Rodenäs-Vorlandes und der Nordstrander Bucht zurückzuführen, hauptverantwortlich sind jedoch die milden Winter der vergangenen Jahre (BRUNCKHORST & RÖSNER 1994). Die damit verbundene Zunahme der Fraßschäden auf landwirtschaftlich genutzten Flächen wird in Kap. IX.1 diskutiert.

Tab. 18: Brutvogelarten in Kögen und Speicherbecken (HÄLTERLEIN 1994). * = Arten, die im Gesamtgebiet des Schleswig-Holsteinischen Wattenmeeres mindestens 1% der nordwest-europäischen Brutpopulation erreichen und die im jeweiligen Teilgebiet mit mehr als 2 % des Schleswig-Holsteinischen Westküstenbestandes vorkommen. **Fettgedruckt:** Arten internationaler Bedeutung, die allein in einem Teilgebiet mit mehr als 1 % des nordwest-europäischen Bestandes brüten. ** = Dominante Arten mit mehr als 5% Anteil am Gesamtbestand des jeweiligen Gebietes.

Gebiet	Bedeutende Bestände*	Häufigste Brutvogelarten**	Brutvogel-artenzahl
Rantumbecken	Lachmöwe	Lachmöwe, Sturmmöwe, Fluß-/Küstensee-schwalbe	12
Rickelsbüller Koog	Sandregenpfeifer, *Säbelschnäbler*, *Seer egenpfeifer*, Lachmöwe	Lachmöwe, Kiebitz, Säbelschnäbler, Austernfischer, Fluß-/Küstensee-schwalbe, Rotschenkel	19
Vordeichung Fahretoft	Säbelschnäbler (jahrweise internationale Bedeutung)	Lachmöwe, Säbelschnäbler, Austernfischer	9
Hauke-Haien-Koog	Zwergseeschwalbe	Kiebitz, Austern-fischer, Lachmöwe, Rotschenkel, Säbelschnäbler, Bekassine	16
Vordeichung Ockholm	–	Lachmöwe, Säbelschnäbler, Austernfischer	6
Beltringharder Koog (Nordstrander Bucht)	Sandregenpfeifer, *Säbelschnäbler*, *Seer egenpfeifer*, Zwergseeschwalbe (jahrweise internationale Bedeutung)	Kiebitz, Austernfischer, Lachmöwe, Säbelschnäbler, Rotschenkel, Seeregenpfeifer	18
Speicherbecken Finkhaushalligkoog	als Brutgebiet keine Bedeutung	–	–
Westerspätinge	–	Lachmöwe	6
Speicherbecken Tetenbüllspieker	–	(1993: 1 Paar Seeregenpfeifer, 4 Paare Sand-regenpfeifer)	(2)
Katinger Watt	–	Lachmöwe, Austernfischer, Kiebitz, Rotschenkel, Silbermöwe, Küstenseeschwalbe	15
Speicherkoog	Sandregenpfeifer	Lachmöwe, Kiebitz	18
Dithmarschen-Nord (Meldorfer Bucht)	*Säbelschnäbler*, *Seeregenpfeifer* Fluß-/Küstensee-schwalbe	Austernfischer, Silbermöwe, Rotschenkel	
Speicherkoog Dithmarschen-Süd (Meldorfer Bucht)	Sandregenpfeifer, *Seeregenpfeifer*	Kiebitz, Austern-fischer, Rotschenkel, Uferschnepfe, Brandgans	14

3.5 Küstennahe Marschgebiete, Marschinseln und Halligen

3.5.1 Marschgebiete und Marschinseln

Naturnahe Ökosysteme in der Marsch fehlen heute fast völlig

Hinter den Deichen der Westküste Schleswig-Holsteins liegt ein 5 bis 20 km breiter, ebener und baumarmer Marschgürtel. Trotz des einheitlichen Erscheinungsbildes ist die Marsch keineswegs gleichartig. Marine (Seemarsch) und limnische (Flußmarsch) Sedimentationsprozesse haben für eine mosaikartige Verteilung der verschiedenen Korngrößen im Boden gesorgt. Auch der anstehende Untergrund, auf den sedimentiert wurde, spielt eine wesentliche Rolle für die weitere Entwicklung.

Während, grob betrachtet, im nordfriesischen Raum Marschbildung über moorigen Flächen stattfand, bildeten im Dithmarscher Raum alluviale Sande die Grundlage, auf der die Marschentwicklung einsetzte. Die „Reifung der Marsch" (SCHEFFER & SCHACHTSCHABEL 1984) führt dazu, daß die küstenferneren Altmarschen tiefer liegen als die Jungmarschen. Die Marschen über moorigen Gebieten sind dabei von Setzungen besonders betroffen. Nur ein ausgedehntes Entwässerungssystem macht daher eine landwirtschaftliche Nutzung möglich.

Die Halbinsel Eiderstedt bietet Platz für eine charakteristische Tier- und Pflanzenwelt einer historischen Kulturlandschaft

Für die Marscheninseln Pellworm und Nordstrand (letztere ist allerdings nach dem Dammbau und der Einrichtung des Beltringharder Kooges keine Insel mehr) gelten prinzipiell ähnliche physisch-geographische Voraussetzungen. Etwas andere Bedingungen prägen die ebenfalls als Marsch anzusprechenden Halligen (vergl. Kap V 3.5.2).

Die Geschichte der Marschentwicklung ist wesentlich von Überflutungen und Wechselbeziehungen zwischen Süß- und Salzwasser abhängig, zahlreiche Relikte kleinerer und größerer Gewässersysteme belegen das ursprünglich marine bzw. semiterrestrische Milieu. Die mit der Jahrtausendwende begonnenen Küstensicherungsmaßnahmen haben die Marsch auch ökologisch vom Meer getrennt.

Daneben hat die mit der Küstensicherung einhergehende Kultivierung dazu geführt, daß sich die Kulturlandschaft Marsch besonders weit vom natürlichen Ökosystemzustand entfernt hat. Ausgedehnte Eschen-Ulmen-Wälder und in den feuchten Senken Eschen-Erlen-Bruchwälder sind die potentiell natürliche Situation in diesem Gelände, der Waldanteil liegt jedoch heute nur bei 0,4 % (HEYDEMANN & MÜLLER-KARCH 1980). Naturnahe Ökosysteme liegen in der Marsch nur noch vereinzelt als Hochstaudenfluren an Grabensystemen, als süße Feuchtwiesen und vor dem Deich als Salzwiesen vor (HEYDEMANN & MÜLLER-KARCH 1980).

Ökologisch bedeutsam sind die zahlreichen Tümpel und Gräben vorwiegend der alten Köge. Sie sind Schwerpunktlebensraum von Amphibien, u.a. für die gefährdeten Arten Moorfrosch und Kleiner Wasserfrosch (HILDEBRANDT et al. 1993). Sie bilden Ausgangspunkte für die Biotopverbundplanung, die auf landesweiter Ebene ein vernetztes System aus naturraumtypischen Komplexlandschaften schaffen soll (vergl. Kap. II 4.4.3).

Ein großflächiges Landschaftsschutzgebiet wurde für die Halbinsel Eiderstedt vorgeschlagen (HIILDEBRANDT et al. 1993). Sie bildet mit ihren zahlreichen Kleingewässern, die zum Teil auf das ehemalige unregelmäßige Vorlandprielsystem zurückgehen, und den extensiv genutzten alten Deichen und Warften ein Gesamtlebensraumsystem, das Platz für eine charakteristische Tier- und Pflanzenwelt einer historischen Kulturlandschaft bietet. Ähnliches gilt für die Hattstedter Marsch, die vor allem in ihrem Westteil nördlich und südlich der Arlau ebenfalls zahlreiche alte Strukturelemente aufweist. In Verbindung mit der Eider-Treene-Sorge-Niederung könnte hier eine der Hauptverbundachsen der Biotopvernetzung entstehen. Sie könnte als Ausbreitungszentrum für die Wiederbesiedlung verarmter Lebensräume wirken und so zu einer Verknüpfung der verschiedenen Naturraumtypen vom Wattenmeer bis ins Binnenland führen (HILDEBRANDT et al. 1993).

Rund 80 % der Marschfläche werden landwirtschaftlich genutzt. Davon entfällt beinahe die Hälfte auf Acker-Ökosysteme, die überwiegend in den sehr ertragreichen Jungmarschen liegen (MELFF 1994a). Die Grünlandnutzung verteilt sich auf Weide- und Mahdnutzung, wobei nur etwa 10 % der Fläche als Wiese genutzt werden (HEYDEMANN & MÜLLER-KARCH 1980, vgl. Kap.V 3.3.2).

Die Grünlandgebiete der Marsch ähneln denen des östlichen Hügellandes (SCHEFFER & SCHACHTSCHABEL 1984). Die Artenzusammensetzung von Flora und Fauna ist dabei stark von der Boden-feuchte abhängig. Viele der heute charak-teristische Arten stammen aus anderen Ökosystemen (HEYDEMANN & MÜLLER-KARCH 1980). Die Art der Bewirtschaftung begünstigt lichtliebende und regenerationsfreudige Pflanzen. Intensive Düngung hat dazu geführt, daß sich das Gras-Kraut-Verhältnis auf 85:15 zugunsten der Gräser verschoben hat (KAULE 1986), Magerkeitsanzeiger werden verdrängt. Die Nivellierung der Bodenfeuchte läßt auf Nässe und Feuchtigkeit angewiesene Arten verschwinden (BLAB 1993).

Die Fauna des Grünlandes setzt sich vorwiegend aus mobilen Generalisten zusammen, Arthropoden dominieren (BLAB 1993). Bei Beweidung kann das Arteninventar der Fauna um 80 bis 50 % reduziert werden (HEYDEMANN & MÜL-LER-KARCH 1980). Die geringe Schatten-bildung bevorzugen unter den Wirbello-sen generell wärmeliebendere Arten. Blütenbesucher fehlen weitgehend (HEYDEMANN & MÜLLER-KARCH 1980). Gehäuseschneckenarten werden aufgrund der mechanischen Zerstörung durch Vertritt zurückgedrängt (HEYDEMANN & MÜLLER-KARCH 1980). Die Säugetier-fauna wird dementsprechend von Insek-tenfressern wie Spitzmausarten, Igel und Zwergfledermaus gebildet.

Wechselwirkungen zwischen der Marsch und dem Nationalparkgebiet sind nach wie vor gegeben

Wechselwirkungen zwischen der Marsch und dem Nationalparkgebiet sind nach wie vor gegeben. Am augenscheinlichsten ist dies für die große Anzahl der Vögel, die auf Marschgebiete angewiesen ist (Abb. 91). Einige rastende und überwinternde Vogelarten wie Goldregenpfeifer und Großer Brachvogel treten in großer Individuenzahl auf (THIEME 1986). Enten und Gänse nutzen vielfach das Marsch-gebiet als Nahrungsbiotop während des Winterhalbjahres. So liegt das bedeutend-ste Rastgebiet der Bläßgans im Sieversflether Koog auf Eiderstedt (HILGERLOH & BIERWISCH 1991).

Die Hattstedter Marsch ist ein weiteres bedeutendes Gänsegebiet (RÖSNER mdl. Mitt.). Auch die Pfeifente sucht gerne und in großer Zahl Marschflächen zur Nah-rungssuche auf (ESKILDSEN 1993). Während besonderer Ereignisse (z. B. Sturmflut oder Störungen) sind jedoch auch typische Wattenmeerarten wie die Pfuhlschnepfe auf Rückzugsgebiete in der Marsch angewiesen (PROKOSCH & RÖSNER 1991).

Traditionell sind die küstennahen Marsch-gebiete Schleswig-Holsteins und die Marschen der nordfriesischen Inseln Nahrungsflächen für herbivore Enten und Gänse während der Rast und/oder Über-winterung. Das führt zu Konflikten mit landwirtschaftlichen Interessen. Steigende Überwinterungszahlen insbesondere der Pfeifente (BRUNCKHORST & RÖSNER 1994) und die bedrängte finanzielle Lage der Landwirtschaft (vergl. Kap. VI 3) haben diesen Interessenkonflikt verschärft. Vorwiegend im nordfriesischen Küstenge-biet kommt es zu teilweise erheblichen Fraßschäden auf landwirtschaftlichen Flächen (Abb. 92). Dabei bilden die in der Vergangenheit eingedeichten Köge, z.B. Beltringharder Koog und Rickelsbüller Koog, sowie die Marschgebiete Eider-stedts und Pellworms die räumlichen Schwerpunkte des Bestandes der Pfeif-enten (BRUNCKHORST & RÖSNER 1994).

Den überwiegenden Teil der Schäden verursacht nach Angaben betroffener Landwirte die Pfeifente zu etwa 70 %, gefolgt von der Nonnengans, auf die ca. 10-15 % der Schäden zurückzuführen sind. Andere Arten wie Ringelgans, Stockente, Schwan und Graugans spielen eine untergeordnete Rolle (FLEET mdl. Mitt.).

Die Marsch stellt auch ein Brutbiotop für Vogelarten dar, die zumindest einen Teil ihrer Nahrungssuche im Watt verbringen. Die Graureiherkolonien auf Eiderstedt zählen zu den größten in der Bundesre-blik (FIEDLER 1986). 450 bis 700 Brutpaare bildeten Mitte der achtziger Jahre mehr als ein Drittel des schleswig-holstein-schen Gesamtbestandes (KNIEF 1986). Hohe Brutbestände weisen auch die für das Wattenmeergebiet typischen Austern-fischer und Rotschenkel auf.

Eine Besonderheit bilden die küstennah hinter dem Deich in Rüben- und Kohl-feldern Dithmarschens brütenden Säbelschnäbler, deren Junge unmittelbar nach dem Schlüpfen über den Deich ins

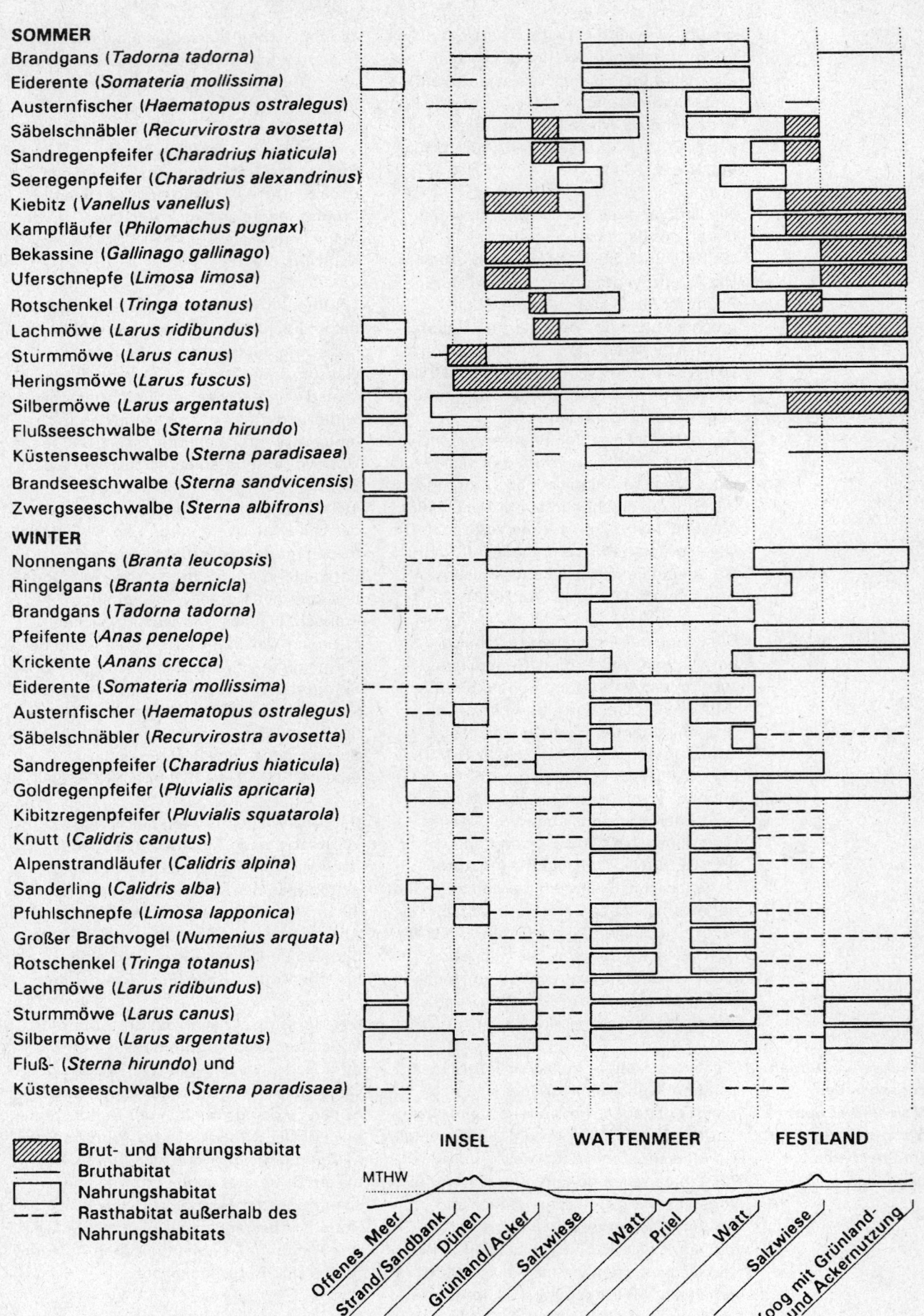

SOMMER

Brandgans (*Tadorna tadorna*)
Eiderente (*Somateria mollissima*)
Austernfischer (*Haematopus ostralegus*)
Säbelschnäbler (*Recurvirostra avosetta*)
Sandregenpfeifer (*Charadrius hiaticula*)
Seeregenpfeifer (*Charadrius alexandrinus*)
Kiebitz (*Vanellus vanellus*)
Kampfläufer (*Philomachus pugnax*)
Bekassine (*Gallinago gallinago*)
Uferschnepfe (*Limosa limosa*)
Rotschenkel (*Tringa totanus*)
Lachmöwe (*Larus ridibundus*)
Sturmmöwe (*Larus canus*)
Heringsmöwe (*Larus fuscus*)
Silbermöwe (*Larus argentatus*)
Flußseeschwalbe (*Sterna hirundo*)
Küstenseeschwalbe (*Sterna paradisaea*)
Brandseeschwalbe (*Sterna sandvicensis*)
Zwergseeschwalbe (*Sterna albifrons*)

WINTER

Nonnengans (*Branta leucopsis*)
Ringelgans (*Branta bernicla*)
Brandgans (*Tadorna tadorna*)
Pfeifente (*Anas penelope*)
Krickente (*Anans crecca*)
Eiderente (*Somateria mollissima*)
Austernfischer (*Haematopus ostralegus*)
Säbelschnäbler (*Recurvirostra avosetta*)
Sandregenpfeifer (*Charadrius hiaticula*)
Goldregenpfeifer (*Pluvialis apricaria*)
Kibitzregenpfeifer (*Pluvialis squatarola*)
Knutt (*Calidris canutus*)
Alpenstrandläufer (*Calidris alpina*)
Sanderling (*Calidris alba*)
Pfuhlschnepfe (*Limosa lapponica*)
Großer Brachvogel (*Numenius arquata*)
Rotschenkel (*Tringa totanus*)
Lachmöwe (*Larus ridibundus*)
Sturmmöwe (*Larus canus*)
Silbermöwe (*Larus argentatus*)
Fluß- (*Sterna hirundo*) und
Küstenseeschwalbe (*Sterna paradisaea*)

Brut- und Nahrungshabitat
Bruthabitat
Nahrungshabitat
Rasthabitat außerhalb des
Nahrungshabitats

INSEL **WATTENMEER** **FESTLAND**

MTHW

Offenes Meer
Strand/Sandbank
Dünen
Grünland/Acker
Salzwiese
Watt
Priel
Watt
Salzwiese
Koog mit Grünland-
und Ackernutzung

Abb. 91
Räumlich funktionale Einpassung der wichtigsten Rast- und Brutvögel der Nordseeküste (BLAB 1993).

Abb. 93
Räumliche Vertei-
lung der von Enten,
Gänsen und
Schwänen verur-
sachten Schäden
auf Ackerflächen
an der Westküste
Schleswig-Hol-
steins im Winter
1992/93. Dargestellt
ist der %-Anteil am
Gesamtschaden
(NPA o. J.).

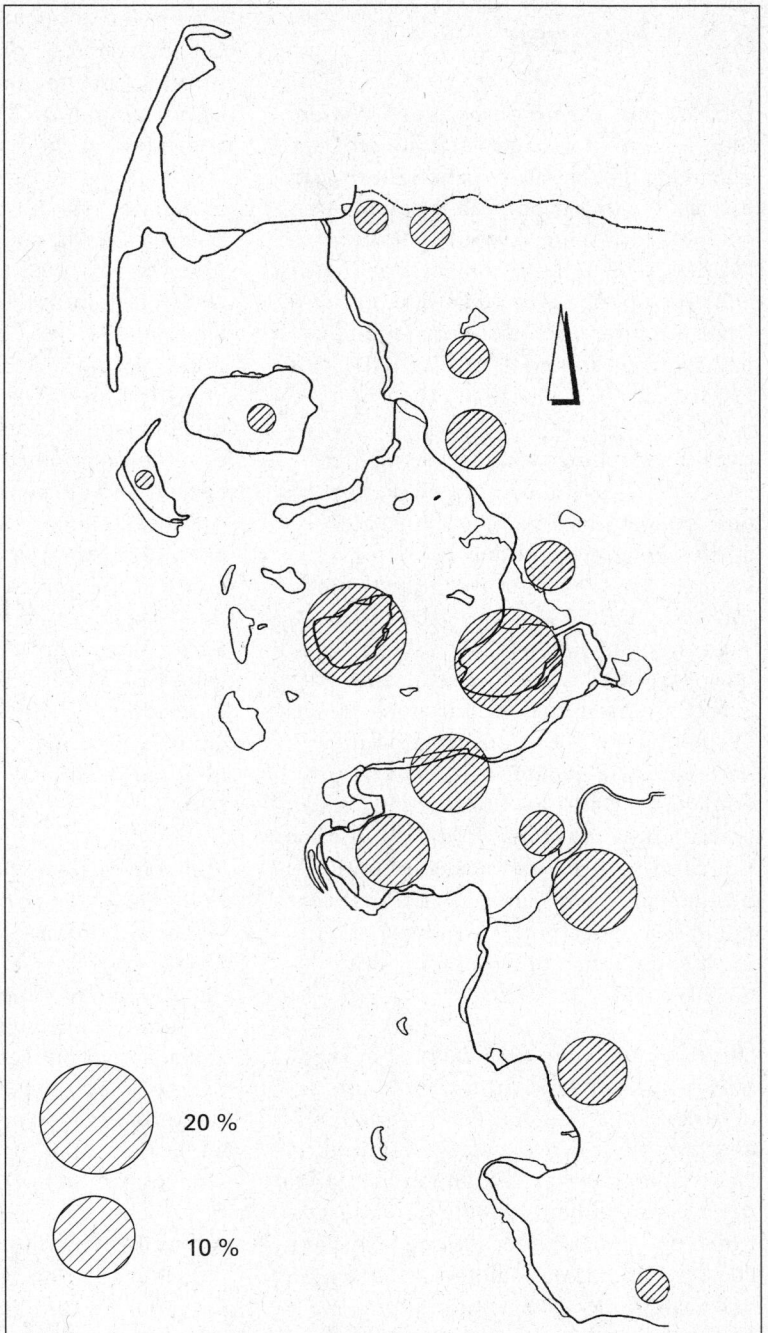

20 %

10 %

Watt geführt werden (HÄLTERLEIN mdl.
Mitt.). Dabei bleibt eine Brut in der landwirtschaftlich intensiv genutzten Marsch
problematisch. So stellten BRÄGER &
MEISSNER (1990) bei einer vergleichenden Untersuchung von Grünland unterschiedlicher Nutzung bei extensiverer
Bewirtschaftung eine wesentlich höhere
Revierpaardichte der Uferschnepfe
(1,9fach) und deren Jungenzahlen
(4,8fach) in Relation zu intensiv genutzten
Flächen fest. Kiebitze, deren erste Gelege
auf Grund landwirtschaftlicher Betätigun-
gen zerstört werden, weichen für ein
Nachgelege häufig in Vorlandbereiche aus

(HÄLTERLEIN mdl. Mitt.). Eine besondere
Bedeutung als Bruthabitate erhalten die
Marschgebiete der Inseln durch ihre Lage
inmitten des Nationalparks. Außerdem
fehlen hier mit Ausnahme von Sylt und
Föhr bodengebundene Beutegreifer
(BORKENHAGEN 1993).

3.5.2 Halligen

Die Halligen des nordfriesischen Wattenmeeres sind Marschgebiete, die größtenteils nach den zerstörerischen Sturmfluten des Mittelalters wieder über den Meeresspiegel aufgeschlickt worden sind (SCHMIDTKE 1993). Sie sind somit natürlich entstandene Salzwiesen mit bis zu 40 Überflutungen pro Jahr, vorwiegend in den Wintermonaten (HILDEBRANDT et al. 1993).

Die Küstenschutzfunktion der Halligen wurde bereits früh erkannt. Schon nach der sogenannten Halligflut von 1825 setzten konkrete Baumaßnahmen zur Vermeidung weiterer Landverluste ein (MÜLLER & RIECKEN 1991). Das heutige Aussehen der Halligen ist größtenteils auf das „Erste Halligsanierungsprogramm" zurückzuführen, das nach umfangreichen Vorplanungen 1961 begann und unter dem Eindruck der schweren Sturmflut vom 16./17. Februar 1962 verstärkt vorangetrieben wurde. Unter anderem wurden Halligfuß und Warften gesichert und Sommerdeiche errichtet, so daß der bis dahin zu beobachtende Landverlust weitgehend gestoppt werden konnte (DEGN & MUUSS 1979).

Überflutungen, die vereinzelt auch in den Sommermonaten auftreten, erlauben auf den Halligen nur eine traditionell extensive Beweidung

Überflutungen, die vereinzelt, aber regelmäßig auch in den Sommermonaten auftreten, erlauben auf den Halligen nur eine traditionell extensive Beweidung. Dabei spielte in der Vergangenheit vorwiegend die Schafhaltung eine dominierende Rolle, da die für Rinderhaltung erforderliche Gewinnung des Winterfutters wegen der gelegentlichen Sommerfluten problematisch ist. Rinderhaltung wurde zumeist als Pensionsviehhaltung betrieben. Erst nach Durchführung der Maßnahmen zur Halligsanierung gab es für die Halliglandwirtschaft die Möglichkeit, die Milchviehhaltung auf Kosten der Schafhaltung zu intensivieren (MÜLLER & RIECKEN 1991). Seit Beginn des Halligprogramms 1987 werden jedoch wieder Extensivierungsmaßnahmen durchgeführt, auch um dem Ziel einer naturverträglichen Landwirtschaft nahe zu kommen.

Jedes Frühjahr beherbergen die Halligen Zehntausende von Ringelgänsen

Im Gegensatz zu der intensiven Beweidung auf den festländischen Vorländern führte die extensivere Tierhaltung auf den Halligen zu einer geringeren Verarmung der Salzwiese. Viele Merkmale einer Naturlandschaft sind auf den Halligen noch zu erkennen. Blütenteppiche aus Grasnelken und später im Jahr aus Strandflieder zeugen davon. Weitere Darstellungen zur Vegetation der Salzwiese finden sich in Kap. V 3.3.

In den höheren Bereichen der Hallig-Salzwiesen tritt die „Buckelwiese" (STOCK et al. 1995a) auf. Kleine Bulte lassen sich in der Fläche ausmachen. Sie sind das Werk der Gelben Wiesenameise die durch diese Bauwerke ihr Überleben bei Überflutungen sichert. Diese Aufwürfe bieten insbesondere im Frühjahr ein erhöhtes Wärmeangebot, so daß sich Larven und die symbiotisch mit den Ameisen lebenden Wurzelläuse schneller entwickeln können. Langeneß bildet auf einer Fläche von ca. 20 ha einen eindeutigen Schwerpunkt des Vorkommens im Bereich des Nordfriesischen Wattenmeers (HILDEBRANDT et al.1993). Eine intensive Beweidung oder mechanische Beanspruchung würde diesen Bewohner weitgehend unbeeinflußter Salzwiesen gefährden.

Ein weiterer Bewohner der Halligen ist der Halligflieder-Spitzmaus-Rüsselkäfer. Da er weder auf Sandsalzwiesen noch auf Festlandssalzwiesen zu finden ist, bilden die Halligen neben den Inseln Sylt und Amrum letzte Refugien für diese Art. Zudem ist er auf seine Wirtspflanze, den Strandflieder, und gereifte, stark strukturierte Salzwiesen angewiesen (STOCK et al. 1995a). Damit beweist sein Vorkommen eine intakte Salzwiesengemeinschaft.

Am auffälligsten für den Betrachter ist jedoch die Bedeutung der Halligen als Rastplatz für Zugvögel. Jedes Frühjahr beherbergen die Halligen vor allem Zehntausende von Ringelgänsen. Besonders die großen Halligen Langeneß und Hooge sind beliebter Rastplatz, auf dem Energiereserven aufgefüllt werden (Abb. 93). Dabei ist allerdings zu bemerken, daß die Nutzungsintensität von unbedeichten Halligen (z. B. Nordstrandischmoor) mit 2.100 bis 2.900 Gänsetagen/ha höher ist als auf den Halligen mit Sommerdeichen (z. B. Langeneß) mit Werten zwischen 1.200 und 1.800 Gänsetagen/ha (RÖSNER & STOCK 1994).

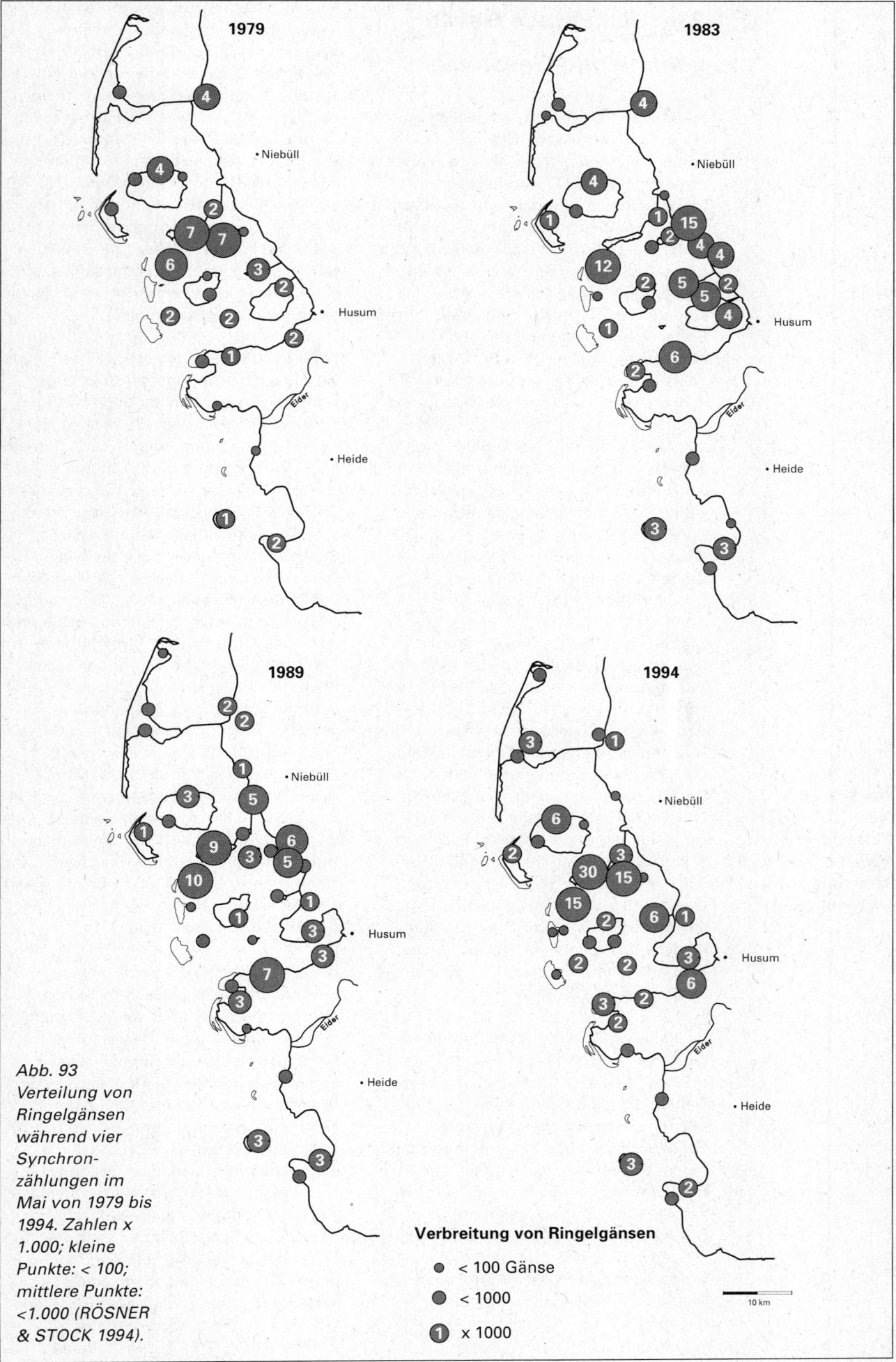

Abb. 93
Verteilung von
Ringelgänsen
während vier
Synchron-
zählungen im
Mai von 1979 bis
1994. Zahlen x
1.000; kleine
Punkte: < 100;
mittlere Punkte:
<1.000 (RÖSNER
& STOCK 1994).

Verbreitung von Ringelgänsen

- < 100 Gänse
- < 1000
- x 1000

10 km

3.6 Küstennahe Geest-gebiete und Geestinseln

Im Binnenland schließt sich östlich an den Marschgürtel die Hohe Geest an. Es handelt sich um eine flachwellige Landschaft, die von Fluß- und Bachniederungen unterbrochen ist. Sie besteht aus Altmoränen, die von älteren Eisvorstößen abgelagert und zum Teil während der letzten Vereisung (Weichseleiszeit) überprägt wurden. Auf diese Weise ist eine von Natur aus relativ nährstoffarme Bodengesellschaft auf Sand und Lehm entstanden (SCHEFFER & SCHACHT-SCHABEL 1984). Hochmoore über Ortsteingebieten, ausgedehnte Niederungsmoore an Bach- und Flußläufen und nach der Abholzung der ursprünglichen Wälder entstandene Heiden waren bis in dieses Jahrhundert, entsprechend dem wechselnden Standortmuster, landschaftsbildend. Kleinräumig verteilen sich in der Geest natürlich seltene Ökosysteme wie Binnendünen oder Trockenrasen (HILDEBRANDT et al. 1993).

Die Geestgebiete sind überwiegend landwirtschaftlich genutzte Landschaftsräume, knapp ein Drittel der Flächen wird ackerbaulich genutzt (MELFF 1994b). An den wenigen Waldstandorten sind zumeist Nadelholzforsten an Stelle der einstigen Laubwälder angelegt worden. Moor- und Heidegebiete sind weitgehend kultiviert worden, so daß ehemals landschaftsprägende Biotoptypen stark zurückgedrängt wurden (MUUSS & PETERSEN 1971). Küstennahe Bereiche der Hohen Geest sind wegen ihrer Hochwassersicherheit zudem traditionelle Siedlungsgebiete. Besonders gut läßt sich dieses Phänomen heute noch auf der Geestinsel Föhr erkennen (DEGN & MUUSS 1979).

Im Nationalparkvorfeld steht die Hohe Geest nur auf den Geestinseln und nördlich von Husum bei Schobüll an. Dieses Gebiet, die „Schobüller Küste", ist vor allem auf Grund seiner vegetationskundlichen Besonderheiten mit verschiedenen Salzwiesenassoziationen und mageren Trockenrasenfluren als Naturschutzgebiet vorgeschlagen (HILDE-BRANDT et al. 1993). Zudem ist dieses Geestgebiet unbedeicht, so daß der direkte Kontakt mit dem Wattenmeer eine relativ natürliche Wechselbeziehung gestattet.

Die Schobüller Küste ist einziges Festlands-Geestgebiet mit direktem Kontakt zum Wattenmeer

Für die Erhaltung der waldarmen Biotoptypen besitzen die Geestinseln eine herausragende Bedeutung. Auf der festländischen Geest sind die Standorte der Niedermoortypen selten geworden. Für charakteristische Systeme wie die Geestrandmoore gibt es keine Standortvariationen, sie entstehen ausschließlich in quelligen Hanglagen (HILDEBRANDT et al. 1993). Eines dieser Hangmoore hat sich an einem Quellhorizont des Morsum-Kliffs ausbilden können. Dieses Kliff ist wegen seiner einzigartigen Tertiäraufschlüsse auch aus geologischen Gründen als Naturschutzgebiet ausgewiesen.

Während die Heidegebiete des Festlandes vermutlich anthropogenen Ursprungs sind, sind Teile der Sylter und Amrumer Heiden auf Grund ihrer räumlichen Nähe zu den Dünen (vergl. Kap. V 3.2.3) und den damit verbundenen großflächigen Übersandungen natürlichen Ursprungs (MUSS & PETERSEN 1971). Diese atlantischen Küstenheideformationen sind Standorte von Rote-Liste-Arten wie Dünenrose oder Geflecktem Knabenkraut (HILDEBRANDT et al. 1993). Die ökologische Bedeutung dieser Biotope basiert auf ihrer außerordentlichen Strukturtypen- und Artenvielfalt sowie ihrer natürlichen Seltenheit in Schleswig-Holstein. Ähnliches gilt für die Trockenrasengesellschaften. Auch diese sind auf den Geestinseln vorzufinden. Beispielsweise befindet sich eine reich strukturierte Trockenrasenfläche in der zum Naturschutzgebiet vorgeschlagenen Amrumer Heide (HILDEBRANDT et al. 1993). Im übrigen sind beide Typen durch § 15 a LNatSchG landesweit streng geschützt, um die vielen kleinen Restvorkommen sicherzustellen (HILDEBRANDT et al. 1993).

Die relative Seltenheit der Pflanzengesellschaften dieser Gebiete bedingt ebenfalls die Seltenheit der an sie gebundenen Fauna. Dieses gilt beispielsweise für die auf Heide- und Dünenbiotope angewiesene Gefleckte Keulenschrecke (*Myrmeleotettix maculatus*) von der auf Sylt und Amrum mehrere Vorkommen existieren (DIERKING 1994). Auch die überwiegend auf sandigen Flächen erscheinende Kreuzkröte (*Bufo calamita*) ist noch häufig auf den Geestinseln anzutreffen. Besonders Sylt stellt mehrere Lebensräume. Für die helio- und thermophile Zauneidechse (*Lacerta agilis*) ist die Insel Sylt gar der einzige nachgewiesene Standort im Nationalparkvorfeld (DIERKING-WESTPHAL 1982). Beide genannten Wirbeltierarten sind nach der Roten Liste Schleswig-Holstein gefährdet bzw. stark gefährdet (DIERKING-WESTPHAL 1990).

3.7 Ästuare

Die Godel-niederung ist die letzte weitgehend natürliche und unverbaute Fließ-gewässermündung im deutschen Wattenmeer

Ein Ästuar ist die trichterförmige Verbreiterung eines in das Meer mündenden Stromes. In Ästuaren führt der Salzgradient, der durch die Vermischung von Fluß- und Meerwasser entsteht, zu einer charakteristischen Abfolge von Pflanzen- und Tierarten bzw. von typischen Lebensgemeinschaften (Abb. 94). Der Gezeiteneinfluß, der bis in den Süßwasserabschnitt des Flußlaufes hineinreicht, bewirkt die Ausbildung der seltenen Süßwasserwatten. Viele Meerestiere verbringen einen Teil ihres Lebens im Ästuar, z.B. verschiedene Garnelenarten, Flundern, Stinte und Meerneunaugen. Alle kleineren Wasserläufe am Wattenmeer bis auf die Godel auf Föhr und die Vide Å in

Dänemark sind heutzutage durch Siele oder Schöpfwerke von der Nordsee abgeschnitten und haben ihren ursprünglichen Ästuarcharakter völlig verloren.

An der schleswig-holsteinischen Westküste gibt es zwei große Ästuare, die Flußmündungen von Eider und Elbe. Die im Vergleich dazu sehr kleine Godelniederung auf Föhr kann als letzte weitgehend natürliche und unverbaute Fließgewässermündung, mit Salzwiesenflächen in Lagunenlage, ebenfalls zu den Ästuaren gezählt werden. Im Gegensatz zu den relativ gut untersuchten beiden großen Ästuaren ist der Wissensstand zur Godelniederung noch sehr lückenhaft.

Durch Stoffeinträge und die Auswirkungen von technischen Maßnahmen im Zusammenhang mit der Schiffahrt und dem Hochwasserschutz ist die natürliche morphologische und ökologische Entwicklung, vor allem der größeren Ästuare der Nordseeküste, stark eingeschränkt. Die

V

Abb. 94
Typisiertes Ästuar der Deutschen Bucht mit Verbreitungs-schema der drei im Eulitoral des Brackwassers lebenden Tier-gruppen: marine Arten, genuine Brackwasserarten und limnische Arten (MICHAELIS 1994).

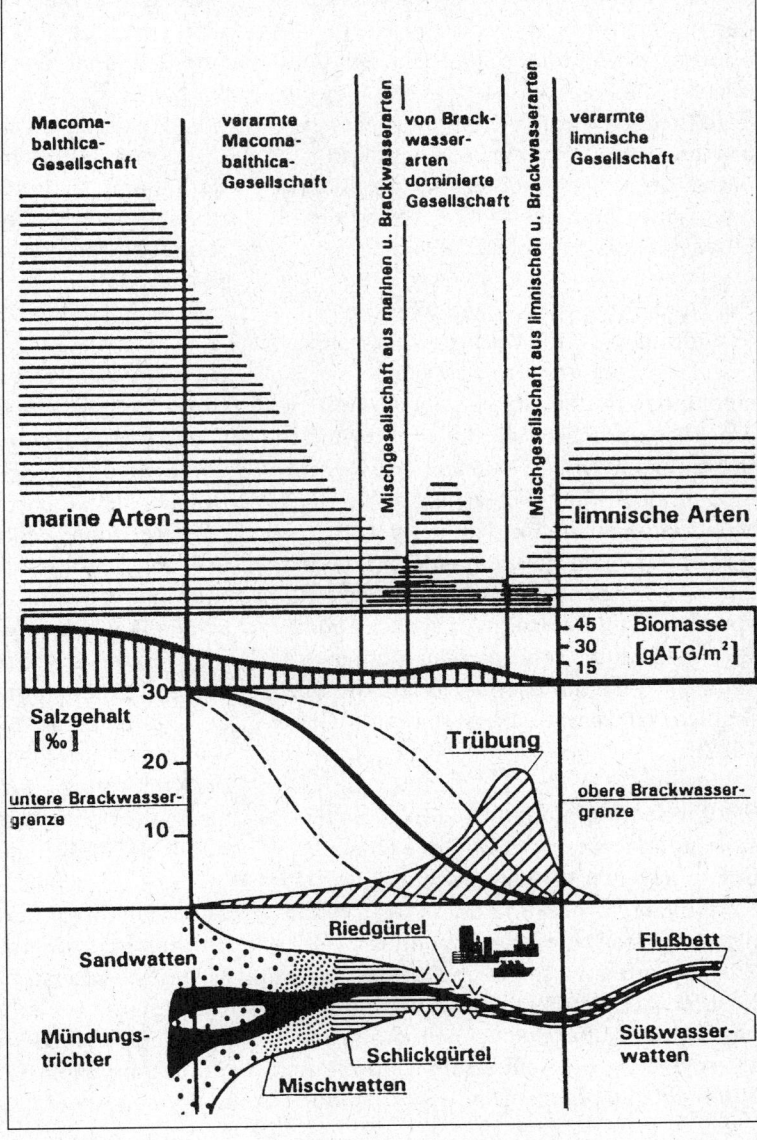

Veränderungen der Flußunterläufe im
Zuge von wasserbaulichen Maßnahmen,
Fahrwasservertiefungen, Uferverbau,
Vordeichungen etc. haben die Lebensbedingungen für die Ästuar-Lebensgemein-
schaften in den letzten Jahrzehnten
verschlechtert. Die negativen ökologischen Folgen der erhöhten Strömungsgeschwindigkeit, der Verkleinerung von
Flachwasserbereichen und Wattflächen,
der Vernichtung naturnaher Uferzonen
und ihrer natürlichen Vegetation sind u.a.
von SCHUCHARDT et al. (1993) für die vier
größten Ästuare der deutschen Nordseeküste und von SCHIRMER (1994) für Elbe
und Weser beschrieben worden.

3.7.1 Elbe

Die Wattflächen und die Stromnebenarme
der Elbe sind als besondere Lebensräume
des Elbeästuars hervorzuheben. Letztere
dienen als Rückzugsräume für die Fischfauna und bieten ihr Schutz vor starker
Strömung und vor zu geringer Sauerstoffkonzentration, die zeitweise im Wasser
des Hauptstroms unter den für Fische
erforderlichen Mindestwert fällt. Die Wattflächen, die Flachwasserbereiche und die
gezeitenbeeinflußten Priel- und Marsch-
gräbensysteme der Vordeichsgebiete
bilden die wichtigste Basis für die charakteristischen Lebensgemeinschaften des
Elbeästuars (ARGE ELBE 1994).

Der Niederelberaum ist jedoch durch
Vertiefung des Fahrwassers, Vordeichungen, Industrie- und Kraftwerksan-
siedlungen in den letzten Jahrzehnten
erheblich verändert worden. 1969 wurden
Sturmflutsperren an Krückau und Pinnau
und ein neuer Elbdeich zwischen den
Mündungsgebieten errichtet, 1970 ein
Gebiet vor Glückstadt eingedeicht. In den
Jahren 1971 bis 1975 wurde das Stör-
sperrwerk mit beidseitig anschließenden
Deichneubauten fertiggestellt, danach
Teile der Haseldorfer Marsch von der Elbe
durch einen Damm abgeschnitten (ROHDE
1988).

Strombaumaßnahmen führten zu fortschreitender Kanalisierung des Flusses
und hatten den Verlust von ökologisch
wertvollen Flächen und damit die „Vernichtung des Ökosystemverbundes
Strom-Watten-Außendeichsflächen"
(BUCHWALD 1990) zur Folge. Die Verkleinerung der Außendeichsflächen betrug
am schleswig-holsteinischen Unterelbufer
in den letzten Jahrzehnten 48 %, die der

Watten 7 % und die der Flachwasserbereiche 31 % (Vergleich Jahrhundertwende und 1980/1981, ARGE ELBE 1984).

Fragmentarisch sind einige für das Elbe-
Ästuar charakteristische Tideröhrichte
erhalten geblieben, die in der Roten Liste
der Pflanzengesellschaften Schleswig-
Holstein als gefährdet eingestuft sind
(DIERSSEN 1988). So existieren z.B.
Bestände im Bereich Neufelder Koog mit
den bezeichnenden Arten Gemeine
Strandsimse, Salz-Teichsimse, Dreikant-
Teichsimse und Bastard-Teichsimse. Die
Stromschmiele hat an der Unterelbe ihr
letztes Vorkommen. Kleine Überreste von
Auwäldern (Weich- und Hartholzaue)
sollen sich durch Naturschutzmaßnahmen
(Aufgabe der landwirtschaftlichen Nut-
zung) wieder natürlich entwickeln und
ausdehnen können.

Der Verlust von Laich-, Aufwuchs- und
Ruhezonen innerhalb des Ästuars und der
Bau von Wehren und Staustufen wirkt sich
in einer Verarmung der Fischfauna aus.
Meerforelle, Meer- und Flußneunaugen
sind selten geworden; Stör, Alse, Lachs
und Schnäpel, die früher heimisch waren
und wirtschaftlich genutzt wurden, sind
aus den Ästuaren fast verschwunden
(LOZÁN et al. 1994b). Auch der Rückgang
der Flunder in der Elbe wird mit den
gravierenden Veränderungen im Lebensraum und mit der hohen Schadstoff-
kontamination dieser Art in Verbindung
gebracht (LOZÁN 1990).

Die Vernichtung von Tide- und Brack-
Röhrichten, Flußauwäldern und Feuchtwiesen wirkt sich u.a. auf das Vorkommen
von Brutvögeln (z.B. Uferschnepfe,
Rotschenkel, Bekassine, Kampfläufer,
Austernfischer, Kiebitz) und Rastvögeln
(z.B. Weißwangen-, Grau-, Bläß-, Saat-,
Kurzschnabelgans, Sing- und Zwergschwan) aus. Dennoch finden viele Arten
noch immer ausreichende Bedingungen
vor und treten in großen Individuenzahlen
auf. So rasten an der Unterelbe 35 % der
Weltpopulation des Zwergschwans, für
die Krickente ist das Elbwatt bei Wedel der
zweitwichtigste Rastplatz in der Bundesrepublik (HEMMERLING 1993).

Das Vorland vor dem Neufelder Koog ist
Brutgebiet für Säbelschnäbler und Fluß-/
Küstenseeschwalben (HÄLTERLEIN 1996,
Tab. 19) und beherbergt mit Nonnengans,
Brandente, Dunklem Wasserläufer und
Grünschenkel Rastvogelarten in interna-
tional bedeutsamen Zahlen (RÖSNER

Tab. 19: Brutvogelarten in Ästuargebieten (HÄLTERLEIN 1996). * = Arten, die im Gesamtgebiet des Schleswig-Holsteinischen Wattenmeeres mindestens 1 % der nordwesteuropäischen Brutpopulation erreichen und die im jeweiligen Teilgebiet mit mehr als 2 % des Schleswig-Holsteinischen Westküstenbestandes vorkommen. **Fettgedruckt:** Arten internationaler Bedeutung, die allein in einem Teilgebiet mit mehr als 1 % des nordwest-europäischen Bestandes brüten; ** = Dominante Arten mit mehr als 5 % Anteil am Gesamtbestand des jeweiligen Gebietes.

Gebiet	Bedeutende Bestände*	Häufigste Brutvogelarten**	Brutvogel-artenzahl
Katinger Watt Vorland	Säbelschnäbler	Austernfischer, Lachmöwe, Säbelschnäbler, Silberseemöwe, Flußschwalbe, Rotschenkel	11
Oldensworter	Rotschenkel	Kiebitz, Rotschenkel, Uferschnepfe, Austernfischer, Säbelschnäbler	13
Koldenbüttler Eidervorland	–	Rotschenkel, Uferschnepfe, Kampfläufer, Austernfischer	7
Dithmarscher Eidervorland (Eiderdamm-Tönninger Brücke)	–	Austernfischer, Kiebitz, Lachmöwe, Rotschenkel, Fluß-/Küstenseeschwalbe, Säbelschnäbler	13
Lundener Eidervorland	–	Kiebitz, Austernfischer, Rotschenkel	7
Neufelder Koog-Vorland	Säbelschnäbler (jahrweise internationale Bedeutung), Fluß-/Küstenseeschwalbe (fast 100% Flußs., neuerdings intern. Bedeutung)	Säbelschnäbler, Austernfischer, Fluß-/Küstenseeschwalbe, Rotschenkel	8
Neufeld-Mühlenstraßen	–	Austernfischer, Rotschenkel, Sandregenpfeifer, Kiebitz	6

V

*Tab. 20: Rastvogelarten in Ästuargebieten (RÖSNER 1994a, b). * = Ramsararten = Arten, die zu mind. einem Zeitpunkt mit mind. 1 % des Gesamtbestandes bzw. der Fly-way-Population in dem jeweiligen Zählgebiet anwesend waren. **Fettgedruckt:** Arten, die bei mind. 10 % aller Zählungen im jeweiligen Zählgebiet in international bedeutsamen Zahlen auftreten, oder bei denen der 1 %-Wert im Mittel um den Faktor 2 und im Maximalfall um den Faktor 5 überschritten wird.*

Gebiet	Ramsararten* Rastvögel	5 häufigste Rastvogelarten	Mittlere Artenzahl
Godelniederung (Föhr)	*Auster nfischer , Knutt, Pfuhl- schnepfe*	Austernfischer, Knutt, Pfuhlschnepfe, Alpenstrandläufer, Lachmöwe	14
Katinger Watt Vorland	*Nonnengans*	Nonnengans, Pfuhl- schnepfe, Alpen– strandläufer, Stock- ente, Pfeifente	24
Dithmarscher Eidervorland	*Nonnengans*	Nonnengans, Pfeif- ente, Stockente, Pfuhlschnepfe, Lachmöwe	15
Neufelder Koog-Vorland	*Nonnengans, Brandente ,* Säbel- schnäbler, Pfuhl- schnepfe, *Dunkler Wasserläufer ,* Rot- schenkel, *Grün- schenkel*	Pfuhlschnepfe, Brandente, Alpen- strandläufer, Lach- möwe, Stockente	23
Neufeld-Mühlen- straßen	*Nonnengans*	Stockente, Nonnen- gans, Lachmöwe, Brandente, Rot- schenkel	15

1994, Tab. 20). Große Schwärme von Pfeifenten und Nonnengänsen überwintern im Bereich der Elbmündung und halten sich hier vor allem auf den landwirtschaftlich extensiv genutzten Grünlandflächen auf (BRUNS et al. 1994).

3.7.2 Eider

Durch die Reduzierung des Gezeiteneinflusses sind dynamische Naturprozesse verloren gegangen

Die Eider ist der größte Fluß Schleswig-Holsteins. „In den Jahren 1967 bis 1972 wurde der bis zu 5 km breite Mündungstrichter der Eider durch den Bau des größten deutschen Küstenschutzbauwerks völlig verändert..." (ROHDE 1988). Durch das Eidersperrwerk wurde die Deichlinie um 62 km verkürzt.

Die Auswirkungen gewässerbaulicher Maßnahmen und das in der Folge veränderte hydrographische Regime üben nach MICHAELIS et al. (1992) in Ästuaren wahrscheinlich einen mindestens ebenso starken negativen Einfluß auf die Lebens-

räume und -gemeinschaften aus wie die Nähr- und Schadstoffeinträge. So ist die Zahl der bodenlebenden Brackwasserspezialisten mit nur sieben Tierarten in der Eider außerordentlich niedrig, bezogen auf die Größe und die gute Wasserqualität (Gewässergüteklasse II) dieses Ästuars. Der Grund liegt vermutlich in der durch das Sperrwerk behinderten freien Vermischung von Süß- und Salzwasser und dem entsprechenden Fehlen von natürlichen Übergangszonen mit Ausbildung eines ausreichend stabilen Salinitätsgradienten (MICHAELIS et al. 1992).

Auch durch die Reduzierung des Gezeiteneinflusses sind dynamische Naturprozesse verloren gegangen. Dennoch ist die Untereider als Übergangsgebiet zwischen salz- und süßwasserbeeinflußten Flußmarsch- und Flußwattbereichen noch immer von besonderer ökologischer Bedeutung (HILDEBRANDT et al. 1993). Zur charakteristischen Vegetation gehören

Flußröhrichte im Süßwasserabschnitt und entlang des Salzgradienten mit Schilfrohr, Rohrkolben und Seebinse. Flußabwärts, mit zunehmendem Salzgehalt gewinnen Graue Seebinse und Meerbinse an Dominanz.

Wegen seines besonderen ökologischen Stellenwertes wurde das Oldensworter Eidervorland 1993 zum Naturschutzgebiet erklärt. Es verbindet die westlich gelegene Eidermündung und das angrenzende Wattenmeer mit der flußaufwärts anschließenden Eider-Treene-Sorge-Niederung und nimmt eine zentrale Stellung im Biotopverbundsystem des Landes Schleswig-Holstein ein (HEMMERLING 1994). Im unteren Bereich liegen Brackwasserwattflächen, daran schließt sich eine Niederterrasse mit Röhrichtpflanzen an, die gelegentlich beweidet wird. Es folgt die obere Terrasse mit extensiver Rinderbeweidung, historischen Ringtränkkuhlen und schließlich der 18-Ruten-Streifen entlang des Deiches mit Schafbeweidung, dessen Vegetation von Pfeifenten und Nonnengänse als Nahrung genutzt wird (HEMMERLING 1994). Das Oldensworter Vorland ist vor allem für Wiesenvögel als Brutgebiet von Bedeutung, insbesondere für die Uferschnepfe, aber auch für Rotschenkel, Bekassine, Kiebitz und Kampfläufer (HÄLTERLEIN 1996, s. Tab. 19). Die Dichte der Brutvögel ist hier mit 4 bis 5 Paaren pro ha eine der höchsten in ganz Schleswig-Holstein (HEMMERLING 1994).

3.7.3 Godelniederung

Die Godelniederung erhält ihre herausragende Bedeutung durch das weitgehend naturbelassene Nebeneinander von Salz- und Süßwasserlebensgemeinschaften. Das enge Zusammenspiel der Tide und der Fließgewässer Godel, Wiek und Luer bedingt eine Zonierung in unterschiedlich salzbeeinflußte Bereiche. Es bildet sich eine Salzwiesenlandschaft, die durch vorgelagerte Strandwälle Lagunencharakter besitzt. Im Mündungsbereich der Godel läßt sich die hohe Dynamik beobachten, in der morphologische Prozesse unter naturnahen Bedingungen im Grenzbereich Land-Meer ablaufen können. Der einzigartige Lagunencharakter und der weitgehend natürliche Tideeinfluß machen das Gebiet aus landeskundlicher Sicht zu einem bedeutenden Kleinod (HILDEBRANDT et al. 1993).

Der einzigartige Lagunencharakter macht das Gebiet aus landeskundlicher Sicht zu einem bedeutenden Kleinod

Näher untersucht wurde in diesem Gebiet bisher das Brut- und Rastvogelvorkommen (RÖSNER 1994a, b). Besonders für Gänse und Limikolen bildet die Godelniederung ein wichtiges Rast- und Überwinterungsgebiet. Knutt und Pfuhlschnepfe weisen hier international bedeutende Individuenzahlen auf. Für die in Schleswig-Holstein stark im Bestand gefährdete Zwergseeschwalbe ist dieser Bereich eines der wenigen Brutgebiete der Westküste (KNIEF et al. 1990).

In den süßwassergeprägten Gräben und in Bereichen der oberen Godel befinden sich Laichbiotope der in Schleswig-Holstein im Bestand gefährdeten Kreuzkröte (DIERKING-WESTPHAL 1990) und des bundesweit stark gefährdeten Moorfrosches (BLAB et al. 1984).

Aus den oben dargestellten Gründen ist die Godelniederung auf einer Fläche von 158 ha von HILDEBRANDT et al. (1993) als Naturschutzgebiet vorgeschlagen worden.

V

VI Nutzungen und Belastungen

1. Freizeit und Tourismus

Der Nationalpark wurde inmitten einer traditionellen Ferienregion errichtet

Der Nationalpark wurde 1985 inmitten einer traditionellen Ferienregion errichtet. Schleswig-Holsteins Nordseeferienorte verzeichnen heute mit rund acht Millionen über ein Drittel der amtlich registrierten Übernachtungen in Schleswig-Holstein und gehören zu den attraktivsten inländischen Reisezielen. In Repräsentativbefragungen bei Bundesbürgern in den alten Ländern rangierten Nordseeurlaube generell (auch 1993, wie schon in den Vorjahren), an zweiter Stelle hinter den Alpen (B.A.T. 1994). Mit der Krise des traditionellen Erwerbszweiges Landwirtschaft hat sich der Tourismus für die Bevölkerung im Nationalparkvorfeld zum wirtschaftlichen Hauptstandbein entwickelt (vergl. Kap. VI 1.4).

Wichtigste Grundlage für den Tourismus ist die einzigartige Naturlandschaft des Wattenmeeres

Wichtigste Grundlage für den Tourismus der Region war und ist die einzigartige Naturlandschaft des Wattenmeeres. Strand, Watt und Wasserflächen und damit der Nationalpark selbst haben für Freizeitnutzungen wie Strandspaziergänge, Wattwandern oder Baden den gleichen Stellenwert wie Berge, Lifte und Loipen für den Skitourismus (vergl. Kap. VI 1.3). Intensive Freizeitnutzung bedeutet jedoch für das sensible Ökosystem Wattenmeer eine ständige Belastung und Gefährdung. Um Schutzkonzepte erarbeiten zu können, die sowohl den Schutzzweck als auch die wirtschaftlichen Belange der Bevölkerung berücksichtigen, müssen der Tourismus und die mit ihm zusammenhängenden Freizeitnutzungen in ihrer Bedeutung und Struktur bekannt sein.

1.1 Organisationsform und Zielkonzeption des Tourismus

Mit der Implementierung des „Sanften Tourismus" als Leitbild der touristischen Entwicklung Schleswig-Holsteins, niedergelegt in der Tourismuskonzeption des Landes, erhalten Belange der Umwelt und des Naturschutzes auch an der Westküste eine immer stärkere Beachtung (MWTV 1991, SCHLESWIG-HOLSTEINISCHER LANDTAG 1995). Dieses Ziel, das auch die beiden Westküstenkreise Nordfriesland und Dithmarschen in ihrer Planung übernehmen, fordert eine ökologisch, wirtschaftlich, sozial und kulturell ausgewogene Tourismusentwicklung (KREIS NORDFRIESLAND o.J.; KREIS DITHMARSCHEN o.J.).

Der „Sanfte Tourismus" ist damit keine rein umwelt- und naturorientierte Strategie, sondern besteht aus mehreren Entwicklungsleitlinien, die im Einzelfall konkurrieren können und gegeneinander abgewogen werden müssen. Durch schonenden Umgang mit den natürlichen Ressourcen soll das wichtigste Kapital des Fremdenverkehrs, eine intakte Umwelt, Natur und Landschaft, erhalten bleiben. Gleichzeitig wird jedoch die Notwendigkeit betont, die Wettbewerbsfähigkeit des Tourismus als wichtigem Wirtschaftszweig zu stärken. Sanfter Tourismus bedeutet auch Sozialverträglichkeit, indem Einwohner vor Ort stärker in Entscheidungen einbezogen werden. Durch landestypische Angebote soll sich der „Sanfte Tourismus" letztendlich zu einem Markenzeichen entwickeln (SCHLESWIG-HOLSTEINISCHER LANDTAG 1993).

Übergeordnetes Ziel im Tourismus ist sowohl auf Seiten der Landesregierung als auch auf Seiten der Westküstenkreise die Qualitätssicherung vor einer weiteren quantitativen Ausweitung. Die Westküstenkreise Nordfriesland und Dithmarschen haben den Status von Schwerpunktgebieten auch bei der tourismusbezogenen Förderung (MWTV 1991; KREIS NORDFRIESLAND o.J; KREIS DITHMARSCHEN 1988).

Grundsätzlich besteht ein Konsens zwischen allen maßgeblich am Tourismus Beteiligten über die Ziele der Tourismuskonzeption. Diese wurde in enger Abstimmung mit den Zielregionen, der privaten Fremdenverkehrswirtschaft und Verbrauchervertretern erarbeitet (MWTV 1991). Die Integration aller wichtigen touristischen Akteure in den politischen Willensbildungsprozeß erfolgt auch bei der Fortschreibung der Konzeption 1995 (LANDESREGIERUNG 1995) und ist durch einen „Beirat für Tourismus" institutionalisiert worden. Die konkrete Umsetzung der Ziele gestaltet sich jedoch in Anbetracht einer Vielzahl von individuellen Interessen und Entscheidungsträgern schwierig und langwierig: touristische Verbände und Organisationen auf verschiedenen räumlichen Ebenen, einzelne Kommunen und eine größtenteils kleingewerblich-mittelständische Anbieterstruktur.

Erforderlich ist auch eine effektive und abgestimmte Zusammenarbeit zwischen den tourismusrelevanten Behörden, denn Fremdenverkehrspolitik ist Querschnittspolitik (SCHLESWIG-HOLSTEINISCHER LANDTAG 1993). Die bessere Integration von Politikbereichen wie Kultur, Städtebauförderung und Dorferneuerung, Umwelt-, Verkehrs-, allgemeiner Wirtschafts- und Agrarpolitik wird unter anderem durch einen interministeriellen Ausschuß unter Vorsitz des Wirtschaftsministeriums geleistet. Dieser koordiniert wichtige Grundsatzfragen und ressortübergreifende Förderentscheidungen (LANDESREGIERUNG 1995).

Auf der Kreisebene wurde in Dithmarschen bereits eine Gesamtkonzeption „Sanfter Tourismus" erstellt, in Nordfriesland soll eine „Zukunftswerkstatt Umwelt und Tourismus" konkrete Strategien zur nachhaltigen, umwelt- und sozialverträglichen Entwicklung des Fremdenverkehrs erarbeiten (KREIS DITHMARSCHEN o.J.; KREIS NORDFRIESLAND o.J.). Lokal wird die konkrete Umsetzung der Strategie Sanfter Tourismus bisher vor allem im Rahmen der Integrierten Inselschutzkonzepte (Amrum, Sylt, Pellworm, Föhr), dem Halligprogramm sowie durch kommunale Konzepte und Arbeitskreise verfolgt (Beispiele: Friedrichskoog, St. Peter-Ording, Hamburger Hallig).

Übergeordnetes Ziel im Tourismus ist die Qualitätssicherung vor einer weiteren quantitativen Ausweitung

Wichtige Rahmenbedingungen für die Entwicklungsziele einzelner Räume setzt die Landesplanung mit Ordnungsräumen für Fremdenverkehr und Erholung und mit Räumen mit besonderer Eignung für Fremdenverkehr und Erholung (vergl. Kapitel III 1., GIS-Karte 20) (MINISTERPRÄSIDENTIN DES LANDES SCHLESWIG-HOLSTEIN 1995b).

Die Kreise Nordfriesland und Dithmarschen haben mit ihren Kreisentwicklungsplänen die Zielvorstellungen für die einzelnen Raumkategorien konkretisiert. Eine quantitative Ausweitung des Tourismus streben beide nur noch in Form des Urlaubes auf dem Bauernhof an, wobei die Geestgebiete ausdrücklich mit eingeschlossen werden. Insbesondere in Dithmarschen wird eine Verlagerung der touristischen Entwicklung ins Hinterland angestrebt, um den Küstenraum zu entlasten und dem Agrarraum Geest ökonomische Impulse zu geben (GRUBE 1991). Die Kreisstadt Heide soll als Kur- und Solebad entwickelt werden. Für die erste Kureinrichtung ist der Baubeginn 1996 durch eine private Betreibergesellschaft vorgesehen. In den bestehenden Tourismuszentren sollen vorrangig Kureinrichtungen und die Infrastruktur verbessert werden.

Für eine Reihe von Teilräumen werden Lenkungsmaßnahmen gefordert: Dies betrifft den Tagestourismus auf den Halligen sowie die Erholungsnutzung in bestimmten Landschaftsteilen wie dem Beltringharder Koog, dem Katinger Watt, dem Westerhever Vorland sowie im Meldorfer Speicherkoog (KREIS NORDFRIESLAND o.J.; KREIS DITHMARSCHEN o.J.).

Landesfremdenverkehrskonzeption und Kreisentwicklungspläne treffen auch eine Reihe konkreter Aussagen zum Nationalpark: Von Landesseite aus sollen die Belange des Nationalparks Wattenmeer ausdrücklich gefördert werden. Als Maßnahme wird die Einführung eines Nationalparkservices aus haupt- und ehrenamtlichen Mitarbeiterinnen und Mitarbeitern gesehen, die der Kreis Nordfriesland ebenfalls unterstützt (SCHLESWIG-HOLSTEINISCHER LANDTAG 1993; LANDESREGIERUNG 1995, KREIS NORDFRIESLAND o.J.). Weiter wird eine Kooperation mit Einrichtungen des Natur- und Landschaftsschutzes sowie des Nationalparks bei der Erarbeitung eines flächendeckenden touristischen Informationssystems an der Westküste vorgeschlagen (MWTV 1991, LANDESREGIERUNG 1995). Die Landesregierung von Schleswig-Holstein, verschiedene Verbände und die Industrie erkennen mit der KIELER UMWELTERKLÄRUNG (1995) die ökologische und ökonomische Verantwortung für Schleswig-Holstein an. Sie beabsichtigen, die Attraktivität Schleswig-Holsteins als Wirtschafts- und Tourismusstandort weiter zu verbessern und nachhaltig zu sichern und begrüßen das Projekt „Zukunftswerkstatt Umwelt und Tourismus in Nordfriesland". In der KIELER UMWELTERKLÄRUNG (1995) wird empfohlen, Bausteine für die wesentlichen Problemfelder eines umweltfreundlichen Fremdenverkehrskonzeptes zu erarbeiten.

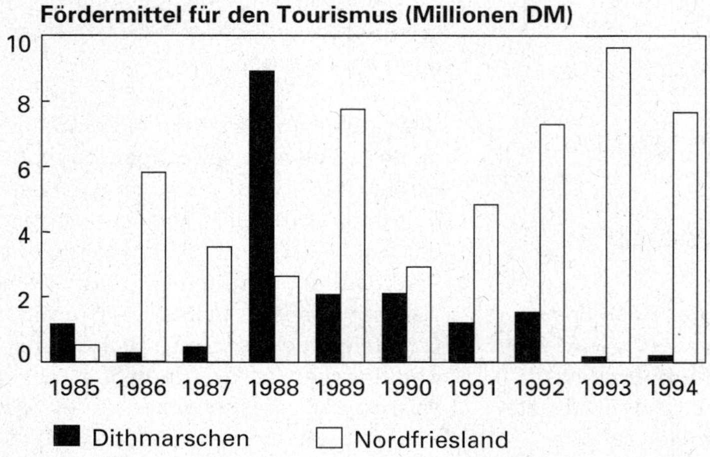

Fördermittel für den Tourismus (Millionen DM)

Abb. 95
Fördermittel für den Tourismus in den beiden Westküstenkreisen Nordfrieslands und Dithmarschen von 1985 bis 1994, ohne einzelbetriebliche Förderung, Werbemittel für den Nordseebäderverband sowie Förderung des Urlaubes auf dem Bauernhof (nach Angaben des Ministeriums für Wirtschaft, Technik und Verkehr des Landes Schleswig-Holsteins).

Die dargestellten Ziele werden durch Förderung bestimmter Maßnahmen unterstützt. Insgesamt sind durch Fremdenverkehrsförderung mindestens 72,2 Millionen DM zwischen 1985 und 1994 in die beiden Westküstenkreise geflossen. Dabei verzeichnete Dithmarschen entsprechend seiner geringeren touristischen Bedeutung deutlich niedrigere Fördersummen als Nordfriesland (Abb. A 95). Jährliche Schwankungen der Fördersummen hängen in der Regel mit Beginn und Abschluß größerer Projekte und nicht mit einer jährlich veränderten Förderneigung des Staates zusammen. Der hohe Mittelzufluß in Dithmarschen 1988 entstand beispielsweise durch umfassende Ausbauten der touristischen Infrastruktur, insbesondere im touristischen Hauptzentrum Büsum.

Fremdenverkehrsförderung ist in erster Linie Infrastrukturförderung. Enthalten sind die am höchsten dotierten und regionalisierbaren Fördermittel wie die Förderung öffentlicher Fremdenverkehrseinrichtungen durch das Regionalpro-

gramm Westküste und die Gemeinschaftsaufgabe „Verbesserung der regionalen Wirtschaftsstruktur" sowie Zuweisungen für Fremdenverkehrs- und Naherholungsmaßnahmen nach § 17 Finanzausgleichsgesetz. Außerdem wurden die Ausgaben für Fremdenverkehrswerbung des Nordseebäderverbandes und Förderprojekte des Programms „Sanfter Tourismus" erfaßt. Sie machen etwa zwei Drittel aller Fördermittel im Fremdenverkehr aus.

Nicht einbezogen werden konnten, da nicht regionalisierbar, Mittel im Rahmen des Radwegeprogramms, des spezifischen Fremdenverkehrsinfrastrukturprogramms, der Strukturhilfe, Arbeit und Umwelt, für Investitionsförderung und Werbung im Bereich Urlaub auf dem Bauernhof, die Bädermedizinische Forschung, Ausgaben für das Schleswig-Holstein-Festival sowie die einzelbetrieblichen Förderungen. Letztere machen im Landesdurchschnitt etwa 26 % aller Fördermittel aus Investitionszuschüssen und Darlehen aus.

Grundsätzlich zeichnen sich angesichts der Transfers durch die Wiedervereinigung sinkende Fördervolumina ab. Standen 1989/90 landesweit noch 25 bzw. 20 Millionen DM jährlich für Fremdenverkehrsprojekte bereit, hat sich dieser Wert mittlerweile auf 15 Millionen reduziert (SCHLESWIG-HOLSTEINISCHER LANDTAG 1993). Konsequenz der Landesregierung ist die Konzentration der Mittel auf besonders fremdenverkehrsbedeutsame Projekte mit Schwerpunkten in der Qualitätsverbesserung, Attraktivitätssteigerung sowie verstärkter ökologischer Ausrichtung (SCHLESWIG-HOLSTEINISCHER LANDTAG 1993). Die Abstimmung der Projekte mit regionalen sowie fremdenverkehrlichen Entwicklungskonzepten, Wirtschaftlichkeit und Ausschöpfung von Refinanzierungsmöglichkeiten sowie moderne Vermarktungsmethoden gelten als Fördervoraussetzung.

Wie die generelle Analyse der Förderstrukturen gezeigt hat (vergl. Kapitel II 3.10), ist heute wohl nicht mehr mit einer Auflage zusätzlicher, speziell ökologisch ausgerichteter Förderprogramme zu rechnen. Das Förderprogramm „Sanfter Tourismus" war von Beginn an sehr niedrig dotiert und ist im Zuge von Einsparmaßnahmen ganz eingestellt worden. Ökologische Zielsetzungen werden zukünftig allenfalls indirekt in die

Förderpolitik einfließen, indem die Förderwürdigkeit eines Projekts sich auch danach richtet, inwiefern es der Konzeption „Sanfter Tourismus" entspricht (MWTV 1995, LANDESREGIERUNG 1995).

Der eher konventionellen Fremdenverkehrsförderung, die den Ausbau hochwertiger Infrastruktur stützt - beispielsweise Schwimmbäder in St. Peter-Ording, auf Amrum und Föhr - , wird aufgrund der Sicherung der Wettbewerbsfähigkeit weiterhin hohe Bedeutung zukommen. Ökologische Ansätze werden bei enger werdenden finanziellen und wirtschaftspolitischen Spielräumen nur dann Erfolg haben, wenn sie wirtschaftliche Aspekte konsequent berücksichtigen, Arbeitsplatzsicherung oder -gewinnung betreiben und attraktiv für die Nachfrage sind.

1.2 Tourismus im Nationalparkvorfeld

1.2.1 Tourismusorte

Die Fremdenverkehrsorte bilden das Rückgrat des Fremdenverkehrs. KASPAR (1982) nennt sie auch ‚Multi-Produkt-Unternehmungen', die eine breite Palette unterschiedlichster Anbieter auf sich vereinen. Sie sind Anziehungspunkte sehr verschiedener Nachfragegruppen. Hier übernachten die Gäste, verpflegen sich und verbringen einen Großteil ihrer Freizeit. Ausflüglerinnen und Ausflügler besuchen Restaurants, Strandbäder oder machen einen Bummel. Im Vorfeld des Nationalparks haben sich, je nach natürlichen Voraussetzungen und örtlichem Potential, unterschiedliche Typen von Fremdenverkehrsorten herausgebildet.

Wichtigste touristische Zentren sind die Nordseeheilbäder und Nordseebäder

Wichtigste touristische Zentren sind die Nordseeheilbäder und Nordseebäder, die als prädikatisierte, das heißt staatlich anerkannte Kurorte insbesondere auf den natürlichen Heilkräften des Meeres sowie auf dem Reizklima der Nordsee fußen (GIS-Karte 20; Abb. 96).

Die Alleinstellung bei Indikationen wie Atemwegserkrankungen oder Hautleiden sichert den Nordseeheilbädern im Kursektor ihre Marktposition. Quantitativ dominiert jedoch der Erholungstourismus an Strand und Meer. Rund 90 % der Nordseegäste suchen Erholung, nur jeder Zehnte kommt aus gesundheitlichen

Gründen (FEIGE & MÖLLER 1994a). Damit besitzen die Nordseebäder zwar einerseits eine breite Basis im Fremdenverkehr, andererseits resultieren aus dieser Mischung auch Konflikte, insbesondere Verkehrsbelastungen durch den Ausflugsverkehr. Die Bäder werden ergänzt durch weniger übernachtungsstarke Luftkur- und Erholungsorte, die bezogen auf das Prädikat deutlich geringere Ansprüche an Heilangebote und Ausstattung erfüllen müssen.

Acht Seeheil- bzw. Heilbäder, neun Seebäder, acht Luftkurorte und 19 Erholungsorte finden sich entlang der Westküste Schleswig-Holsteins (vergl. GIS-Karte 20). Mit dem Erlaß der neuen Landesverordnung über die Anerkennung von Kur- und Erholungsorten können auch heilklimatische Kurorte in Schleswig-Holstein anerkannt werden.

Die naturräumlich begünstigten Standorte an der Küste sind seit langem touristisch erschlossen. Hierzu gehören die Inseln Sylt und Amrum, die Süd- und Ostküste der Insel Föhr sowie die Festlandsorte St. Peter-Ording, Büsum und Friedrichskoog. Darüberhinaus ist jedoch eine kontinuierlich steigende Erschließung außerhalb der traditionellen Zentren zu beobachten. Der Ausbau der Verkehrswege wie der A 23 oder des neu errichteten tideunabhängigen Fähranlegers auf Pellworm verbesserten in den letzten Jahren die Erreichbarkeit bisher wenig erschlossener Räume.

Durch den Ausbau der tourismusspezifischen und der allgemeinen Freizeit-Infrastruktur wurden einzelne Landschaftsteile wie der Speicherkoog bei Meldorf oder das Katinger Watt gezielt für den Naherholungsverkehr zugänglich gemacht. Aufgrund des Rückgangs in der Landwirtschaft förderten beide Westküstenkreise touristische Erwerbsalternativen wie den Urlaub auf dem Bauernhof (KREIS DITHMARSCHEN o.J.). Dieses Segment machte in Dithmarschen bereits 10 % der Betten aus, auf Eiderstedt vermieteten 1991 bereits 17 % der landwirtschaftlichen Betriebe, auf den Halligen sowie den Marschinseln Pellworm und Nordstrand sogar jeder dritte Betrieb (STATISTISCHES LANDESAMT 1993b).

Heute fehlt nur noch in elf der 69 Nationalparkanrainergemeinden ein sogenannter „gewerblicher" Beherbergungsbetrieb mit mindestens

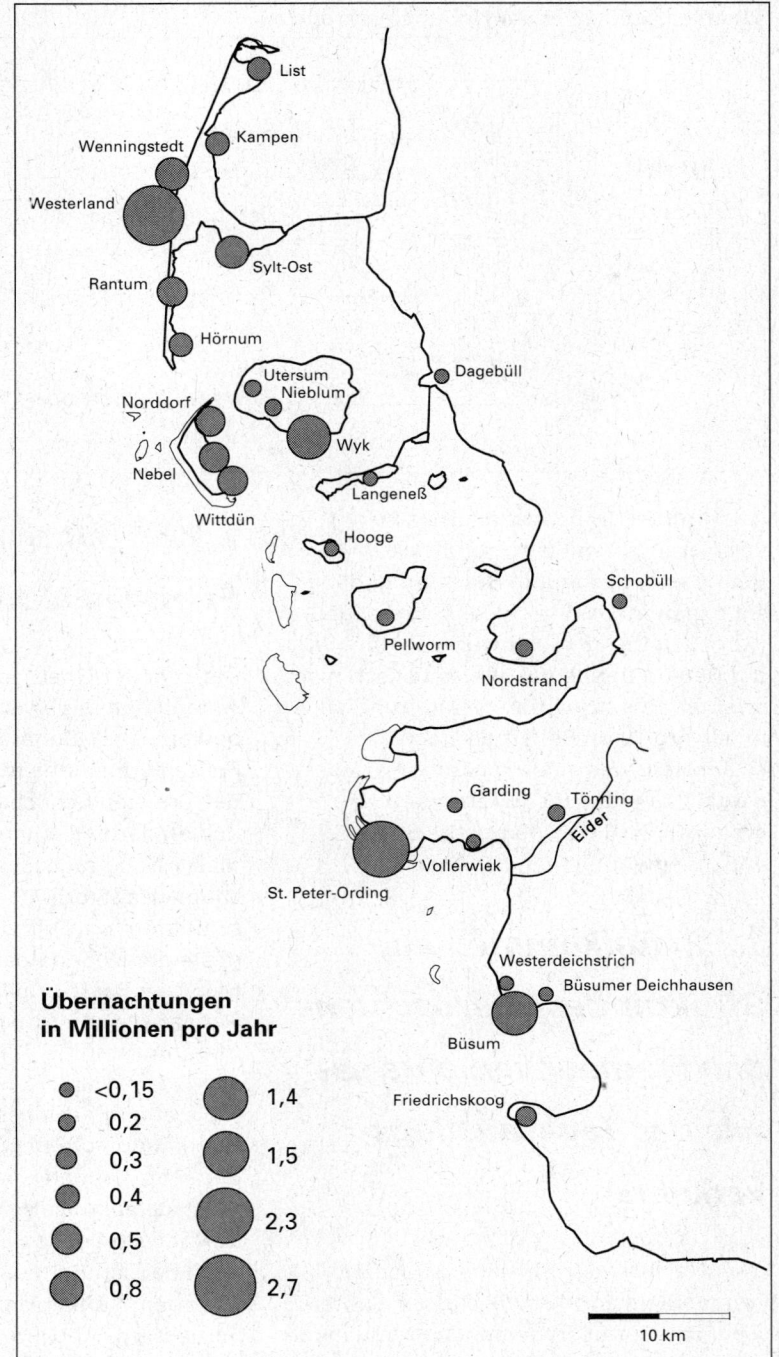

Abb. 96
Übernachtungen in
ausgewählten
prädikatisierten
Fremdenverkehrs-
orten der Schles-
wig-Holsteinischen
Westküste nach
DWIF-Berechnun-
gen aus den
Jahren 1990 bis
1993.

Übernachtungen
in Millionen pro Jahr

<0,15	1,4
0,2	1,5
0,3	2,3
0,4	2,7
0,5	
0,8	

10 km

VI

Abb. 97
Übernachtungen in
der Nationalpark-
region nach
Beherbergungs-
kategorien, 1990
(gewerbliche
Betriebe mit mehr
als neun Betten,
Privatvermieter mit
weniger als neun
Betten) (FEIGE &
MÖLLER 1994b).

Übernachtungen in der Nationalparkregion

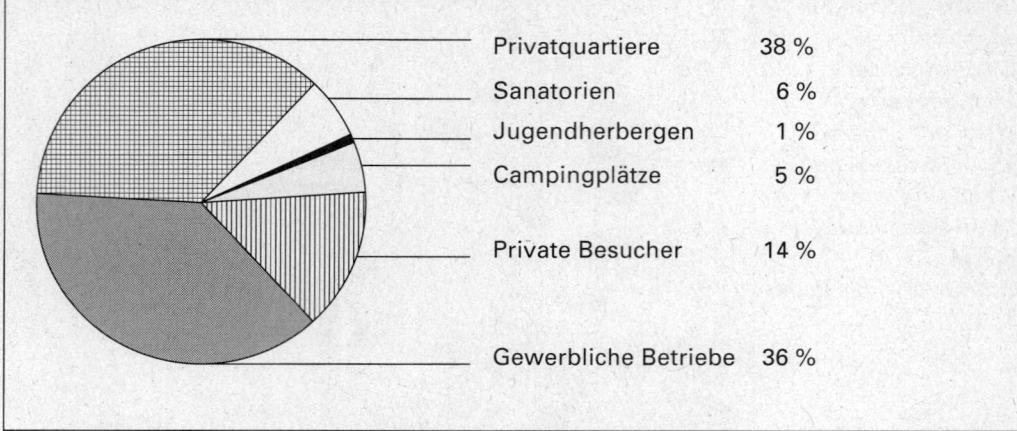

Privatquartiere	38 %
Sanatorien	6 %
Jugendherbergen	1 %
Campingplätze	5 %
Private Besucher	14 %
Gewerbliche Betriebe	36 %

neun Betten. Dabei haben Privat-
vermietungen mit weniger als neun
Betten eine besondere Bedeutung, denn
sie bilden mancherorts das Hauptangebot
(Abb. 97). Ca. 38 % der Übernachtungen
der Region finden bei den statistisch nicht
erfaßten Privatquartieren statt, rund 48 %
in gewerblichen Beherbergungs-
kategorien, was auch Sanatorien, Campingplätze und Jugendherbergen einschließt, der Rest sind private Besuche
und Zweitwohnungsnutzungen.

1.2.2 Aufkommen und Struktur des übernachtenden Fremdenverkehrs sowie des Tagesausflugsverkehrs

Zwei Nachfragegruppen sind auch im
Fremdenverkehr der Westküste zu unterscheiden: der übernachtende Fremdenverkehr und der Tagesausflugsverkehr.
Letzterer umfaßt jede Reise, „die aus dem
üblichen Wohnumfeld herausführt,
weniger als 24 Stunden dauert bzw. keine
Übernachtung mit einschließt". Sie darf
außerdem nicht zu den routinemäßig
wiederkehrenden beruflich, sozial- oder
freizeitbedingten Ortsveränderungen
gehören (AIEST 1988). Pro Jahr erzielt die
Nationalparkregion knapp 16 Millionen
Übernachtungen und ist Ziel von über elf
Millionen Ausflüglerinnen und Ausflüglern (FEIGE & MÖLLER 1994a).

*Pro Jahr erzielt die
Nationalparkregion
knapp 16 Millionen
Übernachtungen*

1.2.2.1 Übernachtender Fremdenverkehr

Die Zahl der Übernachtungen schließt alle
Aufenthalte in gewerblichen und nicht-
gewerblichen Beherbergungsbetrieben, in
Freizeitwohneinheiten und im Rahmen
des privaten Besucherverkehrs ein. Die
Zahlen der amtlichen Statistik, die einige
dieser Nachfragesegmente nicht oder
kaum erfaßt, erhöhen sich im Durchschnitt um ein Drittel. Die Übernachtungsgäste der Nationalparkregion sind in der
Mehrheit Paare und Familien mit Kindern.
Kennzeichnend ist ein hoher Anteil an
Stammgästen.

Nach einer Phase des Rückgangs und der
Stagnation vom Beginn bis über die Mitte
der achtziger Jahre hinaus konnten die
Westküstenkreise seitdem mit rapiden
Zuwächsen bei den Übernachtungen, wie
auch bei den Betten, ihre Position gegenüber dem Konkurrenzstandort Ostsee
verbessern (Abb. 98). 1994 waren allerdings deutliche Einbußen bei den Übernachtungen zu verkraften. Rezession,
gestiegene steuerliche Belastungen bei
den Einkommen und ein rückläufiges
Interesse ostdeutscher Neugierurlauber
sind dafür ebenso verantwortlich wie eine
kontinuierliche Zunahme der Auslandsrei-
sen durch Dollarverfall und Verbilligungen
im Charterflugverkehr. Diese Auslandsrei-
sen stellen mittlerweile auch im Bereich
der Zweit- und Drittreisen eine ernstzu-
nehmende Konkurrenz für das Inland und
damit auch für die Westküste dar. Es ist
davon auszugehen, daß diese Entwicklung
sich in den nächsten Jahren fortsetzen
wird.

Abb. 98
Entwicklung der
Übernachtungen in
Betrieben mit
mindestens neun
Betten in Nordfries-
land und Dithmar-
schen sowie in
Schleswig-Holstein
von 1985 bis 1994
(STATISTISCHES
LANDESAMT
SCHLESWIG-
HOLSTEIN 1988,
1989e, 1990b,
1991b, 1992b,
1993b, 1994b,
1995b).

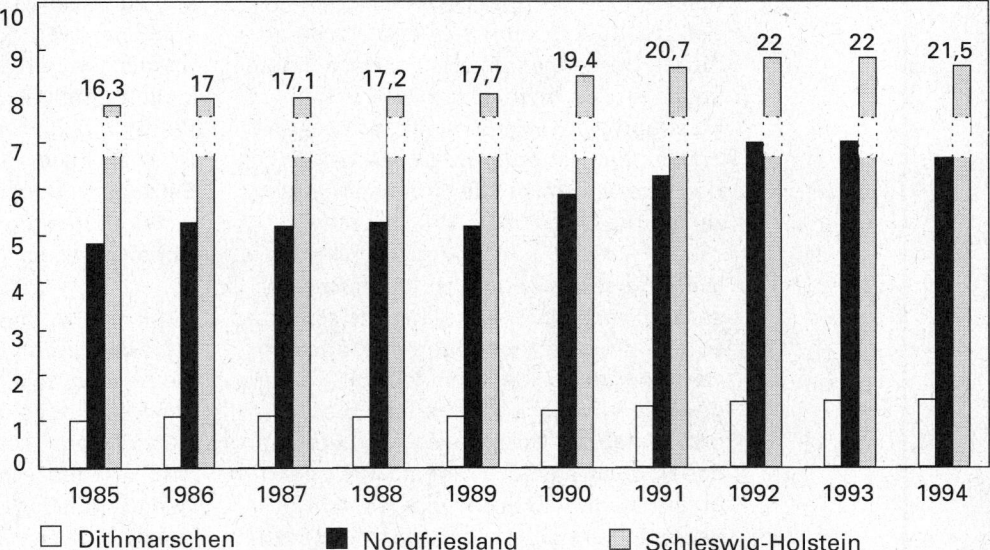

Entwicklung der Übernachtungen (in Millionen)

Dithmarschen Nordfriesland Schleswig-Holstein

Träger der Zuwächse bei Übernachtungs- und Bettenzahlen in der Nationalparkregion sind die touristischen Zentren. Die höchsten relativen Zuwächse und damit die stärkste Dynamik verzeichneten zwar die Halligen, Marschinseln und Friedrichskoog, also „jüngere" Entwicklungsgebiete des Fremdenverkehrs, dies jedoch auf der Basis eines sehr niedrigen Ausgangsniveaus. Mit Einschränkungen läßt sich die geschilderte Entwicklung auch auf den nicht-gewerblichen Sektor mit weniger als neun Betten übertragen.

1.2.2.2 Ausflugsverkehr

Der Ausflugsverkehr besteht aus verschiedenen Ausflugsströmen und unterschiedlichen Ausflüglergruppen. Werden Ausflüge von Übernachtungsgästen von ihrem Quartier aus unternommen, spricht man von Urlauberausflügen. Ausflüge, die von Einwohnerinnen und Einwohnern vom Wohnort aus angetreten werden, sind dagegen Wohnortausflüge. Ausflüglerinnen und Ausflügler können von außerhalb in die Region einströmen, oder als Wohnortausflügler und Urlauberausflügler auch aus der Region ausströmen, um Ausflugsziele außerhalb derselben aufzusuchen. Die meisten Ausflüge werden jedoch innerhalb der Nationalparkregion , also dem engsten Verflechtungsraum mit dem Nationalpark unternommen.

Aufgrund der hohen Attraktivität des Küstenbereiches sowie der Inseln und Halligen verzeichnet die Nationalparkregion einen positiven Ausflüglersaldo: 3,5 Millionen einströmenden Ausflüglerin-

Übernachtungs-
gäste reisen zu
über 70 % mit dem
Auto an

nen und Ausflüglern stehen nur 1,4 Millionen ausströmende Ausflüglerinnen und Ausflügler gegenüber. Hinzu kommen gut sechs Millionen Ausflüge, die innerhalb der Region verbleiben. Die Ausgaben dieser insgesamt fast zehn Millionen Ausflüge fließen folglich nicht ab, sondern kommen wirtschaftlich der Region zugute. Mit der hohen Zahl einströmender sowie in der Region verbleibender Ausflüglerinnen und Ausflügler sind gleichzeitig jedoch, vor allem an den herausragenden Zielpunkten wie den Halligen oder St. Peter-Ording, Überlastungserscheinungen verbunden. Vor allem der PKW verursacht als Haupt-Transportmittel gravierende Probleme (vergl. Kap. VI 2.3).

Die Übernachtungsgäste reisen zu über 70 % mit dem Auto an und tragen als sehr mobile Gruppe maßgeblich zu diesem hohen Ausflügleraufkommen bei. Jeder zweite Ausflug in der Region entfällt auf die Urlaubsausflüge.

Zeitreihen zum Ausflugsverkehr fehlen mangels amtlicher Daten, so daß eine Entwicklung quantitativ nicht nachvollzogen werden kann. Eine Repräsentativstudie für die Bundesrepublik zeigte jedoch, daß der Umfang immer noch steigt (HARRER et al. 1995).

1.2.2.3 Saisonalität

Wie der Küstentourismus allgemein, ist auch der Tourismus in der Nationalparkregion durch eine ausgeprägte Saisonalität gekennzeichnet. Gut ein Drittel der Übernachtungen entfallen auf die Monate Juli und August, fast 90 %

werden innerhalb des Sommerhalbjahres von April bis Oktober registriert. Das Beispiel Büsum kann hier stellvertretend für die Gesamtregion stehen. Nach einem ersten steilen Anstieg zur Osterzeit im März und April folgen die extremen Spitzen der Hauptferienzeit. Nach den Herbstferien sinken die Übernachtungszahlen rapide ab (Abb. 99).

Diese Saisonverteilung ist in der Region seit Jahren stabil und veränderte sich trotz einer Reihe von Bemühungen zur Saisonverlängerung bisher nicht wesentlich. Eine gewisse Abweichung innerhalb dieser bisher stabilen Gesamtsaisonstruktur ist das Heraustreten des Monats Mai gegenüber dem Juni. Das seit einigen Jahren beobachtbare „Juniloch" mag die Reaktion auf die Schlechtwetterperioden der letzten Jahre zu dieser Zeit sein, möglich wäre auch, daß Nordseetouristinnen und -touristen den zeitlichen Abstand zu ihrer Haupturlaubsreise im Sommer vergrößern.

Die Kurve für 1994 beinhaltet im Gegensatz zu denen der Jahre 1987 und 1990 auch die Übernachtungen in nicht-gewerblichen Betrieben. Dies erklärt den steilen Abfall ab der Hochsaison bis in den Winter hinein, da gerade die Privatvermieterinnen und -vermieter ihre Betriebe früher schließen als Hotels, Pensionen und gewerbliche Appartmentvermietungen.

Ähnliches gilt auch für den Ausflugsverkehr. Bei einem jahreszeitlich etwa gleichbleibenden Sockel an Wohnortausflüglerinnen und -ausflüglern führt das stark saisonal geprägte Aufkommen aus dem Urlaubs- sowie aus Teilen des Wohnortausflugsverkehrs insgesamt zu einer Konzentration auf das Sommerhalbjahr mit starken Spitzen im Juli und August.

Abb. 99 Saisonale Verteilung der Übernachtungszahlen in Büsum für die Jahre 1987 und 1990 (nur gewerbliche Betriebe) und 1994 (gewerbliche und nicht-gewerbliche Betriebe (FEIGE & MÖLLER 1994b, ergänzt).

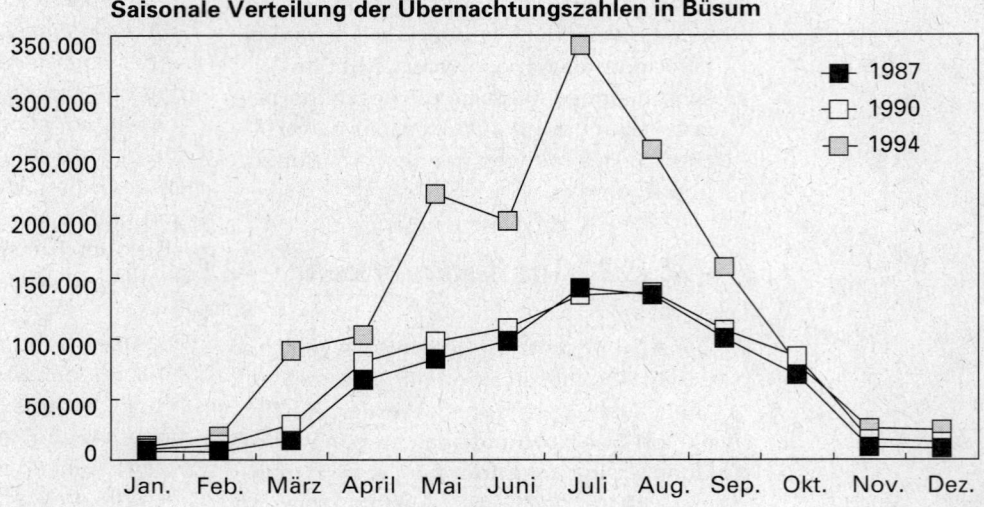

Saisonale Verteilung der Übernachtungszahlen in Büsum

1.2.3 Freizeiträume

Freizeiträume sind Verflechtungs-räume des Touris-mus, die sich durch Ausflugsströme zwischen den verschiedenen Fremdenverkehrs-orten abgrenzen lassen

Freizeiträume sind Verflechtungsräume des Tourismus, die sich durch Ausflugs-ströme zwischen den verschiedenen Fremdenverkehrsorten abgrenzen lassen. Sie sind in Abbildung Abb. 100 darge-stellt. Freizeiträume tragen dazu bei, die Bedeutung einer Gemeinde oder eines Standortes für das Gesamtsystem Touris-mus besser zu verstehen. Für den Natio-nalpark können sich daraus Hinweise ergeben, auf welche Standorte oder Gemeinden bei etwaigen Nutzungs-einschränkungen besonders zu achten ist, ob bei Schutzmaßnahmen an einem bestimmten Küstenabschnitt möglicher-weise Verdrängungseffekte in Richtung benachbarter Standorte eintreten oder wo Informationseinrichtungen eine möglichst hohe Zahl von Besucherinnen und Besu-chern erreichen können. Innerhalb eines Freizeitraumes erfüllt jeder Ort bestimmte Funktionen, vor allem als Ziel- oder Quellort im Ausflugsverkehr.

Kernraum des Festlandes ist der Freizeitraum "Husum-Eider-stedt-Nördliches Dithmarschen"

Kernraum des Festlandes ist der Freizeit-raum „Husum-Eiderstedt-Nördliches Dithmarschen" mit einem sehr hohen Ausflugs- und Übernachtungsgästeauf-kommen sowie sehr intensiven inner-regionalen Verflechtungen. Fast die Hälfte der jährlich ca. 600.000 Ausflüge von Übernachtungsgästen aus St. Peter-Ording hatte Husum, verschiedene Orte auf Eiderstedt sowie den nördlichen Teil von Dithmarschen zum Ziel. Nördlich dieses Raumes bilden das „Nördliche Nordfriesland" mit Husum, südlich davon das „Mittlere und Südliche Dithmarschen" Freizeiträume, bei denen Ausflüge meist jeweils innerhalb ihrer Grenzen stattfin-den.

Die nordfriesischen Inseln und Halligen bilden einen isolierten Freizeit-raum

Diese Räume sind allerdings nicht scharf gegeneinander abgegrenzt, sie über-schneiden sich vielmehr an ihren Durchdringungsgrenzen. Husum wird sowohl von Gästen aus dem nördlichen Nordfriesland besucht als auch von Eiderstedter Urlauberinnen und Urlau-bern. Nordstrand hat mit dem Fähr- und Ausflugshafen Stucklahnungshörn eine wichtige Brückenfunktion zwischen Festland, Inseln und Halligen. Büsum ist für Eiderstedter und Dithmarscher Touri-stinnen und Touristen gleichermaßen attraktiv.

Nahezu alle Freizeiträume des Festlandes erhalten auch Zustrom von außerhalb der Westküstenkreise, vor allem aus dem Ballungsraum Hamburg, dem schleswig-holsteinischen Binnenland sowie der Ostküste mit Kiel, Flensburg und Lübeck. Alle diese Austauschbeziehungen gelten in wechselseitiger Richtung.

Im Gegensatz dazu bilden die nordfriesi-schen Inseln und Halligen selbst einen isolierten Freizeitraum. Sie sind zwar außerordentlich häufig Ziel von festländi-schen Ausflüglerinnen und Ausflüglern, umgekehrt fahren jedoch kaum Insel- oder Halliggäste zum Festland. Offensichtlich macht man keinen Inselurlaub, um das Festland zu besuchen. Auch zwischen den Inseln ist der Austausch, abgesehen von einer gewissen Verflechtung zwischen Amrum und Föhr, gering. Ausflüge werden vor allem auf der eigenen Insel gemacht, insbesondere auf Sylt beträgt der Anteil innerinsularer Ausflüge 86 %.

Nach Ausstattungsgrad, Zahl der Über-nachtungen und einströmenden Ausflüg-lern sowie deren Einzugsbereich haben die Zentren der Freizeiträume eine unter-schiedliche Bedeutung (vergl. Abb. 100).

Die überregionalen Zentren wie St. Peter-Ording und Büsum sowie die Geestinseln mit ihrem hochattraktiven Angebot und einer umfangreichen Nachfrage bilden den Motor, ohne den sich der Wirtschafts-zweig Tourismus nicht hätte auf dem heutigen Niveau etablieren können.

Sie sind die wichtigsten Quellgebiete von Urlauberausflügen in die Umgebung und sind selbst Ausflugsziele für Besucherin-nen und Besucher von weit über die Grenzen der Nationalparkregion hinaus. Sie bieten Einkaufsmöglichkeiten für die Gäste des Umlandes, aber auch für Einheimische. Die weitere touristische Entwicklung der Gesamtregion hängt in erster Linie von diesen Zentren ab.

Regionale und regional-lokale Zentren wie Friedrichskoog, Nordstrand, Tönning, Simonsberg und Tating erfüllen in abge-schwächter Form oder in Teilbereichen die genannten Funktionen der überregionalen Zentren. Fehlen überregionale Zentren in der Nähe, sind die kleineren Zentren für die weitere touristische Entwicklung der bisher wenig fremdenverkehrsgeprägten und häufig strukturschwachen Räume besonders wichtig.

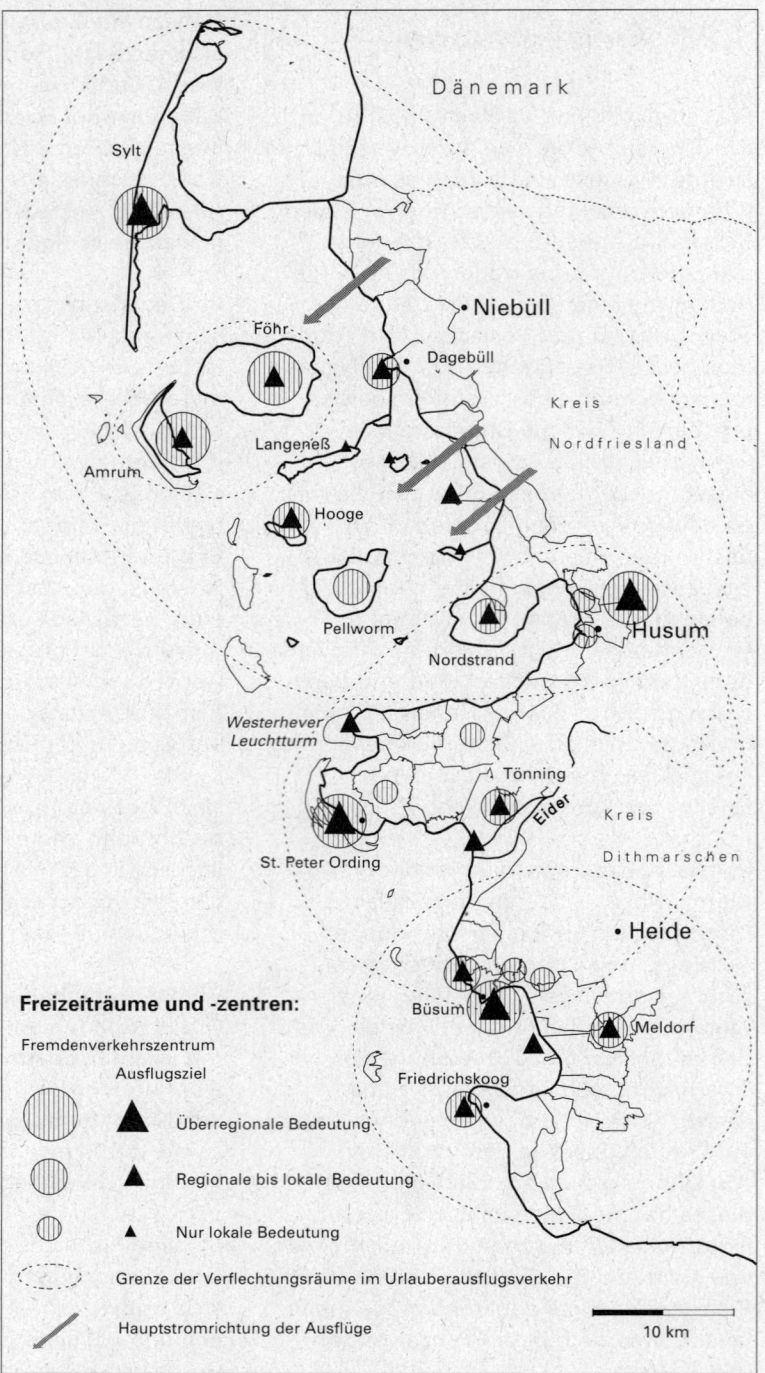

Abb. 100
Freizeiträume und - zentren der Nationalparkregion Schleswig-Holsteinisches Wattenmeer. Der überwiegende Ausflüglerstrom im nördlichen Teil Nordfrieslands bewegt sich vom Festland zu den Inseln. Die Bedeutung der Fremdenverkehrszentren ergibt sich aus der Anzahl der Übernachtungen. Die Bedeutung der Ausflugsziele ergibt sich aus der Anzahl der einströmenden Ausflügler. Nicht dargestellt ist der Ausflugsverkehr zwischen der Nordspitze Sylt (List) und dem dänischen Festland sowie der Insel Römö (FEIGE & MÖLLER 1994b, verändert).

Freizeiträume und -zentren:

Fremdenverkehrszentrum

Ausflugsziel

Überregionale Bedeutung

Regionale bis lokale Bedeutung

Nur lokale Bedeutung

Grenze der Verflechtungsräume im Urlauberausflugsverkehr

Hauptstromrichtung der Ausflüge

10 km

Die kleineren lokalen Zentren wie Tetenbüll, Wesselburener Koog und Warwerort haben nur eine geringe Bedeutung als Ausflugsziele. Sie halten Nischenangebote für Individualisten, z.B. im Bereich Urlaub auf dem Bauernhof, bereit.

Eine Sonderform touristischer Zentren sind hochattraktive Landschafts-Ausflugsziele wie die Halligen, Westerhever mit seinem Leuchtturm, das Eidersperrwerk mit der „Freizeitlandschaft" Katinger Watt und der Meldorfer Speicherkoog. Sie leisten außerdem einen wichtigen Beitrag zum Bekanntheitsgrad der Region und

prägen das unverwechselbare regionale Profil. Damit ergeben sich Wettbewerbsvorteile gegenüber anderen Regionen (LANG et al. 1989).

1.3 Nationalparkbezogene Freizeitnutzungen

So verschieden wie die Naturräume des Wattenmeergebietes sind auch deren Nutzungen als Freizeitraum. Neben touristischen Zentren mit Millionen von Übernachtungsgästen und Ausflüglerinnen bzw. Ausflüglern, die an „multifunktionalen Freizeitstränden" in großer Zahl einer Fülle von Aktivitäten nachgehen, existieren schwach frequentierte Küsten- und Wattabschnitte sowie Prielsysteme, an denen wenige Individualistinnen und Individualisten auf Wattwanderungen, Segeltörns etc. vor allem Weite, Ruhe und Einsamkeit suchen.

Der Ausgangspunkt für Freizeit- bzw. Erholungsaktivitäten im Nationalpark liegt in aller Regel binnendeichs. Dieser Raum muß u.a. deshalb in die Bestandserfassung einbezogen werden, weil Schutzstrategien für den Nationalpark ohne Einbezug der Quellräume nur partiell durchsetzbar wären.

In stark abstrahierter Betrachtung lassen sich drei Teilräume für nationalparkbezogene Freizeitaktivitäten unterscheiden (Abb. 101). Der Außendeichs- und Wattbereich, bestehend aus dem Watt mit Prielen und Rinnen, dem Strand sowie den Salzwiesen, ist Hauptziel- und Aktivitätsraum. Hier finden die strand- und wasserbezogenen Nutzungen statt: Schiffs- und Bootsfahrten, Surfen und Strandsegeln, Baden, Lagern, Watt- und Strandwanderungen. Da der Nationalpark erst 150 m seeseitig der Deichkrone beginnt, spielt sich nur ein Teil des Freizeitlebens unmittelbar auf seinem Territorium ab.

Deiche bzw. je nach geographischer Situation Dünen und direkt an das Watt grenzende Geestränder sind vor allem Übergangs- und Durchgangsräume zwischen Straßen, Parkplätzen bzw. Fremdenverkehrsgemeinden und dem Vorland. Hier finden spezifische Aktivitäten wie Drachensteigen und Spaziergänge statt. Küstenparallele Deichverteidigungs- und Treibselabfuhrwege werden unter anderem von Fahrradfahrerinnen und -

Abb. 101
Räumliche Verteilung nationalparkbezogener Freizeitnutzungen - generalisierte Darstellung.

Räumliche Verteilung nationalparkbezogener Freizeitnutzungen

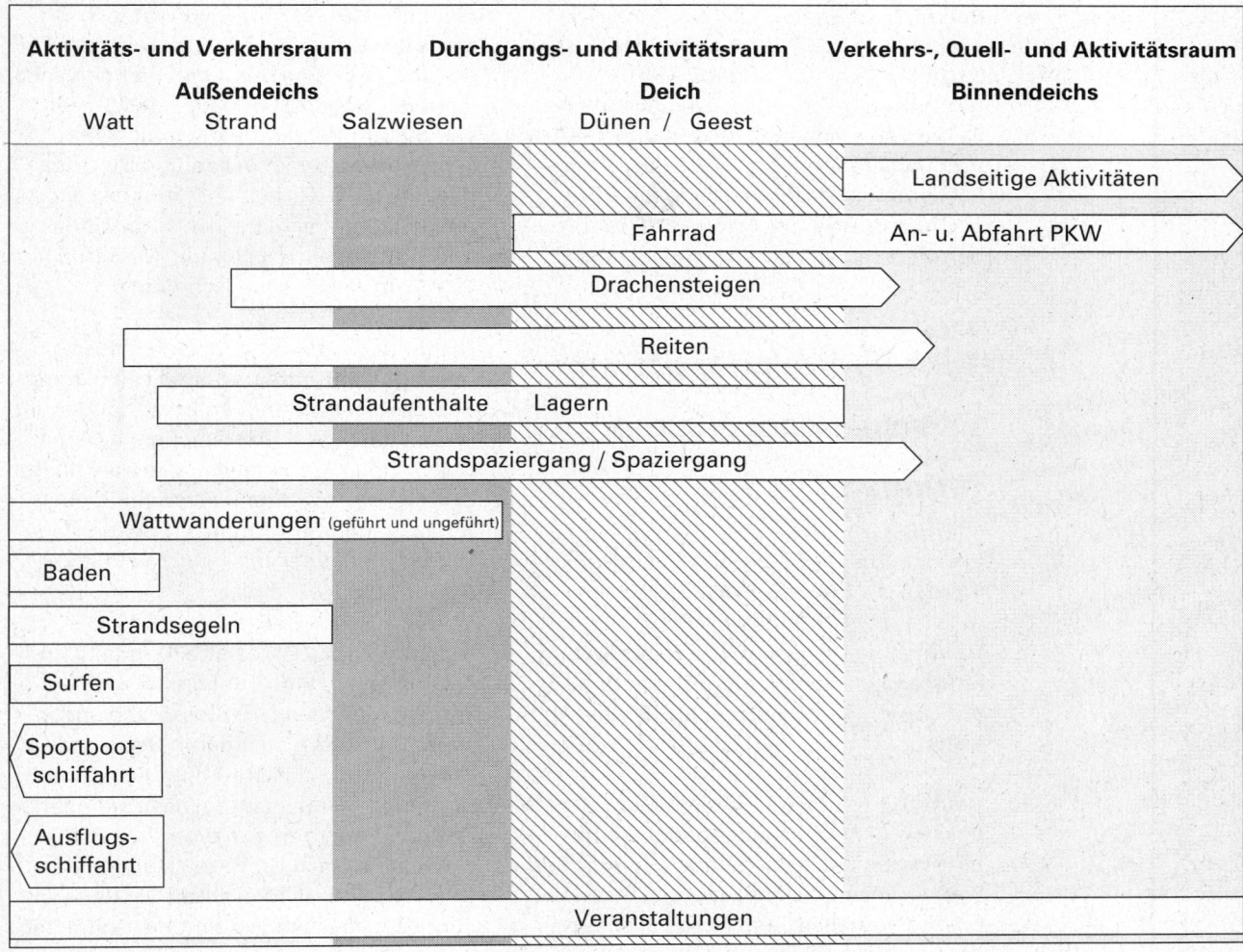

fahrern genutzt. Ebenfalls im Übergangsbereich befinden sich Häfen und Liegeplätze für Sportboote, je nach natur-
geographischer Situation außen- oder
binnendeichs.

Der unmittelbare Binnendeichsraum
sowie das Binnenland selbst sind vor
allem Verkehrsräume für die An- und
Abreise der Besucherinnen und Besucher,
sie steuern über Straßen und Parkplätze
deren Zugang zum Nationalpark und sind
damit Quellgebiete für Aktivitäten im
Nationalpark und gleichzeitig landseitige
Aufenthalts- und Aktivitätsräume.

Der folgende Überblick vermittelt ein
qualitatives und soweit wie möglich
quantitatives Bild von Art, Umfang und
Bedeutung der wichtigen nationalpark-
relevanten Freizeitnutzungen in räumlicher Differenzierung. Je nach Aktivität und
Datenlage ist dies in unterschiedlichen
Feinheitsgraden möglich. Aufgrund der
hohen Variabilität und in Anbetracht der
Größe des Gebietes kann hierbei nicht
jeder kleinräumigen Individualität Rechnung getragen werden.

Vorangestellt wird bei jeder Freizeitnutzung ein kurzer Abriß der rechtlichen
Rahmenbedingungen, unter denen sie
ausgeübt werden kann, sowie der Zuständigkeiten. Eine Vielzahl von Bestimmungen mit unterschiedlichem räumlichen
Geltungsbereich regeln nationalparkbezogene Freizeitnutzungen sowie die
Errichtung und Unterhaltung der Infrastruktur. Soweit das Nationalparkgebiet
betroffen ist, ist das Nationalparkamt
zuständig.

1.3.1 Freizeitaktivitäten verschiedener Nutzergruppen

Im Rahmen der Ökosystemforschung
wurden die Statistiken zu Freizeitaktivitäten von Einheimischen,
Übernachtungsgästen und Tagesausflüglerinnen bzw. -ausflüglern durch Befragungen ergänzt (FEIGE et al. 1994b) (Abb.
102).

Deutlich tritt die Bedeutung des Außen-
deichbereiches, also der nationalpark-
bezogenen Freizeitaktivitäten, hervor und
hier vor allem die Nutzung des Strandes.
Er wird von allen Teilräumen des Watten-

meeres am häufigsten aufgesucht und ist
gerade für die Übernachtungsgäste
untrennbar mit ihrem Nordseeurlaub
verbunden. Aber auch fast zwei Drittel der
Einwohnerinnen und Einwohner sowie 30
bis 40 % der Ausflüglerinnen und Ausflügler besuchen Strandabschnitte zum
Spazierengehen, Baden, Sonnen oder
Lagern. Der geographische Begriff
„Strand" muß weit gefaßt werden, da
Sandstrände, wie z.B. in Vollerwiek, fehlen
können und stattdessen Salzwiesen oder
sogar der Deich den sogenannten „Badestrand" bilden.

Am zweithäufigsten suchen alle drei
Nutzergruppen die angrenzenden und bei
Niedrigwasser begehbaren Wattflächen
auf. Wasser- und Wattflächen sind in
Bezug auf ihre Freizeitnutzung wegen des
Tideeinflusses nicht exakt voneinander zu
trennen. Eulitorale Wattbereiche fallen bei
Niedrigwasser trocken und können dann
zum Wattwandern genutzt werden, bei
Hochwasser wird an derselben Stelle
unter Umständen gesurft, gebadet oder
gesegelt.

Besondere Bedeutung auf den Wattflächen haben individuelle Wattaufenthalte. Wasserflächen werden nur von
einer Minderheit für aktive Wassersport-
arten wie Surfen und Sportbootfahren
genutzt. Dies sind vor allem Einheimische,
denn das Segeln, aber auch das Surfen,
verlangt im Wattenmeer genaue Ortskenntnis von Sandbänken und Strömungen, die die Mehrheit der Urlauberinnen
und Urlauber nicht besitzt. Touristinnen
und Touristen erreichen die Wasserflächen
vor allem mit Ausflugsschiffen.

Nicht nur der Außendeichbereich ist
relevant. Fahrradfahrerinnen bzw. -fahrer
und Spaziergängerinnen bzw. -gänger
nutzen den Über- und Durchgangsraum
Deich (Düne, Geest) nicht allein als bloßen
Zugang zum Wattenmeer, sondern auch
für ausgedehnte Touren, auf denen sich
immer wieder der Blick auf das Wattenmeer ergibt.

Neben der Freizeitgestaltung im und am
Nationalpark sind Touristinnen und
Touristen und auch Einheimische anderweitig aktiv. Wie in anderen Regionen
gehören auch hier Stadtbummeln, Spaziergänge, Veranstaltungsbesuche oder
Besichtigungen zu den typischen Freizeitaktivitäten. Nach St. Peter-Ording, der
Gemeinde mit dem größten Sandstrand
der Festlandsküste, kommt die Hälfte der

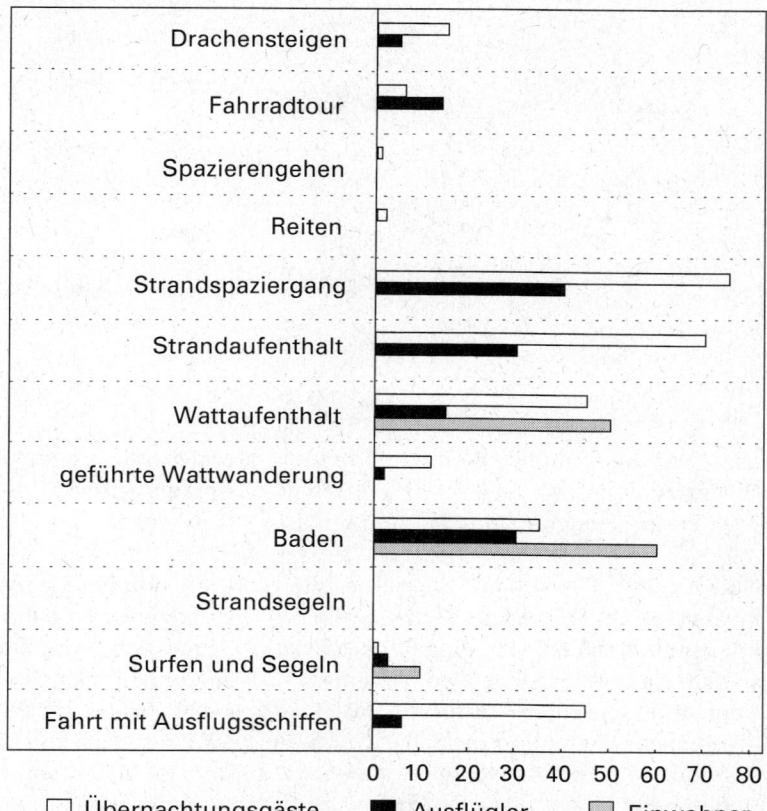

Abb. 102
Die Bedeutung von nationalpark-bezogenen Freizeit-nutzungen für Übernachtungs-gäste, Ausflügler und Einwohner (in % der Befragten) (DWIF 1990/92, Befragung von Übernachtungs-gästen, Ausflüglern und Einwohnern).

Bedeutung von nationalparkbezogenen Freizeitnutzungen (% der Befragten)

Drachensteigen
Fahrradtour
Spazierengehen
Reiten
Strandspaziergang
Strandaufenthalt
Wattaufenthalt
geführte Wattwanderung
Baden
Strandsegeln
Surfen und Segeln
Fahrt mit Ausflugsschiffen

0 10 20 30 40 50 60 70 80

☐ Übernachtungsgäste   ■ Ausflügler   ☐ Einwohner

VI

Ausflüglerinnen und Ausflügler nicht wegen eines Strandbesuches, sondern zum Einkaufen, Bummeln, zu Restaurantbesuchen oder aus anderen Beweggründen (FEIGE et al. 1993a). Urlaubsgäste, die in ihren Ferienorten viel Zeit am Strand verbringen, suchen auf Ausflügen nach Abwechslung.

1.3.2 Umfang der nationalparkbezogenen Freizeitnutzungen

Hochrechnungen aus den Befragungen ermöglichen eine Abschätzung des quantitativen Umfanges der wichtigsten nationalparkbezogenen Freizeitnutzungen im Außendeichbereich (Abb. 103).

Auf den Wattflächen gibt es gut eine Million geführter und individueller Wattwanderungen

Mit ca. neun Millionen Strandbesuchern jährlich ist der Strand mit Abstand der am intensivsten genutzte Teilraum des Wattenmeeres. Acht Millionen der Strand-besucherinnen und -besucher sind Übernachtungsgäste, die etwa jeden zweiten Aufenthaltstag auch am Strand verbringen. Einheimische und Wohnort-ausflüglerinnen bzw. -ausflügler verbringen etwa eine Million Strandaufenthalte,

wobei man von etwa zehn Strand-besuchen pro Einwohnerin bzw. Einwohner und Jahr ausgehen kann.

Auf den Wattflächen gibt es gut eine Million geführter und individueller Watt-wanderungen, demgegenüber finden auf den Wasserflächen, Prielen und Rinnen maximal 100.000 Surffahrten und ca. 30.000 Sportbootfahrten statt. Bei den Surffahrten sind allerdings die West-strände Sylts und Amrums nicht enthalten.

Die Zahl der geführten Wattwanderungen konnte per Erhebung bei den Wattführern relativ exakt ermittelt werden. Individuelle Wattaufenthalte wurden ca. fünf- bis sechsmal so häufig unternommen wie geführte Wattwanderungen. Der maximale Schätzwert bei Sportbootfahrten wurde über Flugzählungen ermittelt. An einem Tag ließen sich höchstens 200 Sportboote im Wattenmeer feststellen, multipliziert mit den 150 Tagen der Sportbootsaison ergibt dies maximal 30.000 Fahrten. Die geschätzten Zahlen für Surffahrten basieren auf Hochwasserzählungen von SCHU-BERT (1988). Für 150 Saisontage wurden durchschnittliche Nutzerzahlen von 20 bis 50 Surferinnen und Surfern, je nach Gebiet, angesetzt. In unregelmäßig

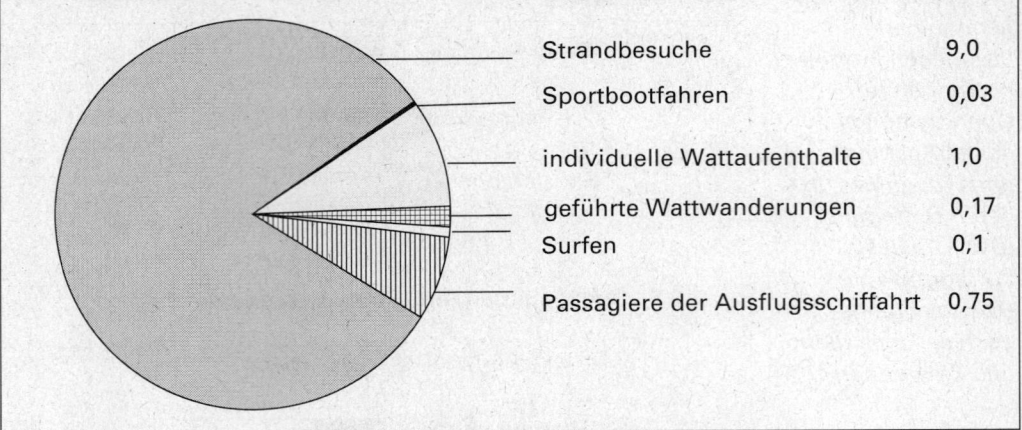

Strandbesuche	9,0
Sportbootfahren	0,03
individuelle Wattaufenthalte	1,0
geführte Wattwanderungen	0,17
Surfen	0,1
Passagiere der Ausflugsschiffahrt	0,75

Abb. 103 Nationalpark- bezogene Freizeit- nutzungen im Wattenmeer. Dargestellt ist die Häufigkeit der wichtigsten Nut- zungen im Millio- nen pro Jahr (Berechnungen und Schätzungen des DWIF aus den Jahren 1990 bis 1995).

genutzten Surfgebieten wurde von zehn Nutzertagen pro Monat á zehn Suferinnen bzw. Surfer ausgegangen.

Nutzerzahlen allein sagen allerdings nichts darüber aus, ob die Nutzungs–intensitäten ökologische Folgen nach sich ziehen, sie unterstreichen lediglich die Bedeutung einzelner Freizeitaktivitäten für die Besucherinnen und Besucher. Surfe-rinnen bzw. Surfer oder Seglerinnen bzw. Segler nehmen wesentlich größere Flächen in Anspruch als Strand-besucherinnen und Strandbesucher. Bei einer Wattwanderroute ist, obwohl sie nur einen linienhaften Ausschnitt des Watts betrifft, entscheidend, ob sie ökologisch sensible Bereiche wie Seehundbänke passiert oder in einer Salzwiese beginnt und in welcher Jahreszeit bzw. zu welcher Tageszeit sie stattfindet.

St. Peter-Ording registriert jährlich zwischen 1,2 und 1,9 Millionen Strandbesucher

Die Hamburger Hallig verzeichnet jährlich 80.000 Besucher

1.3.3 Saisonalität und tageszeitliche Variabilität der nationalparkbezogenen Freizeitnutzungen

Übernachtungsgäste und Ausflüglerinnen und Ausflügler besuchen die verschiede-nen Naturräume des Wattenmeeres vor allem zur Haupturlaubszeit. Dies schlägt sich bei den nationalparkbezogenen Freizeitnutzungen in einer deutlichen Sommersaisonalität nieder. Bei nahezu allen Freizeitnutzungen bildet die Haupt-saison ab Mitte Juni bis Ende August den Schwerpunktzeitraum (Abb. 104). Wäh-rend sich dabei das Baden erwartungsge-mäß als besonders witterungs- und temperaturabhängige Freizeitaktivität auf die Kernmonate Juli und August konzen-triert, sind Strandspaziergänge bereits im

Mai schon attraktiv und finden auch im September noch viele Anhängerinnen und Anhänger.

Die jahreszeitliche Verteilung der Strand-besuche konnte an zwei sehr unterschied-lichen Abschnitten durch Besucher-zählungen nachgewiesen werden. St. Peter-Ording mit seinen kilometerweiten Sänden registriert jährlich zwischen 1,2 und 1,9 Millionen Strandbesucherinnen und -besucher. Die Hamburger Hallig, mit einem typischen grünen Salzwiesen-strand, verzeichnet jährlich 80.000 Besu-cherinnen und Besucher, von denen allerdings nur ein kleinerer Teil Badegäste sind. An beiden Strandabschnitten kon-zentriert sich ein Drittel der Besucherinnen und Besucher auf die zwei Hochsaison-monate Juli und August, rund die Hälfte auf die Zwischensaison von April bis Juni sowie September und Oktober. Es verblei-ben nur rund 10 % der Gäste für die fünf Wintermonate.

Fallen Feiertage, Ferien und gutes Wetter zusammen, können auch in der Vorsaison schon Spitzenaufkommen an Freizeit-nutzerinnen und-nutzern im Wattenmeer erreicht werden. Die Segel- und Sportbootsaison beginnt mit Öffnung der Häfen am 1. Mai und dauert bis zum 1. Oktober. Mai und September sind dabei jeweils durch langsames Anlaufen bezie-hungsweise Abflauen des Bootsbetriebs gekennzeichnet. An Frühjahrs-Feiertagen wie Pfingsten kann sich bei Schönwetter jedoch bereits die Mehrzahl der Boote auf dem Wasser befinden (KRANZ 1992).

Der Einfluß von Wochenend- bzw. Feierta-gen gegenüber Werktagen zeigte sich auch für die Strandbesucherinnen und - besucher im Rahmen umfangreicher Zählungen für St. Peter-Ording. Sonn-, Samstage und Feiertage erbrachten über das Gesamtjahr genauso viele Besucherinnen und Besucher wie die zahlenmäßig häufiger vertretenen Werktage (FEIGE et al. 1994a,b). Ein Schönwetter-Sonntag im Mai verzeichnete doppelt soviele Besucherinnen und Besucher wie ein Schönwetter-Werktag.

Auch für die Nutzung von Salzwiesen und Deichen durch Spaziergängerinnen bzw. -gänger und Erholungsuchende läßt sich diese Wochentagsabhängigkeit in ähnlicher Weise belegen. Dabei zeigten sich regionale Unterschiede: Gebiete, die eher als Ausflugsziele von Urlauberinnen und Urlaubern genutzt werden, z.B. viele Strände und Salzwiesen im nordfriesischen Raum, auf den Inseln und Halligen, zeigten eine geringere Wochentagsabhängigkeit als klassische Wochenendausflugsziele der Einheimischen und Wohnortausflüglerinnen und -ausflügler. Letztere sind z.B. die Salzwiesen der Friedrichskooger Halbinsel mit ihrer Nähe zum Ballungsraum Hamburg und einige kleinere, ländliche Badestellen am Festland, die überwiegend von Einhei-

mischen genutzt werden (KNOKE et al. 1994).

Die organisierten Freizeitangebote orientieren sich ebenfalls am Saisonverlauf der touristischen Nachfrage. Die meisten Wattführerinnen und -führer sind zwischen Mai und September aktiv, nur bei einigen beginnt die Saison bereits im März oder sie dehnt sich bis November aus (FEIGE et al. 1994b). Surfkurse werden im Sommerhalbjahr von Mai bis maximal Oktober angeboten, der Schwerpunkt bei Veranstaltungen liegt im Zeitraum Juni bis August.

Auch wenn das Gros der Freizeitnutzerinnen und -nutzer im Sommerhalbjahr registriert wird, sind eine Reihe von Freizeitaktivitäten ganzjährig für die Gäste relevant. Relativ gesehen haben Strandspaziergänge das ganze Jahr über eine gleichmäßig hohe Bedeutung für Übernachtungsgäste, bei den Ausflüglerinnen und Ausflüglern (Abb. 105) wächst diese sogar zur Nachsaison noch an. Möglicherweise wird von dieser Besucher-

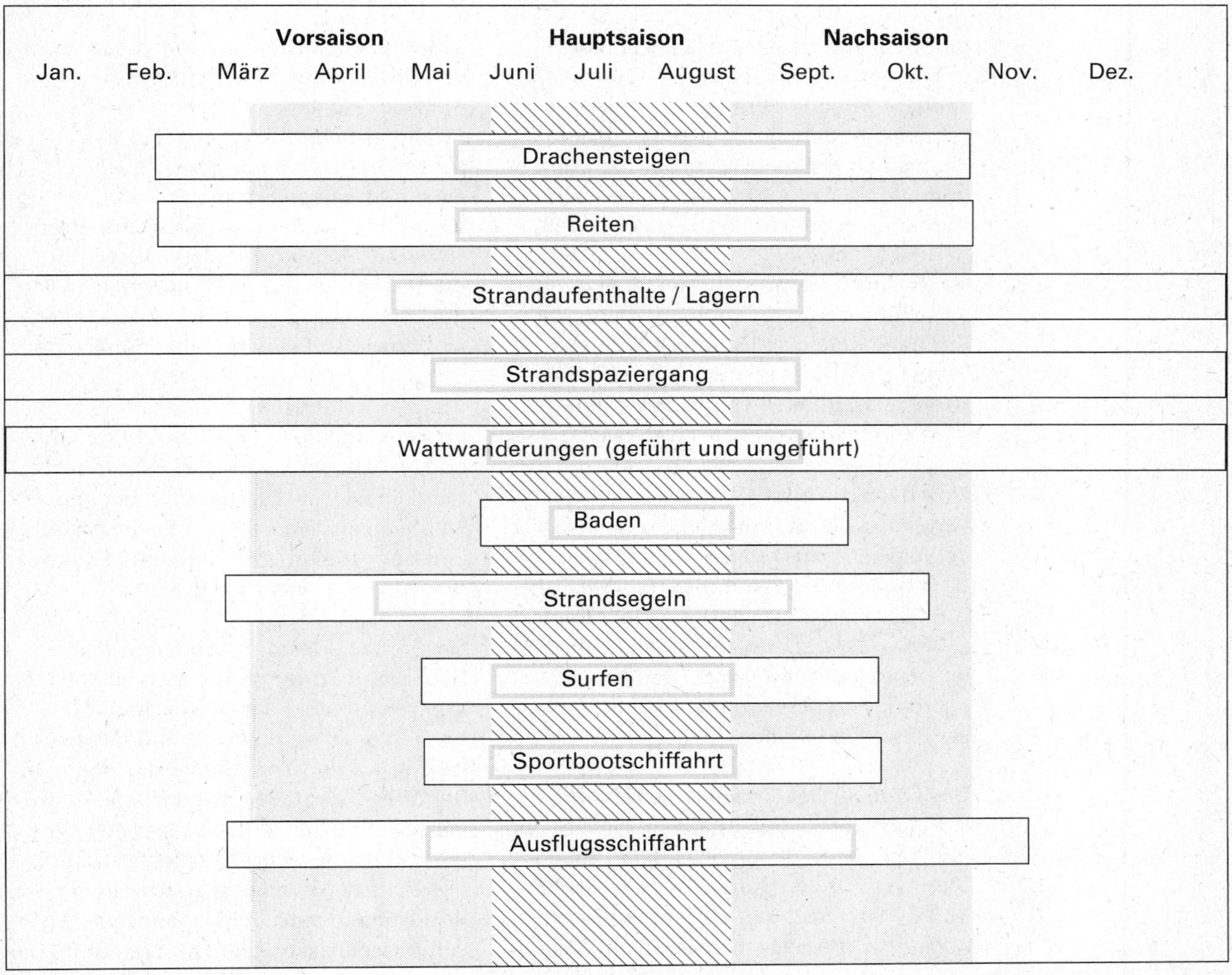

Abb. 104
Generalisierte Darstellung der saisonabhängigen nationalparkbezogenen Freizeitnutzungen. Die inneren grauen Umgrenzungen der Nutzungen kennzeichnen den zeitlichen Schwerpunkt.

VI

Saisonstruktur nationalparkbezogener Freizeitnutzungen

197

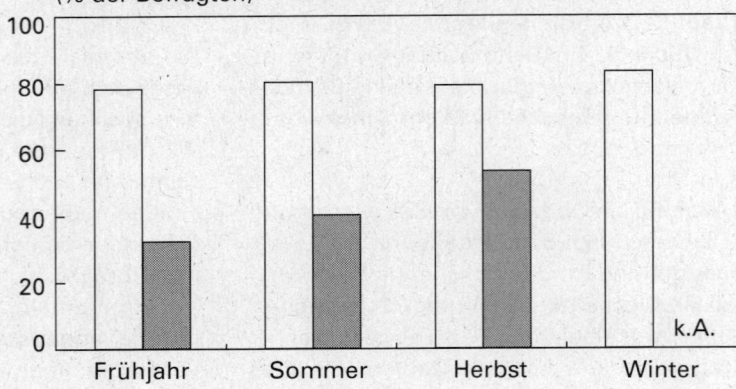

Saisonale Bedeutung des Strandspaziergangs
(% der Befragten)

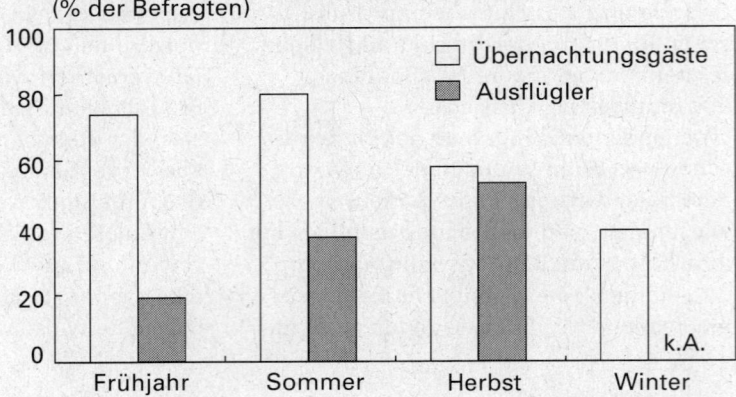

Saisonale Bedeutung des Strandaufenthaltes
(% der Befragten)

☐ Übernachtungsgäste
▨ Ausflügler

Abb. 105
Die saisonale
Bedeutung des
Strand-
spaziergangs und
des Strand-
aufenthaltes bei
Übernachtungs-
gästen und Aus-
flüglern (Erhebun-
gen DWIF 1990/91,
Befragung von
Übernachtungs-
gästen und Aus-
flüglern).

gruppe die Ruhe der Nachsaison dem Hochsommertrubel gezielt vorgezogen. Längere Strandaufenthalte nehmen zwar zur kälteren Jahreszeit erwartungsgemäß deutlich an Bedeutung ab, spielen aber immerhin für fast 40 % der Gäste auch im Winter noch eine Rolle (vergl. Abb. 105).

Haupteinflußfaktoren für die tageszeitliche Verteilung der Nutzung von Vorländern, Stränden und Wattflächen sind Saison, Wetter, Temperatur sowie die Tide. So können innerhalb weniger Sommertage die Nutzerzahlen stark schwanken.

Grundsätzlich gilt für die tageszeitliche Verteilung der Strandaufenthalte, daß in den besucherstarken Zeiten Frühjahr, Sommer und Hochsommer bis 13.00 Uhr rund 65 % der Besucherinnen und Besucher den Strand erreicht haben (Abb. 106). Im jahreszeitlichen Verlauf kommt es allerdings zu Abwandlungen der tages-zeitlichen Verteilung.

Das Frühjahr hat ein ähnliches Muster, nur auf niedrigerem quantitativem Niveau und mit weniger starken Ausschlägen als der Sommer. Für den Sommer stellte SCHU-BERT (1987) fest, daß ab Temperaturen über 20 °C die Besucherzahlen am Strand

exponentiell ansteigen. Dann kann es an den Stränden St. Peter-Ordings zu Spitzenereignissen mit über 15.000 Strandbesuchern kommen. Für den Herbst sind sowohl ein niedrigeres Niveau als auch eine wesentlich gleichmäßigere Verteilung der Besucherinnen und Besu-cher über den Tag charakteristisch. Im Winter werden nur an Sonntagnachmitta-gen, das heißt also zur wärmsten Tages-zeit, sowie an Feiertagen nennenswerte Besucherzahlen registriert.

In Vorlandgebieten, die v.a. im Frühjahr und Herbst, wenn längeres Lagern nicht möglich ist, zum Spazierengehen genutzt werden, sind zwei Tagesmaxima typisch: eines am späten Vormittag und ein meist größeres am Nachmittag.

Die Freizeitaktivitäten Wattwandern, Baden und Surfen sind entsprechend ihrem Raumanspruch deutlich tide-abhängig, es sei denn, es sind gut erreich-bare Priele vorhanden oder das Baden in der offenen Nordsee ist ganztägig mög-lich. Zum Surfen bietet sich wegen der dann kürzeren Wege bis zum Wasser ebenfalls der Hochwasserzeitraum an. Die Windstärken entscheiden jedoch maßgeb-lich über Surfaktivitäten im Watt mit: zwei

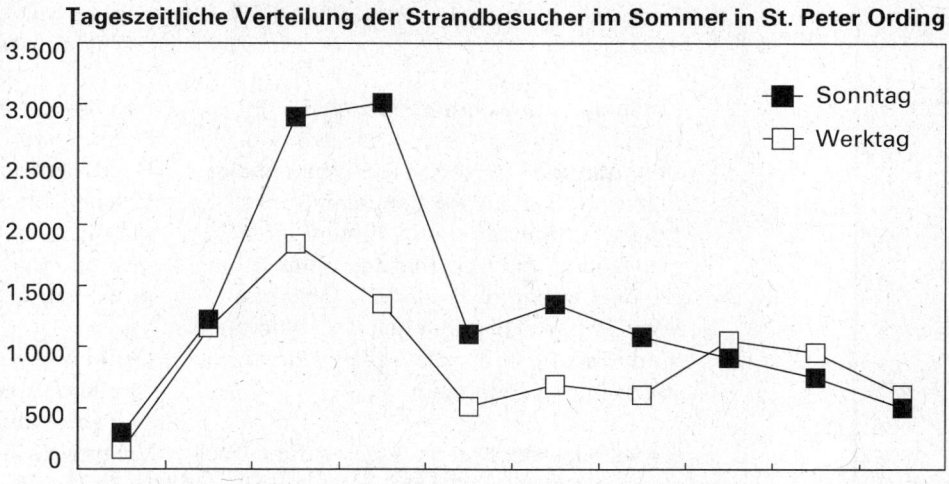

*Abb. 106
Tageszeitliche
Verteilung der
ankommenden
Strandbesucher in
St. Peter-Ording,
Sommer 1992
(Erhebungen DWIF
1992).*

bis sechs Beaufort gelten als ideale Bedingungen (KRANZ 1992).

1.3.4 Badestellen und Strandabschnitte

Badestellen sind die häufigste und, bezogen auf die Nutzerzahlen, auch bedeutendste Infrastruktur im Außendeichbereich. Sie bilden Kristallisations- und Ausgangspunkte für vielfältige Freizeitnutzungen vom Lagern und Baden über Strandspaziergänge bis hin zu Einstiegsstellen für die Surferinnen und Surfer. Grundsätzlich können unter Badestellen alle Küstenabschnitte verstanden werden, wo Wassertiefe und Zugänglichkeit das Baden ermöglichen.

1.3.4.1 Gesetzliche Rahmenbedingungen

Nur ein Teil der zum Baden tatsächlich genutzten Strand-, Deich- und Vorlandabschnitte ist auch eine offizielle Badestelle. Abgrenzungskriterium gegenüber den „wilden", nicht durch Ordnungsbehörden genehmigten Badestellen, ist der „rege Badebetrieb", welcher gesetzlich nicht näher definiert wird (§ 3 Badestellenverordnung). Der Betrieb einer offiziellen Badestelle muß bestimmte Anforderungen an die Badesicherheit (§ 3), die Beprobung und Überwachung der Badewasserqualität (§ 7) sowie die sanitäre Ausstattung (§ 8) erfüllen. Ist der Badebetrieb an einem Strandabschnitt eingerichtet, an dem Sondernutzungen am Meeresstrand (§ 35 LNatSchG) zugelassen sind, kann nach dem Gesetz eine

Strandbenutzungsgebühr oder auch Kurtaxe erhoben werden.

Mittels Satzungen weisen Gemeinden spezielle Surf-, FKK- oder Hundestrände an einem solchen konzessionierten Strand aus. Das Nationalparkamt wird bei der Genehmigung von Badestellen durch den Kreis oder, bei der Vereinbarung von Sondernutzungen, vom Umweltministerium gehört.

1.3.4.2 Räumliche Verteilung und Nutzung der Badestellen

Die Zahl der Badestellen im Wattenmeergebiet läßt sich aufgrund einer Reihe „wilder" Badestellen nicht mit absoluter Genauigkeit bestimmen. In GIS-Karte 23 sind alle Badestellen dargestellt, die vom Landesumweltministerium auf Badewasserqualität hin beprobt wurden. Sie sind den Ordnungsämtern der Kreise bekannt und wurden von SCHUBERT (1987) in seine Untersuchung der Freizeitnutzung aufgenommen. Teilweise mußten einzelne Badestellen im Interesse der Übersichtlichkeit zusammengefaßt werden.

Strandspaziergänge, das Lagern und Baden sind nicht überall entlang der Küste gleich möglich bzw. attraktiv. Zum Teil verhindern Küstenschutzmaßnahmen wie Lahnungsbau, daß Besucherinnen und Besucher die Wasserkante erreichen, auch sind Strandabschnitte mit Schlickwatt zum Baden weniger beliebt (SCHUBERT 1987). Entsprechend den natürlichen Voraussetzungen lassen sich drei Kategorien von

Badestellen unterscheiden (SCHUBERT 1987):

Kategorie 1 umschreibt Badestellen in direkter Nähe zu Prielen, Wattströmen oder der offenen Nordsee. Sie bilden die landschaftlich ansprechendsten Strandtypen, mit Sandstränden, hinter denen sich Dünen und Geestflächen erheben und wo die umfangreichsten Möglichkeiten für Wassersportaktivitäten gegeben sind. Sie sind beschränkt auf die Geestinseln sowie die Halbinsel Eiderstedt.

Badestellen der Kategorie 2 verfügen über einen Priel in zu Fuß ausreichend gut erreichbarer Entfernung von bis zu etwa einem km Weg bei Niedrigwasser. Sie befinden sich meist vor Schardeichen und sind typisch für die Festlandsküste sowie Nordstrand und die Insel Pellworm.

Badestellen an Wattflächen ohne Priele, bzw. mit Prielen oder Wattströmen mit zu starker Strömung (Kategorie 3), sind wenig attraktiv, da Baden nur zwei Stunden vor bis zwei Stunden nach Hochwasser möglich ist. Diese Badestellen finden sich an den Inselrückseiten und den restlichen Festlandsstandorten.

Badestellen konzentrieren sich wegen der günstigeren natürlichen Gegebenheiten und stärkeren touristischen Entwicklung auf Nordfriesland und hier insbesondere auf die Inseln. In der Regel bestehen deutliche Zusammenhänge zwischen Kategorie, Ausstattungsgrad und Nutzungsintensität der Badestellen.

Die höchsten Nutzerzahlen zeigen die hochattraktiven Badestellen der Kategorie 1, fast ausnahmslos auch konzessionierte Strände nach § 35 LNatSchG mit ergänzender Infrastruktur aus Surfschulen, Gastronomie sowie strandnahen Einkaufsmöglichkeiten. Sie entwickelten sich an den von Natur aus begünstigten Küstenabschnitten vor den touristischen Zentren der Insel Sylt, St. Peter-Ording, Wyk und Utersum auf Föhr. Die einzige Ausnahme ist der Strand bei Westerhever, der bewußt nicht weiter infrastrukturell entwickelt worden ist, weil im nahen St. Peter-Ording ein voll ausgestatteter Badestrand besteht.

Hohe Besucherfrequenzen haben allerdings auch naturräumlich weniger anziehende Bereiche (Kategorie 2 und 3), wenn es keine attraktiveren Alternativen gibt und die ergänzende Infrastruktur naturgegebene Mängel ausgleicht. Quantitativ bedeutendstes Beispiel ist Büsum mit rund einer Million Strandbesucherinnen und -besuchern jährlich. In der Nähe der kleineren touristischen Zentren Dagebüll, Friedrichskoog, Husum oder an den Badestellen auf Nordstrand kann immerhin mit etwa 50.000 bis 100.000 Strandbesucherinnen und -besuchern pro Jahr gerechnet werden.

Daneben existieren eine Reihe schwach frequentierter, offizieller Badestellen in den eher ländlichen Bereichen wie Vollerwiek, Tetenbüllspieker, Hamburger Hallig und Schobüll, die vor allem für die Gäste und Einheimische aus den umliegenden Orten Freizeitstandorte sind. Neben einer Grundausstattung mit Parkplätzen, Duschen und sanitären Anlagen gibt es hier teilweise Strandkorbvermietungen, eine binnendeichs gelegene Gastronomie oder auch fahrbare Kioske.

Kartierungen 1987 und 1988 zeigten eine deutliche Clusterung der Besucherinnen und Besucher um die Badestellen. Besucherkartierungen von 1992 auf den Sandbänken in St. Peter-Ording konnten mittels kleinteiliger Rasterung der Bänke detailliert belegen, daß sich die Mehrheit der Besucherinnen und Besucher in der Nähe der Strandparkplätze, Strandzuwegungen, Strandgastronomie und Strandkorbverleihe konzentriert und nicht sehr stark in der Fläche verteilt. Dies illustriert eindrucksvoll die kleinräumig lenkende Wirkung von Infrastruktur. Befragungen ergaben zudem eine hohe Strandtreue der Strandbesucherinnen und -besucher aus dem Ort. Nur ein Viertel der Urlauberinnen und Urlauber St. Peter-Ordings sucht andere Strandabschnitte auf (FEIGE et al. 1993a).

Auch wenn sich die Masse der Freizeitaktiven an den o.g. Badestellen sammelt, gibt es im Sommer gleichzeitig immer wieder Besucherinnen und Besucher, die abseits der Nutzungsschwerpunkte in den Vorländern Ruhe und Erholung suchen. Sogenannte „wilde" Badestellen, an denen Einzelpersonen oder kleine Gruppen direkt in den Salzwiesen lagern und von dort aus ins Meer gehen, gibt es an zahlreichen Küstenabschnitten: Bei der Hamburger Hallig, im Westerhever Vorland, in den Salzwiesen vor St. Peter-Ording, im Vorland des Nordstrander Süderhafens, entlang der nördlichen Küste Eiderstedts, bei der Hallig Helmsand im nördlichen Friedrichskooger Vorland, im Vorland des Kaiser-Wilhelm-Kooges sowie an der Einfahrt des Friedrichskooger Hafens (SCHUBERT 1987). Die Nutzung dieser Gebiete ist vor allem an „Spitzentagen" zu beobachten, was auf Ausweichreaktionen bestimmter Gruppen auf diese, vom Massentourismus ungestörten, Flächen schließen läßt.

1.3.4.3 Auswirkungen der Nutzung von Vorland und Badestellen auf den Nationalpark

Die oben beschriebene Form der Vorlandnutzung ist besonders problematisch, da eine relativ geringe Zahl von Besucherinnen und Besuchern große Flächen in Anspruch nimmt. Dies kann zu einer - auch länger andauernden - Blockierung der Gebiete insbesondere für brütende und rastende Vögel führen.

Auch an den „offiziellen" Badestellen kann es zu Konflikten mit den Ansprüchen von Brut- und Rastvögeln sowie Robben kommen. Dies ist insbesondere in Primärdünen, auf Strandwällen und Nehrungen der Fall. Diese Gebiete sind Brutplätze für seltene und bedrohte Arten und gleichzeitig für Erholungsuchende besonders attraktiv.

„Wilde" Badestellen sind für Brut- und Rastvögel problematisch

Die Auswirkungen dieser Freizeitaktivitäten auf die Vogelwelt reichen von kurzfristigen Störungen, z.B. wenn Rastvögel auf andere Rastplätze ausweichen müssen, und damit einhergehenden Energieverlusten über längerandauernde Verlagerungen traditioneller Rastplätze bis hin zum Verlust von Gelegen, z.B. durch Überhitzung oder verstärkte Prädation , und der dauerhaften Aufgabe/Blockierung möglicher Brut- und Rastplätze.

Damit können Aktivitäten von Erholungsuchenden und Badegästen Auswirkungen bis auf die Populationsebene von Arten haben. Für einige bedrohte und besonders empfindliche Strandvogelarten muß der anhaltende Populationsrückgang in natürlichen Habitaten des Wattenmeeres v.a. auf die Blockierung dieser Gebiete durch Erholungsuchende zurückgeführt werden (SCHULZ & STOCK 1993, STOCK et al. 1994b).

1.3.5 Wattwanderungen und Wattaufenthalte

Die an die Strände oder Vorländer angrenzenden Wattflächen gehören neben den Badestellen zu den am häufigsten genutzen Außendeichsbereichen. Beim Wattwandern sind zwei Aktivitätsformen zu unterscheiden: Die geführten Wattwanderungen, die mit einem autorisierten Führer bzw. einer Führerin auf festgelegten Routen stattfinden und daher eine linienhafte und stark räumlich konzentrierte Nutzung darstellen, sowie die individuellen Wattaufenthalte, die sich, abhängig von der Geländeausprägung, auf größerer Fläche und unkontrolliert abspielen. Eine spezifische Infrastruktur ist für Wattwanderungen und -aufenthalte nicht erforderlich. Gut erreichbare Badestellen mit leichtem Zugang zum Watt sind häufig auch Ausgangs- und Endpunkte für Wattwanderungen.

1.3.5.1 Gesetzliche Rahmenbedingungen

Grundsätzlich gilt im Nationalpark das Recht auf Betreten der freien Landschaft. Damit ist auch das Wattwandern erlaubt. Eine Ausnahme bildet das Betretungsverbot in Zone 1. Die Wattführungen werden in einzelnen Gemeinden z. T. durch Wattführerverordnungen oder durch Richtlinien geregelt. Hierbei sind Sicherheitsaspekte ausschlaggebend. Anforderungen an die Ortskenntnis, an Fähigkeiten und das Verhalten der Wattführerin bzw. des Wattführers sollen die Sicherheit der Teilnehmerinnen und Teilnehmer gewährleisten. Tabelle 21 gibt den aktuellen Stand der gemeindlichen Regelungen wieder. Gemäß diesen Regelungen vergibt die einzelne Gemeinde Lizenzen für festgelegte Gebiete an die Bewerberinnen und Bewerber. Berührt eine solche Wattwanderroute die Zone 1, entscheidet das Nationalparkamt über deren Genehmigung. Auflagen zur ständigen Weiterbildung durch das Nationalparkamt sorgen dafür, daß Wattführerinnen und Wattführer als wichtige Multiplikatoren auch die Belange des Naturschutzes gegenüber Gästen und einheimischen Teilnehmerinnen und Teilnehmern vertreten und vermitteln können.

Tab. 21: Stand der Wattführerverordnungen und Genehmigungen in Ämtern und Gemeinden der Nationalparkregion.

Amt Gemeinde Stadt	Verordnung erlassen	Verordnung in Vorbereitung	Einzel-genehmigung	kein Handlungsbedarf	Entscheidung in Vorbereitung	Entscheidung getroffen	Bemerkungen
Gem. List Amt Landschaft Sylt					X		
Amt Amrum						X	
Amt Föhr-Land	X					X	
Stadt Wyk/Föhr		X			X		
Amt Pellworm			X			X	
Amt Wiedingharde					X		evtl. 10
Amt Bökingharde			X			X	
Amt Stollberg			X			X	
Gemeinde Reußenköge	X					X	
Amt Hattstedt					X		nur 1 Wattführer
Amt Nordstrand	X					X	
Stadt Husum				X		X	
Amt Treene				X		X	
Amt Friedrichstadt				X		X	
Amt Eiderstedt			X			X	
Gemeinde St. Peter-Ording					X		noch offen
Stadt Tönning				X		X	
Amt KLG Wesselburen		X				X	Genehmigung Kreis fehlt
Amt KLG Büsum				X		X	
Gemeinde Büsum				X		X	
Amt KLG Meldorf-Land					X		
Stadt Meldorf							keine Rückmeld.
Amt KLG Marne-Land				X		X	
Gemeinde Friedrichskoog							keine Rückmeld.
Stadt Brunsbüttel							keine Rückmeld.

1.3.5.2 Räumliche Nutzung der Wattflächen

Die nachfolgenden Ausführungen zu Wattführungen basieren auf Befragungen privater Wattführerinnen und Wattführer sowie von Naturschutzorganisationen aus dem Jahr 1992 (FEIGE et al. 1994b).

Besonders beliebt: Wattwanderrouten vom Festland zur Hallig

In diesem Jahr betrieben rund 60 Wattführerinnen und Wattführer Führungen auf insgesamt 40 Routen durch das Watt, rund 170.000 Personen nahmen 1992 an diesen Führungen teil. 1995 hat sich die Zahl der Wattführerinnen und Wattführer mit 150 mehr als verdoppelt. Der Schwerpunkt der Routen liegt im besonders attraktiven nordfriesischen Raum (vergl. GIS-Karte 21). Hohe Anziehungskraft haben Routen, auf denen man trockenen Fußes vom Festland eine Hallig oder Insel erreicht, wie die Strecken von Dagebüll nach Oland oder vom Beltringharder Koog nach Nordstrandischmoor oder von Nordstrand nach Südfall. Jeweils bis zu 10.000 Personen werden dort jährlich geführt.

Ähnliches gilt für Verbindungen zwischen Halligen, Inseln und vorgelagerten Sänden wie beispielsweise von Hooge zum Japsand. Mengenmäßig relevant sind auch „Watterkundungen", die relativ nah am Festland oder an der Insel- und Halligküste einen Rundweg beschreiben. Watterkundungen wurden vor allem in Nähe der touristischen Zentren St. Peter-Ording, Büsum oder Wyk, wo die entsprechende Nachfrage gegeben ist, aber auch an besonders reizvollen Stellen wie dem Lister Königshafen oder dem Westerhever Leuchtturm, durchgeführt.

Eine Wattführung umfaßt in der Regel 20 bis 30, maximal 50 Personen. Einzelne Führungen privater Wattführerinnen und Wattführer werden allerdings mit bis zu 250 Wattwandernden durchgeführt. Auf den hochfrequentierten Routen finden mehrere Führungen pro Woche statt. Während die Naturschutzorganisationen Beiträge nur in Form von Spenden erbitten, gibt es für gewerbliche Führungen feste Preise.

Individuelle Wattaufenthalte werden wesentlich häufiger unternommen als Wattwanderungen mit einer Führerin oder einem Führer: Das Verhältnis beträgt bei den Ausflüglerinnen und Ausflüglern 6:1, bei den Übernachtungsgästen 5:1. 170.000 Teilnehmerinnen und Teilnehmern an geführten Touren stehen bis zu einer Million Wattaufenthalte gegenüber.

Eine präzise räumliche Zuordnung von Wattaufenthalten ist nicht möglich. Im allgemeinen ist jedoch davon auszugehen, daß Gebiete der Wattführungen auch für Wattaufenthalte attraktive Geländebereiche darstellen. Zudem gilt: „Startpunkte für Wattläuferinnen und Wattläufer sind meist Strände vor Kurorten oder Badestellen vor ländlich strukturiertem Raum" (SCHUBERT 1988).

Die Beteiligung an Wattführungen und der Aufenthalt im Watt differiert nach Teilräumen erheblich. Sie ist am höchsten im Hallig- und Inselbereich Nordfrieslands, wo 15 % der Übernachtungsgäste an geführten Wattwanderungen teilnehmen. Hier ist das Angebot entsprechend umfangreich und attraktiv. Wichtig ist dieses vor allem auf Inseln und Halligen mit einer weniger umfangreichen touristischen Infrastruktur und fehlenden Sandstränden, z.B. auf Pellworm und Langeneß. Hier beteiligen sich rund ein Drittel der Übernachtungsgäste an geführten Wattwanderungen. Auch der Anteil an individuellen Wattaufenthalten erreicht hier Werte von über 50 %.

Die besondere geographische Situation in Dithmarschen führt zu ausgesprochen vielen Wattaufenthalten: Jedem geführten Gast sind noch einmal 10 bis 15 individuelle Wattaufenthalte hinzuzurechnen. Allerdings schlägt sich die spezifische Situation des jeweiligen Vordeichbereiches auch in der Terminologie der Gäste nieder: Das subjektive Empfinden läßt in St. Peter-Ording Strandbesucherinnen und -besucher, die sich auf den weitläufigen Sandwatten ein großes Stück hinaus Richtung Wasserkante bewegen, die Bezeichnung „Strandspaziergang" wählen, während Büsumer oder Friedrichskooger Gäste bereits nach einer kurzen Entfernung vom Strand von „Wattaufenthalt" sprechen.

VI

1.3.5.3 Auswirkungen von Wattwanderungen und Wattaufenthalten auf den Nationalpark

Einzelne Wattwandernde bzw. Gruppen können Wattflächen von mehreren Hektar Größe als Nahrungsraum für Vögel blockieren. Generell sind geführte Wattouren den individuellen Aufenthalten vorzuziehen, da durch eine Konzentration der Wattwandernden die Blockierung größerer Flächen, z.B. für nahrungssuchende Vögel, minimiert werden kann.

Auswirkungen von Wattwanderungen, die über eine kurzfristige Störung oder Verteilungsänderung von Vögeln hinausreichen und z.B. auf der Ebene der individuellen Fitness oder sogar der Population sichtbar werden, sind nur schwer nachzuweisen. Großräumige und detaillierte Untersuchungen liegen dazu ebesowenig vor wie die Auswirkungen von Wattwanderungen auf andere Komponenten des Ökosystems, z.B. das Benthos.

1.3.6 Wander-, Rad-, Reit-, Kutsch- und Treibselabfuhrwege

An zwei Stellen ist es derzeit noch möglich, den Nationalpark mit dem PKW ein Stück weit zu befahren: In St. Peter-Ording und auf der Hamburger Hallig

Wichtige Voraussetzung für die Freizeitnutzung an bestimmten Standorten im Nationalpark, aber auch für die Besucherlenkung, ist die verkehrsmäßige Erschließung. Dieses Kapitel beschäftigt sich mit der unmittelbaren landseitigen Erschließung durch verschiedene Wegetypen außendeichs und im Übergangsraum des Deiches (Dünen/Geest). Wasserwege sowie die Verkehrswege binnendeichs werden in Kapitel VI 2 abgehandelt.

Wege sind im Gegensatz zu Straßen nicht dem öffentlichen Verkehr gewidmet und dementsprechend weniger gut ausgebaut. Nach Transportmittel und Fortbewegungsart lassen sich Rad-, Reit-, Kutsch- und Wanderwege unterscheiden, die jedoch häufig kombiniert, beispielsweise als Rad- und Fußwege, genutzt werden.

Öffentlich gewidmete Straßen bestehen auf Nationalparkgebiet nicht. Nur an zwei Stellen ist es derzeit noch möglich, den Nationalpark mit PKW ein Stück weit zu befahren: In St. Peter-Ording, um die Strandparkplätze der Badestellen zu erreichen, und auf der Hamburger Hallig über die gebührenpflichtige Überfahrt zum Halligkopf. Damit ist der Nationalpark landseitig für die Besucherinnen und Besucher fast ausschließlich zu Fuß, eingeschränkt auch mit Fahrrad, zu betreten.

1.3.6.1 Gesetzliche Rahmenbedingungen

Für das Nationalparkgebiet ist die Wegeerschließung von 1985 als Status Quo festgeschrieben. Nach § 6 Abs. 3, Ziffer 3 ist außerhalb von Zone 1 die ordnungsgemäße Unterhaltung der bei Einrichtung des Nationalparks bestehenden Wege erlaubt. Neue Wege können nur mit einer ausreichenden Begründung zugelassen werden, insofern sie nicht dem Schutzzweck und sonstigen Naturschutzbelangen entgegenstehen (§ 7, Ziffer 1 NPG). An Strandabschnitten, an denen Sondernutzungsregelungen nach § 35 LNatSchG gelten, dürfen durch die Gemeinde Wege ausgewiesen werden, die die Umgehung des konzessionierten und damit abgabepflichtigen Badestrandes ermöglichen.

Im 150-m-Streifen, dem Übergangsbereich zwischen Deich und Nationalpark, ist eine zusätzliche Wegeerschließung nur genehmigungsfähig, wenn ein besonderes Interesse der Allgemeinheit besteht, wenn Naturschutzbelange nicht beeinträchtigt werden oder ein ökologischer Ausgleich für die Wegebaumaßnahme geschaffen werden kann (§ 15a LNatSchG). Für Wege im Vorland, die Küstenschutzaufgaben erfüllen, sind nach § 77 Landeswassergesetz (LWG) die Ämter für Land- und Wasserwirtschaft zuständig.

Die deichparallelen Deichverteidigungs- und Treibselabfuhrwege sind Bestandteile des Landesschutzdeiches. Sie sind in der Regel nicht dem öffentlichen Verkehr gewidmet, Fußgängerinnen bzw. -gänger und Radfahrerinnen bzw. -fahrer können sie jedoch auf eigene Gefahr nutzen. Gleiches gilt für Deichüberfahrten mit wenigen Ausnahmen, wie beispielsweise die Strandüberfahrten in St. Peter-Ording oder zur Hamburger Hallig, die mit dem PKW befahren werden dürfen (vergl. Kapitel VI 2.3).

Ausgeschilderte und genehmigte Reitwege im Vorland, am Strand und im Watt, die den Reitwegen im Wald oder der Flur vergleichbar wären (MELFF 1994c), gibt es nicht. Als Nadelöhr für das Reiten erweist sich der Deich, denn sein Überqueren mit Pferden ist verboten (§ 70 LWG). Ausnahme ist die Deichquerung in St. Peter-Ording, die sich historisch entwickelt hat. Auf den Inseln, wo Deiche fehlen, sind Reitwege zum Strand auf Amrum, Sylt und Föhr bekannt. Kutschfahrten im Nationalpark, am Deich und im Vorland sind nicht erlaubt. Ausnahmen bilden die Kutschverbindungen von Nordstrand nach Südfall und von St. Peter-Ording Ortszentrum zum Strand.

1.3.6.2 Räumliche Erschließung des Nationalparks

Mit dem weitgehenden Fehlen des motorisierten Individualverkehrs im Nationalpark ist grundsätzlich eine günstige Ausgangssituation für eine nationalparkgerechte Erschließung gegeben. Bezogen auf eine gezielte Besucherlenkung muß aber festgestellt werden, daß dem Nationalpark an vielen Küstenabschnitten ein Wegesystem fehlt, welches sich der Besucherin und dem Besucher ohne Schwierigkeiten sofort erschließt. Dies liegt zum einen an der geographischen Gestalt des Gebietes: Landseitige Wege am Deich und durchs Vorland werden durch flächenhaft begehbare Strand- und Wattbereiche sowie durch Wasserwege fortgesetzt. Zum anderen erfolgte die Erschließung vorrangig aus Belangen des Küstenschutzes bzw. aus landwirtschaftlichen Bedürfnissen heraus und nur teilweise zu touristischen Zwecken. Damit gibt es kein in sich geschlossenes und durchgängiges Wegenetz, das Besucherinnen und Besucher zu Rundwegen einlädt und sie an feste Touren abseits von empfindlichen Bereichen bindet wie man es aus Wald- und Gebirgsnationalparken kennt.

Am Festland variiert die Erschließung durch Wege außendeichs stark. Der Wegebau ist überwiegend durch den Küstenschutz geprägt, nur an wenigen touristischen Attraktionspunkten erfolgte eine zielgerichtete Wegeerschließung hin zur Wasserkante und damit auch in den Nationalpark hinein. Ausgebaute Stichwege in den Nationalpark gibt es beispielsweise in St. Peter-Ording, Schobüll oder Büsum, womit Badestellen erschlos-

Deichparallele Treibselabfuhr- und Deichverteidigungswege des Küstenschutzes erschließen den Nationalpark fast in voller Länge

sen werden. Die Wege zum Strand sind in St. Peter-Ording zum Teil als Holzstege ausgeführt. Die Autofahrt hin zu den Strandparkplätzen auf den Sänden ist per Ausnahmegenehmigung bis 1997 erlaubt. Im Fall der Hamburger Hallig wurde ein ursprünglich für Küstenschutzzwecke angelegter Weg, auch zur Förderung des Tourismus, in eine für den PKW-Verkehr geeignete Betonspurstraße ausgebaut. Eine Schranke mit Kapazitätsbeschränkung regelt hier seit 1994 das PKW-Aufkommen. In den weitläufigen Salzwiesen beim Westerhever Leuchtturm wird der Wegebau gezielt zur Besucherlenkung genutzt.

Eine grundsätzlich neue Situation ist mit dem deichparallelen Ausbau der Treibselabfuhr- und Deichverteidigungswege des Küstenschutzes entstanden. Dieses Wegenetz ist größtenteils bereits beidseitig fertiggestellt und erschließt den Nationalpark festländisch in seiner gesamten Länge. Nur an wenigen Teilstücken fehlt dieser Weg noch: südlich des Hindenburgdammes, an der Nordküste Eiderstedts, nördlich Hedwigenkoogs, am Dieksanderkoog, beim Neufelderkoog sowie in einigen Bereichen auf den Inseln (vergl. GIS-Karte 22). Damit ist prinzipiell von jedem Punkt des Übergangsraumes Deich aus ein Betreten des Nationalparks für Besucherinnen und Besucher möglich. Die frühere Barrierefunktion des Deiches, der teilweise nur auf der Deichkrone begehbar und wegen des unebenen Untergrundes für Fahrradfahrerinnen und Fahrradfahrer unattraktiv war, ist damit Vergangenheit. Bisher durch Besucherverkehr wenig gestörte Räume sind dadurch für Fußgängerinnen bzw. -gänger und Fahrradfahrerinnen bzw. -fahrer erreichbar geworden (KNOKE et al. 1994).

Besucherinnen und Besucher gelangen nun zwar fast überall an den Rand des Nationalparks, der direkte und ausgeschilderte Weg in den Nationalpark fehlt jedoch meistens. Diese Situation kann zu einer flächenintensiven Vorlandnutzung führen, indem sich einzelne Besucherinnen oder Besucher über die Schafdämme ihren Weg ins Vorland suchen. Entweder streben sie direkt zur Wasserkante oder aber sie biegen in die einzelnen Salzwiesenfelder rechts und links der Schafdämme zum Lagern ab. Je nach Vorlandsituation, Witterung und Tageszeit konnten Dichten bis 40 Personen pro km² in den Vorländern gezählt werden (SCHUBERT 1988). Liegt der Deich schar, können die angrenzenden Wattflächen teilweise begangen werden, bis ein Priel oder die Tide das Wattwandern verhindert.

Auf den Geestinseln hat sich dagegen entsprechend ihrer touristischen Tradition ein deutlich dichteres Wegenetz ausgebildet. Auf der Westseite von Amrum und Sylt durchqueren zahlreiche ausgewiesene Stichwege den Heide- und Dünengürtel zum Strand. In diesen empfindlichen Bereichen haben sich auch Trampelpfade ausgebildet. Dem Problem der Erosion in den Dünen ist man mit Bohlenwegen begegnet. Auf Föhr sind Sände und Dünen nur an der Südküste, und hier auch nicht in derselben Breite wie auf Sylt und Amrum, ausgeprägt. Die Marschen und Salzwiesen der Inselrückseite sind auf Sylt durch einen küstenparallelen Rundwanderweg erschlossen, der im Sandstrand der Westküste seine Fortsetzung findet. Auch auf Amrum sind Salzwiesen und Marschen der Rückseite über Wege zu durchqueren. Für die bedeichte Marschenküste Föhrs und die Marscheninseln Pellworm und Nordstrand gilt eine dem Festland ähnliche Situation mit beidseitiger Wegeerschließung parallel der Deiche.

Entlang von Wegen sind weniger Brutvögel anzutreffen

Alle bisher beschriebenen Wege sind für Fußgängerinnen und Fußgänger geeignet. Die Befahrbarkeit mit dem Fahrrad ist dagegen nur teilweise gegeben oder nicht erlaubt und nimmt außendeichs deutlich ab. Plattenwege durch das Vorland wie in St. Peter-Ording sind sehr schmal, wodurch es zu Konflikten zwischen Fußgängerinnen bzw. Fußgängern und Fahrradfahrerinnen bzw. Fahrradfahrern kommen kann. Gleichzeitig erhöht sich die Erreichbarkeit per Fahrrad im Übergangsbereich mit Treibselabfuhrwegen und im Binnenland über den Ausbau kreisweiter Radwegenetze beständig (KREIS NORDFRIESLAND o.J., KREIS DITHMARSCHEN o.J.). Ausgewiesene Reitwege in den Nationalpark gibt es nur in St. Peter-Ording (vergl. Kap. 1.3.6.).

1.3.6.3 Auswirkungen der Nutzung von Wander-, Rad-, Reit-, Kutsch- und Treibselabfuhrwegen auf den Nationalpark

Die Auswirkungen von Spaziergängerinnen bzw. Spaziergängern und Radfahrerinnen bzw. Radfahrern auf den Deichen und Wegen in den Salzwiesen sind denen der Nutzung der Badestellen vergleichbar. Die Störwirkungen auf die Vogelwelt dauern dabei nicht so lange an wie bei lagernden Personen, die sich über mehrere Stunden an einem Ort aufhalten. Jedoch kommt es auf intensiv genutzten Wegen immer wieder zu kurzfristigen Störungen, so daß ebenfalls Auswirkungen auf den Energiehaushalt oder die Fitness der Tiere nachzuweisen sind (STOCK et al. 1994b). HÜPPOP & HÜPPOP (1995) konnten auf der Hallig Nordstrandischmoor eine herabgesetzte Brutvogeldichte in wegnahen Bereichen der Salzwiese feststellen, d.h. daß die Erschließung der Salzwiesen mit Wegen neben den kurzfristigen Auswirkungen auf das Verhalten von Tieren auch dauerhaft die Verteilung von Arten beeinflussen kann. Neben der Vogelwelt ist auch die Pflanzenwelt von Wegen in Salzwiesen und Dünen betroffen. Vertrittschäden sind an zahlreichen Stellen offensichtlich, insbesondere wenn der Ausbau der Wege nicht für den auftretenden hohen Besucherandrang ausreichend ist. Zu den Auswirkungen speziell von Reitaktivitäten auf Habitate des Wattenmeeres liegen keine Untersuchungen vor.

1.3.7 Wassersporteinrichtungen

Wassersportaktivitäten haben im Küstenraum Wattenmeer traditionell eine Bedeutung für eine vergleichsweise kleine und überwiegend einheimische Nutzergruppe. Die aktive Nutzung der wasserbedeckten Priele und Rinnen wird für die Sportbootschiffahrt in Kapitel VI 2 und für das Surfen in Kapitel VI 1.3.8 beschrieben. In diesem Kapitel steht die landseitige Infrastruktur der Häfen, Liegeplätze und ergänzenden Wassersporteinrichtungen wie Surfschulen etc. im Mittelpunkt.

Bootsliegeplätze finden sich häufig geschützt hinter Sielen, Schleusen und Hafentoren, können aber auch außendeichs als Einzelliegeplätze an sogenannten Festmachbojen auf Nationalparkgebiet oder an Stegen liegen.

Neben Surfen und Segeln sind außerdem Motorbootfahrten sowie verschiedene Kleinstfahrzeuge wie Kanus, Kajaks, Paddel- und Ruderboote relevant. Letztere lassen sich, da sehr gut transportabel und nahezu überall zu Wasser zu lassen, nur schlecht quantitativ erfassen (TTG 1981, KRANZ 1992). Für das Surfen sind ebenso wie für das Kanu- und Kajakfahren, Rudern oder Paddeln im Gegensatz zum Segeln und Motorbootfahren keine festen Liegeplätze oder spezifischen Infrastruktureinrichtungen erforderlich. Wegen ihrer Erreichbarkeit sowie Infrastrukturausstattung haben sich gerade Sportboothäfen und Badestellen zu Einstiegstellen für Surferinnen und Surfer entwickelt (TTG 1981).

1.3.7.1 Gesetzliche Rahmenbedingungen

Die Zuständigkeit für Häfen und sonstige Bootsliegeplätze liegt beim Kreis, dem Wasser- und Schiffahrtsamt oder den Ämtern für Land- und Wasserwirtschaft als nachgeordnete Behörden des Landesumweltministeriums bzw. Verkehrsministeriums. Sportboothäfen stellen als ständige Anlege- oder zusammenhängende Liegeplätze für mindestens 20 Sportboote die umfangreichste Wassersport-Infrastruktur dar (§ 37 LNatSchG). Die Sportboothafenverordnung regelt die Anforderungen an Ausstattung und Betreiberschaft.

Besondere Bedeutung für den Nationalpark haben die sogenannten Gemeinschaftsanlagen, dies sind Einrichtungen von zwei bis maximal 20 Liegeplätzen. Sie dienen der Bündelung von Einzelliegern, für die keine Liegeplätze in bestehenden Häfen gefunden werden können (BRODERSEN 1994). Einzellieger benutzen Festmachebojen auf Wasserflächen, die speziell für diesen Zweck in den Seekarten ausgewiesen sind. Sie werden vom Wasser- und Schiffahrtsamt nach § 31 BWaStrG genehmigt (KRANZ 1992).

Das Nationalparkamt, der Kreis Nordfriesland sowie das Amt für Land- und Wasser-

Die Gesamtkapazität in Häfen und Anlagen mit direkter Lage am Wattenmeer betrug 1991 insgesamt ca. 1.250 Liegeplätze

wirtschaft Husum streben an, bestehende Einzelliegeplätze schnellstmöglich in Gemeinschaftsanlagen aufgehen zu lassen, um die flächenhafte Verteilung von Kleinfahrzeugen entlang der sensiblen Küstenbereiche zu verhindern. Die Problematik der Einzellieger konzentriert sich ausschließlich im Bereich der Geestinseln und Halligen. Die angestrebten Gemeinschaftsanlagen konnten wegen der notwendigen Abstimmung zwischen den einzelnen Fahrzeugbesitzerinnen und -besitzern und der Suche nach verantwortlichen Betreibern bisher nur begrenzt realisiert werden.

1.3.7.2 Räumliche Verteilung und Struktur der Bootsliegeplätze

Die Gesamtkapazität in Häfen und Anlagen mit direkter Lage am Wattenmeer betrug 1991 insgesamt ca. 1.250 Liegeplätze. Diese können nur für Motor- und Segelboote ausgewiesen werden. KRANZ (1992) hat durch Vereinsbefragungen ein durchschnittliches Verhältnis von Segel- zu Motorbooten von 73 zu 27 % ermittelt. Allerdings liegen nur von wenigen Häfen Daten vor.

Das Gros der Liegeplätze befindet sich in insgesamt 15 Sportboothäfen (inkl. Tönning), weitere 82 Liegeplätze werden in Gemeinschaftsanlagen bereitgehalten und 44 Plätze entfallen auf die sieben, vom Wasser- und Schiffahrtsamt genehmigten Flächen für Kleinfahrzeuge. Nach Auswertung eines aktuellen Kataloges zur Sportschiffahrt im Wattenmeer können etwa ein Viertel aller Plätze Gastliegern bereit gestellt werden (LANDES-FREMDENVERKEHRSVERBAND o.J.). Diese quantitativen Angaben müssen erfahrungsgemäß Mindestwerte sein, da tatsächlich eine höhere Zahl von Booten in den Anlagen Platz hat (KRANZ 1992).

Neben den Häfen mit direkter Lage am Nationalpark laufen noch aus einer Reihe weiterer Häfen Sportboote das Wattenmeer an (TTG 1981). Diese Entsendehäfen sind vor allem Helgoland und Brunsbüttel mit insgesamt 640 Liegeplätzen bei 360 Gastliegeplätzen sowie die Eider- und Treenehäfen mit insgesamt 530 Liegeplätzen, davon 80 Gastliegeplätzen (LANDES-FREMDENVERKEHRSVERBAND o.J.). Nicht einbezogen sind hier die Häfen der

Unterelbe, von wo aus ebenfalls Fahrzeuge ins Wattenmeer gelangen (TTG 1981). Hinzu kommt eine unbekannte Zahl von ungenehmigten Einzelliegern, Booten auf Landliegeplätzen sowie trailerbare oder andere transportfähige Wasserfahrzeuge.

Schwerpunkte von Liegeplätzen sind der nordfriesische Hallig- und Inselraum, Nordstrand sowie die Festlandshäfen Schlüttsiel und Dagebüll. Eiderstedt und Husum haben 15 %, der dithmarscher Bereich mit Büsum, Meldorf und Friedrichskoog 25 % der Gesamtkapazität (Abb. 107).

1.3.7.3 Auswirkungen von Sportbootaktivitäten auf den Nationalpark

Wassersportaktivitäten beeinflussen das Verhalten und die Verteilung von Robben und mausernden Enten im Wattenmeer. Während der Mauserzeit sind Brandgänse und Eiderenten extrem störungsempfindlich. Die besondere Problematik der meist kleinen Sportboote - Segel-, Motor- oder Paddelboote - besteht darin, daß sie auch in sehr flache Gewässer und

Abb. 107 Liegeplätze für Sportboote in direkter Lage am Wattenmer und im näheren Einzugsbereich. 1) Eider- und Treenehäfen sowie Brunsbüttel, Helgoland (KRANZ 1992, TTG 1981, WASSER- UND SCHIFFAHRTSAMT briefl. Mittlg. 1995, LANDESFREMDENVERKEHRSVERBAND o. J.).

Liegeplätze für Sportboote

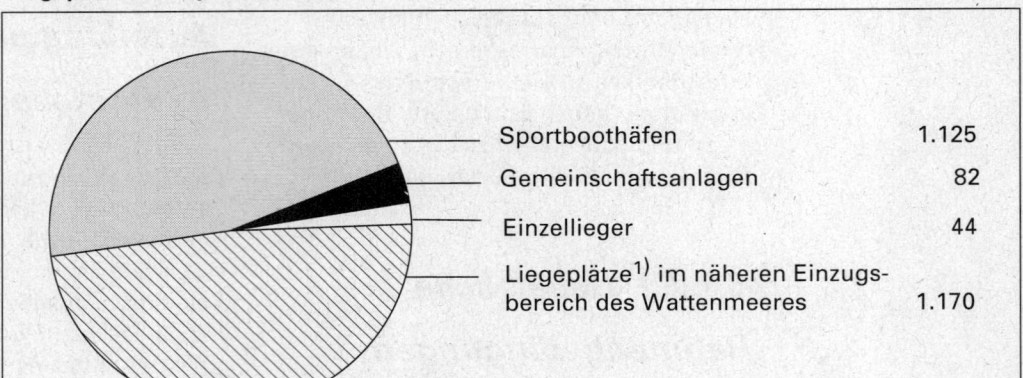

Sportboothäfen	1.125
Gemeinschaftsanlagen	82
Einzellieger	44
Liegeplätze[1] im näheren Einzugsbereich des Wattenmeeres	1.170

Zwei Drittel der Häfen sind gezeitenabhängig und damit nur eingeschränkt nutzbar (LANDESFREMDENVERKEHRSVERBAND o.J.). Nahezu alle verfügen über Reparaturmöglichkeiten, manche auch über Elektro-Werkstätten und sogar Werften. Sechs besitzen eine Restauration, ein Klubhaus und oder einen Kiosk.

Wassersportaktivitäten beeinflussen das Verhalten und die Verteilung von Robben und mausernden Enten im Wattenmeer

Als weitere Wassersporteinrichtungen neben den Häfen finden sich, bezieht man Niebüll und Friedrichsstadt als Binnenstandorte mit ein, derzeit 13 Windsurfingschulen zum Teil mit Brettverleih und fünf Segelschulen sowie vier Bootsverleihe. Die eigentlichen Betriebsstandorte befinden sich binnendeichs. Zur Saison werden jedoch an manchen Strandabschnitten Surfstationen mit Brettverleih eingerichtet oder Leihboote am Strand gelagert. Laut KRANZ (1992) wird in geringem Umfang Wasserskilaufen vor den Häfen Dagebüll, Wyk auf Föhr und Hörnum auf Sylt ausgeübt. Aktuelle Nachfragen bei den betroffenen Gemeinden ergaben keine gesicherte Erkenntniss zum Umfang und zur Häufigkeit dieser Wassersportaktivität.

somit bis in die kleinsten Nebenarme der Priele vordringen können, die von Kuttern oder Ausflugsschiffen nicht erreicht werden. Dies kann zu erheblichen Störungen insbesondere mausernder Enten in diesen Rückzugsgebieten führen (vergl. Kap. XI 2.2).

Für Seehunde bedeuten Sportboote einen Streßfaktor, wenn sich zu dicht oder mit zu hoher Geschwindigkeit an den Liegeplätzen vorbeifahren. Dies kann panikartige Reaktionen der Robben zur Folge haben. Insbesondere, wenn sich Fahrerinnen und Fahrer von Sportbooten bei Ebbe trockenfallen lassen und von dort aus das umliegende Watt erkunden, kommt es zur großflächigen Blockierung von Seehundliegeplätzen und damit zum Ausfall der vor allem während der Jungtieraufzucht unverzichtbaren Ruhephasen (VOGEL 1994). Das Problem des Trockenfallenlassens hat sich seit Einrichtung des Nationalparks vermindert.

1.3.8 Surfgebiete

Surfen gehört im weitesten Sinne zwar zum Bereich der Sportbootschiffahrt, da Surfbretter zu den sogenannten Kleinstfahrzeugen gezählt werden. Es hat sich jedoch als selbständige Sportaktivität etabliert und wird daher gesondert abgehandelt.

Mit der Aktivität Surfen wird hier erstmals eine Freizeitnutzung betrachtet, die neben dem strandnahen Baden die außendeichs-gelegenen Wasserflächen im Nationalpark in größerem Umfang nutzt. Da keine längeren Touren zwischen zwei Punkten mit dem Brett unternommen werden, sondern ein mehr oder minder großes Areal im Bereich der Einstiegsstelle benutzt wird, besteht ein vergleichsweise enger Kontakt zur Küste. Im Nationalpark wird vorwiegend Windsurfing betrieben, nur vor der Westküste Sylts und vor St. Peter-Ording reicht die Brandung gele-gentlich für das Brandungssurfen (TTG 1982). Windsurfen findet nicht nur außendeichs, sondern auch binnendeichs auf einigen der künstlich angelegten Speicherbecken statt.

Spezifische Infrastruktur ist für das Surfen nicht erforderlich, allerdings finden sich Einstiegstellen häufig in der Nähe von Häfen oder Badestellen, wo Surferinnen und Surfer mit dem PKW in möglichst unmittelbare Nähe des Meeres gelangen und so längere Transportwege vermeiden.

1.3.8.1 Gesetzliche Rahmenbedingungen

Das Surfen im Nationalpark wird durch Schiff-fahrtsrecht und Befahrens-verordnung geregelt

Das Surfen im Nationalpark wird durch die Bestimmungen des Schiffahrtsrechts (z.B. Fahrverbot innerhalb gekennzeichne-ter Fahrwasser) und die Befahrens-verordnung des Bundesverkehrsministers (vergl. Kapitel VI 2.2) geregelt. Auf den Inseln, aber auch in den touristischen Festlandsorten St. Peter-Ording und Büsum, sind spezielle Surfstrände ausge-wiesen worden. Um Konflikte und Gefähr-dungen zwischen Badegästen und Surfen-den zu vermeiden, ist die Surfnutzung auf bestimmte Bereiche begrenzt. Das Surfen auf Speicherbecken ist Gegenstand von Vereinbarungen zwischen den Betreibern und Nutzern, das heißt den Sielverbänden bzw. den ÄLW sowie den Surferinnen und Surfern.

1.3.8.2 Räumliche Vertei-lung von Surfaktivitäten

Die in GIS-Karte 23 dargestellten Surfmöglichkeiten basieren auf den von SCHUBERT (1987) ermittelten Surfrevieren. Die Auswertung wurde um die Angaben von Ortsprospekten ergänzt. Zusätzlich gibt es Surfreviere bei Brunsbüttel, auf der Insel Pellworm, wo inselweite Surfmöglichkeiten mit Ausnah-me der Strände bestehen und vor Sylt, wo an fast der gesamten Westküste das Surfen möglich ist.

Die in GIS-Karte 23 als intensiv gekenn-zeichneten Surfgebiete werden bei Hoch- und Niedrigwasser von bis zu durch-schnittlich 50 Surferinnen und Surfern genutzt. Die Mehrzahl der Standorte ist jedoch mit weniger als 20 Surfenden geringer genutzt.

Der räumliche Schwerpunkt im Watten-meer findet sich im nordfriesischen Inselraum und besonders an der Sylter Ostküste mit der Blidselbucht und dem Königshafen sowie den Surfgebieten bei Munkmarsch und Hörnum. Im Festlands-bereich tritt die Husumer Bucht mit der Hever bei Schobüll, Lundenbergsand und Dreisprung auf Nordstrand hervor. St. Peter-Ording sowie der Meldorfer Speicherkoog, an welchem außen- und binnendeichs gesurft werden kann, sind weitere herausragende Standorte am Festland. Gleiches gilt auch für das Holmer Siel im Beltringharder Koog.

Weitere Speicherbecken finden sich am Tetenbüllspieker, in Lundenbergsand, im Katinger Watt sowie in Form des Bottschlotter Sees bei Dagebüll. Sie sind für eine Vielzahl von Surferinnen und Surfern, insbesondere für Anfängerinnen und Anfänger, attraktiver als die Wasser-flächen außendeichs, da sie tide-unabhängig und ohne nennenswerte Dünung befahrbar sind. So werden selbst bei gutem Wetter und mittleren Windstär-ken Surfgebiete binnendeichs den Watten-revieren vorgezogen. Zählungen ergaben in Meldorf bei Hochwasser 100 Surferin-nen und Surfer auf Binnengewässern gegenüber nur zehn Surfenden außendeichs (SCHUBERT 1987).

Auch wenn sich Anfängerinnen bzw. Anfänger und nicht ortskundige Gäste eher auf bekannte und ausgewiesene

Surfstrände begeben, muß grundsätzlich von Nutzungen an weiteren Standorten ausgegangen werden. Laut Auskunft des Verbandes Deutscher Windsurfing-schulen existiert für den Nordseeraum kein Verzeichnis oder Führer zu Surfrevieren, da Surfen als Sport starken räumlichen Fluktuationen unterworfen ist. Letzendlich besteht an der Küste, mit Ausnahme von Naturschutzgebieten und Küstenabschnitten mit Lahnungen, prinzipiell überall Surfmöglichkeit. Dies kann in der Hochsaison an nicht dafür ausgebauten Einstiegsstellen zu Parkplatzproblemen im Uferbereich führen (TTG 1982).

Zur flächenhaften Ausdehnung der einzelnen Reviere lassen sich keine genauen Angaben machen. Die von den Surfschulen in Karten eingezeichneten Areale stellen nur ungenaue Skizzen dar, gleiches gilt für die kartographische Darstellung (SCHUBERT 1987). Prinzipiell gilt, daß sich Anfängerinnen und Anfänger eher in Ufernähe aufhalten, während erfahrene Surferinnen und Surfer einen wesentlich höheren Aktionsradius von bis zu fünf km vom Ausgangspunkt haben können (SCHUBERT 1987).

1.3.8.3 Auswirkungen von Surfaktivitäten auf den Nationalpark

Surfaktivitäten können zu einer dauerhaften Verteilungs-änderung von Vögeln und Robben führen

Surfaktivitäten können zu Störungen von Vögeln und Meeressäugern führen. Dies ist insbesondere dort der Fall, wo Sport-lerinnen und Sportler mit ihren Surfbret-tern in die Nähe von Robbenliegeplätzen oder Vogelrastplätzen gelangen können, z.B. im Königshafen auf Sylt oder an der Vollerwiekplate. Die Auswirkungen reichen von kurzfristigen Störaktionen, z.B. Auffliegen der Vögel oder Verlassen der Liegeplätze bei Seehunden, bis hin zu einer Blockierung dieser Gebiete wäh-rend der Surfsaison und damit einer dauerhaften Verteilungsänderung von Vögeln und Robben.

1.3.9 Campingplätze und Wohnmobiltourismus

Campingplätze liegen als Beherbergungs-infrastruktur zwar generell außerhalb des Nationalparks, befinden sich jedoch als besonders landschaftsbezogene Beherbergungsform häufig binnendeichs in unmittelbarer Nähe zum Deich. Sie entstanden damit z.T. in landschaftlich reizvollen, gleichzeitig auch empfindlichen Lagen. So wurde in Schobüll, dem einzi-gen unbedeichten Bereich des Festlandes mit Geestanschluß im Übergang zum Watt, ein Campingplatz mit 215 Stell-plätzen angesiedelt.

Die Genehmigung von Campingplätzen obliegt als Teil der Bauleitplanung den Gemeinden in Abstimmung mit den zuständigen Kreisbehörden. Das Problem-bewußtsein bezüglich konfliktträchtiger Standorte ist in den letzten Jahren ge-wachsen, wie das Beispiel Meldorfer Speicherkoog zeigt. Um dem Schutz-gedanken des Gebietes Rechnung zu tragen, wählte die Gemeinde Nordermeldorf einen Platz hinter der zweiten Deichlinie statt eines Standortes direkt im Koogbereich (KREIS DITHMAR-SCHEN o.J.). Zukünftige Campingplätze sollen gemäß der Konzeption des „Sanf-ten Tourismus" landschaftsgerecht gestaltet und eingebunden werden (GRUBE 1991). Bestehende Plätze weisen deutliche Defizite bei der Landschafts-einbindung sowie der Detailgestaltung auf.

Sowohl absolut gesehen als auch im Vergleich mit anderen Regionen, ist der Campingtourismus an der schleswig-holsteinischen Nordseeküste allerdings schwach entwickelt. Mit insgesamt rund 770.000 Übernachtungen entfielen 1990 nur 5 % aller Übernachtungen in der Nationalparkregion auf Campingplätze. Im Schnitt liegen die Campinganlagen weit unter den Größenordnungen der Ostsee-betriebe, wo Plätze mit 500 und mehr Einheiten keine Seltenheit sind (VCSH 1994).

Insgesamt verfügen die Anrainer-gemeinden des Nationalparks über 39 Campingplätze mit rund 5.010 Stell-plätzen. Kapazitätsschwerpunkt ist der Insel- und Halligraum mit 44 %, vorrangig auf der Insel Sylt. Mit durchschnittlich 240 Stellplätzen pro Anlage finden sich dort auch die größten Plätze, im nordfriesischen und dithmarscher Festland sind sie mit 100 bis 110 Einheiten deutlich kleiner. Hier sind die Zentren des Campingtourismus St. Peter-Ording sowie Büsum und Umgebung mit jeweils neun Plätzen (Tab. 22).

Campingtourismus ist an der schleswig-holsteinischen Nordseeküste schwach entwickelt

Gründe für die vergleichsweise geringe Bedeutung des Campingtourismus am Nationalpark sind zum einen die schlechte Erreichbarkeit und das hohe Preisniveau der Inseln als Haupturlaubsziel, zum anderen verbietet auch die Grundstücksknappheit dort eine weitere extensive touristische Flächennutzung durch neue Campingplätze. Am Festland weisen nur die Standorte St. Peter-Ording und Büsum eine der Ostsee vergleichbare Attraktivität mit direkter Strandnähe und infrastrukturell gut ausgestatteten Ortskernen auf.

Ein aktuelles Problem ist der Wohnmobiltourismus. Weitestgehende Selbständigkeit ermöglicht diesen Camperinnen und Campern das Übernachten an fast jedem Standort. In der freien Landschaft verbietet das Landesnaturschutzgesetz das Aufstellen von Fahrzeugen (§ 36), auf öffentlichen Verkehrsflächen ist jedoch einmaliges Übernachten zur Wiederherstellung der Fahrtüchtigkeit gestattet, da gemäß Straßenverkehrsordnung (§ 2) ein Fahrzeug nicht in übermüdetem Zustand geführt werden darf. Faktisch kann damit an vielen Straßenrändern sowie Parkplätzen zumindest einmal übernachtet werden, wenn dies nicht ausdrücklich verboten ist (BEER 1985). Auf den wenigen Parkplätzen im Nationalpark in St. Peter-Ording und auf der Hamburger Hallig wurde das Übernachten, auf letzterer sogar das Aufstellen von Wohnmobilen, generell verboten.

Im Binnendeichbereich kann es jedoch gerade in der Hauptsaison durch Gäste-PKW, Campingwagen und Wohnmobile mangels Stellplätzen zu Konflikten durch wildes Abstellen kommen. Fehlen spezielle Ver- und Entsorgungseinrichtungen, werden unter Umständen unkontrolliert abgelassene Abwässer zum Problem.

Die größeren Fremdenverkehrsgemeinden wie beispielsweise St. Peter-Ording versuchen mit einem Maßnahmenpaket, bestehend aus Parkverboten, Alternativangeboten und Aufklärung, Konflikten vorzubeugen, ohne die zukunftsträchtige und finanzstarke Klientel der Wohnmobilisten zu verprellen: Diese Urlaubsform stellt im Campingmarkt eine immer noch wachsende Nachfragegruppe dar, die in besonderer Weise das Bedürfnis nach Individualität, Unabhängigkeit und Mobilität erfüllt.

Gut zwei Drittel der Campingplätze an der Westküste haben mittlerweile spezielle Stellplätze für Wohnmobile eingerichtet. Mit durchschnittlich fünf bis zehn Einhei-

Tab. 22: Stellplätze und Größe der Campingplätze in der Nationalparkregion Schleswig-Holsteinisches Wattenmeer 1994, gerundete Werte. [1] Nur Stellplätze von 7 Betrieben enthalten; [2] Summe der Stellplätze geteilt durch sieben Betriebe, für die Stellplatzangaben vorlagen. DWIF (eigene Erhebungen und Berechnungen 1992), VCSH (1994), STATISTISCHES LANDESAMT SCHLESWIG-HOLSTEIN (1993b).

Teilraum	Campingplätze		Stellplätze auf Campingplätzen		
	absolut	in % aller Plätze	absolut	in % aller Plätze	Ø Zahl der Stellplätze pro Platz
Nordfriesische Halligen und Inseln	11	28	2.220	44	200
darunter: Sylt	7	18	1.700	34	240
Nordfries. Festland	16	41	1.530	31	96
darunter: St. Peter-Ording	9	23	720 [1]	14	100 [2]
Dithmarscher Festland	12	31	1.260	25	105
darunter: Büsum und Westerdeich-strich, Warwerort	9	23	960	19	110
Insgesamt	39	100	5.010	100	129

ten ist allerdings auch hier das Angebot wesentlich begrenzter als an der Ostsee mit durchschnittlich 20 bis 50 Plätzen pro Anlage. Besondere Entsorgungsprobleme bereitet die Sanitärchemie, die vor allem in Wohnmobilen benutzt wird, um belästigende Gerüche zu binden. Diese Chemikalien können in Kläranlagen nur verdünnt, nicht jedoch abgebaut werden und belasten zudem die Mikrobiologie der Anlagen. Durch eine Reihe von Erlassen des Umweltministeriums war bisher aber die verdünnte Einleitung an der Kläranlage im Mischungsverhältnis 1:5.000 rechtmäßig.

Eine Sonder-
nutzung der
Strände ist das
Strandsegeln vor
St. Peter-Ording

Auf Initiative des Kreises Nordfriesland sowie des Nordseebäderverbandes wird es zukünftig zu einer Änderung der gültigen Entsorgungspraxis kommen: Demnach soll nur noch eine bestimmte Mittelgruppe in Chemietoiletten zu Anwendung kommen dürfen, nämlich oxidierende Stoffkombinationen, die zudem mit dem „Umweltengel" ausgezeichnet sind. Werden andere Chemikalien verwendet, muß der Wohnmobilbesitzer seine Toilette als Sondermüll entsorgen. Abgabemöglichkeiten sollen dezentral bei den einzelnen Campingplätzen geschaffen werden. Geplant ist eine öffentlichkeitswirksame PR-Aktion, welche die neuen Entsorgungsmodalitäten an der Nordseeküste publik machen und sich positiv auf das Image der Westküste als Urlaubsregion auswirken soll (Mittlg. UMWELT-AMT KREIS NORDFRIESLAND 1996).

Drachensport hat
sich in den letzten
Jahren zu einem
professionellen
Freizeitsport
entwickelt

Inwieweit es an der Nordsee zukünftig zur weiteren Expansion im noch wachsenden Markt des Wohnmobiltourismus kommt, ist nicht absehbar und bedarf einer kontinuierlichen Beobachtung.

Campingplätze in ländlicher Umgebung sind oft Kristallisationspunkte touristischer Aktivitäten in ansonsten relativ ungestörten Bereichen der Salzwiesen oder Dünen. Vertritt der Vegetation und Störungen von Brut- und Rastvögeln treten deshalb in ihrem Umkreis verstärkt auf.

1.3.10 Sonstige Freizeitaktivitäten

Bisher standen vor allem gängige Freizeitnutzungen im Wattenmeer im Mittelpunkt, die von einer größeren Zahl von Einheimischen und Gästen in Anspruch genommen werden. Der Vollständigkeit halber sind weitere Freizeitaktivitäten zu erwähnen, die nur in geringem Umfang und von speziellen Zielgruppen ausgeübt werden.

Angeln ist im Watt, aber auch an Binnengewässern möglich. Vom Schiff aus werden insbesondere auf den Inseln Hochseeangelfahrten angeboten (TTG 1982). Daß 1990/91 nur etwa 1 % aller Feriengäste Angelmöglichkeiten in Anspruch nahm, unterstreicht die geringe Bedeutung dieses Freizeitangebotes.

Eine Sondernutzung der Strände ist das Strandsegeln. Es wird traditionell nur vor St. Peter-Ording ausgeübt und ist räumlich an einen speziell ausgewiesenen Strandabschnitt gebunden.

Der Drachensport hat sich in den letzten Jahren zu einem professionellen Freizeitsport entwickelt. Schwerpunktmäßig werden der Deich, Sände und Salzwiesen genutzt. Es finden immer größere, schnellere und geräuschintensivere Drachen Verwendung. In einigen Fremdenverkehrsgemeinden wie St. Peter-Ording, Schobüll und am Dockkoog in Husum wurden seitens der Gemeinde bestimmte Regelungen an Strand- und Deichabschnitten ergriffen, um Nutzungsmöglichkeiten einzuschränken und Konflikte mit dem Kurbetrieb sowie anderen Freizeitnutzungen abzubauen. Gleichzeitig bestehen aber auch erhebliche Konflikte mit Ansprüchen des Naturschutzes, insbesondere dem Bedarf der Vögel nach ungestörten Brut- und Rastplätzen. Für den sehr störungsintensiven Drachensport ist daher in Zukunft die Ausweisung bestimmter Gebiete anzustreben, die eine deutliche Abgrenzung von empfindlichem Räumen ermöglicht.

Touristische Großveranstaltungen mit mehreren 100 Besuchern und unter Umständen mehrtägiger Dauer sind eine besondere Form der Freizeitnutzung mit steigendem Zuspruch. Surf-Cups sind insbesondere von St. Peter-Ording und Sylt bekannt. Drachenfeste bei Lundenbergsand und auf Nordstrand ziehen ebenfalls weit über 1.000 Besucherinnen und Besucher an. Gleiches gilt für Ringreiterveranstaltungen, z.B. auf Nordstrand und vor Schobüll, sowie für neuere Musikfeste privater Radiosender, bespielsweise am Dockkoog. Auch Segelregatten bei List, Hörnum, Wyk, im Amrumtief sowie auf dem Heverstrom und der Süderpiep gehören dazu (KRANZ 1992).

Veranstaltungen außerhalb des Nationalparks oder auf Flächen mit Sondernutzungsrechten werden in der Regel durch die betreffenden Gemeinden genehmigt. Absprachen mit dem Nationalparkamt sind nicht vorgeschrieben.

1.4 Wirtschaftliche Bedeutung des Tourismus für die Nationalparkregion

Die Nationalpark-region lebt in erster Linie vom Tourismus

Die Nationalparkregion lebt in erster Linie vom Tourismus, wobei sich aufgrund des Querschnittcharakters dieses Wirtschaftzeiges über die typischen touristischen Branchen hinaus Einkommenseffekte ergeben.

Führt man sich weiter vor Augen, daß bereits fast jeder fünfte landwirtschaftliche Betrieb und eine Vielzahl von Privatpersonen Ferienwohnungen vermieten, viele Erwerbstätige zudem saisonal im Fremdenverkehr arbeiten, wird deutlich,

wie vielfältig die Abhängigkeiten des Gesamtwirtschaftssystems der Westküste vom Tourismus sind (FEIGE & MÖLLER 1994a) (Abb. 108).

Regionale Unterschiede der wirtschaftlichen Bedeutung sind einerseits auf das Nachfragevolumen bei Übernachtungen und Tagesausflügen zurückzuführen, andererseits spielen das örtlichen Preisniveau, die Angebotsstruktur im Fremdenverkehr sowie die Einwohnerzahl im Verhältnis zur Zahl der Übernachtungen und Ausflüge eine Rolle.

Für über die Hälfte der Anrainergemeinden des Nationalparks ist der Fremdenverkehr von mindestens stabilisierender wirtschaftlicher Bedeutung. In jeder fünften Gemeinde der Region werden sogar mehr als 20 % im Fremdenverkehr und damit überduchschnittlich hohe Beiträge im Vergleich zur Region insgesamt verdient. Das gilt vor allem für die Fremdenverkehrszentren St. Peter-Ording, Büsum, Sylt, Amrum und einige Halligen.

Im Verhältnis von Fremdenverkehrsnachfrage zu Einwohnerzahl, der sogenannten Übernachtungs- bzw. Ausflugsintensität, drückt sich aus, in welchem Maße die auch auf einheimischer Nachfrage basierende Wirtschaftätigkeit durch fremdenverkehrsbedingte Nachfrage dominiert wird. So erzielt eine Stadt wie Husum trotz immerhin 400.000 Übernachtungen nur weniger als 5 % ihres Einkommens aus dem Tourismus. Die Nachfrage

Abb. 108
Beitrag des Frem-
denverkehrs zum
Volkseinkommen
von 69 Gemeinden
in der
Nationalparkregion
Schleswig-Holstei-
nisches Watten-
meer, 1990. Lese-
beispiel: In 27
Gemeinden hat der
Tourismus die
Bedeutung einer
ergänzenden
Einkommensquelle
(< 5 % Beitrag zum
Volkseinkommen)
(Erhebungen DWIF
1990 - 1993).

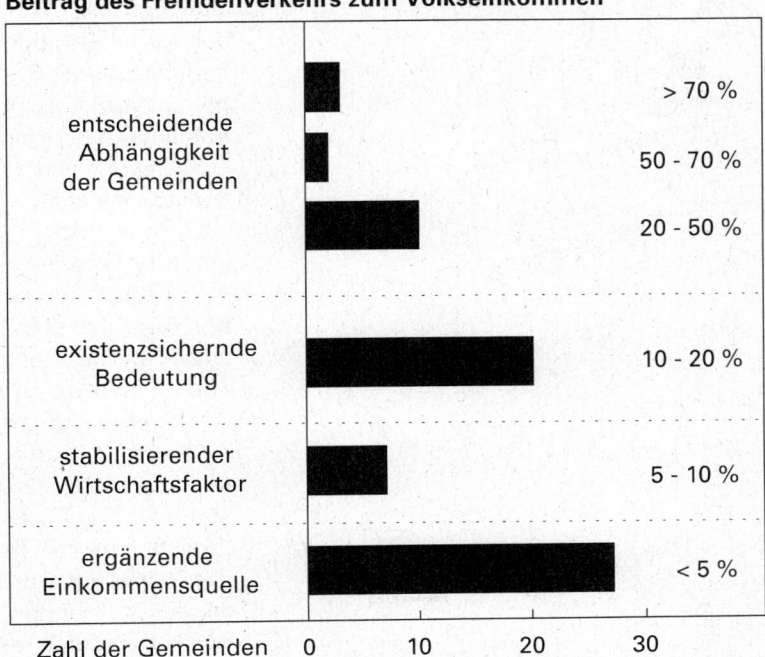

Beitrag des Fremdenverkehrs zum Volkseinkommen

entscheidende Abhängigkeit der Gemeinden	> 70 %
	50 - 70 %
	20 - 50 %
existenzsichernde Bedeutung	10 - 20 %
stabilisierender Wirtschaftsfaktor	5 - 10 %
ergänzende Einkommensquelle	< 5 %

Zahl der Gemeinden   0   10   20   30

der über 20.000 ganzjährig am Ort anwesenden Einwohnerinnen und Einwohner hat hier ein erheblich höheres wirtschaftliches Gewicht.

Für die übrigen, überwiegend ländlichen Gemeinden der Region, ist der Tourismus bisher mit weniger als 5 % Einkommensbeitrag nur eine ergänzende Einkommensquelle, aller Voraussicht nach jedoch mit steigender Tendenz (Abb. 109).

Das Preisniveau sowie die Angebotsstruktur der jeweiligen Orte entscheiden mit über die ökonomische Bedeutung des Fremdenverkehrs. Gibt der Übernachtungsgast in der Region durchschnittlich 74,- DM pro Übernachtung aus, liegt das Niveau bei den Hotelgästen in Westerland mit 177,- DM deutlich über diesem Durchschnitt. Auf Campingplätzen werden hingegen nur rund 45,- DM pro Tag und Übernachtung ausgegeben. Auch bei den Ausflugsgästen schlägt das höhere Preisniveau der Inseln mit Tagesausgaben von dort 35,- DM gegenüber 24,- DM bei Ausflügen am Festland zu Buche.

Branchenbezogen profitiert in erster Linie das Gastgewerbe von den Ausgaben der Gäste mit fast der Hälfte aller touristischen Umsätze. Hier ist es vor allem die Gastronomie, die sowohl Einnahmen von Übernachtungs-, als auch von Ausflugsgästen erhält. Dem Einzelhandel fließen 22 %, den Privatvermietenden 17 % und den touristischen Dienstleistenden 13 % der touristischen Umsätze in der Nationalparkregion zu (Abb. 110).

Unter ökonomischen Gesichtspunkten interessiert nicht nur, in welchen Branchen letztendlich das meiste Einkommen erwirtschaftet wird, sondern auch, welche touristischen Bereiche die Entstehung dieser Einkommen überhaupt ermöglichen. Zu dieser sogenannten Entstehungsseite gehört zum einen das Beherbergungsgewerbe, zum anderen der Ausflugsverkehr.

Im Bereich des Beherbergungsgewerbes kommt den nicht-gewerblichen Privatquartieren eine besondere Bedeutung zu, denn rund ein Drittel der fremdenverkehrsbedingten Umsätze in der Region entsteht durch ihre Gäste. Ebensoviel Umsätze tragen Gäste aus den gewerblichen Betrieben wie Hotels und Pensionen bei. Nächstwichtige Umsatzquelle für die Region sind die Gäste in Sanatorien, gefolgt von den Umsätzen durch den Ausflugsverkehr und die Aufenthalte in Freizeitwohnsitzen sowie durch privaten Besucherverkehr.

Ein Spezifikum ist die Bedeutung des Ausflugsverkehrs, dessen wirtschaftliche Wirkungen vom Ausflüglersaldo des jeweils betrachteten Raumes abhängt. Der Ausflüglersaldo für einen Ort oder ein Gebiet ergibt sich aus der Differenz zwischen der Summe der einströmenden Ausflugsgäste, also Personen, die von ihrem Wohnort oder Urlaubsort aus eine Tagesfahrt in den betrachteten Ort oder das Gebiet unternehmen, und der Summe der ausströmenden Ausflüglerinnen und Ausflügler des Ortes. Letztere verlassen

Abb. 109
Beitrag des Fremdenverkehrs zum Volkseinkommen (1. Umsatzstufe) der Gemeinden in der Nationalparkregion Schleswig-Holsteinisches Wattenmeer, 1990 (FEIGE & MÖLLER 1994b, verändert)

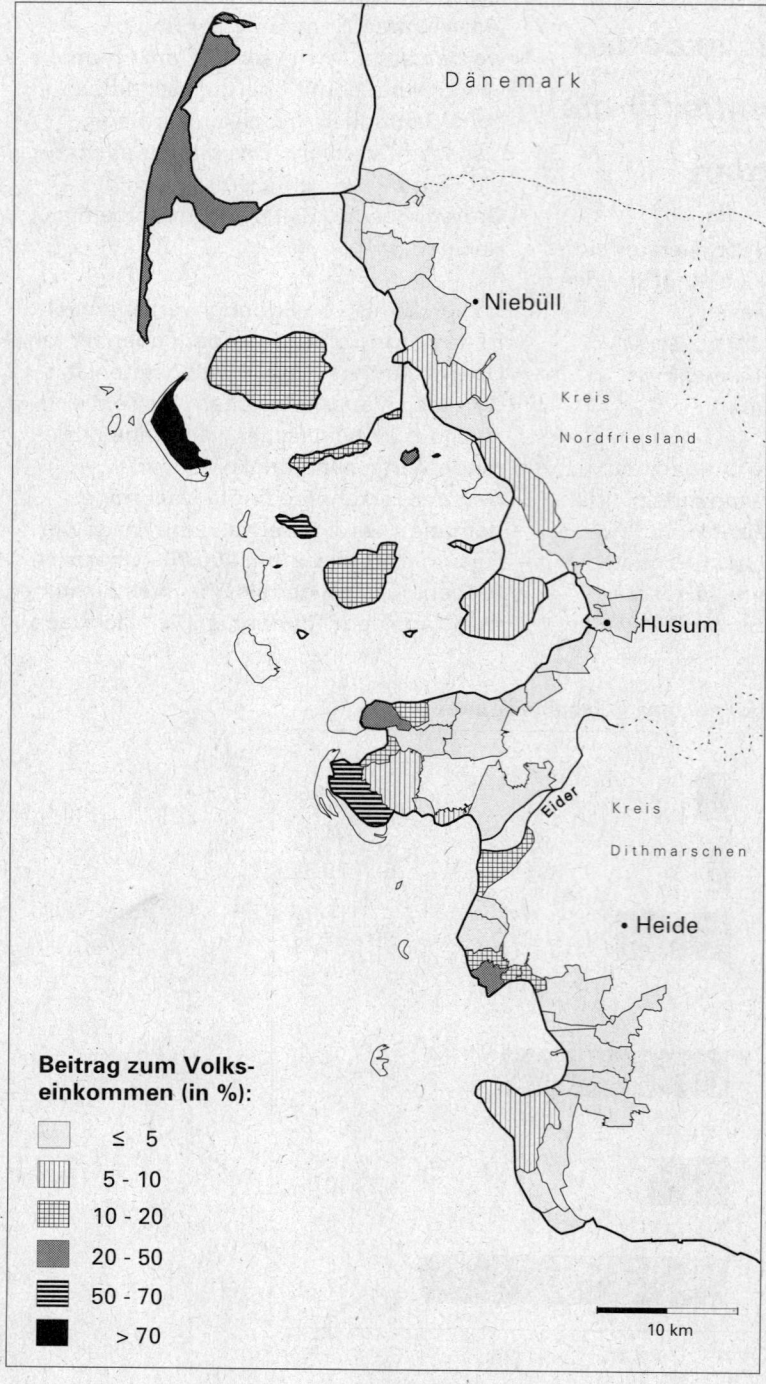

Dänemark

• Niebüll

Kreis
Nordfriesland

Husum

Eider

Kreis
Dithmarschen

• Heide

Beitrag zum Volkseinkommen (in %):

☐ ≤ 5
▥ 5 - 10
▦ 10 - 20
▨ 20 - 50
▤ 50 - 70
■ > 70

10 km

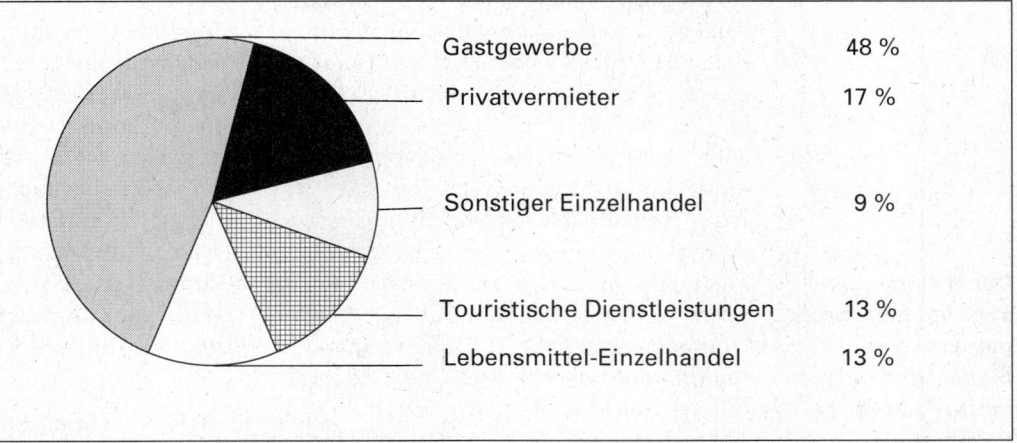

Abb. 110
Wer profitiert vom Fremdenverkehr? Die Verteilung der tourismus- bezogenen Umsät- ze in der Nationalparkregion im Jahr 1993; 1. Umsatzstufe (FEIGE & MÖLLER 1994b)

Tourismusbezogene Umsätze in der Nationalparkregion (Gesamt 1,13 Milliarden DM)

Gastgewerbe	48 %
Privatvermieter	17 %
Sonstiger Einzelhandel	9 %
Touristische Dienstleistungen	13 %
Lebensmittel-Einzelhandel	13 %

den Ort oder das Gebiet für einen Ausflug zu außerhalb liegenden Zielen. Unter der Annahme, daß beide Ausflüglergruppen im Schnitt etwa gleich hohe Tagesaus- gaben tätigen, verdient der betrachtete Ort also nur dann zusätzliches Einkommen aus dem Ausflugsverkehr, wenn die Gemeinde mehr Ausflugsgäste empfängt als sie verlassen. Zu zusätzlichem Einkom- men wird der Teil der Ausgabensumme einströmender Ausflüglerinnen und Ausflügler, der über das hinausgeht, was Gäste aus dem Ort während ihrer Ausflü- ge außerhalb ausgegeben haben.

Ausflugsverkehr erbringt im Ver- gleich zum über- nachtenden Tourismus erheb- lich geringere Einnahmen

Die Abhängigkeit der Einkommens- wirkungen im Ausflugsverkehr vom Saldo führt zur folgenden, auf den ersten Blick paradox wirkenden Situation: Hochrangi- ge Fremdenverkehrszentren erzielen wegen meist ausgeglichener, z.T. sogar negativer, Ausflüglersalden kaum zusätzli- che Einkommen aus dem Ausflugsverkehr. Trotz eines hohen Aufkommens an ein- strömenden Ausflugsgästen zwischen jeweils 0,5 bis einer Million Personen im Jahr führt gerade die hohe Zahl an örtli- chen Übernachtungsgästen beispielsweise in St. Peter-Ording zu einer ebenso hohen oder sogar höheren Zahl abfließender Urlauberausflügler. Der Ausflüglersaldo ist ausgeglichen oder sogar negativ, d.h. die Einnahmen durch einströmende Ausflüglerinnen und Ausflügler reichen maximal gerade aus, um die auswärtigen Ausgaben der eigenen Gäste auf ihren Ausflügen zu kompensieren.

Dagegen profitieren vor allem kleine Gemeinden mit einer niedrigen Zahl an Übernachtungen, jedoch hochattraktiven Ausflugszielen, wie z.B. die Gemeinde Reußenköge mit der Hamburger Hallig oder Westerhever mit dem Leuchtturm, stark vom Ausflugsverkehr. Der hohen

Zahl einströmender Ausflugsgäste steht hier eine unbedeutende Zahl abfließender Ausflüge von Übernachtungsgästen gegenüber. Dies gilt auch für die Halligen Hooge und Gröde. Zu beachten ist jedoch, daß der Ausflugsverkehr im Vergleich zum übernachtenden Tourismus geringere Einnahmen erbringt. Da die Durchschnitts- ausgaben pro Ausflug mit 24,- bis 35,- DM deutlich unter denen der Tagesausgaben pro Übernachtung (74,- DM) liegen, werden etwa zwei- bis dreimal so viele Ausflugsgäste benötigt, um die gleichen ökonomischen Wirkungen zu erzielen wie durch Übernachtungsgäste.

Der Ausflugsverkehr muß also aufgrund seiner spezifischen ökonomischen und auch sonstigen Eigenschaften immer differenziert bewertet werden.

Da die Nationalparkregion als Küstenraum für Ausflüge hochattraktiv ist, verzeichnet sie insgesamt einen positiven Ausflügler- saldo und damit auch einen nicht zu vernachlässigenden Anteil an Einkommen aus diesem touristischen Segment: 7 % des touristisch bedingten Umsatzes in der Nationalparkregion sind auf den positiven Ausflüglersaldo von rund 3,8 Millionen Ausflugsgästen mit ihren Tagesausgaben zurückzuführen. Damit ist auch der Aus- flugsverkehr an der Westküste ein ernstzu- nehmender Wirtschaftsfaktor. Für einzelne Gemeinden und Teilräume kann dies jedoch nicht verallgemeinert werden, denn, wie gezeigt, variiert die ökonomi- sche Bedeutung des Ausflugsverkehrs von Gemeinde zu Gemeinde sehr stark.

Ausflugsverkehr kann nicht nur zu Einnah- men führen, sondern bedeutet unter Umständen auch beträchtliche Kosten sowie Belastungen für eine Gemeinde oder einen Teilraum. Parkplätze müssen bereitgehalten werden, denn das Gros der Ausflugsgäste kommt per PKW. Saisonale Ausflüglerspitzen können zu einer Annäherung an die Grenzen auch der Belastbarkeit in psychosozialer Hinsicht führen.

Ausflugsmöglichkeiten sind jedoch aus einer Urlaubsregion heute nicht mehr wegzudenken. Der Übernachtungsgast kommt nicht nur wegen seines Aufenthaltsortes und Quartiers, sondern möchte auch die Region kennenlernen. 86 % aller Übernachtungsgäste der Nationalparkregion unternehmen Ausflüge, und zwar durchschnittlich an jedem dritten Aufenthaltstag. Das eigene Auto bietet bei über 80 % aller Ausflüge die Möglichkeit, schnell nahezu jeden Punkt der Region zu erreichen. Eine umfangreiche Ausflugsschiffahrt belegt den hohen Stellenwert von Ausflügen zu den Inseln und Halligen während eines Nordseeurlaubs (vergl. Kap. VI 2.2.4).

1.5 Auswirkungen des Tourismus auf die Anrainergemeinden des Nationalparks

Der Tourismus ist wichtiger Einkommensfaktor der Nationalparkregion. Ohne ihn hätte die Region in nahezu allen ihren Teilräumen weit stärker mit den für periphere, ländliche Gebiete typischen Problemen Abwanderung, Funktionsverlust und Arbeitslosigkeit zu kämpfen (vergl. Kap. II 3.7 und II 3.8). Neben positiven ökonomischen Einkommens- und Beschäftigungseffekten kommt es jedoch durch den Tourismus auch zu deutlichen Belastungserscheinungen.

Der Fremdenverkehr hat historisch gewachsene Siedlungen in ihrem Aussehen nachhaltig verändert

Betroffen ist nicht nur der Nationalpark, sondern auch das Nationalparkvorfeld. Die Veränderung der Siedlungsstruktur, Flächenversiegelung, Verkehrsbelastung, ökonomische Auswirkungen wie steigende Bodenpreise und Lebenshaltungskosten sowie Kosten für Vorleistungen der öffentlichen Haushalte in den Bereichen Infrastruktur, Ver- und Entsorgung und nicht zuletzt auch psychosoziale Auswirkungen, die mit Begriffen wie Überfremdung und Kulturverlust beschrieben werden können, gehören dazu.

1.5.1 Veränderung der Siedlungsstruktur und Flächenversiegelung

Der Fremdenverkehr hat mit seinen Zweckbauten wie Hotels, Ferienwohnanlagen und Freizeiteinrichtungen historisch gewachsene Siedlungen in ihrem Aussehen nachhaltig verändert. Wohl deutlichstes Beispiel ist die Stadt Westerland auf Sylt, die in den siebziger Jahren durch den Bau von Appartements und eines Kurzentrums mit 16-stöckigem Mittelblock eine vollkommen neue „Stadtsilhouette" erhielt (NEWIG 1974).

Ortsbildprägende Wirkungen haben auch Freizeitwohnsitze, die sich auf Sylt, in St. Peter-Ording, aber auch in kleineren Dörfern häufig in Form großflächiger Neubausiedlungen an die gewachsenen Ortskerne anschließen und so die geschlossenen Siedlungskörper auflösen. Solche Zweitwohnsitzviertel wirken sich zudem auf die Atmosphäre der Orte aus, indem sie sich die meiste Zeit des Jahres in „Geisterviertel" (LAMP 1988) mit kaum belebten Straßen und Häusern verwandeln.

Tab. 23: *Freizeitwohnungen und Gesamtwohnungsbestand in ausgewählten Gemeinden Dithmarschens und Nordfrieslands, 1987; DWIF (Berechnungen nach Angaben STATISTISCHES LANDESAMT SCHLESWIG-HOLSTEIN 1989f).*

Gemeinde	Wohnungsbestand gesamt	Freizeitwohnungen	Anteil Freizeitwohnungen (%)
Dithmarschen insg.	53.886	2.627	4,9
Büsum	3.496	1.031	29,5
Friedrichskoog	958	427	44,6
Nordfriesland insg.	68.634	6.644	9,7
Hörnum/Sylt	641	185	28,9
Kampen/Sylt	802	439	54,7
Rantum/Sylt	328	108	32,9
St. Peter-Ording	2.546	907	35,6
Wenningstedt/Sylt	1.676	812	48,4

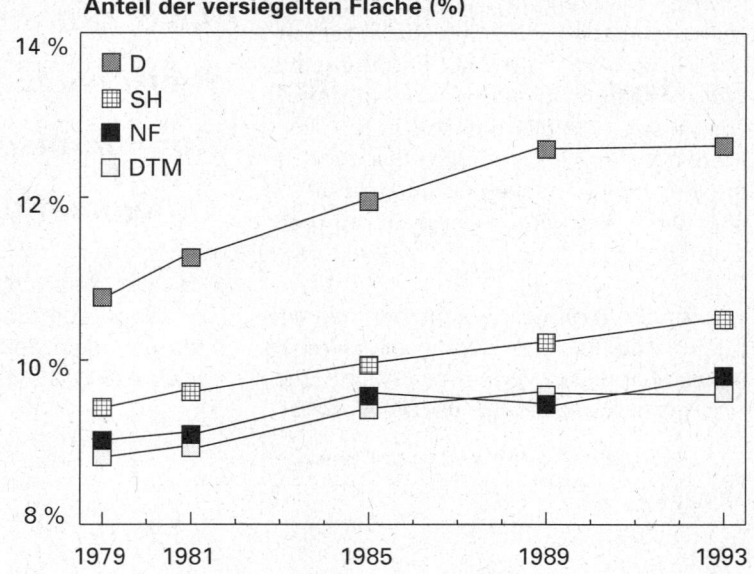

Anteil der versiegelten Fläche (%)

- ▣ D
- ▦ SH
- ■ NF
- ▢ DTM

Abb. 111
Der Anteil der versiegelten Fläche in % an der Gesamtfläche in den Westküsten- kreisen Nordfries- land und Dithmar- schen in Schles- wig-Holstein und der BRD (früheres Bundesgebiet) in den Jahren 1979, 1981, 1985 und 1993. (Gebäude und Freiflächen, Verkehrs-, Erholungs-, Be- triebsflächen (ohne Anbauland und Friedhöfe). D = Deutschland, SH = Schleswig- Holstein, NF = Kreis Nord- friesland, DTM = Kreis Dithmarschen (STATISTISCHES LANDESAMT KIEL 1980, 1982, 1986, 1990d, 1994c).

Die Anteile an solchen Freizeitwohnungen sind im Untersuchungsgebiet beträchtlich. Der Anteil des Freizeitwohnungen- bestands ist hier in der Regel rund fünf mal so hoch wie sein Anteil in den gesam- ten Kreisen (Tab. 23).

Der Anteil versiegelter Fläche an der Gesamtfläche, er umfaßt im wesentlichen Gebäude-, Verkehrs- und Betriebsflächen, ist mit ca. 10 % in den beiden agrarisch geprägten Kreisen, aber auch im Flächen- land Schleswig-Holstein insgesamt gegenüber den bundesweiten Verhältnis- sen gering (Abb. 111). Über einen Zeit- raum von 12 Jahren kam es seit 1979 an der Westküste zu stetigen, aber geringen Zunahmen der überbauten Fläche.

In den fremdenverkehrsgeprägten Teil- räumen stellt sich diese allgemein positive Situation weniger günstig dar. Der Bebauungsdruck in Fremdenverkehrs- zentren ist hoch, wie das Beispiel Sylt zeigt. Trotz eines 1975 im Flächennut- zungsplan festgelegten Entwicklungsziels von 10 % Zuwachs bei Betten- und Ge- schoßflächenzahl wurde diese Kapazitäts- grenze längst deutlich überschritten: In Munkmarsch stieg die Bruttogeschoß- flächenzahl in 20 Jahren von 5.500 m^2 (1975) auf 15.700 m^2 (1995), also um fast 300 % (ANONYMUS 1995). Dies ist Folge einer Genehmigungspolitik, die sich lediglich auf die Planung und Kontrolle einzelner Bauvorhaben konzentrierte und dabei die Gesamtzielsetzung aus den Augen verlor. Im Flächennutzungsplan festgeschriebene Siedlungsgrenzen werden durch die laufende Planung größerer Fremdenverkehrsvorhaben im Außenbereich infrage gestellt.

1.5.2 Infrastruktur, Ver- und Entsorgung

Der Ausbau, die Vorhaltung und Unterhal- tung von Infrastrukturen bereiten zusätzli- che Kosten. Die ausgeprägte saisonale Nachfragekonzentration führt zu einer ungleichmäßigen Auslastung, gleichwohl müssen Fremdenverkehrsorte auf Spitzen- belastungen ausgelegte Kapazitäten und Infrastrukturen ganzjährig bereithalten (LAMP 1988). Das bedeutet für die Kom- munen erhebliche Mehrausgaben. Diese können im Interesse niedriger Preise und Abgabenbelastung meist nicht in vollem Umfang auf die Gäste abgewälzt werden.

Tourismusbedingte und insbesondere saisonale Zusatzbelastungen einzelner Fremdenverkehrsgemeinden sind nach- weisbar: So wurden beispielsweise erhöhte Pro-Kopf-Abfallaufkommen der öffentlichen Abfallwirtschaft im besonders durch den Tourismus geprägten Kreis Nordfriesland auf den Fremdenverkehr zurückgeführt (MÖLLER 1992, TÖPFER 1991).

Tourismusbedingter Müll wird in der Regel zusammen mit dem Hausmüll der Einwohnerinnen und Einwohner einge- sammelt und nicht wie sonstiger gewerb- licher Abfall als Gewerbemüll oder Sonderabfall außerhalb der öffentlichen Müllabfuhr entsorgt. Beim öffentlich abgefahrenen Müllaufkommen, neben Haus- und Sperrmüll ist hier hausmüll- ähnlicher Gewerbemüll inbegriffen, verzeichnete Nordfriesland 1990 mit 760 kg pro Einwohner einen extrem höheren

Pro-Kopf-Wert als Dithmarschen mit 470 kg, aber auch als der Landesdurchschnitt mit 690 kg (Abb. 112). Mit Einführung des Wertstoffsammelsystems "Grüne Tonne" konnte seit 1988 allerdings nicht nur der Hausmüll, sondern offensichtlich auch der großteils tourismusbedingte hausmüll-ähnliche Gewerbemüll kreisweit reduziert werden.

Größere Fremdenverkehrsgemeinden wie Büsum oder St. Peter-Ording zeigen einen nahezu parallelen Verlauf von Abfall- und Übernachtungsaufkommen. Die saisona-

1.5.3 Erhöhung des Preisniveaus – Mietpreise, Bodenpreise, Lebenshaltungskosten

Die verstärkte Nachfrage nach Baugrund und Wohnraum durch zuzugswillige Freizeitwohnsitzler, sich ansiedelnde Hotel- und Gaststättenbetriebe, Geschäfte

Abb. 112
Das Abfallauf-
kommen pro
Einwohner in den
Westküstenkreisen
Nordfriesland und
Dithamrschen, im
Land Schleswig-
Holstein und in der
Bundesrepublik
(früheres Bundes-
gebiet) 1987, 1990
und 1994. (Haus-,
Sperrmüll,
hausmüllähnlicher
Gewerbeabfall in
kg pro Einwohner).
Bundesrepublik
und Schleswig-
Holstein: keine
Angaben für 1994,
D = Deutschland,
SH = Schleswig-
Holstein, NF =
Kreis Nordfries-
land, DTM = Kreis
Dithamrschen
(Mittlg. MÜLL-EX
WEST GMBH 1995;
Mittlg. Kreis NF
und DTM 1995,
STATISTISCHES
BUNDESAMT 1992
und 1994).

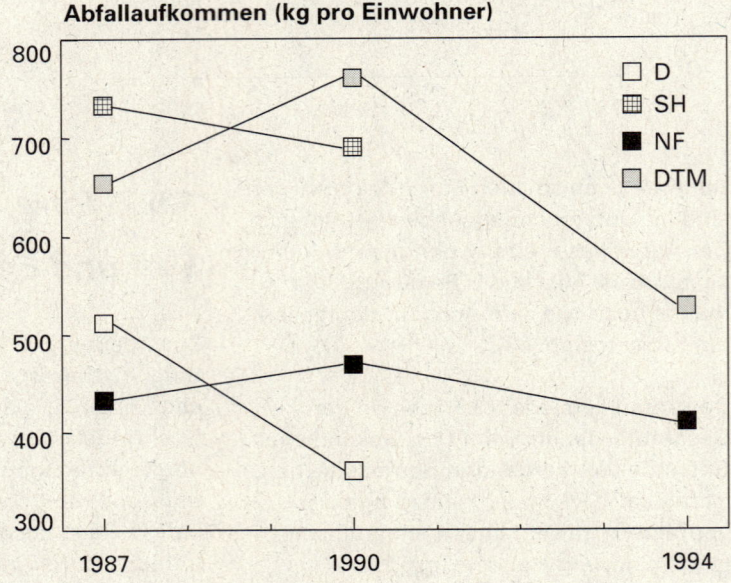

Abfallaufkommen (kg pro Einwohner)

len Spitzenaufkommen verlangen z.B. die Anschaffung eines zusätzlichen oder größeren Abfuhrfahrzeuges. Über 65 % des Gesamtabfallaufkommens entfallen in St. Peter-Ording auf den Tourismus. Der Fremdenverkehr verteuert die Entsorgung zusätzlich, indem die Gäste besondere Erwartungen an die gemeindliche Abfall-wirtschaft stellen: Saubere Grünanlagen und Strände, häufige Treibselabfuhr am Deich und im Vorland, Vermeidung von Geruchs- und anderen Emissionseffekten (MÖLLER 1992). Auch offizielle Kriterien für Kurorte verlangen einen hohen Stan-dard bei der Entsorgung (DEUTSCHER BÄDERVERBAND 1991).

oder zuziehende Arbeitskräfte erhöhen die Miet- und Bodenpreise. Zur Zeit erlebt gerade Westerland einen sehr starken Preisanstieg; die Preise in den zentrums- und strandnahen Zonen haben sich in den letzten Jahren teilweise sogar verdoppelt. Für die strandnahen Gebiete nördlich und südlich des Zentrums wurden 1995 bis zu 550 DM pro m² gezahlt.

Die Folge sind besonders für die einheimi-sche Bevölkerung unerschwingliche Baulandpreise, die deshalb oft in für den Fremdenverkehr weniger attraktive oder ländliche Gebiete abwandert. Das wieder-um führt zu einer Zunahme der Berufs-pendlerinnen und -pendler, da die ehe-mals Einheimischen ihren Arbeitsort weiterhin in den Ferienzentren haben.

Auch auf dem Gebiet der allgemeinen Lebenshaltungskosten lassen sich Preis-steigerungen feststellen, z.B. im Bereich des Einzelhandels. Bei den Einzelhandels-geschäften in Fremdenverkehrsorten handelt es sich sehr oft um Geschäfte der höheren Bedarfsstufen sowie um Läden mit Tourismusartikeln.

1.5.4 Sozio-kulturelle Auswirkungen

Generell findet eine Umorientierung der Einheimischen und ihrer Lebensweisen auf die Fremden und den Fremdenverkehr statt. Die an der Betreuung der Feriengäste beteiligten Einheimischen ordnen sich diesen unter. Jüngere Arbeiten zu diesem Thema zeigen jedoch, daß der nicht abzustreitende, durch den Tourismus hervorgerufene Wandel sehr differenziert und nicht einseitig negativ zu betrachten ist. Kulturwandel ist Teil von Kultur. Kultur ist immer auch Ausdruck für die Anpassung des Menschen an sich wandelnde Gegebenheiten (THIEM 1994).

Die Region nähert sich den Grenzen der Belastbarkeit

Gleichwohl lassen sich für das Untersuchungsgebiet Phänomene beobachten, die eine Annäherung an die Grenzen psychosozialer Belastbarkeit aufzeigen. Das gilt für den einzelnen Menschen in seiner psychischen Befindlichkeit ebenso wie für das Zusammenleben örtlicher Gemeinschaften.

Beispiel „Sylter Garage": Um möglichst hohe Einnahmen aus dem Fremdenverkehr zu erzielen, streben einige Westerländer eine bestmögliche Raumausnutzung an, indem sie in den Sommermonaten in den Keller ihrer Häuser ziehen und die übrigen Zimmer nebst Garage an Urlaubsgäste vermieten. Westerländer Privatvermietende kommen so auf eine Gesamtkapazität von neun bis zehn Betten (NEWIG 1974).

Beispiel Halligen: Jährlich 150.000 Besucherinnen und Besucher erreichen die Hallig Hooge. Das bedeutet Tagesspitzen von bis zu 4.000 Ausflugsgästen bei nur rund 120 Einwohnerinnen und Einwohnern. Kutschenunfälle oder Störungen von kirchlichen Veranstaltungen durch Gäste sind nur die spektakulärsten Erscheinungen einer stetig wachsenden, dauerhaften Belastung durch den Fremdenverkehr, die den Lebensraum der einheimischen Bevölkerung zunehmend einengt.

Beispiel Folklorismus: Dieses Phänomen wird im allgemeinen auf die touristische Vermarktung zurückgeführt, durch die alte Traditionen ausgehöhlt und zur „Show" umfunktioniert bzw. degradiert werden (z.B. Kutterkorso in Tönning, Boßelveranstaltungen, Heimatabende). Eine weitere Gefahr dabei ist, daß sich

Regionsbindung von Produkten auflöst. Der Zusammenhang zwischen Ware und Region existiert nicht mehr. Beispiel dafür ist das alte Handelsgut der Delfter Kacheln. Heute wird überall Porzellan in „friesenblau" verkauft.

Folklorismus erfüllt aber auch die Funktion, „die fortschreitende Zerstörung vertrauter Stadt-, Dorf- und Landschaftsbilder und überhaupt des Gewohnten und Gültigen" zu kompensieren (ASSION 1986). Eine pauschal negative Beurteilung ist damit auch hier nicht zulässig (THIEM 1994).

Aus den genannten möglichen Belastungswirkungen läßt sich keine pauschale Verurteilung des Tourismus als Belastungsfaktor ableiten. Verkehrsprobleme und ungelenkte Siedlungsentwicklung sind heute allgegenwärtig und kein spezifisch tourismusbezogenes Problem. Medien und weltweiter Informationsaustausch, internationale Handels- und Wirtschaftsbeziehungen haben überall längst zu einer intensiven Durchdringung und Vermischung verschiedenster Lebensstile, Einstellungen, Traditionen und Wirtschaftsweisen geführt, die zum Wandel von Kultur und Identität beitragen. Der Tourismus beschleunigt ggf. diesen Prozeß und schafft z.B. durch saisonale Spitzen spezifische Problemsituationen.

Diese Entwicklungstendenzen stehen einer anzustrebenden nachhaltigen Entwicklung im Nationalparkvorfeld entgegen.

VI

2. Verkehr

Der individuelle Pkw-Verkehr rangiert mit rund 80 % am Gesamtaufkommen weit vor den Verkehrsträgern Bus und Schiene

Der Nationalpark ist nicht nur Zielraum für Freizeitaktivitäten, sondern auch ein wichtiger Verkehrsraum.

Für den Gesamtverkehr des Nationalparkvorfeldes sind kennzeichnend:
▶ die großräumige Anbindung des Festlands durch den dominierenden Pkw-Verkehr, wobei die Verkehrsverbindungen von Dithmarschen ins dänische Grenzgebiet stark ausdünnen und auch die Ost-West-Verbindungen mit dem Ostseeraum wenig entwickelt sind,
▶ die Brückenfunktion der Schiffahrt als nahezu einzige Verbindung zwischen dem Festland und den Halligen und Inseln sowie
▶ ein, je nach Verkehrserschließung und -anbindung, unterschiedlicher Modal Split (= Aufteilung auf verschiedene Verkehrsträger) im Hallig- und Inselraum.

Verkehrsmittelnutzung in der Nationalparkregion
(% der Befragten)

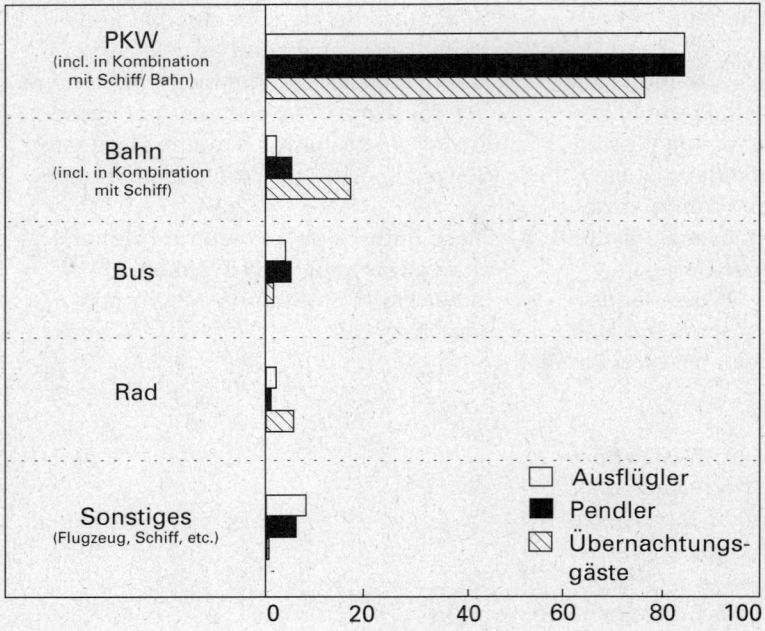

Abb. 113
Verkehrsmittelnutzung bei Übernachtungsgästen, Ausflüglern und Pendlern in der Nationalparkregion in % der Befragten. Erhebungen DWIF 1990/91.

Der individuelle Pkw-Verkehr rangiert mit rund 80 % am Gesamtaufkommen weit vor den Verkehrsträgern Bus und Schiene. Infolge der insgesamt peripheren Lage der Region, ungünstiger Umsteigeverbindungen und zu geringer Frequenzen bildet der öffentliche Verkehr zur Zeit keine Alternative zum Auto. Dies gilt sowohl für Berufspendlerinnen bzw. -pendler und Ausflugsgäste als auch bei der An- und Abreise der Übernachtungsgäste (Abb. 113). Urlauberinnen und Urlauber kommen zwar immer noch zu 17 % mit der Bahn in die Region, insge-

samt dominiert jedoch auch bei An- und Abreise der PKW mit 74 %. Die Gästestruktur ist folglich von Individualreisenden und Familien geprägt.

Bemerkenswert sind die rund 8 % Fahrradfahrenden unter den Ausflüglerinnen und Ausflüglern. Bundesweite Befragungen ergeben für die Aktivität Fahrradfahren im Urlaub sogar Anteile von 20 % und mehr (MWTV 1994). Dem Fahrrad werden künftig im Urlaub höhere Anteile am Modal Split prognostiziert, allerdings nicht bei der Anreise, sondern bei der Bewegung im Urlaubsgebiet.

Mit dem touristischen Aufstieg der Region ist der Schiffahrt, insbesondere der Linienschiffahrt, eine Schlüsselfunktion als „verlängerte Straße" zwischen den Hauptferienzielen auf den Inseln und Halligen und dem Festland zugewachsen. Nur die Insel Sylt kann mit dem Pkw auch per Bahn erreicht werden, nach Nordstrand führt ein Straßendamm. Da der eigene Pkw auf den Linienschiffen sowie über den Hindenburgdamm von vielen Gästen mitgeführt wird, kommt es auf den Inseln in der Hochsaison zu tourismusbedingten Verkehrsbelastungen. Die Anteile der Gäste, die ihr eigenes Auto mitbringen, reichen von 60 % auf Langeneß bis 83 % auf Pellworm.

Das Wattenmeer ist jedoch nicht nur Verkehrsraum für den touristischen An- und Abreiseverkehr. Die ehemals recht umfangreiche Handels- und Frachtschiff-fahrt ist heute nur noch von untergeordneter Bedeutung. Hier haben die Hochseehäfen der Nordsee mit Ausnahme von Brunsbüttel der kaum industrialisierten Westküste Schleswig-Holsteins den Rang abgelaufen. Vorwiegend nutzen Fischereifahrzeuge und Sportboote die Wasserwege.

Nicht allein zu Wasser und zu Land, sondern auch als Luftverkehrsraum wird die Wattenmeerregion genutzt. Freizeitaspekte wie touristische Rundflüge sowie das private Sportfliegen spielen neben dem Regionalflugverkehr eine bedeutende Rolle.

2.1 Zielkonzeption der Verkehrserschließung und Verkehrsregelung

Die Zuständigkeiten und damit die Erarbeitung von Zielen und Maßnahmen bei der großräumigen Verkehrserschließung liegen außerhalb des Nationalparkamtes. Im Fall der Verkehrsträger Schiffahrt und Flugverkehr ist das Bundes- bzw. Landesverkehrsministerium zuständig. Fragen des Ausbaus von Flughäfen und Häfen der Schiffahrt im Binnenland bzw. auf den Inseln liegen in der Zuständigkeit von Land und Kreisen.

Wechselwirkungen zwischen der großräumigen Verkehrserschließung im Binnenland und der im Nationalpark müssen bereits auf der Ebene der Landesplanung berücksichtigt werden, damit konkrete Verkehrsmaßnahmen über die Entwicklungspläne der Kreise bis auf die Gemeindeebene in angemessener Weise umgesetzt werden können. Die derzeit gültigen Regionalpläne datieren jedoch aus der Zeit vor der Einrichtung des Nationalparks. Erst die zur Zeit vorbereiteten neuen Pläne werden die notwendige Abstimmung zwischen Regionalentwicklung und Nationalparkbelangen leisten können.
Konflikte aufgrund der fehlenden Abstimmung zwischen der großräumigen Verkehrserschließung der Region und den sich daraus ergebenden Auswirkungen auf den Nationalpark konnten seitens des Nationalparkamtes teilweise durch Vereinbarungen mit Kreis und Landesbehörden abgemildert werden. So erfolgte im Einvernehmen mit den zuständigen Behörden bei den Sportbootliegeplätzen eine landschaftsverträgliche Konzentration von Einzelliegern in Gemeinschaftsanlagen (vergl. Kap. VI 1.3.7).

Für die Regionalflughäfen einigte man sich auf den Ausbau von bestehenden Standorten. Dies wird auch durch die Erklärung der 6. trilateralen Ministerkonferenz in Esbjerg unterstützt (CWSS 1991b). Grundsätzlich kann es jedoch künftig noch zu Erweiterungen bei der Hafeninfrastruktur oder im Luftverkehr kommen, da die Landesverkehrskonzeption einen bedarfsgerechten Ausbau bestehender Häfen und mittelfristige Steigerungen im Regionalluftverkehr nicht ausschließt (MWTV 1990).

Der Bundesverkehrsminister regelt Schiffahrt und Luftverkehr im Nationalparkgebiet. Die speziell für die Nordsee-Nationalparke erlassene Befahrensregelung (NPNordSBefV) schränkt zwar das Befahren der Zone 1 und die Nutzung für bestimmte Arten der Schiffahrt ein, effektiv wurde jedoch eine weitreichende Befahrbarkeit des Wattenmeeres als Bundeswasserstraße gesichert (NPNordSBefV 1992, 1995). Naturschutzfachliche Überlegungen wurden dabei hintenan gestellt. Das Nationalparkgesetz strebt jedoch eine flächenhafte Beruhigung an. Es steht dabei der Zielsetzung der Landesregierung, Wasserstraßen offenzuhalten, um die Wettbewerbsfähigkeit von Häfen und Schiffahrt zu gewährleisten (MWTV 1990), nicht im Wege.

Für den zivilen Luftverkehr über dem Wattenmeer gelten das Luftverkehrsgesetz und die Luftverkehrsordnung. Gesetzliche Regelungen des zivilen Flugverkehrs wurden bisher vorwiegend an Sicherheitsanforderungen festgemacht. Mit der Vervierfachung der Mindestflughöhe auf 600 m im Jahr 1995 durch Umsetzung einer EU-Norm in nationales Recht werden jedoch verstärkt auch Naturschutzaspekte und Lärmbelastungen berücksichtigt.

Stärker auf die Belange von Natur und Umweltschutz eingehende Ansätze finden sich mittlerweile auch im Straßenbau, der jahrzehntelang Vorrang vor allen anderen Planungen genossen hatte. Grundsätzlich wird der PKW im Flächenland Schleswig-Holstein zwar als unverzichtbar gesehen, Ausbauten von bestehenden Straßen sollen zukünftig jedoch vor Neubauten dominieren, Hauptverkehrsachsen sollen, falls nötig, verbessert, Nebenstraßen rückgebaut und verkehrsberuhigt werden. Der Schwerpunkt liegt auf den vernachlässigten Ost-West-Achsen, um Defizite in der Verkehrserschließung zu mindern (MWTV 1990).

Der Radwegeausbau, aber auch die systematische Stärkung des sogenannten „Umweltverbundes" aus Rad-, Bus- und Bahnverkehr stützen die zunehmende ökologische Orientierung in der Verkehrspolitik. Im Öffentlichen Personennahverkehr, der auch auf Kreisebene durch entsprechende Arbeitsgemeinschaften vor Ort umgesetzt wurde (KREIS NORDFRIESLAND o.J.), entstand ein integriertes, landesweites Fahrplan- und Tarifsystem für Schleswig-Holstein: Verkehrsberuhigung, Radwegeausbau und Verbesserung des Öffentlichen Personennahverkehrs sehen sowohl das Land als auch die beiden Kreise als wichtige Maßnahme, um die Attraktivität der Region für den Fremdenverkehr zu erhöhen und Verkehrsbelastungen zu verringern (KREIS NORDFRIESLAND o.J., KREIS DITHMARSCHEN o.J., MWTV 1991).

Insgesamt erhielten die beiden Westküstenkreise zwischen 1985 und 1994 122 Millionen DM Fördermittel nach dem Finanzausgleichs- (FAG) und Gemeindeverkehrsfinanzierungsgesetz (GVFG). 62 % dieser Summe entfielen auf Nordfriesland (Abb. 114).

28,6 Millionen DM aus einer ÖPNV-Maßnahme (MELFF 1995).

Weitere 29,3 Millionen DM flossen 1988 bis 1994 in den Ausbau nordfriesischer, kommunaler Häfen (MELFF 1995), Dithmarschen mit seiner geringen Hafenzahl erhielt 4,5 Millionen DM Fördermittel für diesen Zweck.

Abb. 114
Zuwendungen im Bereich Verkehr gemäß dem Gemeindeverkehrsfinanzierungsgesetz (GVFG) und dem Finanzausgleichsgesetz (FAG) für die Kreise Nordfriesland und Dithmarschen (Kommunale Verkehrsinvestitionen. Die Gesamtsumme beträgt im Zeitraum 1985 - 1994 122,8 Millionen DM. DTM = Dithmarschen, NF = Nordfriesland (MWTV 1995).

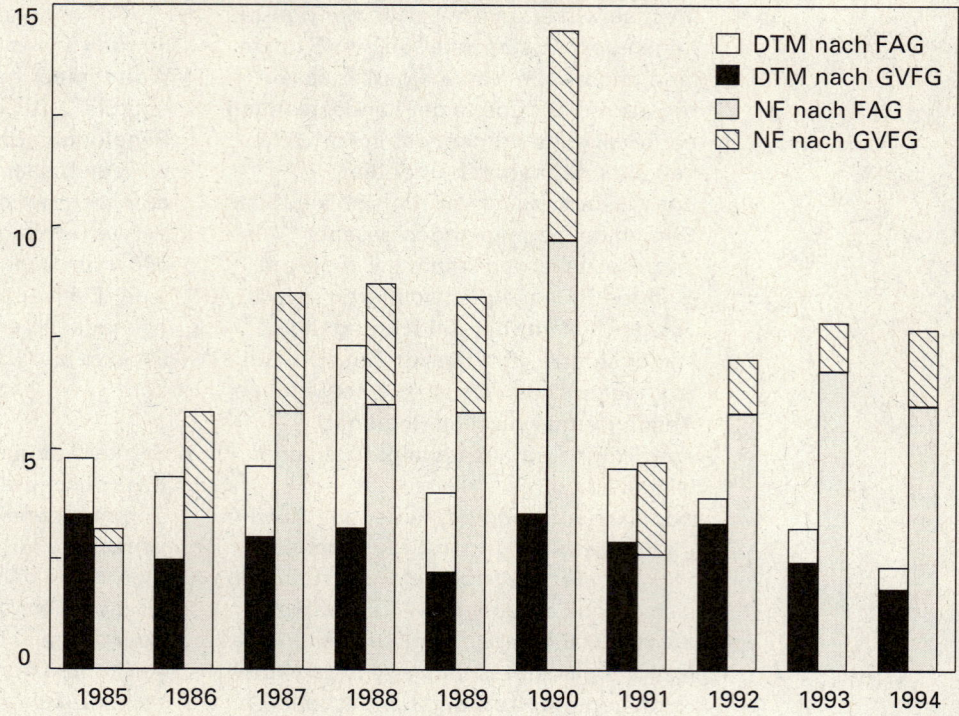

Zuwendungen im Bereich Verkehr (in Millionen DM)

□ DTM nach FAG
■ DTM nach GVFG
▨ NF nach FAG
▨ NF nach GVFG

Die gestiegene ökologische Orientierung spiegelt sich auch in der Fördermittelstruktur wider. Seit 1991 können sogenannte FAG-Mittel auch für Maßnahmen des ÖPNV genützt werden. Landesweit waren dies etwa ein Drittel aller FAG-Mittel (MELFF 1995). Im Rahmen des Gemeindeverkehrsfinanzierungsgesetzes können Verkehrsanlagen wie Omnibusbetriebshöfe, Haltestellen, P+R-Plätze u.ä. gefördert werden. Zwischen 1988 und 1993 wurden in Dithmarschen 48 % und in Nordfriesland knapp 10 % aller GVFG-Mittel hierfür verwendet.

Nicht regionalisieren lassen sich 58,1 Millionen DM, die im Zeitraum 1988 bis 1992 landesweit im Rahmen des GVFG der Busförderung zugute kamen, ebenso wie

Die Schiffahrt des Wattenmeeres hat vorwiegend regionale Bedeutung

2.2 Schiffahrt

Die Schiffahrt des Wattenmeeres hat vorwiegend regionale Bedeutung. Überregionale Verbindungen zum Beispiel nach Dänemark, Niedersachsen oder in die Niederlande sind nur gering ausgeprägt.

Die Tideabhängigkeit von Fahrwassern und Häfen sowie die Morphologie des Wattenmeeres führen zu einer zeitlich und räumlich stark eingeschränkten Befahrbarkeit, insbesondere für größere Wasserfahrzeuge. Der Güterumschlag in den Häfen ist aufgrund der geringen Industrialisierung und Bevölkerungsdichte der Küstenregion gegenüber der Ostsee merklich geringer. Husum schlägt als

Tab. 24: Zahl der beförderten Personen, PKW, LKW auf ausgewählten Linien und Ausflugsrouten 1991 bis 1994. Angaben der Wyker Dampfschiffreederei (1995), Städtischer Kurbetrieb Westerland (1991, 1992, 1993, 1994); [1] April bis September.

	Schlüttsiel - Halligen Hooge/ Langeness - Amrum bzw. umgekehrt			Dagebüll - Föhr - Amrum bzw. umgekehrt		
Jahr	Personen	PKW	LKW/Anh.	Personen	PKW	LKW/Anh.
1991	1.969.000	272.000	34.000	116.300	6.300	700
1992	2.087.000	279.700	36.600	128.300	6.300	1.000
1993	2.017.000	280.000	39.500	121.000	6.700	1.600
1994	1.940.000	273.000	41.000	102.000	6.400	2.200

	Sylt-Föhr [1]	Sylt - Amrum [1]	Sylt - Hooge [1]	Sylt - Helgoland [1]
Jahr	Personen	Personen	Personen	Personen
1991	6.000	6.500	12.000	23.000
1992	6.500	6.700	11.000	24.000
1993	5.300	6.400	13.000	22.000
1994	6.400	6.200	11.300	19.000

	Sylt-Rømø				
Jahr	Personen	PKW	LKW/Anh.	Wohnungen/ Busse	Motor-/ Fahrräder
1991	867.479	74.548	5.498	9.485	20.121
1992	913.752	82.401	6.818	10.096	22.782
1993	918.606	76.690	9.104	12.941	24.484
1994	867.061	77.374	11.209	12.228	19.220

	Föhr - Sylt	Amrum - Sylt	Tagesrund- reisen (Sylt)	WDR von/ nach Sylt
Jahr	Personen	Personen	Personen	Personen
1991	3.000	1.800	3.900	56.200
1992	3.000	2.500	3.800	57.500
1993	3.500	2.300	3.600	56.100
1994	4.300	2.100	2.800	52.100

größter Hafen am Nationalpark mit rund 400.000 Tonnen jährlich 30mal weniger Güter um als beispielsweise Lübeck (STATISTISCHES LANDESAMT 1990). Eine Ausnahme bildet der Industriehafen Brunsbüttel mit fast 7 Millionen Tonnen, dessen Schiffahrt jedoch das Nationalparkgebiet kaum berührt. Die Linien- und Ausflugsschiffahrt transportierte 1994 mindestens 3 Millionen Personen, rund 360.000 PKW und ca. 86.000 LKW, Anhänger, Wohnmobile, Busse sowie Motorräder und Fahrräder. Einbezogen sind hier die in Tab. 24 aufgeführten Linien- sowie Ausflugsrouten, Hin- und Rückfahrten inbegriffen.

Während Handels- und Frachtschiffahrt seit langer Zeit an Bedeutung verloren, nahm die Ausflugs- und Linienschiffahrt im Wattenmeer zu. Um die Erreichbarkeit der Insel für Gäste und Ausflüglerinnen bzw. Ausflügler zu erhöhen, wurde bei-

spielsweise der tideunabhängige Fähranleger auf Pellworm gebaut (KREIS NORDFRIESLAND o.J., MWTV 1990).

Ausflugsfahrten zu Seehundliegeplätzen finden teilweise mit Ausnahmegenehmigung des Nationalparkamtes statt und sollen das besondere Naturerlebnis und damit auch die Idee des Nationalparkes vermitteln. Der Seehund nimmt für eine breite Besuchergruppe eine Schlüsselfunktion beim Erleben der Wattenmeer-Natur ein. Rund 60.000 bis 130.000 Personen nehmen jährlich an Fahrten zu den Seehundbänken teil, die von neun Reedereien angeboten werden (MÖLLER et al. 1994). Sieben Seehundbänke dürfen angefahren werden: Knobsände, Mittelloch, Schweinsrücken, Rummelloch, Kolumbusloch, Vollerwiekplate und D-Steert. Viele Liegeplätze werden im Sommer täglich angefahren (VOGEL 1994b).

2.2.1 Rechtliche Rahmenbedingungen

Die Wasserflächen des Nationalparkes bis zur Hochwasserlinie sind Bundeswasserstraßen nach dem Bundeswasserstraßengesetz (WaStrG). Das Befahren der Bundeswasserstraßen in Nationalparken regelt das Bundesministerium für Verkehr (BMV) durch Rechtsverordnung im Einvernehmen mit dem Bundesministerium für Umwelt, Naturschutz und Reaktorsicherheit. Das Land hat keine Regelungskompetenz. Der BMV kann die Schiffahrt auch in Nationalparken regeln, einschränken oder untersagen. Der Gesetzgeber hat mit dieser Regelung anerkannt, daß bestimmte Beschränkungen zum Schutz der Nationalparke notwendig sind.

Das Land Schleswig-Holstein hat 1985 den Erlaß einer Befahrens-Verordnung beantragt. Im Februar 1992 hat das Bundesverkehrsministerium die „Verordnung über das Befahren der Bundeswasserstraßen in Nationalparken im Bereich Nordsee" erlassen, die durch eine neue, 1995 in Kraft getretene Verordnung abgelöst worden ist.

Die Befahrensverordnung hat folgende Regelungsschwerpunkte:

► Luftkissenfahrzeuge dürfen generell nicht eingesetzt werden.
► Die Zone 1 darf drei Stunden nach bis drei Stunden vor Tidehochwasser außerhalb der Fahrwasser nicht befahren werden.
► Die in den Seekarten ausgewiesenen Robben- und Vogelschutzgebiete der Zone 1 dürfen in der Zeit vom 1. April bis 1. Oktober außerhalb der Fahrwasser nicht befahren werden.
► Ein Befahrensverbot der Zone 1 besteht für motorisierte Wasserskier, Wassermotorräder sowie sonstige Wassersportgeräte.
► Generell gilt eine Geschwindigkeit bis zu 12 Knoten für das Befahren der Bundeswasserstraßen in den drei Nationalparken.
► Es gelten 8 Knoten als maximale Geschwindigkeit für das Befahren der Zone 1 außerhalb der dortigen Fahrwasser.
► Es gilt eine Geschwindigkeit von bis zu 16 Knoten für das Befahren gekennzeichneter Fahrwasser außerhalb der jeweiligen Zone 1.

► Es gilt eine Bestandsregelung in der Verordnung für die seit Verordnungsbeginn seit mindestens sechs Monaten eingesetzten Fahrgastschiffe der Watten- und/oder Helgolandfahrten. Fahrgastschiffe, die vor der Verordnung bereits im Watt und nach Helgoland eingesetzt wurden, genießen jedoch Bestandsschutz.
► Es wird keine Ausnahmemöglichkeit für künftige schnellfahrende Schiffe gewährt.
► Für Dienst-, Seenotrettungs- oder in Seenot befindliche Fahrzeuge gilt keine Geschwindigkeitsbegrenzung.

2.2.2 Schiffe und Häfen

Gemessen an den Fahrzeugzahlen ist die Sportbootschiffahrt im Wattenmeer zahlenmäßig am stärksten vertreten. Fischerei- und Behördenschiffahrt nehmen den nachfolgenden Rang ein. Bei den Behördenschiffen dominiert die Flotte der Ämter für Land- und Wasserwirtschaft, die überwiegend aus unmotorisierten Buschuten und Arbeitsbooten besteht (KRANZ 1992). Nur ein Teil dieser Flotte ist zeitgleich im Einsatz. Seegängig und höher motorisiert sind die Schlepper- und Transportschiffe der Ämter für Land- und Wasserwirtschaft, die Tonnenleger, Peil- und Seezeichenschiffe der Wasser- und Schiffahrtsämter sowie Zollkreuzer, Streifenboote und Forschungsschiffe. Die Schiffseinheiten der personenbefördernden Ausflugs- und Linienschiffahrt sind z.T. Fahrzeuge bis zu 3.000 KW Motorenleistung und mit Kapazitäten bis zu 800 Personen (KRANZ 1992).

An den Nationalpark grenzen 19 Häfen. Ihre Verwaltung obliegt Hafenämtern oder privaten Betreibern wie z.B. Segelvereinen. Unterschieden werden kann je nach Zuständigkeit zwischen landeseigenen, kommunalen und Bundeshäfen. In der Sportschiffahrt gibt es vereinseigene Häfen. Die Häfen haben mit der wirtschaftlichen Entwicklung ihres Hinterlandes ihre Bedeutung erlangt: Die Hauptumschlagshäfen für Waren und Personen sind Büsum, Husum und Wyk, die Fischereihäfen Tönning und Friedrichskoog sowie die festländischen Fähr-, Handels- und Ausflugshäfen Dagebüll, Schlüttsiel und Strucklahnungshörn, die die Versorgung und touristische Anbindung des Insel- und Halligraumes gewährleisten. Insbesondere auf Sylt dominieren Häfen der touristisch orientierten Sportboot- und Ausflugsschiffahrt.

Die Häfen belegen die gewachsene touristische Prägung der Schiffahrt im Wattenmeer: So gut wie jeder Hafen besitzt mittlerweile einen Sportboot-bereich, zwölf der neunzehn Häfen sind Anlaufpunkte für Ausflugsschiffe. Hafen-anlagen mit Fischerei- und anderen Fahrzeugen, Lade- und Umschlagtätigkeit, Fischverkauf und Werftbetrieb besitzen grundsätzlich eine hohe touristische Attraktivität für Besucher, die geschlosse-ne Sportbooteinrichtungen mit vergleichs-weise uniformen, weißen Kunststoff-booten nicht bieten können. In Dithmar-schen gibt es Bestrebungen, alte Hafen-standorte wie z.B. in Meldorf gezielt für den Tourismus zu reaktivieren, bestehen-de Häfen und Anlegestellen im Rahmen des Wasserwanderns attraktiver zu gestalten sowie traditionelle Nutzungen (Fischerei, Transport, Werften) gezielt zu fördern und zu erhalten (GRUBE 1991).

2.2.3 Räumliche Nutzung durch die Schiffahrt

Umfassende Auswertungen von Befliegungen zwischen 1986 und 1993 zeigten, daß die Fischerei und die Sportbootschiffahrt ganzjährig im Watten-meer dominieren, wenn auch mit saisona-len Unterschieden (NEHLS 1994).

Fischereifahrzeuge machen je nach Jahreszeit zwischen 30 und 50 % der erfaßten Fahrzeuge aus. Da im Winter-halbjahr von November bis April Sport-boote weitgehend fehlen, bestimmen Fischereifahrzeuge, zusammen mit Behör-den- und Fahrgastschiffen, das Bild. Absolut gesehen erreicht auch die Anwe-senheit von Fischereifahrzeugen ihren zahlenmäßigen Höhepunkt im Sommer-halbjahr während der Fangperiode von März bis etwa Oktober. Im Sommer dominieren die Sportboote häufig mit über der Hälfte aller Fahrzeuge. Durch-schnittlich 100 Sportboote pro Befliegung wurden in der Zeit von Mai bis Oktober festgestellt (NEHLS 1994). Gegenüber der niedersächsischen Nordsee mit bis zu 360 Sportbooten sind die Sportbootdichten im Schleswig-Holsteinischen Wattenmeer deutlich geringer.

Gegenüber Nieder-sachsen mit bis zu 360 Sportbooten sind die Sportboot-dichten im schleswig-holsteinischen Wattenmeer deutlich geringer

Auch wenn die Behördenschiffahrt quanti-tativ eine untergeordnete Rolle spielt - maximal je 13 Fahrzeuge pro Zählung wurden zwischen 1991 und 1993 angetrof-fen (NEHLS 1994) - muß darauf hingewie-

sen werden, daß gerade diese Schiffahrts-art auf der gesamten Fläche des National-parks erlaubt ist. Sie dringt damit auch in Bereiche vor, die sonst nicht von Fahrzeu-gen aufgesucht werden (KRANZ 1992).

Sportbootschiffahrt und Fischerei gelten wegen ihrer Nutzung in der Fläche im Gegensatz zu den routengebundenen Fahrten der Linien-, Fracht- und Ausflugs-schiffahrt als besonders konfliktträchtig. Auch wenn sich nach Beobachtungen und Zählungen nur durchschnittlich 2,5 % der Sportboote außerhalb der erlaubten Fahrwasser aufhalten, ermöglichen die gekennzeichneten Bereiche selbst in der Zone 1 auch das Erreichen der empfind-lichsten Wattenmeergebiete. Bei der Fischerei sind es vor allem die kleineren Nebenerwerbsfahrzeuge sowie fischereilich genutzte Sportboote, die diese Bereiche außerhalb der großen Fahrwasser aufsuchen.

Die räumliche Verteilung des Schiff-verkehrs zeigen die Abbildungen 115 und 116. Sportboote wurden in fast allen Teilen des schleswig-holsteinischen Wattenmeeres angetroffen, mit deutlichen Konzentrationen in der Nähe der wichti-gen Häfen und der zu ihnen führenden Fahrwasser (vergl. Abb. 115). Die Piep bei Büsum, die Norderaue zwischen Amrum und Föhr und der Bereich nördlich von List waren die am stärksten frequentierten Gewässer innerhalb des Wattenmeeres. Andere Bereiche wiesen durchgehend geringe Schiffahrtszahlen auf. So wurde im Hoogeloch und im Bereich des Steenacks seit Beginn der Zählungen noch kein Sportboot, im Wesselburener Loch nur ein einziges Sportboot gesichtet. Der weitaus größte Teil der Sportboote befand sich innerhalb der Fahrwasser oder am Rand derselben. Auch trockengefallene Boote wurden zumeist am Rand der gekennzeichneten Fahrwasser angetrof-fen.

Von 1991 bis 1993 konnten etwa 3,5 % der Schiffe außerhalb der Fahrwasser registriert werden, in der Zeit von 1988 bis 1990 waren es etwa 4 % (NEHLS et al. 1991). Im Mittel befanden sich 2,5 % der Schiffe in der Zone 1 außerhalb der gekennzeichneten Fahrwasser.
Der größte Teil der Fischereifahrzeuge hielt sich, mit Ausnahme der Muschel-kutter, außerhalb des Wattenmeeres oder auf den großen Wattströmen auf, die zu den wichtigen Fischereihäfen führen. Die wichtigsten Bereiche liegen vor dem

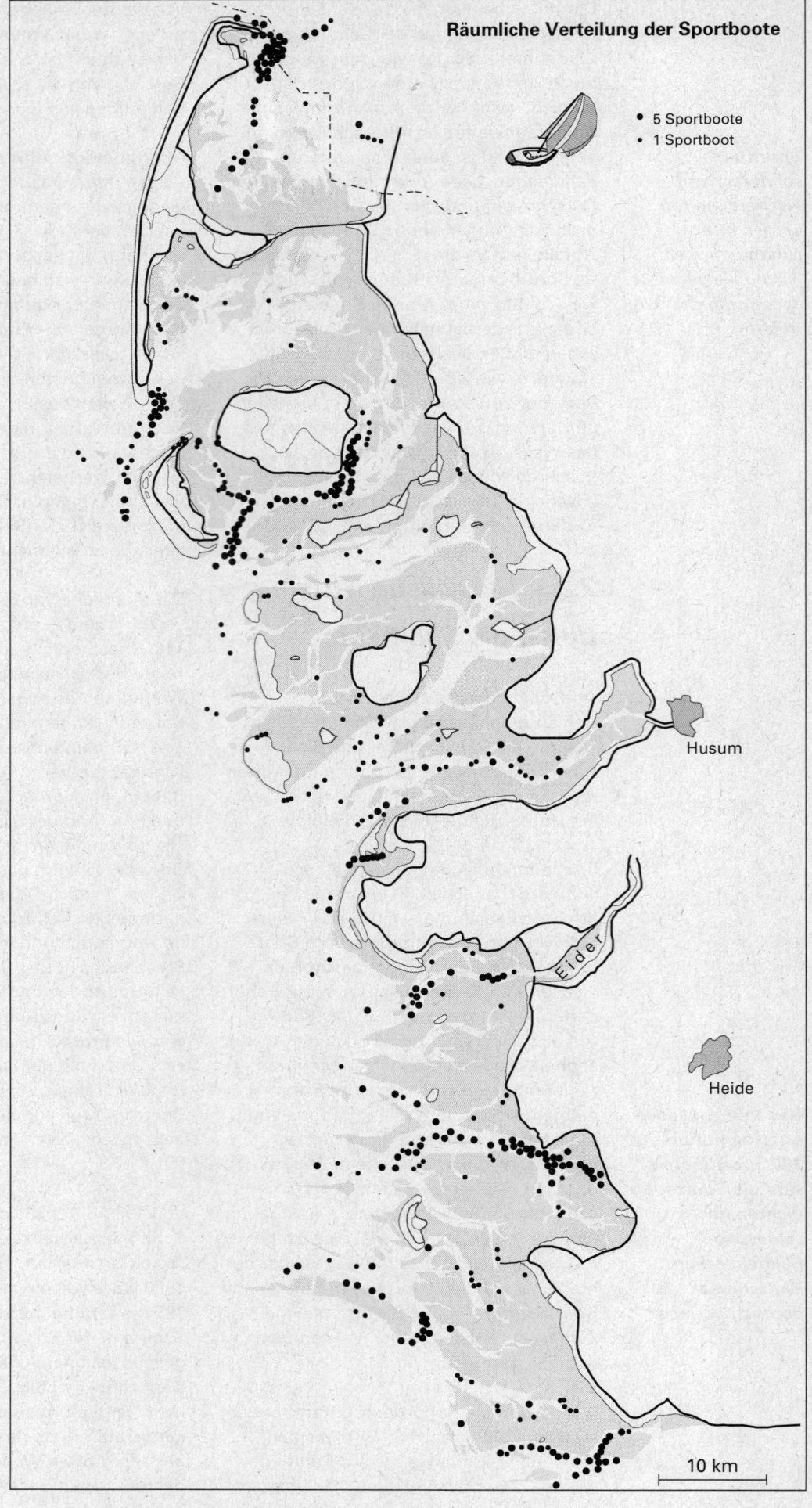

Abb. 115
Räumliche Vertei-
lung des
Sportbootverkehrs
im Schleswig-
Holsteinischen
Wattenmeer bei
Niedrigwasser
nach Zählungen
aus dem Flugzeug.
Dargestellt ist die
Summe von ca. 50
Zählungen aus den
Jahren 1991 - 1995
(NEHLS 1994
ergänzt).

Räumliche Verteilung der Sportboote

• 5 Sportboote
• 1 Sportboot

Husum

Eider

Heide

10 km

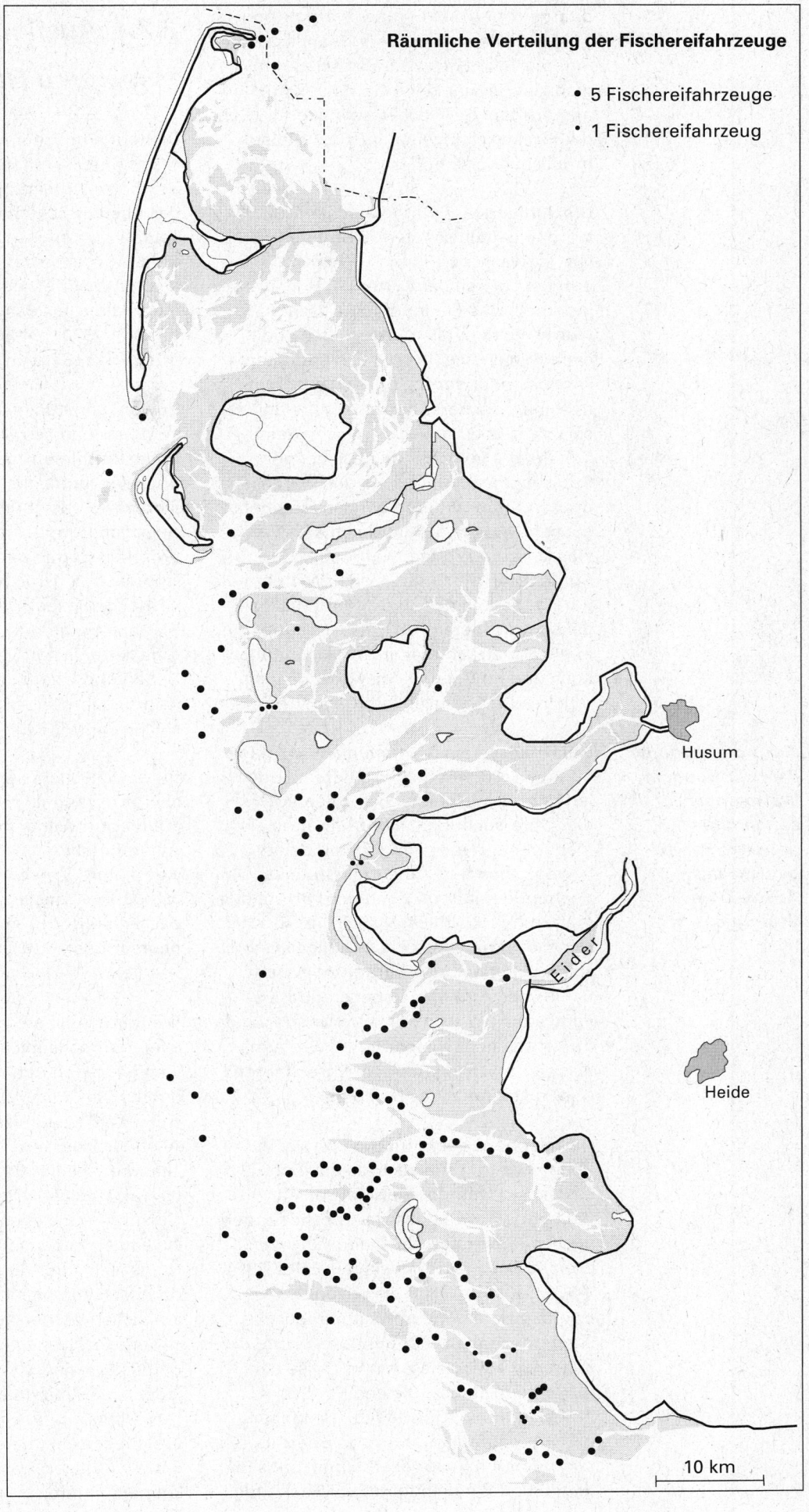

Abb. 116
Räumliche Vertei-
lung der Fischerei-
fahrzeuge (außer
Muschelkutter) im
Schleswig-Holstei-
nischen Watten-
meer bei Niedrig-
wasser nach
Zählungen aus
dem Flugzeug.
Dargestellt ist die
Summe von ca. 30
Zählungen aus den
Jahren 1991 - 1993
(NEHLS 1994).

Räumliche Verteilung der Fischereifahrzeuge

• 5 Fischereifahrzeuge

• 1 Fischereifahrzeug

Husum

Eider

Heide

10 km

VI

dithmarscher Wattenmeer (vergl. Abb. 116). Bei Niedrigwasser wurden in den inneren Teilen des Wattenmeeres nur wenige oder gar keine Garnelenkutter angetroffen. Bei Hochwasser liegt die Zahl der Fischereifahrzeuge im Watt selbst möglicherweise höher.

Die Zählungen im dithmarscher Teil wurden jedoch schon drei Stunden vor Niedrigwasser begonnen. Wenn ein erheblicher Teil der Kutter bei Hochwasser innerhalb des Wattenmeeres fischen würde, wären viele Kutter in den südlichen Prielen wie Klotzenloch und Schatzkammer zu erwarten. Bei den dort angetroffenen Fischereifahrzeugen handelt es sich ganz überwiegend um sehr kleine Schiffe, die teilweise nicht sicher von Sportbooten zu unterscheiden waren. Die großen Kutter wurden bei den Flügen fast ausnahmslos in gekennzeichneten Fahrwassern angetroffen, während kleine Boote bis in die Enden kleiner Nebenpriele vordrangen. In der Zone 1 außerhalb der gekennzeichneten Fahrwasser werden nur in der Schatzkammer, im Wesselburener Loch und im Bereich der Außensände regelmäßig Garnelenkutter angetroffen.

Nicht die absolute Zahl der Boote im Wattenmeer, sondern der genutzte Raum bewirkt das Ausmaß von Störungen

Unter Störungsgesichtspunkten ist eine differenzierte Betrachtung der individuellen räumlichen Nutzungsformen notwendig. Untersuchungen konzentrierten sich hier auf die Auswirkungen von Schiffsbewegungen auf mausernde Vögel sowie Seehunde mit ihren Ruhe- und Brutpflegeplätzen (NEHLS 1994, VOGEL 1994b, c). Dabei sind nicht nur die räumliche Überschneidung oder Berührung zwischen Schiffsweg und dem Lebensraum relevant, sondern auch konkrete Unterschiede im Verhalten der Bootsführer, wie zum Beispiel zwischen ruhigem Vorbeifahren und Aussetzen eines Beibootes.

Hinzu kommt der Einfluß des jeweiligen Zeitpunkts im Lebenszyklus der Tiere. Vögel sind während der Mauserzeit, Seehunde zur Zeit des Haarwechsels, aber auch während der Wurf- und Aufzuchtperiode besonders sensibel (NEHLS 1994, VOGEL 1994b). Nicht die absolute Zahl der Boote in Häfen und im Wattenmeer, sondern vielmehr der genutzte Raum, der Zeitpunkt sowie die Art und Weise der Bewegung sind es, die den Konflikt hervorrufen (VOGEL 1994b). Besonders groß ist die Störwirkung von Sportbooten, und unter ihnen vor allem von lautlosen Segel- und Paddelbooten, auf Seehunde.

2.2.4 Ausflugsschiffahrt zu Inseln und Halligen

Die tourismusbedingte Prägung der Wattenmeerschiffahrt führt zu Problemen. GIS-Karte 24 zeigt die Befahrensintensität der Ausflugsschiffahrt und den Ausflugsverkehr zu den Inseln und Halligen. Befahrensintensität bedeutet die Summe aus Hin- und Rückfahrten auf einer Route innerhalb eines Jahres. Sie wurde von KRANZ (1992) anhand der Fahrpläne der Ausflugsreedereien ermittelt.

Sowohl von den großen Inseln als auch vom Festland aus werden die Halligen zur Hochsaison mehrmals täglich angelaufen. Ausflugs- und Linienschiffahrt führen jährlich zu über 2.000 Schiffsbewegungen zwischen Hooge und Wittdün sowie zwischen Hooge und Schlüttsiel. Für die Übernachtungsgäste der Inseln und des Festlandes haben diese Hallig- und Wattenmeerfahrten eine große touristische Attraktivität. Vier von zehn Urlauberinnen und Urlaubern unternehmen während ihres Nordseeaufenthaltes eine solche Fahrt (MÖLLER et al. 1994).

Rund 150.000 Besucherinnen und Besucher erreichen jährlich die Hallig Hooge auf diesem Wege, mit steigender Tendenz. Auf den Halligen Gröde und Langeneß werden pro Jahr zwischen 20.000 und 50.000 Tagesgäste gezählt. Zu den Schiffspassagieren stoßen außerdem die Teilnehmerinnen und Teilnehmer von Wattwanderungen (vergl. Kap. VI 1.3.5).

Die tourismusbedingte Schiffahrt wird aller Wahrscheinlichkeit nach künftig weniger durch quantitative, als vielmehr durch qualitative Änderungen geprägt sein. Die Passagierzahlen der Linien- und Ausflugsschiffahrt zeigen seit 1990 eine Tendenz zu einer Stagnation auf hohem Niveau (Tab. 24). Da die touristische Nachfrage sich ebenfalls auf einem hohen Niveau eingependelt hat, die Bevölkerungszahlen der Region sich kaum verändern, erscheinen merkliche quantitative Zuwächse bei der Ausflugsschiffahrt in näherer Zukunft unwahrscheinlich. Der Bau des „Adlerexpress" verdeutlicht jedoch, daß mit qualitativen Steigerungen, vor allem hinsichtlich Schnelligkeit und Reichweite, gerechnet werden muß. Einzelne Zielräume wie die Halligen können dadurch von noch mehr Besuche-

rinnen und Besuchern pro Zeiteinheit
aufgesucht werden.

Mehrere Gutachten (MÜLLER & RIECKEN
1989, 1991) sowie der Kreis Nordfriesland
betonen die Notwendigkeit, den Tourismus für die Halligen zwar als ökonomische Grundlage mit Zukunftsperspektive
zu erhalten, andererseits jedoch lenkend
in den Tagestourismus einzugreifen.
Vermehrt sollen Einkommens-
möglichkeiten im Übernachtungs-
tourismus ausgebaut und die Qualität des
Angebotes gehoben werden, um so mehr
Einkommen für die Halligbevölkerung
auch aus den Tagesgästen zu schöpfen.

Dem Segeln, Surfen, Motorbootfahren,
Kanufahren und Rudern wird zwar seitens
der Kreise weiteres Wachstum prognostiziert (KREIS DITHMARSCHEN o.J.),
angesichts der gegenüber der Ostsee
deutlich ungünstigeren natürlichen
Ausgangsbedingungen bleibt jedoch
abzuwarten, ob und in welchem Maße es
im Wattenmeer zu merklichen Steigerungen kommt. Ein Vergleich zwischen der
Liegeplatzsituation von 1981 (TTG) und
1990 (KRANZ) zeigt kaum quantitative
Veränderungen, zudem dominieren in der
Sportschiffahrt Einheimische als Nutzer.

Pro Kopf zeigen die
Westküstenkreise
einen leicht über-
durchschnittlichen
Motorisierungs-
grad

2.3 Straßenverkehr

Außerhalb des Nationalparks, am Festland
und auf den größeren Inseln, dominiert
der PKW den Modal Split. Dabei ist das
Nationalparkvorfeld als dünn besiedelter
Raum grundsätzlich von den Verkehrspro-
blemen großer Ballungszentren verschont
geblieben. Das tourismusbedingte Verkehrsaufkommen führt jedoch zu proble-
matischen saisonalen Spitzen. Pro Kopf
zeigen die Westküstenkreise einen leicht
überdurchschnittlichen Motorisierungs-
grad, während landesweit noch deutlich
weniger Autos pro Einwohner registriert
wurden als im Bundesdurchschnitt.
Ursachen sind in der dünnen Besiedlung,
dem hohen Pendleraufkommen und dem
vernachlässigten ÖPNV zu suchen (Abb.
117).

Der intensive PKW-Verkehr innerhalb der
Ortschaften sowie im Binnenland beein-
flußt den Nationalpark in der Regel nicht
direkt. Eine Fremdenverkehrsregion in
unmittelbarer Nachbarschaft zu einem
Nationalpark muß sich jedoch dem
Belastungsfaktor Verkehr als Probleme-
reich stellen (ADAC 1993). Nicht nur der
Markt, sondern auch die landespolitische
Zielkonzeption des Sanften Tourismus
geben die Entwicklung autoarmer
Fremdenverkehrsorte vor (MWTV 1991).
Lärm, Abgase, Konflikte zwischen den
Verkehrsteilnehmern und die Belastung

Abb. 117
Zeitliche Entwick-
lung des Moto-
risierungsgrades in
den Westküsten-
kreisen Nordfries-
land und Dithmar-
schen, im Land
Schleswig-Holstein
sowie in der
Bundesrepublik
(früheres Bundes-
gebiet) zwischen
1985 und 1993
(KRAFTFAHRTBUN-
DESAMT FLENS-
BURG 1995).

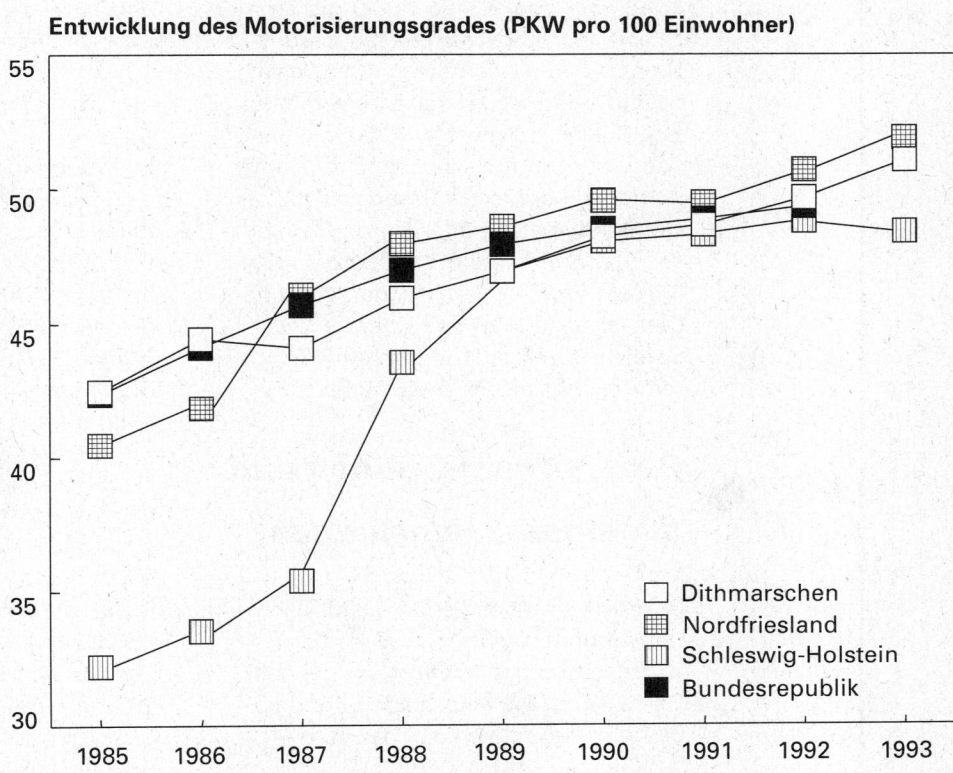

Entwicklung des Motorisierungsgrades (PKW pro 100 Einwohner)

Legende:
- Dithmarschen
- Nordfriesland
- Schleswig-Holstein
- Bundesrepublik

von Siedlungs- und Landschaftsbild durch Verkehrsflächen mindern die Lebensqualität am Wohn- und Urlaubsort.

Für den Nationalpark unmittelbar relevant sind die indirekten Folgen der PKW-Mobilität bei Übernachtungsgästen, Ausflugsgästen und Bevölkerung. Da sich Freizeitaktivitäten, Ausflüge und Übernachtungen im Küstenraum konzentrieren, kulminiert hier auch der tourismusinduzierte Verkehr. In kürzester Zeit sind heute verschiedenste Ausgangspunkte am Deich per Auto zu erreichen, von denen in der Regel auch der Nationalpark betreten werden kann.

Je nach Standort, Witterung, Saison und Tagestyp kommt es zu Problemen mit ungelenktem Verkehrs- und Besucheraufkommen im Übergangsbereich zwischen binnendeichsgelegenen Zufahrtsstraßen und Parkplätzen, dem Deich und dem Vorland-Wattbereich. Bislang treffen die Besucherinnen und Besucher im Außendeichbereich häufig auf ein nicht ausgebautes Wegenetz.

Im unmittelbaren Vorfeld des Nationalparkes erschließen weniger stark befahrene Kreis- oder Gemeindestraßen das Gebiet

Diese Verkehrsbelastungen im Nationalparkvorfeld sind auch Folge einer bundes- und landesweiten Verkehrspolitik, die den PKW vor allen anderen Verkehrsträgern gefördert hat. Für das Nationalparkvorfeld hat insbesondere der Bau der A 23 sowie der Ausbau weiterführender Straßen zu einer stark verbesserten Erreichbarkeit geführt. Innerhalb von einehalb Stunden sind heute Friedrichskoog, Meldorf oder die Strände St. Peter-Ordings vom Ballungsraum Hamburg aus zu erreichen. Da umweltfreundlichere Verkehrsträger wie Bahn und Bus bisher nicht in wirkungsvollen Größenordnungen zur Problemlösung beitragen konnten, müssen nun die Gemeinden als Empfänger des touristischen Zielverkehrs mit kostenträchtigen Maßnahmen die Belastungen verringern. Dies ist schwierig, da autoarme Ortsbereiche am Ausflugs- und Anreiseverkehr per PKW wenig ändern.

2.3.1 Organisationen und allgemeine Regelungen

Rechtlich gesehen liegen die Möglichkeiten, autofreie bzw. -arme Verkehrskonzepte vor Ort umzusetzen, bei den Gemeinden. Sie entscheiden über die Einrichtung von verkehrsberuhigten

Bereichen, Fußgängerzonen, die Parkraumbewirtschaftung oder den innerörtlichen Radwegebau (ADAC 1993). Daneben müssen jedoch der auf Kreis- und Landesebene koordinierte öffentliche Personennahverkehr und die kreisweiten Verkehrsplanungen im Radwege- und Straßenbau abgestimmt werden. Die Fördermodalitäten des Landes beeinflussen zudem maßgeblich, ob und inwieweit die einzelne Gemeinde Verkehrsberuhigung und -lenkung umsetzen kann. Eine nicht-angepaßte Verkehrswegepolitik des Landes und Bundes kann die gemeindlichen Bestrebungen konterkarieren.

2.3.2 Straßennetz und -nutzung

Eine Erfassung der Verkehrsdichten in Schleswig-Holstein im Jahr 1990 zeigt die große Bedeutung der Straßen (STRAS–SENBAUAMT 1993). Über die A 23 gelangt der Großteil des Verkehrs aus dem Ballungsraum Hamburg in die Region. Er wird über die küstenparallele Bundesstraße 5 bis nach Süderlügum weitergeführt. Sie bildet auch die touristische „Grüne Küstenstraße", welche sich nach Südwesten hin über Niedersachsen bis in die Niederlande fortsetzt und im Norden von einer dänischen Küstenstraße aufgenommen wird. Das Verkehrsaufkommen dünnt von Süden nach Norden stark aus. Die Bundesstraßen in Ost-West-Richtung, die die Ostseesiedlungsschwerpunkte Flensburg, Schleswig und Kiel sowie Neumünster anbinden, sollen künftig stärker ausgebaut werden.

Im unmittelbaren Vorfeld des Nationalparkes erschließen weniger stark befahrene Kreis- oder Gemeindestraßen das Gebiet mit Verkehrsdichten von 1.000 bis maximal 3.000 PKW täglich. Nur an den beiden touristischen Zentren der Festlandsküste St. Peter-Ording und Büsum sowie bei den zentralen Orten Meldorf, Tönning und Husum reichen Bundesstraßen fast bis an die Grenzen des Nationalparks. Hier werden Verkehrsdichten von 6.000 bis 10.000 PKW täglich erreicht (STRASSENBAUAMT 1993).

Bisher verkehrsarme Bereiche finden sich vor allem entlang der L 278 durch die Gemeinden Hattstedter Marsch und Reußenköge, bei Emmelsbüll-Horsbüll sowie im nördlichen Teil Eiderstedts mit 700 bis 1.000 Fahrzeugen pro Tag.

Die Erschließung des Nationalparks durch deichparallele Straßen, die eine besondere Bedeutung für seine Erreichbarkeit haben, stellt sich entlang der Festlandsküste wie folgt dar: Von ca. 225 km Gesamt-Küstenlänge entfallen 11 % auf den näheren Bereich von Kurorten, wo der Binnendeichsbereich meist auf der gesamten Länge auch für PKW erschlossen ist. Verkehrsberuhigende Maßnahmen, Fußgängerzonen und Kurpromenaden schränken den Zugang allerdings in den Kurbereichen ein.

Auf einem weiteren Drittel der Küstenlänge führen meist einspurige Straßen mit Parkbuchten oder Parkmöglichkeiten auf dem Seitenstreifen parallel zum Deich. Bei Dagebüll, Ockholm und entlang des Eiderdammes verlaufen zweispurige Straßen in unmittelbarer Wattnähe.

Bereiche mit touristischer Bedeutung wie die Hamburger Hallig, Westerheversand und Hirtenstall werden mit Stichstraßen und Parkplätzen erschlossen. Über Stichstraßen können jedoch vor allem an warmen Tagen auch wenig frequentierte Bereiche aufgesucht werden. Bedingt kommt es durch offengelassene Deichtore auch zum Befahren der nicht öffentlich gewidmeten Deichverteidigungswege (SCHUBERT 1987).

Zwischen Festland sowie Hallig- und Inselwelt fungieren Schiffsverbindungen und die Bahn als verlängerte Straße. Die Marsch- und Geestinseln selbst, aber auch die Halligen Hooge und Langeneß sind sämtlich mit Kreis- und Gemeindestraßen für den PKW-Verkehr erschlossen.

2.3.3 Verkehrslenkung auf der Hamburger Hallig

St. Peter Ording: Besonderes Konfliktfeld im Nationalpark ist die bestehende Ausnahmegenehmigung für eine Strandbefahrung mit PKW

Hinweis der Herausgeber: Derzeit wird in ST. Peter-Ording versucht, eine Kompromißlösung zu erarbeiten, die den gesetzlichen Anforderungen Rechnung trägt

Die Hamburger Hallig ist touristisches Landschaftsziel, sie ist Attraktionspunkt in einem sonst ländlich geprägten Umfeld. Als landfeste Hallig ist sie über einen Betonspurweg mit dem PKW erreichbar, gleichzeitig ist sie jedoch Naturschutzgebiet, in dem das Befahren per Verordnung verboten ist. Für die umliegenden Gemeinden bildet sie mit Badestelle, Hallig-Gastronomie und ihrer natürlichen Attraktivität eine Basis für die touristische Entwicklung.

Bei einer ersatzlosen Sperrung der Hallig für den PKW-Verkehr befürchten die anrainenden Kommunen, daß die Hallig für Besucherinnen und Besucher ihre Anziehungskraft verlieren würde, da fast vier km Fuß- oder Radweg bis zum Halligkopf zurückzulegen sind. In einem Arbeitskreis aus Kommunen, Kreisbehörden und Nationalparkamt einigte man sich schließlich auf die Einführung einer gebührenpflichtigen Schranke, die zumindest Neugierbesucher zurückhält (FEIGE et al. 1993b).

2.3.4 Strandbefahrung und innovative Verkehrskonzeption St. Peter-Ording

St. Peter-Ording verkörpert ein typisches Fremdenverkehrszentrum der Region. Die jährlich mindestens 600.000 Ausflüglerinnen bzw. Ausflügler und fast 200.000 Übernachtungsgäste reisen nahezu alle mit dem PKW an. Besonderes Konfliktfeld im Nationalpark ist die bestehende Ausnahmegenehmigung für eine Strandbefahrung mit PKW, die die Besucherinnen und Besucher bisher die Strände bequem mit dem Auto erreichen läßt. 1997 läuft diese Genehmigung aus.

Örtliche Übernachtungsgäste bilden zwar den überwiegenden Teil der Strandgäste, Tagesgäste verursachen jedoch extreme PKW-Aufkommen an Spitzentagen. Gleichzeitig erweist sich auch der innerörtliche Autoverkehr in dem weitläufigen Straßendorf als Belastung, insbesondere für den Kurbetrieb. Lösungen sind außerordentlich aufwendig. An Spitzentagen müssen über 15.000 Strandbesucherinnen und -besucher mit alternativen Transportsystemen an den Strand gelangen können (FEIGE et al. 1993a). Geplant war der Bau von Auffangparkplätzen für die PKW der Tagesgäste und ortseigenen Strandbesucherinnen und -besucher binnendeichs sowie zumindest der Ausbau eines zusätzlichen sturmflutsicheren Steges am Strandabschnitt Ording. Durch einen Bürgerentscheid der Gemeinde St. Peter Ording wurde der geplante Maßnahmenkatalog abgelehnt. Damit sind alle weiteren Planungen auf Eis gelegt.

2.3.5 Verkehrsberuhigung auf Inseln und Halligen

Die größten Chancen für eine großflächige Reduzierung des PKW-Verkehrs haben die Inseln und Halligen

Die größten Chancen für eine großflächige Reduzierung des PKW-Verkehrs haben prinzipiell die Inseln und Halligen. Dank ihrer hohen touristischen Attraktivität und dank kontrollierbarer Zugänge mit Fähren und über Dämme wäre hier zumindest ein Verbot von Gäste-PKW möglich. Dies zeigt die Insel Spiekeroog in Niedersachsen, welche sich trotz Autofreiheit ungebrochener Beliebtheit als Ferienziel erfreut (ADAC 1991), aber auch die autofreien Halligen im Wattenmeer selbst. Nach Gästebefragungen macht Autofreiheit die kleinen Halligen Oland, Gröde und Nordstrandischmoor besonders attraktiv für einen Urlaub (MÜLLER et al. 1991).

Die Durchsetzbarkeit von autofreien oder -armen Konzepten ist jedoch von Entfernungen sowie dem alternativ zu bewältigenden Verkehrsaufkommen abhängig. So konnte auf der größten Hallig Langeneß, die durch eine Kreisstraße befahrbar ist, bisher kein Konsens erzielt werden (MÜLLER et al. 1991). Auch auf den größeren Inseln erscheint nur ein allmählicher Einstieg in autoarme Konzepte möglich. Diese können nur mit dem Willen der Bürgerinnen und Bürger und dem umfangreichen Ausbau von alternativen Verkehrsträgern durchgesetzt werden.

Für Wyk und die Insel Föhr wurde mit dem Radwegebau und der Einrichtung eines Fahrradbusses eine Alternative zum PKW-Verkehr geschaffen. Die Verkehrsmittelnutzung der Übernachtungsgäste auf der Insel Pellworm belegt eine hohe Akzeptanz für das Fahrrad, die mit Einschränkungen auf die Insel Föhr übertragbar sein dürfte: Knapp die Hälfte aller Urlaubergäste nutzte dort 1991 überwiegend das Fahrrad, weitere 20 % fuhren unter anderem auch Rad (MÜLLER et al. 1993). Eine anfangs geplante, umfangreiche Sperrung der Wyker Innenstadt für den Verkehr scheiterte jedoch am Widerstand der Bevölkerung.

Im Rahmen der „Integrierten Inselschutzkonzepte" wurde vom Umweltministerium ein Gutachten zur Neuordnung des Öffentlichen Personennahverkehrs auf der Insel Sylt finanziert. Zu nennenswerten Änderungen im ÖPNV-System durch die betroffene private Verkehrsgesellschaft Sylts ist es jedoch wegen der mangelnden Akzeptanz der geforderten Maßnahmen bisher nicht gekommen. Westerland, das bereits eine durchgängige Parkraumbewirtschaftung durchgesetzt hat, plant nun im Alleingang, einen Citybus zur Verkehrsentlastung einzusetzen, der durch die Parkgebühren teilweise finanziert werden soll.

Wie die Zahl der jährlich transportierten PKW zeigt (Abb. 118), ist trotz allem die Mobilität am Urlaubsort für Urlaubsgäste der Inseln ein wichtiger Bestandteil ihres Aufenthalts. Ein Großteil dieser PKW ist mit hoher Wahrscheinlichkeit Urlaubs- und Ausflugsgästen der Inseln zuzuschreiben.

Zahl der beförderten PKW zu den Inseln (in Millionen)

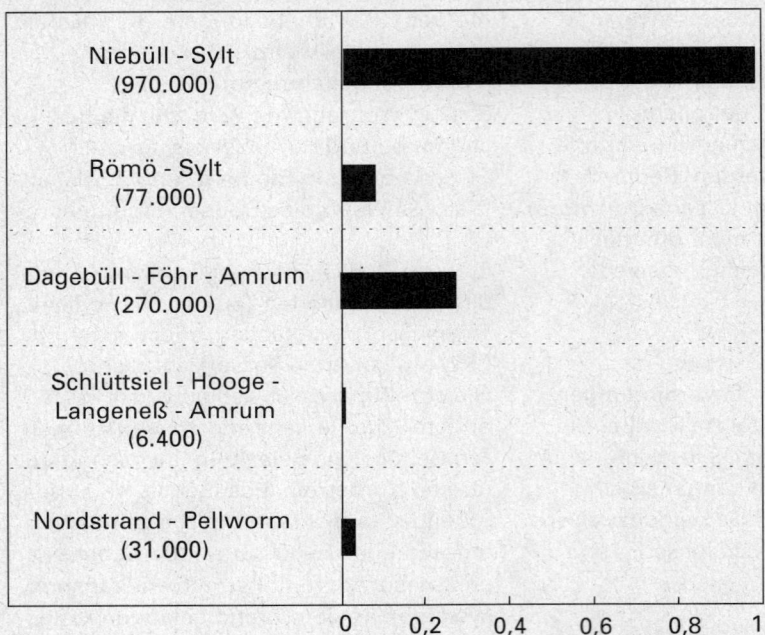

Abb. 118
Zahl der beförderten Pkw zu den Inseln, Hin- und Rückfahrten in Millionen pro Jahr. Die Angaben beziehen sich auf die Jahre 1992 - 1994 (MÜLLER et al. 1993, STÄDTISCHER KURBETRIEB WESTERLAND, SYLT 1993 und 1994).

2.4 Schienengebundener Verkehr

Die Schiene hat aufgrund der dünnen Besiedlung und der verkehrsfernen Lage keinen hohen Anteil am Modal Split im Nationalparkvorfeld. Insbesondere im Kreis Nordfriesland ist die Bahn nur wenig in der Fläche präsent und bietet damit kaum Alternativen zum PKW. Einzige Ausnahme: die Hauptbahntrasse von Hamburg nach Westerland mit IC-Zügen. Auf dieser Strecke werden zudem zwischen Niebüll und Westerland jährlich per Autozug ca. eine Million PKW sowie deren Insassen, größtenteils Urlauberinnen und Urlauber, befördert. Hierdurch erklärt sich auch der vergleichsweise hohe Anteil der Bahn beim Anreiseverkehr der Insel Sylt.

Die Schiene bietet im Nationalparkvorfeld kaum Alternativen zum PKW

Bezeichnend für die Verkehrsferne der Westküste sind die fehlende grenzüberschreitende Schienenverbindung im Norden nach Dänemark, die in den achtziger Jahren stillgelegt wurde, sowie die wenigen und zeitaufwendigen Querverbindungen zu den Ballungsräumen der Ostsee. Die landesweite Vertaktung des ÖPNV-Netzes hat jedoch in den letzten Jahren teilweise zu Verbesserungen geführt. So verkehren täglich immerhin 17 Züge zwischen Husum und Kiel. Der Kreis Nordfriesland bemüht sich, zusammen mit der Amtskommune Sonderjylland, um die Wiedereröffnung der Strecke Niebüll - Tondern.

Abzweige in Richtung Küste und Nationalpark sind selten und nicht immer für den Personennahverkehr nutzbar. Sie binden die größeren Küstenorte wie Brunsbüttel als reine Güterverkehrsstrecke sowie im Personennahverkehr Büsum, St. Peter-Ording und Dagebüll an. Dabei ist St. Peter-Ording nur über Husum zu erreichen. Nach einer vergleichsweise zügigen Verbindung von Hamburg nach Husum in ca. 1,5 Stunden bedeutet dies eine weitere Stunde mit der Regionalbahn auf der sehr viel kürzeren Strecke zwischen Husum und St. Peter-Ording. Die Teilstrecke Dagebüll-Niebüll wird als Kleinbahnstrecke durch die Nordfriesische Verkehrs AG (NVAG) betrieben (KREIS NORDFRIESLAND o.J.) und führt sogar Kurswagen der Deutschen Bahn AG bis Dagebüll.

Ab 1996 werden die Regionalbahnstrecken der Bahn AG durch die Kreise übernommen. Für die bestehenden Strecken ist die Weiterführung nach Auskunft der Kreise im bisherigen Umfang vorgesehen. Auch wenn insbesondere der Kreis Nordfriesland sowie auch das Land (MWTV 1990) die Wiederinbetriebnahme stillgelegter Strecken im Rahmen des Regionalverkehrs anstreben, scheiterten konkrete Projekte bisher an Finanzierungsschwierigkeiten. Damit ist jedoch heute schon absehbar, daß sich der Anteil der Bahn am regionalen Verkehrsaufkommen mittelfristig kaum erhöhen wird. Zu zusätzlichen Angeboten wird es allein auf der touristisch interessanten Strecke nach Westerland kommen, wo laut Bahn AG seit September 1995 Reiseveranstalter ganze Züge chartern können.

Eine Besonderheit im schienengebundenen Verkehr sind die Transportloren-Verbindungen durch den Nationalpark. Die Lorendämme zwischen Oland, Langeneß und Dagebüll sowie von Lüttmoorsiel nach Nordstrandischmoor erfüllen grundsätzlich Transportfunktion für den Küstenschutz. Es hat sich jedoch eingebürgert, daß Einwohnerinnen und Einwohner sie im Bedarfsfall auch mit privaten Loren befahren dürfen (MÜLLER et al. 1991). Für die Unterhaltung der Lorendämme als Anlagen des Küstenschutzes ist das Amt für Land- und Wasserwirtschaft in Husum zuständig.

2.5 Ziviler Luftverkehr

2.5.1 Organisationen und allgemeine Regelungen

Der zivile Luftverkehr wird in der Bundesrepublik Deutschland durch das Luftverkehrsgesetz (LuftVG) vom 14. Januar 1981 sowie die Luftverkehrs-Ordnung vom 14. November 1969 geregelt. Die zur Durchführung dieses Gesetzes erforderlichen Rechtsverordnungen erläßt der Bundesverkehrsminister. Die Bundesrepublik ist Mitglied der Internationalen Zivilluftfahrt-Organisation (International Civil Aviation Organisation ICAO), einer Unterorganisation der UN, deren wesentliche Aufgaben die Förderung der Luftfahrt und die Vereinheitlichung von Verfahren, Diensten und Regeln des internationalen Flugverkehrs sind. Das Nationalparkgesetz schränkt den Flugverkehr nicht ein, da das Luftfahrtrecht Bundessache ist.

Flugverkehr über dem Wattenmeer wird sowohl nach Sichtflugregeln (Visual Flight Rules, VFR) als auch nach Instrumental Flight Rules (IFR) durchgeführt. Grundlage für einen Flug nach VFR ist die ICAO-Karte im Maßstab 1 : 500.000, in die alle wichtigen Angaben, wie Höhen, Flugplätze und Luftraumgliederung, eingetragen sind. In der ICAO-Karte sind zusätzlich auch Naturschutzgebiete, für die spezielle Überflugregelungen gelten, aufgeführt. Die Eintragung ökologisch besonders wertvoller Gebiete in die ICAO-Karte garantiert, daß die dort geltenden, aus Naturschutzsicht wichtigen Vorschriften oder Empfehlungen für den Flugverkehr, allen nach VFR fliegenden Sportpiloten bekannt sind und bei der Planung privater Flüge berücksichtigt werden können.

Viele Sportfliegerinnen und -flieger sind in Landesverbänden, z.B. dem Luftsportverein Schleswig-Holstein e.V., organisiert. Die Landesverbände haben sich zum Deutschen Aero-Club e.V. zusammengeschlossen. Dieser Dachverband erarbeitet u.a. Empfehlungen und Richtlinien für den Sportflugverkehr und vertritt die Interessen der Sportflieger in Verhandlungen mit anderen Institutionen.

Der Nationalpark Schleswig-Holsteinisches Wattenmeer muß in den Flugkarten als „Gebiet mit Flugbeschränkung" ausgewiesen werden

2.5.2 Mindestflughöhen

Seit April 1995 gilt für „Überlandflüge nach Sichtflugregeln mit motorgetriebenen Luftfahrzeugen", und damit auch für den Flugverkehr über dem Wattenmeer, eine gesetzliche Mindestflughöhe von 600 m (2.000 ft) über Grund oder Wasser (Neunte Verordnung zur Änderung der Luftverkehrs-Ordnung vom 21. März 1995, BGBl Teil I vom 28. März 1995). Durch diese Anhebung der Mindestflughöhe auf das vierfache des früheren Wertes (150 m) wurde eine bereits 1992 beschlossene EU-Richtlinie in nationales Recht umgesetzt. Diese Richtlinie ist verbindlich für alle Mitgliedsstaaten der Europäischen Union und gilt daher für das gesamte trilaterale Wattenmeer. Hauptgründe für die Anhebung der Mindestflughöhe waren die Flugsicherheit sowie der Lärmschutz der Bevölkerung. Die Änderung der Luftverkehrs-Ordnung entspricht jedoch auch der langjährigen Forderung des Naturschutzes im Wattenmeer.

Da Erfahrungen über die Einhaltung und die Wirkungen der neuen Regelung noch nicht vorliegen, beziehen sich die folgenden Aussagen auf die Situation vor der Neuregelung. Bis März 1995 galt eine Mindestflughöhe von 150 m (500 ft) über Grund oder Wasser. Aus Sicherheitsgründen wurde international über Gebieten mit hohen Vogelkonzentrationen, sog. Vogelschlaggebieten, eine Mindestflughöhe von 300 m (1.000 ft) empfohlen. Diese Gebiete waren in den entsprechenden Karten eingetragen.

Im deutschen Wattenmeer sind darüberhinaus bereits 1968 insgesamt 15 Bereiche von Seevogelschutzgebieten und Seehundsbänken als besonders empfindlich ausgewiesen worden. Sie sind in der ICAO-Karte eingetragen und sollen in einer Höhe von mindestens 600 m (2.000 ft) überflogen werden. Diese Empfehlung gilt für Seehundsbänke vom 1. April bis 30. September eines Jahres, für Seevogelschutzgebiete das ganze Jahr über. Der Nationalpark Schleswig-Holsteinisches Wattenmeer war bisher noch nicht flächendeckend in den Flugkarten als „Gebiet mit Flugbeschränkung" ausgewiesen.

Schon vor der gesetzlichen Änderung der Mindestflughöhe gab es seit 1988 eine gemeinsame Initiative des Deutschen Aero-Clubs, der Nationalparkämter und der Schutzgemeinschaft Deutsche Nordseeküste mit dem Ziel, daß die Nationalparke im Wattenmeer von Sportfliegern freiwillig in einer Höhe von mindestens 600 m (2.000 ft) überflogen werden. Während diese Vereinbarung bei den Clubmitgliedern weitgehend auf Akzeptanz stieß, bereiten insbesondere die unorganisierten Privatflieger, vor allem gewerblich betriebene Hubschrauber, Probleme.

2.5.3 Flugplätze und Flugbewegungen an der Westküste Schleswig-Holsteins

Im Bereich der Westküste Schleswig-Holsteins gibt es sechs zivile Flugplätze. Die Flugplätze in Wyk auf Föhr, Bordelum, St. Peter-Ording, Heide-Büsum und St. Michaelisdonn sind Landeplätze mit befestigten Landebahnen oder Grasbahnen mit einer Landebahnlänge von 500 bis etwa 1.000 m. Genutzt werden diese Plätze im Regelfall von ein- und zweimotorigen Sportflugzeugen.

Der Flughafen Westerland, ein ehemaliger Militärflugplatz, kann mit seinem Landebahnsystem von 1.700 und 2.100 m auch von Verkehrsflugzeugen angeflogen werden und ist der einzige mit einem regelmäßigen Verkehrsflugbetrieb (PIEPER 1991). Die anderen Flugplätze werden im privaten Bedarfsluftverkehr und vor allem in den Sommermonaten vom Individualverkehr durch die allgemeine Luftfahrt angeflogen. Neben Versorgungs- und Krankentransportflügen sowie Behörden- und Überwachungsflügen haben die privaten Sportflieger und gewerblich betriebene touristische Rundflüge großen Anteil am Flugverkehrsaufkommen.

Abbildung 119 zeigt die Anzahl der Starts und Landungen auf Flugplätzen an der Westküste Schleswig-Holsteins in verschiedenen Jahren. Gut 80.000 Flugbewegungen werden pro Jahr auf den sechs erfaßten Flugplätzen registriert. Die Sonderlandebahn auf Pellworm (nicht in Abb. 119 erfaßt) verzeichnete 1992 etwa 480 Starts und Landungen (MARCUSSEN mündl. Mittlg.), sie kann allerdings z. Zt. wegen der Deicherhöhung im Osten Pellworms nicht genutzt werden. Eine Standortalternative wird angestrebt.

Ausnahme wissenschaftlicher und ordnungsbehördlicher Zwecke ganz verboten werden (CWSS 1992). Auch über die Zahl der Hubschrauberflüge, insbesondere der Polizei und des Such- und Rettungsdienstes, liegen keine Angaben vor.

Im Vergleich zu Niedersachsen ist das schleswig-holsteinische Wattenmeer vom zivilen Flugverkehr nur gering betroffen: In Niedersachsen gibt es 14 zivile Flugplätze (sechs auf den ostfriesischen Inseln und acht am Festland), auf denen pro Jahr etwa 215.000 Flugbewegungen registriert werden (CWSS 1991a).

Zeitlich ist die Intensität des zivilen Flugverkehrs, insbesondere durch private Sportflugzeuge, in den Sommermonaten (Juni - August) sowie am Pfingstwochenende am höchsten (CWSS 1991a). Wochenenden und Feiertage werden von Privatfliegern bevorzugt für Ausflüge genutzt. Wie alle touristischen Aktivitäten im Wattenmeer ist der private Flugverkehr stark vom Wetter abhängig. Auch regional lassen sich Unterschiede in der Intensität des Flugverkehrs feststellen: Der nordfriesische Bereich mit seinem für

Im Vergleich zu Niedersachsen ist das schleswig-holsteinische Wattenmeer vom zivilen Flugverkehr nur gering betroffen

Abb. 119
Anzahl der Flug-bewegungen (Starts und Landungen) auf Zivilflugplätzen im Bereich der schleswig-holsteinischen Westüste, 1976 - 1992 (CWSS 1991a, Mittlg. STATISTISCHES BUNDESAMT, WIESBADEN).

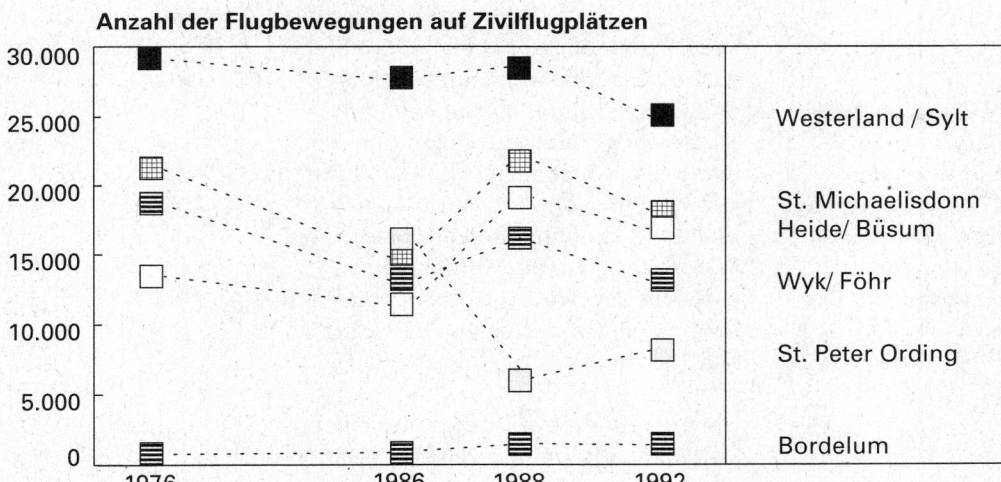

Anzahl der Flugbewegungen auf Zivilflugplätzen

Westerland / Sylt
St. Michaelisdonn Heide/ Büsum
Wyk/ Föhr
St. Peter Ording
Bordelum

Eine Zu- oder Abnahme der Nutzung der Flugplätze seit 1976 ist aufgrund der angegebenen Zahlen nicht erkennbar. Im Wattenmeer hat der zivile Flugverkehr insgesamt allerdings seit den sechziger Jahren zugenommen. Die große Mehrzahl der Flugbewegungen wird von Motorflugzeugen und Hubschraubern verursacht, Segelflieger machen nur etwa 8 % der Starts und Landungen aus (CWSS 1991a). Über die Zahl der Flüge von Ultraleichtflugzeugen über dem Wattenmeer gibt es keine Informationen, doch soll ihr Einsatz nach der Esbjerg-Deklaration mit

den Sport- und Sight-Seeing-Flugverkehr sehr attraktiven Insel- und Halligraum wird von Privatfliegern generell stärker genutzt als der dithmarscher Teil des Wattenmeeres (KNOKE 1994). Die Flugplätze auf den nordfriesischen Inseln und in St. Peter-Ording sowie der Leuchtturm von Westerhever stellen beliebte Ausflugziele der Sportflieger dar.

Im Auftrag des Nationalparkamtes werden zur Zählung von Seehunden und mausernden Eiderenten und Brandgänsen sowie zur Kartierung von Grünalgen und

Seegraswiesen etwa 15 bis 20 Flüge pro Jahr durchgeführt. Diese Flüge müssen in einer Höhe von etwa 500 bis 750 ft erfolgen, um eine ausreichende Zählgenauigkeit zu erreichen. Außerdem werden im Auftrag des Ministeriums für Natur und Umwelt Hubschrauber über dem Wattenmeer eingesetzt, um Proben zur Überprüfung der Wasserqualität und für die Algenfrüherkennung zu entnehmen. Die Flüge erfolgen auf festgelegten Routen, um Störungen zu minimieren.

Während die Anzahl der Flugbewegungen auf den Flugplätzen am Wattenmeer durch Statistiken erfaßt wird, liegen über die genutzten Flugrouten und die Flughöhen keine Angaben vor. Eine flächendeckende Erfassung von Störungen fehlt bis heute ebenfalls. Verläßliche Daten liegen nur für Einzelgebiete vor. Aufgrund der extrem schwierigen Beweislage bei Verstößen gegen die Mindestflughöhe und der bewirkten Störungen von Tieren ist eine Ahndung der Verstöße nur in seltenen Fällen möglich.

2.5.4 Störwirkungen des zivilen Flugverkehrs

Niedrig fliegende Flugzeuge und Hubschrauber können panikartige Fluchtreaktionen bei Vögeln auslösen

Der Flugverkehr ist neben der Schiffahrt eine der Hauptstörungsursachen für Vögel und Meeressäuger im Nationalpark Schleswig-Holsteinisches Wattenmeer (vergl. STOCK et al. 1995b). Das Störungspotential für Vögel sowie Robben im Wattenmeer hängt von verschiedenen Faktoren ab: Typ des Luftfahrzeugs, Flughöhe und -route, Geschwindigkeit und Lärmpegel, außerdem von den betroffenen Tierarten.

Generell rufen relativ langsam fliegende kleine Privatflugzeuge, die sich nicht an vorhersehbare Routen halten, aufgrund der Kombination von visuellen („Greifvogeleffekt") und akustischen Reizen stärkere Störwirkungen hervor als schnelle, geradlinig fliegende Düsenjets (z.B. VISSER 1986, SMIT & VISSER 1993, KOOLHAAS et al. 1993). Ultraleichtflugzeuge sowie Hubschrauber mit ihrem hohen Lärmpegel führen zu besonders gravierenden Reaktionen (CWSS 1991a, LAURSEN 1986, STOCK et al. 1995b).

Flugbetrieb unterhalb einer Flughöhe von 500 m führt generell zu Reaktionen der Vögel in einem Umkreis von 1 bis 1,5 km

(OWENS 1977, VISSER 1986, CWSS 1991a). Niedrig fliegende Flugzeuge und Hubschrauber verursachen sehr viel stärkere Reaktionen als hoch fliegende und können panikartige Fluchtreaktionen der betroffenen Vögel auslösen (ROBERTS 1966, OWENS 1977, STOCK et al. 1995, MOCK & RÖSNER 1994). Störungen können aber auch von viel höher fliegenden Flugzeugen ausgelöst werden. Als maximale Entfernung, bei der Störwirkungen sichtbar werden, gilt heute eine Flughöhe von etwa 1000 m (VISSER 1986, SMIT & VISSER 1993).

Die Intensität der Reaktion ist stark abhängig von der betroffenen Vogelart: Im Wattenmeer reagieren insbesondere Gänse und Limikolen empfindlich auf Flugverkehr, während Möwen und Enten eine geringere Sensibilität zeigen (Zusammenfassung in CWSS 1991a und SMIT & VISSER 1993, für Gänse vergl. STOCK et al. 1995, MOCK & RÖSNER 1994, für Pfeifenten BRUNCKHORST et al. 1994, KNOKE 1991). Allgemein gelten Rastvögel während der Hochwasserrast sowie mausernde und brütende Vögel als besonders empfindlich gegenüber Beunruhigungen durch Flugverkehr. Die Möglichkeit einer Gewöhnung ist insbesondere bei Zugvögeln, die sich nur für relativ kurze Zeit im Wattenmeer aufhalten, gering.

3. Landwirtschaft

Unter Landwirtschaft versteht man das planmäßige Bewirtschaften des Bodens zum Zwecke der Gewinnung pflanzlicher und tierlicher Produkte (ARNOLD 1985). Schleswig-Holstein liegt mit drei Vierteln landwirtschaftlich genutzter Fläche an der gesamten Landesfläche über dem Bundesdurchschnitt. Entsprechend einer Flächenerhebung im Jahr 1993 liegt der Anteil landwirtschaftlicher Nutzflächen an der Westküste von Schleswig-Holstein noch darüber. Im Kreis Nordfriesland werden 79 %, und im Kreis Dithmarschen 79,8 % der Kreisfläche landwirtschaftlich genutzt (MELFF 1994b). Landwirtschaft spielt seit altersher sowohl an der Festlandsküste als auch auf den Inseln des Wattenmeeres eine bedeutende Rolle. Günstige Klima-, Boden- und Strukturverhältnisse, die die relative Marktferne mit nur wenigen, nahegelegenen Ballungszentren in gewisser Hinsicht ausgleichen, kennzeichnen die Situation der Landwirtschaft in Schleswig-Holstein (LANDWIRTSCHAFTSKAMMER 1989).

Etwa 80 % der Kreisfläche an der Westküste werden landwirschaftlich genutzt

Die Landwirtschaft zählt neben der Fischerei zum frühesten menschlichen Wirtschaften in Schleswig-Holstein. Dieser primäre Sektor ist gekennzeichnet durch einen tiefgreifenden Wandel vom Subsistenzprinzip zum marktorientierten, hochtechnisierten Erzeugerbetrieb. Aufgrund der seit 1962 geltenden gemeinsamen Agrarordnung der Länder der Europäischen Gemeinschaft hat sich die Entwicklung mit der Folge einer industriell betriebenen Produktionsweise in der Landwirtschaft verstärkt. Sie zeichnet sich heute insgesamt durch einen hohen Energie-, Chemie- und Düngereinsatz aus.

3.1 Zielkonzeption und Förderpolitik in der Landwirtschaft

3.1.1 Zielkonzeption

Die Dominanz der EG bei der Ausrichtung der gemeinsamen Agrarpolitik entbindet die Regierungen von Bund und Ländern nicht von der Pflicht, eigene Politikansätze zu entwickeln. Schleswig-Holstein hat daher 1991 ein Agrarkonzept für die zukünftige Agrarpolitik des Landes vorgelegt (MELFF 1991b).

Die Landesregierung strebt demnach eine möglichst große Zahl existenzfähiger Betriebe an, die zusammen mit den ihr vor- und nachgelagerten Wirtschaftsbereichen einen optimalen Beitrag zum Sozialprodukt erwirtschaften. Da viele landwirtschaftliche Unternehmen ihre Fläche in Zukunft nicht mehr hauptberuflich bewirtschaften werden können, gilt es, zusätzliche Einkommensquellen in und außerhalb der Landwirtschaft, z. B. im Bereich Fremdenverkehr, Landschaftspflege etc., zu nutzen, um eine wirtschaftlich gesicherte Existenz zu schaffen. Dabei dürfen ökonomische und ökologische Wechselbeziehungen nicht außer Betracht gelassen werden. Einerseits können nur leistungsfähige Unternehmen die marktwirtschaftliche Lösung der Überschußprobleme und den zunehmenden Wettbewerbsdruck im europäischen Binnenmarkt überstehen, andererseits kann nur eine nachhaltig naturverträgliche Bewirtschaftung des Bodens eine langfristige Lebensbasis und die Grundlagen für die Produktion in der Landwirtschaft sichern.

Hauptaufgabe der Landwirtschaft bleibt aber nach wie vor, die Bevölkerung mit Nahrungsmitteln zu versorgen. Sie muß allerdings zunehmend den sich ändernden Ansprüchen der Verbraucher hinsichtlich neuer Qualitätskriterien gerecht werden. Dabei hat die weitestgehende Verminderung von Rückständen bei der Pflanzen- und Tierproduktion herausragende Bedeutung. Eine direkte Unterstützung oder Förderung der ökologisch wirtschaftenden landwirtschaftlichen Betriebe wird erst in den letzten Jahren stärker betrieben.

3.1.2 Förderpolitik

Die Entwicklung der Landwirtschaft ist heute stark beeinflußt durch die Eingriffe des Staates in Markt- und Agrarstrukturen sowie in die Gestaltung des ländlichen Raumes. Auf der Ebene der Länder, des Bundes und der Europäischen Union ist die Landwirtschaft Gegenstand massiver und tiefgreifender Regulierungen, aber auch umfangreicher Förderaktivitäten geworden.

Die Entwicklung der Landwirtschaft ist heute stark beeinflußt durch die Eingriffe des Staates in Markt- und Agrarstrukturen sowie in die Gestaltung des ländlichen Raumes

Wichtigstes Instrumentarium in der finanziellen Förderung der Landwirtschaft ist die im Grundgesetz verankerte „Gemeinschaftsaufgabe Verbesserung der Agrarstruktur und des Küstenschutzes", die zur Umsetzung der „gemeinsamen Agrarordnung" der EG 1969 in Kraft getreten ist. Ursprüngliches Ziel dieser Gemeinschaftsaufgabe war es, die rationelle Gestaltung landwirtschaftlicher Betriebe zu fördern, die Neuordnung des ländlichen Grundbesitzes zu ermöglichen, wasserwirtschaftliche Maßnahmen durchzuführen, für den Ausgleich natürlicher Standortbedingungen zu sorgen und den Küstenschutz zu sichern. Zur Erfüllung der Gemeinschaftsaufgabe wird jährlich in einem Planungsausschuß von Bund und Ländern ein Rahmenplan beschlossen. Bei der Umsetzung der jeweiligen Maßnahmen in der Landwirtschaft beträgt der Bundesanteil 60 %. 1993 beliefen sich die für das Programm bereitgestellten Haushaltsmittel für Schleswig-Holstein auf 130,4 Millionen DM, dazu kamen 75,1 Millionen DM Landesmittel.

Während die ursprüngliche Zielsetzung die landwirtschaftliche Produktionsweise intensivierte, zeichnete sich Mitte der achtziger Jahre eine Wende im Rahmen der sogenannten „Effizienzverordnung" der EG ab. Erstmalig wurde eine extensive Landbewirtschaftung in ökologisch empfindlichen Gebieten gefördert. In Schleswig-Holstein konnten somit 20.000 ha Grünland extensiviert werden (RÜGER 1993). 1992 wurde eine grundlegende Agrarreform beschlossen. Diese Reform war erforderlich, da die alte EG-Agrarpolitik die europäische Landwirtschaft in den vergangenen Jahren in die Sackgasse geführt hatte (MELFF 1994a). Der Grund war in der ständig wachsenden landwirtschaftlichen Überproduktion und der hiermit zusammenhängenden Fehlleitung der Agrarsubventionen zu sehen, die an

Mitte der 80er Jahre wurde erstmalig eine extensive Landbewirtschaftung in ökologisch empfindlichen Gebieten gefördert

den landwirtschaftlichen Betrieben vorbei in die Verwaltung der Überproduktion gingen (RÜGER 1993).

Die Beschlüsse der jüngsten Agrarreform bewirkten eine neue Marktordnung. Der Schwerpunkt der Förderung liegt heute nicht mehr bei der Stützung der Preise für Getreide und andere Produkte - diese Produktpreise werden gesenkt - , sondern in der direkten Hilfe in Form von Flächenprämien. Daneben sind die „flankierenden Maßnahmen" von besonderer Bedeutung. Diese sind in der EU-Verordnung 2078/92 „Förderung umweltgerechter Produktionsverfahren" verankert. Die „Förderung umweltgerechter Produktionsverfahren" beinhaltet eine Förderung extensiver Produktionsverfahren im Ackerbau, die Förderung einer extensiven Grünlandnutzung sowie die Förderung ökologischer Anbauverfahren und ist in der „Richtlinie für die Förderung einer markt- und standortangepaßten Landbewirtschaftung" im Rahmen der GA „Verbesserung der Agrarstruktur und des Küstenschutzes" in Schleswig-Holstein umgesetzt (MELFF 1994a). Die letztgenannte Richtlinie gilt landesweit. Die Förderung der extensiven Grünlandnutzung gilt jedoch nicht für die Halligen und für die Salzwiesen, da dort die weiterreichenden Bestimmungen des Halligprogrammes und der Ausgleichszulage flächendeckend zur Anwendung kommen.

Im Rahmen der Gemeinschaftsaufgabe „Verbesserung der Agrarstruktur und des Küstenschutzes" werden landwirtschaftliche Betriebe in „benachteiligten Gebieten" (Abb. 120) besonders gefördert. Zu den „benachteiligten Gebieten" zählen die Nordfriesischen Inseln mit Ausnahme von Nordstrand, die Halligen, die Landesschutzdeiche und die im Nationalpark gelegenen Deichvorländereien sowie weite Bereiche der im Nationalparkvorfeld gelegenen Geest. Ziel der Förderung ist es, in diesen Gebieten eine standortgerechte Agrarstruktur zu schaffen bzw. zu sichern, um über die Fortführung der landwirtschaftlichen Erwerbstätigkeit einen Beitrag zur Erhaltung eines Minimums an Bevölkerungsdichte oder zur Erhaltung der Landschaft und ihrer touristischen Bestimmung oder aus Gründen des Küstenschutzes zu leisten.

Die Förderung umfaßt einzelbetriebliche Investitionen in landwirtschaftlichen Betrieben sowie eine Ausgleichszulage. Die Ausgleichszulage bemißt sich nach

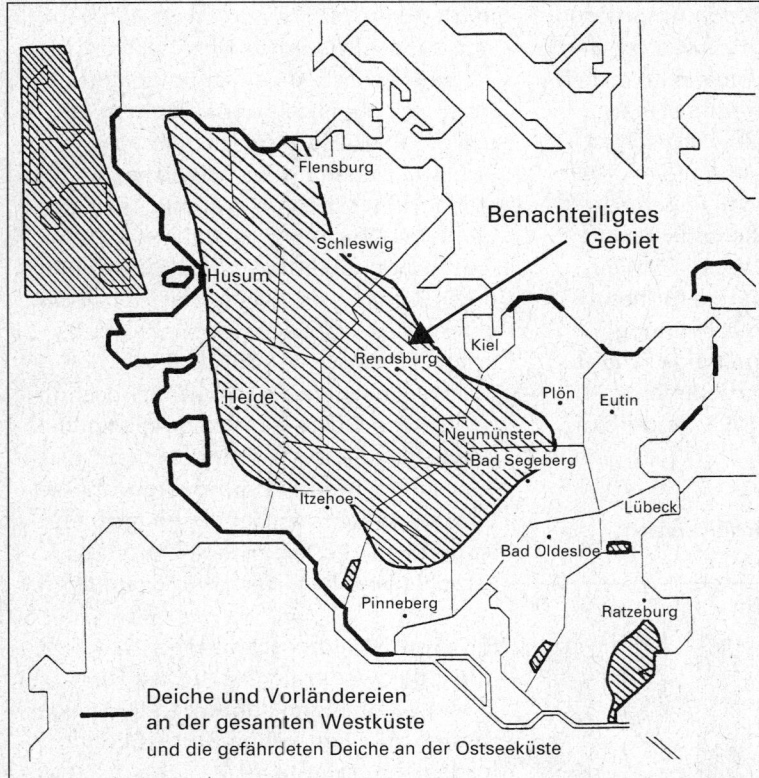

Benachteiligtes Gebiet

Flensburg
Schleswig
Husum
Rendsburg
Kiel
Heide
Plön
Eutin
Neumünster
Bad Segeberg
Itzehoe
Lübeck
Bad Oldesloe
Pinneberg
Ratzeburg

Deiche und Vorländereien
an der gesamten Westküste
und die gefährdeten Deiche an der Ostseeküste

Abb. 120
Fördergebiete des
Landes Schleswig-
Holstein - "Benach-
teiligte Gebiete"
als Fördergebiete
der Gemeinschafts-
aufgabe "Verbesse-
rung der Agrar-
struktur und des
Küstenschutzes"
(MELFF 1993b).

SCHER LANDTAG 1995). Die nachfolgende Darstellung ist nicht vollständig, sondern versucht, einen Eindruck von den verschiedenen, z.T. konkurrierenden Zielrichtungen in der Förderpolitik zu geben.

Das Gesetz zur Förderung der bäuerlichen Landwirtschaft, der soziostrukturelle Einkommensausgleich, gewährt bäuerlichen Familienbetrieben für die Verminderung ihres landwirtschaftlichen Einkommens infolge Aufwertung der Deutschen Mark Ausgleichsleistungen. Als Ausgleichsleistung wird jährlich ein einheitlicher Betrag je ha landwirtschaftlich genutzter Fläche gezahlt. Diese Leistung ist nicht an eine Erzeugung gebunden und betrug 1989 90,– DM pro ha, 1992 erreichte sie mit 240,– DM pro ha ihren Höchststand und ist von 1993 mit 90 DM über 1994 mit 60,– DM bis 1995 auf 30,– DM pro ha gesunken. Die Förderung wird zukünftig nicht weiter gewährt. Insgesamt betrug das Förderungsvolumen in Schleswig-Holstein im Jahr 1994 79,4 Millionen DM. In Nordfriesland waren es 12,4 Millionen DM und in Dithmarschen 8,4 Millionen DM (MELFF 1994a).

Auf der Grundlage verschiedener EU-Verordnungen (Nr.1837/80, 2643/80, 2660/80 sowie 2662/80) über die gemeinsame Marktorganisation für Schaf- und Ziegenfleisch wird auch in Schleswig-Holstein den Schaffleischerzeugern eine Mutterschafprämie gewährt. Die Prämienzahlung pro Mutterschaf und Jahr schwankte in den letzten 10 Jahren zwischen 27,– und 66,– DM. In den etwas höheren Finanzleistungen der letzten Jahre sind Sonderbeihilfen für "benachteiligte Gebiete" enthalten. Bis 1992 war die Leistung an eine Höchstgrenze gekoppelt. Ab 1993 wird die Höhe der Leistung über eine Quotierung pro Betrieb geregelt. Der Gesamtaufwand betrug im Jahr 1994 in Schleswig-Holstein 10,4 Millionen DM. Auf die Westküstenkreise Nordfriesland und Dithmarschen entfielen jeweils 4,5 bzw. 2,8 Millionen DM (MELFF 1994a).

Während der Schwerpunkt der Förderung der bisher dargestellten Programme auf der direkten Beeinflussung der Markt- und Agrarstruktur lag und erst in jüngster Zeit vermehrt ökologische Gesichtspunkte berücksichtigt wurden, nimmt das Halligprogramm der Landesregierung (MELFF 1986) vorrangig Einfluß auf die Gestaltung des Agrarraumes in Form einer flächenbezogenen Subventionierung. Dieses Programm vermittelt auf den Nordfriesi-

dem in Großvieheinheiten ausgedrückten Viehbestand je Betrieb in Relation zur Fläche. 1993 wurden alleine in Schleswig-Holstein 33 Millionen DM für die Ausgleichszulage in benachteiligten Gebieten ausgegeben. Diese Förderung ist bislang weitgehend ohne direkte Berücksichtigung der ökologischen Gegebenheiten erfolgt (RÜGER 1993).

Die Ausgleichszulage in den "benachteiligten Gebieten" wurde 1994 erstmalig mit einer reduzierten Summe pro ha landwirtschaftlicher Nutzungsfläche ausgezahlt. Ausgenommen von dieser Reduzierung waren die Inseln und Halligen. Die Landesregierung beabsichtigt ferner, die Förderung insgesamt in drei Stufen zu reduzieren und sie ab 1997 in den benachteiligten Agrarzonen im Westküstenbereich mit Ausnahme der Inseln und Halligen vollkommen einzustellen (ALW Husum, mündl.).

Neben der Gemeinschaftsaufgabe existieren weitere Förderungsmöglichkeiten, die der Landwirtschaft im Nationalpark und dessen Vorfeld zufließen. In dem Bericht der schleswig-holsteinischen Landesregierung "zur Situation der Lebensbedingungen der Menschen in ländlichen Regionen Schleswig-Holsteins" sind in einer Übersicht die bislang geleisteten finanziellen Zuwendungen zur Erhaltung eines intakten ländlichen Raumes zusammenfassend dargestellt (SCHLESWIG-HOLSTEINIschen Halligen zwischen den Anforderungen der Landwirtschaft, des Küsten- und des Naturschutzes und soll die Erwerbsfähigkeit der Halligbevölkerung sichern, indem Leistungen für den Naturschutz entgolten und Erwerbsalternativen, insbesondere des Fremdenverkehrs, gefördert werden. Die Richtlinie für die Gewährung eines erweiterten Pflegeentgeltes sowie einer Prämie für natürlich belassene Salzwiesen in Anlehnung an das Halligprogramm regelt die Förderung (MNU 1992a). Das Fördervolumen von 1986 bis einschließlich 1994 ist in Abbildung 121 dargestellt.

Fördervolumen im Rahmen des Halligprogrammes (in Millionen DM)

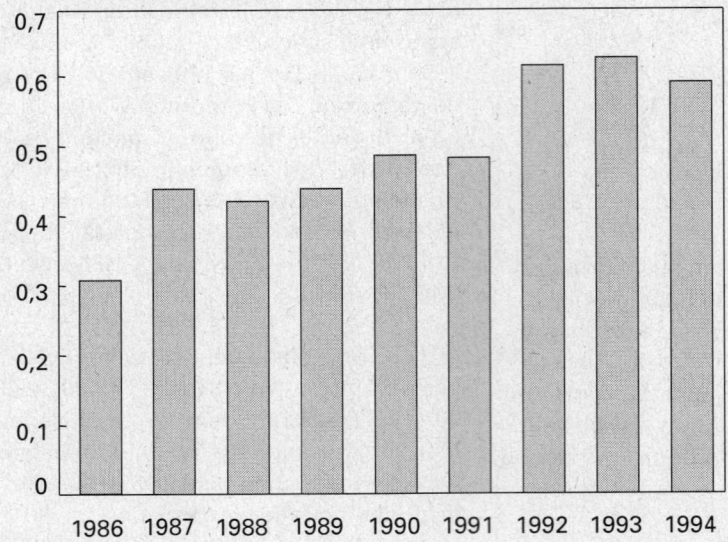

Abb. 121
Fördervolumen im Rahmen des Halligprogrammes.

Fördervolumen "Biotop-Programme im Agrarbereich" (in Millionen DM)

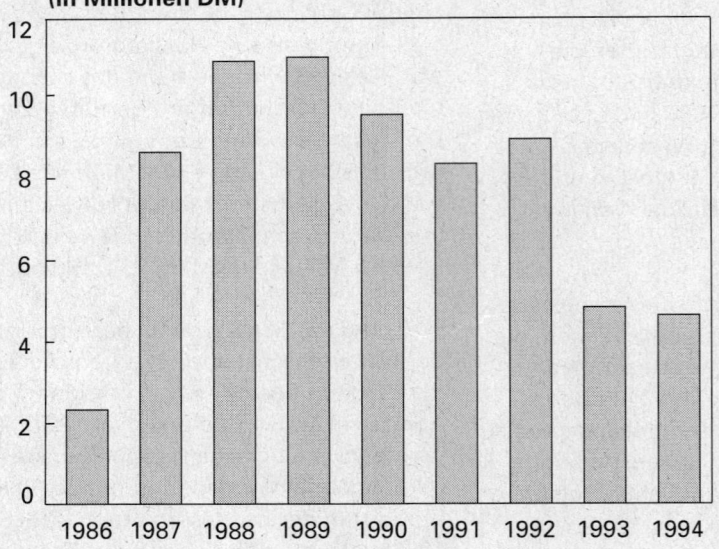

Abb. 122
Fördervolumen im Rahmen der Biotop-Programme im Agrarbereich (SCHLESWIG-HOLSTEINISCHER LANDTAG 1995).

Im Rahmen der „Biotop-Programme im Agrarbereich" werden Bewirtschaftungsverträge zwischen dem Land Schleswig-Holstein und einzelnen Landwirten geschlossen. Diese Bewirtschaftungsverträge tragen unterschiedlichen standorttypischen und räumlichen Gegebenheiten Rechnung und zielen auf eine naturschonende Bewirtschaftung gefährdeter Bereiche der Landschaft. Insgesamt enthält das Programm sieben Vertragsarten (z.B. Wiesen- und Weidenökosystemschutz, Feuchtgrünlandschutz, Schutz von Obstwiesen und Ackerwildkräutern etc.) und wird durch das Uferrandstreifenprogramm ergänzt. Alle Verträge werden für fünf Jahre geschlossen und beinhalten je nach Zielsetzung verschiedene Bewirtschaftungsauflagen.

Ein großräumig geschlossener Schwerpunkt der Förderung lag auf der Halbinsel Eiderstedt und den angrenzenden Niederungen im Eider-Treene-Sorge Bereich. Insgesamt umfaßte die Extensivierungsförderung in Schleswig-Holstein 1994 durch diese Programme ca. 7.200 ha. 1.053 Einzelanträge wurden gestellt. Der Entschädigungsaufwand betrug 4,6 Millionen DM. In den Landkreisen Nordfriesland und Dithmarschen betrug die Entschädigungsleistung 1994 für 814 ha insgesamt ca. 256.000 ,- DM. 27 Verträge wurden 1994 abgeschlossen. Das Fördervolumen von 1986 bis einschließlich 1994 ist in Abbildung 122 dargestellt.

Maßnahmen der Landwirtschaft sowie des Natur- und Umweltschutzes können durch die EU aus verschiedenen Fonds und Programmen unterstützt werden. Die Strukturfonds stellen mit Abstand das stärkste Finanzierungsinstrument der EU dar. Für den hier skizzierten Bereich ist es insbesondere der Landwirtschaftsfond EAGFL (MNU 1994). Strukturfondsmittel können ausschließlich für Maßnahmenschwerpunkte vergeben werden, die zuvor in operationellen Programmen festgelegt wurden. Weiterhin gilt die Voraussetzung, daß die zu fördernde Maßnahme in einem für das jeweilige Ziel festgelegten Gebiet liegt. Für Schleswig-Holstein sind die Ziel-5b-Gebiete - ländliche Gebiete mit Entwicklungsrückständen - festgelegt worden (Abb. 123).

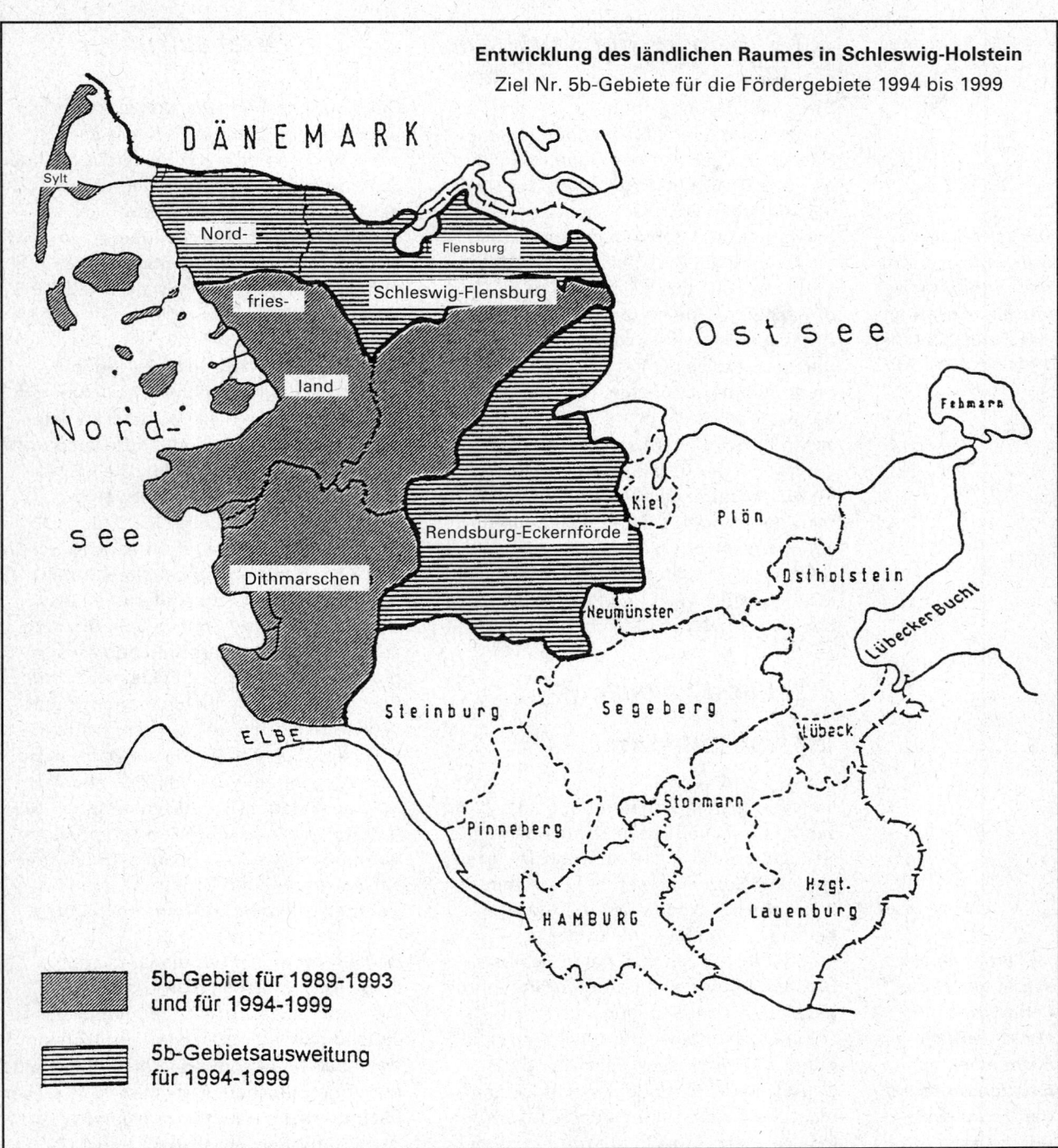

Entwicklung des ländlichen Raumes in Schleswig-Holstein
Ziel Nr. 5b-Gebiete für die Fördergebiete 1994 bis 1999

DÄNEMARK

Sylt

Nord-

Flensburg

fries-

Schleswig-Flensburg

Ostsee

Nord-

land

Fehmarn

see

Kiel

Plön

Rendsburg-Eckernförde

Ostholstein

Dithmarschen

Lübecker Bucht

Neumünster

ELBE

Steinburg

Segeberg

Lübeck

Pinneberg

Stormarn

HAMBURG

Hzgt. Lauenburg

5b-Gebiet für 1989-1993
und für 1994-1999

5b-Gebietsausweitung
für 1994-1999

VI

Abb. 123
Ziel 5b-Gebiete zu
Förderungen der
Entwicklung des
ländlichen Raumes
in Schleswig-
Holstein für den
Zeitraum 1994 -
1999 (MELFF
1995a).

Maßnahmen des Natur- und Umwelt-schutzes wie die „Biotopprogramme im Agrarbereich", das „Uferrandstreifen-programm" sowie das „Halligprogramm" können somit von verschiedenen Fonds über eine 40 %ige Refinanzierung aus EU-Mittel unterstützt werden. Gleiches gilt auch für Maßnahmen zur Entwicklung der ländlichen Infrastruktur wie Kläranlagen-bau, Bioabfallverwertung, Windenergie-nutzung sowie für verschiedene landwirt-schaftliche Maßnahmen.

Der Schwerpunkt der landwirtschaftlichen Förderung zielt auf die direkte Beeinflus-sung landwirtschaftlicher Produkte, auf die einzelbetriebliche Förderung und auf die Vermarktung, überwiegend in Form eines Überschußabbaues, ab. Erst in den letzten Jahren sind übergreifende Ansätze zur Lösung der „Krise" in der Landwirt-schaft entwickelt worden, die vermehrt ökologische Belange berücksichtigen und inzwischen auch den ökologischen Land-bau fördern. Dennoch besteht eine z.T. konkurrierende Förderpolitik.

3.1.3 Subventionsaufwand

Die staatliche Subventionierung der Landwirtschaft aus Finanzmitteln des Bundes betrug 1994 5,5 Mill. DM

Die staatliche Subventionierung der Landwirtschaft aus Finanzmitteln des Bundes und der auf den Bund entfallenden Steuervergünstigungen betrug 1994 5,5 Milliarden DM. Rechnet man EG-bedingte Maßnahmen hinzu, so belief sich die Summe auf 6,5 Milliarden DM. Nach Berechnungen des Kölner Institutes für Wirtschaft wurde im gleichen Jahr jeder Arbeitsplatz in der Landwirtschaft mit durchschnittlich 56.400 DM subventioniert. Im internationalen Subventionsvergleich steht die deutsche Landwirtschaft im Vergleich zu den anderen EG-Ländern in der Förderung an erster Stelle. Im Durchschnitt der Jahre 1988 bis 1990 betrugen die deutschen Beihilfen in der Landwirtschaft 20 % der Bruttowertschöpfung. Im Gemeinschaftsdurchschnitt lag der Wert im gleichen Zeitraum bei 9,6 % (BUNDESREGIERUNG 1993).

3.2 Landwirtschaft im Nationalpark

Im Nationalpark selbst findet die Landwirtschaft ausschließlich in Form einer Grünlandnutzung der Vorlandsalzwiesen statt

Im Nationalpark selbst findet die Landwirtschaft ausschließlich in Form einer Grünlandnutzung der Vorlandsalzwiesen statt. Die Salzwiesen an der Festlandsküste wurden traditionell mit Schafen beweidet. Eine Beweidung der Vorländereien mit Rindern hat in Schleswig-Holstein immer eine untergeordnete Rolle gespielt. An der Festlandsküste von Dithmarschen beweiden zusätzlich Hausgänse die Salzwiesen. Eine Mahd der Salzwiesen wird an der Festlandsküste nicht praktiziert, findet jedoch auf den Inselsalzwiesen bis heute noch statt. In den süßwasserbeeinflußten sandigen Salzwiesen der Inseln sowie in Schobüll wird auch heute noch Schilf gemäht. Die Salzwiesen der Halligen, von denen nur die kleinen heute zum Nationalpark gehören, wurden in traditioneller Weise mit Schafen und Rindern beweidet. Die Halligsalzwiesen werden aber auch für die Heugewinnung zur Produktion von Winterfutter genutzt.

3.2.1 Betriebsstruktur

Die landwirtschaftliche Nutzung der Nationalpark-Salzwiesen findet ausschließlich in Form von Beweidung, in der Hauptsache mit Schafen, statt. Diese Form der Landwirtschaft ist im Vergleich zur sonstigen Schaf- und Viehhaltung im Nationalparkvorfeld quantitativ und ökonomisch zu vernachlässigen (FEIGE & MÖLLER 1994 b).

1986 gab es an den Deichen und im Vorland in Nordfriesland 122 Pächter mit 130 Pachtbezirken. 46 Pachtstücke befanden sich auf scharliegenden Deichen und 84 auf Deichen mit Vorland. Die Pächter waren überwiegend Haupterwerbslandwirtinnen bzw -wirte (53 % der Betriebe). Im Nebenerwerb wurden Schafe von 37 % der Betriebe gehalten, nur 10 % waren Haupterwerbsschäferinnen bzw. -schäfer, die ausschließlich Schafhaltung betreiben. In Dithmarschen gab es zum gleichen Zeitpunkt 27 Pächterinnen und Pächter mit 27 Pachtflächen. Acht Pachtflächen befanden sich auf scharliegenden Deichen, 19 Pachtflächen auf Deichen mit davorliegendem Vorland. 85 % alle Pächter waren Haupterwerbsschäferinnen bzw. -schäfer, die ausschließlich Schafhaltung betrieben. Die verbleibenden 15 % waren Landwirtinnen und Landwirte mit dem Haupterwerbszweig Deichschafhaltung.

Bedingt durch die Herausnahme der landwirtschaftlichen Nutzung aus den Vorlandsalzwiesen seit 1990 ergab sich für 1994 folgende Betriebsstruktur: 53 Landwirtinnen und Landwirte haben Seedeiche mit Vorlandflächen gepachtet. 75 % dieser Pächter waren Haupterwerbslandwirte mit gemischter Betriebsstruktur und 17 % Haupterwerbslandwirte, die ausschließlich Schafhaltung betrieben. Auf den Deichpachtstücken mit Vorland gab es zu diesem Zeitpunkt zusätzlich vier Gräsergemeinschaften. In jüngster Zeit haben besonders in Nordfriesland viele Schäfereien auch Einnahmen aus dem Tourismus. In Dithmarschen ist die Anzahl der Pächter von Seedeichpachtstücken mit Vorland gleich geblieben. 74 % dieser Pächter waren Haupterwerbslandwirtinnen bzw. -wirte, die ausschließlich Schafhaltung betrieben. Die restlichen 26 % waren Haupterwerbslandwirtinnen und -landwirte mit gemischter Betriebsstruktur.

3.2.2 Art und Intensität der Flächennutzung

Die ökologische Bedeutung unbeweideter Salzwiesen wurde durch die europäische Landwirtschaftpolitik jahrelang ignoriert. Aufgrund staatlicher Ausgleichszahlungen und Prämien hat die Salzwiesenbe–weidung mit Schafen in den letzten 30 Jahren in Schleswig-Holstein in der Intensität stark zugenommen. Die Schaf-bestandszahlen aus Schleswig-Holstein verdeutlichen dies: 1986 wurden auf den Deichen und im Vorland der schleswig-holsteinischen Westküste insgesamt 33.000 Mutterschafe gezählt. Bezieht man

die dazugehörigen Lämmer mit ein, so beweideten ca. 67.000 Schafe die Deiche und Vorländer (KEMPF 1995). Allein 12.500 Mutterschafe beweideten die Salzwiesen des Nationalparks. Dies bedeutet eine Beweidungsintensität von nahezu 4 Mutterschafen pro ha Salzwiese. Rechnet man die Lämmer und die sogenannten Zutreter hinzu, so haben bis zu 12 Schafe jeden ha Salzwiese an der schleswig-holsteinischen Festlandsküste beweidet. 1990 und 1995 wurden Wiederholungs-zählungen des Schafbestandes an der gesamten Westküste durchgeführt. 1990 wurden auf den Deichen und im angren-zenden Vorland insgesamt rund 58.500 und 1995 rund 50.800 Schafe gezählt (KEMPF 1995). Demnach ist der Schaf-bestand heute lediglich um 24 % gegen-über 1986 reduziert.

1986 wurde zusammen mit der Schätzung des Schafbestandes auf den Deichen und auf den Vorländern auch eine Ermittlung der Beweidungsintensität der Salzwiesen an der schleswig-holsteinischen Festlandsküste durchgeführt. Im Er-hebungsjahr waren ca. 80 % der gesamten Salzwiesen sehr intensiv beweidet, 13 % erfuhren eine extensive Beweidung, und lediglich 7 % waren nicht beweidet. Nur 4 % der gesamten Salzwiesenfläche sind langjährig unbeweidet und stellen in Schleswig-Holstein die einzigen Referenz-flächen für langjährig durch die Landwirt-schaft unbeeinflußte Salzwiesen dar (Abb. 124).

Die intensive Weidenutzung der Salz-wiesen wird im Rahmen der Bemühungen des Nationalparkamtes zum Schutz derselben seit 1986 kontinuierlich redu-ziert. Das Gros der Flächenstillegung bzw. der Extensivierung der Salzwiesen fand an der Festlandsküste in den Vorlandsalz-wiesen statt. 1989 waren 90 % aller Vorlandsalzwiesen intensiv beweidet, 9 % waren extensiv beweidet und 1 % war unbeweidet. Im Laufe der Jahre konnte der Anteil der intensiv beweideten Vor-landsalzwiesen an der Festlandsküste auf 54 % reduziert werden, der Anteil der extensiv beweideten Salzwiesen erhöhte sich nur ganz geringfügig auf 10 %. Der Anteil unbeweideter Salzwiesen stieg von 1 % auf 36 % an.

Die Veränderung der Salzwiesennutzung mit Schafen in den Vorlandsalzwiesen der Festlandsküste ist in Abbildung 125 dargestellt. Bezüglich der Einteilung der Beweidungsintensität unterscheiden wir

Langjährig unbeweidete Salzwiesen

○ > 40 ha

◍ 11 - 20 ha

● 1 - 10 ha

47 ▲ Husum

St. Peter Ording

180

▲ Heide

84

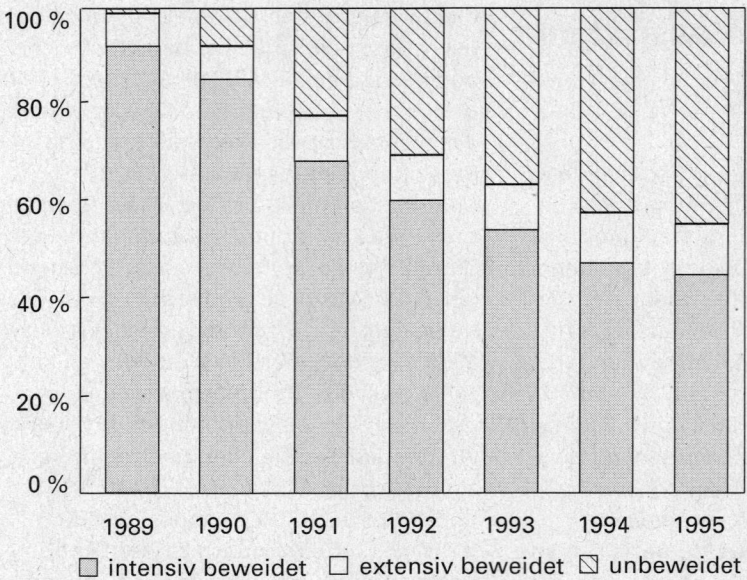

100 %
80 %
60 %
40 %
20 %
0 %

1989 1990 1991 1992 1993 1994 1995

☐ intensiv beweidet ☐ extensiv beweidet ☒ unbeweidet

Abb. 125
Nutzung der
Vorlandsalzwiesen
an der Festlands-
küste durch
Schafbeweidung
seit Beginn der
Extensivierung
1989 (STOCK et al.
1996).

nach KEMPF et al. (1987) drei Klassen: Extensiv beweidet sind Salzwiesen, auf denen max. 1 Rind oder 3 Schafe (inklusive Lämmer!) pro ha weiden. Intensiv beweidet sind Salzwiesen, die von mehr als 1 Rind bzw. mehr als 3 Schafen (inklusive Lämmer) pro ha beweidet werden. DIJKEMA & WOLFF (1983) unterteilen die Beweidungsintensität in vier Stufen. Sie unterscheiden unbeweidete, extensiv, mäßig und intensiv beweidete Salzwiesen.

Die Größe der unterschiedlichen Salzwiesentypen, deren Flächenanteil innerhalb des Nationalparks sowie das Ausmaß der landwirtschaftlichen Nutzung der jeweiligen Salzwiesenflächen ist in Tabelle 25 wiedergegeben. Die Flächenangaben der unterschiedlich intensiv beweideten Salzwiesenbereiche beziehen sich auf den Stand Dezember 1995, da fortlaufend weitere Flächen aus der Nutzung genommen werden.

Von den 10.000 ha Salzwiesen an der Westküste von Schleswig-Holstein waren Ende 1995 39 % ohne landwirtschaftliche Nutzung, 25 % erfuhren eine extensive Beweidung, und 36 % waren intensiv beweidet. Von den Vorlandsalzwiesen im Festlandsbereich waren zum gleichen Zeitpunkt 46 % unbeweidet, 4 % wurden extensiv beweidet und 50 % wurden intensiv beweidet (STOCK et al. 1996).

Die Sandsalzwiesen der Inseln und der Festlandsküste sind zum überwiegenden Teil natürlich entstanden. Ende 1993 waren 62 % dieses Salzwiesentyps unbeweidet, 24 % wurden extensiv und 14 % intensiv beweidet oder anderweitig genutzt. Die Sandsalzwiesen im Festlandsbereich befinden sich ausschließlich in St. Peter-Ording und werden zur Zeit mit

Tab. 25: *Gesamtfläche und Nutzung der Salzwiesen an der Westküste von Schleswig-Holstein (Angaben in ha);* [1] *inklusive Ästuarsalzwiese Neufeld; Stand 12/1995. STOCK et al. (1996).*

Salzwiesentyp	Gesamt-fläche	Fläche im National-park	Intensive Beweidung	Extensive Beweidung	ohne Beweidung
Vorlandsalzwiesen-Festland [1]	6152	4832	3056	268	2824
Vorlandsalzwiesen-Inseln	374	72	336	19	19
Sandsalzwiesen-Festland	735	559	0	278	457
Sandsalzwiesen-Inseln	439	240	170	0	269
Halligsalzwiesen	2093	111	0	1942	151
Halligvorländer	218	0	0	0	218
Vorlandsalzwiesen - insgesamt (inkl. Halligvorländer)	6744	4904	3392	287	3061
Sand-Salzwiesen - insgesamt	1174	799	170	278	726
Halligsalzwiesen - insgesamt	2093	111	0	1942	151
Gesamtsumme	10011	5814	3562	2507	3938

*Tab. 26: Flächengröße, Nutzungsintensität und Nutzungsart der Insel- und Halligsalz-
wiesen im schleswig-holsteinischen Wattenmeer, Stand: 12/1994;
[1] R= Rinder, P= Pferde, S= Schafe; [2] ohne Godel- und Bruckniederung, STOCK et al.
(1994).*

	Fläche (ha)	Intensiv (ha)	Extensiv (ha)	Ungenutzt (ha)	Beweidung
Sylt	296	264	–	32	R/P/S[1]
Amrum	57	23	19	15	R/P/S
Föhr[2]	221	73	–	148	S
Pellworm	145	145	–	–	S
Trischen	94	–	–	94	–
Langeneß	1006	–	933	73	R/P/S
Hooge	580	–	564	16	R/P/S
Oland	204	–	117	87	R/S
Gröde	230	–	197	33	S
N'moor	180	–	132	48	R/S
Südfall	40	–	8	32	S
Süderoog	54	–	23	31	S
Habel	6	–	6	–	S
Norderoog	11	–	–	1	–

VI

*Das Nationalpark-
vorfeld gehört in
großen Teilen zu
den fruchtbarsten
Naturräumen
Schleswig-
Holsteins*

Rindern und Pferden beweidet. Die Sandsalzwiesen der Insel Sylt werden überwiegend mit Rindern beweidet, teilweise
gemäht, aber auch als Bolzplätze o.ä.
genutzt.

Das Gros der Halligsalzwiesen ist mit 93 %
extensiv beweidet, nur 7 % sind
unbeweidet. Die Vorlandsalzwiesen der
Hallig Langeneß sind seit 1995 ganz, die
der Halligen Oland und Nordstrandisch–
moor überwiegend (82,5 %) aus der
landwirtschaftlichen Nutzung herausgenommen worden. Die extensive
Beweidung der Halligen wird im Rahmen
des Halligprogrammes finanziell gefördert. Es findet überwiegend Rinderbeweidung statt. Auf einigen Flächen
weiden auch Pferde und Schafe.

Eine Übersicht über Flächengröße, Nutzungsintensität und Nutzungsart der Insel-
und Halligsalzwiesen im schleswig-holsteinischen Wattenmeer gibt Tabelle 26.

3.3 Landwirtschaft im Nationalparkvorfeld

Das Nationalparkvorfeld gehört in großen
Teilen zu den fruchtbarsten Naturräumen
Schleswig-Holsteins. Die aus Schwemmland entstandenen Marschen sind nach
und nach eingedeicht worden und damit
vor Sturmfluten geschützt. Ein enges
System aus Entwässerungsgräben,
Vorflutern, Speicherbecken, Schöpfwerken
sowie Sielbauten sorgt für eine gute
Regulierung des Wasserhaushaltes. Vor
allem die Marschböden der jungen Köge
haben höchste Bodenzahlen mit bis zu 90
Punkten und eignen sich hervorragend für
die ackerbauliche Nutzung. In der sich
landwärts anschließenden Hohen Geest
herrschen geringer ertragsfähige sandige
Böden und Schwemmsand mit Bodenzahlen zwischen 20 und 40 Punkten vor.

In den Marschen Nordfrieslands dominiert
der Getreide- und Getreide-Futterbau,
während in Dithmarschen vor allem der
Hackfrucht-Getreidebau im Vordergrund
steht. Dithmarschen ist besonders für
seinen Kohlanbau bekannt, der bereits auf
das Jahr 1889 zurückgeht. Auch heute
nimmt Dithmarschen unter den Kohlan-
baugebieten Schleswig-Holsteins mit 81 %
der gesamten Kohlanbaufläche den ersten
Rang ein. Das Verhältnis von Ackerland zu
Grünland (40:60) in Schleswig-Holstein
spiegelt die große Bedeutung der Vieh-

haltung (Mast- und Milchvieh) wieder. Ein Schwerpunkt der Grünlandnutzung liegt auf der Halbinsel Eiderstedt.

Die Landwirtschaft in Schleswig-Holstein hat in den letzten Jahrzehnten einen drastischen Strukturwandel hinnehmen müssen. Wenngleich in kaum einem anderen Bundesland die Zahl der Betriebsaufgaben so gering ist wie in Schleswig-Holstein, so ist doch festzustellen, daß sich die Anzahl landwirtschaftlicher Betriebe in den letzten 30 Jahren von ehemals 50.000 auf heute 26.000 Betriebe fast halbiert hat. Trotz dieser Betriebsaufgaben hat es im gleichen Zeitraum keine Abnahme der erzeugten Produktmengen gegeben. Im Gegenteil, insbesondere die pflanzlichen Erzeugnisse, die Hektarerträge und die gesamte Erntemenge sind angestiegen (MELFF 1994d). Diese Leistung ist nur durch eine Intensivierung und Mechanisierung der Produktionsweise sowie durch verbesserte Züchtungen möglich gewesen.

Einhergehend mit dem Strukturwandel in der Landwirtschaft ist die Zahl der ökologisch wirtschaftenden Betriebe stetig gestiegen

Einhergehend mit diesem Strukturwandel ist die Zahl der ökologisch wirtschaftenden Betriebe stetig gestiegen. Nach Angaben des Agrarberichtes der Bundesregierung (BMELF 1995) bewirtschafteten Anfang 1994 bundesweit 4.941 anerkannte Betriebe des ökologischen Landbaus eine Fläche von ca. 162.000 ha. In Schleswig-Holstein wirtschafteten 1988 nur 91 Betriebe nach den Grundsätzen des ökologischen Landbaues. Dies entsprach 0,3 % aller Betriebe mit 0,28 % der landwirtschaftlichen Nutzfläche. 1994 gab es insgesamt 287 Bio-Höfe, also 1,1 % aller Betriebe mit 1,47 % der landwirtschaftlichen Nutzfläche (MELFF 1995a, b).

Die schwache Position der Landwirtschaft innerhalb des gesamten Agrarsystems hat die Betriebe in die bekannte Preis-Kosten-Schere geraten lassen. Seit 1989/90 liegen die Kostensteigerungen für Betriebsmittel über denen der Erzeugerpreise. Noch deutlicher wird diese Diskrepanz im Langzeitvergleich: Zwischen 1962 und 1989 erhöhten sich die Erzeugerpreise in den alten Bundesländern um 44 %, die Betriebsmittelpreise jedoch um 94 % (MELFF 1993a).

Die durchschnittliche landwirtschaftlich genutzte Fläche pro Betrieb verdoppelte sich in den letzten 20 Jahren

3.3.1 Betriebsstruktur

Der Strukturwandel in der Landwirtschaft hat die heutige Betriebsstruktur wesentlich geprägt. Die Zahl der landwirtschaftlichen Betriebe ist in den letzten 20 Jahren um ca. 40 % gesunken (SCHLESWIG-HOLSTEINISCHER LANDTAG 1995). Dieser landesweite Durchschnittswert weist aber deutliche Abweichungen in einigen Teilräumen auf. Die Geestinseln verzeichneten mit 27 % einen geringeren Rückgang. Die nordfriesischen Marschengebiete erlitten jedoch wesentlich höhere Verluste. Auf der Halbinsel Eiderstedt betrug die Verlustrate 44 % (FEIGE & MÖLLER 1994b). In Tabelle 27 (FEIGE & MÖLLER 1994b) ist die Entwicklung der Zahl landwirtschaftlicher Betriebe, aufgeschlüsselt nach Naturräumen und Kreisen, für die Jahre 1971, 1987 und 1991 dargestellt.

Parallel mit dem Rückgang der Betriebsanzahl hat eine Konzentration der Fläche auf eine immer kleinere Zahl von Betrieben stattgefunden. Die durchschnittliche landwirtschaftlich genutzte Fläche pro Betrieb verdoppelte sich 1991 gegenüber 1971 nahezu von 26 ha auf 43 ha. Vor allem in den Marschgebieten am Festland werden heute bis zu 46 ha Durchschnittsfläche erreicht. Landesweit betrachtet ist eine auffällige Verschiebung von vielen kleinen bis mittleren Betrieben zu wenigen Betrieben mit großen Flächenanteilen festzustellen (Abb. 126). Die Flächenaufstockung wird zu einem erheblichen Teil durch Zupachtung bewältigt. Der Anpassungsprozeß mit den vom Markt geforderten größeren Betriebsstrukturen ist auch in den Anrainergemeinden des Nationalparkes in vollem Gang. Besonders die Marschengebiete des Festlandes sind hiervon betroffen. In der dithmarscher Marsch waren 1991 40 % der Betriebe größer als 50 ha. Die landesweite Entwicklung ist in Abbildung 127 dargestellt.

In Schleswig-Holstein ist der Ersatz der menschlichen Arbeitskraft in der Landwirtschaft durch Maschinen im Vergleich der alten Bundesländer besonders stark fortgeschritten. Der Arbeitskräftebesatz, ausgedrückt in Arbeitskräfte-Einheiten pro 100 ha landwirtschaftlich genutzter Fläche, ist im Vergleich von Schleswig-Holstein zum Bundesgebiet in Abbildung 128 (FEIGE & MÖLLER 1994 b) wiedergegeben. Die Zahl der Erwerbstätigen im primären Sektor hat sich in Schleswig-

Tab. 27: Entwicklung der Zahl der landwirtschaftlichen Betriebe in den Naturräumen und den Landkreisen der Westküste. Berechnungen nach Angaben STATISTISCHES LANDES-AMT SCHLESWIG-HOLSTEIN (1972, 1989a, 1992c).

Naturräume	Anzahl der Betriebe insgesamt (absolut)			Veränderung in %	
	1971	1987	1991	1971-1991	1987-1991
Nordfriesische Geestinseln	412	322	301	- 26,9	- 6,5
Nordfriesische Marschinseln	421	284	257	- 38,9	- 9,5
Eiderstedter Marsch	1.271	822	710	- 44,1	- 13,6
Dithmarscher Marsch	1.824	1.318	1.207	- 33,8	- 8,4
Summe	5.153	3.599	3.323	- 37,3	- 10,2

Westküstenkreise	Anzahl der Betriebe insgesamt (absolut)			Veränderung in %	
	1971	1987	1991	1971-1991	1987-1991
Nordfriesland	6.568	4.627	4.086	- 37,8	- 11,7
Dithmarschen	4.555	3.225	2.877	- 36,8	- 10,8
Schleswig-Holstein	43.022	30.187	27.767	- 25,5	- 9,9

VI

Die Zahl der Erwerbstätigen im primären Sektor hat sich in Schleswig-Holstein zwischen 1970 und 1987 nahezu halbiert

Holstein zwischen 1970 und 1987 nahezu halbiert. Betroffen von diesem starken Rückgang sind die zentralörtlichen Gemeinden Husum und Heide, aber auch solche, die heute als Fremdenverkehrsgemeinden gelten, wie z.B. St. Peter-Ording und Wyk auf Föhr. Die Aufschlüsselung des Arbeitskräftebesatzes auf die Naturräume zeigt, daß besonders in den küstennahen Marschen die Rationalisierungspotentiale weitgehend ausgeschöpft sind. Der Arbeitskräftebesatz ist dort mit 2,4 bis 2,7 Arbeitskräfteeinheiten pro 100 ha landwirtschaftlicher Fläche geringer als auf Kreis- oder Landesebene (3 bis 3,4 Arbeitskräfteeinheiten pro 100 ha landwirtschaftlicher Fläche). Verantwortlich für diese Entwicklung sind die überdurchschnittlichen Betriebsgrössen der Marschengebiete des Festlandes sowie die teilräumlich hohe Bedeutung des weniger arbeitskräfteintensiven Anbaus (Betriebsform) in dieser Region.

Der Wettbewerbsdruck und die sich verschlechternde Einkommenssituation in der Landwirtschaft haben die Suche nach Einkommensalternativen verstärkt. Zusätzlich ist festzustellen, daß der Gewinn, der pro Familienarbeitskraft in der Landwirtschaft erwirtschaftet wird, sowohl in Schleswig-Holstein als auch im Bundesgebiet deutlich schlechter ist als der anderer Arbeitnehmerhaushalte. Die teilweise Aufgabe der Landwirtschaft und die Aufnahme einer Berufstätigkeit in

anderen Erwerbszweigen ist eine Möglichkeit zum Einkommensausgleich. Verschiedene Entwicklungen sind festzustellen.

Neben- und Zuerwerbsbetriebe haben als sozio-ökonomische Betriebsformen in den Anrainergemeinden des Nationalparks in den letzten 20 Jahren relativ zugenommen. Während die Zahl der Vollerwerbsbetriebe um 41 % zurückging, verringerte sich die Zahl der Neben- und Zuerwerbsbetriebe nur jeweils um ein Viertel. Ausgewichen wurde überwiegend in Dienstleistungsberufe. 1991 waren dies 49,6 % aller durch Betriebsinhaberinnen bzw. -inhaber ausgeübten Tätigkeiten und 90,2 % bei deren Ehegatten bzw. -gattinnen (FEIGE & MÖLLER 1994b). Aufgrund des größeren außerbetrieblichen Einkommens ist der Übergang zum Nebenerwerb interessant. Nach Angaben des MELFF (FEIGE & MÖLLER 1994b) lag das jährliche Gesamteinkommen der Nebenerwerbsbetriebe im Jahr 1990/91 mit ca. 71.500 DM pro Betrieb deutlich über dem der Vollerwerbsbetriebe mit ca. 59.400 DM. Bei den Nebenerwerbsbetrieben kommen durchschnittlich 85 % des Einkommens von außerhalb der Landwirtschaft. Dies bedeutet, daß die Weiterführung des Betriebes in der Regel nicht aus wirtschaftlichen Gründen erfolgt, sondern um weiterhin staatliche Fördermittel zu erhalten (MELFF 1992b).

Abb. 126
Zahl der landwirt-
schaftlichen
Betriebe in Schles-
wig-Holstein.
Vergleich der
Betriebsgrößen-
klassen (ha) aus
den Jahren 1949
und 1993 (MELFF
1994b).

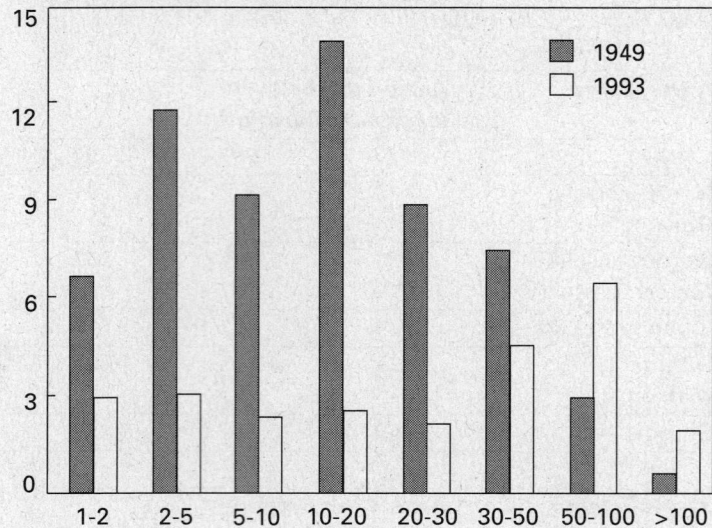

Landwirtschaftliche Betriebe nach Betriebsgrößen-klassen (Betriebe in 1.000)

Abb. 127
Landwirtschaftliche
genutzte Fläche in
schleswig-holstei-
nischen Betrieben.
Vergleich der
Betriebsgrößen-
klassen (ha) aus
den Jahren 1949
und 1933 (MELFF
1994b).

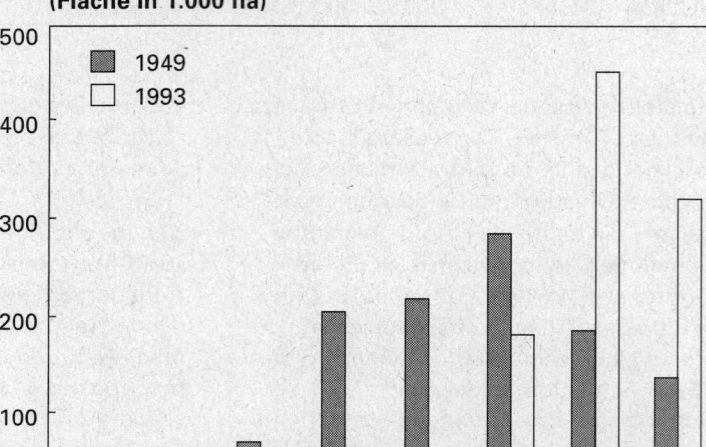

Landwirtschaftlich genutzte Fläche in Betrieben (Fläche in 1.000 ha)

Abb. 128
Arbeitskräfte-
Einheiten pro 100
ha landwirtschaft-
lich genutzter
Fläche in landwirt-
schaftlichen
Vollerwerbs-
betrieben, 1974/75
bis 1990/91 (MELFF
1994d).

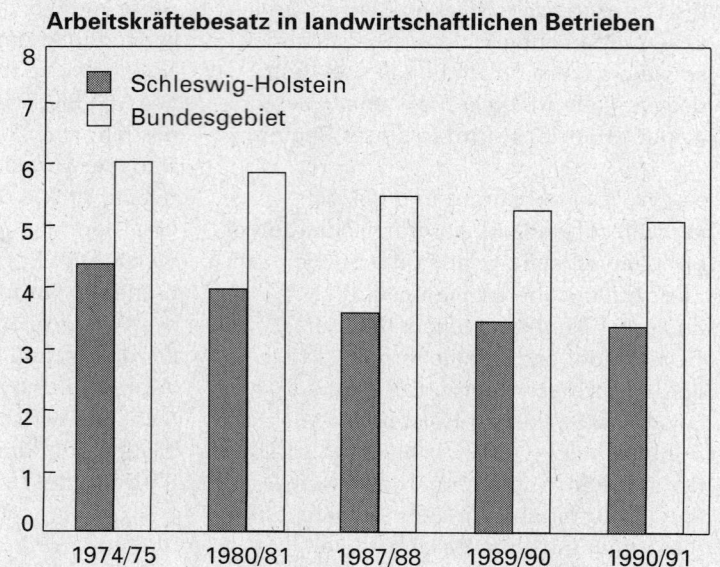

Arbeitskräftebesatz in landwirtschaftlichen Betrieben

***Ökologisch wirt-
schaftenden
Betriebe haben
"die Nase vorn":
Sie ernten zwar
weniger, verdienen
dafür aber mehr***

Angaben über die Betriebsstruktur- und Einkommenssituation der ökologisch wirtschaftenden Landwirtinnen und Landwirte auf Landesebene liegen nicht vor. Wir beziehen uns daher auf die Angaben aus dem Agrarbericht der Bunderegierung (BMELF 1995). Erfaßt sind die Buchführungsergebnisse von 139 ökologisch wirtschaftenden Betrieben, darunter 112 Haupterwerbsbetriebe, aus dem Wirtschaftsjahr 1993/94. Zum Vergleich werden die Buchführungs- ergebnisse dieser Betriebe den Ergebnis- sen einer repräsentativen und vergleich- baren Gruppe konventionell wirtschaften- der Betriebe gegenübergestellt. Der Betriebsvergleich ist in Abbildung 129 dargestellt. Entsprechend dieser Angaben haben die ökologisch wirtschaftenden Betriebe gegenüber ihren konventionell arbeitenden Kolleginnen und Kollegen "die Nase vorn": Sie ernten zwar weniger, verdienen dafür aber mehr. Da die alterna- tiven Landwirtinnen und Landwirte so weit wie möglich auf Mineraldünger sowie auf synthetische Pflanzenschutz- und Schädlingsbekämpfungsmittel verzichten und die Massentierhaltung ablehnen, sind ihre Aufwendungen dafür geringer. Nebenbei bedeutet dies einen deutlichen und wünschenswerten Beitrag zum Klimaschutz. Trotz geringerer Erträge sind mit den alternativ produzierten Waren höhere Preise zu erzielen. Im Ergebnis ist der jährliche, je Familienarbeitskraft erzielte Gewinn bei den alternativ wirt- schaftenden Betrieben größer als bei der konventionellen Vergleichsgruppe.

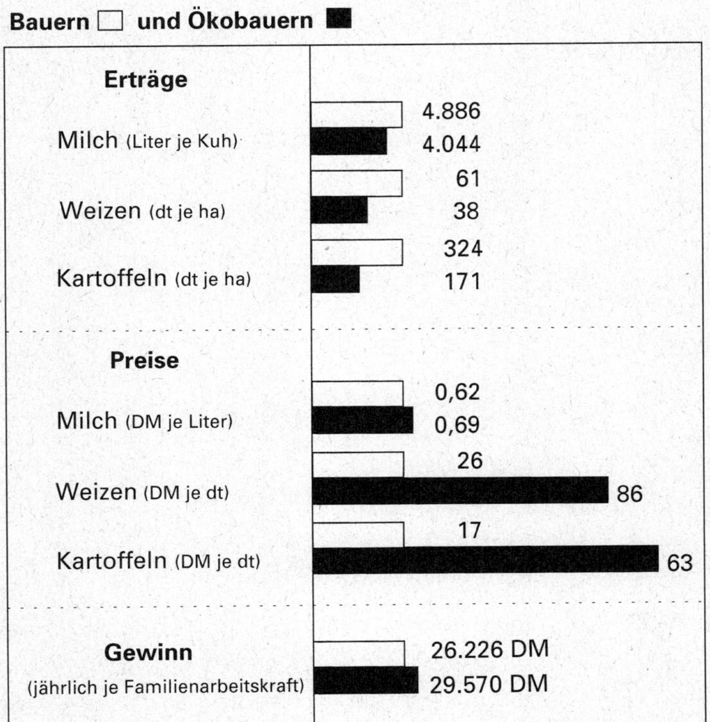

Der Tourismus hat für viele landwirtschaft- liche Betriebe als Einkommensalternative in den letzten Jahren besonders an Bedeutung gewonnen. Mit Angeboten wie „Urlaub auf dem Bauernhof" haben sich viele Familienbetriebe ein zweites Stand- bein aufgebaut. Dies trifft besonders für die Geestinseln zu. Verglichen mit dem landesweiten Anteil aktiver Landwirt- schaftsbetriebe mit Beherbergungsan- geboten von nur 2 % besteht in den West- küstenkreisen mit 16,5 % ein beträchtli- cher Verflechtungsgrad mit dem Touris- mus (FEIGE & MÖLLER 1994b).

3.3.2 Art und Intensität der Flächennutzung

Der seit 1954 anhaltende Rückgang der landwirtschaftlich genutzten Fläche setzt sich bis heute fort. Von 1988 bis 1993 betrug dieser in Schleswig-Holstein 0,5 % (MELFF 1994d). Der Dauergrünlandanteil des Landes hat sich von 1971 bis 1991 sogar leicht vergrößert. 1971 betrug er an der gesamten landwirtschaftlichen Nutz- fläche von Schleswig-Holstein 40,7 %, 1991 waren es 45,2 % (STATISTISCHES LANDESAMT 1972, 1992c). Auf die einzel- nen Naturräume bezogen sind deutliche Unterschiede in der Flächennutzung sichtbar. Der Dauergrünlandanteil ist generell auf den nordfriesischen Geest- inseln und in der Eiderstedter Marsch mit über 75 % am größten und in der Nord- friesischen und Dithmarscher Marsch mit unter 50 % am geringsten. Umgekehrt verhält sich der Ackerlandanteil. Die Abbildungen 130 und 131 zeigen die Flächennutzung der Anrainergemeinden des Nationalparks aus den Jahren 1971 und 1991.

Die Bodennutzung der schleswig-holstei- nischen küstennahen Marsch bestand 1993 zu 52 % aus Grünland- und zu 48 % aus Ackernutzung. Winterweizen, Raps und Wintergerste nahmen davon den größten Flächenanteil in Anspruch. Der Ackeranteil ist von ca. 68.000 ha im Jahr 1960 kontinuierlich auf ca. 79.000 ha im Jahr 1993 angestiegen. Der Flächenanteil für Getreide lag 1993 mit ca. 45.000 ha in gleicher Größenordnung wie 1960. Es zeigte sich jedoch ein kontinuierlicher Anstieg der Anbaufläche von 1960 bis Mitte der achtziger Jahre mit ca. 60.000 ha, danach sank der Flächenanteil wieder. Der Mais- und vor allen Dingen der Winterrapsanbau ist im Berichtszeit-

*Abb. 129
Erträge, Preise und
Gewinne, die von
„Bauern" und
„Ökobauern" im
Wirtschaftsjahr
1993/1994 (alte
Bundesländer)
erwirtschaftet
wurden. Verglichen
wurden Betriebe
mit ähnlichen
Standort-
bedingungen,
ähnlicher Größe
und Produktions-
ausrichtung
(BMELF 1995).*

Bauern ☐ und Ökobauern ■

Erträge	
Milch (Liter je Kuh)	4.886 / 4.044
Weizen (dt je ha)	61 / 38
Kartoffeln (dt je ha)	324 / 171
Preise	
Milch (DM je Liter)	0,62 / 0,69
Weizen (DM je dt)	26 / 86
Kartoffeln (DM je dt)	17 / 63
Gewinn (jährlich je Familienarbeitskraft)	26.226 DM / 29.570 DM

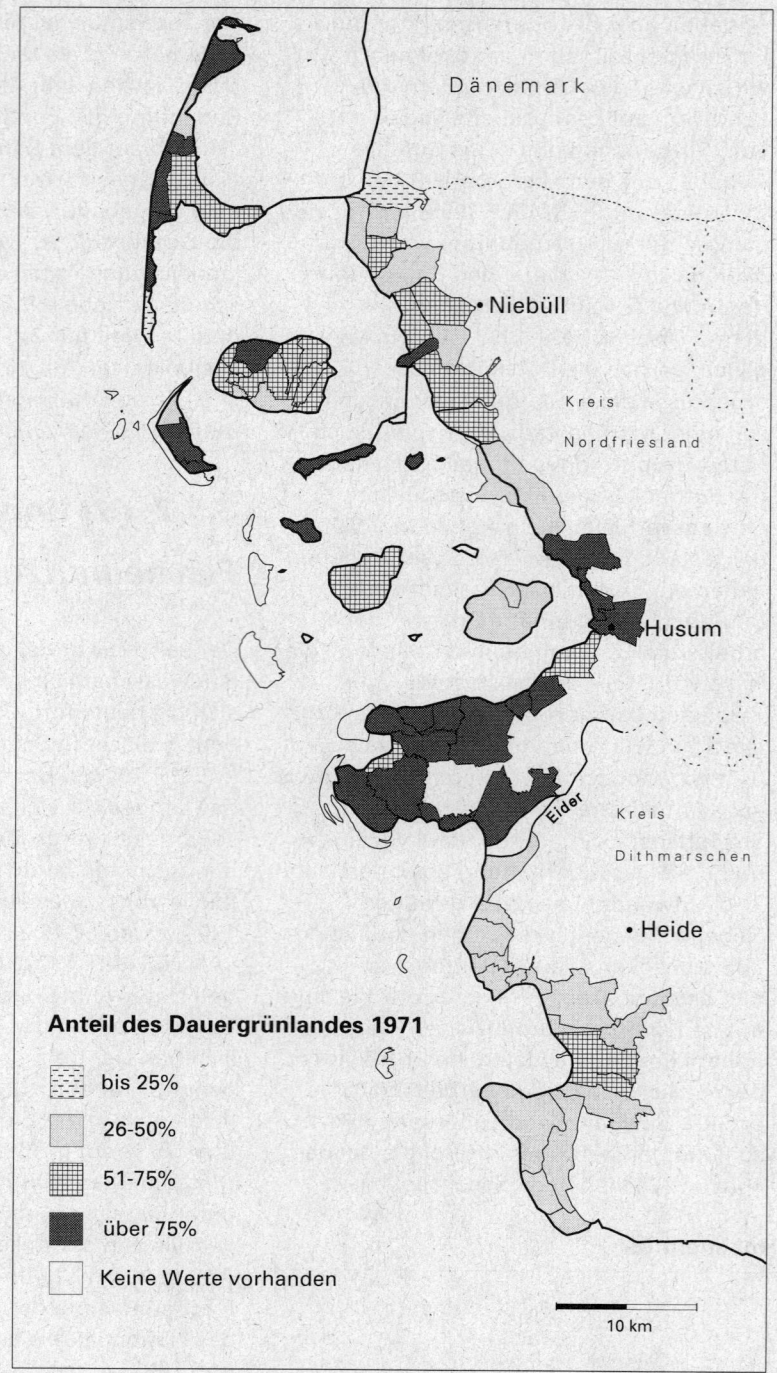

Abb. 130
Anteil des Dauer-
grünlandes an der
landwirtschaftlich
genutzten Fläche in
den Anrainer-
gemeinden 1971
(STATISTISCHES
LANDESAMT
1972).

Anteil des Dauergrünlandes 1971

bis 25%

26-50%

51-75%

über 75%

Keine Werte vorhanden

10 km

Abb. 131
Anteil des Dauer-
grünlandes an der
landwirtschaftlich
genutzten Fläche in
den Anrainer-
gemeinden 1991
(STATISTISCHES
LANDESAMT
1992c).

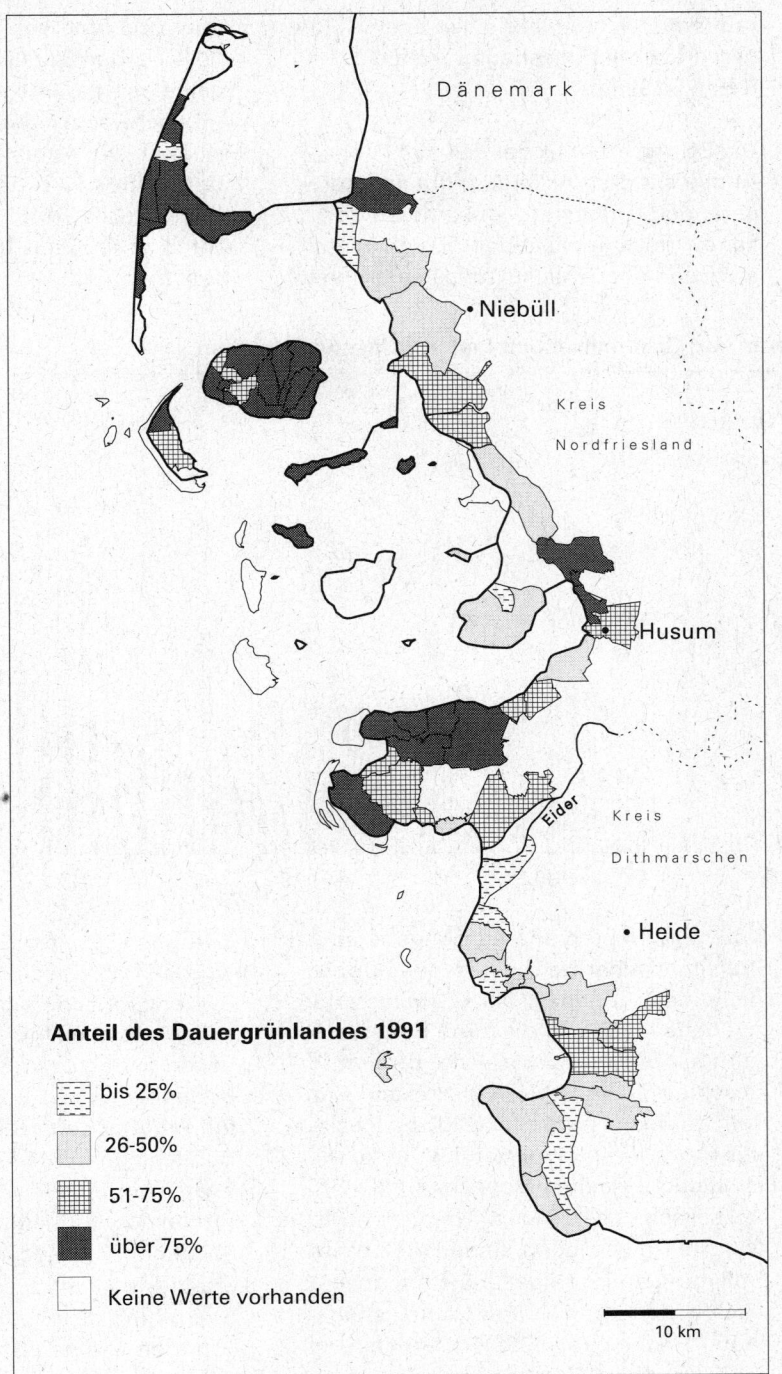

Anteil des Dauergrünlandes 1991

bis 25%

26-50%

51-75%

über 75%

Keine Werte vorhanden

10 km

VI

raum mit leichten jährlichen Schwankungen drastisch angestiegen (Abb. 132) (MELFF 1994d).

Die EG-Agrarpolitik hat seit 1989 den Anbau auf dem Ackerland gravierend verändert. Die für die Einkommen der Landwirtschaft wichtigen Märkte stehen aufgrund der Produktivitätssteigerungen

einem Umfang von 477.800 ha im Jahr 1993 wurden 62.000 ha konjunkturell stillgelegt, darunter allerdings 6.500 ha mit nachwachsenden Rohstoffen bewirtschaftet. Der Anteil der Flächenstillegung betrug 1993 13 % der sogenannten „großen Kulturen" (MELFF 1994d). Dieser Anteil ist 1995 auf 10 % gesunken (ALW Husum, mündl.).

Winterraps- und Grünmaisanbau (ha) in Schleswig-Holstein

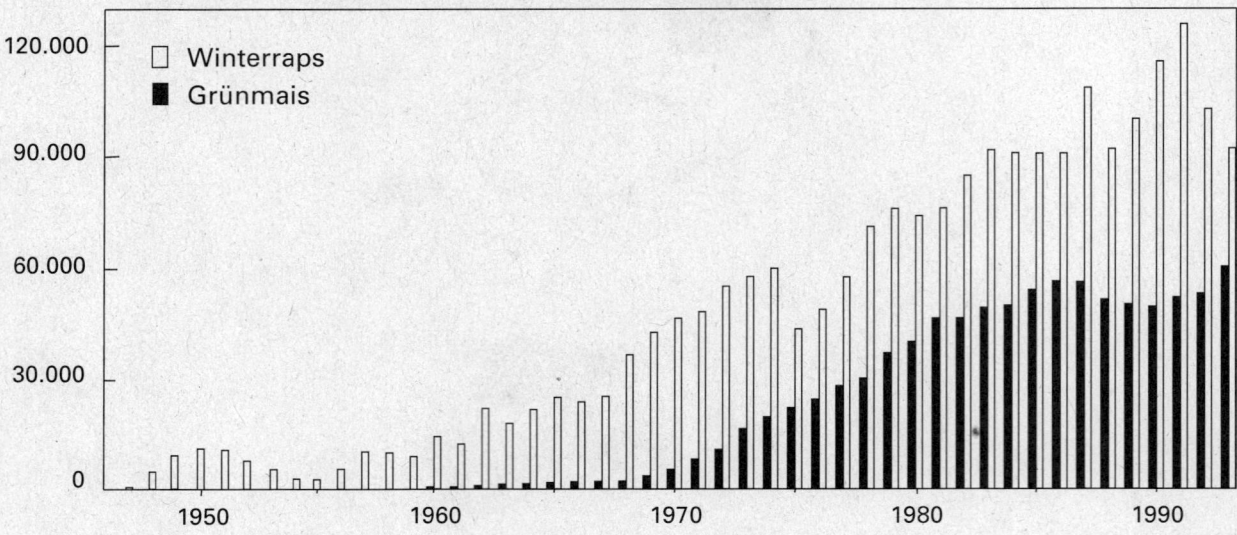

Abb. 132
Entwicklung der Winterraps- und Grünmais-Anbaufläche in Schleswig-Holstein (MELFF 1994d).

unter einem permanenten Angebotsdruck. Preispolitischer Handlungsspielraum ist nicht mehr gegeben. Der EG-Ministerrat hat daher 1988 u.a. die Förderung der 5-jährigen Stillegung von Ackerflächen beschlossen. In Schleswig-Holstein sind 1993 für insgesamt ca. 26.000 ha Flächenstillegungsprämien gezahlt worden. Die stillgelegte Fläche entspricht 4,7 % der Ackerfläche des Landes. Auf die einzelnen Naturräume bezogen, finden die größten Stillegungen im Hügelland statt, doch auch in der Marsch ist der Anteil stillgelegter Flächen von 1989 bis 1993 auf insgesamt ca. 16.400 ha angewachsen (MELFF 1994d).

Seit 1993 wird zusätzlich eine „konjunkturelle Flächenstillegung" geleistet. Die Beschlüsse der EG-Agrarreform haben bei den pflanzlichen Produkten eine neue Marktpolitik eingeleitet. Für die „großen Kulturen" wie Getreide, Mais, Ölsaaten und Hülsenfrüchte werden direkte Hilfen in Form von Hektarprämien gewährt. Entsprechend der Zielsetzung dieses Programmes müssen die tatsächlichen Anbauflächen zu den Stillegungsflächen in einem Verhältnis von 85 : 15 stehen. Auf den stillgelegten Flächen ist der Anbau von nachwachsenden Rohstoffen (zumeist Ölsaaten) jedoch zugelassen. Von den sogenannten „großen Kulturen", mit

Bezogen auf das gesamte Bundesgebiet wurden im Wirtschaftsjahr 1993/94 13,7 % der landwirtschaftlichen Anbaufläche stillgelegt. Dies führt zu einer künstlichen Verknappung des „Produktionsfaktors Boden" (Enquête-Kommission „Schutz der Erdatmosphäre" des Deutschen Bundestages 1994) und wird Intensivierungseffekte auf den in der Produktion verbleibenden Flächen zur Folge haben. Insbesondere auf den guten Standorten könnte es zu einer weiteren Steigerung der Produktionsintensität kommen, um den Ertragsausfall durch die erzwungene Flächenstillegung zu kompensieren. Prognosen besagen, daß im Laufe der nächsten zehn Jahre innerhalb EG-Europas nur noch etwa ein Drittel der derzeitigen landwirtschaftlichen Nutzfläche für die Erzeugung der benötigten Nahrungsmittel erforderlich ist (SUCCOW 1993).

3.3.3 Entwicklungstendenzen in der Landwirtschaft

Der umfassende Strukturwandel von der Subsistenzwirtschaft zum differenzierten Agrosystem hat den landwirtschaftlichen Betrieb grundsätzlich verändert. Der im wesentlichen aus dem Bedeutungsschwund der Erzeugerstufe resultierenden Preis-Kosten-Schere begegnen viele Betriebe mit einer Konzentration der landwirtschaftlichen Fläche pro Betrieb, durch eine Mechanisierung und Rationalisierung sowie durch eine Suche nach Einkommensalternativen, z.B. im Tourismus. Preis- und Kostendruck wachsen jedoch aufgrund anhaltender Konzentrationsprozesse auf der Verarbeitungs- sowie der Vorleistungsseite weiter an.

Staatliche Subventionen und Regulierungen des Marktes gewinnen angesichts der enger werdenden ökonomischen Basis des einzelnen Betriebes stetig an Bedeutung

Staatliche Subventionen und Regulierungen des Marktes gewinnen angesichts der enger werdenden ökonomischen Basis des einzelnen Betriebes stetig an Bedeutung. Der in der EG-Agrarpolitik als vorrangig angesehene Kapazitäts- und Überschußabbau zwingt zur Suche nach Perspektiven für den ländlichen Raum. Dabei werden verstärkt Konzepte zur ökologischen Umgestaltung der konventionellen Landwirtschaft, landschaftspflegerische Maßnahmen sowie integrierte Konzepte zur Reaktivierung des ländlichen Raumes eingesetzt. Zunehmend wird bei der Erarbeitung und der Umsetzung dieser Konzepte die Nähe zu den Regionen und ihren Einwohnerinnen und Einwohnern

Insgesamt nimmt die Bedeutung des ökologisch ausgerichteten Landbaus beständig zu

gesucht. Die erhöhten ökologischen Anforderungen, die sich aus der Nachbarschaft zum Nationalpark auch für die Landwirtschaft ergeben, sind in einigen Gebieten zumindest durch die Zielsetzung verschiedener Konzepte erkannt worden (FEIGE & MÖLLER 1994 b).

Hervorzuheben in diesem Zusammenhang sind die Integrierten Inselschutzkonzepte der schleswig-holsteinischen Landesregierung, die in besonderem Maße auch den gestiegenen ökologischen Anforderungen des Raumes gerecht werden. Sie basieren auf der Erkenntnis, daß die ökonomische

Eine nachhaltige Entwicklung wird auf der Insel Pellworm ausprobiert

und die ökologische Situation einen umfassenden Handlungsansatz zur Erhaltung des natürlichen Ökosystems, der Bewahrung von Heimat in ihrer Unverwechselbarkeit und der Sicherung der wirtschaftlichen Existenz ihrer Bewohner erfordert.

Der Bereich Landwirtschaft wird durch die fachlichen Teilziele „umweltentlastende Regelung der Gülleverwendung" und „Veränderung landwirtschaftlicher Produktionsweisen, Ziel Umweltentlastung" direkt angesprochen (MNUL 1989). Auf der Insel Föhr beschäftigt sich eine kommunale Arbeitsgruppe mit Fragen der Förderung des ökologischen Landbaus, mit einer Biogasanlage zur Gülleverwertung sowie mit landschaftspflegerischen Maßnahmen (FEIGE & MÖLLER 1994 b).

Insgesamt nimmt die Bedeutung des ökologisch ausgerichteten Landbaus beständig zu. Dies ist nicht nur in der Region abzulesen (LORENZEN 1994, SCHULZ 1995), sondern zeigt sich auch bundesweit. Für den ökologischen Landbau sind seit dem 1. Januar 1993 Anbau, Verarbeitung, Handel, Kennzeichnung und Kontrolle der Produkte durch die EWG-Verordnung 2092/91 EG-weit geregelt. Darüberhinaus sind die Mitglieder von Anbauorganisationen vertraglich an die weiterreichenden Richtlinien ihrer Verbände gebunden. In der Bundesrepublik haben sich die Anbauverbände in der Arbeitsgemeinschaft Ökologischer Landbau zusammengeschlossen und eine verbandsübergreifende Rahmenrichtlinie für den ökologischen Landbau erarbeitet, die auf den weltweit geltenden Rahmenrichtlinien der IFOAM (International Federation of Organic Agriculture Movements) basiert (AGÖL 1991, BIOLAND 1994). Diese Richtlinie geht in Teilbereichen deutlich über die genannte EWG-Verordnung hinaus (ENQUETE KOMMISSION „SCHUTZ DER ERDATMOSPHÄRE" 1994).

Wichtige Voraussetzungen für eine naturverträgliche Landnutzung sind die Förderung des ökologischen Landbaus in der Region, der Aufbau einer neuen Produktlinie, die Unterstützung und Erschließung alternativer Vermarktungsstrategien sowie eine Reaktivierung der regionalen Kreislaufwirtschaft. Derartige integrative Konzepte sind beispielhaft im Biosphärenreservat Rhön entwickelt worden (BIOSPHÄRENRESERVAT RHÖN 1995). Auf freiwilliger Basis werden die Konzepte nun in die Tat umgesetzt (VEREIN NATUR UND LEBENSRAUM RHÖN 1994 a und b).

Eine nachhaltige Entwicklung wird auf der Insel Pellworm ausprobiert. Von den ortsansässigen 60 Landwirtinnen und Landwirten haben sich sechs zu einer Erzeugergemeinschaft zusammengeschlossen. Diese bewirtschaftet 10 % der Inselfläche nach organisch-biologischen Richtlinien. Neben der Direktvermarktung und einem gemeinsam betriebenen Dorfladen setzen sie ihre Produkte auch über einen ortsansässigen Sparmarkt ab. In jüngster Zeit wurde eine Aktion gestartet, bei der in Pellwormer Restaurants mit Bio-Produkten gekocht wird. Die im Verein „Ökologisch wirtschaften!" zusammengeschlossenen Pellwormer Landwirtinnen und Landwirte, Handwerkerinnen und Handwerker sowie Verbraucherinnen bzw. Verbraucher engagieren sich darüberhinaus auch im Bereich sanfter Tourismus und alternative Energieerzeugung (KETELHOLD 1995).

Die schleswig-holsteinische Landesregierung unterstützt derartige Konzepte. Entsprechend der KIELER UMWELTERKLÄRUNG (1995) ist es gemeinsames Interesse aller, eine ökologische Unternehmenspolitik zu fördern, Produktionsstrukturen und Produkte verstärkt nach ökologischen Kriterien zu gestalten und umweltbezogene Wachstumsmärkte zu nutzen.

3.3.4 Auswirkungen landwirtschaftlicher Nutzung

Die Landwirtschaft ist heute in Mitteleuropa Hauptverursacher für den massiven Artenrückgang (Sachverständigenrat)

Der Rückgang von Pflanzen und Tieren in den heimischen Lebensräumen ist an den Roten Listen abzulesen. Laut SACHVERSTÄNDIGENRAT FÜR UMWELTFRAGEN (1985), PLACHTER (1991) und anderen ist die Landwirtschaft heute in Mitteleuropa die Hauptverursacherin für diesen massiven Artenrückgang. Rechnet man solche Maßnahmen hinzu, die indirekt auf eine Verbesserung der landwirtschaftlichen Produktion abzielen, wie z.B. Flurbereinigung, Entwässerung oder Ausbau des Wegenetzes, so gilt dies laut PLACHTER (1991) gleichfalls für den Rückgang naturnaher Lebensräume .

In einer Bewertung der Umweltbelastungen durch die moderne Landwirtschaft geht der Rat der Sachverständigen in seinen Sondergutachten davon aus, daß die schwerwiegendsten Auswirkungen der Landwirtschaft die Beeinträchtigung, Verkleinerung, Zersplitterung und Beseitigung naturbetonter Biotope ist. An zweiter Stelle steht die zunehmende Gefährdung des Grundwassers durch den Eintrag von Nitraten und Pestiziden und an dritter Stelle die intensive Bodenbearbeitung und Bodenverdichtung.

Der SACHVERSTÄNDIGENRAT FÜR UMWELTFRAGEN (1985) kommt angesichts der großen Arten- und Biotopverluste zu dem Schluß, daß die Landwirtschaft „offenbar nicht überall in der Lage ist, eine im Sinne des Naturschutzgesetzes ordnungsgemäße Landbewirtschaftung durchzuführen, die den Zielen dieses Gesetzes, u.a. der Sicherung des Naturhaushaltes, einer artenreichen Pflanzen- und Tierwelt sowie der Vielfalt, Eigenart und Schönheit der Landschaft dient". Die 1985 von der Bundesregierung herausgegebene Bodenschutzkonzeption (Bundestagsdrucksache 10/2977 vom 7. März 1985) soll einen Handlungsrahmen „für den Ausgleich der vielfältigen Nutzungsansprüche an den Boden, zur Abwehr von Schäden und zur Vorsorge auch gegen langfristige Gefahren und Risiken" bilden. Die Naturgüter sind losgelöst von menschlichen Nutzungsinteressen – „auch um ihrer selbst willen zu bewahren (...)". Hierzu hat der Bodenschutz laut Bodenschutzkonzeption nachdrücklich dem Vorsorgeprinzip Rechnung zu tragen. Die Vorsorgestrategien umfassen über die dauerhafte Sicherung der Produktion unbedenklicher Nahrungsmittel, Futtermittel und Rohstoffe heraus vor allem "(...) [die] Erhaltung der Arten und der genetischen Vielfalt von Fauna und Flora [und] die Sicherung von Erholungsfunktion durch Erhaltung oder – soweit möglich – Wiederherstellung naturnaher Landschaften" (BUSCH & FAHNING 1992).

3.3.4.1 Gestaltung der Landschaft

Seit Jahrtausenden hat der Mensch die ihn umgebende Natur verändert. So unterschiedlich die Formen der Landnutzung auch sind, so sind doch allgemeine Tendenzen ihrer Wirkung auf die Landschaft zu erkennen. Nach PLACHTER (1991) spielt die Nivellierung der natürlicherweise bestehenden Standortunterschiede eine gewichtige Rolle. Gleiches gilt für die flächendeckende Erschließung der Landschaft durch Flurbereinigung, Wasserbau und Straßenbau. Bis heute ist es das Ziel der Landesplanung, „unterentwickelte" Gebiete in Versorgung und Nutzungsintensität auf den landesweiten Durchschnitt anzuheben. Die umfassende Gestaltung der Natur erfolgte dabei nach den jeweils üblichen Ordnungskriterien der Planerinnen und Planer, ohne ökologische Gesichtspunkte ausreichend zu berücksichtigen. Die Auswirkungen der Landnutzung sind vielfältig. Oft ist ein vollständiger Verlust ungestörter Großlebensräume sowie eine drastische Flächenreduktion naturnaher Ökosysteme das Ergebnis. Damit verbunden ist häufig der Verlust gleitender Übergänge zwischen verschiedenen Lebensräumen. Die zunehmende Isolierung naturnaher und auch natürlicher Lebensräume durch eine Ausräumung der Agrarlandschaft wird meist von einer Herabsetzung der Strukturdiversität begleitet.

Die Landnutzung im Sönke-Nissen-Koog macht diesen Sachverhalt besonders deutlich. Als im Dezember 1926 die Deicharbeiten vor den Reußenkögen abgeschlossen wurden, hatte man dem Wattenmeer 1033 ha Land abgerungen. Der eingedeichte Sönke-Nissen-Koog mit einer Bodengüte zwischen 80 und 90 Bodenpunkten zählt zu den besten Ackerböden Deutschlands. Arrondierte Betriebsflächen, ein gutes Straßen- und Entwässerungssystem sowie die im Kolonialstil errichteten landwirtschaftlichen Zweckbauten bildeten zudem eine gute Voraussetzung für eine intensive Landbewirtschaftung. In der Zeit der Weltwirtschaftskrise änderte sich dieses Bild, und neben dem Getreideanbau fand auch eine Milchwirtschaft sowie Gemüsebau statt. Durch die sich ändernde Landwirtschafts- und Preispolitik in den nachfolgenden Jahren, verbunden mit einer verbesserten Entwässerung und der Technisierung der Landwirtschaft, wurden die Anbauflächen im Sönke-Nissen-Koog vergrößert und der Getreideanbau vermehrt (HINGST & MUUSS 1978). Heute ist der Sönke-Nissen-Koog einer der Schwerpunkte des Getreideanbaus an der nordfriesischen Westküste (MELFF 1994d).

3.3.4.2 Einträge

Das Wattenmeer ist als Übergangsbereich zwischen dem Festland und der Nordsee den Stoffeinträgen von Land unmittelbar ausgesetzt. Die Landwirtschaft trägt durch diffuse Emissionen von Nährstoffen, insbesondere Stickstoff- und Phosphatverbindungen, sowie Pestiziden zur Belastung der Nordsee und des Wattenmeeres mit einem erheblichen Anteil bei. Etwa 80 % der diffusen Einträge von Nährstoffen entstammen laut HAMM (1994) und nach Angaben des UBA (1994b) der Landwirtschaft. Diese Belastungen zeigen sich in einem bis zu 100 km breiten Gürtel der

Die jährlichen Stickstoffaufwendungen in der Landwirtschaft betragen im Landesdurchschnitt immer noch mehr als 200 kg/ha

Etwa 80 % der diffusen Einträge von Nährstoffen entstammen der Landwirtschaft (UBA)

Küstengewässer. Dabei mehren sich die Anzeichen, daß die im inneren Teil der Deutschen Bucht in der Vergangenheit immer wieder aufgetretenen Eutrophierungserscheinungen zu einer Verschiebung in der Phytoplankton- und Benthoszusammensetzung, zu einer Zunahme der Primär- und Sekundärproduktion, zu übermäßigen Algenblüten, zu auftretenden Großalgenteppichen und zur Zunahme des Auftretens von „Schwarzen Flecken" geführt haben (CWSS 1993, LOZÀN et al. 1994a). Einträge über die Flüsse stehen, gefolgt von den Einträgen aus der Atmosphäre, an erster Stelle (vergl. Kap. VI 9).

Die Nährstoffgehalte in den deutschen Gewässern haben sich in den letzten vier Jahrzehnten vervielfacht. Im Niederrhein sind die Konzentrationen von Nitrat seit 1945 auf das sechsfache, von Ammonium auf das siebenfache und von Phosphat auf das achtfache gestiegen. Während durch eine verbesserte Abwasserklärung, verbunden mit dem Ersatz von Waschmittelphosphaten, die Ammoniumgehalte heute wieder den Stand der Nachkriegsjahre erreicht haben und auch die Phosphatgehalte sich erheblich verringerten, ist ein Absinken der Nitratgehalte, die überwiegend durch landwirtschaftliche Einträge verursacht werden, nicht festzustellen.

Die jährlichen mineralischen und organischen Stickstoffaufwendungen in der Landwirtschaft betragen im Landesdurchschnitt immer noch mehr als 200 kg/ha (UBA 1994b). In Schleswig-Holstein liegt der jährliche Düngemittelverbrauch bei ca. 160 kg N/ha und ist in den letzten Jahrzehnten ständig angestiegen. Erst in den letzten Jahren ist ein Plateau erreicht (Abb. 133). Die hohen Stickstoffaufwendungen führen im Verhältnis zu den erzielten Erträgen zu einem Bilanzüberschuß von etwa 120 kg/ha. Dieser Überschuß könnte durch eine ökologisch ausgerichtete Landbewirtschaftung in Verbindung mit einer Bindung der Tierproduktion an die Futterfläche jedoch halbiert werden (UBA 1994b).

Zusätzlich zu den Nährstofffrachten findet eine durch die Landwirtschaft bedingte Belastung des Wattenmeeres durch sogenannte „Pflanzenschutzmittel" statt. Seit 1980 werden in Deutschland konstant etwa 30.000 t bzw. 2,9 kg/ha Pflanzenschutzmittelwirkstoffe verkauft. Trotz der Mengenstagnation ist es nicht zu einer Entschärfung der damit verbundenen

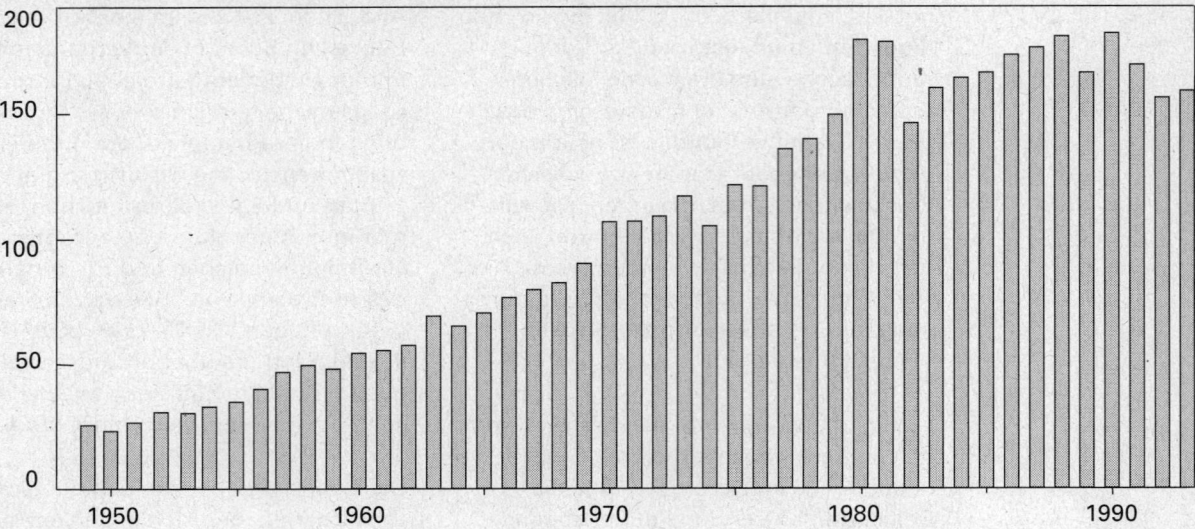

Düngemittelverbrauch in Schleswig-Holstein (kg/ha)

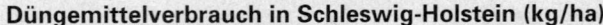

*Abb. 133
Entwicklung des
Düngemittelver–
brauches in Schles-
wig-Holstein von
1949 - 1993.
Angaben in kg
Nährstoff je ha
landwirtschaftlich
genutzte Fläche
(MELFF 1994d).*

**Die Landwirtschaft
bewirkt einen
beträchtlichen
Anteil an der
Emission von
Treibhausgasen**

Belastungssituation gekommen, da teilweise immer wirksamere Mittel auf den Markt kommen (UBA 1994b). Welche Folgen die einzelnen Stoffe und deren Deri-vate auf das Ökosystem haben, ist im einzelnen nicht bekannt.

Um die Schadstoffeinträge aus der Landwirtschaft in die Gewässer zu vermeiden bzw. zu verringern, sind ökonomische, ordnungsrechtliche und organisatorische Maßnahmen auf nationaler und internationaler Ebene erforderlich. Das Umweltbundesamt geht in seinem Bericht zur stofflichen Belastung der Gewässer durch die Landwirtschaft und Maßnahmen zu ihrer Verringerung differenziert auf die einzelnen Maßnahmen ein (UMWELTBUNDES-AMT 1994).

Auf der 2. Internationalen Nordseeschutz-Konferenz im Jahr 1987 haben sich die Minister der Nordseeanliegerstaaten verpflichtet, die Einträge von Nährstoffen und von bestimmten Pestiziden bis 1995 bezogen auf 1985 um 50 % zu reduzieren (INK 1990). Diese Reduktion wird voraussichtlich nur für Phosphatverbindungen erreicht und ist überwiegend auf eine verbesserte Abwasserklärung und den Ersatz von Phosphaten in Waschmitteln zurückzuführen. Gleichzeitig steigt aber der Anteil der Phosphateinträge aus der Landwirtschaft, da die Reduktion hier insgesamt gering ausfällt. Noch ungünstiger als bei den Phosphateinträgen sieht die Prognose über die Reduktion der Stickstoffverbindungen aus. Nach bisherigen Schätzungen wird eine Reduktion lediglich um 25 % erreicht werden. Im Sektor Landwirtschaft wird die Verminderung nur 17 % betragen (UMWELTBUN-DESAMT 1994).

Bereits seit Jahrzehnten wird, wie unter anderem auch 1980 in dem Bericht an den Präsidenten der USA (GLOBAL 2000), auf die weltweit zunehmende Umweltbelastung durch die Intensivlandwirtschaft sowie die davon ausgehenden Gefahren für das globale Klima hingewiesen. Die Landwirtschaft bewirkt einen beträchtlichen Anteil an der Emission von Treibhausgasen. Weltweit stammen etwa 33 % der Methan-Emission und 36 % der N_2O-Emission aus der Landwirtschaft. In Schleswig-Holstein ist der Anteil wesentlich höher. 62 % der Methan- und 94 % der N_2O Emission entstammen der Landwirtschaft (Abb. 134). Auch Ammoniak-Emissionen, die zu 80-90 % aus der Landwirtschaft stammen, können durch Umwandlungsprozesse klimawirksam werden. Hauptverursacher für die genannten Gase sind die Tierhaltung und Stickstoffdünger. Hinsichtlich der CO_2-Emission spielt die Landwirtschaft eine untergeordnete Rolle, ihr Anteil beträgt 3 %.

Um eine Minderung der Treibhausgasemission aus der Landwirtschaft zu erreichen, sieht die Bundesregierung die Gestaltung eines entsprechenden agrarrechtlichen Rahmens vor. Dieser soll sowohl über eine Verordnung des Düngemittelgesetzes als auch über die Förderung umweltschonender Produktionsverfahren und die Flächenanbindung der Tierhaltung im Rahmen der einzelbetrieblichen Förderung erreicht werden (BMU 1994). Um die klimarelevanten Spurengase aus der Landwirtschaft sowie die CO_2-Emissionen grundsätzlich zu reduzieren hat die schleswig-holsteinische Landesregierung ein CO_2-Minderungs- und Klimaschutzprogramm aufgelegt. Demnach ist es erforderlich,

Abb. 134
Verursacher der
Methan- und
Distickstoffoxid-
Emissionen in
Schleswig-Holstien
im Jahr 1990.
Methan 225.000 t;
Distickstoffoxid
8.000 t (nach
Angaben des
Statistischen
Landesamtes).

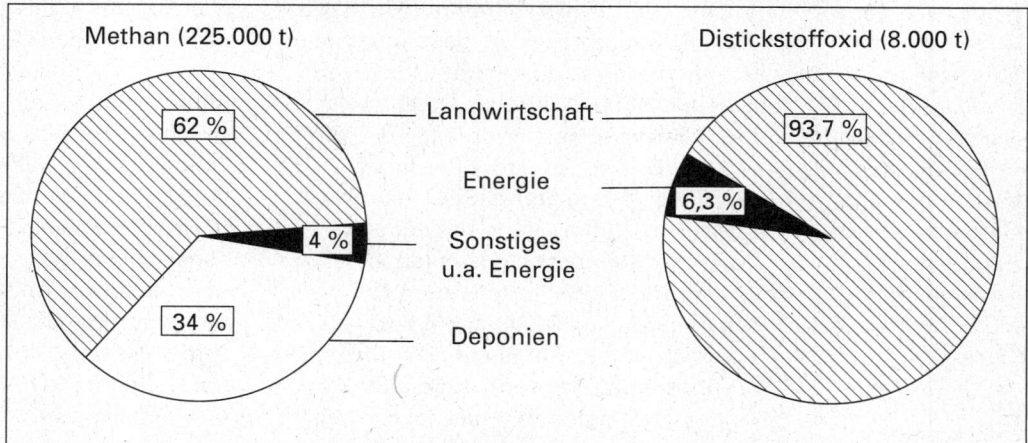

Verursacher von Methan- und Distickstoffoxid-Emissionen in Schleswig-Holstein

Methan (225.000 t) · Distickstoffoxid (8.000 t)

62 % · Landwirtschaft · 93,7 %

Energie · 6,3 %

4 % · Sonstiges u.a. Energie

34 % · Deponien

die Landwirtschaft langfristig in ökologisch und ökonomisch tragfähiger Form zu erhalten. Dies erfordert eine grundlegende Neuorientierung der Landwirtschaft und ist gemeinsames Interesse von Umwelt- und Agrarpolitik. Durch eine umweltgerechte und nachhaltige Landbewirtschaftung, durch flächendeckende Extensivierung und die weitere Ausdehnung des ökologischen Landbaus könnten die klima-relevanten Emissionen von CO_2, NH_3 und N_2O um die Hälfte verringert werden (MNU 1995).

3.4 Wirtschaftliche Bedeutung der Landwirtschaft

Die Landwirtschaft in der Nationalparkregion erwirtschaftet einen Beitrag zum Volkseinkommen von 4,9 %

Die Landwirtschaft in der Nationalparkregion erwirtschaftet - inklusive der zweiten Umsatzstufe - einen Beitrag zum Volkseinkommen von 4,9 %. Sie stellt darüberhinaus einen Anteil der landwirtschaftlichen Erwerbstätigen an der Gesamtbevölkerung der betreffenden Gemeinden von 6 %. Die Landwirtschaft ist damit kein dominierender, jedoch ein wichtiger Wirtschaftsfaktor der Nationalparkregion (FEIGE & MÖLLER 1994 b). In der Mehrheit der kleineren Kommunen werden auch heute über 50 % der Einkommen in der Landwirtschaft erzielt. Dabei geht die Beschäftigungswirkung der Landwirtschaft über die im Rahmen der Volkszählung erhobenen Anteile hinaus. Mitarbeitende Familienmitglieder, Teilzeit- und Saisonbeschäftigte sind zum Teil nicht erfaßt. In stark von der Landwirtschaft dominierten Räumen prägt das Arbeiten und Leben mit der Landwirtschaft daher das soziale Gefüge in höherem Maße, als ihr prozentualer Beitrag zum Einkommen erwarten läßt. Mit Blick auf den sich fortsetzenden Abwärtstrend

des Agrarsektors in den beiden Westküstenkreisen ist zukünftig jedoch mit einer weiter abnehmenden wirtschaftlichen Bedeutung der Landwirtschaft zu rechnen.

Tendenziell wird die Landwirtschaft den einzelnen Landwirt und seine Familie immer ungenügender ernähren, auch wenn die Ausgangsbedingungen für die Erzeugung gerade im Marschenraum mit seiner hohen Bodengüte sowie den überdurchschnittlichen Betriebsgrößen sehr günstig sind. Wenn im Wirtschaftsjahr 1991/92 nur jeder zweite Betrieb in Schleswig-Holstein die minimale wirtschaftliche Existenz von 60.000 DM Gewinn überschritt, andererseits durchschnittlich über ein Drittel des Gewinns aus staatlichen Transferzahlungen bestand, kann in vielen Vollerwerbsbetrieben nicht mehr von Rentabilität gesprochen werden. Staatliche Einkommensübertragungen sind jedoch nur als Überbrückung für eine Anpassungszeit an den Markt und zunehmenden Wettbewerb konzipiert. Sie können nicht als dauerhafte staatliche Alimentierung angesehen werden. Andere Funktionen der Landwirtschaft rücken neben der konventionellen Nahrungsmittelerzeugung daher stärker in den Mittelpunkt. Vermehrt werden auch Leistungen von Agrarbetrieben gefördert, die über die ordnungsgemäße Landwirtschaft hinausgehen, wie z.B. Landschaftspflege. Die Gesellschaft honoriert damit Koppelprodukte, die früher unentgeltlich als Leistungen der Landwirtschaft anfielen.

Im Zu- und Nebenerwerb lassen sich zusammen mit außerbetrieblichen Erwerbsquellen halbwegs befriedigende Einkommen erreichen. Damit wird zukünftig in der Landwirtschaft ein schrumpfender Kern von wettbewerbsfähigen, hochspezialisierten Agrarerzeugern einer wachsenden Zahl von multifunktionalen „Familienunternehmen" gegenüberstehen. In diesen sozio-ökonomisch diversifizierten Betrieben wird die traditionelle Produktion um neue Produkte erweitert wie z.B. Urlaub auf dem Bauernhof, Pensionspferdehaltung, Streichelzoo etc. Mittels der Verknüpfung mit anderen Wirtschaftsbereichen gewinnt auch die wirtschaftliche Bedeutung der Landwirtschaft eine neue Qualität. Mit zusätzlichen, spezifischen Leistungen und Produkten erhöht sie das Angebot und die Strukturvielfalt der Region. Vor diesem komplexen Hintergrund verschiedener Funktionen wie auch Zusammenhänge müssen die

Teilräume unterschiedlicher wirtschaftlicher Bedeutung der Landwirtschaft gesehen werden (Abb. 135).

Räumlich betrachtet zeigt die Landwirtschaft ein deutliches Gefälle in ihrer ökonomischen Bedeutung. In rund 50 % der Nationalpark-Anrainergemeinden besitzt sie eine durchschnittliche, zumeist sogar überdurchschnittliche wirtschaftliche Bedeutung im Vergleich zur Gesamtregion mit durchschnittlich 3,8 % Beitrag zum Volkseinkommen (erste Umsatzstufe). Damit dominieren trotz einer geringen gesamtwirtschaftlichen Bedeutung landwirtschaftlich orientierte Gemeinden in der Nationalparkregion. Dies erklärt sich durch die Vielzahl kleiner, einwohnerschwacher Gemeinden. So sind es vor allem die kleinen Kooggemeinden in den natürlichen Gunsträumen, wo große Landwirtschaftsbetriebe beim Fehlen entsprechender Industrie-, Handwerks- und Dienstleistungsbetriebe bis zu über die Hälfte der gemeindlichen Wertschöpfung erbringen. Würde die Landwirtschaft in diesen Gemeinden zusammenbrechen, ist, zumal wenn diese Orte peripher zu Fremdenverkehrs- oder städtischen Zentren liegen, kein Ersatz für verlorene landwirtschaftliche Arbeitsplätze in Sicht.

Dort, wo städtische Zentren, v.a. aber der Fremdenverkehr, Alternativen bieten, wurde die Landwirtschaft zurückgedrängt. Paradoxerweise ist es jedoch gleichzeitig wiederum der Tourismus, der heute in einer zukunftsweisenden Allianz neue Perspektiven für den Erhalt des Agrarsektors liefern soll, sei es mit einer ökologisch orientierten Produktion, durch Direktvermarktung oder Urlaub auf dem Bauernhof.

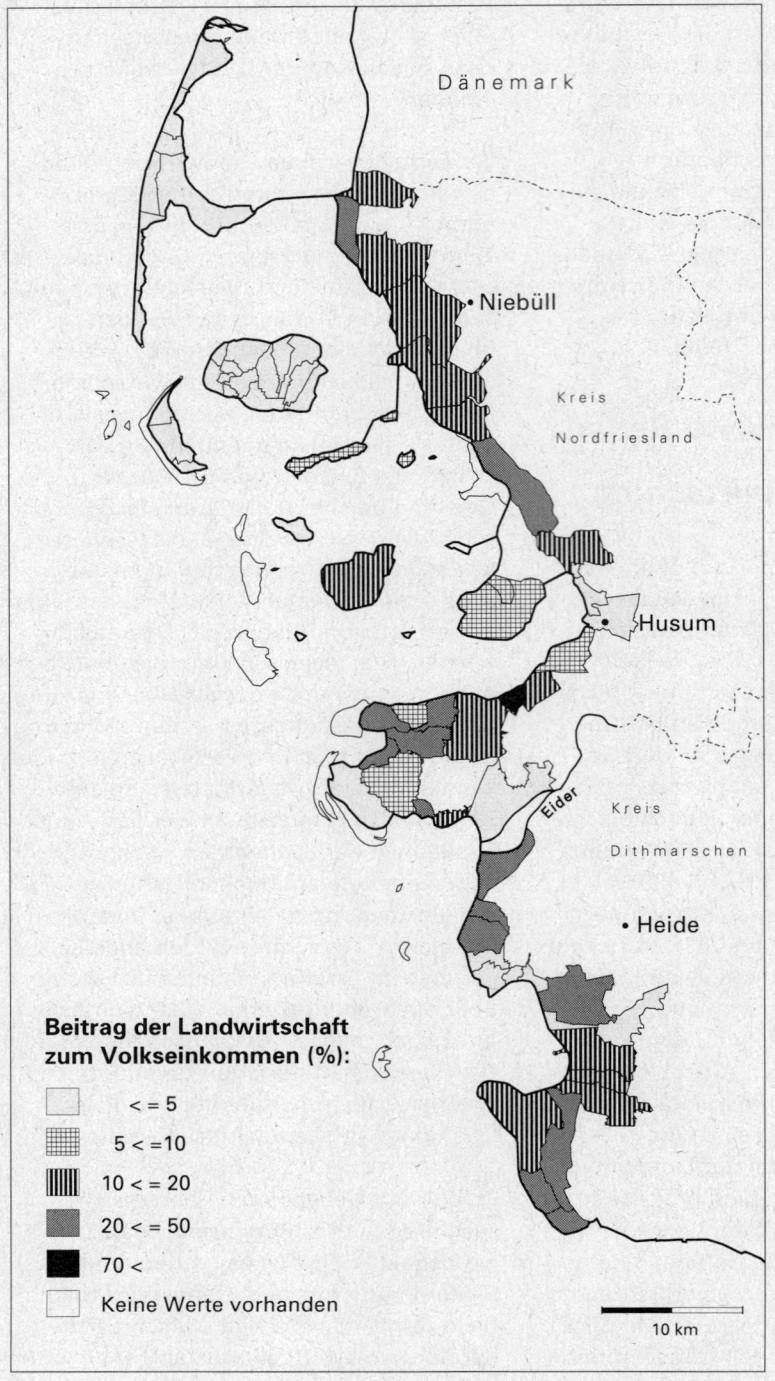

Beitrag der Landwirtschaft zum Volkseinkommen (%):

	< = 5
	5 < =10
	10 < = 20
	20 < = 50
	70 <
	Keine Werte vorhanden

10 km

4. Jagd

4.1 Geschichte der Jagd

Die Jagd im schleswig-holsteinischen Wattenmeer hat im Laufe der Zeit ihre Zielsetzungen gewechselt. Bis ins 18. Jahrhundert wurde sie vor allem ausgeübt, um zur Ernährung der Küstenbewohnerinnen und -bewohner beizutragen. Der reinen „Nahrungsjagd" folgte die Epoche der „Marktjagd" in den Vogelkojen an der Westküste. 1730 wurde in Alt-Oevenum auf Föhr die erste Entenfanganlage (Vogelkoje) gebaut. Nach holländischem Vorbild entstanden im Laufe der Zeit 15 Vogelkojen in Nordfriesland. Die dort gefangenen Enten wurden nicht nur von Einheimischen verzehrt, sondern in kleinen Konservenfabriken auf Amrum (bis Mitte der zwanziger Jahre) und Föhr (bis nach dem Ende des 2. Weltkrieges) verarbeitet und an das Festland verkauft.

In den 200 Jahren, in denen ein intensiver Fangbetrieb während des Herbstzuges der Enten stattfand, wurden an Spitzentagen mehrere Tausend Tiere und im gesamten Zeitraum über 6 Millionen Exemplare erbeutet. Die am häufigsten gefangenen Arten waren Krick-, Pfeif- und Spießenten, deren Gesamtfänge sich etwa in einem Verhältnis von 100:10:1 verhielten.

Ab Mitte der zwanziger Jahre wurde ein kontinuierlicher Rückgang der Fänge beobachtet, was möglicherweise mit der drastischen Abnahme westpaläarktischer Wasservogelpopulationen zu Beginn des 20. Jahrhunderts in Zusammenhang stand (RÜGER et al. 1987). Die Fangtätigkeit in den Kojen war zudem schon seit Ende des vorigen Jahrhunderts in der Öffentlichkeit umstritten. Beides zusammen führte zur weitgehenden Einstellung der Kojenjagd. 1934 wurde der Massenfang von Enten durch das Reichsjagdgesetz eingeschränkt und mehrere Kojen stillgelegt (QUEDENS 1990).

Der jahrhundertelange Betrieb der Entenkojen bewirkte in Nordfriesland eine Einschränkung der Jagd zu Lande, da der Erfolg des Kojenfanges von der Jagdruhe im Umland abhing. Jegliches Schießen und Lärmen in einem festgelegten Umkreis war deshalb verboten (QUEDENS 1990).

Die heutige Form der Jagd kann als „Freizeitjagd" bezeichnet werden. Bis zur Jagdsaison 1988/89 fand im Vorland des Nationalparks eine Jagd in 65 Jagdpachtbezirken (10.300 ha) statt. Zusätzlich besaßen 120 Jagdscheininhaber eine Sondergenehmigung zur Wattenjagd. Insgesamt war es damit etwa 500 Personen erlaubt, während der gesetzlichen Jagdzeiten im Nationalpark Wasservögel zu jagen. Von ihnen wurden jährlich etwa 10.000 Enten und Gänse erlegt. Dies waren vor allem Pfeifenten (ca. 50 %) und Stockenten (ca. 35 %). Etwa 6 % der geschossenen Tiere waren Ringel- und Graugänse. Durchschnittlich fielen 4,2 Schüsse je erlegtes Tier (BAMBERG 1989). In der Jagdzeit vom 1. September bis 15. Januar wurden somit insgesamt rd. 42.000 Schüsse gelöst.

Nach intensiver öffentlicher Diskussion und auf der Basis zweier Gutachten (CONRADY 1988, BAMBERG 1989) sowie einer fachlichen Bewertung durch das Nationalparkamt (NPA 1989) wurde im September 1989 von den Umwelt- und Landwirtschaftsministern des Landes die schrittweise Beendigung der Jagd im Nationalpark beschlossen. Lizenzen zur Wattenjagd wurden nicht erneut erteilt und Vorlandjagden nicht wieder verpachtet. Da das Gros der Vorlandjagden zu diesem Zeitpunkt zur Verpachtung anstand, hatte diese Entscheidung eine sofortige Reduktion der Jagdintensität im Schleswig-Holsteinischen Wattenmeer zur Folge.

Die wesentlichen Gründe für die Einstellung der Jagd im Nationalpark waren:

▶ Oberstes Schutzziel des Nationalparks ist der Ablauf möglichst ungestörter Naturvorgänge (NPG § 2 Abs. 1). Die Jagd widerspricht diesem Ziel.
▶ Es gibt keine biologischen Gründe für eine Jagd im Nationalpark Schleswig-Holsteinisches Wattenmeer. Im Gegenteil: Jagd macht Tiere scheu. Die Scheu vor dem Jäger übertragen die Tiere auf den Menschen in der Landschaft. Ein natürliches Verhalten und Vorkommen wird den Wasservögeln durch die Jagd unmöglich gemacht. Bei Einstellung der Jagd ist eine zunehmende Vertrautheit der Tiere zu erwarten („Nationalparkeffekt"). Dies verbessert die Möglichkeiten zum Erleben des Vogelreichtums.
▶ Die Wasservogeljagd ist zwar eine traditionelle Nutzung, wirtschaftliche Gesichtspunkte sind jedoch bedeutungs-

los. Die Einstellung der Jagd bedeutet keine unzumutbare Beeinträchtigung der Interessen und herkömmlichen Nutzungen der einheimischen Bevölkerung.

4.2 Aktuelle Situation

Auf der 6. Trilateralen Regierungskonferenz 1991 in Esbjerg beschlossen die Umweltminister die schrittweise Einstellung der Jagd im Wattenmeer und ein Verbot der Verwendung von Bleischrot ab 1993. Dieser Beschluß ist ab 1994/95 innerhalb des Nationalparks als Auflage in den Jagderlaubnisscheinen aufgenommen worden

Die Jagd im Nationalpark ist nahezu erloschen

Im Januar 1996 ist die Jagd auf Wasservögel noch in zehn Vorlandgebieten des Nationalparks auf einer Fläche von insgesamt 1.600 ha erlaubt (GIS-Karte 25). In drei der zehn Gebiete verzichten die Jäger schon seit Jahren auf die Jagdausübung. Zusätzlich können Mitglieder des Elbjägerbundes auf etwa 5.800 ha im freien Watt vor dem Dieksander Koog und dem Kaiser-Wilhelm-Koog jagen. Im Jahr 2003 wird die Jagd auf Wasservögel endgültig eingestellt werden.

Die Verwendung von Bleischrot wurde den Jagdberechtigten der Deiche von den ÄLW Husum und Heide in den Jahren 1994 bzw. 1995 untersagt. Schon eine verschluckte Bleikugel kann bei Wasservögeln tödliche Folgen haben. Fünf bis sechs in einer kurzen Zeitspanne aufgenommene Bleikugeln wirken zu 100 % tödlich (DEL BONO & BRACCA 1973 in CONRADY 1988). Da etwa vier Schrotschüsse je erlegter Ente abgegeben werden, gelangen etwa 900 Schrotkugeln pro Tier in die Umwelt. Aus der obersten Sedimentschicht oder aus der Vegetation können die Schrotkugeln von den Wasservögeln passiv mit der Nahrung oder aktiv als Magensteinchen aufgenommen werden.

Am Rande des Nationalparks, bei Keitum auf Sylt und bei Süddorf auf Amrum, bestehen zwei Tontaubenschießstände, die in den Nationalpark hineinwirken, da Schrotkugeln und zum Teil auch Scherben der Tontauben im Watt verbleiben und die Übungsschießen Lärm verursachen. Ein weiterer Tontaubenschießplatz befindet sich innerhalb des Nationalparks im Vorland von St. Peter-Ording. Die Schießstände werden etwa zwei- bis zehnmal pro Jahr genutzt. Um die oben genannten Störungen zu vermeiden, sollten vorhan-dene Schießstände auf dem Festland genutzt oder, wo noch nicht vorhanden, errichtet werden.

Viele der im Nationalpark vorkommenden Vogelarten halten sich auch auf den Inseln und Halligen oder in den Marschbereichen des Festlandes auf. Jagdliche Aktivitäten in diesen Gebieten haben daher Einfluß auf die Verbreitung und das Verhalten der Tiere im Nationalpark. Die Situation der Jagd im Vorfeld des Nationalpark ist deshalb auch für den Nationalpark selbst bedeutsam. Mit Ausnahme der Siedlungsbereiche sind alle Flächen der im Nationalpark liegenden Inseln und Halligen, die aber nicht selbst zum Nationalpark gehören, zur Jagd verpachtet. Die Ausübung der Jagd wird dort nicht durch das Nationalparkgesetz berührt.

Die traditionelle Entenjagd in Vogelkojen wird heute noch in vier Kojen auf der Insel Föhr ausgeübt. Bis zu 1.000 Stockenten dürfen zwischen dem 1. September und 15. Dezember in jeder Koje gefangen und verwertet werden (MELFF 1995d).

Die Jagd auf Seehunde wurde in Schleswig-Holstein 1974 eingestellt, als vor der Küste nur noch ca. 1.500 Tiere gezählt wurden. Seitdem hat sich der Aufgabenbereich der Seehundjäger in Richtung Hege, Naturschutz, Umweltbeobachtung und Öffentlichkeitsarbeit verschoben, und der gezählte Seehundbestand ist auf ca. 3.745 Tiere im Jahr 1995 angewachsen. Unter der traditionellen Bezeichnung Seehundjäger hat das Landwirtschaftsministerium 21 Jagdschutzbeauftragte bestellt, die das Gebiet des Nationalparks betreuen. Sie entscheiden über den Umgang mit am Strand gefundenen, hilflos oder krank erscheinenden Seehunden und bergen tote Tiere. Jeder einzelne Fall wird protokolliert und an das Nationalparkamt gemeldet.

In regelmäßigen Abständen tagt der Arbeitskreis „Seehunde im Wattenmeer", in dem aktuelle Probleme zwischen Seehundjägern, Wissenschaftlerinnen und Wissenschaftlern und den zuständigen Behörden diskutiert und Informationen ausgetauscht werden. Dieser Arbeitskreis entwickelte auch die sogenannte Heulervermeidungsstrategie: bei aufgefundenen, mutterlos erscheinenden Jungtieren wird primär versucht, Welpe und Mutter wieder zusammenzuführen und keine Tiere leichtfertig in Gefangenschaft zu nehmen. Dieses restriktive Vorgehen ist inzwischen

Vorbild auch für die Nachbarländer und durch eine trilaterale Richtlinie verbindlich. Diejenigen Heuler und Alttiere, die nach Einzelfallprüfung in die Aufzucht- und Pflegestation Friedrichskoog gebracht werden, finden hier naturnahe Verhältnisse vor. Die Station entspricht modernsten Kriterien und wird zum Teil vom Landesjagdverband finanziert. Im Prinzip werden alle aufgenommenen Tiere baldmöglichst wieder ausgewildert.

5. Fischerei

5.1 Geschichte der Fischerei

Der Fang von Fischen, Krebsen und Muscheln hatte im schleswig-holsteinischen Wattenmeer bis Anfang des 20. Jahrhunderts eher den Charakter einer Subsistenzfischerei. Mit Ausnahme der Austernfischerei, deren Ausübung schon seit dem frühen Mittelalter ein hoheitliches Privileg war, gab es innerhalb des Wattenmeeres keine Fischerei zur Deckung des überregionalen Bedarfs.

Austernfischerei findet seit dem frühen Mittelalter statt

Der Sylter Chronist C.P. HANSEN (1877) erwähnt neben der Austernfischerei im Wattenmeer noch zwei organisierte fischereiliche Tätigkeiten der Küsten- und Inselbevölkerung im angrenzenden Nordseebereich, nämlich die Heringsfischerei bei Helgoland sowie eine Angelfischerei auf Schellfisch westlich von Sylt. Wegen der beispielhaften Bedeutung des Schicksals der Wattenmeeraustern für heutige Managementmaßnahmen wird im folgenden ausführlich auf dieses Thema eingegangen.

5.1.1 Geschichte der Austernfischerei

Die Auster des Wattenmeeres (*Ostrea edulis*) wurde nach archäologischen Befunden schon in vorgeschichtlicher Zeit genutzt. Sie wurde vermutlich bei Niedrigwasser per Hand gesammelt.

HANSEN (1877) erwähnt für die letzte Hälfte des 13. Jahrhunderts die Vermarktung der nordfriesischen Austern nach Hamburg. Aus dem 16. Jahrhundert, vom 4. Februar 1587, liegt die älteste erhaltene Urkunde über die Regulierung der Fische-

rei durch den dänischen König vor: Der Austernfang war zum Schutz der Bestände vor Überfischung genehmigungspflichtig, Wilderei wurde unter Strafe gestellt. Ab 1627 wurde das Fischereirecht jeweils für mehrere Jahre an reiche Kaufleute oder Gesellschafter verpachtet. Diese stellten bis zu 100 Personen ein, die als Austernfischer mit etwa 30 einmastigen Segelfahrzeugen im Gebiet tätig waren. Als Fischereigerät wurden geschleppte Dredgen, sog. Austerneisen, verwendet.

Der jährliche Preis für die Austernpacht stieg von 60 Reichsthalern im Jahre 1627 auf 6.000 Reichsthaler im Jahre 1728 an. Ein Reichsthaler entsprach etwa dem Wochenlohn eines Arbeiters, die Pacht betrug auf heutige Verhältnisse übertragen etwa 4 bis 5 Millionen DM. Der ökonomische Druck führte vermutlich schon damals zu einer Überfischung der Bestände. Durch die Überfischung und durch natürliche Sterblichkeiten in Eiswintern kam es gegen Ende des 17. Jahrhunderts zu starken Bestandsrückgängen. Als Reaktion darauf wurde von 1703 bis 1705 die Fischerei eingestellt. Vom Jahre 1709 an wurde eine Schonzeit während der Laichsaison und ein Mindestmaß von sieben Zentimetern eingeführt. Die Austernbänke wurden jährlich von staatlicher Seite aus inspiziert. Im 18. Jahrhundert wurde sogar ein königlicher Austerninspektor bestellt.

Der Eiswinter 1829/30 führte zu einem starken Bestandszusammenbruch. Die Fischerei brachte in den folgenden 25 Jahren, zum Teil auch kriegsbedingt, kaum Erträge. Ausweichversuche auf Austernbestände in der offenen Nordsee scheiterten an deren schlechter Qualität und den für die benutzten Fahrzeuge widrigen Bedingungen in diesem offenen Seegebiet. Die Bestände im Wattenmeer konnten sich trotz geringer Fischereiaktivität bis zum Jahre 1859 nicht wieder erholen. Daraufhin fanden erste Besatzversuche mit importierten Jungaustern statt, die Produktion stieg wieder an.

Als das Wattenmeer 1868 unter preußische Verwaltung kam, wurde eine systematische Untersuchung der Bestände veranlaßt. Die Austern wurden per Dampfschiff nach Hamburg transportiert. In Husum wurden große Lagerbecken angelegt. Im Jahre 1880 waren 52 natürliche Austernbänke mit einer Größe von 1.785 ha bekannt. Fortgesetzte Rekrutierungsausfälle führten zu einer zehnjährigen Einstellung der Fischerei (1882-1891), die jedoch keine Erholung der Bestände nach sich zog. Auch in den folgenden Jahren war die Rekrutierung schwach bzw. blieb ganz aus.

Alle Managementmaßnahmen blieben ohne Erfolg. Es wurde daraufhin bis in die dreißiger Jahre des 20. Jahrhunderts versucht, die schwache oder ausbleibende natürliche Rekrutierung durch künstlichen Besatz mit importierten oder vor Ort erbrüteten Jungaustern auszugleichen. Das ermöglichte zunächst eine Fortsetzung der Fischerei, erwies sich aber langfristig als nicht rentabel. Der Besatz und die Fischerei wurden eingestellt.

Die letzten lebenden Europäischen Austern wurden in den fünfziger Jahren beobachtet. Erst in jüngster Zeit sind im Nordsylter Watt vereinzelt wieder Europäische Austern beobachtet worden (REISE, pers. Mitt.). Dies könnte sowohl durch larvalen Eintrag von Beständen der Europäischen Auster im Limfjord und in der Oosterschelde als auch durch Aktivitäten der Lister Austerncompagnie bewirkt worden sein. Letztere hat allerdings ihre Zucht in der Regel mit Pazifischen Austern (*Crassostrea gigas*) besetzt. Von dieser Anlage stammen die jetzt überall im Nordsylter Watt verbreiteten und sich dort auch vermehrenden Pazifischen Austern. Neuerdings werden auch südlich des Hindenburgdamms wildlebende Pazifische Austern gefunden, die wahrscheinlich als Larven aus der Oosterscheldemündung von den dortigen Kulturen hierher verdriftet wurden.

Das Schicksal der Wattenmeerauster und die jetzt erfolgende Neubesiedlung des Wattenmeeres mit der Pazifischen Auster ist ein gutes Beispiel für den dynamischen Charakter des Wattenmeeres. Lokale Managementmaßnahmen können unbedeutend sein, wenn die Rekrutierung von einem hunderte von Kilometern entfernten Elternbestand abhängt.

Während der Zusammenbruch der Austernfischerei auf eine zu hohe Nutzungsintensität zurückgeführt werden kann, bleiben die Gründe für das Aussterben der Wattenmeerauster ungeklärt.

In diesem Zusammenhang ist die naheliegende Vermutung, die Austernfischerei im nordfriesischen Wattenmeer hätte über die lokale Reduzierung des Elternbestandes zu einer gegen Null gehenden Rekrutierungsrate geführt, nicht plausibel. Bei den meisten Muschelarten gibt es mit der Abnahme des Elternbestandes eine Zunahme der Rekrutierungsrate (THORSON 1957). Eiswinter führen zu einer sehr hohen Sterblichkeit der meisten Bodenorganismen. Im Watt drückt sich die Erkenntnis von THORSON (1957) in der sehr starken Rekrutierung aller Muschelarten in der Folge von Eiswintern aus. Auch die in der Folge von Besatzmaßnahmen eingeschleppten Krankheiten erklären nicht das langfristige Ausbleiben jeglicher Rekrutierung bei der Wattenmeerauster. Es muß vielmehr auf eine Unterbrechung des Larventransports zum Wattenmeer oder auf eine Veränderung der Lebensbedingungen im Wattenmeer geschlossen werden. REISE (1989) vermutet hingegen eine Überfischung der Bestände als Ursache für das Aussterben der Art im Wattenmeer.

Die Austern im Wattenmeer rekrutierten sich möglicherweise nicht allein vom dortigen Bestand, sondern hauptsächlich durch verdriftete Larven aus Schlickgebieten südwestlich von Helgoland. Effekte der Dampferfischerei, die gegen Mitte des 19. Jahrhunderts in diesem Gebiet flächendeckend einsetzte, sind wahrscheinlich. Die damalige Fischerei war in der Lage, die Austernbestände in diesem Bereich als Beifang weitgehend zu reduzieren (ANONYMUS 1913). Tatsächlich ist seit Aufnahme der Dampferfischerei in diesem Seegebiet keine nennenswerte Rekrutierung im Wattenmeer mehr aufgetreten. Auch anthropogene und natürliche Veränderungen der Küstengeographie durch Eindeichungsmaßnahmen und Dammbauten sowie Veränderungen der lokalen Hydrographie und der sedimentologischen Verhältnisse spielten vermutlich eine wichtige Rolle. Austernlarven sind extreme Sedimentspezialisten. Sie werden passiv von den Strömungen transportiert und sind davon abhängig, am Ort des Absinkens Steine oder Muschelschalen anzutreffen, an denen sie sich anheften können. Zudem muß die Ansiedlungsdichte hoch genug sein, um die aktuelle natürliche Sterblichkeitsrate zu übertreffen. Durch den natürlichen Meeresspiegelanstieg erhöhten sich im Verlaufe der Jahrhunderte die Strömungsgeschwindigkeiten im Wattenmeer, so daß die Austernlarven stärker verteilt wurden und immer seltener die erforderlichen Ansiedlungsdichten oder -orte erreichten.

**Die Fischerei auf
Garnelen hat eine
lange Tradition**

In der Oosterscheldemündung, im Greve-
lingen Meer, gab es natürliche Bestände
sowie Kulturen der Europäischen Auster.
Vor der Eindeichung wurden alle Kulturen
und das Gros der natürlichen Bestände
abgefischt. Nach der Eindeichung verblieb
ein sehr geringer Elternbestand in dem
fast strömungsfreien, aber noch marinen
Milieu. Zwei Jahre nach der Deichschlie-
ßung waren alle verfügbaren Substrate
mit juvenilen Austern besiedelt. Bei künstlicher Aufrechterhaltung des Salzgehaltes
konnte dann eine florierende Austernfischerei und -zucht aufgebaut werden
(DIJKEMA 1988).

Einen ähnlichen Effekt hatte der sturmflut-
bedingte Durchbruch des Limfjordes zur
Nordsee im vorigen Jahrhundert. Dieser
schuf einen marinen, aber strömungsarmen Lebensraum, in dem sich alsbald
ein Austernbestand ansiedelte, der trotz
Fischerei bis heute anzutreffen ist
(NEUDECKER 1990).

Die ständigen Veränderungen der Hydrographie könnten somit tatsächlich zum
Aussterben der Auster im Wattenmeer
geführt haben. Dieser Vorgang dürfte von
der lokalen Fischerei beschleunigt worden
sein. Nach dem Ende der großen Eindeichungen und Dammbauten im nordfriesischen Wattenmeer kann mit der Wiederbesiedlung der Auster im Wattenmeer
gerechnet werden. Diese kann von heran-
transportierten Larven der Europäischen
Auster aus der Oosterschelde oder dem
Limfjord erfolgen.

5.1.2 Geschichte der Garnelenfischerei

Die Fischerei auf Garnelen (*Crangon
crangon*), auch Krabben, Porren oder
Granat genannt, hat eine lange Tradition
an der Nordseeküste. Erstmals erwähnt
wurde der gezielte Fang von Krabben
schon 1624 in der „Ichtyologia" des
Stephanus von Schönvelde (DETLEFSEN
1984). Zum Krabbenfang wurde der
Schiebehamen eingesetzt. Dabei handelt
es sich um ein mit einem Stiel versehenes
Rahmennetz, das bei Niedrigwasser zu
Fuß in den flachen Prielen über den Boden
geschoben wurde. Daneben kamen
passive, d.h. stehende Fanggeräte wie
Pfahlhamen oder Granatkörbe zum Einsatz. Der Garnelenfang wurde meist von
Frauen und Kindern betrieben und war
lediglich eine zusätzliche Nahrungsquelle
der ärmeren ländlichen Bevölkerung.

Die Garnelenfischerei war bis ins 19.
Jahrhundert von wirtschaftlich unterge-
ordneter Bedeutung. Anfang des 19.
Jahrhunderts entwickelte sich die
Krabbenfischerei mit Booten. 1865 ver-
suchte ein Tönninger Fischer erstmals den
Krabbenfang vom Segelboot aus (DETLEF-
SEN 1984). Als Fanggerät wurde die aus
Holland übernommene Baumkurre einge-
setzt. Bei diesem Gerät wird der hinter
dem Ruder- oder Segelboot gezogene
Netzsack durch einen Holzbalken, den
„Baum", offengehalten (SARRAZIN 1987).
Schon Ende des letzten Jahrhunderts
bedienten sich Tönninger Krabbenfischer
mit ihren Seglern der Technik, zwei Kurren
gleichzeitig zu schleppen (Abb.136).

*Abb. 136
Garnelen-Kutter
mit ausgebrachten
Baumkurren.*

An der gesamten Küste hat sich dieses heute übliche Verfahren aber erst Jahrzehnte später durchgesetzt. Die ersten Kurren waren nur 2 bis 5 m breit. Damit wurden täglich 25 bis 30 Pfund Krabben gefangen, die sich auf dem lokalen Markt problemlos vermarkten ließen. Absatzschwierigkeiten traten auf, als immer mehr Fischer dem Garnelenfang mit Booten nachgingen und die gestiegenen Anlandungsmengen im Hafenort und seiner Umgebung nicht mehr abgenommen werden konnten. Obwohl schon an Bord gekocht, ist die Krabbe eine leicht verderbliche Ware, die sich nicht zum längeren Transport eignet.

Eine Beförderung über größere Entfernungen war erst mit der Fertigstellung der „Marschenbahn" von Hamburg nach Tondern möglich. Der Eisenbahnanschluß vieler Küstenorte trug ebenfalls mit dazu bei. Die Entwicklung der Garnelenfischerei nahm seitdem einen rasanten Verlauf. 1886 gingen in Büsum drei Segelkutter dem Krabbenfang nach. 1890 waren es bereits zwölf und 1906 schon 55 Schiffe. Büsum entwickelte sich aufgrund seiner günstigen Lage zu den Fanggründen zum bedeutendsten Hafen an der Küste, gefolgt von Tönning. In Husum wurde die Krabbenfischerei erst nach der Jahrhundertwende durch Büsumer Fischer eingeführt. 1924 gab es in Schleswig-Holstein zwölf Orte mit insgesamt 123 hauptberuflichen Krabbenfischern (DETLEFSEN 1984).

Der Bedarf an Krabben nahm beständig zu. Die Zahl der Fischer entlang der Küste stieg und damit auch die Anlandungsmengen. Neben den größeren Speisegarnelen wurden vermehrt kleinere Futtergarnelen angelandet, die ab den zwanziger Jahren durch die vermehrte Tierhaltung guten Absatz fanden. Die Garnelenfischerei wurde ein lohnender Beruf. Neue Verarbeitungstechniken wurden entwickelt, zahlreiche krabbenverarbeitende Betriebe entstanden, und die ersten Genossenschaften wurden gegründet. Speisekrabben wurden in den großen Städten wie Hamburg und Kiel, aber auch in Cuxhaven und Bremerhaven vermarktet. Fischerei, Verarbeitung und Handel trennten sich (GUBERNATOR 1992). Gebremst wurde dieser Aufschwung durch die Weltkriege, wobei der 2. Weltkrieg die Garnelenfischerei fast vollständig zum Erliegen brachte. Sowohl die Fischer als auch ihre Kutter wurden zum Kriegsdienst eingezogen.

Der Strukturwandel innerhalb der Garnelenfischerei wurde unterstützt bzw. ermöglicht, als zu Beginn des 20. Jahrhunderts die Motorisierung bei den Krabbenkuttern einsetzte. Während 1906 noch weniger als 1 % der Kutter mit einem Motor ausgerüstet waren, betrug ihr Anteil 1912 schon 44 %. Zu Anfang wurde der aus dem Automobilbau stammende Benzinmotor eingesetzt, der sich aber für die aus Holz gebauten Schiffe als zu gefährlich erwies. Die weitere Entwicklung führte über Petroleummotoren zu den bereits in Dänemark laufenden Glühkopfmotoren, bis sich schließlich der heute gebräuchliche Dieselmotor durchsetzte.

Mit einer Leistung von 10 bis 40 PS dienten die ersten Aggregate den Seglern lediglich als Hilfsantrieb. Dieser ermöglichte aber ein Fischen in tieferem Wasser und in entfernter liegenden Fanggründen. Die Krabbenfischerei wurde weniger abhängig von Wind, Wetter und Strömung. Es entwickelte sich die auch heute noch von einigen kleineren Kuttern betriebene Tidenfischerei: Zur Hochwasserzeit wird der Hafen verlassen, um „im Revier" auf angestammten Fangplätzen zu fischen. Mit dem nächsten Hochwasser kehrt der Fischer in seinen Heimathafen zurück.

In der Nachkriegszeit profitierte die Krabbenfischerei vom allgemeinen Wirtschaftsaufschwung, und es entwickelte sich eine neue, moderne Kutterflotte. Die Weiterentwicklung beim Motoren- und Schiffbau brachte den reinen Motorkutter. Die Kutter und Baumkurren wurden größer, die Motorkraft wurde auch für den Windenantrieb beim Netzeinholen genutzt. Die Krabbenkutter entwickelten sich zu Mehrzweckkuttern und ließen sich ohne großen Aufwand zum Frischfischfang umrüsten. Die Fischer nutzten diese Möglichkeit, um während der Wintermonate oder in Zeiten schlechter Ertragslage auf andere Fischereiarten umzusteigen.

Bis heute ist der Plattfischfang auf Seezungen und Scholle von großer wirtschaftlicher Bedeutung. Früher wurden auch andere Arten befischt. Besonders der Fang von Jungheringen („Spitzen") war eine wichtige Einnahmequelle, während Sprotten- und Scharben- (auch „Klieschen" genannt) Fischerei keine große Rolle spielten. Daneben war die Fischerei auf Seesterne von Bedeutung, die bis Ende der fünfziger Jahre für die

In der Nachkriegszeit profitierte die Krabbenfischerei vom allgemeinen Wirtschaftsaufschwung, und es entwickelte sich eine neue, moderne Kutterflotte

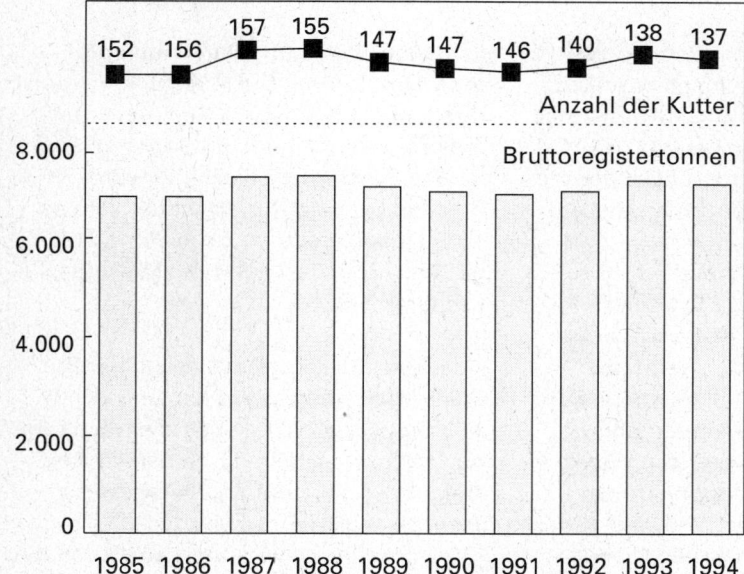

Entwicklung der Kutterflotte

Abb. 137
Entwicklung der Kutterflotte (Garnelen, Frischfisch, Muscheln) an der schleswig-holsteinischen Nordseeküste in der Zeit von 1985 bis 1994

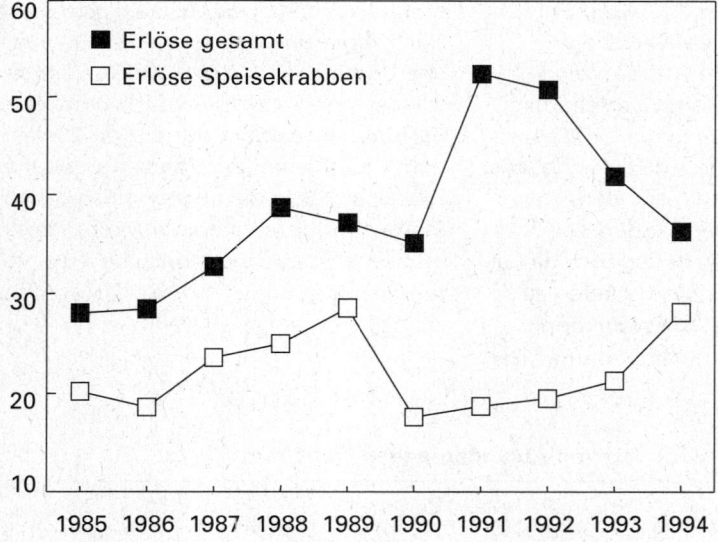

Abb. 138
Anteil der Garnelenfischerei (in Millionen DM) am Gesamterlös der Kleinen Hochsee- und Küstenfischerei in Schleswig-Holstein (nur Nordseeküste).

Futtermittelindustrie betrieben wurde. Ihr Rückgang ist auf die verstärkte Einfuhr billigen peruanischen Fischmehls zurückzuführen

Auch die „Seemoos"-Fischerei war ein lukrativer Nebenerwerb der Krabbenfischer. Beim Seemoos handelt es sich um Hydroidpolypen, deren Kolonien pflanzenähnlichen Wuchs zeigen und zu Dekorationszwecken genutzt wurden. Die Seemoosfischerei wurde aufgrund von Absatzschwierigkeiten 1971 offiziell eingestellt (WAGLER 1990).

Die Entwicklung nach dem 2. Weltkrieg brachte aber nicht nur eine Steigerung der Produktivität. Hohe Investitions- bzw. Betriebskosten, verbunden mit stark rückläufigen Krabbenanlandungen gegen Ende der fünfziger Jahre, brachten viele Fischer in Existenznot. Seit dieser Zeit nimmt die Zahl der Kutter beständig ab: Von damals mehr als 300 auf 105 gemeldete Krabbenkutter im Jahr 1994 (JAHRESBERICHT DES FISCHEREIAMTES 1995).

Der Fischereiaufwand hat aufgrund der immer größer gewordenen Kutter (Abb. 137) und Fanggeräte, durch den Fortschritt in der Technisierung der Schiffe sowie beim Fang- und Fangverarbei-tungsprozeß, zu einer Steigerung von über 50 % geführt (TEMMING & TEMMING 1991). Dadurch sind im langjährigen Mittel die Anlandungen an Speisegarnelen sogar leicht gestiegen (BERGHAHN & VORBERG 1994). Die Garnelenfischerei ist heute mit Abstand die wirtschaftlich bedeutendste Fischereiart der Kleinen Hochsee- und Küstenfischerei Schleswig-Holsteins (Abb. 138).

5.1.3 Geschichte der Miesmuschelfischerei

Die Miesmuscheln des Wattenmeeres wurden schon in vorgeschichtlicher Zeit als Opfergabe und in geringerem Ausmaß auch als Nahrungsquelle genutzt (HARCK 1973). Die Muscheln wurden bei Ebbe mit der Hand von den Bänken gesammelt.

Die gewerbsmäßige Fischerei auf Miesmuscheln entwickelte sich in Schleswig-Holstein ab Anfang des 20. Jahrhunderts. Die Muscheln wurden mit „Hand und Harke" von den trockenfallenden Bänken gewonnen, auf Schiffe verladen und angelandet. Während des ersten Weltkrieges wurden bereits Anlandungen von mehreren tausend Tonnen pro Jahr erzielt. Ab etwa 1920 wurde ein in den Niederlanden entwickeltes Schleppnetzverfahren, die Muscheldredge, auch in Schleswig-Holstein eingeführt.

Mitte der dreißiger Jahre wurden mit Hilfe von niederländischem „Know-how" und niederländischen Spezialfahrzeugen Miesmuschelkulturen nach niederländischem Vorbild angelegt

Mitte der dreißiger Jahre wurden mit Hilfe von niederländischem „Know-how" und niederländischen Spezialfahrzeugen Miesmuschelkulturen nach niederländischem Vorbild angelegt; zunächst jedoch ohne besonderen Erfolg. Im zweiten Weltkrieg kam es zu einer Nachfragesteigerung, die mit Hilfe von beschlagnahmten niederländischen Spezialfahrzeugen zu Anlandungen bis in die Größenordnung von etwa 8.000 t pro Jahr führte. Die Nachfrage nach Muscheln aus dem schleswig-holsteinischen Wattenmeer setzte sich nach dem Weltkrieg fort, da es in den anderen Wattenmeergebieten zu einem parasitenbedingten Produktionsausfall gekommen war. 1948 waren an der

Miesmuschelfischerei an der Westküste Schleswig-Holsteins 57 Fangfahrzeuge und 15 muschelverarbeitende Betriebe beteiligt (HEIDRICH 1948).

Es handelte sich um eine reine Wildmuschelfischerei. Die Muscheln wurden direkt von ihren natürlichen, bei Ebbe meist trockenfallenden Standorten angelandet. Durch diese Fischerei wurden die Bestände stark reduziert, daher kam es 1953 zu den ersten, auch 1995 noch gültigen Regulierungen der Miesmuschelfischerei.

Auch nach der Normalisierung der Produktionsverhältnisse in den anderen Wattenmeergebieten stieg die Nachfrage nach Miesmuscheln durch europaweit steigenden Konsum und verbesserte Transport- und Verarbeitungsmöglichkeiten unverändert an. Durch die Übernahme der von niederländischen Fischern entwickelten Bodenkultur konnten seit etwa 1955 die Anlandungen kontinuierlich gesteigert werden, worauf die Fischerei in den achtziger Jahren mit einer Ausweitung der Kulturflächen reagierte (Abb. 139). Dieser Vorgang betraf die Miesmuschelfischerei in allen Bereichen des europäischen Wattenmeeres gleichermaßen. Die gesteigerte Nachfrage führte zu steigenden Preisen und damit auch steigenden Erlösen der schleswig-holsteinischen Miesmuschelfischerei. Im Verlauf der letzten 20 Jahre nahm die Anzahl der Fahrzeuge zwar ab, zugleich wurde die Leistungsfähigkeit der Flotte aber durch stärkere Motorisierung und verbesserte elektronische Ausstattung vergrößert.

Abb. 139 Historische Entwicklung von Anlandemengen und ausgewiesenen Miesmuschelkulturflächen in der Zeit von 1919 bis 1994. Die Linie kennzeichnet die Entwicklung der Kulturfläche von ca. 250 ha im Jahr 1955 auf ca. 2.850 ha im Jahr 1994 (RUTH 1994).

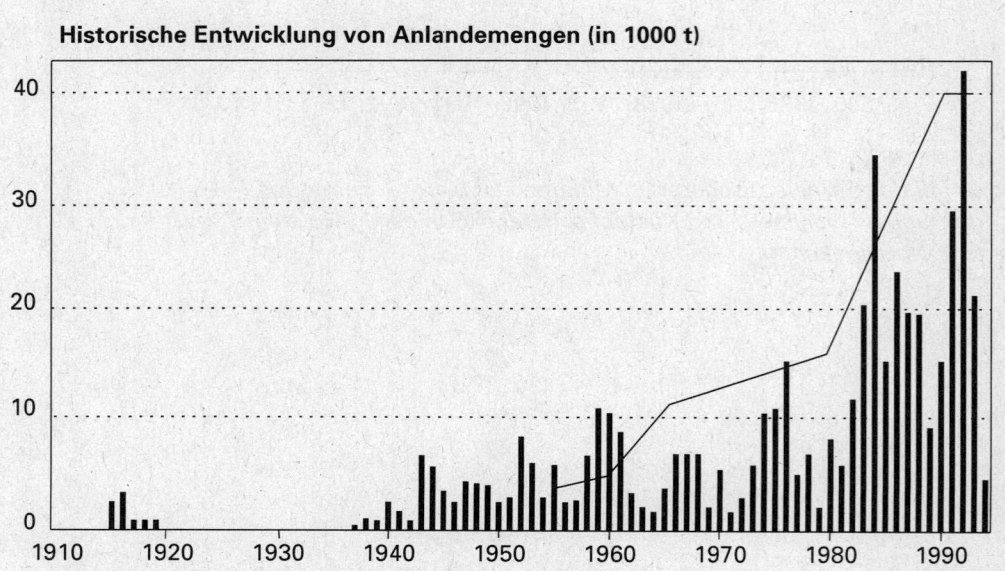

Historische Entwicklung von Anlandemengen (in 1000 t)

5.1.4 Sonstige historische Fischereien

Die Heringsfischerei bei Helgoland wurde ab etwa 1425 aufgenommen. Von diesem Jahr an soll sich der sonst an die schwedische Küste gerichtete Heringszug an die jütländische Küste und in die Deutsche Bucht verlagert haben. Die Fischerei, an der die meisten Bewohner der Inseln und Halligen beteiligt waren, fand von Helgoland und Hörnum aus statt. Es wurde mit Kiemennetzen von offenen Segelfahrzeugen aus gefischt. Eine erneute Verlagerung des Heringszuges brachte diese Fischerei etwa ab 1672 zum Erliegen (HANSEN 1877).

Die Frischfischfischerei war schon immer unbedeutend

Die Schellfischfischerei westlich von Sylt fand in einem Bereich mit schlammigem Untergrund, der sogenannten Fischgrube, statt. Es handelte sich um eine Angelfischerei, die erst mit dem Zusammenbruch der Bestände durch eine Verlagerung des Bestandsschwerpunktes oder durch die starke Befischung mit Einführung der Dampferfischerei eingestellt wurde (SCHNAKENBECK 1928, LOZAN 1994).

Im Nordseebereich wurden vereinzelt Kabeljau, Rochen, Störe und „Meerschweine" (Schweinswale) geangelt. Neben dem Fang von offenen Booten aus, wurden, hauptsächlich vom Sylter Strand bei ablandigem Wind, von kleinen besegelten Flößen beköderte Leinen ausgebracht (HANSEN 1877).

Im Watt selber wurde neben der Austernwirtschaft der Fang von Rochen, Schollen, Butt, Seehund und Muscheln betrieben. Rochen wurden geangelt, bei Niedrigwasser in den Prielen gespeert und auf den Platen im Uferbereich mit Hilfe von Bundgarnen erbeutet. Vor allem auf den Halligen war der Rochen der "Brotfisch" der Bewohnerinnen und Bewohner, was die Behörden veranlaßte, zeitweise einen Tribut in Form einer bestimmten Rochenmenge einzufordern. Bereits im 18. Jahrhundert wird von starken Rückgängen der Fangmengen in den Bundgarnen berichtet (MÜLLER 1938), die letztlich zur Aufgabe dieser Fischereiform führten.

Vom Ufer der Priele aus wurde bei Niedrigwasser im Grobsand nach Sandaalen gegraben. In Wehlen konnten zeitweise Butt (Flundern) und Aale derart erfolgreich

gefangen werden, daß die Obrigkeit diese Fischerei zum hoheitlichen Privileg erklärte. Frei blieben lediglich unergiebige oder unattraktive Fischereiobjekte oder -methoden wie z.B. das sog. „Butt-Petten". Diese Subsistenzfischereien wurden hauptsächlich von den Halligen und Geestinseln aus durchgeführt.

Die landwirtschaftlich orientierten Marschinseln benötigten keine Fischerei zur Deckung ihres Nahrungsbedarfes. So wird von Nordstrand im 16. Jahrhundert beschrieben, daß es kaum Fischer in dieser Region gibt. Nur die Armen würden Muscheln zu Kalk brennen, um ihn zu verkaufen.

Insgesamt wird ein Bild gezeichnet, nach dem die ärmere Bevölkerung, d.h. die nicht an der Landwirtschaft oder an Erwerbsmöglichkeiten außerhalb der Region teilnehmenden Menschen, durch eine Vielzwecknutzung der jagd- und sammelbaren Ressourcen ihr Überleben sicherte. Auffällig aus heutiger Sicht ist der Umstand, daß in den historischen Quellen nicht vom Fang von Hornhechten oder Meeräschen berichtet wird. Hornhechte wurden im 20. Jahrhundert mit Hilfe von Bundgarnen und Strandwaden gefangen. Für Meeräschenfänge gibt es Belege aus mittelalterlichen Fundstätten (HEINRICH 1985).

VI

5.2 Muschelfischerei

5.2.1 Miesmuschelfischerei

5.2.1.1 Organisation der schleswig-holsteinischen Miesmuschelfischerei

Im schleswig-holsteinischen Wattenmeer sind derzeit acht Fangfahrzeuge tätig. Zwei Firmen unterhalten jeweils drei Fangfahrzeuge und je einen muschelverarbeitenden Betrieb. Einige dieser Lizenzen sind an die Muschelverarbeitung gekoppelt.

Zwei weitere Firmen besitzen je eine Lizenz. Der Firmensitz aller Betriebe befindet sich im Kreis Nordfriesland. Die Miesmuschelfischer sind in einem Verband mit Sitz in Wyk auf Föhr organisiert. Fast alle Betriebe sind mehr oder weniger eng mit niederländischen Firmen verbunden. Alle Fangfahrzeuge fahren unter deutscher Flagge.

5.2.1.2 Aktuelle Miesmuschelfischereimethoden

Die heutige Miesmuschelfischerei ist eine Kombination aus Besatzmuschelfang und Bodenkultur. Der Besatzmuschelfang erfolgt im ständig mit Wasser bedeckten Teil des Wattenmeeres. Für den Besatzmuschelfang im Sublitoral der jetzigen Zone 1 ist eine Ausnahmegenehmigung von oberer Naturschutz- und oberer Fischereibehörde erforderlich. Die Besatzmuscheln werden auf Kulturflächen verbracht, wo sie mindestens eine Wachstumsperiode verbleiben müssen. Zusätzlich müssen sie mindestens 50 mm Länge erreicht haben. Ein untermaßiger Gewichtsanteil von 30 % ist zulässig. Ausnahmen von dieser Regelung können bei Vorliegen ungewöhnlicher Umstände zugelassen werden. Nach der Erfüllung der behördlichen Voraussetzungen entscheidet die aktuelle Nachfragelage in Bezug auf Größe, Fleischgehalt und allgemeines Erscheinungsbild über die Anlandung. In den letzten Jahren wurden fast nur noch Muscheln von Kulturflächen angelandet (Abb. 140).

Abb. 140 Herkunft der von 1989 - 1993 angelandeten Miesmuscheln. Angaben in t Lebendgewicht nach den Selbstbelegen der Fischerei. Unbekannter Herkunft sind 160 t (< 1 %).

Letzter Standort angelandeter Miesmuscheln

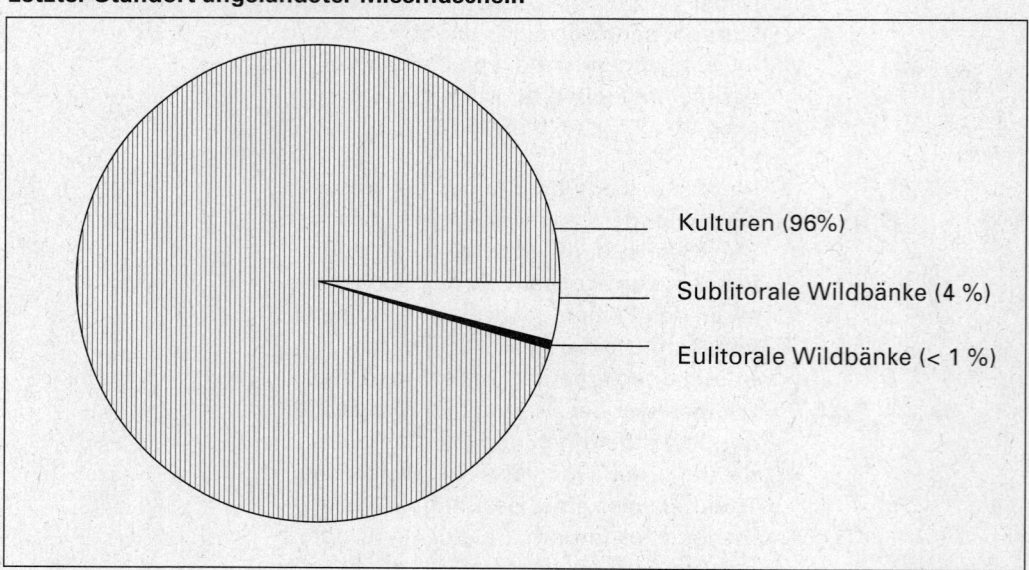

Kulturen (96%)

Sublitorale Wildbänke (4 %)

Eulitorale Wildbänke (< 1 %)

Die heutige Miesmuschelfischerei ist eine Kombination aus Besatzmuschelfang und Bodenkultur

Die moderne Miesmuschelfischerei benutzt spezielle Miesmuschelkutter. Es handelt sich um ca. 35 m lange Fahrzeuge mit einem Leertiefgang von 0,7 bis 1,3 m. Die Laderäume fassen ca. 100 bis 150 t, der Tiefgang beträgt dann 1,8 bis 2,6 m. Die Antriebsleistung liegt zwischen 300 und 600 PS. Zum Betrieb sind drei Personen erforderlich. Neben den allgemein üblichen elektronischen Navigationshilfen sind sie durchweg mit Farbecholoten ausgerüstet, die zur Suche nach Miesmuscheln im nicht trockenfallenden Bereich des Wattenmeeres benutzt werden.

Zur Suche nach trockenfallenden Miesmuschelbänken werden flachgängige kleine Beiboote benutzt. Die Miesmuscheln werden mit Hilfe spezieller Dredgen vom Meeresboden abgeschabt. Dabei verhindert ein quer zur Schlepprichtung eingebautes Metallrohr ein Eindringen von mehr als 2 bis 5 cm in den Untergrund. So kann ein überflüssig hoher Anteil von Schlamm und toten Muscheln im Fang vermieden werden. Bei sehr festem Untergrund bzw. bei starker Verbindung der Miesmuscheln mit dem Untergrund wird häufig auf der Unterseite des Rohres, das als Kufe quer am Boden der Netzöffnung eingebaut ist, ein etwa 2 bis 4 cm hoher Metallsteg angeschweißt. Bei sehr weicher Untergrundbeschaffenheit wird das Rohr mit zusätzlichen Kufen, sogenannten Schlicklöffeln, ausgestattet. Diese verhindern, daß das Rohr zu tief eindringt.

Eine Dredge ist etwa 2 m breit und faßt ca. 500 kg. Die im Gebiet arbeitenden Fahrzeuge setzen durchweg vier Dredgen gleichzeitig ein. Die Dredgen werden mit Winden über einen der beiden Laderäume gehievt und ausgeleert. Zum Aussäen werden die Besatzmuscheln mit Wasserdruck durch verschließbare Öffnungen am Boden des Laderaumes unterhalb der Wasseroberfläche auf beiden Seiten der Laderäume ausgebracht.

Seesterne schädigen in größeren Mengen die Kulturflächen. Sie werden entweder direkt aus den Besatzmuscheln aussortiert, mit Süßwasser abgetötet oder über Nacht bzw. mehrere Stunden im Laderaum belassen, bevor die Aussaat der Besatzmuscheln erfolgt.

Vereinzelt werden Eiderenten bei Arbeiten auf den Kulturflächen vertrieben. Der Entwurf eines Programmes zur Bewirtschaftung der Muschelressourcen verbie-tet in Zukunft die gezielte Vergrämung von Seevögeln (vergl. Kap. XI 3.4).

Bevor Muscheln auf den Kulturflächen ausgebracht werden, kann ein „Sauberfischen" der Fläche erforderlich sein, um Seesterne oder übermäßige Schlicklagen zu entfernen. Zur Zeit der höchsten Strömung werden die Dredgen bei langer Kurrleine über die Kulturfläche gezogen. Der Schlamm wird dadurch aufgewühlt und von der Strömung abtransportiert. Ohne Schlamm sind die Muscheln fester mit dem Untergrund verbunden, und das Risiko hoher Verluste bei Stürmen verringert sich.

Mit Hilfe von Pricken und Bojen werden die Kulturen in meist rechteckige Flächen von etwa 4 bis 9 ha Fläche abgeteilt. Diese Teilflächen können dann mit Muscheln unterschiedlicher Längenverteilung besetzt werden. Der Besatz der Kulturflächen erfolgt nach Erfahrungswerten. Sehr kleine Muscheln werden mit etwa 20 bis 30 t/ha ausgesät. Diese Menge erhöht sich mit zunehmender Besatzmuschellänge bis auf etwa 100 t/ha. In der Regel werden die Kulturflächen bis zum Abfischen und der nachfolgenden Vermarktung nicht weiter bearbeitet. Wachstum, Seepocken- und Seesternbefall, Fleischgehalt u.ä. werden gelegentlich kontrolliert.

In der Anlandesaison werden Muschel- und Wasserproben von den einzelnen Kulturflächen zur Untersuchung an die Veterinärämter gegeben, die die Muscheln auf ihre bakteriologische und unmittelbar toxische Unbedenklichkeit hin untersuchen. Weitere Muschelproben werden an potentielle Abnehmer geschickt. Diese bewerten die Muscheln und fällen gegebenenfalls Kauf- und Preisentscheidungen. Kriterien sind unter anderem ein Längenschlüssel (Anzahl der über der aktuellen Marktmindestlänge liegenden Muscheln pro 2,5 kg), der Fleischgehalt (gewinnbarer Anteil an gekochtem Fleisch pro kg Lebendnaßgewicht der Muscheln), das Seepockengewicht sowie das allgemeine Erscheinungsbild (z.B. Geruch, Geschmack, Farbe des Fleisches).

Ist eine Charge verkauft, wird abgefischt und angelandet. Die Entladung erfolgt mit einem Bagger, wobei es vom Geschick des Baggerführers abhängt, wieviele Muscheln hierbei zerstört werden. Der Transport erfolgt mit LKW.

5.2.1.3 Vermarktung der Miesmuscheln

Über die Vermarktung selbst liegen nur wenige Erkenntnisse vor. Neben den jährlich vom Fischereiamt veröffentlichten Umsatzzahlen existiert eine neuere Arbeit über die Marktmechanismen auf dem holländischen Muschelmarkt (GIBBS et al. 1994). Aus den veröffentlichten Umsatzzahlen und den daraus berechenbaren Durchschnittserlösen ergibt sich eine deutliche Divergenz zwischen durchschnittlichen schleswig-holsteinischen und niedersächsischen Erlösen (1993: Schleswig-Holstein 0,61 DM/kg; Niedersachsen 1,29 DM/kg). Ähnliche Preisunterschiede lassen sich zwischen den durchschnittlichen niederländischen Auktionspreisen und den in Schleswig-Holstein gemeldeten Preisen in der Zeit von 1991 bis 1992 verzeichnen (Abb. 141).

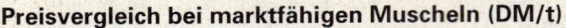

Preisvergleich bei marktfähigen Muscheln (DM/t)

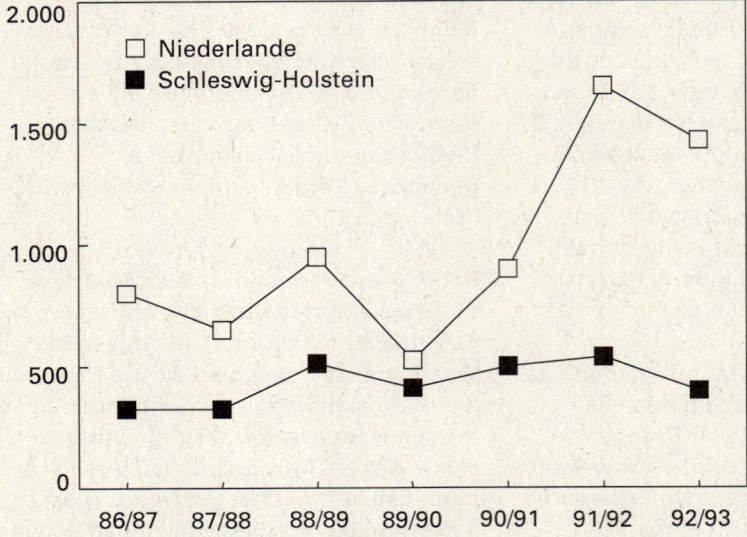

□ Niederlande
■ Schleswig-Holstein

Abb. 141
Vergleich der durchschnittlichen niederländischen Auktionspreise für marktfähige Muscheln mit den vom Fischereiamt gemeldeten Durchschnittserlösen aus Schleswig-Holstein (RUTH 1994).

Die für 1993 angegebenen, vermutlich nicht marktgerechten Preise könnten als Ausdruck des hohen Verflechtungsgrades zweier in Schleswig-Holstein angesiedelter Betriebe mit niederländischen bzw. britischen Konzernen interpretiert werden. Diese Verhältnisse sind in Niedersachsen nicht gegeben. Folgerichtig korrespondieren die hier erzielten Preise mit den niederländischen Verhältnissen. Für die 1993 auf den Kulturen in Schleswig-Holstein vorhandene Muschelqualität wurden bereits in den Vorjahren in den Niederlanden deutlich höhere Preise erzielt, als in der offiziellen Fischereistatistik des Landes Schleswig-Holstein für 1993 angegeben wurde.

Der überwiegende Anteil der Muscheln wird in die Niederlande geliefert (Abb. 142). Alle anderen Zielangaben reflektieren die Versuche einzelner Betriebe, sich von diesem Markt unabhängiger zu machen. Verkäufe in den norddeutschen Raum sind mit wenigen Tonnen gering. Die meisten der mit dem Ziel „Deutschland" angeführten Muscheln wurden ins Rheinland transportiert. Bei den angelandeten Muscheln der Kategorie „Dänemark" ist es möglich, daß ein Teil dieser Muscheln in Dänemark angelandet wurde und anschließend in die Niederlande verbracht wurde. Hiermit ist jedoch nicht unbedingt das endgültige Verkaufsziel angesprochen. Bei pauschalen Angaben, wie z.B. „Holland", kann sowohl die Lieferung an einen Großhändler gemeint sein, der seine Ware europaweit weiterverkauft, als auch die weitere Lagerung auf einer Kultur im niederländischen Wattenmeer oder in der Oosterschelde. Prinzipiell gelangen die Muscheln, die in die Niederlande geliefert werden, wohl nicht auf die zentrale Muschelauktion in Yerseke. Sie werden vielmehr von Großhändlern oder von Muschelzuchtbetrieben direkt per Festpreis aufgekauft. Im Fall der Zwischenlagerung auf niederländischen Kulturen können sie nach gewisser Zeit als „holländische" Muscheln auf die zentrale Auktion gelangen.

Von grundsätzlicher Bedeutung erscheint der von GIBBS et al. (1994) und RUTH (1994) beobachtete, inflationsbereinigte Trend zu höheren Preisen auf dem europäischem Muschelmarkt. In den vergangenen Jahren hat der niederländische Muschelmarkt, die zentrale Muschelauktion in Yerseke, bei relativer Muschelverknappung immer mit höheren relativen Preiszuwächsen reagiert (Abb. 143). Es ist daher in Zukunft von noch höheren Gewinnen in der Muschelbranche auszugehen.

Abb. 142
Zielländer der in
Schleswig-Holstein
angelandeten
Miesmuscheln. Die
Angaben sind den
Selbstbelegen der
Fischerei entnom-
men (RUTH 1994).

Zielländer der angelandeten Miesmuscheln in Schleswig-Holstein

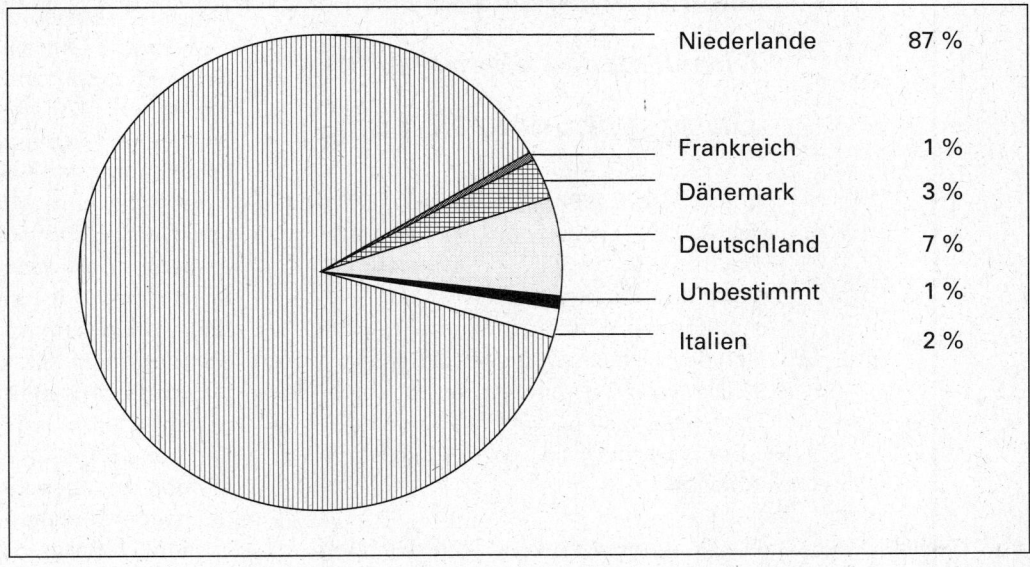

Niederlande	87 %
Frankreich	1 %
Dänemark	3 %
Deutschland	7 %
Unbestimmt	1 %
Italien	2 %

Abb. 143
Reaktion des
niederländischen
Miesmuschel-
marktes auf An-
gebots-
veränderungen im
Zeitraum 1987 -
1992. Zugrunde
liegen die vom
Muschelkontor
Yerseke angegebe-
nen Großhandels-
mengen und -
preise. Dargestellt
ist die relative
Preisänderung
gegenüber dem
Vorjahr über der
relativen Angebots-
änderung gegen-
über dem Vorjahr
(RUTH 1994).

Reaktion des Muschelmarktes auf Angebotsänderungen

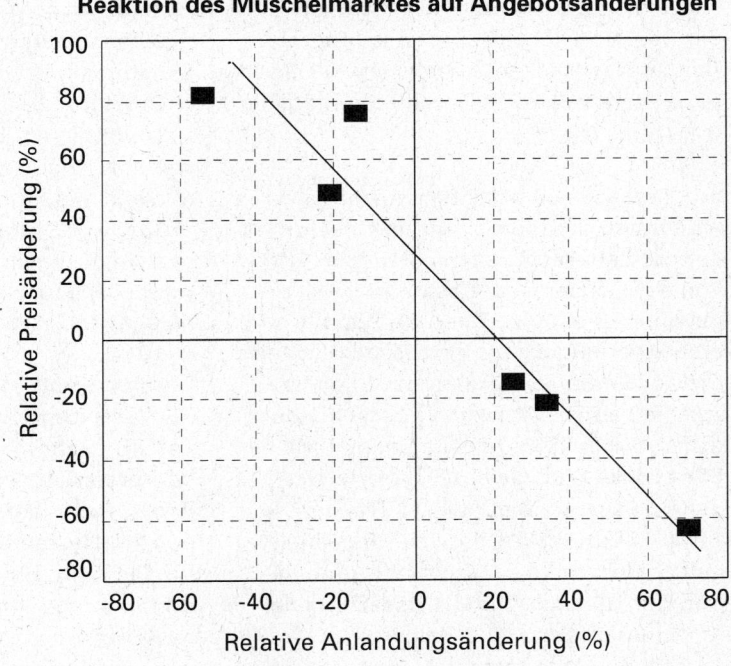

5.2.1.4 Ausmaß der Miesmuschelfischerei im Untersuchungszeitraum

Von 1989 bis 1993 wurden insgesamt etwa 125.000 t Miesmuscheln angelandet. Davon entfielen 96 % auf Anlandungen von Kulturflächen, etwa 4 % von sublitoralen Wildbänken einschließlich den bei der Kulturarbeit entstandenen sekundären Bänken und jeweils unter 1 % von eulitoralen Naturbänken und von nicht zuordnungsfähiger Herkunft (vergl. Abb. 140).

Von 1989 bis 1993 wurden insgesamt etwa 125.000 t Miesmuscheln angelandet

Die Kulturen wurden im Untersuchungszeitraum mit etwa 75.000 t Muscheln besetzt. Diese entstammten zu 74 % dem sublitoralen Bereich und zu 22 % dem eulitoralen Bereich des Nationalparks. 2 % der Besatzmuscheln wurden im angrenzenden Nordseebereich gefischt, während für weitere 2 % keine Zuordnung möglich war (Abb. 144).

Von den etwa 80 potentiell nutzbaren eulitoralen Standorten wurde eine von Jahr zu Jahr recht unterschiedliche Anzahl von der Fischerei zur Besatzmuschelgewinnung genutzt. Der in Abbildung 145 erkennbare Rückgang des fischereilichen Drucks auf die eulitoralen Bestände ist zum Teil auf den Rückgang der Individuendichte durch fischereiliche und natürliche Sterblichkeit bei gleichzeitig geringer Rekrutierungsrate auf diesen Flächen zurückzuführen. Wesentliche Ursache ist jedoch der starke sublitorale Brutfall im Sommer 1990, der für die Besetzung der Kulturen mit Saat- und Halbwachsmuscheln in den folgenden zwei Jahren ausreichte.

Das weitaus wichtigste Gebiet der Besatzmuschelfischerei im Untersuchungszeitraum war das Stromsystem von Vortrapptief/ Hörnumtief. 59 % aller Besatzmuscheln wurden in diesem System gefischt. Es folgen Lister Tief und Norderaue mit je 11 %, Heverstrom mit 7 %, Süderaue mit 5 % und Rummelloch mit 4 %. Die angrenzende Nordsee lieferte 2 % der Besatzmuscheln, während der Bereich südlich Eiderstedt (dithmarscher Bereich) mit unter 1 % ohne Bedeutung war. Nicht zuordnungsfähig waren unter 1 % der Besatzmuscheln (Abb. 146).

Die Zusammensetzung der in den einzelnen Teilbereichen des Wattenmeeres gewonnenen Besatzmuscheln nach den Kategorien Eulitoral und Sublitoral ist in Abbildung 147 dargestellt. Im Lister Tief wurden im Untersuchungszeitraum fast keine eulitoralen Bänke zur Besatzmuschelfischerei genutzt. Die nicht zuordnungsfähigen Muscheln entstammen vermutlich dem sublitoralen Bereich. Im Vortrapp/Hörnumtief überwiegt ebenfalls die Entnahme von sublitoralen Standorten. In der Norderaue wurden sublitorale und eulitorale Bestände genutzt. In der Süderaue ergibt sich durch den hohen Anteil von nicht zuordnungsfähigen Angaben kein klares Bild. In den restlichen Gebieten wurden fast ausschließlich Besatzmuscheln im Eulitoral gefischt.

Im Lister Tief wurden die Kulturen im Untersuchungszeitraum zum weitaus größten Teil mit Besatzmuscheln sublitoraler Herkunft besetzt. Ein ähnliches Bild ergibt sich für das Vortrapp/ Hörnumtief, die Norder- und Süderaue, wenn auch hier der Anteil von Besatzmuscheln eulitoraler Herkunft deutlich größer war. Nur die Kulturen im Stromsystem der Hever wurden überwiegend mit Besatzmuscheln aus dem Eulitoral belegt (Abb. 148).

Durch die vollständige Erfassung aller Fischereivorgänge über einen Zeitraum von fünf Jahren ist bei vorsichtiger Interpretation eine Aussage über die Produktivität der Kulturen in den einzelnen Prielsystemen möglich. Hierzu wurde für alle Kulturen in den jeweiligen Prielsystemen die summarische Besatzmenge nach Abzug oder Addition von Verlagerungen von Kulturmuscheln zwischen den Prielsystemen ermittelt. Diese wurde der ebenfalls summarischen Anlandemenge der Kulturen gegenübergestellt (Abb. 149).

Unter der Annahme, daß die Kulturbestandsgrößen zum Anfang und zum Ende des Untersuchungszeitraumes in etwa gleich groß waren, zeigt das Lister Tief die höchste Produktivitätsrate: Es wurden bezogen auf das Lebendnaßgewicht 2,1mal mehr Muscheln von den Kulturen entnommen als zum Besatz verwendet wurden. Ebenfalls positiv war die Kulturbilanz im Vortrapp/Hörnumtief (1,6), in der Norderaue (1,4) und in der Süderaue (1,7). Nur auf den Kulturen im Bereich des Heverstromes wurde eine negative Kulturbilanz (0,3) erreicht, d.h. es

Herkunft der Besatzmuscheln

Abb. 144
Herkunft der zum
Besatz der Kulturen
verwendeten
Miesmuscheln aus
dem Zeitraum 1989
- 1993. Angaben
nach den Selbst-
belegen der
Fischerei in %
(RUTH 1994).

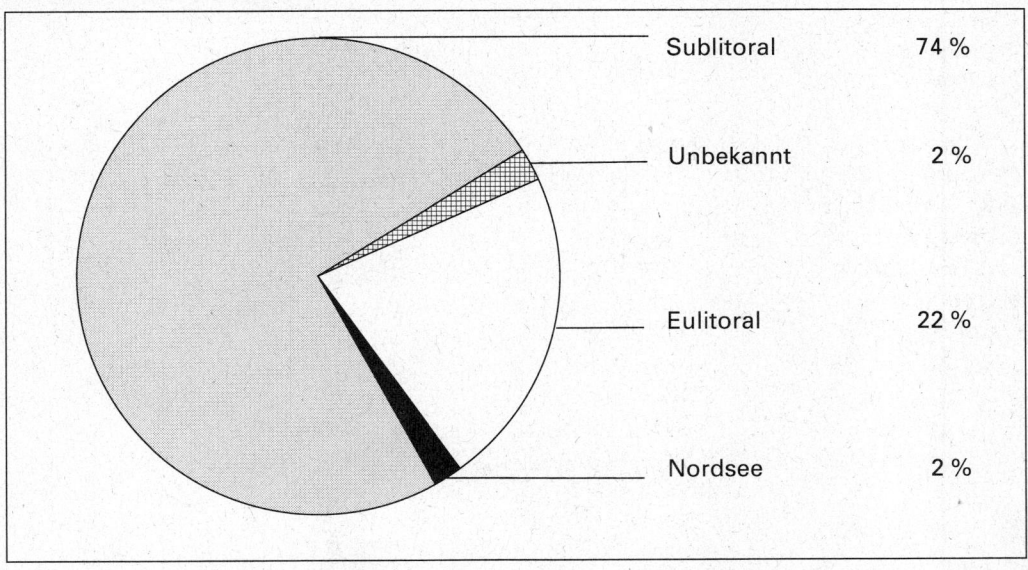

Sublitoral	74 %
Unbekannt	2 %
Eulitoral	22 %
Nordsee	2 %

Abb. 145
Anzahl der von der
Muschelfischerei
befischten eulito-
ralen Miesmuschel-
bänke, 1989 - 1993.
Angaben nach
Interpretation der
Ortsangaben in
den Selbstbelegen
der Fischerei
(RUTH 1994).

Anzahl der befischten eulitoralen Miesmuschelbänke

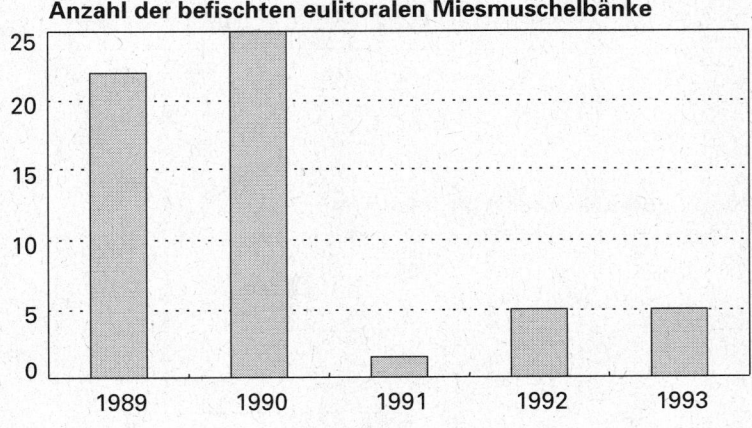

Abb. 146
Bedeutung einzel-
ner Prielstrom-
gebiete für die
Besatzmuschel-
gewinnung.
Angaben nach
Selbstbelegen der
Fischerei (RUTH
1994).

Bedeutung der Prielstromgebiete für die Besatzmuschelfischerei

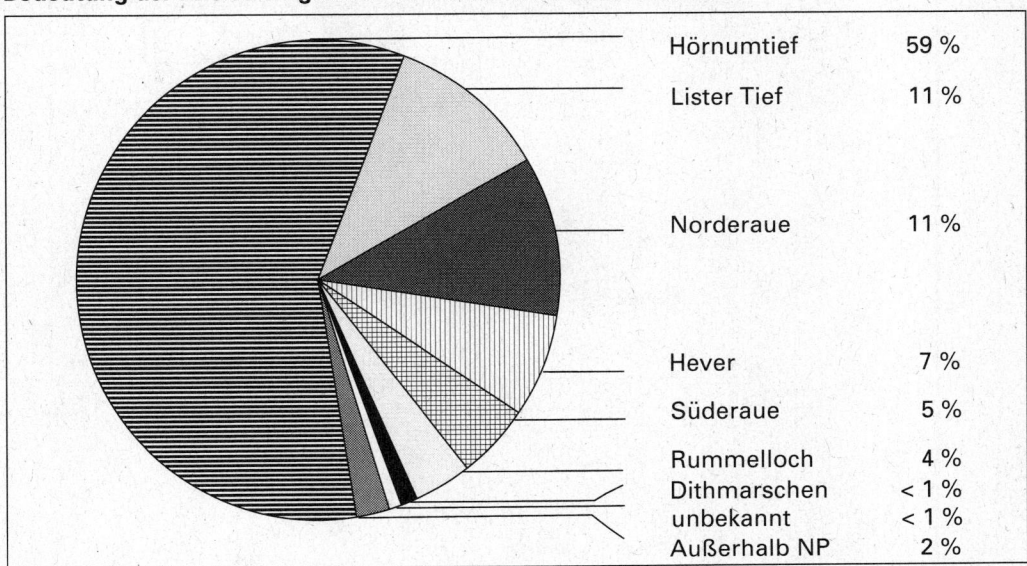

Hörnumtief	59 %
Lister Tief	11 %
Norderaue	11 %
Hever	7 %
Süderaue	5 %
Rummelloch	4 %
Dithmarschen	< 1 %
unbekannt	< 1 %
Außerhalb NP	2 %

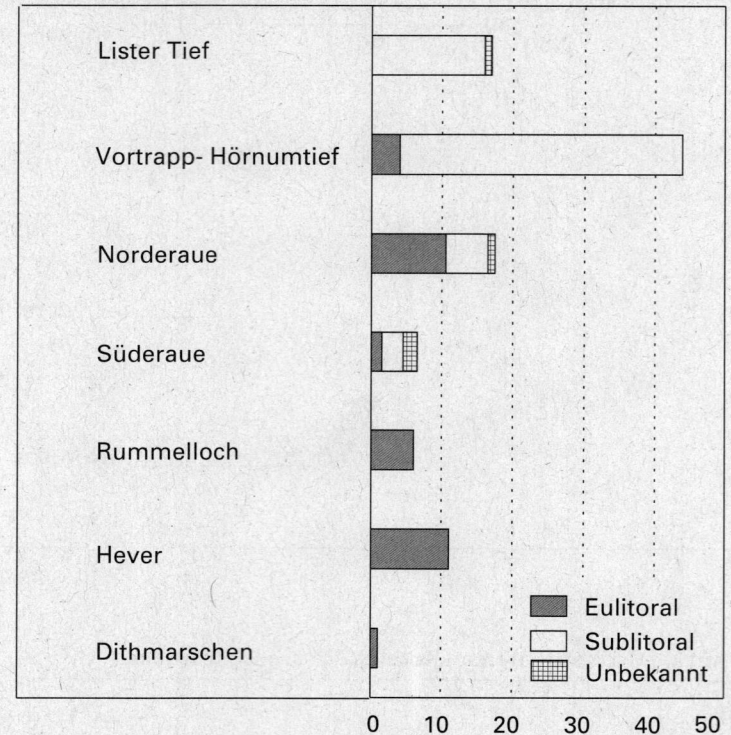

Abb. 147
Entnahme von
Besatzmuscheln
aus den verschie-
denen Priel-
stromgebieten in
den Jahren 1989 -
1993. Angaben in t
Lebendgewicht
nach den Selbst-
belegen der
Fischerei (RUTH
1994).

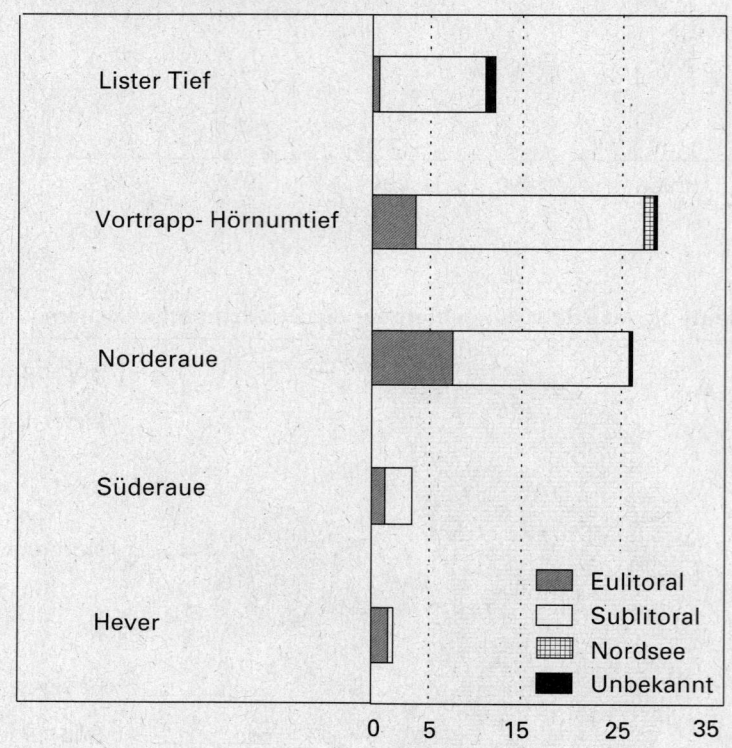

Abb. 148
Herkunft von Besatz-
muscheln auf
Kulturflächen in den
verschiedenen
Prielstromgebieten
in den Jahren 1989 -
1993. Angaben in t
Lebendgewicht nach
den Selbstbelegen
der Fischerei (RUTH
1994).

Abb. 149
Relativer Kulturer-
folg in den einzel-
nen Prielstrom-
gebieten in den
Jahren 1989 - 1993.
Angaben nach
Selbstbelegen der
Fischerei (RUTH
1994).

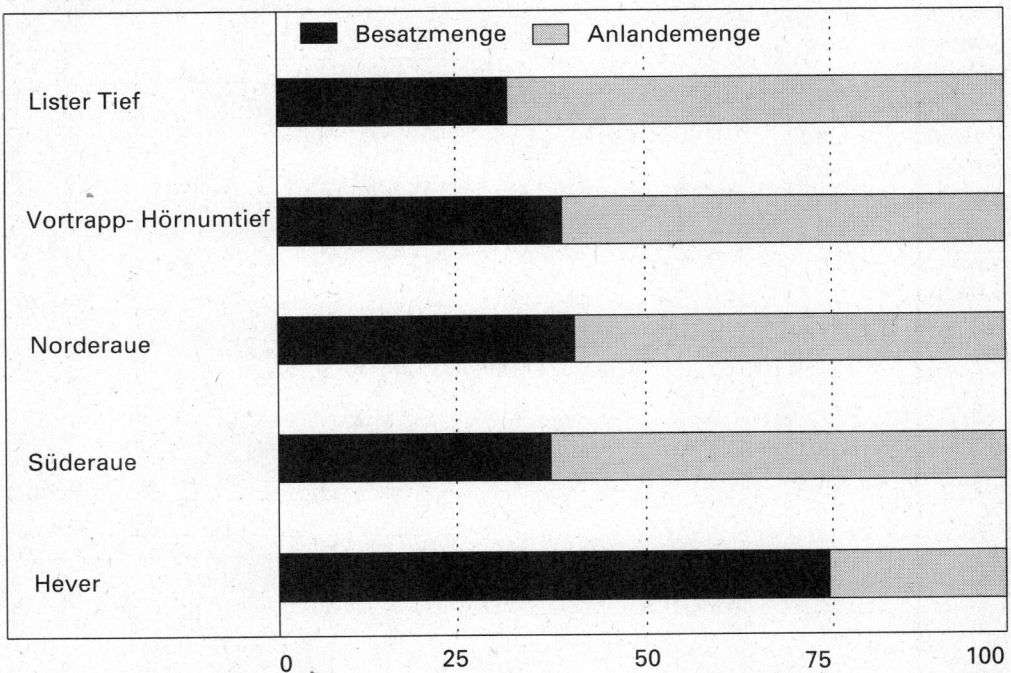

Relativer Kulturerfolg (%)

Legende: Besatzmenge | Anlandemenge

Lister Tief

Vortrapp- Hörnumtief

Norderaue

Süderaue

Hever

0   25   50   75   100

VI

Die Muschel-
fischerei bewegt
erhebliche
Muschelmengen
innerhalb und
zwischen Priel-
systemen

wurden deutlich mehr Muscheln zum Besatz verwendet, als angelandet werden konnten.

Auffällig ist, daß die Rangfolge der Kulturbilanz im wesentlichen der Rangfolge des relativen Anteils von Besatzmuscheln sublitoraler Herkunft auf den Kulturen des Prielsystems (vergl. Abb. 149) gleicht. Im Untersuchungszeitraum lieferte das Hörnumtief mit 40 % die größte Menge an Kulturmuscheln. Es folgten Norderaue mit 33 % und Lister Tief mit 23 %. Süderaue (3 %) und Heverstrom (1 %) sind nur unwesentlich an den Anlandungen beteiligt (Abb. 150).

Im Eulitoral des Untersuchungsgebietes existieren etwa 80 Standorte, die regelmäßig mit Muscheln besiedelt sind. Die Bestandssituation sowie die zu erwartenden Gewinne sind neben der morphologischen Eignung über die Befischbarkeit dieser Standorte entscheidend. Eine vergleichbare Situation ist im Sublitoral nicht gegeben, da die Besiedlung dort sehr variabel ist.

In der Regel bevorzugt die Fischerei sublitorale Bestände für die Besatzmuschelfischerei. Zu Beginn des Untersuchungszeitraums aber existierten fast keine befischbaren sublitoralen Bestände. Dies führte zu einer relativ hohen Zahl von befischten eulitoralen Bänken (Abb. 151). Im Jahre 1989 überstieg die Menge eulitoraler Besatzmuscheln diejenige aus dem Sublitoral.

Begünstigt wurde die Besatzmuschelentnahme im Eulitoral durch häufige Starkwindlagen und damit verbundene hohe Flutwasserstände. Nachdem sich im Sommer 1990 durch starken Brutfall ausgedehnte Jungmuschelbestände im Sublitoral angesiedelt hatten, wurden diese neugebildeten Bestände befischt.

Die Muschelfischerei bewegt erhebliche Muschelmengen innerhalb und zwischen Prielsystemen. Diese Transfers gliedern sich in die Verlagerung von Besatzmuscheln sowie in die Verlagerung von Kulturmuscheln (Tab. 28).

Die im Hörnum/Vortrapptief gefischten Besatzmuscheln wurden überwiegend auf die Kulturen innerhalb dieses Stromsystems verbracht. Es wurden jedoch auch größere Mengen in die Norderaue verfrachtet. Deutlich weniger Muscheln gelangten vom Hörnum/Vortrapptief in das Lister Tief, die Norderaue und in den Heverstrom. Auffällig ist, daß Besatzmuscheln aus der Süderaue und dem Heverstrom überwiegend in die anderen Prielsysteme verbracht wurden. Muscheln aus dem Rummelloch dienten überwiegend zum Besatz der Kulturen in der Norderaue. Wichtigstes Ziel von Besatzmuscheln aus der Norderaue waren die Kulturen im Hörnumtief.

Die auf den ursprünglichen Besatz folgenden Verlagerungen von Kulturmuscheln sind in Tabelle 29 dargestellt. Es existiert ein starker Austausch von Kulturmuscheln

Abb. 150
Verteilung der von Kulturen angelandeten Muscheln auf einzelne Prielstromgebiete im Zeitraum 1989 - 1993. Angaben in t Lebendgewicht nach den Selbstbelegen der Fischerei (RUTH 1994).

Verteilung der angelandeten Muscheln auf Prielstromgebiete

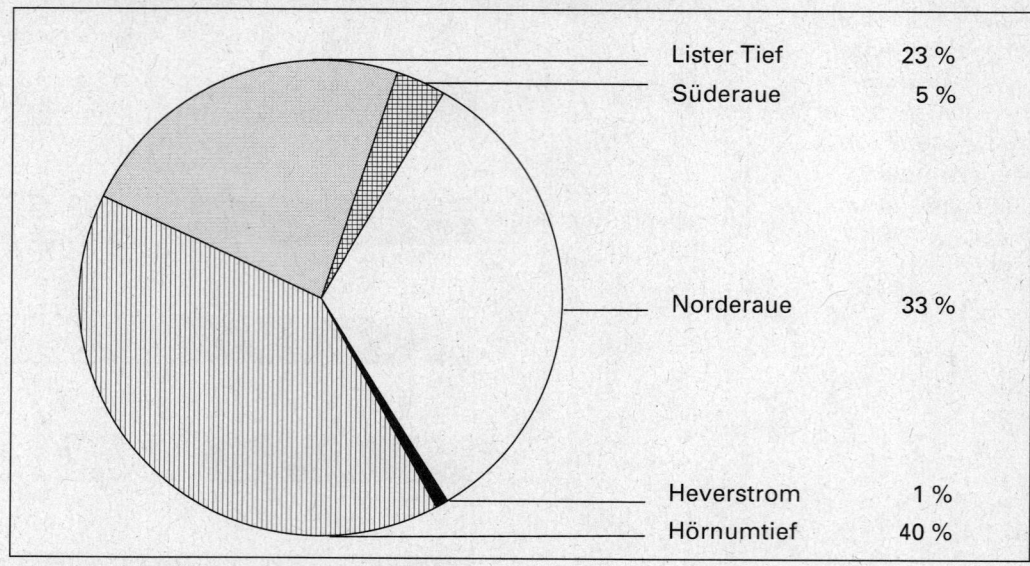

Lister Tief	23 %
Süderaue	5 %
Norderaue	33 %
Heverstrom	1 %
Hörnumtief	40 %

Abb. 151
Entnahme von Besatzmuscheln in den Jahren 1989 - 1993. Dargestellt sind die entnommenen und auf die Kulturflächen verbrachten Mengen an Miesmuscheln in t Naßgewicht, aufgeteilt nach sub- und eulitoraler Herkunft. Die Zahlen in den Säulen geben die Anzahl der befischten Bänke an. Angaben der Mengen nach den Selbstbelegen der Fischerei. Kategorisierung in Eu- und Sublitoral sowie Ermittlung der Standortzahl nach Interpretation der Ortsangaben in den Selbstbelegen (RUTH 1994).

Entnahme von Besatzmuscheln (in 1000 t)

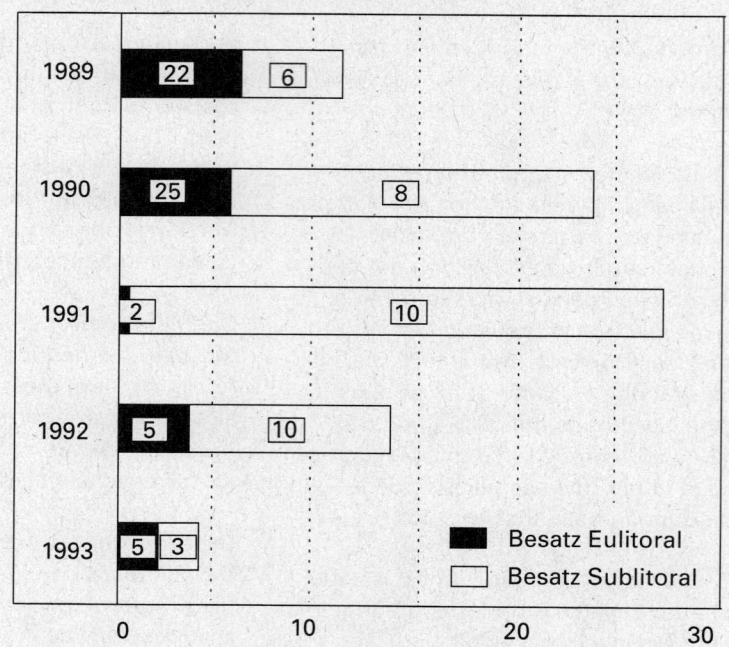

Tab. 28: Verlagerung von Miesmuscheln aus natürlichen Beständen auf Kulturen innerhalb und zwischen Prielstromgebieten im Zeitraum 1989 - 1993. Angaben in t Lebendgewicht; Nach Angaben aus den Selbstbelegen der Fischerei.

Quelle \ Ziel	Lister Tief	Hörnum-/ Vortrapptief	Norderaue	Süderaue	Heverstrom
Lister Tief	8.020	300	20	0	0
Hörnum/ Vortrapptief	2.505	22.820	15.820	2.495	380
Norderaue	425	2.215	5.377	227	285
Süderaue	1.215	1.215	906	305	0
Rummelloch	75	0	1.720	70	895
Heverstrom	325	1.240	2.505	870	550
Dithmarschen	0	270	0	0	0
Außerhalb	130	1.140	0	0	0
Unbekannt	0	0	232	0	0

Tab. 29: Verlagerung von Miesmuscheln von Kulturen zu Kulturen innerhalb und zwischen Prielstromgebieten im Zeitraum 1989 - 1993. Angaben in t Lebendgewicht; Nach
Angaben aus den Selbstbelegen der Fischerei.

Quelle \ Ziel	Lister Tief	Hörnum-/ Vortrapptief	Norderaue	Süderaue	Heverstrom
Lister Tief	4.178	740	0	0	0
Hörnum- Vortrapptief	740	2.570	1.350	0	0
Norderaue	50	643	5.884	0	0
Süderaue	0	1.544	0	15	0
Heverstrom	0	0	0	0	145

zwischen Norderaue und Hörnumtief. Ein
wichtiger Grund ist die Nähe des An-
landungshafens in Dagebüll. Die Süderaue
ist ein reiner Lieferant in andere Prielsysteme, überwiegend ins Hörnumtief. Die
Bilanz zwischen Lister Tief und Hörnumtief
ist auf niedrigem Niveau ausgeglichen.
Auffällig ist ferner der sehr hohe Anteil
der Verlagerungen von Kultur zu Kultur
innerhalb von Lister Tief und Norderaue.

5.2.1.5 Eigentums-
verhältnisse

Im Bundeswasserstraßengesetz vom
02.04.1968 heißt es in § 1 (3): „Soweit die
Erfüllung der Verwaltungsaufgaben des
Bundes nicht beeinträchtigt wird, kann
das jeweilige Land das Eigentum des
Bundes an den Seewasserstraßen und an
den angrenzenden Mündungstrichtern der
Binnenwasserstraßen unentgeltlich
nutzen ...". Dies gilt für die Ausübung des
Jagdrechts, der Muschelfischerei, der
Schillgewinnung, der Landwirtschaft
sowie der aus dem Eigentum sich erge-
benden Befugnisse zur Nutzung von
Bodenschätzen."

Muscheln sind daher Eigentum des
Bundes, wobei das Nutzungsrecht an das
Land abgetreten ist. Das Land Schleswig-
Holstein nutzt die Muscheln jedoch nicht
selber, sondern vergibt privatrechliche
Lizenzen an Muschelfischer, die dadurch

das Aneignungsrecht erhalten. Die Lizenzen werden gegen Gebühr vom MELFF vergeben und hatten bisher eine dreijährige Laufzeit. Die Lizenzinhalte können im Rahmen der allgemeinen Rechtsnormen frei gestaltet werden und basieren in Zukunft auf dem Programm zur Bewirtschaftung der Muschelressourcen (vergl. Kap. XI 3.4).

Die bis dato gemäß § 960 (1) BGB herrenlosen Muscheln werden in dem Moment Eigentum des Fischers, in dem er sie an Bord nimmt. Wenn er sie später in Muschelkulturbezirken, für die er ein alleiniges Nutzungsrecht vom Land zugewiesen bekommen hat, vorübergehend wieder ausbringt, bleibt nach den Auslegungen von Rechtsexperten ein eigentumähnliches Verhältnis bestehen. Ein Eigentumsrecht an den Kulturmuscheln wurde im neuen Landesfischereigesetz jedoch nicht ausdrücklich verankert (vergl. Kap. XI 3).

5.2.2 Sonstige Muschelfischereien

5.2.2.1 Herzmuschelfischerei

Herzmuschelfischerei ist im Nationalpark untersagt

Die erwerbsmäßige Fischerei auf Herzmuscheln (*Cerastoderma edule*) hat in Schleswig-Holstein keinen traditionellen Ursprung. Seit prähistorischer Zeit wurden Herzmuscheln zur Subsistenzwirtschaft genutzt. Anfang der sechziger Jahre dieses Jahrhunderts wurden Herzmuscheln in größerem Umfang mit Hilfe von Harken und trockengefallenen Beibooten auf den Platen gewonnen. Erst in den siebziger Jahren kam es zur Anwendung der in den Niederlanden entwickelten hydraulischen Fischereimethode mit drei Spezialschiffen. Die Fänge fluktuierten sehr stark und erreichten maximale Anlandungen in der Größenordnung von wenigen tausend Tonnen.

In den Jahren 1978 bis 1983 ruhte die Fischerei mangels befischbarer Bestände und mangels Nachfrage. Seit 1989 wurde in Schleswig-Holstein aus Naturschutzerwägungen keine Lizenz zur Herzmuschelfischerei mehr vergeben. Die Herzmuschel ist jedoch als Fischereiobjekt im Fischereigesetz und in der Küstenfischereiordnung aufgeführt. Gemäß Entwurf des Pro-

gramms zur Bewirtschaftung der Muschelressourcen bleibt Herzmuschelfischerei im Nationalpark weiterhin untersagt.

5.2.2.2 Fischerei von Sandklaffmuscheln

Nach dem 2. Weltkrieg etablierte sich kurzfristig eine Fischerei auf Sandklaffmuscheln (*Mya arenaria*). Die Muscheln wurden vom Schraubenstrom der bei ablaufendem Wasser in den Fanggebieten ankernden Fischereifahrzeugen freigelegt und bei Ebbe eingesammelt. Aus den Sandklaffmuscheln wurde in Husum eine Muschelwurst hergestellt, deren Absatz aber mit der Verfügbarkeit von höherwertigen Nahrungsmitteln rasch sank. Die Fischerei wurde daraufhin eingestellt.

5.2.2.3 Trogmuschelfischerei

Die seit 1992 etablierte Fischerei auf die Dickschalige Trogmuschel (*Spisula solida*) findet ausschließlich außerhalb des Nationalparks statt, da alle bekannten Vorkommen in den Grobsandgebieten der Deutschen Bucht zwischen 10 und 40 m Wassertiefe angesiedelt sind. Lediglich ein unbedeutendes Vorkommen befindet sich ca. 1 sm westlich der Nationalparkgrenze beim Jungnamensand.

Innerhalb der schleswig-holsteinischen Küstengewässer der 12 sm Zone benötigt die Fischerei Lizenzen zur Ausübung des Trogmuschelfanges. 1995 wurden sechs Lizenzen erteilt. Lizenznehmer sind drei schleswig-holsteinische Miesmuschelfischereibetriebe, ein schleswig-holsteinischer Muschelverarbeiter aus Büsum sowie ein niedersächsischer und ein niederländischer Betrieb. Alle Firmen haben formal ihren Sitz in Schleswig-Holstein.

Die Lizenznehmer sind mehrheitlich im schleswig-holsteinischen Verband der Muschelerzeuger mit Sitz in Wyk auf Föhr organisiert. Die Schiffe fahren unter niederländischer Flagge und werden in der Schonzeit bzw. in der niederländischen Herzmuschelfangsaison z.T. in niederländischen Gewässern zum Fang von Herzmuscheln oder der Gedrungenen Trogmuschel (*Spisula subtruncata*) eingesetzt. Zur Begrenzung der Fischereiintensität wurde als Lizenzauflage die Fischerei nur mit einer hydraulischen Dredge gestattet.

In der Küstenfischereiordnung ist für den Fang ein Mindestmaß von 30 mm Schalenlänge angegeben, 10 % Gewichtsanteil darf untermaßig sein. Fangquoten sind nicht vorgesehen. In der Zeit vom 1. Mai bis zum 30. Juni ist Schonzeit. Die Fischerei auf Trogmuscheln in den schleswig-holsteinischen Küstengewässern ist während dieser Zeit verboten.

Außerhalb der 12 sm Zone gilt das Seefischereigesetz des Bundes. Jedes in der EG registrierte und in der Nordsee fischereiberechtigte Fahrzeug kann dort Trogmuscheln beliebiger Größe in beliebiger Menge ganzjährig fangen und diese auch in Schleswig-Holstein anlanden.

Da kein mitteleuropäischer Markt für diese Muscheln existiert, werden die Trogmuscheln fast ausschließlich über niederländische Vermarkter nach Spanien exportiert. Der Markt erscheint fast unbegrenzt aufnahmefähig, so daß in der Zukunft starke Anlandungssteigerungen möglich sind. Die derzeitige Praxis war Gegenstand von Besorgnis auf der 7. Trilateralen Regierungskonferenz vom 30.11.1994 in Leeuwarden. Dort wurde gefordert, Untersuchungen in bezug auf Schalentierbestände (z.B. *Spisula*) vorzunehmen sowie die Auswirkungen der Fischerei auf Benthos-Bestände vor den Inseln und, je nach Ergebnis, diese auf trilateraler Basis zu besprechen im Bestreben, die Nahrungsgrundlage für Vögel sicherzustellen.

Die Kutterfischerei hat sich zur „gemischten Küstenfischerei" entwickelt

*Abb. 152
Anteil der Speisekrabben- und Plattfischfischerei am Gesamterlös der Kleinen Hochsee- und Küstenfischerei an der Westküste in Schleswig-Holstein.*

5.3 Garnelenfischerei heute

Die meisten Krabbenkutter sind Mehrzweckkutter, die auch für den Frischfischfang geeignet sind. Sie betreiben aber überwiegend Krabbenfang. Die Kutterfischerei hat sich damit zur „gemischten Küstenfischerei" entwickelt (GUBERNATOR 1994). Der Krabbenfang ist stark saisonabhängig. Die besten Fangergebnisse werden in den Herbstmonaten erzielt. Im Winter findet im Wattenmeer selbst keine Garnelenfischerei statt, weil die Krabben sich zu dieser Zeit in küstenferne Gebiete mit größerer Wassertiefe zurückziehen.

Die großen Kutter sind jedoch auch für eine Winterfischerei ausgerüstet, der in den letzten Jahren verstärkt nachgegangen wurde. Im Frühjahr und Sommer entscheidet die Fang- bzw. Ertragslage, ob auf Krabben gefischt wird oder ob die Kutter zum Fischfang, zumeist Seezungenfischerei, umgerüstet werden. Insbesondere in den guten Seezungenjahren 1990 bis 1992 zeigte sich die Bedeutung der Plattfischfischerei, die den Krabbenfischern als zweites Standbein das wirtschaftliche Überleben sichern kann (Abb. 152).

Die Garnelenfischerei im Wattenmeer ist durch die schleswig-holsteinische Küstenfischereiordnung vom 1. April 1994 reglementiert. Danach ist der Einsatz von Baumkurren im Bereich des Wattenmeeres bis zur Basislinie nur mit Fahrzeugen erlaubt, deren Maschinenleistung 250 PS (183,9 kW) nicht übersteigt. Im Gebiet seewärts der Basislinie dürfen die Maschinen eine Leistung von max. 300 PS (220,7 kW) aufweisen. Innerhalb der 3 sm-Zone sind nur deutsche Fahrzeuge zum Fischen berechtigt. Im deutschen Hoheitsgebiet, das 1995 bis zur 12 sm-Grenze erweitert wurde, gilt EU-Recht, d. h. in diesem Bereich dürfen auch andere EU-Staaten fischen. Der Fang von Nordseekrabben ist nicht quotiert. Als Maßnahme zur Aufwandsbegrenzung sind jedoch alle Baumkurren-Fahrzeuge in Listen aufgeführt. Diese EU-Listen sind nicht erweiterbar, und somit entspricht ein Listenplatz einer Lizenzierung.

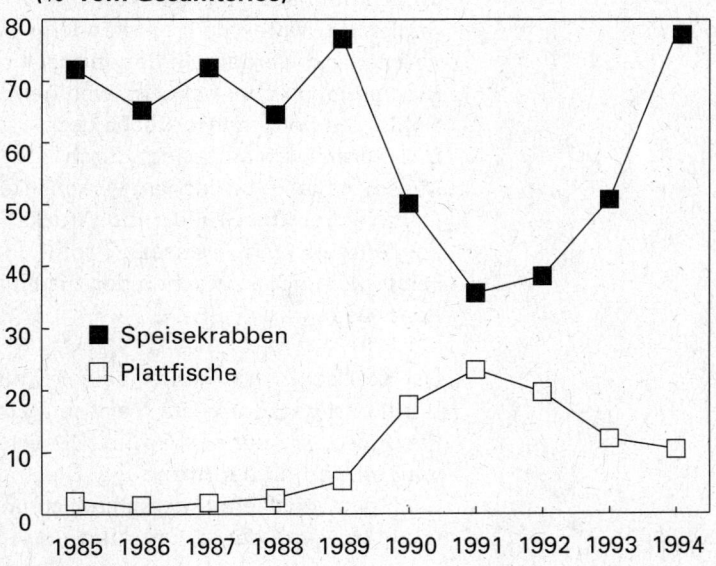

Erlöse aus der Plattfisch- und Speisekrabbenfischerei (% vom Gesamterlös)

■ Speisekrabben
□ Plattfische

5.3.1 Kutterzahlen und Kutterhäfen

An der schleswig-holsteinischen Westküste gibt es derzeit 127 Kutter (FISCHEREI-AMT 1995). Davon betreiben 22 überwiegend Frischfischfang, der in der Regel außerhalb des Wattenmeeres stattfindet. Diesen Fahrzeugen ist es aufgrund ihrer Motorleistung (> 250 PS = 184 kW) nicht erlaubt, mit Baumkurren im Wattenmeer zu fischen. Die restlichen 105 Kutter gehen überwiegend dem Garnelenfang nach, können bei Bedarf aber ebenfalls auf Frischfischfang umstellen.

An der schleswig-holsteinischen Westküste gibt es derzeit 127 Kutter

Nur wenige kleine Kutter, < 5 % der gesamten Kutterflotte, fischen ausschließlich Krabben. Im Durchschnitt ist ein Krabbenkutter heute ca. 17 m lang und verfügt über eine Motorleistung von 225 PS (GUBERNATOR 1994). Die modernen, nach 1990 gebauten Schiffe sind allerdings in der Regel mehr als 23 m lang. Mit 300 PS sind sie den Vorschriften der EU-Verordnungen angepaßt, wonach nur Fahrzeuge bis max. 300 PS innerhalb der sog. Plattfischschutzzone (entspricht der 12 sm-Zone) mit Baumkurren fischen dürfen. Die Fischerei innerhalb des Wattenmeergebiets ist diesen Kuttern nicht erlaubt.

Die Fanggebiete im Wattenmeer liegen fast ausschließlich im sublitoralen Bereich

Die bedeutendsten Häfen der schleswig-holsteinischen Küste für die Krabbenfischerei sind Friedrichskoog, Büsum, Tönning und Husum. Daneben liegen Krabbenkutter in Schlüttsiel, Wyk auf Föhr, Wittdün auf Amrum, Hörnum auf Sylt sowie auf Pellworm und Hooge.

5.3.2 Der Garnelenfang

5.3.2.1 Fanggeräte

Das ursprüngliche Fanggerät der Garnelenfischerei, die Baumkurre, hat sich wenig verändert. Der Kurrbaum ist heute zwischen acht und zehn Meter lang und besteht aus Eisen. Die Holzrollen der Scheuchkette sind von Hartgummirollen abgelöst worden, die mit den achsversetzten „Von-Holdt-Rollen" (Abb. 153) den neuesten Entwicklungsstand erreicht haben (BERGHAHN et al. 1993). Für das Netz ist eine Maschenöffnung von mindestens 20 mm vorgeschrieben.

Bis 1992 mußten im 1. und 4. Quartal jeden Jahres sogenannte Fischnetze (Trichter- oder Selektivnetze, Abb. 154) eingesetzt werden, die zur Schonung vor allem der jungen Fische konzipiert wurden. Diese Regelung entfiel mit der Aufhebung der Kabeljauschutzzone ab 1993. Die Fischnetze reduzieren den Fischanteil im Fang und reduzieren den Beifang in erheblichem Maße. Aus diesem Grund benutzen auch heute viele Fischer freiwillig das Trichternetz.

5.3.2.2 Fanggebiete und Fangart

Als Fanggebiete im Wattenmeer kommen fast ausschließlich die sublitoralen Bereiche in Frage, d. h. die tiefen Priele und Ströme, die das Wattenmeer mit der Nordsee verbinden. Daneben sind die sog. Löcher von Bedeutung, Bereiche mit größerer Wassertiefe, die durch bestimmte Strömungsbedingungen an vielen Stellen im Wattenmeer entstanden sind. Vorwiegend werden die Ränder der Rinnen und Löcher befischt, weniger die Sohle. Die befischbare Fläche des Sublitorals wird eingeengt durch Miesmuschelkulturflächen, verschlickende Gebiete, unreine Gründe und Wracks sowie freiliegende Wasser-, Strom- und Telefonleitungen zwischen den Inseln und dem Festland.

Der Krabbenkutter zieht an seiner Steuerbord- und Backbordseite gleichzeitig je ein Fanggeschirr über den Grund. Gefischt wird immer mit der Strömung. Die Schleppzeit ist sehr unterschiedlich und hängt u. a. von den Untergrund-

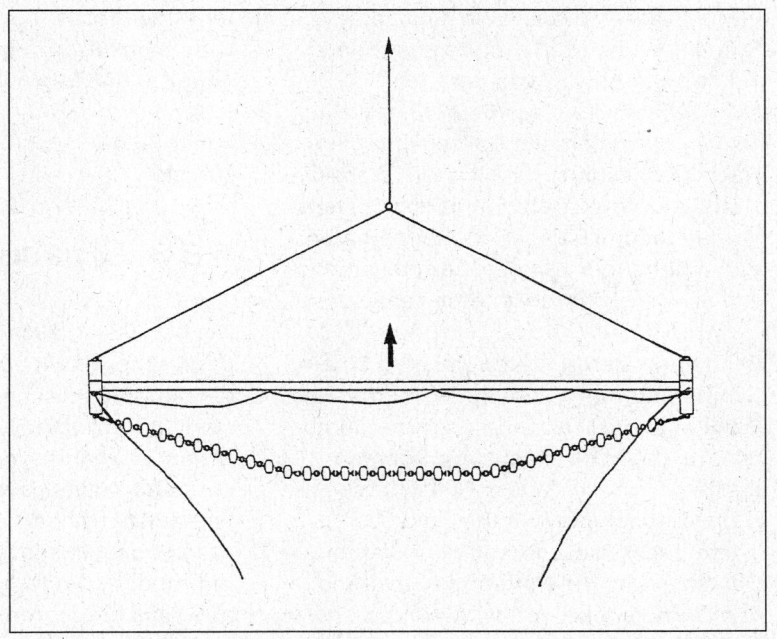

Abb. 153
Garnelenbaumkurre
mit achsen-
versetzten „Von-
Holdt-Rollen": Die
Rollen zeigen
parallel in Schlepp-
richtung (Pfeil)
(BERGHAHN &
VORBERG 1994).

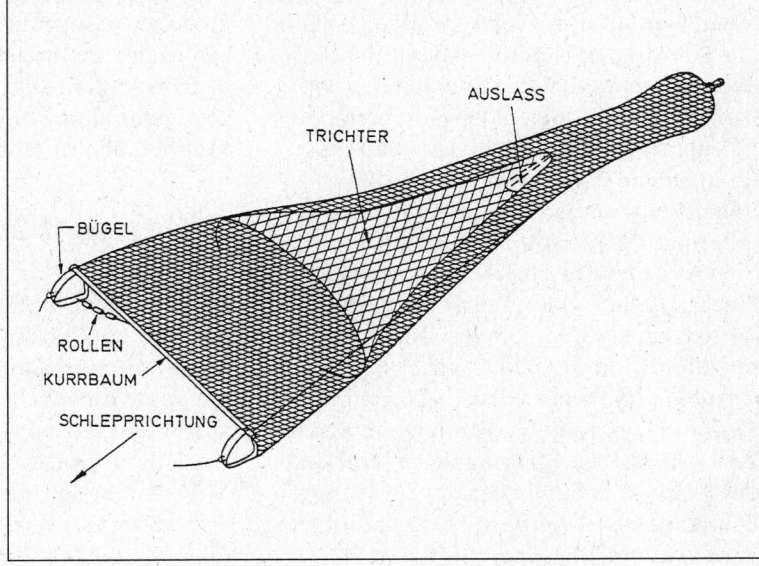

Abb. 154
Trichternetz der
Garnelenfischerei
(BERGHAHN &
VORBERG 1994).

verhältnissen ab. Sie kann eine halbe Stunde bis mehrere Stunden betragen. Tidenfischerei wird von gezeitenabhängigen Häfen aus betrieben. Viele Fischer betreiben den Garnelenfang bei Nacht. Insbesondere bei klarem Wasser sind dadurch größere Fänge zu erzielen. Voraussetzung ist aber ein Heimathafen, der unabhängig von den Gezeiten verlassen bzw. angefahren werden kann.

Bei den größeren Kuttern, die mit einem Schiffsführer und zwei Helfern fahren, hat sich heute die Mehrtagesfischerei durchgesetzt, die in der Regel von Sonntagnacht bis Freitag dauert. Gefischt wird in zunehmenden Maße außerhalb des Wattenmeeres bis ca. zur 20 m-Tiefenlinie. Der Anteil der im Wattenmeer stattfindenden Garnelenfischerei wird von GUBERNATOR (1994) auf 30 bis 35 % des gesamten Fischereiaufwandes geschätzt.

Die mit Windenkraft an Bord gehievten Netze werden über einem großen Behälter der Sortieranlage, dem Krabbentrichter, geöffnet und entleert. Mit einem Förderband wird der Fang zu den Sortiersieben geleitet, wo die kleineren Garnelen und der restliche Beifang von den großen Speisekrabben getrennt werden. Die untermaßigen Krabben werden zusammen mit dem übrigen Beifang zurück ins Meer gegeben. Unmittelbar nach der Sortierung kommen die Speisekrabben in den ölgefeuerten Kochkessel. Nach dem Abkühlen und einer abschließenden Hand-Sortierung werden die Garnelen in Kisten verpackt. Bei der Mehrtagesfischerei kann der Fang im Kühlraum bei ca. 0 °C längere Zeit aufbewahrt werden, bevor er an Land gebracht und abtransportiert wird.

Bei den angelandeten Speisegarnelen handelt es sich um ein Halbfertigprodukt. Der erste Schritt bei der weiteren Verarbeitung ist die Entschälung der Krabben. Bis Mitte der achtziger Jahre gab es dafür ca. 5.000 Heimarbeitsplätze in Schleswig-Holstein. Die schlechte Bezahlung der Krabbenpulerinnen sorgte für Personalmangel. Hinzu kamen Probleme durch hygienische Unzulänglichkeiten bei der Heimarbeit. Heute werden nur noch kleine Mengen an Krabbenfleisch von ca. 100 Entschälern verarbeitet, die den Bedarf kleinerer Betriebe und der Gastronomie decken.

Das Gros der Garnelen wird in Polen, Tunesien und Marokko geschält

Die Mehrzahl der in Schleswig-Holstein angelandeten Garnelen machen einen Umweg von mehreren tausend Kilometern über Polen, Tunesien oder Marokko, wo die gekühlte oder gefrostete Ware in eigens dafür gegründeten Fabriken geschält wird. Die meisten Garnelen kommen nicht nach Schleswig-Holstein zurück.

5.3.3 Organisation

Die berufsständische Interessenvertretung der Fischer findet auf lokaler Ebene durch die einzelnen Fischereivereine statt. Diese sind in der „Landesvereinigung der Erzeugerorganisationen für Nordseekrabben- und Küstenfischerei an der schleswig-holsteinischen Westküste e.V." zusammengeschlossen. Auf Bundesebene nimmt der „Deutsche Fischerei-Verband e. V." die Interessen aller Fischereisparten wahr.

Zur Vermarktung der Nordseegarnelen haben sich die meisten Fischer zu Erzeugerorganisationen zusammengeschlossen. Die meisten Erzeugerorganisationen sind fest an einen Abnehmer gebunden, der die Vermarktung der Krabben übernimmt.

5.4 Frischfisch-Fischerei

An der schleswig-holsteinischen Nordseeküste ist der Frischfischfang von untergeordneter Bedeutung. Die Anlandungsmengen von Frischfisch liegen im Durchschnitt der letzten zehn Jahre bei ca. 8 % des jährlichen Gesamtfangs (Abb. 155). 1994 sind in der Statistik des Fischereiamtes Kiel 22 Kutter aufgeführt, die überwiegend der Frischfisch-Fischerei mit Baumkurren oder Scherbrettnetzen nachgehen (FISCHEREIAMT 1995). Dazu kommen 29 Berufsfischer, die mit kleinen Booten von weniger als acht m Länge vorwiegend Stellnetzfischerei betreiben. Büsum ist der wichtigste Anlandungshafen für Frischfisch, und dort ist auch der größte Teil der Fischkutterflotte beheimatet.

Dem seit vielen Jahren zu beobachtenden Rückgang der Krabbenkutter steht eine gegenläufige Tendenz bei den Frischfischkuttern entgegen. So waren 1985 an der Westküste 129 Krabbenkutter und elf Frischfischkutter registriert. Demzufolge hat sich in zehn Jahren die Zahl der Fahrzeuge, die überwiegend dem Frischfischfang nachgehen, verdoppelt (vergl. Kap. VI 5.3.1). Vor allem die großen,

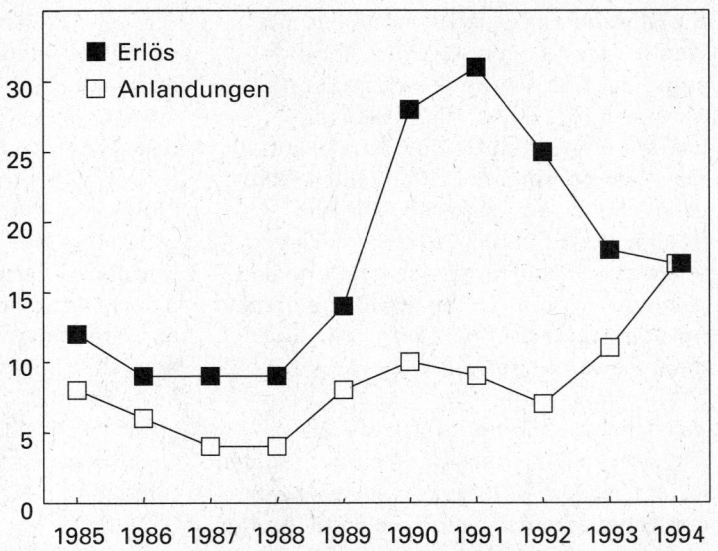

*Abb. 155
Anteil der Frisch-
fischfischerei an
der Kleinen Hoch-
see- und Küstenfi-
scherei an der
Westküste in
Schleswig-Holstein
in % der Anlandun-
gen und des
Erlöses.*

motorstarken Neubauten werden zum
Frischfischfang eingesetzt.

Die Erlöse, die für Frischfisch erzielt
werden, sind vor allem abhängig von der
Marktsituation: So sind trotz wenig
gestiegener Anlandungsmengen in den
Jahren 1990 bis 1993 die Erträge extrem
angestiegen. Dies ist vor allem auf die
hohen Preise für Plattfische zurückzuführen. Insbesondere die Seezungenfischerei
hat mit Beginn der neunziger Jahre an
Bedeutung gewonnen. Neben Plattfischen
wie Seezunge, Scholle, Flunder, Steinbutt,
Kliesche und Glattbutt wird Kabeljau und
Aal in nennenswerten Mengen angelandet. Andere Fischarten wie z. B. Seelachs,
Hering und Makrele machen in den letzten
zehn Jahren durchschnittlich ca. 3 % der
gesamten Anlandungen und nur 1,5 % der
Erträge aus.

**An der schleswig-
holsteinischen
Nordseeküste ist
der Frischfischfang
von untergeordne-
ter Bedeutung**

Im Bereich des Wattenmeers findet so gut
wie keine Frischfisch-Fischerei statt.
Einzige Ausnahme ist der Bereich der
Eidermündung, wo Seezungenfischerei
betrieben wird. Die vermarktungsfähigen
Konsumfische kommen in küstenfernen
Gebieten der südlichen und mittleren
Nordsee vor und werden dort befischt.

5.5 Nebenerwerbs- und Hobbyfischerei

Nebenerwerbs- und Hobbyfischerei stellen
die Nachfolge der in Kap. VI 5.1 dargestellten Subsistenznutzung der vergangenen
Jahrhunderte dar. Diese Fischerei war im
und nach dem zweiten Weltkrieg für kurze
Zeit von erheblicher Bedeutung zur
Sicherstellung der Ernährung. In der
Neufassung des Landesfischereigesetzes
entfällt der Unterschied zwischen Neben-
erwerbs- und Haupterwerbsfischerei. Die
Fischerei können heute nur noch Personen mit Ausbildung zum Fischwirt ausüben. Durch die Neufassung der
Küstenfischereiordnung vom 1. April 1994
kann „Hobbyfischern" der Gebrauch von
Geräten, die von der Erwerbsfischerei
genutzt werden, auf Antrag vom Fischereiamt genehmigt werden. Die Verwendung
von Stell- und Treibnetzen wird nicht
genehmigt.

5.5.1 Nebenerwerbs-fischerei

Die Nebenerwerbsfischerei mit Booten
erfordert wie in der Haupterwerbsfischerei
eine allgemeine Fangerlaubnis. Damit ist
eine Ausweitung dieser Fischerei in Bezug
auf die Anzahl der genutzten Fahrzeuge
nicht möglich. 1994 waren an der
schleswig-holsteinischen Nordseeküste 83
Fahrzeuge der Nebenerwerbsfischerei
registriert. Nach der Neufassung der
Küstenfischereiordnung vom 1. April 1994
wurden 25 weitere Nebenerwerbsfischer
mit Booten gemeldet.

Die Motorleistung dieser Flotte beträgt weniger als 10 % der Gesamt - Motorleistung der Kutterflotte der Westküste Schleswig Holsteins. Hauptsächlich handelt es sich um kleine Garnelenkutter, die in sehr geringem Umfang auch Plattfische oder Meeräschen mit Hilfe von Stellnetzen erbeuten. Zusätzlich existiert von diesen Fahrzeugen aus eine Angelfischerei, z.T. mit Gästen auf Makrelen, die meist jedoch außerhalb des Nationalparkgebietes stattfindet.

Zusätzlich existiert eine Nebenerwerbsfischerei zu Fuß. Nach der Neufassung der Küstenfischereiordnung stieg die Anzahl der Nebenerwerbsfischerinnen und -fischer zu Fuß von 23 auf 137 an (FISCHEREIAMT 1995). Dieser Anstieg ist als Reaktion auf die restriktive Fanggeräteregelung der neuen Küstenfischereiordnung zu werten. Personen, die sich die Option des Fischerberufs auch nach der Neufassung des Landesfischereigesetzes erhalten wollten, haben von der bis zum Inkrafttreten des neuen Landesfischereigesetzes bestehenden Möglichkeit der lebenslang gültigen Registrierung als Fischer Gebrauch gemacht.

Fischerei hat vielfältige und weitreichende Auswirkungen auf das Ökosystem

Bei der Nebenerwerbsfischerei zu Fuß handelt es sich zumeist um eine spätsommerliche Aalfischerei mit Reusen in Sielnähe. In geringem Ausmaß findet im Sommer auch Fischerei mit Bundgarnen (sog. Fischgärten) auf Butt, Hornhecht und Meeräschen statt. Die registrierten Nebenerwerbsfischer dürfen in der Zone 1 mit Fanggeräten fischen, die sie als Hobbyfischer nicht nutzen durften. Dies steht im Widerspruch zum Nationalparkgesetz, das in der Zone 1 nur gewerbsmäßige Fischerei in der bisherigen Art und im bisherigen Umfang erlaubt.

5.5.2 Hobbyfischerei

Der nicht-gewerbliche Fischfang mit der Handangel ist in Zone 1 unzulässig. Diese Fischerei wird von einer unbekannten, aber hohe Anzahl von Einheimischen sowie einer hohen Anzahl von Gästen praktiziert. 1 % aller Ausflugs- und Übernachtungsgäste geben Angeln als Urlaubsbeschäftigung an (FEIGE & MÖLLER 1994b). Mit Handangeln werden von Hafenanlagen und Stränden aus überwiegend Plattfische, seltener auch Aale gefangen. Die Ködergewinnung erfolgt z.T. durch manuelles Graben von Wattwürmern im Nahbereich des Angelstandortes.

Hin und wieder sammeln Einheimische in der kalten Jahreszeit Mies- und Herzmuscheln zum Eigenverbrauch. Bootsbesitzer gehen im Sommer gelegentlich dem Fang von Makrelen nach. Zusätzlich gibt es eine vernachlässigbare Anzahl von Einheimischen, die mit kleinen Strandwaden, Reusen, Schiebehamen oder Buttnetzen Garnelen, Aal, Butt, Hornhecht oder Meeräschen fangen. Senknetzfischerei findet im seewärtigen Sielbereich, z.B. in Schlüttsiel, statt. Einzelne Personen wenden noch das traditionelle „Buttpetten", den Fang von Flundern bei Niedrigwasser in flachen Prielen mit Händen und Füßen an.

Etwa 300 Hobbyfischerinnen und -fischer haben sich nach der Neufassung der Küstenfischereiordnung die Benutzung von Erwerbsfischereigerät (Baumkurren mit bis zu 3 m Baumlänge, vier Reusen, einem Senknetz und einer Setzlade) für zunächst zwei Jahre genehmigen lassen. Diesen Anträgen wurde ohne Prüfung der ökologischen Konsequenzen stattgegeben, das Nationalparkamt war zum damaligen Zeitpunkt nicht zu beteiligen.

5.6 Auswirkungen der Fischerei auf das Ökosystem

Die Fischerei im Nationalpark und in seinem seeseitigen Vorfeld hat vielfältige und weitreichende Auswirkungen auf verschiedenen Ebenen der betroffenen Ökosysteme. Die unterschiedlichen Beeinträchtigungen und Auswirkungen sind detailliert in den raumbezogenen Schutzkonzepten (vergl. Kap. XI 2.2) beschrieben. Die Fischerei steht normativen und naturschutzfachlichen Vorgaben für das Wattenmeer entgegen und wird als Konflikt eingestuft (vergl. Kap. X).

5.7 Wirtschaftliche Bedeutung der Fischerei

5.7.1 Entwicklungstendenzen und Strukturen der Fischerei

Von einem vormals eng auf den Küstenraum begrenzten, in sich abgeschlossenen Erwerbsbereich hat sich die Fischerei heute zu einem komplexen Wirtschaftszweig gewandelt, der durch weitreichende Vermarktungs- und Absatzbeziehungen, die Ausbildung von marktbeherrschenden Konzernen sowie internationale Verflechtungen und Abhängigkeiten gekennzeichnet ist. Folgende Entwicklungstendenzen haben zur gegenwärtigen wirtschaftlichen Situation der Fischerei in der Nationalparkregion beigetragen:

Modernisierung und Rationalisierung haben einen gesteigerten Fischereiaufwand zur Folge

Seit den fünfziger Jahren führte die Konzentration der Erzeugerbetriebe zum anhaltenden Rückgang der Zahl der Betriebe. Dennoch hatte die Modernisierung und Rationalisierung einen gesteigerten Fischereiaufwand zur Folge (TEMMING & TEMMING 1991). Die hieraus resultierende Konkurrenz um die Ressourcen führt zu Zielkonflikten, auf die der Staat durch Eingriffe in Fanggeschehen, Markt- und Fischereistruktur reagiert. Aufgrund der im Vergleich zur sonstigen Einkommensentwicklung schlechten wirtschaftlichen Situation der Erzeugerbetriebe verstärkte sich die Suche nach Einkommensalternativen. Gleichzeitig bewirkt die Konzentration des Verarbeitungs- und Vermarktungssektors eine Entkoppelung von Erzeugung und Verarbeitung.

Seit den achtziger Jahren haben sich diese Tendenzen deutlich verlangsamt, was auf eine Anpassung an die derzeitige wirschaftliche Situation hindeutet. Dies trifft insbesondere auf die Miesmuschelfischerei zu.

Für den Zeitraum 1990 bis 1993 zeigen die einzelnen Fischereisparten gegenüber der Situation zum Ende der siebziger Jahre deutliche Veränderungen, die allerdings nicht als prognosefähiger Trend aufgefaßt werden dürfen. Sie reflektieren vielmehr die kurzfristigen Fluktuationen der Bestände und des Marktes: Die Frischfischfischerei überstieg mit einem Erlösanteil von 42,3 % die Garnelenfischerei (33,2 %). Diese Entwicklung erklärt sich aus erhöhten Durchschnittspreisen und Anlandemengen beim Fisch. Demgegenüber verlor die Garnelenfischerei trotz hoher Preise wegen des geringen Angebotes an Bedeutung. Die Miesmuschelfischerei konnte im gleichen Zeitraum ihren Erlösanteil fast verdoppeln.

Die Tendenz zur Betriebsaufgabe ist in den Jahren 1990 bis 1993 fast zum Erliegen gekommen (Abb. 156). Die mittlere Besatzungszahl pro Kutter beträgt 2,1 Berufsfischer und hat sich seit den achtziger Jahren nicht wesentlich verändert. In den fünfziger Jahren fanden dagegen noch fast drei Berufsfischer pro Fahrzeug Beschäftigung.

Abb. 156 Entwicklung der Fahrzeugzahlen der schleswig-holsteinischen Kutterflotte zwischen 1956 und 1993. Für Schleswig-Holstein liegen aus dem Jahr 1956 keine konkreten Zahlen vor; Wert geschätzt (FISCHEREIAMT KIEL 1980, 1981, 1991, 1994).

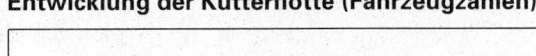
Entwicklung der Kutterflotte (Fahrzeugzahlen)

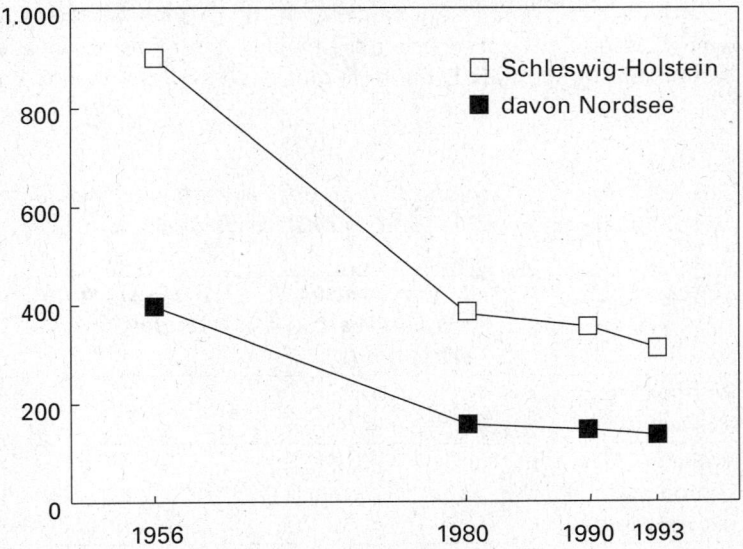

□ Schleswig-Holstein
■ davon Nordsee

Im Bereich der Rationalisierung und Modernisierung fällt bei der Nordseeflotte der Nationalparkregion der Aufschwung der Motorisierung zwischen 1955 und 1979 auf, wobei die Gesamt-PS-Zahl der Flotte trotz zahlenmäßigem Fahrzeugrückgang um 50 % stieg. Abwrackaktionen und die Einführung neuer, größerer und stärkerer Fahrzeuge haben die Flottenstruktur verändert.

Zwischen 1979 und 1993 stieg die durchschnittliche Motorleistung pro Nordseekutter von 153 kW auf 197 kW an. Trotz reduzierter Fahrzeugzahlen konnte damit der Fischereiaufwand weiter zunehmen. Mit dem 1993 erreichten Wert ist dieser Trend durch die Leistungsbegrenzung der Fahrzeuge innerhalb des Gebietes gestoppt, so daß eine weitere Aufwandssteigerung nur noch über längere Schleppzeiten und verbesserte Fangtechniken erreicht werden kann.

Etwa 80 % aller angelandeten Miesmuscheln sowie 100 % der Trogmuscheln werden über wenige Betriebe in den Niederlanden vermarktet

Etwa 80 % aller angelandeten Miesmuscheln sowie 100 % der Trogmuscheln werden über wenige Betriebe in den Niederlanden vermarktet. Die Landesregierung versucht über Lizenzauflagen entgegenzuwirken, indem die vergebenen Lizenzen z.T. an den Betrieb lokaler Fisch- und Muschelverarbeitungsunternehmen gekoppelt werden.

Die Niederlande haben sich zur Vermarktungsdrehscheibe von Nordseegarnelen entwickelt

Die Niederlande haben sich zur Vermarktungsdrehscheibe von Nordseegarnelen entwickelt. 1992 wurden 72 % aller eigenproduzierten Garnelen in die Niederlande exportiert. Der Anteil von Nordseegarnelen beträgt 70 % der Exportgarnelen (BMELF 1993a).

Fischerei trägt nur zu 1 % zum Volkseinkommen in der Region bei

Die zunehmende Regulierung der Fischerei durch den Staat und die EU hat für die Fischerei im Nationalpark wenig unmittelbare Bedeutung, da im Nationalpark vorwiegend Arten gefischt werden, die nicht den Bestimmungen der EU unterliegen.

5.7.2 Die wirtschaftliche Bedeutung der Fischerei in der Nationalparkregion

Genaue Daten zur Wertschöpfung der Fischerei fehlen für die Nationalparkregion. Um dennoch eine Größenordnung zu erhalten, wurden anhand der Erlöse aus aktuellen Anlandungen sowie aus Testbetriebsergebnissen die Umsätze und die Wertschöpfung der drei Fischereiarten in der Nationalparkregion für das Jahr 1990 ermittelt. Nicht berücksichtigt wurden:

► Erträge der Nebenerwerbs- und Hobby- bzw. Sportfischerei,
► neutrale Erträge durch Subventionen, bereichs- und zeitraumfremde Rückzahlungen wie z.B. Stilliegegelder etc.,
► Erträge durch Umsatzverlagerungen ins Ausland, z.B. in der Miesmuschelfischerei durch den Verkauf oder die Lieferungen von Halbwachs an niederländische (Mutter-) Firmen,
► Erträge durch „Schwarzverkäufe", d.h. an der Genossenschaft vorbei.

Der Beitrag der in Schleswig-Holstein betriebenen Fischerei zum Volkseinkommen 1990 betrug weniger als 1 % (Tab. 30). Dieser Wert beinhaltet bereits die Vorleistungen, d.h. Einkommen, die in den der Fischerei vorgelagerten Bereichen entstehen, wie z.B. in Reparaturbetrieben, im Großhandel mit Schmier- und Betriebsstoffen oder beim Steuerberaterbüro.

Die Basis für die Ermittlung des Einkommensbeitrages bildeten die vom Fischereiamt in Kiel offiziell ausgewiesenen Verkaufserlöse. Auch wenn die Verkaufserlöse nicht den gesamten Ertrag der Fischereibetriebe widerspiegeln, so ergibt sich eine immer noch untergeord-

Tab. 30: Wertschöpfung und Beitrag der Fischerei zum Volkseinkommen in der Nationalparkregion 1990 (FEIGE & MÖLLER 1994a).

Fischerei	1. Umsatzstufe (direkte Wertschöpfung)	2. Umsatzstufe (Vorleistungen)	1. und 2. Umsatzstufe zusammen
Wertschöpfung (Millionen DM)	18,2	4,0	22,2
Anteil am Volkseinkommen der Nationalparkregion (%)	0,68	0,14	0,83

nete wirtschaftliche Bedeutung der Fischerei in der Nationalparkregion.

Als Argument für die wirtschaftliche Bedeutung der Fischerei wird ihre rohstoffliefernde Funktion für die in der Region angesiedelten Verarbeitungsindustrie herangezogen. Die Verarbeitungsbetriebe werden jedoch durch einen zunehmenden Importanteil immer unabhängiger vom Rohstofflieferant "Nordsee". So ergibt sich bei den garnelenverarbeitenden Betrieben der Region, daß je nach Betrieb der Anteil von Nordseegarnelen an der Gesamtverarbeitungsmenge von 30 % bis 100 % reicht.

Von den insgesamt vier muschelverarbeitenden Betrieben, von denen zwei in der Nationalparkregion angesiedelt sind, verarbeiten nur zwei Nordsee-Miesmuscheln. Der Anteil an der Gesamtverarbeitungsmenge schwankt zwischen 5

Tab. 31: Netto-Umsätze und Wertschöpfung in Fischerei und Fischverarbeitung der Nationalparkregion 1990 (1. Umsatzstufe) (FEIGE & MÖLLER 1994a).

Sektor	Netto-Umsätze 1990 (Mio. DM)	Wertschöpfung 1990 (Mio. DM)
Fischerei	45,1	18,2
Fischverarbeitung	95,0	14,3

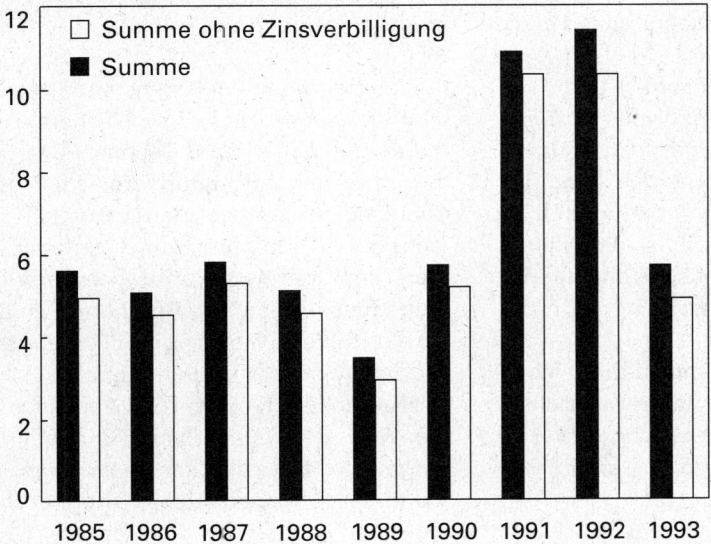

Gesamtförderung der Fischerei (in Millionen DM)

Legende:
☐ Summe ohne Zinsverbilligung
■ Summe

(Jahre: 1985, 1986, 1987, 1988, 1989, 1990, 1991, 1992, 1993)

Abb. 157
Gesamtförderung der Fischerei an der schleswig-holsteinischen Westküste im Zeitraum von 1985 bis 1993. Zinsverbilligungen sind für Nord- und Ostsee zusammengefaßt und in der Gesamtsumme enthalten (FISCHEREIAMT KIEL).

und 50 %. Überwiegend werden Limfjord-Muscheln verarbeitet. Frischmuscheln aus der Nordsee werden ins Ausland (Niederlande) exportiert, da sie dort wesentlich höhere Verkaufspreise erzielen.

Bezieht man die Fischverarbeitung in die Betrachtung der wirtschaftlichen Bedeutung mit ein, so verdoppelt sich für das Jahr 1990 der Anteil am Volkseinkommen (Tab. 31).

5.7.3 Beschäftigungseffekte durch die Fischerei

An der Westküste existieren in Fischerei und Fischverarbeitung knapp 1.000 Arbeitsplätze, davon 43 % Saisonarbeitsplätze. Die Arbeitskräfte teilen sich gleichmäßig auf Fischerei und Fischverarbeitung auf. Dabei überwiegen in der Fischerei haupterwerbliche Arbeitsplätze (88 %), während in der Verarbeitung die Saisonarbeit deutlich dominiert (66 %). Von rund 40.500 Erwerbstätigen in der Nationalparkregion (1987) sind 2,4 % aller Erwerbstätigen in der Fischerei beschäftigt. Legt man die Zahl der Vollzeit- bzw. haupterwerblichen Tätigen der Fischerei und Fischverarbeitung zugrunde, reduziert sich der Anteil auf 1,4 %.

5.7.4 Staatliche Förderungsmaßnahmen

Die aufgezeigte Entwicklung deutet auf wirtschaftliche Schwierigkeiten der Fischerei, mit Ausnahme des Muschelsektors, hin. Von staatlicher Seite wird versucht, die Fischerei durch diverse Förderprogramme zu stützen. Hierbei stehen neben der Verbesserung der Leistungsfähigkeit der Betriebe die politischen Ziele des Kapazitätsabbaus und des Fischereiaufwandes im Vordergrund. Hieraus entsteht ein Zielkonflikt, weil unter den gegebenen Rahmenbedingungen wirtschaftliche Leistungsfähigkeit und Fischereiaufwand nicht voneinander entkoppelt werden können.

Die jährlich in die Nationalparkregion fließende Gesamtfördersumme schwankte im Zeitraum von 1985 bis 1993 zwischen etwa 3,5 (1989) und 11,4 (1992) Millionen DM. In diesen Zahlen sind Zinsverbilligungen, die an die Ostseeküste gezahlt wurden, enthalten (Abb. 157).

5.7.5 Sozioökonomisch bedeutsame Räume der Fischerei

Wichtigste Häfen sind Büsum, Dagebüll, Husum, Friedrichskoog und Tönning

Nach ihren Erlösen durch Anlandungen lassen sich als wichtigste Häfen Büsum, Dagebüll, Husum, Friedrichskoog und Tönning ausmachen. Daneben bestehen zwar noch einige Insel- und weitere Festlandshäfen, die jedoch von untergeordneter wirtschaftlicher Bedeutung sind. Im Mittel der Jahre 1988 bis 1992 entfielen auf die o.g. Häfen 100 % der Erlöse durch Garnelen, 95,4 % der Erlöse durch Miesmuscheln und 88 % der Erlöse im Bereich Speisefisch. Die Auslandsanlandungen beim Speisefisch sind hier nicht inbegriffen. Bezüglich dieser drei Arten von Fischereierzeugnissen ist dabei eine räumliche Differenzierung nach Hafenstandorten möglich:

Das Gros der Miesmuschelanlandungen findet in Dagebüll und Schlüttsiel statt

Schwerpunkt der Miesmuschelanlandungen sind die Häfen in Dagebüll und Schlüttsiel: 91,8 % aller Erlöse durch Miesmuscheln fallen hier an.

Wirtschaftlich bedeutendster Hafen der Westküste ist Büsum

Wirtschaftlich bedeutendster Hafen der Westküste, gemessen an den Erlösen aus der Fischerei, ist Büsum mit 14,5 Millionen DM; er ist zudem der wichtigste Hafen für Speisefischanlandungen: 74,2 % der Erlöse im Speisefischsektor an der schleswig-holsteinischen Westküste werden hier angelandet. Hier wurde in den Jahren 1988 bis 1992 auch ein Drittel aller Erlöse durch Nordseegarnelen erzielt.

Auf die Häfen Husum, Tönning und Friedrichskoog entfallen jeweils ca. 12 % der Erlöse. Die Nordseegarnele spielt dabei in Tönning und Friedrichskoog die dominierende Rolle (90 % der Erlöse). In Husum wurden zudem für rd. 0,6 Millionen DM jährlich Speisefische angelandet sowie bis 1989 Miesmuscheln.

Bei einer Regionalisierung zu räumlichen Einheiten lassen sich unter Berücksichtigung der Fischereiverarbeitung und -vermarktung folgende Räume unterscheiden:

Ein wirtschaftlich durch die Muschelfischerei dominierter Insel- und Halligraum (inkl. Dagebüll/Schlüttsiel), in dem mit ca. 57 Beschäftigten im Haupt- und 15 Beschäftigten im Nebenerwerb (inkl. Besatzung) auf den Fahrzeugen ver-

gleichsweise wenige Personen Arbeit direkt in der Fischerei finden. Die Muschelfabrik (LEKO) in Emmelsbüll verarbeitet so gut wie keine Nordseemuscheln und ist nur indirekt durch Koppelung der Lizenzvergabe an die Schaffung von Arbeitsplätzen mit der Fischerei verknüpft.

Die Festlandsschwerpunkte Büsum und Friedrichskoog bieten 210 Beschäftigten in Haupterwerbsbetrieben der Fischerei sowie in vier Erzeugergenossenschaften und fünf Vermarktungs-/Verarbeitungsbetrieben Arbeit. Die erst jüngst erfolgte Verlagerung des privatwirtschaftlich geführten Vermarkters Büsumer Fischereigesellschaft (Wöhrden), der mit einer diversifizierten Palette von Produkten auch außerhalb des Sektors Nordseegarnele aktiv am Markt auftritt, sowie der tideunabhängiger Fischereihafen in Büsum lassen günstige Entwicklungschancen für die Garnelenfischerei erwarten.

Die problematische Situation der Frischfisch-Fischerei durch überfischte Kabeljau- und Seelachsbestände und drastischen Preisverfall bei den Hauptfischarten bedeutet für die Fischkutter Büsums weiterhin eine angespannte wirtschaftliche Situation. 1992 halbierten sich gegenüber 1991 die Gewinne der Frischfischkutter (BMELF 1994). Bereits 1990 hatten die Ertragssteigerungen nicht ausgereicht, um die stark gestiegenen Aufwendungen für Treib- und Schmierstoffe, Löhne sowie Fahrzeugunterhaltung auszugleichen (BMELF 1992).

In den traditionellen Hafenstandorten Nordfrieslands, Husum und Tönning, arbeiten insgesamt 96 Fischereibeschäftigte im Haupterwerb. Der Problematik tideabhängiger Häfen konnte speziell in Tönning mit einer Verlagerung der Tönninger Kutter ans Eidersperrwerk begegnet werden. Die Anbindung an die Firma HEIPLOEG sichert der Tönninger Garnelenfischerei zudem günstige Abnahmebedingungen. Die Aussichten der Fischerei in Husum sind dagegen ungewiß. Die Fusion der Husumer mit Friedrichskoog deutet eine Orientierung auf den begünstigten dithmarscher Fischereiraum an.

Ebenso wie die Landwirtschaft bildet auch die Fischerei als traditioneller Wirtschaftszweig einen festen Bestandteil des sozioökonomischen Systems der Nationalpark-

Im schleswig-holsteinischen Wattenmeer findet eine wirtschaftliche Förderung von Öl im Nationalpark statt

region. Als an die geographischen Gegebenheiten in hohem Maße gebundene Wirtschaftätigkeit – eine Kleine Hochsee- und Küstenfischerei gibt es ansonsten in Deutschland nur noch in Niedersachsen sowie an der Ostsee – besitzt die Fischerei in der Nationalparkregion besondere Bedeutung.

Die Instrumentalisierung der Fischerei als touristische Attraktion findet schon seit einigen Jahren verstärkt statt. Zu nennen sind alljährliche Veranstaltungen wie Kutterkorsos in Tönning und Büsum, Hafentage in Husum, Angelfahrten bzw. Fahrten mit Fischerbooten und -kuttern und Absatz typischer regionaler Fischereierzeugnisse in Einzelhandel und Gastronomie (z.B. Ausbau der Fischverkaufsstände und -imbisse am Husumer Hafen) etc.

6. Rohstoffnutzung

6.1 Rohstoffnutzung in historischer Zeit

Beginnend mit der frühen Besiedlung des Küstenraumes wurde das Wattenmeer von seinen Bewohnerinnen und Bewohnern als Rohstofflieferant genutzt. Die Menschen warfen Kleihügel auf, auf die sie Häuser bauten. Salzwiesensoden waren aufgrund ihrer intensiven Durchwurzelung geeignetes Material für die Firstabdeckung der Reetdächer. Die aus dem Watt auftauchenden Torfschichten ehemaliger Moore nutzten die Menschen als Brennstoff. Der Deichbau bot schon im 11. Jahrhundert einen ersten Schutz gegen Sturmfluten und entwickelte sich technisch immer weiter fort. Die Rohstoffe für den Deichbau, Sand und Klei, wurden dem Wattenmeer entnommen.

Die Salzgewinnung aus den Verbrennungsrückständen des Salztorfes nahm im Mittelalter an der Küste breiten Raum ein und brachte den Menschen Wohlstand. Der mit der Salzgewinnung verbundene Torfabbau nahm eine Fläche von rund 1.000 Quadratkilometern ein. Insgesamt wurden etwa 30 Millionen Tonnen Salz gewonnen.

6.2 Ölförderung

Im schleswig-holsteinischen Wattenmeer, ca. drei km südlich der Insel Trischen, findet eine wirtschaftliche Förderung von Öl im Nationalpark statt.

Im Oktober 1941 schlossen der Preußische Staat und die Deutsche Erdöl AG einen Schürf- und Gewinnungsvertrag, in dem der Unternehmerin die Ermächtigung zum Aufsuchen von Erdöl und anderen Bodenschätzen unter anderem im Gebiet des Wattenmeeres erteilt wurde. Der Vertrag gliedert sich in drei Abschnitte: „Schürfen", „Gewinnung" und „Gemeinsame Bestimmungen". Die Deutsche Erdöl AG und das Land Schleswig-Holstein als Rechtsnachfolger Preußens schlossen im November 1963 einen neuen Schürf- und Gewinnungsvertrag, der die zentralen Elemente des 1941 abgeschlossenen Vertrages übernahm, aber eine Erweiterung des Konzessionsgebietes vorsah und außerdem verfassungsrechtlichen Entwicklungen Rechnung trug.

1980 wurde auf der Mittelplate mit den Vorbereitungen für die Probebohrung Mittelplate I begonnen. Die Bohrung wurde in ca. 3.000 m Tiefe fündig. 1981 erfolgten an zwei weiteren Stellen Probebohrungen, die fündig wurden: Auf dem Hakensand, etwa sieben km südlich der Südspitze von Trischen, sowie auf der Marner Plate, etwa zwei km westlich der Westspitze der Insel Trischen. Das Vorkommen wurde auf ca. 75 Millionen t Öl geschätzt (GIS-Karte 28).

Die in den Verträgen von 1941 und 1963 enthaltenen Rechte wurden in einem Aufsuchungs- und Gewinnungsvertrag von 1981 zwischen dem Land Schleswig-Holstein und der Deutschen Texaco AG, Hamburg, seit 1966 Rechtsnachfolgerin der Deutschen Erdöl AG, bestätigt. Der Gewinnungsvertrag ist für die Dauer von 30 Jahren geschlossen worden. Die aufgrund der Fundbohrungen ermittelte Lagerstätte Mittelplate wurde durch das Oberbergamt für das Land Schleswig-Holstein in Clausthal-Zellerfeld per Verfügung als Gewinnungsfeld „Heide-Mittelplate" gestreckt. Vorbehaltlich späterer Verlängerungen endet die Laufzeit des Gewinnungsvertrages im Jahr 2011.

1985 begann der Bau der Bohr- und Förderinsel Mittelplate A, benannt nach

VI

der Fundstelle der Ölvorkommen, von der aus während der Pilotphase sechs Bohrungen abgeteuft wurden. Zwei Jahre nach Beginn der Bauarbeiten wurde die Bohr- und Förderinsel Mittelplate A fertiggestellt. Am Morgen des folgenden Tages startete die Testförderung der Pilotphase mit einer anfänglichen Jahresleistung von ca. 200.000 t Öl.

Mitte des Jahres 1988 übernahm die Rheinisch-Westfälische Elektrizitätswerk AG (RWE) für etwa 2,1 Milliarden DM die Deutsche Texaco AG. Mit Beginn des Jahres 1989 wurde die Texaco als RWE-DEA Aktiengesellschaft für Mineraloel und Chemie (RWE-DEA AG) in den RWE-Konzern eingebunden. Als neugegründete Tochter der RWE-DEA AG für Mineraloel und Chemie firmierte jetzt die DEA Mineraloel Aktiengesellschaft, die das Mineralölgeschäft übernahm. Der neue Markenname DEA erfolgte in Anlehnung an die traditionsreiche Deutsche Erdöl AG, die in Kurzform ebenfalls als DEA bezeichnet wurde.

Das Förderkonsortium erklärte im März 1991, daß nach dem erfolgreichen Verlauf der Testphase ein Antrag auf Langzeitförderung gestellt werde (LAGNIER 1994). Ein Rechtsgutachten bestätigte den rechtlichen Anspruch des Förderkonsortiums auf Fortführung und Ausdehnung der Förderung. Vor dem Hintergrund des vorgelegten Gutachtens genehmigte das Kabinett trotz ökologischer Bedenken am 5. August 1992 die Fortsetzung der Ölförderung zunächst bis zum Ende des geschlossenen Gewinnungsvertrages im Jahr 2011.

Die im Jahre 1993 auf der Mittelplate A geförderte Menge Öl betrug ca. 240.000 t. Bis April 1994 wurden insgesamt etwa 1,6 Millionen t Öl gefördert. Nach heutigen Erkenntnissen befinden sich in dem Erdölfeld unter der Mittelplate A ungefähr 87 Millionen t Öl, von denen mit heutiger Technik ca. 25 Millionen t abgebaut werden können. Es handelt sich demnach um eines der größten Erdölfelder Deutschlands.

Anfang 1996 betrug die Förderleistung ca. 520.000 t pro Jahr. Das bedeutet - gleichbleibende Bedingungen vorausgesetzt - eine rechnerische Förderungsdauer von 50 Jahren. Das bisherige Investitionsvolumen betrug etwa 130 Millionen DM, für die Umstellung auf die Langzeitförderung werden ca. 135 Millionen DM investiert

werden. Im Jahr 1996 plantdie RWE/DEA, seismische Untersuchungen im Wattenmeer durchführen, um die Möglichkeit zu prüfen, das Ölvorkommen von Land aus zu erschließen.

Die Energieversorgung der Förderinsel Mittelplate A wird mit Lagerstättengas betrieben. Überschüsse wurden anfangs abgefackelt. Der Übergang vom Pilotbetrieb zum Förderbetrieb machte einige technische Änderungen am Bauwerk bezüglich Lagerkapazität und Energieversorgung notwendig. Unter anderem wurde eine neue Gasturbine installiert, die das Lagerstättengas zum Eigenverbrauch verstromt. Um die überschüssige Energie zu nutzen, hat das Energieversorgungsunternehmen SCHLESWAG zusammen mit der RWE-DEA ein Stromkabel zum Land verlegt. Die Genehmigung ist aus energiepolitischen Gründen erteilt worden, da die Verstromung des Gases dem bloßen Abfackeln vorzuziehen ist. Mit der zunächst dauerhaften Erzeugung und Lieferung von Strom ins öffentliche Netz können andere Energiequellen ersetzt werden.

Jeglicher Müll, Bohrklein etc. wird in Containern an Land entsorgt. Beim Beladen der Tanker zum Abtransport von Öl wird die Insel durch ein Hubtor abgeschottet, Regen-, Spritzwasser etc. wird auf der Plattform aufbereitet und nur in den Inselhafen eingeleitet, wenn weniger als 10 ppm Öl enthalten sind. In der Regel beträgt der Ölgehalt 6 ppm. Dies liegt außerhalb des sichtbaren Bereichs. Die Tankschiffe mit einem Fassungsvermögen von ca. 1.000 t besitzen eine Doppelhülle und mehrere Kammern. Nach einer Risikoanalyse des Germanischen Lloyd sind dies die sichersten Tankschiffe in der Region. Bei unruhigen Wetterlagen wird die gesamte Förderung auf der Insel eingestellt, sofern die Lagerkapazitäten (ca. 1.000 t) erschöpft sind.

Insgesamt hat das Betreiberkonsortium alle nach dem Stand der Technik erdenklichen Maßnahmen ergriffen, um einem Ölunfall vorzubeugen. Bisher ist es auch zu einem solchen Unfall nicht gekommen. Trotzdem ist ein Unfall nie auszuschließen, der katastrophale Folgen für des Wattenmeer hätte. Der Betrieb der Mittelplate A wird entsprechend der technischen Richtlinien regelmäßig überwacht. Zudem bestehen Auflagen hinsichtlich ökologischer Begleituntersuchungen. Negative Auswirkungen durch den laufenden Betrieb auf das Ökosystem sind nicht nachgewiesen. Dennoch verursachen Bohrinsel und laufender Betrieb durch Geräuschentwicklung, Beleuchtung und zusätzlichen Schiffsverkehr eine Beeinträchtigung der Tierwelt und des Landschaftsbildes.

6.3 Kies-, Sand- und Kleientnahme

Kiesfischerei: Das Material wird ausschließlich als Baustoff auf Inseln und Halligen benutzt

Kiesfischerei wird im Nationalpark von vier Unternehmen betrieben. Der Kies, z. T. auch Sand und Muschelschill, wird im südlichen Nordfriesland abgebaut. Das Material wird ausschließlich als Baustoff auf Inseln und Halligen, insbesondere für den Wegebau, benutzt. In den letzten vier Jahren lag die Abbaumenge bei ca. 13.500 t/Jahr. In den Vorjahren war sie etwas geringer.

Sandentnahmen für Küstenschutzzwecke machen den größten Teil der Rohstoffentnahmen im Wattenmeer aus

Sandentnahmen für Küstenschutzzwecke machen den größten Teil der Rohstoffentnahmen im Wattenmeer aus. Seit 1954 wurden im schleswig-holsteinischen Wattenmeer mehr als 54 Millionen m³ Sand für Deichneubauten und -verstärkungen genutzt. Nach den Deichneubauten bei großen Eindeichungsmaßnahmen (z.B. Nordstrander Bucht) liegt im Rahmen des Generalplanes Küstenschutz heute das Hauptgewicht auf Deichverstärkungen.

Entnahmegebiete sind teilweise noch bis zu 20 Jahre nach Beendigung der Entnahme sichtbar, zum Teil versanden sie jedoch schnell. Es zeigt sich aber, daß nicht nur die Entnahmestelle selbst, sondern je nach morphologischen und hydrodynamischen Verhältnissen ein großer Umgebungsbereich des Sandentnahmegebietes beeinflußt wird. Dabei kommt es nicht nur zur Veränderung der ursprünglichen Sedimentzusammensetzung, sondern auch zur Verlagerung von Prielen und Rinnen, wie es begleitende Messungen des ALW Husum deutlich machen (GIS-Karte 28).

Kleientnahmen sind ebenfalls im Zusammenhang mit Küstenschutzarbeiten zu sehen. In der Vergangenheit wurde die Deckschicht der Deiche überwiegend mit Klei aus den Salzwiesen gefertigt. Noch 1990 wurden bei der Deichverstärkung des Dieksander Kooges in Dithmarschen 80.000 m³ Klei aus dem Vorland abgebaut. In eingedeichten Gebieten sind in der

Regel ausreichende Kleivorkommen binnendeichs vorhanden. Wenn solche Alternativen existieren, müssen Kleientnahmen außerhalb des Nationalparks stattfinden.

6.4 Schlickentnahme für Heilzwecke

Im Nationalpark existieren zur Zeit noch drei genehmigte Schlickentnahmestellen für Heilzwecke in Kurmittelbetrieben. Diese befinden sich im Watt um Föhr und im Bereich der Tümlauer Bucht. Um Föhr wurden 1991 bis 1993 ca. 100 m³ Schlick jährlich entnommen, die auch auf Pellworm genutzt wurden. Für die Tümlauer Bucht existieren keine Daten. Die Gemeinde St. Peter-Ording als Nutzerin dieser Entnahmestelle verlagert derzeit jedoch die Entnahme in eine Binnenlandfläche und wird zusätzlich eine Aufarbeitungsanlage in Betrieb nehmen. Auch auf der Insel Föhr wird die Entnahme in nächster Zeit ins Binnenland verlagert werden.

6.5 Strandholzsammeln

Das Sammeln von Strandholz an den Brandungsküsten des schleswig-holsteinischen Wattenmeeres hat eine lange Tradition. Das Strandgut wird überwiegend als Brennmaterial genutzt. Seit Bestehen des Nationalparks wurden auf Antrag bis zu 45 Ausnahmegenehmigungen pro Jahr für das Betreten der Außensände und das Sammeln des Strandholzes erteilt (Abb. 158). Die Antragstellenden kommen zum großen Teil von der Insel Pellworm und der Hallig Hooge. Das Ausmaß der Sammelaktivität an anderen Stränden innerhalb des Nationalparks ist nicht bekannt.

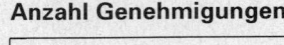

Abb. 158
Anzahl erteilter
Genehmigungen
für das Sammeln
von Strandholz auf
den Außensänden.

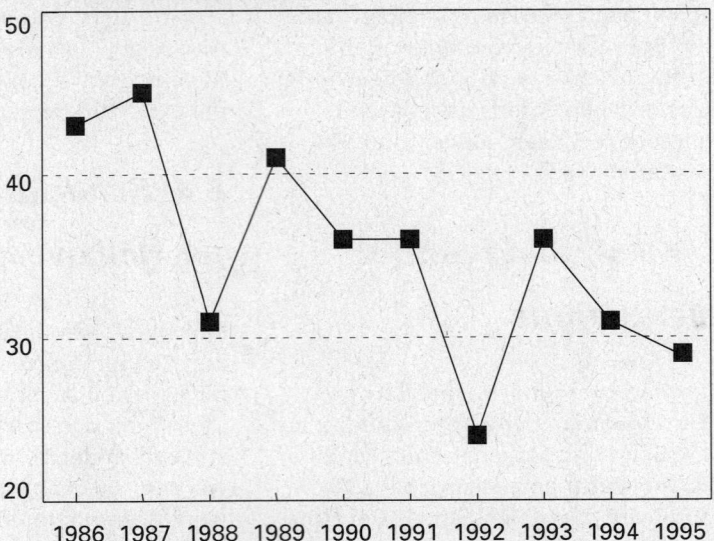

Anzahl Genehmigungen

1986 1987 1988 1989 1990 1991 1992 1993 1994 1995

7. Energieversorgung, Wasserversorgung und -entsorgung und Telekommunikation

7.1 Organisation und Zielkonzeption der Energie- und Wasserversorgung

Alternative Energien wie die Windkraft werden gezielt gefördert

Ziel der Landesregierung ist die Sicherung einer ausreichenden, preiswerten und umweltverträglichen Energieversorgung. Zur Vermeidung eines wirtschaftlichen Gefälles werden für das gesamte Land grundsätzlich einheitliche Strom- und Gaspreise angestrebt. Alle Möglichkeiten der Energieeinsparung sollen genutzt werden. Energieleitungen zur großräumigen Energieverteilung sind in die räumliche Ordnung des Landes einzupassen. Hierbei sind energiewirtschaftliche Belange gegenüber konkurrierenden Raumansprüchen des Natur- und Landschafts-schutzes abzuwägen (MINISTERPRÄSIDENT DES LANDES SCHLESWIG-HOLSTEIN 1979).

Die Energieversorgung in den Kreisen Nordfriesland und Dithmarschen wird neben einigen kommunalen Anbietern im wesentlichen durch die Schleswag-AG gewährleistet. Das Land, die Kreise und die Kommunen lenken die Energiepolitik in unterschiedlichem Maße sowohl durch

planerische Vorgaben als auch durch gezielte wirtschaftliche Hilfen (vergl. Kap. VI 7.2). So werden beispielsweise alternative Energien wie die Windkraft gezielt gefördert.

Der Schutz des Wassers ist vorrangige Aufgabe des Landes und der Kreise. Da aus den Grundwasservorkommen der Geest auch die Marschgebiete mit Trinkwasser versorgt werden, bedürfen sie einer besonders sorgfältigen Bewirtschaftung und Sicherung. Durch die weitere Ausweisung von Gewässer- und Wasserschutzgebieten, Schutzgebieten und Naturentwicklungsräumen soll die zentrale Wasserversorgung in den Kreisen weiter ausgebaut werden (KREIS NORD-FRIESLAND o.J., MINISTERPRÄSIDENT DES LANDES SCHLESWIG-HOLSTEIN 1979, MINISTERPRÄSIDENT DES LANDES SCHLESWIG-HOLSTEIN 1984, MINISTER-PRÄSIDENTIN DES LANDES SCHLESWIG-HOLSTEIN 1995b).

Die Wasserversorgung des Kreises Dithmarschen betrifft den Nationalpark nicht direkt, da hier mit Ausnahme von Trischen keine bewohnten Inseln und Halligen liegen. Grund zur Sorge gibt allerdings die in den letzten Jahren überwiegend im südlichen Teil des Kreises ansteigende Nitratbelastung des Grundwassers, die die Wasserversorgung der einheimischen Bevölkerung gefährdet (KREIS DITHMAR-SCHEN o.J.). Sie kann gleichfalls als eine indirekte Meßgröße für die Nährstoffbelastungen im genannten Bereich gelten, die dann über die Vorfluter in das ohnehin belastete Ökosystem Nordsee gelangen.

Für den Kreis Nordfriesland ist der Anschluß der im Nationalpark liegenden Inseln und Halligen an das Wasserversorgungsnetz des Festlandes von herausragender Bedeutung, da der Fremdenverkehr sowie die Hebung der Leistungskraft der bäuerlichen Betriebe im genannten Bereich entscheidend von einer ausreichenden Wasserversorgung abhängt (RIECKEN 1982). Bekannte nutzbare Grundwasservorräte sind im Kreis Nordfriesland nur in begrenztem Umfang vorhanden. Die Fernversorgung dieses Raumes ist heute weitgehend abgeschlossen.

7.2 Windenergie

Schleswig-Holstein hat die meisten windhöffigen Flächen der deutschen Bundesländer aufzuweisen. Seit 1989 ist es erklärtes Ziel der Landesregierung, die Entwicklung von alternativen Energien zu fördern. Bis zum Jahr 2010 sollen in Schleswig-Holstein 25 % des gesamten Strombedarfs im Lande durch Windenergie abgedeckt werden (MINISTER-PRÄSIDENTIN DES LANDES SCHLESWIG-HOLSTEIN 1995b). Durch verschiedene Fördersysteme des Bundes und der Länder wurde der Ausbau der Windenergie in den letzten Jahren verstärkt finanziell gefördert.

Zunächst wurden an der Westküste neben der vom Bund geförderten Pilotanlage „Growian" nur kleinere Einzelanlagen in Anlehnung an Gehöfte errichtet. Diese hatten im wesentlichen das Ziel, Strom für den Eigenbedarf zu erzeugen. Im Zusammenhang mit der Errichtung des Windparks der Schleswag-AG im Kaiser-Wilhelm-Koog wurden 1987 erstmals Windparks von bis zu 100 Einzelanlagen geplant.

Das Bestreben einer möglichst geordneten und ökologisch verträglichen Planung für Windenergieanlagen fand 1982 in einer ersten vorläufigen Richtlinie über die Auslegung, Aufstellung und das Betreiben von Windkraftanlagen seinen Niederschlag. Bereits 1985 erschien ein Folgeerlaß, der besonders auf die Raumbedeutsamkeit der Errichtung dieser Anlagen hinwies. Daher sollte die Errichtung von mehr als drei Einzelanlagen mit einer Leistung über 300 KW vor dem notwendigen immissionsschutzrechtlichen Verfahren zunächst im Rahmen eines Raumordnungsverfahrens geprüft werden. Bis einschließlich 1989

liefen in Schleswig-Holstein zehn solcher Verfahren, 1990 allein sechzehn.

Parallel dazu wurde in Gesprächen mit der Schleswag-AG und den Fachbehörden ein Konzept entwickelt, das Sicherungsgebiete für Windenergieparks in den Regionalplänen der Landesregierung ausweist. Aufgrund von Erhebungen wurden Suchräume abgegrenzt. In den Jahren 1989/90 zeigte sich, daß sich die Planung immer stärker auf Einzelanlagen (eine oder mehrere Anlagen von 200-300 KW) auf dem eigenen Grundstück der Betreiber bezog. Die Erteilung der Genehmigung aller Anträge hätte zwar windparkähnliche, nicht aber geordnete und geplante Verhältnisse geschaffen, da zur Durchführung eines Raumordnungsverfahren mindestens drei Anlagen beantragt sein mußten.

Die Anzahl der Anträge explodierte, als durch das Stromeinspeisungsgesetz des Landes vom Dezember 1990 die Energieversorgungsunternehmen verpflichtet wurden, statt wie bisher 9,5 Pfennig pro Kilowattstunde ab Januar 1991 16,7 Pfennig an Einspeiser alternativen Stroms zu zahlen. In der Folge stiegen die Pachtpreise für geeignete Standorte an und boten damit vor allem bäuerlichen Betrieben attraktive Nebenerwerbsbedingungen. Die Kreise begannen aufgrund ihrer Erfahrungen mit eigenen landschaftspflegerischen Überlegungen hinsichtlich der Abgrenzung von Windkraftvorrang- bzw. Ausschlußgebieten.

Die Planungsgrundsätze für die Errichtung von Windkraftanlagen sind 1991 in einem gemeinsamen Runderlaß des Ministers für Inneres, für Finanzen und Energie, der Ministerin für Natur- und Umwelt und der Ministerpräsidentin – Landesplanungsbehörde – zusammengeführt worden. 1995 wurde dieser Runderlaß fortgeschrieben. Die landesplanerische Überprüfung der Flächenausweisungen im Einzelfall und die Abstimmung mit allen beteiligten Trägern öffentlicher Belange treten seitdem hier an die Stelle des Raumordnungsverfahrens. Voraussetzung für die Errichtung von Windkraftanlagen sind demnach zunächst die Windhöffigkeit sowie eine betriebswirtschaftlich günstige Erschließungsmöglichkeit (GEMEINSAMER RUNDERLASS 1995).

Die rasante Entwicklung der Windenergie von 1990 bis 1995 in den Kreisen Nordfriesland und Dithmarschen und im gesamten Land ist aus Tabelle 32 ersichtlich.

VI

Problematisch ist der Betrieb von Windkraftanlagen vor allem in ihrer Auswirkung auf das Landschaftsbild. In den tiefgelegenen, flachen Marschgebieten entfalten die im Zuge der technischen Entwicklung stets größer und höher werdenden Anlagen eine sehr große Fernwirkung. Dies betrifft sowohl die Festlandsgebiete als auch den Nationalpark selbst. Auch auf den Inseln und Halligen sowie Offshore wurden Anlagen errichtet, geplant oder gewünscht. Der gewonnene Strom muß in der Regel über zusätzliche Kabel durch das Wattenmeer ans Festland gebracht werden. Für die Vogelwelt ist mit Beeinträchtigungen infolge der Barriere- und Scheuchwirkung der Anlagen, in geringem Maße auch durch Vogelschlag, zu rechnen (WINKELMANN 1985, CROCKFORD 1992, SCHREIBER 1993, CLEMENS & LAMMEN 1995).

Bereits 1991 wurde auf der trilateralen Regierungskonferenz der Umweltminister der Niederlande, Dänemarks und der Bundesrepublik Deutschland in Esbjerg beschlossen, den Bau von Windkraftanlagen im Wattenmeer auf der dem Meer zugewandten Seite der Deiche und der Küste zu verbieten. Ferner wurde vereinbart, daß beim Bau solcher Anlagen auf den Inseln und in einer an das Wattenmeer angrenzenden Zone Erhalt und Schutz des Gesamtcharakters des Wattenmeeres, Ökologie und landschaftliche Schönheit im Rahmen von Einzelfallprüfungen besonders zu berücksichtigen sind (BUND 1992, HÖF 1992). Da die Errichtung von Windkraftanlagen einen Eingriff in Natur und Landschaft darstellt, wird in bestimmten Flächen eine Bebauung grundsätzlich ausgeschlossen. Zu den explizit aufgeführten Ausschlußflächen gehören der Nationalpark sowie durch EU-Recht geschützte Flächen.

Vorranggebiete für den Naturschutz nach § 15a Landesnaturschutzgesetz, wie z.B. Salzwiesen, sollen gleichfalls von einer

Tab. 32 : Entwicklung der Windenergie in Schleswig-Holstein unter besonderer Berücksichtigung der Kreise Nordfriesland und Dithmarschen. * für den Zeitraum vor 1993 waren keine räumlich differenzierten Daten erhältlich; ** der überwiegende Teil der sonstigen in Schleswig-Holstein errichteten Anlagen steht in den Kreisen Ostholstein (Fehmarn) und Schleswig-Holstein; WKA = Windkraftanlage; KW = Kilowatt

	vor 1990	1990*	1991*	1992	1993	1994	1995 (6.95)
Kreis Nordfriesland							
Anzahl WKA					320	369	395
Summe KW-Nennleistung					82.017	103.622	117.722
KW/WKA					~256	~ 281	~ 298
Kreis Dithmarschen							
Anzahl WKA					191	271	294
Summe KW-Nennleistung					42.693	77.884	89.934
KW/WKA					~223	~287	~ 305
**Rest Schleswig-Holstein **							
Anzahl WKA					147	294	354
Summe KW-Nennleistung					26.173	98.171	131.591
KW/WKA						~ 334	~ 372
Schleswig-Holstein gesamt							
Anzahl WKA	100	237	343	485	658	934	1.043
Summe KW-Nennleistung	7.000	35.200	58.600	91.800	150.883	279.677	339.247
KW/WKA	70	~ 149	~ 149	~ 190	~ 229	~299	~ 325

Bebauung ausgeschlossen sein, sofern sie in bestehenden Landschaftsschutzgebieten liegen bzw. in Landschaftsrahmenplänen ausgewiesen sind. Das gleiche gilt für die Halligen, Geestteile der Inseln Amrum, Föhr und Sylt, Vordeichflächen aller Art sowie schützenswerte geologische Formationen.

Vorranggebiete müssen von einer Bebauung ausgeschlossen sein

Weitere wichtige Gesichtspunkte für einen Ausschluß der Windenergienutzung sind die Freihaltung von Nahrungs- und Rastflächen sowie zugeordneter Flugfelder für Vögel sowie Aspekte des Denkmalschutzes. Um Störungen im besiedelten und unbesiedelten Bereich zu minimieren, wurden Richtwerte für die einzuhaltenden Abstände (zwischen 50 und 1000 m) angegeben, die im Einzelfall zu prüfen sind (GEMEINSAMER RUNDERLASS 1995).

Problematisch ist, daß die zulässige Anlagenhöhe für Windkraftanlagen nicht festgeschrieben ist. Die technische Entwicklung verläuft in Richtung immer höherer Anlagen, da diese eine wesentlich bessere Stromausbeute haben. Das hat Folgen für den Naturschutz und das Landschaftsbild. Nach Einschätzung der Firma WING wird die zukünftige Generation der Einzelanlagen eine Leistung von max. 1,2 MW erzeugen. Dabei wird eine maximale Höhe der Anlage von ca. 110 bis 120 m erreicht werden, was vor allem Standorte im Hinterland attraktiver machen wird. Für die Errichtung von Offshore-Anlagen werden die Chancen als gering angesehen.

Der Kreis Nordfriesland hat eine Flächenfindungsplanung zur Errichtung von Windkraftanlagen vorgenommen (GIS-Karte 29). Diese soll planerisch verbindlich, unter Berücksichtigung der Belange einer geordneten Planung sowie des Natur- und Landschaftsschutzes, eine gesteuerte Nutzung der Windenergie ermöglichen. Ihre rechtliche Sicherung erfolgt derzeit in der Fortschreibung der Regionalpläne.

Die Errichtung von Windkraftanlagen muß auf den nordfriesischen Inseln und Halligen, im Nationalpark und im seeseitigen Vorfeld definitiv unterbleiben

Für den Nationalpark ist dabei wichtig, daß weitere Planungen zur Errichtung von Windkraftanlagen auf den nordfriesischen Inseln und Halligen, im Nationalpark und im seeseitigen Vorfeld definitiv unterbleiben. Die bislang vorliegende Planung für den Kreis Nordfriesland berücksichtigt weitgehend die Nationalparkziele. Die Planung für den Kreis Dithmarschen ist noch nicht abgeschlossen.

7.3 Stromversorgung

Die Stromversorgung der im Nationalpark gelegenen nordfriesischen Inseln und Halligen erfolgt durch den Nationalpark. Im dithmarscher Watt liegt ebenfalls eine Stromleitung. Um das bei der Erdölförderung auf der Mittelplate anfallende Gas zu nutzen, wird es in einer Gasturbine verstromt. Der überschüssige Strom wird durch ein 20 kV-Kabel von der Mittelplate ans Festland abgeführt. Dieses Kabel wird nach Ende der Erdölförderung wieder entfernt.

Die Hamburger Elektrizitätswerke (HEW) planen die Abnahme von Strom aus Norwegen über eine Fernleitung. Diese wird eventuell den Nationalpark im Bereich des Dithmarscher Wattes berühren. Zur Zeit wird der mögliche Trassenverlauf erkundet.

Die ganzjährig bewohnten Inseln und Halligen im nordfriesischen Wattenmeer wurden im Zeitraum von 1942 bis 1976 über 20 kV- Seekabel an das Stromnetz des Festlandes angeschlossen. Die übrigen, nur während des Sommerhalbjahres bewohnten kleinen Halligen werden in der Regel dezentral über Generatoren versorgt (Tab. 33). Die Insel Sylt sowie die ehemalige Insel Nordstrand sind über Landkabel an das Versorgungsnetz des Landes angeschlossen. Die genaue Lage aller Stromversorgungsleitungen ergibt sich aus GIS-Karte 30.

Die Stromversorgung der Inseln und Halligen gehört nach § 6 Abs. 1 Satz 1 Nationalparkgesetz zu den zulässigen Maßnahmen und Nutzungen im Nationalpark. Sie liegt im besonderen Interesse der ansässigen Bevölkerung und ist eine entscheidende infrastrukturelle Maßnahme, um wichtige Erwerbszweige wie den Tourismus und die Landwirtschaft zu erhalten bzw. auszubauen.

Zukünftig sind wahrscheinlich nur noch Maßnahmen zur Unterhaltung und Erneuerung bestehender Leitungen notwendig. Mit Ausnahme der Erneuerung eines Stromkabels nach Pellworm plant die Schleswag-AG in den nächsten fünf Jahren kein größeres Projekt. Als normale Nutzungsdauer eines Kabels sehen die Stromversorgungsunternehmen einen Zeitraum von 40 Jahren an.

VI

Tab. 33: Anschluß der Inseln und Halligen im nordfriesischen Wattenmeer an die Stromversorgung.

Hallig/Insel	Anschluß an die Stromversorgung
Föhr-Festland	1942, 1949, 1966, 1986
Amrum-Föhr	1944, 1949, 1971
Langeneß-Oland-Festland	1954, 1986
Gröde-Festland	1976
Habel	nicht angeschlossen
Nordstrandischmoor-Festland	1975
Pellworm-Nordstrandischmoor	1981
Hooge-Pellworm	1959
Norderoog	Generator
Pellworm-Nordstrand	1942
Süderoog	Generator
Südfall	Generator

7.4 Wasserversorgung

Im Kreis Dithmarschen erfolgt die Wasserversorgung überwiegend zentral durch die Wasserbeschaffungsverbände Norder- und Süderdithmarschen (REGIONALPLAN PLANUNGSRAUM IV). Für den Nationalpark Schleswig-Holsteinisches Wattenmeer ergeben sich aus der Trinkwasserversorgung des Kreises keine direkten Konsequenzen. Die Insel Trischen wird während der Sommermonate von einem Vogelwart bewohnt und dann im zweiwöchigen Abstand per Schiff mit Trinkwasser versorgt. Im gesamten dithmarscher Wattenmeer liegen derzeit keine Wasserleitungen. Für die Zukunft ist eine Verlegung von Leitungen nicht geplant.

Die Wasserversorgung im Kreis Nordfriesland wird im wesentlichen durch Wasserbeschaffungs- und Zweckverbände sichergestellt. Daneben betreiben einige Städte, Ämter und Gemeinden die zentrale Wasserversorgung im Eigenbetrieb. Bekannte nutzbare Grundwasservorräte sind im Planungsraum V (Nordfriesland, Schleswig-Flensburg) nur in begrenztem Umfang vorhanden. Der westliche Teil des Planungsraumes, insbesondere die Inseln und Halligen, ist Süßwassermangelgebiet.

Eine ausreichende Wasserversorgung ist die Grundvoraussetzung für den Erhalt bzw. die Entwicklung des wirtschaftlich bedeutsamen Fremdenverkehrs sowie zur Hebung der Leistungskraft der bäuerlichen Betriebe auf den Inseln und Halligen. Bis 1995 wurden beinahe alle im nordfriesischen Wattenmeer liegenden Inseln und Halligen unter beträchtlichen Investitionen der öffentlichen Hand an das Wasserversorgungsnetz des Festlandes angeschlossen (Tab. 34). Die Gestaltung des Fernversorgungsnetzes läßt den Neuanschluß von Großverbrauchern in diesem Raum ohne grundlegende Erweiterungen in der Regel nicht zu.

Begrenzte eigene Wasservorräte besitzen die Inseln Sylt, Amrum und Föhr (MINISTERPRÄSIDENT DES LANDES SCHLESWIG-HOLSTEIN 1976). Die Entnahme von Grundwasser zur Herstellung von Mineralwasser auf Sylt muß in Hinsicht auf die möglichen ökologischen Auswirkungen auf die Küstendünen und -heiden kritisch gesehen werden. Die Grundwasserleiter der Insel Föhr sind z.T. erheblich mit Nähr- und Schadstoffen kontaminiert. Besonders für die Geestinseln sind daher Konzepte zur langfristigen Sicherstellung der eigenen Wasserversorgung notwendig.

Der Nationalpark wird durch die bei der Verlegung der Leitungen auftretenden Störungen und Beeinträchtigungen direkt berührt. Da die ausreichende Wasserversorgung der ansässigen Bevölkerung ein existentielles Bedürfnis ist, gehört sie wie die Stromversorgung zu den zulässigen Maßnahmen und Nutzungen. Angestrebt ist aber, die Eingriffe zu minimieren und

Tab. 34: Anschluß der Halligen im nordfriesischen Wattenmeer an die zentrale Wasserversorgung.

Hallig	Anschluß an die Wasserversorgung
Langeneß	1964
Oland	1964
Hooge	1968
Hamburger Hallig	1968
Gröde	1976
Nordstrandischmoor	1975
Süderoog	1994
Südfall	1995
Norderoog	nicht angeschlossen

grundsätzlich eine Trassenbündelung bei der Installierung anderer Leitungsnetze zu erreichen (vergl. Kap. XI 3.6).

7.5 Abwasserentsorgung

Die Nordsee und das Wattenmeer sind in hohem Maße durch Nähr- und Schadstoffeinträge belastet

Die Nordsee und das Wattenmeer sind in hohem Maße durch Nähr- und Schadstoffeinträge belastet, die unter anderem über die großen Flüsse sowie eine Vielzahl kleinerer Vorfluter in den Wasserkörper gelangen (vergl. Kap. VI 10).

Ziel der Landesregierung ist die Reduzierung der Einträge, um die Belastung des gesamten Ökosystems zu minimieren. Auf der Internationalen Nordseeschutzkonferenz in London (1987) wurde beschlossen, Schad- und Nährstoffeinträge von 1985 bis 1995 um 50 % zu verringern. Bei der Folgekonferenz in Den Haag (1990) wurde dieser Wert bestätigt. Abwässer sollen daher zum Schutz ober- und unterirdischer Gewässer und im Interesse der Ortshygiene durch Kanalisationsanlagen zusammengeleitet, zentral gereinigt und in den nach den örtlichen Gegebenheiten am besten geeigneten Vorfluter eingeleitet werden.

Knapp 73 % der Einwohnerinnen und Einwohner des Kreises Nordfriesland sind an zentrale Abwasseranlagen angeschlossen

Etwa 70 % der Haushalte im Land Schleswig-Holstein waren 1979 an zentrale Abwasseranlagen angeschlossen. Weitere 10 % sollten im Planungszeitraum des noch gültigen Landesraumordnungsplanes dazukommen. In den Regionalplänen sollten überörtlich bedeutsame Maßnahmen der Abwasserbeseitigung unter Berücksichtigung ihrer Dringlichkeit und Beachtung des Gewässerschutzes und der Landschaftspflege angegeben werden. Im Vordergrund der Abwasserbeseitigung steht die weitere Verbesserung der Reinigungsleistung von bereits bestehenden zentralen Kläranlagen (MINISTERPRÄSIDENT DES LANDES SCHLESWIG-HOLSTEIN 1979).

Die Abwasserbeseitigung im ländlichen Raum sollte durch den Ausbau zentraler Ortsentwässerung vorrangig geregelt werden. Hauskläranlagen, die nicht an die zentralen Entwässerungssysteme angeschlossen werden können, sollten durch Nachschaltung biologischer Klärstufen nachgerüstet und das Niederschlagswasser aus Siedlungsgebieten vor Einleitung in die Gewässer entsprechend behandelt werden (MINISTERPRÄSIDENT DES LANDES SCHLESWIG-HOLSTEIN 1976).

Der Kreis Dithmarschen strebt den schnellstmöglichen Ausbau zentraler Abwasserbeseitigungsanlagen in allen bedeutenden Ansiedlungen und bei allen bedeutenden industriellen Einleitern an. Haushalte, die nicht an die zentrale Abwasserentsorgung angeschlossen werden können, haben ihre Anlagen bis 1999 auf den Stand der Technik nachzurüsten. Maßnahmen zur Entsorgung der Hauskläranlagen und abflußlosen Sammelgruben sind erforderlich. Der Kreis Dithmarschen fördert die Herstellung und Erweiterung von Abwasserbeseitigungsanlagen in ländlichen Gemeinden unter 1.000 Einwohnerinnen und Einwohnern im Rahmen der verfügbaren Haushaltsmittel (MINISTERPRÄSIDENT DES LANDES SCHLESWIG-HOLSTEIN 1976).

Knapp 73 % der Einwohnerinnen und Einwohner des Kreises Nordfriesland sind an zentrale Abwasseranlagen angeschlossen. Im Rahmen eines bis zum Jahre 2003 laufenden Förderprogrammes des Landes soll dieser Anteil auf ca. 84 % gesteigert werden. Auf den nordfriesischen Halligen werden im Rahmen der Warftverstärkungen warftweise vollbiologische Kläranlagen errichtet. Als Gesamtkosten für die Abwasserbeseitigung auf den Halligen wurden seinerzeit 4,1 Millionen DM veranschlagt. Die gesamte Maßnahme umfaßt die Abwasserentsorgung von ca. 1.500 Einwohnergleichwerten (EGW) unter Berücksichtigung des Fremdenverkehrs (bei ca. 360 Einwohnerinnen bzw. Einwohnern) (MELF 1986).

Noch ungeklärt ist die weitere Verarbeitung des auf den Inseln und Halligen anfallenden Klärschlammes. Das Land ging bislang vom Bau flutsicherer Spezialanlagen oder einem Transport und einer Weiterbehandlung des Schlammes auf dem Festland aus. Die Halliggemeinden und der Kreis Nordfriesland favorisieren jedoch das „Eingrubbern" des Klärschlammes in die Halligsalzwiesen und anschließendes Walzen des Bodens. Nach der Klärschlammverordnung des Bundes ist das Ausbringen von Klärschlamm auf Dauergrünland und damit auf Salzwiesen allerdings verboten (BGBL 1992a).

Die Landesregierung hat verschiedene Förderprogramme für die weitergehende Abwasserreinigung aufgelegt. Zusammen mit den Investitionen der Kreise, Städte und Gemeinden wurden im Zeitraum von 1989 bis 1995 mehr als 250 Millionen DM

VI

in den Ausbau der Gewässerreinigung investiert. Einen Überblick über wichtige Förderprogramme im genannten Zeitraum gibt Tabelle 35.

Im Rahmen des „Phosphor-Sofortpro-grammes" aus dem Jahre 1988 sollten die kommunalen Kläranlagen innerhalb eines Jahres durch technische Maßnahmen kurzfristig in die Lage versetzt werden, zunächst ca. 80 % des Phosphors durch chemische Fällung zu eliminieren. Die Arbeit wurden auf die 38 größten Klär-werke Schleswig-Holsteins konzentriert. An der Westküste gehören hierzu die Klärwerke in Westerland, Wyk auf Föhr, St. Peter-Ording und Heide. Der Finanzauf-wand beträgt bisher ca. 42,5 Millionen DM. Die Maßnahmen im Rahmen des „Stickstoff- und Schadstoffeliminations-Programmes" sollten mit Abschluß des Jahres 1995 in den 38 größten Klär-anlagen des Landes mit einem Aufwand von rd. 450 Millionen DM verwirklicht werden (MNU 1990).

Die „Weiße Flotte" hat aufgrund einer freiwilligen Verein-barung ihre Schiffe mit Fäkaltanks ausgerüstet

Das Problem der Entsorgung der Fäkal-tanks der Ausflugsschiffahrt ist seit kurzer Zeit gelöst. Die „Weiße Flotte" hat auf-grund einer freiwilligen Vereinbarung ihre Schiffe mit Fäkaltanks ausgerüstet, die in den Häfen entsorgt werden.

Direkteinleiter, die nicht über kommunale Kläranlagen, sondern direkt in Gewässer einleiten, wie Industrie, Handwerk und sonstige kleinere Betriebe (Kfz-Betriebe, Zahnarztpraxen etc.), können wegen möglicher Belastungen mit Schwermetal-

len und organischen Schadstoffen von Bedeutung sein. Schadstoffproduzierende Betriebe in den beiden Westküstenkreisen konzentrieren sich in den Bereichen Husum, Heide und Brunsbüttel. Mit Ausnahme der Standorte in Brunsbüttel werden die direkten Einleitungen durch die Industrie im Westküstenbereich noch nicht vollständig erfaßt.

Im Kreis Dithmarschen gibt es neben den industriellen Direkteinleitern in Bruns-büttel (Bayer AG) und Hemmingstedt (RWE-DEA) im wesentlich nur noch kleinere Ölabscheideanlagen z.B. von Kfz- und Maschinenbaubetrieben (ca. 20 bis 30 im Kreisgebiet), die direkt in Gewässer 2. Ordnung einleiten. Der Kreis Dithmar-schen kontrolliert regelmäßig die Leerung der Vorabscheider. Ein Notüberlauf ist vorgeschrieben. Insgesamt werden vermehrt geschlossene Kreisläufe aufge-baut. Dadurch soll zukünftig die Belastung aus industriellen Einleitungen nachhaltig verringert werden. Problemstoffe sind hier vor allem Mineralöl-Kohlenwasserstoffe, organische Halogene, sonstige Aromate und Schwermetalle. Der Kreis Dithmar-schen schätzt, daß auf die oben genannte Weise ca. 2000 l Mineralöl pro Jahr in Gewässer 2. Ordnung gelangen.

Im Kreis Nordfriesland befindet sich die Erfassung aller Direkteinleitungen noch im Aufbau, da bislang noch kein abrufbares Einleitekataster existiert. Es wird nach Einschätzung des Kreises voraussichtlich noch einige Jahre dauern, bis flächendeckend Daten der Direktein-

Tab. 35: Investitionen (Millionen DM, gerundet) in die Abwasserbeseitigung in den Landkreisen Nordfriesland (NF) und Dithmarschen (DT); schriftl. Mittlg. MNU

Förderprogramm:	Investitionen und Zuwendungen für den Bau zentraler Abwasserbesei-tigungsanlagen		Investitionen und Zuwendungen für die Erweiterung von Kläranlagen nach den Vorgaben des Dringlichkeits-programms		Investitionen und Zuwendungen für den Bau dezentra-ler Abwasserbesei-tigungsanlagen (Nachrüstung von Hauskläranlagen)	
Förderungszeitraum	1989-1995		1989-1995		1989-1995	
	NF	DT	NF	DT	NF	DT
Gesamtinvestitionen:	55,6	43,9	84,1	55,2	23,4	15,3
Gesamtinvestitionen nur Inseln und Halligen:	10,1		65,2		0,8	
Fördermittel des Landes:	33,3	24,0	20,3	14,4	5,7	3.3
Fördermittel nur Inseln und Halligen:	6,5		17,2		0,2	

leitungen für den gesamten Kreis vorliegen. Auch die Durchsetzung der Einhaltung gesetzlicher Grenzwerte in der Praxis wird erst nach Vorliegen der entsprechenden Daten vorangetrieben werden können. Bislang werden lediglich Bescheidswerte zugrundegelegt, d.h. maximal zulässige Bemessungswerte.

Die aus industrieller Fertigung in kommunale Kläranlagen gelangenden Abwässer verursachen bisweilen Probleme bei der Einhaltung der gesetzlichen Grenzwerte, da sich Kohlenwasserstoffe und Aromate im Klärschlamm festsetzen. Werden die gesetzlichen Grenzwerte überschritten, muß der Klärschlamm nach Auspressung auf Deponien gelagert werden. Der derzeitige Anteil des deponierten Materials im Kreis Dithmarschen beträgt rund ein Viertel des Gesamtaufkommens. Rund drei Viertel des Klärschlammes werden als „Dünger" zur Bodenverbesserung auf landwirtschaftlichen Flächen ausgebracht.

Über die Schadstofffrachten, die über kleinere Vorfluter in die Nordsee gelangen, liegen keine langfristigen Daten vor.

7.6 Telekommunkation und Gasversorgung

Neben der Versorgung der Inseln und Halligen mit Strom und Wasser befinden sich Leitungen zur Gasversorgung und Telekommunikation im Wattenmeer, deren genaue Lage sich aus GIS-Karte 30 ergibt.

Die im Nationalpark neu verlegten Telefonleitungen werden gewöhnlich in einem Abstand von 100 bis 200 m voneinander verlegt. Bislang wurden die alten Kabel nach Nutzungsaufgabe nicht entfernt. Die Telekom geht von einer durchschnittlichen Haltbarkeit eines Seekabels von mindestens 30 Jahren aus. Die Trassen werden zur Kontrolle regelmäßig abgegangen und die Kabel gegebenenfalls neu eingespült. Beschädigungen in geringem Maße sind in der Regel nur durch die Fischerei zu erwarten. Zur Zeit bestehen Optionen für die Verlegung von Seekabeln zur Telekommunikation nach Amrum bzw. Wyk (TELEKOM mündl.). Möglicherweise wird diese Strecke sowie die Strecke Nordstrand über Pellworm nach Hooge aber zukünftig über Richtfunk bedient.

Im nordfriesischen Wattenmeer sind alle großen Inseln und Halligen über Telefonkabel mit dem Festland verbunden

Eine militärische Nutzung des Nationalparks erfolgt durch Erprobungsschießen sowie durch Überflüge mit Flugzeugen und Hubschraubern

Das dithmarscher Wattenmeer ist frei von Telefonleitungen. Der Vogelwart auf der Insel Trischen nutzt ein Funktelefon.

Im nordfriesischen Wattenmeer sind alle großen Inseln und Halligen über Telefonkabel mit dem Festland verbunden. Lediglich die Halligen Gröde und Süderoog sowie die nicht ganzjährig bewohnten Halligen Norderoog und Südfall haben keinen direkten Anschluß an das Festlandsnetz. Dort ist die Kommunikation über Funktelefon oder Seefunk gewährleistet.

Zur Fernkommunikation hat die Telekom das Glasfaser-Tiefseekabel „Cantat" vom Festland über Föhr, Amrum und Sylt nach Kanada verlegt.

Die großen Geestinseln werden vom Festland aus mit Erdgas versorgt. Die 1994 verlegte Kunststoffleitung mit einem Durchmesser von 20 cm verläuft von Dagebüll über Föhr und Amrum nach Sylt. Für die Haltbarkeit und den Wartungsaufwand der verlegten Gasleitungen im Wattenmeer gibt es keine langfristigen Erfahrungen. Die Schleswag-AG geht von einer Haltbarkeit von voraussichtlich 30 bis 40 Jahren aus. Eine weitere Verlegung von Gasleitungen steht in den nächsten zehn Jahren nicht an. Die Versorgung der kleineren Inseln und Halligen über Gasleitungen ist betriebswirtschaftlich unrentabel und wird daher nicht verfolgt.

8. Militär

Noch in den ersten Jahren nach Einrichtung des Nationalparks fanden im Königshafen auf Sylt regelmäßig Luft-Boden-Schießübungen durch die Luftwaffe statt. Sie verursachten in der dortigen Kernzone des Nationalparks massive Störungen. Der Übungsplatz wurde im Oktober 1992 von der Bundeswehr aufgegeben.

Eine militärische Nutzung des Nationalparks erfolgt heute durch das Erprobungsschießen in der Meldorfer Bucht sowie durch Überflüge mit Flugzeugen und Hubschraubern. In der Meldorfer Bucht erproben private Unternehmen in Einrichtungen und unter Aufsicht des Bundesverteidigungsministeriums neu zu entwikkelnde Waffen. Bisher handelte es sich um ballistische Versuche mit Rohrwaffen großen und kleinen Kalibers sowie Versuche mit Infrarotraketen. Die Erprobungen erfolgen von Plattformen aus, die sich auf dem Seedeich im Südteil des Speicherkooges Dithmarschen befinden.

Zielgebiete sind bei kleinen Kalibern das Wattgebiet Helmsandsteert (ca. 2 km NW Helmsand) und bei größeren Kalibern der Bielshövensand (ca. 12 km WNW Helmsand). Aus Sicherheitsgründen wurden der südliche Speicherkoog und seine angrenzenden Vorländer vom Verteidigungsministerium als Schutzbereich ausgewiesen. Während der Erprobungen wird zusätzlich ein Warngebiet von etwa 12.000 ha (davon 700 ha in der Zone 1) gesperrt.

Die abgeschossene Munition wird größtenteils aus dem Watt geborgen. Bei den jeder Erprobung vorausgehenden „clearrange"-Flügen sowie zur Bergung der verschossenen Munition werden Hubschrauber eingesetzt.

Die militärische Nutzung im Nationalpark ist mit Nationalparkzielen nicht vereinbar

Durch die Erprobungsaktivitäten werden immer wieder Störungen der Vogelwelt beobachtet. Die Nutzung des Erprobungsplatzes ist deshalb mit dem Schutz des Wattenmeeres und besonders mit den Nationalpark-Zielsetzungen nicht vereinbar. Ziel der Landesregierung ist – auch aufgrund eines Landtagsbeschlusses vom 4. Oktober 1990 – die vollständige Beendigung des Schießbetriebes.

Allerdings wurden in den Jahren 1966 bis 1969 von der damaligen Bundes- und Landesregierung Fakten geschaffen, die der Bundeswehr im Nationalpark eine starke rechtliche Position geben. Damals überließ das Land dem Bund Flächen, die durch Eindeichung des Südteils der Meldorfer Bucht (heute Speicherkoog Dithmarschen) entstanden waren. Im Gegenzug übernahm der Bund die Kosten der Eindeichung. Die Einrichtung des Nationalparks änderte an der militärischen Nutzung der Meldorfer Bucht nichts, da § 38 BNatSchG Verteidigungsbelangen Bestandsschutz gewährt. Aus diesem Grunde wurde der Bielshövensand bei der Gründung des Nationalparks nicht als Zone 1 ausgewiesen, obwohl die Kriterien dafür erfüllt waren. Die Beendigung der Erprobungen ist daher auch nur auf politischem Wege möglich.

Nach langwierigen Verhandlungen mit dem Bundesverteidigungsministerium konnten bislang folgende Be- und Einschränkungen erreicht werden:

▶ Die Anzahl der Erprobungstage wurde von ca. 70-90 Tage auf 20-30 Tage pro Jahr reduziert;
▶ Erprobungen finden größtenteils von November bis Ende März statt;
▶ von Mitte Juni bis Mitte September – der Hauptmauserzeit von Enten – finden keine Erprobungen statt;
▶ großkalibrige Munition wird nicht mehr erprobt.

Auf der 6. Trilateralen Regierungskonferenz 1991 in Esbjerg nannten die Umweltminister unter anderem die schrittweise Aufgabe des Schießplatzes in der Meldorfer Bucht als politisches Ziel. Vom Bundesverteidigungsministerium wurde 1992 die Zusage gegeben, während der Brut-, Mauser- und Zugzeiten der Vögel und der Aufzuchtzeit der Seehunde keine Erprobungen durchzuführen. Diese Zusage wurde leider nicht in vollem Umfang eingehalten, da auch innerhalb dieser empfindlichen Zeiträume Erprobungen durchgeführt wurden und werden. Im Frühjahr 1995 erklärten Vertreter des Bundesverteidigungsministeriums, daß

▶ die Wehrfähigkeit der Bundeswehr bei Schließung des Erprobungsplatzes nicht gefährdet wäre,
▶ Standortalternativen im Ausland außerhalb von Schutzgebieten vorhanden seien,
▶ die Erprobungen dort allerdings organisatorische Probleme bereiten und
▶ höhere Kosten verursachen.
Diese Äußerungen verdeutlichen, daß es keine grundsätzlichen Hindernisse für eine Einstellung der Erprobungen in der Meldorfer Bucht gibt, sondern lediglich organisatorische und wirtschaftliche.

Militärische Überflüge mit Flugzeugen oder Hubschraubern verursachten vor Einrichtung des Nationalparks Schleswig-Holsteinisches Wattenmeer und in den ersten Jahren seines Bestehens erhebliche Störungen bei Seehunden und Vögeln. Auch Einheimische und Urlauber fühlten sich gestört, und die generelle Akzeptanz des Nationalparks litt angesichts der in niedriger Höhe auch über die Kernzonen „hinwegdonnernden" Strahlflugzeuge.

Diese Situation hat sich in den letzten Jahren deutlich verbessert. Störungen durch Strahlflugzeuge werden derzeit in weniger als 10 Fällen/Jahr gemeldet. Ursache dieser positiven Entwicklung war die 1989 aus Sicherheitsgründen ausgesprochene Selbstbeschränkung der

Bundeswehr auf eine Mindestflughöhe von 3.000 ft (rund 900 m) sowie die im Rahmen der Abrüstungsmaßnahmen 1992 und 1993 geschlossenen Flugplätze in Husum und Leck und die Verlegung des Marinefliegergeschwaders in Kropp. Die in Schleswig-Holstein verbleibenden Geschwader mit Strahlflugzeugen (Marinefliegergeschwader 2 in Eggebek/ Tarp und Aufklärungsgeschwader 51 in Kropp) fliegen Tornados, die strategisch auf größere Flughöhen ausgerichtet sind und daher kaum Störungen verursachen.

Die Wehrfähigkeit der Bundeswehr wäre bei Schließung des Erprobungsplatzes nicht gefährdet

Während für den privaten Flugverkehr in Deutschland eine Mindestflughöhe von 600 m besteht (BGBl 1995), gibt es für militärische Flüge keine gesetzlich vorgeschriebenen Mindestflughöhen. Durch tieffliegende Militärhubschrauber oder Propellermaschinen werden daher auch heute noch Störungen verursacht. Das Nationalparkamt ist bemüht, in Gesprächen mit den Kommandeuren der fliegenden Verbände Flugkorridore über dem Nationalpark zu erarbeiten, um die flugbedingten Störungen auf das tatsächlich unumgängliche Minimum zu reduzieren.

9. Nähr- und Schadstoffe, Belastung und Eintrag

9.1 Historische Belastungen und Probleme

Viele Stoffe, die wir heutzutage als Schad- oder Giftstoffe bezeichnen, kommen in unserer Umwelt auch als natürliche Bestandteile vor. Erst ihre chemotechnische Herstellung sowie die Aufkonzentration in technischen Verfahren stellen den Anfang einer Kette dar, deren Auswirkungen schließlich auch in den Belastungen der Nordsee und des Wattenmeeres zu finden sind.

Blei ist ein giftiges Metall und hat keine biochemische Funktion im Organismus. Durch den vielseitigen Einsatz von Bleierzeugnissen – früher vor allem durch verbleiten Kraftstoff – werden große Mengen verschiedener Bleiverbindungen freigesetzt. Das Schwermetall Cadmium wird hauptsächlich in chemischen Verbindungen als Farbpigment und bei der Kunststoffherstellung als Stabilisator verwendet. In großen Mengen gelangt es bei Verbrennungsprozessen in die Umwelt. Quecksilber wird durch seine Verwendung in der Cellulose-, Papier-, PVC- und Chloralkali-Industrie direkt oder indirekt in die Gewässer eingeleitet.

Abb. 159
Vertikale Verteilung von Schwermetallen im Wattenmeer am Beispiel eines Sedimentkernes von Morsum, Sylt. Grauer Bereich: Hintergrundwerte entsprechend Bund-Länder-Meßprogramm. Gestrichelte Linie: Basis der anthropogenen Belastung (HÖCK 1994).

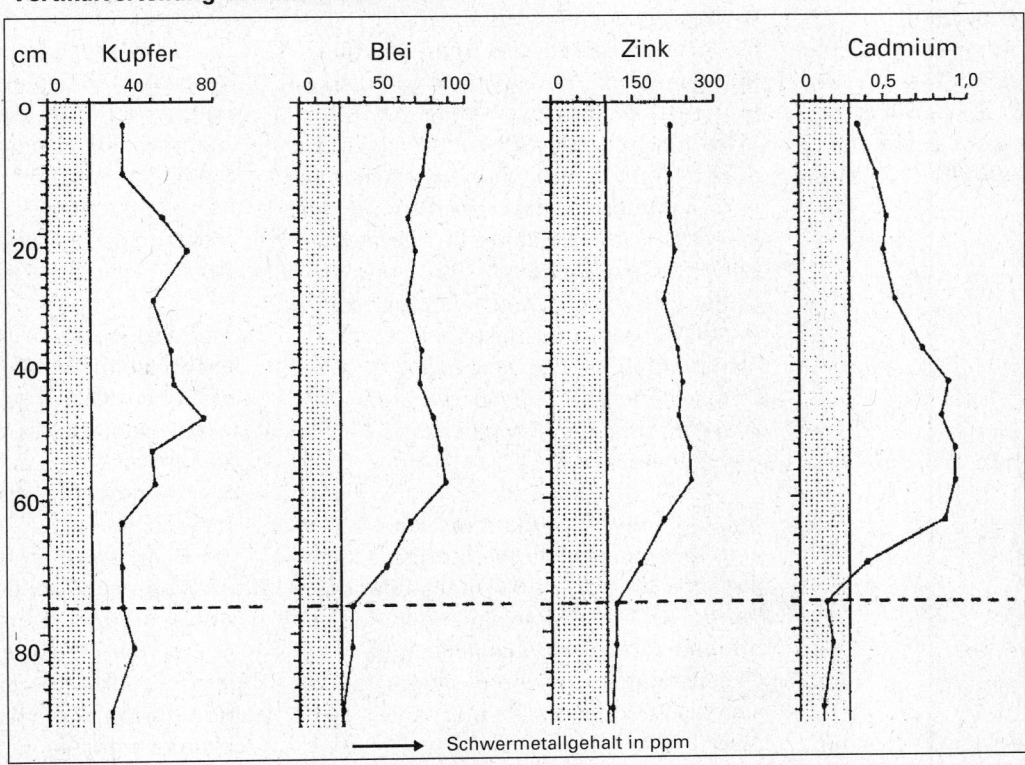

Vertikalverteilung von Schwermetallen

Vertikalverteilung von PCB

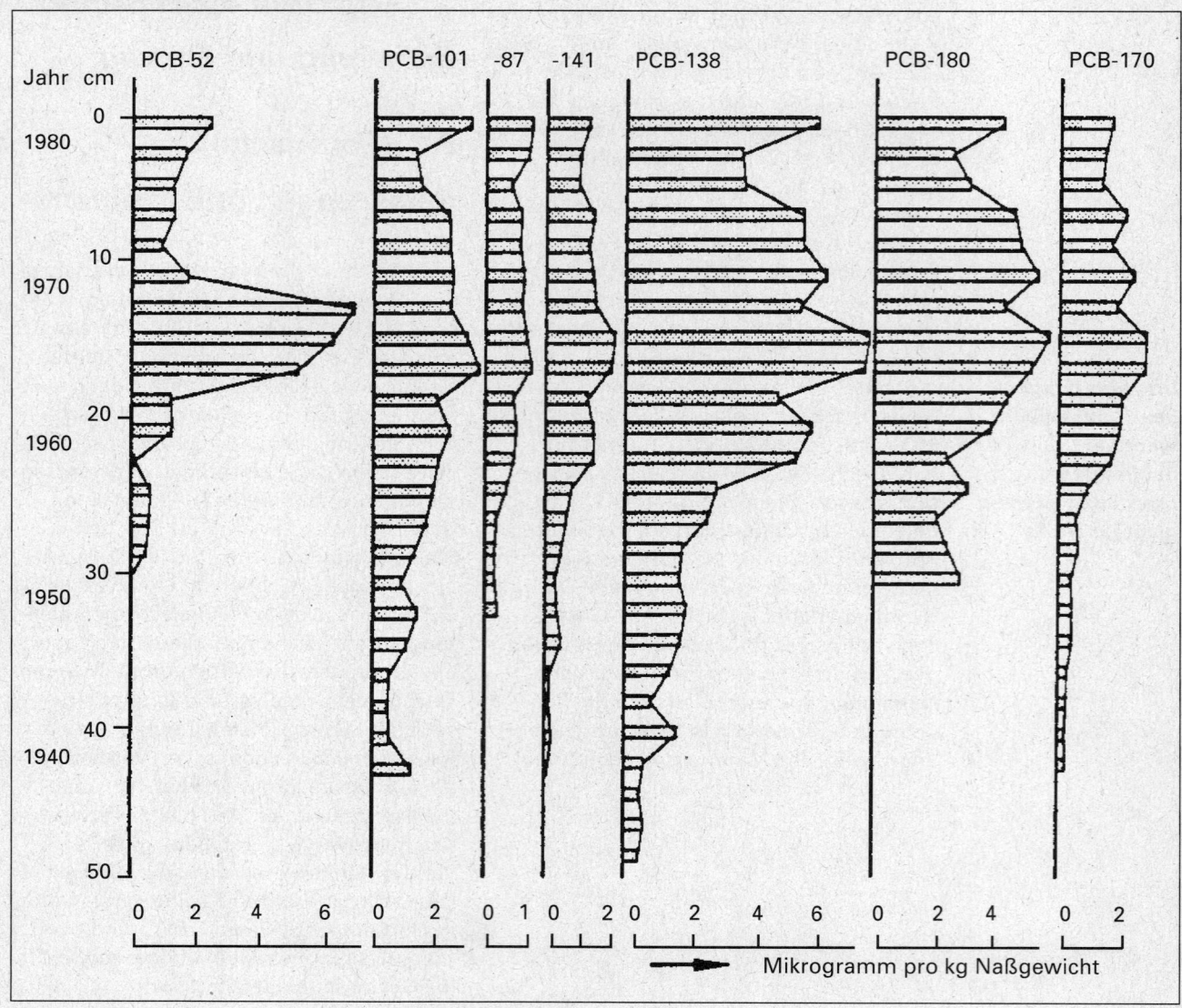

Abb. 160
Vertikale Verteilung
von PCB-
Kongeneren in
einem Sediment-
kern (HÖCK 1994)

Lindan (Hexachlorcyclohexan - HCH -) ist
ein Pestizid, das zur Bekämpfung von
Bodeninsekten, Haushaltsschädlingen und
Hautparasiten angewendet wird.
Hexachlorbenzol (HCB) fällt als Nebenpro-
dukt in der chemischen Industrie und bei
Verbrennungsprozessen an. Es wird auch
als Mittel zur Pilzbekämpfung verwendet.
Polychlorierte Biphenyle (PCB) wurden
früher vielfach als Transformatorenkühl-
mittel, Hydraulikflüssigkeit und als
Flammenhemmstoff verwendet. In
Deutschland ist heute der Gebrauch von
PCB's nur noch in geschlossenen Syste-
men zugelassen.

Bei den natürlich vorkommenden Substanzen sind es nicht die Stoffe als solche,
sondern ihre zum Teil vielfach über das
natürliche Maß hinausgehenden Konzentrationen, die ihre Schädlichkeit für
Ökosysteme ausmachen. Anders verhält
sich dies bei den meisten organischen

Schadstoffen. Der größte Teil von ihnen
wurde synthetisiert und „großtechnisch"
hergestellt. Beispiel sind die PCB's (polychlorierte Biphenyle), eine Familie von
mehr als 100 Einzelverbindungen, die
vielfältige Funktionen in unserer modernen Welt haben. Sie werden in der Regel
nicht wieder aufbereitet, sondern als
Abfall u.a. in die Weltmeere entsorgt.

Im Rahmen des Teilprojektes „Historische
Entwicklung von Schadstoffen im Sedi-
ment" der Ökosystemforschung Schles-
wig-Holsteinisches Wattenmeer wurden
Sedimentkerne aus ungestörten
Sedimentationsgebieten des Watten-
meeres hinsichtlich der zeitlichen Abfolge
der Schadstoffdeposition untersucht.
Abbildung 159 zeigt beispielhaft, daß die
Konzentrationen von Schwermetallen mit
Beginn der Industrialisierung Mitte des
letzten Jahrhunderts deutlich über die
Hintergrundwerte des vorindustriellen
Zeitalters ansteigen (HÖCK & RUNTE

1992). Für organische Schadstoffe, die vielfach anthropogenen Ursprungs sind, tritt der Anstieg mit Beginn der industriellen Produktion etwa in den dreißiger Jahren dieses Jahrhunderts auf (Abb. 160). Heute sind diese organischen Stoffverbindungen überall im Wattenmeer anzutreffen.

Schwermetalle und organische Schadstoffe in Sedimentkernen

Die verfügbaren Daten über die Schadstoffbelastungen des Wattenmeeres sind unzureichend. In Deutschland stützt sich die wissenschaftliche Erkenntnis beinahe ausschließlich auf die Messungen des Bund-Länder-Meßprogrammes (BLMP). Im Schleswig-Holsteinischen Wattenmeer wurde bisher regelmäßig an zwölf Probepunkten gemessen: an fünf Stellen im Wasser, an weiteren fünf Stellen im Sediment und an zwei Lokalitäten in Miesmuscheln. Die nationalen Meßprogramme der drei Wattenmeeranrainerstaaten liefern nur geringe Datenmengen. Trendaussagen über Nähr- und Schadstoffe sind daher kaum möglich.

9.2 Politische Zielsetzung

Auf der 2. Internationalen Nordseeschutzkonferenz (1987) in London haben die Anrainerstaaten der Nordsee erklärt, daß sie die Einleitung einer Reihe von Schadstoffen bis 1995 um etwa 50 % oder mehr reduzieren wollen. Basis für die Einleitungen sind die Daten des Qualitätszustandsberichtes Nordsee aus dem Jahr 1985 (ICES 1987). Auf der 3. Nordseeschutzkonferenz 1990 in Den Haag wurden diese Vorgaben für die Einträge von Dioxinen, Quecksilber, Cadmium und Blei verschärft. Für diese Stoffe sollten im Sinne der Vorsorge für das Ökosystem Nordsee die Einleitungen um 70 % oder mehr im genannten Zeitraum gesenkt werden.

Generell hat sich die Situation bei den Schwermetallen entspannt, während bei den Nährstoffen, insbesondere bei dem Eintrag von Stickstoffverbindungen, das gesteckte Ziel nicht erreicht wurde. Dazu kommen die nach wie vor bestehenden Probleme der Belastungen z.B. durch organische Verbindungen, Öleinträge und Fischerei (Abb. 161).

VI

Abb. 161 Einträge von Nähr- und Schadstoffen in die Nordsee. Unterschieden wurde zwischen Einträgen über die Flüsse, über Direkteinleitung und über die Atmosphäre (nach ICES 1987, 1993b).

Einträge von Nähr- und Schadstoffen in die Nordsee

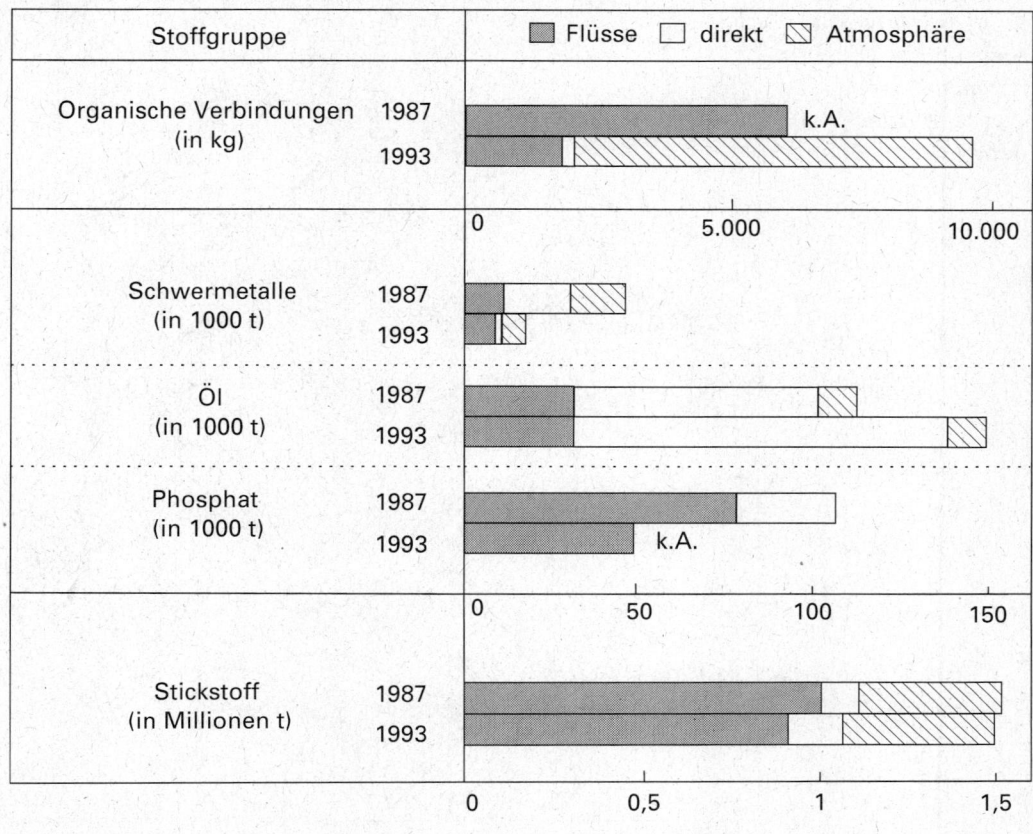

9.3 Nährstoffe

Über die Atmosphäre und über Flüsse gelangt aus einem großen Einzugsbereich (Abb. 162) die größte Menge an Nährstoffen in die Nordsee, die durch übermäßige Einleitung zu einem ernsthaften Problem werden (vergl. Kap. V 2.3). Am stärksten vertreten sind die Nährstoffe Phosphat und Stickstoffverbindungen (Stickoxide, Nitrit und Ammonium), die überwiegend aus Abwässern, Autoabgasen und aus der Landwirtschaft stammen. Der jährliche Gesamteintrag in die Nordsee beträgt ca. 60.000 t Phosphor und ca. 1.5 Millionen t Stickstoff (ICES 1993b).

Abbildung 161 gibt einen Vergleich der Nährstoffeinträge in die Nordsee aus den Qualitätszustandsberichten der Nordsee von 1987 und 1994. Die Datenbasis für die Berechnungen stammen aus 1985 bzw. 1990/1991.

Durch Maßnahmen in den Kläranlagen und den Ersatz von Phosphat-Waschmitteln ist eine generelle Reduzierung der Phosphorfrachten aus den Flüssen zwi-

schen 1980 und 1991 erreicht worden. Für Stickstoffverbindungen ist nur eine leichte Reduzierung der Einleitungen meßbar, die teilweise mit niedrigen Oberflächenwasserabflüssen vor allem aber mit nicht greifenden oder noch nicht getroffenen Maßnahmen bei den Hauptverursachern in Verbindung steht.

Die Nährstoffsituation hat sich also noch nicht entspannt. Zwar sind die geringeren Einträge von Phosphorverbindungen in den Flüssen nachweisbar, dies spiegelt sich aber noch nicht im Wattenmeer wieder. Besorgniserregend ist, daß das N/P-Verhältnis immer weiter ansteigt. Effekte der Verschiebung des N/P-Verhältnisses auf das Ökosystem sind derzeit nicht klar abzusehen.

Die Zeichen für eine Eutrophierung („Überdüngung") des Wattenmeeres sind deutlich. Abbildung 163 gibt einen Überblick über die schleswig-holsteinischen Einträge in die Nordsee. Diese gelangen zum Teil unmittelbar in das Wattenmeer.

Der jährliche Gesamteintrag in die Nordsee beträgt ca. 60.000 t Phosphor und ca. 1.5 Millionen t Stickstoff

Abb. 162 Wassereinzugsbereiche der drei großen in das Wattenmeer mündenden Flüsse Elbe, Weser und Ems. Ebenfalls dargestellt ist das Wassereinzugsgebiet des Rheins.

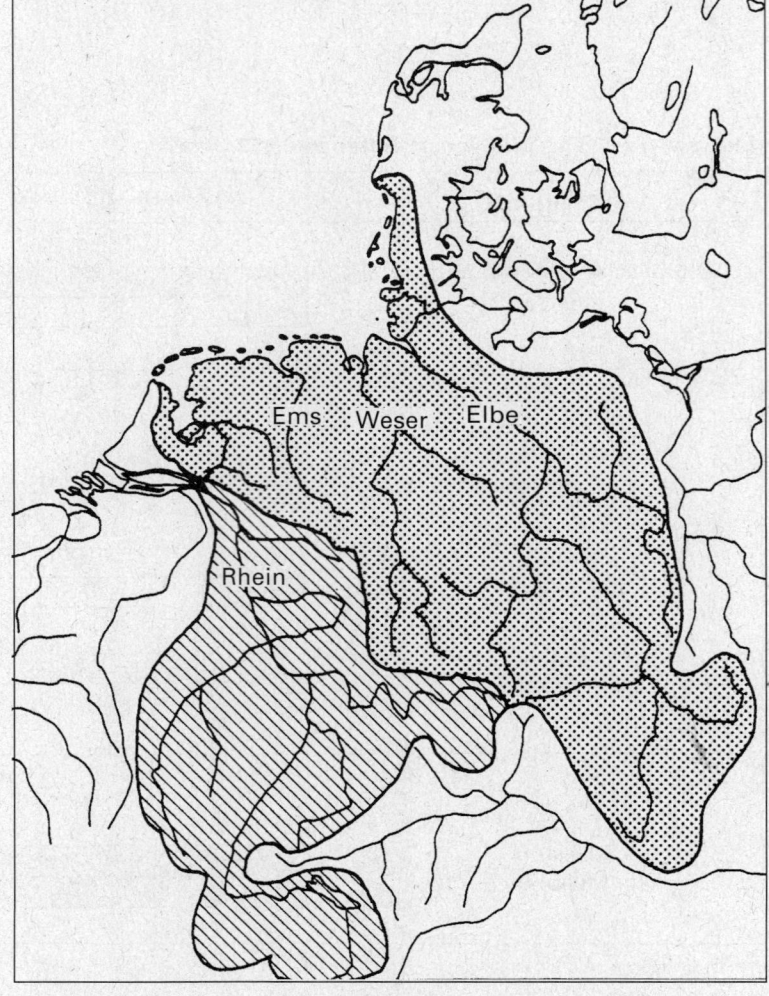

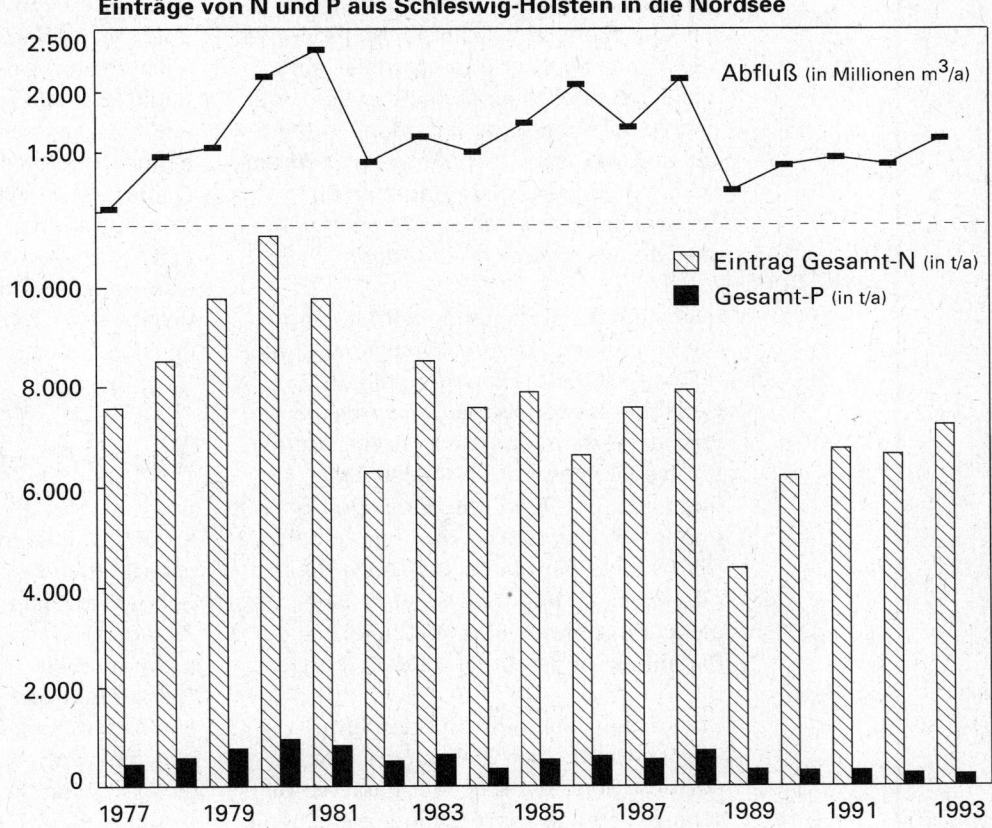

*Abb. 163
Eintrag von Ge-
samt-Stickstoff und
Gesamt-Phosphor
über die Flüsse
Schleswig-
Holsteins in die
Nordsee im Zeit-
raum von 1977 -
1993 (MNU &
MELFF 1995).*

Einträge von N und P aus Schleswig-Holstein in die Nordsee

Abfluß (in Millionen m³/a)

Eintrag Gesamt-N (in t/a)
Gesamt-P (in t/a)

9.4 Schadstoffe

9.4.1 Metalle

Metalle sind natürliche Bestandteile der Meeresumwelt. Natürliche Hintergrundkonzentrationen im Wasser, in Sedimenten sowie in Flora und Fauna variieren von Gebiet zu Gebiet, je nach Grad der Mineralisierung und anderer lokaler Bedingungen. Die Einträge von Metallen durch Flüsse und durch direkte Abläufe vom Land enthalten einerseits einen natürlichen, andererseits aber auch einen vom Menschen verursachten Anteil. Dieser stammt aus industriellen, urbanen und anderweitigen Quellen. Desweiteren stellen auch atmosphärische Einträge eine Quelle bestimmter Metalle, insbesondere von Blei, Cadmium und Quecksilber dar.

In den meisten Küstengebieten haben sich die Einträge von Metallen offensichtlich verringert. Ein signifikanter Abwärtstrend kann jedoch lediglich in einigen außerhalb des Wattenmeeres liegenden Bereichen festgestellt werden:

▶ bei Einträgen von der englischen Ostküste im Zeitraum zwischen 1975 und 1990;
▶ bei Einträgen in den Ärmelkanal im gleichen Zeitraum mit Ausnahme von Zink;
▶ bei Einträgen von Cadmium und Quecksilber aus dem Rhein/der Maas zwischen 1980 und 1990 und
▶ bei Einträgen von Cadmium aus der Schelde im Zeitraum 1985 bis 1990 (ICES 1993b).

Klare Schlußfolgerungen können in den meisten anderen Fällen aufgrund der Auswirkungen von Änderungen der Analysemethoden, allgemein fehlender Meß- und Reproduktionsgenauigkeit im Zusammenhang mit den Probeentnahme-, Analyse- und Eintragsabschätzungsmethoden sowie einer hohen natürlichen Schwankungsbreite nur schlecht gezogen werden.

Auch wenn sich Konzentrationen unter dem Einfluß lokaler Einträge erhöhen können, so akkumulieren Metalle aufgrund ihres reaktiven Verhaltens und verschiedener Fällungsprozesse in der Regel nicht in der Wassersäule. Sie können jedoch in Organismen und an Schwebteilchen akkumulieren, insbesondere an feinkörnigem Material, welches sich schließlich in Sedimentationsgebieten ablagert. Konzentrationen gelöster Metalle in küstenfernen Regionen des Ärmelkanals und der Nordsee sind in der Regel höchstens doppelt so hoch wie die typischerweise in den offenen atlantischen Gewässern vorgefundenen Konzentrationen. Zuverlässige Angaben über Tendenzen in den Konzentrationen gelöster Metalle sind nicht verfügbar.

In küstenfernen Regionen wird im allgemeinen nur ein geringer Belastungsgrad festgestellt. Eine Ausnahme bilden Sedimentationsgebiete. So wurde z.B. bei Blei festgestellt, daß die Konzentrationen im Seegebiet vor der Nordostküste Englands, im "Tail End" der Doggerbank und in der Norwegischen Rinne deutlich erhöht sind. Für die Norwegische Rinne gibt es deutliche Hinweise auf eine seit etwa 200 Jahren während Zunahme der Bleiablagerungen (ICES 1993b).

Die Konzentrationen von Cadmium, Chrom, Kupfer und Zink in Sedimenten aus dem Zentralbereich der niederländischen Küstengewässer gingen zwischen 1981 und 1991 deutlich zurück. Angaben über Entwicklungstendenzen in bezug auf die Belastung von Sedimenten aus anderen Gebieten sind jedoch nicht verfügbar (CWSS 1993).

Metalle akkumulieren in Meeresorganismen

Metalle akkumulieren in Meeresorganismen wie z.B. Fischen, Muscheln und Krustentieren, Seevögeln und Meeressäugetieren. Von den Angaben über Schadstoffmengen in Tieren und Pflanzen sind nur einige für eine genaue Einschätzung der Entwicklungstendenzen geeignet.

Das sich ergebende Bild ist jedoch im allgemeinen ermutigend. Die meisten im Qualitätszustandsbericht 1987 berichteten Abwärtstrends von Metallkonzentrationen in Tieren und Pflanzen der Nordsee haben sich grundsätzlich fortgesetzt. In einigen Gebieten jedoch wurden erhöhte Konzentrationen festgestellt, wie z.B. Zink in Miesmuscheln und Blei in Flundern aus dem Elbemündungsgebiet (CWSS 1993).

Ein Rückgang der Metallkonzentrationen bei Tieren und Pflanzen aus dem Wattenmeer konnte aber bislang nicht festgestellt werden.

Mit Ausnahme von Quecksilber in Flundern und Aalen aus der Elbe und ihrem Mündungsgebiet überstiegen die Metallkonzentrationen in kommerziell vermarkteten Arten von Fischen oder Muscheln und Krustentieren in keinem der untersuchten Nordseegebiete die für den Schutz der Gesundheit des Menschen aufgestellten nationalen Grenzwerte. In einigen Gebieten des Wattenmeeres in Niedersachsen jedoch überschritten die Konzentrationen bestimmter Metalle in nicht für gewerbliche Zwecke genutzten Miesmuschelbänken diese Gesundheitsgrenzwerte (CWSS 1993).

9.4.2 Polyzyklische aromatische Kohlenwasserstoffe

Zu den Quellen polyzyklischer aromatischer Kohlenwasserstoffe (PAK) zählen die Schiffahrt, küstenferne Aktivitäten im Zusammenhang mit der Erdöl- und der Erdgasgewinnung, die Verbrennung fossiler Energieträger und andere industrielle Aktivitäten. Der Beitrag natürlicher Ursachen (z.B. Waldbrände und vulkanische Aktivität) ist aufgrund fehlender Angaben über Einträge polyzyklischer aromatischer Kohlenwasserstoffe nicht genau festzustellen (ICES 1993b).

Hohe Konzentrationen an polyzyklischen aromatischen Kohlenwasserstoffen in Sedimenten wurden in Flußmündungsgebieten sowie in einigen küstenferneren Gebieten, wie z.B. der Doggerbank, dem Kattegat, dem Skagerrak und der Norwegischen Rinne, festgestellt. Das Vorkommen in der Norwegischen Rinne weist auf die wichtige Rolle hin, die der weiträumige Transport von PAK's durch die Atmosphäre sowie der Transport und die Ablagerung von feinem Sedimentmaterial bei der Verbreitung spielen.

9.4.3 Beständige organische Schadstoffe

Es gibt eine große Zahl synthetischer organischer Verbindungen, die in der Meeresumwelt beständig (persistent), d.h. schlecht abbaubar sind, und die in erster Linie durch atmosphärische Ablagerungen, Einträge durch Flüsse sowie durch Sickerwasser aus undichten Mülldeponien entlang der Küsten in die Nordsee gelangen. Aufgrund einer unzureichenden Datenlage können über diese Einträge keine Mengenangaben gemacht werden.

Große Mengen an PCB's und anderen organischen Schadstoffen, die in Sedimenten aus dem Skagerrak und dem Kattegat vorgefunden wurden, gehen auf großräumigen Transport und Ablagerung von PCB's aus der Atmosphäre zurück sowie auf die Sedimentation und Akkumulation von an Schwebteilchen gebundenen PCB's, die durch Wasserströmungen von Quellen weiter südlich in der Nordsee und aus der Ostsee herantransportiert wurden.

Bei synthetischen organischen Chemikalien, die schwer zu charakterisieren und in Proben aus dem Meer schwer chemisch zu bestimmen sind, muß das relative Risiko bewertet werden, das von verschiedenen Gruppen dieser Stoffe hinsichtlich Giftigkeit, Abbaubarkeit und Mengen ausgeht, wenn sie ins Meer bzw. Wattenmeer eingetragen werden.

Viele synthetische organischen Schadstoffe werden nur sehr langsam abgebaut und akkumulieren in den Nahrungsketten des Meeres

Viele der synthetischen organischen Schadstoffe werden nur sehr langsam (wenn überhaupt) abgebaut und akkumulieren in den Nahrungsketten des Meeres. Sie sind überall in der Nordsee im Wasser, in Sedimenten sowie in Tieren und Pflanzen anzutreffen. Die höchsten Konzentrationen treten im allgemeinen in marinen Tieren und Pflanzen auf und sind an Gewebefett gebunden. Dies wiederum wirkt sich auf am Ende der Nahrungsketten stehende Tiere aus, die große Fettreserven ansammeln, wie z.B. die Meeressäuger.

Auch wenn der Großteil der bislang identifizierbaren beständigen organischen Schadstoffe, wie z.B. polychlorierte Biphenyle (PCB's), Hexachlorcyclohexan (HCH) und Dichlor-diphenyl-trichlorethan (DDT) weit verbreitet ist, so liegen die Konzentrationen in der Nähe größerer Verursacher und in Sedimentations-

gebieten deutlich höher (ICES 1993b). Es gibt nur wenig Informationen über zeitliche Belastungsentwicklungen (-trends). In mehreren Gebieten (südliche Nordsee, Ärmelkanal und niederländische Küstengebiete) ist jedoch eine abnehmende Tendenz der PCB-Konzentrationen für einige Tierarten festgestellt worden.

Die Schadstoffbelastung von Silbermöwen von Trischen wird seit 1989 untersucht. Die Quecksilberbelastung und die Konzentrationen an chlorierten Kohlenwasserstoffen gingen von 1989 bis 1993 zwar mehr oder weniger stark zurück, sind aber weiterhin besorgniserregend, insbesondere was die PCB's betrifft. Die Eier der Vögel von Trischen sind durchweg stärker belastet als die der Vögel von Mellum (Niedersachsen), bei Quecksilber um den Faktor 2,5 bis 4. Offenbar werden auf Trischen die hohen Einträge über die Elbe deutlich, die sich mit der Strömung im Elbmündungsbereich überwiegend nordwärts verteilen (HÄLTERLEIN 1996).

PCB-Konzentrationen in den Lebern von Fischen sind im nördlichen Teil der Nordsee im allgemeinen geringer als in denen von Fischen aus der südlichen Nordsee und aus Teilen des Ärmelkanals (ICES 1993b).

VI

Leberschädigungen bei Flundern

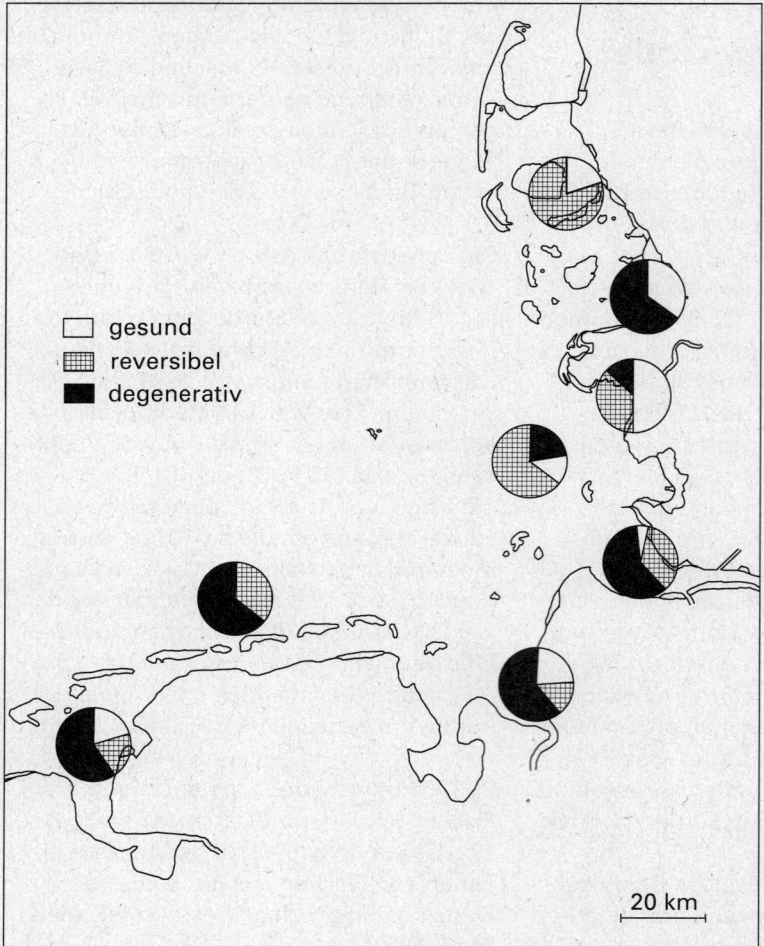

gesund
reversibel
degenerativ

20 km

*Abb. 164
Schweregrade der
Leberschädigung
bei Flundern aus
verschiedenen Re-
gionen des Watten-
meeres im Septem-
ber 1989, darge-
stellt als Anteile
der Individuen mit
gesunder sowie
reversibel und ver-
mutlich degenera-
tiv geschädigter
Leber (WAHL et al.
1995).*

9.4.4 Auswirkungen von Schadstoffen auf Fische

Veränderungen der Umwelt, hervorgerufen durch Schadstoffbelastungen, spiegeln sich in den Meeresorganismen auf
verschiedenen Ebenen der biologischen
Organisation wieder (UBA 1993). Erste
Reaktionen finden in den Zellen des
zentralen Stoffwechsel- und
Entgiftungsorganes Leber statt. Durch
erhöhte Um- und Abbauleistungen der
Zelle werden Eiweißmoleküle zu komplexen Verbindungen zusammengebaut, die
in der Lage sind, die in die Zellen eindrin-
genden Giftstoffe (Metalle, Chlor-
kohlenwasserstoffe etc.) zu binden (Abb.
164).

Blasenartige Zellorganellen (Lysosomen),
die als "Mülleimer" für Gifte und ihren
Abtransport aus der Zelle dienen, werden
vermehrt gebildet. Diese Vorgänge führen
zu einer erhöhten Entgiftungsleistung der
Zellen als Anpassung an die Einwirkung
von Schadstoffen. Bei langandauernder
Einwirkung oder einer plötzlich erhöhten
Schadstoffkonzentration kommt es zur
Überforderung dieser Schutzmechanismen und einer Ausbreitung der
Schäden in der Zelle und im Zellverband,
dem Organ. Bei fortgesetzter Schädigung
ist der gesamte Organismus betroffen. Im
weiteren Verlauf können Schäden in der
Population und langfristig in den Lebensgemeinschaften des Meeres auftreten. Die
Entgiftungsreaktionen haben auf jeder
Stufe das Ziel, die toxischen Wirkungen
abzufangen, um eine weitere Ausbreitung
der Schäden zu verhindern (Abb. 165 und
Abb. 166).

Eine Beifanguntersuchung der Krabbenkutter des Wattenmeeres erbrachte, daß
von ca. 124.000 Fischen 6 % als krank
diagnostiziert wurden, zwischen einzelnen
Fischarten, Größengruppen, Jahreszeiten
und Regionen bestanden große Unterschiede. Berücksichtigt wurden nur Fische
ab 12 cm Länge, was bei den meisten
Arten einem Alter von mindestens einem
Jahr entspricht. Bei Fischen ab 20 cm
Länge stieg die Rate der Fische mit
Krankheitssymptomen auf 13 % an (Abb.
167 und Abb. 168). Flunder, Kabeljau, Stint
und Kliesche sind mit 7 bis 8 % am
häufigsten erkrankt. Bei Wittling, Seezunge und Scholle liegen die Befallsraten
unter 3 % (UBA 1993).

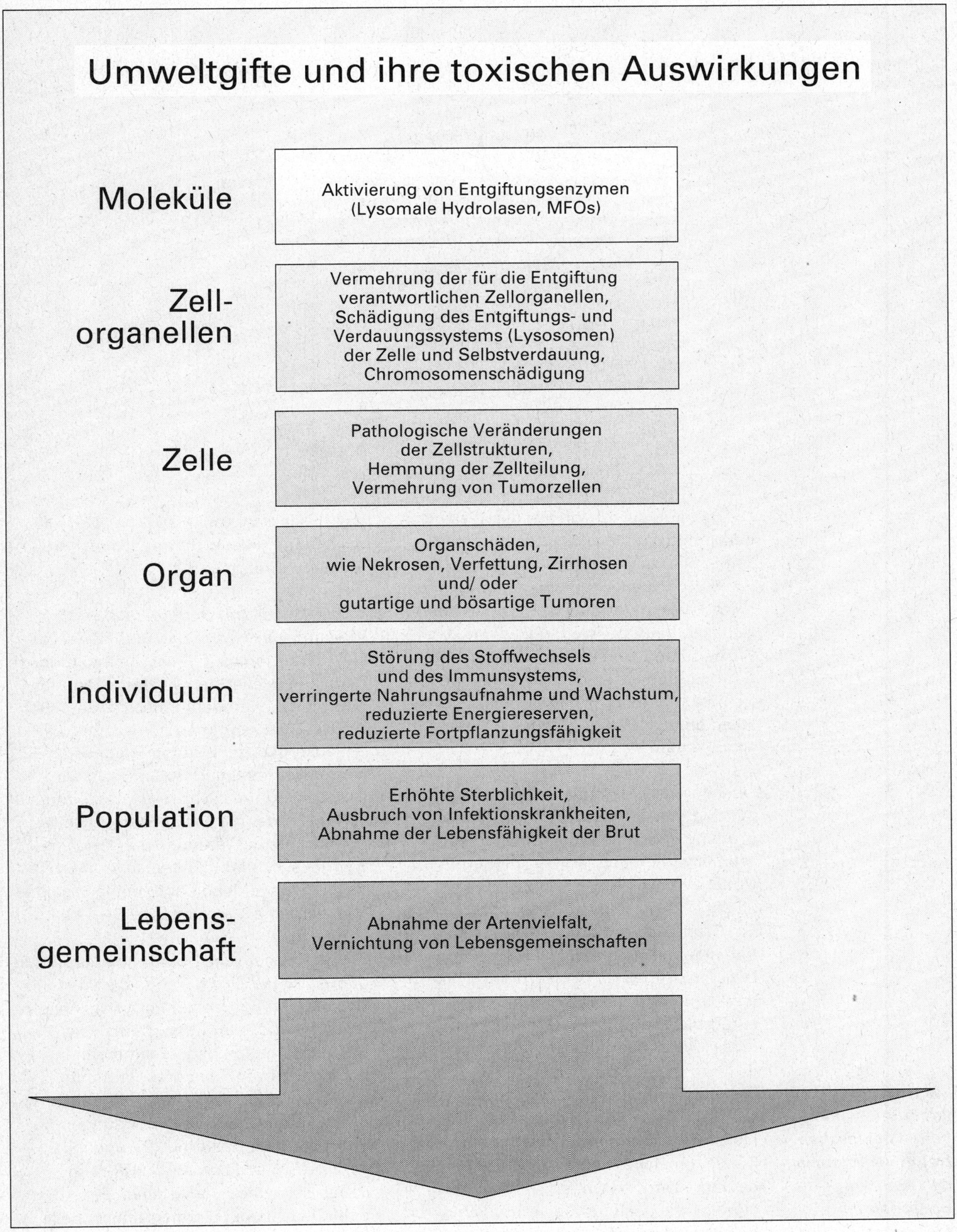

Umweltgifte und ihre toxischen Auswirkungen

Moleküle

Aktivierung von Entgiftungsenzymen
(Lysomale Hydrolasen, MFOs)

Zell-organellen

Vermehrung der für die Entgiftung
verantwortlichen Zellorganellen,
Schädigung des Entgiftungs- und
Verdauungssystems (Lysosomen)
der Zelle und Selbstverdauung,
Chromosomenschädigung

Zelle

Pathologische Veränderungen
der Zellstrukturen,
Hemmung der Zellteilung,
Vermehrung von Tumorzellen

Organ

Organschäden,
wie Nekrosen, Verfettung, Zirrhosen
und/ oder
gutartige und bösartige Tumoren

Individuum

Störung des Stoffwechsels
und des Immunsystems,
verringerte Nahrungsaufnahme und Wachstum,
reduzierte Energiereserven,
reduzierte Fortpflanzungsfähigkeit

Population

Erhöhte Sterblichkeit,
Ausbruch von Infektionskrankheiten,
Abnahme der Lebensfähigkeit der Brut

Lebens-gemeinschaft

Abnahme der Artenvielfalt,
Vernichtung von Lebensgemeinschaften

VI

*Abb. 165
Umweltgifte und
ihre toxischen
Auswirkungen
(UBA 1993).*

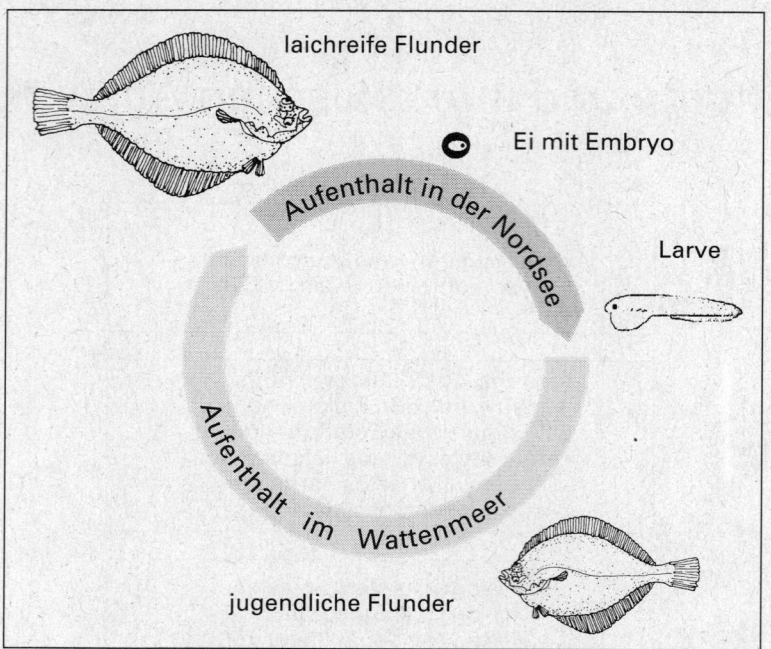

Abb. 166
Lebensphasen der
Flunder (UBA 1993,
verändert).

laichreife Flunder

Ei mit Embryo

Larve

Aufenthalt in der Nordsee

Aufenthalt im Wattenmeer

jugendliche Flunder

Die meisten der 20 von Fischen bislang bekannten Krankheitsformen treten so selten auf, daß regionale Unterschiede in der Befallsrate nicht eindeutig erkennbar sind. Skelettdeformationen, wie der beim Kabeljau häufige Zwergwuchs durch Wirbelsäulenverkürzung, oder die beim Stint häufige Kiemendeckelverkürzung treten entlang der gesamten Wattenmeerküste ohne auffällige regionale Unterschiede auf.

Üblicherweise liegt die Deformationsrate der Skelette der Fische in einer Größenordnung von 1 %. Beim Kabeljau jedoch schnellt sie im Frühjahr sprunghaft in die Höhe, in einzelnen Fängen werden dann 30 bis 40 % Tiere mit Zwergwuchs gezählt. Ein Grund ist vermutlich, daß gesunder Kabeljau bei steigender Wassertemperatur in tiefere Regionen der Nordsee abwandern, während die verkrüppelten Tiere zurückbleiben. Die eigentliche Ursache dieser Deformation ist noch unbekannt.

Die meisten Infektionskrankheiten bei Fischen treten vor allem in den Mündungsbereichen der Flüsse auf

Die meisten Infektionskrankheiten treten vor allem in den Mündungsbereichen der Flüsse Elbe, Eider und Weser gehäuft auf. Dies gilt gleichermaßen für die virusbedingte Lymphocystis-Krankheit der Flunder wie auch für die vermutlich durch Bakterien hervorgerufene Gelbe Pest des Kabeljaus sowie die Geschwürkrankheit und die Flossenfäule bei der Flunder (UBA 1993).

Welche Rolle erhöhte Schadstoffkonzentrationen sowie natürliche hydrographische Faktoren im einzelnen als Krankheitsauslöser für äußerlich erkenn-

bare Fischkrankheiten spielen, läßt sich auch heute noch nicht mit ausreichender Sicherheit beurteilen.

Vergleichsuntersuchungen aus anderen Küstengewässern zeigen, daß äußerlich sichtbare Krankheiten und hochpathogene Parasiten in aller Regel weniger häufig auftreten als im Wattenmeer (UBA 1993). Als Ursachen kommen hohe Nähr- und Schadstoffkonzentrationen genauso in Frage wie Vögel und Robben, die als Überträger von Fischparasiten in Betracht kommen oder die Tatsache, daß große Raubfische im Wattenmeer weitgehend weggefischt sind und kranke Kleinfische deshalb länger leben und häufiger gefangen werden als anderswo (UBA 1993).

Einige synthetische organische Verbindungen, einschließlich der PCB's, sind mit Beeinträchtigungen der Fortpflanzungsfähigkeit und des Immunsystems von Meeressäugetieren in Zusammenhang gebracht worden. Laborexperimente haben außerdem ergeben, daß verschiedene organische Chlorverbindungen (insbesondere Dieldrin, DDT und in geringerem Umfang auch PCB's) im Eierstockgewebe von Fischen den Schlupferfolg bei Eiern empfindlicher Fischarten verringern (BMU 1994).

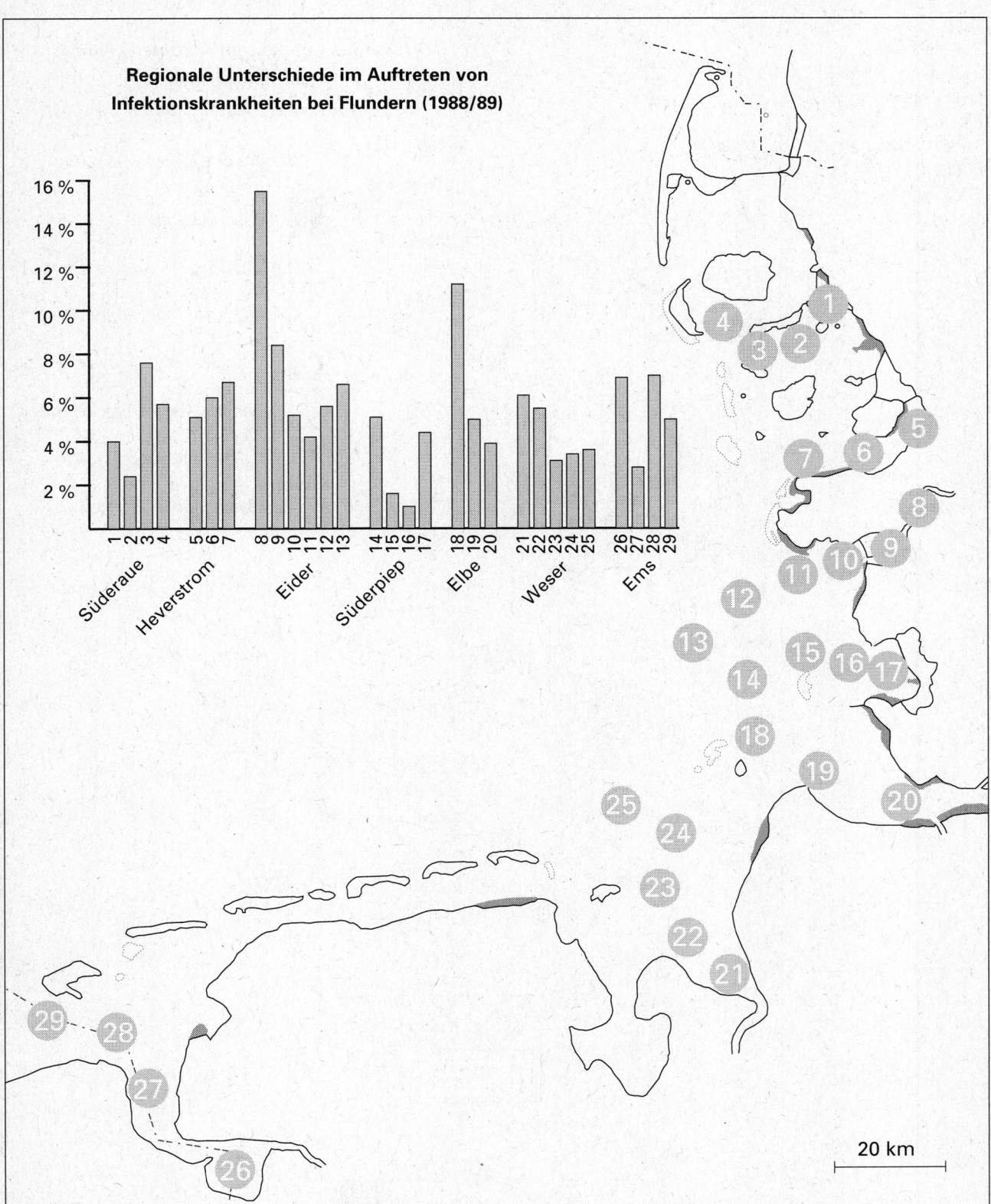

Abb. 167
Regionale Unter-
schiede im Auftre-
ten von Infektions-
krankheiten bei
Flundern (1988/89)
(UBA 1993, verän-
dert).

Abb. 168
Schwerpunkt-
gebiete im Auftre-
ten häufiger
Fischkrankheiten
im Wattenmeer
(1988/89) (UBA
1993, verändert).

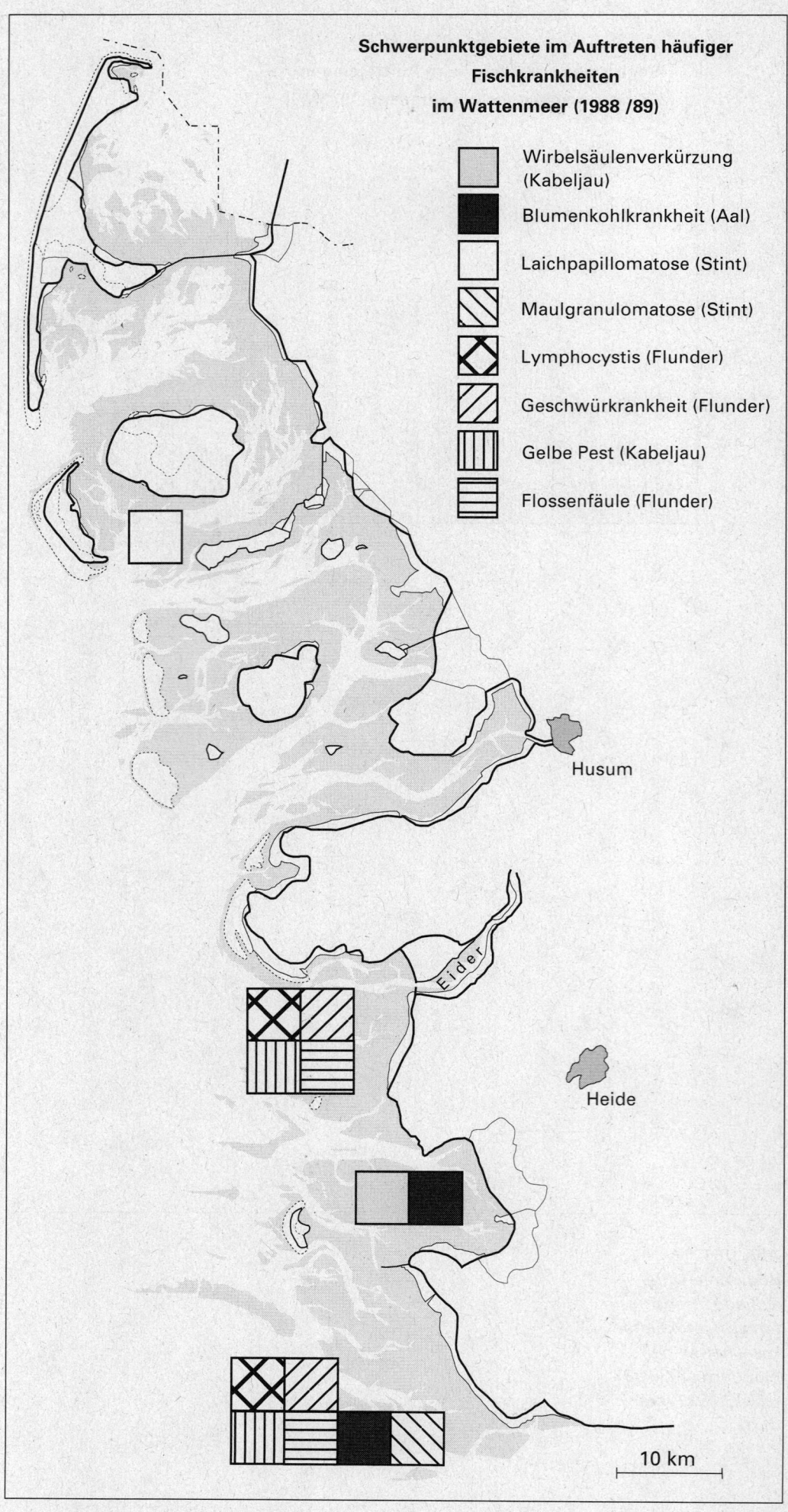

Schwerpunktgebiete im Auftreten häufiger Fischkrankheiten im Wattenmeer (1988 /89)

Wirbelsäulenverkürzung (Kabeljau)

Blumenkohlkrankheit (Aal)

Laichpapillomatose (Stint)

Maulgranulomatose (Stint)

Lymphocystis (Flunder)

Geschwürkrankheit (Flunder)

Gelbe Pest (Kabeljau)

Flossenfäule (Flunder)

Husum

Eider

Heide

10 km

9.4.5 Tributylzinn

Der Einsatz von Tributylzinn in bewuchshemmenden Anstrichen für Schiffe hat zur Verunreinigung von Häfen geführt (BMU 1993). Tributylzinn wirkt bei Weichtieren bereits in geringen Konzentrationen schädigend. Die Purpurschnecke (*Nucella lapillus*), die Pazifische Auster (*Crassostera gigas*) und die Strandschnecke (*Littorina littorea*) sind empfindliche Indikatoren (ICES 1993b, LOZAN et al. 1994a). Purpurschnecken weisen bereits bei geringsten Konzentrationen Veränderungen des Reproduktionsprozesses auf. Sie sind während der letzten zehn Jahre aus verschiedenen Gebieten, einschließlich der südlichen Bucht der Nordsee verschwunden (ICES 1993b).

In einigen britischen Flußmündungsgebieten konnte in der Nähe von Yachthäfen in der Folge eines Verwendungsverbots von Farben auf Tributylzinn-Grundlage ein deutlicher Rückgang der Tributylzinnkonzentrationen und eine Regeneration der jeweiligen Biotope beobachtet werden. Dennoch sind die Konzentrationen in einigen Hafen- und Dockgebieten nach wie vor hoch (ICES 1993b).

9.4.6 Erdöl-kohlenwasserstoffe

Verölte Seevögel werden seit Einstellung der kostenlosen Ölentsorgung wieder vermehrt gefunden

Erdölkohlenwasserstoffe stammen aus Einträgen durch Flüsse und Abflüsse vom Land, der Offshore-Förderung von Öl und Gas einschließlich der Einbringung von Bohrklein und Produktionswasser und unvollständiger Verbrennung beim Abfackeln von Lagerstätten sowie aus der Schiffahrt. Die Einträge in die Nordsee sind hauptsächlich auf Unfälle, illegale Ableitungen von Schiffen und die Einbringung von Bohrklein sowie von Produktionswasser aus der Öl- bzw. Gasgewinnung zurückzuführen. Die Gesamtmenge eingeleiteten Öls durch die Offshore-Industrie läßt für den Zeitraum 1984 bis 1990 keine klaren Entwicklungstendenzen erkennen, auch wenn der Teil des Öls, der mit dem Wasser aus der Öl- bzw. Gasgewinnung eingeleitet wird, zugenommen hat. Der Großteil beobachteter Ölteppiche ist auf die Hauptschiffahrtsrouten begrenzt.

Ein beträchtlicher Teil des Meeresgrundes der Nordsee wird durch ölhaltiges Bohrklein beeinträchtigt. Während in den nur wenig beeinträchtigten Gebieten eine Regeneration der Bodentiere innerhalb von zwei bis drei Jahren festzustellen ist, können beim Makrozoobenthos in stark verschmutzten Gebieten auch noch bis zu sechs Jahre nach Beendigung der Einbringung ölverschmutzten Bohrkleins keine Zeichen von Erholung festgestellt werden. Mit Rohöl verunreinigte Fische wurden noch in großer Entfernung von den Ölförderplattformen vorgefunden (ICES 1993b).

9.4.7 Seevögel als Ölopfer

Öl, das in erster Linie aus der Schiffahrt stammt, aber auch auf unvollständige Gasabfackelungen zurückgeht, verursacht Ölteppiche, die zur Verölung und zum Tod der betroffenen Seevögel führen können.

Mit dem Abschluß des Projektes „Seevögel als Ölopfer" des Umweltbundesamtes endete 1992 vorerst die zehnjährige bundesweite Erfassung von verölten Seevögeln in der Deutschen Bucht (VAUK et al. 1987, AVERBECK et al. 1993). Seitdem werden diese Zählungen vor allem auf freiwilliger Basis auf insgesamt 23 Strecken als Teil des trilateralen Monitorings weitergeführt (Abb. 169).

Obwohl gestrandete Ölopfer ganzjährig zu finden sind, werden die meisten verölten Vögel in den Wintermonaten registriert. Dies liegt daran, daß die Gefahr einer Verölung für Vögel im Winter größer als im Sommer ist, da sich einerseits zu dieser Zeit mehr Vögel in der Deutschen Bucht aufhalten und andererseits die Auswirkung einer Verölung bei niedrigen Außentemperaturen stärker ist (REINEKING & VAUK 1982).

Überdies sind Winterdaten auch zuverlässiger als Daten aus dem gesamten Jahr, da Strände vielerorts im Sommer vom Angespül geräumt werden und somit ein falsches Bild liefern. Die Winterperiode (etwa Oktober bis März) bildet daher für Spülsaumfunde und Verölungen einen repräsentativen Zeitraum.

Die seit 1993 fortgeführten Untersuchungen zeigen, daß im Zeitraum vom Januar 1993 bis Dezember 1994 insgesamt 4.991 Individuen von 100 Vogelarten auf den Kontrollstrecken im Spülsaum tot gefun-

Lage der Spülsaumkontrollstrecken

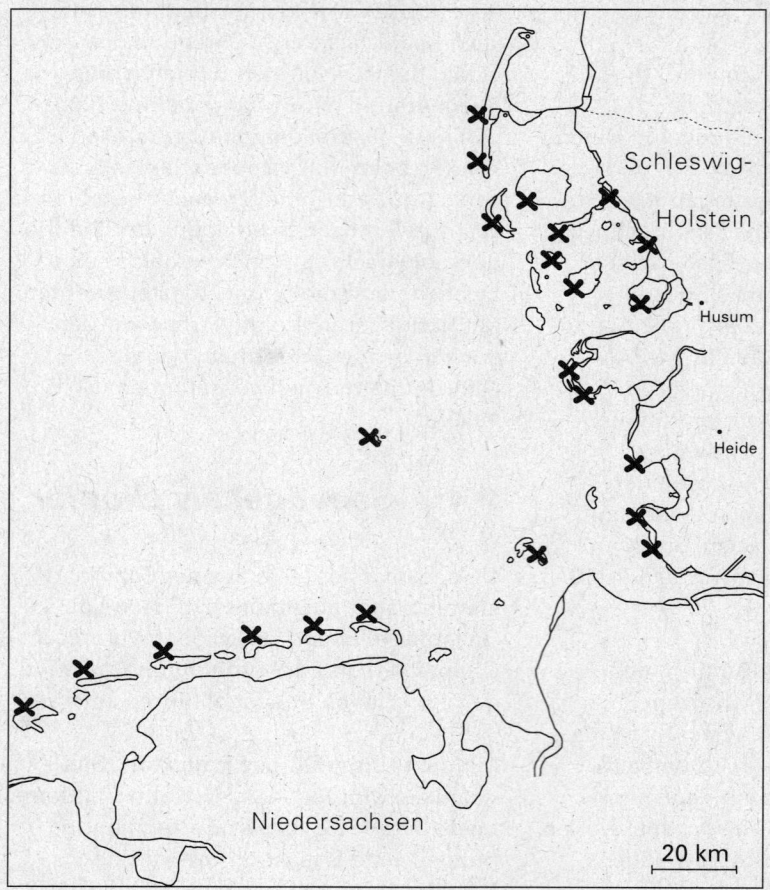

Vier Hochseearten (Trottellumme, Tordalk, Dreizehenmöwe und Eissturmvogel) und zwei Meeresenten-Arten (Eiderente und Trauerente) stellten knapp 87 % aller Ölopfer. Die Verölungsrate aller Arten nahm von 28,1 % (1992/93) auf 47,1 % (1993/94) zu. Die Verölungsrate der Hochseearten, die durch ihre Lebensweise am stärksten betroffen sind, nahm von 44,1 % im Winter 1992/93 auf 71,8 % im Winter 1993/94 zu.

Der Verlauf der Verölungsraten aller Arten über mehrere Jahre zeigt einen Rückgang bis 1990/91, danach jedoch eine Steigerung (Abb. 170). Die Verölungsrate des Winters 1993/94 ist der zweithöchste Wert der Zehnjahresperiode und wurde nur vom Winter 1985/86 übertroffen (FLEET et al. 1995).

AVERBECK et al. (1993) vermuten einen Zusammenhang zwischen dem anfänglichen Rückgang der Verölungsrate und der 1988 in allen deutschen Häfen eingeführten kostenlosen Ölentsorgung (vergl. GIS-Karte 37).

Die bei FLEET et al. (1995) dargestellten Ergebnisse deuten auf eine erneute Zunahme der Verölungen von Vögeln in der Deutschen Bucht und folglich auf erhöhte Öleinleitungen in der südlichen Nordsee hin. Diese Vermutung wird von den registrierten Meldungen über Gewässerverschmutzungen in der Nordsee (Abb. 171) bestätigt. Die Anzahl der Meldungen zeigt in den letzten Jahren eine deutliche Zunahme.

Abb. 169
Lage der Kontroll-
strecken für
Spülsaum-
untersuchungen
(FLEET et al. 1995).

den wurden. Nahezu alle Ölopfer waren See-, Wasser- und Watvögel. Häufigste Art war die Trottellumme (ca. 50 % aller Ölopfer). Einen Vergleich der Verteilung der häufigst verölten Vogelarten aus den Jahren 1993 und 1994 mit denen der Periode 1988 bis 1992 zeigt Tabelle 36.

Seit 1991 ist die Ölentsorgung in Schleswig-Holstein kostenpflichtig. In Hamburg wurde die kostenlose Entsorgung ebenfalls beendet. Die Entsorgung von ölhaltigen Rückständen in Bremen und Niedersachsen ist nach wie vor kostenlos. Die registrierten Entsorgungsmengen in den Häfen Schleswig-Holsteins haben nach Aufhebung der kostenlosen Entsorgung abgenommen. Dies hängt jedoch möglicherweise mit einer Reduzierung der Wasseranteile der abgegebenen Mengen zusammen. Es ist bisher nicht eindeutig nachweisbar, ob die Umstellung auf das Verursacherprinzip für die Steigerung der Verölungsraten ab 1992/93 verantwortlich ist. Brennstoffrückstände aus dem Schiffsbetrieb sind jedoch nach wie vor hauptverantwortlich für Gewässerverunreinigungen in der Deutschen Bucht (DAHLMANN et al. 1994).

Tab. 36: Die häufigsten Ölopfer bei Vögeln im Zeitraum 1993-1994 (% aller Ölopfer) im Vergleich zum Zeitraum 1988-1992 (FLEET et al. 1995).

Vogelart	1993 - 94	1988 - 92
	n= 619	n = 861
Trottellumme	48,3	52,8
Eiderente	12,4	5,9
Trauerente	11,1	1,9
Tordalk	6,6	10,9
Dreizehenmöwe	4,2	10,3
Eissturmvogel	4,2	2,0
Silbermöwe	2,3	3,1
Sterntaucher	2,1	1,2
Baßtölpel	1,3	1,2
Mantelmöwe	1,1	0,9

Abb. 170
Verölungsraten von
Totfunden aus den
Jahren 1984/85 bis
1993/94. Angege-
ben ist die
Verölungsrate in %
aller Totfunde
(FLEET et al. 1995).

Verölungsraten im Winter (%)

Legende:
- Alle Arten
- Trottellumme

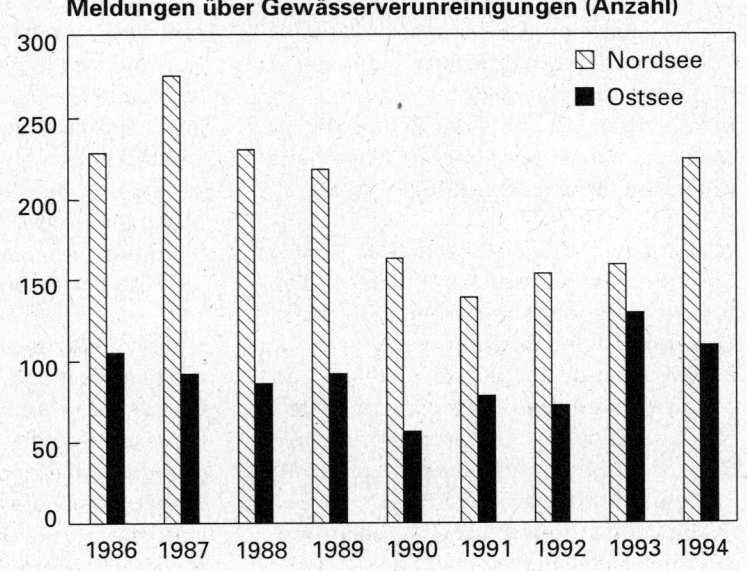

Abb. 171
Meldungen über
Gewässer-
verunreinigungen
in der Nord- und
Ostsee, registriert
beim Zentralen
Meldekopf von
1986 bis 1994.

Meldungen über Gewässerverunreinigungen (Anzahl)

Legende:
- Nordsee
- Ostsee

VI

10. Küstenschutz und Binnenlandentwässerung

Die Sicherung der Küste und die Binnenlandentwässerung haben in Schleswig-Holstein eine lange Tradition und sind Voraussetzung für die dauerhafte Besiedlung und wirtschaftliche Nutzung der Niederungsgebiete. Die Sicherung der Watt-, Insel- und Halligsockel, die im Interesse des Wohls der Allgemeinheit erforderlich ist, ist eine öffentliche Aufgabe des Landes. Dies gilt auch für das Vorland, soweit dies für die Erhaltung der Schutzfunktion der Deiche, die in der Unterhaltungspflicht des Landes stehen, erforderlich ist. Die Pflicht zur Sicherung der Küsten beschränkt sich auf den Schutz von im Zusammenhang bebauten Gebieten. Bestehende Verpflichtungen anderer bleiben unberührt (§ 63 Abs. 2 LWG).

Höchste Priorität im Küstenschutz genießt der Schutz der Menschen, ihrer Siedlungen, Wirtschaftsgüter und Infrastruktur

Die Maßnahmen des Küstenschutzes haben heute ihren Schwerpunkt in der Sicherung der Küstenlinie. Höchste Priorität genießt dabei der Schutz der Menschen, ihrer Siedlungen, Wirtschaftsgüter und Infrastruktur (MELFF 1990).

Aufgabe der Wasserwirtschaft im Rahmen der Binnenlandentwässerung ist es, die für die bestehenden Nutzungen in den Einzugsgebieten notwendigen Entwässerungsanlagen herzustellen und zu unterhalten. Darüberhinaus ist in den Niederungsbereichen der erforderliche Schutz vor Binnenhochwasser zu gewährleisten. Die weiteren wasserwirtschaftlichen Aufgaben wie der Gewässer- und Grundwasserschutz sowie die Wasserversorgung und Abwasserbehandlung werden in Kapitel IV. 7 behandelt.

10.1 Zielkonzeption

10.1.1 Ziele des Küstenschutzes

Die Ziele des Küstenschutzes sind im Landeswassergesetz und im Generalplan „Deichverstärkung, Deichverkürzung und Küstenschutz in Schleswig-Holstein" beschrieben (MELF 1963). Der Generalplan wurde 1977 und 1986 fortgeschrieben und aktualisiert. Die grundlegenden Aussagen der ersten Fassung behalten aber weiterhin volle Gültigkeit und werden durch die fortgeschriebene Planung nur ergänzt bzw. geändert. Der Generalplan ist mit seiner ersten Fortschreibung 1979 im Landesraumordnungsplan zum Planungsziel des Landes erklärt worden.

Der Generalplan ist das technische Konzept für den Küstenschutz in Schleswig-Holstein und legt die Grundsätze für den Aufbau eines Deich- und Küstenschutzes fest, zeigt die Notwendigkeit der Deichverstärkungen an der Nord- und Ostseeküste auf und begründet u.a. die einzelnen Maßnahmen (MELF 1977). Hinsichtlich der Planungen an der Nordseeküste waren 1977 im einzelnen vorgesehen:

▶ Die Verkürzung der Landesschutzdeiche auf dem Festland zwischen der dänischen Grenze und Hamburg um 42 %; darunter insbesondere die Abdämmung der Flußmündungen Eider, Stör, Krückau und Pinnau sowie die Vordeichungen in der Nordstrander und Meldorfer Bucht;
▶ die Verstärkung der übrigen Landesschutzdeiche in der vorhandenen Linienführung;
▶ der Ausbau von Deichverteidigungs- und Treibselabfuhrwegen an allen Landesschutzdeichen;
▶ der Ausbau von Küstenschutzanlagen im Deichvorland und vor scharliegenden Deichen einschließlich des Baues eines Sicherungsdammes vom Festland nach Pellworm;
▶ Küstenschutzmaßnahmen außerhalb der durch Landesschutzdeiche geschützten Küstenabschnitte insbesondere an den sandigen Inselküsten und auf den Halligen;
▶ Die Lösung von Problemen der Entwässerung und der Hochwasserentlastung in Verbindung mit Deichverkürzungen (z.B. Sperrwerke, Speicherbecken im Watt und Verkürzungen der Sielaußentiefs).

Die Ziele des Küstenschutzes sind im Landeswassergesetz und im Generalplan „Deichverstärkung, Deichverkürzung und Küstenschutz in Schleswig-Holstein" beschrieben

Rund 60 % der Ziele des Generalplanes konnten bis 1976 verwirklicht werden. Dies betraf insbesondere die mündungsnahen Abdämmungen der vier großen Tideflüsse Eider, Stör, Krückau und Pinnau, Deichbegradigungen und Deichverkürzungen sowie Vordeichungen an der Nordküste Eiderstedts, in Dithmarschen sowie an der Elbe bei Glückstadt. Zehn Jahre später konnten bis zur zweiten Fortschreibung des Generalplanes an der Westküste weitere Verstärkungen und Verkürzungen der Landesschutzdeiche durchgeführt werden (MELF 1986). Dies betrifft Vordeichungen in der Tonderner Marsch und in der Meldorfer Bucht sowie Deichverstärkungen entsprechend der Planung in Nordfriesland, in Dithmarschen und an den Elbdeichen.

90 % der dringlichsten Maßnahmen des Generalplanes sind bereits erfüllt

Die geplante Vordeichung an der Nordstrander Bucht konnte im veranschlagten Planungszeitraum nicht fertiggestellt werden. Aufgrund der der Planung zugrundeliegenden Gutachten zur Vordeichung Nordstrander Bucht (MELF 1981) wurde die geplante Maßnahme zeitlich verschoben und auf eine Vordeichung vor der Hattstedter Marsch reduziert. 1989 fiel die Entscheidung der Rückstellung des Baus des Sicherungsdammes nach Pellworm um fünf Jahre. In diesem Zeitraum sollten etwaige hydrologische und morphologische Veränderungen durch die vollzogene Vordeichung klein- und großräumig untersucht und bewertet werden (MELFF 1990). Ein Abschlußbericht dieser Untersuchungen liegt dem MELFF vor und wird z.Zt. geprüft.

Eine wichtige Änderung in der Fortschreibung des Generalplanes war die Berücksichtigung des Naturschutzes und der Landschaftspflege im Sinne des Landschaftspflegegesetzes. Präzisiert wurde der „flächenhafte Küstenschutz" mit der geplanten Sicherung des Wattsockels mit Außensänden, Inseln, Halligen und den hohen Vorländern (MELF 1986).

Entsprechend der Fortschreibung des Generalplanes von 1986 sollen neben der geplanten Verstärkung der Landesschutzdeiche (GIS-Karte 31) alle Deiche dieser Kategorie auf ihrer Binnenseite einen drei Meter breiten, befestigten Deichverteidigungsweg und auf der Außenseite einen Treibselabfuhrweg erhalten. Vor den Deichen an der Westküste soll zudem ein mindestens 400 m breites, festes Deichvorland geschaffen werden. Dünen,

Strandwälle und Strände sollen nur dort gesichert werden, wo es zur Abwehr von Gefahren für Menschen erforderlich, wirtschaftlich und landschaftspflegerisch vertretbar sowie ohne Nachteile für benachbarte Küstenabschnitte möglich ist. Maßnahmen zur Sicherung der Wattsockel der nordfriesischen Inseln und Halligen sind ebenfalls geplant (MELFF 1990).

Aufgrund der nach Planung ausgeführten Küstenschutzarbeiten in den letzten Jahren – in Schleswig-Holstein sind derzeit 90 % der dringlichsten Maßnahmen des Generalplanes bereits erfüllt –, aber auch aufgrund der geänderten Bestimmungen des 1993 novellierten Landesnaturschutzgesetzes sowie vor dem Hintergrund der zunehmenden Einwirkung der Meeresenergie auf die Küste und der Möglichkeit einer weiteren Risikominimierung durch den Ausbau der zweiten Deichlinie ist eine Fortschreibung des Generalplanes in Bearbeitung (PROBST 1994).

10.1.2 Ziele der Binnenlandentwässerung

Die Schaffung einer ordnungsgemäßen Vorflut war bis Anfang der siebziger Jahre eine vordringliche Aufgabe. Ein Investitionsschwerpunkt der Wasserwirtschaft lag in der Gestaltung des Gewässernetzes nach den Erfordernissen einer unter ökonomischen Gesichtspunkten arbeitenden Landwirtschaft (KESTING 1993). Die großflächige Umgestaltung des Entwässerungsnetzes zur Beherrschung des Wasserandranges in den Küstenniederungen führte zu einer Erweiterung zahlreicher Entwässerungsanlagen und dem Neubau vieler Deichsiele. Zur schadlosen Abführung des anfallenden Niederschlagswassers wurden Schöpfwerke gebaut. In Schleswig-Holstein sind mit der Kombination von Speicherbecken und Schöpfwerken gute Erfahrungen gemacht worden (SCHERENBERG 1992). Bei einer solchen Lösung können die Betriebskosten des Schöpfwerkes gesenkt werden, weil nicht gegen hohe Tidewasserstände, sondern nur gegen die im Mittel niedrigeren Wasserstände im Speicherbecken gepumpt werden muß (KRAMER & ROHDE 1992). Bei der Eindeichung der Nordstrander Bucht wurde durch den Bau eines Speicherbeckens das Mündungsschöpfwerk der Arlau außer Betrieb genommen und durch ein neues

Siel im neuen Landesschutzdeich ersetzt (SCHERENBERG 1992). Das Mündungsschöpfwerk des Jelstroms entwässert seitdem in das hergestellte Speicherbecken.

Die seeseitig eines Landesschutzdeiches gelegenen Außentiefs sind insbesondere bei Sielentwässerung wichtiger Bestandteil der Binnenentwässerung. Obwohl die Unterhaltung der Außentiefs eine Aufgabe des Küstenschutzes ist, wird die Thematik hier im Zusammenhang mit der Binnenentwässerung abgehandelt. Der Bau von Schöpfwerken verhinderte zwar Überschwemmungen im Binnenland, führte aber auch dazu, daß die natürliche Räumungskraft der Außentiefs fehlt. Der Pumpbetrieb fördert letztlich die Verschlickung. Um für die Binnenlandentwässerung und die im Außentief häufig stattfindende Schiffahrt einen ausreichenden Querschnitt im Außentief zu erhalten und eine möglichst gestreckte Linienführung zu erzielen, werden die Außentiefs häufig mit ein- oder beidseitigen Leitdämmen oder Lahnungsbauwerken versehen (KRAMER & ROHDE 1992). Die Erhaltung der erforderlichen Abflußleistung der Außentiefs ist Teil der Gewässerunterhaltung, wird aber in der Regel im Rahmen von Küstenschutzarbeiten durchgeführt.

10.2 Organisationsstruktur und Aufgabenteilung

Das Land Schleswig-Holstein unterhält die Landesschutzdeiche

Die Durchführung des Wasserhaushaltsgesetzes und des Landeswassergesetzes ist eine staatliche Aufgabe der Wasserbehörden (§ 105 LWG):

▶ des Ministeriums für Natur und Umwelt sowie für Aufgaben des Küstenschutzes des Ministeriums für Ernährung, Landwirtschaft, Forsten und Fischerei jeweils als oberste Wasserbehörde;
▶ des Landesamtes für Natur und Umwelt (LANU; Abteilung IV – Gewässer) als obere Wasserbehörde, und
▶ der Landräte oder Bürgermeister der kreisfreien Städte sowie der Ämter für Land- und Wasserwirtschaft als untere Wasserbehörden.
Die Zuständigkeiten der Wasserbehörden regelt das Landeswassergesetz (§ 106 bis § 109).

Die wasserwirtschaftliche Planung des Landes wird von der obersten Wasserbehörde in Rahmen-, Bewirtschaftungs- und Abwasserbeseitigungsplänen konkretisiert und im Amtsblatt für Schleswig-Holstein bekanntgegeben. Die fachlichen Zielvorgaben sind in Schleswig-Holstein in den Generalplänen für die Bereiche Küstenschutz, Trinkwasserversorgung, Gewässerschutz und Binnengewässer fixiert. Ihre raumbezogenen Ziele und Maßnahmen sind in die Landesraumordnungsplanung aufgenommen und damit verbindlich. Aufgestellte Bewirtschaftungs- und Abwasserbeseitigungspläne werden im Amtsblatt für Schleswig-Holstein bekanntgegeben und sind für behördliche Entscheidungen verbindlich (§ 131 bis § 133 LWG).

Die grundsätzliche Küstenschutzplanung wird vom Ministerium für Ernährung, Landwirtschaft, Forsten und Fischerei vorgenommen. Dem Ministerium obliegt auch die Planung über den Bau und die Unterhaltung der landeseigenen Häfen sowie die technische Aufsicht bei kommunalen Hafenbaumaßnahmen. Das Landesamt für Natur und Umwelt erarbeitet u.a. die technischen und naturwissenschaftlichen Grundlagen für den Küstenschutz und ist zuständig ist für Planfeststellungen und Genehmigungen für das Errichten, Beseitigen, Verstärken oder das wesentliche Verändern von Deichen im Einflußbereich von Nord- und Ostsee. Das Schwergewicht der praktischen Arbeiten im Küstenschutz liegt bei den Ämtern für Land- und Wasserwirtschaft als untere Wasserbehörden.

Mit der Novellierung des Landeswassergesetzes von 1971 hat das Land Schleswig-Holstein die Landesschutzdeiche in seine Unterhaltung übernommen. Diese Aufgabe lag vorher bei den Wasser- und Bodenverbänden. Heute wird sie von den Ämtern für Land- und Wasserwirtschaft durchgeführt. Neben dem Bau und der Unterhaltung der Landesschutz- und Überlaufdeiche, der Dämme sowie der Deichaufsicht zählen Aufgaben der Sicherung sandiger Küsten auf den Inseln, der Sicherung der Halligen, des Wattsockels, des Vorlandes sowie der Vorflutausbau zu den vorrangigen Aufgaben (STADELMANN 1981, KAMP & WIELAND 1993).

Den Deich- und Sielverbänden obliegt die Betreuung der zweiten Deichlinie sowie der Binnendeiche

Den Deich- und Sielverbänden verbleibt seit der Novellierung des Landeswassergesetzes von 1971 die Betreuung der zweiten Deichlinie (Mitteldeiche) sowie der im Interesse des Allgemeinwohls erforderlichen Binnendeiche (HÖPER & GERTH 1993). Sie sind im Katastrophenschutz zu beteiligen.

Die Unterhaltung der Gewässer und die Vorflutregulierung wird von verschiedenen Institutionen durchgeführt. Gewässer 1. Ordnung (Bundeswasserstraßen und Landeshäfen) sowie Außentiefs werden mit Ausnahme der Bundeswasserstraßen vom Land unterhalten. Die Unterhaltung fließender Gewässer 2. Ordnung (sonstige Gewässer) sowie der Seen und Teiche, durch die diese fließen, obliegt dem Eigentümer des Gewässers, den Anliegern oder den Eigentümern von Grundstücken im Einzugsgebiet bzw. den Eigentümern von Grundstücken und Anlagen, die aus der Unterhaltung Vorteile ziehen. Die Unterhaltungspflicht an Gewässern 2. Ordnung wird von den Wasser- und Bodenverbänden erfüllt. Im Vorfeld des Nationalparks sind dies die Deich- und Hauptsielverbände. In Nordfriesland gibt es elf Deich- und Hauptsielverbände, in Dithmarschen sind 56 Sielverbände im Deich- und Hauptsielverband Dithmarschen zusammengeschlossen.

Die Hauptaufgaben dieser Verbände, deren gesetzliche Grundlage das Wasserverbandsgesetz ist (RAPSCH 1993), liegen u.a. in der Schaffung einer ordnungsgemäßen Vorflut, der Gewässer-, Deich- und Schöpfwerksunterhaltung sowie der naturnahen Umgestaltung von Fließgewässern (HÖPNER & GERTH 1993).

Die Unterhaltung der Gewässer hat den Zielen des Naturschutzes und der Landschaftspflege Rechnung zu tragen

Die Unterhaltungspflicht der Gewässer ist eine öffentlich-rechtliche Verbindlichkeit. Sie hat den Zielen des Naturschutzes und der Landschaftspflege Rechnung zu tragen und umfaßt auch Maßnahmen zur Erhaltung und Verbesserung der Selbstreinigungskraft sowie der Schaffung, Erhaltung und Wiederherstellung einer natürlichen oder naturnahen standortgerechten Pflanzen- und Tierwelt. Die Gewässerunterhaltung darf nicht zu einer Beeinträchtigung von besonders geschützten Biotopen im Sinne des § 15 des Landesnaturschutzgesetzes führen (§ 38 LWG).

10.3 Investitionsaufwand

Die Fördermittel des Bundes, des Landes und der EU, die in den letzten zehn Jahren für den Küstenschutz in den Westküstenkreisen Nordfriesland und Dithmarschen investiert wurden, sind in Abb. 172 zusammengestellt. Diese Aufstellung schließt die Finanzmittel für die Außentiefunterhaltung ein und basiert auf Angaben der Ämter für Land- und Wasserwirtschaft. Sie beinhaltet Landesmittel, Bundesmittel aus der Gemeinschaftsaufgabe „Verbesserung der Agrarstruktur und des Küstenschutzes" sowie ABM-Mittel und EU-Mittel aus den EFRE- und 5b-Programmen. Fördermittel für die eigentliche Binnenlandentwässerung sind in dieser Aufstellung nicht enthalten.

10.4 Küstenschutzanlagen und -maßnahmen im Nationalpark

Küstenschutzanlagen im Nationalpark beschränken sich ausschließlich auf Anlagen und Maßnahmen zur Sicherung der Küste, zum Erhalt der Insel-, Watt- und Halligsockel sowie auf Lahnungsfelder und Buhnen, die zur Vorlandgewinnung oder Vorlandsicherung errichtet oder unterhalten werden.

Küstenschutzmaßnahmen der Vorlandsicherung und Vorlandgewinnung waren in der Vergangenheit durch das Nationalparkgesetz (§ 2 Abs. 3) nicht eingeschränkt. Schon im Landschaftspflegegesetz (LPflegG) von 1982 waren Küstenschutzmaßnahmen aber als Eingriffe in Natur und Landschaft eingestuft. Es galt die Einvernehmensregelung gem. § 9 LPflegG. Dazu legten die Ämter für Land- und Wasserwirtschaft in jedem Jahr einen Maßnahmenplan vor, der mit der Unteren Naturschutzbehörde und dem Nationalparkamt abgestimmt wurde.

Mit der Novellierung des Landesnaturschutzgesetzes im Jahr 1993 hat sich die Rechtslage geändert. Das Landesnaturschutzgesetz (LNatSchG) stellt eine Reihe von Biotopen unter besonderen Schutz. § 15a LNatSchG nennt u.a. Wattflächen, Priele, Sandbänke, Küstendünen und Salzwiesen. Diese Flächen werden ausdrücklich als „Vorrangflächen für den Naturschutz" bezeichnet (§ 15a Abs. 2)

*Abb. 172
Ausgaben für
Küstensicherungs-
maßnahmen in den
Kreisen Dithmar-
schen und Nord-
friesland nach
Angaben der ÄLW
in Heide und
Husum. GA-Mittel:
Mittel aus der
Gemeinschaftsauf-
gabe „Verbesse-
rung der Agrar-
struktur und des
Küstenschutzes".
In Nordfriesland
fließt ein großer
Anteil der GA-
Mittel in die
Sicherung der
sandigen Küsten
von Sylt.*

Ausgaben für Küstensicherungsmaßnahmen (in Millionen DM)

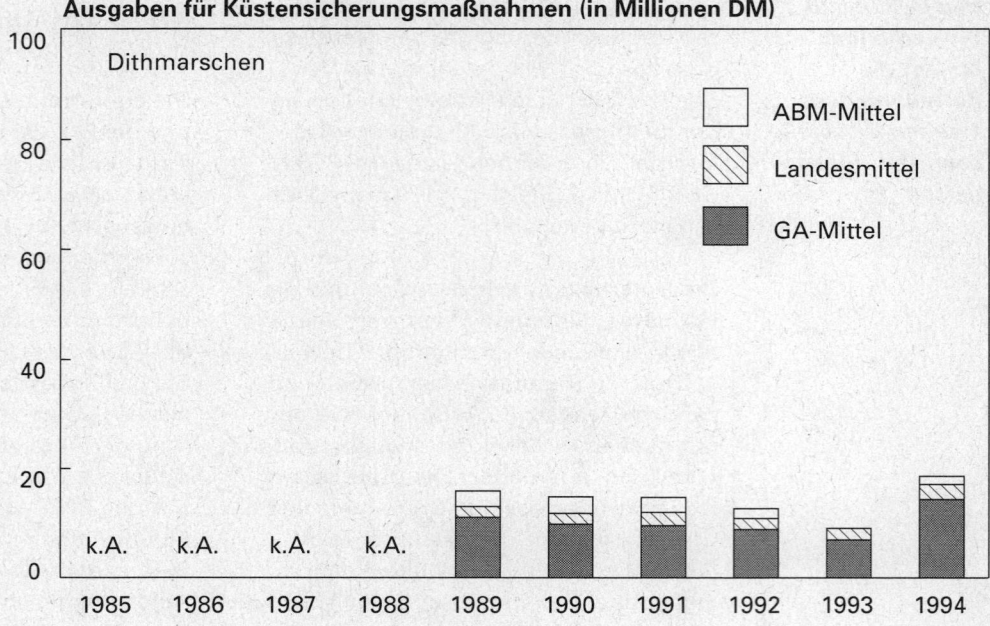

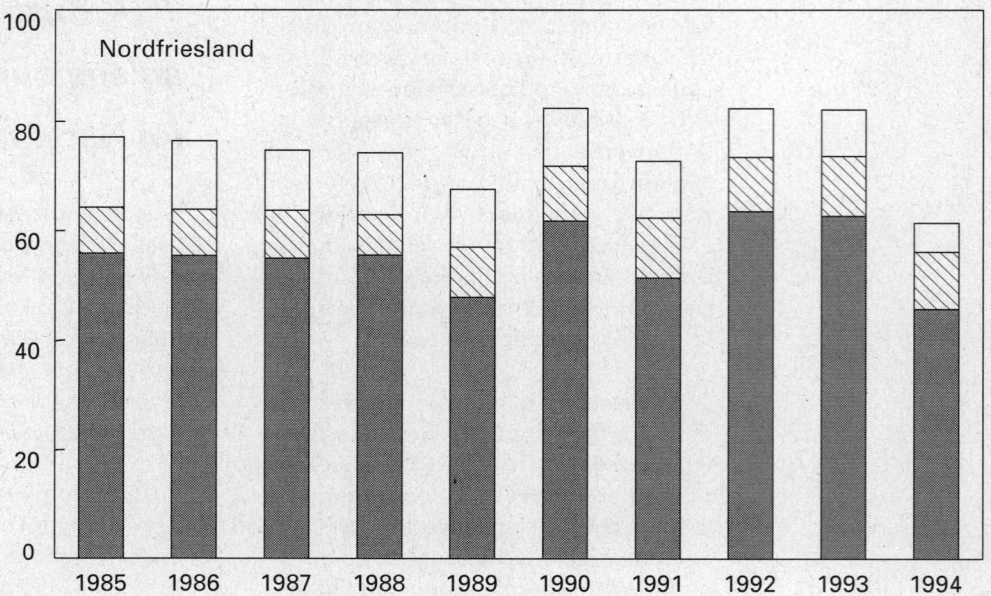

***Ein Vorland-
Management-
konzept regelt die
„erforderlichen"
Küstenschutz-
maßnahmen***

Das LNatSchG verbietet alle Handlungen, die zu einer Beseitigung, Beschädigung, sonst erheblichen Beeinträchtigung oder zu einer Veränderung des charakteristischen Zustandes dieser geschützten Biotope führen können.

Der heute gültige § 15a des Landesnaturschutzgesetzes verdrängt als jüngere und speziellere Regelung § 2 Abs. 3 des Nationalparkgesetzes (Schleswig-Holsteinischer Landtag, Drucksache 13/1369). Maßnahmen in den besonders geschützten Biotopen im 150 m-Streifen zwischen Nationalpark und Deichlinie sind von dieser Regelung ausgenommen.

Ausnahmen nach dem Landesnaturschutzgesetz (§ 15a) werden regelmäßig immer dann zugelassen, wenn diese aus überwiegenden Gründen des Allgemeinwohls erforderlich sind. Durch diese Ausnahmeregelung wird gewährleistet, daß entsprechend § 63 Landeswassergesetz (LWG) alle „erforderlichen" Küstenschutzmaßnahmen auch weiterhin durchgeführt werden können. Zur Umsetzung der Bestimmungen aus dem LNatSchG und dem LWG haben MNU und MELFF Handlungsrichtlinien über Umfang, Art und Intensität der Küstenschutzarbeiten im Nationalpark erarbeitet. Das Schutzkonzept ist der Öffentlichkeit im September 1995 vorgestellt worden (MELFF 1995f) und wird in Kap. XI 3.10 ausführlich beschrieben.

10.5 Sodengewinnung und Bodenentnahmen

Sodengewinnung wird bis heute in den Salzwiesen des Nationalparks betrieben

Sodengewinnung, und zum Teil auch Bodengewinnung, wird bis heute in den Salzwiesen des Nationalparks vorgenommen. Salzwiesensoden werden zur Deichreparatur nach Sturmflutschäden, zur Neuabdeckung beim Deichbau und zum Ausbessern von großflächigen Bereichen mit Trittschäden - verursacht durch Schafe oder Besucherinnen und Besucher entlang von Wegen - benötigt. Bodenentnahmen werden für Ausbesserungsarbeiten an den Landesschutzdeichen und Sommerdeichen sowie für den Bau und die Unterhaltung von Dämmen benötigt. Während die Entnahme von Salzrasensoden am Festland unter den gegebenen Bedingungen nur in den Salzwiesen möglich ist, ist Kleiboden im Regelfall im Binnenland zu gewinnen. Hier stehen im allgemeinen genügend Standorte zur Verfügung bzw. können bereitgestellt werden. Nur in besonderen Fällen sind Kleientnahmen auch aus dem Deichvorland möglich.

Sodenentnahme stellt eine Beeinträchtigung des Schutzzieles dar und muß deshalb auf das notwendige Minimum reduziert werden

Die Sodenentnahme und -verwendung fand bis in jüngste Zeit ohne große Einschränkungen statt. Soden wurden in großem Umfang entnommen und verbaut. Der Bedarf muß zukünftig fortlaufend ermittelt werden. Ausgehend von dem bisherigen Bedarf veranschlagen die Küstenschutzbehörden eine Sodenbedarfsfläche von 31,2 bzw. 67,1 ha je Baubezirk. Dabei wird von einem Entnahmeintervall von 20 bis 25 Jahren ausgegangen. Hinzu kommt der Sodenbedarf für die Insel- und Halligdeiche in Nordfriesland sowie für die Landesschutzdeiche in Dithmarschen. Um den aus küstenschutztechnischer Sicht erforderlichen Sodenbedarf auch in Zukunft zu gewährleisten, sind Sodenvorrangflächen festgelegt worden. Ihre Größe beträgt 491 ha in Nordfriesland und 163 ha in Dithmarschen. Fast alle Sodengewinnungsflächen liegen im Nationalpark, da eine Entnahme von Soden im deichnahen 150 m-Streifen in Schleswig-Holstein aus Küstenschutzsicht nicht möglich ist. Die Sodengewinnungsflächen im Nationalpark müssen deshalb auch weiterhin beweidet und entwässert werden, um stabile und ausreichend durchwurzelte Salzrasensoden zu erhalten.

Hinsichtlich der Entnahmestelle und dem erforderlichen Management der Sodenflächen bestehen zwischen Schleswig-Holstein und Niedersachsen große Unterschiede. In Niedersachsen soll gerade der deichnahe Bereich für die Sodengewinnung genutzt werden. Dafür ist eine extensive Beweidung erforderlich (ERCHINGER 1995). In Schleswig-Holstein werden die deichferneren Bereiche als geeignet angesehen. Sie müssen deshalb beweidet werden.

Vor dem Hintergrund der ökologischen Bedeutung und des rechtlichen Schutzstatus der Salzwiesen stellt das Management und die Entnahme der Sodenflächen in dem geplanten Umfang eine große Beeinträchtigung des Schutzzieles dar. Die Küstenschutzkonzeption ist daher darauf auszurichten, daß die Verwendung von Soden zukünftig auf das notwendige Minimum reduziert wird. Salzrasensoden werden zukünftig nur unterhalb der Treibselabfuhrwege, das entspricht einer Höhenlage bis zu 3 m oberhalb NN, verwendet. Entnahmeflächen werden zukünftig so bearbeitet, daß eine schnelle Wiederbegrünung erfolgt und die Flächen in kürzeren Zeitintervallen wieder verwendet werden können (MELFF 1995f).

10.6 Küstenschutzanlagen und Einrichtungen der Binnenlandentwässerung außerhalb des Nationalparks

Landesschutz- und Überlaufdeiche inklusive eines Streifens im Abstand von 150 m von der seewärtigen Krone der Deiche sowie die zu den Inseln und Halligen führenden Dämme mit einem beidseitigen 150 m breiten Streifen gehören nicht zum Gebiet des Nationalparks (siehe Kap. II 1.). Gleiches gilt für das zum Deichkörper gehörende Deichzubehör. Das sind insbesondere Schleusen, Siele, Stöpen, Mauern und Rampen. Die wesentlichen Küstenschutzanlagen liegen damit außerhalb des Nationalparkgebietes. Bei Deichverstärkungen, Vordeichungen oder sonstigen Neubauten von Deichen und Dämmen wird in der Regel der Nationalpark verkleinert. Beispiele sind die jüngeren Deichverstärkungsmaßnahmen im Dieksanderkoog, im Osewolder Koog,

Sönke-Nissen-Koog, vor St. Peter-Ording sowie auf Nordstrand.

Die gleiche Regelung gilt auch bei Häfen, Hafenanlagen und den von Leitdämmen und Molen begrenzten Hafeneinfahrten (§ 3 Nationalparkgesetz). Beispiele sind die Fähranleger auf Pellworm und Nordstrand. Die zur Zeit der Nationalparkgründung geplanten Vordeichungen vor dem Fahretofter Koog, dem Ockholmer Koog und dem heutigen Beltringharder Koog waren in ihrer Ausdehnung bei der Grenzziehung des Nationalparks allerdings schon berücksichtigt worden.

Bauliche Anlagen der Wasserwirtschaft mit direktem Kontakt zum Wattenmeer bestehen in Form von Schöpfwerken und Sielen, die der Binnenlandentwässerung dienen. Diese erfolgt seit Jahrzehnten über ein weit verzweigtes künstliches und natürliches Entwässerungssystem und reicht bis weit in das Binnenland hinein. Die beiden Westküstenkreise Nordfriesland und Dithmarschen werden komplett in das Wattenmeer entwässert. Die historische Entwicklung ist bei KRAMER & ROHDE (1992) ausführlich dokumentiert.

Treibselmengen nehmen nicht zu

Heute befinden sich im unmittelbaren Kontakt zum Wattenmeer 20 Siele und Schöpfwerke in den Landesschutzdeichen Nordfrieslands und sieben in Dithmarschen. In Nordfriesland kommen 21 Siele und Schöpfwerke auf den Inseln und Halligen hinzu. In einigen Bereichen am Festland sind zusätzlich großflächige Speicherbecken errichtet worden. Hinzu kommen weitere Entwässerungseinrichtungen in den Unterläufen der Flüsse. Lage, Art und Einzugsgebiete der jeweiligen Schöpfwerke, Deichsiele, der Speicherbecken sowie der Einzugsgebiete sind in GIS-Karte 33 dargestellt.

10.7 Treibselproblematik

Nach sehr hohen Hochwasserständen lagern sich auf der Außenböschung der Landesschutzdeiche Spülsäume ab. Das abgelagerte Material wird als Treibsel bezeichnet und besteht aus schwimmfähigen Stoffen, die mit der Strömung angetrieben werden.

Treibsel besteht überwiegend aus Pflanzenresten, Meeresalgen und Tierkot aus Deichvorländern und vorgelagerten Wattflächen sowie aus Resten der Buschlahnungen. Darüber hinaus sind Treibholz und Abfallstoffe verschiedener Art im Treibsel enthalten. Nach § 69 Abs. 2 Nr. 1 Landeswassergesetz ist Treibsel aus Gründen der Deichsicherheit von den Deichen zu entfernen, um Vegetationsschäden auf den Böschungen zu vermeiden.

In den Dienstbezirken der Ämter für Land- und Wasserwirtschaft Husum und Heide fallen pro Jahr ca. 51.000 m³ Treibsel (Zehnjahresmittel) an. Der Treibselanfall der letzten 21 Jahre ist in den Abbildungen 173 und 174 dargestellt. Er ist im Amtsbezirk Husum aufgrund der größeren Küstenlänge wesentlich höher als in Dithmarschen. Besonders hohe Treibselmengen sind in Jahren außergewöhnlicher Sturmflutereignisse, wie zum Beispiel 1976 und 1990, zu erkennen.

Eine Korrelation zwischen bestimmten Wasserständen und Treibselmengen ist über die Gesamtmengenangaben nicht möglich. Eine differenzierte Betrachtung einzelner „Treibseleinzugsgebiete" könnte eine Beziehung erkennen lassen. Hierzu liegen allerdings keine Untersuchungen vor, die aber für eine Beurteilung erforderlich wären.

Der regelmäßige Abtransport des Treibsels bedeutet einen großen arbeitstechnischen und finanziellen Aufwand. Die Kosten betragen ca. 20 bis 40 DM pro m³. Rechtsgrundlage für die gesamte Treibselentsorgung sind § 4 Abs. 2 Abfallgesetz in Verbindung mit den §§ 28 Abs. 2 und 29 Landesabfallwirtschaftsgesetz vom 06.12.1991, zuletzt geändert durch Gesetz vom 17.04.1993 sowie die §§ 7a, 13 und 14 des Landesnaturschutzgesetzes. Die Entsorgung bedarf in jedem Einzelfall der Genehmigung des zuständigen Umweltamtes als Abfallbehörde.

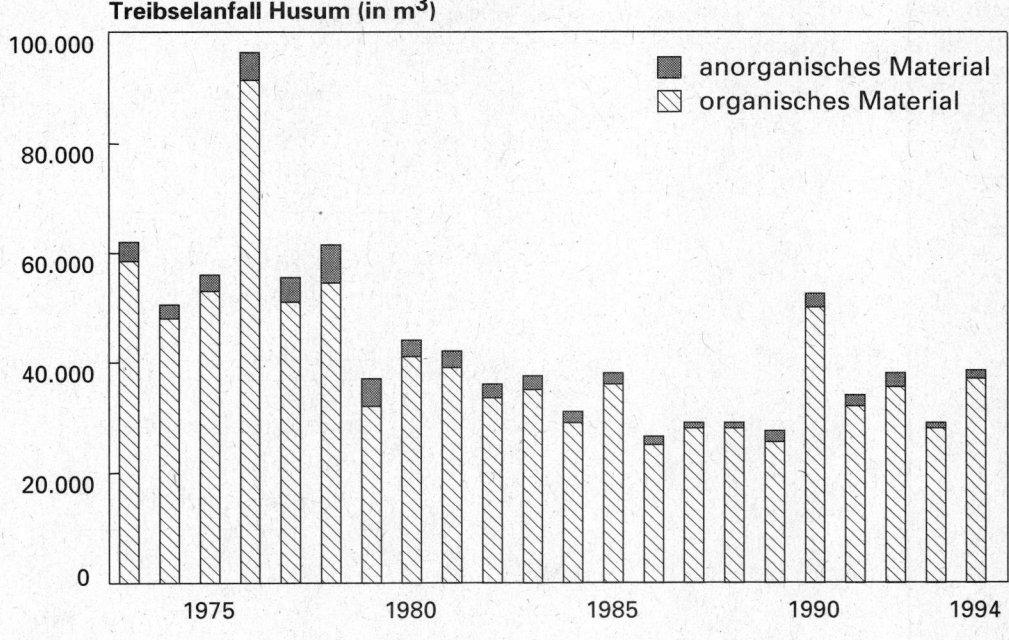

Abb. 173
Treibselanfall im
Amtsbezirk Husum
(ALW Husum).

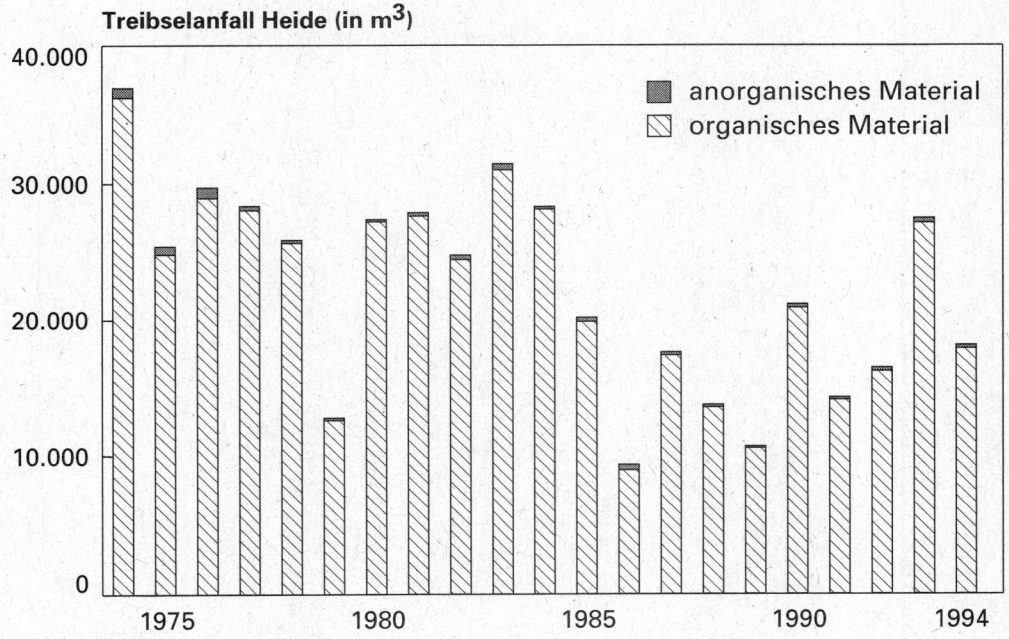

Abb. 174
Treibselfanfall im
Amtsbezirk Heide
(ALW Heide).

VI

Die anorganischen und sperrigen Bestandteile werden aus dem angeschwemmten
Treibsel aussortiert und in den Deponien
in Ahrenshöft (Kreis Nordfriesland) und
Ecklak (Kreis Steinburg) entsorgt. Die
pflanzlichen Bestandteile werden zum
nächstgelegenen Treibsellagerplatz
transportiert und in Mietenform als
Hochdeponie oder als Hangschüttung
eingebaut und verdichtet. Gegebenenfalls
wird das Treibsel geschreddert, zu Ballen
gepreßt oder kompostiert (Abb. 175).

Das Umweltministerium hat 1993 zusätzliche Anforderungen für den Bereich der
Basisabdichtung der Treibsellagerplätze
festgelegt. Diese sind heute Bestandteil
der Kreisgenehmigungen. Bisher sah das
Konzept der Landesregierung für die
zukünftige Treibselentsorgung nur das
Verfahren der Vertorfung auf Treibsel-
lagerplätzen vor. Zur Zeit werden jedoch
weitere Methoden einer Verwertung der
organischen Bestandteile geprüft (vergl.
Abb. 175).

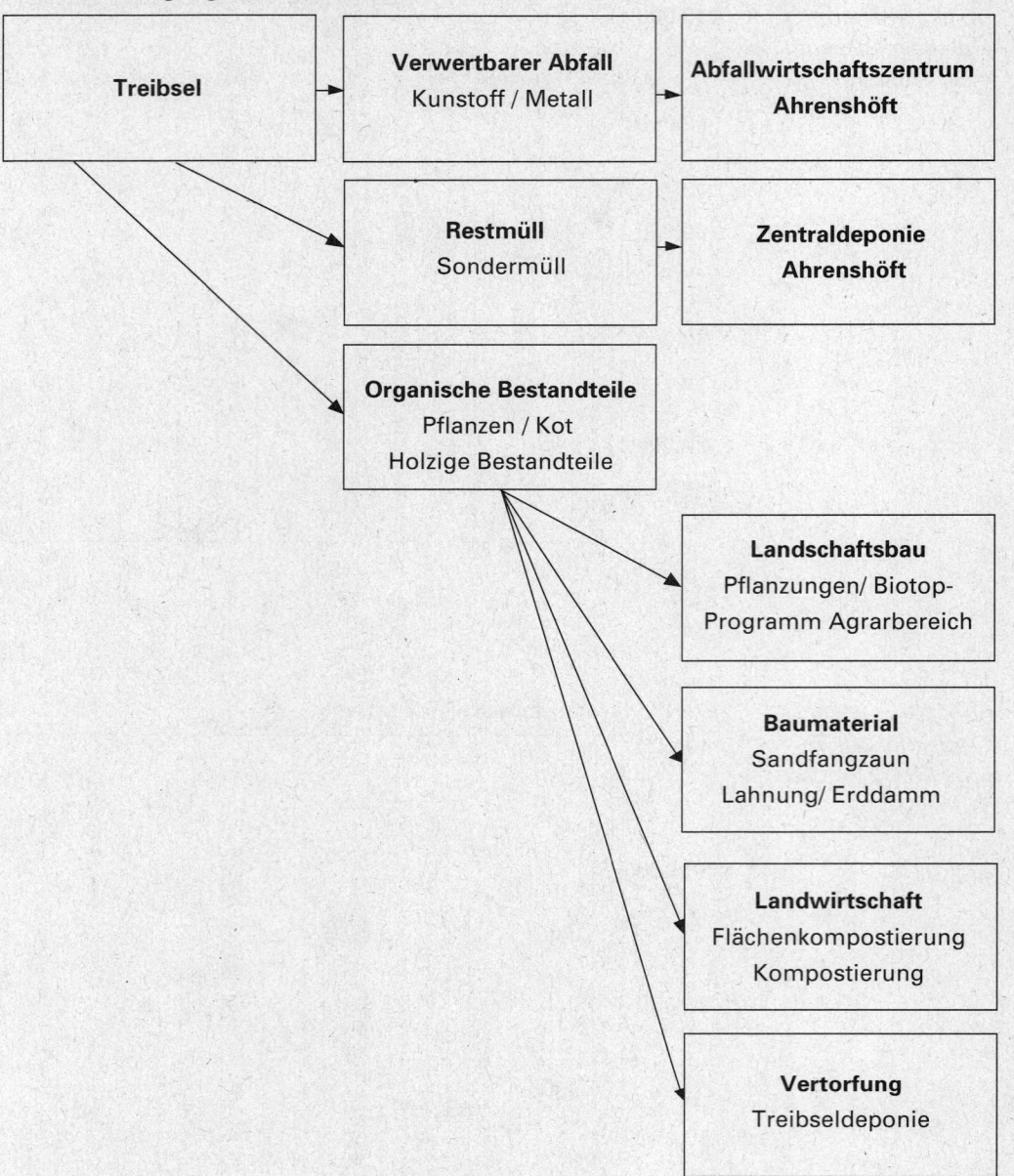

Abb. 175
Treibselentsorgung
im Kreis Nordfries-
land (siehe Text).

Treibselentsorgung in Nordfriesland

Treibsel	**Verwertbarer Abfall** Kunstoff / Metall	**Abfallwirtschaftszentrum** **Ahrenshöft**
	Restmüll Sondermüll	**Zentraldeponie** **Ahrenshöft**

Organische Bestandteile
Pflanzen / Kot
Holzige Bestandteile

Landschaftsbau
Pflanzungen/ Biotop-
Programm Agrarbereich

Baumaterial
Sandfangzaun
Lahnung/ Erddamm

Landwirtschaft
Flächenkompostierung
Kompostierung

Vertorfung
Treibseldeponie

Unter anderem kommt eine landwirtschaftliche Verwertung in Betracht, die in
Nordfriesland erprobt wird. Dabei wird
nach gründlicher Auslese der anorganischen Bestandteile das Material maschi-
nell geschreddert bzw. gehäckselt. Dadurch wird das Volumen um ca. 50 %
reduziert, werden die Transportkosten
begrenzt und die Verarbeitungsmöglichkeiten verbessert. Das Material
wird auf Ackerflächen, evtl. auch
Grünlandflächen und Deichen, ausgebracht bzw. eingearbeitet.

Eine weitere Möglichkeit bietet die Kom-
postierung in Mieten unter aeroben
Bedingungen. Der entstandene
Treibselkompost könnte dann weiter

vermarktet werden. Möglichkeiten zur
ackerbaulichen Verwertung von Treibsel
und Treibselkompost werden zur Zeit
untersucht, wobei erste Ergebnisse der
Landwirtschaftsschule Bredstedt die
Flächenkompostierung favorisieren. Der
Einsatz von nicht zerkleinertem Treibsel im
Landschaftsbau, z.B. als Mulch in Anpflan-
zungen, wird ebenfalls in Erwägung
gezogen. Bislang ist allerdings nicht
bekannt, welchen Einfluß der Salzgehalt
auf das Wachstum von Gehölzen zeigt.

Ein neuer Ansatz ist die thermische
Verwertung des Treibsels in Form von
Verbrennung in Blockheizkraftwerken bzw.
in der Vergasung und Verbrennung.
Zusammen mit Hochschulen, Beratungs-

und Energieversorgungsunternehmen wird geprüft, inwiefern eine Einbindung in das Energiekonzept des Kreises Nordfriesland möglich ist.

Ungeklärt ist die Frage, inwieweit unterschiedliche Nutzungsintensitäten bzw. die Aufgabe der Beweidung in den Vorlandsalzwiesen die Menge und die Zusammenstellung des organischen Treibsels beeinflussen. Bislang hat die Stillegung von Nationalparksalzwiesen zu keinem Anstieg der Treibselmenge geführt. Die weitere Entwicklung wird im Rahmen von Dauerbeobachtungen untersucht.

10.8 Auswirkungen des Küstenschutzes und der Binnenlandentwässerung auf das Wattenmeer

Küstenschutz hat seit Beginn des Deichbaus stark in den Lebensraum Wattenmeer eingegriffen

Der Küstenschutz hat seit Beginn des Deichbaus vor ca. 1.000 Jahren stark in den Lebensraum Wattenmeer eingegriffen und ihn seitdem fortwährend verändert. Der sich ständig verändernde allmähliche und buchtenreiche Übergang vom Land zum Meer wich einer abrupten Küstenlinie, gebildet von Deichen und Deckwerken. Der Küstenschutz hat somit den natürlichen Küstenverlauf mit einer ursprünglich eng miteinander verwobenen Lebensraumvielfalt monotonisiert und festgelegt. Der Küste ist damit ihre Eigendynamik entzogen worden.

Mit dem natürlicherweise steigenden Meeresspiegel wäre die Küstenlinie von Natur aus nicht seewärts, sondern landwärts verlagert worden. Die heutige Situation stellt das Küsteningenieurwesen vor das Problem, daß das Land hinter den Deichen durch Entwässerung sackt und das Meer vor den Deichen weiterhin ansteigt. Diese Situation erfordert einen großen Aufwand der Küstensicherung und hat weitreichende ökologische Folgen. Vor den Deichen nimmt die Wasserturbulenz zu, da die Energieumwandlung durch ein sanftes Auslaufen der Wassermassen in flache Buchten und über ausgedehnten Salzwiesen nicht mehr möglich ist. Eine erhöhte Sedimentmobilität auf den Watten und eine stärkere Erosion in den Prielen und großen Wattstromrinnen sind Folgeerscheinungen. Dies bedingt unter anderem eine zunehmende Wassertrübung. Den Planktonorganismen fehlt

Ein- und Vordeichungen sowie seeseitige Deichverstärkungen bedeuten einen irreversiblen Verlust von Wattflächen und Salzwiesen

Küstenschutzmaßnahmen beeinflussen natürlich ablaufende Prozesse

das Licht für die Photosynthese, die Produktion sinkt.

Die Einleitung von düngenden Substanzen in die Küstengewässer kehrt das Bild jedoch um. Die Eutrophierung hat direkte und indirekte Folgen. Primär erhöhen die Nährstoffeinträge die biologische Produktion und bedingen z. B. einen Anstieg der Algenproduktion im Wasser und auf den Watten. Sekundär führen die mit der Überproduktion verbundenen Sauerstoffdefizite - insbesondere beim Abbau der Biomasse - zu einer biologischen Verarmung. Folgen sind sauerstofffreie, schwarze Flecken im Wattboden oder die unter starker Schwefelwasserstoffentwicklung verrottenden Grünalgenmatten, unter denen die Bodentierwelt abstirbt.

Die Verkürzung und Festlegung der ehemals reich mit dem Meer verzahnten Küstenlinie läßt sich in der Statistik der Küsteningenieure ablesen. Seit 1963, dem Jahr der Aufstellung des Generalplanes für den Küstenschutz, wurden die Landesschutzdeiche an der Westküste von 564 km auf 358 km im Jahr 1986 verkürzt (MELF 1986). Alleine durch diese Deichbau-Maßnahme hat eine Verkürzung der Küstenlinie um 37 % stattgefunden. Seit 1963 sind im gesamten Wattenmeer durch die Verkürzung der Deichlinie über 40.000 ha Wattflächen und Salzwiesen eingedeicht worden. Bei den Salzwiesen hat Schleswig-Holstein die größten Verluste hinnehmen müssen (CWSS 1991b).

Die ökologisch bedeutsamsten Effekte des Küstenschutzes durch den Deichbau und die küstenschutztechnische Bearbeitung der Salzwiesen sind nachfolgend kurz zusammengefaßt:

▶ Die Ein- und Vordeichungen sowie seeseitige Deichverstärkungen bedeuten einen irreversiblen Verlust von Wattflächen und Salzwiesen.
▶ Der Neubau oder die Verstärkung von Seedeichen hat einen negativen Effekt auf abiotische und biotische Parameter des Wattenmeeres, beeinflußt die natürliche Dynamik und schafft eine starre landseite Begrenzung des Ökosystems.
▶ Küstenschutzmaßnahmen zur Schaffung und/oder Sicherung bestehender Salzwiesen beeinflussen natürlich ablaufende Prozesse, verändern durch den Bau von Dämmen, Lahnungen und Grüppen die morphologischen und hydrographischen

Einhergehend mit Entwässerung und Trockenlegung des Hinterlandes erfolgte ein Verlust von großflächigen Retentionsräumen, in denen natürlicherweise eine Nährstoffestlegung stattfand

Verhältnisse, verringern die natürlicherweise vorkommende Strukturvielfalt von Salzwiesen, mindern Erosions- und Sedimentationsprozesse und engen die potentielle Bedeutung des Lebensraumes ein.

▶ Der vermehrte Bau von Steinkanten, Steinlahnungen und Buhnen führt zu einer „Versteinerung" der Lebensraumes und verändert durch die Schaffung von Hartsubstraten auch die Zusammensetzung der Lebensgemeinschaften des Wattenmeeres.

Außentiefs im Nationalpark stellen den verlängerten Arm der Vorfluter im Binnenland dar und müssen unterhalten werden. Das Offenhalten der Außentiefs im Wattenmeer für die Binnenlandentwässerung ist durch das Nationalparkgesetz (§ 2 Abs. 3) nicht eingeschränkt. Um die Funktionsfähigkeit der Vorflut zu gewährleisten müssen die häufig beidseitig mit Lahnungen oder Steindämmen versehenen Außentiefs in bestimmten Abständen gespült - überwiegend durch Sielbetrieb -, vom Schiff aus gedredgt oder sogar ausgebaggert werden. Die letztgenannten Maßnahmen stellen neben der Unterhaltung der baulichen Anlage einen direkten Eingriff in den Lebensraum dar und verändert ihn nachhaltig.

Die Lahnungsbaumaßnahmen in der inneren Tümlauer Bucht in Zone 1 des Nationalparks verdeutlichen diesen Sachverhalt. Hier findet Lahnungsbau überwiegend zur Aufrechthaltung der Außentiefs statt. Ein Erosionsschutz der bestehenden Salzwiesen ist dort nachrangig.

Neben diesen unmittelbaren baulichen Einflüssen zeigen Nährstoff- und auch Schadstoffeinträge über Vorfluter und Speicherbecken eine Wirkung auf abiotische und biotische Parameter der Vorfluter selbst (siehe Kap. V. 3 sowie VI. 9) und auf das Wattenmeer. Betroffen sind besonders die durch Wasserbau und Eutrophierung beeinflußten Brackwassergebiete in Lagunen und Poldern sowie in Speicherbecken, die mit dem Wattenmeer in Verbindung stehen. Besondere Salzgehalts-, Strömungs-, Licht und Nährstoffverhältnisse bieten günstige Bedingungen für die Entwicklung von Planktonorganismen. Speicherbecken weisen sehr viel höhere Nährstoffkonzentrationen auf als Salzwasserbiotope. Infolge dieses Angebots und einer reduzierten Wasserturbulenz kommt es in diesen Becken

Heute wird eine Herausfilterung von Nährstoffen mit Millionenaufwand betrieben

häufig zu Planktonmassenentwicklungen. Diejenigen Speicherbecken, die ausschließlich der Regulierung des Wasserhaushaltes dienen, sind daher Nährstoffsenken für diffuse landbürtige Nährstoffe und gleichzeitig Nährstoffquellen für das Wattenmeer. Dieser Effekt ist sekundär und wirkt über die Algen selbst (AGATHA et al. 1994).

Einhergehend mit der fortschreitenden Entwässerung und Trockenlegung des Hinterlandes erfolgte ein Verlust von großflächigen Retentionsräumen, in denen natürlicherweise eine Nährstoffestlegung stattfand. In einem eng verzahnten Mosaik von Auwäldern, Marschgebieten, Hoch- und Niedermooren, Seen, Schilf- und Brackwasserröhrichten sowie Salzwiesen erfolgte früher die weitgehende Fixierung der eingetragenen Nähr- und Schadstoffe. Heute wird eine Herausfilterung von Nährstoffen mit Millionenaufwand betrieben und ist nur durch den Bau von aufwendigen Kläranlagen möglich.

Der Verlust von ehemals eng miteinander verzahnten Lebensräumen, überwiegend Feuchtgebieten, ist darüberhinaus ein wichtiger Grund für den Rückgang von vielen, speziell an diese Lebensräume angepaßten Tier- und Pflanzenarten (vergl. Kap. V 3).

VII Bewertung

1. Bewertungsgrundlage

Die Grundlage für den Schutz eines Ökosystems, insbesondere eines so großflächigen wie dem des Wattenmeeres, ist die Kenntnis seiner einzelnen, miteinander verzahnten Teilräume (HEYDEMANN & MÜLLER-KARCH 1980). Die Qualität der Lebensräume wird dabei durch räumlich strukturelle, physikalisch-chemische und biologische Gegebenheiten geprägt. Daraus resultieren ökologische Verbindungen der Komponenten, die unter verschiedenen Rahmenbedingungen zu unterschiedlichen Ausprägungen, z. B. in der Artenkombination, führen. Kein Ökosystem ist jedoch in seiner außerordentlichen Komplexität vollständig erfaß- und darstellbar (BLAB 1993).

Bei der Zielvorstellung einer möglichst ungestörten natürlichen Entwicklung stellt sich die Frage, welche Teilsysteme welchen Beitrag in das System einbringen. Daraus ergibt sich die Notwendigkeit, Bewertungen vorzunehmen, Teilbereiche „künstlich" auszugliedern und zu klassifizieren (BLAB 1993).

Gleichzeitig ist die Bewertung von Natur direkt aus den einschlägigen Gesetzen, Verordnungen und Richtlinien abzuleiten (§§ 1, 2 BNatSchG, §§ 1, 2 LNatSchG). Sowohl innerhalb des Naturschutzes als auch in der Auseinandersetzung mit anderen Nutzungsansprüchen ist die Wertorientierung für den Abwägungsprozeß unumgänglich. Die Beurteilung der Zustände und Entwicklungen der Natur wird so zu einer zentralen Aufgabe des Naturschutzes (PLACHTER 1992, ERZ 1994).

Eine Bewertung setzt Normen voraus

Eine Bewertung setzt normative Elemente voraus. Diese sind in der Natur nicht gegeben, natürliche Abläufe und Entwicklungen sind grundsätzlich wertfrei. Biotopqualitäten sind nur schwer zu normieren (BLAB 1993, PLACHTER 1994). Bewertungen können demzufolge nicht objektiv sein. Sie beruhen zumindest am Beginn der Kriterienbestimmung auf Werturteilen, die mit subjektiven Entscheidungen verbunden sind (FULLER & LANGSLOW 1994). Diese Entscheidungen werden im Idealfall auf der Basis von Konventionen getroffen, die von der Gesellschaft getragen werden (z.B. Rote Listen). Auf diese Weise werden wertbestimmende, normative Kriterien festgelegt, an denen die Bedeutung eines Systems zu messen ist (PLACHTER 1992). Beispielsweise schreibt die Ramsar Konvention einem System den höchsten Wert zu, wenn mindestens 1 % einer biogeographischen Population zeitweise anwesend ist (vergl. Kap. III 4.).

2. Bewertung als Ergebnis der Ökosystemforschung

Eine der Aufgaben der Ökosystemforschung „Schleswig-Holsteinisches Wattenmeer -Teil A" war es, Bewertungskriterien zu erarbeiten und Instrumentarien bereitzustellen, die zur Verwirklichung der langfristigen Schutz-, Planungs- und Überwachungsaufgaben notwendig sind. Dieses bildete die Arbeitsgrundlage der Arbeitsgruppen innerhalb der ÖSF und der Steuergruppe im Nationalparkamt während der Synthesephase des Vorhabens. Gemäß den Schwerpunkten der Forschung, die in der zeitlich-räumlichen Verteilung von Arten und Lebensgemeinschaften im System, in der Erfassung menschlicher Nutzungen und Einflüsse sowie in der Gesamtaufnahme strukturbildender Objekte lagen, wurde nach vier Kategorien differenziert, die auf Eigenschaften von Räumen abzielen:

► Räume besonderer ökologischer Bedeutung
► Räume besonderer Empfindlichkeit
► Räume besonderer sozio-ökonomischer Bedeutung
► Räume besonderer Belastung

Auf diese Weise setzt die naturschutzfachliche Bewertung des Ökosystems Wattenmeer an Teilsystemen an, um in erster Näherung über systemtypische und strukturbildende Elemente Entwicklungsziele formulieren und überprüfen zu können. Zu berücksichtigen ist dabei, daß der Bewertung im Prinzip ein Vergleich zugrunde liegt (vergl. MARGUELES 1994). Die Nichteinstufung eines Teilkomplexes bedeutet nicht, daß dieser keine Bedeutung hat. Er tritt lediglich im Vergleich zu anderen für das ausgewählte und betrachtete Merkmal zurück. Aussagen über Gebiete im Wattenmeer, die ökologisch wertvoller sind als andere, lassen sich aus der Ökosystemforschung nicht ableiten. Alle Platen und Priele, Schlick-, Sand- und Mischwatten, Salzwiesen, Dünen, Strände und Sände sind einzeln und in ihrem Zusammenwirken notwendige Elemente zum Erhalt der Tier- und Pflanzenpopulationen sowie für einen ungestörten Ablauf von Naturvorgängen im Wattenmeer. Daher ist grundsätzlich der gesamte Nationalpark ein Gebiet besonderer ökologischer Bedeutung für alle Bewohner.

Als Merkmale werden hier die Eigenschaften eines Flächenausschnitts bezeichnet, die die Bedeutung der Fläche für die natürliche Entwicklung oder auch für die Sozio-Ökonomie wiedergeben. Die Einordnung in die vier Raumkategorien erfolgt über Kriterien, die den einzelnen Kategorien zu entnehmen sind. Da eine Qualifizierung oder Aufsummierung der Kriterien nicht möglich ist, ist im folgenden allein die Erfüllung eines oder mehrerer Kriterien ausreichend, um als Teilraum oder -struktur der jeweiligen Raumkategorie zugeordnet zu werden. Eine Gewichtung der einzelnen Kriterien untereinander erfolgt nicht.

Der Bewertung liegen gemäß den Schwerpunkten der Ökosystemforschung überwiegend biologische Kriterien zugrunde. Eine Ausnahme bilden die Räume besonderer sozio-ökonomischer Bedeutung. Hydrologische, sedimentologische und morphodynamische Prozesse des Wattenmeeres sind für alle Teilsysteme existenzielle Grundvoraussetzungen, ohne die ihre natürliche Entwicklung nicht fortschreiten könnte (vergl. Kap V 2).

Der gesamte Nationalpark ist ein Gebiet besonderer ökologischer Bedeutung für alle Bewohner

Räume besonderer ökologischer Bedeutung weisen eine Anhäufung von Schlüssel- bzw. Steuerfunktionen auf

2.1 Räume besonderer ökologischer Bedeutung

Das Wattenmeer unterliegt aufgrund seiner abiotischen Umweltbedingungen starken, weiträumigen Veränderungen, die sich in relativ kurzen Zeiträumen abspielen. Daher sind beständige Strukturen zur Erhaltung des Wiederbesiedlungspotentials und zur Gewährleistung vitaler Funktionen des Ökosystems von zentraler Bedeutung. Darüberhinaus ist das Wattenmeer ein offenes System, das auf den ungehinderten Austausch, sei es aus stofflicher Sicht oder als Wandergebiet, mit den angrenzenden land- und seeseitigen Gebieten angewiesen ist. Die Sicherstellung einer möglichst natürlichen Entwicklung mit einer vollständigen Ausstattung ist aus diesem Grunde nur für den gesamten Nationalpark denkbar. Dieser Tatsache trägt auch das Landesnaturschutzgesetz Rechnung, indem es alle Wattflächen, Priele, Sandbänke, Strände, Dünen usw. und unverbauten Bach- und Flußabschnitte in § 15a unter besonderen Schutz stellt. Darüberhinaus lassen sich jedoch Teilräume des Wattenmeeres differenzieren, die für den Gesamtraum eine besondere Bedeutung einnehmen.

Für das Wattenmeer ergeben sich unter Berücksichtigung der obigen allgemeinen Bemerkungen die folgenden Merkmale für die Ausweisung ökologisch bedeutsamer Räume:

► Hohe Individuendichte oder Diversität,
► hohe Intensität systemrelevanter Prozesse (z. B. maximale Stoffumsatzraten),
► zeitliche Konzentration wichtiger Funktionen (z. B. Fortpflanzung, Wanderungen, Rast- und Ruhephasen wie Mauser, Haarwechsel bei Robben),
► Anwesenheit von seltenen oder in ihrem Bestand gefährdeten Arten, seltene Habitate oder Lebensgemeinschaften,
► Räume, die normative nationale und/ oder internationale Kriterien (z. B. LNatSchG, FFH-Richtlinie) erfüllen (vergl. Kap. III).

Die im folgenden aufgeführten Räume weisen eine Anhäufung von Schlüssel- bzw. Steuerfunktionen auf, so daß sie im Sinne dieser Bewertung eine besondere ökologische Bedeutung einnehmen (vergl. Tab. 37):

Tab. 37: Einstufung der Räume besonderer ökologischer Bedeutung nach Bewertungskriterien, weitere Erläuterungen im Text; X = erfüllt; (x) = teilweise oder indirekt erfüllt.

	Individuendichte	Systemrelevanz	temporäre Konzentration	Seltenheit (Arten)	Seltenheit (Habitat)	nationale/internationale Richtlinien
Miesmuschelbank	X	X				
Seegraswiese		X	X	X	X	
Mausergebiet	X	(x)	X			X
Robbenbank			X	(x)		X
Salzwiese		X	X	X	X	X
Sabellaria-Riff	X			X	X	
Seemooswiese	X			X	X	
Ästuar		X			X	X
Rastgebiet	X	X	X	(x)	(x)	X
Brutgebiet	X	X	X	(x)	(x)	X

► Miesmuschelbänke

Miesmuschelbänke gehören zu den produktivsten Biotopen im Wattenmeer

Miesmuschelbänke gehören zu den produktivsten Biotopen überhaupt (ASMUS 1987) und bilden Lebensraum, Schutz- und Ernährungsgebiet für viele andere Arten. Darüberhinaus filtern sie große Wassermengen in kurzer Zeit und üben dadurch vielfältigen und massiven Einfluß auf das gesamte Ökosystem aus (RUTH 1994).

Miesmuscheln zeigen aufgrund ihres Lebensalters und ihrer pelagischen Fortpflanzungsstadien starke und kurzfristige Bestandsschwankungen. Bislang ist die räumlich-zeitliche Ausprägung dieser Dynamik nicht prognosefähig; d.h. Zeit, Ort und Ausmaß von Populationsschwankungen der Miesmuschel sind nicht vorhersehbar. Meeresenten, die in ihrer Ernährung oder Lebensraumwahl von Miesmuscheln abhängig sind, zeigen meist eine deutlich langfristigere Populationsdynamik.

Daher ist der Anteil an stabilen Miesmuschelbänken, d.h. derjenige, der die untere natürliche Grenze des Schwankungsbereiches der Miesmuschelbestände darstellt, besonders bedeutsam für muschelfressende Tiere. Räume besonderer ökologischer Bedeutung sind demzufolge alle eulitoralen Miesmuschelbänke, die sich im Bereich der Niedrigwasserlinie befinden sowie eulitorale Miesmuschelbänke, die auf kiesigen bis steinigen Untergründen angesiedelt sind (RUTH 1994).

► Seegraswiesen

Seegrasbestände beherbergen das Hauptvorkommen gefährdeter Fischarten

Innerhalb des gesamten Wattenmeeres weist der nordfriesische Teil das größte Seegrasvorkommen aus. Hier wurden bei einer Befliegung im Sommer 1991 62 % aller Bestände des gesamten Wattenmeeres kartiert. Der Flächenanteil der Seegraswiesen am Eulitoral liegt dort mit rund 15 % mit Abstand am höchsten. Zum Vergleich: in Ostfriesland und im Wurster Watt befanden sich 12 % des Seegrasvorkommens, und nur 4 % des Gezeitenbereiches waren mit Seegraswiesen bewachsen (REISE 1994). Damit kommt den Watten in Nordfriesland insgesamt eine herausragende Rolle für den Schutz der Seegrasbestände zu.

Seegrasbestände beherbergen das Hauptvorkommen gefährdeter Fischarten wie Seestichling und Große Schlangennadel (BRECKLING et al. 1994). Der Rückgang dieser Arten ist mit dem Verlust ihrer Habitate verbunden. Darüberhinaus haben Seegraswiesen im Herbst eine herausragende Bedeutung als Nahrungsgebiet für Ringelgänse und Pfeifenten (BERGMANN et al. 1994, RÖSNER 1994a, b).

Seit 1991 zeigen die Bestände des Seegrases im schleswig-holsteinischen Wattenmeer eine rückläufige Tendenz

Seit 1991 zeigen die Bestände des Seegrases im schleswig-holsteinischen Wattenmeer eine rückläufige Tendenz. Im dithmarscher Watt wurden 1994 keine Seegraswiesen mehr gefunden und im nordfriesischen Teil ging der mit Seegras bewachsene Anteil des Eulitorals auf rund 3 % zurück (REISE 1994). Seegraswiesen und ihre potentiellen Standorte, die sich aus den noch 1991 bewachsenen Flächen ableiten lassen, sind durch ihre angepaßte Begleitfauna grundsätzlich Räume beson-

VII

der,er ökologischer Bedeutung (GIS-Karten 12 a und 12 b).

► Mauser- und Rastgebiete von Enten und Seetauchern

Nahezu der gesamte nordwest-europäische Brandentenbestand mausert von Anfang Juli bis Mitte September in den landfernen, weniger gestörten Teilen der Wattgebiete zwischen Weser und Eider, mit zunehmender Konzentration im nördlichen Elbmündungsbereich (NEHLS et al. 1992, NEHLS 1994). Eiderenten konzentrieren sich während der Mauser zur selben Zeit wie die Brandenten an verschiedenen Stellen im nordfriesischen und dithmarscher Wattenmeer in störungsarmen Wattstromsystemen (NEHLS 1994). Wattstromgebiete mit regelmäßiger Nutzung durch mausernde und rastende Meeresenten sind daher Räume besonderer ökologischer Bedeutung (GIS-Karten 15 und 17).

Trauerenten nutzen in größerer Zahl besonders in den Wintermonaten die den Außensänden westlich vorgelagerten Seegebiete, z.B. vor St. Peter-Ording und Amrum. Seetaucher (Stern- und Prachttaucher) überwintern mit bedeutenden Populationsanteilen innerhalb der 12-sm-Zone, die höchsten Dichten treten etwa im Bereich der 10 m-Tiefenlinie auf. Damit besitzen diese Gebiete eine besondere Bedeutung für diese Arten (Abb. 176), auch wenn Habitatansprüche zur Zeit nahezu unbekannt sind und eine flächendeckende Erfassung der genutzten Räume bislang fehlt (NEHLS 1994).

► Liege- und Wurfplätze von Seehunden und Kegelrobben

Robben benötigen Ruhephasen während der Niedrigwasserzeiten, besonders während des Haarwechsels und der Laktationsphase der Jungtieraufzucht. Wichtige Hochwasserrastplätze, die tideunabhängig für Jungtieraufzucht und Haarwechsel verfügbar sind, sind Norderoogsand, Lorenzenplate, Wesselburener Loch, Jungnamensand und D-Steert. Alle traditionellen Liegeplätze, die unabhängig von der Bestandszahl konstant besetzt sind, stellen Räume besonderer ökologischer Bedeutung zum Erhalt der Population dar (Abb. 177; GIS-Karte 18). Darüberhinaus sind alle größeren Sandbänke mit nahegelegenen tiefen Prielabschnitten Räume von potentiell besonderer ökologischer Bedeutung.

Die einzige deutsche Kegelrobbenkolonie liegt auf dem Jungnamensand westlich von Amrum. Während der Wurfzeit wurden wiederholt Robbenjunge auf dem Kniepsand von Amrum sowie auf der Hörnum Odde auf Sylt angetroffen, vereinzelt auch Robbenmütter mit Jungtieren. Da der Jungnamensand Erosionstendenz zeigt und Überflutungen häufiger werden, erlangen Kniepsand und Hörnum Odde als benachbarte Gebiete besondere ökologische Bedeutung für die Kegelrobbenpopulation.

Einige Habitate, die zur natürlichen Ausstattung des Wattenmeeres gehören, sind im Nationalpark verschwunden oder stark unterrepräsentiert. Daher sind Räume, in denen das Potential für die Regeneration solcher Strukturen vorhanden ist, von besonderer ökologischer Bedeutung. Neben den in historischer Zeit verschwundenen Austernbänken sind folgende Strukturen aus verschiedenen, teilweise ungeklärten Ursachen im Nationalpark nicht in ihrer natürlichen Verbreitung vorhanden:

► Salzwiesen

Natürliche, langjährig unbeweidete und nicht durch Entwässerung oder Lahnungen veränderte Salzwiesen sind fast verschwundene und hochgradig gefährdete Lebensräume im Nationalpark und im angrenzenden Küstenbereich (STOCK et al. 1996). Auch aus diesem Grund sind Salzwiesen nach § 15a (1) LNatSchG in der Liste besonders geschützter Biotope aufgeführt. Insbesondere sind aufgrund flächendeckender Küstenschutzmaßnahmen alte, natürlich gewachsene Salzwiesen selten. Salzwiesen haben unter anderem für den Stoffaustausch an der Grenzfläche Meer - Festland, auch in den Ästuaren, zentrale Funktionen, da sie in Sedimentationsgebieten Senken für Schad- und Nährstoffe sind.

Salzwiesen sind ein Teilsystem des Wattenmeeres, das in seiner Ausprägung einmalig auf der Welt ist. 90 % ihrer Pflanzenarten kommen nur in salzgebundenen Ökosystemen vor. Rund die Hälfte der Tierarten ist auf diesen Lebensraum spezialisiert, d.h. sie treten in anderen Ökosystemen nicht auf. Salzwiesen bilden den natürlichen Übergang vom Meer zum Land, was sich auch in der Herkunft der Besiedler widerspiegelt. Sowohl Lebewesen marin-aquatischer

Nahezu der gesamte nordwest-europäische Brandentenbestand mausert in den landfernen, weniger gestörten Watten zwischen Weser und Eider

Salzwiesen haben für den Stoffaustausch an der Grenzfläche Meer - Land zentrale Funktionen

Tidenunabhängige Hochwasserrastplätze sind für Jungtieraufzucht und Haarwechsel von Robben bedeutsam

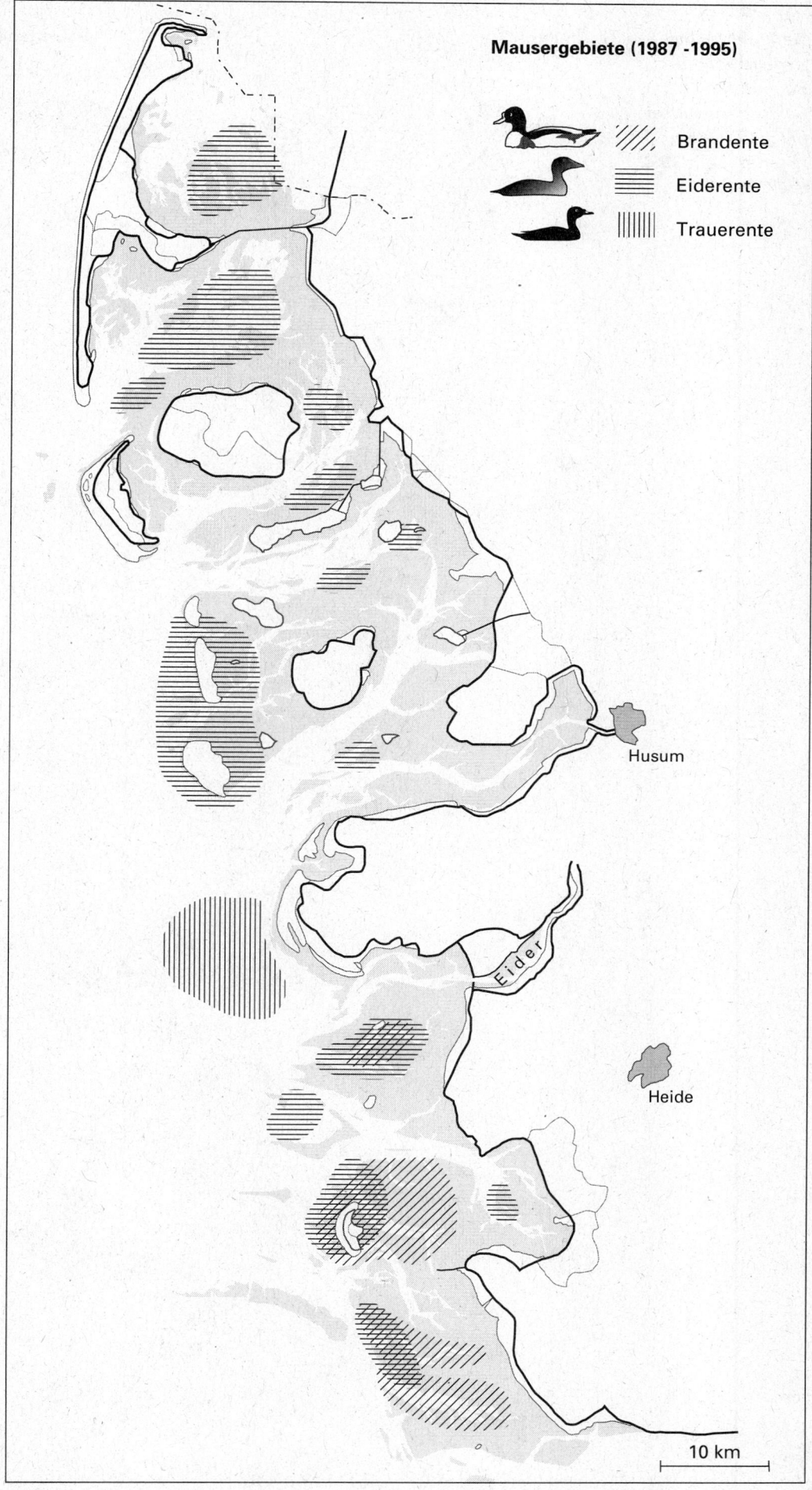

*Abb. 176
Mausergebiete von
Brand-, Eider- und
Trauerente im
Schleswig-Holstei-
nischen Watten-
meer (NEHLS 1996,
verändert).*

Mausergebiete (1987 -1995)

Brandente

Eiderente

Trauerente

Husum

Eider

Heide

10 km

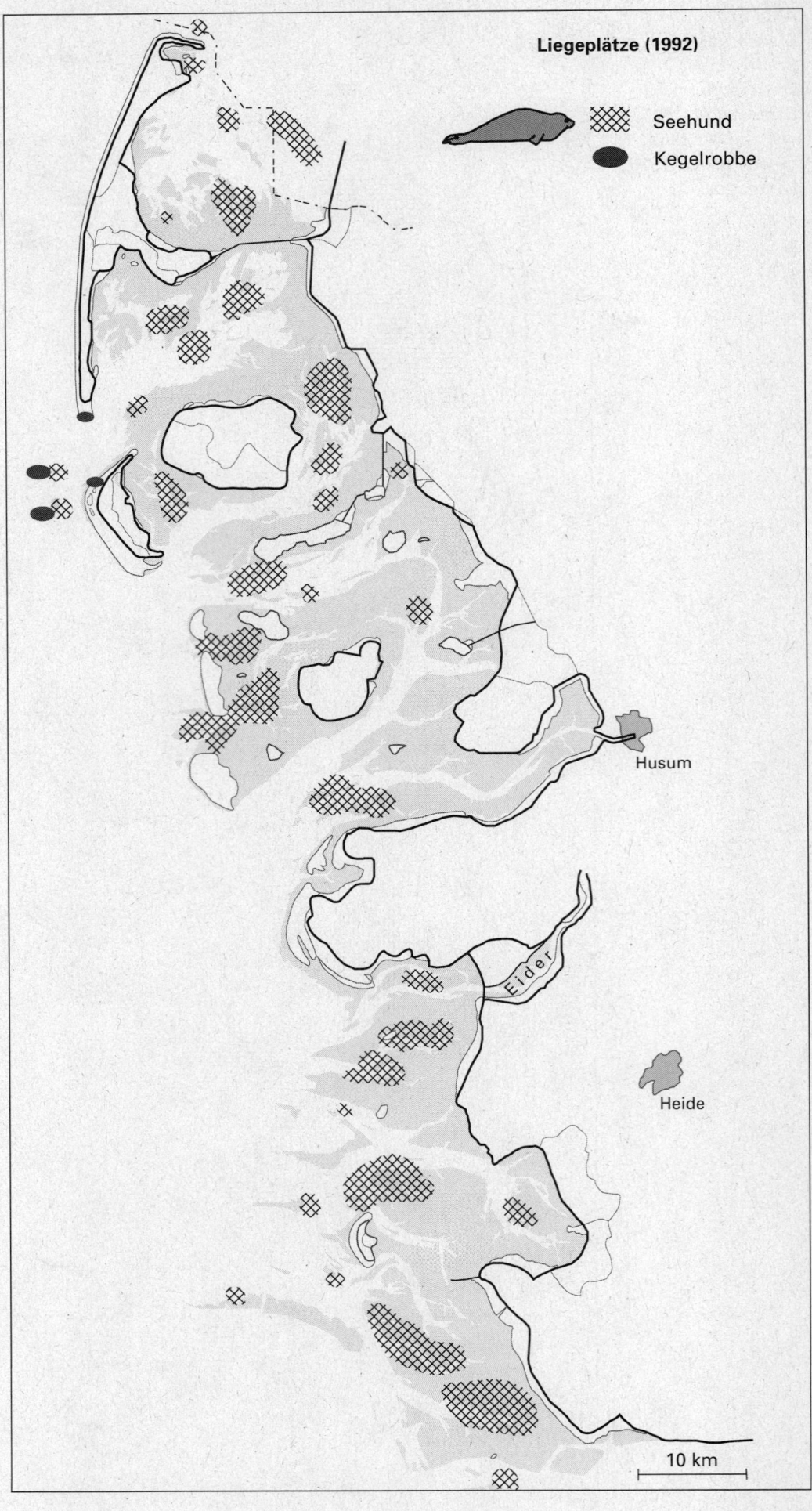

Abb. 177
Liegeplätze von
Kegelrobben und
Seehunden im
Schleswig-Holstei-
nischen Watten-
meer im Jahr 1992
(VOGEL 1996).

Liegeplätze (1992)

Seehund

Kegelrobbe

Husum

Eider

Heide

10 km

Der Verlust ästuartypischer geomorphologischer Strukturen hat zu einer deutlichen Veränderung des Artenspektrums geführt

Herkunft als auch solche aus dem terrestrischen Bereich haben sich diesen Lebensraum erschlossen (HEYDEMANN & MÜLLER-KARCH 1980).

Dazu stellen die Salzwiesen mit natürlicher oder naturnaher Vegetation Brutgebiete für eine Reihe von Küstenvögeln. Nach der EG-Vogelschutzrichtlinie sind Salzwiesenhabitate beispielsweise für den Säbelschnäbler von hoher Bedeutung (HÄLTERLEIN 1996) (vergl. Abb. 178). Auch als Rastgebiete während der Hochwasserzeiten spielen Salzwiesenflächen für überwinternde oder durchziehende Vogelarten eine herausragende Rolle (RÖSNER 1994a, b) (vergl. Abb. 179).

▶ Sandkorallenriffe

Sandkorallenriffe gehören zu den seltenen bzw. fehlenden Lebensräumen im Wattenmeer

Sandkorallen- oder *Sabellaria*-riffe gehören zu den defizitären Lebensräumen im Wattenmeer. Die Gründe für ihren Rückgang sind umstritten (z. B. RIESEN & REISE 1982, BERGHAHN & VORBERG 1994).

Auf und in Sandkorallenriffen findet sich eine im Wattenmeer eher seltene Vielfalt (BERGHAHN & VORBERG 1994). Sie bieten Anheftungsgrund für festsitzende Organismen und dienen mit ihren Spalten, Höhlen und leeren Wohnröhren als Lebensraum und Rückzugsgebiet für zahlreiche Wirbellose. Ein entscheidender Faktor zur Erhaltung eines intakten Riffs, aber auch für die Entstehung eines neuen Riffs, ist das Strömungsregime. Seine Veränderlichkeit bestimmt auch die Dynamik der Vorkommen von Riffen, die durchaus kurzlebig sein können. Aus diesen Faktoren resultiert die besondere ökologische Bedeutung der *Sabellaria*-Riffe.

▶ Seemooswiesen

Seemooswiesen sind seltene bzw. fehlende Lebensgemeinschaften

Seemoos (*Sertularia cupressina*) kann im Sublitoral dichte Wiesen bilden. Diese gehören heute zu den defizitären Lebensräumen im Wattenmeer (WAGLER 1990). Als Ursache für den Rückgang kommt die in früheren Zeiten intensive Seemoosfischerei in Frage. Prinzipiell sind die bekannten und potentiellen Standorte (Abb. 180) Räume besonderer ökologischer Bedeutung. Jedoch gibt es wie bei den Sandkorallenriffen keine flächendeckende Erfassung über die heutige Verbreitung.

▶ Ästuarine Bereiche

Prielsysteme nahe den Mündungen von Elbe und Eider zeigen höhere Individuendichten und größere Vorkommen diadromer, d.h. zum Laichen stromauf bzw. stromab wandernder Fische (z. B. Aal, Neunauge, Stint, Schnäpel, etc.). Wichtig sind Deichsiele als Einfallstore für Wanderfischarten (z. B. Dreistachliger Stichling, Glasaal) auf dem Weg ins Binnenland (BRECKLING et al. 1994). Im Nationalpark und seinem Vorfeld ist die Godelniederung auf Föhr der einzige Bereich, der noch einen naturnahen Übergang eines Süßwassersystemes zum Wattenmeer aufweist (vergl. Kap. V 3.7). § 15a des LNatSchG stellt solche naturnahen unverbauten Flußabschnitte unter besonderen Schutz.

Die großen Ästuare von Elbe und Eider dagegen sind durch Küstenschutzmaßnahmen in ihrer natürlichen Ausprägung stark beeinträchtigt. Der Verlust ästuartypischer geomorphologischer Strukturen und die starke Veränderung der hydrographischen Verhältnisse hat zu einer deutlichen Veränderung des Artenspektrums geführt. So gingen mit dem Rückgang von Brackwasserröhrichten u.a. auch Laich-, Aufwuchs- und Ruhezonen von Fischen verloren. Heute ist deshalb eine Verarmung der Fischfauna festzustellen. Ästuarinterne Stoffkreisläufe sind nur noch minimal ausgeprägt. Sie sind z.B. in den Elbewatten nur noch andeutungsweise zu erfassen (SCHIRMER 1994). Dennoch sind die großen Ästuare aufgrund ihrer potentiellen ökologischen Bedeutung dieser Kategorie zuzuordnen.

Auf der Basis internationaler Konventionen und Richtlinien sind im Nationalpark und in seinem Vorfeld Räume ausgewiesen, die von internationaler Bedeutung sind. Diese leiten sich überwiegend aus der Ramsar Konvention, der EU-Vogelschutzrichtlinie und der FFH-Richtlinie ab (vergl. Kap. III 4) und sind zum Teil auch durch das Naturschutzgesetz des Landes abgedeckt. Da sich diese Bestimmungen z.T. auf einzelne Arten beziehen, ist eine räumliche Einteilung nach Strukturen nicht möglich. Jede Art stellt eigene Ansprüche an ihren Lebensraum, so daß sich diese Räume besonderer ökologischer Bedeutung uneinheitlicher darstellen als die bisher vorgestellten.

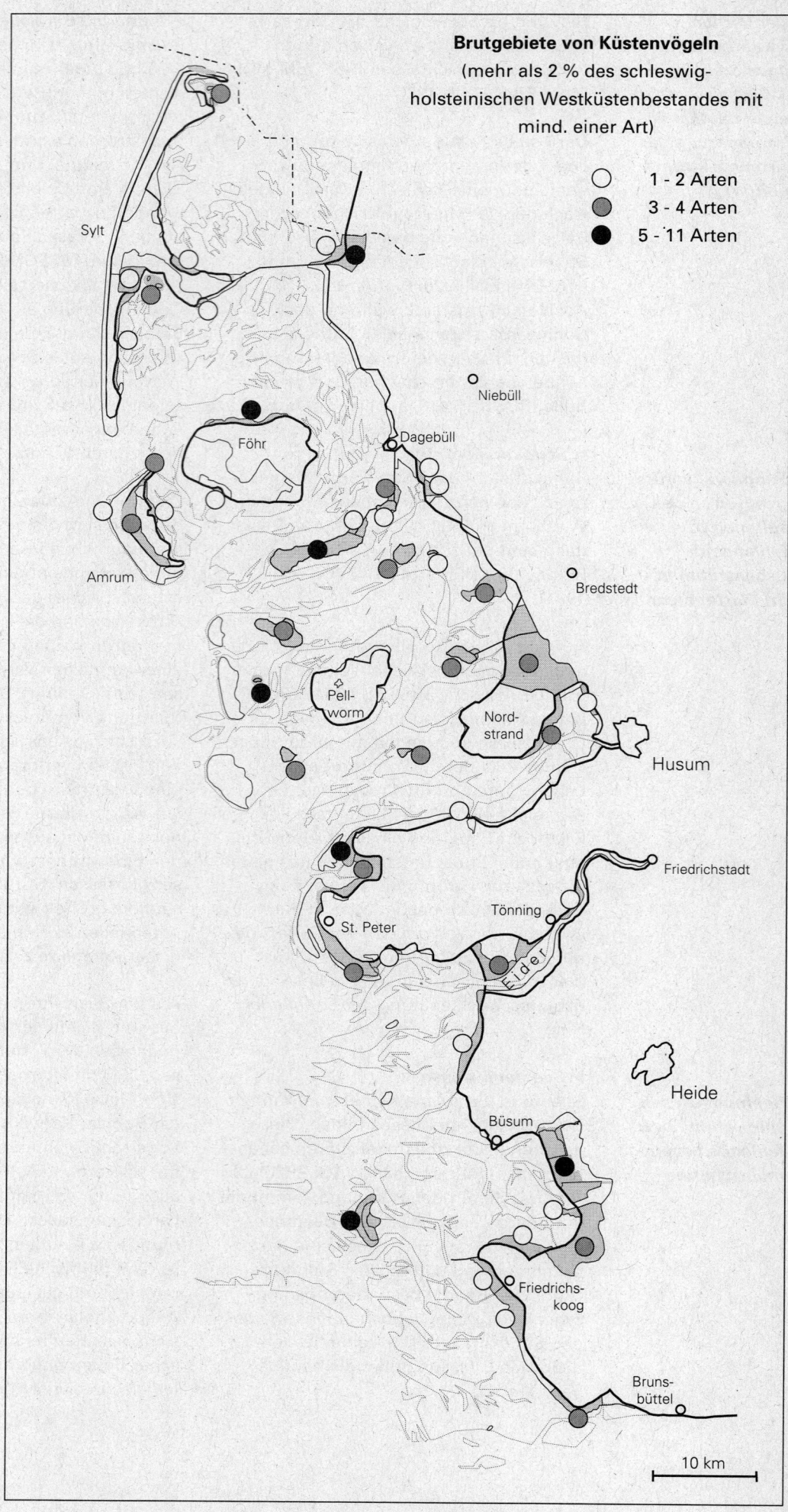

Abb. 178 Bedeutsame Brutgebiete von Küstenvögeln im Schleswig-Holsteinischen Wattenmeer, in denen mehr als 2 % des Westküstenbestandes einer Art brüten (HÄLTERLEIN 1996, verändert).

Brutgebiete von Küstenvögeln
(mehr als 2 % des schleswig-holsteinischen Westküstenbestandes mit mind. einer Art)

○ 1 - 2 Arten
◐ 3 - 4 Arten
● 5 - 11 Arten

10 km

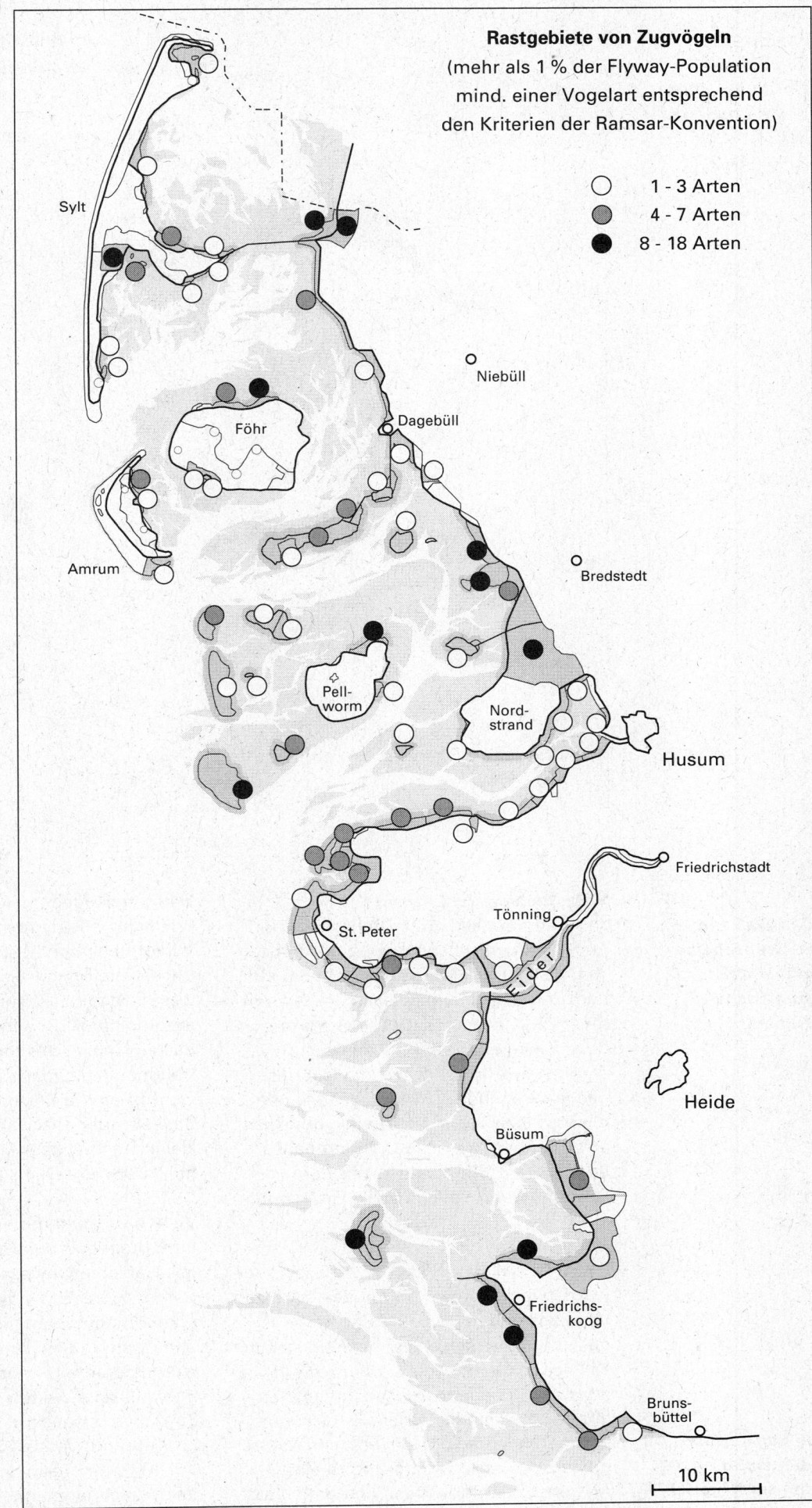

Abb. 179
Bedeutsame
Rastgebiete von
Zugvögeln im
Schleswig-Holstei-
nischen Watten-
meer, in denen
mehr als 1 % der
Flyway-Population
einer Art rasten
(RÖSNER 1994,
verändert).

Rastgebiete von Zugvögeln
(mehr als 1 % der Flyway-Population
mind. einer Vogelart entsprechend
den Kriterien der Ramsar-Konvention)

○ 1 - 3 Arten
◒ 4 - 7 Arten
● 8 - 18 Arten

Sylt

Niebüll

Föhr

Dagebüll

Amrum

Bredstedt

Pell-
worm

Nord-
strand

Husum

Friedrichstadt

Tönning

St. Peter

Eider

Heide

Büsum

Friedrichs-
koog

Bruns-
büttel

10 km

VII

Abb. 180
Seemoos-
vorkommen im
Nordfriesischen
Wattenmeer in der
Zeit von 1913 -
1989 (WAGLER
1990).

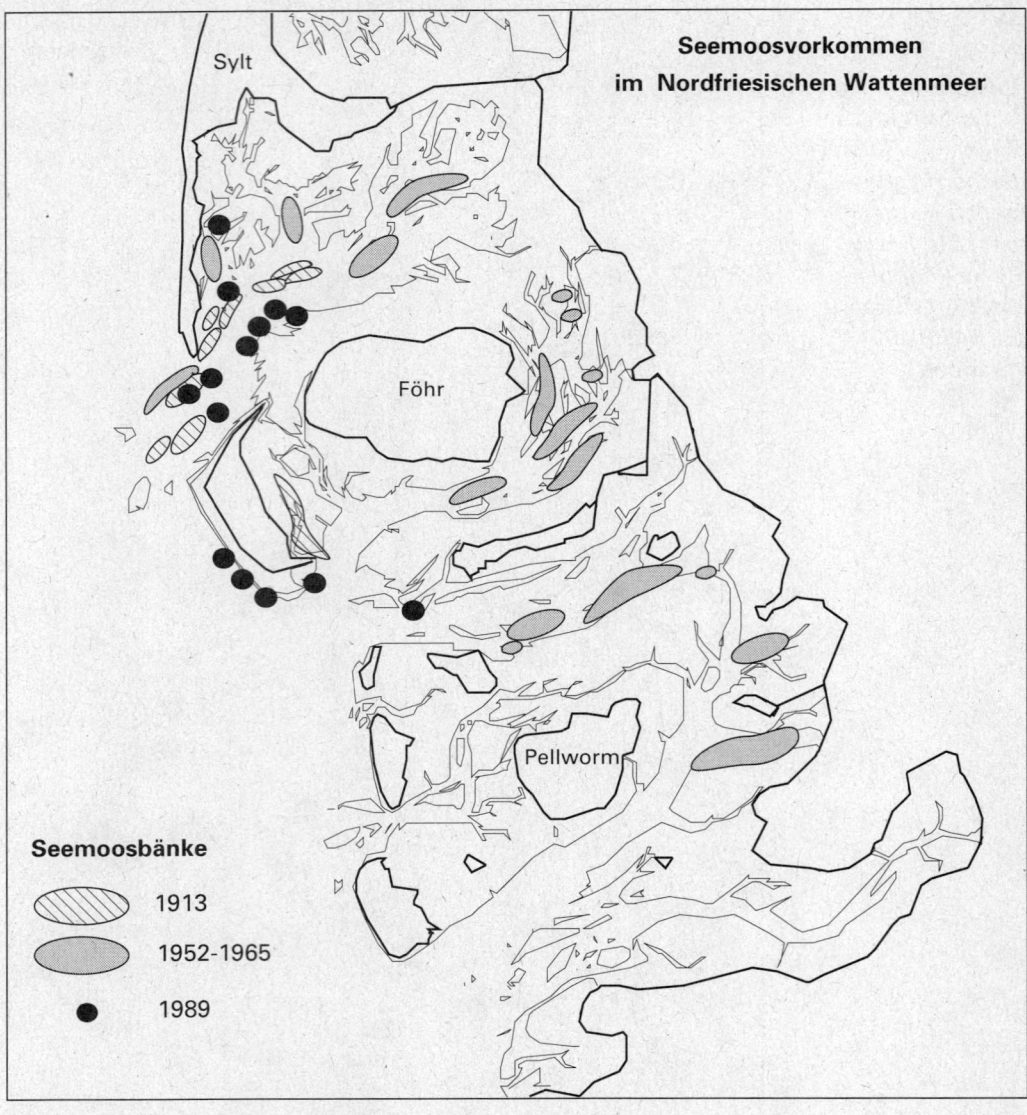

Seemoosvorkommen
im Nordfriesischen Wattenmeer

Sylt

Föhr

Pellworm

Seemoosbänke

1913

1952-1965

● 1989

**Das Wattenmeer
ist Drehscheibe
auf dem ost-
atlantischen
Zugweg**

▶ Rastgebiete für Zugvögel

Das Wattenmeer ist die Drehscheibe auf
dem ostatlantischen Zugweg. Viele Arten
sind als extreme Langstreckenzieher auf
dem Zug darauf angewiesen, im Wattenmeer Zwischenstops einzulegen und sich
neue Energievorräte für weitere Zug-
etappen anzufressen, um entweder die
nächstgelegenen Nahrungsgebiete oder
die Brut- bzw. Überwinterungsgebiete zu
erreichen. Während ihres Aufenthaltes
findet eine Stoffentnahme aus dem
System zwecks Anlage eines Fettdepots
statt.

Bis zu 1,2 Millionen Wat- und Wasservögel
wurden in den Monaten mit den höchsten
Vogelbeständen (Mai und September)
gleichzeitig im schleswig-holsteinischen
Teil des Wattenmeeres erfaßt. Die tatsäch-
liche Zahl liegt jedoch noch um einiges
höher, da nicht alle Vögel einer Art synchron ziehen und es während der Zugzeit
durch Zu- und Abwanderung zu einem
Austausch der Individuen innerhalb der
Rastbestände kommt. Neben dem

Nahrungsangebot in den Wattflächen,
Prielen und Vorländern spielen für das
Vorkommen von Rastvögeln vor allem
ungestörte Hochwasser-Rastplätze eine
wesentliche Rolle, vor allem, wenn sie in
unmittelbarer Umgebung der Nahrungsflächen liegen. Besonders hohe Konzentrationen rastender Vögel treten dort auf,
wo großen Wattflächen mit hohem
Schlick- oder Mischwattanteil relativ
kleine Flächen über MThw gegenüberstehen (RÖSNER 1994a, b).

Viele Arten sind mit erheblichen Anteilen
ihrer biogeographischen Population auf
das Gebiet angewiesen. Jeweils etwa die
Hälfte (45 bis 66 %) dieser Populationen
von Brandente, Ringelgans, Nonnengans
und Knutt und ein Drittel der Alpenstrandläufer nutzen das Schleswig-
Holsteinische Wattenmeer während der
Zugzeiten. Insgesamt hat das Gebiet für
36 Wat- und Wasservogelarten, die das
1 %-Kriterium nach der Ramsar Konvention überschreiten, internationale Bedeutung.

**36 Vogelarten
überschreiten die
Ramsar-Kriterien**

Fast alle Hochwasserrastgebiete erfüllen in Verbindung mit den angrenzenden Nahrungsflächen in Watt und Salzwiesen bereits für mindestens eine Art das Ramsar-Kriterium und müssen daher den Räumen besonderer ökologischer Bedeutung zugeordnet werden (GIS-Karte 15). Im Sinne von Artikel 4, Abs. 1 und 2 der EU-Vogelschutzrichtlinie in Verbindung mit der FFH-Richtlinie haben die in Abbildung 179 ausgewiesenen Gebiete übergeordnete Bedeutung für Rastvögel (BAU-MEISTER 1995). Auf den Marschflächen im Vorfeld des Nationalparks nimmt die Bedeutung mit zunehmender Entfernung von der Küste im allgemeinen ab.

▶ Brutgebiete für Vögel

Etwa 30 Vogel-arten brüten mit sehr bedeutenden Beständen in den Küstengebieten

Etwa 30 Vogelarten brüten ausschließlich oder zumindest mit sehr bedeutenden Beständen in den Küstengebieten. Rund 33.000 Brutpaare Limikolen, 40.000 Paare Möwen, 16.000 Paare Seeschwalben sowie Brandente, Eiderente, Mittelsäger, Kornweihe und Sumpfohreule nutzen das schleswig-holsteinische Wattenmeer. Viele Küstenvogelarten treten im Gebiet mit hohen Anteilen an den gesamten nordwesteuropäischen Populationen auf, so daß die Bestandstrends maßgeblich vom Bruterfolg in diesem Gebiet gesteuert werden.

Besonders hohe Anteile erreichen die Bestände von Seeregenpfeifer (41 %), Säbelschnäbler (20 %), Brandseeschwalbe (1 %) Zwergseeschwalbe (8 %), Austernfischer (8 %), Flußseeschwalbe (5 %) und Sandregenpfeifer (5 %), zwischen 1 und 3 % liegen sie bei Brandente, Rotschenkel, Lachmöwe, Küstenseeschwalbe, Heringsmöwe und Silbermöwe. Während die meisten Küstenvogelarten aufgrund verbesserten Nahrungsangebots infolge von Eutrophierung und gestiegenem Fischerei-Beifang (HÜPPOP et al. 1994) in den letzten Jahrzehnten mehr oder weniger stark zugenommen und heute hohe Bestandsgrößen erreicht haben, waren die Brutvögel der Sände und Strände früher wesentlich häufiger und verbreiteter als heute (HÄLTERLEIN 1996, STOCK 1992).

Von besonderer ökologischer Bedeutung sind dynamische Strand-lebensräume

Voraussetzung für das Vorkommen in dieser Größenordnung ist die Verfügbarkeit von Nahrung. Besonders die Limikolen, deren Jungtiere Nestflüchter sind und die von Anfang an selbständig Nahrung suchen müssen, sind auf eine möglichst enge räumliche Verbindung von Brut- und Nahrungsräumen angewiesen.

Bei Möwen und Seeschwalben, deren Jungtiere als Platzhocker am Nest gefüttert werden, können die Nahrungsgebiete dagegen mehr als 10 km von den Brutplätzen entfernt liegen.

Von den meisten Arten werden die Vorlandsalzwiesen, die Ästuarsalzwiesen und die Halligen in größerer Zahl als Brutgebiete genutzt. Für Möwen und Eiderenten sind die Dünengebiete von großer Bedeutung. Die Marschgebiete auf den Inseln weisen geringere Küstenvogeldichten auf. Sie sind neben den Feuchtgebieten der neu eingedeichten Köge und dem Eider-Ästuar herausragende „Wiesenvogel"-Brutgebiete. Von besonderer ökologischer Bedeutung, insbesondere für die gefährdeten Arten Zwergseeschwalbe und Seeregenpfeifer, sind die dynamischen Strandlebensräume mit Nehrungen, Muschelschillflächen, Strandwällen und Primärdünen. Deshalb sind alle Bereiche von potentiell besonderer Bedeutung, in denen aufgrund von Strömungs- und Sedimentationsverhältnissen die Bildung von Primärdünen, Strandwällen, Nehrungen oder Schillflächen möglich erscheint.

Mit Ausnahme einiger Geestbereiche auf den Inseln sind fast alle Erfassungsgebiete an der schleswig-holsteinischen Westküste zusammen mit den angrenzenden Watt- und Wasserflächen von erheblicher Bedeutung für Brutvögel und entsprechen daher Räumen besonderer ökologischer Bedeutung (GIS-Karte 16). Von den Marschflächen im Vorfeld des Nationalparks sind weite Teile der küstennahen Bereiche in Abhängigkeit von landwirtschaftlicher Nutzung und wasserwirtschaftlichen Verhältnissen von vergleichsweise hoher Bedeutung. Im Sinne von Artikel 4, Abs. 1 und 2 der EU-Vogelschutzrichtlinie in Verbindung mit der FFH-Richtlinie haben die in Abbildung 178 ausgewiesenen Gebiete übergeordnete Bedeutung für Brutvögel (HÄLTERLEIN 1996).

VII

2.2 Räume besonderer Empfindlichkeit

Räume besonderer Empfindlichkeit sind selten oder besonders gefährdet

Die Trennung der Räume besonderer Empfindlichkeit von denen der Räume besonderer ökologischer Bedeutung beruht auf der Tatsache, daß manche Teilsysteme ökologisch weniger belastbar bzw. konkurrenzschwächer und damit gefährdeter sind als andere (vergl. MARGULES 1994). Für die Einstufung in diese Kategorie liegen die folgenden Merkmale zugrunde:

► aktueller und historischer Flächenverlust,
► Gefährdung durch den Einfluß des Menschen,
► ökologische Empfindlichkeit des Teilsystems,
► natürliche Seltenheit.

Analog zu den Räumen besonderer ökologischer Bedeutung lassen sich dementsprechend für den Nationalpark und seine Randbereiche Räume besonderer Empfindlichkeit definieren (vergl. Tab. 38).

Tab. 38: Einstufung der Räume besonderer Empfindlichkeit nach Bewertungskriterien, weitere Erläuterungen im Text; X= erfüllt; (x) = teilweise bzw. indirekt erfüllt.

	Flächen-verlust	anthro pogene Gefähr-dung	intrin-sische Empfind-lichkeit	natür-liche Selten-heit
Sabellaria-Riff	X	X	X	X
Seegraswiese	X		X	(x)
Brutgebiet	X	X	(x)	
Rastgebiet	X	X	(x)	
Schweinswalgebiet	X	(x)		
Salzwiese	X	X		
Supralitoral		X	X	X

► Sandkorallenriffe

Sandkorallenriffe können sich im Wattenmeer natürlicherweise nur an wenigen geeigneten Orten bilden. Günstig sind hohe Strömungsgeschwindigkeiten wie sie in tiefen Rinnen und den Hauptwattströmen vorliegen, wobei die Bildung an Prallhängen bevorzugt stattfindet (BERGHAHN & VORBERG 1994). Aus der Literatur und durch Überlieferung von Fischern sind an der schleswig-holsteinischen Westküste (einschließlich Helgoland) 17 Standorte bekannt, von denen aber nur einer in jüngster Zeit nachgewiesen werden konnte. Standorte von Sandkorallenriffen als fast verschwundene Habitate stellen Räume besonderer Empfindlichkeit dar. Potentielle Standorte sind jedoch aufgrund der natürlichen Dynamik der Rinnen und damit des Strömungsregimes nur schwer festzulegen und müssen nicht deckungsgleich mit historisch dokumentierten Standorten sein (Abb. 181) (BERGHAHN & VORBERG 1994).

► Seegraswiesen

Das Große Seegras schwankt in seinem Bestand aufgrund seiner Besiedlungsstrategie von Jahr zu Jahr erheblich (vergl. Kap. V 3.1.3.2). Der Vergleich der Aufnahmen von 1991 und 1994 (GIS-Karten 11 a und 11 b) zeigt einen erheblichen Rückgang des Bestandes. Nach den Befunden der Ökosystemforschung ist das Große Seegras (*Zostera marina*) offenbar nicht mehr in der Lage, sich im flachen Sublitoral anzusiedeln. Die einstmals bedeutenden Seegraswiesen können vermutlich nicht mehr aufkommen. Während DE JONGE & PELETIER (1992) annehmen, daß das Wasser zu trübe geworden ist, vermutet REISE (1991), daß das flache Sublitoral zu oft von Bodennetzen befischt wird.

Das Zwergseegras (*Zostera noltii*) hat einen Teil seines natürlichen Verbreitungsgebietes durch Küstenschutzmaßnahmen verloren (RUTH 1994). REISE (1994) vermutet zusätzliche Konkurrenz durch das eingeschleppte Schlickgras. Aufgrund der Verbreitungsstrategie des Zwergseegrases ist die Möglichkeit der Neuansiedlung in anderen, potentiell geeigneten Bereichen, wenig wahrscheinlich (vergl. Kap. V 3.1.3.2).

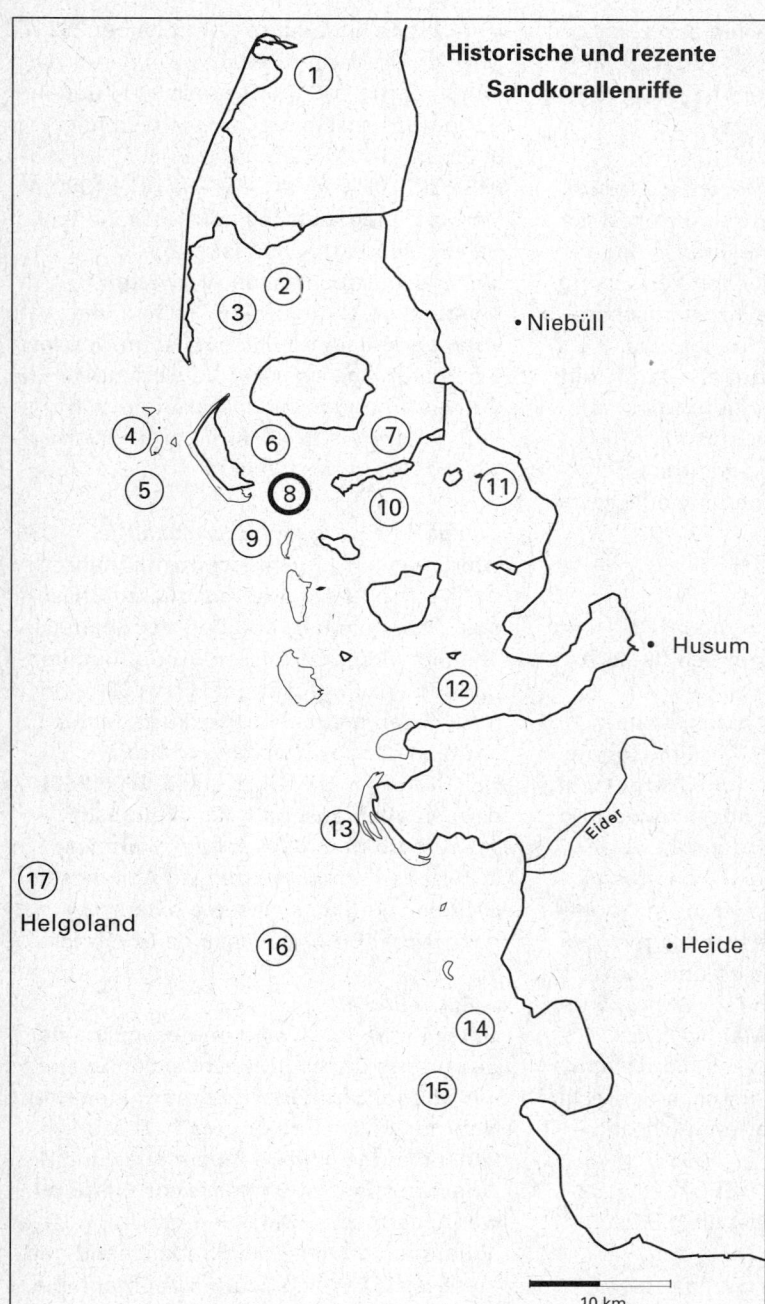

Abb. 181
Historisches und
rezentes Vorkom-
men von
Sabellariariffen an
der schleswig-
holsteinischen
Westküste. Das
einzige rezente Riff
befindet sich im
Rütergatt südlich
von Amrum (Nr. 8).
Die Nummern
kennzeichnen die
jeweilige Lage der
Riffe (siehe BERG-
HAHN & VORBERG
1994).

Seegraswiesen weisen bei erhöhtem
Nährstoffgehalt zudem einen verstärkten
Aufwuchs mit Mikroalgen auf, der die
eigene Produktionsleistung schmälert.
Aus diesen Gründen ist ihnen eine beson-
dere Empfindlichkeit zuzuschreiben.

▶ **Brutgebiete für Vögel**
Die Empfindlichkeit der Brutgebiete
beruht in erster Linie auf dem Einfluß von
Störwirkungen zur sommerlichen Brutzeit
(STOCK et al. 1994b). Im Zuge der Ansied-
lung sind die Brutpaare besonders von
Koloniebrütern auf ungestörte Flächen für
die Brutvorbereitung (Balz, Nestbau)
angewiesen, da zu dieser Zeit noch keine
intensive Bindung an den zukünftigen
Brutplatz besteht. Insbesondere das
Weibchen ist während der Eireife großem
physiologischen Streß ausgesetzt. Der
Aufzuchterfolg hängt deshalb in starkem
Maße von der Fitness der Altvögel ab.
Häufiges, auch kurzfristiges Verlassen der
bebrüteten Gelege, kann durch Überhitzung der Eier zu einer erhöhten Sterblichkeit der Embryonen, das Verlassen der
Jungvögel zu einer Sterblichkeit wegen
Unterkühlung führen. Zusätzlich sind die
Jungvögel ohne den Schutz der Altvögel
durch Räuber stärker gefährdet. Daraus
resultiert auch eine Empfindlichkeit
gegenüber extremen Auswirkungen der
Witterung. Sommerliche Sturmfluten und
ausgedehnte Regenperioden während der
Brutzeit beeinflussen den Bruterfolg.

Viele Brutgebiete werden zudem heute
von Brutvögeln besetzt, deren Verbreitung
in früherer Zeit auch in anderen, heute
nicht mehr zur Verfügung stehenden
Arealen lag. Dies gilt beispielsweise für
Flußseeschwalbe (*Sterna hirundo*),
Lachmöwe (*Larus ridibundus*) und besonders für den Rotschenkel (*Tringa totanus*),
so daß die Brutgebiete des Nationalparks
und seiner Randbereiche auch als
Rückzugsgebiete für solche Arten angesehen werden müssen.

▶ **Rastgebiete für Vögel**
Die Empfindlichkeit der Rastgebiete ist
ebenfalls auf verschiedene Störwirkungen
zurückzuführen. Störungen der Vögel
können Engpässe im Energiehaushalt
bewirken (STOCK & HOFEDITZ 1994,
BRUNCKHORST et al. 1994). Häufiges
Auffliegen kostet Energie, die vor allem
während der Wintermonate nicht ohne
weiteres wieder ausgeglichen werden
kann; eine erhöhte Sterblichkeit kann
auftreten. Für den Austernfischer ist
bekannt, daß Eiswinter, denen er im

Gegensatz zu anderen Arten erst sehr spät großräumig auszuweichen versucht, eine hohe Mortalität besonders bei Jungvögeln bewirken (STOCK et al. 1987).

Eine optimale Depotfettanlage während der Zugzeiten im Frühjahr und Herbst ist die Voraussetzung für die Fitness der Vögel. Von der konditionellen Verfassung der Vögel, mit der sie in ihre arktischen Brutgebiete aufbrechen, hängt auch maßgeblich der Bruterfolg ab. Damit wirkt sich potentiell jede Veränderung auf den Nahrungsflächen und jede nicht kompensierbare Störung während der Freß- und Ruhephasen negativ auf die Fitness der Vögel aus.

► Schweinswalgebiet

Die Gewässer vor Amrum und Sylt bilden nach den Ergebnissen von Schiffs- und Flugzählungen ein bevorzugtes Aufenthaltsgebiet für Schweinswale (vergl. GIS-Karte 19). Gleichzeitig konnte dort eine ungewöhnlich hohe Anzahl von Mutter-Kalb-Gruppen festgestellt werden, woraus geschlossen werden kann, daß dieser Nordseebereich ein wichtiges Aufzuchtgebiet der Wale ist. Anthropogene Gefährdungen liegen vor allem in der Kollisionsgefahr von Walen und Sportbooten bzw. Jet-Skis. Besonders während der Aufzuchtzeit von Mitte Mai bis Ende Dezember besteht zusätzlich die Gefahr, daß Mutter- und Jungtiere nach Schreckreaktionen dauerhaft getrennt werden (HEIDE-JØRGENSEN et al. 1993, BOHLKEN et al. 1993, VOGEL & NORDHEIM 1995, HAMMOND et al. 1995).

Fischerei mit Treib- und Stellnetzen bedingt z.T erhebliche Beifänge von Kleinwalen. So ertrinken jährlich allein in den Netzen dänischer Fischer mehr als 7.000 Kleinwale im Gebiet der Nordsee. Aufgrund der genannten Gefährdungen und des zahlenmäßigen Rückgangs muß der Bereich der Schweinswalvorkommen als Raum besonderer Empfindlichkeit angesehen werden (MORENO 1993).

Da Schweins- und andere Kleinwale als gefährdete Arten angesehen werden, wurden im Rahmen des internationalen Kleinwalschutzabkommens (ASCOBANS) verbindliche Regelungen festgelegt (BGBL 1992b).

► Salzwiesen

Salzwiesen liegen im schleswig-holsteinischen Wattenmeer nur noch als mosaikartig verteilte Flächen vor. Ihre durchschnittliche Breite liegt heute nur noch bei 230 Metern. Unter naturbelassenen Bedingungen könnte der Salzwiesenstreifen entlang der nordfriesischen Küste vielfach noch 600 bis 1.000 Meter betragen (HEYDEMANN & MÜLLER-KARCH 1980). Der überwiegende Teil der verbliebenen Salzwiesenrestflächen ist durch küstenschutztechnische Aktivitäten entstanden. Nur einzelne Flächen, die vorwiegend auf den Inseln liegen, weisen eine natürliche geomorphologische Entwicklung und Entwässerung durch mäandrierende Priele auf (vergl. GIS-Karte 13) (STOCK et al. 1996).

Dieser Rückgang ist auf die Landgewinnungs- und Küstenschutzmaßnahmen der letzten Jahrhunderte zurückzuführen. Besonders die Begradigung der Seedeichlinie hat über den Ausschluß der Buchtenbildung dazu beigetragen. Etwa 90 % der Salzwiesen an der Nordseeküste fehlen heute in dem Ökosystemverbund. HEYDEMANN & MÜLLER-KARCH (1980) gehen davon aus, daß das ökologisch vertretbare Minimalareal der Salzwiese inzwischen unterschritten ist. Aus diesen Gründen sind Salzwiesen als Räume besonderer Empfindlichkeit einzustufen.

► Supralitoral

Unter Supralitoral sind in diesem Teil der Bewertung die hochdynamischen Systeme Strand, Strandwall, Primärdünen und Nehrungen zusammengefaßt. Diese Lebensräume sind vor allem aufgrund des Tidenhubs im Nationalpark von Natur aus wenig verbreitet. Die Neuentstehung ist abhängig von der Verfügbarkeit sandigen Materials. Diese ist heute nicht mehr wie im früherem Ausmaß gegeben (vergl. Kap. V 2) (KÖSTER 1991).

Eine deutlicher Indikator für die Empfindlichkeit dieses Lebensraumes sind unter anderem seine Brutvögel. Während alle anderen Brutvogelarten des Wattenmeeres einen positiven Bestandstrend aufweisen, sind Zwergseeschwalbe (*Sterna albifrons*) und Seeregenpfeifer (*Charadrius alexandrinus*), die auf diese Gebiete als Bruthabitate spezialisiert sind, besonders gefährdet (HÄLTERLEIN 1996). Ähnliches gilt für die dort vorkommenden Pflanzengesellschaften, deren Mitglieder als Pionierpflanzen einem besonderen Konkurrenzdruck unterliegen.

Zusätzlich sind gerade die sandigen Bereiche des Supralitorals bevorzugt genutzte Bereiche des Tourismus, so daß besonders empfindliche Arten potentiell besiedelbare Gebiete nicht nutzen können. Auch Seehunde (*Phoca vitulina*) sind nahezu vollständig aus diesen Gebieten verschwunden (GARTMANN et al. 1995).

2.3 Räume besonderer sozio-ökonomischer Bedeutung

Räume besonderer sozio-ökonomischer Bedeutung sind Bereiche, in denen Schwerpunkte menschlicher Nutzung liegen und die für das sozio-ökonomische System besonders wichtig sind. Dazu zählen die Räume, die landwirtschaftlich, fischereilich oder durch die Entnahme von Rohstoffen wie Öl, Kies, etc. genutzt werden sowie die Räume, die als Freizeit- und Erholungsgebiete, Verkehrswege u.s.w. dienen. Die sozio-ökonomische Bedeutung von Nutzungen wächst in der Regel mit der Zahl der Nutzerinnen und Nutzer bzw., falls meßbar, mit ihrem ökonomischen Wert. Sie ergibt sich aber auch aus politischen oder gesellschaftlichen Bewertungen, die sich nicht quantifizieren, sondern nur beschreiben lassen. Hierzu gehören auch Traditionen, die eng mit der Identität der Bevölkerung verknüpft oder Bestandteil des Landschaftsbildes sind. Sozio-ökonomische Bewertungen lassen sich daher nur generalisiert vornehmen. Sie gelten als Orientierungsrahmen.

Die Nutzungen im Nationalpark lassen sich nicht losgelöst von denen in seinem Vorfeld betrachten, sondern sind eng mit diesen verflochten. So steuern z. B. die im Vorfeld geschaffenen Übernachtungsmöglichkeiten, die Fangkapazitäten der Fischerei oder die Bootsliegeplätze den Umfang und die Intensität nationalparkbezogener Nutzungen. Im Umkehrschluß können sich durch Nutzungsbeschränkungen innerhalb des Nationalparks Rückkopplungen für das Vorfeld ergeben. Die folgenden Merkmale bilden die Grundlage für eine Einstufung als Raum besonderer sozio-ökonomischer Bedeutung:

▶ hoher ökonomischer Wert,
▶ hohe kulturelle Bedeutung,
▶ ausgedehnte, flächenhafte Nutzung,
▶ starke lokale Nutzung,
▶ gesetzliche bzw. gesellschaftliche Vorgaben (normativer Wert).

Folgende Räume haben danach eine besondere sozio-ökonomische Bedeutung (vergl. Tab. 39):

▶ *Freizeit- und Erholungsräume:*
Der Tourismus ist eine wesentliche tragende Säule der wirtschaftlichen Existenz der Menschen in der Nationalparkregion. Dementsprechend zählen die Gebiete, die in der Freizeit und zur Erholung genutzt werden, zu den Räumen besonderer sozio-ökonomischer Bedeutung.

Der Tourismus in der Nationalparkregion ist räumlich stark konzentriert. Touristische Zentren stellen die drei Geestkerninseln Sylt, Amrum und Föhr sowie die Orte St. Peter-Ording und Büsum dar. Diese Teilräume vereinen rund 80 % aller Übernachtungen auf sich. Auch der Ausflugsverkehr konzentriert sich im wesentlichen auf die genannten Gebiete.

Tab. 39: Einstufung der Räume besonderer sozio-ökonomischer Bedeutung nach Bewertungskriterien; weitere Erläuterungen im Text; X= Kriterium erfüllt, (x) = Kriterium teilweise erfüllt.

	ökonomischer Wert	kulturelle-Bedeutung	flächenhafte Nutzung	lokale Nutzung	normativer Wert
Freizeit- und Erholung	X	(x)		X	X
Verkehr	X	(x)		X	X
Garnelenfischerei		X	X		
Miesmuschelfischerei	(x)		X	X	
Küstenschutz	X	X	X	X	X
Rohstoffnutzung	X			X	
Grabungsschutz		X	X	X	X

Ausnahmen bilden landschaftlich besonders interessante Anziehungspunkte wie die Halligen bzw. Bauwerke, so z. B. der Leuchtturm in Westerhever.

Der Strand und die angrenzenden Watt- und Wasserflächen bilden den zentralen Freizeitstandort für alle Nutzergruppen und sind zugleich eine wichtige Grundlage für den Tourismus (vergl. Kap. VI 1.3). Die Nutzung und Bedeutung einzelner Strandabschnitte ist dort besonders hoch, wo Sandstrände mit Bademöglichkeiten auch bei Niedrigwasser gute Voraussetzungen für das Baden bieten, wo ein breitgefächertes, infrastrukturelles Angebot vorhanden ist und eine gute Erreichbarkeit gegeben ist. Dementsprechend sind vor allem die Geestkerninseln von Bedeutung, wobei auf Sylt und Amrum die überwiegende Anzahl der Strandbesuche auf der Westseite der Inseln und damit außerhalb des Nationalparks stattfindet. Innerhalb des Nationalparks sind in diesem Bereich insbesondere der Königshafen auf Sylt von Bedeutung. An der Festlandsküste spielen vor allem die Halbinsel Eiderstedt mit St. Peter-Ording und Westerhever sowie in Dithmarschen Büsum und Friedrichskoog eine Rolle (GIS-Karte 23).

▶ Verkehrsräume

Unterschiedliche Arten der Schiffahrt sind im Nationalparkgebiet anzutreffen (vergl. Kap. VI 2.2). Von besonderer sozioökonomischer Bedeutung sind die Fährschiffahrt zur Ver- und Entsorgung der Inseln und Halligen, die Ausflugsschiffahrt als Einkommensalternative für Einheimische, die Behördenschiffahrt und die Fischerei.

Für alle Arten der Schiffahrt liegen die Nutzungsschwerpunkte in den offenen Fahrwassern des Wattenmeeres und hier in den großen Wattströmen. Die Ergebnisse der Untersuchungen von KRANZ (1992) sind in Abbildung 182 zusammengefaßt. Mit 23.500 Schiffsbewegungen pro Jahr findet auf der Norderaue zwischen Dagebüll und Wyk die größte Befahrensintensität statt. Nennenswert sind in diesem Bereich auch die Muschelkutter, die in Dagebüll anlanden. Auf der westlichen Norderaue zwischen Amrum und Föhr dominieren Linien- und Ausflugsverkehr. Die Süderpiep vor Büsum wird mit 16.000 Schiffsbewegungen pro Jahr ebenfalls häufig befahren. Hier herrschen Ausflugsschiffahrt, Sportboot- und Fischereiverkehr vor, während die Linienschiffahrt fehlt. Der Heverstrom

(10.200 Befahrungen pro Jahr) mit zahlreichen Sportbootaktivitäten sowie Fracht- und Behördenschiffahrt und der Bereich der Lister Ley (10.500 Befahrungen pro Jahr) mit Fähr-, Ausflugs- und Sportbootschiffahrt schließen sich an. Schließlich sind auch noch der starke Ausflugsverkehr auf der Süderaue zwischen Amrum und Hooge, die häufigen Linienverbindungen zwischen Nordstrand und Pellworm, die Befahrung des Neufahrwassers durch Fischereifahrzeuge und Schiffe der DEA sowie die große Anzahl von Behördenschiffen bei Hörnum zu erwähnen. Demgegenüber weist die Eider eine verhältnismäßig geringe Frequentierung im Vergleich zu den übrigen Fahrwassern auf.

▶ Von der Garnelenfischerei genutzte Räume

Gesamtwirtschaftlich betrachtet läßt sich die Garnelenfischerei zwar vernachlässigen, in Teilen jedoch stabilisieren die fischereilichen Arbeitsplätze in einer durch Abwanderung und Arbeitslosigkeit gekennzeichneten Region die wirtschaftliche Situation. Für den einzelnen Betrieb sind Fanggebiete im Nationalpark unter Umständen von existentieller Bedeutung.

Keinesfalls unterzubewerten ist die kulturelle Bedeutung, die der Garnelenfischerei zukommt. Dies gilt im Hinblick auf die regionale Indentität der Einwohner, aber auch bezogen auf den Fremdenverkehr. Die Garnelenfischerei stellt ein typisches landschaftliches und kulturelles Strukturelement dar und hat mit ihren Produkten, den Fischern als Identifikationsfiguren sowie gewachsenen Hafenstrukturen einen nachgewiesenermaßen hohen Wiedererkennungswert für Touristinnen und Touristen (NAETHER 1986).

Die Garnelenfischerei wird im Wattenmeer und im vorgelagerten Gebiet der Nordsee bis etwa zur 20 m-Tiefenlinie ausgeübt. Im Wattenmeer sind fast ausschließlich die sublitoralen Bereiche von Bedeutung, d.h. die tiefen Priele, Prielströme sowie die Tiefs.

Eine räumliche Zuordnung von Fanggebieten konnte mangels zuverlässiger Informationen zu Fangmengen aus dem Nationalpark und genauen Fangorten innerhalb des Nationalparks nicht exakt bestimmt werden. In allen Gebieten des Nationalparks unterhalb der Niedrigwasserlinie ist die Intensität der Garnelenfischerei abhängig vom Garnelenvorkommen und schwankt damit

Wasserstraßen sind bedeutsam für die Fährschiffahrt, die Ausflugsschiffahrt und die Fischerei

Für die Garnelenfischerei sind im Wattenmeer fast ausschließlich die sublitoralen Bereiche von Bedeutung

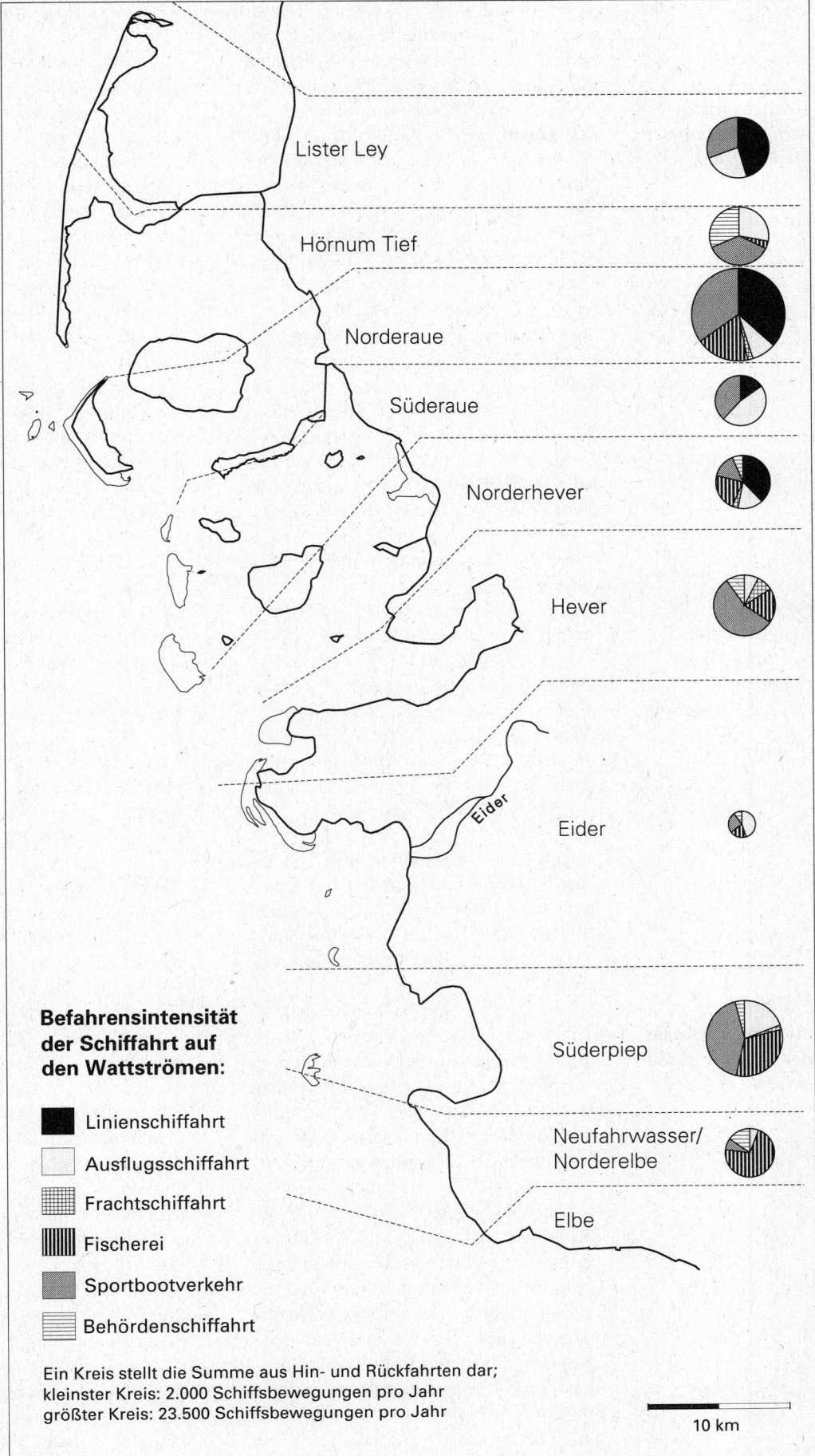

Abb. 182
Befahrens-
intensität der
Schiffahrt in den
einzelnen Priel-
stromgebieten
(KRANZ 1992,
verändert).

Lister Ley

Hörnum Tief

Norderaue

Süderaue

Norderhever

Hever

Eider

Süderpiep

Neufahrwasser/
Norderelbe

Elbe

**Befahrensintensität
der Schiffahrt auf
den Wattströmen:**

■ Linienschiffahrt

□ Ausflugsschiffahrt

▦ Frachtschiffahrt

▥ Fischerei

▨ Sportbootverkehr

▤ Behördenschiffahrt

Ein Kreis stellt die Summe aus Hin- und Rückfahrten dar;
kleinster Kreis: 2.000 Schiffsbewegungen pro Jahr
größter Kreis: 23.500 Schiffsbewegungen pro Jahr

10 km

VII

Dem Küstenschutz kommt eine herausragende sozio-ökonomische Bedeutung zu

räumlich und zeitlich erheblich. Tendenziell scheint der nördliche Teil des Nationalparks (Hörnumtief, Föhrer Ley, Rummelloch West und das Gebiet nördlich des Hindenburgdamms) weniger intensiv befischt zu werden (GIS-Karte 27). Regelmäßig und häufig befischt werden Norder- und Süderaue, die Hever sowie alle Prielsysteme im Bereich der Meldorfer Bucht und südlich davon. Generell werden die Ränder der Wattrinnen und Löcher stärker bekurrt als die Stromrinnen. Ausgespart werden im Sublitoral Miesmuschelkulturen, verschlickende Gebiete, kiesige Gründe, Wracks und freiliegende Leitungen zwischen Inseln und Festland. Insgesamt hat sich die Garnelenfischerei im schleswig-holsteinischen Bereich im Verlauf der letzten Jahrzehnte immer mehr vor das Wattenmeer verlagert (vergl. Kap. VI 5.3).

► Von der Miesmuschelfischerei genutzte Räume

Sämtliche Miesmuschel-Kulturflächen liegen innerhalb des Nationalparks

Für die Miesmuschelfischerei besitzt der Nationalpark eine große sozio-ökonomische Bedeutung, da sämtliche Kulturflächen innerhalb des Nationalparks liegen und damit auch die angelandeten Miesmuscheln aus diesem Gebiet stammen. Auch Besatzmuscheln werden nur zu einem geringen Anteil von außerhalb in den Nationalpark eingebracht.

Für die Besatzmuschelfischerei besitzt das gesamte Sublitoral große ökonomische Bedeutung (RUTH 1994). Hier wurden im Zeitraum 1989 bis 1993 74 % der Besatzmuscheln entnommen (vergl. Kap. VI 5.2.1).

Die Rohstoffnutzung innerhalb des Nationalparks ist lokal begrenzt

Das weitaus wichtigste Gebiet für die Besatzmuschelfischerei im Untersuchungszeitraum war das Vortrapp-/Hörnumtief, aus dem 59 % aller Besatzmuscheln stammten. Es folgen Lister Tief und Norderaue, Heverstrom, Süderaue und Rummelloch (vergl. Kap. VI 5.2.1).

Für die Anlandungen von Kulturen spielt das Hörnumtief, aus dem 40 % aller von Kulturen angelandeten Miesmuscheln entnommen wurden, die wichtigste Rolle. Es folgen Norderaue und Lister Tief, während Süderaue und Heverstrom nur eine untergeordnete Rolle spielen (vergl. Kap. VI 5.2.1). Einen Überblick über die Standorte der Miesmuschelkulturflächen gibt GIS-Karte 26.

► Vom Küstenschutz beanspruchte Räume

Dem Küstenschutz kommt eine herausragende sozio-ökonomische Bedeutung zu. Er sichert die Lebensgrundlagen der einheimischen Bevölkerung. Das Landesnaturschutzgesetz trägt diesem Sachverhalt Rechnung, in dem es im § 15a Abs. 5 Maßnahmen zur Unterhaltung von Deichen, Dämmen, Sperrwerken und des Deichzubehörs von einer Ausnahmegenehmigung freistellt. Die Pflicht zur Sicherung der Küste ist § 63 Landeswassergesetz zu entnehmen.

Küstenschutzanlagen im Nationalpark beschränken sich vorwiegend auf Vorländer und Lahnungsflächen auf den Inseln und entlang der gesamten Festlandsküste. Die Maßnahmen haben heute ihren Schwerpunkt in der Sicherung der Küstenlinie.

► Von Rohstoffnutzung beanspruchte Räume

Die Rohstoffnutzung innerhalb des Nationalparks ist lokal begrenzt. Einige Einzelstandorte weisen dabei eine sozio-ökonomische Bedeutung auf. Dazu zählt die Erdölförderung auf der Mittelplate. Sie ist durch eine Konzession nach bisheriger Rechtslage bis zum Jahre 2011 festgeschrieben. Bis April 1994 wurden insgesamt etwa 1,6 Millionen t Öl gefördert. (vergl. Kap. VI 6.2).

Sandentnahmen machen einen größeren Teil der Nutzung nicht-nachwachsender Rohstoffe aus und werden vor allem für Küstenschutzzwecke benötigt. Sie stellen nach dem Landesnaturschutzgesetz Eingriffe in den Lebensraum dar und sind in der Vergangenheit über eine Ausnahmezulassung nach § 15a (5) genehmigt worden. Ausschlaggebend war das Überwiegen des Allgemeinwohls (Küstenschutz) bei mangelnder ökonomischer Alternative.

Die Kiesentnahme im Nationalpark ist von untergeordneter Bedeutung. Sie wird von vier örtlichen Unternehmen im südlichen Nordfriesland vorgenommen. Gebiete der Sand- und Kiesentnahme sind in GIS-Karte 28 dargestellt.

Schlickentnahmestellen für Kurmittelbetriebe (Tümlauer Bucht, Föhr, Pellworm) sind als ortsgebundene Kurmittel von besonderer Bedeutung für die Anerkennung von Kurortprädikaten. Teilweise wurden sie ins Binnenland auf Standorte mit fossilen Schlickvorkommen verlagert.

► *Grabungsschutzgebiet*
Der gesamte nordfriesische Wattenbereich nördlich der Halbinsel Eiderstedt ist mit Verordnung vom 23.08.1973 auf unbestimmte Zeit zum Grabungsschutzgebiet erklärt worden (Abb. 183). Die Erschließung der kulturellen Geschichte der Region fördert das Selbstverständnis der einheimischen Bevölkerung. Aus diesem Grund besitzt dieser Bereich des Wattenmeeres besondere sozio-kulturelle Bedeutung.

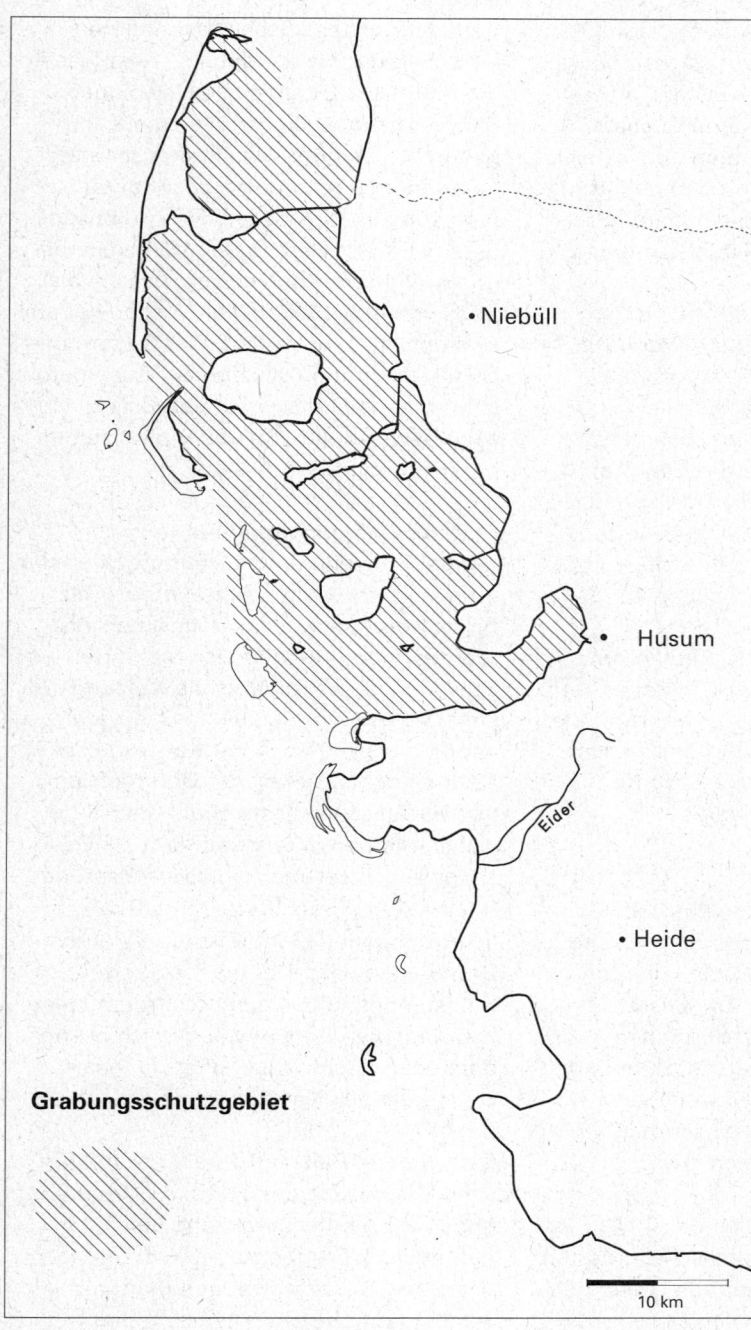

• Niebüll

• Husum

Eider

• Heide

Grabungsschutzgebiet

10 km

Abb. 183
Das Grabungsschutzgebiet im nordfriesischen Wattenmeer (GESETZ- UND VERORDNUNGSBLATT SCHLESWIG-HOLSTEIN 1993).

2.4 Räume besonderer Belastung

Das gesamte Wattenmeer ist seit langem durch menschliche Nutzungen und Einflußnahmen stark verändert worden. Dies hat die natürliche Dynamik nachhaltig beeinträchtigt und zu einer Abweichung von der natürlichen Entwicklung geführt.

Heutige menschliche Beeinflussung ist in der Regel dort am größten, wo eine Konzentration von Eingriffen oder eine besonders intensive Nutzung stattfindet. Die betroffenen Räume haben meist gleichzeitig eine besondere sozio-ökonomische Bedeutung. Überschneiden sich diese Gebiete mit Räumen, die sich durch besondere ökologische Bedeutung oder besondere Empfindlichkeit auszeichnen, so wird die besondere Belastung offensichtlich. Andererseits können durch eine intensive Nutzung die natürlichen Gegebenheiten bereits soweit beeinflußt worden sein, daß sich allenfalls eine potentiell besondere ökologische Bedeutung für diese Gebiete ableiten ließe. Aus diesem Grund können alle Räume, die intensiv von Menschen genutzt werden, als Räume besonderer Belastung definiert werden.

► *Freizeit- und Erholungsräume*
Hier sind besonders die Gebiete angesprochen, die durch kleinräumige, intensive touristische Nutzung besonders belastet sind, z. B. Strände, Sände und Salzwiesen. In diesen Räumen kollidieren Nutzung durch Brut- und Rastvögel, Seehunde und Kegelrobben mit der menschlichen Nutzung als Freizeit- und Erholungsraum. Wegen ihrer Seltenheit und großen Empfindlichkeit zählen innerhalb der oben genannten Habitate vor allem Strandwälle, Primärdünen und Nehrungen zu den besonders belasteten Räumen.
Nach Großräumen zeichnen sich mehrere solcher „Hot spots" ab, in denen sich Tourismus und Freizeitnutzung konzentrieren und dies zu Konflikten mit den Nutzungsansprüchen der Vögel und Robben führt. Dazu zählen der Königshafen und die Morsumer Odde auf Sylt, die Kniepbucht, die Primärdünen am Quermarkenfeuer und Teile der Odde auf Amrum, die Strandwälle und Nehrungen am Sörensvai-Vorland und vor der Godelniederung auf Föhr, die Hamburger Hallig,

Teile der Husumer Bucht, die Salzwiesen, Primärdünen und Nehrungen vor St. Peter-Ording, das Vorland in Westerhever sowie Teile der Vorländer an der Friedrichskooger Halbinsel (KNOKE & STOCK 1994). In einigen dieser Gebiete können potentiell auftretende Konflikte durch eine Schutzgebietsbetreuung und Besucherinformation gemindert werden.

▶ *Verkehrsräume*
Während Ausflugs- und Linienschiffahrt meist auf festgelegten Routen verkehren, verteilen sich Fischereifahrzeuge und Sportboote stärker in der Fläche. Die stärkste Befahrensintensität findet auf der Norderaue und der Süderpiep statt (vergl. Kap. VI 2.2). Besonders belastet sind weiterhin die Räume, in denen Schiffsbewegungen in den Monaten der Mauser bei Eiderenten und Brandenten registriert werden. Dies betrifft insbesondere das Bielshövener Loch, die Schatzkammer und das Klotzenloch.

▶ *Von der Fischerei genutzte Räume*
Die Entnahme von Biomasse und die Rückgabe des Beifangs durch die Garnelenfischerei findet im gesamten Sublitoral statt, während das Eulitoral kaum von der Garnelenfischerei genutzt wird. Eine exakte und zeitlich diskrete Verteilung der Fischereiintensität im Sublitoral kann nicht angegeben werden.

Da die Weichen für die Fischvorkommen im Wattenmeer weitgehend in der angrenzenden Nordsee gestellt werden, sind die Gebiete intensiver Fischerei dort gleichzeitig Räume besonderer Belastung für die Fischfauna des Wattenmeeres (BRECKLING et al. 1994).

Auch hinsichtlich der Miesmuschelfischerei weisen diejenigen Räume eine besondere Belastung auf, die am intensivsten genutzt werden. Für die Besatzmuschelfischerei sind dies vor allem die sublitoralen Miesmuschelstandorte in den Bereichen Vortrapp-/Hörnumtief sowie Lister Tief, Norderaue, Heverstrom, Süderaue und Rummelloch.

Durch die Anlage von Miesmuschelkulturen werden die an diesen Standorten natürlicherweise vorliegenden Lebensräume vollständig in Kulturbänke umgewandelt. Diese sind zwar als relativ naturnah anzusehen, würden an diesen Stellen natürlicherweise jedoch kaum auftreten. Aus diesem Grund sind die Gebiete, in denen verstärkt Kulturen angelegt werden

(Hörnumtief , Norderaue und Lister Tief), als Räume besonderer Belastung anzusehen.

▶ *Landwirtschaftlich genutzte Räume*
Landwirtschaftlich genutzt wird zur Zeit nur noch ein Teil der im Nationalpark liegenden Salzwiesen. Wie in Kap. VII 1.1 beschrieben, gehören die Salzwiesen zu den Räumen besonderer ökologischer Bedeutung. Ihre Beweidung ist daher mit einer besonderen Belastung verbunden.

▶ *Vom Küstenschutz beanspruchte Räume*
Küstenschutztechnische Maßnahmen innerhalb des Nationalparks beeinflussen die natürliche Dynamik des jeweiligen Raumes stark. Daher sind Gebiete, in denen Maßnahmen des Küstenschutzes stattfinden, den Räumen besonderer Belastung zuzuordnen. Dies wird besonders deutlich, wenn in Räumen besonderer ökologischer Bedeutung, wie sie die Salzwiesen darstellen, Lahnungen gebaut und unterhalten werden oder Boden- und Sodengewinnung stattfinden. Auch der Lahnungsbau im Bereich von Zwergseegraswiesen (RUTH 1994) zählt zu den besonderen Belastungen.

▶ *Militärisch genutzte Räume*
Mit der Einstellung des Übungsschießens im nördlichen Sylter Wattenmeer 1992 findet im schleswig-holsteinischen Wattenmeer noch westlich des Meldorfer Speicherkooges militärische Nutzung statt. Von den ca. 10.000 ha Sperrgebiet liegen etwa 700 ha in der Kernzone des Nationalparks. Neben der Durchführung von ballistischen Tests bildet der Hubschrauberverkehr, mit dem die Geschosse geortet werden, eine Belastungsquelle. Abbildung 184 zeigt, daß das Erprobungsgebiet im Mausergebiet der Brandenten liegt. Daraus resultieren Belastungen, die in einen Zeitraum fallen, in denen die Vögel physiologisch besonders beansprucht und auf störungsarme Flächen angewiesen sind.

Eine weitere Belastung stellt der militärische Flugbetrieb dar. Für das Wattenmeer gilt eine Eigenbeschränkung, nach der militärischer Flugbetrieb mit strahlgetriebenen Luftfahrzeugen mehr als 900 m Flughöhe einhalten soll. Eine räumliche Eigenbeschränkung gibt es nicht.

Küstenschutztechnische Maßnahmen beeinflussen die natürliche Dynamik stark

Die Weichen für die Fischvorkommen im Wattenmeer werden weitgehend in der angrenzenden Nordsee gestellt

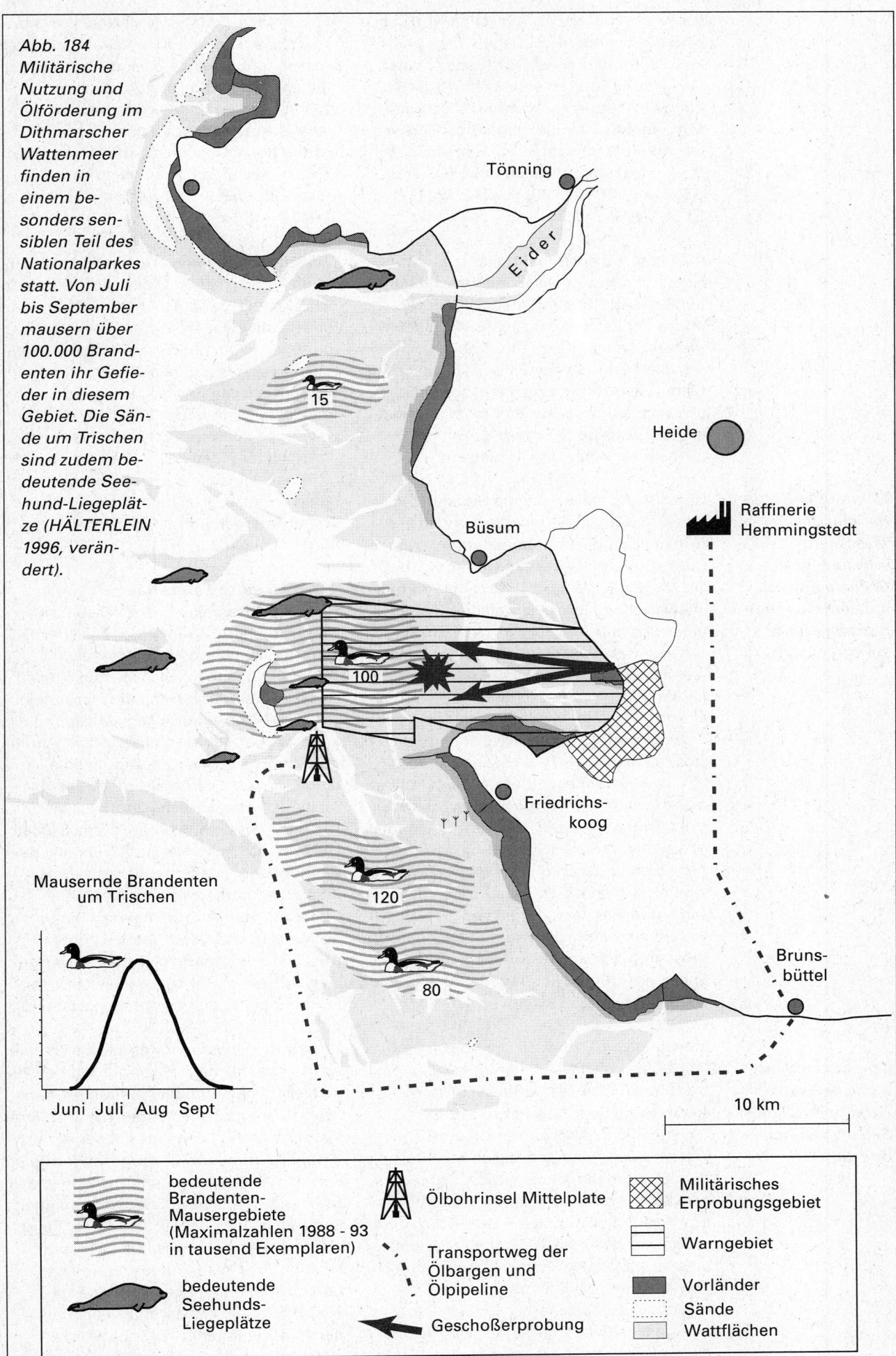

Abb. 184
Militärische
Nutzung und
Ölförderung im
Dithmarscher
Wattenmeer
finden in
einem be-
sonders sen-
siblen Teil des
Nationalparkes
statt. Von Juli
bis September
mausern über
100.000 Brand-
enten ihr Gefie-
der in diesem
Gebiet. Die Sän-
de um Trischen
sind zudem be-
deutende See-
hund-Liegeplät-
ze (HÄLTERLEIN
1996, verän-
dert).

Tönning

Eider

Heide

Raffinerie
Hemmingstedt

Büsum

Friedrichs-
koog

Bruns-
büttel

Mausernde Brandenten
um Trischen

15

100

120

80

Juni Juli Aug Sept

10 km

VII

bedeutende
Brandenten-
Mausergebiete
(Maximalzahlen 1988 - 93
in tausend Exemplaren)

bedeutende
Seehunds-
Liegeplätze

Ölbohrinsel Mittelplate

Transportweg der
Ölbargen und
Ölpipeline

Geschoßerprobung

Militärisches
Erprobungsgebiet

Warngebiet

Vorländer

Sände

Wattflächen

Auswirkungen der militärischen Nutzung sind insbesondere bei Vögeln festzustellen. Die Kombination von akustischen und visuellen Störreizen erschwert die Gewöhnung an Störungen. Während Austernfischer und Brachvögel gegenüber Düsenjets empfindlich reagieren, zeigen Gänse starke Reaktionen auf langsam fliegende Objekte (VISSER 1986, PLATTEUW 1986, STOCK et al. 1995b).

► *Nährstoffbelastete Räume*
Nährstoffe beeinflussen die verschiedenen Lebensräume in unterschiedlicher Weise. Ihr Eintrag ist teilweise diffus und betrifft damit alle Gebiete. Je nach den örtlichen Gegebenheiten (z. B. Lichtverhältnisse, Strömungsregime) kommt es zu unterschiedlichen Auswirkungen. Potentiell ist das gesamte Gebiet als Raum besonderer Belastung anzusehen.

Nährstoffbelastete Räume: Die Massenentwicklung von Grünalgen wird auf anthropogene Eutrophierung zurückgeführt

So wird beispielsweise die Massenentwicklung von Grünalgen seit den frühen achtziger Jahren auf anthropogene Eutrophierung zurückgeführt (REISE 1992, DE JONGE & PELETIER 1992). Ihre räumliche Verteilung zeigt, daß die Verteilung eines ursächlichen Faktors (Nährstoffe) mit der Verteilung seiner Wirkung nicht identisch sein muß, da weitere Komponenten hinzutreten. So folgen die Grünalgenmatten nicht den Gradienten der Nährstoffkonzentrationen, sondern sind dort zu finden, wo geschützte Buchten, ausreichendes Anheftungssubstrat und günstige Lichtverhältnisse vorhanden sind. Dadurch werden Räume von einem Massenvorkommen von Grünalgen betroffen, in denen die Ursache schwächer als anderswo auftreten kann. Insgesamt sind alle Vorkommen von Grünalgenmatten als Räume besonderer Belastung anzusehen. Solche Räume finden sich regelmäßig in den Rückseitenwatten der großen Inseln.

Organische Schadstoffe belasten Gebiete mit hoher Sedimentationsrate am stärksten

Ein weiteres Beispiel für die Auswirkung von Nährstoffeinträgen sind die Speicherköge an der schleswig-holsteinischen Westküste, von denen zahlreiche, z.T. künstliche Brackgewässer, mit dem Wattenmeer in Verbindung stehen. Besondere Salzgehalts-, Strömungs-, Licht- und Nährstoffverhältnisse bieten für die Entwicklung bestimmter Planktonorganismen, zu denen auch blütenbildende und potentiell toxische Formen zählen, günstige Bedingungen. Besonders in den mesohalinen Speicherbecken kann es infolge eines hohen Nährstoffeintrages aus Süßwasserzuflüssen zu ausgeprägten

Massenentwicklungen von Nanoplankton sowie zu Blüten von *Mesodinium rubrum* kommen. Aus den Becken, die mit dem Wattenmeer in direktem Austausch stehen, wurde zeitweise massenhaft *Phaeocystis globosa* eingespült. Trotz z.T. extrem hoher Besiedlungsdichten wurde keine anhaltende Erschöpfung des Nährstoffpools festgestellt (AGATHA et al. 1994).

Das Vorkommen von potentiell toxischen Algen in deichnahen Gewässern legt den Schluß nahe, daß auch in benachbarten Becken mit einer kritischen Entwicklung toxischer Algen und einer Beimpfung des Küstenwassers gerechnet werden muß. Die sporadische Entwässerung der Speicherbecken führte z. B. im Mai 1993 zu einem Export von Plankton ins vorgelagerte Wattenmeer, das sich allerdings dort nicht nachweisbar weiterentwickelte, jedoch eine zusätzliche Aufladung der Wattensedimente mit organischem Material bewirkte.

► *Schadstoffbelastete Räume*
Nach den Ergebnissen der Schadstoffkartierung der GKSS (KOOPMANN et al. 1993) sind bestimmte Gebiete des schleswig-holsteinischen Wattenmeers stärker durch Schwermetalle belastet als andere. Gleichzeitig zeigen sie gegenüber anderen Wattgebieten eine höhere Anzahl opportunistischer Arten. Dies kann allerdings nur als Hinweis auf mögliche Auswirkungen der Schadstoffkonzentrationen gewertet werden. Diese Gebiete sind der dithmarscher Einflußbereich der Elbmündung, das Sylter und Amrumer Rückseitenwatt, vor allem das Gebiet Süderaue über Amrum bis zum Rantumbecken sowie die Wattgebiete nördlich des Hindenburgdamms (Abb. 185). Organische Schadstoffe belasten Gebiete mit hoher Sedimentationsrate am stärksten.

Aufgrund mangelnder Kenntnisse ist eine weitere räumliche Differenzierung bei den verschiedenen und überaus zahlreichen Stoffgruppen und fehlender Daten zu ihrer Konzentration in den verschiedenen Wattenbereichen nicht möglich. Prinzipiell nimmt die Gesamtbelastung des Wattenmeeres durch Schadstoffe mit zunehmender Entfernung vom Elbeinfluß ab. Insgesamt ist jedoch das gesamte schleswig-holsteinische Wattenmeer zumindest potentiell ein Raum besonderer Belastung, da auch lokale Zufuhr von einzelnen Verbindungen (z. B. Tributylzinn) relevant ist.

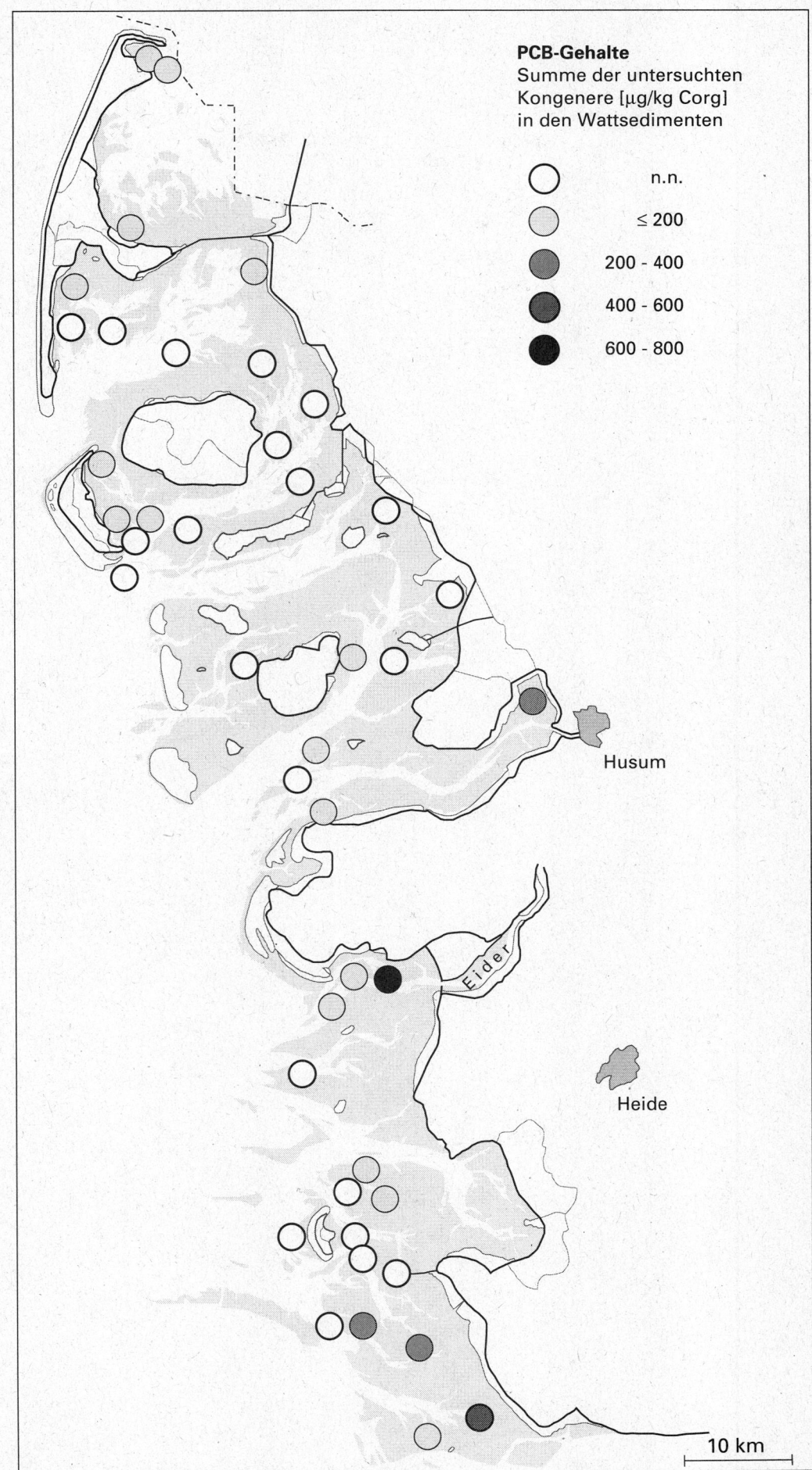

Abb. 185
PCB-Gehalte in
Wattsedimenten
des Schleswig-
Holsteinischen
Wattenmeeres
(HÖCK 1994).

PCB-Gehalte
Summe der untersuchten
Kongenere [µg/kg Corg]
in den Wattsedimenten

○   n.n.

◔   ≤ 200

◑   200 - 400

◕   400 - 600

●   600 - 800

Husum

Eider

Heide

10 km

VIII Anlaß und Zielsetzung

1. Anlaß der Planung und Rahmenbedingungen

Der vorliegende zweite Teil des Synthese-berichtes „Ökosystemforschung Schles-wig-Holsteinisches Wattenmeer" enthält neben der Zielsetzung und dem Leitbild für den Naturschutz eine Konfliktanalyse sowie Konzepte für den zukünftigen Schutz des Nationalparkes und zur Ent-wicklung seines Vorfeldes.

Ziel: Das System Natur-Mensch im Wattenmeer verstehen und Lösungen für Umweltprobleme entwickeln

Fast alle Überlegungen sowie die Vor-schläge für raumbezogene und sektorale Schutzkonzepte für den Nationalpark sind das Syntheseergebnis der Ökosystem-forschung. Hinzugezogen wurden norma-tive Vorgaben aus nationalen und interna-tionalen Verpflichtungen (vergl. Kap. III 4.).

In einigen Fällen wurden bereits erarbeite-te bzw. verabschiedete Schutzkonzepte (Vorlandmanagementkonzept, Muschel-managementkonzept) als zielführend eingestuft und deshalb in die Vorschläge mit aufgenommen.

Angefügt sind Ideen, die auf ein Entwick-lungskonzept für ein zukünftiges „Biosphärenreservat Westküste" zielen. Schließlich münden die Vorschläge in Empfehlungen für ein neues Nationalpark-gesetz.

Damit schließt sich der Kreis: 1988 war vom Nationalparkamt mit Unterstützung des Umweltbundesamtes und später des Bundesforschungsministeriums das Vorhaben „Ökosystemforschung Schles-wig-Holsteinisches Wattenmeer" konzi-piert worden.

Von Anfang an waren Hauptziele dieses Forschungsprojektes:

▶ Die Erlangung eines grundlegenden Verständnisses der Funktionsweise des Systems Natur-Mensch im Wattenmeer, insbesondere um für die Lösung zukünfti-ger Umweltprobleme, die wir heute noch nicht kennen, gerüstet zu sein.

Die Ökosystem-forschung liefert die Grundlagen für ein detailliertes Nationalpark-programm

▶ Die frühzeitige Bereitstellung von Kenntnissen, die zur Lösung bzw. Ent-schärfung von aktuellen Umwelt-

problemen im Wattenmeer benötigt werden.

▶ Die Erarbeitung von Bewertungs-kriterien sowie Bereitstellung von Instru-mentarien, die zur Verwirklichung der langfristigen Schutz-, Planungs- und Überwachungsaufgaben des Nationalparkamtes in Tönning notwendig sind.

Einen Kernbereich der Arbeiten stellt dabei diese Auswertung aller Einzelab-schlußberichte dar. Ziel ist es, diejenigen Ergebnisse zusammenzufassen, die von besonderer Relevanz für die Entwicklung eines Nationalparkes sind und als Konse-quenz sehr konkrete Vorschläge dafür entwickeln.

Damit fügt sich dieser Abschlußbericht auch in die Gesamtentwicklung des Nationalparkes ein:
Am 22.07.1985 beschloß der Landtag das „Gesetz zum Schutze des schleswig-holsteinischen Wattenmeeres", das Nationalparkgesetz. Am 1. Oktober des gleichen Jahres, dem Tage des Inkrafttre-tens, wurde auch das Landesamt für den Nationalpark Schleswig-Holsteinisches Wattenmeer, das Nationalparkamt, als zuständige obere und untere Naturschutz-behörde gegründet.

Im November 1991 erstellte die Landesre-gierung einen Bericht „Zur Weiterentwick-lung des Nationalparks Schleswig-Holstei-nisches Wattenmeer" und kündigte darin an (LANDESREGIERUNG SCHLESWIG-HOLSTEIN 1991): „Nach dem Abschluß der Ökosystemforschung und sozioökono-mischen Forschung in 1994 soll das Nationalparkgesetz auf der Basis der Abschlußberichte und der Ergebnisse der für die verschiedenen Problembereiche eingesetzten Arbeitskreise überprüft und entsprechend ergänzt werden."

Im selben Bericht an den Landtag machte die Regierung auch bereits detaillierte Angaben zu den dabei abzuarbeitenden Schwerpunkten:
„Die beiden großen Forschungsvorhaben, Ökosystemforschung Wattenmeer Teil A und Teil B, liefern die wissenschaftlichen Grundlagen für die Ausgestaltung eines detaillierten Nationalparkprogrammes,

*Forschungsergeb-
nisse und Empfeh-
lungen aus Arbeits-
kreisen und Natio-
nalpark-Kuratorien
sollen in die
Novellierung des
Nationalpark-
gesetzes einfließen*

das das Nationalparkgesetz ausfüllt. Die Forschungsergebnisse werden jeweils in die Teilprogramme eingearbeitet und in Einzelprojekten umgesetzt. Alle Bereiche, sowohl aus dem Forschungsprogramm als auch die Empfehlungen der Arbeitskreise und der Nationalpark-Kuratorien, werden dann, soweit diese geeignet sind, in die Novellierung des Nationalparkgesetzes einfließen.

Nach den Erfahrungen der ersten sechs Jahre handelte es sich im wesentlichen um folgende, zukünftig zu wählende Schwerpunkte:

1. Auswertung der wissenschaftlichen Arbeiten aus den verschiedenen Forschungsprojekten, insbesondere der Nationalpark-Forschung,
2. Fortschreibung der Schutz- und Nutzungskonzepte,
3. Ausbau der Öffentlichkeits- und Umweltbildungsarbeit,
4. Aufbau eines flächendeckenden Betreuungssystems, unter anderem mit Hilfe von Nationalparkwartinnen und Nationalparkwarten,
5. Lenkung des Tourismus im Bereich des Nationalparkes,
6. Aufbau eines Monitoring-Systems zur dauerhaften Beobachtung des Wattenmeeres,
7. Fragen der Fischerei zu den Einzelbereichen:
   - Krabbenfischerei,
   - Fischfang,
   - Miesmuschelfischerei,
8. Schutz und Entwicklung der Salzwiesen (Vorländer),
9. Prüfung der Naturverträglichkeit von Küstenschutzmaßnahmen im Zusammenhang mit Naturschutz,
10. Fragen der Erdölförderung im Nationalpark,
11. Rückführung der militärischen Übungen,
12. Befahrensregelungen für den Bereich der berufsmäßigen Schiffahrt und der Sportschiffahrt im Wattenmeer,
13. Entlastung des Nationalparkes/ Wattenmeeres von Schadstoffen und Nährstoffen,
14. Mitwirkung bei der Raumordnung im Nationalpark-Umfeld einschließlich der Landschaftsrahmenplanung und Landschaftsplanung,
15. regionale, nationale und internationale Abstimmung der Nationalpark schutzprogramme und deren rechtliche Ausgestaltung" (LANDESREGIERUNG SCHLESWIG-HOLSTEIN 1991).

Die Naturschutzverbände, zusammengeschlossen in der „Arbeitsgruppe Nationalpark", haben im Oktober 1991 eine Zwischenbilanz zu fünf Jahren Nationalpark vorgelegt (ARBEITSGRUPPE NATIONALPARK 1991). Darin wurde als eine der zentralen Forderungen die Erarbeitung eines Nationalparkplanes verlangt. Der Bericht des WWF zu zehn Jahren Nationalpark hat dies im September 1995 bekräftigt (WWF 1995).

Die Ständige Arbeitsgruppe der Biosphärenreservate in Deutschland sieht in ihren Leitlinien (1995) vor, daß Rahmenkonzepte bzw. Pflege- und Entwicklungspläne für alle Biosphärenreservate erstellt werden. Da der Nationalpark Schleswig-Holsteinisches Wattenmeer seit 1990 als Biosphärenreservat anerkannt ist, gilt diese Forderung auch für ihn.

Schließlich gehört es national und international festgeschrieben in fast allen Nationalparkgesetzen oder -verordnungen, zu den ureigensten Aufgaben der Nationalparkverwaltungen, Pflege- und Entwicklungspläne, Managementpläne oder Nationalparkprogramme zu erstellen. Im schleswig-holsteinischen Nationalparkgesetz ist dies zwar nicht ausdrücklich gefordert, dennoch ergibt sich die Notwendigkeit aus der Forderung nach Umsetzung des Nationalparkgesetzes. Schließlich wurde auf der 7. trilateralen Regierungskonferenz zum Schutz des Wattenmeeres in Leeuwarden, NL, im November 1994 beschlossen, einen gemeinsamen Managementplan zu erarbeiten (CWSS 1994).

Aus all diesen Gründen besteht die Notwendigkeit, einen Nationalparkplan zu entwerfen, der die fachlichen Erfordernisse der Naturschutzplanung darstellt und, soweit in einer Fachplanung möglich, erste Abwägungen mit anderen Ansprüchen vornimmt.

Hinzu kommt, daß nur mit einem umfassenden Nationalparkplan, der eine generelle Perspektive für vielleicht einen 10-Jahres-Zeitraum entwirft, dem alten Vorwurf der „Salami-Taktik" im Naturschutz begegnet werden kann. Naturschutzziele werden in vollem Umfang offengelegt.

Ein wesentlicher Schwerpunkt der Ökosystemforschung war die Erfassung der Verbreitung der Organismen im Raum und deren saisonales Auftreten. Ergänzt

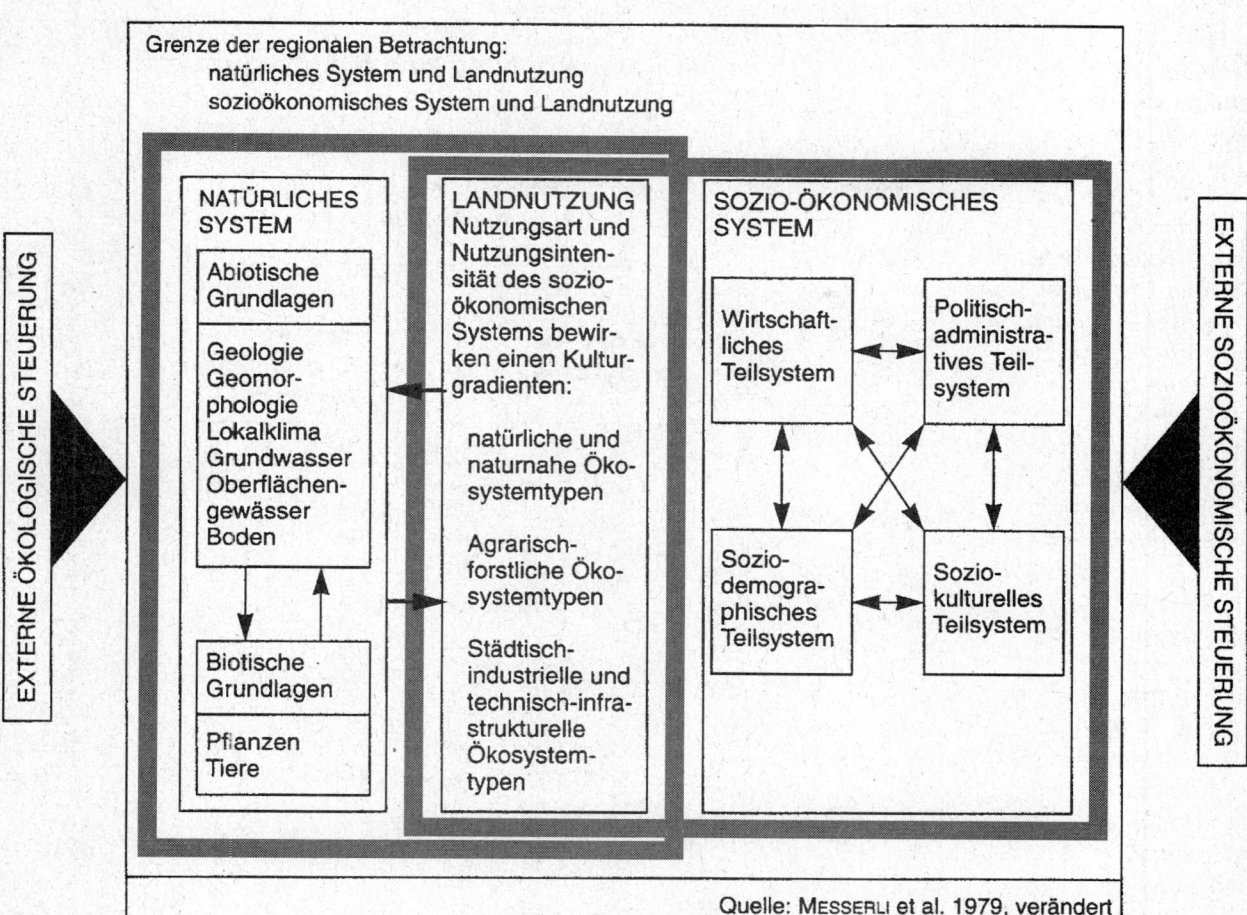

Quelle: MESSERLI et al. 1979, verändert

Abb. 186
Das Mensch-
Umwelt-System
(nach MESSERLI et
al. 1979, verän-
dert). Das natürli-
che System mit
seinen biotischen
Grundlagen, den
Lebensgemein-
schaften von
Pflanzen und
Tieren, steht mit
der abiotischen
Umwelt in Wech-
selbeziehung. Das
sozio-ökonomische
System überlagert
das natürliche
System im vom
Menschen bewohn-
ten und genutzten
Raum. Es ist selbst
in vier Teilsysteme
untergliedert.

wurden diese Untersuchungen durch eine Charakterisierung physikalisch-chemischer und topographischer Größen des untersuchten Ökosystems. Die Analyse dieses natürlichen Systems wurde durch eine Analyse des sozio-ökonomischen Systems ergänzt, da der Naturraum nicht losgelöst von seiner Umgebung und seiner menschlichen Beeinflussung betrachtet werden kann. In diesem Kontext beinhaltete die Analyse sowohl das natürliche als auch das sozio-ökonomische System sowie ihre Wechselwirkungen (Abb. 186) (LEUSCHNER & SCHERER 1989).

Die Hauptaufgabe der Synthese war es, die Wechselwirkungen zwischen den beiden genannten Systemen zu bilanzieren und in Ausmaß und Entwicklungstrends zu bewerten. In Szenarien sich abzeichnende oder auch anzunehmende Veränderungen in Struktur und Funktion beider Systeme sollten hinsichtlich ihrer Auswirkungen untersucht werden. Diese Analyse mündet in die Bereitstellung von Instrumentarien, die zur Verwirklichung der langfristigen Schutz-, Planungs- und Überwachungsaufgaben der Nationalparkverwaltung notwendig sind (Abb. 187, vergl. auch Kap. I).

Insofern kann der vorliegende Synthesebericht als erster Rohentwurf für einen Nationalparkplan aufgefaßt werden. Zwar bildet er „nur" einen wissenschaftlichen Fachbeitrag, durch umfangreiche sozioökonomische Untersuchungen wurden wirtschaftliche Belange und Auswirkungen in diesen Synthesebericht aber mit einbezogen und abgewogen.

Von der weiteren Diskussion, vor allem aber von der Arbeit der Kuratorien wird abhängen, ob für die hier vorgestellten fachlich begründeten Planungsvorschläge Mehrheiten geschaffen werden können.

Abb. 187
Von der Datenerhe-
bung zum Schutz-
konzept. Die
Ökosystem-
forschung hat das
natürliche und das
sozio-ökonomische
System mit seinen
Wechselwirkungen
analysiert. Das
Ergebnis ist in
Teil 1 des
Syntheseberichtes
dargestellt und
mündet in einer
Raumbewertung.

In Teil 2 des
Syntheseberichtes
wird vor dem
Hintergrund des
Zieles für den
Naturschutz im
Nationalpark eine
Konfliktanalyse
durchgeführt. Zur
Auflösung bzw.
Minderung des
bestehenden
Konfliktes werden
Konzepte für den
Nationalpark und
sein Vorfeld
erarbeitet. Die
Planung mündet in
einem Vorschlag
zur Novellierung
des Nationalpark-
gesetzes.

Von der Datenerhebung zum Schutzkonzept

Datengrundlage: Ökosystemforschung

Analyse des natürlichen Systems

Analyse des sozio-ökonomischen Systems

Analyse der Wechselwirkungen

Raumbewertung

Zielkonzeption

Leitbild

Konfliktanalyse

Konzepte

Äußere Grenzen

Zonierung

Sektorale Schutzkonzepte

Allgemeine Instrumente: Bildung, Lenkung, Betreuung, Umweltbeobachtung

Entwicklungskonzept Biosphärenreservat

Vorschlag zur Novellierung des Nationalparkgesetzes

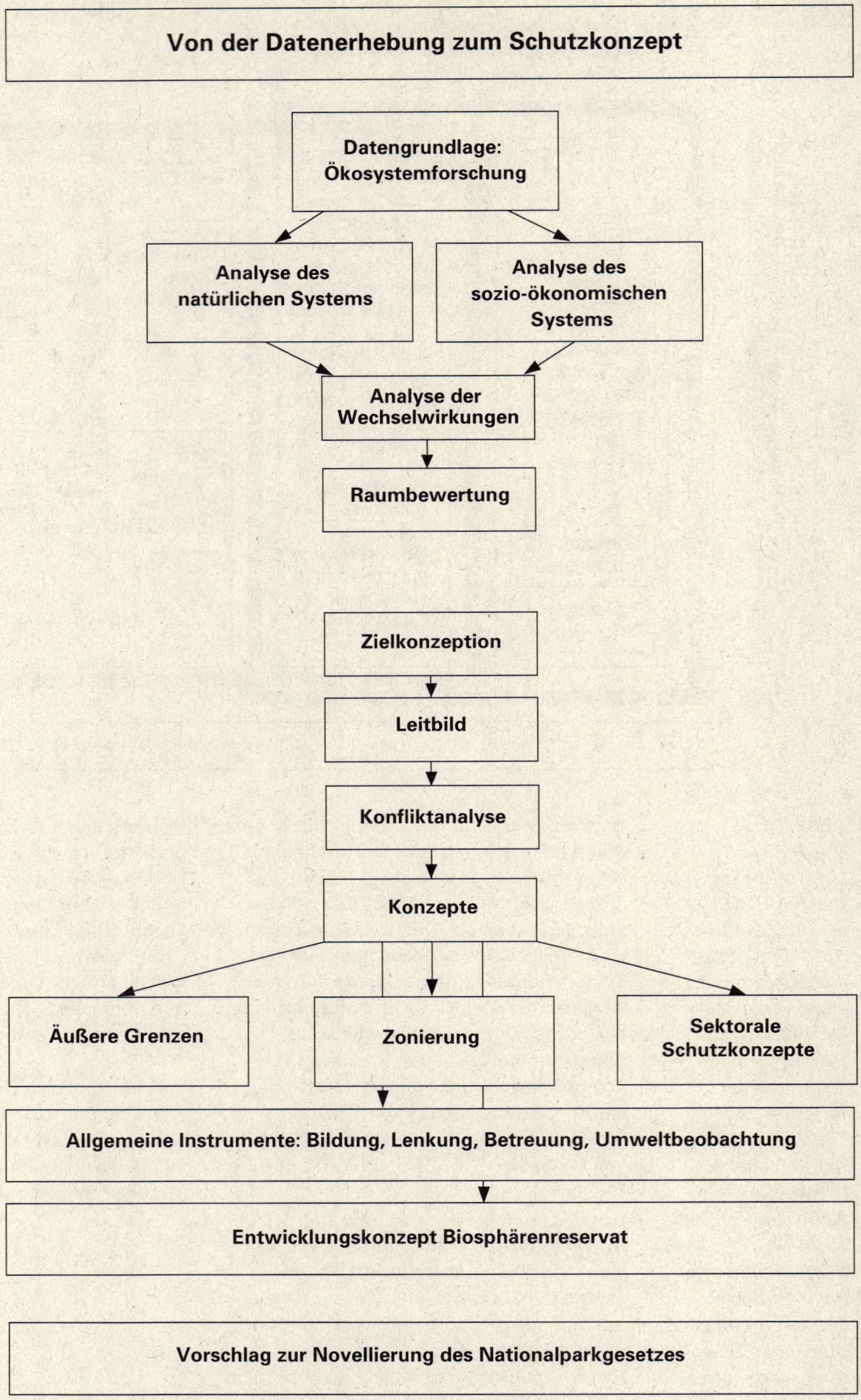

2. Ziele des Naturschutzes im Nationalpark Schleswig-Holsteinisches Wattenmeer

Naturschutzziel: "Natürliche Entwicklung zulassen"

Schon lange bevor Ernst Rudorff, Hugo Conwentz und andere, beeinflußt von der Romantik, das gedankliche Gerüst des deutschen Naturschutzes schufen, war in Deutschland kaum ein Fleckchen Erde übrig geblieben, das nicht vom Menschen tiefgreifend verändert worden war. Von Beginn an stand im Mittelpunkt das Bewahren der vorindustriellen, bäuerlichen Kulturlandschaft.

Ganz anders die Situation im Geburtsland der Nationalparke, in Amerika. Nicht Rückblick und Konservierung waren dort die Grundideen, sondern der Erhalt von „Wilderness", einer Landschaftsqualität, die mit Wildnis nur unzulänglich übersetzt ist. Landschaft sollte ihre Unberührtheit erhalten dürfen, menschlicher Zugriff sollte halt machen vor einigen letzten Rückzugsgebieten, in denen Natur selbst ohne den Menschen entscheiden darf, wie ihre Entwicklung aussehen soll. Nur natürliche Entwicklung zuzulassen, das war der Leitgedanke.

Sicher liegt in dieser unterschiedlichen Geschichte ein Grund dafür, daß der Nationalparkgedanke fast ein Jahrhundert brauchte, um in Deutschland Fuß zu fassen. Er ist immer noch umstritten und getreu ihrer Tradition ist nicht einmal der Naturschutz einig in dem für Deutschland neuen und für manchen beunruhigenden Naturschutzziel: Natürliche Entwicklung zulassen.

Loslassen und zumindest auf knapp 2 % der Fläche von Deutschland Natur einfach Natur sein lassen – das fällt den meisten von uns unsagbar schwer. Viel wohler würden wir uns fühlen, wenn unser gestaltender Zugriff wirklich jeden Quadratmeter erfassen könnte.

An dieser Stelle sind einige generelle Bemerkungen notwendig:

▶ Das Naturschutzziel des Nationalparks, „Natürliche Entwicklung zulassen", kann und soll die klassischen Naturschutzziele, etwa das Bewahren von Kulturlandschaften oder spezifischen Arten- und Biotopschutzes nicht ersetzen.

▶ Deutschlandweit oder gar global betrachtet hat die Entwicklung langfristig ökologisch verträglicher Wirtschaftsformen, die mit dem Schutz von Kulturlandschaften untrennbar verbunden ist, fraglos eine weitaus größere Bedeutung als der Schutz ungestörter Naturvorgänge.

▶ Dennoch wurzelt unsere Geschichte, unsere Kultur und Kunst, auch unsere Religion in ungezähmter Natur, die noch nicht dem Menschen untertan ist, auch wenn wir in Mitteleuropa heute schon weit davon entfernt sind.

Mit dem gestaltenden und nutzenden Zugriff des Menschen auch auf die letzten weitgehend ursprünglichen Flächen würden wir einen Teil dieser Vergangenheit, d. h. unserer Geschichte und damit unseres Lebens unwiederbringlich verlieren.

Zwei Ausnahmegebiete sind in Deutschland bis heute geblieben, in denen Naturlandschaft ursprünglicher erhalten blieb als irgendwo sonst: die Hochalpen und das Wattenmeer.

In beiden fällt es der jeweiligen spezifischen Landschaftsgeschichte wegen leichter als anderswo, die Verbindung zum Nationalparkgedanken zu erkennen. Ohne Zweifel gibt es aber auch andere Landschaften, in denen es sinnvoll und notwendig ist, menschliche Einflußnahme auf Naturvorgänge soweit wie irgend möglich zurückzunehmen. Auch Landschaften, die bereits tiefgreifend vom Menschen verändert wurden, können aus mancherlei Gründen nationalparkwürdig sein.

Anders formuliert gilt: Die politische Entscheidung, ein Ökosystem nicht nach menschlichem Willen und nicht für ökonomische Ziele zu gestalten, macht die besondere Qualität eines Nationalparkes aus.

Diese Zielsetzung wird heute allgemein für Großschutzgebiete gefordert:

Nationalparkgesetz
Schleswig-Holstein § 2:
„... der möglichst ungestörte Ablauf von Naturvorgängen ..."

Gemeinsame Grundsätze der Esbjerg-Erklärung:
„... soweit wie möglich ein natürliches und sich selbst erhaltendes Ökosystem, in dem natürliche Prozesse ungestört ablaufen können, zu erreichen" (CWSS 1992).

IUCN-Kriterien:
„... dauerhafter Erhalt charakteristischer Beispiele physiographischer Regionen, Lebensgemeinschaften, genetischer Ressourcen und von Arten in einem möglichst natürlichen Zustand, damit ökologische Stabilität und Vielfalt gewährleistet sind" (IUCN 1994 b).

Nationalparkverordnung Niedersächsisches Wattenmeer:
„... die natürlichen Abläufe ... sollen fortbestehen..." (ANONYMUS 1985)

Diesem Hauptziel zugeordnet ist in vielen Kriterienkatalogen und Gesetzen die Forderung:

IUCN-Kriterien:
„Beendigung und sodann Unterbindung von Nutzungen oder Inanspruchnahmen, die dem Zweck der Ausweisung entgegenstehen" (IUCN 1994 b).

Nationalparkverordnung Mecklenburg-Vorpommern:
„... im Nationalpark wird keine wirtschaftliche Nutzung bezweckt ..."

Als generelle Forderung ist Nutzungsfreiheit bzw. ein Zeitplan zum stufenweisen Ausstieg aus der wirtschaftlichen Nutzung von Ressourcen sicher eine logische und folgerichtige Ableitung aus dem Hauptziel „natürliche Entwicklung zulassen".

Im konkreten Fall einer historisch extensiv genutzten Landschaft wird diese naturschutzfachlich gut begründete Forderung allerdings:

▶ sozioökonomisch betrachtet werden müssen: Folgewirkungen,
▶ juristisch abgewogen werden müssen: Übermaßverbot,
▶ politisch bewertet werden müssen: Mehrheitsfähigkeit.

Dies geschieht in den folgenden Einzelkapiteln.

Nebenziel des Naturschutzes kann in gut begründeten Einzelfällen der „klassische"

Nationalparke sind nicht nur aus Naturschutzgründen wichtig

Für Nationalparke gibt es viele Gründe

Schutz von Biotopen und Arten sein. In den einschlägigen Gesetzen ist dieses Schutzziel, der deutschen Naturschutztradition entsprechend, fast immer enthalten. In Nationalparken gilt es in diesem Zusammenhang allerdings äußerste Zurückhaltung zu wahren: Einflußnahme zugunsten einzelner Biotoptypen ist immer mit Auswirkungen auf andere oder gar deren teilweisem Verlust verbunden. Jede Artenschutzmaßnahme ist eine aktive Abkehr vom Hauptziel „natürliche Entwicklung zulassen".

Nationalparke sind aber nicht allein aus Gründen des Naturschutzes notwendig. Drei wichtige Begründungen kommen hinzu:

▶ **rationale, wissenschaftliche Begründung**
Nationalparke sind die letzten Flächen, auf denen in der vergleichenden Betrachtung mit den übrigen 99,5 % der Landesfläche die Auswirkung menschlichen Wirtschaftens erkannt werden kann. Sie sind einzige und letzte Chance, sich fast ursprünglicher Natur wissenschaftlich zu nähern.

▶ **emotionale, spirituelle Begründung**
Unbeeinflußte Natur zu erleben, das eigene Selbst der Erfahrung von Stille, Weite, ungezähmter Natur auszusetzen, ist unverzichtbar für unsere seelische Gesundheit. Möglich ist dies fast nur noch in Nationalparken. Erholung und Erbauung sind deshalb, soweit mit dem Schutzzweck vereinbar, ausdrückliche Ziele von Nationalparken.

▶ **ethisch-moralische, religiöse Begründung**
Wo Naturschutz nicht rein zweckbestimmt nur dem menschlichen Wohlbefinden dienen soll, begründet er sich vor allem aus ethisch moralischen oder religiösen Werten. Auch wenn es derzeit als unmodern gelten mag, ist doch die Vermittlung von Normen für unseren Umgang mit der Welt von großer Bedeutung. In allen Kulturen und in allen Zeiten hat es „heilige Stätten" gegeben, Landschaften oder Landschaftsteile, die „tabu" waren. In Sagen und Märchen taucht der Raum, die Stätte auf, die nicht betreten werden darf. Landschaften, Tiere und Pflanzen in ihrer eigenen Entwicklung zu bewahren, Grenzen auch einmal nicht zu

überschreiten, dieses Motiv ist Bestandteil unserer eigenen Kultur und Geschichte.

Nationalparke dienen auch dem Erleben, Verstehen und Vermitteln von ethischen Normen.

Der Schutz von Leib und Leben hat immer Vorrang vor dem Naturschutz

Konsens ist jedoch, daß auch das Nationalparkziel der ungestörten Dynamik nicht gedankenlos verabsolutiert werden darf. So hat der Schutz von Leib und Leben immer Vorrang vor Naturschutz. Entscheidend ist im Nationalpark aber eine besonders sorgfältige Prüfung, ob Maßnahmen notwendig sind und wenn ja, wie diese mit dem geringstmöglichen Eingriff in den Nationalpark durchgeführt werden können.

Menschliches Wirtschaften kann demgegenüber im Nationalpark keinen Vorrang vor Nationalparkzielen beanspruchen. Gleichwohl ist eine verantwortungsvolle Abwägung jeweils geboten. Sie ist auch Voraussetzung dafür, daß der Gesetzgeber entscheiden kann, wie weit er naturschutzfachliche Ziele des Nationalparkes umsetzen möchte oder nicht.

VIII

Das System "Nationalpark" ist wirtschaftlich effizient

Dabei wird zunehmend die Tatsache berücksichtigt werden müssen, daß das „System Nationalpark" auch wirtschaftlich effizient ist. Das belegen die Untersuchungen HAMPICKES (1994) über die Zahlungsbereitschaft für den Naturschutz und für den Nationalpark Schleswig-Holsteinisches Wattenmeer sowie die speziellen Untersuchungen des Deutschen Wirtschaftswissenschaftlichen Instituts für Fremdenverkehr. Sie ergaben, daß jede Mark, die in das „System Nationalpark" investiert wird, fast zwei Mark erwirtschaftet (FEIGE et al. 1994 b).

Insofern dienen Nationalparke, die ja oft in strukturschwachen Regionen geschaffen werden, immer auch der Strukturverbesserung und damit der Gesamtentwicklung in ihrem Umfeld. Sie helfen auf diese Weise mit, die wirtschaftliche Situation zu verbessern.

Nationalparkschutz ist auch Heimatschutz

Gleichzeitig können sie das regionale Bewußtsein dadurch stärken, daß sie der Heimat das höchste Qualitätsprädikat verleihen, das in Deutschland und international zu vergeben ist. Nationalparkschutz ist also auch Heimatschutz.

IX Leitbild des Natur-schutzes im Nationalpark Wattenmeer

1. Leitbilder – das Problem mit der Referenz

Um Naturschutzziele in ihrer Allgemeinheit für das naturschutzpolitische Handeln anwendbar zu machen, ist die Entwicklung von Leitbildern ein wichtiger Zwischenschritt. Ein Referenzzustand für das Wattenmeer, an dem sich Zielvorstellungen orientieren können, kann über verschiedene Leitbilder, die ästhetischer, historischer, abiotischer oder biotischer Natur sein können, erreicht werden (z. B. FINCK et al. 1993, MARZELLI 1994, JAX & BRÖRING 1994).

Leitbilder sind auch von gesellschaftlichen Wertvorstellungen geprägt

Allen diesen Leitbildern gemein ist, daß sie nicht ausschließlich aus natur- oder geisteswissenschaftlichen Ergebnissen ableitbar sind, sondern vor allen Dingen von gesellschaftlichen Wertvorstellungen geprägt sind. Diese Leitbilder haben jedes für sich eigene Vor- und Nachteile, die unterschiedlich ausgeprägt sind. So ist z. B. das ästhetische Leitbild, in dem die psychischen Bedürfnisse der Menschen berücksichtigt sind, zugleich von der Flexibilität und der Anpassungsfähigkeit des Menschen an sich allmählich verändernde Bedingungen gekennzeichnet. Wenn sich Veränderungen der Umwelt langsam einstellen, dann sind Gewöhnungseffekte häufig, und die Vorstellungen passen sich an. So galt beispielsweise das Meer, heute das Reiseziel schlechthin, in der Vergangenheit „als bedrohliche, unheimliche, von teuflischen Ungeheuern bewohnte und von biblischen Sintflutenängsten besetzte Landschaft"; und noch in der Mitte des vergangenen Jahrhunderts galt die Meeresluft „als fäulniserregend und ungesund" (SAUM-ALDEHOFF 1993).

Die Rekonstruktion eines historischen Bildes der Natur und der darin stattgefundenen Naturvorgänge ist problematisch, da ökologische Geschichte nur bedingt rückspulbar ist.

Ein Modell für die Beschreibung eines zurückliegenden Bildes des Wattenmeeres haben TEN BRINK et al. (1991) mit dem AMOEBA-Konzept entwickelt. Dieses Modell beschreibt als Referenz den Ist-Zustand des Wattenmeeres im Jahr 1930. Dieser Zeitpunkt ist im historischen Rahmen gesehen – unabhängig von seiner Begründung – willkürlich gewählt. Zudem wurde das Wattenmeer zu diesem Zeitpunkt bereits stark vom Menschen beeinflußt.

Die Vorstellungen des AMOEBA-Modells lösten jedoch eine breite Diskussion über Umweltqualitätsziele für das Wattenmeer und die angrenzende Nordsee aus (REISE 1991, BORCHARDT & SCHERER 1991, VOSS 1992, VOSS & BORCHARDT 1992, JONG 1992). Qualitätsziele sollten demnach als meßbare Variablen einem Referenzzustand zugeordnet werden. Die Forderung nach quantifizierenden Umweltqualitätszielen, z. B. die Vorgabe von einer mit bestimmten Arten oder Lebensgemeinschaften bedeckten Fläche oder etwa die Anzahlen von Arten, Individuen und Lebensgemeinschaften, werden jedoch kritisch bewertet. Der Grund hierfür ist die gegenüber limnischen und terrestrischen Systemen völlig verschiedene Dynamik der Küstenökosysteme in gemäßigten Breiten. Die in der Ökosystemforschung gewonnenen Erkenntnisse zeigen, daß aufgrund der ausgeprägten Dynamik der Lebensgemeinschaften die Quantifizierung von Arten, Individuen und Lebensgemeinschaften zur Beurteilung des aktuellen Zustandes oftmals nicht genügt.

So ist das Auftreten einer bestimmten Lebensgemeinschaft an einer Stelle abhängig von einem kaum vorhersehbaren Zusammenspiel verschiedener Faktoren. Ein Standort hat dabei das Potential für die Entwicklung unterschiedlichster Lebensgemeinschaften. Der Beginn einer Sukzession wird oft von ökologischen „Katastrophen" eingeleitet: Ein starker Eiswinter mit langer Eisbedeckung der

Watten kann z. B. eine extreme Bodentiersterblichkeit bewirken. Die betroffenen Standorte werden im Verlaufe des nächsten Sommers jedoch neu besiedelt. Beispiele für die kurzfristige Dynamik der Lebensgemeinschaften im Wattenmeer sind in Kap. V. 3 ausführlich beschrieben. Abiotische Leitbilder zielen überwiegend auf die Absicherung primärer Lebensgüter der Organismen ab und sind deshalb essentiell. Sie reichen jedoch für einen umfassenden Ökosystemschutz nicht aus. Gleiches gilt für biotische Leitbilder, die sich z. B. über Rote Listen an Einzelarten und am Biotopschutz orientieren und über bestimmte Maßnahmen häufig eine maximale Artendichte anstreben. Dieser gestaltende Ansatz wird für naturnahe und natürliche Lebensräume grundsätzlich hinterfragt (z. B. ROWECK 1994, REISE 1991) und ist aus fachlicher Sicht kein allgemeingültiges Kriterium, da es viele Ökosysteme gibt, die von Natur aus artenarm sind.

Das für den Schutz des Nationalparks aufgestellte Leitbild orientiert sich an einem historischen Szenario; dem Wattenmeer als Naturlandschaft. Das Leitbild leitet sich vor dem Hintergrund der real stattgefundenen Ereignisse und Beeinflussungen durch die Menschen ab.

Der Vergleich des heutigen Ökosystems mit einem echten Naturzustand macht die bestehenden Abweichungen sichtbar. Der Versuch, diese Abweichungen schrittweise in Richtung Leitbild zurückzuführen, stößt aber zum Teil auf Grenzen. Diese stellen die Rahmenbedingungen für das aus naturschutzfachlicher Sicht anzustrebende Leitbild für den Schutz des Wattenmeeres dar.

2. Das Wattenmeer als Naturlandschaft – ein Szenario

Das Wattenmeer hat eine junge Geschichte (vergl. Kap. II 2.). Es bildete sich mit dem Vorrücken des Meeres nach der letzten Eiszeit vor nicht mehr als 4.000 Jahren und verändert sich bis heute:

Der Übergang vom Festland zum Meer war buchtenreich. Die Wellen schwappten bis an die Geest und verlagerten den Küstensaum beständig. Ein fließender

Übergang von Süß- zum Salzwasser kennzeichnete die Niederungsgebiete. Die Gezeiten reichten in den Flüssen bis weit in das Hinterland hinein. Vor der Küste befanden sich kleinere, häufig überflutete halligartige Salzwiesen, zerklüftete Reste von Marschinseln sowie über die Wasserlinie hinausragende Geestkerne und aufgewehte Sandplaten. Wind und Wellen formten und veränderten die bedünten Inselketten fortlaufend. Im Schutz dieser Wellenbrecher dehnten sich weite Watten aus. In den untertauchenden Festlandsbuchten sammelte sich der Schlick und an den Ufern wuchsen Salzwiesen. Weitläufige Röhrichte und Weidengebüsche säumten die weiter binnenlands liegenden feuchten Senken.

Die Geestinseln im nordfriesischen Wattenmeer lagen weitgehend an gleicher Stelle wie heute. Die ehemalige Küstenlinie mit den vorgelagerten Inseln und Halligen aber war sehr wechselhaft und veränderte sich durch die Kraft von Wind und Gezeiten bis in das letzte Jahrhundert hinein. Die heutige Halbinsel Eiderstedt bestand aus mehreren Inseln an deren südlichen Ufern sich Nehrungen ausbildeten. Der Dithmarscher Küstenbereich wich weniger vom heutigen Erscheinungsbild ab. Dort wogte das Meer bis an die Geestkante und formte weitläufige Nehrungen, die noch heute im Binnenland das Landschaftsbild prägen.

Das Wasser strömte sanft in die zahlreichen Buchten hinein. Die mitgebrachten Schwebstoffe lagerten sich auf den Watten ab und bedeckten große Flächen. Das Licht drang tiefer in die Wassersäule ein als heute und die Meerespflanzen wuchsen kräftig.

Die Watten waren aufgrund der geringeren Strömung womöglich mit weniger Filtrierern besiedelt. Die Primärproduktion bot Nahrung für pflanzenverzehrendes Benthos und Zooplankton. Die tierliche und pflanzliche Biomasse auf den Watten war vermutlich geringer, da Nährstoffe in geringerer Konzentration vorhanden waren als heute. Die auf Nehrungshaken, Strandwälle oder Primärdünen spezialisierten Vogelarten wie die Zwergseeschwalbe oder der Seeregenpfeifer waren wahrscheinlich weiter verbreitet und zahlreicher als heute. Gleiches dürfte für die Verbreitung pflanzenfressender Ringelgänse, Nonnengänse und vielleicht auch Pfeifenten gelten, die früher überwiegend auf ausgedehnten Seegras- und

Salzwiesen Nahrung fanden. Viele Arten, die wir heute als typisch für das Wattenmeer ansehen, z. B. die Sandklaffmuschel oder die Schwertmuschel, gab es nicht. Sie sind in das heutige Wattenmeer eingewandert oder eingebracht worden. Heute ausgestorbene Arten wie die Eurpäische Auster oder der Rochen waren im Wattenmeer verbreitet. Robben tummelten sich in weitaus größerer Zahl als heute im Wasser, auf den Sandbänken und an den Stränden.

Da Deiche, Siele, Sperrwerke und Leitdämme zu den Inseln und Halligen fehlten, wich die Sedimentverteilung vom heutigen Zustand stark ab. Die Nährstoffeinträge in das Watt waren durch Festlegung in den Brack- und Süßwasserröhrichten deutlich geringer. Die Hochmoore der flachen Geest sowie die Brackwasserröhrichte im amphibischen Land-Meer-Übergang wirkten als natürliche Senken für organisches und anorganisches Material.

Das damalige Wattenmeer wies aufgrund seiner stetigen Veränderungen Lebensräume und Strukturen auf, die im heutigen Wattenmeer fehlen. Auch die seit Beginn der Industrialisierung durch den Menschen in die Umwelt eingetragenen naturfremden Stoffe gab es selbstverständlich nicht.

3. Die heutige Situation – der Einfluß des Menschen

Viele menschliche Einflüsse haben aktuell zwar gravierende, grundsätzlich aber reversible Auswirkungen

Die Region des heutigen Wattenmeeres mit ihren Inseln und Marschen ist seit der Steinzeit von Menschen besiedelt. Dies hat schon zur damaligen Zeit den Naturraum beeinflußt. Gravierende Veränderungen und aktive Beeinflussungen der Menschen setzten jedoch erst viel später ein und haben weitreichende Folgen. Die heutige Situation des Wattenmeeres ist ausführlich in Kap. V und VI dargestellt.

Die Zeiträume, in denen die Auswirkungen der von Menschen verursachten Veränderungen zum Tragen kamen, verkürzten sich von anfänglich mehreren Jahrzehnten bis hin zu wenigen Jahren in der Gegenwart. Die menschlichen Eingriffe wirken überwiegend flächendeckend. Neben dem direkten Ausfall von Strukturelementen können bestimmte Einflüsse zum Verschwinden ganzer Lebensgemeinschaften

führen. Veränderte Umweltbedingungen können wiederum die Etablierung von neuen, bisher nicht im Ökosystem enthaltenen Lebensgemeinschaften ermöglichen.

Viele menschliche Einflüsse haben aktuell zwar gravierende, prinzipiell aber reversible Auswirkungen: Wenn die entsprechenden Nutzungen oder Einwirkungen eingestellt oder weniger intensiv betrieben werden, ist ihre Auswirkung nach einiger Zeit nicht mehr feststellbar bzw. verringert. Dazu zählen bestimmte Einflüsse der Fischerei, die Wirkung der Beweidung, der Jagd sowie des Tourismus und der damit verbundenen Verkehrsströme.

Miesmuschel- und Garnelenfischerei entnehmen Biomasse aus dem System, wobei aus fischereiwissenschaftlicher Sicht diese Entnahme das Wachstum und die Produktivität der Zielart durch die Verjüngung der Bestände auch erhöhen kann. Bei der Garnelenfischerei wird durch den selektiven Wegfang ein Teil der Tierbevölkerung entfernt. Die spezifische Funktion der entnommenen Lebensstadien fällt dadurch weg (z. B. Räuber-Beute-Beziehung). Die Anlage von Miesmuschelkulturen führt darüber hinaus zu einer Erhöhung des Gesamtbestandes an Miesmuscheln und zur Festlegung von pflanzlicher Biomasse durch die Filterleistung der Kulturmuscheln. Dieser Anteil steht damit anderen Filtrierern, u.a. den Miesmuscheln auf natürlichen Bänken, nicht mehr zur Verfügung. Die Anlage von Kulturen verändert zudem die natürliche Habitatstruktur im Wattenmeer. Vor dem Hintergrund der Eutrophierung wird durch die Fischerei zwar ein Teil der Produktion aus dem Ökosystem entnommen, jedoch geschieht dies selektiv.

Die landwirtschaftliche Nutzung des Wattenmeer findet durch Beweidung von Salzwiesen statt und verändert die Zusammensetzung der Pflanzen- und Tiergemeinschaften. Eine Einstellung der Nutzung kann die Effekte der Beweidung innerhalb weniger Jahre rückgängig machen. Die landwirtschaftliche Nutzung der an das Wattenmeer angrenzenden Marschen ist hingegen anders zu bewerten. Besonders die stofflichen Einträge aus der Landwirtschaft wirken sich auch auf das Wattenmeer selbst aus. Die Rücknahme dieser Einflüsse ist schwieriger und langwieriger.

IX

Freizeitaktivitäten, Sportboot- und
Fährverkehr sowie die Ausflugsschiffahrt
bewirken die Anwesenheit des Menschen
in vielen betretbaren oder befahrbaren
Bereichen des Wattenmeers. Die Auswirkung des Menschen auf Vögel und Robben sind gut untersucht. Sie können sich
in einer veränderten zeitlichen und räumlichen Nutzung bestimmter Gebiete, dem
Energiehaushalt der Tiere oder in ihrem
Fortpflanzungserfolg zeigen.

Einige Folgen
menschlichen
Handelns sind
weitgehend
irreversibel

Einige Folgen menschlichen Handelns
sind weitgehend irreversibel. Hierzu
zählen die Klimaveränderung mit all ihren
Folgen für das Wattenmeer, die stofflichen
Einträge über Luft und Wasser, die großflächige Veränderung der Küste durch den
Küstenschutz sowie die Anwesenheit
eingeschleppter Arten, deren Entfernung
aus dem Wattenmeer nicht mehr möglich
ist. Eine vollständige Wiederherstellung
des Naturzustandes wäre selbst dann
nicht zu erwarten, wenn die natürlichen
Rahmenbedingungen wieder hergestellt
werden könnten.

Das Leitbild
"natürliche Ent-
wicklung" strebt
den ungestörten
Ablauf der Natur-
vorgänge an

Die Inseln, die Halligen und die Küstenregion sind besiedelt. Damit sind auch die
bestehenden Versorgungs- und Kommuni-
kationssysteme notwendig und an die
künftigen Bedürfnisse der Einwohnerinnen und Einwohner anzupassen. Die aus
der Sicht des Naturschutzes erforderlichen
Beschränkungen dürfen berechtigten
öffentlichen und privaten Interessen nicht
in unzumutbarem Maße zuwiderlaufen.
Damit auch die Aufrechterhaltung der
bestehenden Linie der Landesschutzdeiche seewärts aller besiedelten Bereiche
mit allen für diesen Zweck notwendigen
Begleitmaßnahmen festgeschrieben. Dies
bedeutet jedoch keine Festschreibung der
zukünftigen Küstenschutzstrategie.
Vielmehr ist zu prüfen, welche Strategien
ohne unzumutbare Beeinträchtigungen
privaten oder öffentlichen Eigentums
machbar sind und gleichzeitig der natürlichen Entwicklung des Nationalparks nicht
entgegen stehen. Zur Zeit wird ein neuer
Generalplan für den zukünftigen Küstenschutz erarbeitet.

Das Leitbild kann
nur teilweise
realisiert werden

Das heutige Wattenmeer ist vom Naturzustand weit entfernt. Eine vollständige
Rückentwicklung ist nicht möglich. Dennoch bietet das gezeichnete Bild des
Wattenmeeres als Naturlandschaft eine
Orientierung für das nachfolgende Leitbild.

4. Leitbild

4.1 Die natürliche Entwick-
lung des Wattenmeeres als
Zielvorstellung

Ein ökologisches Leitbild, das die natürliche Entwicklung des Ökosystems Wattenmeer beschreibt, ist nur in groben Zügen
zu entwerfen. Viele historische Einflüsse
sind nicht umkehrbar und prägen, wie die
auch heute noch stattfindenden Einwirkungen des Menschen, den Lebensraum
mit seiner Entwicklung noch über Jahre.
Charakteristisch für ein Leitbild „natürliche Entwicklung" ist, daß natürliche,
dynamische Entwicklungen meist nicht
präzise vorhersagbar sind. Obwohl
schwierig zu vermitteln, muß dieser
zentrale Gedanke in der Öffentlichkeit
erläutert werden. Im Unterschied zum
klassischen Naturschutz, der auf klar
umrissene Ziele hinarbeitet, z. B. Artenvielfalt oder den Schutz gefährdeter Arten,
beinhaltet die "natürliche Entwicklung"
immer Offenheit gegenüber der sich
einstellenden Entwicklung.

Wie kann das Leitbild für den zukünftigen
Schutz des Wattenmeeres unter diesen
Prämissen aussehen?

Grundsätzlich ist eine weitgehend vom
Menschen unbeeinflußte natürliche
Entwicklung, der ungestörte Ablauf der
Naturvorgänge angestrebt. Nur wenn die
Selbstorganisation der Natur im Wattenmeer anerkannt und zugelassen wird,
können die charakteristischen Funktionsabläufe gesichert werden. Nur unter
dieser Voraussetzung kann sich eine
lebensraumtypische Vielfalt oder auch
Einfachheit einstellen. Die pflegende Hand
des Menschen kann dies nicht erreichen.

Dieses Leitbild kann nur teilweise in die
realen Verhältnisse umgesetzt werden. Die
nachfolgende Darstellung ist daher nicht
vollständig, sondern versucht, den Kern-
gedanken ins Bild zu setzen. Die naturschutzfachlichen Erfordernisse dafür sind
an anderer Stelle beschrieben (siehe Kap.
V 3., XI 2. und Kap. VII 1.).

Die Gezeiten prägen den Lebensraum und
bedingen teilweise großflächige Sedi-
ment- und Schillumlagerungen. Sie

gestalten damit die untergetauchten Bereiche des Wattenmeeres genauso, wie die periodisch trockenfallenden Watten und Sände. Entsprechend der sich einstellenden Standortbedingungen werden die unterschiedlichen Bereiche von mosaiktypischen Pflanzen- und Tiergemeinschaften besiedelt, die an die wechselnden Bedingungen angepaßt sind. Beispiele sind natürliche Miesmuschelbänke mit ihrer reichen Begleitflora und -fauna, Seegraswiesen und Sandkorallenriffe oder auch die im Wattboden lebenden Muscheln. Fällt das Watt trocken, wird es von unzähligen Vögeln zur Nahrungssuche genutzt. Bei Überflutung der Watten besiedeln Krebse und Fische den Lebensraum, suchen Nahrung oder pflanzen sich fort.

Im Nationalpark ist ein vom Menschen nicht beeinflußtes Verhalten der Tiere erwünscht: Zum Beispiel Ringelgänse, die ohne Scheu vor dem Menschen auf Seegras- oder Salzwiesen bei der Nahrungsaufnahme beobachtet werden können. Oder Brand- und Eiderenten, die sich in der Mauserzeit entsprechend ihrem Sicherheitsbedürfnis in den Prielen des Wattenmeeres verteilen, um in Ruhe das Gefieder zu wechseln. Seeregenpfeifer und Zwergseeschwalben sollten ungehindert in jungen Primärdünen oder auf Nehrungshaken brüten können. Eine natürliche Fortpflanzungsrate und eine natürliche Altersstruktur der Populationen von Pflanzen und Tieren muß gewährleistet bleiben. Zumindest in Teilräumen müssen sich die jeweiligen Besiedler des Wattenmeeres unbeeinflußt von jeglichen Aktivitäten des Menschen entwickeln können.

Oberster Grundsatz des Naturschutzes im Nationalpark ist der unbeeinflußte Ablauf natürlicher Prozesse

Vielerorts wird der Übergangsbereich vom Meer zum Land von Salzwiesen gesäumt. Deren Abbruchkanten gehören zum natürlichen Inventar dieses Lebensraumes. Überall dort, wo der heutige Bestand der Salzwiesen nicht gefährdet ist, müssen sich solche Strukturen ausbilden können. Gleiches gilt für mäandrierende Priele mit erodierenden Prall- und sedimentfangenden Gleithängen. Auch dauerhaft mit Wasser gefüllte Salzpfannen sind ein Charakteristikum der Salzwiesen. Erst wenn die Kräfte der Gezeiten in diesem Lebensraum wieder Fuß fassen können, dann stellen sich auch die standorttypischen Pflanzen- und Tiergemeinschaften wieder ein. Eine solche Entwicklung ist auch in den vom Menschen geschaffenen Vorlandsalzwiesen möglich.

Wesentliche Eigenschaften von Dünen sind ihre charakteristischen Wanderungen, der Abtrag an der einen und der Wiederaufbau an anderer Stelle. Im Strandbereich baut der vom Wind geblasene Sand erste Primärdünen auf, die sich im Laufe ihrer Entwicklung zu Weiß-, später zu Grau- und dann zu Braundünen umformen. Manchmal ist diese Entwicklung nicht vollständig: Der Wind bläst den Sand aus den frisch gebildeten Weißdünen heraus, transportiert ihn und lagert ihn an anderer Stelle wieder ab. In Kombination mit kräftigen Stürmen kann es so zu Dünendurchbrüchen kommen.

4.2 Annäherung an das Leitbild

Oberster Grundsatz des Naturschutzes im Nationalpark ist die Gewährleistung eines weitgehend vom Menschen unbeeinflußten Ablaufes der natürlichen Prozesse.

Grundsätzlich hängt die Tragweite eines Eingriffs oder einer menschlichen Handlung von ihrer zeitlich-räumlichen Dichte und Intensität ab. Die Folgen intensiver oder wiederholter menschlicher Handlungen der Vergangenheit sind noch heute vielfach offenkundig und erlebbar, z. B. bei mittelalterliche Kulturspuren, oder bleiben weit in die Zukunft hinein sichtbar, z. B. Küstenschutzbauwerke. Letztere haben die Oberflächengestalt des Wattenmeeres mit all ihren Folgeerscheinungen am stärksten verändert.

Dem Naturschutzziel kann sich nur dann angenähert werden, wenn diejenigen menschlichen Eingriffe, die die natürliche Dynamik nachhaltig beeinflussen, in Zukunft unterlassen werden. Konkret bedeutet dies, daß aus naturschutzfachlicher Sicht keine neuen Eindeichungsprojekte durchgeführt werden dürften. Zur Gewährleistung der von den Gezeiten geprägten Verhältnisse, zur Erhaltung des genetischen Austausches und zur Sicherung der Wanderungsbewegungen, z. B. von Fischen und Krebsen, ist deshalb auch von einer weiteren Isolierung einzelner Wattbereiche durch Sicherungsdämme abzusehen, sofern dies nicht unabdingbar für den Schutz menschlichen Lebens erforderlich ist.

Punktuell wirksame menschliche Einflüsse müssen vor allem dann unterbunden werden, wenn deren Wirkung nicht kompensierbar ist oder wenn deren unabdingbare Notwendigkeit nicht zweifelsfrei nachgewiesen werden kann. Betroffen sind menschliche Handlungen, die die Elternbestandsgröße oder die Nachkommensrate von Tieren und Pflanzen berühren und damit auf die Population wirken. Gleiches gilt für Auswirkungen auf Lebensgemeinschaften und damit letztendlich auf das Ökosystem.

Die durch natürliche Katastrophen, z. B. nach Eiswintern, verursachten Auswirkungen auf die Bodenlebensgemeinschaften können durch das Regenerationspotential der betroffenen Arten selbst ausgeglichen werden.

Voraussetzung für einen umfassenden Schutz ist die Bereitstellung von großräumigen Schutzgebieten, die frei von Ressourcennutzung sind

Wie in Kap. XI 2.2 näher begründet, ist eine Voraussetzung für den gesicherten Ablauf von natürlichen Prozessen die Bereitstellung von großräumigen Gebieten, die frei von Ressourcennutzung sind. In diesen kann sich die Natur nach den ihr eigenen Gesetzmäßigkeiten entwickeln. Die Beendigung menschlicher Eingriffe kann unter Umständen schon nach kurzer Zeit die natürlichen Prozesse wieder in Gang setzen. Ein Beispiel soll dies verdeutlichen. Wird die Beweidung und die systematische Begrüppung der Salzwiesen eingestellt, so setzt die Regeneration der Flächen unmittelbar ein. Die Pflanzenbestände zeigen die Veränderungen besonders schnell. Die Vogelwelt reagiert zeitversetzt.

Anders sieht es aus, wenn man z.B. den Lahnungsbau im Bereich von Zwergseegraswiesen betrachtet. Schon durch den Bau der Lahnungen wird die Lebensgemeinschaft stark in Mitleidenschaft gezogen und in der Regel ganz vernichtet. Auch durch Rückbau ist eine Regeneration von Seegraswiesen am Standort äußerst fraglich. Eingriffe in den Stoffhaushalt rufen langfristig Verschiebungen im gesamten trophischen System des Wattenmeeres hervor.

Der Eintrag von naturfremden Stoffen muß mittel- bis langfristig ganz unterbunden werden. Naturstoffe sollten auf ihren natürlichen Hintergrundwert reduziert werden, menschengemachte Stoffe langfristig nicht mehr im System nachweisbar sein.

Im Vorfeld des Nationalparks können auch mittelfristig effektive Maßnahmen umgesetzt werden, die eine Verringerung der direkten Stoffbelastung des Wattenmeeres zur Folge haben. Zu nennen sind die Biotopprogramme im Agrarbereich, Maßnahmen zur Reduzierung der Nährstoffeinträge aus der Landwirtschaft und aus Abwässern sowie eine schrittweise Umstellung der Landwirtschaft auf eine nachhaltige und schonende Nutzung der Ressourcen.

In wenigen gut begründeten Fällen können konkrete Maßnahmen erforderlich sein, um historisch bedingte Defizite auszugleichen oder zu mindern und um das Leitbild zu verwirklichen. Hier sind Eingriffe mit Wirkung auf die Hydrographie und auf die ökologische Situation im Salz-Süßwasser-Übergangsbereich zu nennen. Dies eröffnet die Möglichkeit, daß sich fehlende Arten, Lebensgemeinschaften und Funktionen wieder einstellen können. Derartige Eingriffe sollten aber, wenn überhaupt, nur maßvoll und sukzessive erfolgen. Betroffen sind frühere Eingriffe und Veränderungen im Vorfeld des Nationalparks: so ist z. B. die ganzjährige Öffnung des Eidersperrwerkes, der Rückbau der Neufelder Schleuse unter Berücksichtigung des Eider-Treene-Sorge-Konzepts und die Renaturierung der durch Siele und Schöpfwerke verbauten Flußmündungen zu fordern. Eine grundlegende Forderung ist die Anpassung des Sielbetriebes und der Entwässerung an natürlichen Stoffaustausch und Fischzug. Ziel ist die Verschiebung der Brackwassergrenze landeinwärts, die Schaffung von neuen Sedimentations- und Remineralisationsräumen, die unbehinderte Wanderung diadromer Fischarten wie Schnäpel, Meerforelle, Lachs und Stör in die Fließgewässer, der Zugang von Brackwasserarten zu Marschgräben und kleinen Fließgewässern und die passive Wiederansiedlung seltener oder ausgestorbener Arten bei verbesserten Lebensbedingungen. Als einleitende Maßnahme sollte zunächst der Sielbetrieb und die Entwässerung im gesamten Westküstenbereich an einen natürlichen Stoffaustausch angepaßt werden.

4.3 Ökonomische Konsequenzen der „natürlichen Entwicklung"

Angesichts der heutigen Besiedlungsstruktur und der daraus abzuleitenden heutigen und zukünftigen Belange der Einwohnerinnen und Einwohner aus sozioökonomischer Sicht müssen folgende Abwägungsschritte bei der Umsetzung des Leitbildes berücksichtigt werden:

Die Empfindlichkeit des anthropogenen Systems.

Gemäß Nationalparkgesetz gilt, daß nichtkompensierbare Folgen für die einheimische Bevölkerung und ihre wirtschaftliche Existenz vermieden werden müssen (§ 2 Abs. 2 NPG). Aus der Kenntnis der heutigen Struktur des anthropogenen Systems sowie dessen zu erwartender Entwicklung läßt sich die Empfindlichkeit der punktuell wirksamen Nutzungen gegenüber Regelungen ableiten.

Naturschutzmaßnahmen müssen besonders hinsichtlich ihrer Auswirkungen auf den tragenden Wirtschaftszweig Tourismus überprüft werden

Naturschutzmaßnahmen müssen besonders hinsichtlich ihrer Auswirkungen auf den tragenden Wirtschaftszweig Tourismus überprüft werden. Eine Beeinträchtigung dieses Wirtschaftszweiges hätte wegen seines ökonomischen Querschnittcharakters sowie mangels adäquater Erwerbsalternativen gravierende negative Folgen für die Gesamtregion. Als Beeinträchtigung des Tourismus sind alle drastischen Einschränkungen von Freizeitnutzungen auf ganzer Fläche sowie der Erreichbarkeit von Teilen des Gebietes ohne ausgleichende Maßnahmen zu bewerten. Schwellenwerte für kompensierbare Maßnahmen können nur am konkreten Fall und in Abhängigkeit von der Gestaltung sowie vom Angebot an Alternativen abgeschätzt werden.

Gemeinsames Interesse von Tourismus und Nationalpark: die natürliche Grundlage des Ökosystems und regionaltypische Strukturen erhalten

Gravierende Einschränkungen der Fischerei, z. B. durch ein Fangverbot für Garnelen oder ein grundsätzliches Verbot der Anlage von Muschelkulturen, hätten dagegen zwar für den Wirtschaftszweig selbst, nicht jedoch für die wirtschaftliche Funktionsfähigkeit der Gesamtregion merkliche Folgen (FEIGE & MÖLLER 1995 a). Bei der als Salzwiesenbeweidung betriebenen landwirtschaftlichen Nutzung des Nationalparks werden ökonomische Folgen der Extensivierung mit Kompensationszahlungen ausgeglichen.

Synergiewirkung zwischen Schutzziel und regionaler Entwicklung

Nationalparkbedingte Maßnahmen sollten auch auf positive Synergieeffekte mit der regionalen Entwicklung abzielen, wie z. B. die Förderung von Wirtschaftsweisen im Nationalparkvorfeld, die auf naturverträgliche Maßnahmen und Verfahren aufbauen (siehe auch Kap. XII).

Ansätze für Synergieeffekte im oben geschilderten Sinne ergeben sich auch aus dem gemeinsamen Interesse des Tourismus und dem des Nationalparks, die natürlichen Grundlagen des Ökosystems zu erhalten (vergl. z. B. Kap. XI 1.1 und Kap. XII). Politische Rahmenbedingungen, aktuelle Entwicklungen am touristischen Markt und die Nachfragestruktur der Region bieten hierfür äußerst günstige Voraussetzungen.

In diesem Zusammenhang sind auch wasserbauliche Maßnahmen positiv zu bewerten, wenn sie das Landschaftsbild wieder naturnäher entwickeln. Dies kann z. B. durch die Renaturierung von Speicherkögen und Feuchtgebieten geschehen. Nutzbare Synergieeffekte bei der landwirtschaftlichen Nutzung im Vorfeld resultieren aus der generellen Wandlung des Agrarbereiches. Die naturverträgliche Umgestaltung von Landwirtschaft und Fischerei trägt wiederum auch zur Erhaltung regionaltypischer Strukturen, und damit zu einer erhöhten Lebensqualität sowie zur gesteigerten touristischen Attraktivität bei. Sie kommt damit der Erwartungshaltung der Gäste an die Nationalparkregion entgegen.

Kommunikation und Kooperation

Das Leitbild „natürliche Entwicklung" gilt es im kontinuierlichen Dialog mit der Regionalbevölkerung, den Nutzergruppen sowie mit regionalen Interessenvertreterinnen und -vertretern zu vermitteln und in seiner Umsetzung zu gestalten. Dabei ist hervorzuheben, daß die „natürliche Entwicklung" nicht primär aus einer der Natur heraus objektiv ableitbaren Notwendigkeit entspringt, sondern eine gesellschaftliche Wertvorstellung ist. Auch für den Menschen ist es wünschenswert, das Wattenmeer in seiner Eigenart, Schönheit und Ursprünglichkeit zu schützen und zu bewahren, die artenreiche Pflanzen- und Tierwelt zu erhalten und den möglichst ungestörten Ablauf der Naturvorgänge zu sichern (vergl. Nationalparkgesetz § 2 Abs. 1).

Hinter diesem Schutzziel stehen gesellschaftliche Begründungen, die zwar für das Wattenmeer nicht gesetzlich formuliert sind (vergl. Kap. III 3. und 4.), aber aus der allgemeinen Diskussion heraus wie folgt benannt werden können:

► Die Erhaltung und Bewahrung der intakten Umwelt und damit der Ressourcen ist die Existenzgrundlage für die in ihr wirtschaftenden Menschen.
► Der Bewußtseins- und Wertewandel, d.h. das Erkennen und Bewahren des Wertes von ungestörter Natur „an sich" gilt auch für die natürlichen und die kulturellen Eigenarten der Nationalparkregion. Damit verbunden ist sowohl der Erhalt der von Mensch und Natur geprägten Landschaft und ihrer Ausstattung als auch die Stärkung der Identität ihrer Bevölkerung. Eine teilweise Rückkehr zu früheren Landschaftsqualitäten ist umsetzbar, solange sie mit dem Wertewandel bei den Bewohnerinnen und Bewohnern und Gästen konform geht und vermittelbar ist. In Verbindung mit Naturerlebnisräumen können renaturierte Feuchtgebiete durchaus die Alternative zu den anderswo boomenden Vergnügungsparks für den Massentourismus sein und zur Bildung und Erbauung der Gäste beitragen.
► Angewandte Wissenschaft und akademisch betriebene Forschungsarbeiten sind auch in engem Zusammenhang zur Bildung der Besucherinnen und Besucher zu sehen. Wissenschaft bemüht sich zunehmend um Verständlichkeit und Vermittelbarkeit, was für die Wattenmeerforschung zu mehr Akzeptanz bei der Umsetzung ihrer Ergebnisse für eine langfristig tragfähige Entwicklung der Nationalparkregion führen muß.

Schutzziel und Begründung müssen begreifbar und erlebbar gemacht und diskutiert werden

Das Schutzziel und die Begründungen müssen begreifbar und erlebbar gemacht und diskutiert werden, wenn der Nationalpark seinem gesellschaftlichen Auftrag gerecht werden will. Öffentlichkeitsarbeit und Umweltbildung sind demnach nicht nur als Instrumente zur Durchsetzung oder Unterstützung konkreter Schutzstrategien zu sehen, sondern als der entscheidende Arbeitsbereich des Nationalparkamtes zu verstehen. Die Idee und Konsequenz eines Nationalparks müssen im Bewußtsein der Regionalbevölkerung und der Gäste verankert werden.

X Konfliktfelder

1. Die Folgen menschlichen Handelns

Im Verhältnis zum Zeitraum der Entstehungsgeschichte des Wattenmeeres ist der Zeitraum gravierender menschlicher Einwirkung mit etwa 1.000 Jahren nur kurz (vergl. Kap. II 2.). Dennoch haben direkte oder indirekte menschliche Eingriffe in den Naturhaushalt gravierende Veränderungen des Ökosystems sowie seiner Einzelbestandteile verursacht oder wirken beständig fort.

Menschliches Handeln mit Wirkung auf den Nationalpark findet oft auch im unmittelbaren Nationalparkvorfeld statt

Da die Auswirkungen der verschiedenen menschlichen Handlungen und Einflüsse bereits in den vorhergehenden Kapiteln (Kap. V, VI) angesprochen und je nach Bedeutung detaillierter dargestellt wurden, erfolgt an dieser Stelle keine Wiederholung der Argumente. Es wird bei der Besprechung der einzelnen Konfliktfelder auf die jeweils beschreibenden bzw. analysierenden Kapitel verwiesen sowie auf die aus naturwissenschaftlicher Sicht abgeleiteten Konzepte.

Bei den Themen äußere Begrenzung (Kap. XI 2.1), Zonierung (Kap. XI 2.2) und Walschutz (Kap. XI 2.4) wurde eine ausführliche Konfliktanalyse direkt im Zusammenhang mit der Darstellung von Schutzkonzepten durchgeführt, da die Argumente für die jeweiligen Konzepte von ausschlaggebender Bedeutung sind und gleichzeitig als Begründung für Veränderungsvorschläge herangezogen wurden. Dieses von der generellen Gliederung abweichende Vorgehen erlaubt es, wichtige Argumente und Begründungslinien im inhaltlichen Zusammenhang darzustellen.

2. Betrachtungsraum

Menschliches Handeln mit Wirkung auf den Nationalpark findet oft auch im unmittelbaren Nationalparkvorfeld statt, z. B. Freizeitaktivitäten im Übergangsbereich Deich-Vorland-Strand und nur zum Teil im Schutzgebiet selbst. Darüber hinaus treten Fernwirkungen, z. B. durch stoffliche Einträge über die Luft und über die Flüsse, auf. Folglich sind auch die Gebiete in die Betrachtung mit einzubeziehen, die in einem ökologischen Zusammenhang mit dem Wattenmeer stehen. Dieses Einzugsgebiet reicht zum Teil weit in das angrenzende Binnenland (vergl. Kap. II 1.), bei einigen Fragestellungen auch weit darüberhinaus (Stoffeinträge, Klimaänderungen, Jahreslebensräume).

3. Bewertungsgrundlage

Die Auswirkungen anthropogener Einflüsse können auf unterschiedlichen hierarchischen Stufen an Individuen, Populationen, Lebensräumen, Lebensgemeinschaften und Ökosystemen sichtbar werden (Abb. 188). Je höher die Ebene ist, desto komplexer werden Ursache-Wirkungsbeziehungen. Nachweise für Einzelursachen werden schwieriger, oftmals unmöglich. Die Wirkungsbeziehungen müssen nicht immer derart linear sein, wie in Abbildung 188 dargestellt. Es können bestimmte Ebenen auch übersprungen werden und verschiedene Einflüsse können sich gegenseitig verstärken. Sofern eine gewisse Plastizität oder Anpassungsfähigkeit vorhanden ist, können Abweichungen auf einigen Ebenen oder in Teilen des Wirkungsnetzes auch kompensiert werden.

Darüber hinaus ist die Meßbarkeit menschlichen Einflusses auf Populationsgrößen, z. B. durch Nutzung nachwachsender Ressourcen (Fischerei, Landwirtschaft) oder durch Störungen auch von der Fortpflanzungsstrategie der betroffenen Arten bestimmt: Bei r-Strategen (kurzlebige Arten mit hoher Reproduktionsrate), die die Mehrheit der Benthosorganismen im Wattenmeer stellen, kann der nächste starke Nachwuchsjahrgang oder das nächste starke Ereignis, z. B. ein Sturm oder ein harter Eiswinter, den menschlichen Einfluß überdecken. Die Wirkung im Sinne der Meßbarkeit ist hier also auf ein bis wenige Jahre beschränkt. K-Strategen (langlebige Arten mit geringer Reproduktionskraft, z. B. langlebige Fischarten, Vögel, Seehunde) sind eher von langwährender Nutzung (bis zu mehreren Jahrzehnten) betroffen. Endemische Arten können durch hohe Nutzungsintensitäten oder durch starke Reduzierung ihres Lebensraumes zum Aussterben gebracht werden.

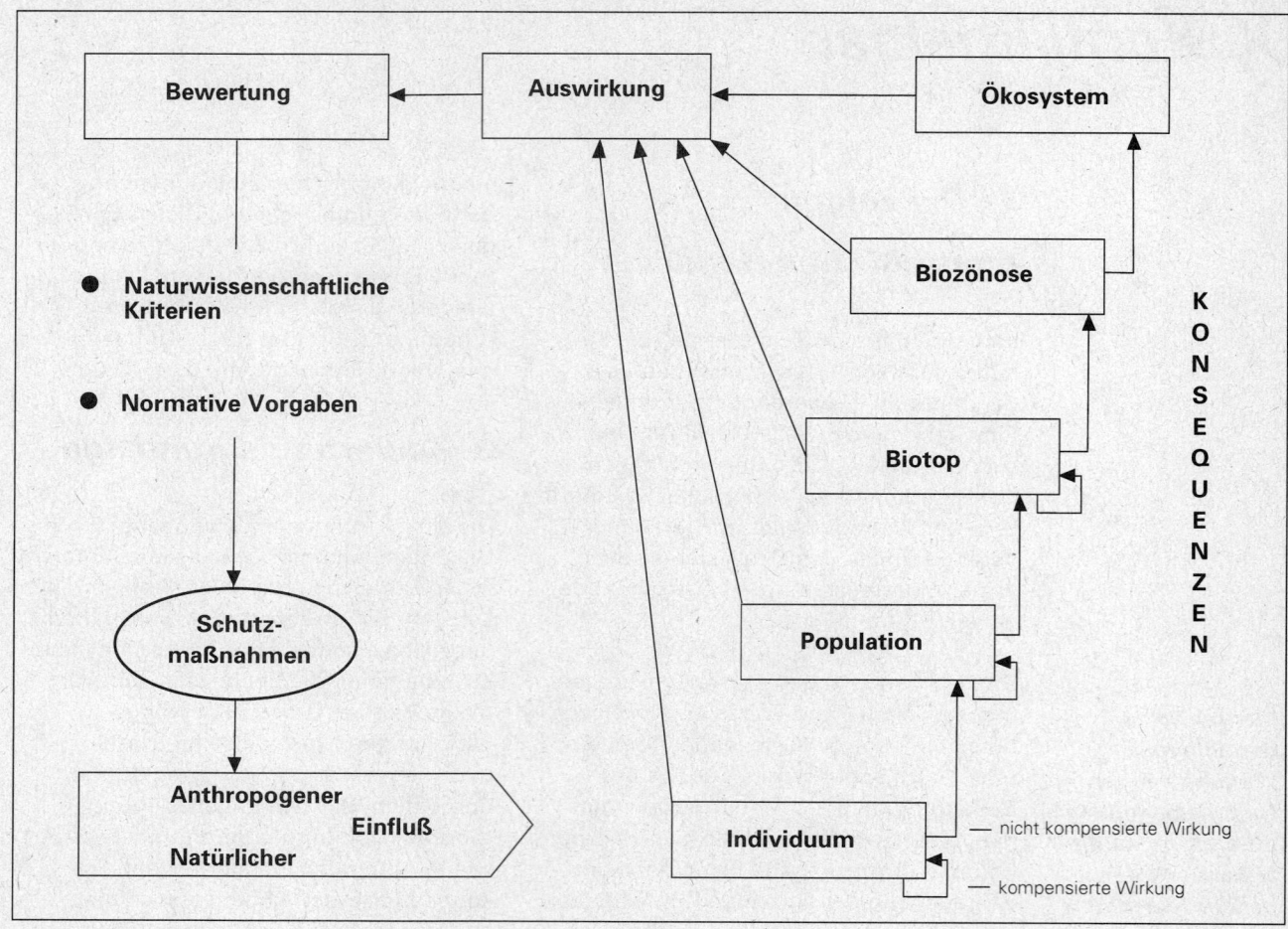

Figur-Inhalt:

Bewertung ← Auswirkung ← Ökosystem

- Naturwissenschaftliche Kriterien
- Normative Vorgaben

Biozönose

Biotop

Schutz-maßnahmen

Population

Anthropogener Einfluß Natürlicher

Individuum

— nicht kompensierte Wirkung

— kompensierte Wirkung

KONSEQUENZEN

Abb. 188
Beziehungschema zwischen anthropogenen und natürlichen Einflüssen und deren Auswirkungen auf verschiedenen Ebenen. Eine Bewertung der Auswirkungen erfolgt nach naturwissenschaftlichen Kriterien und normativen Vorgaben (STOCK et al. 1994, verändert).

Die Bewertung der beobachteten Auswirkungen geschieht sowohl in naturwissenschaftlicher als auch in normativer Hinsicht (vergl. Kap. VII).

Aus naturwissenschaftlicher Sicht ist ein Einfluß dann gravierend, wenn er eine nicht kompensierbare, nachteilige Wirkung hervorruft. Dies ist dann der Fall, wenn Auswirkungen auf der Ebene der Population, auf der von Lebensräumen oder Lebensgemeinschaften sichtbar werden.

Hinreichend genau dokumentiert sind die Auswirkungen menschlichen Handelns auf Tier- und Pflanzenarten (z. B. BAUER & THIELCKE 1982, BEZZEL 1995). Eine Analyse der Gefährdung von Lebensraumtypen in Deutschland und ihrer Ursachen haben RATHS et al. (1995) anhand der Roten Liste der gefährdeten Biotoptypen vorgenommen (Abb. 189). Für die Gruppe der Biotoptypen der Meeresgebiete inklusive des salzwasserbeeinflußten Küstenbereichs zeigte sich, daß ein Flächenverlust der Lebensräume überwiegend durch Küstenschutzmaßnahmen, Hafenbau und die Schaffung touristischer Infrastruktur verursacht wird und weitgehend auf den unmittelbaren Küsten-

bereich beschränkt ist. Eine erhebliche Gefährdung nahezu aller Biotope besteht durch qualitative Beeinträchtigungen. An erster Stelle stehen direkte und indirekte Verschmutzungen durch feste und flüssige Schad- und auch Nährstoffe. Die Meeresgebiete selbst unterliegen darüberhinaus einer Beeinträchtigung durch die Fischerei und der damit verbundenen mechanischen Beeinträchtigung des Meeresbodens (vergl. auch LOZAN et al. 1990, 1994 a). Weitere Gefährdungen gehen von der Schiffahrt aus (Abb. 190).

Die Gefährdung von Meeres- und Küstenbiotopen wird in erheblichem Ausmaß auch im Binnenland verursacht. Hierzu zählen Industrie und Gewerbe, Abwasserbeseitigung und Landwirtschaft. Direkte Gefährdungen gehen von der Fischerei, dem Küstenschutz, der Schiffahrt und dem Tourismus aus (vergl. Abb. 190).

Eine systematische Analyse und Klassifizierung der Gefährdungsursachen auf der Ebene von Lebensgemeinschaften fehlt bislang. Die Wirkung menschlicher Einflüsse hängt aber nicht nur von der Art und dem Ort des Einflusses ab, sondern auch von der Dauer und von der Intensität der zugrundeliegenden Handlung. Histori-

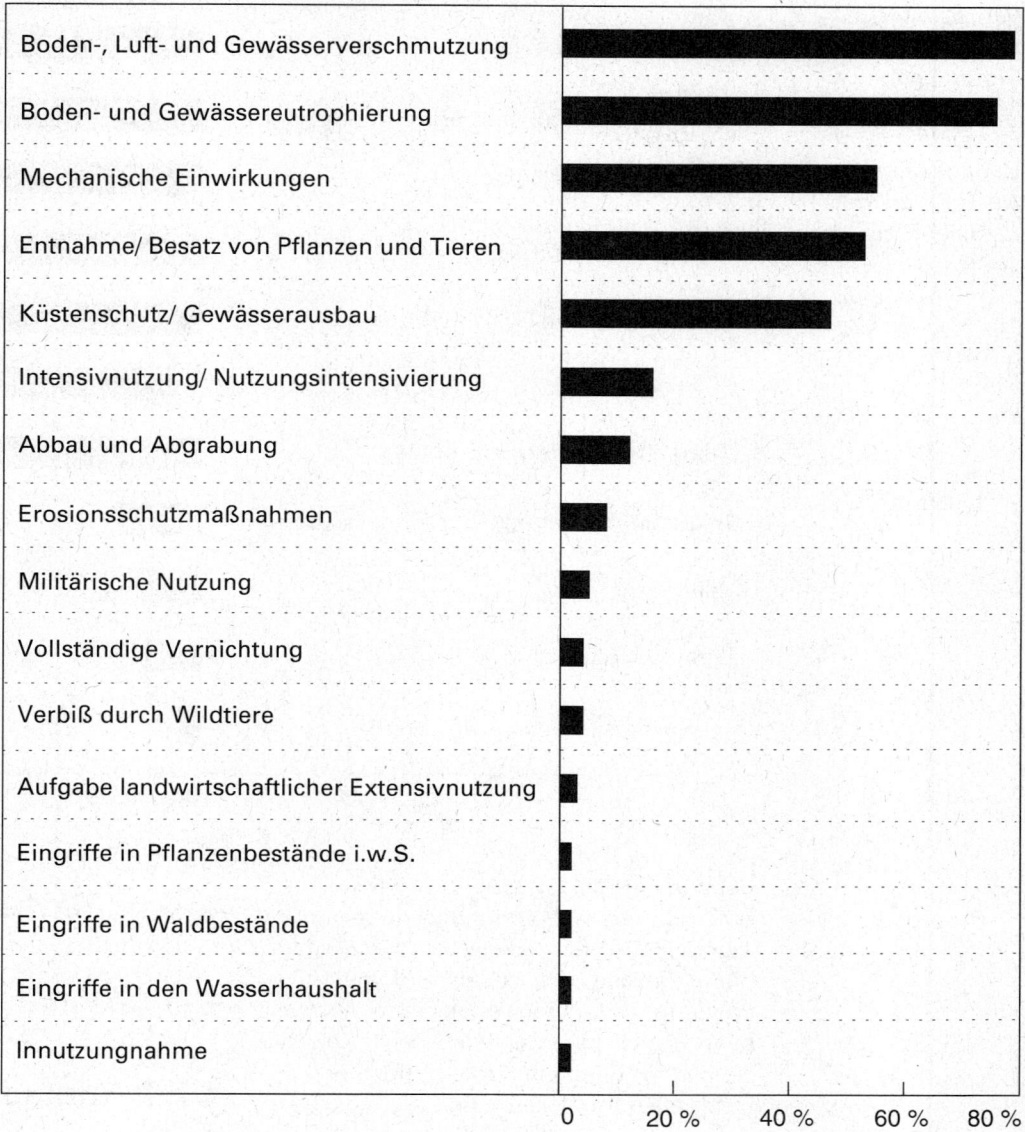

Abb. 189
Gefährdungs-ursachen für die Biotoptypen der Meere und Küsten. Dargestellt ist die Häufigkeit der Nennungen in % (RATHS et al. 1995).

Gefährdungsursachen (Häufigkeit der Nennung in %)

- Boden-, Luft- und Gewässerverschmutzung
- Boden- und Gewässereutrophierung
- Mechanische Einwirkungen
- Entnahme/ Besatz von Pflanzen und Tieren
- Küstenschutz/ Gewässerausbau
- Intensivnutzung/ Nutzungsintensivierung
- Abbau und Abgrabung
- Erosionsschutzmaßnahmen
- Militärische Nutzung
- Vollständige Vernichtung
- Verbiß durch Wildtiere
- Aufgabe landwirtschaftlicher Extensivnutzung
- Eingriffe in Pflanzenbestände i.w.S.
- Eingriffe in Waldbestände
- Eingriffe in den Wasserhaushalt
- Innutzungnahme

0   20 %   40 %   60 %   80 %

X

Eine gewichtige Bedeutung für die Bewertung von menschlichen Einflüssen hat das Vorsorgeprinzip

sche Einflüsse, wie z. B. die Gestaltung der Küstenlinie durch Küstenschutz-maßnahmen, bestimmen die ökologischen Rahmenbedingungen bis heute und sind in ihrer Wirkung überwiegend irreversibel. Gleiches gilt für eingewanderte oder eingebrachte systemfremde Tier- und Pflanzenarten.

Ein hohes Konfliktpotential ergibt sich folgerichtig, wenn die Nutzungen und die damit verbundenen Wirkungen in ihrer Dauer und in ihrer Intensität nicht begrenzt werden.

Hieraus leitet sich die Forderung nach prinzipieller Begrenzung der Intensität aller menschlichen Einflußnahmen im gesamten Nationalpark ab. Ein Zonierungskonzept, das allerdings außerhalb von Kernbereichen keine Einschränkung der Nutzungen und keine Obergrenzen vorsieht, kann keine ausreichende

Schutzwirkung erzielen, da sich die Nutzungsintensität außerhalb von Kernzonen möglicherweise erhöht (vergl. Kap. XI 2.2).

Eine Bewertung der verschiedenen Einflußgrößen kann nicht allein aus naturwissenschaftlicher Sicht erfolgen, da oft auch normative Gesichtspunkte berührt sind. Die Entscheidung, ob ein bestimmter menschlicher Einfluß tolerierbar ist, gemindert oder unterbunden werden muß, kann nur gesellschaftlich getroffen werden. Eine gewichtige Bedeutung bei der Bewertung hat dabei das auf der 6. trilateralen Ministererklärung in Esbjerg vereinbarte Vorsorgeprinzip, nach dem Einflüsse menschlichen Handelns auch dann reduziert oder unterbunden werden müssen, wenn eine Wirkung zwar bislang nicht nachgewiesen, aber wahrscheinlich ist (CWSS, 1992). Die wissenschaftlichen Erkenntnisse liefern dazu die erforderliche Grundlage.

Abb. 190
Verusacher der
Gefährdungen von
Biotoptypen der
Meere und Küsten.
Dargestellt ist die
Häufigkeit der
Nennungen in %
(RATHS et al.
1995).

Gefährdungsverursacher (Häufigkeit der Nennung in %)

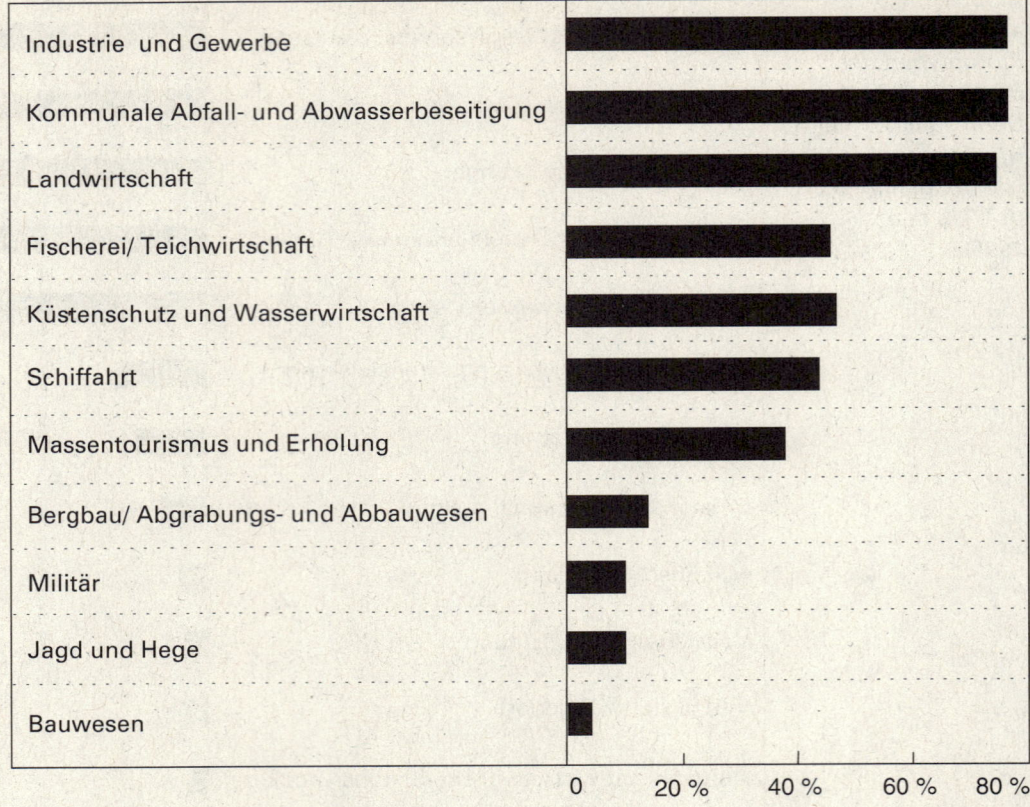

Industrie und Gewerbe

Kommunale Abfall- und Abwasserbeseitigung

Landwirtschaft

Fischerei/ Teichwirtschaft

Küstenschutz und Wasserwirtschaft

Schiffahrt

Massentourismus und Erholung

Bergbau/ Abgrabungs- und Abbauwesen

Militär

Jagd und Hege

Bauwesen

0   20 %   40 %   60 %   80 %

Der globale Klima-
wandel hat auch
im Wattenmeer
komplexe Veränder-
rungen des Ökosy-
stems zur Folge

Bei den normativen Vorgaben wird
zwischen rechtlich verbindlichen Bestimmungen einerseits sowie Vereinbarungen
und politischen Absichtserklärungen
andererseits unterschieden. Unter normativen Gesichtspunkten werden alle Gesetze, Verordnungen und internationale
Übereinkünfte verstanden.

Bewertet man den menschlichen Einfluß
also vor dem Hintergrund der nationalen
und internationalen Rahmenbedingungen
(Kap. III 3. und 4.) sowie unter Berücksichtigung der Zielsetzung (Kap. VIII) und des
Leitbildes für den Naturschutz im Nationalpark Schleswig-Holsteinisches Wattenmeer (Kap. IX), so treten unterschiedliche
Konflikte in Erscheinung, die unterschiedliche Lösungsansätze erfordern.

Im folgenden werden die einzelnen
Konfliktfelder beschrieben. Der Umfang
der Analyse ist dabei sehr unterschiedlich.
Eine menschliche Nutzung oder ein
Einfluß wird dann zu einem Konflikt, wenn
die Auswirkungen nach wissenschaftlichen Kriterien als gravierend einzustufen
sind oder normative Vorgaben entgegenstehen. Bei normativen Konflikten wird
geprüft, ob die Art oder ihr Ausmaß den
Zielen und Vorgaben entgegensteht.
Ferner ist zu hinterfragen, ob die jeweiligen Nutzungen vermeidbar sind und ob
naturverträgliche Alternativen bestehen.

4. Konfliktbereiche

4.1 Globale Einflüsse

4.1.1 Klimaänderung

Der globale Klimawandel hat auch im
Wattenmeer komplexe Veränderungen des
Ökosystems zur Folge. Die Kombination
von Temperaturanstieg, erhöhter Windgeschwindigkeit, Sturmhäufigkeit,
Meeresspiegelanstieg und erhöhter UV-
Strahlung wird bislang im Detail und im
Ausmaß nicht vorsehbare Auswirkungen z. B. auf das Artenspektrum, die
hydrologischen und geomorphologischen
Bedingungen und damit auf die einzelnen
Lebensräume wie Salzwiesen und Watten
zeigen. Eine geomorphologische Veränderung beeinflußt den Ablauf der Naturvorgänge, da das Wattenmeer heute nicht
mehr durch räumliche Verlagerung
reagieren kann, und stellt damit einen
Konflikt dar. Ein konkretes Konfliktpotential entsteht durch die erhöhten und
notwendigen Anforderungen des Küstenschutzes, die auf eigenen fachlichen und
normativen Vorgaben beruhen, gleichwohl aber sowohl den naturwissenschaftlichen als auch den normativen Vorgaben

des Naturschutzes entgegenstehen. Ausschlaggebend für die Stärke des Konfliktes und damit die Beeinträchtigung des Wattenmeeres wird Art, Ort und Umfang der zu ergreifenden Maßnahmen sein (vergl. Kap. X 4.2.1).

4.1.2 Stoffliche Einträge

Nährstoffeinträge beeinflussen die stofflichen Vorgänge nachhaltig

Anthropogen bedingte Nährstoffeinträge in das Wattenmeer beeinflussen die stofflichen Vorgänge nachhaltig (vergl. Kap. VI 9.). Die Auswirkungen umfassen z. B. eine veränderte Phytoplankton- zusammensetzung und ein verstärktes Algenwachstum. Einhergehend mit dem Abbau dieser Organismen kommt es zu einem verstärkten Sauerstoffverbrauch und damit zu einem zeitweiligen Sauerstoffdefizit. Dies äußert sich z. B. in den sogenannten „Schwarzen Flecken". Auch die Artenzusammensetzung der Benthoslebensgemeinschaften wird beeinflußt. Ferner führen die Nährstoffein- träge zu verstärktem Wachstum großer Grünalgen und beeinflussen das Nährstoffbudget und damit die Arten- zusammensetzung in den Salzwiesen.

Die immer noch hohen Nährstoffeinträge sind vermeidbar oder wenigstens verminderbar und stehen naturwissen- schaftlichen Gesichtspunkten und norma- tiven Vorgaben, z. B. den Beschlüssen der II. Internationalen Nordseeschutz- konferenz (INK 1987), entgegen. Sie sind als Konflikte einzustufen. Erforderliche Maßnahmen zur Reduzierung der Einträge sind in Kap. XI 3.8 dargestellt.

Schadstoffe zeigen Auswirkungen auf verschiedenen Ebenen des Nahrungsnetzes

Schadstoffe, die diffus über die Luft, über das Wasser oder über die Atmosphäre in das Ökosystem Wattenmeer eingetragen werden (vergl. Kap. VI 9.), zeigen je nach Art und Konzentration unterschiedliche Auswirkungen auf verschiedenen Ebenen eines Nahrungsnetzes. Im Sediment abgelagerte organische und anorganische Schadstoffe werden durch die Dynamik des Ökosystems immer wieder in den Stoffkreislauf eingebracht und reichern sich in den Nahrungsnetzen an. Bekannt geworden sind solche Effekte mit biologi- schen Auswirkungen bei Meeressäugern, Fischen, Vögeln und bei Wirbellosen. Teilweise kommen Folgewirkungen, z. B. eine Schwächung des Immunsystems, hinzu. Die Belastung des Ökosystems mit Müll und Altlasten, z. B. Munition und Wracks, sowie mit Öl und Ölrückständen zeigt vielfältige Auswirkungen. An der

Vogelwelt sind deren negative Folge- wirkungen am ausführlichsten beschrie- ben worden.

Auch die Schadstoffeinträge und ihre Folgen stehen sowohl naturwissenschaft- lichen als auch normativen Vorgaben, z. B. den Beschlüssen der II. und III. Internatio- nalen Nordseeschutzkonferenz (INK 1987, 1990), entgegen und sind als Konflikte einzustufen. Erforderliche Maßnahmen zur Reduzierung der Einträge sind in Kap. XI 3.9 dargestellt.

4.1.3 Eingeschleppte Arten

Über 25 eingeschleppte Tier- und Pflanzenarten sind heute im Wattenmeer bekannt. Arten wie die Sandklaffmuschel oder die Amerikanische Schwertmuschel sind in bestimmten Lebensräumen domi- nierend und beständige Mitglieder der Wattenmeer-Lebensgemeinschaft gewor- den. Die verschiedenen Arten sind über- wiegend passiv und unbeabsichtigt eingeführt worden. Schlickgras und Pazifische Auster hingegen wurden gezielt eingebracht. Die ökologischen Folgen der Ausbreitung neuer Arten sind unkalkulier- bar und wenig bekannt. Im Falle des Schlickgrases sind Verdrängungseffekte bei dem heimischen Zwergseegras beobachtet worden.

Die unbeabsichtigte Einschleppung von Arten ist auch künftig nicht kontrollierbar; bislang eingeschleppte Arten können nicht wieder aus dem System entfernt werden. Eingeschleppte Arten stellen somit einen naturwissenschaftlichen und normativen Konflikt dar, für den es - zumindest bislang - keine effektiven Gegenmaßnahmen gibt. Die bewußte Einführung fremder Arten, z. B. als Nutz- arten, könnte allerdings untersagt werden.

4.2 Lokale Einflüsse

4.2.1 Küstenschutz und Binnenlandentwässerung

Küstenschutzmaßnahmen haben die Ökologie des Wattenmeeres weitreichend und zu einem großen Teil irreversibel verändert

Küstenschutzmaßnahmen haben zu den nachhaltigsten Abweichungen des Wattenmeeres vom Naturzustand geführt. Die ursprünglich seichte und buchtenreiche Küste wich einer geraden Deichlinie mit erodierten Gezeitenrinnen. Die heutige Oberflächengestalt im Grenzbereich Land-Meer zeigt eine aufgezwungene Unbeweglichkeit, hervorgerufen durch Deich- und Dammbau sowie andere Küstenfestlegungen. Die durchgeführten Maßnahmen haben die Ökologie des Wattenmeeres weitreichend und zu einem großen Teil irreversibel verändert.

Funktionell zum Wattenmeer gehörende Lebensräume sind infolge der Küstenschutzaktivitäten verändert oder vom Wattenmeer abgeschnitten worden. Dazu zählen insbesondere die Flußmündungen und Marschbereiche mit ihren Brackwasserzonen, Brack- und Süßwasserröhrichten, Feuchtwiesen sowie Bruchwälder mit der dazugehörenden Pflanzen- und Tierwelt.

Durch ein abgestimmtes Konzept zu den mittelfristig notwendigen Küstenschutzmaßnahmen wurde ein tragfähiger Kompromiß erreicht

Die eng mit dem Küstenschutz einhergehende wasserbauliche Bewirtschaftung des Binnenlandes bewirkte ebenfalls eine Veränderung verschiedener Strukturen und Funktionen des Wattenmeeres (vergl. Kap. VI 10.). Durch den Bau von Sperrwerken und Sielen wurden z. B. bestimmte Fischarten an ihren Laichwanderungen gehindert. Über diese Bauwerke erfolgt gleichzeitig punktuell ein erhöhter Eintrag von Nähr- und Schadstoffen in das Wattenmeer.

Die notwendigen Maßnahmen des Küstenschutzes und der Binnenlandentwässerung sowie ihre Auswirkungen können sowohl naturwissenschaftlichen Zielen als auch normativen Vorgaben entgegenstehen. Art und Umfang der zukünftigen Küstenschutzmaßnahmen, die für die Sicherheit der Menschen unabdingbar sind, bestimmen jedoch weitgehend das Ausmaß des Konfliktes. Im 150-m-Streifen stehen die in Kap. XI 3.10 festgelegten Küstenschutzmaßnahmen normativen Vorgaben nicht entgegen.

Gerade bei der Küstenschutzplanung müssen ökologische Gesetzmäßigkeiten stärker als bisher berücksichtigt werden. Nur dann können sich Mensch und Natur in einer Mosaiklandschaft dauerhaft und ohne Verletzung der gemeinsamen Grundlagen entfalten. In diesem Sinne ist für die mittelfristig notwendigen Küstenschutzmaßnahmen im Vorland des Nationalparkes ein abgestimmtes Konzept erarbeitet worden. Damit ist ein tragfähiger Kompromiß erreicht zwischen den Notwendigkeiten des Küstenschutzes und den Anforderungen des Naturschutzes im Nationalpark (vergl. Kap. XI 10.).

Ein konkreter Vorschlag zur dauerhaften Lösung genereller Küstenschutzprobleme bei sich langfristig ändernden Rahmenbedingungen kann im Rahmen des ÖSF-Syntheseberichtes nicht erarbeitet werden. Diskussionsbeiträge für die Lösung zukünftiger Maßnahmen sind bei REISE (1991, 1992, 1994), REISE et al. (1994 a) sowie bei PROBST (1994) zu finden.

4.2.2 Nutzung nicht-nachwachsender Ressourcen

Die Nutzung nicht-nachwachsender Bodenschätze im Nationalpark erstreckt sich auf Sand-, Kies- und Kleientnahmen sowie auf die Förderung von Öl (vergl. Kap. VI 6.). Sämtliche Nutzungen sind über zeitlich befristete Lizenzen oder Einzelgenehmigungen geregelt.

Die Entnahme von Sand, Kies und Klei beeinträchtigt die Entnahmestandorte (Salzwiesen und Wattflächen) in der Regel mittelfristig bis langfristig. Gleiches gilt für die assoziierten Lebensgemeinschaften. Auf lokaler Ebene werden hydrologische, sedimentologische und biologische Prozesse beeinflußt.

Diese angesprochene Rohstoffnutzung ist im Nationalpark in der Regel vermeidbar und sollte deshalb außerhalb des Nationalparks stattfinden (vergl. Kap. XI 3.5). Sie steht den Zielen eines Nationalparks entgegen und stellt einen normativen Konflikt dar.

Die Ölförderung im Nationalpark konzentriert sich auf einen Standort (vergl. Kap. VI 6.). Weiträumige Geländeabsenkungen, wie sie z. B. bei der Gasgewinnung im niederländischen Wattenmeer auftreten, sind bislang nicht verzeichnet worden. Der

Betrieb der Ölbohrinsel im Nationalpark hat bis heute im Normalbetrieb keine sichtbar negativen Auswirkungen nach sich gezogen. Die Bohrinsel beeinträchtigt das Landschaftsbild allerdings erheblich. Ein großes Gefährdungspotential besteht jedoch bei einem nicht auszuschließenden Ölunfall, zumal sich die Bohrinsel in unmittelbarer Nähe zu dem bedeutendsten westeuropäischen Mausergebiet der Brandente befindet.

Die wirtschaftliche Ressourcennutzung steht den Zielen eines Nationalparks entgegen

Die wirtschaftliche Ressourcennutzung steht den Zielen eines Nationalparks grundsätzlich entgegen und ist im Nationalpark nicht zu tolerieren (Kap. XI 3.5).

4.2.3 Nutzung erneuerbarer Ressourcen

Die Nutzung nachwachsender Ressourcen wird in Form von Landwirtschaft, Jagd, Fischerei und Windenergie betrieben.

Die landwirtschaftliche Nutzung im Nationalpark beschränkt sich auf die Beweidung der Salzwiesen durch Schafe, Rinder oder Pferde. Sie ist im Nationalpark durch das Landesnaturschutzgesetz verboten, bestehende Verträge werden in einer Übergangsfrist ausdrücklich geduldet. Durch die Beweidung werden in Kombination mit der künstlichen Entwässerung der Vorländer die geomorphologischen, die floristischen und die faunistischen Bedingungen in den Salzwiesen nachhaltig verändert (vergl. Kap. VI 3.). Die Wirkung der Beweidung ist mittelfristig reversibel, die der Entwässerung jedoch nur sehr langfristig. Die Weidenutzung im Nationalpark stellt folglich einen Konflikt mit naturwissenschaftlichen und normativen Vorgaben dar. Die zu ergreifenden Maßnahmen sind in Kap. XI 2.3 ausgeführt.

Die Nutzung nachwachsender Ressourcen wird in Form von Landwirtschaft, Jagd, Fischerei und Windenergie betrieben

Die Auswirkungen der Landwirtschaft im Nationalparkvorfeld auf den Nationalpark selbst sind in Kap. VI 3. beschrieben. Regelungsmöglichkeiten zur Minimierung der Einflüsse bestehen im Nationalpark nicht, könnten aber im Rahmen des Biosphärenreservatkonzeptes (vergl. Kap. XII) entwickelt werden.

Für die Landwirtschaft im Nationalparkvorfeld stellen die von Enten und Gänsen verursachten Fraßschäden auf landwirtschaftlichen Kulturen ein besonderes Problem dar. Obwohl die Ursachen für das Auftreten der Schäden nicht direkt mit dem Nationalpark in Zusammenhang steht (z. B. BRUNCKHORST & RÖSNER 1994, BRUNCKHORST 1996), ist ein Schutzkonzept erarbeitet worden (Kap. XVI 3.2).

Im geringen Umfang findet im Nationalpark derzeit noch die Jagd auf Wasservögel statt. Letzte bestehende Pachtverträge werden im Jahr 2003 auslaufen. Jagd erhöht die natürliche Sterblichkeit einer Population und wirkt damit auf Populationsebene. Hinzu kommt die Störwirkung auf andere Arten sowie die Belastung des Lebensraumes mit Blei (vergl. Kap. VI 4.). Sie steht damit naturwissenschaftlichen und normativen Vorgaben entgegen (vergl. Kap. XI 3.3). Darüberhinaus ist für die Vertrautheit der Tiere nicht nur die Bejagung im Wattenmeer, sondern in ihrem gesamten Jahreslebensraum von Bedeutung. Hier werden Wechselwirkungen mit zum Teil weit entfernten Arealen deutlich, die konkrete Naturschutzbemühungen über den Nationalpark hinaus erforderlich machen.

Fischerei findet im Nationalpark überwiegend auf Garnelen und Miesmuscheln statt. Frischfischfischerei ist unbedeutend, die Herzmuschelfischerei ist beendet (vergl. Kap. VI 5.). Die Garnelen- und Miesmuschelfischerei beeinflußt die Populationsstruktur der Zielarten sowie die natürliche Mortalität des Beifanges und beeinträchtigt die Benthoslebensgemeinschaften. Desweiteren stellt der Beifang ein zusätzliches Nahrungsangebot für Seevögel dar und steigert, wahrscheinlich auch bei Robben, die Bestandsgröße der betreffenden Arten in unnatürlicher Weise. Die Fischerei kann einen Einfluß auf die Verfügbarkeit der Nahrung von muschelfressenden Tieren, insbesondere von Vögeln, ausüben und die Verteilung überwinternder Arten beeinflussen. Die Details sind ausführlich in den raumbezogenen Schutzkonzepten erläutert (vergl. Kap. XI 2.2).

Die Fischerei im Nationalpark steht als wirtschaftliche Nutzung normativen Vorgaben entgegen. Da die Auswirkungen auch bei bestimmten Populationsparametern nachweisbar sind, besteht ebenfalls ein naturwissenschaftlicher Konflikt. Der bestehende Konflikt ist nur über ein Zonierungskonzept (vergl. Kap. XI 2.2) und zusätzlichen sektoralen Schutzmaßnahmen (vergl. Kap. XI 3.4) zu lösen.

X

Für die Miesmuschelfischerei ist dies mit der Neufassung des Landesfischereigesetzes (LFischG), in dem die wichtigsten Muschelfischerei-Regelungen im Nationalpark an das Einvernehmen mit der Naturschutzbehörde geknüpft sind, weitgehend gelungen (vergl. Kap. XI 3.4.1).

Detaillierte Regelungen sind in einem "Programm zur Bewirtschaftung der Muschelressourcen" enthalten (vergl. Kap. XVI 3.1), das ebenfalls im Einvernehmen zwischen Fischerei- und Umweltbehörde aufgestellt wurde.

Kritisch geprüft werden muß, ob die Kulturflächen, die nach Errichtung des Nationalparkes von ca. 1.300 ha auf ca. 2.800 ha ausgeweitet wurden, nicht schrittweise verkleinert werden müssen.

Hinsichtlich der Garnelenfischerei überwiegen die wissenschaftlichen Hinweise, daß deren Auswirkung die Ziele des Naturschutzes im Nationalpark nicht wesentlich beeinträchtigt. Gleichwohl gibt es gewichtige andere Stimmen (vergl. Kap. XI 3.4.2).

Für beide Fischerei-Arten gilt, daß ein Ausweichen auf Gebiete außerhalb des Nationalparkes nicht oder nur in geringem Umfang möglich ist. Überdies sind wirtschaftliche und - besonders im Fall der Garnelenfischerei - kulturelle Aspekte und Interessen zu berücksichtigen.

Die Fischerei in der vorgelagerten Nordsee, insbesondere die Seezungen- und Schollenfischerei, übt einen Einfluß auf die Boden- und Fischfauna aus. Daneben gibt es eine Beeinflussung der im Beifang enthaltenen Arten.

Die Fischerei in der angrenzenden Nordsee steht sowohl naturwissenschaftlichen als auch normativen Vorgaben entgegen. Fischereiregelungen außerhalb der 3 sm-Grenze können allerdings nur auf EG-Ebene getroffen werden.

Energienutzung findet im Nationalpark nicht statt, sondern ist auf die Windenergienutzung im Vorfeld beschränkt. Die Errichtung von Windparks in der Nähe zum Nationalpark beeinflußt insbesondere die Vogelwelt während der Brut und während des Zuges. Sie stellt ferner eine Beeinträchtigung des Landschaftsbildes dar. Einzelne Windmühlen und Windparks in unmittelbarer Nähe zum Nationalpark stellen einen naturwissenschaftlichen und

normativen Konflikt dar. Die Zielvorstellungen zur Windenergienutzung im Nationalparkvorfeld sind in Kap. XI 3.6.2 ausgeführt.

4.2.4 Tourismus

Der Tourismus nimmt eine Schlüsselrolle im wirtschaftlichen System der Nationalparkregion ein. Er hat weitreichende Auswirkungen auf das Ökosystem, obwohl viele touristische Aktivitäten ihren Ursprung außerhalb des Nationalparks haben.

Die mit dem Tourismus einhergehende Erschließung weiter Strandlebensräume und angrenzender Gebiete verändert die Vegetation im Strand- und Dünenbereich und blockiert Brut- und Rastgebiete von Vögeln sowie die potentiellen Ruheplätze von Seehunden und Kegelrobben. Eine zunehmende Bodenversiegelung und die Ausweisung von Gelände für touristische Einrichtungen mit der dazugehörigen Infrastruktur verändern die natürlichen Küsten nachhaltig. Hinzu kommt auf den Inseln ein Absinken des Grundwasserspiegels aufgrund des erhöhten Wasserverbrauchs. Der Sportboot- und Flugverkehr und die damit zusammenhängenden Störwirkungen sind unter Kap. X 4.2.5 beschrieben.

Der Tourismus nimmt ungeachtet seiner auch negativen Auswirkungen eine Sonderstellung im Nationalpark ein, da Erholung und Erbauung, soweit mit dem Schutzzweck vereinbar, ausdrückliche Ziele von Nationalparken sind. Diese Tatsache verlangt eine differenzierte Betrachtung des Fremdenverkehrs.

Konkrete, raumwirksame touristische Aktivitäten zeigen nachweisbare Auswirkungen auf der Populations- und Lebensraumebene. Sie stellen deshalb einen Konflikt unter naturwissenschaftlichen Gesichtspunkten dar. Da nach normativen Vorgaben die Erholung und Erbauung aber zu den ausdrücklichen Zielen des Nationalparks gehören, können die im Detail an verschiedenen Stellen (z. B. Kap. VI 2., VII, XI 2.2, XI 2.3) dargelegten reversiblen Eingriffe und Auswirkungen nicht nur negativ bewertet werden. Sie sollen über eine umfassende Öffentlichkeits- und Umweltbildungsarbeit (vergl. Kap. XI 1.1, 1.2, 1.3), über angebotsorientierte Besucherlenkungs- und Schutzkonzepte (vergl. Kap. XI 2.2 und 2.3) sowie durch einen naturverträglichen Tourismus im Rahmen einer umfassenden Biosphärenreservatsplanung (vergl. Kap. XII) möglichst umweltverträglich gestaltet werden. Der Tourismus als tragender Wirtschaftszweig der Region soll nicht gefährdet werden.

4.2.5 Verkehr

Eine Verkehrsnutzung im Nationalpark findet durch Schiffsverkehr und darüber durch Flugverkehr statt. Beide Aktivitäten haben eine große Störwirkung auf die Brut-, Mauser-, Rast- und Nahrungsgebiete von Küstenvögeln sowie Meeressäugern. Besonders betroffen vom Bootsverkehr sind die großen Mauseransammlungen von Brand- und Eiderenten (vergl. Kap. VI 2. und XI 2.2). Diese Beeinträchtigungen durch Schiffs- und Flugverkehr führen zu einem naturwissenschaftlichen Konflikt. Da eine Verringerung des Schiffs- und Flugverkehrs im und über dem Nationalpark kaum vorstellbar ist - viele Verkehrsverbindungen erfüllen existentielle Transport- und Versorgungsfunktionen für den Insel- und Halligraum - wird das Ausmaß der Beeinträchtigungen wesentlich von Ort, Zeitpunkt und Intensität der Aktivitäten bestimmt. Diese sind über eine Zonierung (vergl. Kap. XI 2.2) sowie über sektorale Maßnahmen zu regeln (vergl. Kap. XI 3.1 und 3.2).

4.2.6 Militär

Militärische Aktivitäten finden an einer Stelle im Nationalpark statt (vergl. Kap. VI 8.). Sie wirken insbesondere auf das Verhalten und die Raumwahl von Wat- und Wasservögeln. Militärische Aktivitäten sind nicht mit den Zielen eines Nationalparks zu vereinbaren und stehen damit naturwissenschaftlichen und normativen Vorgaben entgegen. Sie sind im Nationalpark einzustellen (vergl. Kap. XI 3.7).

4.3 Kommunikation

Psychosoziale Aspekte sind im Rahmen der Ökosystemforschung nicht bzw. unzureichend untersucht worden. Ein Gutachten zur Kommunikationsstruktur zwischen dem Nationalparkamt und seinen Kommunikationspartnerinnen und Kommunikationspartnern in Verbänden, Kommunen und anderen Organisationen zeigt deutliche Defizite auf (HAHNE 1995).

Dies führt dazu, daß die entsprechenden Partnerinnen und Partner und die Bevölkerung der Nationalparkregion nicht hinreichend über die Ziele des Nationalparks und die Aufgaben des Nationalparkamtes informiert sind. Die fehlende oder zu wenig praktizierte Kommunikation bewirkt sowohl ausgesprochene als auch unausgesprochene Ängste, z. B. um den Stellenwert bestimmter Nutzungen und Wirtschaftsformen, über die Auswirkungen geplanter Schutzmaßnahmen oder über die Ziele des Nationalparks selbst.

Diese Probleme stellen einen normativen Konflikt dar, da der Nationalpark laut Gesetz in Zusammenarbeit mit der Bevölkerung entwickelt werden soll. Die Lösung des Konfliktes ist durch eine verbesserte Kommunikationsstruktur, vor allen Dingen aber durch eine umfassende und informative Darstellung der Ziele zu verwirklichen. Der Nationalparkplan, für den dieser Synthesebericht einen ersten Rohentwurf darstellen soll, kann diese Transparenz in Teilen herstellen. Eine verbesserte Kommunikation soll im Rahmen der Öffentlichkeitsarbeit erreicht werden (vergl. Kap. XI 1.1), da Kommunikationsschwierigkeiten überwiegend darauf beruhen, daß bei dem geringen Personalbestand des Nationalparkamtes keine ausreichende Kommunikation zu den vielfältigen Themen und mit den zahlreichen Interessierten möglich war.

X

XI Konzepte für den Nationalpark

1. Allgemeine Instrumente

1.1 Öffentlichkeitsarbeit und Umweltbildung

1.1.1 Das Leitbild der Öffentlichkeitsarbeit

Familie Schwab aus Stuttgart macht mit ihren Kindern Sommerurlaub auf Nordstrand. Sie haben dieses Urlaubsziel ausgewählt, weil sie schon in früheren Jahren dort Urlaub gemacht hatten und sie dort „jede Menge Natur, eine saubere Umwelt und viel Meer" erwarten. Der Nationalpark ist ihnen nicht bekannt.

Von Erzählungen ihrer Vermieter erfahren sie, daß es auch für Kinder zahlreiche interessante und spannende naturkundliche Angebote im Nationalpark geben soll. Sie besuchen daraufhin das Nationalpark-Infozentrum auf Nordstrand. Die hilfsbereite Mitarbeiterin des Infozentrums gibt ihnen nicht nur eine Übersicht der in diesem Monat stattfindenden Veranstaltungen, sondern auch eine Karte mit individuellen Tips für Ausflugstouren, Restaurants, Sehenswürdigkeiten und Beobachtungsmöglichkeiten der aktuell vorkommenden Zugvögel.

Angeregt durch die Hinweise im Infozentrum - die auch bei ihren Vermietern ausliegen - machen die Eltern eine ganztägige „Öko-Radtour auf Föhr". Die Jugendlichen entscheiden sich für „einen Tagesausflug mit dem Nationalpark-Service". Die humorvolle, lebhafte und fachkundige Durchführung beider Veranstaltungen begeistert die Schwabs. Sie nehmen deshalb an weiteren Veranstaltungen wie „Ornithologische Exkursion" und „Ausflugsfahrt zum Seetierfang" teil.

Diese Veranstaltungen werden von Mitarbeiterinnen und Mitarbeitern des Nationalpark-Service durchgeführt. Es sind Einheimische, die früher in anderen

Der Nationalparkservice: fachkundige Information und vielfältige Angebote für Urlaubsgäste

Berufen tätig waren oder junge Menschen, die hier ihren Zivildienst oder ein Freiwilliges Ökologisches Jahr ableisten. Alle sind sehr fachkundig und führen die Veranstaltungen wie „Entertainer" durch. Ihr breites Wissen gründet sich darauf, daß viele von ihnen neben der Leitung von Exkursionen noch andere Aufgaben haben wie z. B. die Betreuung von Infozentren oder die Zählung von Rastvögeln. Organisiert und angeleitet werden sie durch hauptamtliche Kolleginnen und Kollegen des Nationalpark-Service. Sie können nicht nur etwas über den Nationalpark berichten, sondern kennen sich auch mit dem Leben der Menschen an der Küste, mit „Seemannsgarn" und allerhand Döntjes aus.

Ebenso wie die Veranstaltungshinweise, Broschüren und Poster des Nationalparks sind die Mitarbeiterinnen und Mitarbeiter des Nationalpark-Service an ihrem einheitlichen Erscheinungsbild erkennbar. Alles ist „aus einem Guß". Die Schwabs empfinden dies als großen Vorteil, da sie diese auskunftsfreudigen Mitarbeiterinnen und Mitarbeiter bei Spaziergängen an der Küste gleich an ihrer Kleidung erkennen und mit ihnen mehrfach angeregte Gespräche führen. Gut gefällt ihnen auch, daß die Angebote im Nationalpark trotz ihrer Vielfalt an vielen Stellen übersichtlich dargeboten werden und beim NATIONALPARK INFODIENST zentral gebucht werden können.

Daheim erzählen die Schwabs ihrem Bekanntenkreis nicht nur von der erholsamen Frische der Nordseeluft, sondern auch von Würmern und Vögeln, von den Auswirkungen des Autofahrens in Stuttgart auf Tiere und Pflanzen der Nordsee und von den Menschen im und am Nationalpark, die ihnen so gut gefallen haben.

In den direkten Anrainergemeinden des Nationalparks Schleswig-Holsteinisches Wattenmeer, also in unmittelbarer Nähe, übernachten jährlich etwa 1,6 Millionen Gäste. Von den rund 10 Millionen Tagesausflügen, die innerhalb des direkten Küstenraumes stattfinden oder die von außerhalb an die Küste gemacht werden, gehen mindestens 4 von 10 an den Strand und damit auch in den Nationalpark. Diese Ausflüge werden zu etwa gleichen Teilen von Gästen oder Einwohnern (rund 290.000 Einheimische leben in den beiden Westküstenkreisen; STATIST. LANDES-AMT 1995) der näheren und weiteren Umgebung unternommen (FEIGE & MÖLLER 1994 a). Insgesamt eine große Aufgabe für die skizzierte Öffentlichkeitsarbeit der Zukunft - aber sie ist mit Problemen behaftet:

Der Nationalpark Schleswig-Holsteinisches Wattenmeer hat keinen Zaun. Seine Zugänglichkeit ist Problem sowie Chance und Attraktion zugleich. Etwa 30 % der Fläche dürfen nach geltendem Gesetz zwar nicht betreten werden, doch diese Gebiete liegen überwiegend in abgeschiedenen Bereichen. Im Gegensatz zu den meisten anderen Nationalparken ist die übrige Fläche weitgehend zugänglich. Lediglich in den Salzwiesen- und Vorlandbereichen ist der Zugang an bestimmte Wege gebunden.

Sowohl die Gästezahlen als auch die Zugänglichkeit weiter Gebiete erfordern einen Informations- und Lenkungsaufwand in der Fläche, der sehr viel höher ist als in anderen Nationalparken, die nur durch einzelne Straßen und Wege erschlossen sind. Der Schutz des Nationalparks kann unter diesen Bedingungen nur durch eine breit angelegte, fachlich fundierte und attraktive Öffentlichkeitsarbeit und Besucherlenkung erreicht werden. Dieses ist das Ergebnis der Ökosystemforschung, die Forderung des RATES VON SACHVERSTÄNDIGEN FÜR UMWELTFRAGEN (1994) sowie die Erfahrung in anderen Nationalparken (FÖNAD 1992).

Die Öffentlichkeitsarbeit und Umweltbildung im und am Nationalpark Schleswig-Holsteinisches Wattenmeer möchte Verständnis und Akzeptanz für die Schutzziele und die damit einhergehenden Regelungen und Maßnahmen fördern. Ökologische Zusammenhänge im Wattenmeer und in der Nordsee müssen aufgezeigt und die Empfindlichkeit und Gefährdung dieser Gebiete dargestellt werden. Ein kritisches Umweltbewußtsein, das zu eigenverantwortlichem und naturverträglichem Handeln über den Nationalpark hinaus führt, ist das Ziel der Arbeit. Dazu gehört es, Naturerlebnisse zu ermöglichen, Besucherströme zu lenken

und die Besucherinnen und Besucher für die Probleme der Menschen in der Region zu sensibilisieren. Auch die Kultur der Region wird vermittelt.

Nationalparke haben in dieser Hinsicht eine besondere Funktion: Sie sind die Umweltschulen der Nation. Als Gebiete von nationaler Bedeutung sind sie besonders geeignet, großräumige und globale Umweltprobleme zu verdeutlichen. Gleichzeitig ist das Beobachten und emotionale Erleben elementarer Naturvorgänge möglich, die in den übrigen, weitgehend anthropogen überformten Landschaften Mitteleuropas nur noch bedingt erfahren werden können. Öffentlichkeitsarbeit und Umweltbildung haben deshalb auch in Zukunft einen herausragenden Stellenwert im Nationalpark Schleswig-Holsteinisches Wattenmeer.

1.1.2 Die gegenwärtige Situation

Öffentlichkeitsarbeit und Umweltbildung wurden im schleswig-holsteinischen Wattenmeer schon lange vor Einrichtung des Nationalparks von Naturschutzverbänden betrieben. Bereits 1907 entstand der „Verein Jordsand zur Gründung von Seevogelfreistätten" (heute „Verein Jordsand zum Schutze der Seevögel und der Natur"), der in den von ihm betreuten Gebieten Führungen anbot. Mit der Gründung der „Naturschutzgesellschaft Schutzstation Wattenmeer" im Jahr 1962 wurde die Öffentlichkeitsarbeit im Wattenmeer intensiviert, weil dieser Naturschutzverband hierin seine zentrale Aufgabe sieht. Heute werden im Nationalpark und seinem Umfeld etwa 20 Informationszentren durch Verbände und fünf vom Nationalparkamt betreut (GIS-Karte 34).

Von den etwa 540.000 Gästen pro Jahr, die sich in Informationszentren oder bei Exkursionen und Vorträgen über das Wattenmeer informieren, nehmen etwa 50 % das Informationsangebot verschiedener Naturschutzverbände und 20 % das des Nationalparkamtes wahr. Die übrigen ver-teilen sich auf andere Institutionen, z. B. die Seehundstation in Friedrichskoog oder das Naturkundezentrum in Bredstedt.

Die Arbeit der Verbände im Bereich der Öffentlichkeitsarbeit und Umweltbildung wie auch in der Gebietsbetreuung wird dabei im wesentlichen durch Zivildienst-

Der Nationalpark Schleswig-Holsteinisches Wattenmeer hat keinen Zaun. Seine Zugänglichkeit ist Problem sowie Chance und Attraktion zugleich

Eine breit angelegte, fachlich fundierte und attraktive Öffentlichkeitsarbeit dient dem Schutz des Nationalparks

378

leistende und junge Menschen durchgeführt, die ein Freiwilliges Ökologisches Jahr leisten. Insgesamt sind ca. 70 Zivildienstleistende und Mitarbeiterinnen im Freiwilligen Ökologischen Jahr in diesem Bereich tätig.

Seit Jahren ehrenamtlich im Wattenmeer aktiv: die Naturschutzverbände

Das seit Jahrzehnten in einem derartigen Umfang bestehende kontinuierliche ehrenamtliche Engagement von Naturschutzverbänden ist innerhalb Deutschlands und vermutlich sogar weltweit ohne Beispiel. Diese Arbeit hat verschiedene Vorteile:

▶ Die vielfältige und praktische Arbeit der Naturschutzverbände stärkt ihre fachliche Kompetenz. Die Verbände können daher in der öffentlichen Diskussion durch fundierte Kritik zur Verbesserung der Schutzsituation beitragen.
▶ Junge Menschen haben die Möglichkeit, sich engagiert einzubringen. Ihre Ideen waren und sind, insbesondere für die Öffentlichkeitsarbeit und Umweltbildung, von großer Bedeutung.
▶ Die Verbände haben weitgehend staatliche Aufgaben übernommen, wobei der öffentlichen Hand aufgrund des ehrenamtlichen Engagements und des Einsatzes von „kostengünstigen" Zivildienstleistenden minimale Kosten entstehen.

Diese Betreuungs- und Öffentlichkeitsarbeit durch die Verbände birgt aber auch Nachteile:

▶ Durch die Ausrichtung der Arbeit auf Zivildienstleistende, deren Einsatz in der Regel nur 1 Jahr dauert, fehlt personelle Kontinuität.
▶ Hohe fachliche Qualität wird oftmals erst gegen Ende ihrer Dienstzeit erreicht.
▶ Mitarbeiterinnen und Mitarbeitern überregionaler Verbände fehlt nicht selten die Akzeptanz bei der einheimischen Bevölkerung.
▶ Einheimische fühlen sich durch das Engagement überregionaler Verbände fremdbestimmt und fordern verstärkt, ihre eigene lokale Kompetenz nutzen zu können.

Öffentlichkeitsarbeit, Umweltbildung und Betreuung sollen auch zukünftig gemeinsam mit Naturschutzverbänden erfolgen

Trotz dieser Nachteile überwiegen die Vorteile. Deshalb soll die Öffentlichkeitsarbeit und Umweltbildung sowie die Schutzgebietsbetreuung im Nationalpark auch zukünftig in Zusammenarbeit mit Naturschutzverbänden erfolgen. Die spezifischen Nachteile und die Defizite müssen aber ausgeglichen werden.

Insbesondere soll

▶ eine flächendeckende Präsenz durch haupt- und ehrenamtliche Mitarbeiterinnen und Mitarbeiter des Nationalparkamtes erreicht,
▶ die Öffentlichkeitsarbeit und Umweltbildung bei Einheimischen intensiviert,
▶ das Angebot an Öffentlichkeitsarbeit und Umweltbildung für Gäste und Einheimische verstärkt und koordiniert,
▶ die Besucherlenkung flächendeckend sichergestellt und
▶ das Angebot für Außenstehende als Serviceleistung deutlich erkennbar werden (vergl. Kap. XI 1.1).

1.1.3 Das Ziel

Die Öffentlichkeitsarbeit und Umweltbildung im und am Nationalpark Schleswig-Holsteinisches Wattenmeer möchte

▶ Verständnis und Akzeptanz für die Schutzziele und diedamit einhergehenden Regelungen und Maßnahmen fördern,
▶ ökologische Zusammenhänge im Wattenmeer und in der Nordsee aufzeigen, die Empfindlichkeit und Gefährdung dieser Gebiete darstellen,
▶ kritisches Umweltbewußtsein fördern, das zu eigenverantwortlichem und naturverträglichem Handeln über den Nationalpark hinaus führt,
▶ die Entwicklung einer ökologischen Ethik unterstützen,
▶ Naturerlebnisse ermöglichen,
▶ Besucherströme lenken,
▶ die Besucher für die Probleme der Menschen in dieser Region sensibilisieren und
▶ den Gästen die Kultur der Region erschließen.

1.1.4 Öffentlichkeitsarbeit und Umweltbildung - was ist das?

Öffentlichkeitsarbeit umfaßt zunächst die „monologische" Information durch sachliche Themendarstellungen in Form von verschiedenen Medien, z. B. mit Filmen, als Dia-Schau oder in Form von Ausstellungen. Hinzu kommt die „dialogische" Kommunikation, die sowohl verwaltungsintern als auch öffentlich, z. B. durch Vorträge, in Gesprächsrunden oder durch personenbesetzte Info-Stände wahrgenommen wird. Daneben bleibt die klassische Form der Öffentlichkeitsarbeit durch Pressemitteilungen, Pressegespräche, Pressekonferenzen und die Pflege von Medienkontakten. Analog zur Industrie muß sympathiewerbende „Public Relation-Arbeit" für das „Produkt Nationalpark" betrieben werden.

Umweltbildung ist eine Querschnitts-aufgabe

Umweltbildung wird vom Arbeitskreis Umweltbildung bei der Akademie für Natur und Umwelt in Schleswig-Holstein als „Bildungsprozeß im Sinne von umfassender Persönlichkeitsentfaltung verstanden, der zu einem umweltgerechten, ökologisch verantwortlichen Leben führt. Diese Entwicklung bezieht die sozialen, kulturellen, ökologischen und ökonomischen Bedingungen des Menschen ein. Umweltbildung ist eine Querschnittsaufgabe."

Im Nationalpark Schleswig-Holsteinisches Wattenmeer wird die Umweltbildung auf folgenden Feldern tätig:

► In Zusammenarbeit mit dem IPTS wird der Nationalpark in Schulen dargestellt und werden Lehrkräfte zu Nationalparkthemen aus- und fortgebildet;
► hauptamtliche und ehrenamtliche Mitarbeiterinnen und Mitarbeiter des Nationalpark-Service werden in Seminaren auf ihren Dienst vorbereitet und fortgebildet (vergl. Kap. XI 1.3);
► Multiplikatorinnen und Multiplikatoren werden in Seminaren geschult (vergl. Kap. XI 1.1);
► in Zusammenarbeit mit anderen Bildungsträgern werden öffentliche Seminare angeboten;
► besondere Gruppen (Umweltschutzberaterinnen und Umweltschutzberater von Betrieben, Mitarbeiterinnen und Mitarbeiter von Behörden, politische Gruppen u.a.) werden geschult;
► eine Nationalparkjugend für einheimische Kinder wird aufgebaut (vergl. Kap. XI 1.1);
► ein Nationalparkforum soll insbesondere Einheimischen Diskussionsrunden und Vortragsreihen zu Nationalpark-Themen anbieten (vergl. Kap. XI 1.1).

Öffentlichkeitsarbeit und Umweltbildung müssen zielgruppenspezifisch entwickelt werden

1.1.5 Wer ist angesprochen?

Die Öffentlichkeitsarbeit und Umweltbildung im Nationalpark Schleswig-Holsteinisches Wattenmeer wendet sich an Einheimische, an Gäste sowie an politi-

sche Entscheidungsträgerinnen und Entscheidungsträger. Bei Themen von überregionalem Interesse (z. B. Seehundsterben, Ölunfälle) muß zusätzlich eine überregionale Öffentlichkeitsarbeit und Umweltbildung erfolgen.

Die Vielfalt der zu erreichenden Personen und Personengruppen ist groß: Sie kommen aus verschiedenen Regionen, haben alle möglichen Berufe, stammen aus allen Altersgruppen, vertreten unterschiedliche gesellschaftliche Gruppen und kommen mit unterschiedlichen, zum Teil gegensätzlichen Vorstellungen in den Nationalpark und haben unterschiedliche Bildungsniveaus und Wissensstände.
Folgende Zielgruppen sind zu berücksichtigen:

► Einheimische Bewohnerinnen und Bewohner
► Einheimische Amts- und Funktionsträgerinnen und Funktionsträger
► Multiplikatoren
► Fischer, Landwirte, Jäger, Küstenschutzmitarbeiter u. a.
► Naturschutzverbände mit Zivildienstleistenden und Mitarbeiterinnen und Mitarbeiter des Freiwilligen Ökologischen Jahres, Praktikantinnen und Praktikanten
► Kinder und Jugendliche, Jugendgruppen, Schulklassen
► Übernachtungsgäste
► Tagesausflüglerinnen und Tagesausflügler

Um die gesetzten Ziele mit Hilfe der Öffentlichkeitsarbeit und Umweltbildung zu erreichen, müssen die Angebote zielgruppenspezifisch entwickelt werden. Dazu sind pädagogische und didaktische Grundsätze zu berücksichtigen, die von qualifiziertem Personal umgesetzt werden.

1.1.6 Didaktisches und methodisches Vorgehen

1.1.6.1 Grundlagen

Die Darstellung des Nationalparks Schleswig-Holsteinisches Wattenmeer muß modernen pädagogischen Ansprüchen genügen. Öffentlichkeitsarbeit und Umweltbildung müssen konkret, praxisbezogen und ganzheitlich gestaltet werden. Sie müssen projekt- und lösungsorientiert und erlebnisreich sein. Die Vermittlung soll Spaß machen. Zur Beratung bedient sich das Nationalparkamt anerkannter Didaktikerinnen und Didaktiker. Folgende didaktische Grundprinzipien liegen der Öffentlichkeitsarbeit und Umweltbildung zugrunde:

► Das Angebot dominiert als Leitidee.
► Verbote werden auf ein notwendiges Maß beschränkt.
► Schlußfolgerndes, vernetztes Denken muß gefördert werden.
► Ein pfleglicher, verantwortungsvoller Umgang mit der Natur und ihren Ressourcen ist ein Grundprinzip der Erziehung zum Verzicht.
► Alle Themen, die die Natur, die Kultur, die Soziologie der Region betreffen, werden nach kritischer Reflexion zielgruppenspezifisch dargestellt.

Themenfülle und Vielfalt der Zielgruppen erfordern ein weitgehendes Einstellen auf Teilnehmer, Herkunft, Basiswissen und Bedürfnisse. Dabei sind folgende methodische Grundsätze von Bedeutung:

Corporate Identity - das Konzept für das Erscheinungsbild des Nationalparks soll gemeinsam mit den betreuenden Verbänden und den Kuratorien entwikkelt werden

Aktive Vermittlungsformen, die die Mitarbeit der Teilnehmerinnen und Teilnehmer fördern, werden passiven vorgezogen, dialogische Formen sollen vor monologischen rangieren. Daraus leitet sich ab:

► Personale Vermittlung hat höchste Priorität.
► Anschauliche Präsentation macht verständlich.
► Ganzheitliche, naturnahe und lebensnahe Darstellungen machen betroffen und überzeugen.
► Die Vermittlung muß altersstufengemäß sein.
► Naturerlebnisse schaffen inhaltlichen Zugang.

In den USA, dem „Geburtsland" der Nationalparkidee, hat die Vermittlung nach diesen Prinzipien lange Tradition und wird dort „interpretation" genannt (SHARPE 1982). Sie entspricht dem klassischen Grundsatz von Pestalozzi, der „Bildung durch Kopf, Herz und Hand". Dazu sind „Umweltinterpreten" mit engem persönlichem Bezug zu den Teilnehmerinnen und Teilnehmern der Gruppe notwendig (vergl. Kap. XI 1.3).

1.1.6.2 Das Erscheinungsbild

Der Nationalpark Schleswig-Holsteinisches

Wattenmeer braucht ein Leitbild und das dazugehörige Erscheinungsbild, die aus den Komponenten *Corporate Identity, Corporate Design* und *Corporate Behaviour* bestehen: „Will eine Organisation erfolgreich sein, braucht sie ein klares Zweckbewußtsein, das ihre Angehörigen auch verstehen. Diese Menschen brauchen ebenso ein starkes Gefühl der Zugehörigkeit. Die Identität muß so klar sein, daß sie zum Maßstab wird für seine Produkte, für sein generelles Handeln wie für einzelne Maßnahmen. Gemeinsame Identität kann nicht bloß ein Slogan sein, eine Reihe von Schlagworten, sie muß vielmehr sichtbar, greifbar und allumfassend sein." (OLINS 1990).

1995 wurde ein Leitbild für die gesamte Verwaltung der Landesregierung Schleswig-Holsteins entwickelt (PRESSESTELLE DER LANDESREGIERUNG SCHLESWIG-HOLSTEIN, o. J.). Dieses läßt die Entwicklung von Tochter-Leitbildern zu. Der Nationalpark benötigt für seine hauptamtlichen und ehrenamtlichen Mitarbeiterinnen und Mitarbeiter zur Verbesserung seiner Außenwirkung ein auf die Zielsetzungen und Aufgaben zugeschnittenes Erscheinungsbild:

Corporate Identity (CI) beschreibt in Kernaussagen den langfristigen Zweck des Nationalparks, seine Werte und Identität.
Corporate Design (CD) ist das visuelle Erscheinungsbild. Es umfaßt sämtliche Kommunikationsmaterialien ebenso wie die Gebäude und ihre Einrichtung, Dienstkleidung oder die Form des Schriftwechsels.
Corporate Behaviour (CB) beschreibt die Handlungsweisen und das Verhalten der Mitarbeiterinnen und Mitarbeiter gegenüber Personen, mit denen sie in Kontakt kommen.

Die Entwicklung eines Corporate Identity-Konzeptes und seine Umsetzung für den Nationalpark steht aus. Dieses Konzept soll gemeinsam mit den betreuenden Verbänden und den Kuratorien entwickelt werden. Mit dem 1986 eingeführten Nationalpark-Logo, der „Welle", wurde die Entwicklung eines Corporate Design bereits initiiert. Dieses Logo sowie andere, noch zu entwickelnde CD-Elemente sollen nicht nur vom Nationalparkamt verwendet werden. Alle Einrichtungen, die im Nationalpark oder seinem Vorfeld tätig sind und die Nationalpark-Ziele unterstützen, sollen Logo und CD benutzen. Kriterien für eine lizensierte Vergabe werden derzeit erarbeitet. Eine Ausdehnung der Verwendung des Nationalpark-Logos für umweltfreundlich hergestellte Produkte der Region wird angestrebt.

1.1.7 Instrumente der Öffentlichkeitsarbeit und Umweltbildung

Hohe Priorität: Nationalpark-service und Besucherlenkung in den Salzwiesen und Stränden

Die Palette der möglichen Instrumente und Maßnahmen im Bereich Öffentlichkeitsarbeit und Umweltbildung für den Nationalpark Schleswig-Holsteinisches Wattenmeer ist vielfältig. Die Realisierungsmöglichkeiten hängen jedoch unmittelbar von der Bereitstellung finanzieller Mittel und von der Personalsituation ab (vergl. Kap. XIII 2.2).

Informationszentren sind das Aushängeschild des Nationalparks

Im Haushaltsjahr 1996 stehen dem Nationalparkamt im Bereich Öffentlichkeitsarbeit und Umweltbildung insgesamt ca. 1,2 Millionen DM zur Verfügung. Davon sind alleine durch Personal- und Bewirtschaftungskosten der Informationszentren ca. 0,85 Millionen DM gebunden. Es verbleibt somit eine Summe von 0,35 Millionen DM für alle übrigen Maßnahmen. Es ist abzusehen, daß schon bei stagnierenden Haushaltmitteln die Spanne für weitere Maßnahmen, beschleunigt durch nicht ausgeglichene Lohn- und Preissteigerungen, gegen Null läuft.

Die weitere Umsetzung von laufenden Projekten und Maßnahmen ist somit unmittelbar von der Bereitstellung weiterer Mittel abhängig. Ein Teil könnte über Refinanzierungsmaßnahmen bereitgestellt werden (vergl. Kap. XIII 2.).

Den Nationalpark besser erkennbar und erlebbar machen

Angesichts dieser Situation ist eine Prioritätensetzung für zukünftige Maßnahmen der Öffentlichkeitsarbeit und Umweltbildung erforderlich. Höchste Priorität haben die Maßnahmen, die den Nationalpark besser erkennbar und erlebbar machen, die der Information der Gäste und der Bewohnerinnen und Bewohner über den Nationalpark und seine Schutzziele dienen und die einen großen Akzeptanzgewinn für die Naturschutzziele erwarten lassen.

In den folgenden Kapiteln werden die bereits praktizierten und weiterzuführenden Einrichtungen und Maßnahmen beschrieben sowie Vorschläge für zukünftige Aufgaben dargestellt.

Große Priorität hinsichtlich der Umsetzung haben neben den beschriebenen Maßnahmen und Projekten die Realisierung des Nationalpark-Service-Konzeptes (vergl. Kap. XI 1.3) sowie des Besucherlenkungs- und Schutzkonzeptes für die Salzwiesen und Strände (vergl. Kap. XI 2.3).

1.1.7.1 Informationszentren

Informationszentren sind Häuser oder Räume in öffentlichen Gebäuden mit einer Ausstellung zum Nationalpark (Abb. 191). Die Informationszentren werden durch Personal geleitet, das im Zentrum und in der Natur Veranstaltungen anbietet. Für Gäste sind die Informationszentren das „Aushängeschild" und die Informationsstelle des Nationalparks. Dort können Gäste sich orientieren, informieren und Angebote abfordern. Für die betreffende Gemeinde bzw. für die Region bewirkt die Arbeit in den Informationszentren verbesserte Akzeptanz und Verständnis für den Nationalpark. Daneben bedeuten sie einen nicht zu unterschätzenden Faktor bei der touristischen Entwicklung.

Für die Einrichtung von Informationszentren wurde ein Raumprogramm entwickelt. Geeignete Räume oder Gebäude werden dem Nationalparkamt oder den Naturschutzverbänden von den Gemeinden zur Verfügung gestellt. Diese nutzen die Informationszentren selbst als Tourismus-Einrichtungen.

Die Einrichtung und der Betrieb von Informationszentren sind mit hohen Kosten verbunden. Standortentscheidungen sind daher auch unter ökonomischen Gesichtspunkten zu treffen. Informationszentren sollen deshalb prioritär dort eingerichtet werden, wo sich die Besucherinnen und Besucher des Nationalparks konzentrieren.

Inhaltlich müssen Informationszentren unter didaktischen Gesichtspunkten ständig weiterentwickelt werden, um Gästen in angenehmer und „lustvoller" Atmosphäre Wissen zu vermitteln. Besonders wichtig ist, daß auch Einheimische sich für „ihr" Infozentrum engagieren und eigene Ideen einbringen. Deshalb sollen die Informationszentren grundsätzlich offen sein für alle nicht-kommerziellen Veranstaltungen einer Gemeinde

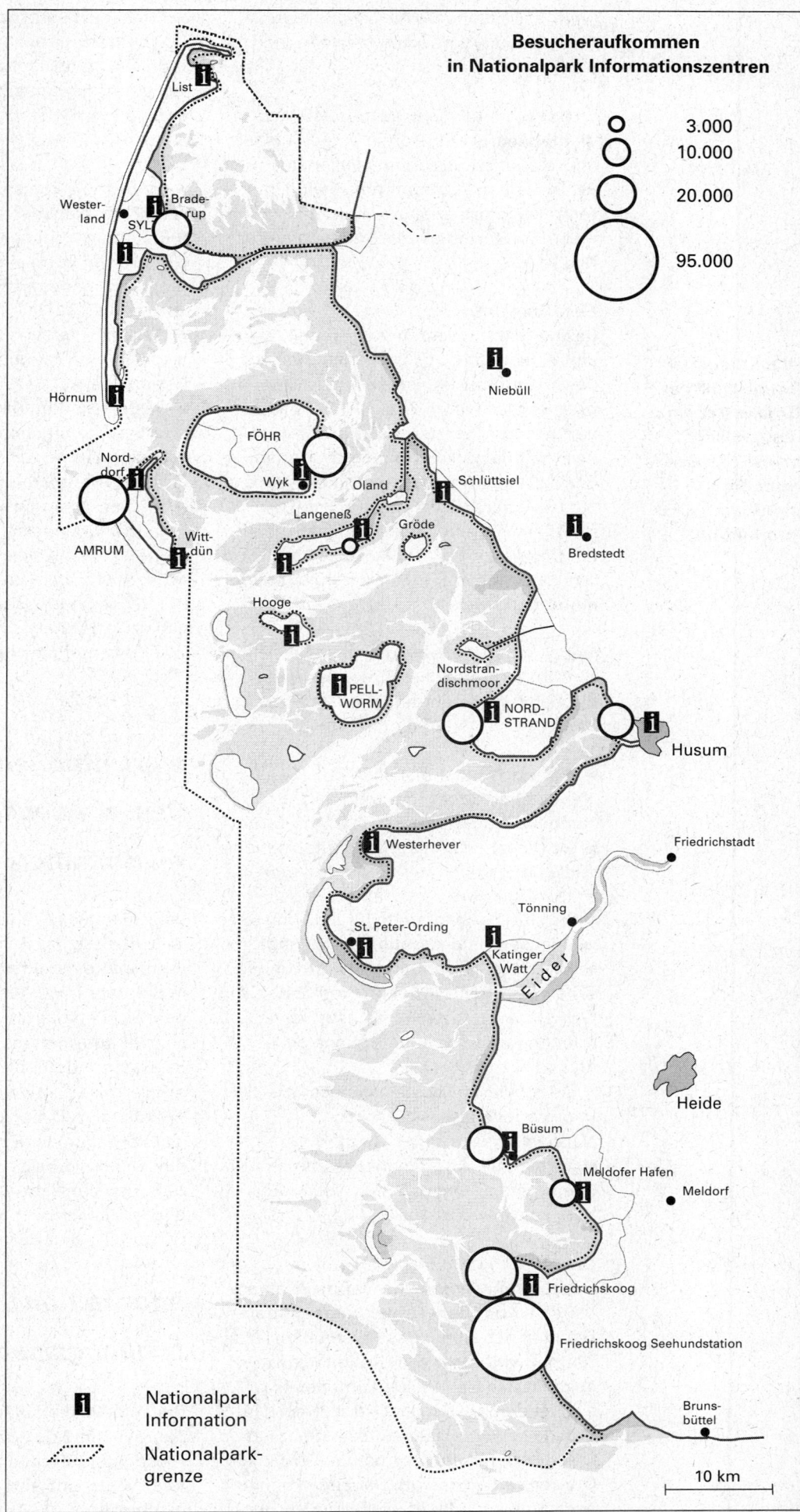

Abb.191
Besucheraufkommen in Nationalpark Informationszentren. Dargestellt ist die Anzahl der Besucher im Jahr 1994.

**Besucheraufkommen
in Nationalpark Informationszentren**

○ 3.000
○ 10.000
○ 20.000

○ 95.000

List

Westerland
SYL
Braderup

Hörnum

Niebüll

Norddorf
FÖHR
Wyk
Oland
Schlüttsiel
Langeneß
Gröde
Bredstedt
AMRUM
Wittdün

Hooge

Nordstrandischmoor
PELLWORM
NORDSTRAND
Husum

Westerhever
Friedrichstadt
Tönning
St. Peter-Ording
Katinger Watt
Eider

Heide

Büsum
Meldofer Hafen
Meldorf
Friedrichskoog
Friedrichskoog Seehundstation

Brunsbüttel

ℹ Nationalpark Information

┈┈ Nationalparkgrenze

10 km

XI

(Verbandssitzungen, Ausschußsitzungen, Gemeinderat, Vortragsveranstaltungen u.a.).

Im Nationalpark Schleswig-Holsteinisches Wattenmeer werden drei Kategorien von Informationszentren unterschieden: Bezirkszentren, Ortszentren sowie ein zentrales Informationszentrum für Wattenmeer-Monitoring und Information (vergl. Kap XI 1.2).

Drei Kategorien: Bezirkszentren, Ortszentren und das geplante Informationszentrum für Monitoring und Information

Bezirkszentren

Bezirkszentren werden vom Nationalparkamt eingerichtet und betrieben. Hier ist das hauptamtliche Personal des Nationalpark-Service (vergl. Kap. XI 1.3) angesiedelt. Entsprechend den sieben Bezirken des Nationalparks sind insgesamt sieben Bezirkszentren geplant (vergl. GIS-Karte 35). Vier dieser Zentren sind bereits realisiert. Sie sind ganzjährig geöffnet. In die Gestaltung der Bezirkszentren sollen möglichst die im Bezirk aktiven Verbände einbezogen werden.

Neben den Aufgaben, die auch die kleineren Ortszentren übernehmen (s. unten), erfüllen Bezirkszentren folgende Funktionen:

▶ Sie sind die Außenstellen des Nationalparkamtes und Dienstort des Nationalpark-Service.
▶ Sie dienen als Anlauf- und Informationsstelle des Nationalparkamtes für einheimische Bürger und Bürgerinnen.
▶ Sie sind Seminarstätte für die Umweltbildungsarbeit des Nationalparkamtes.
▶ Sie können Treff- und Versammlungsort für einheimische Gruppen (Verbände, Gemeinderat, Ausschüsse usw.) sein.
▶ In ihnen trifft sich die Nationalparkjugend.
▶ Sie fungieren als „Schaltstelle" des Informationsflusses zwischen Nationalparkamt und Region.
▶ Sie sind die Koordinationsstelle für den haupt- und ehrenamtlichen Nationalpark-Service eines Bezirkes.

Ortszentren

Ortszentren werden von Naturschutzverbänden, Kommunen oder Trägergemeinschaften betrieben. Das Personal für Ortszentren wird nicht vom Nationalparkamt gestellt. Das Nationalparkamt beteiligt sich an den Kosten der Ortszentren. Die Standorte der meisten Informationszentren der Naturschutzverbände werden als Ortszentren eingestuft. Daneben können auch Museen oder ähnliche Einrichtungen

auf den Inseln und dem Festland zu Ortszentren werden (vergl. GIS-Karte 34). Zur Zeit (1996) ist das Nationalparkamt an sechs Ortszentren beteiligt.
Bezirks- und Ortszentren erfüllen folgende Funktionen:

▶ Sie sind die Einsatzorte des ehrenamtlichen Nationalpark-Service der Verbände.
▶ Ein Informationsangebot zum Nationalpark wird in Form einer Ausstellung, einer Diashow oder eines Filmangebotes vorgehalten.
▶ Besucherinnen und Besucher erfahren aktuelle Information zu Ereignissen im Nationalpark.
▶ Gäste bekommen Informationen über touristische Angebote im Nationalpark.
▶ In den Räumen und im Außenbereich findet Umweltbildung statt,
▶ Sie sind Ausgangsorte von Freilandveranstaltungen wie Watt-, Vogel- oder Salzwiesenführungen.
▶ Besucherinnen und Besucher können durch geeignete Information von empfindlichen Naturräumen ferngehalten und in weniger empfindliche geleitet werden.

1.1.7.2 Informationseinrichtungen und Besucherlenkungsmaßnahmen vor Ort

Verschiedene Maßnahmen der Öffentlichkeitsarbeit, die z. B. in Form von Schildern, Infotafeln oder Beobachtungsposten in Salzwiesen, an Stränden, an Deichen oder auf Parkplätzen stehen, haben sowohl Informations- als auch Lenkungsfunktion. Andere, z. B. die Rucksackschule, werden als wichtiges und erklärendes Hilfsmittel, z. B. bei geführten Wattwanderungen, benötigt. Wieder andere dienen der verbesserten Kommunikation zwischen der Nationalparkverwaltung und den Besucherinnen und Besuchern und Bürgerinne und Bürgern.

Informations- und Lenkungsinstrumente

Die aufgelisteten Elemente finden im Rahmen des Schutzkonzeptes für Salzwiesen und Strände Verwendung (vergl. Kap. XI 2.3) und sind in Abbildung 192 dargestellt.

Nationalpark-Eingangspfahl

Nationalparkschild
mit Zusatztafel

INFO-Pavillon

INFO-Tafel

INFO-Karte

Brut- und Rastgebietschilder

Objekttafel

Aktueller Aushang

Übergangspunkt

INFO-Wagen

XI

Beobachtungsstand

INFO-Mobil

*Abb. 192
Zukünftige
Informations- und
Besucherlenkungs-
instrumente im
Nationalpark.*

Abb. 193
Das Nationalpark-
schild.

**Nationalpark
Schleswig-
Holsteinisches
Wattenmeer**

Nationalpark-Schild

Das amtliche Nationalparkschild (Abb. 193) kennzeichnet den Nationalpark an allen Zugängen. Es wird häufig in Kombination mit dem Nationalpark-Eingangspfahl verwendet.

Nationalpark-Eingangspfahl

Um den Nationalpark deutlicher in den Blick und das Bewußtsein seiner Besucherinnen und Besucher zu rücken, sollen entlang der Küste an häufig benutzten Zugängen Nationalpark-Eingangspfähle als symbolische „Tore zum Nationalpark" errichtet werden. Sie werden den Nationalpark durch ihre Auffälligkeit weithin sichtbar machen. Als Symbol wird ein Doppelpfahl gewählt, der das Nationalpark-Logo trägt.

Informationskarte

Die ortsbezogene Informationskarte enthält Grundinformationen über das Gebiet sowie eine Regionalkarte mit einem Wegeangebot und ausgewiesenen Schutz- und Erholungsgebieten.

Informationstafel

Die klassische Informationstafel des Nationalparks enthält neben einer Übersichtskarte Tips zur Beobachtung der Naturvorgänge und präsentiert spezifische Informationen über die jeweilige Umgebung. Die Informationstafel enthält auch die „Verhaltensregeln" im Nationalpark. Die Standorte bestehender und geplanter Standorte sind GIS-Karte 34 zu entnehmen.

Informationspavillon

Vor Übergängen mit starkem Gästeaufkommen und hohem Lenkungsbedarf

Vielfältige Informationsangebote für Besucherinnen und Besucher des Nationalparks

werden Pavillons errichtet. Sie vereinen mehrere Informationstafeln unter einem Dach. Die Standorte bestehender und geplanter Informationspavillons sind der GIS-Karte 34 zu entnehmen.

Info-Mobil

Infowagen sind kleine, mobile „Infozentren", die in der Saison und zu besonders sensiblen Zeiten an stark besuchten Orten aufgestellt und von Mitarbeiterinnen und Mitarbeitern des Nationalpark-Service betreut werden.

Beobachtungsstand

Feste Beobachtungstürme oder -stände ermöglichen das Beobachten von Tieren in freier Natur. Sie werden z. B. an Punkten errichtet, wo große Vogelkonzentrationen während der Brut, der Rast oder der Nahrungssuche auftreten und, ohne sie zu stören, beobachtet werden können. Die geplanten Standorte sind in GIS-Karte 34 dargestellt.

Lehrpfad

Lehrpfade machen Besucherinnn und Besucher auf Besonderheiten in der Landschaft aufmerksam und vermitteln Wissen, so daß Naturvorgänge vor Ort erlebbar werden und zur Selbstkritik anregen können. Besucherinnen und Besucher können Lehrpfade nach eigenem Ermessen und Zeitplan nutzen. Die einzelnen Tafeln eines Lehrpfades werden Objekttafeln genannt und können auch einzeln eingesetzt werden, z. B. um eine Salzwiesenpflanze oder eine Vogelart darzustellen und zu erklären.

Lehrpfade müssen „pfiffig" gestaltet sein, z. B. in Form eines wetterfesten Buches (Abb. 192). Schilder mit Texten, Grafiken und Bildern sind an völlig unbeaufsichtigten Stellen angezeigt. Nummernpfade mit einem begleitenden Faltblatt sollten nur dort eingerichtet werden, wo eine Beaufsichtigung möglich ist, um für Fragen zur Verfügung zu stehen. Lehrpfade können auch als Erlebnispfade eingerichtet werden, auf denen Naturphänomene mit allen Sinnen – Sehen, Fühlen, Riechen, Schmecken – vermittelt werden. Die Standorte der bestehenden und der geplanten Lehrpfade sind in GIS-Karte 34 dargestellt.

„Amphitheater"

An einigen ausgewählten Orten werden im Freien kleine „Amphitheater" eingerichtet. Dies sind runde Plätze mit rustikalen Sitzreihen für bis zu 100 Personen.

Hier finden Erzählabende, Vorführungen u. a. statt. Derartige Einrichtungen gehören in den USA zum Standard aller Nationalparke und haben sich sehr bewährt.

Informations- und Kommunikations- instrumente

Informationsträger „Weiße Flotte"
Das Wattenmeer ist vor allem auch ein Meer und läßt sich als solches am besten von Schiffen aus erfahren. Jährlich fahren 2,6 Millionen Menschen im Nationalpark mit Ausflugs- und 1,4 Millionen mit Linienschiffen (KRANZ 1992). An keiner anderen Stelle konzentriert sich das Gästeaufkommen in vergleichbarer Weise. Für die Durchführung einer effizienten Öffentlichkeitsarbeit stellt dies eine ideale Situation dar - sie läßt einen besonders günstigen Kosten-Nutzen-Aufwand erwarten.

Bisher wurden Schiffsgäste vor allem durch die Schiffsleitung informiert, die über Bordlautsprecher Hinweise auf regionale Besonderheiten gaben oder über Seehunde und andere Wattenmeertiere informierten. Künftig sollen zusätzliche, den Nationalpark betreffende Informationsangebote hinzukommen. Dies kann beispielsweise durch schiffsspezifische Informationseinheiten, durch die Weitergabe von Infomaterial bei der Fahrkartenausgabe oder in einer „Info-Bar" erfolgen. Ein detailliertes Konzept soll in Zusammenarbeit mit interessierten Reedereien erarbeitet werden.

Informationen auf den Schiffen der "Weißen Flotte": Ein detailliertes Konzept soll in Zusammenarbeit mit interessierten Reedereien erarbeitet werden

Rucksackschule
Die Rucksackschule (TROMMER 1985) ist ein pädagogisches Instrument, um die Informationsvermittlung in freier Natur attraktiver und effektiver zu gestalten. In einem Rucksack werden wetterfeste Informationsmaterialien zu verschiedenen Themen bereitgehalten, die vom Wattführer und von der Wattführerin in die Ausführungen eingebaut werden können. Weiterhin enthält der Rucksack Materialien zur Unterrichtsgestaltung: Augenbinde, Kompaß, Gerät zur Demonstration der Windrichtung und Windgeschwindigkeit, Hilfsmittel zur Demonstration des Tidenhubs, Schalen zum Zeigen von Pflanzen und Tieren, Lupen u.s.w. Die Rucksackschule soll vom Nationalparkamt entwik-kelt und interessierten Multiplikatorinnen und Multiplikatoren angeboten werden.

Nationalpark-Bürgerstunde
Die Mitarbeiterinnen und Mitarbeiter des Nationalparkamtes haben sich in den vergangenen Jahren nach Kräften bemüht, Lokaltermine wahrzunehmen, um durchDiskussion Entscheidungsfindung „vor Ort" mit den Beteiligten zu erreichen. Trotzdem besteht bei vielen Einheimischen der Eindruck, daß Entscheidungen aus zu großer Distanz und ohne Kenntnis regionalspezifischer Gegebenheiten getroffen werden. Zusammen mit der Einführung des Nationalpark-Service soll der Versuch gemacht werden, durch die Einführung von Nationalpark-Bürgerstunden auf lokaler bzw. regionaler Ebene einen direkten Kontakt zwischen Nationalparkamt und Einheimischen zu ermöglichen. Diese Termine könnten nach Bedarf in den Nationalpark-Bezirken durchgeführt werden. Dabei können auch aktuelle Probleme und Entwicklungen des Nationalparks vorgestellt werden. Der Schwerpunkt der Veranstaltungen läge aber in einem ergebnisoffenen, kritischen und selbstkritischen Dialog mit den Bürgeriinen und Bürgerin.

„Nationalpark auf Draht"
Eine zeitgemäße Darstellung des Nationalparkes erfordert auch den Einsatz elektronischer Medien. Hierfür ist eine Selbstdarstellung im Internet geeignet. Analog zu den gleichartigen Selbstdarstellungen der Landeshauptstadt („Kiel auf Draht") und des Landes („Schleswig-Holstein auf Draht") soll ein Service „Nationalpark Schleswig-Holsteinisches Wattenmeer auf Draht" eingerichtet werden. Grundinformationen zum Nationalpark, wie seine geographische Lage, die Öffnungszeiten der Infozentren, Übersichten und Bestellmöglichkeit von Broschüren und Heften der Schriftenreihe sowie andere Informationen sollen abfragbar sein.

Umweltbildungsarbeit
Um die Ziele der Umweltbildung zu erreichen, muß viel Überzeugungsarbeit geleistet werden. Komplexe Ursache-Wirkungs-Ketten sollen erschlossen, Betroffenheit der einzelnen erzeugt und Lösungswege zum eigenverantwortlichen Handeln aufgezeigt werden. Die Umweltbildung muß „offen sein" und jederzeit neue Impulse aufnehmen können, sei es aus der Arbeit im Nationalpark selbst, sei es von außen. Um didaktisch und methodisch aktuell und attraktiv zu bleiben, läßt

sich das Nationalparkamt von der Bildungswissenschaftlichen Universität Flensburg, Lehrstuhl für Biologie und ihre Didaktik, beraten. Kontakte zur Akademie für Natur und Umwelt (ANU) sowie zu anderen Nationalparken Deutschlands und Europas werden ebenfalls gepflegt.

Aus-, Fort- und Weiterbildung von Multiplikatorinnen und Multiplikatoren

Die Aus- und Fortbildung des haupt- und ehrenamtlichen Nationalpark-Service ist eine zentrale Aufgabe, die nach den Vorschlägen der LANA (1995 a) erfolgen soll. Eine intensive Fortbildung ist außerdem für die Mitarbeiterinnen und Mitarbeitern der Küstenwache des Bundes (Schiffsbesatzungen auf Schiffen von Bundesgrenzschutz, Wasser- und Schiffahrtsämter, Zoll) und des Landes (Wasserschutzpolizei, Landesamt für Fischerei, Ämter für Land- und Wasserwirtschaft) erforderlich.

Weiterbildung wird für „Multiplikatoren" im Nationalpark-Vorfeld mit Hilfe regelmäßiger Seminartätigkeit durchgeführt. Angesprochen sind u.a. Schutzgebietsbetreuerinnen und -betreuer, Wattführerinnen und Wattführer, Beschäftigte bei Kurverwaltungen, Gemeinden, Ämtern für Land- und Wasserwirtschaft oder der Weißen Flotte. Anderen ausgewählten Zielgruppen sollen Weiterbildungsseminare zu speziellen Themen angeboten werden. Dies trifft insbesondere zu für Gruppen mit direktem Bezug zum Nationalpark, z.B. aus Fischerei, Jagd, Wassersport, Landwirtschaft und Tourismus. Je nach Zielgruppe, Zielsetzung und Thema sind eintägige, mehrtägige bis mehrwöchige Veranstaltungen möglich. Die Durchführung übernimmt - je nach Zielgruppe - das Nationalparkamt selbst oder ein anderer Träger in Zusammenarbeit mit dem Nationalparkamt.

Lehrkräftebildung

In den Lehrplänen des Landes Schleswig-Holstein ist der Nationalpark als Lehrgegenstand enthalten. Deshalb muß Lehrkräften die Gelegenheit gegeben werden, dieses Thema in Fortbildungen zu erarbeiten. Bereits jetzt werden in enger Zusammenarbeit mit dem IPTS Lehrerinnen- und Lehrerfortbildungen - vornehmlich im Grund- und Hauptschulbereich - angeboten. Dieses soll auf alle Schulstufen ausgeweitet werden. Darüber hinaus ist anzustreben, daß in der Ausbildung der Biologielehrerinnen und -lehrern das Thema Nationalpark verpflichtend eingeplant wird. Für beide Seiten vorteil-

Informations- und Fortbildungsangebote für Lehrkräfte und andere Multiplikatoren sind ein wichtiges Element

haft wäre ein Praktikum in Nationalpark-Infozentren als regelmäßiger Bestandteil der Ausbildung.

Nationalpark-Lehrkraft an Schulen

Der Öffentlichkeitsarbeit und Umweltbildung an und mit Schulen kommt eine besondere Bedeutung zu. Jugendliche von der Westküste sollen mit dem Wissen und in dem Bewußtsein aufwachsen, im Umfeld eines Nationalparks zu leben. Sie wirken zudem als Multiplikatorinnen und Multiplikatoren gegenüber Gleichaltrigen und ihren Eltern.

Wegen der Zahl von etwa 50.000 Schülern und Schülerinnen in den beiden Westküstenkreisen ist eine Betreuung durch Beschäftigte des Nationalparkamtes derzeit nicht möglich. Es ist beabsichtigt, in Zusammenarbeit mit der Ministerin für Wissenschaft und Kultur und dem IPTS das Thema „Nationalpark" in den Schulunterricht der Kreise Nordfriesland und Dithmarschen aufzunehmen. Analog zu Schul-Verkehrspolizistinnen und -polizisten, die in allen Klassen regelmäßig einzelne Unterrichtsstunden geben, soll eine Mitarbeiterin oder ein Mitarbeiter des Nationalpark-Service Inhalte und Ziele des Nationalparks vermitteln. Die Mitarbeiterin oder der Mitarbeiter soll in verschiedenen Schulen unterrichten und Ansprechpartnerin oder Ansprechpartner für die Lehrerschaft sein.

Diese Arbeit erfordert eine volle Lehrkraft. Analog zu dem Schul-Verkehrspolizisten oder der für Computerunterricht auf den Halligen teilweise freigestellten Lehrkraft sollte für diese regionalspezifische Aufgabe eine Lehrkraft vom Bildungsministerium abgeordnet werden. Dies ist eine Maßnahme, die für die Akzeptanzförderung an der schleswig-holsteinischen Westküste von besonderer Bedeutung ist.

Lehrkraft-Infopakete

Es besteht eine große Nachfrage von Lehrkräften nach Einführungen und Unterrichtshilfen zur Vorbereitung von Klassen- und Studienfahrten in den Nationalpark. Vor allem Lehrkräfte aus entfernteren Gegenden können nicht an Lehrkraftfortbildungen des Nationalparkamtes teilnehmen. Deshalb sollen Informationspakete für Lehrkräfte zusammengestellt werden, die auch Unterrichtsmaterialien enthalten können. Diese werden ausgeliehen und nach dem Unterricht zurückgesandt. Im Nationalpark können die Lehrkräfte beim Nationalpark-Service

Leistungen gegen Entgelt (z. B. Wattführungen) buchen. Diese sollen den
Unterricht auf der Klassenfahrt interessant
und informativ gestalten und die Sicherheit bei Wattwanderungen gewährleisten.
Die Entwicklung der Lehrkraft-Infopakete
geschieht gemeinsam mit dem IPTS.

Nationalparkjugend

**Nationalpark-
jugend - spielend
den Nationalpark
kennenlernen**

Im außerschulischen Bereich wird für
Kinder und Jugendliche ein Angebot für
eine aktive und altersgerechte Freizeitbe-
schäftigung mit Natur- und Umwelt-
themen entwickelt. Ein Modell hierfür ist
die 1995 auf Nordstrand ins Leben gerufe-
ne Nationalpark-Jugendgruppe. Diese
Jugendgruppe trifft sich 14tägig mit etwa
20-30 Kindern von Nordstrand und
Nordstrandischmoor und setzt sich in
spielerischer Form mit dem Nationalpark
und seinem Umfeld auseinander. Sie
macht Spiele, Wattwanderungen, Bastelei-
en u.a. mehr. Die Entwicklung weiterer
regionaler Kinder- und Jugendgruppen für
einheimische Kinder wird angestrebt. Die
Betreuung muß durch hauptamtliche
Mitarbeiterinnen und Mitarbeitern langfristig gesichert werden. Darüber hinaus
können auch ehrenamtlich tätige Personen eingebunden werden.

Nationalpark-Forum

**Informationen
"schwarz auf
weiß" - bald auch
in friesischer und
plattdeutscher
Sprache**

Die Ökosystemforschung hat das Wissen
um die Natur und um den Umfang und die
Auswirkungen menschlichen Handelns im
Nationalpark erheblich vermehrt. Dieser
Erkenntniszuwachs wird in über 200
bisher erschienenen Fachpublikationen
deutlich. Insbesondere der anwendungsbezogene Teil der Ökosystemforschung
zielte von Beginn an auf die Verbesserung
der Schutzsituation. Die vorliegenden
Ergebnisse sowie andere wissenschaftliche Themen sollen in der Öffentlichkeit
durch Vorträge, die sich vornehmlich an
interessierte Einheimische richten, vorgestellt und anschließend mit der Zuhörer-
schaft diskutiert werden. Auf diese Weise
haben alle Einheimischen die Möglichkeit,
sich aus erster Hand über neueste Ergebnisse und aktuelle Entwicklungen zu
informieren und im direkten Gespräch mit
dem Nationalparkamt eigene Vorstellungen darzulegen.

Publikationen, audiovisuelle Medien, Pressearbeit, Sonstiges

Publikationen sind Einbahn-Informatio-
nen, ein Feedback erfolgt meist nicht. Der
Erfolg kann schwer eingeschätzt werden.
Dennoch sind sie erforderlich: Sie sind
kostengünstig und dienen der schnellen
und einfachen Information, die „schwarz
auf weiß" mitgenommen werden kann.
Gedrucktes kann mehrfach nachgelesen
werden, wodurch Vortragsveranstaltungen
unterstützt und vertieft werden. Außerdem können die Veröffentlichungen weit
gestreut werden. Sie dienen auch der Vorbereitung verschiedener Veranstaltungen.

Bücher, Broschüren, Faltblätter,

Bisher wurden eine Vielzahl von Medien
(Bücher, Broschüren, Faltblätter, Poster
sowie Postkarten) vom Nationalparkamt
selbst oder in Kooperation mit anderen
herausgegeben (Tab. 40). Künftig sollen
weitere, vor allem zu lokalen Themen,
erstellt werden. Die Ausweitung des
Angebots in englischer, aber auch in
niederländischer und dänischer Sprache
ist angestrebt. Außerdem ist geplant -
gemeinsam mit dem Nordfriisk Instituut in
Bredstedt - Publikationen in friesischer
Sprache herauszugeben. Plattdeutsche
Veröffentlichungen sollen folgen.

„Nachrichten aus dem Nationalpark"

Funktionsträgerinnen und Funktionsträger
wie auch andere Einheimische im Nationalpark-Vorfeld haben in der Vergangenheit auf die hohe Bedeutung der Vermittlung von aktuellen Informationen hingewiesen, die über kurze Sachdarstellungen
in den Medien hinausgeht und in vertief-
ter Form Zusammenhänge erläutern.
Bisher wurde in der Öffentlichkeitsarbeit
des Nationalparkamtes kein entsprechendes Instrument eingesetzt.

Wegen der wiederholten Nachfrage nach
derartigen Informationen soll versuchsweise für die Dauer von zunächst 2 Jahren
in monatlichem oder zweimonatlichem
Rhythmus ein aktuelles Nachrichtenorgan
vertrieben werden. Es ist eine Auflage von
etwa 900 Exemplaren vorgesehen, die
kostenlos an Multiplikatorinnen und
Multiplikatoren, Funktionsträgerinnen und
Funktionsträger und interessierte Einheimische versandt wird: Sachinformationen
zu aktuellen Themen werden erläutert,

XI

Tab. 40: Übersicht der vom Nationalparkamt herausgegebenen Medien
(Stand: 1.12.1995).

Titel	Verfasser bzw. Herausgeber	Erscheinungs- jahr
Schriftenreihe:		
Heft 1: Bewertung der Jagd im NP SHW	Anonymus	1989
Heft 2: Brut- und Rastvogelzählungen im SHW1987/88	Kempf et al.	1989
Heft 3: Eiderenten im SHW	Nehls	1992
Heft 4: Middendorffs Sibirische Reise mit ergänzenden Beiträgen	Brunckhorst	1994
Heft 5: Ökosystemforschung SHW	Wilhelmsen	1994
Sonderheft: 10 Jahre NP	Anonymus	1995
Sonderheft: Faunistik und Naturschutz auf Taimyr	Prokosch & Hötker	1995
Bücher:		
Erlebnis Wattenmeer	Bernhardi et al.	1993
Tiere im Wattenmeer	Kundy et al.	1990
Nationalpark Schl.-Hol. Wattenmeer	Fiedler	1992
Watt - Lebensraum zw. Land und Meer	Stock et al.	1995
Broschüren:		
Rettet die Nordsee	Anonymus	1988
Nationalpark SHW deutsch	Anonymus	1992
Nationalpark SHW engl.	Anonymus	1992
Malbuch	Schliewe	1991
Faltblätter:		
Tiere im Watt	Grimm	1988
Eiderenten	Nehls	1994
Nationalpark	Anonymus	1986
Salzwiesen	Anonymus	1994
Seehunde im NP	Anonymus	1994
Wattwandern	Anonymus	1987
Ökosystemforschung	Anonymus	1995
Muscheln und Schnecken	Grimm	1995
Sammelblätter zu Infozentren	Anonymus	1994
Poster:		
Leuchtturm	–	1987
Seehund	–	1994
Ostatlantischer Vogelflug	–	1993
Watvögel	–	1993
Kreislauf des Kohlenstoffs	Leuschner	1988
Film:		
Video: Von den Gezeiten geprägt	Cinedesign	1995
Zeitung:		
NP Report	–	seit 1992
Aufkleber:		
NP Signet	–	1986
Postkarten:		
4 versch. Motive	diverse	1988

Ansprechpartnerinnen und Ansprechpartner und Institutionen benannt, Literaturtips gegeben. Terminhinweise runden die Information ab.

„Nationalpark Report"

Seit 1988 wird vom Nationalparkamt einmal jährlich eine Zeitung herausgegeben, die zur Sommersaison als Wochenendbeilage der Westküstenzeitungen mit einer Auflage von etwa 80.000 Exemplaren in die Haushalte der Bewohnerinnen und Bewohnerkommt. Weitere 20.000 Exemplare werden über

Fremdenverkehrszentralen, Jugendherbergen, Naturschutzverbände und Informationszentren verbreitet. Inzwischen sind auch andere deutsche Nationalparke mit vergleichbaren Produkten gefolgt.

Nationalpark-Karte

Geplant ist die Erstellung einer ansprechenden, im Buchhandel und in den Infozentren erhältlichen Nationalpark-Karte. Sie soll geographische und ökologische Sachverhalte aufzeigen, die Schutzmaßnahmen erkennen lassen sowie Angaben zu Einrichtungen der Öffentlichkeitsarbeit machen (Museen, Infozentren, Lehrpfade etc.).

Schriftenreihe

Seit 1989 gibt das Nationalparkamt die „Schriftenreihe Nationalpark Schleswig-Holsteinisches Wattenmeer" heraus, in der bisher sieben Bände veröffentlicht wurden. Hierin erscheinen wissenschaftliche Arbeiten, die einen deutlichen Bezug zum Wattenmeer und der Nordsee aufweisen. Um eine möglichst breite Leserschaft anzusprechen, werden fachwissenschaftliche Texte journalistisch aufbereitet. Druck und Vertrieb der Schriftenreihe werden über einen Verlag in Heide abgewickelt. Über den Verkauf kann etwa die Hälfte der Herstellungskosten refinanziert werden.

Audiovisuelle Medien

Audiovisuelle Medien sind vor allem bei Ausstellungen und zur Unterstützung von Veranstaltungen von Bedeutung: „Ein Bild sagt mehr als tausend Worte". Die Verweil-Zeit vor Dioramen, Reliefmodellen oder bei Diaschauen ist deutlich länger als vor reinen Textdarstellungen. Eine audiovisuelle Vorführung entlastet die Betreuerin und den Betreuer und erhöht die methodische Vielfalt einer Veranstaltung. Außerdem erleichtert die vorbereitete Audio-Vision die Präsentation in anderen Sprachen. Folgende Medien sollen entwickelt und eingesetzt werden:

Folien- und Diasätze, Filme

Für Vorträge sollen Foliensätze und Diasätze erstellt werden, mit deren Hilfe Kernthemen des Nationalparks einfach, ansprechend und corporate-design-gerecht vermittelt werden können. Dadurch werden Sachaussagen zum Nationalpark präzisiert und sind einem weiten Kreis von Multiplikatoren zugänglich.

Videofilme, Diaschauen, Diaserien sowie interaktive Medien sind vor allem in Ausstellungen von großer Bedeutung, weil sie wegen ihrer hohen Attraktivität den Lerneffekt vervielfachen.

Pressearbeit

Eine überzeugende Öffentlichkeitsarbeit muß auf aktuelle Ereignisse kurzfristig durch Pressearbeit reagieren. Dies soll regelmäßig und zu aktuellen Themen geschehen. Nur schnelle und aktuelle Mitteilungen sind für die Medien und die Bürgerin und den Bürger von Interesse. Deshalb ist es entscheidend, ohne zeitlichen Verzug zu arbeiten. Zur Umsetzung ist ein hauptamtliches Pressereferat erforderlich, um die bislang betriebene Pressearbeit zu professionalisieren und sie um weitere Formen, z. B. in Form von Pressefahrten oder Journalistenstammtischen zu erweitern. Eine kontinuierliche und aktuell betriebene Pressearbeit kann somit zur Akzeptanzerhöhung beitragen.

Marktstand, Info-Tisch, Info-Säule

Zu besonderen Veranstaltungen wie „Nordseeschutztag", Jubiläumsfesten, Messen, Tagungen u. a. stellt das Nationalparkamt einen Informationsstand mit Info-Tisch auf. Der Stand wird mit Mitarbeiterinnen und Mitarbeitern des Nationalpark-Service betreut. Für Situationen mit geringem Platzbedarf wird eine Info-Säule („Litfaßsäule") entwickelt, die eine kleine Grundfläche besitzt und leicht transportiert werden kann.

Wander-Ausstellungen

Im fünfjährigen Rhythmus wird eine Wander-Ausstellung neu entwickelt, die durch Versand in ganz Deutschland gezeigt werden kann. Der Umfang wird so bemessen, daß sie in Schulklassen aufstellbar ist. Sie kann für mehrere Wochen ausgeliehen werden.

Souvenirs

Die Herstellung und der Verkauf von Souvenirs verschiedenster Art soll vorangetrieben werden, weil bei einer guten Angebotspalette und guter Vermarktung eine Refinanzierung und ggf. Einnahmen zu erzielen sind. Das Angebot kann umfassen: Aufkleber, T-Shirts, Mützen, Krawatten, Halstücher, Kugelschreiber usw.

Karten, Broschüren, Reliefmodelle Diaschauen, Videofilme, Zeitungsartikel, Info-Tische und Wanderausstellungen informieren über den Nationalpark

XI

1.1.8 Aufgaben und Zusammenarbeit

1.1.8.1 Die Aufgaben des Nationalparkamtes

Das Nationalparkamt wird mit den hauptamtlichen Mitarbeiterinnen und Mitarbeitern die Aufgaben durchführen, die auf die Stärkung der Akzeptanz des Nationalparks bei Einheimischen ausgerichtet sind. Die folgenden Aufgaben werden von Mitarbeiterinnen und Mitarbeitern des Dezernats Öffentlichkeitsarbeit und Umweltbildung durchgeführt: Sie

Alle Gruppierungen, die mit Gästen zu tun haben, sollten gemeinsam an einer attraktiven Darstellung des Nationalparks mitarbeiten

► koordinieren die Öffentlichkeitsarbeit und Umweltbildung;
► richten die Bezirkszentren als Informationszentren und als Außenstellen des Nationalpark-Service ein (vergl. Kap. XI 1.3);
► bilden die hauptamtlichen Mitarbeiterinnen und Mitarbeiter sowie die aller eingebundenen Organisationen und im Wattenmeer tätigen Multiplikatoren und Partner aus, fort und weiter;
► stellen die Maßnahmen und Programme der Landesregierung zum Schutz der Nordsee, des Wattenmeeres und der dazugehörigen Inseln, Halligen und des Küstenraumes am Festland dar und verbreiten sie;
► entwickeln das Erscheinungsbild im Nationalparkbereich und stellen sicher, daß es richtig verwendet wird;
► führen Bildungsveranstaltungen durch und entwickeln neue Veranstaltungsformen.

Die Fremdenverkehrsverbände haben eine wichtige Multiplikatorfunktion

Der gesamte Umfang und die Bandbreite der Öffentlichkeitsarbeit und der Umweltbildung im und am Nationalpark kann nicht allein vom Nationalparkamt geleistet werden. Alle Gruppierungen, die mit Gästen zu tun haben, sollten gemeinsam an einer attraktiven Darstellung des Nationalparks mitarbeiten.

1.1.8.2 Zusammenarbeit mit Naturschutzverbänden

Weite Bereiche der Öffentlichkeitsarbeit und Umweltbildung sollen und müssen - wie auch heute schon - von den Naturschutzverbänden durchgeführt werden. Das ehrenamtliche Element, die jährlich neue Besetzung mit Zivildienstleistenden birgt neben den erwähnten Nachteilen auch den Vorteil des „unverbrauchten", stets frischen Engagements und der Innovation. Es muß jedoch sichergestellt werden, daß auch die Nationalpark-Informationen des Amtes sachlich richtig und positiv besetzt übermittelt werden. Hierzu bedarf es klarer vertraglicher Regelungen. Darüber hinaus ist eine intensive Ausbildung und ständige Fortbildung der Zivildienstleistenden sowie Weiterbildung anderer Freiwilliger durch das Nationalparkamt erforderlich, nicht nur zur Vermittlung fachlicher und didaktischer Inhalte, sondern auch, um die Arbeit und die Aufgaben des Nationalparkamtes transparenter zu machen und einen persönlichen Kontakt herzustellen. Da die Naturschutzverbände darauf angewiesen sind, Einnahmen über Spenden zu erzielen, soll ihnen auch künftig keine Konkurrenz auf dem Touristik-Markt durch das Nationalparkamt gemacht werden.

1.1.8.3 Zusammenarbeit mit Fremdenverkehrsverbänden

Die Fremdenverkehrsverbände haben Kontakt zu fast allen Übernachtungsgästen und zu vielen Tagesausflüglern. Deswegen haben sie eine wichtige Multiplikatoren-Funktion. In Zukunft sollte daher Informationsmaterial zum Nationalpark in allen Fremdenverkehrsvereinen ausliegen. Das Personal sollte im Nationalparkamt geschult werden, um über die Ziele und Maßnahmen im Nationalpark informieren zu können.

Darüber hinaus sollen auch weiterhin gemeinsame Aktivitäten und Projekte im Nordsee- und Wattenmeerschutz betrieben werden. Öffentlichkeitsarbeit und Werbung sollten ebenso wie die Durchführung von Veranstaltungen gemeinsam betrieben werden.

1.1.8.4 Zusammenarbeit mit Wattführerinnen und Wattführern und den Betreibern von Ausflugsfahrten

Wattführerinnen und Wattführer sind wichtige Bildungsträger im Nationalpark

Wattführerinnen und Wattführer sind wichtige Bildungsträger im Nationalpark. Zum einen handelt es sich um ehrenamtliche Mitarbeiterinnen und Mitarbeiter der Naturschutzverbände, zum anderen um Menschen im Nebenberuf. Die Qualität der Wattführungen ist sehr unterschiedlich. Es gibt Wattführerinnen und Wattführer, die grundsätzlich nur mit kleinen Gruppen von 20 - 30 Personen wandern, es gibt aber auch solche, die sich nicht scheuen, mit 200 bis 300 Personen ins Watt zu gehen. Viele Gäste beschweren sich beim Nationalparkamt über diese Zustände. Sie erwarten im Nationalpark hochwertige Angebote mit kleinen Gruppen. Eine Vereinheitlichung sollte über eine flächendeckende Wattführer-verordnung erreicht werden. Dies war nicht möglich. Jedes Amt bzw. jede Gemeinde erläßt eigene Verordnungen mit unterschiedlichen Inhalten. Um diesem Mißstand abzuhelfen, soll auf freiwilliger Basis das Qualitätskriterium „Nationalpark-Wattführerin" bzw. „Nationalpark-Wattführer" geschaffen werden. Wer sich verpflichtet, nur mit kleinen Gruppen zu gehen und die Nationalpark-Information nach zu definierenden Standards zu vermitteln sowie regelmäßige Weiterbildungen des Nationalparkamtes besucht, darf den Titel führen und mit dem Nationalpark-Logo werben. Das Nationalparkamt wird im Gegenzug für diese Wattführerinnen und Wattführer werbend tätig, indem sie bei Anfragen, in den Lehrerpaketen und im Nationalpark Report empfohlen werden.

Erfahrungen anderer Nationalparke sollen ausgewertet und genutzt werden

Mit den Reedern der Ausflugsschiffe wurde 1988 in Übereinstimmung mit Fachwissenschaftlern eine Vereinbarung über das Anfahren von Seehundbänken getroffen. Darin sind auch Verhaltensregeln für die Schiffsführer festgelegt. Diese Regelung soll beibehalten werden.

1.1.8.5 Zusammenarbeit mit Bildungseinrichtungen

Größere Aus- und Fortbildungen sowie Seminare zu bestimmten Themen oder Exkursionen werden gemeinsam mit der Akademie für Natur und Umwelt (ANU) geplant und durchgeführt. Zu den Bildungsanbietern im Bereich des Nationalparks baut das Nationalparkamt enge Kontakte auf. Es sollte erreicht werden, daß die im Nationalpark angebotenen Veranstaltungen ein hohes Niveau haben und die Nationalpark-Information sachlich richtig vermittelt wird. Mit Bildungseinrichtungen sollte das Nationalparkamt schriftliche Kooperationsvereinbarungen schließen. Damit erwirbt diese Einrichtung die Berechtigung, mit dem Nationalpark-Logo zu werben.

1.1.8.6 Zusammenarbeit mit anderen Nationalpark- und Großschutzgebietsverwaltungen

Bei der Entwicklung der Informations- und Bildungsarbeit ist eine nationale und internationale Zusammenarbeit mit vergleichbaren Einrichtungen insbesondere im gesamten trilateralen Wattenmeer erforderlich. Eine rege Zusammenarbeit mit allen Kooperationspartnern ist angestrebt.

Darüber hinaus können die Erfahrungen anderer Nationalparke herangezogen werden. Insbesondere sollen die Erfolge aus der Nationalpark-Bewegung in den USA und anderen angelsächsischen sowie skandinavischen Ländern ausgewertet und für die Nationalpark-Arbeit verwertet werden.

Partnerschaften mit anderen Schutzgebieten, z. B. entlang des Ost-Atlantischen Zugweges der Vögel mit vergleichbarer Naturausstattung und Problemen, vergrößern das Bewußtsein der internationalen Verantwortung und können zum Schutz der Tiere in den betreffenden Gebieten beitragen. Die bereits bestehende Partnerschaft mit dem Taimyr-Reservat in Sibirien wird weitergeführt. Neue Partnerschaften sind angestrebt.

1.1.9 „Nationalpark-Infodienst GmbH"

Öffentlichkeitsarbeit wird vom Nationalparkamt, von Naturschutz- und Fremdenverkehrsverbänden, der Weißen Flotte, von Volkshochschulen, Wattführerinnen und Wattführern und verschiedenen Einzelpersonen betrieben. Diese Aktivitäten leisten wichtige Beiträge, weisen aber auch Defizite auf:

▶ Die Angebote sind dezentral und für Gäste schlecht abfragbar. Es fehlt an Übersichtlichkeit; ein gemeinsames Angebot besteht nicht.

▶ Es fehlt eine Vernetzung der bestehenden Angebote. Gäste werden nicht „weitergereicht".

▶ Vielen Angeboten fehlt Kontinuität, oder sie sind sporadisch. Sie werden nur in einem eingeschränkten Zeitraum oder von bestimmten Personen angeboten.

▶ Es fehlen individuelle, bedürfnisgerechte und „mietbare" Angebote für Einzelpersonen und Gruppen.

▶ Eine attraktive und phantasievolle Gästeansprache fehlt weitgehend.

Angesichts der Vielzahl der anbietenden Institutionen und Personen, der Heterogenität ihrer Motivationen und ihrer Entwicklungsgeschichte sind diese Defizite verständlich.

Viele Angebote der Verbände und freier Bildungseinrichtungen sind marktwirtschaftlich orientiert. Es bietet sich deshalb an, diese Bereiche, die unternehmerisches Risiko und Engagement verlangen, von den übrigen, vor allem konzeptionellen, betreuenden und überwachenden Aufgaben des Nationalparkamtes zu trennen und zu koordinieren.

Es wird die Einrichtung einer Nationalpark-Infodienst GmbH empfohlen, die organisatorisch selbständig ist und folgende Ziele hat:

▶ Koordination des Informationsangebotes für Besucherinnen und Besucher im Bereich des Nationalparks,

▶ Angebot von attraktiven, individuellen und gruppenspezifischen Informationen,

▶ Erstellung einer Angebotsübersicht für den Nationalpark und sein Umfeld.

Die Nationalpark-Infodienst GmbH soll bestehende Strukturen nutzen und fördern. Eine enge Kooperation mit den

Eine "Nationalpark-Infodienst-GmbH" könnte die Informationsangebote koordinieren

Institutionen, die in besonderem Umfang Öffentlichkeitsarbeit und Umweltbildung leisten, soll durch ihre Beteiligung als Gesellschafter bzw. Gesellschafterinnen sichergestellt werden. Hierfür kommen z. B. in Betracht:

▶ die Kreise Nordfriesland und Dithmarschen,
▶ das Nationalparkamt,
▶ der Nordseebäderverband,
▶ die Naturschutzverbände,
▶ regionale Wirtschaftsförderungsgesellschaften,
▶ Volkshochschulen.

Wegen der Vielzahl struktureller und organisatorischer Probleme erfordert die Gründung der Nationalpark-Infodienst GmbH eine längere Vorlaufphase, bevor sie als selbständige Institution ihre reguläre Arbeit aufnimmt. Die Entwicklung dieser Einrichtung soll in Form eines mindestens dreijährigen Projektes bei möglichen fördernden Institutionen beantragt werden.

1.1.10 Erforderliche Personal- und Werkstattausstattung

Die Struktur der Öffentlichkeitsarbeit und Umweltbildung im Nationalparkamt muß sich an der Vielfalt der Aufgaben orientieren. Hierzu sind quantitative (Anzahl der Mitarbeiterinnen und Mitarbeiter) und qualitative Verbesserungen erforderlich. Für die Umsetzung der angestrebten Aufgaben wird im Dezernat Öffentlichkeitsarbeit und Umweltbildung folgendes Personal benötigt:

▶ Für die Koordination und Konzeption der Arbeiten sind neben dem Dezernatsleiter drei beigeordnete Dezernenten und drei Sachbearbeiter erforderlich.

▶ Für die grafische Umsetzung der Ideen wird ein/e ausgebildeter Grafiker/ Grafikerin benötigt. Die Ausgestaltung der Informationszentren und Ausstellungen muß von einem/r Modelltischler/ Modelltischlerin , einem/r Präparator/ Präparatorin sowie einem/r Elektroniker/ Elektronikerin durchgeführt werden.

▶ Um die vielfältigen handwerklichen und grafischen Arbeiten bei der Ausgestaltung von Informationszentren, Ausstel-

lungen und Medien mit hohem Quali-
tätsstandard ausführen zu können, sind
eigene Werkstätten und Handwerkerinnen bzw. Handwerker erforderlich. Nur
in eigenen Werkstätten und mit eigenem Personal können die Exponate mit
der entsprechenden fachlichen Genauigkeit, Sorgfalt, Qualität und Aktualität
erstellt werden. Die Exponate werden
von mehreren Fachleuten konzipiert und
gemeinsam mit den Handwerkerinnen
und Handwerkern entwickelt. Ein
solcher Arbeitsprozeß ist bei externen
Auftragnehmerinnen und Auftrag-
nehmern mit sehr großem Aufwand und
hohen Kosten verbunden.

▶ Bei der modernen Ausstellungsgestal-
tung ist der direkte Kontakt zwischen
Besucherinnen und Besuchern und
Exponat wegen der höheren Erlebbarkeit ausdrücklich erwünscht. Dies
erfordert einen regelmäßigen Pflege-
und Reparatur-Aufwand, der unmittelbar von eigenen Fachkräften geleistet
werden muß.

**Bundesweit
erstmalig sollen
Monitoring und
ökologische
Wissenschaft einer
breiten Öffentlich-
keit auf attraktive
Weise vermittelt
werden**

Die Anmietung einer Tischler-Werkstatt
hat sich als ökonomisch günstig erwiesen
und soll beibehalten werden. Darüber
hinaus sind eine Präparatoren-Werkstatt
und eine Metall/Elektronik-Werkstatt - alle
möglichst in räumlicher Nähe zueinander -
anzumieten und auszurüsten. Eine Grafik-
werkstatt sollte im Nationalparkamt
eingerichtet werden, damit diese auch für
die Entwicklung der Medien zur Verfügung
steht.

Die Werkstätten mit dem zugehörigen
Personal sollen auch Arbeiten für die
Ortszentren im Rahmen der Kooperation
durchführen sowie für die Monitoring-
Station (vergl. Kap. XI 1.2) zur Verfügung
stehen.

1.2 Zentrum für Wattenmeer-Monitoring und Information

Die ökologische Wissenschaft und die
dauerhafte Umweltüberwachung
(Monitoring) liefern zunehmend Grundlagen für Naturschutzmaßnahmen und
Umweltgesetzgebung. Verständnis und
Akzeptanz in der Öffentlichkeit sind
allerdings Voraussetzung für die Durchsetzung derartiger Maßnahmen. Oft aber
fehlt das Verständnis, da Sinn und Notwendigkeit der Forschung mangels
allgemein verständlicher Vermittlung und
Darstellung wissenschaftlicher Daten nicht
erkannt werden.

In Tönning sollen bei der Vermittlung von
Wissenschaft und Monitoring im Wattenmeer in einem speziell für diesen Zweck
errichteten Gebäude neue Wege beschritten werden. Bundesweit erstmalig sollen
Monitoring und ökologische Wissenschaft
didaktisch aufbereitet einer breiten
Öffentlichkeit attraktiv und publikumswirksam vermittelt werden. Zugleich soll
dadurch der Fremdenverkehr in der
gesamten Region nachhaltig gefördert
werden.

In Zusammenarbeit mit dem Nationalparkamt stellte die Stadt Tönning im Jahre
1992 für die Errichtung eines „Zentrums
für Wattenmeer-Monitoring und -Informa-
tion" einen Antrag an die Bundesanstalt
für Naturschutz und Landschaftspflege
(BFANL), heute Bundesamt für Naturschutz (BfN), auf Förderung als
Entwicklungs- und Erprobungsvorhaben.
Das BfN bewilligte die Förderung einer
Voruntersuchung und stellte für die
fünfjährige Bau- und Inbetriebnahme-
phase des Projektes eine Summe von 5
Millionen DM in Aussicht. Das Land
Schleswig -Holstein hat mit Kabinettsbe-

schluß eine Förderung von 4,6 Millionen DM für das Projekt in Aussicht gestellt.

Die im August 1993 begonnene Voruntersuchung beinhaltet die Durchführung eines Architektenwettbewerbes, die Aufstellung eines Finanzierungsplanes und den Entwurf eines Konzeptes.

Bund und Land beteiligen sich an der Finanzierung

1.2.1 Der Architektenwettbewerb

Der Ideenwettbewerb für Architekten wurde Ende 1993 in Schleswig-Holstein und Niedersachsen ausgeschrieben. Wettbewerbsaufgabe war der Entwurf eines Gebäudes, das den speziellen Anforderungen einer neuen Vermittlungskonzeption entsprechen kann. Außerdem muß das Gebäude eine kostendeckende Bewirtschaftung des Zentrums ermöglichen. Vorgegeben wurde ein Raumprogramm mit einer Gesamtnutzfläche von 1.500 m², davon ca. 700 qm² für den Ausstellungs- und Bildungsbereich. Von 92 eingereichten Entwürfen kamen 12 in die engere Wahl (Abb. 194).

Der ausgewählte Entwurf überzeugt durch Einfachheit des Grundrisses, der vielfältige gestalterische Möglichkeiten bietet und einen wirtschaftlichen Betrieb erwarten läßt. Die Architektur des Gebäudes beeinträchtigt nicht das historische Stadtbild Tönnings, außerdem ist der Landschaftseingriff gering. Ein geneigtes dreieckiges Dach überspannt zwei übereinanderliegende Ebenen, die durch kompakte Gebäudeeinheiten abgegrenzt werden.

Die untere Ebene soll für Ausstellung und Vermittlung zur Verfügung stehen. Hier sind Großaquarien, Erlebnis-Ausstellung, Mikrarium, Laborraum, Vortragsraum, und Multivisionsraum geplant. Für die obere Etage ist ein Café, ein Souvenirladen sowie der Eingangs- und Kassenbereich vorgesehen. Auf dieser Höhe befinden sich auch die Büros und ein Seminarraum im langgestreckten Gebäuderiegel. Darunter, auf Höhe der Ausstellungsebene, sind Aquarientechnik, Quarantäne- und Lagerraum angesiedelt.

Ausgewählte Indikatorarten dienen der Vermittlung von ökologischen Zusammenhängen und der wissenschaftlichen Dauerbeobachtung im Wattenmeer

Im Rahmen der Voruntersuchung hat das Nationalparkamt ein Wirtschaftlichkeitsgutachten bei dem Deutschen Wirtschaftswissenschaftlichen Institut für Fremdenverkehr in München in Auftrag gegeben (DWIF 1994). Das DWIF stellt fest, daß das „Zentrum für Wattenmeer-Monitoring und Information" in der bis dahin skizzierten Planung in der Lage ist, wirtschaftlich sich selbst zu tragen.

Die Trägerschaft liegt zunächst bei der Stadt Tönning. Es ist beabsichtigt, eine private Trägergemeinschaft zu gründen. Falls dies nicht gelingt, hat sich das Land Schleswig-Holstein bereit erklärt, nach Ablauf der Projektphase die Trägerschaft für die Monitoring-Station zu übernehmen.

1.2.2 Das Konzept

Das international abgestimmte Monitoringkonzept im Wattenmeer (vergl. Kapitel XI 1.5) orientiert sich an Problemfeldern. Für die Beurteilung der ökosystemaren Zusammenhänge des Wattenmeeres sind nicht nur chemische und physikalische Parameter, sondern vor allem biologische Parameter relevant. Parameter, die unterschiedlichen Schlüsselorganismen, -prozessen und Gemeinschaften zugeordnet sind, geben Auskunft über die Reaktion des Ökosystems auf anthropogene Einflüsse. Verzweigte Wirkungsketten kennzeichnen die Vernetzung innerhalb des Ökosystems Wattenmeer, reichen aber auch weit darüber hinaus bis in die angrenzenden Ökosysteme. Bei der Auswahl der Monitoringparameter wurde die Verknüpfung der verschiedenen Interaktionen berücksichtigt.

Um die Komplexität des Ökosystems und die Vernetzung mit den angrenzenden Systemen einerseits sowie die Vorgehensweise der Dauerbeobachtung und der ökologischen Wissenschaft andererseits publikumsgerecht zu vermitteln, soll im didaktischen Konzept des Zentrums für Wattenmeer-Monitoring und Information erstmals die innovative Leitidee „Vermittlung nach Wirkungsketten" realisiert werden. Das heißt, das Projekt beinhaltet sowohl die neuartigen Inhalte der aktuellen Vermittlung von wissenschaftlichen Monitoringergebnissen als auch eine neuartige didaktische Konzeption. Für die Vermittlung werden die Wirkungsketten von wenigen exemplarischen Indikatororganismen ausgewählt. Diese sind den Gästen bekannt und ermöglichen einen umfassenden Einblick in den Lebensraum Wattenmeer, die Vorgehensweise des Monitorings und die Arbeit der Wissenschaft.

Als exemplarische Organismen sind vorgesehen:
Die Miesmuschel *(Mytilus edulis)*, die Sandgarnele *(Crangon crangon)*, die Flunder *(Platichthys flesus)*, die Aalmutter *(Zoarces viviparus)*, der Austernfischer *(Haematopus ostralegus)* und die Flußseeschwalbe *(Sterna hirundo)*. Andere für das Verständnis des Ökosystems wichtige Organismen bzw. Organismengruppen lassen sich über die Wirkungsketten dieser Tiere darstellen.

Mögliche Auswirkungen der verschiedenen Nutzungen auf das Ökosystem lassen sich ebenfalls an diesen Organismen verständlich aufarbeiten. Bei dem Problemfeld „Meeresspiegelanstieg durch Klimawandel" geben vor allem physikalische Parameter die Art der Vermittlung vor: Klimadaten, Pegelstände, Sturmfluthäufigkeit, Küstenlinien sind die Indikatoren, deren Zusammenhänge und Veränderungen von Interesse sind.

Modellcharakter erhält das Zentrum für Monitoring und Information in Tönning auch dadurch, daß aktuelle Daten der Umweltbeobachtung attraktiv aufbereitet und der Öffentlichkeit sofort zugänglich gemacht werden. Jeder Indikatororganismus ist mit Funktions- und Wirkungskettenmodellen vertreten, an denen die Gäste das Monitoring nachvollziehen können. Der Veranschaulichung dienen unter anderem Großaquarien, verschiedene optische Geräte, Computer, Funkkameras, Großbildschirme, bedienbare Funktionsmodelle, Filme sowie wissenschaftliches Originalgerät.

Medienwirksame Sonderereignisse z. B. Eiswinter, Ölunfälle, Vogelsterben oder das Auftreten von Algenmatten sollen an besonderer Stelle vor ihrem wissenschaftlichen Hintergrund beleuchtet werden. So bietet sich den Gästen die Gelegenheit zur eigenen Bewertung, unabhängig von journalistischer Aufbereitung.

Für das Außengelände des Gebäudes sind Aktionsmodelle zum Grundverständnis physikalischer Phänomene, wie Wind und Wellen, Strömung und Sediment, Gezeiten und Sturmflut, Klima und Wetter geplant, die den Gästen die individuelle aktive Erschließung dieser Themen ermöglichen.

Neben der interaktiven, anschaulichen Unterhaltung soll ein umfassendes Bildungsangebot entwickelt werden.

Nationalpark-Service: In Deutschland verfügen 10 von 12 Nationalparken über eine Hauptamtliche Besucherbetreuung

Geplant sind unter anderem Seminare, Projekte, Fortbildungsveranstaltungen, interdisziplinäre Workshops sowie Exkursionen in der freien Natur unter Beteiligung von Wissenschaftlerinnen und Wissenschaftlern. Auf vielerlei Weise sollen hier neue Methoden, die komplexen Wirkungszusammenhänge des „Natur-Mensch-Systems" Wattenmeer verstehen zu lernen, zu beobachten und auszuwerten, erprobt und angewendet werden.

Das Bildungsangebot des Zentrums für Monitoring und Information soll über die Erlebnis- und Aktionsmöglichkeiten im Gebäude selbst hinausgehen und Institutionen und Unternehmen der Region und des Landes über vielfältige Kooperationen einbinden.

1.3 Nationalpark-Service

1.3.1 Problemstellung

Nationalparke benötigen einen hauptamtlichen Dienst, der in der Fläche präsent ist und Aufgaben der Besucherbetreuung, der Besucherlenkung, der Besucherinformation sowie der Kontrolle wahrnimmt (NNA 1993). In der Mehrzahl der Nationalparke, in den USA zu 100 %, ist dies seit langem realisiert. Die Effektivität eines solchen Systems hat sich in der Praxis vielfach erwiesen. In Deutschland verfügen 10 von 12 Nationalparken über eine hauptamtliche Nationalparkbetreuung (mündliche Mitteilung FÖNAD). Im Nationalpark Schleswig-Holsteinisches Wattenmeer ist der Einstieg in die hauptamtliche Betreuung im Sommer 1996 mit Hilfe von Arbeitsförderungsmaßnahmen erfolgen (siehe auch Kap. 1.3.6 „Realisierung").

Jährlich übernachten ca.1,6 Millionen Gäste in den Anrainergemeinden des Nationalparks. Hinzu kommen 11,2 Millionen Tagesgäste. Dieses Gästeaufkommen erfordert eine effektive Besucherbetreuung, -lenkung und -information sowie eine Überwachung der Schutzvorschriften im Nationalpark. Gegenwärtig findet eine Betreuung in Teilen des Nationalparks lediglich mit Hilfe ehrenamtlicher Kräfte statt (vergl. Kap. XI 1.4). Die reicht jedoch nicht aus. Die vor Ort tätigen Naturschutzverbände stützen ihre Arbeit im wesentlichen auf Zivildienstleistende. Trotz großen Engagements können sie den Anforderungen an Lenkung der Gästemengen, an

Informationsarbeit und an Überwachung nur zum Teil gerecht werden (vergl. Kap. XI 1.1.2).

Die Naturschutzverbände unterstützen daher selbst seit langem die Forderung der deutschen Nationalparkverwaltungen sowie der FÖNAD nach einer hauptamtlichen Betreuung im Nationalpark. Auch auf verschiedenen nationalen und internationalen Tagungen und Konferenzen wurden Forderungen nach einem hauptamtlichen Betreuungs- und Aufsichtssystem in den Wattenmeer-Nationalparken diskutiert und begründet (MINISTRY OF THE ENVIRONMENT 1991). Auf der trilateralen Umweltministerkonferenz in Esbjerg 1991 hat sich die Bundesrepublik verpflichtet, bis 1994 eine hauptamtliche Aufsicht mit staatlichen Vollzeitbediensteten sicherzustellen (CWSS 1992).

Dabei soll auch in Zukunft nicht auf die bewährte ehrenamtliche Besucher- und Gebietsbetreuung durch Naturschutzverbände verzichtet werden. Ziel ist ein integriertes System aus haupt- und ehrenamtlichen Kräften, die im Nationalpark ihren Dienst verrichten (vergl. GIS-Karte 35). Dieses haupt- und ehrenamtliche Personal arbeitet als Nationalpark-Service. Einzubeziehen ist auch die Küstenwache von Bund und Land, die vornehmlich Aufgaben der Gewässerüberwachung übernimmt.

1.3.2 Ziele des Nationalpark-Service

Unter dem Begriff Nationalpark-Service wird der gesamte Außendienst zusammengefaßt, der „vor Ort" Ansprechpartner für die Bürgerinnen und Bürger und Gäste ist und über Ziele und Aufgaben von Schutzmaßnahmen informiert. Zu den Aufgaben zählt auch die Einhaltung von Schutzvorschriften. Der Nationalpark-Service soll bei seiner Arbeit von dem Grundsatz „anbieten statt verbieten" geleitet werden (vergl. Kap. XI 1.1).

Der Nationalpark-Service ist Ansprechpartner vor Ort und informiert über Ziele und Aufgaben des Wattenmeer-Naturschutzes

Der Nationalpark-Service hat folgende Ziele:

▶ Der Nationalpark soll in der Fläche präsent, erkennbar und ansprechbar sein;
▶ Für die Ziele des Wattenmeer-Naturschutzes soll bei Einheimischen, Gästen sowie Nutzergruppen geworben werden

(„Akzeptanzförderung");
▶ Gäste sollen durch Informationen und Erklärungen gelenkt werden;
▶ Das Nationalparkgebiet soll überwacht werden, um Störungen zu vermeiden und um Veränderungen zu erfassen;
▶ Das Monitoringprogramm im Wattenmeer soll unterstützt werden.

Vorbildlich und exemplarisch für den Nationalpark-Service ist bereits heute die Arbeit der nach altem LNatSchG bestellten Nationalparkwartin Ruth Kruse. In ihrem Wirkungsbereich Nordstrand und Nordstrandischmoor übernimmt die Halliglandwirtin seit mehreren Jahren als Außendienstmitarbeiterin des Nationalparkamtes im Rahmen dieser ehrenamtlichen Tätigkeit viele Aufgaben der Überwachung durch Information und Erklärungen sowie der Umweltbeobachtung. Durch diese Mitarbeiterin vor Ort konnte die Akzeptanz für den Nationalpark deutlich verbessert werden. Die Nationalparkwartin des Nationalparkamtes zeigt, wie sehr der praktische Naturschutz, die Information und Lenkung der Gäste und der unmittelbare Kontakt zur einheimischen Bevölkerung, dem Nationalpark und den Menschen dient.

1.3.3 Aufgaben des hauptamtlichen Nationalpark-Service

Die Mitarbeiterinnen und Mitarbeiter des Nationalpark-Service sollen verwaltungsmäßig an die Bezirkszentren angegliedert werden (vergl. Kap. XI 1.1). Sie arbeiten im Bezirk weitgehend selbständig. Probleme, die nicht im Bezirk gelöst werden können und schwere Verstöße, für die ein Verfahren eingeleitet werden muß, werden an das Nationalparkamt weitergeleitet. Die Aufgaben gliedern sich in drei Bereiche:

1.3.3.1 Betreuung von Gästen und Einheimischen

Neben Besucherlenkung und Überwachung im Nationalpark ist vor allem die Betreuung von Gästen und Einheimischen von Bedeutung. Durch Einzelgespräche oder vor Gruppen werden die Ziele des Nationalparks erläutert, um einsichtiges

Handeln bei den Menschen zu bewirken. Folgende Aufgaben führen die Mitarbeiterinnen und Mitarbeiter im Bezirk durch:

▶ Die Besucherbetreuung in der Fläche wird die Hauptaufgabe des Nationalpark-Service sein. Überzeugungsgespräche, Diskussionen, Vermittlung der Angebote der Öffentlichkeitsarbeit sollen dazu dienen, die Einhaltung der Schutzvorschriften zu gewährleisten.
▶ Führung von Gruppen im öffentlichen Angebot oder auch von geschlossen anreisenden Gruppen sollen einen hohen Stellenwert bei der Informations- und Lenkungsarbeit einnehmen. Hierzu ist eine intensive Abstimmung mit privaten Anbietern erforderlich.
▶ Eine der bedeutendsten Aufgaben ist die Kontaktpflege zu den Einheimischen. Dadurch kann Verständnis für die Nationalpark-Ziele und die erforderlichen Naturschutzmaßnahmen erreicht werden.
▶ Der Informationsfluß zwischen Nationalparkamt und Bezirk, d.h. zwischen Behörde und Bewohnern, soll über die Bezirkszentren erfolgen. Die Mitarbeiterinnen und Mitarbeiter des Nationalpark-Service sind vornehmlich Ansprechpartner für die Bewohner des jeweiligen Bezirks.
▶ In den Informationszentren versorgen die Mitarbeiterinnen und Mitarbeiter die Gäste mit Informationen. Sie sind die „Anlaufstelle" für Fragen und Probleme der einheimischen Bevölkerung und führen „Sprechstunden" im Nationalpark durch. Sie repräsentieren das Nationalparkamt, sofern nicht für bestimmte Veranstaltungen Mitarbeiterinnen und Mitarbeiter des Nationalparkamtes selbst gefordert sind.

Die Besucherbetreuung in der Fläche wird die Hauptaufgabe des Nationalpark-Service sein

1.3.3.2 Besucherlenkung, Überwachung und Verwaltung

Die Mitarbeiterinnen und Mitarbeiter des Nationalpark-Service nehmen darüber hinaus im Bezirk folgende Aufgaben wahr:

▶ Hoheitliche Aufgaben nach § 50 LNatSchG.
▶ Überwachung der Verbote und Gebote des Gesetzes und der Auflagen von Ausnahmegenehmigungen. Hierzu sind regelmäßige Kontrollgänge bzw. -fahrten notwendig. Es müssen Betretungsverbote, Befahrensverbote, Wegegebote sowie die erlaubten Nutzungen oder Ausnahmegenehmigungen überwacht werden.
▶ Überwachung besonders empfindlicher Brut- und Rastvogelgebiete, die einem größeren Störpotential ausgesetzt sind.
▶ Dokumentation und Meldung von Veränderungen im Gebiet, vor allem solche, die durch menschliche Einflüsse verursacht sind, müssen dokumentiert und gemeldet werden.
▶ Erfassung von Besucherzahlen und Besucherverhalten.
▶ Schilder-Kontrollgänge und Ersatz schadhafter Schilder. Wo erforderlich, sind neue Schilder zu setzen. Ebenso sind Schaukästen, Info-Pavillons, Lehrpfade usw. regelmäßig zu kontrollieren.
▶ Hilfs- und Meldedienste bei Katastrophen, für die verbindliche Katastrophenpläne vorliegen. In dringenden Fällen kann ein Bereitschaftsdienst eingerichtet werden.
▶ Koordination der Aktivitäten aller haupt- und ehrenamtlichen Mitarbeiterinnen und Mitarbeiter eines Bezirkes.
▶ Mithilfe bei der im Bezirk anfallenden allgemeinen Verwaltungsarbeit.

1.3.3.3 Monitoring und anwendungsbezogene Forschung

Im Bereich Monitoring und anwendungsbezogene Forschung sollten die Mitarbeiterinnen und Mitarbeiter helfend mitwirken. Sie können regelmäßig ausgewählte Parameter (z. B. Vogelzahlen, Spülsaumfunde, Störungen) für die Monitoring-Programme erfassen, Zustandsberichte zur Entwicklung der Natur anfertige und bei Forschungsprogrammen vor Ort mithelfen.

1.3.4 Bedarf an hauptamtlichem Personal

Die Ermittlung des Bedarfs an hauptamtlichem Personal ist von der Voraussetzung geleitet, daß in Zusammenarbeit mit den ehrenamtlichen Kräften, insbesondere während der Hauptferienzeit, eine flächendeckende und an bestimmten Orten sogar eine ganztägige Gästebetreuung sichergestellt werden kann. Bei besonderen Vorkommnissen muß zu jeder Zeit eine hauptamtliche Kraft schnell den Ort des Geschehens erreichen können. Außerdem sollen auch die Wasserflächen, Sandbänke und die zu Fuß nicht erreichbaren Watten in die Betreuung einbezogen werden. Dies macht den Einsatz von Booten erforderlich. Im einzelnen wurden folgende Kriterien berücksichtigt:

Die Föderation der Natur- und Nationalparke schlägt eine Personalausstattung von einem Betreuer je 500-1000 ha Fläche vor

▶ Die Küstenlänge im Nationalpark beträgt rund 500 km. Davon entfallen auf die 7 Bezirke Stecken zwischen 40 und 107 km. Die Küstenlänge ist ein wichtiges Krite-rium, weil sie auch ein Maß für die Zu-gänglichkeit des Nationalparks ist. Der Nationalpark Schleswig-Holsteinisches Wattenmeer hat keine „Haupteingänge" wie die meisten anderen Nationalparke, sondern kann über viele Zuwegungen entlang der gesamten Küsten betreten werden.

▶ Aufgrund der großen Flächenausdehnung und der Gezeiten des Nationalparks können die weiter von der Küste entfernten und tiefgelegenen Bereiche teilweise nicht mehr zu Fuß betreten werden. Da sie aber mit Sportbooten, Segel- oder Ausflugschiffen erreicht werden, ist eine Betreuung und Überwachung mit Schiffen notwendig.

▶ Die Gäste an der schleswig-holsteinischen Westküste haben ihre Quartiere nicht im Nationalpark, sondern in seinem Vorfeld. Daher ist die Häufigkeit der Ausflüge in den Nationalpark von Bedeutung. Wie Untersuchungen der Ökosystemforschung ergeben haben, werden jährlich 11 Millionen Ausflüge in den Nationalpark unternommen, 5 Millionen durch Übernachtungsgäste und 6 Millionen durch Wohnortausflügler verursacht. Dementsprechend muß die Arbeit des Nationalpark-Service zusätzlich auf das Vorfeld und seine touristische und sozio-ökonomische Infrastruktur ausgerichtet sein. International wird die Rolle

Die Mindestausstattung für den Nationalpark-Service sind 54 hauptamtliche Kräfte

der Nationalparke für den Erhalt des Naturerbes hoch eingeschätzt. Die USA, Großbritannien, Schweiz und selbst viele Entwicklungsländer haben deshalb für ihre Nationalparke seit Jahren hauptamtliche Betreuungssysteme aufgebaut. Im Nationalpark Bayerischer Wald z.B. arbeiten auf einer Fläche von „nur" 13.000 ha bereits 15 hauptamtliche Personen in der Nationalparkwacht, d.h. mehr als eine Person je 1.000 ha. Die Föderation der Natur- und Nationalparke (FÖNAD) schlägt für Nationalparke eine Personalausstattung von einem Betreuer je 500-1.000 ha Fläche vor. Rein rechnerisch würde sich für den Nationalpark Schleswig-Holsteinisches Wattenmeer eine Gesamtzahl von weit über 200 Mitarbeiterinnen und Mitarbeiter ergeben.

▶ Bei der Ermittlung des Personalbedarfs ist zu berücksichtigen, daß jeder vollbeschäftigten Mitarbeiterin und jedem vollbeschäftigten Mitarbeiter ca. 200 Arbeitstage von z. Zt. 7 Std. 42 Min. zur Verfügung stehen. Der Nationalpark-Service muß während der Saison 12 Std. täglich einschließlich der Wochenenden tätig sein. Für die Zeiten höherer Anforderungen im Sommer muß vor und nach Dienstschluß ein Bereitschaftsdienst eingerichtet werden.

Unter Zugrundelegung der beschriebenen Kriterien werden als Mindestausstattung für den Nationalpark-Service insgesamt 54 hauptamtliche Kräfte als erforderlich angesehen. Diese verteilen sich wie folgt:

▶ Für die Leitung und Organisation sind im Nationalparkamt in Tönning sechs Stellen erforderlich. Von diesem Personal müssen folgende Aufgaben wahrgenommen werden: Der Leiter/die Leiterin ist für den gesamten Nationalpark-Service zuständig. Die weiteren Mitarbeiterinnen und Mitarbeiter betreuen die im Außendienst tätigen Mitarbeiterinnen und Mitarbeiter. Sie sind für Aus- und Fortbildung zuständig und stellen den Informationsfluß sicher. Die Aufgaben und der Einsatz des Außendienstes wird von ihnen koordiniert. Aus den Bezirken eingehende Meldungen und Vorstöße sind aufzunehmen und zu bearbeiten. Die eingehenden Anregungen und Vorschläge werden geprüft und ggf. in entsprechende Maßnahmen umgesetzt. Regelmäßige Abstimmungsgespräche und Verhandlungen mit Naturschutzverbänden, Behörden und anderen beteiligten Institutionen sind zu führen.

► In den sieben Bezirken werden als Mindestausstattung je 6 Personen erforderlich, das sind zusammen 42. Eine Mitarbeiterin bzw. ein Mitarbeiter übernimmt die Leitung im Bezirk. Das 1996 vorhandene Personal der 4 realisierten Bezirkszentren Wyk, Nordstrand, Büsum und Friedrichskoog sollte dabei einbezogen werden.

► Zur Überwachung bestimmter Gebiete und Wattflächen, die zu Fuß nicht erreichbar sind, sind 2 Bootsbesatzungen mit je 3 Mitarbeiterinnen und Mitarbeitern erforderlich, zusammen 6 Personen. Als Liegeplätze und Einsatzorte sind Hörnum und Büsum vorgesehen.

Mit dieser Personalausstattung wird insgesamt eine Quote von weniger als einer Person des Nationalpark-Services pro 6.000 ha erreicht. Zwar liegt dies etwa 6-fach unter der von der FÖNAD vorgeschlagenen Anzahl und den in anderen Nationalparken realisierten Quoten. Dennoch kann angesichts der Sparzwänge der Öffentlichen Hand mit dieser personellen Kalkulation unter Einbeziehung des ehrenamtlichen Elementes ein vernünftiger erster Schritt zur Betreuung der Nationalpark-Fläche getan werden.

1.3.5 Kooperationspartner und Aufgabenverteilung

Privatpersonen können zu ehrenamtlichen Mitarbeiterinnen und Mitarbeitern des Nationalpark-Service bestellt werden

In den Nationalpark-Service sollen auch Gruppen und Einzelpersonen einbezogen werden, die ohnehin im Bereich des Nationalparks tätig sind. Zusätzlich zu den hauptamtlichen Mitarbeiterinnen und Mitarbeitern kann der Nationalpark-Service um weiteres Personal erweitert werden, dessen Aufgaben nachfolgend beschrieben sind.

1.3.5.1 Aufgaben des ehrenamtlichen Naturschutzdienstes nach § 50 LNatSchG

Der ehrenamtliche Naturschutz hat im schleswig-holsteinischen Wattenmeer eine lange Tradition

Zur Unterstützung des hauptamtlichen Betreuungspersonals kann das Nationalparkamt nach § 50 LNatSchG Privatpersonen aus verschiedenen Berufsgruppen zu ehrenamtlichen Mitarbeiterinnen und Mitarbeitern des Nationalpark-Service bestellen. Sie müssen viel im Gelände tätig sein und ihren Wohnsitz im Bezirk haben. In Betracht kommen Jagdausübende, Ausübende der Seehundjagd, der Landwirtschaft, der Fischer sowie Wattführerinnen und Wattführer, ALW-Mitarbeiterinnen und Mitarbeiter, Zentrumsbeauftragte der Verbände, Mitarbeiterinnen und Mitarbeiter der Kurverwaltungen, verschiedener Behörden und Bildungseinrichtungen.

Die von ihnen wahrzunehmenden Aufgaben sind die Unterstützung des hauptamtlichen Personals bei der Überwachung der Schutzvorschriften im Nationalpark und die Besucherlenkung durch Informaton und Gespräche. Sie melden Vorkommnisse an die hauptamtlichen Mitarbeiterinnen und Mitarbeiter. In jedem Bezirk sind 10 ehrenamtliche Personen zu ernennen.

1.3.5.2 Aufgaben der Verbände mit Betreuungsauftrag (Naturschutzdienst nach § 21 LNatSchG)

Der ehrenamtliche Naturschutz hat im schleswig-holsteinischen Wattenmeer eine lange Tradition. Bereits im Jahre 1907 wurde der private Naturschutzverein Jordsand, benannt nach einer heute auf dänischem Staatsgebiet liegenden kleinen Sandinsel, gegründet. Das Ziel des Vereins war schon damals eine nachhaltige Verbesserung des Seevogelschutzes. Zu diesem Zweck kaufte der Verein noch im selben Jahr die Hallig Norderoog. Absichten, Norderoog 1927 nach dem preußischen Feld- und Forstpolizeigesetz unter Schutz zu stellen, wurden zurückgestellt, weil ein Gebietsschutz durch Vogelwärter nicht zu verwirklichen war und die damals Verantwortlichen eine formale Unterschutzstellung, die nur auf dem Papier stand, ablehnten.

Erst als eine praktische Betreuung und Aufsicht sichergestellt werden konnte, wurde Norderoog im Jahre 1939 als Naturschutzgebiet ausgewiesen. Wegen der überragenden ökologischen Bedeutung und Schutzbedürftigkeit wurden im Lauf der Jahre weitere Schutzgebiete im Wattenmeer ausgewiesen, so unter anderem das Naturschutzgebiet „Nordfriesisches Wattenmeer" im Jahre 1974 mit einer Gesamtgröße von rund 136.000 ha. Eingerahmt werden sie von einer Vielzahl weiterer Naturschutz- und Landschaftsschutzgebiete auf den Inseln und im Bereich der angrenzenden Festlandsküste, die z. T. seit Jahrzehnten von privaten Naturschutzorganisationen betreut werden.

Der seit Ende der 60er Jahre zunehmende Tourismus erforderte eine Ausweitung der Betreuung, um Störungen des sensiblen Ökosystems zu minimieren und die Besucher besser über die Besonderheiten dieses Lebensraumes zu informieren. Seit 1975 erfolgte die Betreuung in der Regel im Rahmen eines öffentlich-rechtlichen Vertrages auf der Grundlage von § 57 Landschaftspflegegesetz (LPflegG). Die vom MELFF abgeschlossenen Verträge beschreiben Umfang und Inhalte der zu leistenden Betreuungsarbeit, die zu wesentlichen Teilen in der Beobachtung des Gebietes sowie der Zählung von Brut- und Rastvögeln bestand. Durch finanzielle Zuwendungen des Landes an die ehrenamtlich tätigen Vereine wurden die Betreuungsaufgaben mit bis zu 50 % der zuwendungsfähigen Ausgaben gefördert.

Seit 1957 erfolgt die Schutzgebietsbetreuung im Rahmen eines Vertrages, der Umfang und Inhalt der Arbeit vorschreibt

Grundlage bildete die „Richtlinie für die Gewährung von Zuwendungen im Rahmen der Betreuung geschützter Gebiete". 1991 wurden die maximalen Zuschüsse des Landes für die Betreuung aufgrund der gestiegenen Anforderungen an die Betreuung auf 75 % angehoben.

Auch nach der Gründung des Nationalparks Schleswig-Holsteinisches Wattenmeer im Jahre 1985 wurde die Betreuung im Bereich der bestehenden Naturschutzgebiete fortgeführt. Die Grenzen der heute betreuten Gebiete entsprechen den NSG-Grenzen im Wattenmeer vor Gründung des Nationalparkes (GIS-Karte 36). Das Dithmarscher Wattenmeer wird deshalb mit Ausnahme des Gebietes um Trischen nicht offiziell betreut. Das seit der Gründung des Nationalparks Schleswig-Holsteinisches Wattenmeer verfolgte Ziel einer flächendeckenden, qualitativ genügenden Gebietsbetreuung ist bislang nicht erreicht. Der für die Betreuung notwendige Aufwand ist aufgrund der erheblich größeren Mobilität der Bevölkerung und der Intensivierung insbesondere fremdenverkehrlicher Nutzungen in der gesamten Fläche seitdem erheblich größer geworden.

Für den Nationalpark erarbeitet das Nationalparkamt Vorschläge für eine räumliche, organisatorische und inhaltliche Neuregelung der ehrenamtlichen Schutzgebietsbetreuung

Das Umweltministerium hat den Vertrag für die Schutzgebietsbetreuung und die Richtlinie zur Finanzierung der Betreuung deshalb überarbeitet. Die neue Richtlinie ist seit dem 18. April 1995 gültig (AMTSBLATT VON SCHLESWIG-HOLSTEIN 1995).

Seit dem Sommer 1995 existiert ein für alle Schutzgebiete Schleswig-Holsteins gültiges einheitliches Vertragsmuster. Grundlage dafür ist § 21d Landesnaturschutzgesetz (LNatSchG). Künftig ist vorgesehen, dem Betreungsvertrag einen „Betreuungsvermerk" anzufügen, der gebietsspezifisch den genauen Umfang der zu leistenden Betreuungsarbeit festlegt.

Für den Nationalpark erarbeitet das Nationalparkamt Vorschläge für eine räumliche, organisatorische und inhaltliche Neuregelung der ehrenamtlichen Schutzgebietsbetreuung. Die im und am Wattenmeer tätigen Naturschutzvereine sind in die Entwurfserarbeitung für ein Betreuungskonzept eingebunden. Sie haben seit dem Herbst 1994 das Thema Betreuung mehrfach beraten.

Bestreben des Nationalparkamtes ist es, den Kuratorien einen Entwurf zur Beratung und Beschlußfassung vorzulegen, der im Vorwege mit den Naturschutzverbänden abgestimmt ist. Die oberste Naturschutzbehörde (MNU) wird dann abschließend über die Vergabe der Betreuung entscheiden. Grundlage für die Neuregelung der Betreuung ist ein Neuzuschnitt der Betreuungsgebiete. Die derzeitigen Grenzen der Betreuungsgebiete spiegeln die Gebietsgrenzen der Naturschutzgebiete im Wattenmeer vor Gründung des Nationalparkes wider.

Um eine stufenweise Umsetzung des Nationalpark-Service Konzeptes möglichst reibungslos zu ermöglichen, wurde die Neueinteilung der Betreuungsgebiete in Anlehnung an die Bezirksgrenzen des Service-Konzeptes vorgenommen. Jeder der von Nord nach Süd alphabetisch durchnumerierten Bezirke A - G ist weiter unterteilt in die eigentlichen Betreuungsgebiet Ax bis Gx (vergl. GIS-Karte 35). Ausgerichtet ist die Neustrukturierung ferner an der Flora-Fauna-Habitat (FFH)-Richtlinie der Europäischen Gemeinschaft sowie an den ausgewiesenen Ramsar-Gebieten. Diese Einteilung wurde gewählt, um die für jedes Gebiet spezifischen Betreuungsaufgaben (z. B. Monitoring) exakt zuordnen zu können und so den erforderlichen Betreuungsaufwand genau zu spezifizieren. Für jedes Betreuungsgebiet ist ein verantwortlicher Träger vorgesehen. Es besteht die Möglichkeit, daß mehrere Vereine gemeinsam die Trägerschaft für ein Gebiet übernehmen. Inhaltlich wird angestrebt, die Betreuungsarbeit möglichst umfassend zu standardisieren. Dadurch soll Doppelarbeit vermieden werden, was in der Fläche zu aussagekräftigeren Ergebnissen führen soll.

Im Rahmen der zukünftigen Betreuungsarbeit werden für folgende Parameter Dauerbeobachtungen durch die Verbände angestrebt: Rastvogel-, Brutvogel-, Bruterfolgs-, Spülsaum-, Schweinswal-, Flugbetriebsmonitoring. Ferner sollten Daten zur Tourismus- und Freizeitnutzung, anderen anthropogenen Störungen sowie natürlichen Veränderungen erhoben werden.

Ein wichtiges Aufgabenfeld der zukünftigen Betreuung im Nationalpark ist die Besucherlenkung durch Information

Ein wichtiges Aufgabenfeld der zukünftigen Betreuung im Nationalpark ist die Besucherlenkung durch Information. Dem Bedürfnis der Einheimischen und der auswärtigen Gäste nach umfassender Information über Ziele und Inhalte des Nationalparkes kann die bisherige Konzeption im Rahmen der Betreuung nicht gerecht werden. Hier muß zukünftig ein gemeinsames Konzept der staatlichen und ehrenamtlichen Stellen die im Rahmen der Betreuung zu leistende und vom Nationalparkamt delegierende Öffentlichkeitsarbeit festlegen.

Die dauerhafte Realisierung des Nationalpark-Service ist nur durch die Erschließung neuer Einnahmequellen möglich

Aus fachlichen Gründen und zur Verwaltungsvereinfachung muß die Federführung und Koordinierung der Betreuungsarbeit zukünftig beim Nationalparkamt liegen. Das Nationalparkamt soll künftig Bewilligungsbehörde für die Zuwendungen im Rahmen der Betreuungsarbeit im Nationalpark werden. Um inhaltlich eine fugenlose Einpassung in das System „Nationalpark-Service" zu erreichen, ist eine regelmäßige Abstimmung in den jeweiligen Bezirken erforderlich. Besprechungen mit diesem Ziel werden von den hauptamtlichen Mitarbeiterinnen und Mitarbeitern des Nationalpark-Service einberufen.

1.3.5.3 Aufgaben der Küstenwache

Die Küstenwache des Landes (Wasserschutzpolizei, Fischereiaufsicht, Ämter für Land- und Wasserwirtschaft, Landesamt für Natur und Umwelt) und die Küstenwache des Bundes (Zoll, Bundesgrenzschutz, Wasser- und Schiffahrtsverwaltung) über-

nehmen gemäß ihrer gesetzlichen Aufträge die wasserseitige Überwachung des Nationalparks. Regelmäßige Besprechungen und Abstimmungen der Einsatzpläne sind dazu erforderlich. Die Belange des Nationalparks müssen Eingang in die Dienstanweisungen der Küstenwache finden.

1.3.6 Realisierung

Ein Einstieg in die dauerhafte, hauptamtliche Betreuung soll ab April/Mai 1996 mit Hilfe von Arbeitsförderungsmaßnahmen erfolgen. 22 Mitarbeiterinnen und Mitarbeiter werden nach einer mehrwöchigen Ausbildungs- und Schulungsphase im Nationalparkamt bereits während der Sommersaison 1996 im Außendienst eingesetzt, zunächst allerdings nur befristet bis Ende 1997. Hiermit wird das wichtige Ziel, Kontinuität über Jahre hinweg herzustellen, noch nicht erreicht. Die Kosten für die langfristige Finanzierung des Nationalpark-Service übersteigen die im Haushalt des Nationalparkamtes verfügbaren Haushaltsmittel um ein Vielfaches. Deshalb ist die dauerhafte Realisierung nur durch Erschließen neuer Einnahmequellen möglich (vergl. Kap. XIII 3.4).

1.4 Ökologische Umweltbeobachtung

Auf der 7. Trilateralen Regierungskonferenz in Leeuwarden 1994 wurden für das Wattenmeer ökologische Entwicklungsziele beschlossen, die sich auf die Qualität der Lebensraumtypen sowie der Wasser- und Sedimentbeschaffenheit beziehen. Die politischen Entscheidungen zum Schutz des Wattenmeeres müssen sich an diesen Zielvorgaben orientieren. Die zu treffenden Maßnahmen sollen geeignet sein, diese ökologischen Ziele zu erreichen. Ob die Maßnahmen des Umwelt- und Naturschutzes wirksam und effizient sind, kann nur durch eine geeignete Überwachung des Ökosystems überprüft werden.

Ökologische Umweltbeobachtung (Monitoring) als Grundlage für eine umfassende Zustandsbewertung beinhaltet dabei sowohl rückwirkende wie vor allem die fortlaufende Erfassung von physikalischen, chemischen, biologischen und sozioökonomischen Parametern auf einer regionalen Skala. Nur eine kontinuierliche Langzeitbeobachtung eines entsprechend breiten Spektrums ausgewählter Parameter ermöglicht eine verläßliche Zustandsbewertung, das Erkennen von Trends und von räumlichen Unterschieden der Belastung. Schleichende Veränderungen in der Umwelt können rechtzeitig entdeckt und Wege zur Ermittlung ihrer Ursachen aufgezeigt werden. Aus den Erkenntnissen läßt sich der Handlungsbedarf für ein zukünftiges Management ableiten, das geeignete Gegenmaßnahmen ermöglicht, bevor es zu dauerhaften Schädigungen des Ökosystemkomplexes Wattenmeer kommt. Darüberhinaus stellen Langzeitdatenreihen z. B. zum Brutvogelbestand eine der wichtigsten Entscheidungsgrundlagen bei der Ausweisung von Schutzzonen und -gebieten, bei der Planung von Schutzmaßnahmen und bei der Beurteilung von Eingriffen dar (HÄLTERLEIN et al. 1995).

1.4.1 Verpflichtung zum Monitoring

Nur eine kontinuierliche Langzeitbeobachtung ermöglicht eine verläßliche Zustandsbeschreibung des Ökosystems

Auf der 6. Trilateralen Ministerkonferenz zum Schutz des Wattenmeeres 1991 in Esbjerg wurde von den Umweltministern der drei Anrainerstaaten („Esbjerg-Erklärung") vereinbart, „... auf dem Gebiet des Monitorings und der wissenschaftlichen Forschung in bezug auf das Wattenmeer zusammenzuarbeiten, indem (...)

► sie die Empfehlungen der Arbeitsgruppe zur Entwicklung eines gemeinsamen Monitoringprogramms begrüßen und die Trilaterale Arbeitsgruppe anweisen, das Programm gemäß den von ihr ausgearbeiteten Aufgaben weiter umzusetzen;

Die Ökosystemforschung im Wattenmeer lieferte Grundlagen für das Trilaterale Monitoring- und Bewertungsprogramm

► sie ausreichend große, gleichmäßig über das Wattenmeer verteilte Gebiete festlegen, in welchen Nutzungen und störende Aktivitäten verboten sind und die als Bezugszwecke für wissenschaftliche Zwecke dienen können..."

Auch aus anderen internationalen Vereinbarungen und Abkommen leitet sich direkt oder indirekt eine dauerhafte Umweltbeobachtung als Pflichtaufgabe des Staates ab (London-Konvention von 1972, Ramsar-Abkommen von 1975, Berner Konvention von 1979, EG-Vogelschutz-Richtlinie von 1981, Bonner Konvention von 1986, Beschlüsse der 2. und 3. Nordseeschutzkonferenz von 1987 und 1990, Fauna, Flora, Habitat-Richtlinie der EU von

1992, Paris-Konvention von 1993, MaB-Leitlinien von 1995, vergl. Kap. III 4).

1.4.2 Das Konzept

Gemäß den Vorgaben der „Esbjerg-Erklärung" erarbeitete eine niederländisch-deutsch-dänische Expertengruppe (Trilateral Monitoring Expert Group = TMEG) den Konzeptentwurf eines Monitoringprogramms für das Wattenmeer (TMEG 1993, KELLERMANN et al. 1994). Die von Bund und Ländern geförderte Ökosystemforschung Wattenmeer lieferte wesentliche Grundlagen für das schließlich vorgelegte Trilaterale Monitoring- und Bewertungsprogramm (Trilateral Monitoring and Assessment Programme = TMAP). Seine wesentlichen Bestandteile sind:

ein *Monitoringprogramm*, das ausgehend von neun Problemfeldern und daraus abgeleiteten Hypothesen einen Satz von über 200 Meßparametern enthält. Es umfaßt die dauerhafte Erhebung von Daten zu
► den Folgen möglicher Klimaänderungen auf Hydrologie, Morphologie und Habitate des Wattenmeeres,
► den Auswirkungen von Nähr- und Schadstoffeinträgen auf geochemische und biologische Prozesse sowie auf Arten und Lebensgemeinschaften des Wattenmeeres,
► den Auswirkungen der Muschel- und Garnelenfischerei auf Arten und Lebensgemeinschaften,
► den Auswirkungen von Freizeitaktivitäten und Tourismus auf Arten (vor allem Vögel und Säugetiere) und
► den Auswirkungen landwirtschaftlicher Nutzung auf Lebensgemeinschaften der Salzwiesen.

ein *begleitendes Programm dauerhafter ökosystemarer Forschung*, in dem ergänzend zum Monitoring anthropogene und natürliche Ursachen von Veränderungen erfaßt und Grundlagen für die Optimierung des Monitoringprogramms geliefert werden sollen,
die *regelmäßige Überprüfung der Repräsentativität* der Beprobungsgebiete und der nutzungs- und störungsfreien Bezugsgebiete,
die *Entwicklung eines Systems der Datenhaltung und -verarbeitung*, das einen reibungslosen Datenzugriff und -austausch gewährleistet.

1.4.3 Referenzgebiete für Monitoring und Forschung

Die Minister-konferenz in Esbjerg forderte Referenzgebiete für das Monitoring, in denen keine Ressourcen-nutzung und keine störenden Aktivitä-ten stattfinden

Ebenso wurde auf der Trilateralen Ministerkonferenz in Esbjerg die Forderung formuliert, ausreichend große und über das gesamte Wattenmeer verteilte Gebiete festzulegen, die als Referenzgebiete für die Durchführung des TMAP dienen können. In diesen Gebieten sollen keine Ressourcennutzung und keine störenden Aktivitäten stattfinden (CWSS 1992).

Vergleicht man die Entwicklung der Natur in diesen Referenzgebieten mit der in Monitoringgebieten, die der menschlichen Nutzung und Beeinflussung unterliegen, so ist eine Unterscheidung zwischen natürlichen und anthropogen verursachten Veränderungen im Wattenmeer grundsätzlich möglich.

Geeignet sind Bereiche des Wattenmeeres, die das typische Spektrum der verschiedenen Habitate und Lebensgemeinschaften des jeweiligen Wattenmeerbereichs umfassen und morphologisch, hydrologisch und biologisch eine natürliche Einheit bilden. Alle physikalischen, chemischen und sedimentologischen Gradienten sollten repräsentiert sein. Nur ein vollständiges Wattstromgebiet mit einer seewärtigen Grenze, die das Ebbstromdelta einbezieht und einer landwärtigen Grenze, die zumindest die Salzwiesen einschließt, erfüllt diese Kriterien.

Am 1. Januar 1994 wurde das Trilaterale Monitoring- und Bewertungs-programm (TMAP) offiziell begonnen

1.4.4 Begleitende Forschung

Zusätzlich zur ökologischen Dauerbeobachtung ist ereignisorientierte oder anwendungsbezogene Forschung Bestandteil des integrierten Monitoringprogramms. Diese verfolgt u. a. das Ziel, die Ursachen von festgestellten Veränderungen zu analysieren. Derartige begleitende Untersuchungen werden eine wichtige Aufgabe der in Schleswig-Holstein ansässigen Forschungsinstitutionen sein, z. B. der Kooperationspartner des Nationalparkamtes wie des FTZ Westküste und der Biologischen Anstalt Helgoland, wobei weitgehend eine Finanzierung über Drittmittel (Bundesmittel, EU-Forschungsförderprogramme u.a.) angestrebt wird.

1.4.5 Durchführung

Am 1. Januar 1994 wurde das Trilaterale Monitoring- und Bewertungsprogramm (TMAP) offiziell begonnen. In der Installationsphase (1994-1997) besteht das Meßprogramm zunächst aus denjenigen Parametern des Konzeptes, die Bestandteil bereits laufender Monitoringprogramme in den drei Wattenmeeranrainerstaaten sind. Die an den Programmen beteiligten Behörden und Forschungseinrichtungen (Abb. 195) führen die Untersuchungen im Zuge ihrer Regelaufgaben durch. Zusätzlich werden im Rahmen der Ökosystemforschung begonnene Erhebungen im Auftrag des Nationalparkamtes oder des Fischereiamtes fortgesetzt. Dies betrifft das Monitoring von Küstenmorphologie, Makroalgen, Seegräsern, Miesmuschelbänken, Brut- und Rastvögeln, verölten Vögeln, Meeresenten und Seehunden. Im deutschen Wattenmeer wird ein Teil der Monitoringparameter (v.a. Nährsalze im Wasser und Schwermetalle in Sedimenten) im Rahmen des Gemeinsamen Bund/Länder-Meßprogramms (BLMP) erhoben. Diese Daten werden in der Meeresumwelt-Datenbank (MUDAB) des Bundesamtes für Seeschiffahrt und Hydrographie verwaltet. Eine Abstimmung zwischen den beiden Programmen ist dringend erforderlich, um Doppelarbeit zu vermeiden.

Für Brutvögel wird bereits seit 1990 ein trilateral abgestimmtes Brutbestandsmonitoring („Joint Monitoring Project for Breeding Birds in the Wadden Sea") durchgeführt. Für einige Gebiete liegen Jahrzehnte umfassende Datenreihen vor. 1991 wurden erstmalig die Brutvogelbestände im gesamten Wattenmeer synchron und flächendeckend erfaßt (FLEET et al. 1994). Abgestimmte Richtlinien für die Durchführung des Brutbestandsmonitoring liegen seit 1995 vor (HÄLTERLEIN et al. 1996). Die Erhebungen werden gegenwärtig auf der Grundlage der Ökosystemforschung Schleswig-Holstein und gemäß der Parameterliste des TMAP auf Brut- und Schlupferfolgsuntersuchungen ausgedehnt (HÄLTERLEIN 1996). Die Durchführung eines Schadstoffmonitorings an Vogeleiern und eines integrierten Populationsmonitorings wird für die Zukunft gefordert (EXO et al. 1996). Die Messung von Schadstoffen in Eiern von Flußseeschwalben und Austernfischern ist Bestandteil der Parameterliste des TMAP. Sie wird zur Zeit jedoch nur in Deutschland (seit 1991)

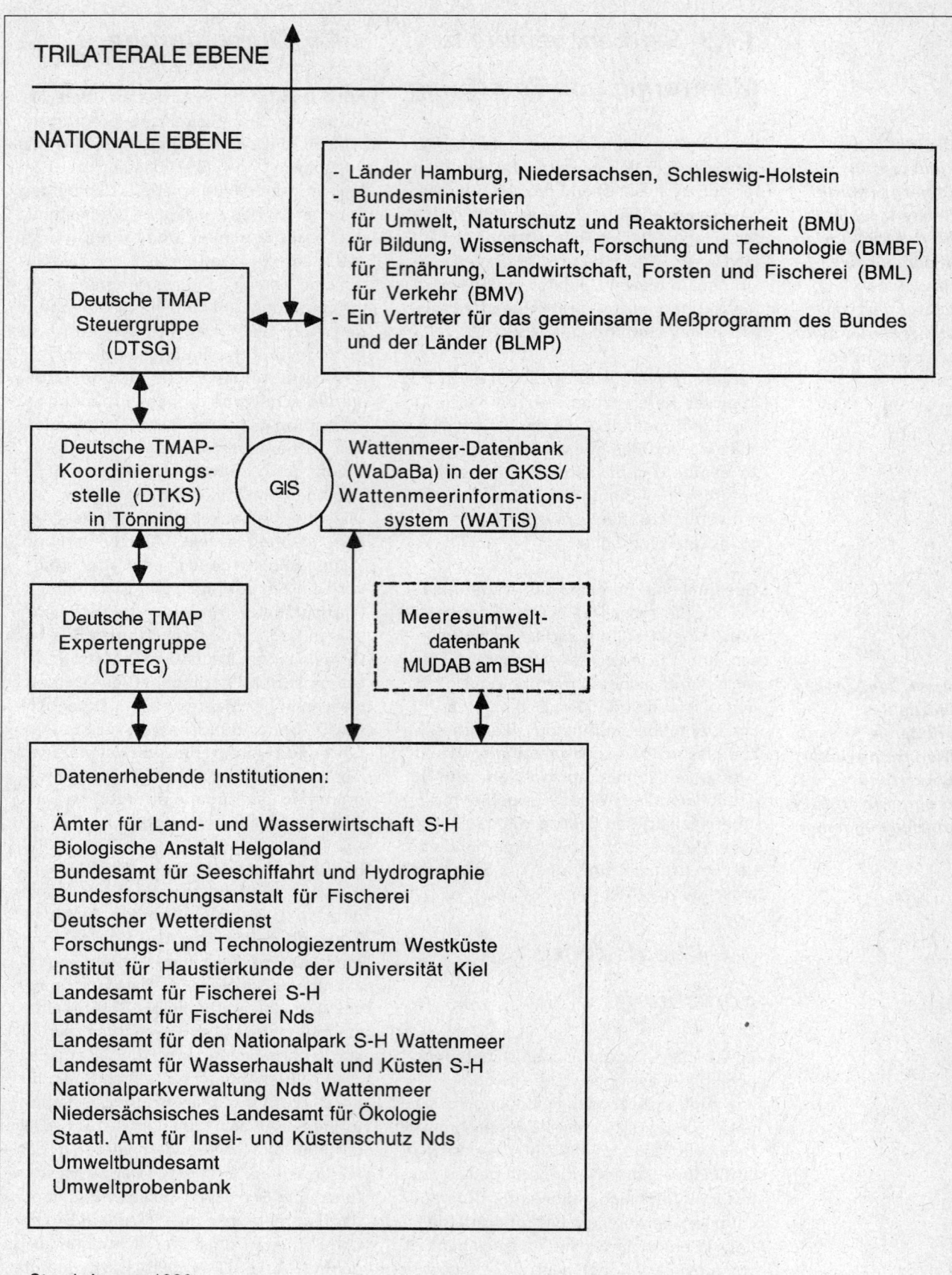

TRILATERALE EBENE

NATIONALE EBENE

Deutsche TMAP
Steuergruppe
(DTSG)

- Länder Hamburg, Niedersachsen, Schleswig-Holstein
- Bundesministerien
  für Umwelt, Naturschutz und Reaktorsicherheit (BMU)
  für Bildung, Wissenschaft, Forschung und Technologie (BMBF)
  für Ernährung, Landwirtschaft, Forsten und Fischerei (BML)
  für Verkehr (BMV)
- Ein Vertreter für das gemeinsame Meßprogramm des Bundes
  und der Länder (BLMP)

Deutsche TMAP-
Koordinierungs-
stelle (DTKS)
in Tönning

GIS

Wattenmeer-Datenbank
(WaDaBa) in der GKSS/
Wattenmeerinformations-
system (WATiS)

Deutsche TMAP
Expertengruppe
(DTEG)

Meeresumwelt-
datenbank
MUDAB am BSH

Datenerhebende Institutionen:

Ämter für Land- und Wasserwirtschaft S-H
Biologische Anstalt Helgoland
Bundesamt für Seeschiffahrt und Hydrographie
Bundesforschungsanstalt für Fischerei
Deutscher Wetterdienst
Forschungs- und Technologiezentrum Westküste
Institut für Haustierkunde der Universität Kiel
Landesamt für Fischerei S-H
Landesamt für Fischerei Nds
Landesamt für den Nationalpark S-H Wattenmeer
Landesamt für Wasserhaushalt und Küsten S-H
Nationalparkverwaltung Nds Wattenmeer
Niedersächsisches Landesamt für Ökologie
Staatl. Amt für Insel- und Küstenschutz Nds
Umweltbundesamt
Umweltprobenbank

Stand Januar 1996
Bezüglich der zukünftigen nationalen Datenhaltung für das TMAP ist bisher keine endgültige
Entscheidung getroffen worden, hier können sich noch Änderungen ergeben.

Abb 195
Organisationschema des TMAP in
Deutschland (vergl. Text).

vom Institut für Vogelforschung in Wilhelmshaven durchgeführt (BECKER et al. 1992).

Seit 1980 gibt es in den drei Wattenmeeranrainerländern Synchronzählungen aller rastenden Wat- und Wasservögel

Seit 1980 gibt es in den drei Wattenmeeranrainerländern Synchronzählungen aller rastenden Wat- und Wasservögel. Die ausgewerteten Daten sind in gemeinsamen Berichten dokumentiert (Zählungen 1980-1991: MELTOFTE et al. 1994, Zählungen 1992/93: RÖSNER et al. 1994). Für die Erfassung der Bestandsentwicklung von Rastvogelarten ist mit den Springtidenzählungen in Referenzgebieten, die von 1987-1993 von einem Teilprojekt der Ökosystemforschung Schleswig-Holstein koordiniert wurden (RÖSNER 1994a, RÖSNER 1994b), der Grundstein für ein Monitoring gelegt worden. Die Zählungen wurden zum großen Teil von den gebietsbetreuenden Naturschutzverbänden durchgeführt. Ohne deren Mitarbeit wäre diese wertvolle Datensammlung über Vogelbestände und Rastplätze nicht zustandegekommen. Eine Standardisierung der Methoden und eine wattenmeerweit einheitliche Erfassung der Wasservogelpopulationen wurde im Rahmen des „Joint Monitoring Project for Migratory Birds in the Wadden Sea" vorbereitet (RÖSNER 1992).

Im Rahmen eines dänisch-deutsch-niederländischen Seehundsprojektes („Joint Seal Project", seit 1989) wird eine trilateral koordinierte Überwachung der Bestandszahlen und der Verteilung von Seehunden durchgeführt. Darüber hinaus wurden Empfehlungen für ein abgestimmtes Monitoringprogramm und entsprechende Richtlinien erarbeitet (CWSS 1995 b).

Die Koordination des Wattenmeer-Monitoringprogramms im deutschen Wattenmeer hat das Nationalparkamt in Tönning übernommen

Vorrangige Aufgabe während der Installationsphase des TMAP ist es, die in den drei beteiligten Staaten angewandten Methoden für Probenahme, Messung und Analyse zu harmonisieren, soweit dies nicht schon geschehen ist. Darüberhinaus ist eine effektive Qualitätssicherung für die Datenerhebung und eine abgestimmte statistische Auswertung erforderlich. Wichtigstes Instrument für diesen trilateralen Abgleich sind Workshops mit dänischen, deutschen und niederländischen Expertinnen und Experten. Auf diesen Treffen wurden die Parameterlisten auf ihre Aktualität überprüft und Empfehlungen für ein optimiertes, harmonisiertes Programm erarbeitet. Basierend auf diesen Ergebnissen erarbeitet die TMAG einen Vorschlag zur Umsetzung des vollständigen Meßprogramms. Über die Implementierung des Programms soll -

nach Prüfung und Abstimmung auf nationaler Ebene - auf der nächsten Trilateralen Wattenmeerkonferenz zum Schutz des Wattenmeeres Ende 1997 entschieden werden.

1.4.6 Programmkoordination des deutschen Teils des TMAP

Am 31.01.1995 beschloß die Landesregierung Schleswig-Holsteins das Konzept zur Durchführung des Monitoringprogramms im Wattenmeer. Die Koordination des Wattenmeer-Monitoringprogramms im deutschen Wattenmeer hat das Nationalparkamt in Tönning mit zwei aus Landesmitteln finanzierten Planstellen übernommen. Die Aufgaben bestehen u.a. in der organisatorischen, administrativen und fachlichen Koordination von Monitoringprogramm und begleitenden Forschungsprojekten, der Aus- und Bewertung der Daten, der Mitarbeit an ihrer Dokumentation zu wissenschaftlichen Zwecken und für die Öffentlichkeitsarbeit sowie der Durchführung von Expertinnen- und Expertentreffen. Die deutsche Koordinierungsstelle für das TMAP im Nationalparkamt in Tönning hat die Funktion einer Geschäftsstelle für die deutsche TMAP-Steuergruppe, die sich aus Vertretern der betroffenen Ressorts des Bundes und der Länder zusammensetzt. Abbildung 195 zeigt die Organisationsstruktur des deutschen Teils des TMAP mit den datenerhebenden Institutionen. Auf der trilateralen Ebene wird das Programm von der TMAG (Trilateral Monitoring and Assessment Group) koordiniert und fortgeschrieben, das Common Wadden Sea Secretariat in Wilhelmshaven hat die entsprechende Sekretariatsfunktion übernommen. Das TMAP ist fester Bestandteil der trilateralen Kooperation. Das Programm bildet die Grundlage für eine Zustandsbewertung des gesamten Wattenmeeres, die regelmäßig in Form eines Qualitätszustandsberichtes, zuletzt 1993 (CWSS 1993), dokumentiert wird.

1.4.7 Datenhaltung

Die im deutschen Teil des Wattenmeeres erhobenen Daten werden zentral in der Wattenmeerdatenbank (WaDaBa) des Wattenmeerinformationssystems (WATiS) im GKSS-Forschungszentrum gespeichert

XI

(Beschluß der 30. Umweltminister-Konferenz Nord vom 23.08.1993). Dort liegen bereits umfangreiche Datensätze u.a. aus der Wattenmeer-Ökosystemforschung vor. Die Bewilligung von beantragten Projektmitteln des BMU und des BMBF zum Aufbau eines Systems zur Daten- und Informationsbearbeitung steht zur Zeit noch aus. Über ein beim UBA/BMU beantragtes Projekt soll eine Schnittstelle entwickelt werden, die den Datenaustausch zwischen den Datenbanksystemen WATiS und MUDAB (Datenbank des Bund/Länder-Meßprogramms BLMP) ermöglicht.

Die Voraussetzungen für einen reibungslosen Datenaustausch auf trilateraler Ebene müssen noch geschaffen werden. Die Entwicklung von Datenaustauschformaten und die Harmonisierung der Datenhaltung in den nationalen Datenbanken Dänemarks, Deutschlands und der Niederlande wird durch ein Projekt unterstützt, das derzeit im Rahmen des LIFE-Programms der EU gefördert wird.

Wesentliche naturräumliche Bestandteile des Ökosystemkomplexes Wattenmeer sind nicht Teil des Nationalparks

Ein umfassender Schutz des Ökosystems erfordert eine neue Grenzziehung

2. Raumbezogene Schutzkonzepte

2.1 Äußere Grenzen des Nationalparks

Die in diesem Kapitel vorgeschlagenen Maßnahmen können nur mit einer Novellierung des Nationalparkgesetzes realisiert werden.

2.1.1 Problemstellung

Der Nationalpark Schleswig-Holsteinisches Wattenmeer ist 1985 mit dem Ziel ausgewiesen worden, den Naturraum mit seinen besonderen Eigenarten und in seiner Ursprünglichkeit zu bewahren und den möglichst ungestörten Ablauf der Naturvorgänge zu sichern (§ 2 (1) NPG).

Wesentliche naturräumliche Bestandteile des Ökosystemkomplexes wurden jedoch bei dessen Einrichtung aus politischen Gründen nicht Bestandteil des Nationalparks, fehlen folglich oder sind flächenmäßig deutlich unterrepräsentiert. Sie sind allerdings zum Teil als Naturschutz- oder Landschaftsschutzgebiet ausgewiesen und werden von den Unteren Naturschutzbehörden auf Kreisebene verwaltet. Dabei zieht die unterschiedliche Zuständigkeit von zwei Naturschutzbehörden für einen Ökosystemkomplex einen unnötig großen Verwaltungs- und Abstimmungsaufwand nach sich. Eine einzige zuständige Naturschutzbehörde könnte z. B. eine einheitliche Besucherlenkungskonzeption und ein räumlich aufeinander abgestimmtes Informationsangebot sicherstellen. Dies hätte u. a. auch für den Tourismus in der Region Vorteile.

Soll ein ausreichender Schutz des großräumigen und in sich eng verzahnten Ökosystemkomplexes mit einer einheitlichen Verwaltung verbunden werden, ist eine neue Grenzziehung unumgänglich. Grundlegende Gedanken für einen flächenmäßig ausreichenden Schutz und eine Zonierung dieser Naturlandschaft sind schon vor der Einrichtung des Nationalparkes veröffentlicht worden (Abb. 196, ANONYMUS 1985 a, ERZ 1972). Im Rahmen der aktuellen naturschutzfachlichen Diskussion um die Erstellung

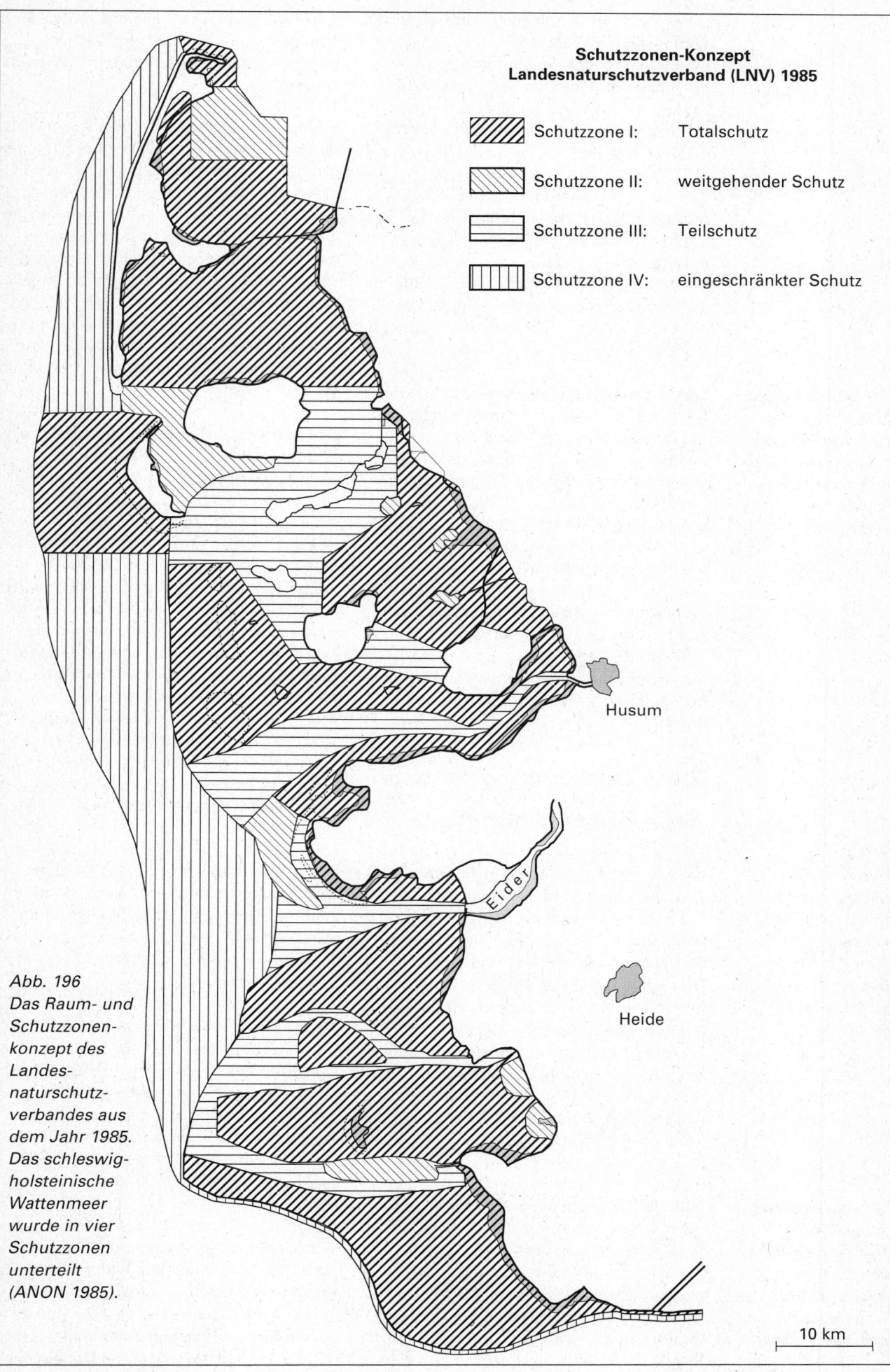

**Schutzzonen-Konzept
Landesnaturschutzverband (LNV) 1985**

Schutzzone I: Totalschutz

Schutzzone II: weitgehender Schutz

Schutzzone III: Teilschutz

Schutzzone IV: eingeschränkter Schutz

Husum

Heide

Eider

*Abb. 196
Das Raum- und
Schutzzonen-
konzept des
Landes-
naturschutz-
verbandes aus
dem Jahr 1985.
Das schleswig-
holsteinische
Wattenmeer
wurde in vier
Schutzzonen
unterteilt
(ANON 1985).*

10 km

XI

eines Managementplanes für das gesamte Wattenmeer (CWSS 1995 a) wurden Überlegungen für das aus ökologischer Sicht erforderliche Ausmaß eines kohärenten Schutzgebietes vor dem Hintergrund von Umwelt-Qualitätszielen (CWSS 1994) angestellt.

Das trilaterale Kooperationsgebiet ist daraufhin auf der 7. Ministerkonferenz zum Schutz des Wattenmeeres festgelegt und in Karten dargestellt worden (vergl. Abb. 5) (CWSS 1995 a). Wichtige Argumente für dieses zusammenhängende Gebiet haben die Ergebnisse der Ökosystemforschung geliefert.

Der Gedanke eines zusammenhängenden Schutzes von Lebensräumen ist im Landesnaturschutzgesetz verankert

Der Gedanke eines zusammenhängenden Schutzes von Lebensräumen ist im Landesnaturschutzgesetz (§ 1) verankert und beinhaltet in § 15, Abs. 2 ausdrücklich den gesetzlichen Auftrag, vorrangige Flächen für den Naturschutz, z. B. Nationalparke, um geeignete Bereiche zu erweitern oder durch ökologisch bedeutsame oder sonst geeignete Flächen miteinander zu verbinden. Dieses Ziel wird auch von der Biotopverbundplanung des Landesamtes für Naturschutz und Landschaftspflege verfolgt (ZELTNER 1989, MNUL 1992), die sich im angrenzenden Festlandsbereich unmittelbar an die trilaterale Planung anschließt.

2.1.2 Begründung für eine neue Grenzziehung

Das Landesnaturschutzgesetz fordert, vorrangige Flächen für den Naturschutz um geeignete Bereiche zu erweitern

Die naturwissenschaftlichen Argumente für die Eingliederung fehlender Naturraumbestandteile in den Nationalpark sind nachfolgend zusammengefaßt. Sie leiten sich aus grundsätzlichen ökologischen Überlegungen für den erforderlichen Schutz des Wattenmeeres ab und bauen auf den Ergebnissen der Ökosystemforschung im Wattenmeer sowie auf weiteren Forschungsergebnissen auf. Detaillierte Begründungen für die vorgeschlagenen Änderungen sind an entsprechender Stelle in Kapitel X 2.1.3 ausgeführt.

Ökologisch bedeutsame Räume sollten grundsätzlich flächendeckend durch den Nationalpark geschützt werden

► Ökologisch bedeutsame Räume innerhalb des Ökosystemkomplexes Wattenmeer (vergl. Kap. VIII 1.) sind funktionale Einheiten, die intensive Wechselwirkungen zu benachbarten Lebensräumen aufweisen. Struktur, Funktion und Wechselwirkungen sind im Rahmen der Ökosystemforschung ausführlich untersucht, in Kap. V dargestellt sowie in Kap. VIII 1. be-

wertet worden. Ökologisch bedeutsame Räume sollten grundsätzlich flächendeckend durch den Nationalpark geschützt werden.

► Eine repräsentative, naturraumtypische Verteilung der Habitate ist nur durch einen großflächigen Schutz zu ermöglichen und sicherzustellen. Fehlende oder unterrepräsentierte naturräumliche Bestandteile des Ökosystemkomplexes müssen daher in den Nationalpark einbezogen werden. Dazu gehören auch die Räume potentieller ökologischer Bedeutung, also solche, in denen das Potential für verschwundene oder unterrepräsentierte Strukturen und/ oder Funktionen vorhanden ist (siehe Kap. VIII 1.).

Das Wattenmeer ist durch eine charakteristische Verteilung und Vielfalt in sich abgrenzbarer, aber in ihrer Funktion eng miteinander verzahnter Lebensräume gekennzeichnet. Zu diesen zählen vegetationslose Strände und Strandplaten sowie die verschiedenen Sukzessionsstadien der Dünen mit ihren Dünentälern sowie Wanderdünen. Die verschiedenen Salzwiesentypen auf den Leeseiten der Inseln, auf den Halligen und im Vorlandbereich der Deiche bilden den Übergangsbereich zwischen dem Land und dem Meer. Die ausgedehnten und periodisch trockenfallenden Wattflächen mit sublitoralen Rinnen- und Prielsystemen sowie die Ästuarbereiche der in das Wattenmeer mündenden Flüsse zählen ebenfalls zum Inventar.

Vielfältige Wechselwirkungen bestehen auch zwischen dem eigentlichen Wattenmeer und dem vorgelagerten Flachwasserbereich der Nordsee sowie mit der Nordsee selbst und mit Teilen des angrenzenden Binnenlandes.

Salzwiesen sind mit einem großen Teil ihrer Fläche Bestandteil des Nationalparks. Dennoch gibt es bestimmte Salzwiesentypen, die bei bestehender Grenzziehung keinen Schutz durch den Nationalpark erfahren. Hierzu zählen insbesondere die Sandsalzwiesen auf den Inseln sowie die Hallig- und Ästuarsalzwiesen.

Strand- und Dünen-Ökosysteme sind überwiegend nicht durch den Nationalpark geschützt, jedoch in weiten Teilen als Naturschutzgebiet ausgewiesen. Ästuare fehlen als Bestandteil des Nationalparks völlig. Das großflächige Eiderästuar ist 1976 abgedeicht worden. Die Godelniede-

bleibende natürliche Ästuar im schleswig-holsteinischen Wattenmeer dar, ist jedoch bis heute nicht unter Schutz gestellt (HILDEBRANDT et al. 1993).

▶ Ein räumlicher Verbund von Lebensräumen des Wattenmeeres mit angrenzenden Ökosystemen sowie mit potentiellen und ehemaligen oder verwandten Lebensräumen ist anzustreben. Wichtige Wechselwirkungen bestehen zwischen dem Wattenmeer und der angrenzenden Nordsee, den Ästuaren, den Flüssen und Gebieten auf dem Festland.

Beispiele für derartige direkte Wechselwirkungen sind z. B. verschiedene Planktonarten, die sowohl in der Nordsee als auch im Wattenmeer vorkommen, von den Gezeitenströmungen transportiert und in beiden Lebensräumen von Zooplankton und Benthos gefressen werden. Charakteristische Wattenmeer-Muschelarten, wie die Herzmuschel, können nach strengen Wintern aus tieferen Bereichen der Nordsee heraus die eulitoralen Watten wieder besiedeln. Mobile Tierarten, wie Garnelen, Krabben und verschiedene Fischarten, verlassen das Wattenmeer im Herbst, um den Winter in den relativ wärmeren Gewässern der Nordsee zu überleben. Typische Nordseefische, wie die Scholle oder der Hering, laichen in tieferen Bereichen der Nordsee, ihre Larven werden aber mit dem Gezeitenstrom in das Wattenmeer transportiert. Für diese Arten fungieren das Wattenmeer und die Flachwasserbereiche der Nordsee als Kinderstube. Diadrome Fischarten, wie Meerforellen oder Aale, sind Beispiele für den lebensnotwendigen Austausch zwischen der Nordsee, dem Wattenmeer und den Fließgewässern im Binnenland. Verschiedene Meeresenten, wie Eider-, Samt- und Trauerente, nutzen das Wattenmeer und die Flachwasserbereiche der Nordsee als Nahrungs- und Rastgebiet. Gleiches gilt für die Seehunde. Verschiedene Brut- und Rastvogelarten zeigen eine enge Verbindung zwischen dem Wattenmeer als Nahrungs- und Mausergebiet und den angrenzenden Bereichen, wo sie in den Salzwiesen, Marschen oder auf den Inseln brüten (LEOPOLD et al. 1993).

▶ Abiotische Parameter stellen eine weitere Grundlage für eine ökologisch begründete Grenzziehung dar. Zu nennen sind der Wasser- und der Sedimenthaushalt. So reichen die Einflüsse auf das Wattenmeer bis hin zu ganzen Flußeinzugsgebieten weit im Binnenland. Bezüg-

lich des Sedimenthaushaltes sind großräumige und bedeutsame Austauschprozesse und Wechselwirkungen bis zur 20 m-Tiefenlinie feststellbar. Es existiert ein Sedimenttransfer aus Gebieten oberhalb der 20 m-Tiefenlinie hin zum Strand- und Dünenökosystem des Wattenmeeres (RAKHORST 1992).

▶ Auf jeden Fall sind solche Gebiete zu berücksichtigen, die prioritäre Lebensräume nach der Flora-Fauna-Habitat-Richtlinie darstellen und im ökologischen Zusammenhang mit dem Wattenmeer stehen oder die die Kriterien der Flora-Fauna-Habitat-Richtlinie erfüllen (vergl. SSYMANK 1994).

Aufbauend auf die oben genannten ökologischen Argumente und Gegebenheiten (siehe auch Kap. V 2. und 3.), eine Bewertung der betrachteten Räume (Kap. VIII) sowie vor dem Hintergrund der bestehenden rechtlichen Verpflichtungen (z. B. FFH-Richtlinie, Kap. III) wird eine erweiterte räumliche Begrenzung des Nationalparks für einen umfassenden Schutz des Ökosystemkomplexes Wattenmeer abgeleitet.

Folgende Voraussetzungen müssen für die Einbeziehung von Gebieten in den Nationalpark erfüllt sein:

▶ Es sollen alle charakteristischen Biotopbestandteile des Ökosystemkomplexes in ihrer natürlichen Verteilung und mit ihrer natürlichen Struktur und Funktion in den Nationalpark integriert werden, sofern eine natürliche Entwicklung in diesen Gebieten ablaufen kann. Wo dies nicht unmittelbar möglich ist, sollen die Gebiete mit dem Ziel „natürliche Entwicklung" weiterentwickelt werden. Nur in begründeten Ausnahmefällen werden Abweichungen von diesem Grundsatz zugelassen.

▶ Wo diese Voraussetzung nicht erfüllt werden kann, gleichwohl aber engste ökologische Wechselwirkungen bestehen, sollte die naturschutzfachliche Zuständigkeit für das betreffende Gebiet auch ohne deren Einbeziehung in den Nationalpark auf das Nationalparkamt in Tönning übertragen werden. Die Voraussetzungen für die Einbeziehung von Flächen sind insbesondere dann nicht erfüllt, wenn in bestehenden Naturschutzgebiete zwar das Naturschutzziel „natürliche Entwicklung" in der Verordnung genannt ist, die

Zwischen dem Wattenmeer und der angrenzenden Nordsee, den Ästuaren, den Flüssen und angrenzenden Gebieten auf dem Festland bestehen wichtige Wechselwirkungen

XI

Gebiete aber wasserwirtschaftlich und küstenschutztechnisch genutzt werden. Dies ist z. B. im Beltringharder Koog der Fall.

2.1.3 Änderungsvorschläge

2.1.3.1 Der 150 m - Streifen

Dort wo ein Landesschutz- oder Sommerdeich, eine Steinkante oder sonstige künstliche Befestigung oder Begrenzung, z. B. eine Mole, vorhanden ist, bildet die seewärtige Kante des Deichfußes, der Steinkante oder der sonstigen künstlichen Befestigung oder Begrenzung die angemessene Grenze des Nationalparks. Da in den deichnahen Bereichen vor Landesschutzdeichen entsprechend sektoraler Konzepte (Kap. XI 3.10) auch weiterhin eine küstenschutztechnische Bewirtschaftung stattfinden muß, wird für diesen Bereich von der oben genannten grundsätzlichen Voraussetzung („natürliche Entwicklung") für die Einbeziehung von Flächen in den Nationalpark abgewichen. Dieser Kompromiß trägt den bestehenden küstenschutztechnischen Sicherheitsanforderungen Rechnung.

Dort wo keine Begrenzung in Form von Landesschutz- oder Sommerdeichen, Steinkanten oder sonstigen künstlichen Befestigungen oder Begrenzungen vorhanden ist, liegt die fachlich begründete Grenze 150 cm über der mittleren Tidehochwasserlinie. Durch diese Begrenzung wären alle Salzwiesenbereiche auf den Inseln und an der Festlandsküste eingeschlossen (nach RAABE 1981). Durch die Kombination einer land- und seeseitigen Erweiterung der Nationalparkgrenze würden große Teile der Strände und Sandplaten auf den Inseln Sylt und Amrum in den Nationalpark integriert. Die Strände sollen aber weiterhin überwiegend für Erholungszwecke genutzt werden. Spezifische Regelungen sind im Kap. XI 2.3 dargestellt und betreffen den Schutz von Brut- und Rastgebieten. Notwendige Küstenschutzmaßnahmen, z. B. Sandvorspülungen, müssen auch weiterhin stattfinden können. Dieser Kompromiß trägt den bestehenden küstenschutztechnischen Anforderungen Rechnung.

Begründung:
Die bestehende landseitige Grenze des Nationalparks (siehe Kap. II. 1) schließt ökologisch bedeutsame Lebensraumbe-

Die bestehende landseitige Grenze des Nationalparks schließt ökologisch bedeutsame Lebensräume des Wattenmmeeres aus

Nach der bisherigen Regelung sind nur 58 % aller Salzwiesen im Nationalpark gelegen

standteile des Wattenmeeres aus. Besonders betroffen von dieser Regelung sind Salzwiesen, Strände, Strandwälle und Dünen, die jedoch nach § 15a des Landesnaturschutzgesetz als besonders geschützte Habitate und Vorranggebiete für den Naturschutz eingestuft sind. Große Flächenanteile dieser Habitate befinden sich im sogenannten 150 m-Streifen. Lediglich im nordfriesischen Wattenmeer besteht ein Instrument in Form des Naturschutzgebietes „Nordfriesisches Wattenmeer". Die Grenze dieses Gebiets verläuft landseitig an der seewärtigen Kante der Krone der Landesschutzdeiche bzw. auf den Halligen an der seewärtigen Kante der Krone der Sommerdeiche (MELFF 1985).

Aus naturschutzfachlicher Sicht ist es erforderlich, sämtliche Strukturen und Habitate des Ökosystemkomplexes Wattenmeer in ihrer typischen Verteilung und in ihren typischen Anteilen durch den Nationalpark zu schützen. Nach der bestehenden Regelung sind aber nur 58 % aller Salzwiesen des Wattenmeeres im Nationalpark gelegen. Besonders die Sandsalzwiesen der Inseln, bei denen noch eine vollständige und typische Vegetationszonierung vorhanden ist, fehlen als wichtige Lebensraumtypen im Nationalpark. Bei den Vorlandsalzwiesen fehlen beispielsweise die hochgelegenen Salzwiesenbereiche mit der typischen Rotschwingelzone, da diese überwiegend deichnah ausgebildet sind (HAGGE 1988, STOCK et al. 1995 a).

Strände, Strandwall-Ökosysteme mit ihren spezifischen Lebensgemeinschaften und Dünengebiete, wie sie an der Festlandsküste in St. Peter-Ording ausgebildet sind (siehe Kap. V 3.), sind seltene Lebensräume von besonderer ökologischer Bedeutung, gleichzeitig aber auch Räume besonderer Belastung (KNOKE & STOCK 1994). Die Küstendünen in St.-Peter-Ording stellen neben den Dünen von Amrum und Sylt das drittgrößte Dünengebiet im schleswig-holsteinischen Wattenmeer dar. Es ist an der deutschen Nordseeküste das einzige bedeutende Festlandsküstendünengebiet (HILDEBRANDT et al. 1993). Eine geomorphologische Besonderheit an der Festlandsküste weist der Geestanschluß in Schobüll auf. Es ist der einzige unbedeichte Küstenabschnitt an der schleswig-holsteinischen Westküste, hier reicht die Geest direkt an die Küste (HILDEBRANDT et al. 1993).

Tab. 41: Der 150-Meter Streifen. Schutzstatus charakteristischer Habitate des Wattenmeeres außerhalb des bestehenden Nationalparks. + = anerkannt, ausgewiesen bzw.
enthalten; - = nicht ausgewiesen bzw. nicht enthalten; (+) = vorgeschlagen. Die Ausweisung von Naturschutzgebieten nach der EG-Vogelschutzrichtlinie bzw. entsprechend
dem RAMSAR-Abkommen ist Gebiets- und nicht Habitatbezogen; vergl. Fußnoten.
[1] Nur in Nordfriesland, [2] besonders Salzwiesen der Inseln, [3] besonders selten am Festland.

Status	Salz-wiese	Strand	Strand-wall	Düne
Besonders geschützte Habitate nach § 15a LNatSchG	+	+	+	+
Rote Liste Biotoptypen	+	+	+	+
Prioritärer Lebensraum nach Anhang I FFH	+	+	+	+
Unterrepräsentiertes Ökosystemelement im Nationalpark	+[2]	+[3]	+[3]	+[3]
Ausgewiesen als NSG	+[1]	+[1]	+[1]	+[1]
Ausgewiesen entsprechend EG-Vogelschutzrichtlinie	-	-	-	-
Ausgewiesen entsprechend RAMSAR-Kriterien	-	-	-	-

Um wirksame und integrierte Schutzmaßnahmen sowie eine effektive Überwachung und Verwaltung im genannten
Bereich durchzuführen, müßten die
entsprechenden Flächen den gleichen
Schutzstatus erhalten wie andere Habitate
des Ökosystemkomplexes Wattenmeer.
Die genannten Habitate sind darüber
hinaus mit Ausnahme des Geestanschlus-
ses bei Schobüll prioritäre Lebensräume
des Anhanges I der Flora-Fauna-Habitat-
Richtlinie und deshalb grundsätzlich
nationalparkwürdig, wenn sie an diesen
angrenzen.

Den Schutzstatus charakteristischer Habitate sowie die Ausweisung der einzubeziehenden Gebiete entsprechend rechtlicher
Vorgaben zeigt Tab. 41.

2.1.3.2 Die Ästuare Godelniederung und Neufeld

*Die Godel-
niederung ist das
letzte weitgehend
naturnahe und
unverbaute Ästuar
im deutschen
Wattenmeer*

Die Godelniederung mit einer Größe von
ca. 158 ha (Tab. 42) sollte aus naturschutzfachlicher Sicht entsprechend dem
Begrenzungsvorschlag für das geplante
NSG „Godelniederung" (HILDEBRANDT et
al. 1993) in den Nationalpark integriert
werden.

Auch die Neufelder Ästuarsalzwiese mit
den sich seeseitig anschließenden

Brackwasserröhrichten und Watten mit
einer Größe von ca. 1.900 ha (Tab. 42)
gehört nach allen fachlichen Überlegungen entsprechend dem Begrenzungsvorschlag für das geplante NSG „Neufelder
Ästuarbereich" in den Nationalpark. Auch
entsprechend der Regionalplanung für
den Planungsraum IV soll das
Dithmarscher Watt bis zur Elbmündung
als weiträumiges Schutzgebiet ausgewiesen werden.

Die landseitige Grenze im Bereich Neufeld
wäre der seewärtige Fuß des Landesschutzdeiches. Im deichnahen Bereich
kann auch weiterhin eine küstenschutztechnische Bewirtschaftung stattfinden.
Dieser Kompromiß trägt den bestehenden
küstenschutztechnischen Anforderungen
Rechnung.

Begründung:
Die existierende Grenzziehung des Nationalparks schließt Ästuare als wesentliche
Bestandteile des Ökosystemkomplexes
aus. Ästuare bilden mit ihrer typischen
Brackwasserzonierung den Übergang von
salzigen zu aussüßenden Standorten. Sie
stellen kleinflächig den Rest einer ursprünglichen natürlichen Durchdringungs-
zone vom Festland zum Wattenmeer dar
und beherbergen eine standorttypische
Pflanzen- und Tierwelt (z. B. KÖRBER
1987,BEHRE 1994).

Die Godelniederung ist das letzte weitge-

Tab. 42: Die Ästuare Godelniederung und Neufeld. Schutzstatus charakteristischer Habitate des Wattenmeeres außerhalb des bestehenden Nationalparks. + = anerkannt, ausgewiesen bzw. enthalten; - = nicht ausgewiesen bzw. nicht enthalten; (+) = vorgeschlagen. Die Ausweisung von Naturschutzgebieten nach der EG-Vogelschutzrichtlinie bzw. entsprechend dem RAMSAR-Abkommen ist gebiets- und nicht habitatbezogen.

Status	Salz- wiese	Brack- wasser röhricht	Strand wall	Düne
Besonders geschützte Habitate nach § 15a LNatSchG	+	+	+	+
Rote Liste Biotoptypen	+	+	+	+
Prioritärer Lebensraum nach Anhang I FFH	+	+	+	+
Unterrepräsentiertes Ökosystemelement im Nationalpark	+	+	+	+
Ausgewiesen als NSG	(+)	(+)	(+)	(+)
Ausgewiesen entsprechend EG-Vogelschutzrichtlinie	-	-	-	-
Ausgewiesen entsprechend RAMSAR-Kriterien	+	+	+	+

hend naturnahe und unverbaute Ästuar im schleswig-holsteinischen Wattenmeer, in der ein enges Nebeneinander verschiedenster Habitate der Geestküste und der Strandwall-Ökosysteme auftritt (vergl. Kap. V 3.7.3). Sie wird durch die Fließgewässer Godel, Luer und Wiek entwässert und ist durch Strandwälle vom Wattenmeer getrennt. Im Übergangsbereich zum Wattenmeer weist die Godelniederung eine große natürliche Dynamik auf und erfährt noch heute küstenmorphologische Veränderungen, wie sie früher bei der Gestaltung der Westküste von Schleswig-Holstein in großem Umfang gewirkt haben. Der Erhaltung dieser Situation kommt daher aus morphologischer, ökologischer und landeskundlicher Sicht eine große Bedeutung zu (HILDEBRANDT et al. 1993). Die Salzwiesen im Elbmündungsbereich bei Neufeld sind darüberhinaus die letzten großflächigen Ästuarsalzwiesen in Schleswig-Holstein.

Ästuarsalzwiesen weisen die gleichen Vogelgemeinschaften auf wie das Wattenmeer, beherbergen zusätzlich noch Vogelgemeinschaften von Röhrichtlebensräumen und Feuchtgrünland-Standorten (z. B. AHRENDT 1991, HÄLTERLEIN 1996). Dieser Bereich ist darüber hinaus von herausragender Bedeutung für bestimmte Watvogelarten, die im übrigen Wattenmeer nur in sehr geringer Zahl vorkommen (Sichelstrandläufer, Zwergstrandläufer; RÖSNER 1994b). Viele Fischarten verbringen besonders als Jugendstadien einen Teil ihres Lebens in Ästuaren. Dazu gehören z. B. Flunder, Stint und Meerneunauge. Andere durch-

wandern diesen meeresnahen Teil der Flüsse, um weiter flußaufwärts zu laichen. Viele Arten kamen früher so häufig vor, daß sie regelmäßig befischt werden konnten (LOZÁN et al. 1994 a).

Beide Gebiete sind bis heute weder als Naturschutzgebiet ausgewiesen noch besitzen sie einen anderen Schutzstatus. Brackwasserröhrichte, die z. T. großflächig im Neufelder Bereich ausgebildet sind, sind allerdings gesetzlich geschützte Biotope nach § 15a LNatSchG und damit Vorrangflächen für den Naturschutz. Beide Gebiete sind als Naturschutzgebiet geplant. Sie bilden ökologisch eine Einheit mit dem Wattenmeer und stellen unterrepräsentierte Lebensraumbestandteile des Ökosystemkomplexes Wattenmeer dar. Die genannten Gebiete sind essentielle Bestandteile des Ökosystemkomplexes und zudem prioritäre Lebensräume des Anhanges I der FFH-Richtlinie. Der Schutzstatus charakteristischer Habitate sowie die Ausweisung der einzubeziehenden Gebiete entsprechend rechtlicher Vorgaben ist in Tab. 42 dargestellt.

2.1.3.3 Dünen, Heiden, Strandwälle, Salzwiesen und Kliffs auf den Inseln und am Festland

Die in Tab. 43 aufgelisteten bestehenden bzw. geplanten Naturschutzgebiete auf

Die Salzwiesen im Elbmündungsbereich bei Neufeld sind die letzten großflächigen Ästuarsalzwiesen in Schleswig-Holstein

Tab. 43: Gebiete, die aus fachlicher Sicht dem Nationalpark Schleswig-Holsteinisches Wattenmeer auf den Inseln Sylt, Amrum und Föhr sowie an der Festlandsküste angegliedert werden sollten. Aufgelistet sind bestehende Naturschutzgebiete, vorgeschlagene Erweiterungen sowie Neuvorschläge. Status: NSG = bestehendes Naturschutzgebiet, E = Erweiterungsvorschlag für bestehende NSG, V = Vorschlag für neue NSG. Nach HILDEBRANDT et al. (1993).

Lage	Gebiet	Status	Biotop	Größe
Sylt	Nord Sylt	NSG, E	Düne, Salzwiese	1.851 ha
	Nielönn	NSG	Salzwiese	64 ha
	Braderuper Heide	NSG, E	Heide	155 ha
	Dünenlandschaft Rotes Kliff	NSG	Kliff, Düne	177 ha
	Morsum Kliff	NSG, E	Kliff, Düne, Heide	235 ha
	Rantumer Dünen	NSG	Düne, Salzwiese	397 ha
	Rantumer Salzwiesen	V	Salzwiese	45 ha
	Baakdeel-Rantum/Sylt	NSG, E	Düne	330 ha
	Hörnum Odde	NSG, E	Düne, Strand	176 ha
	Hörnumer Dünen	V	Düne	224 ha
	Archsumer Salzwiesen	V	Salzwiese	206 ha
Amrum	Nordspitze Amrum	NSG	Düne, Nehrung	71 ha
	Amrumer Dünen	NSG, E	Düne	800 ha
	Amrumer Heide	V	Heide, Düne	244 ha
	Amrumer Strandwiese	V	Kliff, Strandwall	73 ha
Föhr	Godelniederung	V	Salzwiese, Nehrung	158 ha
St. Peter	Küstendünen St.Peter	V	Düne	375 ha
Neufeld	Neufelder Vorland	V	Ästuarsalzwiese	1.900 ha
Summe				7.481 ha

den Inseln Sylt und Amrum sowie an der Festlandsküste in St. Peter-Ording mit den in der Überschrift genannten Biotopen gehören aus fachlicher Sicht in den Nationalpark. Hinzu kommen das Goting Kliff auf Föhr und das Steenodder Kliff auf Amrum. Die beiden letztgenannten sollten durch eine entsprechende Grenzziehung in den Nationalpark integriert werden.

Begründung:
Die Dünen, Heiden, Strände, Strandwälle, Salzwiesen und Kliffs auf Sylt und Amrum sowie die einzigen Dünenbereiche der Festlandsküste in St. Peter-Ording sind nicht Bestandteil des Nationalparks, obwohl die betreffenden Lebensräume strukturell und funktionell zum Ökosystemkomplex Wattenmeer gehören. Sie stellen fehlende Biotopbestandteile des Nationalparks Wattenmeer dar, werden in der Roten Liste der gefährdeten Biotoptypen der Bundesrepublik Deutschland geführt (RIECKEN et al. 1994) und weisen ein reiches und z.T. gefährdetes Arteninventar auf (DIERSSEN 1983). Die Strandbereiche der Hörnumer und Amrumer Odde sind zudem potentielle Liegeplätze für Seehunde (GARTMANN et al. 1995) und Wurfplätze für Kegelrobben (VOGEL & KOCH 1992, KOCH 1993).

Dünen, Heiden, Steilküsten und Strandwälle stehen nach § 15a LNatSchG als gesetzlich geschützte Biotope unter besonderem Schutz. Sämtliche Lebensräume sind darüberhinaus prioritäre Lebensräume des Anhangs I der Flora-Fauna-Habitat-Richtlinie.

Der Schutzstatus charakteristischer Habitate sowie die Ausweisung der einzubeziehenden Gebiete entsprechend rechtlicher Vorgaben ist in Tab. 44 dargestellt.

Die Strandbereiche der Hörnumer und Amrumer Odde sind potentielle Liegeplätze für Seehunde und Wurfplätze für Kegelrobben

XI

Tab. 44: Dünen, Heiden, Strandwälle, Salzwiesen und Kliffs auf den Inseln und am Festland. Schutzstatus charakteristischer Habitate des Wattenmeeres außerhalb des bestehenden Nationalparks. + = anerkannt, ausgewiesen bzw. enthalten; - = nicht ausgewiesen bzw. nicht enthalten; (+) = vorgeschlagen. Die Ausweisung von Naturschutzgebieten nach der EG-Vogelschutzrichtlinie bzw. entsprechend dem RAMSAR-Abkommen ist gebiets- und nicht habitatbezogen; vergl. Fußnoten. [1] bestehende Naturschutzgebiete, [*] vergl. obige Tabelle.

Status	Düne	Heide	Strand-wall	Salz-wiese	Kliff
Besonders geschützte Habitate nach § 15a LNatSchG	+	+	+	+	+
Rote Liste Biotoptypen	+	+	+	+	+
Prioritärer Lebensraum nach Anhang I FFH	+	+	+	+	+
Unterrepräsentiertes Ökosystem-element im Nationalpark	+	+	+	+	+
Ausgewiesen als NSG	*	*	*	*	*
Ausgewiesen entsprechend EG-Vogelschutzrichtlinie	-	-	-	-	-
Ausgewiesen entsprechend RAMSAR-Kriterien	+[1]	+[1]	+[1]	+[1]	+[1]

Wichtige Austauschprozesse sowohl für den Sedimenthaushalt als auch für die Fauna bestehen bis hin zur 20 m-Tiefenlinie und darüber hinaus

2.1.3.4 Die 3-Seemeilen-Zone

Für den Schweinswal ist die Nordsee westlich der nordfriesischen Inseln ein wichtiges Aufzuchtgebiet

Als seeseitige Begrenzung des Nationalparks wird die 3-Seemeilen-Grenze vorgeschlagen.

Begründung:

Wichtige Ökosystemstrukturen des Wattenmeeres, wie die Ebbstromdeltas der großen Priele und Rinnen, sind elementare Bestandteile des Wattenmeeres. Sie sind aber zumindest im nordfriesischen Teil bisher nicht durch den Nationalpark erfaßt, müßten daher integriert werden. Die Ebbstromdeltas werden etwa durch die 20 m-Tiefenlinie begrenzt. Wichtige Austauschprozesse sowohl für den Sedimenthaushalt (RAKHORST 1992) als auch für die Fauna (LEOPOLD et al. 1993) bestehen ebenfalls bis hin zur 20 m-Tiefenlinie und darüber hinaus. Aus ökologischen Gründen wäre daher als seeseitige Begrenzung des Nationalparks die 20 m-Tiefenlinie zu fordern. Aus praktischen Erwägungen wird jedoch die 3-Seemeilen-Grenze als neue Nationalparkbegrenzung vorgeschlagen, die damit dem Grenzverlauf des trilateralen Kooperationsgebietes entspräche.

Einige Arten nutzen auch die tiefere Nordsee. Besondere Bedeutung hat der Küstenbereich der Nordsee für marine Meeressäuger (VOGEL & KOCH 1992, LEOPOLD et al. 1993). Für den Schweinswal (Phocoena phocoena) ist die Nordsee westlich der nordfriesischen Inseln ein wichtiges Aufzuchtgebiet (BENKE & Siebert 1994). Viele Küsten- und Seevogelarten nutzen die küstennahe Nordsee zur Nahrungsbeschaffung für sich selbst und ihre Jungen. Zu nennen sind Möwen und Seeschwalben, Kormorane, Eider-, Trauer- und Samtenten. Herausragende Bedeutung hat dieses Gebiet für viele Seetaucher (z. B. LAURSEN & FRIKKE 1987, LEOPOLD et al. 1993, TASKER et al. 1987, VEEN 1977).

Um einen ausreichenden Schutz dieser ökologisch bedeutsamen Flachwasserbereiche der Nordsee außerhalb der 3-Seemeilen-Zone zu gewährleisten, schlagen wir vor, diese Gebiete im Rahmen eines erweiterten Biosphärenreservates naturverträglich fischereilich langfristig tragfähig zu bewirtschaften (vergl. Kap. XII).

Da das erweiterte Nationalparkgebiet auch die Kriterien der FFH-Richtlinie erfüllt, sollte es in gleichen Grenzen auch als Schutzgebiet nach der EU-Vogelschutzrichtlinie und als neu gefaßtes Feuchtgebiet internationaler Bedeutung nach der Rasar-Konvention benannt werden. Der Schutzstatus charakteristischer Habitate sowie dieAusweisung der einzubeziehenden Gebiete entsprechend rechtlicher Vorgaben ist in Tab. 45 dargestellt.

Tab. 45: Die 3-Seemeilen-Zone. Schutzstatus des Flachwasser-bereiches der Nordsee außerhalb des bestehenden National-parks. + = anerkannt, ausgewiesen bzw. enthalten; - = nicht ausgewiesen bzw. nicht enthalten; (+) = vorgeschlagen. Die Ausweisung von Naturschutzgebieten nach der EG-Vogelschutz-richtlinie bzw. entsprechend dem RAMSAR-Abkommen ist Gebiets- und nicht Habitatbezogen; vergl. Fußnoten. [1] Benthal mit Fein- und Mittelsandsubstrat, Miesmuschel- und Austernbank unter MThw-Linie, Sabellaria-Riffe; [2] Sabellaria-Riff, Benthal der Flachwasserzone mit Schlick- und Sandsubstrat, sonstiges Benthal und Pelagial der Flachwasserzone.

Status	Flachwasserbereich bis zur 3-Seemeilen-Grenze
Besonders geschützte Habitate nach § 15a LNatSchG	-
Rote Liste Biotoptypen	+[2]
Prioritärer Lebensraum nach Anhang I FFH	+[1]
Unterrepräsentiertes Ökosystem-element im Nationalpark	+
Ausgewiesen als NSG	-
Ausgewiesen entsprechend EG-Vogelschutzrichtlinie	-
Ausgewiesen entsprechend RAMSAR-Kriterien	-

2.1.3.5 Enklaven innerhalb des Nationalparks

Die Halligen Hooge, Langeneß, Oland, Gröde und Nordstandisch-moor sollen _nicht_ in den National-park einbezogen werden

Die im Privatbesitz befindlichen Halligen Hooge, Langeneß, Oland, Gröde und Nordstrandischmoor repräsentieren im überwiegenden Teil ihrer Fläche Kultur-landschaften und sollen als bewohnte Halligen nicht in den Nationalpark einbe-zogen werden. Diesen Halligen sollte der freiwillige Anschluß an das vorgeschlage-ne Biosphärenreservat angeboten werden. Um ihnen zusätzlich einen entsprechen-den rechtlichen Schutzstatus zu gewähren, sollten sie als Naturschutzgebiet entspre-chend dem Vorschlag von HILDEBRANDT et al. (1993) ausgewiesen werden.

Naturschutz- und Speicherköge sowie bewohnte, bebaute und überwiegend landwirtschaftlich und anderweitig genutzte Bereiche der Inseln sollen _nicht_ in den Nationalpark einbezogen werden

Die bewohnten, bebauten und überwie-gend landwirtschaftlich und anderweitig genutzten Bereiche der Inseln Sylt, Am-rum und Föhr sowie die Marschinseln Pellworm und Nordstrand sollen ebenfalls nicht in den Nationalpark einbezogen werden.

Gleiches gilt für die Naturschutz- und Speicherköge an der Westküste, da diese überwiegend wasserwirtschaftlich und küstenschutztechnisch genutzt werden und eine natürliche Entwicklung aufgrund

der baulichen Anlagen im Sinne des Nati-onalparkgedankens nicht ohne weiteres möglich ist. Da die genannten Köge aber eine weit über die Grenzen des Watten-meeres reichende Bedeutung als Brut- und Rastgebiet für Zugvögel des Ostatlan-tischen Zugweges sowie für viele heimi-sche und heute stark gefährdete Arten der Feuchtgebiete haben, ist - sofern noch nicht geschehen - eine Ausweisung als Naturschutzgebiet erforderlich (vergl. HILDEBRANDT et al. 1993). Viele Natur-schutzköge sind im Rahmen der EG-Vogel-schutzrichtlinie und des Ramsar-Abkom-mens ausgewiesen und erfüllen die Kri-terien der Flora-Fauna-Habitat-Richtlinie im marinen Bereich (vergl. Kap. III 4.). Die naturschutzfachliche Verwaltungszustän-digkeit der nicht in den Nationalpark einbezogenen Schutzgebiete sollte auf das Nationalparkamt übertragen werden.

2.1.3.6 Größe des erweiter-ten Nationalparks

Durch die vorgeschlagene Grenzänderung würde sich der Nationalpark sowohl land- als auch seeseitig vergrößern. Während der bestehende Nationalpark eine Fläche von ca. 273.000 ha umfaßt, vergrößert sich der Nationalpark durch die Einbezie-hung der vorgeschlagenen Gebiete um ca. 76.000 ha auf ca. 349.000 ha. Dies ent-spricht einer Vergrößerung um rund 28 %.

2.1.3.7 Auswirkungen der Erweiterung des National-parks

In Kap. XI 2.1 wurde begründet, die vorgeschlagenen Gebiete in den National-park einzugliedern. In den ungenutzten und bereits unter Naturschutz stehenden Erweiterungsgebieten bringt die vorge-schlagene Grenzänderung keinerlei Nach-teile für irgendeine Bevölkerungsgruppe mit sich. Im Gegenteil: Vor allem in den Dünen- und Heidegebieten läßt sich – vielleicht stärker noch als in den eigentli-chen Watt- oder Strandbereichen – ein Hauptziel des Nationalparkes verwirkli-chen: das unmittelbare Erlebnis der Natur.

Die urwüchsigen Strukturen der Dünen-landschaft und die blühenden Heide-gebiete sind einerseits Oasen der Ruhe

und Erholung für alltagsgeplagte Urlauberinnen und Urlauber bieten sich andererseits für naturkundliche Exkursionen für
interessierte Gäste geradezu an. Wenn es
gelingt, diese Landschaft mit dem attraktiven Begriff Nationalpark zu verbinden,
kann dieses nur im Sinne eines auf die
Zukunft ausgerichteten, krisensicheren
Tourismus mit neuen, attraktiven Arbeitsplätzen im Bereich der Gästebetreuung
und Umweltpädagogik sein. Die ökonomischen Auswirkungen würden - soweit
heute prognostizierbar - positiv sein und
zu einer Stärkung und Stabilisierung der
Tourismuswirtschaft führen.

Durch die Verwaltungsvereinfachung
würden bestehende Reibungsverluste und
Mehrfacharbeit vermieden. Küstenschutz-

fragen würden nicht berührt, da der
Küstenschutz im 150 m-Streifen und vor
den sandigen Küsten auch im Nationalpark weiterhin Vorrang hätte (vergl. Kap.
XI 3.10 Küstenschutzmaßnahmen im
Vorland und Kap. XIII 1 Empfehlungen für
ein neues Nationalparkgesetz).

Die überwiegende Mehrzahl der Argumen-
te (vergl. Tab. 46) spricht für eine Einbezie-
hung der vorgeschlagenen Gebiete in den
Nationalpark Schleswig-Holsteinisches
Wattenmeer. Ob für diese Erkenntnis
Mehrheiten geschaffen werden können,
hängt allerdings von der Arbeit der
Kuratorien sowie von politischen Ent-
scheidungen auf Gemeinde-, Kreis- und
Landesebene ab.

*Tab. 46: Zusammenfassung der wichtigsten Argumente für die Einbeziehung der vorge-
schlagenen Gebiete in den Nationalpark*

▶ Der gesetzliche Auftrag, einen ökosystemaren Schutz von Lebensräumen zu gewährleisten (LNatSchG, § 1), wird umgesetzt.

▶ Der gesetzliche Auftrag, Vorrangflächen für den Naturschutz um geeignete Bereiche zu
erweitern (LNatSchG, § 15), wird erfüllt.

▶ Fehlende Naturraumbestandteile werden dem Nationalpark hinzugefügt.

▶ Eine repräsentative, naturraumtypische Verteilung der Lebensräume eines Ökosystems wird gewährleistet.

▶ Es wird ein räumlicher Verbund zu anderen Lebensräumen hergestellt.

▶ Ein Walschutzgebiet im Nationalpark kann eingerichtet werden.

▶ Es wird eine administrative Vereinfachung ermöglicht (einheitliche naturschutzfachliche Verwaltung).

▶ Die Schutzgebietsbetreuung wird vereinfacht.

▶ Besucherangebote und die Besucherlenkung werden vereinheitlicht.

▶ Der Nationalpark und die Region können durch ein einheitliches Erscheinungsbild ihre
Attraktivität steigern.

2.2 Zonierung innerhalb des Nationalparks

Die in diesem Kapitel vorgeschlagenen Maßnahmen können nur mit einer Novellierung des Nationalparkgesetzes realisiert werden.

2.2.1 Problemstellung

Nationalparke sind rechtsverbindlich festgesetzte *einheitlich* zu schützende Gebiete

Nach dem Bundesnaturschutzgesetz sind Nationalparke rechtsverbindlich festgesetzte **einheitlich** zu schützende Gebiete, die im überwiegenden Teil die Voraussetzungen eines Naturschutzgebietes erfüllen müssen (§ 14 Abs. 1 BNatSchG). Dies beinhaltet den Anspruch auf einheitlichen Ökosystemschutz auf ganzer Fläche und nicht nur in besonders geschützten Biotopen. Auch das Nationalparkgesetz fordert den möglichst ungestörten Ablauf der Naturvorgänge sowie den Erhalt der artenreichen Tier- und Pflanzenwelt folgerichtig für den gesamten Nationalpark (§ 2 Abs. 1 Nationalparkgesetz).

Zonierung ist ein Instrument zur Vermeidung bzw. Entschärfung von Interessenskonflikten

Im Unterschied zu anderen in Deutschland vorkommenden natürlichen oder naturnahen Ökosystemtypen oder -komplexen, wie z. B. Hochalpen, Laubwälder, Bergmischwälder oder Flußauen, von denen jeweils nur ein – oft verschwindend geringer – Teil als Nationalpark ausgewiesen ist, steht der Ökosystemkomplex Wattenmeer mit seinen Nationalparken im niedersächsischen, hamburgischen und schleswig-holsteinischen Teil in Deutschland fast vollständig unter Nationalpark-Schutz. Da dieser Naturraum seit Jahrhunderten auch Lebens- und Wirtschaftsraum des Menschen mit zum Teil traditionellen Nutzungen ist, sind Konflikte zwischen Nutzungsansprüchen und Naturschutz vorprogrammiert.

Das schleswig-holsteinische Nationalparkgesetz enthält deshalb die Formulierung, „unzumutbare Beeinträchtigungen der Interessen und herkömmlichen Nutzungen der einheimischen Bevölkerung sind zu vermeiden" (§ 2 Abs. 2 Nationalparkgesetz). Die Berücksichtigung der wirtschaftlichen Interessen geht dabei so weit, daß bisher im gesamten Nationalpark die Fischerei uneingeschränkt und selbst in der Zone 1 „die berufsmäßige Fischerei auf Fische, Krabben und Miesmuscheln in der bisherigen Art und im bisherigen Umfang zulässig" ist (§ 6 Abs. 2 und 3 Nationalparkgesetz).

Die bestehende Zone 1 gewährleistet nicht den erforderlichen Schutz ökologisch bedeutsamer Strukturen und Prozesse

Ein Instrument zur Vermeidung bzw. Entschärfung von Interessenskonflikten innerhalb von Großschutzgebieten ist die räumliche bzw. zeitliche Zonierung (s. Kap. II 4.1). Die Zonierung stellt dabei „... immer schon den äußersten Kompromiß des Naturschutzes für ein ihm gesetzlich in seiner Ganzheit gesichertes, ökologisch besonderes Gebiet dar ...", denn im Prinzip handelt es sich bei diesem Instrument um abgestufte Konzessionen an wirtschaftliche Nutzungen, technische Eingriffe und andere Beeinträchtigungen der Natur (ERZ 1991). Dennoch besteht weitgehende Einigkeit darüber, daß die Zonierung ein notwendiges Instrument zur Regelung von Nutzungsansprüchen ist. In der Ministererklärung zur Leeuwarden-Konferenz (CWSS 1995a) wird die Zonierung folglich als wertvolles Managementinstrument für das Wattenmeer anerkannt. Gleiches gilt für die räumliche Gliederung in Biosphärenreservaten (vergl. Kap. XII).

Der Nationalpark Schleswig-Holsteinisches Wattenmeer ist per Gesetz in drei Zonen unterteilt, von denen bislang nur die Zone 1 ausgewiesen ist. Eine entsprechende Verordnung für die Ausweisung von Zone 2 und 3 fehlt bis heute. Aus heutiger Sicht weist die bestehende Zonierung eine Reihe von Defiziten auf, die eine Neuzonierung erforderlich machen:

▶ Als Kriterien für die Ausweisung wurden aufgrund der seinerzeit bestehenden lückenhaften Datenbasis lediglich Robbenliegeplätze, Brut- und Mausergebiete von Küstenvögeln und geomorphologisch bedeutsame Bereiche zugrundegelegt.

▶ Nur ein Teil dieser schutzbedürftigen Räume wurde als Zone 1 ausgewiesen. Mit Rücksicht auf die bestehenden Waffenerprobungen wurde z. B. der Bielshövensand nicht als Zone 1 ausgewiesen.

▶ In keinem Fall weisen die jetzigen Zone-1-Gebiete eine zusammenhängende und repräsentative Ausstattung mit den typischen Habitaten des Ökosystemkomplexes auf.

▶ Die bestehende Zone 1 gewährleistet nicht den erforderlichen Schutz ökologisch bedeutsamer Strukturen und Prozesse, da z. B. die Garnelen- und Miesmuschelfischerei auf der gesamten Fläche zugelassen ist.

► Die bestehenden und geographisch festgelegten Grenzlinien der Zone-1-Gebiete sind nicht geeignet für einen Lebensraum, der von ständigen Veränderungen geprägt ist. Im Extremfall kann es passieren, daß eine sich ursprünglich in Zone 1 befindliche und von Seehunden als Liegeplatz genutzte Sandbank durch morphodynamische Prozesse aus der festgelegten Zone 1 herausverlagert.

2.2.2 Begründung für eine neue Zonierung

Die Ergebnisse der Ökosystemforschung und anderer Forschungsprojekte im Wattenmeer sowie zehn Jahre Nationalparkarbeit zeigen, daß das jetzige Zonierungskonzept im Nationalpark Schleswig-Holsteinisches Wattenmeer mit seinen mosaikartig angeordneten und kleinflächigen Zone-1-Gebieten, die insgesamt eine Fläche von ca. 30 % des schleswig-holsteinischen Nationalparks umfassen, den Schutz des Ökosystemkomplexes mit seiner Strukturvielfalt und den im Gebiet ablaufenden Prozessen nicht in ausreichendem Umfang gewährleisten kann. Die im folgenden vorgeschlagene Änderung der Zonierung bedeutet keine grundsätzliche Auflösung des Schutzstatus der bisherigen Gebiete, da viele in die vorgeschlagenen Kernzonen integriert werden. Nur in wenigen Fällen werden bestehende Zone-1-Gebiete aufgelöst. Bei der Begründung für einen Neuzuschnitt der Zonierung im schleswig-holsteinischen Wattenmeer sind nachfolgende Überlegungen von ausschlaggebender Bedeutung:

2.2.2.1 Naturwissenschaftliche Erwägungen

Für einen umfassenden Ökosystemschutz, der den ungestörten Ablauf der Naturvorgänge gewährleistet, sind weiträumige, ressourcennutzungsfreie Bereiche nötig, die eine vom Menschen unbeeinflußte Entwicklung und eine Selbstorganisation der Natur erlauben. Wenn natürliche Prozesse zugelassen werden, dann können sich im Laufe der Entwicklung vielfältige Lebensräume in einem räumlichen und zeitlichen Verbund einstellen, wie sie durch Managementmaßnahmen in ihrer Vielfältigkeit nicht bereitgestellt werden können (SCHERZINGER 1991). Einzelne Objekte, seien es Arten oder Habitate,

Mindestareale für den Ökosystemschutz im Wattenmeer sind große Wattstromgebiete

können in einem komplexen und dynamischen Netzwerk nicht separat gemanagt werden. Gezielte Managementmaßnahmen nur für einzelne Arten sind folglich bei einer natürlichen Entwicklung des Lebensraumes im Nationalpark Wattenmeer nicht oder nur in besonders begründeten Ausnahmefällen erforderlich. Im Wattenmeer lebt eine Vielzahl von Organismen, die aktiv oder passiv ihren Aufenthaltsort wechseln oder zu verschiedenen Tidephasen, in den einzelnen Jahreszeiten oder in spezifischen Lebensstadien unterschiedliche Lebensraumansprüche stellen. Im Sinne eines Verbundbiotopschutzes ist daher die Ungestörtheit großer Bereiche mit einer repräsentativen Ausstattung und Verteilung der jeweiligen Lebensräume der verschiedenen Arten erforderlich. Die entsprechenden Bereiche ergeben sich aus den hydrodynamischen Prozessen und den Lebensansprüchen der aquatischen und terrestrischen Organismen (REISE et al. 1994).

Mindestareale für diesen Ökosystemschutz im Wattenmeer sind die großen Wattströme mit ihren Wassereinzugsgebieten; sie sind die kleinsten naturräumlichen Einheiten, in denen abiotische und biotische Prozesse vollständig ablaufen können (REISE 1993, SIMON & REISE 1994, vergl. Kap. VII).

Die Ergebnisse der Ökosystemforschung stützen den Vorschlag, großräumige und habitatübergreifende „ressourcennutzungsfreie Zonen" im Wattenmeer einzurichten, der erstmals in den Empfehlungen des 7. Internationalen Wattenmeersymposiums auf Ameland von DANKERS et al. (1992) formuliert wurde. REISE (1992, 1994) spezifizierte diese Idee und schlug vor, anstelle der „Zone-1-Flicken" möglichst vollständige Wattstromgebiete unter Einschluß aller typischen Ökosystemelemente sowie der angrenzenden Lebensräume semiterrestrischer Organismen als ressourcennutzungsfreie Kernzonen zu definieren.

Kriterien für die Auswahl solcher Gebiete wurden 1994 in einem dänisch-deutsch-niederländischen Expertenworkshop als Grundlage für einen gemeinsamen, koordinierten Managementplan der drei Wattenmeeranrainerstaaten vorgeschlagen (CWSS 1995 d).

Zusammenhängende Schutz- oder Kernzonen sollen demnach einen Gezeitenpriel mit all seinen Verzweigungen vom seewärtigen Ebbdelta bis hin zu den Rinnsalen der landwärtigen Schlickflächen und Salzwiesen umfassen. Sie stellen somit ein vollständiges Wattstromgebiet dar, welches von den Salzwiesen am Festland über die Wattflächen bis zu den Außensänden und Sandbänken reicht. Die Größe soll ausreichend sein, um die Aufenthaltsbereiche der Wattorganismen, die Tidenwanderungen unternehmen, einzuschließen sowie grundlegende Teile des Stoffkreislaufs im Gezeitensystem umfassen.

Abb. 197
Schleppender
Krabbenkutter im
ostfriesischen
Wattenmeer.
Deutlich sichtbar
ist die Aufwirbe-
lung des Sedimen-
tes durch das
Fanggeschirr
(Foto: U. Walter,
Wilhelmshaven,
Herbst 1995).

Sofern Grenzlinien hydrologischer, geomorphologischer und biologischer Prozesse ersichtlich oder bekannt sind, sollen die Grenzen der Schutzgebiete diesen Grenzlinien folgen. In seewärtiger Richtung sollte die Möglichkeit bestehen, die Kernzone bis zur 15 oder 20 m-Tiefenlinie auszudehnen. Die Gebiete sollten sämtliche physikalische und biotische Charakteristika des jeweiligen Schutzgebietes enthalten. Schwerwiegende menschliche Störungen sollten zukünftig vermieden werden (CWSS 1995a).

Ein prägender menschlicher Einfluß im Wattenmeer ist die Ressourcennutzung, z. B. durch die Fischerei auf Miesmuscheln und in geringerem Maße auf Garnelen. Damit die Naturvorgänge in den Kernzonen möglichst ungestört ablaufen können, sind daher Regelungen für die Fischerei unabdingbar. Die Fischerei zeigt je nach Zielart Auswirkungen auf verschiedene Populationsparameter (ICES 1993, CWSS 1992). Im Falle der Miesmuschelfischerei wird die natürliche Benthosgemeinschaft über mehrere Jahre beeinflußt (RUTH 1994), im Falle der Garnelenfischerei kommt es durch den Beifang zu Auswirkungen auf verschiedene Fisch- und Vogelarten (WALTER & BECKER 1994, vergl. Kap. X). Das Fanggeschirr kann das Sediment und das darin lebende Benthos beeinflussen (Abb. 197) Darüber hinaus kann die Anwesenheit von Fischereifahrzeugen auch die Verteilung und das Verhalten von mausernden Vögeln beeinträchtigen (NEHLS 1996).

Großmöwen ernähren sich zu einem großen Teil vom Beifang der Fischerei und füttern auch ihre Jungen mit dieser Nahrung. ORO et al. (1995) konnten erstmals nachweisen, daß ein wirtschaftlich begründetes Fischereimoratorium der spanischen Fischereiflotte während der Brutzeit den Fortpflanzungserfolg der Weißkopfmöwe *(Larus cachinnans)* signifikant reduzierte, obwohl die Möwen auf andere Nahrung umstiegen. Auch bei Seeschwalben ist dieser Effekt beschrieben (MONAGHAN et al. 1992). Die Annahme ähnlicher Wirkung eines Fischereimoratoriums in der Nordsee auf die Möwenbestände im Wattenmeer ist denkbar, aber nicht belegt.

Viele Arten der zu Beginn dieses Jahrhunderts reichhaltigen sessilen Epifauna und -flora des Sublitorals sind selten geworden, so z. B. habitatbildende *Sabellaria*-Riffe, Seemoos- und Korallenmoosbestände und Schwämme oder ausgestorben, wie z.B. Austernbänke und sublitorale Seegraswiesen (z. B. REISE 1989, BERGHAHN 1990, MICHAELIS & REISE 1994). Ein mitverursachender Einfluß der Fischerei wird von manchen Autoren für wahrscheinlich gehalten (RIESEN & REISE 1982, REISE 1982, REISE 1989, REISE & SCHUBERT 1987), von anderen, z. B. BERGHAHN (1990), BERGHAHN & VORBERG (1994), aber in Frage gestellt. An den früheren Standorten von Austernbänken sind heute vielfach Miesmuschelkulturen angelegt worden. In jüngster Zeit ist aber eine Besiedlung im nordfriesischen

XI

Teil des Wattenmeeres mit der Pazifischen Auster *(Crassostrea gigas)* festzustellen (RUTH, mündl.).

Das Seemoos *(Sertularia cupressina)*, ein koloniebildender Hydroidpolyp, war bis Ende der sechziger Jahre im Wattenmeer weit verbreitet und wurde bis 1971 befischt (Abb. 198). Der schon in den sechziger Jahren zu verzeichnende Rückgang des Seemooses wurde auf eine zunehmende Eutrophierung und Verschlickung des Wattenmeeres, auf den Verlust von Austernbänken als Besiedlungssubstrat sowie auf die mechanischen Einwirkungen der Fischerei zurückgeführt (REISE & SCHUBERT 1987, NEUDECKER 1990, WEBER et al. 1990). Diese Annahmen konnten von WAGLER (1990) für die Art im nordfriesischen Wattenmeer bestätigt werden. Seemooskolonien wurden z.B. im westlichen Teil des Hörnum-Tiefs, südwestlich von Amrum und westlich von Langeneß angetroffen.

In den vormals sandigen, durch Küstenschutzmaßnahmen jedoch heute verschlickten Bereichen der Holmer Fähre südlich von Nordstrandischmoor, war kein Seemoos nachzuweisen (WAGLER 1990). Für den Rückgang der Wanderfischarten Alse, Lachs, Schnäpel, Meerforelle, Neunauge, Finte, Flunder, Aal sowie für das Aussterben des Störs wird übermäßiger Fang in den Flüssen, z.T. in Kombination mit dem Bau von Sperrwerken, verantwortlich gemacht (LOZAN et al. 1994 a).

Intensive Fischerei in der angrenzenden Nordsee als alleinige Ursache für das Verschwinden von Nagel-, Stech- und Glattrochen, Katzen- und Glatthai und dem Großen Petermännchen aus dem Wattenmeer halten LOZAN et al. (1994 a) für sehr wahrscheinlich. Die Autoren empfehlen außerdem, Gebiete mit einem hohen Anteil von Jungfischen als fischereifreie Zonen auszuweisen.

Abb. 198 Seemoosanlandungen in Deutschland. Die Jahreserträge nahmen von rd. 80.000 kg in den Jahren 1907 - 1910 auf rd. 1.000 kg pro Jahr Ende der 30er Jahre ab (WAGLER 1990).

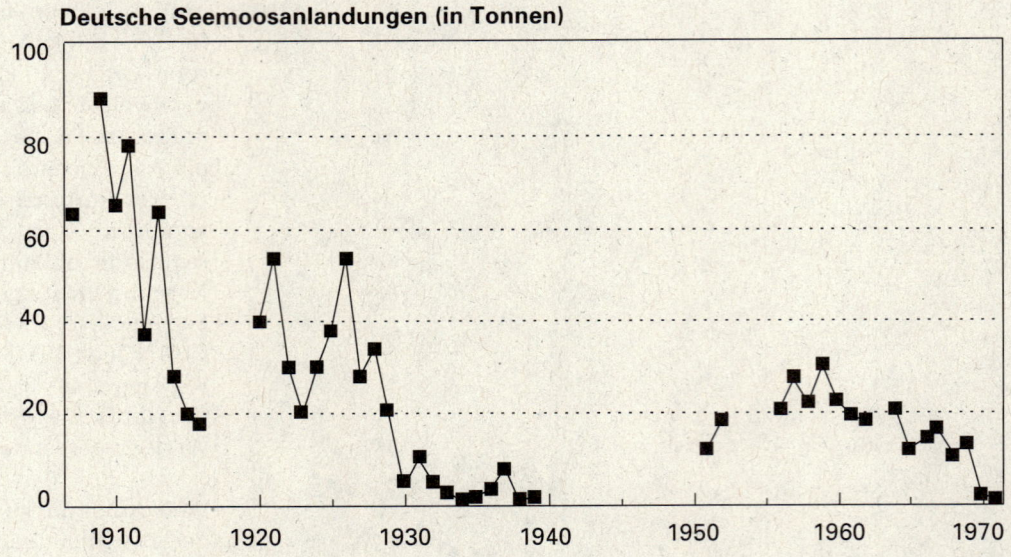

Deutsche Seemoosanlandungen (in Tonnen)

2.2.2.2 Nationale und internationale Vereinbarungen – normative Vorgaben

Schon in der Ministererklärung der Trilateralen Regierungskonferenz von Esbjerg (1991) wurde, speziell bezogen auf die Miesmuschelfischerei, die Sperrung beträchtlicher Teile des Sub- und Eulitorals vereinbart. Darüberhinaus sollen die empfindlichsten Gebiete als Zonen ausgewiesen werden, in denen keinerlei Freizeitaktivitäten, einschließlich Fahrten von Ausflugsschiffen und Sportbooten, zugelassen sind. In den gemeinsamen Grundsätzen wurde gemäß dem Vorsorgeprinzip vereinbart, „Maßnahmen zu ergreifen, um möglicherweise umweltschädliche Aktivitäten zu vermeiden, selbst wenn keine ausreichenden wissenschaftlichen Beweise für eine direkte Verbindung zwischen Aktivitäten und deren Wirkung vorliegen" (CWSS 1992).

Auch die Ministererklärung zur 4. Internationalen Nordseeschutzkonferenz 1995 in Esbjerg enthält einen Passus zu störungsfreien Zonen:

Ruhezonen, in denen sich Arten regenerieren können, sind jetzt festzulegen

„(...) nehmen die Minister würdigend zur Kenntnis, daß der Internationale Rat für Meeresfragen Ratschläge im Hinblick auf die wissenschaftlichen Kriterien für die zu wissenschaftlichen Zwecken versuchsweise geplante Einrichtung störungsfreier Zonen in der Nordsee mit dem Ziel einer Bewertung der Erholung und Wiederherstellung des Meeresökosystems erteilt hat; (...) und stellen fest, daß der Internationaler Rat für Meeresforschung und die auf nationaler Ebene dafür zuständigen Wissenschaftler und Naturschutzbehörden an der Entwicklung der Bewirtschaftung und Überwachung (Monitoring) derartiger störungsfreier Zonen mitwirken sollen.(...)"

In der Ministererklärung der Leeuwardenkonferenz (CWSS 1995c) wird es für die Arbeit an der Erstellung des Managementplans „als sinnvoll erachtet, die Maßnahmen in genügend großen geographisch zusammenhängenden Gebieten mit verschiedenartigen Lebensräumen umzusetzen (...)".

Die auf trilateraler Ebene formulierten ökologischen Entwicklungsziele (Ecotargets) sind auf der Regierungskonferenz von Leeuwarden verabschiedet worden. Sie formulieren das Ziel für die anzustrebende Qualität der Lebensraumtypen des Wattenmeeres (CWSS 1995a).

Es wird angestrebt,
► geomorphologisch und biologisch ungestörte Watt- und Sublitoralflächen zu vergrößern,
► eine natürliche Vergrößerung der Fläche und der natürlichen Verteilung und Entwicklung von Miesmuschelbänken, Sabellariariffen und Seegraswiesen zu ermöglichen sowie
► günstigere Voraussetzungen für Zug- und Brutvögel in Form von ungestörten Rast- und Mausergebieten von ausreichender Größe zu schaffen.

Auch die norddeutschen Umweltministerinnen und Umweltminister haben auf einer Konferenz im Vorfeld der 4. Nordseeschutzkonferenz im Mai 1995 dazu aufgefordert, „Ruhezonen, in denen sich die Arten regenerieren können, jetzt festzulegen und es nicht bei einem Prüfauftrag zu belassen, der in den nächsten Jahren von den Lobbyisten nur zerredet wird". Sie stellten fest, daß der „Rückgang der Artenvielfalt (...) bis in das Wattenmeer, das in Niedersachsen und Schleswig-Holstein großflächig durch Nationalparke geschützt ist, spürbar (ist)." (Zitate aus der Pressemitteilung der Ministerin für Natur und Umwelt des Landes Schleswig-Holstein vom 30.05.1995).

Bereits am 15.11.1989 beschloß das Kuratorium Dithmarschen einstimmig: „Vor- und Nachteile fischereifreier Regenerationszonen für die Krabbenfischerei sollen untersucht und die dazu notwendigen fischereifreien Gebiete im Einvernehmen mit dem Arbeitskreis Fischerei im Wattenmeer festgelegt werden."

2.2.2.3 Die Erfordernisse des trilateralen Monitoringprogrammes

Aufgrund der intensiven flächendeckenden Ressourcennutzung im gesamten Nordseebereich einschließlich des Wattenmeeres ist es heute nicht mehr möglich, wissenschaftlich fundierte Aussagen über den Grad der Abweichung vom Naturzustand zu treffen. Die natürlichen Populationsgrößen und Siedlungsdichten von wirtschaftlich nicht genutzten Arten sind in der Regel aufgrund enger Verflechtungen und Rückkopplungen im Nahrungsnetz unbekannt.

Auf der trilateralen Regierungskonferenz in Esbjerg 1991 wurde vereinbart, ausreichend große und über das gesamte Wattenmeer verteilte Gebiete festzulegen, aus denen jegliche Ressourcennutzung und alle störenden Aktivitäten verbannt sind und die als Referenzgebiete für wissenschaftliche Zwecke dienen können (CWSS 1992). Für die Zwecke des Trilateral Monitoring and Assessment Programme (TMAP) sollen Untersuchungsgebiete ausgewiesen werden, die typische Spektren der verschiedenen Habitate und Lebensgemeinschaften des jeweiligen Wattenmeerbereichs umfassen, die morphologisch und hydrologisch eine natürliche Einheit bilden und die alle physikalischen, chemischen und sedimentologischen Gradienten repräsentieren. Nur ein vollständiges Wattstromgebiet mit einer seewärtigen Grenze, die das Ebbstromdelta einbezieht und einer landwärtigen Grenze, die zumindest die Salzwiesen einschließt, erfüllt als kleinste Einheit diese Kriterien.

Das Vorsorgeprinzip fordert die Minderung einer Aktivität schon dann, wenn ein begründeter Verdacht besteht, daß eine schädigende Auswirkung vorliegt

Für die Durchführung des trilateralen Monitoringprogrammes ist die Festlegung sowohl von sogenannten Referenzgebieten erforderlich, die möglichst ungestört und frei von Ressourcennutzung sind, als auch von Monitoringgebieten, die menschlicher Nutzung und Beeinflussung unterliegen. Nur wenn Monitoring und Forschung auf geeigneten Skalen in ungenutzten und genutzten Gebieten durchgeführt werden, erlauben die Ergebnisse eine Unterscheidung zwischen natürlichen und anthropogen verursachten Veränderungen im Wattenmeer (TMEG 1993). Diese Forderung wird auch von COLIJN et al. (1995) unterstrichen. Je nach Fragestellung können Monitoringgebiete auch sehr kleinräumig gefaßt werden, um mit entsprechenden Referenzflächen vergleichbar zu sein. Referenzgebiete sind vollständige Wattstromgebiete.

Im Wattenmeer sind bislang klare und eindeutige Aussagen über die Auswirkungen der Fischerei nicht möglich, da weder in der angrenzenden Nordsee noch im Wattenmeer selbst ein großflächiges Gebiet existiert, das langfristig unbefischt ist, und die räumliche Verteilung der Fischereiintensität nicht bekannt ist. So ist es nahezu ausgeschlossen, die langfristigen Auswirkungen z. B. von Eutrophie-

rung oder Schadstoffbelastung auf bestimmte Lebensgemeinschaften von denen der Fischerei zu trennen. Um aber zwischen den verschiedenen Effekten zu unterscheiden, ist die Ausweisung von nutzungsfreien Referenzgebieten erforderlich. Ihre Entwicklung soll wissenschaftlich langfristig begleitet werden.

Im TMEG-Bericht (TMEG 1993) werden vier, noch nicht genau lokalisierte, nutzungsfreie Referenzgebiete im gesamten Wattenmeer vorgeschlagen, in denen Monitoring und Forschung stattfinden soll. Diese Gebiete sollen im niederländischen Teil, in Niedersachsen zwischen den Ästuaren von Ems und Elbe sowie im schleswig-holsteinischen und dänischen Teil liegen.

2.2.2.4 Das Vorsorgeprinzip

Nach Maßgabe des Vorsorgeprinzips, wie es auf der 6. trilateralen Ministerkonferenz in Esbjerg vereinbart wurde, sind Maßnahmen zur Verhinderung eines schädigenden Einflusses schon dann zu ergreifen, wenn der begründete Verdacht besteht, daß eine schädigende Auswirkung vorliegt und wenn keine ausreichenden Beweise für eine direkte Verbindung zwischen Aktivitäten und deren Wirkung vorliegt (CWSS, 1992).

Wichtigstes Kriterium für die Ausweisung von neuen Kernzonen im Nationalpark ist deren Großflächigkeit, eine natürliche Begrenzung sowie die Ressourcen-Nutzungsfreiheit. Die Nutzung nicht-regenerativer Ressourcen (z. B. Kies-, Sand- und Kleientnahme) ist in der Regel ohne große Probleme aus den Kernzonen des Nationalparks in andere Gebiete oder sogar aus dem Nationalpark heraus zu verlagern. Anders ist es mit den nachwachsenden Ressourcen. Da Landwirtschaft und Jagd im Nationalpark nicht zulässig sind, verbleiben die Garnelen- und die Miesmuschelfischerei als bedeutsame Einflußgrößen.

Wissenschaftlich abgesicherte Daten über die Auswirkungen der Garnelenfischerei im Wattenmeer auf die Population liegen nicht vor. Ökosystemare Auswirkungen der Garnelenfischerei über den Beifang, wie z. B. Verschiebungen in der Populationsgröße der mitgefangenen Jungschollen sowie Auswirkungen auf schifffolgende

Vögel im Wattenmeer konnten von BERG-HAHN & VORBERG (1994) nicht nachgewiesen werden, werden jedoch von WALTER & BECKER (1994) vermutet. Nachfolgend sind an einigen Beispielen die Effekte und möglichen Einflüsse der Garnelen- und Miesmuschelfischerei dargestellt und Forderungen für einen vorbeugenden Schutz des Wattenmeeres, insbesondere in den Kernzonen, abgeleitet.

Garnelenfischerei:

Der Internationale Rat für Meeresforschung stellt fest, daß im gesamten Nordseegebiet in der Garnelenfischerei Veränderungen eingetreten sind. Die Anlandungen sind zurückgegangen, die Vorkommensdichte hat abgenommen und der Anteil großer Garnelen hat sich verringert. Als Folge wird eine Verringerung des

eingesetzt hat (ANONYMUS 1993). Eine derartige „Rekrutierungsüberfischung" tritt dann auf, wenn durch zu großen Fischereiaufwand der Laichbestand so klein wird, daß Nachkommen nicht mehr in ausreichender Zahl produziert werden.

Demgegenüber stufen BERGHAHN & VORBERG (1994) die ökologischen Auswirkungen der Garnelenfischerei im Wattenmeer aufgrund ihrer Untersuchungen im Rahmen der Ökosystemforschung als relativ gering ein. Die Autoren konzentrierten sich bei ihren Untersuchungen über den Einfluß der Garnelenfischerei im Wattenmeer auftragsgemäß auf das Benthos sowie auf den Beifang, nicht jedoch auf die Auswirkungen auf verschiedene Populationsparameter der Garnelen. Sie folgern, daß die heutige Garnelenfischerei mit dem verwendeten Rollengeschirr und den teilweise verwendeten selektiv fischenden Trichternetzen in dem von hoher Dynamik und häufigen, einschneidenden Veränderungen geprägten Wattenmeer keine ökosystemar bedeutsamen Auswirkungen auf das Benthos hat. BERGHAHN (1994) hält es aber für möglich, daß die Garnelenfischerei eine Verschiebung der Populationsgröße bei Seevögeln und Seehunden bewirken kann.

Der Beifang selbst ist auch bei der Verwendung von selektiv fischenden Trichternetzen immer noch erheblich, die Sterblichkeit der mitgefangenen Fische ist hoch. Besonders betroffen sind Jungfische. Zudem verfangen sich in den Netzen der Garnelenfischerei Makroalgen, die ein Entkommen der Jungfische und Jungkrebse aus den Netzen erschweren (LOZAN 1994). Nach WALTER & BECKER (1994) setzten sich die niedersächsischen Garnelenfänge im Mittel aus 60 % untermaßigen Garnelen, 20 % Fischen und anderen Krebsen, 10 % Algen und Schill und nur zu 10 % aus marktfähigen Garnelen zusammen. Der Beifang beträgt nach ihren Untersuchungen durchschnittlich 90 %, während nach BERGHAHN & VORBERG (1994) ein solcher Prozentsatz als Spitzenwert zu betrachten ist.

Neben der Stoffentnahme und der geschilderten Beifangproblematik wirkt bereits die Anwesenheit von Fischereifahrzeugen auf die räumliche Verteilung von Seehunden und von mausernden Eider- und Brandenten im Wattenmeer. Große Ansammlungen dieser Tiere finden sich in den Bereichen des Wattenmeeres ein, in denen der Schiffsverkehr gering ist (Abb.

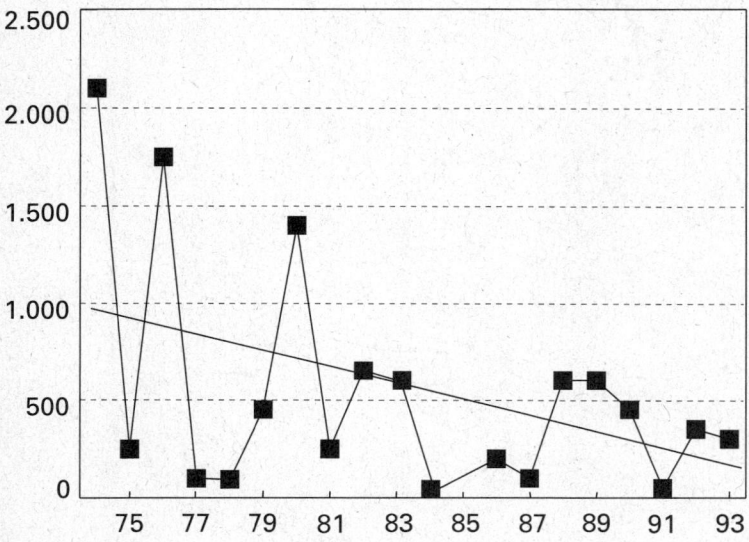

Abb. 199 Häufigkeitsindices von Garnelen (Anzahl pro 1.000 m²) auf der Basis von Frühjahrsuntersuchungen des „Demersal Youngfish Survey" von 1974 bis 1993 im Bereich der Piepen, schleswig-holsteinisches Wattenmeer (NEUDECKER 1994).

Fangerfolges je Aufwandseinheit beobachtet (ANONYMUS 1993, NEUDECKER 1994). Derartige Phänomene treten auch im Wattenmeer auf (Abb. 199) (NEUDECKER 1994). Allerdings sind die Ursachen für den Rückgang der Häufigkeitsindices der Garnele und die Abnahme des Anteils großer Garnelen in den Fängen innerhalb der letzten Jahre nicht klar belegbar (TEMMING et al. 1993, NEUDECKER 1994). Die wahrscheinlichste Erklärung für die Veränderung der Größenklassenverteilung ist eine Zunahme der Mortalität der adulten Garnelen, die durch eine Zunahme der Fischereiintensität bedingt ist (ANONYMUS 1993). Als Folge ist im gesamten Fanggebiet der Garnele die Anzahl eiertragender Weibchen im Frühjahr verringert und die jährliche Eiproduktion zurückgegangen. Aufgrund der Intensivierung der Fischerei vermutet der Internationale Rat für Meeresforschung, daß ein Effekt auf die Fortpflanzungsrate

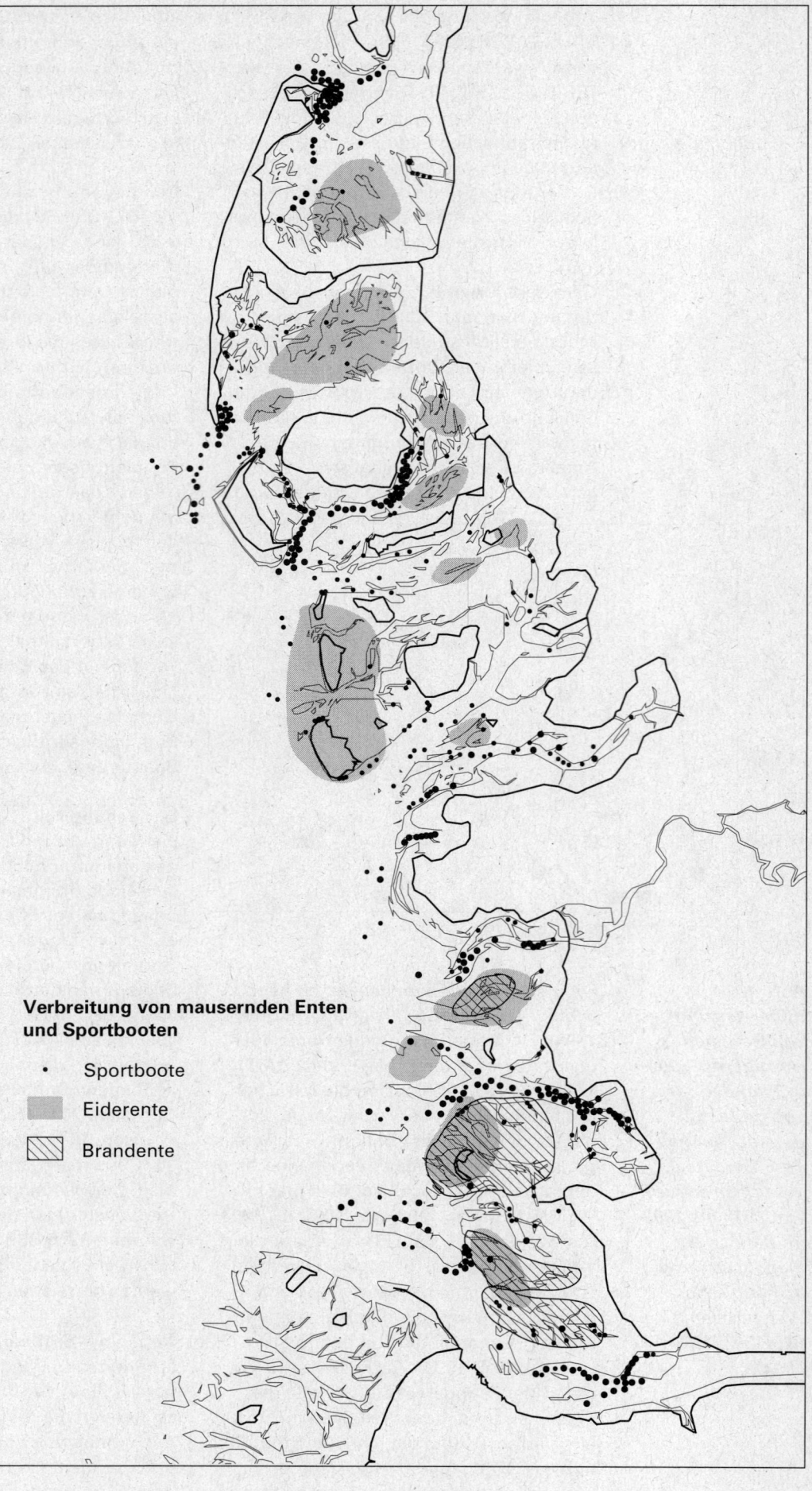

*Abb. 200
Verteilung von
mausernden Eider-
und Brandenten
und Sportbooten
im schleswig-
holsteinischen
Wattenmeer.
Wiedergegeben ist
die ungefähre
Position der
während der
Niedrigwasserzeit
durchgeführten
Zählungen aus
dem Flugzeug in
den Jahren
1991 - 1995 (kleiner
Punkt = 1 Sport-
boot, großer Punkt
= 5 Sportboote).
Die Mausergebiete
der Enten wurden
anhand von
Zählungen aus
dem Flugzeug in
den Jahren 1987 -
1995 ermittelt
(NEHLS 1996,
verändert).*

**Verbreitung von mausernden Enten
und Sportbooten**

·   Sportboote

     Eiderente

     Brandente

200) (KEMPF 1993, NEHLS 1996, NEHLS & THIEL 1988, THIEL et al. 1992). Wenn auch der Anteil der Fischereifahrzeuge (15 %) am gesamten Schiffsaufkommen über das Jahr gemittelt gering ist, sind Fischereifahrzeuge je nach Jahreszeit zu 30 % bis 50 % am Schiffsverkehr im Wattenmeer beteiligt (NEHLS 1996). Das zahlenmäßig größte Aufkommen fällt auf die Monate März bis Oktober und damit in die Mauserzeit der genannten Entenvögel sowie in die Wurfzeit der Seehunde. Für fast die gesamte nordwesteuropäische Population der Brandenten stellt der südliche Teil des Dithmarscher Wattenmeeres das Haupt-Mausergebiet dar. Gerade dieser Bereich wird aber intensiv von Hobby- und Nebenerwerbsfischern aufgesucht, die mit ihren kleinen und flachgängigen Fischereifahrzeugen bis in die kleinsten Verästelungen der Nebenpriele vordringen und diese befischen (KEMPF 1993).

Der südliche Teil des Dithmarscher Wattenmeeres ist Mausergebiet für fast die gesamte nordwesteuropäische Brandenten-Population

Miesmuschelfischerei:

Die ökologischen Auswirkungen der Miesmuschelfischerei sind hinreichend beschrieben (Übersicht bei CWSS 1991, RUTH 1994). Eine bislang wenig beachtete Folge der Miesmuschelfischerei hat SMIT (1995) untersucht. In den Niederlanden war der Brutfall von Miesmuscheln im Wattenmeer Anfang der 90er Jahre sehr gering. Die Miesmuschelfischerei entnahm auf den eulitoralen Bänken Besatzmuscheln. In Kombination mit der Wirkung von Handwerbelizenzen, winterlichen Stürmen sowie von Rekrutierungsausfall kam es zu einem totalen Verschwinden von eulitoralen Muschelbänken. Die in den Niederlanden zulässige Herzmuschelfischerei entnahm in der gleichen Periode einen beträchtlichen Anteil der potentiell für Vögel verfügbaren Herzmuscheln. Beide Ereignisse führten zu einer drastischen Nahrungsverknappung und damit einer Reduzierung der Eiderenten- und Austernfischeranzahlen im Wattenmeer, die sich hauptsächlich von den genannten Muscheln ernähren. Bei den Eiderenten war der Bestand gegenüber dem langjährigen Mittel um 35 % reduziert. LEOPOLD et al. (1993) beobachteten im gleichen Winter große Eiderentenansammlungen in der vorgelagerten Nordsee, wo die Vögel Trogmuscheln (*Spisula subtruncata*) fraßen. Bei den Austernfischern ist seit dem Winter 1991 eine übermäßig große Anzahl von überwinternden Vögeln im Binnenland anzutreffen.

Nur die Einrichtung von Referenzgebieten ohne jegliche Ressourcenentnahme kann Informationen über die natürliche Entwicklung des Wattenmeeres liefern

Die Aufklärung der Ursachen für die Beeinflussung der verschiedenen Arten und Lebensgemeinschaften des Wattenmeeres durch die Fischerei ist schwierig. Direkte Beweise sind oft nicht möglich, da es sich um Ereignisse der Vergangenheit handelt, die zudem noch von mehreren Faktoren ausgelöst worden sein können. Es können deshalb nur plausible Erklärungen herangezogen werden.

2.2.2.5 Schlußfolgerung

Vor dem Hintergrund der nachgewiesenen und der vermuteten Einflüsse der verschiedenen menschlichen Nutzungen und Beeinflussungen, der nationalen und internationalen Empfehlungen sowie der Anforderungen des trilateralen Monitoringprogrammes ist es erforderlich, Ressourcennutzungen in den zukünftigen Kernzonen des Nationalparks auszuschließen.

Im Falle der Garnelenfischerei lassen sich die Einflüsse auf das Ökosystem nicht eindeutig und abschließend bewerten. Da das deutsche Wattenmeer zugleich fast vollständig unter Nationalparkschutz gestellt wurde, kann und soll die traditionelle Art der Fischerei, die zu einem Teil im Nationalpark stattfindet, aus sozialen, kulturellen und wirtschaftlichen Gründen nicht verboten werden. Einschränkungen sind nur auf der Basis des Vorsorgeprinzips möglich. Bei den störungsfreien Referenzgebieten für Monitoring und Forschung ist eine solche Begründung herzuleiten. In diesen Gebieten muß auch die Garnelenfischerei ausgeschlossen werden, denn nur die Einrichtung von Referenzgebieten ohne jegliche Ressourcenentnahme kann langfristig Informationen über die natürliche Entwicklung der Lebensgemeinschaften des Wattenmeeres und damit für den erforderlichen Schutz des Ökosystemes liefern. Mit den Vertretern der Fischerei muß im Arbeitskreis Fischerei und in den Kuratorien geprüft werden, ob dieser Weg einvernehmlich gangbar ist oder ob die Schließung von Referenzgebieten eine Erstattung von Einnahmeausfällen erfordert.

Flankierend müssen sektorale Maßnahmen für die Garnelen- und Miesmuschelfischerei entwickelt werden, da bei einer Aufwandssteigerung in der Garnelenfischerei neben der schon bestehenden ökonomischen Überfischung (TEMMING & TEMMING 1991) auch eine Wachstums-

XI

überfischung möglich ist (NEUDECKER & DAMM 1993, TEMMING et al. 1993, BERGHAHN & VORBERG 1993), die den Zielen des Nationalparks entgegensteht (vergl. Kap. XI 3.4.2). Wenn Maßnahmen zur Aufwandsbegrenzung (z. B. Begrenzung der Kurrgewichte, Kontrolle der Maschinenleistung durch Fahrtenschreiber auf der Antriebswelle; vergl. Kap. XI 3.4.2) der Garnelenfischerei in der Nordsee (in Ergänzung der Beschränkung der Motorleistung im Wattenmeer) richtig angelegt werden, dann können sie auch dem langfristigen Erhalt der Familienbetriebe und deren Schutz vor industrialisierter EU-Fischerei dienen.

2.2.3 Änderungsvorschlag

2.2.3.1 Ziel

Ziel sind Kernbereiche, die den erforderlichen Schutz auf großer Fläche sicherstellen, außerhalb besonders sensibler Bereiche aber ausdrücklich zugänglich sind

Das vorrangige Ziel der neuen Zonierung ist ein umfangreicher Ökosystemschutz bei gleichzeitiger Minderung und Entschärfung von Interessenskonflikten. Mit der Neuzonierung sollen ressourcennutzungs- und störungsfreie Kernbereiche des Nationalparks ausgewiesen werden, die den erforderlichen Schutz auf großer Fläche sicherstellen. Entgegen der bisherigen Zonierungsregelung sind die neuen Kernzonen ausdrücklich für Erholungs- und Bildungszwecke zugänglich. In besonders sensiblen Bereichen, wo das Betreten und Befahren dem Schutzzweck entgegen steht, sind jedoch spezielle Regelungen erforderlich.

2.2.3.2 Vorgehensweise

Die Voraussetzung für einen naturschutzfachlich und wissenschaftlich begründeten Neuzonierungsvorschlag lieferte die Ökosystemforschung durch eine umfangreiche Bestandsaufnahme und eine darauf aufbauende Bewertung der Flächen und Objekte des Nationalparks nach ihrer ökologischen Bedeutung, Empfindlichkeit und Belastung (vergl. Kap. VIII 1.). Dabei wurden auch Flächen und Objekte potentieller ökologischer Bedeutung bzw. potentieller Belastung berücksichtigt. Darüberhinaus wurde jeweils geprüft, ob für den Schutz der jeweiligen Objekte, Strukturen und Prozesse die Einrichtung von nutzungsfreien Kernzonen das geeignete Instrument darstellt. Für einige Fischarten als bewegliche Objekte erscheint aufgrund der Ergebnisse der fischereiwissenschaft-

lich arbeitenden Teilprojekte der Ökosystemforschung ein Schutz vor anthropogener Beeinträchtigung durch sektorale Maßnahmen (Kap. XI 3.) zweckmäßig. Im Hinblick auf den Küstenschutz und die touristische und landwirtschaftliche Nutzung der Salzwiesen und Strände wurden separate Konzepte erarbeitet, die in Kap. XI 2.3 und XI 3.10 dargestellt sind. Für die Festlegung von ressourcennutzungsfreien, großräumigen Kernzonen wurden besonders schutzbedürftige Gebiete ermittelt. Die folgenden Räume besonderer (aktueller oder potentieller) ökologischer Bedeutung bzw. Empfindlichkeit wurden prinzipiell als zonierungsrelevant eingestuft: Ästuare, Brackwasserzonen, Salzwiesen, Dünen und Heiden, Sände, Schweinswalgebiete, Sabellariariffe, Robbenliegeplätze (aktuell, potentiell, tideunabhängig, Mutterbänke), stabile eulitorale Miesmuschelbänke, Seegraswiesen, Mauser- und Rastgebiete von Eiderenten, Brandenten und Trauerenten sowie Brut- und Rastgebiete von Küstenvögeln.

Mit Hilfe eines Geographischen Informationssystems (KOHLUS 1994) wurden Karten mit der Verteilung dieser Organismen bzw. Ökosystemelemente im Nationalpark und in den benachbarten Gebieten erstellt. Ihre Verteilung im Raum erlaubte die Abgrenzung von Gebieten, die eine Anhäufung von Habitaten, Strukturen oder ökologischen Prozessen mit Schlüssel- oder Steuerfunktion im Wattenmeer aufweisen. In GIS-Karte 39 ist die Verteilung der einzelnen Objekte gemeinsam in einer Karte dargestellt, die durch Verschneidung Räume besonderer Schutzbedürftigkeit wiedergibt.

Dabei ist zu berücksichtigen, daß nicht alle Strukturen und Objekte im Nationalpark regelmäßig über die Fläche verteilt sind. Einige zeigen einen ausgeprägten Nord-Süd Gradienten in ihrem Vorkommen, andere sind selten und kommen daher nicht in jedem Wattstromgebiet vor. So gibt es nach derzeitigem Kenntnisstand nur ein Sabellaria-Riff im Schleswig-Holsteinischen Wattenmeer (Rütergat), fast keine Seegraswiesen und nur eine Miesmuschelbank im Dithmarscher Watt, nur drei Ästuare (Eider, Godel, Elbe) und nur einen Verbreitungsschwerpunkt von Schweinswalen, der zugleich Aufzuchtgebiet der Art ist (westlich von Sylt und Amrum). Dünen und Heiden existieren nur auf Amrum, auf Sylt und bei St. Peter Ording.

In einem weiteren Schritt wurden Karten mit den im Rahmen der Ökosystemforschung identifizierten Räumen besonderer Nutzungen und besonderer ökonomischer Bedeutung erstellt. Dabei wurden die folgenden Nutzungen berücksichtigt: Garnelenfischerei, Miesmuschelkulturen, Muschelfischerei, Schiffahrtsrouten, Hafenanlagen, Schiffsliegeplätze, Freizeitnutzungen (Badestellen, Surfgebiete), Wattwandergebiete und Routen geführter Wattwanderungen sowie Küstenschutzmaßnahmen. In GIS-Karte 40 sind die Räume mit besonderen Nutzungsschwerpunkten dargestellt.

Der Abgleich beider Karten führte zur Abgrenzung von Bereichen, die überwiegend ein oder mehrere Wattströme mit den angrenzenden Platen umfassen. Da die Platen insbesondere für nahrungssuchende, rastende und mausernde Vögel von herausragender Bedeutung sind, ist es aus ökologischer Sicht sinnvoll, die Wattströme mit den angrenzenden Platen, begrenzt durch die Niedrigwasserlinie der jeweils benachbarten Prielströme, zu einem „Wattstromgebiet" zusammenzufassen.

Es wird vorgeschlagen, die bestehende Zonierung aufzulösen

Daneben gibt es jedoch weitere Gebiete, die für mausernde Eider- und Brandenten sowie Seehunde und Kegelrobben seit Jahren als Mausergebiete bzw. als Liege- und Jungenaufzuchtplätze genutzt werden. Die Lage der überwiegend eng begrenzten Gebiete sowie die Größe der betreffenden Vogel- und Seehundsbestände sind hinreichend dokumentiert (KEMPF 1993, NEHLS 1990, NEHLS et al. 1991, 1992, THIEL et al. 1992). Auf der Basis der Ergebnisse der Ökosystemforschung konnten weitere Bereiche abgegrenzt werden: Mausergebiete, in denen von Juli bis September regelmäßig über 5.000 Eiderenten vorkommen und Liegeplätze, die von Mai bis September von mindestens 20, in der Regel jedoch über 100 Seehunden als Mutterbänke genutzt werden. Im Bereich Bielshövensand und Hakensand/Nordergründe mausern zusätzlich alljährlich über 20.000 Brandenten.

Da die Beibehaltung oder Modifikation der bestehenden Zonierung lediglich einen verbesserten Artenschutz bewirken würde, aber nicht den Erfordernissen eines Ökosystemschutzes gerecht wird, wird vorgeschlagen, die bestehende Zonierung aufzulösen und eine neue Zonierung auf der Basis großflächiger Raumeinheiten vorzunehmen. Die abgrenzbaren Watt-

stromgebiete sowie die zusätzlich überwiegend aus Gründen des Robben- und Vogelschutzes abgegrenzten Bereiche werden Kernzonen genannt.

2.2.3.3 Die neuen Kernzonen

Die Ausdehnung und Lage der neuen Kernzonen ist in Abbildung 201 und GIS-Karte 38 dargestellt. Alle Kernzonen zusammen umfassen eine Fläche von ca. 181.500 ha. Dies entspricht einem Anteil von ca. 56 % der bestehenden bzw. von 45 % der erweiterten Nationalparkfläche entsprechend Vorschlag aus Kapitel XI 2.1. Von den neun Kernzonen liegen sieben im nordfriesischen und zwei im Dithmarscher Wattenmeer. Im nordfriesischen Teil des Nationalparks sind dies die Kernzonen Lister Tief, Hörnum Tief, Knobsände, Süderaue, Rummelloch, Hever und Vollerwiek Plate. Die Kernzonen Wesselburener Loch sowie Bielshövener Loch-Schatzkammer-Klotzenloch befinden sich im Dithmarscher Teil des Nationalparks. Alle großflächigen Kernzonen weisen Salzwiesen, eulitorale Schlick-, Misch- und Sandwattflächen, flaches und tiefes Sublitoral sowie Prielströme auf. Der innere Teil der Kernzone Lister Tief und die gesamte Kernzone Wesselburener Loch fungieren als nutzungsfreie Referenzgebiete für Monitoring und Forschung. Hier sind nach einer Übergangsphase alle Ressourcen-Nutzungen auszuschließen, damit diese Gebiete einen Zustand weitestgehender Ungestörtheit darstellen können. Ansonsten ist dies mittelfristig auch für den äußeren Teil des Lister Tiefs anzustreben, damit dieses Wattgebiet insgesamt nutzungsfrei wird. Diejenigen Kernzonen, die ganze Wattstromgebiete umfassen, reichen land- und seeseitig bis an die vorgeschlagene Nationalparkgrenze (vergl. Kap. XI 2.1). Die nördliche und südliche Begrenzung folgt entweder der Niedrigwasserlinie der entsprechenden Platen, der seeseitigen Begrenzung von Inseln und Halligen oder den bestehenden Dämmen. Die zu den benachbarten Prielsystemen hin gelegenen Wattflächen vor der Insel Pellworm sowie den Halligen Hooge, Gröde und Nordstrandischmoor zählen nicht zur Kernzone. Gleiches gilt für die Mittelplate inklusive des Neufahrwassers und Trischenflinge in der Kernzone Bielshövener Loch-Schatzkammer-Klotzenloch. Die kleineren Kernzonen sind nicht naturräumlich begrenzt. Diese Gebiete sind

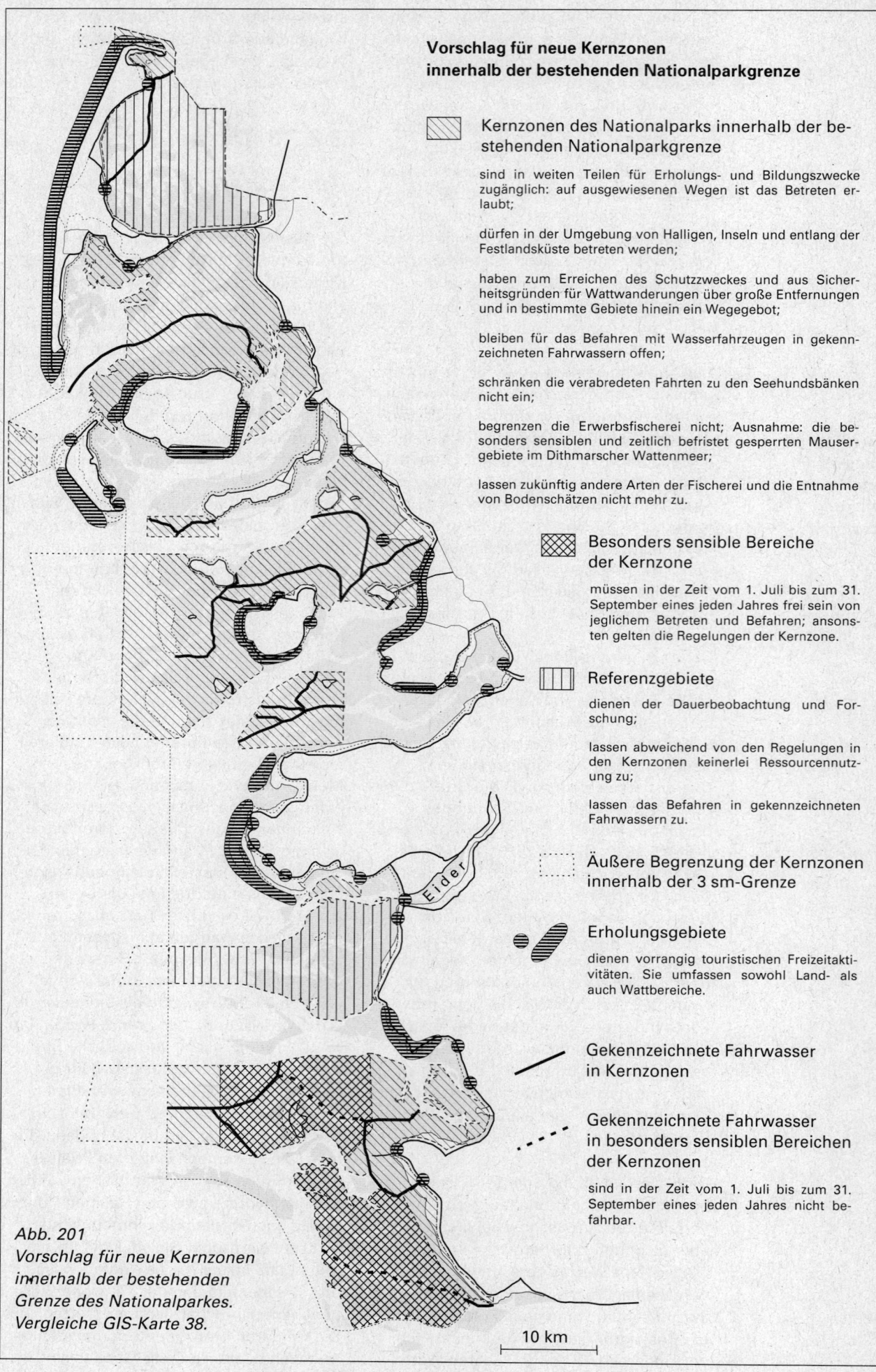

**Vorschlag für neue Kernzonen
innerhalb der bestehenden Nationalparkgrenze**

Kernzonen des Nationalparks innerhalb der bestehenden Nationalparkgrenze

sind in weiten Teilen für Erholungs- und Bildungszwecke zugänglich: auf ausgewiesenen Wegen ist das Betreten erlaubt;

dürfen in der Umgebung von Halligen, Inseln und entlang der Festlandsküste betreten werden;

haben zum Erreichen des Schutzzweckes und aus Sicherheitsgründen für Wattwanderungen über große Entfernungen und in bestimmte Gebiete hinein ein Wegegebot;

bleiben für das Befahren mit Wasserfahrzeugen in gekennzeichneten Fahrwassern offen;

schränken die verabredeten Fahrten zu den Seehundsbänken nicht ein;

begrenzen die Erwerbsfischerei nicht; Ausnahme: die besonders sensiblen und zeitlich befristet gesperrten Mausergebiete im Dithmarscher Wattenmeer;

lassen zukünftig andere Arten der Fischerei und die Entnahme von Bodenschätzen nicht mehr zu.

Besonders sensible Bereiche der Kernzone

müssen in der Zeit vom 1. Juli bis zum 31. September eines jeden Jahres frei sein von jeglichem Betreten und Befahren; ansonsten gelten die Regelungen der Kernzone.

Referenzgebiete

dienen der Dauerbeobachtung und Forschung;

lassen abweichend von den Regelungen in den Kernzonen keinerlei Ressourcennutzung zu;

lassen das Befahren in gekennzeichneten Fahrwassern zu.

Äußere Begrenzung der Kernzonen innerhalb der 3 sm-Grenze

Erholungsgebiete

dienen vorrangig touristischen Freizeitaktivitäten. Sie umfassen sowohl Land- als auch Wattbereiche.

Gekennzeichnete Fahrwasser in Kernzonen

Gekennzeichnete Fahrwasser in besonders sensiblen Bereichen der Kernzonen

sind in der Zeit vom 1. Juli bis zum 31. September eines jeden Jahres nicht befahrbar.

*Abb. 201
Vorschlag für neue Kernzonen
innerhalb der bestehenden
Grenze des Nationalparkes.
Vergleiche GIS-Karte 38.*

10 km

430

durch Peillinien beschrieben und werden, wie auch die übrigen Kernzonen, in Karten festgelegt.

2.2.3.4 Regelungen

In allen Kernzonen sollen weitgehend die gleichen Bedingungen gelten:

Betreten und Befahren in den Kernzonen
▶ Die Erlebbarkeit der Natur ist auch in den Kernzonen des Nationalparks ausdrückliches Ziel. In weiten Teilen dürfen sie deshalb auf ausgewiesenen Wegen betreten werden. Wattwanderungen sind in den Kernzonen auf ausgewiesenen Wattwanderrouten zu bestimmten Zeiten möglich. Es gibt geführte Routen in den Kernzonen und auch in die Kernzonen hinein. Nach Nordstrandischmoor ist ungeführtes Wattwandern entlang eines gekennzeichneten Korridors möglich (GIS-Karte 41). Eine Ausweisung von Routen sowie eine Beschränkung der teilnehmenden Personenzahl ist schon aus Sicherheitsgründen erforderlich. Diese Regelung sichert darüber hinaus aber auch das Einkommen der überwiegend einheimischen Wattführerinnen und Wattführer.

▶ Die jeweiligen Zugänge zum Watt auf den Halligen, Inseln und an der Festlandsküste sind im Salzwiesenkonzept (Kap. XI 2.3) dargestellt und räumlich ausgewiesen.

Grundsätzlich ist in einem Nahbereich um die Halligen, Inseln und entlang der Festlandsküste, in der Regel bis zum nächstgelegenen Priel, das Wattwandern außerhalb der festgelegten Routen erlaubt.

▶ Für den Salzwiesenbereich der Kernzonen gelten die Regelungen des Besucherlenkungskonzeptes (vergl. Kap. XI 2.3). Diese schließen auch Betretungsverbote in bestimmten Gebieten ein.

▶ Ein ganzjähriges Betretensverbot gilt für den Königshafen, die Insel Trischen (vergl. Kap. XI 2.3) sowie für die Außensände mit Ausnahme der Nordspitze des Japsandes und der Südspitze des Süderoogsandes im Rahmen von geführten Touren.

▶ Eine zeitlich befristetes Betretens- und Befahrensverbot - auch für die ansonsten zulässige Garnelenfischerei - ist in der Zeit vom 1. Juli bis zum 30. September eines jeden Jahres in den gekennzeichneten

Bereiche des Bielshövensandes, des Hakensandes und der Nordergründe erforderlich (vergl. gekennzeichnete Bereiche in Abbildung 201 und GIS-Karte 38). Diese Gebiete haben eine international herausragende Bedeutung für mausernde Brandenten und als Wurf- und Liegeplatz für Seehunde.

▶ Das Befahren der Kernzonen mit Wasserfahrzeugen landseitig der Basislinie (vergl. Abb. 202) ist nur auf gekennzeichneten Fahrwassern zulässig (vergl. Abb. 201, GIS-Karte 38). Außerhalb der Basislinie können die Kernzonen mit Ausnahme der Kernzone Knobsände entsprechend der allgemeinen Schiffahrtsregeln frei befahren werden. Zur Kennzeichnung muß die Basislinie in die amtlichen Seekarten aufgenommen werden. Außerhalb der gekennzeichneten Fahrwasser ist die Erwerbs-Garnelenfischerei zulässig. Für Hobbyfischer soll ein Befahrensverbot in den Kernzonen außerhalb der gekennzeichneten Fahrwasser gelten. Das Befahrensverbot außerhalb der gekennzeichneten Fahrwasser in den Kernzonen sollte auch für die Wasserfahrzeuge des Bundes, der Länder und für die Forschung gelten. Eine Ausnahme besteht jedoch für Notfalleinsätze sowie für die Durchführung erforderlichen Arbeiten in der Fläche. Spezifische Regelungen zum Befahren des Nationalparks sind in Kap. XI 3.2 dargestellt.

Ressourcennutzung in den Kernzonen
▶ In den Kernzonen soll grundsätzlich keine Ressourcennutzung stattfinden. Nicht zugelassen sind die Muschelfischerei, die Reusenfischerei, die Stellnetzfischerei, die Beweidung im terrestrischen Bereich (mit Ausnahme der deichnahen Bereiche und der ausgewiesenen Sodenflächen) sowie die Entnahme von Bodenschätzen jeglicher Art, z. B. Öl, Gas, Kies, Sand und Schill.

Da die Garnelenfischerei mit ihren ökologischen Auswirkungen nicht abschließend zu bewerten ist, kann sie weiterhin auch in den meisten Kernzonen stattfinden. Nicht befischt werden dürfen jedoch die beiden Referenzgebiete für Monitoring und Forschung (Kernzonen Lister Tief und Wesselburener Loch) sowie zeitlich befristet die gekennzeichneten Bereiche des Bielshövensandes, des Hakensandes und der Nordergründe.

Die Erlebbarkeit der Natur ist auch in den Kernzonen des Nationalparks ausdrückliches Ziel

Das Befahren der Kernzonen mit Wasserfahrzeugen soll zukünftig nur auf gekennzeichneten Fahrwassern zulässig sein

In den Kernzonen soll grundsätzlich keine Ressourcennutzung stattfinden

Da die Garnelenfischerei mit ihren ökologischen Auswirkungen nicht abschließend zu bewerten ist, kann sie weiterhin auch in den meisten Kernzonen stattfinden

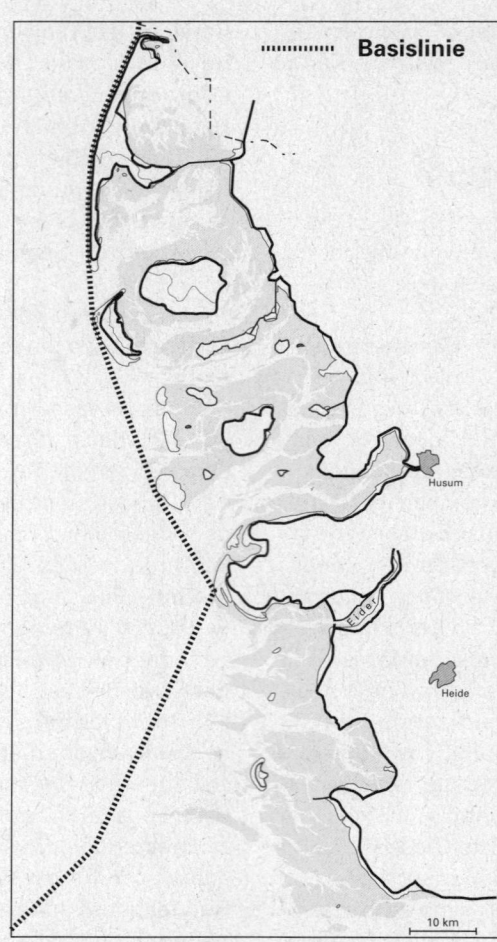

·········· **Basislinie**

Husum

Eider

Heide

10 km

Abb. 202
Der Verlauf der
Basislinie im
schleswig-holstei-
nischen Watten-
meer

Der Tourismus
erfährt durch die
Regelungen der
neuen Zonierung
keine Verminde-
rung der Attraktivi-
tät

Küstenschutz-
maßnahmen sind
durch die
Zonierung grund-
sätzlich nicht
eingeschränkt, eine
Sand- und
Kleientnahme ist
zukünftig in den
Referenzzonen
aber nicht mehr
möglich

Sonstige Nutzungen

▶ Eine Baggergutverbringung ist in den Referenzzonen nicht zulässig. Die Verbringung von Material aus Hafenbaggerungen in den übrigen Kernzonen ist gemäß dem Baggergutkonzept der Landesregierung (vergl. Kap. XI 3.14) erlaubt.
▶ Grundsätzlich gilt, daß Versorgungsleitungen gebündelt und - wann immer möglich - außerhalb der Kernzonen verlegt werden sollen.

2.2.4 Auswirkungen der neuen Zonierung

Mit der vorgeschlagenen Neuzonierung können sich, insbesondere von Seiten der wirtschaftlichen Nutzungen im Nationalparkbereich, verschiedene Fragen an das Konzept ergeben. Die wichtigsten sind in Tab. 47 aufgeführt.

Der Tourismus erfährt durch die Regelungen der neuen Zonierung keine Verminderung der Attraktivität, da die Kernzonen in weiten Bereichen betreten und die Natur des Wattenmeeres erlebt werden kann. In den Salzwiesen und an den Stränden werden zudem Erholungsgebiete ausge-

wiesen (vergl. Abb. 201, GIS-Karte 38). Die auch in den Kernzonen vorgesehene Öffentlichkeits- und Besucherlenkungsarbeit orientiert sich darüberhinaus an dem Leitbild "Angebot statt Verbot". Die bestehenden Regelungen der Fahrten zu den Seehundsbänken sind durch die neue Zonierung nicht betroffen.

Die Sportschiffahrt ist in den Kernzonen nur auf ausgewiesenen Fahrwassern möglich. Im südlichen Dithmarschen ist die Sportschiffahrt in den Kernzonen während der Sperrzeit vom 1.7. - 31.9. verboten.

Die neue Zonierung bedingt gegenüber der bestehenden Regelung Einschränkungen für einige bestehende Nutzungen: Die Saatmuschelfischerei wird durch die Zonierung räumlich begrenzt. Miesmuschel- und Austernkulturen müßten schrittweise aus der Kernzone Lister Tief entfernt werden, damit dieses Referenzgebiet seine Funktion erfüllen kann. Die Garnelenfischerei wäre in den beiden Referenzgebieten Lister Tief und Wesselburener Loch zukünftig nicht mehr möglich. In Teilen der Kernzone Bielshövensand, Hakensand und Nordergründe soll sie in der Zeit vom 1. Juli bis zum 30. September eines jeden Jahres aufgrund der besonders großen Ansammlungen mausernder Eider- und Brandenten nicht gestattet sein. Gegenüber der bisherigen Situation, in der potentiell ca. 45 % des Nationalparks befischt werden konnten, können in diesem Zeitraum - bezogen auf die alten Grenzen - noch ca. 38 % bekurrt werden.

Die Fischerei auf andere Fisch- oder Muschelarten ist nur geringfügig von den Regelungen der neuen Zonierung betroffen, da die genannten Fischereiarten bislang nur eine untergeordnete Rolle gespielt haben bzw. nicht ausgeübt werden.

Andere Ressourcennutzungen (z. B. Kiesund Schillentnahmen, Strandholzsammeln) haben bislang im Nationalpark keine besondere sozio-ökonomische Bedeutung gehabt. Sie wurden nur lokal und nur von einigen wenigen Nutzerinnen und Nutzern durchgeführt. Die Einschränkungen durch die Regelungen der neuen Zonierung sind daher vertretbar. Küstenschutzmaßnahmen sind durch die Zonierung grundsätzlich nicht eingeschränkt, eine Sand- und Kleientnahme ist zukünftig in den Referenzzonen aber nicht mehr möglich.

Tab. 47: Zusammenfassung wichtiger Fragen, die an das Konzept gestellt werden können.

Wird der Küstenschutz eingeschränkt?
Küstenschutzmaßnahmen sind grundsätzlich nicht eingeschränkt. Eine Sand- und Kleientnahme soll zukünftig jedoch nicht mehr in den Referenzzonen erfolgen. Im Vorlandbereich ist es gemeinsames Ziel von Küstenschutz und Naturschutz, vorhandenes Vorland zu erhalten und vor Schardeichen neu zu entwickeln (vergl. Kap. XI 3.10).

Soll die Beweidung in den deichnahen Salzwiesen vor den Landesschutzdeichen eingestellt werden?
Dies ist nicht der Fall. Eine Beweidung kann auch weiterhin stattfinden (vergl. Kap. XI 3.10).

Wird der Tourismus unter den vorgeschlagenen Erneuerungen leiden?
Dies ist nicht der Fall, da eine Angebotsverbesserung bezweckt ist (vergl. Kap. XI 2.3). Im Besucherlenkungs- und Schutzkonzept für die Salzwiesen und Strände werden vielfältige Informations- und Erholungsmöglichkeiten angeführt.

Wird das Betreten des Nationalparks eingeschränkt?
Es ist ausdrückliches Ziel, den Nationalpark erlebbar zu machen (vergl. Kap. XI 2.2 und 2.3). Dazu gehört es auch, daß der überwiegende Teil betreten werden darf.

Wird die wirtschaftliche Nutzung der angrenzenden Gebiete eingeschränkt?
Eine nachhaltige wirtschaftliche Nutzung wird im Rahmen des Biosphärenreservatkonzeptes ausdrücklich empfohlen (vergl. Kap. XII). Erste Vorschläge zur wirtschaftlichen Entwicklung und Förderung werden unterbreitet.

Wird die wirtschaftliche Nutzung der 3 sm-Zone eingeschränkt?
Dies ist nur bei der Garnelenfischerei in zwei Referenzgebieten für Monitoring und Forschung und, zeitlich befristet, in den besonders sensiblen Bereichen der Kernzone der Fall (vergl. Kap. XI 2.2).

2.2.5 Umsetzung

Das Besucherlenkungskonzept liefert einen Beitrag zur Entschärfung von Konflikten zwischen Naturschutz und Tourismus

Die räumliche Festschreibung von Kernzonen ist nur dann gerechtfertigt, wenn sie die dynamische Entwicklung des Lebensraumes berücksichtigt. Die Zonierung muß sich folglich den geographischen Gegebenheiten anpassen. Da die räumliche Position der Kernzonen mit Regelungsbedingungen z. B. in die amtlichen Seekarten aufgenommen wird, ist es erforderlich, sie auch im Nationalparkgesetz festzuschreiben. Die sich im Laufe der Zeit ändernden natürlichen Grenzen können per Ausführungsverordnung angepaßt werden.

2.3 Besucherlenkung – Salzwiesen und Strände

Das vorliegende Konzept schließt mit seinen Maßnahmen an das Kap. XI 2.2 an und ergänzt die Schutzmaßnahmen im terrestrischen Teil des Nationalparks. Es steht in einem engen inhaltlichen Zusammenhang zur Öffentlichkeitsarbeit (Kap. XI 1.1), zur Besucherlenkung und Betreuung (Kap. XI 1.3) und konkretisiert diese Konzepte durch detaillierte Vorschläge für die einzelnen Gebiete. Darüberhinaus werden konkrete Schutzmaßnahmen für einzelne Gebiete vorgeschlagen. Damit soll unter anderem ein Beitrag zur Entschärfung der Konflikte zwischen den Ansprüchen von Naturschutz und Tourismus geleistet werden.

Salzwiesen bilden vielerorts den Eingangsbereich des Nationalparks für die Gäste. Damit haben sie eine zentrale Bedeutung für das Erleben des Wattenmeeres sowie für die gezielte Besucherlenkung. Das bestehende Erschließungsnetz aus Wegen und Pfaden erfüllt jedoch weder aus Naturschutz- noch aus touristischer Sicht den erforderlichen Zweck. Das Erleben dieser Landschaft und die touristi-

XI

sche Nutzung sollen durch die angebotsorientierte Ausweisung von Flächen und
Wegen sowie durch spezifische Informationsangebote ermöglicht werden.

Die Ausweisung bestimmter Bereiche als
Schutzgebiet mit Betretungsverbot, auch
zeitlich befristet, ergänzt die großräumige
Zonierung um Maßnahmen zum Schutz
von Brut- und Rastvögeln, empfindlichen
Vegetationsbereichen oder Robbengebie-
ten. Im Gegensatz zu einer allgemeinen
Gebietssperrung vermittelt die konkrete
Benennung der Schutzobjekte den Grund
der Gebietssperrung, so daß eine größere
Akzeptanz und damit bessere Beachtung
zu erwarten ist.

2.3.1 Gebietsauswahl

Das Schutzkonzept umfaßt die gesamte Küstenlinie des Festlandes, der Inseln Amrum, Föhr und Pellworm sowie der Halligen

Das Schutzkonzept umfaßt 47 Einzelgebiete. Abgedeckt ist damit die gesamte
Küstenlinie des Festlandes sowie der
Inseln Amrum, Föhr und Pellworm.
Daneben wurden alle Halligen in das
Schutzkonzept aufgenommen (Abb. 203).
Es werden bewußt auch Gebiete außerhalb des Nationalparks in die Betrachtungen und Vorschläge mit einbezogen, da
ein wirkungsvolles Schutzkonzept sowohl
aus sozioökonomischen als auch aus
ökologischen Gründen nur für den Verflechtungsraum Nationalpark und Nationalpark-Vorfeld sinnvoll zu erarbeiten ist.

Für jedes Einzel-gebiet wurde der Status quo bewer-tet, eine Konflikt-analyse durchge-führt und Vorschlä-ge für Schutzmaß-nahmen erarbeitet

Die Marschen, Geestkerne und Dünen auf
den Inseln wurden nicht mit aufgenommen. Für diese Gebiete sind gesonderte
Konzepte zu erarbeiten. Die Außensände
sind innerhalb des Zonierungskapitels
(vergl. Kapitel XI 2.2) abgehandelt.
Für die Insel Sylt wurde keine Planung
durchgeführt. Dort hat der Landschaftszweckverband Sylt das sogenannte
„Westküstenkonzept" initiiert und mit den
Gemeinden umgesetzt (BONIN-KÖRKE-
MEYER 1993). Ein Konzept für die Ostküste Sylts befindet sich in Planung.

Beide Konzepte stimmen in ihren Grundzügen mit unseren Planungen gut überein
und können aus unserer Sicht in einen
künftigen Nationalparkplan übernommen
werden.

Die Abgrenzung der Einzelgebiete für
dieses Konzept erfolgte nach naturräumlichen Einheiten (HÄLTERLEIN et al. 1991).
Um eine Verschneidung der ökologischen
Daten mit den auf Gemeindeebene
erhobenen sozio-ökonomischen Daten zu

ermöglichen, wurden die Gebiete den
angrenzenden Gemeinden zugeordnet.

2.3.2 Vorgehensweise

Grundlage des Schutzkonzeptes ist ein
Gebietskataster, in dem die wichtigsten
ökologischen und nutzungsrelevanten
Daten für jedes Einzelgebiet nach einem
einheitlichen Gliederungsschema zusammengestellt wurden.

Eine ausführliche Methodendarstellung ist
bei RÖSNER (1994 a, b), KNOKE & STOCK
(1994), STOCK et al. (1996) und HÄLTER-
LEIN (1996) zu finden. Ergänzend wurde
auf Angaben und Berichte von den
Schutzgebietsbetreuern und Schutzgebietsbetreuerinnen zurückgegriffen.
Soweit möglich werden für die einzelnen
Nutzungsbereiche auch die bestehenden
Konflikte beschrieben. Räumliche Angaben wurden in Gebietskarten eingetragen.

Auf der Grundlage dieses Katasters wurde
für jedes Einzelgebiet der Status quo
bewertet, eine Konfliktanalyse durchgeführt sowie Vorschläge für Schutzmaßnahmen erarbeitet. Die Vorschläge können
grundsätzlich drei Kategorien zugeordnet
werden:

► Angebotserweiterung bzw. Schaffung
neuer Angebote: Durch die Ausweisung
von Erholungsgebieten und Zugängen zu
Watt und Wasser soll der Freizeitbereich
gefördert, aber auch räumlich gegenüber
schutzbedürftigen Gebieten abgegrenzt
werden. In den Erholungsgebieten mit der
Möglichkeit zur Angebotserweiterung
können die betreffenden Gemeinden im
Rahmen der gesetzlichen Vorgaben (z. B.
Landesnaturschutzgesetz, Nationalparkgesetz) neue touristische Angebote bereit-
stellen oder Veranstaltungen durchführen.
Die Schaffung eines nationalparkspezifi-
schen Angebotes für naturorientierte
Gäste, z. B. durch Einrichtung von Beobachtungsmöglichkeiten, stellt eine ziel-
gruppengerichtete Erweiterung der
Angebotspalette dar. Die Ausweisung
erfolgt in Übereinstimmung mit den
Beschlüssen der 44. Umweltministerkonferenz, nach denen in Vorrangflächen für
den Naturschutz landschaftsgebundene
Freizeit- und Erholungsaktivitäten nur
dann zugelassen sind, wenn sie die
vorrangigen Funktionen des Schutzgebietes nicht beeinträchtigen (LANA 1995b);

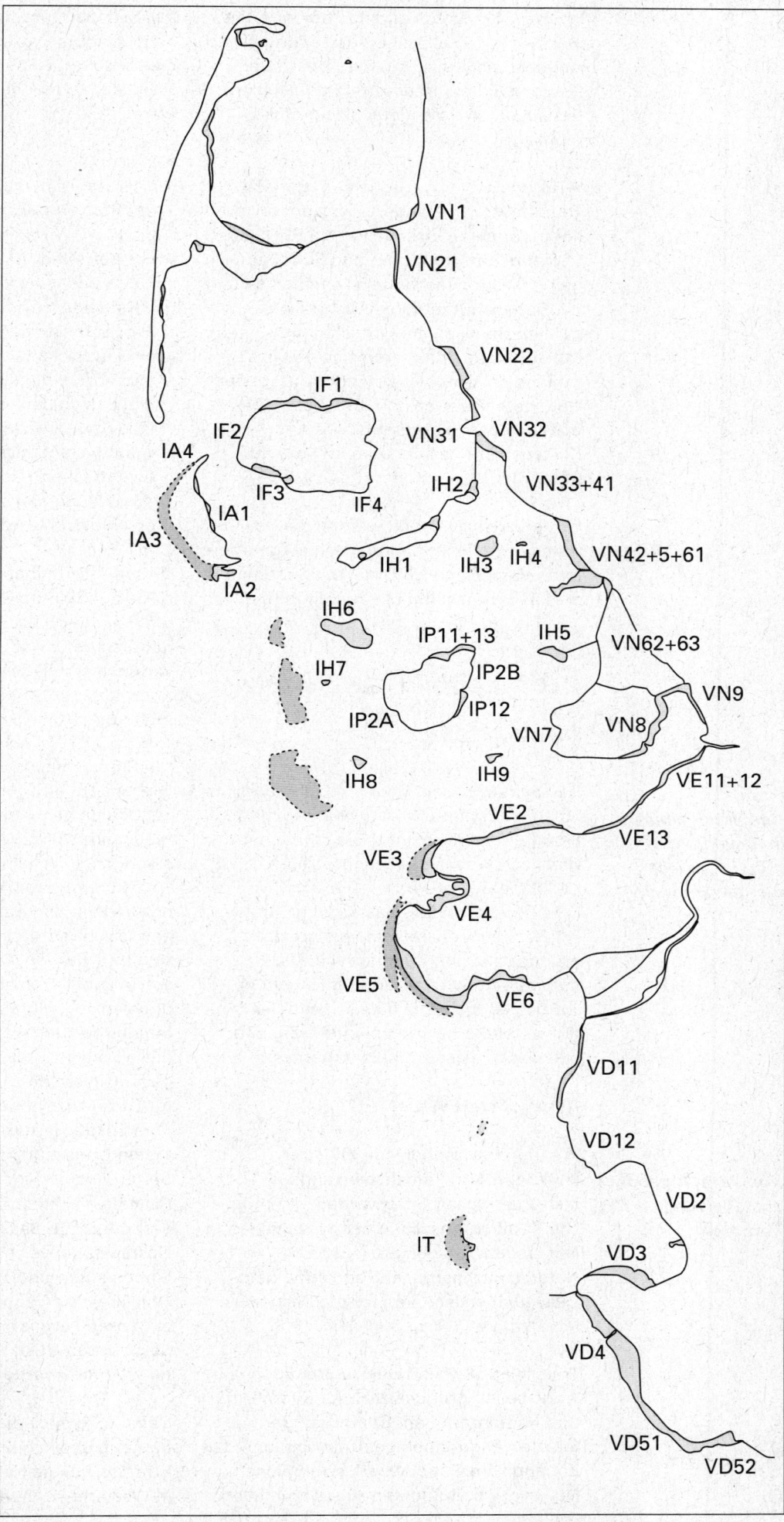

Abb. 203
Übersicht der
Gebiete, für die ein
Besucherlenkungs-
und Schutzkonzept
entwickelt wurde.
Für Sylt wurde
keine Planung
vorgenommen.
Eine Einbezug des
West- und Ost-
küstenkonzeptes
des Landschafts-
zweckverbandes ist
vorgesehen. Der
Buchstaben-
Zahlencode kenn-
zeichnet die
Einzelgebiete
(vergl. HÄLTER-
LEIN et. al. 1991).

► Erhalt des Status quo: In den betreffenden Gebieten soll keine Ausweitung der Angebotspalette sowie der Kapazitäten erfolgen. Eine Verbesserung der Qualität des Angebots bzw. der Nutzungen ist möglich;

► Rückbau von Nutzungen: Im Bereich Tourismus sowie anderer Nutzungen muß in begründeten Einzelfällen ein Rückbau vorhandener Strukturen und Einrichtungen erfolgen. Rückbaumaßnahmen sind in der Regel an Alternativangebote gekoppelt. Im Bereich Landwirtschaft und Küstenschutz orientieren sich die Vorschläge am Salzwiesenschutzkonzept des Nationalparkamtes (STOCK et al. 1996) bzw. an dem sektoralen Konzept für Küstenschutzmaßnahmen im Vorland (Kap. XI 3.10).

Für jedes Einzelgebiet werden die Bewertung sowie die kartographisch aufgearbeiteten Vorschläge für Schutzmaßnahmen in diesen Synthesebericht aufgenommen.

2.3.3 Leitbild des Schutzkonzeptes

Der Nationalpark soll, wo immer möglich, erlebt werden können

Das Schutzkonzept baut auf Leitbildern auf, die durchgängig angewandt wurden. Für alle Salzwiesen mit Ausnahme der Halligsalzwiesen gilt grundsätzlich das Leitbild der „natürlichen Dynamik" (STOCK et al. 1996). Das Betreten und Erleben der Gebiete steht hierzu nicht grundsätzlich im Widerspruch. Der Nationalpark soll, wo immer möglich, erlebt werden können. Die nachfolgend genannten Leitbilder kennzeichnen die Zielvorstellungen dieses Schutzkonzeptes:

Angebot statt Verbot

Konkrete Angebote anstelle von Verboten

Wo immer machbar, soll mit einem konkreten Angebot als Lenkungsinstrument gearbeitet werden, um mögliche Konflikte zwischen den verschiedenen Nutzungen und den bestehenden Naturschutzansprüchen zu vermeiden. Dies gilt insbesondere für die Besucherlenkung (vergl. Kap. XI 1.1).

Treibselabfuhr- und Deichverteidigungswege sollen grundsätzlich für Radfahrer und Radfahrerinnen, Spaziergänger und Spaziergängerinnen geöffnet sein und den Zugang zum Nationalpark ermöglichen. Nur in gut begründeten Ausnahmefällen

sollen bestimmte Abschnitte der Treibselabfuhrwege in sensiblen Zeiten gesperrt werden. Die Sperrung eines Treibselabfuhrweges ist dann erforderlich, wenn:

► in schmalen Vorländern Vögel bei der Anwesenheit von Personen während der Rast erheblich beeinträchtigt werden;
► das betreffende Vorland regelmäßig durch besonders störungsempfindliche Vogelarten während der Brut oder der Rast aufgesucht wird;
► binnendeichs wichtige Rastgebiete angrenzen, die eine intensive Wechselwirkung zu den vorgelagerten Vorländern aufweisen;
► wenn bislang nicht oder wenig beeinträchtigte Rückzugsgebiete für Vögel erstmalig durch den Wegebau erschlossen werden.

Dies gilt für Teilbereiche an der Morsum Odde auf Sylt (im Rahmen der vereinbarten Regelung), im Pohnshalligkoog (im Rahmen der zwischen ALW und Gemeinde vereinbarten Regelung), im Tümlauer Koog (dito) sowie für mögliche zukünftige Maßnahmen, z. B. im Buphever Koog.

Die Salzwiesen dürfen außerhalb ausgewiesener Schutzgebiete frei betreten werden. In den meisten Gebieten soll ein Wegeangebot auf vorhandene und gut erkennbare Wege hinweisen, die bevorzugt zu benutzen sind. Dies gilt besonders für Wege in den Salzwiesen, die als Zugänge zu Watt und Wasser (ZWW) ausgeschildert werden. Durch das Wegeangebot soll in konfliktträchtigen Gebieten eine ungelenkte „wilde" Vorlandnutzung unterbunden werden. Falls möglich, sollen diese Wege auch als erkennbare Rundwege konzipiert werden, um ihre Attraktivität für Gäste zu erhöhen. Entsprechende Vorschläge werden im Rahmen der konkreten Umsetzung vor Ort erarbeitet. Betretungsverbote sind nur in begründeten Fällen erforderlich. Der Grund eines Verbotes, z. B. das Schutzobjekt, muß den Gästen dabei vermittelt werden. Dazu dienen auch schutzgebietsspezifische Objekttafeln. Wenn aus dem Schutzgedanken heraus vertretbar, können die geschützten Objekte beobachtet und damit erlebt werden.

Dabei wird auch die herausragende Bedeutung überregional bekannter Landschaftsziele, die Halligen, der Leuchtturm in Westerhever oder die Dünengebiete auf den Inseln, für die Attraktivität der Region als Urlaubsziel anerkannt. Sie begründen in ihrer Einzigartigkeit wesentlich die Alleinstellung des Tourismusstandortes Westküste. An ihre Präsentation, aber auch das dortige Gästemanagement, das entsprechend der Attraktivität auf größere Personenzahlen ausgelegt sein muß, sind besondere Anforderungen gestellt.

Maximum an Einheitlichkeit

Ein Maximum an Einheitlichkeit bewirkt einen großen Wiedererkennungswert

Dieses Prinzip gilt sowohl bei der Schaffung von Schutzkategorien als auch bei der Darstellung des Nationalparks insgesamt. Dies betrifft konkrete Schutzkategorien wie Brutvogelgebiete, Rastvogelgebiete oder Robbenschutzgebiete. Die Schaffung einer „corporate identity" und eines entsprechenden durchgehenden Designs aller Broschüren, Karten, Tafeln etc., unter Einbeziehung der betreuenden Verbände, ist ein wesentliches Instrument zur Schaffung einer verstärkten Identifikation und damit Akzeptanz des Nationalparks sowohl bei den Gästen als auch bei der einheimischen Bevölkerung (vergl. Kap. XI 1.1).

Präsenz von Nationalpark-Personal im Gebiet

Ein verbesserter Schutz bei gleichzeitiger Information und damit erhöhte Akzeptanz des Schutzgedankens und der vorgeschlagenen Maßnahmen ist nur über die möglichst flächendeckende Präsenz von Betreuern und Betreuerinnen im Gebiet sicherzustellen.

Der Nationalpark-Service hat für die Erreichung des Schutzzweckes und für die Akzeptanzförderung größte Bedeutung

Dringend notwendig ist dafür der Aufbau eines hauptamtlichen Nationalpark-Service, der die Aufgaben der Gebietsbeobachtung und -überwachung sowie der Besucherinformation übernehmen kann (vergl. Kap. XI 1.3). Ziel ist eine harmonische Zusammenarbeit zwischen Nationalparkamt und den betreuenden Naturschutzverbänden. Die Schaffung und Erweiterung persönlicher Präsenz im Nationalpark hat für die Erreichung des Schutzzweckes und für die Akzeptanzförderung größte Bedeutung. Erste Schritte in diese Richtung sind vor kurzem im Rahmen einer Arbeitsförderungsmaßnahme erfolgt.

Neben den genannten Leitbildern sollten folgende Regelungen im Rahmen dieses Konzeptes umgesetzt werden:

► Die Salzwiesen im Nationalpark sollten mit Ausnahme der vereinbarten Soden-

flächen entsprechend dem Landesnaturschutzgesetz bis Ende 1998 frei sein von Beweidung und Mahd. Voraussetzung ist, daß Ausweichflächen für die Schafe im Binnenland gefunden werden, die Schäfer freiwillig ausscheiden oder weitere Mittel, z. B. im Rahmen des Küstenuferrandstreifenprogrammes, bereitgestellt werden können. Zur Abgrenzung unbeweideter Salzwiesenbereiche sollen vorrangig natürliche Hindernisse wie Priele und vorhandene Gräben genutzt werden. Wo nicht anders möglich, sollte die Abgrenzung durch einfache Glattdrahtzäune erfolgen.

► Küstenschutzmaßnahmen im Vorland werden zukünftig nach Vorgaben eines sektoralen Schutzkonzeptes durchgeführt (vergl. Kap. XI 3.10). Dies schließt die Beweidung im 150-m Streifen mit ein. In einigen wenigen Fällen weichen die im Rahmen dieses Konzeptes getroffenen Vorschläge davon ab. Die Änderungsvorschläge sind beim jeweiligen Gebiet begründet.

► Für Hunde muß im gesamten Nationalpark eine Leinenpflicht ausgesprochen werden.

► Reiten ist nur auf ausgewiesenen Reitwegen oder in ausgewiesenen Reitgebieten zulässig. Entsprechende Wege bzw. Gebiete sind in Abstimmung mit dem NPA innerhalb einzelner Erholungsgebiete auszuweisen.

► Drachen- und Modellflug soll nur in ausgewiesenen Flächen stattfinden. Eine derartiges Angebot für diese Sportarten ist in bestimmten Erholungsgebieten von den Gemeinden in Abstimmung mit dem Nationalparkamt zu schaffen. Sofern diese Sportarten in einem Gebiet ausdrücklich nicht erwünscht sind, ist dies in den Einzelkonzepten beschrieben.

► Großveranstaltungen in Erholungsgebieten können bei einer vorabgestimmten Standortfindung sowie bei umsichtiger Durchführung stattfinden. Dementsprechend werden keine grundsätzlichen Verbote solcher Veranstaltungen ausgesprochen. Es ist eine kooperative Planung und Abstimmung der Veranstalter mit den Naturschutzbehörden angestrebt.

► Motorgetriebene oder -unterstützte Sportarten sind nicht zulässig.

► Bauliche Liegenschaften im Nationalpark sollten auch zukünftig einvernehmlich zwischen der verwaltenden Dienststelle und dem Nationalparkamt entsprechend der naturschutzfachlichen Zielsetzung verwendet werden. Dies umfaßt be-reits die Gebäude im Vorland von Westerhever und soll künftig die Gebäude auf der Hamburger Hallig, auf den Halligen Süderoog, Südfall und Habel betreffen.

▶ Konzepte der nachhaltigen Nutzung zum Erhalt einer Kulturlandschaft passen in hervorragender Weise auf den Kultur- und Naturraum der Halligen. Das Halligprogramm der Landesregierung (MELF 1986) wirkt bereits in diese Richtung und hat Akzeptanz in der Bevölkerung gefunden. Eine Weiterentwicklung im Bereich der Landwirtschaft ist in der nachhaltigen Nutzung der Ressourcen und in der Entwicklung neuer Vermarktungskonzepte für halligtypische Produkte in Verbindung mit einer selbständigen Organisationsstruktur zu sehen. Im Tourismus muß der Schwerpunkt auf der Naturverträglichkeit liegen.

Probleme bestehen in den unterschiedlichen Ansprüchen der Besuchergruppen. Für die jeweiligen Halligen ist ein zielgruppengerechtes Angebot zu erarbeiten. So könnte auf der Hallig Hooge ein besonderer Schwerpunkt im Bereich eines durch hohes Besucheraufkommen charakterisierten Tagestourismus liegen, wohingegen auf der Hallig Langeneß der Schwerpunkt im Bereich Naturtourismus liegen könnte. Naturtourismus bedeutet hier an die kleinräumigen Verhältnisse angepaßte Kapazitäten sowie ein spezifisch auf naturorientierte Zielgruppen ausgerichtetes Angebot.

2.3.4 Räumliche Schutz-instrumente

Für jedes Einzelgebiet werden räumliche Schutzkategorien festgelegt. In der Reihenfolge zunehmenden Schutzes sind dies:

▶ Erholungsgebiet: Dieser Bereich dient vorrangig touristischen Freizeitaktivitäten (z. B. konzessionierte Badestrände).

▶ Zugänge zu Watt und Wasser (ZWW) schaffen räumlich eng begrenzte, aber klar ersichtliche Zugangsmöglichkeiten in das Watt hinein oder auf die Salzwiesen, Halligen oder Strände hinauf.

In den Einzel-gebieten soll auch über Kultur, Geschichte und heutige Situation der Menschen informiert werden

▶ Gebiete mit Wegegebot sollen durch besucherlenkende Maßnahmen, z. B. Informationskarten, beruhigt werden. Das Begehen des Gebietes außerhalb ausgewiesener Wege ist dort aus Schutzgründen unerwünscht.

▶ Gebiete mit Betretungsverbot kennzeichnen zeitlich befristete, ganzjährige oder flexible Schutzzonen. Das Betretungsverbot dient dem Schutz bestimmter, konkret benannter Objekte, z. B. Brut- oder Rastvögel, Kegelrobben, Seehunde. Flexible Schutzzonen sind in den Karten der Einzelkonzepte nicht flächig dargestellt, da sie von Jahr zu Jahr variieren können. Ihre ungefähre Lage ist durch ein schraffiertes Dreieck markiert.

2.3.5 Informations- und Lenkungsinstrumente

Für alle Einzelgebiete sind konkrete Vorschläge für Informationseinrichtungen und Lenkungsinstrumente erarbeitet worden. Die nachfolgend aufgelisteten Informations- und Lenkungselemente finden Verwendung (vergl. Kap. XI 1.1, Abb. 188). Die Grundinformationselemente sind lagerichtig in die Karten des Kap. XI 2.3.6 eingezeichnet. Dabei sollen neben Nationalpark- und naturschutzbezogenen Informationen auch Darstellungen zur Kultur, Geschichte und heutigen Situation der Menschen im Umfeld des einzelnen Standortes Eingang finden:

2.3.5.1 Grundinformations-elemente

▶ Das amtliche Nationalparkschild kennzeichnet den Nationalpark grundsätzlich an allen Zugängen. Seine Standorte sind für die Einzelgebiete nicht angegeben.

▶ An häufig genutzten Zugängen werden Doppelpfähle mit dem Nationalpark-Logo als Eingangssymbole aufgestellt („Nationalpark-Eingangspfähle").

▶ Die ortsbezogene Informationskarte stellt das Wegeangebot sowie ausgewiesene Schutz- und Erholungsgebiete in dem jeweiligen Gebiet dar und dient der Besucherlenkung. Sie ist etwa halb so groß wie eine „normale" Informationstafel und bietet v. a. kartographische Informationen.

► Die klassische Informationstafel des Nationalparks enthält neben einer ortsbezogenen Übersichtskarte und einem dazugehörigen Text auch die Verhaltensregeln (Tab. 48) im Nationalpark. Spezifische Informationen zur jeweiligen Umgebung und Tips zur Naturbeobachtung werden ebenfalls vermittelt.

► Der Informationspavillon steht meist binnendeichs und umfaßt mehrere Informationstafeln unter einem Dach. Er informiert und lenkt an Stellen mit hohem Besucheraufkommen.

► Lehrpfade begleiten die Gäste auf vielfrequentierten Wegen und machen sie auf Besonderheiten in der Landschaft und interessante Naturvorgänge aufmerksam.

► Sowohl an Infotafeln als auch in Infopavillons und als vertiefendes Angebot an Lehrpfaden können Informationsfaltblätter mit ausführlicheren Informationen angeboten werden.

2.3.5.2 Spezifische Informations- und Lenkungselemente

► Brut- und Rastgebietsschilder kennzeichnen gesperrte Gebiete, auch bei flexiblen Schutzzonen.

► Objekttafeln erklären ein bestimmtes Objekt, z. B. eine Salzwiesenpflanze oder Vogelart. Sie sind in der Regel Bestandteile von Lehrpfaden oder Beobachtungsangeboten (Turm, „Hide"). Sie können an wichtigen Stellen auch einzeln angebracht werden, z. B. zur Erklärung eines Betretungsverbotes in einer Brutvogelkolonie in besonders konfliktträchtigen Gebieten.

► Aktuelle Aushänge bieten flexibel und kurzfristig aktuelle Informationen, zum Beispiel über die Brutpaarzahl und den

Verlauf des Brutgeschehens von Koloniebrütern oder über Zählergebnisse von Vogelzählungen.

► Übergangspunkte sind große, weithin sichtbare Schilder, z. B. ein blauer Kreis mit „Schlickfüßen", an den Abgangs- und Ankunftsstellen von Wattwanderwegen sowie an Übergängen von der Salzwiese oder Düne auf den Strand bzw. ins Watt. Sie dienen der besseren Orientierung und Lenkung der Strand- und Wattwanderer sowohl aus Naturschutz- als auch aus Sicherheitsgründen.

► Beobachtungsmöglichkeiten in Form von „Hides" (Beobachtungsstände mit Sichtschutz) oder erhöhten Plattformen sollen dem interessierten Gast das Beobachten und damit Erleben der Natur ermöglichen, z. B. durch einen Blick in eine Brutkolonie oder auf Rastansammlungen von Vögeln. Begleitende Informationselemente zeigen neben dem direkten Erlebnis interessante Hintergründe und Zusammenhänge auf.

► Bedarf besteht im Interesse der Präsenz vor Ort auch bei mobilen Informationseinrichtungen. Als Miniatur-Infozentren ausgestattete Bauwagen – Infomobile – sind im Gegensatz zu stationären Infozentren und Pavillons an verschiedenen Punkten des Gebietes flexibel einsetzbar.

2.3.6 Raumbezogene Schutzmaßnahmen

Die raumbezogenen Schutzmaßnahmen sind nachfolgend für die einzelnen Teilgebiete differenziert dargestellt.

Zunächst wird in einem Text eine Kurzcharakteristik und Bewertung des Gebietes vorgenommen und die Vorschläge für Schutzmaßnahmen beschrieben. Es folgt eine Karte des Gebietes im Maßstab 1:50.000. Für einzelne, sehr große Gebiete wurde ein kleinerer Maßstab (1:60.000 oder 1:75.000) gewählt. In der Karte sind sowohl die touristischen Angebote (Erholungsgebiete, Badestellen, Surfreviere) als auch die Schutzgebiete und die vorgeschlagenen Informations- und Lenkungselemente lagerichtig eingetragen. Für alle Karten gilt die Legende aus Abb. 204.

Tab. 48: Verhaltensregeln im Nationalpark

► Bleiben Sie außerhalb der gekennzeichneten Schutzgebiete.
► Halten Sie Abstand von brütenden und rastenden Vögeln.
► Betreten Sie Salzwiesen nur auf ausgewiesenen Wegen.
► Pflücken Sie keine Pflanzen ab.
► Führen Sie Ihren Hund an kurzer Leine.
► Lassen Sie keinen Drachen steigen.

*Abb. 204
Zeichenerklärung
der vorgeschlage-
nen Besucher-
lenkungs- und
Schutzmaßnah-
men. Die Legende
gilt für alle Detail-
karten des Kapitels.*

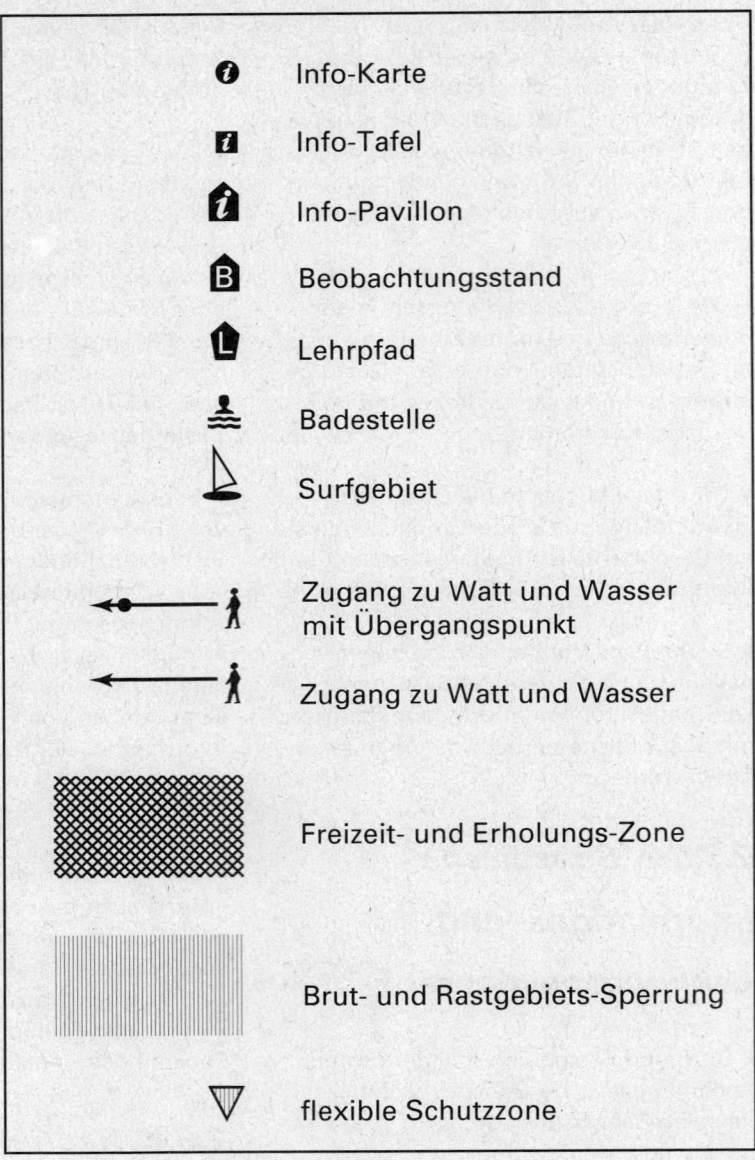

𝕚	Info-Karte
𝕚	Info-Tafel
𝕚	Info-Pavillon
𝕓	Beobachtungsstand
𝕝	Lehrpfad
≋	Badestelle
⛵	Surfgebiet
← • 🚶	Zugang zu Watt und Wasser mit Übergangspunkt
← 🚶	Zugang zu Watt und Wasser
▨	Freizeit- und Erholungs-Zone
▦	Brut- und Rastgebiets-Sperrung
▽	flexible Schutzzone

GIS-Karte 34 gibt eine Übersicht über die vorgeschlagenen Informationseinrichtungen. Abbildung 201 und GIS-Karte 38 zeigen die Erholungsgebiete.

Die Abb. 205 bis 208 zeigen die raumbezogenen Schutzmaßnahmen im Überblick.

Die Schutzgebietsgrenze von Brut- und Rastgebieten in der Salzwiese ist in der Regel der 18-Ruten-Graben. Verläuft die Grenze abweichend von dieser Linie, so ist dies in den einzelnen Vorschlägen dargestellt. Dies ist z. B. der Fall bei sehr schmalen Vorländern. Dort beginnt die Absperrung eines Schutzgebietes seeseitig des Treibselabfuhrweges.

Die landseitige Begrenzung von Erholungsgebieten folgt der vorgeschlagenen Nationalparkgrenze (vergl. Kap. XI 2.1). Seeseitig reichen die Erholungsgebiete - wenn nicht anders angegeben - bis zum nächsten, bei Niedrigwasser erreichbaren Priel (vergl. Kap. XI 2.2.3.4). Bei sehr weitläufigen Watten umfaßt der seeseitige Bereich des Erholungsgebietes den unmittelbaren Nahbereich im Watt. Die trockenfallenden Watten gehören also ausdrücklich zum Erholungsgebiet dazu. Die genannten land- und seeseitigen Begrenzungen der Schutz- und Erholungsgebiete sind in den Gebietskarten nicht detailliert darstellbar.

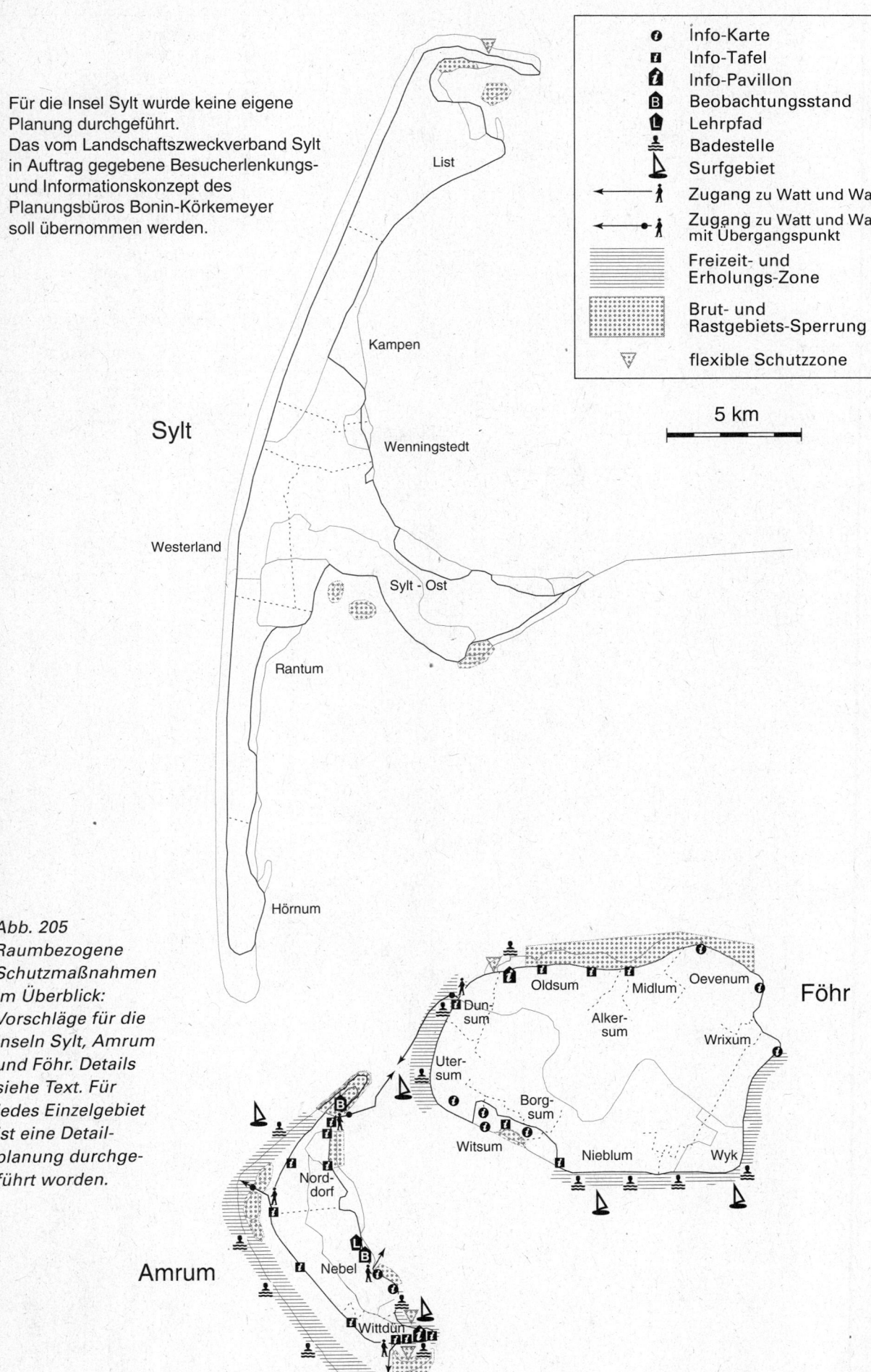

Für die Insel Sylt wurde keine eigene Planung durchgeführt. Das vom Landschaftszweckverband Sylt in Auftrag gegebene Besucherlenkungs- und Informationskonzept des Planungsbüros Bonin-Körkemeyer soll übernommen werden.

Sylt

List

Kampen

Wenningstedt

Westerland

Sylt - Ost

Rantum

Hörnum

Info-Karte
Info-Tafel
Info-Pavillon
Beobachtungsstand
Lehrpfad
Badestelle
Surfgebiet
Zugang zu Watt und Wasser
Zugang zu Watt und Wasser mit Übergangspunkt
Freizeit- und Erholungs-Zone
Brut- und Rastgebiets-Sperrung
flexible Schutzzone

5 km

*Abb. 205
Raumbezogene
Schutzmaßnahmen
im Überblick:
Vorschläge für die
Inseln Sylt, Amrum
und Föhr. Details
siehe Text. Für
jedes Einzelgebiet
ist eine Detail-
planung durchge-
führt worden.*

Föhr

Oldsum
Midlum
Oevenum
Dun-sum
Alker-sum
Wrixum
Uter-sum
Borg-sum
Witsum
Nieblum
Wyk

Amrum

Nord-dorf

Nebel

Wittdün

XI

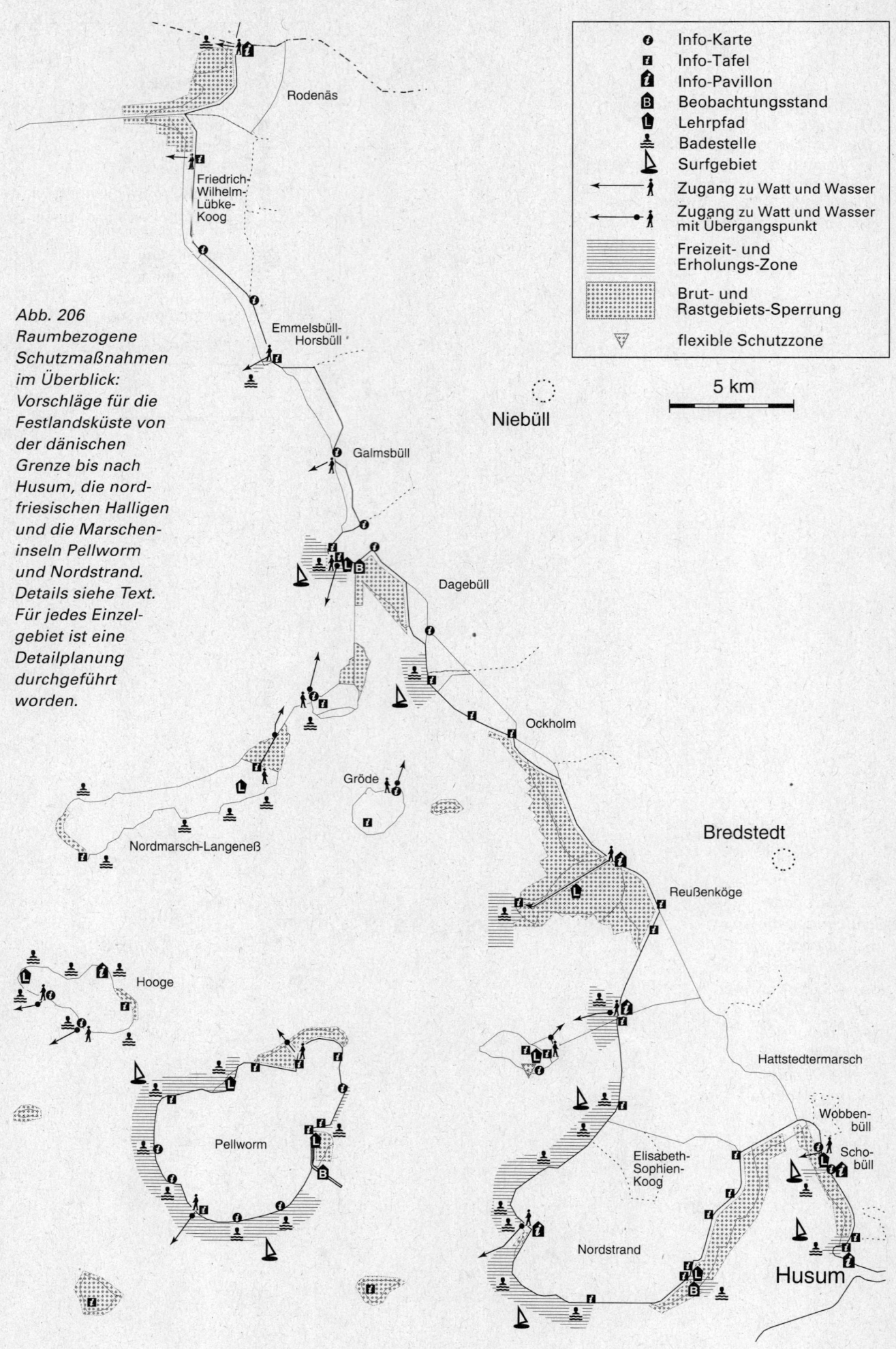

Abb. 206
Raumbezogene Schutzmaßnahmen im Überblick: Vorschläge für die Festlandsküste von der dänischen Grenze bis nach Husum, die nordfriesischen Halligen und die Marscheninseln Pellworm und Nordstrand. Details siehe Text. Für jedes Einzelgebiet ist eine Detailplanung durchgeführt worden.

Info-Karte
Info-Tafel
Info-Pavillon
Beobachtungsstand
Lehrpfad
Badestelle
Surfgebiet
Zugang zu Watt und Wasser
Zugang zu Watt und Wasser mit Übergangspunkt
Freizeit- und Erholungs-Zone
Brut- und Rastgebiets-Sperrung
flexible Schutzzone

5 km

Rodenäs
Friedrich-Wilhelm-Lübke-Koog
Emmelsbüll-Horsbüll
Niebüll
Galmsbüll
Dagebüll
Ockholm
Bredstedt
Gröde
Nordmarsch-Langeneß
Reußenköge
Hooge
Hattstedtermarsch
Wobben-büll
Pellworm
Elisabeth-Sophien-Koog
Scho-büll
Nordstrand
Husum

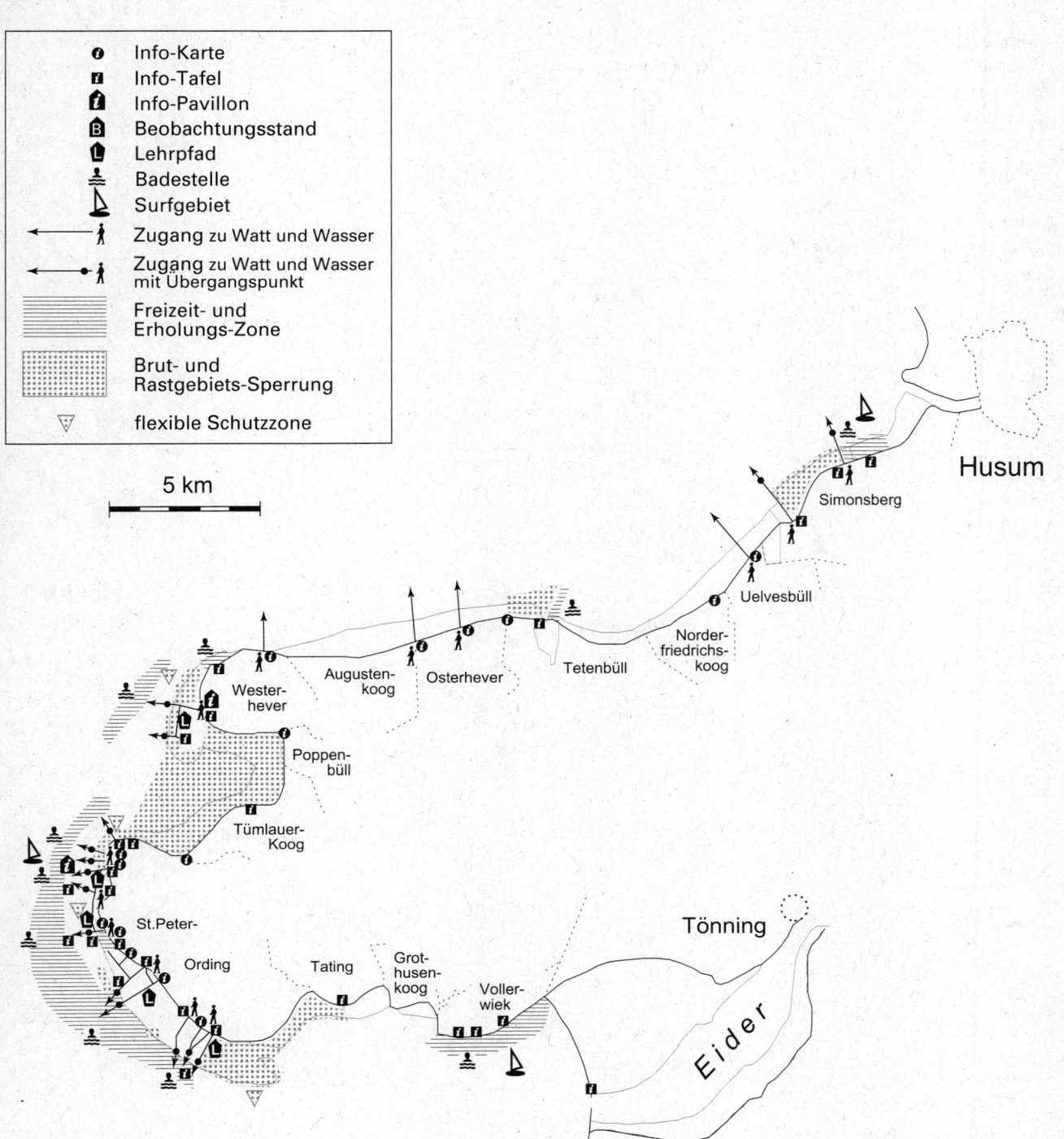

Info-Karte Info-Karte

Info-Tafel Info-Tafel

Info-Pavillon Info-Pavillon

B Beobachtungsstand

Lehrpfad

Badestelle

Surfgebiet

Zugang zu Watt und Wasser

Zugang zu Watt und Wasser
mit Übergangspunkt

Freizeit- und
Erholungs-Zone

Brut- und
Rastgebiets-Sperrung

flexible Schutzzone

5 km

Husum

Simonsberg

Uelvesbüll

Norder-
friedrichs-
koog

Tetenbüll

Augusten-
koog

Osterhever

Wester-
hever

Poppen-
büll

Tümlauer-
Koog

St.Peter-

Ording

Tating

Groth-
husen-
koog

Vollerwiek

Tönning

Eider

Abb. 207
Raumbezogene
Schutzmaßnahmen
im Überblick:
Vorschläge für die
Halbinsel Eider-
stedt. Details siehe
Text. Für jedes
Einzelgebiet ist
eine Detailplanung
durchgeführt
worden.

XI

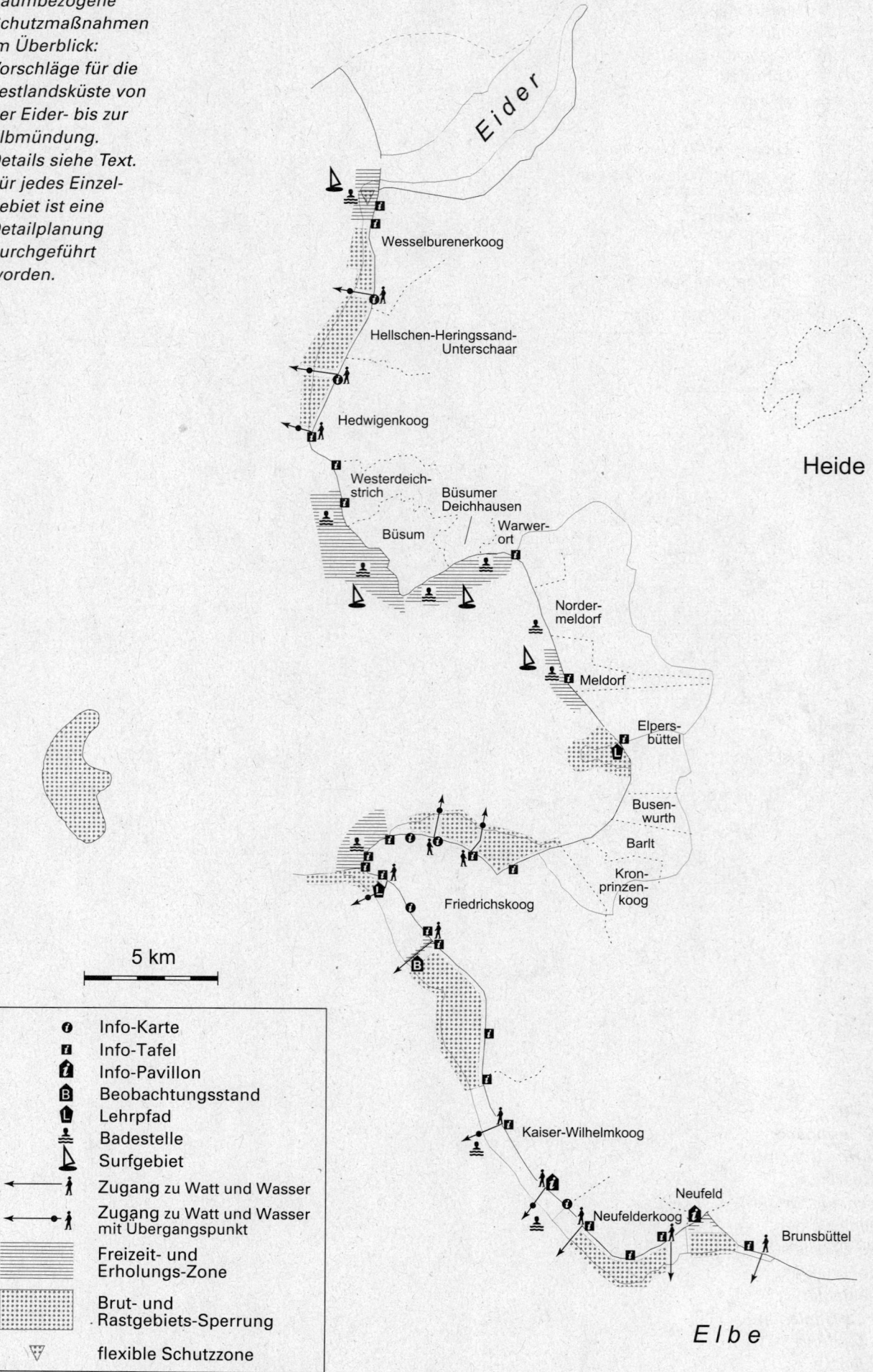

Abb. 208
Raumbezogene
Schutzmaßnahmen
im Überblick:
Vorschläge für die
Festlandsküste von
der Eider- bis zur
Elbmündung.
Details siehe Text.
Für jedes Einzel-
gebiet ist eine
Detailplanung
durchgeführt
worden.

Eider

Wesselburenerkoog

Hellschen-Heringssand-
Unterschaar

Hedwigenkoog

Westerdeich-
strich

Büsumer
Deichhausen

Büsum

Warwer-
ort

Norder-
meldorf

Meldorf

Elpers-
büttel

Busen-
wurth

Barlt

Kron-
prinzen-
koog

Friedrichskoog

Heide

5 km

Kaiser-Wilhelmkoog

Neufeld

Neufelderkoog

Brunsbüttel

Elbe

	Info-Karte
	Info-Tafel
	Info-Pavillon
B	Beobachtungsstand
L	Lehrpfad
	Badestelle
	Surfgebiet
	Zugang zu Watt und Wasser
	Zugang zu Watt und Wasser mit Übergangspunkt
	Freizeit- und Erholungs-Zone
	Brut- und Rastgebiets-Sperrung
	flexible Schutzzone

Vorland Rickelsbüller Koog
VN 1

Kurzcharakteristik und Bewertung

▶ in großen Teilen beweidetes Vorland vor dem Rickelsbüller Koog von der dänischen Grenze bis zum Hindenburgdamm, Rest des Rodenäs-Vorlandes nach der Eindeichung des Rickelsbüller Kooges
▶ international bedeutendes Rastgebiet für zahlreiche Vogelarten mit herausragender Bedeutung für Brand- und Spießente sowie als Brut- und Mausergebiet für Säbelschnäbler
▶ lokale touristische Bedeutung mit einzelnen Freizeitnutzungen, konzentriert an der Badestelle direkt an der dänischen Grenze; Störungen der Vögel in dem relativ schmalen Vorland treten vor allem beim Betreten der Salzwiesen (Zone 1) auf; eine verbesserte Information der Gäste und eine deutlichere Absperrung des Vorlandes könnten diese Konflikte vermindern

Vorschläge für Schutzmaßnahmen

Touristische Einrichtungen:
▶ Badestelle als offiziellen Zugang zu Watt und Wasser ausweisen; für die Badestelle und den Parkplatz gilt: Erhalt des Status quo, d.h. keine Ausweitung der Infrastruktur und Nutzungen, insbesondere keine Surfnutzung

Informationsangebot und Besucherlenkung:
▶ Infopavillon:
am Parkplatz Badestelle: Ausbau des vorhandenen überdachten Infostandes auf dem Parkplatz als Infopavillon des Nationalparks (v.a. Darstellung der Gebietssperrung)
▶ Eingangspfähle am Zugang zur Badestelle

Räumliche Schutzmaßnahmen:
▶ ganzjährige Sperrung der Salzwiesen als Brut- und Rastgebiet (entsprechend der heutigen Situation als Zone 1)

Landwirtschaft und küstenschutztechnische Nutzungen:
–

sonstige Nutzungen:
–

Vorfeldplanung (insbes. Verkehr):
–

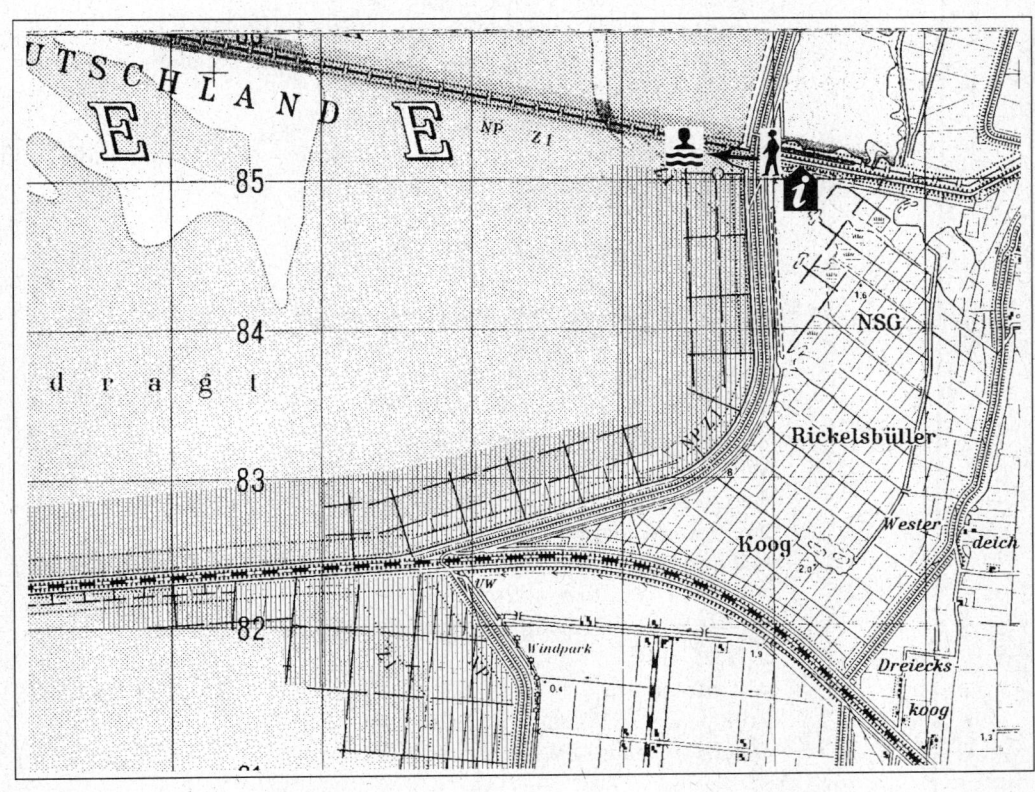

Hindenburgdamm - Südwesthörn VN 21

Kurzcharakteristik und Bewertung
► Vorland vom Hindenburgdamm bis Südwesthörn
► relativ schmaler Streifen Vorlandsalzwiese, größtenteils mit Beweidung
► international bedeutendes Rastgebiet für vier Vogelarten, die wichtigsten Rastplätze liegen im Süden des Gebietes zwischen Südwesthörn und dem Friedrich-Wilhelm-Lübke-Koog; eine weitgehende Blockierung des schmalen Vorlandes vor dem FWL-Koog als Rastplatz für Vögel aufgrund der durchgehenden Kette von Windkraftanlagen direkt hinter dem Deich ist wahrscheinlich
► die touristische Nutzung insgesamt ist gering, Freizeitaktivitäten konzentrieren sich auf die Badestelle Südwesthörn, dort kleinräumig vielfältige Aktivitäten, dadurch treten auch Konflikte mit Ansprüchen der Vögel nach ungestörten Brut- und Rastplätzen auf; eine verbesserte Besucherinformation sowie Abgrenzung der Badestelle könnte Störungen vermindern

Vorschläge für Schutzmaßnahmen
Touristische Einrichtungen:
► Erholungsgebiet Badestelle Südwesthörn mit Erhalt des Status quo, räumlich begrenzt von der Nordseite des Hafenpriels bis zum Zaun auf dem Deich am Südende des 1. Lahnungsfeldes (heutige Grenze der Badestelle); die Surfnutzung bleibt in bisherigem Umfang möglich, aber keinesfalls Ausweisung eines Surfgebietes; im gesamten Gebiet keine Ausweitung touristischer Angebote und störungsintensiver Aktivitäten

Informationsangebot und Besucherlenkung:
► 2 ausgewiesene Zugänge führen an die Vorlandkante und zu Watt und Wasser (ZWW):
ZWW vor der Zufahrt von Wester-Klanxbüll im Norden des Friedrich-Wilhelm-Lübke-Kooges und
Badestelle Südwesthörn als offiziellen ZWW ausweisen
► 2 Infotafeln:
am ZWW Wester-Klanxbüll und
an der Badestelle Südwesthörn (Grenze zu VN 22)
► 2 Infokarten:
Zufahrt am ALW-Bauhof südlich des Deichknickes im FWL-Koog und

Deichzufahrt vor Hunwerthusum
► Eingangspfähle an den beiden ausgewiesenen Zugängen (Wester-Klanxbüll, Südwesthörn)

Räumliche Schutzmaßnahmen:
► zeitweise Sperrung der nördlichsten Salzwiesenecke zwischen Hindenburgdamm und ZWW Wester-Klanxbüll als Gänserastgebiet während der winterlichen Gänsesaison (Mitte Sept. - Mitte Mai)
► zur Zeit ist noch keine Belastung erreicht, die eine flächenhafte Beschilderung oder Schutzgebietsausweisung nötig macht, d.h. es bleibt bei einer grundsätzlichen Begehbarkeit des Gebietes und der Ausschilderung mit den o.a. Informationselementen, die auf das Wegeangebot hinweisen. Wird aber bei der geplanten Deichverstärkung Friedrich-Wilhelm-Lübke-Koog ein durchgehend asphaltierter Treibselabfuhrweg am Gebiet entlang gebaut, so ist mit einer starken Zunahme der Frequentierung des Gebietes zu rechnen. Eine ganzjährige Sperrung der Salzwiesen als Brut- und Rastgebiet ist dann notwendig. Bei einer kompletten Sperrung des Gebietes sollten zwei weitere Zugänge zu Watt und Wasser an den Standorten der Infokarten (ALW-Bauhof und Hunwerthusum) geschaffen werden. Diese Zugänge wären ggf. ebenfalls mit Eingangspfählen zu markieren.

Landwirtschaft und küstenschutztechnische Nutzungen:
–

sonstige Nutzungen:
–

Vorfeldplanung (insbes. Verkehr):
–

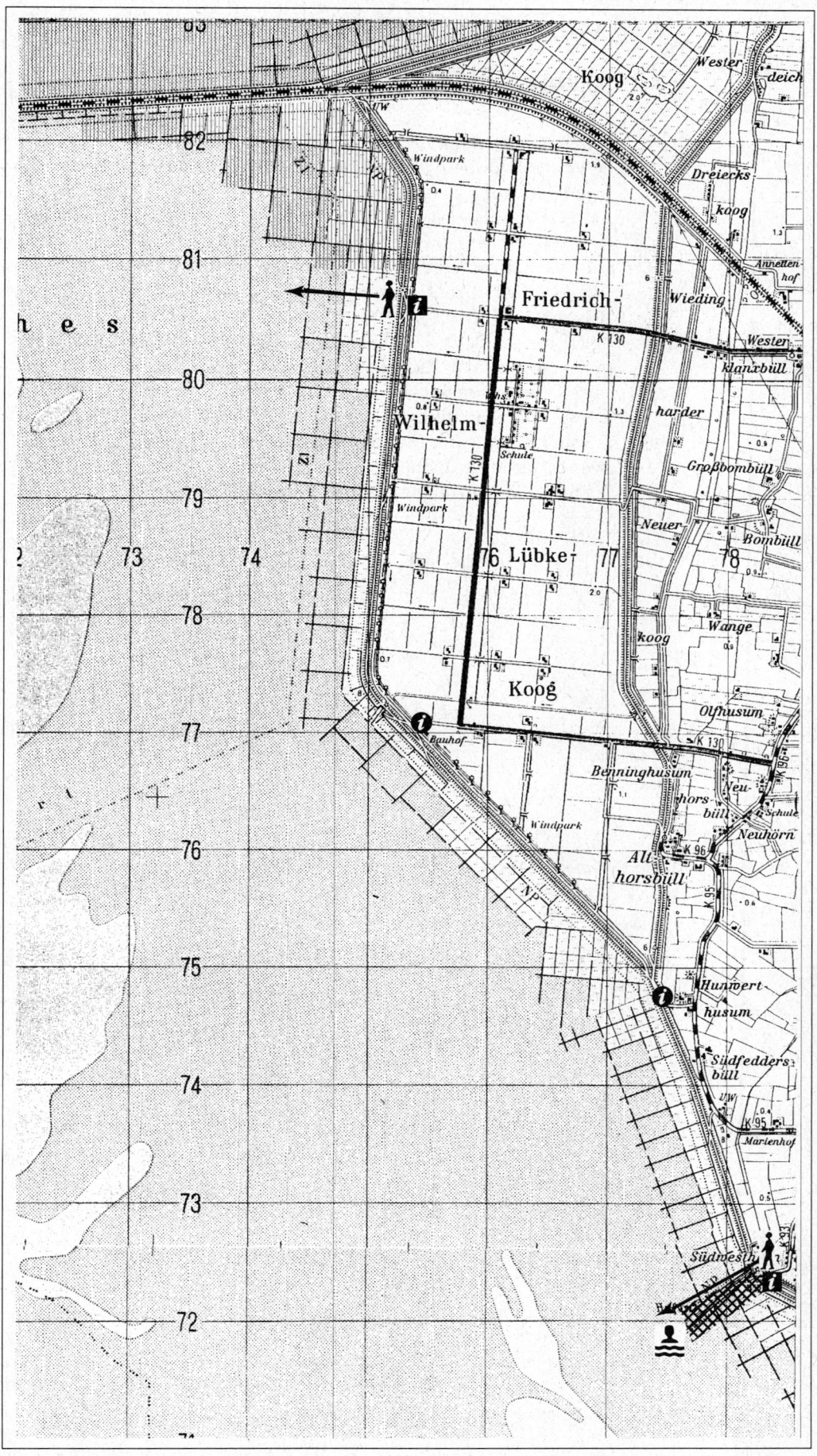

XI

Vorland Marienkoog und Galmsbüllkoog VN 22

Kurzcharakteristik und Bewertung

▶ Vorland vor dem Marienkoog und dem Galmsbüllkoog zwischen Südwesthörn und Dagebüll

▶ größtenteils intensiv beweidete Vorland-salzwiesen, im Norden relativ schmal, vor dem Galmsbüllkoog bereits auf Festucetum-Niveau angewachsen

▶ für die Größe des Gebietes nur relativ geringe Brut- und Rastvogelzahlen, doch erreichen die Rastbestände von immerhin zwei Limikolenarten (Knutt und Alpenstrandläufer) internationale Bedeutung

▶ touristische Aktivitäten konzentrieren sich auf die Badestelle Südwesthörn und den Deich nördlich von Dagebüll; Störungen der Vögel treten in den schmalen Vorlandbereichen direkt südlich von Südwesthörn auf, die zentralen Salzwiesenbereiche sind relativ ungestört

Vorschläge für Schutzmaßnahmen

Touristische Einrichtungen:

▶ Erholungsgebiet Badestelle Südwesthörn mit Erhalt des Status quo, räumlich begrenzt von der Nordseite des Hafenpriels bis zum Zaun auf dem Deich am Südende des 1. Lahnungsfeldes (heutige Grenze der Badestelle); die Surfnutzung bleibt in bisherigem Umfang möglich, aber keinesfalls Ausweisung eines Surfgebietes; im gesamten Gebiet keine Ausweitung touristischer Angebote und störungsintensiver Aktivitäten

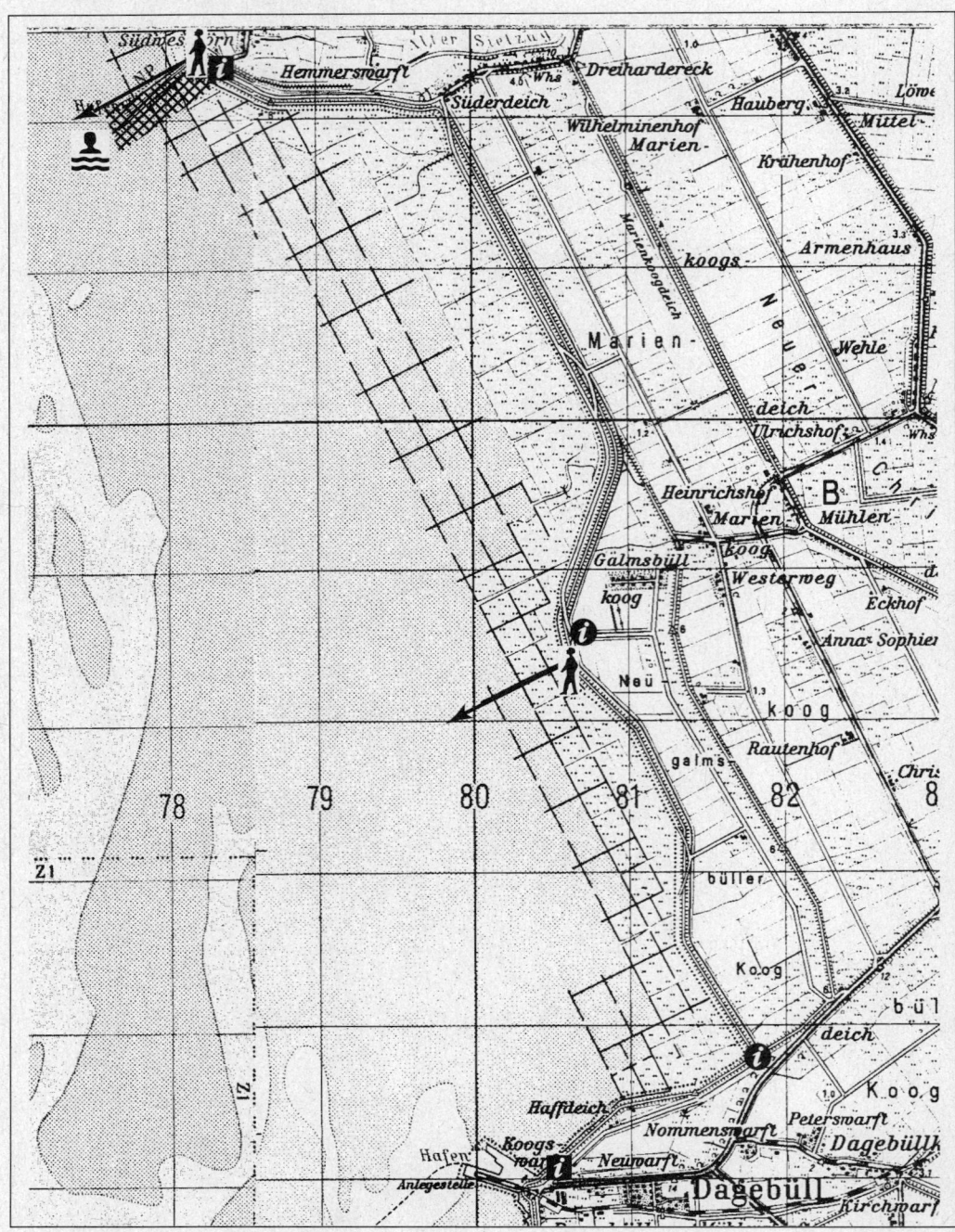

▶ Rücknahme der Nutzung als „Hundestrand" (= Freilaufstrecke für Hunde) am nördlichen Dagebüller Deich; wenn der Deich für freilaufende Hunde geöffnet bleibt, ist im Gebiet des Nationalparks (d.h. hier im Watt) der Leinenpflicht für Hunde durchzusetzen

Informationsangebot und Besucherlenkung:
▶ 1 ausgewiesener Zugang führt durch die Salzwiese zu Watt und Wasser:
vor der Deichüberfahrt bei Galmsbüllkoog
▶ 2 Infotafeln:
an der Badestelle Südwesthörn (Grenze zu VN 21) und
am Deichbeginn beim Hafen Dagebüll
▶ 2 Infokarten:
am ZWW Galmsbüllkoog und
am Deichaufgang bei der Muschelfabrik (Südende Neugalmsbüller Koog)
▶ Eingangspfähle an der Badestelle Südwesthörn (siehe VN 21) und am ZWW Galmsbüllkoog

Räumliche Schutzmaßnahmen:
▶ zur Zeit ist noch keine Belastung erreicht, die flächenhafte Schutzgebietsausweisungen nötig macht, d.h. es bleibt bei einer grundsätzlichen Begehbarkeit des Gebietes und der Ausschilderung mit einigen Informationselementen, die auf das Wegeangebot hinweisen.

Landwirtschaft und küstenschutztechnische Nutzungen:
–

sonstige Nutzungen:
▶ Beendigung der Vorlandjagd mit Auslaufen der Pachtverträge im Jahre 2003

Vorfeldplanung (insbes. Verkehr):
–

Dagebüll - Olanddamm
VN 31

Kurzcharakteristik und Bewertung
▶ Außendeichsflächen zwischen Dagebüll-Hafen und Olanddamm
▶ keine geeigneten Brut- und Rastplätze für Vögel, die Bedeutung des Gebietes für die Tierwelt ist wegen der vielen Menschen insgesamt gering
▶ intensive touristische Nutzung mit vielfältigen Freizeitaktivitäten an der Badestelle Dagebüll, keine direkten Konflikte; die große Anzahl von Gästen bietet die Chance zur Informationsvermittlung auch an Touristen und Touristinnen ohne besondere Naturschutzkenntnis oder spezifisches Naturinteresse

Vorschläge für Schutzmaßnahmen
Touristische Einrichtungen:
▶ Erholungsgebiet mit der Möglichkeit zur Angebotserweiterung vom Hafen über den Badedeich bis zur Zufahrt Dyenswarft, dort keine Reglementierungen für Surfen, Lenkdrachen und andere touristische Aktivitäten; das Drachenfluggebiet sollte aber nicht im Bereich des Olanddammes ausgewiesen werden

Informationsangebot und Besucherlenkung:
▶ 1 Lehrpfad:
Salzwiesenlehrpfad am Deich entlang von der Badestelle Richtung Osten bis zum Beobachtungsstand auf dem Olanddamm (siehe VN 32)
▶ ein ausgewiesener Wattenweg mit Beginn am Leuchtfeuer Dagebüll führt nach Oland
▶ 1 Infotafel: - am Beginn des Wattenweges nach Oland
▶ Eingangspfähle und Übergangspunkt am Beginn des Wattenweges nach Oland
▶ Eingangspfähle am Beginn des Lehrpfades

Räumliche Schutzmaßnahmen:
–

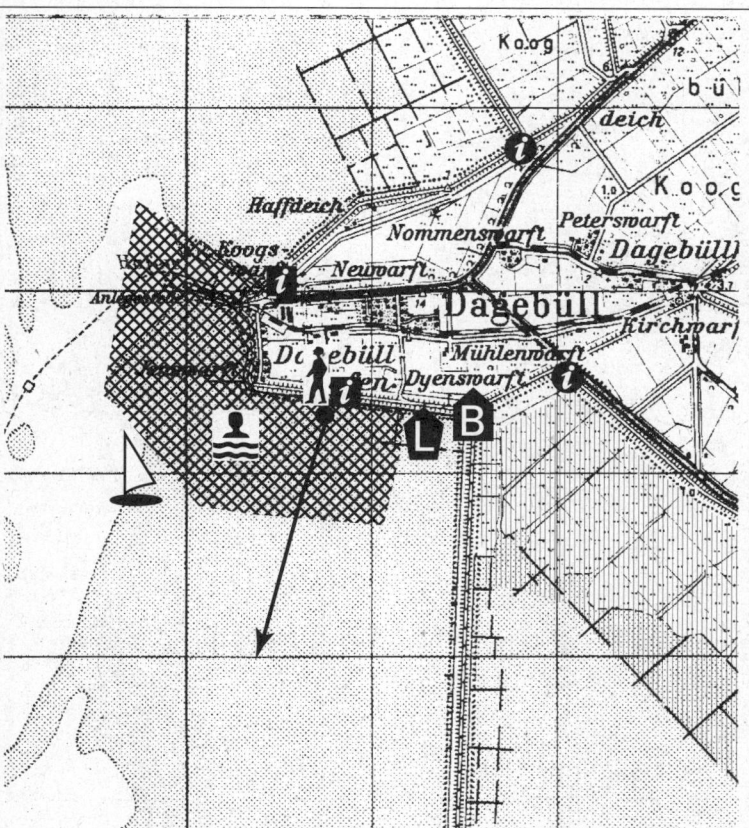

Landwirtschaft und küstenschutztechnische Nutzungen:
–

sonstige Nutzungen:
–

Vorfeldplanung (insbes. Verkehr):
–

Osewoldter Vorland VN 32

Kurzcharakteristik und Bewertung
► seit der Eindeichung des Fahretofter
Kooges erheblich verkleinertes Vorland
zwischen dem Olanddamm und dem
Südende der Vordeichung große Teile des
Vorlandes seit 1991 ohne Beweidung
► Nonnen- und Ringelgänse nutzen das
Vorland in international bedeutenden
Beständen, eine große Lachmöwenkolonie
befindet sich in der Nähe des
Olanddammes
► touristische Aktivitäten gehen v.a. von
der westlich gelegenen Badestelle
Dagebüll aus und führen während der
Saison zu häufigen Störungen der Brut-
vögel; eine bessere Abgrenzung der
Kolonien von Freizeitaktivitäten ist not-
wendig, gleichzeitig bietet der
Olanddamm günstige Beobachtungs-
möglichkeiten, so daß eine attraktive
Besucherinformation möglich ist

Vorschläge für Schutzmaßnahmen
Touristische Einrichtungen:
► Erhalt des Status quo, d.h. keine Ausweitung touristischer Angebote und
störungsintensiver Aktivitäten
Informationsangebot und Besucherlenkung:
► Beobachtungsstand am Olanddamm:
neues Angebot für Naturbeobachtung:
erhöhter Aussichtspunkt (Ausführung
offen) mit Informationsangebot (Infotafeln, Objekttafeln und aktuelle Aushänge): Einblick in die große Seevogelkolonie
(Möwen), Darstellung der Salzwiese
beweidet/unbeweidet, des Küstenschutzes
und der Halligkulisse
► 2 Infokarten:
nördliche Deichüberfahrt im Deichknick
östlich Olanddamm und
Deichüberfahrt Südende Vordeichung
(Ende des gesperrten Brutgebietes)
► Eingangspfähle am Zugang zum Beobachtungsstand

Räumliche Schutzmaßnahmen:
► Brutzeitsperrung (1.4.-31.7.) des gesamten Vorlandes vom Olanddamm bis Deichüberfahrt am Südende der Vordeichung
Landwirtschaft und küstenschutztechnische Nutzungen:

–

sonstige Nutzungen:

–

Vorfeldplanung (insbes. Verkehr):

–

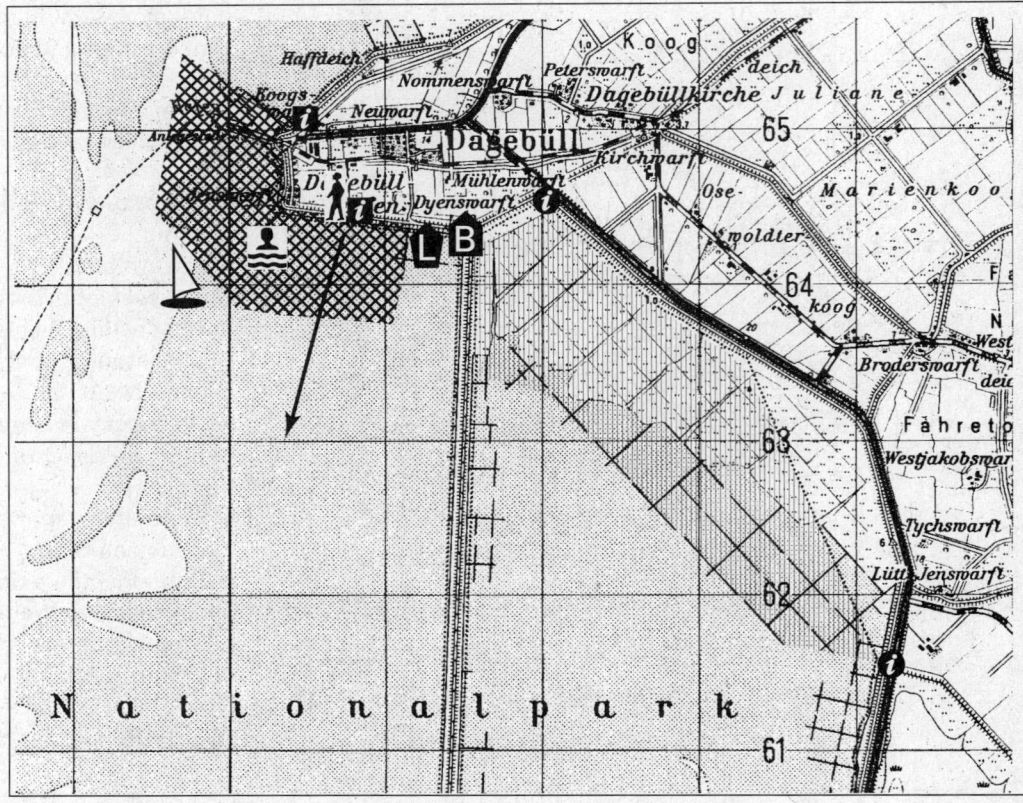

Hauke-Haien-Koog außen
VN 33+41

Kurzcharakteristik und Bewertung
► Schardeichstrecke mit einigen Lahnungsfeldern außendeichs vor dem Hauke-Haien-Koog
► die Lahnungsfelder im südlichen Teil des Gebietes dienen als Zwischenrastplätze für Vögel, doch treten wegen ihrer deichnahen Lage häufig Störungen durch Aktivitäten am Deich auf
► wegen des Hafens Schlüttsiel im Zentrum des Gebietes besteht reger Besucherverkehr auf dem Deich und der Straße direkt am binnenseitigen Deichfuß, Freizeitaktivitäten konzentrieren sich rund um Schlüttsiel, Beeinträchtigungen der Naturwerte sind selten; mit dem binnendeichs gelegenen Hauke-Haien-Koog ist das Gebiet auch ein attraktives Ziel speziell für natur- /ornithologisch interessierte Gäste

Vorschläge für Schutzmaßnahmen
Touristische Einrichtungen:
► Erholungsgebiet Hafen und Badestelle Schlüttsiel mit Erhalt des Status quo der touristischen Aktivitäten

Informationsangebot und Besucherlenkung:
► Ausbau des vorhandenen Infozentrum des Vereins Jordsand in Schlüttsiel als Ortszentrum des Nationalparks geplant
► 3 Infotafeln:
Badestelle Schlüttsiel,
Abgangsstelle Wattwanderweg nach Gröde und.
Südende Hauke-Haien-Koog;
die beiden südlichen Infotafeln sollten insbesondere Informationen zu den Rastvögeln bieten, die die vorgelagerten Lahnungen in ungestörten Situationen als Zwischen- oder Hochwasserrastplatz nutzen

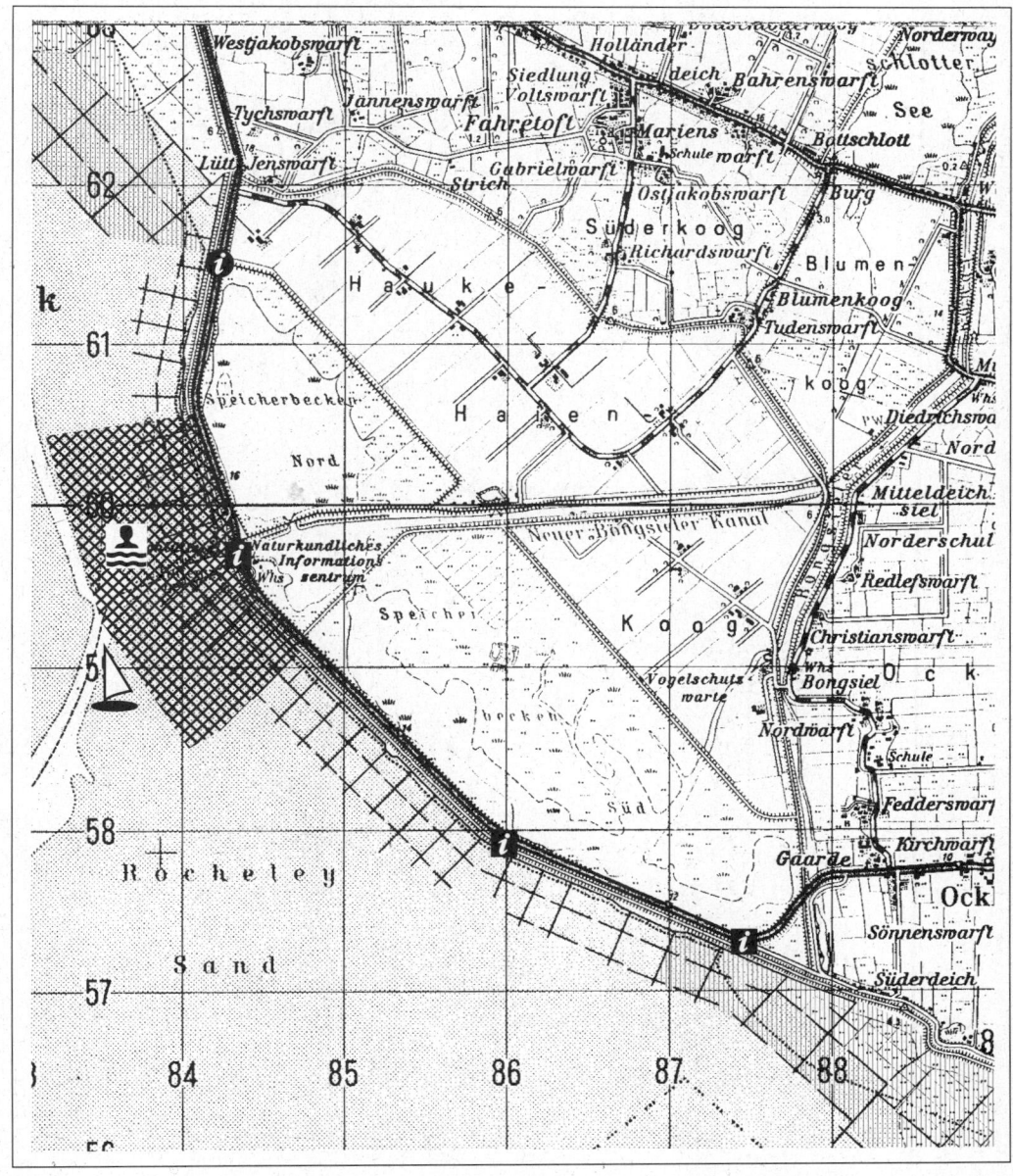

Räumliche Schutzmaßnahmen:
► ganzjährige Sperrung der beiden südlichsten Lahnungsfelder in Verbindung mit dem Brut- und Rastgebiet um die Hamburger Hallig (siehe VN 42+5+61); die Grenze des gesperrten Gebietes liegt hier im Norden bis zum Beginn des breiteren Vorlandes direkt am Treibselabfuhrweg, um Störungen von den Rastplätzen im Bereich der Lahnungen fernzuhalten

Landwirtschaft und küstenschutztechnische Nutzungen:
–

sonstige Nutzungen:
–

Vorfeldplanung (insbes. Verkehr):
–

Hamburger Hallig und angrenzende Vorländer VN 42+5+61

Kurzcharakteristik und Bewertung
► Hamburger Hallig mit den nördlich und südlich angrenzenden Vorländern vor dem Sönke-Nissen-Koog und Beltringharder Koog
► sehr großflächige Salzwiesen mit einem Mosaik unterschiedlicher Beweidungs-intensitäten, deren Auswirkungen auf Flora und Fauna hier langfristig untersucht werden
► herausragende Bedeutung als Brut- und Rastgebiet für Vögel; allein 9 Vogelarten rasten in international bedeutenden

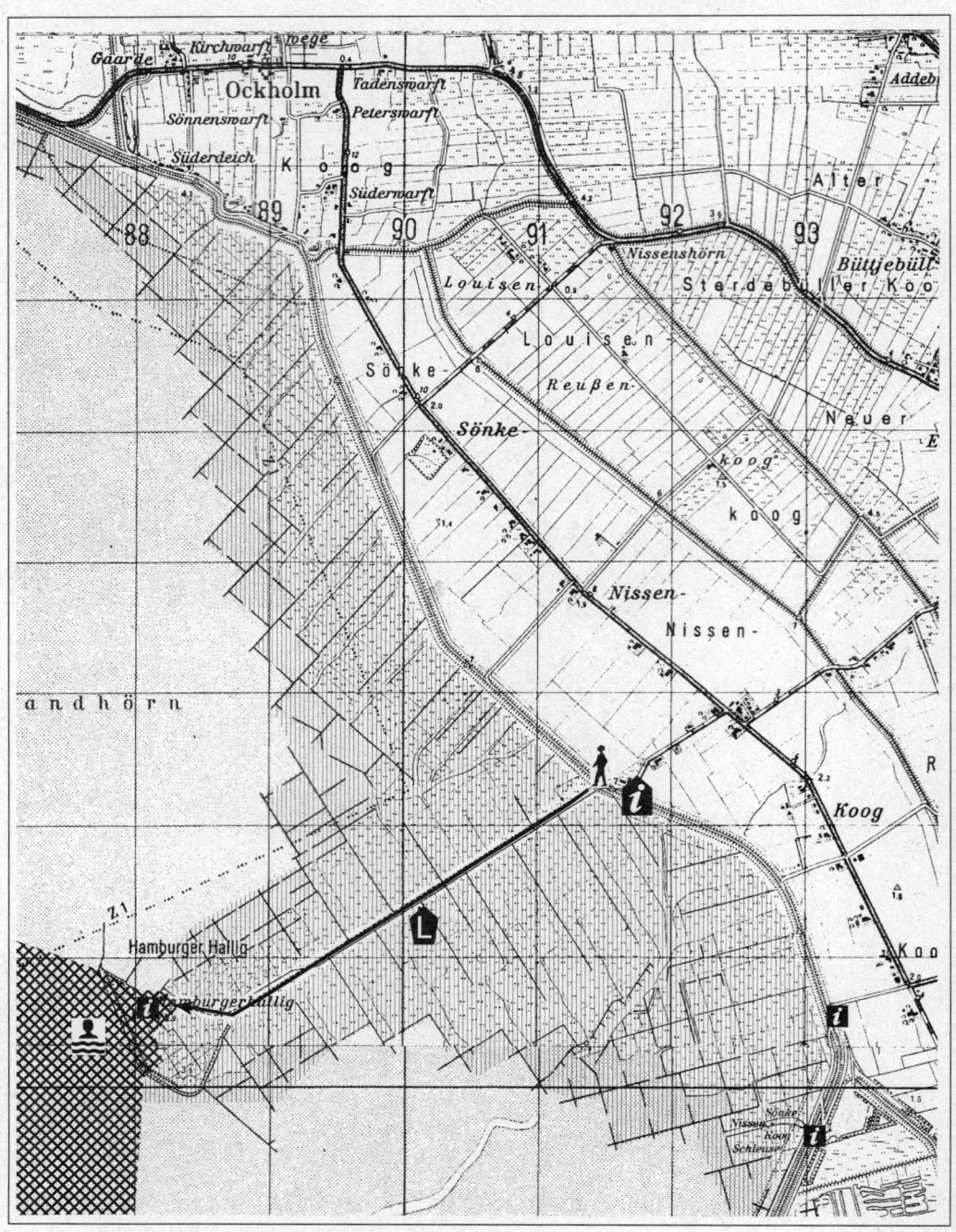

Beständen, als wichtigste Arten Nonnengans (größte Bestände im nordfriesischen Teil des Wattenmeeres), Ringelgans, Brandente und Pfeifente; als Brutgebiet internationale Bedeutung für den Säbelschnäbler sowie bedeutende Bestände von Möwen und Seeschwalben
► die Hamburger Hallig ist ein regionales Ausflugsziel mit etwa 80.000 Tagesgästen pro Jahr; die Freizeitaktivitäten konzentrieren sich auf den Halligkopf und die Wege; Störungen der Brutkolonien und Rastplätze treten bei Übertretungen der Schutzgebietsabsperrungen vor allem auf dem Halligkopf auf; die weiträumigen Salzwiesen werden relativ selten betreten, doch ist eine möglichst völlige, großräumige Störungsfreiheit wegen ihrer herausragenden Bedeutung für die Vogelwelt anzustreben
► ein umfangreiches Entwicklungskonzept wurde vom „Arbeitskreis Hamburger Hallig" erarbeitet; Ziel ist es, den individuellen PKW-Verkehr langfristig weitgehend entbehrlich zu machen und alternative Transportmöglichkeiten zu schaffen; daneben ist eine intensive Besucherlenkung und -information wesentlicher Bestandteil des Konzeptes und zur Konfliktvermeidung dringend erforderlich

Vorschläge für Schutzmaßnahmen
► Umsetzung des Konzeptes für die Hamburger Hallig inklusive der Planungen für Information und Betreuung

Touristische Einrichtungen:
► Erholungsgebiet Halligkopf (ohne die Brut- und Rastgebiete, s.u.) mit Erhalt des Status quo der Badestelle
► Schließung des unbefestigten Parkplatzes am Halligkopf mit dem Entwicklungsziel: Umstellung des individuellen PKW-Verkehrs auf umweltfreundliche öffentliche Transportmittel (Shuttle) bzw. Fahrräder
► keine Kapazitätsausweitung im Wassersport

Informationsangebot und Besucherlenkung:
► als Wegeangebot für Spaziergänger und Spaziergängerinnen, Radfahrer und Radfahrerinnen bleiben bestehen: die Wege entlang des Deiches sowie die Zufahrt zur Hamburger Hallig
► umfangreiches Informationsangebot lt. Konzept hinter dem Deich
► Infopavillon:
an der Zufahrt zur Hamburger Hallig hinter dem Deich (bereits vorhanden)
► 1 Lehrpfad:
entlang des Weges zur Hamburger Hallig

westlich des Schafberges (bereits vorhanden)
► 3 Infotafeln:
an der Gaststätte auf dem Halligkopf, an der Zufahrt zum Sielplatz und am Liegeplatz Sönke-Nissen-Koog-Schleuse
► Eingangspfähle an der Zufahrt zur Hamburger Hallig

Räumliche Schutzmaßnahmen:
► ganzjährige Sperrung des gesamten Salzwiesenkomplexes - mit Ausnahme bestimmter Bereiche auf dem Halligkopf - als Brut- und Rastgebiet (Erklärung: das Gebiet VN 42 + 5 + 61 stellt das größte zusammenhängende Salzwiesengebiet der nordfriesischen Küste dar und hat herausragende Bedeutung für Brutvögel und Rastvögel, insbesondere Gänse)
► Brutzeitsperrung (1.4.-31.7.) des südlichen Brutgebietes auf dem Halligkopf (VN 51), Schilder in 50 m-Abstand vom Weg (bereits vorhanden)

Landwirtschaft und küstenschutztechnische Nutzungen:
► sehr extensive Beweidung auf dem Halligkopf (v.a. im Bereich der Badestelle) erhalten (traditionelle Nutzung der Halligen demonstrieren)
► Verlandung des Bordelumsiel durch Einstellung der Unterhaltsmaßnahmen

sonstige Nutzungen:
► Gaststätte auf der Hallig als Vorbild für die Biosphärenreservats-Idee entwickeln
► Das ALW-Gebäude auf dem Halligkopf wird per Nutzungsvertrag vom Naturschutzbund als Betreuer- und Betreuerinnenunterkunft verwendet. Die Betreuer und Betreuerinnen werden in Kooperation mit dem Naturzentrum Bredstedt vorrangig für Halliginformationen, Salzwiesenführungen, Wattwanderungen und zur Kontrolle der Einhaltung der Schutzbestimmungen eingesetzt. Das Schafberg-Gebäude ist das eigentliche Zentrum der Schutzgebietsbetreuung Hamburger Hallig. Von hier werden Dauerbeobachtungen und Besucherinformation- und -lenkung durchgeführt sowie die Einhaltung der Schutzbestimmungen kontrolliert. Wie für das Gebäude auf dem Halligkopf ist ein Nutzungsvertrag zwischen ALW und NPA und dann zwischen NPA und Naturschutzbund anzustreben. Bisher gibt es nur eine Nutzungsvereinbarung zwischen ALW und NABU
► Beendigung der Vorlandjagd mit Auslaufen der Pachtverträge im Jahre 1997

XI

Vorfeldplanung (insbes. Verkehr):
► keine Windkraftanlage an der Kläranlage Ockholm

Beltringharder Koog außen
VN 62+63

Kurzcharakteristik und Bewertung
► Schardeichstrecke entlang des neuen Seedeiches vor dem Beltringharder Koog
► außendeichs nur Wattflächen und Lahnungsfelder, keine geeigneten Brut- und Hochwasserrastplätze für Vögel vorhanden; große Brut- und Rastbestände im binnendeichs angrenzenden Beltringharder Koog, viele dieser Vögel

nutzen die Wattflächen außendeichs zur Nahrungssuche
► intensive touristische Nutzung an den Badestellen Lüttmoorsiel und Holmer Siel, auch zahlreiche Wattwanderer und Wattwanderinnen nach Nordstrandischmoor sowie Ausflügler und Ausflüglerinnen im Beltringharder Koog
► Konflikte außendeichs treten kaum auf, doch sind Störungen binnendeichs relativ häufig; für den Beltringharder Koog selbst ist daher ein umfassendes Besucherinformations- und Lenkungskonzept notwendig

Vorschläge für Schutzmaßnahmen
Touristische Einrichtungen:
► Erholungsgebiet Lüttmoorsiel mit Erhalt des Status quo, d.h. Nutzung insbesonde-

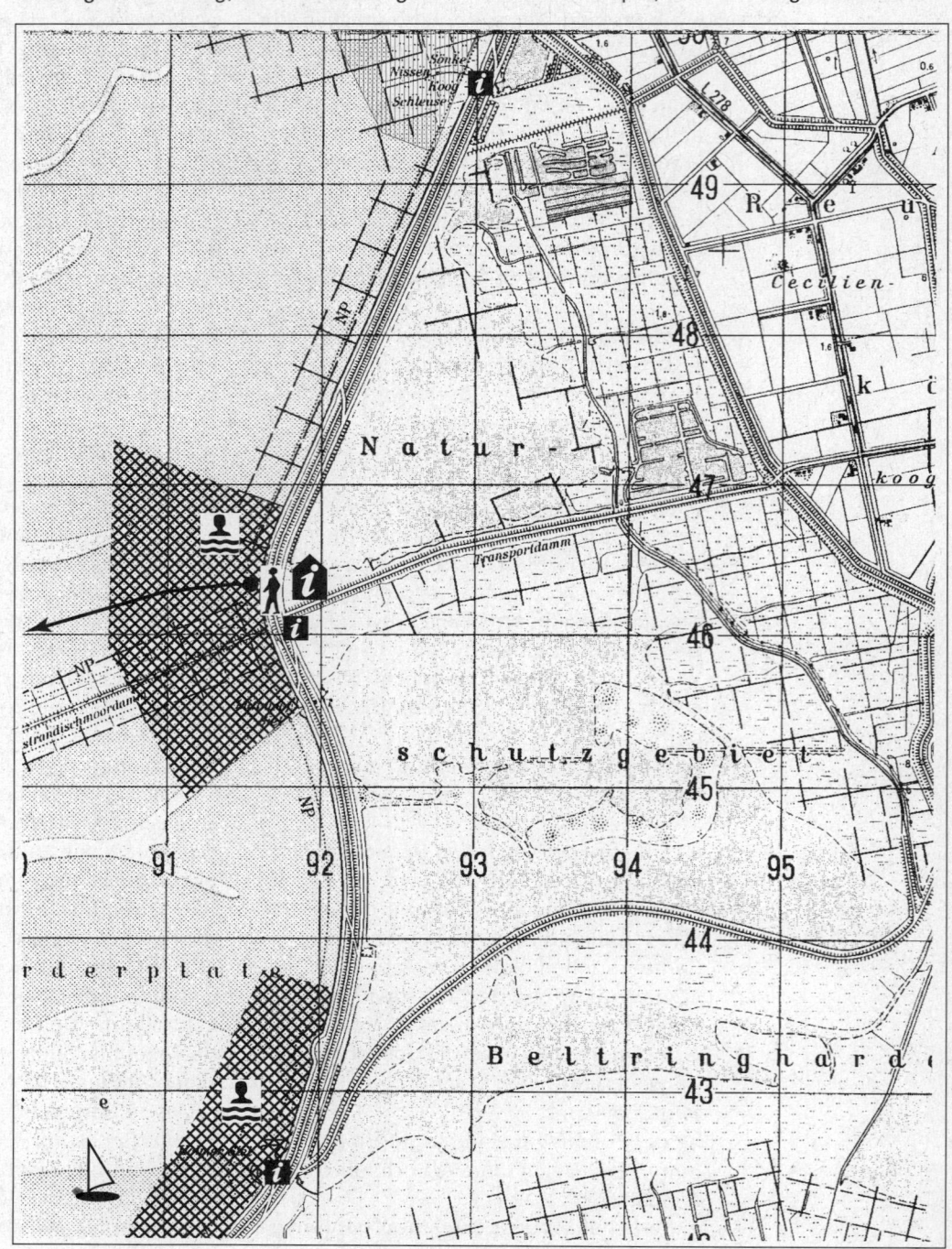

re als Badestelle und für Wattwanderungen (Drachen und Surfen
verboten, siehe aber Holmer Siel); räumlich begrenzt auf den Deich und das Watt
zwischen der zweiten Lahnung nördlich
der Zufahrt und dem Lüttmoorsiel
► Erholungsgebiet Holmer Siel: 1.
außendeichs vom ALW-Lagerplatz bis zum
Südende des Beltringharder Kooges mit
Erhalt des Status quo der Badestelle
(keine Erweiterung des Parkplatzes) und 2.
vom Beltringharder Koog nach Süden
(siehe VN 7) mit der Möglichkeit zur
Angebotserweiterung, insbesondere
ausdrückliches Angebot für das Surfen
(vom Parkplatz am Deich Elisabeth-
Sophien-Koog/Beltringharder Koog aus)
► Drachensteigenlassen ist auf dem
gesamten Deich vor dem Beltringharder
Koog verboten (Naturschutzgebiets-
verordnung), Ausweisung einer Drachenflugstrecke im südlich angrenzenden
Erholungsgebiet Nordstrand West (siehe
VN 7)

Informationsangebot und Besucherlenkung:
► für die Besucherlenkung und das
Informationsangebot im Naturschutzgebiet Beltringharder Koog soll im Rahmen
des neuen Betreuungsauftrages ein
umfassendes Konzept entwickelt werden;
auch Informationsangebote über den
Nationalpark werden innerhalb dieses
Konzeptes diskutiert; weitere Elemente
(insbesondere Karten) mit Informationen
zum Naturschutzgebiet und
Betretungsregelungen ergänzen die
Informationen zum Nationalpark
► 1 Infopavillon:
Ausbau des vorhandenen Kioskes am
Ende des Transportdammes als Info-
pavillon (verstärkte Naturinformation)
► 2 Infotafeln:
am Deichaufgang Badestelle Lüttmoorsiel
(bereits vorhanden) und
am Holmer Siel (bereits vorhanden)
► Übergangspunkt am Beginn des Watt-
wanderweges nach Nordstrandischmoor
► Eingangspfähle an der Badestelle
Lüttmoorsiel (Wattwanderweg nach
Nordstrandischmoor)

Räumliche Schutzmaßnahmen:
–

Landwirtschaft und küstenschutztechnische Nutzungen:
–

sonstige Nutzungen:
–

Vorfeldplanung (insbes. Verkehr):
► bei weiter ansteigender touristischer
Nutzung des Gebietes ist eine Kapazitätsbegrenzung für den Parkplatz am Lüttmoorsiel (für private PKW) zu fordern
(Schranke)

Nordstrand West VN 7

Kurzcharakteristik und Bewertung
► Außendeichsflächen im Westen Nordstrands, überwiegend Schardeich vom
Holmer Siel über Strucklahnungshörn und
Fuhlehörn bis Dreisprung an der Südküste
Nordstrands
► die einzigen verfügbaren Brut- und
Rastplätze an der Westküste Nordstrands
befinden sich auf der Sandfläche bei
Fuhlehörn; wegen der dortigen Badestelle
kommt es allerdings häufig zu erheblichen
Störungen, vor denen die Rastvögel meist
nach Südfall ausweichen müssen
► vielfältige touristische Nutzungen,
konzentriert auf mehrere Badestellen
entlang der Küste sowie den Fährhafen
Strucklahnungshörn, keine Beeinträchtigung von Naturschutzinteressen; nur an
der Badestelle Fuhlehörn bestehen
Konflikte mit den Ansprüchen der Rastvögel; hier ist eine bessere räumliche
Trennung von Freizeitaktivitäten und
wichtigen Brut- und Rastgebieten notwendig und auch ohne wesentliche Einschränkungen möglich

Vorschläge für Schutzmaßnahmen
Touristische Einrichtungen:
► Erholungsgebiet Nordstrand West: das
gesamte Gebiet beginnend am Südende
des Beltringharder Kooges mit Ausnahme
von Fuhlehörn als Erholungsgebiet mit
der Möglichkeit zur Angebotserweiterung
ausweisen
► im Bereich zwischen Strucklahnungshörn und Südende Beltringharder Koog
sollten ausdrücklich Angebotsflächen für
das Surfen (u.a. vom Parkplatz am Deich
Elisabeth-Sophien-Koog/Beltringharder
Koog aus) und den Drachensport ausgewiesen werden; eine Verlagerung des
Drachenfestes vom Süderhafen (Nordstrand) hierher wird angestrebt
► Fuhlehörn: Badestelle mit Erhalt
des Status quo, kein Surfen und keine
Drachen

Informationsangebot und Besucherlenkung:
► 1 Infopavillon:
Badestelle Fuhlehörn, u.a. mit Hinweisen

XI

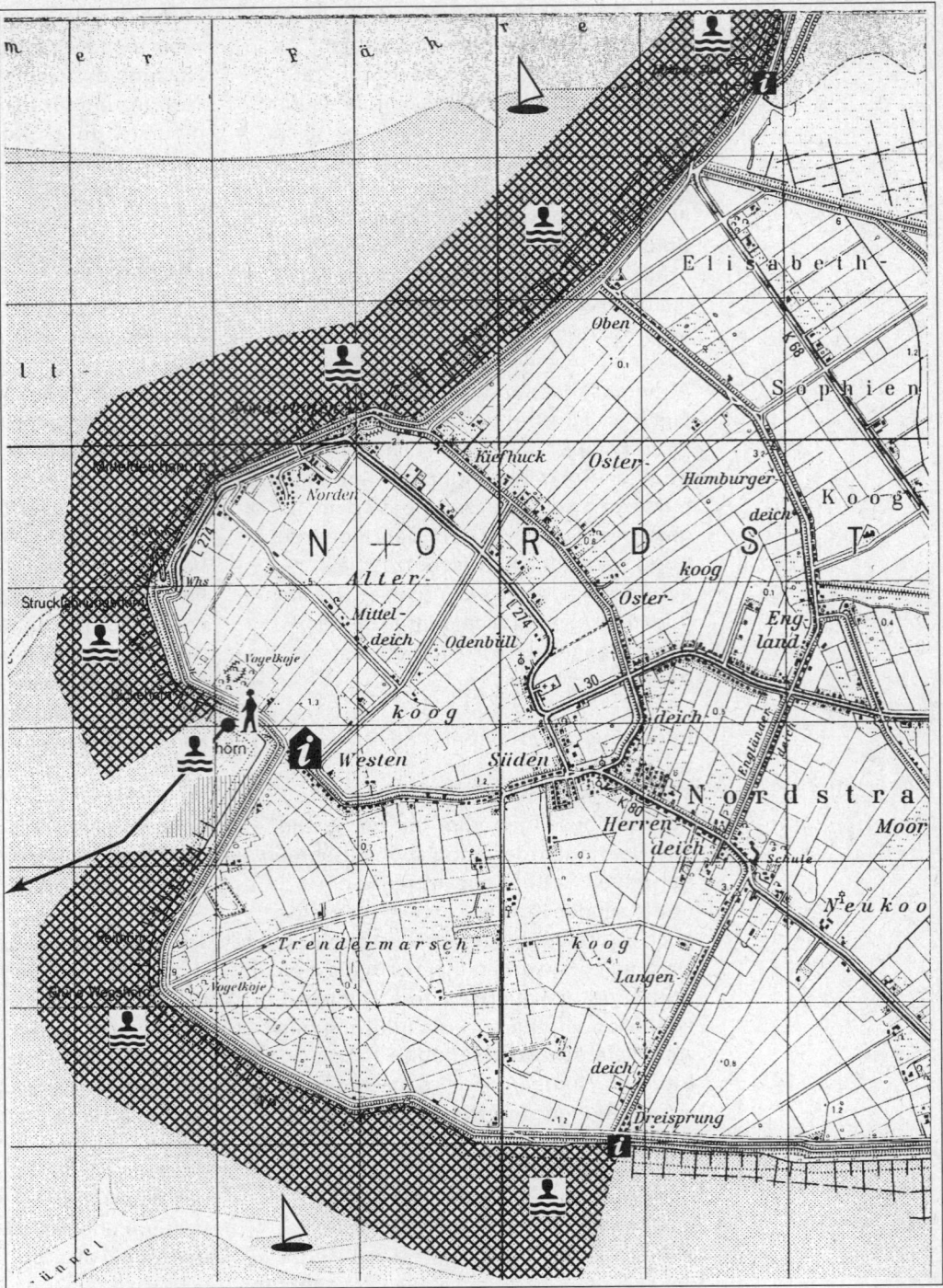

auf den Wattwanderweg nach Südfall und auf die Bedeutung des südlich an die Badestelle angrenzenden gesperrten Gebietes als Brut- und Rastgebiet für Vögel

▶ 1 Infotafel:
bei Dreisprung u.a. mit Hinweis auf die östlich anschließenden Rastgebiete für Vögel (siehe VN 8)

▶ Übergangspunkt am Beginn des Wattenweges nach Südfall (Badestelle Fuhlehörn)

▶ Eingangspfähle am Parkplatz Elisabeth-Sophien-Koog/Beltringharder Koog (Surfgebiet), an der Badestelle Fuhlehörn und bei Dreisprung

Räumliche Schutzmaßnahmen:
▶ ganzjährige Sperrung des südlichen Bereiches Fuhlehörn (Grenze: Zaun ins Watt im Süden der Badestelle) und angrenzender Binnendeichsgebiete (Kuhle) in der Trendermarsch als Brut- und Rastgebiet; Grenze des Schutzgebietes am Deichfuß; Erklärung: Fuhlehörn bietet die einzige bedeutende Rastmöglichkeit für Vögel im gesamten Westen Nordstrands zwischen Nordstrandischmoor und Dreisprung

Landwirtschaft und küstenschutz-technische Nutzungen:
–

sonstige Nutzungen:
–

Vorfeldplanung (insbes. Verkehr):
–

Nordstrand Süd VN 8

Kurzcharakteristik und Bewertung
▶ Vorlandsalzwiesen im Süden und Osten
Nordstrands von Dreisprung über Süderhafen bis zum Nordstranddamm
▶ nordöstlicher Teil (VN 82) großflächig
bis zur Deichverstärkung 1993/94 unge-
störtes Salzwiesengebiet, teilweise
langfristig unbeweidet und mit naturnaher
Entwässerung
▶ Ungestörtheit gefährdet durch neue
Wege (v.a. Treibselabfuhrweg) entlang des

gesamten Gebietes als Folge der Deichverstärkungsmaßnahmen, erhöhte Nutzung durch Spaziergänger und Radfahrer
sowie verstärkte Freizeitaktivitäten wahrscheinlich
▶ nur lokale Bedeutung für den Tourismus
mit einzelnen Freizeitnutzungen, noch
konzentriert bei Dreisprung und auf den
direkten Hafenbereich Süderhafen

Vorschläge für Schutzmaßnahmen
Touristische Einrichtungen:
▶ Erholungsgebiet Süderhafen: direkter
Hafenbereich und südlich angrenzender
Vorlandbereich in einer Breite von ca. 100
m bis zum Priel mit Erhalt des Status quo
▶ Rückbau des Drachenfestes und der
Ringreiterveranstaltungen in den Vor-
ländern am Süderhafen; Verlegung des
Drachenfestes in das Erholungsgebiet

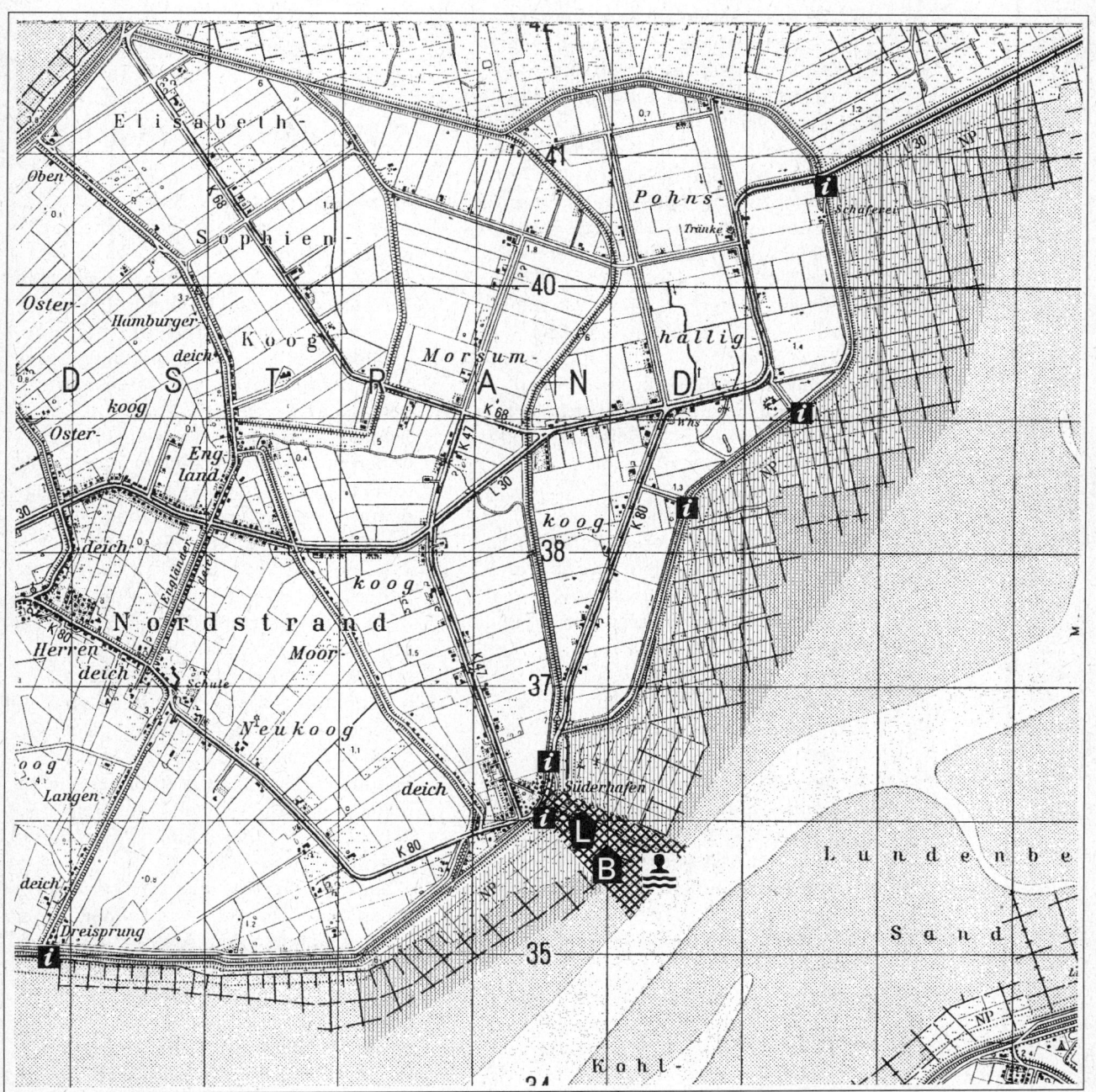

XI

457

Nordstrand West zwischen Strucklahnungshörn und Südende Beltringharder
Koog (siehe VN7) Ringreiterveranstaltungen müßten in geeignete Flächen des
Binnenlandes verlegt werden

Informationsangebot und Besucherlenkung:
► teilweise Sperrung des neuen
Treibselabfuhrweges für den Besucherverkehr: ganzjährige Sperrung des nordöstlichen Teiles des Treibselabfuhrweges vom
Nordstranddamm bis zum Baulagerplatz
des ALW; der südliche Teil des Weges
(Baulagerplatz bis Süderhafen) wird für
den Fußgänger- und Fahrradverkehr
geöffnet; unmittelbar am Weg erfolgt eine
Absperrung zum Vorland hin durch einen
niedrigen Leitzaun; der Deichverteidigungsweg ist auf voller Länge für
Spaziergänge und Fahrradfahren offen.
Diese Besucherlenkungsmaßnahme wird
von einer intensiven Informations- und
Öffentlichkeitsarbeit des betreuenden
Verbandes begleitet und zunächst für 4
Jahre getestet
► Beobachtungsstand am Süderhafen
► neues Angebot für Naturbeobachtung:
erhöhter Aussichtspunkt mit Informationsangebot (Infotafeln, Objekttafeln und
aktuelle Aushänge) im südlichen Hafen-
vorland: Blick ins südlich angrenzende
Brut- und Rastgebiet, in die Schobüller
Bucht und nach Eiderstedt hinüber
► 1 Lehrpfad:
am Süderhafen (bereits vorhanden)
der Lehrpfad sollte bei Bedarf auch in ein
Angebot spezieller Salzwiesenführungen
integriert werden
► 6 Infotafeln:
Dreisprung (siehe VN 7),
Kiosk Süderhafen (bereits vorhanden),
4 Infotafeln (eine an jeder Zufahrt zum
neuen Deich Pohnshalligkoog)
weisen auf die neue Wegeführung im
Bereich der Deichverstärkung
Pohnshalligkoog hin:
  Süderhafen Deich am Beginn des
  Treibselweges nach Norden (bereits
  vorhanden),
  am ALW-Baulagerplatz (Beginn der
  Sperrung des Treibselabfuhrweges),
  Zufahrt Straßenkurve (Mitte der Sper-
  rung des Treibselabfuhrweges) und
  am Nordstrander Damm (nördliche
  Zufahrt zum Gebiet)
► Eingangspfähle am Süderhafen (Nord-
und Südseite)

Räumliche Schutzmaßnahmen:
► ganzjährige Sperrung der Vorländer
südlich von Süderhafen und zwischen
Süderhafen und Nordstrander Damm als
Brut- und Rastgebiet; Grenze des Schutzgebietes am Treibselabfuhrweg. Die
Vorschläge (Gebiets- und Wegesper-
rungen sowie Standorte der Infotafeln)
entsprechen dem Kompromiß zwischen
Gemeinde Nordstrand, ALW, NPA und
betreuendem Verband im Konflikt um den
Treibselabfuhrweg Pohnshalligkoog vom
10.1.1996.

Landwirtschaft und küstenschutztechnische Nutzungen:
–

sonstige Nutzungen:
► Beendigung der Vorlandjagd mit Auslaufen der Pachtverträge im Jahre 1996

Vorfeldplanung (insbes. Verkehr):
–

Schobüller Bucht VN 9

Kurzcharakteristik und Bewertung
► Vorlandsalzwiese und natürliche Salzwiese in der inneren Schobüller Bucht
vom Nordstranddamm über Schobüll und
Porrenkoog bis zum Husumer Hafenpriel
► an der Festlandsküste einzigartiger
unbedeichter Küstenabschnitt mit natürlichem Übergang vom Wattenmeer auf die
Schobüller Geest; Salzwiesen vor
Schobüll langjährig unbeweidet und mit
hohen Strandasterbeständen, ausgepräg-
ter Schilfgürtel; Vorländer am Nordstranddamm und vor dem Porrenkoog und
Dockkoog anthropogen überformt
► als Rastgebiet für Brandente und
Säbelschnäbler von internationaler
Bedeutung; in den natürlichen Salzwiesen
brüten bedeutende Bestände des Rot-
schenkels in hoher Revierpaardichte
► touristisch intensiv genutztes Gebiet mit
einem ausgedehnten Campingplatz und
einer Badestelle in den Salzwiesen vor
Schobüll und der Husumer Badestelle an
der Dockkoogspitze; vielfältige Freizeitaktivitäten incl. Spaziergänge, Surfen und
Drachen
► bedingt durch die intensiven touristischen Aktivitäten auf relativ engem Raum
treten zahlreiche Konflikte mit Interessen
des Naturschutzes auf: in den Salzwiesen
vor Schobüll bewirken Personen erheblichen Vertritt der empfindlichen Vegetation
sowie Störungen und Gefährdungen der
versteckt brütenden Rotschenkel; die

Rastgebiete im Vorland vor Porren- und Dockkoog sind zahlreichen Störungen durch Spaziergänge in den Salzwiesen und Drachen am Deich ausgesetzt
▶ insgesamt ist eine verbesserte Lenkung der Gäste durch Ausweisung und Ausbau von Wegen, eine verstärkte Information sowie eine deutliche räumliche Abgrenzung der Freizeitaktivitäten von empfindsamen Naturräumen notwendig

Vorschläge für Schutzmaßnahmen
Touristische Einrichtungen:
▶ Erholungsgebiet Badestelle Schobüll mit Erhalt des Status quo: räumlich eng begrenzt auf die jetzige Badestelle; die Einstiegstelle für das Surfen bleibt erhalten; der Badesteg vor Halebüll (Teil des Lehrpfades) bleibt zugänglich
▶ Erholungsgebiet Dockkoogspitze mit Erhalt des Status quo; keine Bebauung
▶ für den Drachensport ist die Ausweisung eines Drachenfluggebietes auf dem Deich vor dem Dockkoog von der Badestelle bis zur Deichüberfahrt zum Porrenkoogdeich vorgesehen; auf dem Deich vor dem gesamten Porrenkoog und weiter nördlich entlang dem gesamten Gebiet ist Drachensteigenlassen verboten

Informationsangebot und Besucherlenkung:
▶ für das gesamte Gebiet ist ein Landschaftsplan mit umfassendem Wegekonzept erforderlich
▶ Wegeführung in Schobüll: bestehenden Weg entlang des Schilfes ausbauen (wetterfest machen durch Bohlen, bessere Kennzeichnung), der Stichweg vor der Reithalle nach Süden in die Salzwiese ist zu sperren, Wegemöglichkeiten unter Einbeziehung der Wege durch das Dorf deutlich als Rundwege kennzeichnen
▶ 1 Lehrpfad:
von der Badestelle Schobüll nach Halebüll (bereits vorhanden), Weg wetterfest ausbauen
▶ 2 Infopavillons:
am Hauptweg zur Badestelle Schobüll, Hauptdeichübergang zur Dockkoogspitze am Nordseehotel
▶ 2 Infotafeln:
am Campingplatz Dockkoog, Deichübergang Dockkoog/Porrenkoog (Ende des Erholungsgebietes, Beginn der Schutzgebietssperrungen – Hinweis auf Rastvögel)
▶ 2 Infokarten:
am Wattrand an der Badestelle Schobüll, am nördlichsten Zugang zum Gebiet (Ortsausgang Halebüll)
▶ Eingangspfähle an der Badestelle Schobüll, am Deichübergang Dockkoog/Porrenkoog, am Deichübergang Campingplatz und am Deichübergang Dockkoogspitze vor dem Nordseehotel

Räumliche Schutzmaßnahmen:
▶ ganzjährige Sperrung der Salzwiesen nördlich und südlich der Badestelle Schobüll als Brutgebiet und zum Schutz der empfindlichen Vegetation vor Vertritt (einmaliger Übergang Geesthang - Wattenmeer)
▶ ganzjährige Sperrung des Porrenkoog-Vorlandes nördlich der Deichüberfahrt als Rastgebiet für Vögel

Landwirtschaft und küstenschutztechnische Nutzungen:
▶ Verbot der Schilfmahd im gesamten Gebiet

sonstige Nutzungen:
–

Vorfeldplanung (insbes. Verkehr):
–

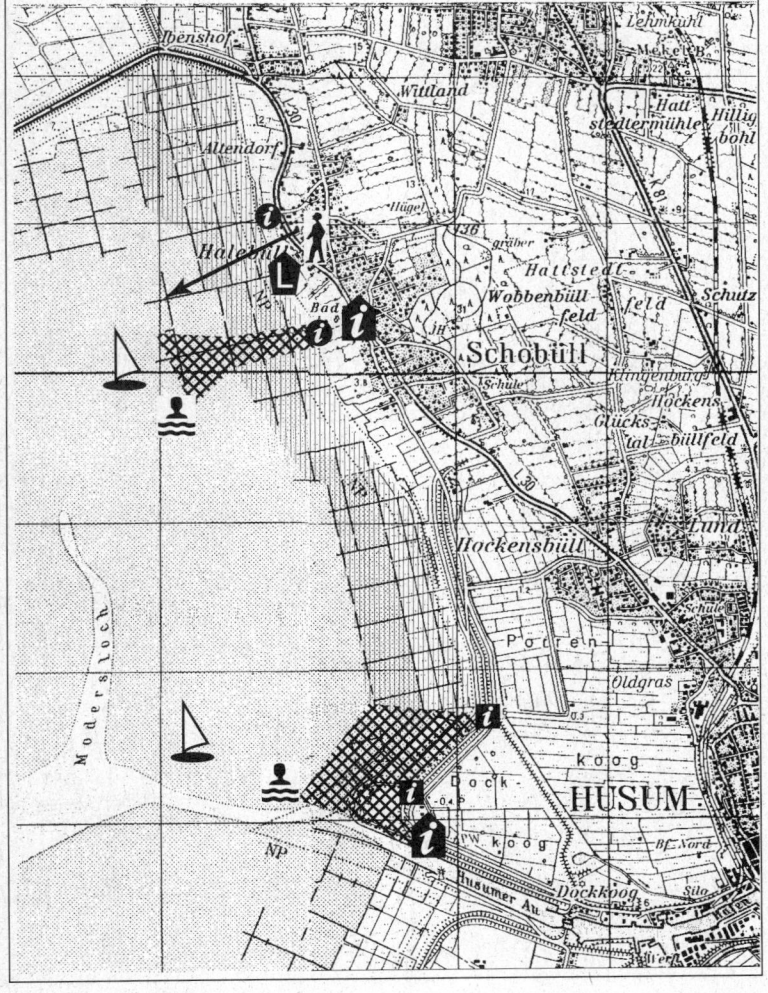

Husum - Simonsberg
VE 11+12

Kurzcharakteristik und Bewertung
▶ anthropogen überformte Vorlandsalzwiese zwischen Husumer Hafenpriel über
Lundenbergsand bis Sielauslauf Wester-
spätinge
▶ im nordöstlichen Teil als Deponiegebiet
für den Husumer Hafenschlick genutzt und
daher durch ständige Bau- und Spül-
tätigkeiten stark beeinträchtigt; in weiten
Teilen intensiv beweidet
▶ internationale Bedeutung als Rastgebiet
für Vögel, auch die angrenzenden Speicherbecken sind wichtige (Ausweich-)
Rastplätze
▶ intensive touristische Nutzung der
ländlichen Badestelle Lundenbergsand,
insbesondere als Naherholungsgebiet der
Husumer Einwohner und Einwohnerinnen;
Aktivitäten weiten sich im Hochsommer
auch auf die westlich angrenzenden
ornithologisch wichtigen Salzwiesen-
gebiete aus und führen dort zu Konflikten
mit Naturschutzansprüchen (Störungen
der Vögel); eine deutliche räumliche
Abgrenzung der Freizeitaktivitäten von

den Brut- und Rastgebieten ist daher
wünschenswert

Vorschläge für Schutzmaßnahmen
Touristische Einrichtungen:
▶ Erholungsgebiet am Lundenbergsand
mit der Möglichkeit zur Angebotserweiterung: Baden, Surfen sowie Ausweisen einer Drachenflugstrecke am
Deich; Grenzen des Erholungsgebietes:
von der ALW-Hütte bei der Zufahrt Fink-
haushallig (Deichbogen) im Osten über
den Sielauslauf und die eigentliche
Badestelle bis zum Zaun vor Lundenbergsand westlich des Campingplatzes
(Gesamtdeichstrecke ca. 2 km)

Informationsangebot und Besucherlenkung:
▶ 2 ausgewiesene Zugänge führen an die
Vorlandkante und zu Watt und Wasser
(ZWW):
Trampelpfad am westlichen Ende des
Erholungsgebietes am Zaun entlang,
großer Schafdamm vor Simonsberg
(„wilde" Badestelle dort kann bestehen
bleiben, aber keine Ausweisung oder
Schaffung von Infrastruktur)
▶ Übergangspunkte kennzeichnen die
beiden ZWW

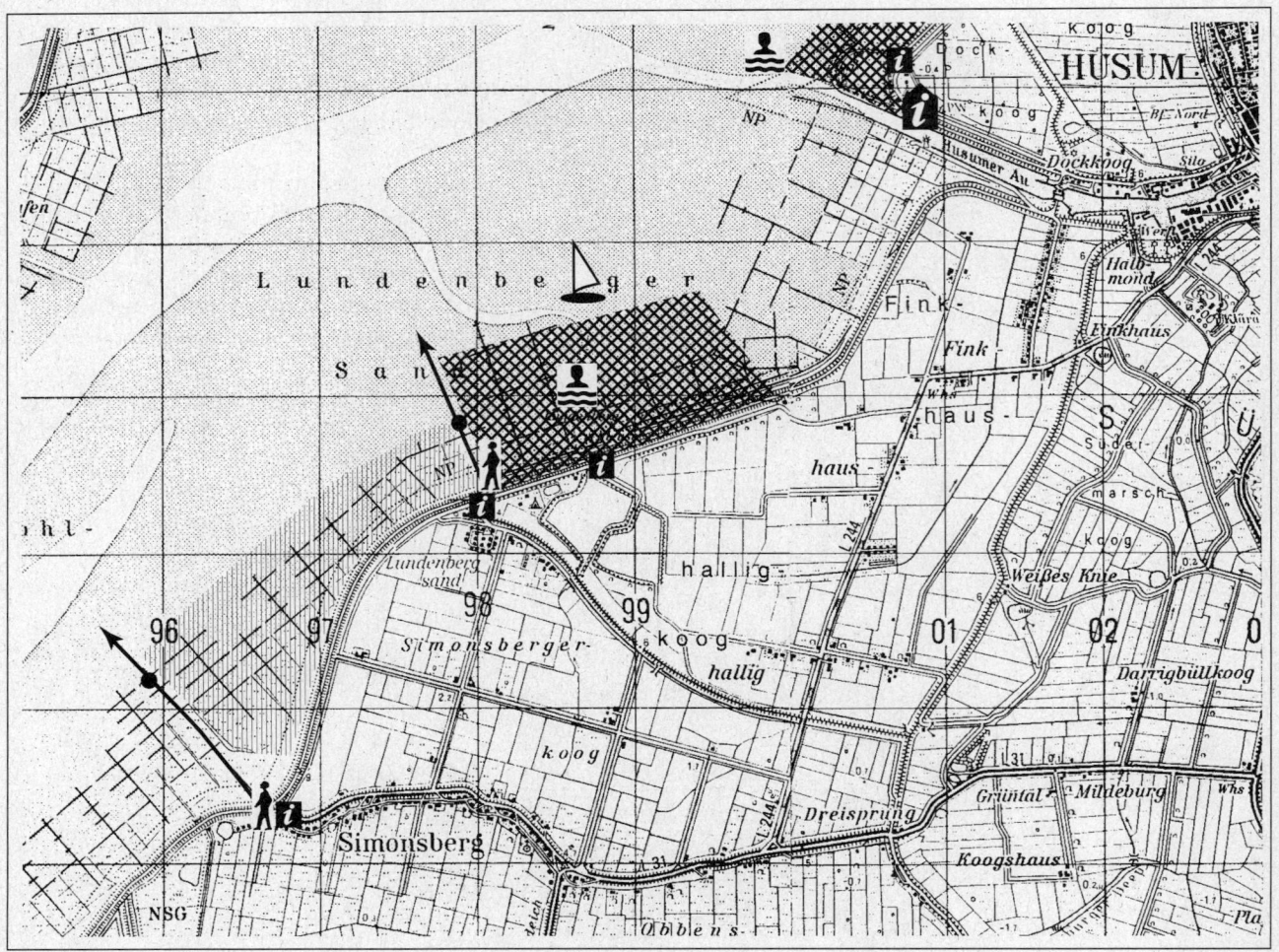

► 3 Infotafeln:
am Sielhaus Lundenbergsand (= Zentrum
des Erholungsgebietes),
am östlichen Beginn der Gebietssperrung
(Zaun) und
am ZWW Simonsberg
► Eingangspfähle an der Badestelle
Lundenbergsand und an den beiden ZWW
Räumliche Schutzmaßnahmen:
► Vorland Simonsberger Koog (VE 12)
vom Zaun Badestelle Lundenbergsand
südwestlich bis Priel im Baggerloch vor
Simonsberg ganzjährige Sperrung als
Brut- und Rastgebiet

Landwirtschaft und küstenschutztechnische Nutzungen:
–

sonstige Nutzungen:
► die Deponierung des Hafenschlickes
beeinträchtigt die Ausprägung einer
Vorlandsalzwiese erheblich und sollte
daher aus dem Nationalpark hinaus
verlagert werden
Vorfeldplanung (insbes. Verkehr):
► angrenzende Speicherbecken Lundenbergsand: im vorderen Speicherbecken
(FE 11) nur im Hochsommer Baden und
Surfen tolerieren, hinteres Becken (FE 12)
für Rastvögel „reservieren"; in allen
anderen Jahreszeiten sollten beim wasserwirtschaftlichen Management die Bedürfnisse der Rastvögel berücksichtigt werden

Uelvesbüller und Jordflether Koog Vorland VE 13

Kurzcharakteristik und Bewertung
► anthropogen geformte Vorlandsalzwiese
vor dem Uelvesbüller und Jordflether
Koog, im Westteil breite Lahnungsfelder
► internationale Bedeutung der Vorländer
für Rastvögel; binnendeichs angrenzend
liegen zwei Feuchtgebiete mit ebenfalls
hoher Bedeutung für die Vogelwelt
(Westerspätinge v.a. für Brutvögel,
Tetenbüllspieker internationale Bedeutung
für Rastvögel)
► touristische Nutzung in der Fläche
relativ gering, beschränkt sich bisher auf
den unmittelbaren Hafenbereich am
Everschopsiel; eine Ausdehnung der
Freizeitaktivitäten ist zu vermeiden

Vorschläge für Schutzmaßnahmen
Touristische Einrichtungen:
► Erholungsgebiet im Hafenbereich mit
Erhalt des Status quo der touristischen
Nutzung (v.a. als Badestelle) in der heuti-
gen räumlichen Begrenzung (Gebiete
direkt östlich des Hafenpriels bis zum
Zaun auf dem Deich)

Informationsangebot und Besucherlenkung:
► 1 Zugang zur Vorlandkante und zu Watt
und Wasser (ZWW) vor der Hauptzufahrt-
straße durch den Uelvesbüller Koog
► 1 Infotafel:
auf der Teerüberfahrt am Hafen
Tetenbüllspieker mit Schwerpunkt Rastvögel
► 2 Infokarten:
am ZWW Uelvesbüller Koog,
an der ersten Zufahrt von
Norderfriedrichskoog
► Eingangspfähle am ZWW Uelvesbüller
Koog und am Hafen Tetenbüllspieker

Räumliche Schutzmaßnahmen:
–

Landwirtschaft und küstenschutztechnische Nutzungen:
–

sonstige Nutzungen:
–

Vorfeldplanung (insbes. Verkehr):
► beim wasserwirtschaftlichen Management im Tetenbüllspieker sollten die
Bedürfnisse der Rastvögel berücksichtigt
werden
► generelles Surfverbot im Speicherbecken Tetenbüllspieker

XI

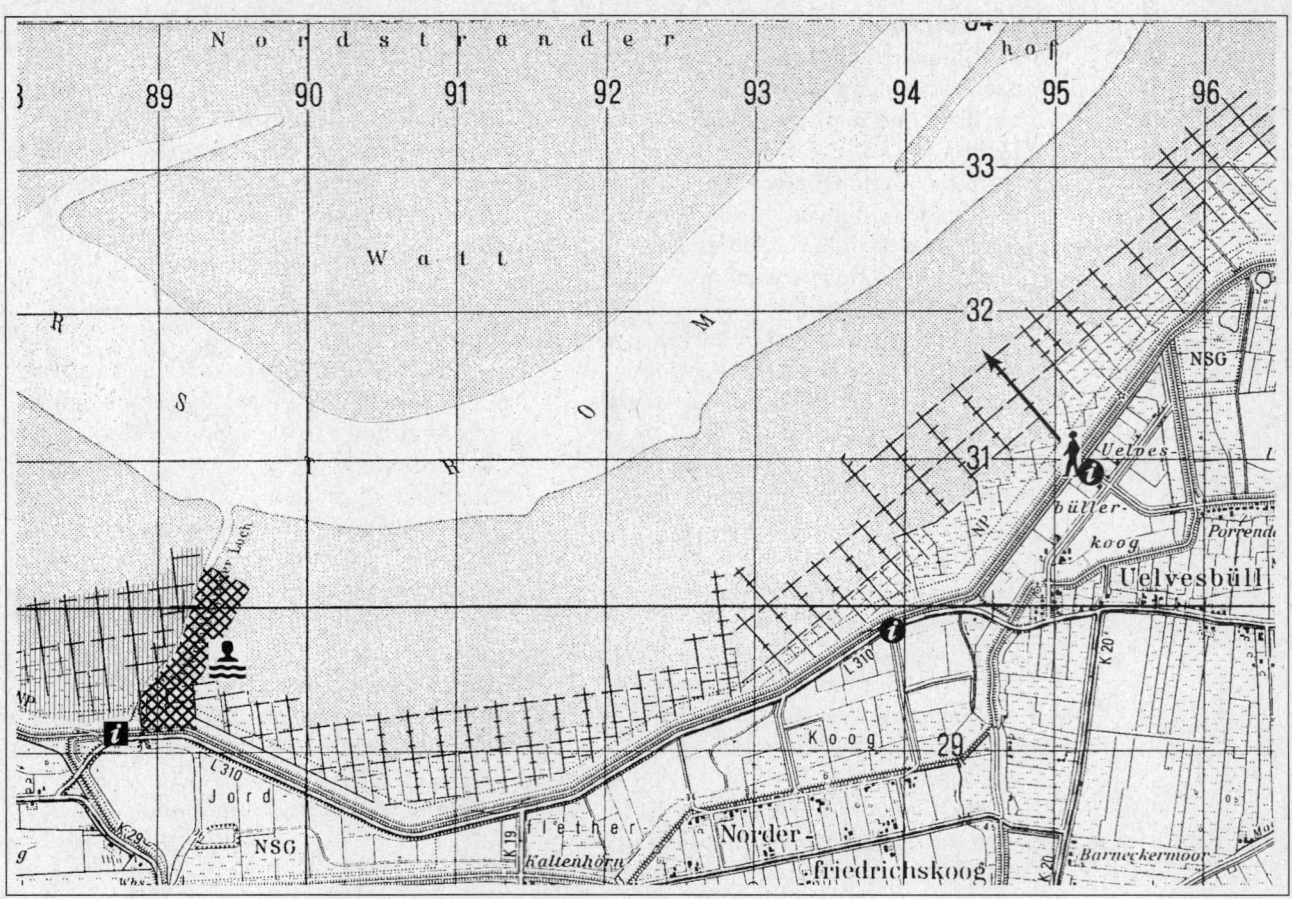

Norderheverkoog-Vorland
VE 2

Kurzcharakteristik und Bewertung
▶ Vorlandsalzwiese vor dem Norderhever-koog von Everschopsiel bis Schanze Westerhever
▶ relativ junges Vorland, daher tief gelegen, seit 1993 die deichfernen Bereiche ohne Beweidung, Vegetation erst auf Andel-Niveau angewachsen, einige Baggerlöcher mit größeren Spartina-Beständen
▶ internationale Bedeutung für zahlreiche Rastvogelarten, für die langfristige Untersuchung von Rastvogelpopulationen besonders wichtig und geeignet, da in dem Gebiet die weitaus meisten arktischen Limikolen seit 1979 im schleswig-holsteinischen Wattenmeer gefangen und beringt wurden, langfristige Fortführung von Kontrollfängen im Rahmen des Rastvogel-Monitorings geplant
▶ touristische Nutzung bisher gering, Freizeitaktivitäten beschränken sich auf den direkten Hafenbereich Everschopsiel sowie auf die westlichsten Lahnungsfelder und Vorländer vor Westerhever; in den zentralen Teilen vergleichsweise ungestört, auch dies fördert die Eignung als (Vergleichs-)Forschungsgebiet ornithologischer Untersuchungen

Vorschläge für Schutzmaßnahmen
Touristische Einrichtungen:
▶ Erholungsgebiet im Hafenbereich mit Erhalt des Status quo der touristischen Nutzung (v.a. als Badestelle) in der heutigen räumlichen Begrenzung (Gebiete direkt östlich des Hafenpriels bis zum Zaun auf dem Deich, vergl. VE 13)
▶ Rückbau des „wilden" Campingplatzes am Tetenbüllspieker

Informationsangebot und Besucherlenkung:
▶ 3 Zugänge zur Vorlandkante und zu Watt und Wasser (ZWW):
östliche Deichüberfahrt Norderheverkoog, westliche Deichüberfahrt und Norderheverkoog am Schäfereiweg an der Schanze Westerhever:
Badestelle Kamphörn kann bestehen bleiben, aber keine Schaffung von Infrastruktur
▶ 1 Infotafel:
auf der Teerüberfahrt am Hafen Tetenbüllspieker mit Schwerpunkt Rastvögel

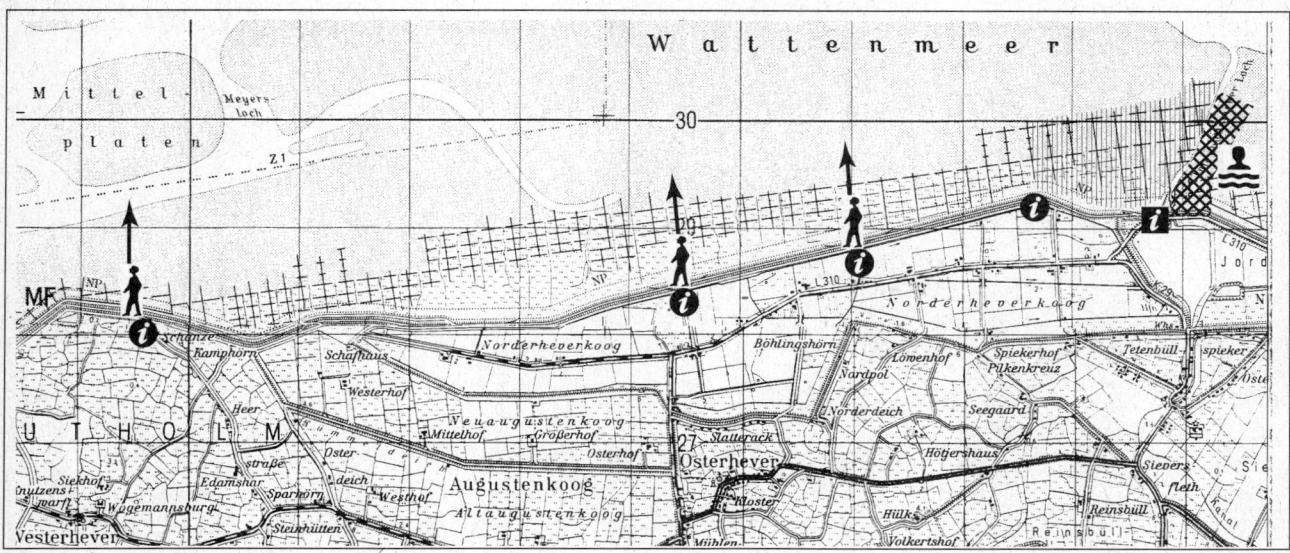

▶ 4 Infokarten:
am westlichen Ende der Schutzgebietssperrung (Aufgang am Deich)
   an den ZWW:
   östliche Deichüberfahrt,
   Schäferei und
   Schanze Westerhever
▶ Eingangspfähle am Hafen
Tetenbüllspieker und an den drei Zugängen

Räumliche Schutzmaßnahmen:
▶ Vorländer westlich des Hafens bis zum
Zaun westlich der ersten Zufahrt im
Norderheverkoog ganzjährig als Brut- u.
Rastgebiet sperren

Landwirtschaft und küstenschutztechnische Nutzungen:
–

sonstige Nutzungen:
–

Vorfeldplanung (insbes. Verkehr):
▶ beim wasserwirtschaftlichen Management im Tetenbüllspieker sollten die
Bedürfnisse der Rastvögel berücksichtigt
werden
▶ generelles Surfverbot im Speicherbecken Tetenbüllspieker

Westerhever VE 3

Kurzcharakteristik und Bewertung
▶ Westerhever Vorland und Sandbank mit
dem Leuchtturm Westerheversand;
▶ großflächige Vorlandsalzwiese (im
südlichen Teil Zone 1) mit vorgelagerter
Sandbank und ausgedehnten Wattflächen,
große Teile im Süden seit 1991 ohne
Beweidung, so daß sich hier bereits
wieder eine artenreiche und hoch-
wachsende Salzwiesenflora einstellen
konnte
▶ internationale Bedeutung für zahlreiche
Rastvogelarten sowie für besonders
gefährdete Brutvogelarten seltener
Strandlebensräume
▶ intensive touristische Nutzung, insbesondere als Tagesausflugsziel, aufgrund
der herausragenden Attraktivität des
Westerhever Leuchtturms; wegen der
vorbildlichen Betreuung durch die Schutzstation Wattenmeer vor Ort treten trotz
der vielfachen Freizeitaktivitäten nur
relativ wenige Störungen durch Personen
auf, so daß das erhebliche Konfliktpotential z. Z. gut entschärft wird
▶ allerdings ist das Gebiet häufigen und
teilweise extremen Störungen durch zivile
und militärische Tiefflieger, u.a. Hubschrauber, ausgesetzt

Vorschläge für Schutzmaßnahmen
Touristische Einrichtungen:
▶ Erholungsgebiet im Strandbereich auf
der Sandbank mit Erhalt des Status quo
bezüglich der Nutzungen, d.h. Badestelle
ohne Infrastruktur
▶ Ausweisung der Badestelle vor
Stufhusen als räumlich begrenztes Erho-
lungsgebiet mit Erhalt des Status quo der
Nutzungen, keine Schaffung von Infra-

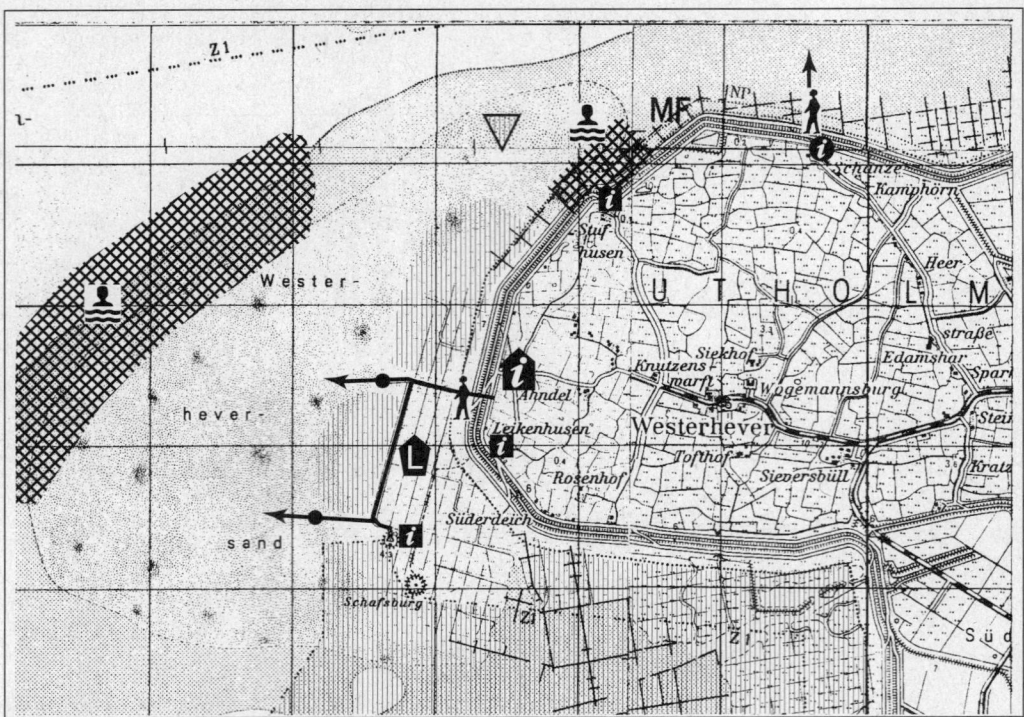

struktur, Ausdehnung: vier Lahnungsfelder vom Südende der Deichüberfahrt
nach Norden
► im gesamten Gebiet keine Drachen, kein
Surfen oder neue bauliche Einrichtungen
► weitestgehende Reduzierung des PKW-
Verkehrs zum Leuchtturm; An- und Abreise der Gruppen am Leuchtturm (Gepäck-
transport) auf Antrag mit dem PKW
möglich; übrige Transporte mit Boller-
wagen; keine Kutschfahrten

Informationsangebot und Besucherlenkung:
► Wegesystem beibehalten, z.T. ausbauen:
Hauptweg zum Leuchtturm, ins Vorland,
auf die Sandbank und zu Watt und Wasser
(ZWW),
Weg vom Leuchtturm zum Watt ggf.
ausbauen (Holzsteg), um weitere Vertrittschäden an der Salzwiese zu verhindern,
Ausweisung als Zugang vom Vorland zum
Watt (ZWW), damit wird die Möglichkeit
einer Rundwanderung über die Sandbank
und durch das Vorland verbessert,
Kennzeichnung der beiden ZWW mit
Übergangspunkten am Rande der Salzwiese,
der denkmalgeschützte Klinkerweg vom
Leuchtturm nach Osten soll in seinem
jetzigen Zustand erhalten bleiben, ein
Betreten ist - wie bisher - nur außerhalb
der Brut- und Gänsesaison als Stichweg
vom Leuchtturm aus erlaubt, der Weg
kann nicht als Zugang zum Deich genutzt
werden (keine Instandsetzung der
Brücken, keine generelle Öffnung des
Weges)

► Rückbau des Plattenweges (= deichnahe
Verlängerung des Klinkerweges) zwischen
eingestürzter Brücke und Deich
► Info-Pavillon am Parkplatz Ahndel
(bereits vorhanden)
► 2 Infotafeln:
am Parkplatz Stufhusen und
am Parkplatz Leikenhusen
► aktuelle Aushänge im Schaukasten der
Schutzstation Wattenmeer an der
Leuchtturmwarft (bereits vorhanden)
► Lehrpfad am Hauptwanderweg zum
Leuchtturm (bereits vorhanden)
► Eingangspfähle am Deichübergang
Ahndel und an der Badestelle Stufhusen

Räumliche Schutzmaßnahmen:
► ganzjährige Sperrung der bestehenden
Brut- und Rastgebiete incl. der jetzigen
Zone 1
► bei Ansiedlung störungsempfindlicher
Brutvögel auf der Nordspitze der Sandbank ist kurzfristig die Ausweisung einer
flexiblen Schutzzone in Absprache zwischen dem NPA, der Gemeinde und dem
betreuenden Verband möglich (flexible
Brutzeitsperrung)

Landwirtschaft und küstenschutztechnische Nutzungen:
► Westerhever ist ein wichtiges „Tor zum
Nationalpark"; es wäre daher sinnvoll,
den Gästen gleich am „Eingang" das
Nationalparkziel „unbeweidete Salzwiesen" verdeutlichen zu können; aufgrund der Beweidung der dortigen Sodenflächen überwiegt für den Gast aber
zunächst der Eindruck eines monotonen

„Golfrasens"; eine Verlagerung der Sodenflächen am Hauptweg im Tausch gegen andere Vorlandbereiche wäre wünschenswert, erscheint aber z.Z. nicht machbar

sonstige Nutzungen:
► die behördliche Wasserproben-entnahme zur Überwachung der Bade-wasserqualität (Algenfrüherkennungs-system des MNU) sollte entweder ohne PKW durchgeführt werden (bislang im Sommer 14tägige Fahrt auf die Sandbank) oder an einer anderen nahegelegenen Entnahmestelle (Stufhusen)
► Reduzierung der Überflüge insbesondere privater Sportfliegerei und gewerblicher Hubschrauber

Vorfeldplanung (insbes. Verkehr):
► eine Kapazitätsbegrenzung der Parkplätze ist zu diskutieren (bei weiter steigender Attraktivität und Nutzung des Gebietes)

Tümlauer Bucht VE 4

Kurzcharakteristik und Bewertung
► Vorlandsalzwiese in der Tümlauer Bucht, die ein komplettes Wattstromein-zugsgebiet umfaßt; sie ist die einzige größere, nicht eingedeichte Wattenmeer-bucht in Nordfriesland
► vielfältige Struktur der Vegetation durch unterschiedlich lange Beweidungsfreiheit; Salzwiesen und Wattflächen allerdings im zentralen Teil durch Lahnungsbau und Küstenschutzmaßnahmen stark anthropogen überformt
► internationale Bedeutung für zahlreiche Rastvogelarten, insbesondere herausragend für Nonnengänse
► touristische Nutzung vorwiegend durch Spaziergänge am Deich, in den zentralen Salzwiesengebieten gering, allerdings führt die Zufahrt zum Sportboothafen quer durch die Zone 1, wodurch die großräumige Ungestörtheit beeinträchtigt wird; durch den Bau neuer Deichwege im Zuge der Deichverstärkung wird die Zugänglichkeit des Gebietes verbessert, so daß mit einer erheblichen Zunahme der Belastungen durch Freizeitaktivitäten zu rechnen ist; als Ausgleich wird eine zeitweise oder teilweise Sperrung des

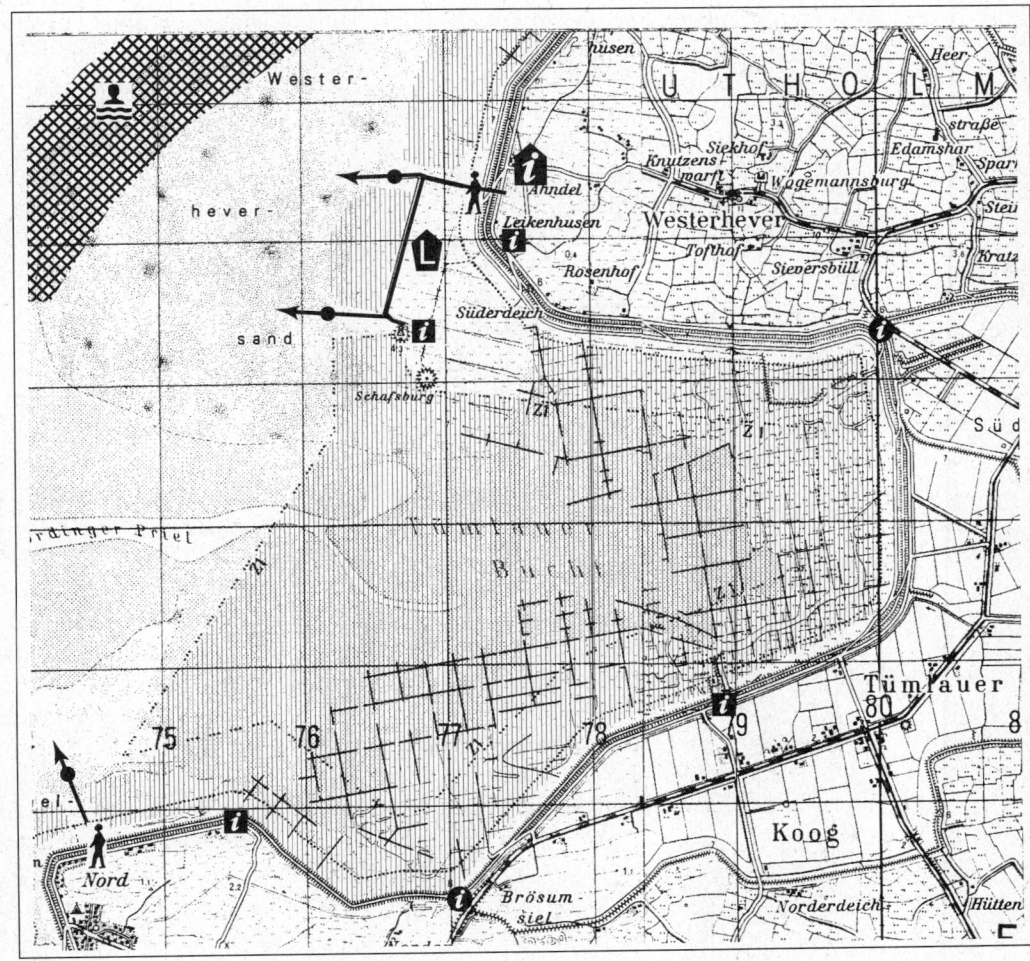

Treibselabfuhrweges und eine Lenkung der Gäste über Wege binnendeichs empfohlen

Vorschläge für Schutzmaßnahmen
Touristische Einrichtungen:
▶ durch den Sportboothafen Tümlauer Bucht und seine Zufahrt durch die Zone 1 werden Nutzungen und zusätzliche Störungen in das Gebiet hineingetragen; allerdings erscheint eine Änderung der Situation derzeit nicht durchsetzbar

Informationsangebot und Besucherlenkung:
▶ ganzjährige Sperrung des neuen Treibselabfuhrweges zwischen Deichüberfahrt Grudeweg und Brösumsiel für Spaziergänge und Radfahren und Lenkung der Gäste über den binnendeichs gelegenen Deichverteidigungsweg mit Hilfe von Zäunen, Richtungsschildern und zusätzlichen Informationsangeboten. Die Vorschläge zur Besucherlenkung und -information am neuen Treibselabfuhrweg entsprechen dem Ergebnis des Gespräches vom 9.2.1996 zwischen Gemeinde St. Peter-Ording, Amt Eiderstedt, DSHV Eiderstedt, ALW, NPA, UNB und dem betreuendem Verband im ALW Husum
▶ 2 Infotafeln:
am Hafen und
am westlichen Beginn der Treibselabfuhrweg-Sperrung
▶ 2 Infokarten:
Deichüberfahrt nördlich Schöpfwerk Süderheverkoog und
am Brösumsiel (östlicher Beginn der Treibselabfuhrweg-Sperrung)
▶ Eingangspfähle am Hafen

Räumliche Schutzmaßnahmen:
▶ ganzjährige Sperrung der Salzwiesen und inneren Wattflächen als Brut- und Rastgebiet
▶ ganzjährige Sperrung der Dünen im westlichen Teil der Tümlauer Bucht im Übergang zu VE 51 (St. Peter-Ording), s. dort

Landwirtschaft und küstenschutztechnische Nutzungen:
▶ Die Zusammenlegung der Entwässerungssysteme im Hinterland der Tümlauer Bucht ist mit dem Ziel zu prüfen, langfristig den Lahnungsbau im Bereich des Außentiefs durch die Umstellung auf ein Schöpfwerk entbehrlich zu machen

sonstige Nutzungen:
–

Vorfeldplanung (insbes. Verkehr):
▶ Beobachtungsstände in der bepflanzten Verwallung am Deichverteidigungsweg an den Brösumer Spätingen

St. Peter Vorland und Sand VE 5

Kurzcharakteristik und Bewertung
▶ Vorländer, Sandbänke und Wattflächen vor der Westküste Eiderstedts
▶ Sandsalzwiese mit Übergang zur Vorlandsalzwiese, Sandbänke, Nehrungen und Primärdünen; dieser Salzwiesentyp mit natürlicher Genese und Entwicklung ist einzigartig am Festland
▶ internationale Bedeutung für extrem bedrohte und seltene Brutvogelarten (größte Kolonie des Seeregenpfeifers im natürlichen Habitat in Nordwest-Europa, Zwergseeschwalbe, Alpenstrandläufer), auch für Rastvögel internationale Bedeutung, insbesondere der Sände für den Sanderling
▶ extreme touristische Nutzung mit allen möglichen Freizeitaktivitäten, gleichzeitig ausgeprägte wirtschaftliche Abhängigkeit der Kommunen vom Tourismus; Konflikte treten insbesondere in den Strandhabitaten auf, die selten sind und von Gästen wie Flora und Fauna gleichermaßen beansprucht werden (Primärdünen, Strandwälle, Nehrungshaken); zur Lösung der Konflikte ist aufgrund der großen Dynamik der Lebensräume eine flexible Anpassung der Schutzinstrumente notwendig

Vorschläge für Schutzmaßnahmen
Touristische Einrichtungen:
▶ die Badegebiete auf der Sandbank vor St. Peter werden als Erholungsgebiete mit der Möglichkeit zur Angebotserweiterung ausgewiesen; Nutzungserweiterungen auf dem Strand und im Wasser sind im Rahmen des Landesnaturschutzgesetzes und bestehender Verordnungen möglich; motorgetriebene oder -unterstützte Sportarten sind nicht zulässig
▶ die Erholungsnutzung auf den Sänden außerhalb der Badegebiete soll im Status quo erhalten bleiben; Freizeitaktivitäten sollten räumlich nicht über den bisher genutzten Bereich ausgedehnt werden, vor allem nicht am Nord- und Südende

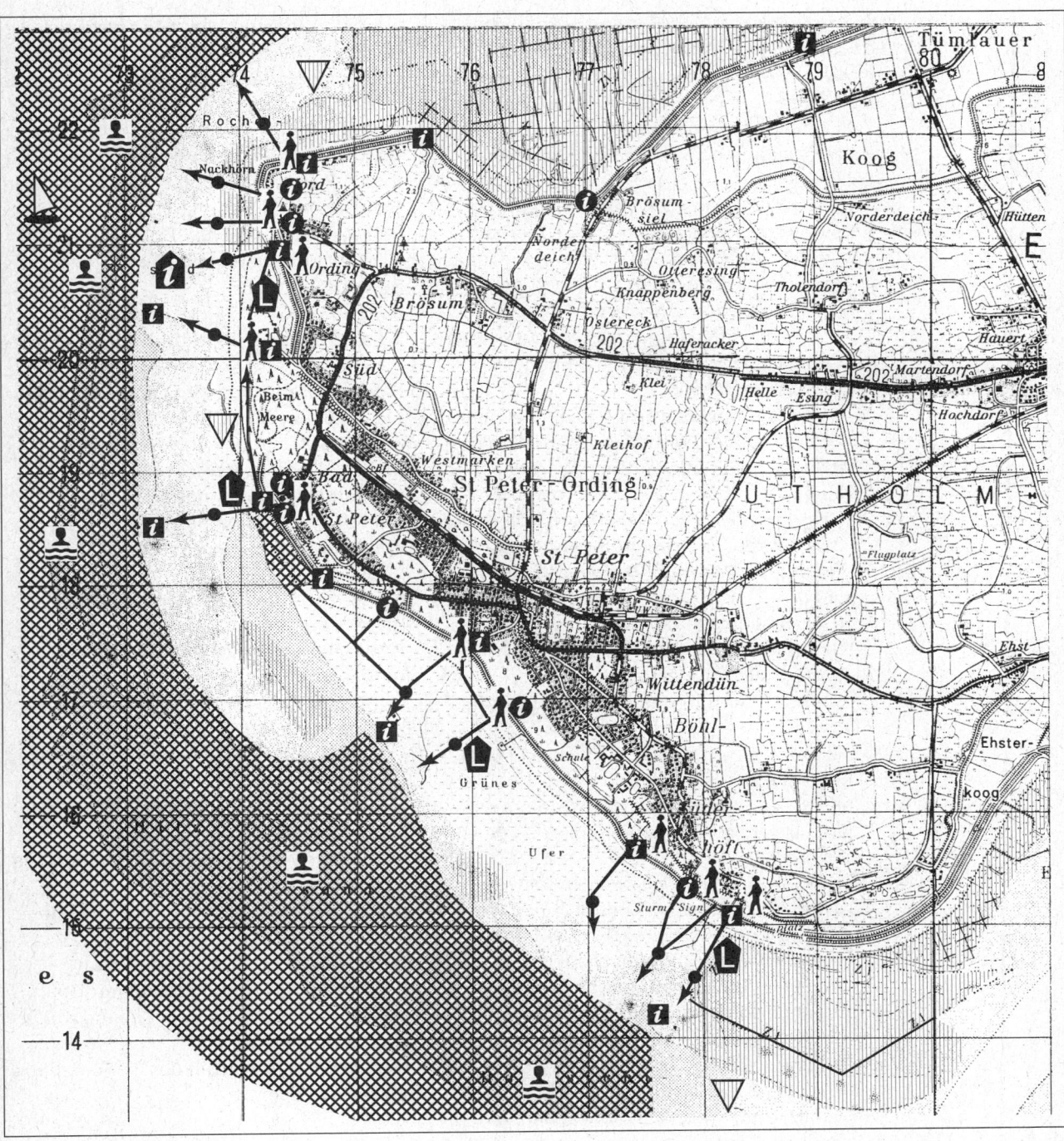

der Sandbank (Übergang in die Tümlauer Bucht bzw. auf die Böhler Nehrung)

▶ Erhalt des Status quo der baulichen Substanz auf dem Strand; langfristig ist die Zusammenlegung der Pfahlbauten an jeder Badestelle anzustreben; außer Brücken, Stegen und Bohlenwegen, die im Rahmen des Besucherlenkungskonzeptes vorgeschlagen werden, sind keine neuen Bauten am Strand und in den Salzwiesen zu errichten

▶ Ausweisung eines Erholungsgebietes mit Erhalt des Status quo in den Salzwiesen und Dünen direkt vor dem Ortsteil Bad südlich angrenzend an die Buhne bis zum Sielauslauf vor der Nordsee Reha-Klinik; in diesem Gebiet ist freies Lagern und Spazierengehen erlaubt; die Abgren-

zung zur Salzwiese wird vor Ort festgelegt

Informationsangebot und Besucher-lenkung:

Die Gemeinde St. Peter-Ording läßt z.Zt. ein umfassendes Besucherlenkungs-konzept für die Salzwiesen, Dünen und Heideflächen erarbeiten; für die Außen-deichsbereiche wurde das folgende Wegekonzept in den Salzwiesen, die Zugänge zum Strandbereich sowie die Lage der Informationseinrichtungen in Zusammenarbeit mit diesem Besucher-lenkungskonzept entwickelt.

Grundsätze des Wegekonzepts:

▶ der Deich soll grundsätzlich als Weg ausgewiesen und in das Wegekonzept integriert werden (Rundwegemöglichkeiten unter Einbeziehung des Deiches)

► insgesamt 12 Zugänge (+ 1 Reitweg) führen vom Ort durch die Salzwiesen und Dünen zum Strandbereich und den Badestellen bzw. zu Watt und Wasser (ZWW)

► diese Zugänge (ZWW) werden grundsätzlich am seeseitigen Ende (Übergang vom Strand in die Salzwiesen oder Dünen) mit einem großen blauen „Übergangspunkt" gekennzeichnet und - mindestens - am landseitigen Zugang mit Informationstafel oder -karte (s.u.) und Eingangspfählen versehen

► darüber hinaus werden folgende weitere Wege in den Salzwiesen offiziell ausgewiesen, die Rundwanderungen ermöglichen:
Salzwiesenweg vom Übergang Köhlbrand nach Norden bis zur Ordinger Strandzufahrt, gleichzeitig Ausbau als Lehrpfad (s.u.),
Salzwiesenweg Köhlbrand,
Badbuhne,
Wege im Erholungsgebiet Salzwiese vor dem Badzentrum (hier auch Trampelpfade frei),
Rundweg im Vorland zwischen Bad (Siel Nordsee Reha-Klinik) und Zufahrt Badestelle Süd mit abzweigendem Bohlenweg zum Deich vor der Reha-Klinik „Goldener Schlüssel"

► die Wege in den Salzwiesen und die ZWW werden - wo erforderlich - ausgebaut (Lehmkies, Bohlen, Brücken über Priele etc.), u.a. um Trittschäden der Vegetation zu vermeiden, größere Strandzugänge sollen auch für das Radfahren, für Kinderwagen und Rollstühle etc. nutzbar sein (Bau breiter Stege)

► für die Salzwiesen besteht grundsätzlich kein Betretungsverbot (abgesehen von ausgewiesenen Schutzgebieten, s.u.), aber ein Wegegebot; „wilde" Trampelpfade abseits der ausgewiesenen Wege (häufig Parallelwege) werden gesperrt bzw. unkenntlich gemacht, damit die Gäste mittelfristig ausschließlich auf die ausgewiesenen Wege konzentriert werden können

► die Besucherlenkung erfolgt z.T. mit Hilfe wegbegleitender Abgrenzungen, insbesondere dort, wo ein Abweichen vom Weg attraktiv ist und zu größeren Störungen oder Schäden führen könnte

► Lehrpfade:
Ording: Salzwiesenweg zwischen Übergang Köhlbrand und Zufahrt Ordinger Strand, als Rundweg möglich mit ergänzenden Objekttafeln auf dem Deich; Befestigung des Weges z. B. mit Lehmkies, im nördlichen Teil auch wegbegleitende Abgrenzung (Pfähle) notwendig
Bad: entlang der Badbrücke zur Badestelle
Dorf: entlang des Fußweges zur Badestelle Süd
Böhl: an dem Plattenweg zum Strand und an der Brutzeitsperrung entlang (Tafeln zu Sandsalzwiesenvegetation, Trockenrasen und den empfindlichen Brutvogelarten)

► Infotafeln: insgesamt 12 an folgenden Standorten:
neuer Steg bei Hungerhamm/Ording,
Zufahrt Ordinger Strand,
Strandübergang Köhlbrand/Ording,
Pfahlbau-Restaurant am Ordinger Strand,
Kurkartenhäuschen Beginn Badbrücke,
Pfahlbau-Restaurant Badestrand Bad,
Siel vor Nordsee Reha Kurklinik/Bad (Schnittpunkt der Vorlandwege),
Zufahrt zum Südstrand,
Pfahlbau-Restaurant Badestelle Süd,
Böhler Leuchtturm,
Kassenhäuschen Strandzugang Böhl (bereits vorhanden) und
Pfahlbau-Restaurant Badestelle Böhl

► Infokarten:
insgesamt 7 an folgenden Standorten:
Strandzugang Nackhörn/Ording,
Strandzugang Campingplatz Norderdeich/ Ording,
am nördlichen Übergang Kurpromenade - Buhne/Bad (bereits vorhanden),
am südlichen Übergang Kurpromenade - Buhne (am Musikpavillon),
Vorlandzugang vor Reha-Klinik „Goldener Schlüssel"/Bad,
Beginn Fußweg zum Südstrand und Strandzugang vom Campingplatz Böhl

► Infopavillon am Ende der neuen Brücke zum Ordinger Strand

► Informationszentrum des Nationalparks im Ortsbereich

Räumliche Schutzmaßnahmen:
► ganzjährige Sperrung der Dünen nördlich der Strandzufahrt Ording mit Ausnahme der ausgewiesenen Wege (drei Zugänge im Abstand von 250 - 400 m bleiben frei); Grund der Sperrung: Dünenschutz (Flugsandproblematik, Vertritt der Dünenvegetation) und empfindliche Brutvögel; die landseitige Grenze des gesperrten Gebietes verläuft östlich des Zugangs Hungerhamm am deichparallelen Entwässerungsgraben, südwestlich vom Übergang am Fuß des Asphaltdeiches, die seeseitige Grenze verläuft 50 - 80 m vom äußeren Rand der Dünen entfernt

► ganzjährige Sperrung Südteil des vorgelagerten Salzwiesenhakens als wichtigstes Brut- und Rastgebiet vor dem Zentrum des Ortes

► Brutgebietssperrung (1.4. - 31.7.) eines kleinen Teiles der Salzwiesenkante/ Übergang Salzwiese - Sandbank) zwischen Dorf und Böhl (Brutgebiet u.a. der letzten Alpenstrandläufer)
► ganzjährige Sperrung der jetzigen Zone 1 Böhl als Brut- und Rastgebiet
► Brutzeitsperrung (1.4. - 31.7.) „Seeregenpfeifer-Brutgebiet" vor Böhl
► kurzfristige Ausweisung flexibler Schutzzonen bei Ansiedlung von Brutvögeln (wie 1995 auf der neuen Sandbank vor Böhl) in Absprache zwischen Gemeinde, NPA und betreuendem Verband ist möglich

Landwirtschaft und küstenschutztechnische Nutzungen:
► Beweidungsaufgabe in der Salzwiese
► Rückbau des Rinderpferches im Vorland vor dem Böhler Leuchtturm
► Aufgabe der Entwässerung der Salzwiesen, soweit sie für landwirtschaftliche Zwecke erfolgt ; Ziel ist eine natürliche Wasserführung und Prielausprägung

sonstige Nutzungen:
► Einstellung der Jagd im Vorland mit Auslaufen des Pachtvertrages 1999
► kompletter Rückbau des (Tontauben-) Schießstandes im Vorland vor Dorf (Rückbau der baulichen Anlage und der Wege);
► Abbau des Hochstandes im Vorland vor der Reithalle/Dorf

Vorfeldplanung (insbes. Verkehr):
► an drei von vier Strandabschnitten (Böhl, Süd, Ording) ist derzeit noch eine

Ausnahmegenehmigung zum Befahren der Strände und dem Parken am Strand mit dem Pkw erteilt (§ 35 LNatSchG, Sondernutzung am Meeresstrand), diese Ausnahmegenehmigung läuft jedoch 1997 aus. Umfangreiche Planungen für alternative Zubringermöglichkeiten für Strandbesucher liegen vor. Ein abgestimmter und durchfinanzierter Maßnahmenkatalog wurde mit der Gemeinde erarbeitet. Dabei sind die Neuregelung der Strandbefahrung und das innerörtliche Verkehrskonzept eng miteinander verzahnt. Einzelne Maßnahmen: Hochwasserfeste Stege für Fußgänger und Radfahrer, Zubringerdienste durch ÖPNV mit hoher Taktfrequenz, teilweise Busstraßen an den Strand, Schließboxen und Fahrradbuden am Strand, innerörtliche Verkehrsberuhigung. Der Umsetzung des Maßnahmenkataloges wurde durch einen Bürgerentscheid gestoppt.

St. Peter bis Eider VE 6

Kurzcharakteristik und Bewertung
► Vorländer und Schardeichstrecken zwischen St. Peter-Süderhöft und der Eidermündung mit typischen Vorlandsalzwiesen
► internationale Bedeutung für mehrere Rastvogelarten, insbesondere herausragend für Brandente und Kiebitzregenpfeifer; auch für eine stark bedrohte Brutvogelart (Seeregenpfeifer) internationale Bedeutung; Seehundliegeplätze, auch von Jungtieren, auf der Kleinen und Großen Vollerwiekplate

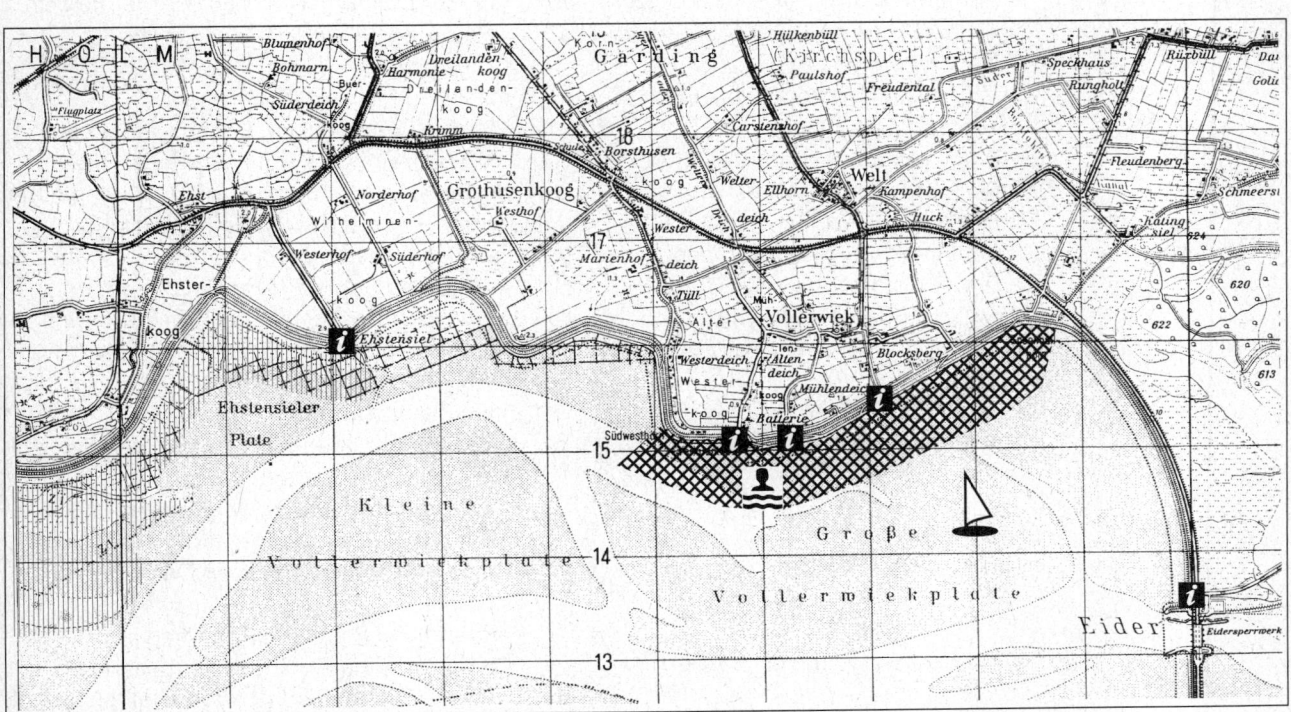

► intensive touristische Nutzung, die sich am Deich sowie an der Badestelle Vollerwiek konzentriert; die Salzwiesen werden relativ wenig betreten, doch können Störwirkungen aufgrund der geringen Tiefe des Vorlandes auch von Aktivitäten am Deich ausgehen; die Konflikte sind insgesamt nur moderat, doch ist eine stärkere räumliche Trennung störintensiver Freizeitaktivitäten von den ornithologisch wichtigen Salzwiesenbereichen im Westen notwendig; Störungen von Seehunden durch Surfen sind aufgetreten

Vorschläge für Schutzmaßnahmen
Touristische Einrichtungen:
► Erholungsgebiet Badestelle Vollerwiek, räumlich begrenzt von Südwesthörn bis Spannbüllhörn, mit der Möglichkeit zur Angebotserweiterung: Baden, Wattwandern, Ausweisen eines Drachenfluggebietes; beim Surfen ist ein ausreichender Abstand zu den Seehundliegeplätzen auf der Vollerwiekplate einzuhalten
► Hafen Ehstensiel: Erhalt des Status quo

Informationsangebot und Besucherlenkung:
► ausdrücklicher Hinweis auf das Wegegebot: in Gebieten mit vorgelagerten Salzwiesen (VE 61 + 62) sollten nur Deich und Deichwege genutzt werden, ein Betretungsverbot der Salzwiesen wird allerdings nur für den westlichen Teil zur Brutzeit ausgesprochen (s.u.)
► 5 Infotafeln:
am Hafen Ehstensiel,
zwei an der Badestelle Vollerwiek (u.a. Informationen für Surfer und Surferinnen über die Seehundliegeplätze auf der Vollerwiekplate),
Sandvorspülung Vollerwiek und Eidersperrwerk
► Eingangspfähle am Hafen Ehstensiel und an drei Zugängen zur Badestelle Vollerwiek
Räumliche Schutzmaßnahmen:
► Brutzeitsperrung (1.4. - 31.7.) der westlichen Salzwiesen angrenzend an die Zone 1 bis zum Hafenpriel Ehstensiel (VE 61)

Landwirtschaft und küstenschutztechnische Nutzungen:
–

sonstige Nutzungen:
–

Vorfeldplanung (insbes. Verkehr):
–

Hedwigenkoog Vorland
VD 11

Kurzcharakteristik und Bewertung
► Vorland vor dem Hedwigenkoog von der Eider bis zur Westspitze des Sommerkooges
► typische anthropogen entstandene Vorlandstruktur, der südliche Teil allerdings seit 1991 ohne Beweidung
► einzige Salzwiesenflächen im nördlichen Dithmarschen, daher trotz der nur relativ geringen Breite des Vorlandes hohe Bedeutung für Brut- und Rastvögel
► z. Zt. nur lokale Bedeutung für den Tourismus mit einzelnen Freizeitnutzungen, stark konzentriert auf die Badestelle am Hundeknöll

Vorschläge für Schutzmaßnahmen
Touristische Einrichtungen:
► Erholungsgebiet Badestelle Hundeknöll mit Erhalt des Status quo; räumliche Ausdehnung im Norden bis zur Eider, nach Süden begrenzt an der südlichen Deichüberfahrt am Campingplatz
► Hirtenstall als offiziellen Zugang zu Watt und Wasser ausweisen; Badestelle bleibt bestehen, aber kein Ausbau der Infrastruktur und Nutzungen

Informationsangebot und Besucherlenkung:
► 3 ausgewiesene Zugänge führen an die Vorlandkante und zu Watt und Wasser (ZWW):
an der Deichüberfahrt vor Hillgroven,
an der Deichüberfahrt am Nordende des Sommerkooges und
Hirtenstall
► 3 Infotafeln:
Badestelle Hundeknöll (Schautafeln des NPA bereits vorhanden, mit spezieller Information zu Seeschwalbenkolonien, bei Sperrung des Brutgebietes zusätzlich aktuelle Aushänge),
am Campingplatz Hundeknöll und
am ZWW Hirtenstall (bereits vorhanden)
► 2 Infokarten:
am ZWW Hillgroven und
am ZWW Nordende Sommerkoog
► Übergangspunkte kennzeichnen die Zugänge zu Watt und Wasser
► Eingangspfähle an der Badestelle Hundeknöll, an der Deichüberfahrt Campingplatz und an den drei ZWW

Räumliche Schutzmaßnahmen:
► ganzjährige Sperrung der gesamten Salzwiesen südlich der Badestelle (südl.

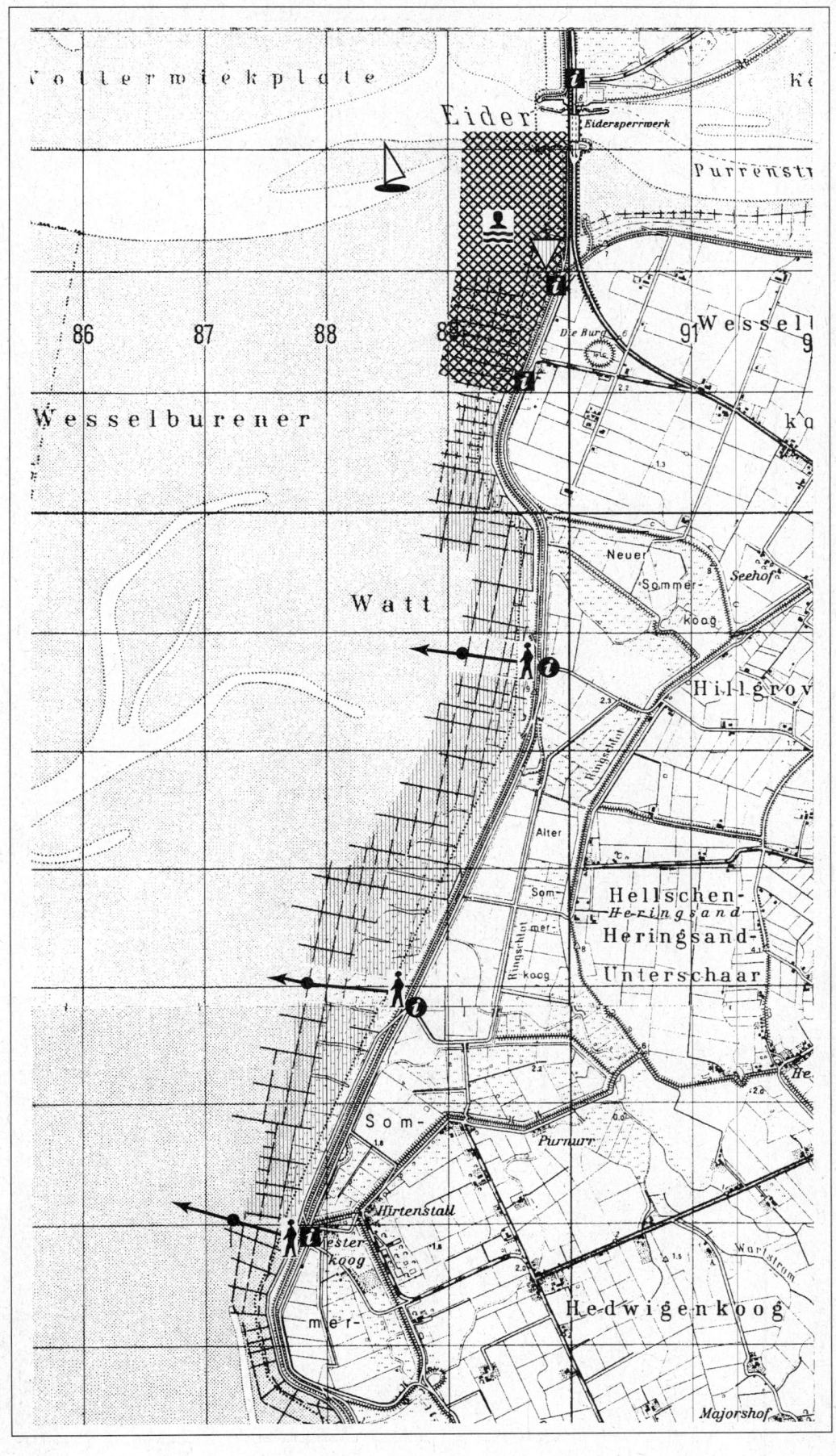

Deichüberfahrt am Campingplatz) als Brut-
und Rastgebiet mit Ausnahme der 3 ZWW
► an der Badestelle Hundeknöll ist nach
Bedarf für die dortige Seeschwalben-
kolonie kurzfristig die Ausweisung einer
flexiblen Schutzzone in Absprache zwischen dem NPA, der Gemeinde und dem
betreuenden Verband möglich (flexible
Brutzeitsperrung)

Landwirtschaft und küstenschutztechnische Nutzungen:
–

sonstige Nutzungen:
–

Vorfeldplanung (insbes. Verkehr):
► effektivere Sperrung des Deichverteidi-
gungsweges südlich der Badestelle für
den privaten PKW- Verkehr

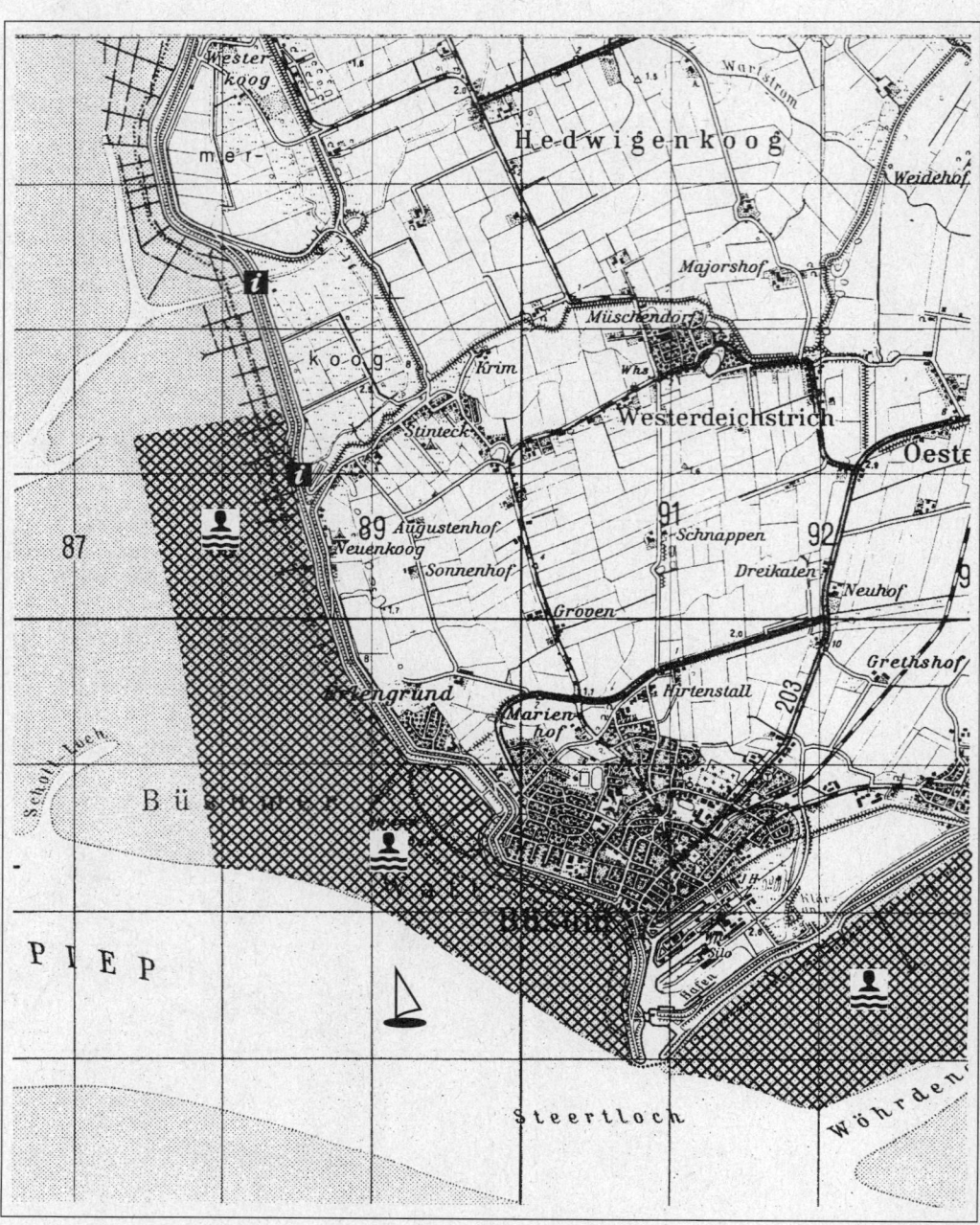

Büsum VD 12

Kurzcharakteristik und Bewertung
► Außendeichsflächen von Westspitze Sommerkoog bis Büsum Sperrwerk incl. Büsum Strandbad
► keine Salzwiesen vorhanden, Bedeutung für die Vogelwelt gering
sehr intensive touristische Nutzung, die weiterhin Vorrang in dem Gebiet haben sollte, da Konflikte mit den Naturwerten gering erscheinen

Vorschläge für Schutzmaßnahmen
Touristische Einrichtungen:
► Erholungsgebiet Westerdeichstrich und Büsum mit der Möglichkeit zur Angebotserweiterung

Informationsangebot und Besucherlenkung:
► 2 Infotafeln:
am Mitteldeich im Sommerkoog und Badestelle Stinteck
► Eingangspfähle an der Badestelle Stinteck
► Bezirkszentrum des Nationalparks und Infozentrum der Schutzstation Wattenmeer in Büsum vorhanden

Räumliche Schutzmaßnahmen:
–

Landwirtschaft und küstenschutztechnische Nutzungen:
–

sonstige Nutzungen:
–

Vorfeldplanung (insbes. Verkehr):
–

Meldorfer Speicherkoog außen VD 2

Kurzcharakteristik und Bewertung
► Außendeichsflächen vor dem Meldorfer Speicherkoog incl. Helmsand
► Salzwiesen der Hallig Helmsand insbesondere bedeutend für Brutvögel (große Lachmöwenkolonie sowie Seeschwalben)
► touristische Nutzung konzentriert sich auf den Deich, die Badestellen und den Meldorfer Speicherkoog, daher Konflikte mit Tourismus insgesamt eher gering

► erhebliche Störungen und Konflikte im südlichen Teil durch militärische Aktivitäten (Waffenerprobung)

Vorschläge für Schutzmaßnahmen
Touristische Einrichtungen:
► Erholungsgebiet östlich des Büsumer Hafens bis Beginn Speicherkoog (Büsum, Büsumer Deichhausen und Warwerort) mit der Möglichkeit zur Angebotserweiterung
► Erholungsgebiet Meldorfer Hafen mit Erhalt des Status quo

Informationsangebot und Besucherlenkung:
► keine Aussage zum Binnendeichsgebiet Meldorfer Speicherkoog, eigenes Besucherlenkungskonzept erforderlich
► 3 Infotafeln:
Warwerort (Beginn des Speicherkooges/ Ende des Erholungsgebietes), Meldorfer Hafen und am Weg nach Helmsand
► Salzwiesen-Lehrpfad im deichnahen Teil des Weges nach Helmsand (in Arbeit)
► Eingangspfähle am Beginn des Weges nach Helmsand

Räumliche Schutzmaßnahmen:
► Helmsand: Sperrung als Brutgebiet (1.4. - 31.7.); der Weg auf die Hallig bliebt im Bereich des Lehrpfades ganzjährig zugänglich; weitere Öffnung des Weges während der Brutzeit nur soweit, wie die Brutkolonien nicht gestört werden; eine Sperrung des Weges westlich des Lehrpfades zum Schutz der Kolonien auf dem Halligkopf durch den betreuenden Verband in Absprache mit dem NPA bliebt vorbehalten

Landwirtschaft und küstenschutztechnische Nutzungen:
–

sonstige Nutzungen:
► Beendigung sämtlicher militärischer Aktivitäten im Nationalpark

Vorfeldplanung (insbes. Verkehr):
–

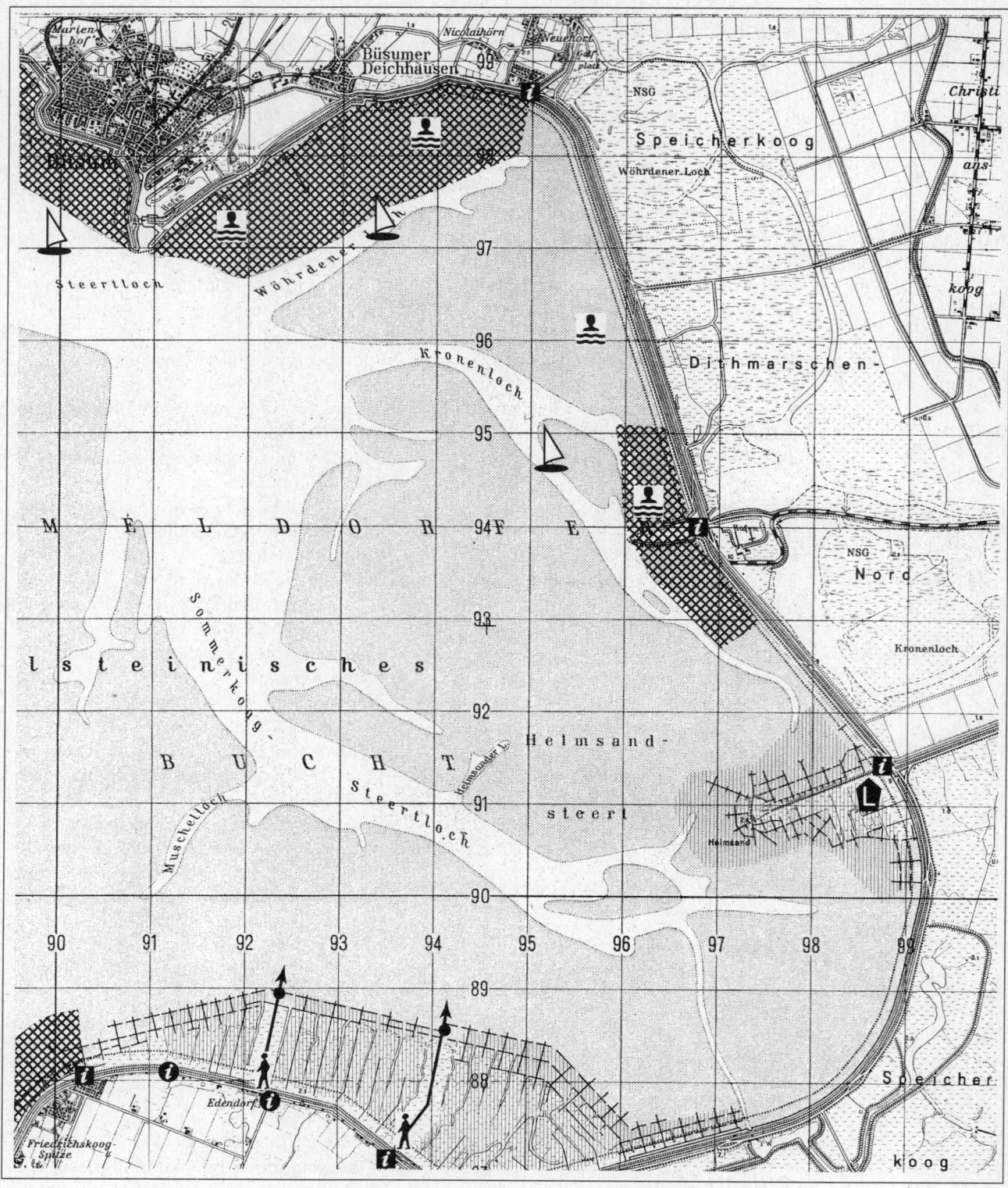

Vorland Friedrichskoog

Nord VD 3

Kurzcharakteristik und Bewertung

▶ ausgedehntes Vorland nördlich des
Friedrichskooges
▶ Vorlandsalzwiese aufgrund der großen
Tiefe und des Alters bereits großflächig
bis auf Rotschwingelniveau angewachsen

▶ international bedeutendes Brut- und
Rastgebiet für Vögel, allein 15 Rastvogelarten erfüllen die Kriterien des Ramsar-
Abkommens
▶ intensive touristische Nutzung an der
Badestelle Friedrichskoogspitze, die sich
allerdings bisher im wesentlichen auf den
westlichen Teil des Gebietes beschränkt;
die Schaffung einer klaren Abgrenzung
der Badestelle nach Osten ist notwendig;
im östlichen Teil Konflikte durch „wilde"
Badestellen

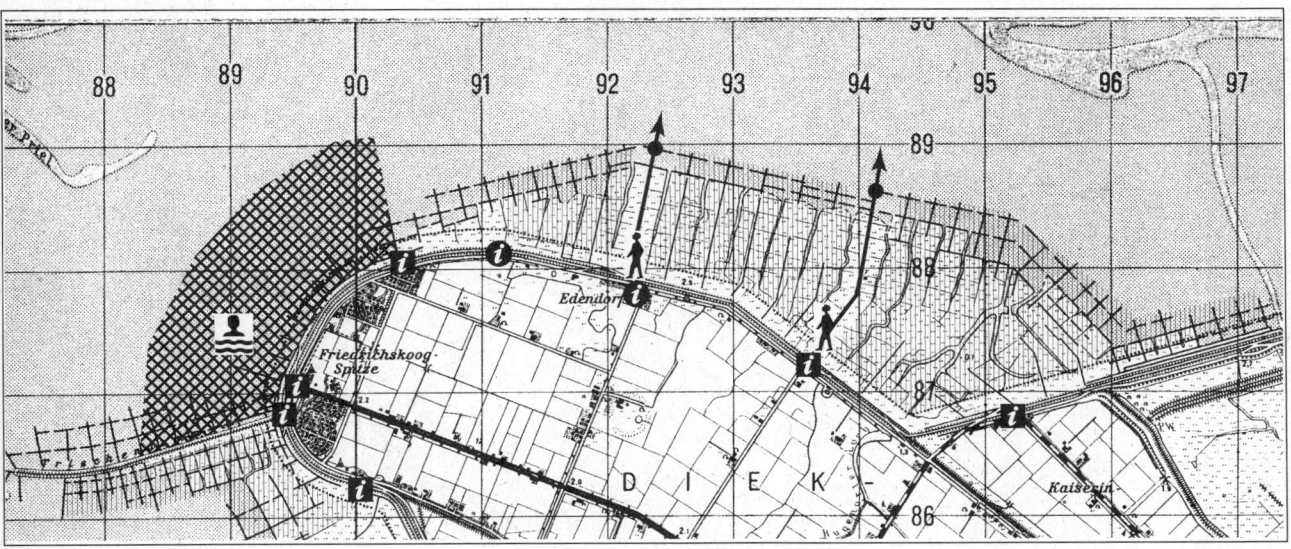

Vorschläge für Schutzmaßnahmen
Touristische Einrichtungen:
► Erholungsgebiet Badestelle
Friedrichskoogspitze mit der Möglichkeit
zur Angebotserweiterung innerhalb der
heutigen räumlichen Begrenzung (vom
Trischendamm nordöstlich bis zur 12.
Lahnung = Beginn des Vorlandes), keines-
falls Ausdehnung der Badestelle nach
Osten
► Drachenverbot auf dem Deich und im
Vorland östlich des Erholungsgebietes
► Trischendamm: geöffnet für Spazier-
gänge

Informationsangebot und Besucher-
lenkung:
► 2 ausgewiesene Zugänge führen an die
Vorlandkante und zu Watt und Wasser
(ZWW):
großer gebogener Schafdamm vor Zufahrt
Mitte und
Schafdamm vor Edendorf.
Die derzeitige großflächige Verteilung von
Erholungssuchenden im nördlichen
Vorland des Friedrichskooges führt zu
erheblichen Störungen an wichtigen
Hochwasser-Rastplätzen der Vögel,
insbesondere im östlichen Teil des Gebietes; die Ausweisung von zwei offiziellen
Zugängen soll dazu beitragen, die Freizeitnutzungen (Lagern und Baden) an wenigen Stellen zu konzentrieren, das Baden
an anderen Prielen im Vorland zu verringern und so Störeffekte zu minimieren;
der große gebogene Schafdamm wird
schon heute intensiv genutzt (auch
Fahrradfahren) und bietet eine gute
Ausweichmöglichkeit für die Badegäste,
die bisher die östlich gelegenen Priele
genutzt haben; der Schafdamm vor
Edendorf soll eine räumliche Konzentrati-

on der Aktivitäten im Westteil bewirken
► Übergangspunkte kennzeichnen die
beiden ZWW
► 4 Infotafeln:
an der östlichen Zufahrt zum Gebiet
(Beginn militärisches Sperrgebiet),
am ZWW Zufahrt Mitte,
am Ostende des Erholungsgebietes und
am Hauptzugang zur Badestelle
Friedrichskoog Spitze (bereits vorhanden)
(am Trischendamm siehe VD 4)
► 2 Infokarten:
am Westende der Brut- und Rastgebiets-
sperrungen und
am ZWW Edendorf
► Eingangspfähle am Ostende des Erholungsgebietes, am ZWW Edendorf und am
östlichen ZWW
► Bezirkszentrum des Nationalparks in
Friedrichskoog Spitze vorhanden

Räumliche Schutzmaßnahmen:
► ganzjährige Sperrung der Vorländer
östlich der Badestelle als Brut- und
Rastgebiet, die beiden Zugänge zum Watt
und Wasser bleiben frei

Landwirtschaft und küstenschutztechnische Nutzungen:
–

sonstige Nutzungen:
–

Vorfeldplanung (insbes. Verkehr):
–

XI

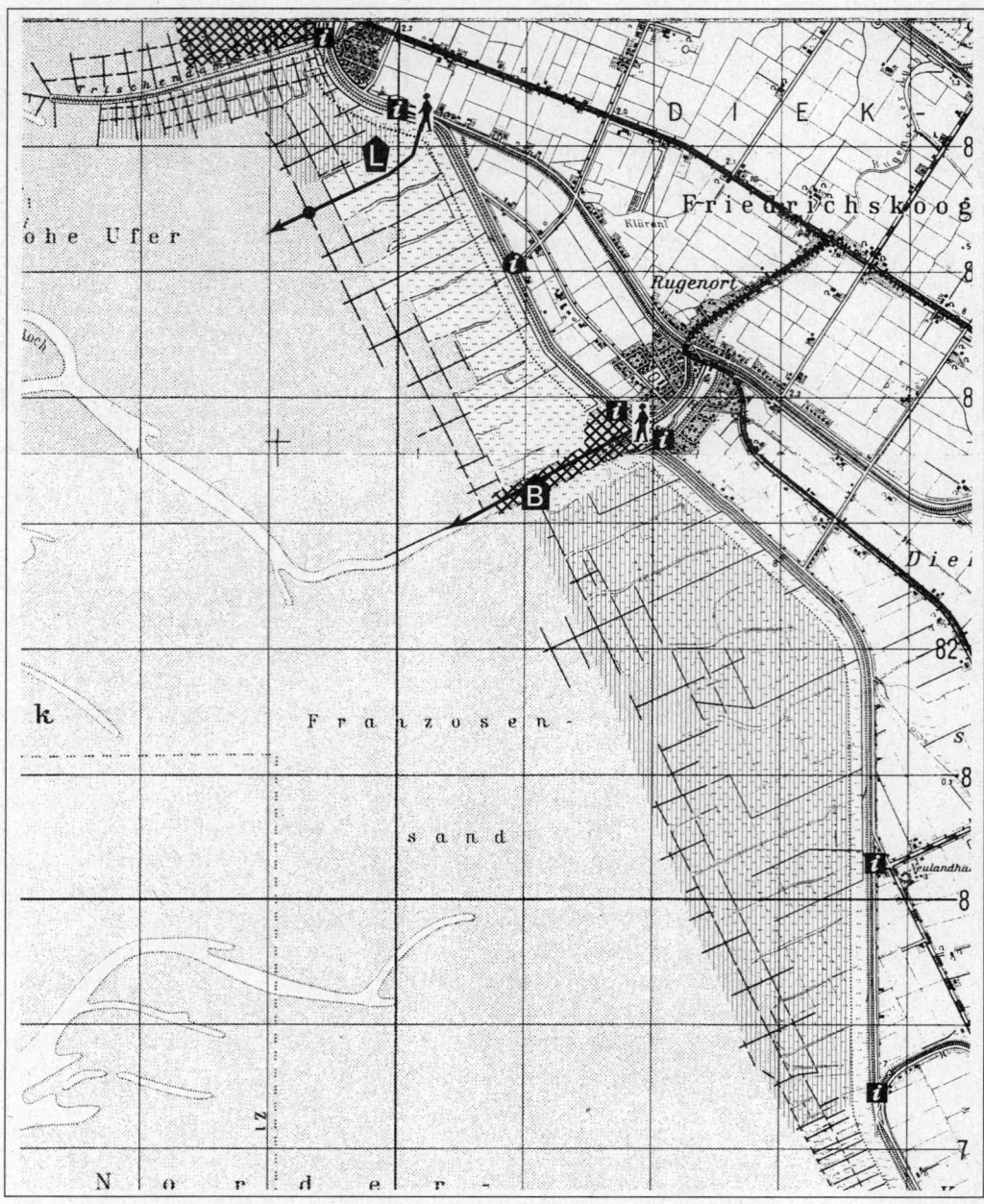

Vorland Dieksanderkoog

VD 4

Kurzcharakteristik und Bewertung

▶ großflächige Vorländer vor dem Dieksanderkoog zwischen Trischendamm und Kaiser-Wilhelm-Koog
▶ Vorlandsalzwiese in weiten Bereichen bereits auf Rotschwingel-Niveau angewachsen, deichferne Teile seit 1992 ohne Beweidung
▶ international bedeutendes Brut- und Rastgebiet, neben Trischen die höchsten Rastvogelkonzentrationen im gesamten Nationalpark
▶ touristische Nutzung konzentriert sich auf die Bereiche südlich des Trischendammes und den Hafenbereich Friedrichskoog; v.a. im nördlichen Teil am Trischendamm treten erhebliche Konflikte mit Freizeitaktivitäten in den Salzwiesen auf, dort Lenkungsbedarf; Spaziergänge am Deich haben aufgrund der großen Tiefe des Vorlandes kaum Störwirkungen auf Vögel

Vorschläge für Schutzmaßnahmen
Touristische Einrichtungen:
▶ Trischendamm: geöffnet für Spaziergänge
▶ Ausweisung einer Drachenflugstrecke auf dem Deich südlich des ZWW Campingplatz
▶ Erholungsgebiet Hafen Friedrichskoog mit dem eigentlichen Hafen, den beiden Wegen nördlich und südlich vom Hafenpriel und dem deichnahen, grasbewachse-

nen Bereich der Spülfläche, dort Möglichkeit zur Angebotserweiterung (Ausweisung eines Drachenfluggebietes möglich, aber keine Großveranstaltungen)

Informationsangebot und Besucherlenkung:
► 3 ausgewiesene Zugänge führen (z.T. mit Lehrpfad) durch die Salzwiese zu Watt und Wasser:
ZWW Campingplatz: auf dem großen gebogenen Schafdamm (incl. 200 m Vorlandstreifen beiderseits),
südlich von Rastgebiet und Campingplatz Friedrichskoogspitze, mit Lehrpfad (s.u.), Kennzeichnung mit Übergangspunkt an der Vorlandkante und
Weg auf der Nordseite des Hafenpriels Friedrichskoog entlang Weg auf der Südseite des Hafenpriels Friedrichskoog entlang, mit Beobachtungsmöglichkeit, evtl. Rundweg möglich
► im Vorlandabschnitt zwischen Trischendamm und Hafen (VD 41) gilt südlich des ZWW am Campingplatz ausdrücklich ein Wegegebot für den Deich und die Deichwege
► 1 Lehrpfad in den Salzwiesen am Campingplatz-ZWW
► Beobachtungsstand am Friedrichskooger Hafen: Möglichkeit zur Vogelbeobachtung aus einem Hide/von einer Plattform am Hafenpriel Friedrichskoog (genauer Standort muß vor Ort festgelegt werden)
► 6 Infotafeln:
Trischendamm
Campingplatz Friedrichskoogspitze (Erklärung der Rastgebietssperrung),

nördlicher Hafenprielweg,
südlicher Hafenprielweg (bereits vorhanden),
Zufahrt von der Neulandhalle und
Beginn Kaiser-Wilhelm-Koog = Ende der Schutzgebietssperrung
► 1 Infokarte:
mittlere Zufahrt Dieksanderkoog Nord (VD 41)
► Eingangspfähle am Trischendamm, am ZWW Campingplatz und am Hafen Friedrichskoog

Räumliche Schutzmaßnahmen:
► ganzjährige Sperrung der „Salzwiesenecke" südlich des Trischendammes als Rastgebiet
► ganzjährige Sperrung der Salzwiesen südlich des Hafenpriels Friedrichskoog bis Beginn Kaiser-Wilhelm-Koog (= VD 42) als Brut- und Rastgebiet (keine komplette Auspflockung notwendig, deutliche Brut- und Rastgebiets-Schilder auf den Schafdämmen sind ausreichend)

Landwirtschaft und küstenschutztechnische Nutzungen:
–

sonstige Nutzungen:
► Beendigung der Vorlandjagd mit Auslaufen der Pachtverträge des Elbjägerbundes im Jahre 2000

Vorfeldplanung (insbes. Verkehr):
–

Vorland Kaiser-Wilhelm-Koog VD 51

Kurzcharakteristik und Bewertung
► anthropogen überformte, relativ schmale Vorlandsalzwiese vor dem Kaiser-Wilhelm-Koog
► international bedeutende Bestände einiger Rastvogelarten
► touristische Nutzung relativ gering, Störungen von Rastvögeln treten v.a. durch weitverteilte Personen an der Vorlandkante auf, die zu großräumigen Verlagerungen der Vögel führen; insgesamt sind die Konflikte als mäßig einzuschätzen, eine Konzentration der Personen auf den Deich und einige ausgewiesene Wege wird angestrebt

Vorschläge für Schutzmaßnahmen
Touristische Einrichtungen:
► Erhalt des Status quo der Badestellen

und der insgesamt relativ geringen touristischen Nutzung
► Rückbau der jetzigen Einzelliegeplätze für Boote und Verlagerung zu den ZWW´s

Informationsangebot und Besucher-lenkung:
► 2 ausgewiesene Zugänge zu Watt und Wasser (ZWW) an den Badestellen (nördliche und südliche Zufahrt zum Deich)
► Übergangspunkte an der Vorlandkante kennzeichnen die ZWW´s
► für das gesamte Gebiet gilt ausdrücklich ein Wegegebot: Deich, Deichwege und ZWW´s werden als offizielle Wege darge-stellt
► 1 Infopavillon:
südliche Zufahrt und ZWW
► 1 Infotafel:
nördliche Zufahrt und ZWW
► 1 Infokarte:
Deich am Südende des Kaiser-Wilhelm-Kooges
► Eingangspfähle an den beiden offiziellen Zugängen

Räumliche Schutzmaßnahmen:
–

Landwirtschaft und küstenschutz-technische Nutzungen:
–

sonstige Nutzungen:
► Beendigung der Vorlandjagd mit Aus-laufen der Pachtverträge des Elbjägerbundes im Jahre 2000

Vorfeldplanung (insbes. Verkehr):
–

Vorland Neufelder Koog
VD 52

Kurzcharakteristik und Bewertung
► Vorlandsalzwiese vor dem Neufelder Koog und Neufeld incl. Hafenbereich bis Mühlenstraßen
► Ästuarsalzwiese; dieser seltene Lebens-raum und seine Flora und Fauna sind geprägt durch den Übergang vom mari-nen zum limnischen Bereich; Brackwasser-biotope sind bisher im Nationalpark nicht vertreten, obwohl sie zum Gesamtlebens-raum Wattenmeer gehören
► international bedeutendes Brut- und Rastgebiet, insbesondere auf dem Früh-jahrszug und für Vogelarten, die eher brackige bzw. süßwassergeprägte Lebens-räume bevorzugen
► touristische Nutzung insgesamt gering, doch können bereits wenige Personen in der Salzwiese erhebliche Störungen ins-besondere in den Brutkolonien der hier brütenden empfindlichen Vogelarten bewirken; daher wird eine Abgrenzung der touristischen Aktivitäten von den Brutkolonien angestrebt

Vorschläge für Schutzmaßnahmen
Touristische Einrichtungen:
► Erholungsgebiet Neufeld östlich des Hafenpriels zwischen Deich und Ring-schlot mit Erhalt des Status quo der touristischen Infrastruktur und Nutzung

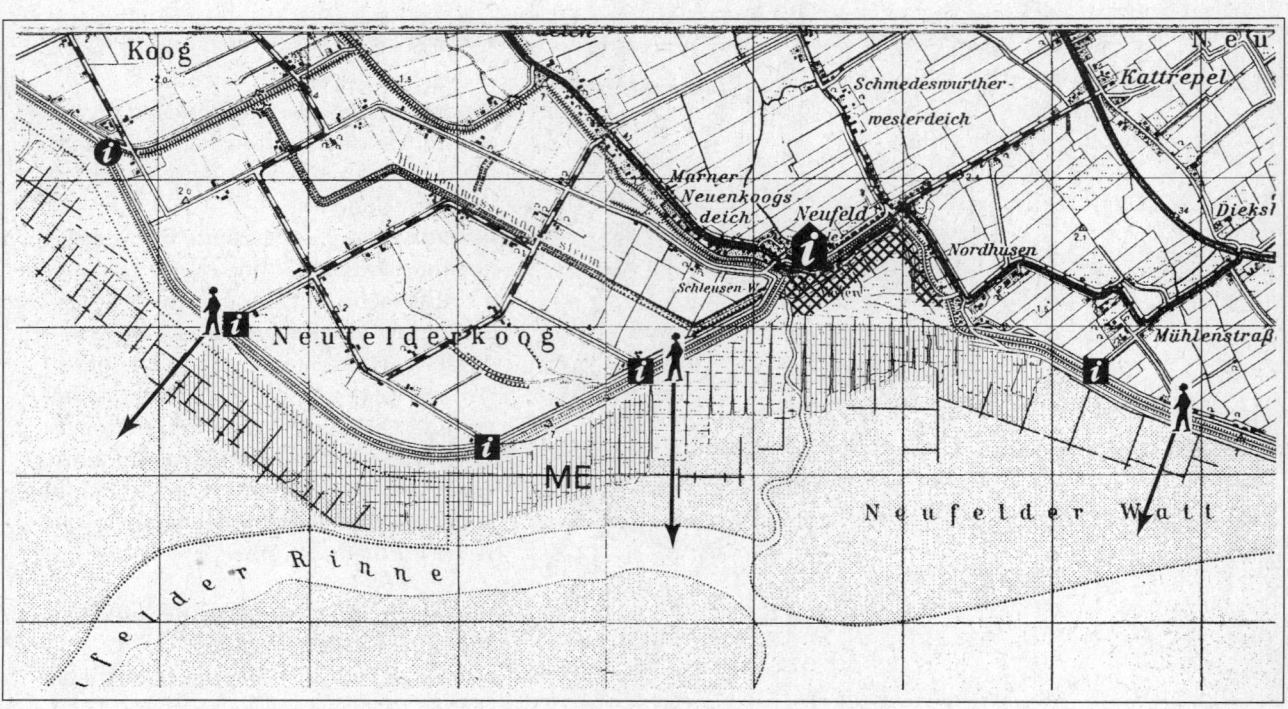

Informationsangebot und Besucherlenkung:
► 3 ausgewiesene Zugänge durch das
Vorland zu Watt und Wasser (ZWW):
vor der westlichen Zufahrt im Neufelder
Koog,
vor der östlichen Zufahrt im Neufelder
Koog,
Mühlenstraßen-Ost
► 1 Infopavillon:
in Neufeld
► 4 Infotafeln:
westlicher ZWW im Neufelder Koog am
Westende der Brutgebietssperrung,
südlichste Zufahrt zum Deich,
östlicher ZWW im Neufelder Koog am
Ostende der Brutgebietssperrung und
Zufahrt Mühlenstraßen
► Eingangspfähle am westlichsten ZWW
(Nationalparkgebiet)

Räumliche Schutzmaßnahmen:
► Brutzeitsperrung (1.4. - 31.7.) des
Vorlandes zwischen den beiden ZWW's
vor dem Neufelder Koog
► ganzjährige Sperrung der deichfernen
Brackwasserröhrichte zwischen Hafenpriel
und Mühlenstraßen

Landwirtschaft und küstenschutztechnische Nutzungen:
–

sonstige Nutzungen:
► Beendigung der Vorlandjagd mit Aus-
laufen der Pachtverträge des
Elbjägerbundes im Jahre 2000

Vorfeldplanung (insbes. Verkehr):
–

Amrum Wattenmeerküste
IA 1

Kurzcharakteristik und Bewertung
► Salzwiesen und Wattflächen an der
Ostküste von Amrum von der Odde bis
Fähranleger Wittdün
► besonders die nördlich von Norddorf
gelegenen Salzwiesen vor dem Teerdeich
(IA 11) sind als Rastplatz für Limikolen von
internationaler Bedeutung mit herausragenden Anzahlen rastender Knutts (bis zu
50.000 Individuen), da ungestörte Plätze
an der übrigen Ostküste fehlen; als
Brutgebiet bedeutend für Rotschenkel in
hoher Revierpaardichte
► entlang der gesamten Ostküste lassen
sich durch die Besucherlenkung über den

gut ausgebauten Wander- und Radweg
(Wegegebot) Beeinträchtigungen der Salz-
wiesengebiete größtenteils vermeiden;
Konflikte ergeben sich allerdings am
Steenodder Kliff durch unzureichende
Brutgebietssperrung, Tontaubenschießen
und das Abladen von Bauschutt

Vorschläge für Schutzmaßnahmen
Touristische Einrichtungen:
► Erholungsgebiet zwischen Hafen Steen-
odde und Wittdün Anleger mit Erhalt des
Status quo

Informationsangebot und Besucherlenkung:
► Amrum Ostküste: insgesamt Wegegebot
über gut ausgebauten Weg (Wander- und
Radweg)
► 1 ausgewiesener Zugang führt nördlich
des Steenodder Kliffs in das Watt und ans
Wasser (ZWW)
► Lehrpfad in der Salzwiese vor Nebel
(bereits vorhanden)
► Plattform in der Salzwiese vor Nebel als
Beobachtungsstand mit verstärktem
Informationsangebot (Infotafeln, Objekttafeln und aktuelle Aushänge) ausbauen
► 2 Infotafeln:
am Hospiz (Nordende des Teerdeiches),
Norddorf am Südende des Teerdeiches
► 2 Infokarten:
nördlich Steenodder Kliff,
südlich Steenodder Kliff
► aktuelle Aushänge, insbesondere bei
kurzzeitiger Sperrung der Wittdüner Bucht
für Eiderenten-Kindergärten
► Eingangspfähle an insgesamt fünf
Zugängen (Hospiz, Norddorf, Nebel,
Steenodder Kliff Nord und Süd)

Räumliche Schutzmaßnahmen:
► ganzjährige Sperrung der Salzwiesen
vor dem Teerdeich Norddorf als Brut- und
Rastgebiet, die Abgrenzung des gesperrten Gebietes sollte dicht am Fuß des
Asphaltdeiches beginnen, der heute
vorhandene Zaun ist gut als Absperrung
geeignet und sollte auch bei Einstellung
der Beweidung erhalten bleiben
► Brutzeitsperrung (1.4. - 31.7.) der
Schottersände vor dem Steenodder Kliff
(genaue Lage vor Ort festlegen)
► in der Wittdüner Bucht ist für Eiderenten-Kindergärten kurzfristig die Ausweisung einer flexiblen Schutzzone in Absprache zwischen dem NPA, der Gemeinde und dem betreuenden Verband möglich (flexible Brutzeitsperrung)

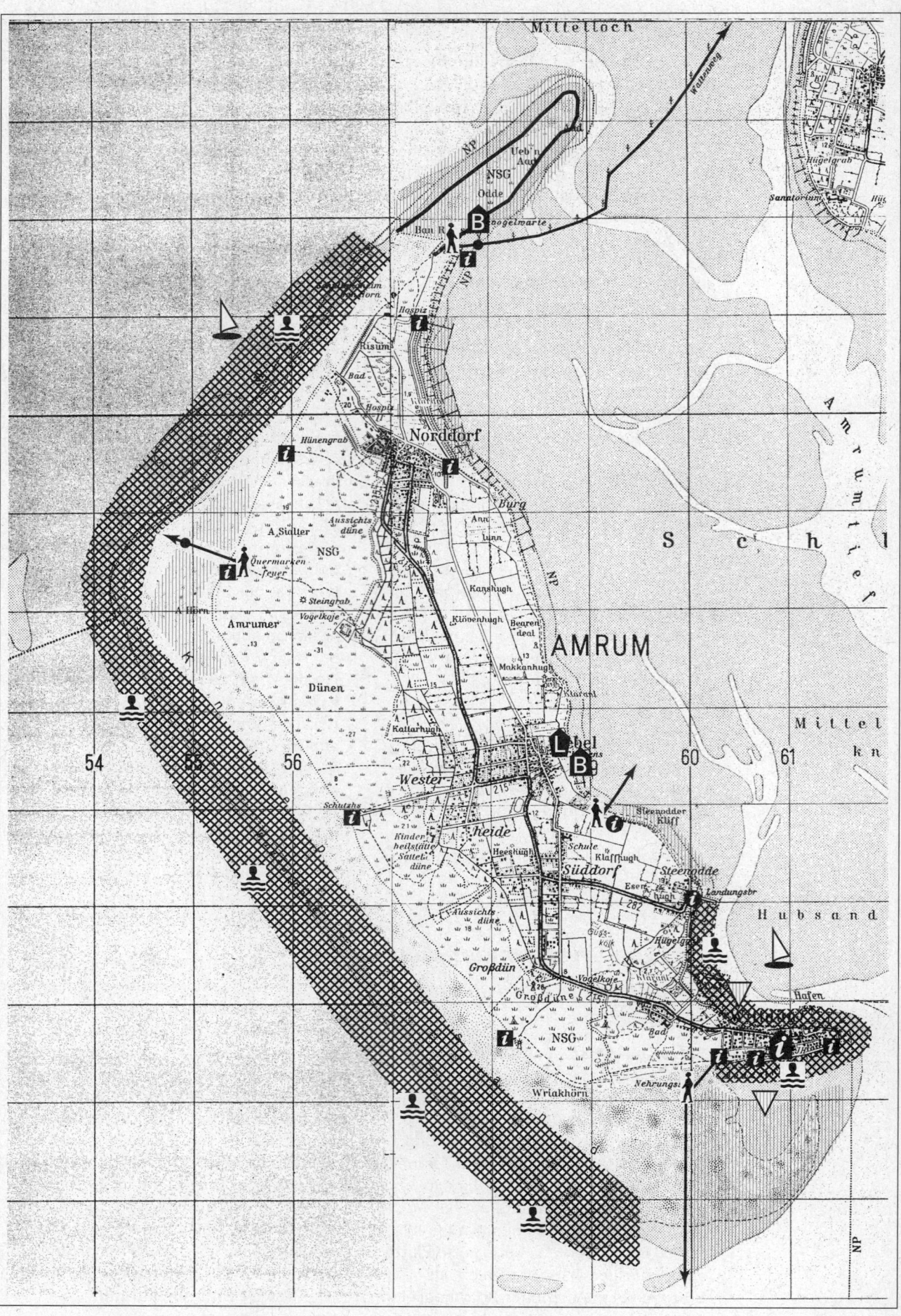

Landwirtschaft und küstenschutztechnische Nutzungen:
▶ in Spezifizierung des Vorlandkonzeptes
sollte auch im 150m-Streifen an der
Ostküste Amrums die Beweidung eingestellt werden

sonstige Nutzungen:
▶ Rückbau des Tontaubenschießstandes
am Steenodder Kliff
▶ kein weiteres Abladen von Bauschutt
am Steenodder Kliff

Vorfeldplanung (insbes. Verkehr):
–

Amrum Kniepbucht IA 2

Kurzcharakteristik und Bewertung
▶ flache sandige Wattbucht und
Nehrungshaken am Südostende des
Kniepsandes südlich der Ortschaft
Wittdün
▶ einziger größerer Rastplatz im Süden
Amrums, daher besondere Konzentration
von Rastvögeln; internationale Bedeutung
für mindestens 2 Limikolenarten; die
verschobenen Durchzugsmuster vieler
Arten mit hohen Winterbeständen und
niedrigen Rastzahlen im Sommer zeigen
die starke Belastung des Rastgebietes
durch Störungen, so daß die potentielle
Bedeutung der Kniepbucht als Rastplatz
noch wesentlich größer ist als die tatsäch-
liche; Aufzuchtgebiet für Eiderenten
(„Kindergärten")
▶ intensive touristische Nutzung mit
vielfältigen Freizeitaktivitäten, die v.a. bei
Hochwasser zu Störungen der Rastvögel
führen; die Konflikte mit der touristischen
Nutzung sind nur durch eine räumliche
Trennung der Freizeitaktivitäten von den
wichtigsten Rastplätzen und Aufzucht-
gebieten zu vermindern

Vorschläge für Schutzmaßnahmen
Touristische Einrichtungen:
▶ Erholungsgebiet Badestrand Kniepbucht
mit Erhalt des Status quo; dort jedoch kein
Surfen, keine Drachen

Informationsangebot und Besucherlenkung:
▶ 1 ausgewiesener Zugang führt im
Westen der Schutzgebietssperrung vom
Badestrand Wittdün auf den Kniepsand
und ans Wasser (ZWW)
▶ Infopavillon an der Kurpromenade mit
Informationsangebot (Infotafeln, Objekttafeln und aktuelle Aushänge) sowie

Beobachtungsmöglichkeit: Überblick über
die Kniepbucht, Ausstattung mit Optik,
Betreuung während der Hochwasserzeiten
zur Beobachtung der Rastvögel in der
Kniepbucht
▶ mehrere Infotafeln (mind. 3) an den
Strandzugängen (Schautafeln der Schutzstation Wattenmeer bereits vorhanden)
▶ aktuelle Aushänge, insbesondere bei
kurzfristiger Sperrung der Kniepbucht
wegen der Eiderenten-Kindergärten

Räumliche Schutzmaßnahmen:
▶ die zentrale Kniepbucht incl. des Sand-
hakens sollte ganzjährig von 3 Std. vor bis
3 Std. nach Hochwasser als Rastgebiet für
Vögel gesperrt werden; eine konsequentere Umsetzung der bisherigen Regelung
(Durchsetzung der Sperrung für den
ausgepflockten Bereich) ist anzustreben;
Spaziergänger und Spaziergängerinnen
vom Badestrand Wittdün zum Kniepsand
können westlich der Absperrung entlang
zur Wasserkante gelangen
▶ für Eiderenten-Kindergärten in der
Kniepbucht ist kurzfristig die Ausweisung
einer flexiblen Schutzzone in Absprache
zwischen dem NPA, der Gemeinde und
dem betreuenden Verband möglich (in der
zentralen Kniepbucht, nicht am Badestrand)

Landwirtschaft und küstenschutztechnische Nutzungen:
–

sonstige Nutzungen:
–

Vorfeldplanung (insbes. Verkehr):
–

Amrum Kniepsand IA 3

Kurzcharakteristik und Bewertung
▶ ausgedehnte Sandflächen und einige
Primärdünen des Kniepsandes an der
Westseite der Insel Amrum
▶ die Kniepsand-Vordünen westlich des
Quermarkenfeuers haben internationale
Bedeutung als Brutgebiet für Zwergseeschwalben; für Rastvögel ist der Sand nur
von geringer Bedeutung
▶ intensive touristische Nutzung insbesondere konzentriert an Badestellen; auf
den weiten Sandflächen treten kaum
Störungen auf, doch ergeben sich Konflikte durch erholungssuchende Gäste im
Brutgebiet der Zwergseeschwalbe im
Vordünenbereich; eine naturverträgliche

Lösung ist nur durch eine relativ weiträumige Absperrung dieser Bereiche möglich

Amrum Odde IA 4

Kurzcharakteristik und Bewertung
► Dünen und Sandhaken im Norden Amrums
► die Odde ist für Zwergseeschwalben, Heringsmöwen und Eiderenten ein bedeutendes Brutgebiet; Rastvögel konzentrieren sich an der Nordspitze der Odde, werden jedoch häufig gestört
► bei der Wanderung um die Odde durch Touristen kommt es häufig zur Störung von Rast- und Brutvögeln; ein Wanderweg muß daher ausgewiesen und die entsprechenden empfindlichen Gebiete dringend abgesperrt werden, um Konflikte zu vermeiden

Vorschläge für Schutzmaßnahmen
Touristische Einrichtungen:
► konzessionierte Strände als Erholungsgebiete mit Erhalt des Status quo incl. Surfen, Drachen und sonstige Freizeitaktivitäten
► übrige Bereiche des Kniepsandes (außer Schutzgebiete s.u.): Erholungsgebiet ohne Infrastruktur, d.h. keine Strandkörbe, Bauten etc.; Ausweisung von Wander- und Reitwegen bzw. -gebieten möglich

Informationsangebot und Besucherlenkung:
► 1 ausgewiesener Zugang führt vom Quermarkenfeuer durch die Primärdünen zum Wasser (ZWW)
► 4 Infotafeln:
am Bohlenweg Quermarkenfeuer, Beginn des ZWW und
an drei weiteren Zugängen von den Dünen auf den Kniepsand
► aktuelle Aushänge während der Brutzeitsperrung der Primärdünen
► alle offiziellen Düneneingänge (Bohlenwege) sollten im Rahmen eines zu überarbeitenden Besucherlenkungskonzeptes mit Übergangspunkten (z. B. in Form einer Bake) gekennzeichnet werden

Räumliche Schutzmaßnahmen:
► Brutzeitsperrung (1.4. - 31.7.) der Kniepsand-Vordünen am Quermarkenfeuer als Brutgebiet, nur der ZWW am Quermarkenfeuer führt durch die Dünen zum Wasser

Landwirtschaft und küstenschutztechnische Nutzungen:
–

sonstige Nutzungen:
–

Vorfeldplanung (insbes. Verkehr):
–

Vorschläge für Schutzmaßnahmen
Touristische Einrichtungen:
► am Beginn des Wattwanderweges nach Föhr sind sanitäre Anlagen in ausreichendem Umfang für den Bedarf bereitzustellen; die Entsorgung muß verbessert werden, sonst ist die Wanderer-Kapazität auf der Strecke an die Entsorgungsmöglichkeiten anzupassen

Informationsangebot und Besucherlenkung:
► Umwanderung der Odde entlang eines ausgewiesenen Weges ganzjährig möglich
► Beobachtungsstand in den Dünen (bereits vorhanden an der Betreuerhütte des Vereins Jordsand), ergänzen durch weitere Infoelemente, z. B. Objekttafeln, aktuelle Aushänge
► 1 Infotafel:
am Ankunftspunkt der Wattwanderungen
► 1 Übergangspunkt kennzeichnet den Ankunftspunkt der Wattwanderungen von Föhr
► Eingangspfähle am Beginn des Wattwanderweges nach Föhr
Räumliche Schutzmaßnahmen:
► ganzjährige Sperrung der Brut- und Rastgebiete, auch als Robbenschutzgebiet, ein Rundweg um die Odde bleibt frei (genaue Lage der Absperrungen vor Ort festlegen)

Landwirtschaft und küstenschutztechnische Nutzungen:
–

sonstige Nutzungen:
–

Vorfeldplanung (insbes. Verkehr):
–

Nördliche Vorländer

Föhr IF 1

Kurzcharakteristik und Bewertung

▶ Sörensvai, Oldsumer und Midlumer Vorland an der Nordküste Föhrs

▶ große Bedeutung als Brutgebiet für Seeschwalben und Möwen, insbesondere auch im westlichen Teil Sörensvai auf dem Strandbereich; internationale Be-deutung für Rastvögel trotz des relativ schmalen Vorlandes (hohe Störanfälligkeit)

▶ lokal touristische Bedeutung, Freizeit-nutzungen konzentriert an der Badestelle Sörensvai, hier kommt es allerdings zu erheblichen Konflikten mit brütenden Seeschwalben; die östlichen Vorländer unterliegen als Zone 1 einem Betretungs-verbot

▶ die Konflikte lassen sich nur durch eine bessere räumliche Trennung der Freizeit-aktivitäten von den Brut- und Rastplätzen der Vögel vermindern; dazu sind im Ge-biet Sörensvai deutlich verstärkte Ab-sperrungsmaßnahmen zumindest wäh-rend der Brutzeit notwendig

Vorschläge für Schutzmaßnahmen

Touristische Einrichtungen:

▶ Erhalt der Badestelle Sörensvai; zumin-dest während der Brutzeit sind aber weitere Einschränkungen der touristi-schen Nutzung notwendig (z.B. Verbot von Lenkdrachen)

Informationsangebot und Besucher-lenkung:

▶ Führungsangebote für Sörensvai nach der Brutzeit

▶ Infopavillon am Sörensvai-Vorland

▶ 3 Infotafeln:
am Bauwagen/Oldsumweg (bereits vorhanden) und
an zwei weiter östlich gelegenen Zufahr-ten zum Deich (bereits vorhanden)

▶ 1 Infokarte:
an der Vogelkoje (Grenze zu IF 4)

▶ Eingangspfähle am Hauptzugang zur Badestelle Sörensvai

▶ weiterhin intensive saisonale Gebiets-betreuung notwendig (ein Bauwagen ist in den Sommermonaten Unterkunft der Schutzgebietsbetreuung und gleichzeitig „Infomobil")

Räumliche Schutzmaßnahmen:

▶ ganzjährige Sperrung der östlichen Vor-länder (Zone 1) als Brut- und Rastgebiet

▶ Die Ergebnisse der Ökosystemfor-schung zeigen, daß der Bruterfolg der Zwergseeschwalbe (und anderer Strand-brüter) im Sörensvai-Vorland aufgrund von Störungen überwiegend durch Gäste sehr gering ist. Um dieser Rote-Liste-Art eine Chance zu geben, muß eine wirksa-

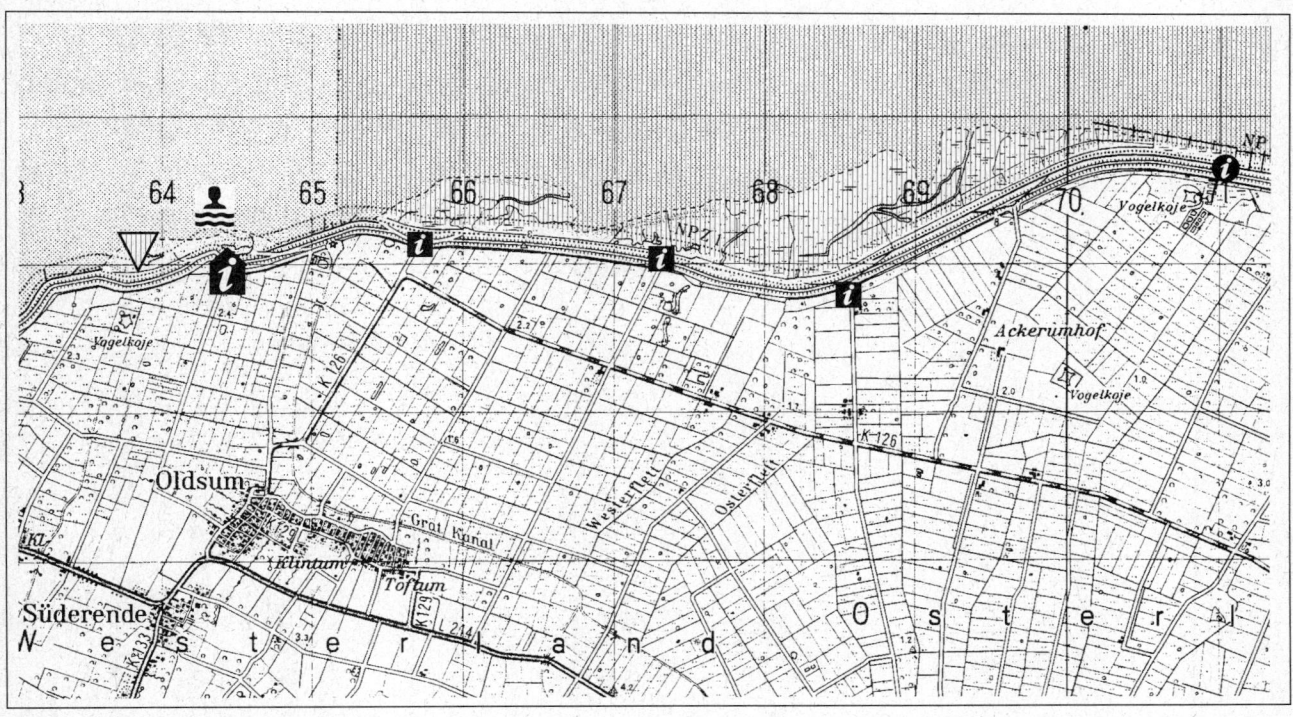

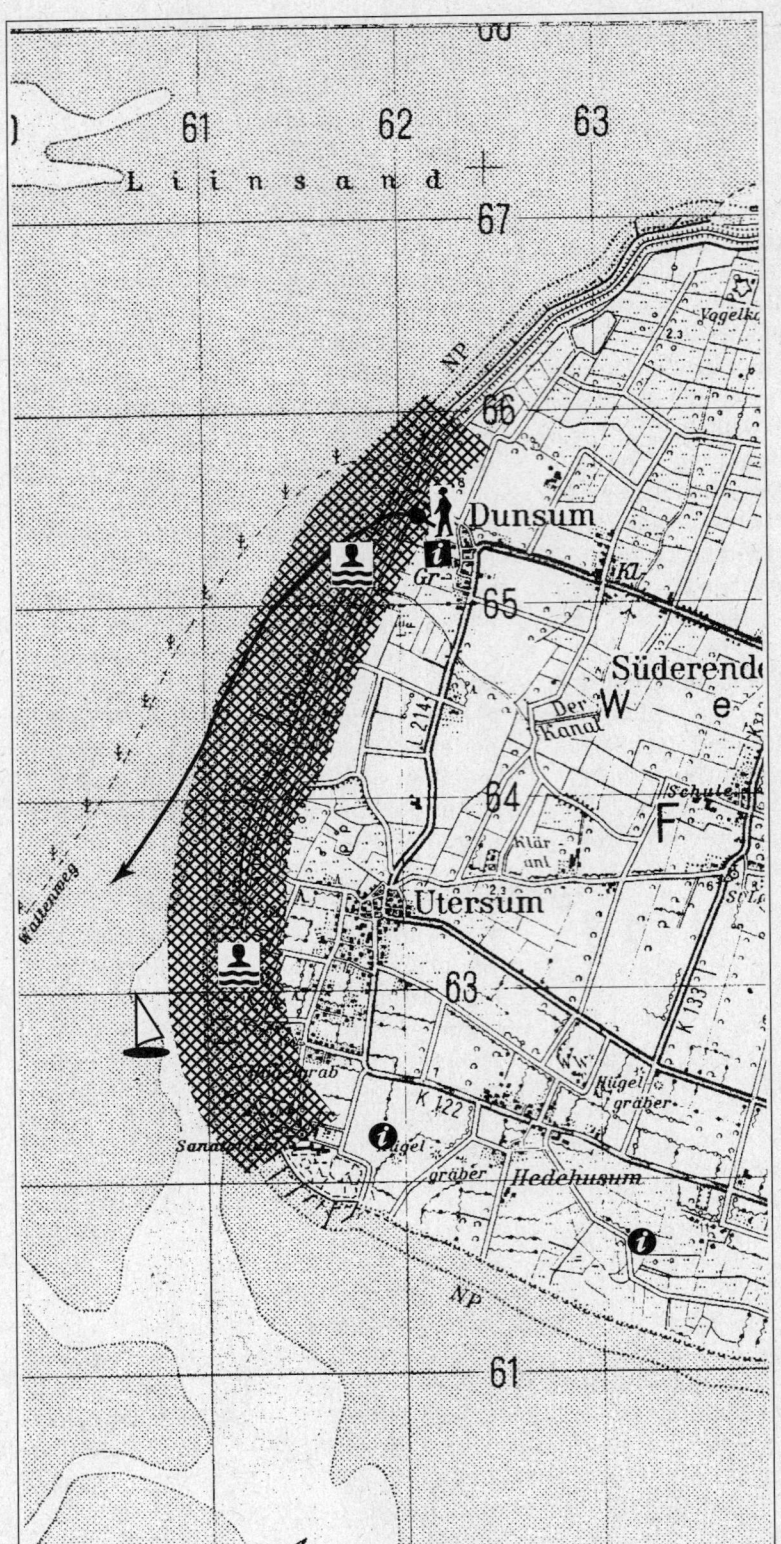

mere Teilsperrung während der Brutzeit erreicht werden

Landwirtschaft und küstenschutztechnische Nutzungen:
–

sonstige Nutzungen:
–

Vorfeldplanung (insbes. Verkehr):
–

Föhr West IF 2

Kurzcharakteristik und Bewertung
► Schardeich von Sörensvai bis Godelniederung incl. der Strand- und Wattgebiete davor
► keine geeigneten Brut- und Rastplätze für Vögel vorhanden
► intensive touristische Nutzung mit vielfältigen Freizeitaktivitäten; Konflikte mit Naturschutzinteressen sind aus diesem Gebiet aber nicht bekannt

Vorschläge für Schutzmaßnahmen
Touristische Einrichtungen:
► Erholungsgebiet mit der Möglichkeit zur Angebotserweiterung

Informationsangebot und Besucherlenkung:
► 1 Infotafel:
am Startpunkt des Wattenweges nach Amrum am Deich bei Dunsum
► 1 Infokarte:
vor Hedehusum
► 1 Übergangspunkt kennzeichnet den Wattenweg nach Amrum
► Eingangspfähle am Deich bei Dunsum (Wattenweg nach Amrum) und vor Hedehusum

Räumliche Schutzmaßnahmen:
–

Landwirtschaft und küstenschutztechnische Nutzungen:
–

sonstige Nutzungen:
–

Vorfeldplanung (insbes. Verkehr):
–

Föhr: Godel- und Brukniederung IF 3

Kurzcharakteristik und Bewertung
▶ Godel- und Brukniederung an der Südküste Föhrs
▶ die Godelniederung stellt mit dem natürlichen Flußästuar und dem vorgelagerten Sandhaken einen für das schleswig-holsteinische Wattenmeer einzigartigen natürlichen Übergang vom Süßwasser zum Wattenmeer dar
▶ als Brutgebiet vor allem für Zwergseeschwalben bedeutend; in der Godelniederung konzentriert sich ein bedeutender Bestand an Rastvögeln (einziger Rastplatz im Süden Föhrs), mindestens drei Limikolenarten kommen in international bedeutenden Anzahlen vor
▶ lokale Bedeutung für den Fremdenverkehr mit vielfältigen touristischen Aktivitäten, konzentriert an den Badestellen; insbesondere auf dem Sandhaken vor der Godelniederung treten erhebliche Störungen der dort brütenden Zwergseeschwalben auf; eine Verringerung der Konflikte ist nur durch eine bessere räumliche Trennung der Freizeitaktivitäten von den wichtigen Brutgebieten und eine begleitende Besucherinformation möglich

Vorschläge für Schutzmaßnahmen
Touristische Einrichtungen:
▶ Rückbau der Badestelle an der Godelniederung und Verlegung westlich nach Hedehusum bzw. östlich nach Goting

Informationsangebot und Besucherlenkung:
▶ für die Besucherlenkung in der Godel- und Brukniederung ist ein umfassendes Konzept notwendig, das Wegeangebot muß vor Ort festgelegt werden
▶ 1 Infotafel:
am Zugang Witsum
▶ 2 Infokarten:
westlich und östlich der vorgeschlagenen Gebietssperrung
▶ Eingangspfähle an den Standorten der Infokarten westlich und östlich der vorgeschlagenen Gebietssperrung

Räumliche Schutzmaßnahmen:
▶ ganzjährige Sperrung der Nehrung und der inneren Teile der Niederung als Brut- und Rastgebiet

Landwirtschaft und küstenschutztechnische Nutzungen:
▶ Die Einstellung der Beweidung ist anzustreben. Im Kontakt mit Eigentümern und Beteiligten muß dabei geprüft werden, unter welchen Bedingungen und in welchem Zeitraum ein schrittweiser Ausstieg zu realisieren ist

sonstige Nutzungen:
–

Vorfeldplanung (insbes. Verkehr):
–

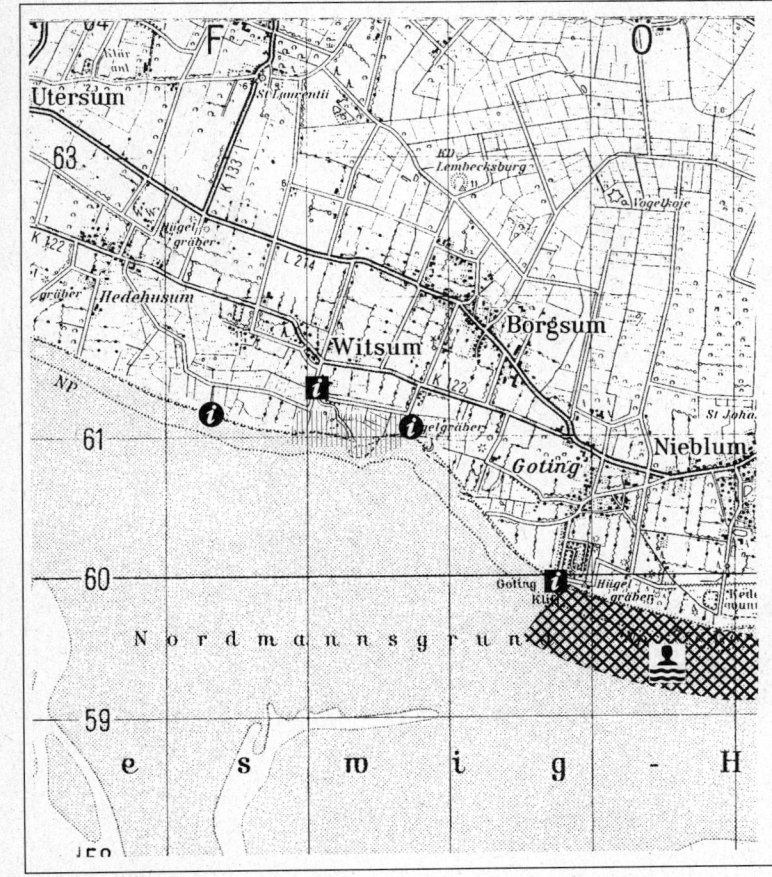

Föhr Ost IF 4

Kurzcharakteristik und Bewertung

► Schardeich im Osten von Föhr vom Midlumer Vorland über Hafen und Strand Wyk bis Brukniederung bei Goting incl. der Strand- und Wattflächen davor

► für Rastvögel nur geringe Bedeutung (nördlich gelegene Lahnungsfelder im Anschluß an die Vorländer im Norden Föhrs werden zeitweise als Rastplätze genutzt), keine geeigneten Brutplätze vorhanden

► intensive touristische Nutzung, Hauptbadestrand der Insel Föhr vor Wyk, vielfältige Freizeitaktivitäten; Konflikte mit Naturschutzinteressen sind aus diesem Gebiet nicht bekannt

Vorschläge für Schutzmaßnahmen

Touristische Einrichtungen:

► Erholungsgebiet von Näshörn über Wyk bis zum Gotinger Kliff mit der Möglichkeit zur Angebotserweiterung (Ausweisung von Drachenflugstrecken, Surfrevieren etc.)

Informationsangebot und Besucherlenkung:

► für die Gebiete nördlich von Näshörn soll ein Wegegebot für die Wege am Deich eingerichtet werden

► 1 Infotafel:
am Gotinger Kliff

► 3 Infokarten:
bei Näshörn,
Zufahrt nördlich der Vogelkoje

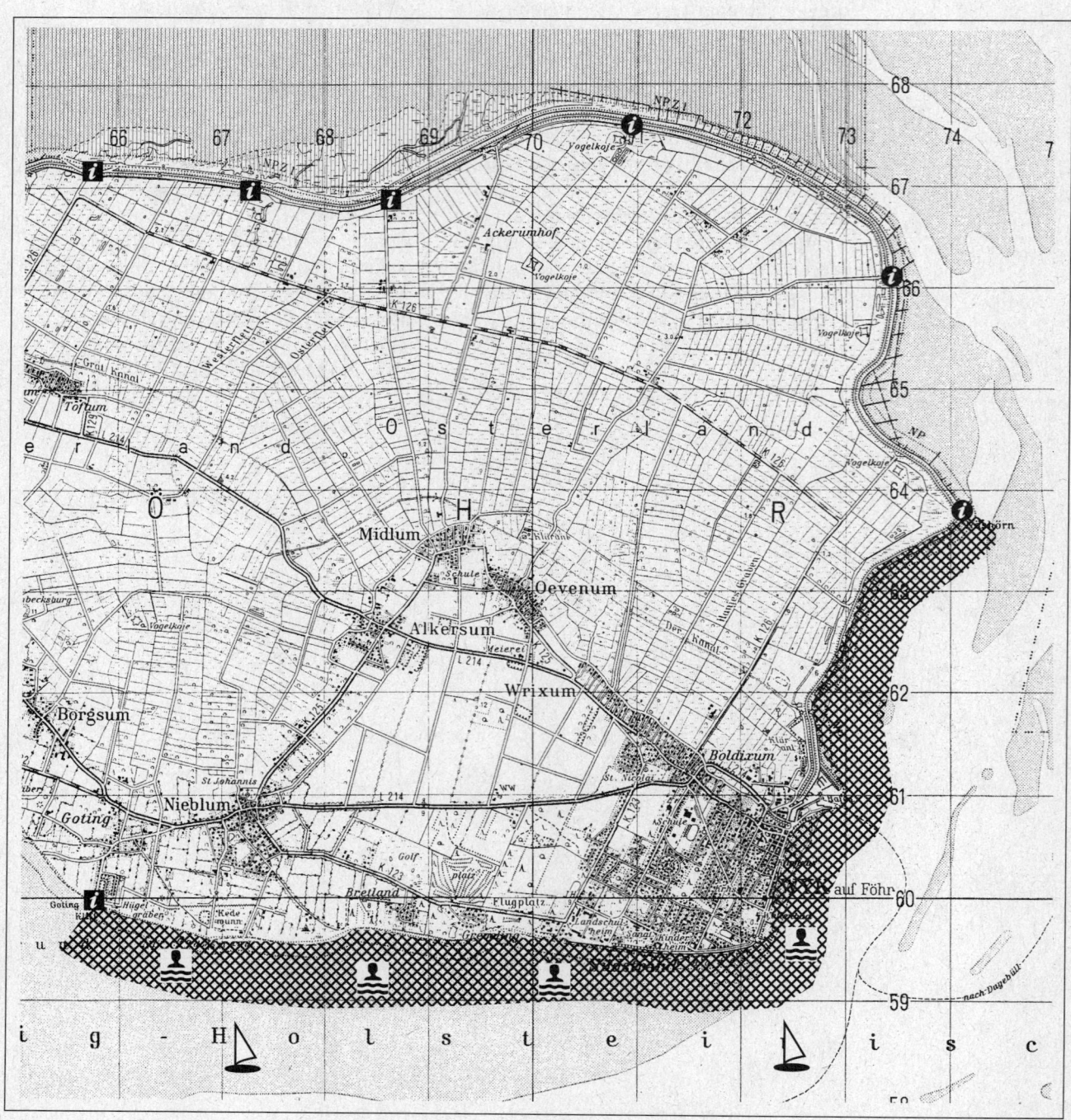

Beginn der Brut- und Rastgebietssperrung im Übergang zu den Vorländern im Norden Föhrs (IF 1)
▶ Eingangspfähle am Goting-Kliff und bei Näshörn

Räumliche Schutzmaßnahmen:
▶ ganzjährige Sperrung der nördlichen Lahnungsfelder entsprechend der heutigen Zone 1 als Brut- und Rastgebiet

Landwirtschaft und küstenschutztechnische Nutzungen:
–

sonstige Nutzungen:
–

Vorfeldplanung (insbes. Verkehr):
–

Pellworm: nördliche Vorländer IP 11+13

Kurzcharakteristik und Bewertung
▶ Bupheverkoog-Vorland und Hökhallig an der Nordküste Pellworms; die beiden Salzwiesenbereiche sind durch ein Stück Schardeich vor dem Kleinen Norderkoog getrennt
▶ beweideter, artenarmer Andelrasen
▶ das Bupheverkoog-Vorland (IP 11) ist

das bedeutendste Rastgebiet für Vögel auf Pellworm; neun Vogelarten, meist Limikolen, rasten hier in international bedeutenden Beständen; allerdings zeigen die Rastvogelzahlen - anders als in fast allen anderen Bereichen des Nationalparks - eine rückläufige Tendenz; dies wird zumindestens zum Teil auf ein verstärktes Gästeaufkommen im relativ abgelegenen Nordosten Pellworms in den letzten Jahren zurückgeführt; die Hökhallig hat aufgrund der geringen Größe und der Nutzung als Badestrand nur geringe Bedeutung für Vögel
▶ touristische Nutzung konzentriert sich auf die Badestelle Hökhallig; die für Vögel wichtigeren Gebiete im Nordosten der Insel sind touristisch nur von untergeordneter Bedeutung, doch sind die Rastvögel dort aufgrund der geringen Tiefe der Vorländer sehr störungsanfällig; zur Verminderung von Störungen ist eine konsequentere räumliche Trennung von touristischer Nutzung und Rastplätzen zu empfehlen
▶ weitere potentielle Gefährdungen des Gebietes bestehen durch Planungen zum Bau des Pellworm-Sicherungsdammes und zum Bau von Windkraftanlagen im Buphever- und Norderkoog

Vorschläge für Schutzmaßnahmen
Touristische Einrichtungen:
▶ Erholungsgebiet Badestelle Hökhallig (IP 13) mit Erhalt des Status quo

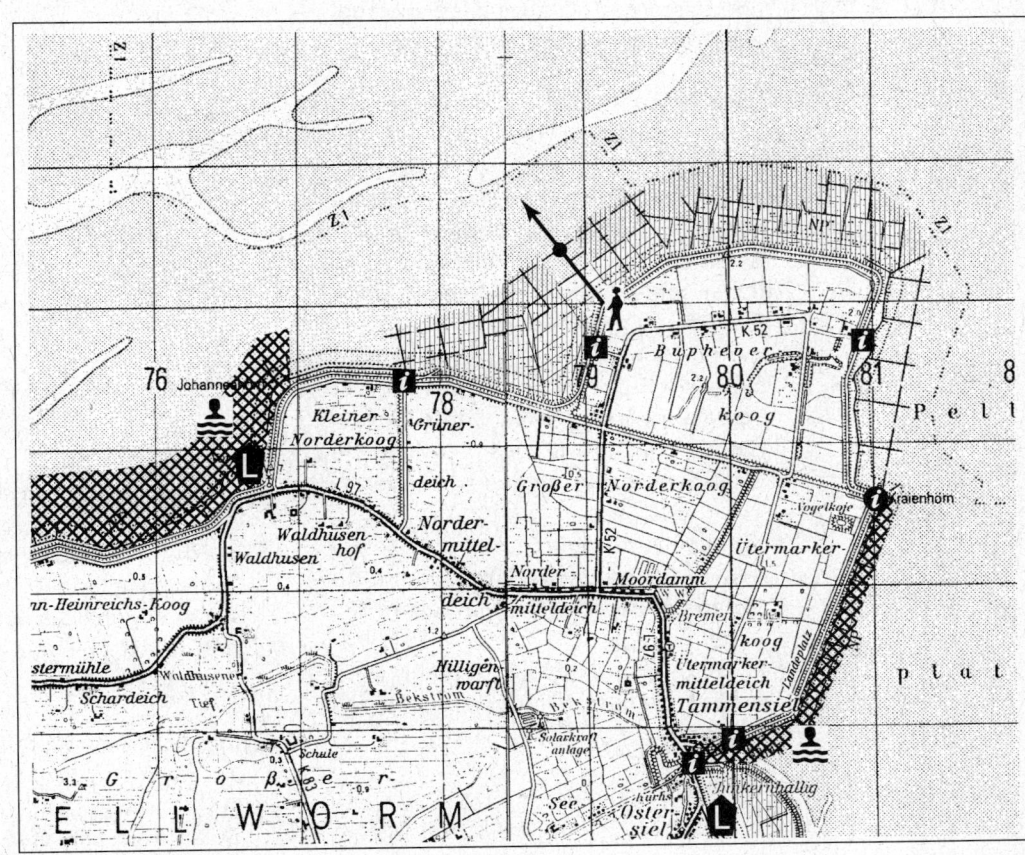

Informationsangebot und Besucherlenkung:
▶ 1 ausgewiesener Zugang auf dem
Schafdamm am östlichen Ende des
Treibselabfuhrweges (Deichüberfahrt im
Westen des Bupheverkoog-Vorlandes, IP
11) führt durch die Salzwiese zu Watt und
Wasser (ZWW)
▶ 1 Übergangspunkt kennzeichnet den
Zugang am Wattrand
▶ 2 Infotafeln:
westliche Deichzufahrt im Bupheverkoog
am ZWW,
Deichüberfahrt Grüner Deich (Westgrenze
der Brut- und Rastgebietssperrung)
▶ 1 Lehrpfad:
Salzwiesenlehrpfad im östlichen Vorland
Hökhallig (IP 13) unter Einbeziehung eines
Stücks unbeweideter Salzwiese
▶ Eingangspfähle am ZWW im
Bupheverkoog-Vorland sowie am Zugang
zur Badestelle Hökhallig
▶ der bereits vorhandene Treibselabfuhrweg im Westen des Bupheverkoog-
Vorlandes (IP 11) bleibt für Spaziergänge
und Radfahren geöffnet; ggf. ist beim
Weiterbau eines Treibselabfuhrweges
nach Osten dieser für Gäste komplett zu
sperren und eine Wegeführung
binnendeichs durch den Bupheverkoog
auszuweisen

Räumliche Schutzmaßnahmen:
▶ ganzjährige Sperrung des
Bupheverkoog-Vorlandes (IP 11) als Brut-
und Rastgebiet, Grenze des Schutzgebietes direkt am Treibselabfuhrweg

Landwirtschaft und küstenschutztechnische Nutzungen:
▶ es sollte geprüft werden, ob das gesamte Bupheverkoog-Vorland für Sodenflächen benötigt wird; unbeweidete
Salzwiesen fehlen auf Pellworm völlig,
daher sollten einige Flächen aus der
Beweidung genommen werden
▶ im östlichen Teil der Hökhallig (IP 13)
sollte ein Stück Salzwiese aus der
Beweidung genommen werden, um im
Rahmen des Lehrpfades natürliche Salz-
wiesenvegetation zeigen zu können

sonstige Nutzungen:
▶ Beendigung der Vorlandjagd mit Auslaufen der Pachtverträge im Jahre 1997

Vorfeldplanung (insbes. Verkehr):
▶ keine weiteren Windkraftanlagen auf
Pellworm

Pellworm Junkernhallig
IP 12

Kurzcharakteristik und Bewertung
▶ beweidetes Vorland der Junkernhallig
im Osten Pellworms südlich der alten
Hafenzufahrt; durch den Bau des neuen
Tiefwasser-Anlegers wurde das Vorland
stark verändert, die Zufahrt zum Anleger
verläuft größtenteils außendeichs und
quert die Salzwiese; die Naturwertigkeit
des Gebietes wurde durch die Baumaßnahmen erheblich beeinträchtigt
▶ internationale Bedeutung als Rastgebiet
für drei Limikolenarten, als Brutgebiet nur
von untergeordneter Bedeutung
▶ touristische Nutzung konzentriert sich
am alten Hafen Tammensiel; reges Gästeaufkommen auf der Zufahrtstraße zum
Anleger; die Beeinträchtigungen des
Gebietes durch den Bau des Tiefwasser-
Anlegers sind dauerhaft, doch lassen sich
akute Störungen durch eine verbesserte
räumliche Trennung von Freizeitaktivitäten
und Rastvogelgebieten vermindern

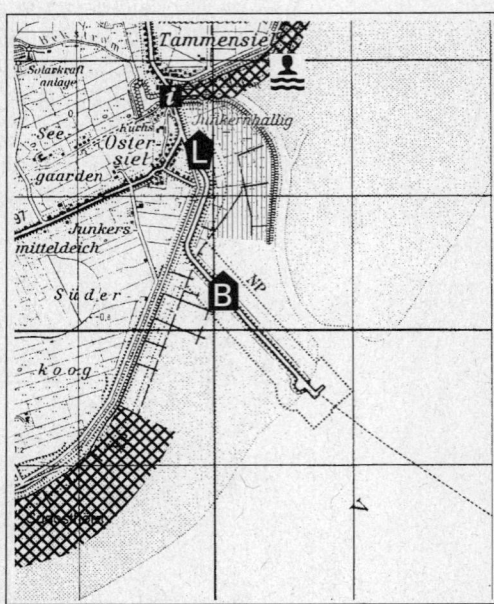

Vorschläge für Schutzmaßnahmen
Touristische Einrichtungen:
▶ Erholungsgebiet Hafenbereich
Tammensiel mit Erhalt des Status quo
▶ Beruhigung des Badebetriebes südlich
des neuen Anlegers und Verlagerung nach
Südosthörn

Informationsangebot und Besucherlenkung:
▶ 1 Lehrpfad:
Salzwiesen-Lehrpfad im deichnahen

Vorland nordwestlich der Anlegerzufahrt unter Einbeziehung eines Stücks unbeweideter Salzwiese
▶ Beobachtungsstand auf der Zufahrt zum Tiefwasser-Anleger:
neues Angebot für Naturbeobachtung: erhöhter Aussichtspunkt mit Informationsangebot durch Infotafeln, Objekttafeln und aktuelle Aushänge (Ausführung und genauer Standort müssen vor Ort festgelegt werden)
▶ 1 Infotafel:
direkt am Hafen Tammensiel, u.a. Hinweis auf Lehrpfad und Beobachtungsmöglichkeit
▶ Eingangspfähle am Beginn des Salzwiesen-Lehrpfades

Räumliche Schutzmaßnahmen:
▶ ganzjährige Sperrung der Salzwiesen nördlich des neuen Tiefwasser-Anlegers als Brut- und Rastgebiet

Landwirtschaft und küstenschutztechnische Nutzungen:
▶ die Beweidung sollte in Teilen der Junkernhallig nördlich der Anlegerzufahrt eingestellt werden (Lehrpfad)

sonstige Nutzungen:
▶ Beendigung der Vorlandjagd mit Auslaufen der Pachtverträge im Jahre 1997

Vorfeldplanung (insbes. Verkehr):
–

Pellworm Schardeich West
IP 22 - 27, IP 2A

Kurzcharakteristik und Bewertung
▶ Schardeich im Westen von Pellworm von der Hökhallig über Hooger Fähre und Untjehörn bis zum Südwest-Ende der Junkernhallig
▶ aufgrund fehlender Vorländer keine Bedeutung als Brut- und Rastgebiet für Vögel
▶ vielfältige Freizeitaktivitäten möglich, konzentriert an mehreren Badestellen; Konflikte mit Naturschutzinteressen treten nicht auf

Vorschläge für Schutzmaßnahmen
Touristische Einrichtungen:
▶ das Gesamtgebiet wird als Erholungsgebiet mit der Möglichkeit zur Angebotserweiterung (Drachenfluggebiet, Surfgebiet) ausgewiesen

Informationsangebot und Besucherlenkung:
▶ 2 Infotafeln:
Hooger Fähre
Abgangspunkt für Wattwanderungen nach Süderoog (bereits vorhanden)
▶ 4 Infokarten:
Alte Kirche,
Tammwarft,
Untjehörn und
Kaydeich (Deichzufahrt Jugendhof)
▶ 1 Übergangspunkt kennzeichnet den Beginn des Wattenweges nach Süderoog
▶ Eingangspfähle am Beginn des Wattenweges nach Süderoog

Räumliche Schutzmaßnahmen:
–

Landwirtschaft und küstenschutztechnische Nutzungen:
–

sonstige Nutzungen:
–

Vorfeldplanung (insbes. Verkehr):
–

XI

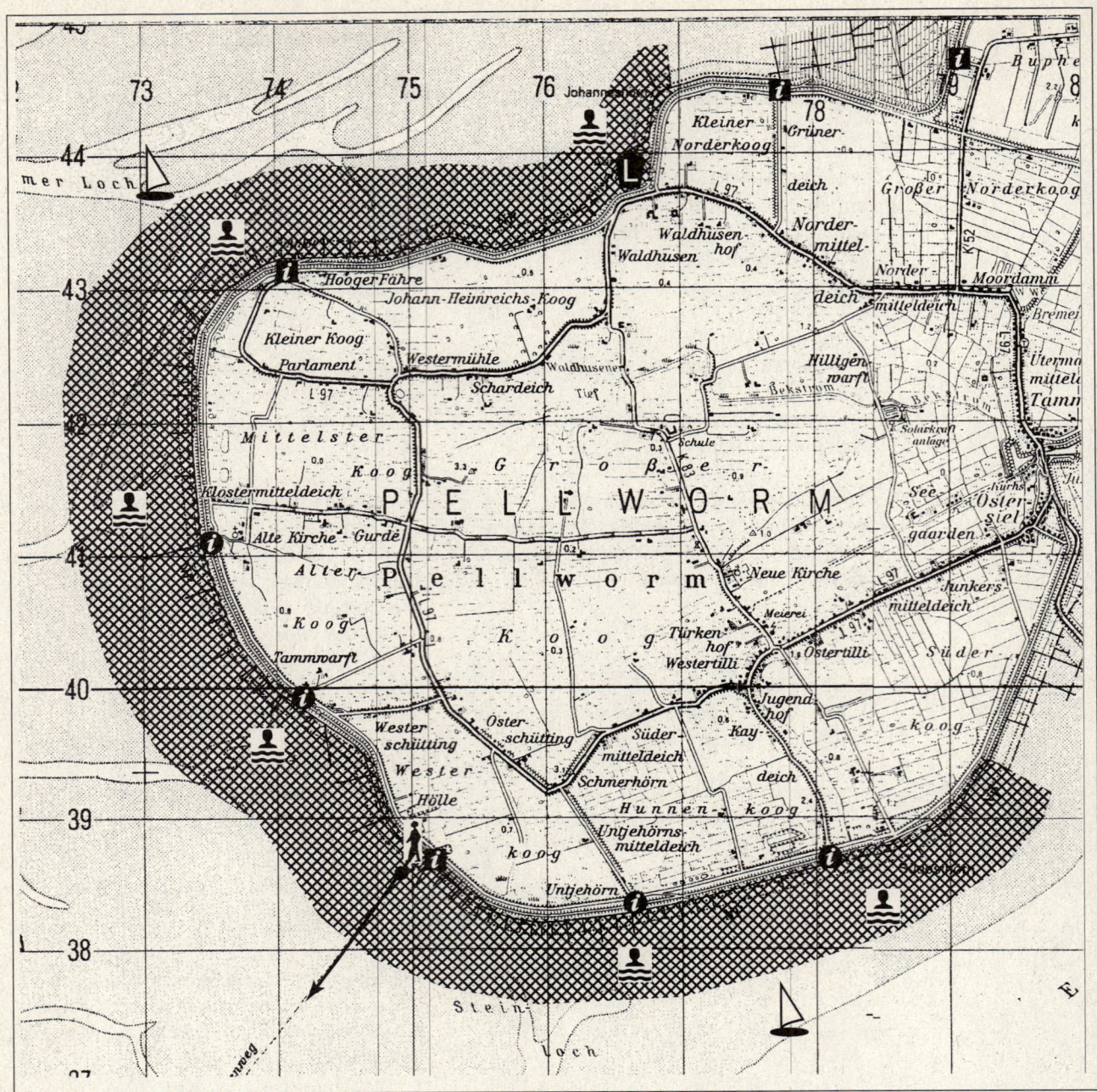

Pellworm Schardeich Ost
IP 2B

Kurzcharakteristik und Bewertung
► Deich mit vorgelagerten Lahnungen zwischen Hafen Tammensiel über Kraienhörn bis zur Nordost-Spitze Pellworms (Beginn des Bupheverkoog-Vorlandes)
► im nördlichen Teil bereits Vorlandbildung innerhalb der Lahnungsfelder
► die höheren Lahnungsfelder vor dem Bupheverkoog werden bei niedrigeren Wasserständen von Vögeln als Rastplätze genutzt, ansonsten ist die Bedeutung des Gebietes für Brut- und Rastvögel vergleichsweise gering
► touristische Nutzung konzentriert sich auf den Hafenbereich und die Badestelle Tammensiel sowie Kraienhörn, Konflikte sind z. Z. nicht erkennbar

Vorschläge für Schutzmaßnahmen
Touristische Einrichtungen:
► Erholungsgebiet am Deich zwischen Hafen Tammensiel und Kraienhörn mit Erhalt des Status quo
► die hauptsächlich von Einheimischen genutzten Badestellen am östlichen Deich des Bupheverkooges können im Status quo bestehen bleiben, sollten aber nicht erweitert oder ausgewiesen werden

Informationsangebot und Besucherlenkung:
► 2 Infotafeln:
nordöstlichste Zufahrt zum Deich Bupheverkoog (Informationen zu Rastvögeln und der nördlich beginnenden Schutzgebietsausweisung) und am Deich nördlich des Hafens
► 1 Infokarte:
bei Kraienhörn
► Eingangspfähle an der Nordseite des Hafens Tammensiel und bei Kraienhörn

Räumliche Schutzmaßnahmen:
–

Landwirtschaft und küstenschutztechnische Nutzungen:
–

sonstige Nutzungen:
–

Vorfeldplanung (insbes. Verkehr):
–

Trischen IT

Kurzcharakteristik und Bewertung
► einzige permanente Insel im Dithmarscher Wattenmeer, mit natürlicher Salzwiese und ausgedehnten Sand- und Dünenflächen
► die gesamte Insel unterliegt einer natürlichen Dynamik mit stetiger Verlagerung nach Osten, dabei verkleinert sich die Salzwiesenfläche der Insel allmählich
► herausragende Bedeutung für Rast- und Brutvögel: Trischen ist Einzugsgebiet für Rastvögel der gesamten umliegenden Wattflächen und hat internationale Bedeutung für mindestens 18 Rastvogelarten; im Spätsommer sind die Watten um Trischen Mausergebiet für Brandenten (bis zu 100.000 Exemplare!) und Eiderenten; als Brutgebiet hat Trischen internationale Bedeutung für Brand- und Flußseeschwalbe und beherbergt große Kolonien von Lach- und Silbermöwen
direkte Störungen von Land oder Wasser aus sind aufgrund der hervorragenden Betreuung selten geworden; Störungen der Vögel durch militärischen und privaten Flugverkehr; eine latente Gefährdung

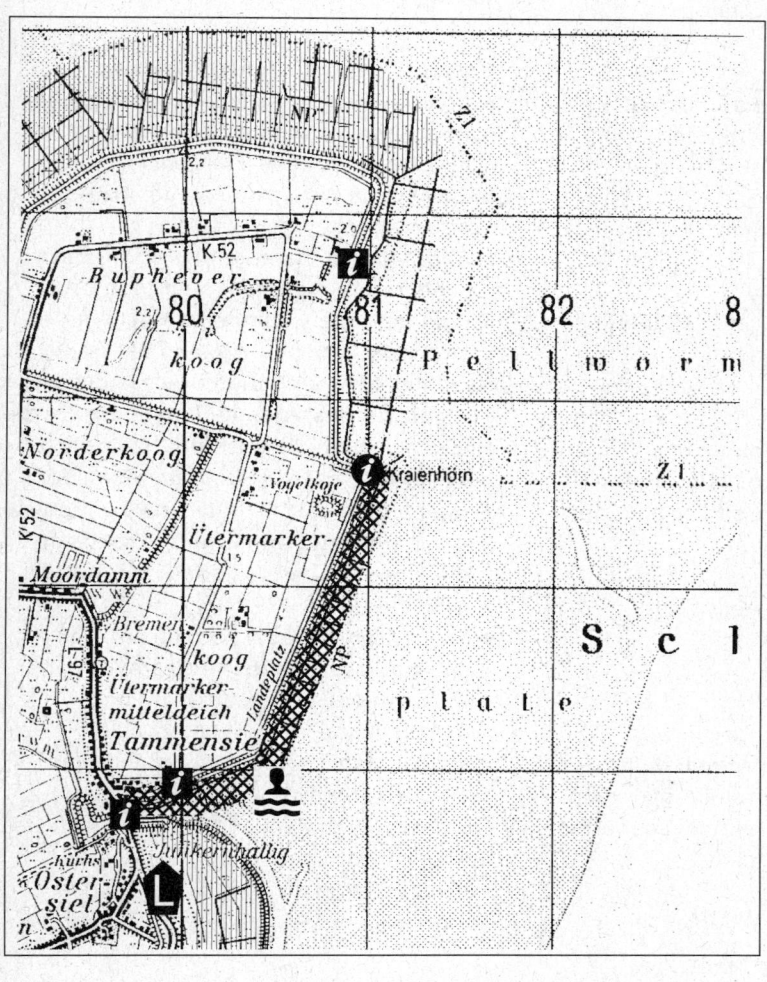

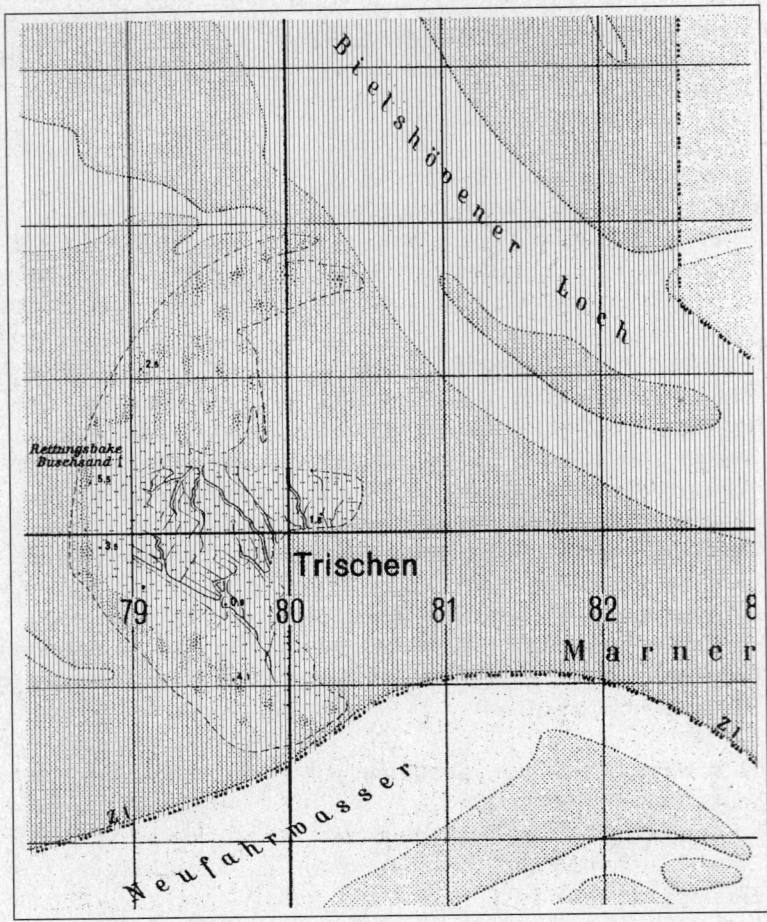

der gesamten Wattflächen besteht durch die benachbarte Ölbohrplattform Mittelplate

Vorschläge für Schutzmaßnahmen
▶ Erhalt des Status quo mit Betreuung durch einen Vogelwart (Frühling - Herbst)

Touristische Einrichtungen:
–

Informationsangebot und Besucherlenkung:
–

Räumliche Schutzmaßnahmen:
▶ ganzjährige Sperrung als Brut- und Rastgebiet in den Grenzen der heutigen Zone 1

Landwirtschaft und küstenschutztechnische Nutzungen:
–

sonstige Nutzungen:
▶ Reduzierung der Störungen durch militärischen und privaten Flugverkehr
▶ langfristig: Rückbau der benachbarten Ölbohrplattform Mittelplate

Vorfeldplanung (insbes. Verkehr):
–

Langeneß IH 1

Kurzcharakteristik und Bewertung
▶ größte Hallig mit ausgedehnten Halligsalzwiesen, von einem Sommerdeich und Steinkante umgeben, im Osten unbeweidete bzw. extensiv genutzte Vorlandsalzwiesen
▶ international bedeutendes Rastgebiet für mehrere Vogelarten, u.a. Knutt und Ringelgans; die wichtigsten Hochwasserrastgebiete liegen im Westen der Hallig (feuchte Niederung Ridd) und im östlichen Vorland; herausragende Bedeutung für die Ringelgans, die die gesamte Halligfläche sowie im Herbst die Seegraswiesen der umgebenden Watten nutzt; als Brutgebiet vor allem für Austernfischer (hohe Brutpaardichten), Seeschwalben und Möwen von Bedeutung
▶ touristisch regional bedeutsam, vor allem für naturorientierte Gäste; bei gleichbleibender Besucherzahl und -struktur, insbesondere einer relativ geringen Zahl von Tagestouristen, und weiterer Verbesserung der Besucherinformation und -lenkung können Konflikte zwischen Naturschutz und Tourismus vermieden und die Möglichkeiten des Naturerlebens verstärkt genutzt werden

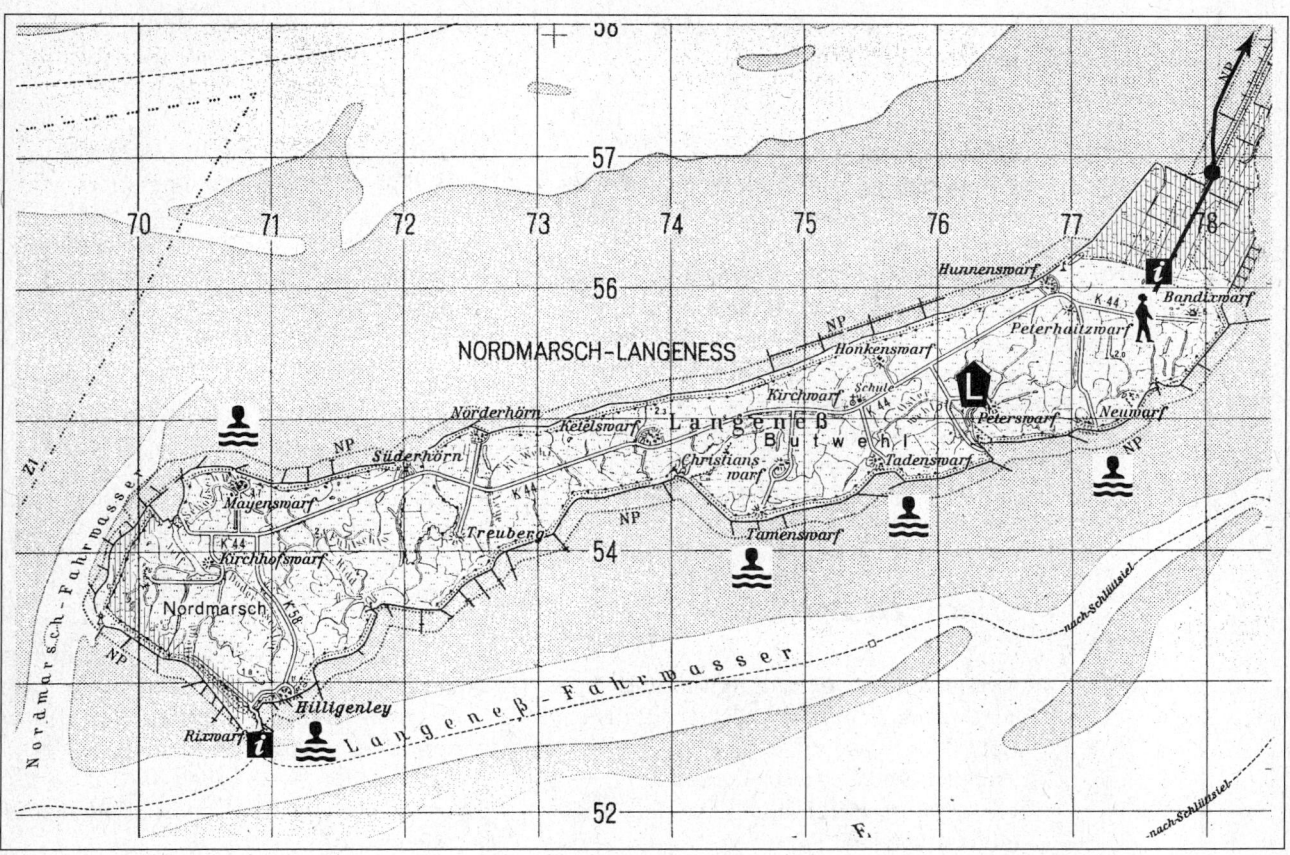

Vorschläge für Schutzmaßnahmen

▶ Die fünf großen Halligen gehören nicht zum Nationalpark, werden aber als wichtige Bereiche des Vorfeldes aufgrund ihrer intensiven Wechselwirkungen mit dem Nationalparkgebiet bewußt innerhalb dieses Konzeptes behandelt. Ziel ihrer Entwicklung sollte die nachhaltige Nutzung der Kulturlandschaft sein.

▶ Die Vorschläge zur Besucherlenkung und Ausweisung von Schutzgebieten sind auf die derzeitige Situation des Tourismus auf Langeneß zugeschnitten und können nur ausreichen, wenn keine gravierenden Änderungen der Gästezahl und -struktur auf der Hallig eintreten (insbesondere kein sprunghafter Anstieg des Tagestourismus).

Touristische Einrichtungen:
▶ Erhalt des Status quo der touristischen Einrichtungen, z. B. Badestellen, Bootsliegeplätze
▶ keine Erweiterung der Infrastruktur auf der Hallig (Wegeführung, Wegeausbau), insbesondere kein durchgehender Ausbau der Steinkante als Radweg

Informationsangebot und Besucherlenkung:
▶ Salzwiesenlehrpfad am Weg zur Peterswarf (bereits vorhanden)
▶ 1 ausgewiesener Zugang führt durch das Vorland direkt am Lorendamm entlang zu Watt und Wasser (und weiter als Wattenweg nach Oland)
▶ 2 Infotafeln:
direkt am Anleger (mit Wegeangebot auf der Hallig und Hinweis auf das Informationszentrum (Rixwarf) und
am ZWW am Beginn des Vorlandes im Osten
▶ 1 Übergangspunkt kennzeichnet den ZWW am Übergang Vorland/Watt
▶ Eingangspfähle am Übergang zum Nationalpark im östlichen Vorland
▶ Ortszentrum des Nationalparkamtes in Zusammenarbeit mit der Schutzstation Wattenmeer auf der Rixwarf (bereits vorhanden);
▶ Seminarzentrum „Naturschule Langeneß" der Schutzstation Wattenmeer auf der Peterswarf (bereits vorhanden)

Räumliche Schutzmaßnahmen:
▶ Brutzeitsperrung (1.4. - 31.7.) des Vorlandes am Lorendamm (Seeschwalben- und Möwenkolonien), Absperrung wie bisher: Lorendamm und Weg bleiben frei
▶ Brutzeitsperrung (1.4. - 31.7.) im Westen der Hallig von Rixwarf über Halgehus bis Jelf-Schleuse zwischen Sommerdeich und Steinkante (Seeschwalben, Sandregenpfeifer), Absperrung wie bisher: Sommerdeich und Steinkante bleiben begehbar

Landwirtschaft und küstenschutztechnische Nutzungen:
–

sonstige Nutzungen:
▶ Beendigung der Vorlandjagd mit Auslaufen der Pachtverträge im Jahre 1997

Vorfeldplanung (insbes. Verkehr):
▶ Vorgeschlagen wird die Erarbeitung und
Umsetzung eines Konzeptes für eine
„autoarme Hallig": privater PKW-Verkehr
nur für Einheimische, keine Mitnahme von
Gäste-PKW auf die Hallig. Grundlagen
hierfür wurden mit dem Halliggutachten
von MÜLLER et al. (1991) erarbeitet.

Oland IH 2

Kurzcharakteristik und Bewertung
▶ von einem Sommerdeich umgebene
Hallig mit typischer, extensiv genutzter
Halligsalzwiese, im Nordosten am
Olanddamm größere unbeweidete Vorlandsalzwiesen
▶ international bedeutendes Rastgebiet
für drei Vogelarten, u.a. Ringelgans;
bedeutende Brutbestände mehrerer
Larolimikolenarten
▶ regionale touristische Bedeutung als
Ausflugsziel insbesondere für zahlreiche
Wattwanderer und Wattwanderinnen von
Dagebüll aus; die Wattwanderintensität
um Oland ist hoch; um Konflikte zu

vermeiden, ist eine verbesserte, gezielte
Lenkung der Wanderungen vom Watt auf
die Hallig notwendig

Vorschläge für Schutzmaßnahmen
▶ Die fünf großen Halligen gehören nicht
zum Nationalpark, werden aber als
wichtige Bereiche des Vorfeldes aufgrund
ihrer intensiven Wechselwirkungen mit
dem Nationalparkgebiet bewußt innerhalb
dieses Konzeptes behandelt. Ziel ihrer
Entwicklung sollte die nachhaltige Nutzung der Kulturlandschaft sein

Touristische Einrichtungen:
▶ Erhalt des Status quo der touristischen
Einrichtungen, z.B. Badestelle

Informationsangebot und Besucherlenkung:
▶ die Anlaufstelle der Wattwanderung von
Dagebüll aus soll auf der Hallig an der
Badestelle im Nordwesten der Warft
konzentriert werden; die Ankunftsstelle
dort mit einigen Leitpricken im Watt und
einem Übergangspunkt an der Halligkante
kennzeichnen
▶ 1 Infokarte:
an der Ankunftsstelle Wattwanderweg
▶ 1 Infotafel:
auf der Warft
▶ Eingangspfähle an der Ankunftsstelle
des Wattwanderweges

Räumliche Schutzmaßnahmen:
▶ ganzjährige Sperrung des Vorlandes am
Olanddamm als Brut- und Rastgebiet

Landwirtschaft und küstenschutztechnische Nutzungen:
–

sonstige Nutzungen:
▶ Beendigung der Vorlandjagd mit Auslaufen der Pachtverträge im Jahre 1996

Vorfeldplanung (insbes. Verkehr):
–

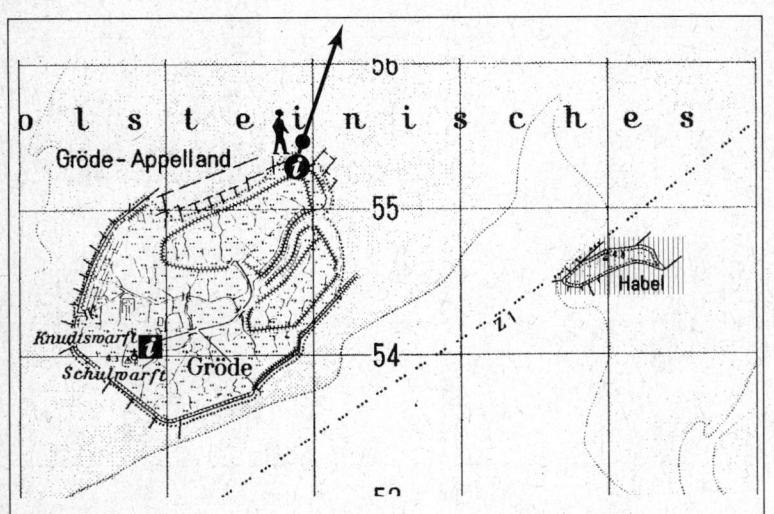

Gröde IH 3

Kurzcharakteristik und Bewertung
► mittelgroße Hallig mit typischer, größtenteils extensiv genutzter Halligsalzwiese und ausgedehnten Beständen des Halligflieders
► internationale Bedeutung als Rastgebiet für Ringelgänse und Pfeifenten; bedeutende Brutbestände von Austernfischern, Silber- und Sturmmöwen
► kleinste Gemeinde Deutschlands; lokales Zentrum im Ausflugverkehr, vor allem als Ziel von Halligfahrten; mit über 30.000 Tagesbesuchern auf der Hallig sehen die Einwohner die Aufnahmekapazität erreicht; ein weiterer Ausbau des Tagestourismus sollte daher nicht angestrebt werden; durch verstärkte Besucherinformation und -lenkung können mögliche Konflikte mit Naturschutzinteressen bei Erhalt der touristischen Nutzung vermieden werden

Vorschläge für Schutzmaßnahmen
► Die fünf großen Halligen gehören nicht zum Nationalpark, werden aber als wichtige Bereiche des Vorfeldes aufgrund ihrer intensiven Wechselwirkungen mit dem Nationalparkgebiet bewußt innerhalb dieses Konzeptes behandelt. Ziel ihrer Entwicklung sollte die nachhaltige Nutzung der Kulturlandschaft sein

Touristische Einrichtungen:
► Erhalt des Status quo der touristischen Nutzung

Informationsangebot und Besucherlenkung:
► Ankunftsstelle der Wattwanderung auf der Hallig mit Übergangspunkt kennzeichnen, evtl. Weg durch die Lahnungen mit einigen Leitpricken markieren

► 1 Infokarte:
am Ankunftspunkt der Wattwanderungen (mit Wegeangebot auf der Hallig)
► 1 Infotafel:
am Hauptweg auf die Warft

Räumliche Schutzmaßnahmen:
–

Landwirtschaft und küstenschutztechnische Nutzungen:
–

sonstige Nutzungen:
–

Vorfeldplanung (insbes. Verkehr):
–

Habel IH 4

Kurzcharakteristik und Bewertung
► kleinste Hallig mit nur 6 ha Gesamtfläche, extensiv beweidete Halligsalzwiese für Rastvögel wegen der hohen Störanfälligkeit aufgrund der geringen Größe nur von geringer Bedeutung; als Brutgebiet bedeutend für eine große Lachmöwenkolonie (600 Brutpaare)
► für den Tourismus spielt Habel keine Rolle, da es z.Z. ganzjährig nicht betreten werden darf (Zone 1)

Vorschläge für Schutzmaßnahmen
► Erhalt des Status Quo

Touristische Einrichtungen:
–

Informationsangebot und Besucherlenkung:
–

Räumliche Schutzmaßnahmen:
► ganzjährige Sperrung als Brut- und Rastgebiet entsprechend der heutigen Situation

Landwirtschaft und küstenschutztechnische Nutzungen:
► Beweidung der Hallig mit Ausnahme der Warft einstellen

sonstige Nutzungen:
–

Vorfeldplanung (insbes. Verkehr):
–

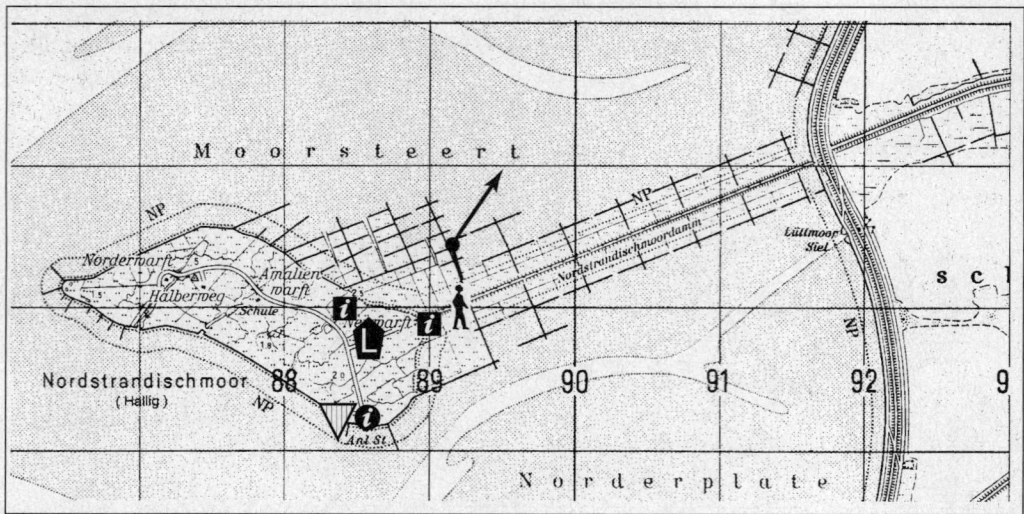

Nordstrandischmoor IH 5

Kurzcharakteristik und Bewertung
► mittelgroße Hallig, größtenteils von einer Steinkante umgeben, mit meist extensiv beweideter Halligsalzwiese, im Osten unbeweidete Vorlandsalzwiesen
► international bedeutendes Rastgebiet u.a. für Ringelgänse, vor allem das Vorland dient als Hochwasserrastplatz; bedeutende Brutbestände von Austernfischern in hoher Revierpaardichte, Küsten- und Zwergseeschwalben sowie Silber- und Sturmmöwen
► regionale Bedeutung als Ausflugsziel für Halligfahrten und Wattwanderungen; seit Ende der 80er Jahre hat mit dem Deichschluß Beltringharder Koog und dem dadurch verkürzten Weg vor allem die Zahl der Wattwanderungen vom Festland erheblich zugenommen; eine weitere Erhöhung des Tagestourismus wird nicht angestrebt
► die Betreuung von Besuchergruppen durch eine örtliche Nationalparkwartin ist vorbildlich, doch sollte angesichts der großen Zahl von Einzelwanderungen die Besucherinformation und -lenkung weiter gestärkt werden;

Vorschläge für Schutzmaßnahmen
► Die fünf großen Halligen gehören nicht zum Nationalpark, werden aber als wichtige Bereiche des Vorfeldes aufgrund ihrer intensiven Wechselwirkungen mit dem Nationalparkgebiet innerhalb dieses Konzeptes behandelt. Ziel ihrer Entwicklung sollte die nachhaltige Nutzung der Kulturlandschaft im Rahmen der Biosphärenreservatskonzeption sein.

Touristische Einrichtungen:
► Erhalt des Status quo der touristischen Einrichtungen

Informationsangebot und Besucherlenkung:
► Ankunftsstelle der Wattwanderungen auf der Hallig mit Übergangspunkt kennzeichnen, Weg durch die Lahnungen zum Lorendamm mit einigen Leitpricken markieren (bereits vorhanden)
► 2 Infotafeln
am Beginn des Lorendammes (Ankunftspunkt der Wattwanderungen) und an der Halliggaststätte
► 1 Infokarte
am Anleger (Schautafel der Gemeinde bereits vorhanden)
► Salzwiesenlehrpfad am Hauptweg entlang zur Halliggaststätte einrichten
► Eingangspfähle am Beginn des Wattenweges zum Festland

Räumliche Schutzmaßnahmen:
► für die Zwergseeschwalbenkolonie auf der natürlichen Muschelschillfläche westlich des Anlegers ist kurzfristig die Ausweisung einer flexiblen Schutzzone in Absprache zwischen dem NPA und der Gemeinde möglich (flexible Brutzeitsperrung)

Landwirtschaft und küstenschutztechnische Nutzungen:
–

sonstige Nutzungen:
–

Vorfeldplanung (insbes. Verkehr):
–

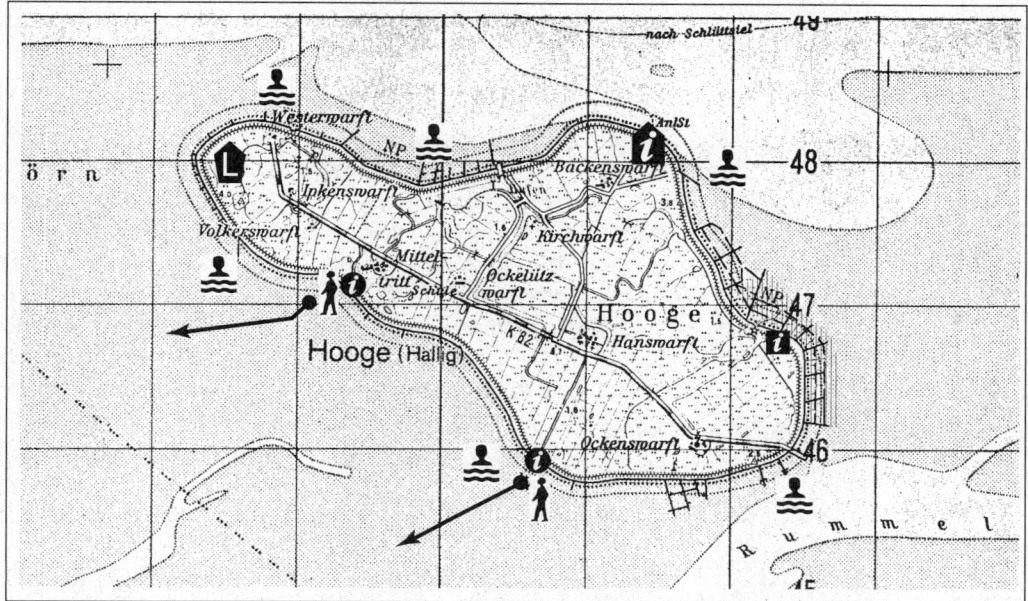

Hooge IH 6

Kurzcharakteristik und Bewertung

▶ zweitgrößte der Halligen mit großflächig beweideter Halligsalzwiese, von einem Sommerdeich und Steinkante umgeben
▶ internationale Bedeutung als Rastgebiet für Ringelgänse: Hooge hat zusammen mit Langeneß die größte Bedeutung für diese Art im schleswig-holsteinischen Wattenmeer (20 % des Weltbestandes rasten im April/Mai auf den beiden Halligen); bedeutende Brutbestände von Austernfischer sowie Fluß- und Küstenseeschwalbe
▶ Hooge hat von allen Halligen mit Abstand die größte touristische Bedeutung; es ist regionales Ausflugsziel zahlreicher Halligfahrten und Zentrum des Tagestourismus im nordfriesischen Halligraum (> 150.000 Tagestouristen); Konflikte mit Naturschutzinteressen sind durch sinnvolle Besucherlenkung und -information zu vermindern, so daß wahrscheinlich eher die Sozialverträglichkeit dieser Form des Tourismus auf Hooge begrenzend wirkt

Vorschläge für Schutzmaßnahmen

▶ Die fünf großen Halligen gehören nicht zum Nationalpark, werden aber als wichtige Bereiche des Vorfeldes aufgrund ihrer intensiven Wechselwirkungen mit dem Nationalparkgebiet bewußt innerhalb dieses Konzeptes behandelt. Ziel ihrer Entwicklung sollte die nachhaltige Nutzung der Kulturlandschaft sein.
Als Zentrum des Tagestourismus hat Hooge besonderen Wert für die Nationalpark-Information, insbesondere für die breite touristische Zielgruppe derjenigen, die nicht aus besonderen Naturinteressen

heraus diesen Raum besuchen. Die intensive touristische Nutzung sollte daher akzeptiert und für eine umfassende Besucherinformation genutzt werden.

Touristische Einrichtungen:
▶ Erholungsgebiet mit Erhalt des Status quo und infrastrukturellen Verbesserungen, einem weiteren Anstieg des Tagestourismus sollte entgegengewirkt werden

Informationsangebot und Besucherlenkung:
▶ 1 Infopavillon
am Anleger, u.a. Darstellung der Bedeutung der Hallig für Ringelgänse, von dort aus ist auch die Beobachtung von Gänsen möglich
▶ 1 Infotafel: - am östlichen Vorland zur Erklärung der Brut- und Rastgebietssperrung, evtl. Ausbau als Lehrpfad mit wenigen Objekttafeln, sonst eine weitere Infotafel am Anleger Ockenswarft
▶ 2 Infokarten:
Deich bei Hanswarft (Startpunkt der Wattwanderungen nach Norderoog) und vor Lorenzwarft (Startpunkt der Wattwanderungen zum Japsand), an beiden Standorten sind bereits Schaukästen des NPA vorhanden, die Tafeln sollten neben Informationen über die jeweiligen Ziele der Wattwanderungen (Norderoog bzw. Japsand) auch den Hinweis enthalten, daß dorthin nur geführte Touren möglich sind
▶ Übergangspunkte kennzeichnen die Startpunkte der Wattwanderungen nach Norderoog und zum Japsand
▶ Eingangspfähle am Beginn der Wattenwege nach Norderoog und zum Japsand
▶ Lehrpfad im Westen der Hallig zwischen Westerwarft und Volkertswarft (reaktivieren)

▶ Bezirkszentrum des Nationalparks auf der Hanswarft (in Kombination mit dem Wattenmeerhaus der Schutzstation Wattenmeer) sollte baldmöglichst eingerichtet werden

Räumliche Schutzmaßnahmen:
▶ ganzjährige Sperrung des östlichen Vorlandes als Brut- und Rastgebiet, der Sommerdeich bleibt begehbar, die Absperrung beginnt direkt am Weg

Landwirtschaft und küstenschutztechnische Nutzungen:
–

sonstige Nutzungen:
–

Vorfeldplanung (insbes. Verkehr):
▶ Vorschlag der Erarbeitung und Umsetzung für ein Konzept der autoarmen Hallig: privater PKW-Verkehr nur für Einheimische, keine Mitnahme von PKW bei Gästen; entsprechende Lösungsansätze finden sich in einem Halliggutachten (MÜLLER et al. 1989)

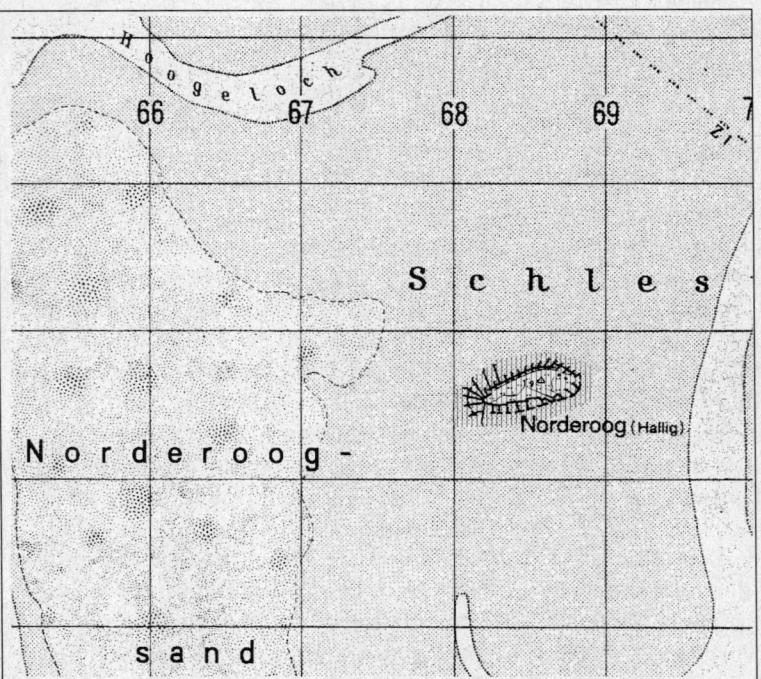

Norderoog IH 7

Kurzcharakteristik und Bewertung
▶ kleine Hallig ohne landwirtschaftliche Nutzung der Halligsalzwiese, aber Mahd und andere Pflegemaßnahmen im Rahmen der Betreuung
▶ internationale Bedeutung für brütende Brandseeschwalben, auf der Hallig befindet sich mit ca. 4.500 Brutpaaren die größte Brandseeschwalbenkolonie des schleswig-holsteinischen Wattenmeeres; außerdem bedeutende Bestände weiterer Seeschwalben- und Möwenarten sowie des Austernfischers; für Rastvögel nur von geringerer Bedeutung
▶ touristisch lokale Bedeutung als Ziel geführter Wattwanderungen von Hooge aus, Jugendzeltlager in den Sommermonaten zur Durchführung der Pflegemaßnahmen

Vorschläge für Schutzmaßnahmen
Touristische Einrichtungen:
▶ geführte Wattwanderungen mit festgelegter Gästezahl
▶ Errichtung des Zeltlagers erst ab 15.7.

Informationsangebot und Besucherlenkung:
▶ Informationsvermittlung durch Vogelwarte und Vogelwartinnen, Wattführer und Wattführerinnen

Räumliche Schutzmaßnahmen:
▶ ganzjährige Sperrung als Brut- und Rastgebiet, Betreten nur im Rahmen geführter Wattwanderungen von Hooge aus erlaubt bzw. hiermit abgestimmt durch Ausflugsfahrten von Pellworm

Landwirtschaft und küstenschutztechnische Nutzungen:
–

sonstige Nutzungen:
–

Vorfeldplanung (insbes. Verkehr):
–

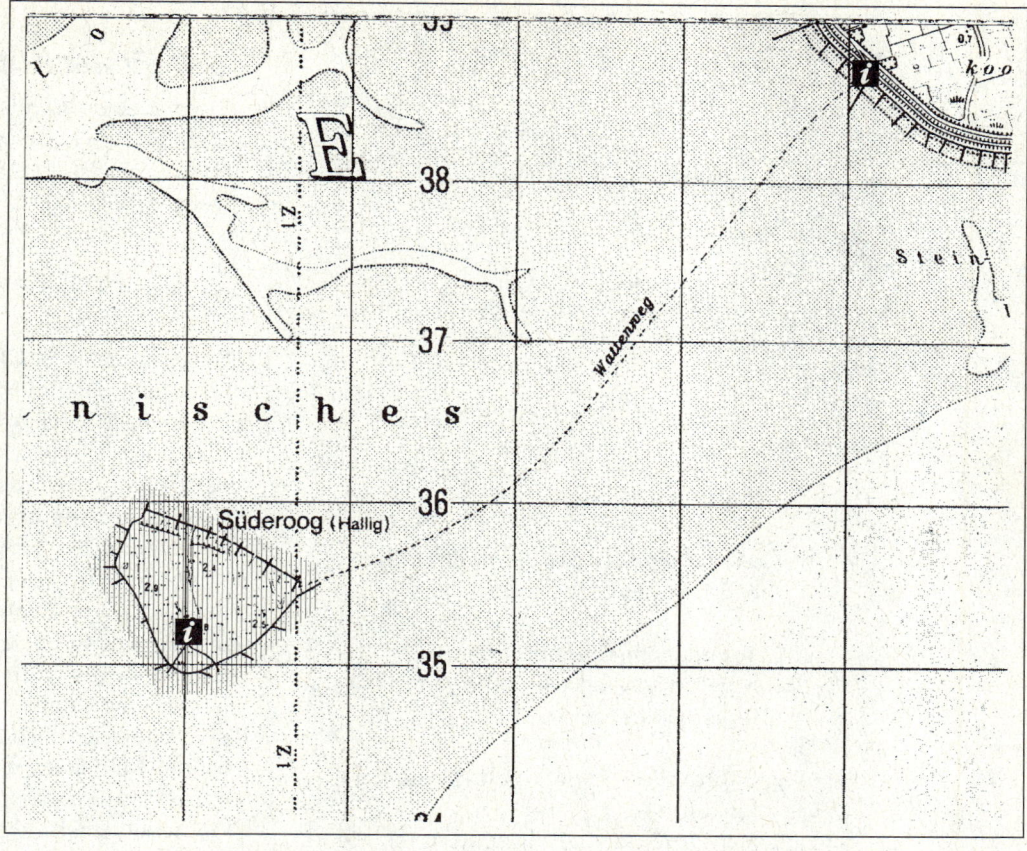

Süderoog IH 8

Kurzcharakteristik und Bewertung
▶ die einzige ganzjährig bewohnte Hallig im Nationalpark, mit extensiv beweideter Halligsalzwiese, teilweise ohne Nutzung
▶ internationale Bedeutung für 7 Rastvogelarten, darunter die Ringelgans; als Brutgebiet bedeutend für Küstenseeschwalbe, Austernfischer und Silbermöwe
▶ touristisch lokale Bedeutung als Ziel geführter Wattwanderungen von Pellworm aus, die Pächter der Hallig sind im Küstenschutz und als Nationalparkwarte tätig und informieren die Gäste über das Halligleben

Vorschläge für Schutzmaßnahmen
▶ Erhalt des Status quo

Touristische Einrichtungen:
▶ geführte Wattwanderungen mit festgelegter Teilnehmerzahl

Informationsangebot und Besucherlenkung:
▶ Informationsvermittlung durch Bewohner und Bewohnerinnen, Wattführer und Wattführerinnen
▶ 1 Infotafel
auf der Warft

Räumliche Schutzmaßnahmen:
▶ ganzjährige Sperrung als Brut- und Rastgebiet, Betreten nur im Rahmen geführter Wattwanderungen von Pellworm aus erlaubt

Landwirtschaft und küstenschutztechnische Nutzungen:
–

sonstige Nutzungen:
–

Vorfeldplanung (insbes. Verkehr):
–

Südfall IH 9

Kurzcharakteristik und Bewertung
▶ kleine Hallig mit typischer Halligsalzwiese größtenteils ohne Nutzung
▶ internationale Bedeutung für 3 rastende Limikolenarten, bedeutende Brutbestände von Küsten- und Zwergseeschwalbe sowie Austernfischer und Sandregenpfeifer
▶ touristisch lokale Bedeutung als Ziel für geführte Wattwandergruppen und Kutschfahrten von Nordstrand aus; die Gäste werden von dem auf der Hallig lebenden Nationalparkwart informiert

XI

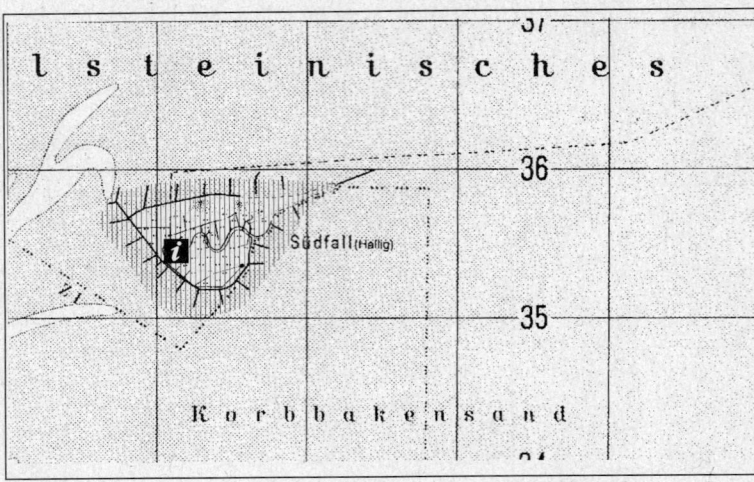

Vorschläge für Schutzmaßnahmen
▶ Erhalt des Status quo

Touristische Einrichtungen:
▶ geführte Wattwanderungen mit festgelegter Gästezahl

Informationsangebot und Besucherlenkung:
▶ Informationsvermittlung durch die Schutzgebietsbetreuung und die Wattführer und Wattführerinnen
▶ 1 Infotafel
auf der Warft (Schautafel auf der Hallig bereits vorhanden)

Räumliche Schutzmaßnahmen:
▶ ganzjährige Sperrung als Brut- und Rastgebiet, Betreten nur im Rahmen geführter Wattwanderungen oder Kutschfahrten von Nordstrand aus erlaubt

Landwirtschaft und küstenschutztechnische Nutzungen:
–

sonstige Nutzungen:
–

Vorfeldplanung (insbes. Verkehr):
–

2.4 Walschutz

Die in diesem Kapitel vorgeschlagenen Maßnahmen können nur mit einer Novellierung des Nationalparkgesetzes realisiert werden.

2.4.1 Problemstellung

Systematische Schiffs- und Flugzählungen, die im Rahmen des EG-Projektes SCANS und im Rahmen des Kleinwalprojektes der Universität Kiel in der gesamten Nordsee und Teilen der Ostsee durchgeführt wurden, haben belegt, daß die Gewässer westlich der Knobsände und der Insel Sylt innerhalb der Deutschen Bucht von Schweinswalen am dichtesten besiedelt sind (vergl. Abb. 62). Im Vergleich zur restlichen Nordsee ist darüber hinaus in diesen Gewässern eine ungewöhnlich hohe Dichte von Mutter-Kalb Gruppen anzutreffen. Es kann daraus geschlossen werden, daß dieses Gebiet eine sehr wichtige Rolle als Aufzuchtgebiet für die Schweinswalpopulation der deutschen Nordsee, eventuell sogar der gesamten Nordsee spielt (BOHLKEN et al. 1993) (vergl. Kap. V 3.1.6.2).

Kleinwale sind verschiedenen Gefährdungen ausgesetzt. Hierzu zählen insbesondere schnellfahrende Schiffe und die Fischerei. Schiffe bzw. Boote können folgende Auswirkungen haben (HAMMOND et al. 1995):

▶ sie verursachen unter Wasser starke Lärmemissionen in Frequenzbereichen, in denen die Wale per Sonar ihre Beute orten, sich orientieren und miteinander kommunizieren;

▶ eine Kollisionsgefahr besteht insbesondere mit schnellen Sportbooten und Jetskis, da diese Fahrzeuge häufige Kursänderungen vornehmen und daher von den Walen schwer einzuschätzen sind;

▶ sie führen zu Schreckreaktionen von Mutter- oder Jungtieren, die zu einer dauerhaften Trennung des Paares führen können;

▶ sie können Dauerstreß bewirken.

*Abb. 209
Vorschlag für ein
Walschutzgebiet.
Bis zur 3 sm-
Grenze sollte das
Walschutzgebiet in
den Nationalpark
integriert werden.
Der Bereich bis zur
12 sm-Grenze
sollte als Natur-
schutzgebiet
ausgewiesen
werden.*

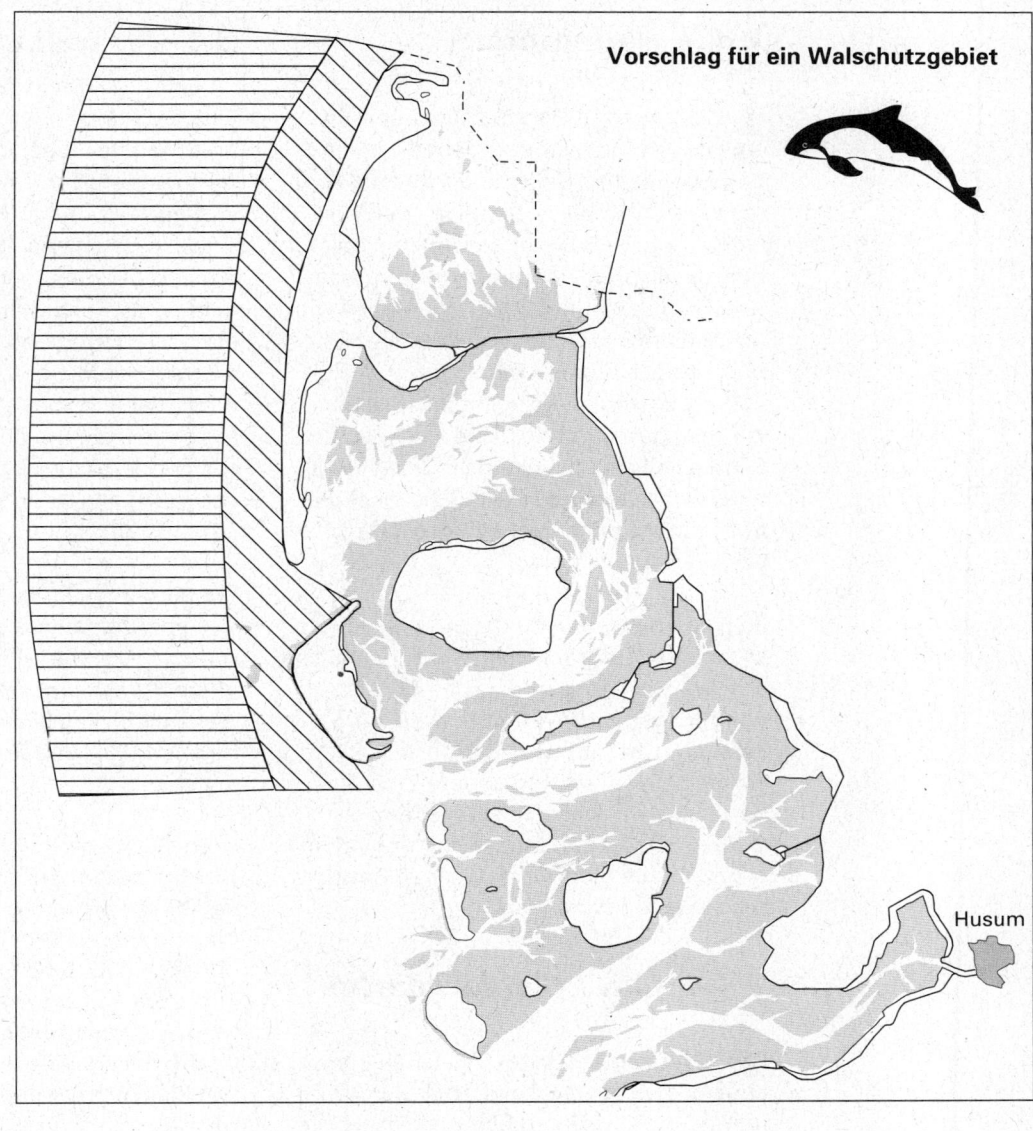

Vorschlag für ein Walschutzgebiet

Husum

*Wale sind gefähr-
det und bedürfen
eines besonderen
Schutzes*

Bei der Fischerei mit Stell- und Treibnetzen lassen sich Beifänge von Kleinwalen nicht vermeiden, insbesondere
wenn die Fanggeräte keine besonderen
Vorrichtungen aufweisen, die die Netze für
Kleinwale erkennbar machen. So ertrinken
jährlich über 7.000 Kleinwale in der
Nordsee allein in den Netzen dänischer
Fischer (LOWRY & TEILMANN 1994).
Schweinswale und andere Kleinwale
gelten als gefährdete Arten und bedürfen
daher eines besonderen Schutzes. Hierfür
gibt es im Rahmen des internationalen
Kleinwalschutzabkommens (ASCOBANS)
bereits verbindliche Regelungen (BGBL
1992b). Dieser Schutz ist ganz besondes
wichtig in der Wurf- und Aufzuchtzeit von
Mitte Mai bis Ende Dezember.

2.4.2 Gebietsvorschlag

Es wird vorgeschlagen, ein Walschutzgebiet einzurichten, das im Norden
an der vorgeschlagenen Nationalparkgrenze beginnt und im Süden bis zur
Südspitze der Insel Amrum reicht. Die
seewärtige Ausdehnung sollte bis zur 12
sm-Grenze reichen. Die Lage des Gebietes
ist in Abbildung 209 sowie in GIS-Karte 38
dargestellt. Da in Kapitel XI 2.1 eine
seewärtige Erweiterung des Nationalparks
nur bis zur 3 sm-Grenze vorgeschlagen
wird, wäre bei einer Grenzänderung des
Nationalparks das Walschutzgebiet bis zu
dieser Grenze rechtsverbindlich durch das
Nationalparkgesetz geschützt. Der darüber
hinausragende Bereich des vorgeschlagenen Walschutzgebietes sollte als Naturschutzgebiet ausgewiesen werden, um
einen rechtlich verankerten Schutz zu
gewährleisten.

XI

2.4.3 Regelungen

Für das gesamte Walschutzgebiet muß eine gesetzlich festgeschriebene Höchstgeschwindigkeit für Wasserfahrzeuge von maximal 12 Knoten festgelegt werden (vergl. Kap. XI 3.2). Im gesamten Gebiet dürfen Jet-Skis und andere motorgetriebene Wassersportgeräte nicht eingesetzt werden. Im gesamten Walschutzgebiet muß die Stell- und Treibnetzfischerei verboten werden. Es sollte nachgewiesen werden, daß durch jegliche Fischerei die Schweinswale vor Sylt nicht geschädigt werden. Anderenfalls sollte die Fischerei im Aufzuchtgebiet stark eingeschränkt bzw. verboten werden.

Jegliche Ressourcennutzung (z.B. Sandentnahme, Trogmuschelfischerei), jegliche militärische Nutzung, jegliche Errichtung von Bauwerken sowie Sondernutzung der küstennahen Bereiche für sportliche Zwecke (Regatten und andere Wettbewerbe) bedarf im Walschutzgebiet einer Genehmigung durch das Nationalparkamt, die erst nach einer ökologischen Bewertung erteilt werden darf.

2.4.4 Öffentlichkeitsarbeit

Besonders auf der Insel Sylt ist eine breit angelegte Öffentlichkeitsarbeit durchzuführen, die Gäste und Einheimische über das Vorkommen der Wale informiert. Bei der hohen Attraktivität, die Wale und Delphine heutzutage weltweit auch für den Tourismus haben, ist eine breite Akzeptanz und eine positive Identifikation mit „unseren" Kleinwalen möglich.

3. Sektorale Schutzkonzepte

Sektorale Schutzkonzepte ergänzen die raumbezogenen Schutzkonzepte

In einigen Fällen ist die Methode der Zonierung entweder nicht ausreichend oder prinzipiell nicht das richtige Mittel, um die Schutzziele des Nationalparkes zu erreichen. Es ist dann notwendig, spezielle Regelungsvorschläge für einzelne Problembereiche zu erarbeiten. Diese „sektoralen Schutzkonzepte" werden in den folgenden Kapiteln vorgestellt.

Viele der in den folgenden Kapiteln vorgeschlagenen Maßnahmen lassen sich auch ohne eine Novellierung des Nationalparkgesetzes realisieren.

3.1 Ziviler Luftverkehr

Flugverkehr ist eine der Hauptstörungsursachen für Vögel und Meeressäuger im Nationalpark Schleswig-Holsteinisches Wattenmeer und stellt auch für den erholungssuchenden Menschen eine Beeinträchtigung dar. Angesichts der herausragenden ökologischen Bedeutung dieses Naturraumes ist es dringend erforderlich, die großflächige Belastung durch den Flugverkehr soweit wie möglich zu reduzieren, um den vom Gesetz geforderten möglichst ungestörten Ablauf der Naturvorgänge zu gewährleisten (vergl. Kap. VI 2.5).

Die durch den Flugverkehr verursachten Beeinträchtigungen sind großflächig und zudem grenzüberschreitend, so daß international abgestimmte Lösungen, wie die einheitlich gesetzlich festgelegte Regelung der Mindestflughöhe, notwendig sind.

Grenzüberschreitende Lösungsansätze wurden bereits auf der 6. Trilateralen Regierungskonferenz zum Schutz des Wattenmeeres 1991 in Esbjerg vereinbart (CWSS 1992). Die in der gemeinsamen Ministererklärung aufgestellten Forderungen, z. B. nach Festlegung einer Mindestflughöhe von 450 - 600 m (mit Ausnahme von Flugkorridoren), dem Verbot von Ultraleichtflugzeugen und Werbeflügen sowie des Baues neuer Flugplätze und der Festlegung von Flugrouten und -höhen für Hubschrauber sollen dazu beitragen, die Auswirkungen des zivilen Flugverkehrs auf das Wattenmeer zu begrenzen.

Ein wesentlicher Schritt zur Verringerung der Beeinträchtigungen des Wattenmeeres durch den Luftverkehr wurde mit der 1995 festgelegten Anhebung der Mindestflughöhe auf 600 m bereits getan (Neunte Verordnung zur Änderung der Luftverkehrsordnung). Ergänzend zu der Anhebung der gesetzlich vorgeschriebenen Mindestflughöhe sind die für den Flugverkehr nach Sichtflugregeln (VFR) vorgeschriebenen ICAO-Flugkarten (Maßstab 1 : 500 000) zu ändern. Dies entspricht der Beschlußlage der 39. Umweltministerkonferenz zum Thema Naturschutz und Verkehr (LANA 1995c). In die ICAO-Karte ist der gesamte Nationalpark als „Gebiet mit Flugbeschränkungen" auszuweisen. Das Gebiet sollte in einer Höhe von mindestens 2000 ft (600 m) überflogen werden. Die flächendeckende Eintragung des Wattenmeeres als ökologisch wertvolles Gebiet stellt sicher, daß die maßgeblichen Vorschriften und Empfehlungen allen nach Sichtflugregeln fliegenden Piloten und Pilotinnen bekannt sind und bei der Planung von Flügen berücksichtigt werden. Die weitere konsequente Umsetzung der Vereinbarungen der Esbjerg-Deklaration könnte erheblich zur Verringerung der Belastung sowohl der Tierwelt als auch der Menschen im Wattenmeer durch Flugverkehr beitragen.

Der gesamte Nationalpark muß als Gebiet mit Flugbeschränkungen ausgewiesen werden

Eine Ausweitung des privaten Flugverkehrs über dem Wattenmeer darf es nicht geben. Deshalb muß bereits im Vorfeld weiterer Flugplatzplanungen entgegengetreten und über eine Kapazitätsbegrenzung bestehender Flugplätze sowie touristischer und gewerblicher Rundflüge nachgedacht werden. Flugschneisen am Festland sind so zu legen, daß die festgelegte Mindestflughöhe über dem Wattenmeer eingehalten werden kann.

Die geltende Befahrensverordnung wird dem Schutzzweck des Nationalparks nicht gerecht

Entscheidend für den Erfolg dieser Maßnahmen ist allerdings, daß eine vollständige Überwachung des Flugverkehrs sichergestellt und bei Verstößen, z. B. bei Unterschreitung der Mindestflughöhe und gravierenden Störungen, die Beweisführung wesentlich erleichtert wird. Außerdem ist eine standardisierte und dauerhafte Erfassung dieses wesentlichen Störfaktors im Wattenmeer innerhalb des Trilateralen Monitoring-Programmes sicherzustellen.

Das Nationalparkamt muß die konstruktiven Gespräche mit den organisierten Sportfliegern auf Orts-, Länder- und Bundesebene fortsetzen und nach Möglichkeit intensivieren. Ziel ist es, das Wissen über das Wattenmeer und über die Schutzbedürftigkeit dieses einmaligen Lebensraumes zu fördern. Die von den Luftsportvereinen bewiesene Bereitschaft, die eigenen Interessen hinter den Schutz des Nationalparkes zurückzustellen, gilt es zu festigen.

Über Veröffentlichungen in einschlägigen Fachzeitschriften sollen insbesondere die unorganisierten Sportflieger und Sportfliegerinnen erreicht werden. Informationsdefizite über den Wattenmeerschutz hofft das Nationalparkamt auch durch die Teilnahme an der Fluglehrer und Fluglehrerinnen Aus- und Fortbildung (Multiplikatorenschulung) abzubauen.

Eine Verringerung der Störungen des Wattenmeeres durch Flugverkehr ist möglich, ohne die Interessen oder herkömmlichen Nutzungen der einheimischen Bevölkerung unzumutbar zu beeinträchtigen. Neben der Tierwelt würde auch der Mensch im Erholungsraum Wattenmeer von einer solchen Entwicklung profitieren.

3.2 Schiffsverkehr

Die Schiffahrt im Nationalpark ist noch immer ungenügend geregelt. Die geltende Befahrensverordnung des Bundesverkehrsministers aus dem Jahre 1995 wird der Zielsetzung nicht gerecht, den Schutzzweck des Nationalparks zu erfüllen. Vom Wassersport und von der Schiffahrt gehen erhebliche störende Einflüsse auf das Wattenmeer aus. Besonders betroffen sind mausernde Entenvögel und Meeressäuger (vergl. Kap. XI 2.2.2.4).

Bislang hat das Nationalparkamt jedoch keine Regelungsmöglichkeit, da bei Überflutung der Watten für den gesamten Nationalpark das Bundeswasserstraßengesetz gültig ist. Die Defizite der geltenden Befahrensvorschriften müssen daher umgehend abgebaut werden. Folgende Regelungen sind erforderlich:

Der Schutzzweck der Befahrensverordnung muß an dem Schutzzweck des Nationalparkgesetzes ausgerichtet werden. Bei zukünftigen Regelungen ist das Einvernehmen zwischen der Bundesbehörde und dem Nationalparkamt erforderlich.

Die Kernzonen des Nationalparks müssen außerhalb der gekennzeichneten Fahrwasser (vergl Abb. 201) ganzjährig und flächendeckend gesperrt werden. Für die Ausübung der gewerblichen Fischerei gilt diese Regelung jedoch nur in den Referenzgebieten für Monitoring und Forschung und - zeitlich befristet - in den gekennzeichneten Bereichen des Bielshövensandes, des Hakensandes und der Nordergründe in der Zeit vom 1. Juli bis 30. September eines jeden Jahres.

Wassermotorräder, Jet-Ski und sonstige motorisierte Wassersportgeräte dürfen im Wattenmeer nicht betrieben werden.

Es ist eine generelle Geschwindigkeitsbegrenzung von maximal 12 Knoten im gesamten Nationalpark festzulegen.

Die Kernzonen des Nationalparks müssen außerhalb der gekennzeichneten Fahrwasser ganzjährig flächendeckend gesperrt werden

Eine Minimalforderung für das zukünftige Verfahren ist in der Bundesratsinitiative der Länder zu sehen, die von Schleswig-Holstein initiiert worden ist. Danach sollte das Bundeswasserstraßengesetz in § 5 Satz 3 wie folgt geändert werden:

„Das Befahren der Bundeswasserstraßen in Naturschutzgebieten und Nationalparken nach §§ 13 und 14 des Bundesnaturschutzgesetzes kann durch Rechtsverordnung, die der Bundesminister für Verkehr im Einvernehmen mit dem Bundesminister für Umwelt, Naturschutz und Reaktorsicherheit mit Zustimmung des Bundesrates erläßt, geregelt, eingeschränkt oder untersagt werden, soweit dies zur Erreichung des Schutzzweckes erforderlich ist."

Das Befahrensverbot sollte künftig auch für Wasserfahrzeuge des Bundes und der Länder gelten. Eine Ausnahme muß jedoch für Notfalleinsätze sowie für die Durchführung von erforderlichen Arbeiten in der Fläche bestehen. Behörden haben in besonderer Weise sicherzustellen, daß dem Schutzzweck des Nationalparks Rechnung getragen wird und die Gebote des Nationalparkgesetzes eingehalten werden. Sie müssen eine Vorbildfunktion im Nationalpark übernehmen.

3.3 Jagd

Innerhalb des Nationalparks werden Wasservögel nur noch in wenigen Bereichen bejagt (vergl. Kap. VI 4.). Wenn im Jahr 2003 der letzte Jagdpachtvertrag ausläuft, wird die Jagd im Nationalpark endgültig ruhen.

Jagd ist mit den Zielen des Nationalparks grundsätzlich nicht vereinbar

Trotz der Einstellung der Jagd im Jahr 1989 wurde das alte System der Jagdpachtbezirke im wesentlichen beibehalten. Dies geschah, um die aus Küstenschutzgründen erforderliche Bejagung von wühlenden Tieren (vor allem Kaninchen) am Deich sicherzustellen. Die Jagdpächter sollen darüberhinaus Aufgaben der Gebietskontrolle wahrnehmen. In Fällen massenhaften Vogelsterbens durch Botulismus oder Verölung waren sie z. T. in erheblichem Umfang an der Sammlung lebender, kranker und toter Tiere beteiligt.

Gezielte Eingriffe im Sinne einer Regulierung (z. B. Bekämpfung von Füchsen in Brutgebieten von Seeschwalben) wurden im Nationalpark bisher nicht durchgeführt. Da derartige Eingriffe dem Ziel des

Nationalparks, dem ungestörten Ablauf der Naturvorgänge zuwiderlaufen, sind sie auch künftig nicht notwendig. Sie könnten allenfalls als Ausnahmefälle im Rahmen von Einzelanordnungen geregelt werden.

Obgleich jagdliche Aktivitäten mit Nationalparkzielen grundsätzlich nicht zu vereinbaren sind, sollte mit der Beibehaltung der Jagdpachtbezirke der Sachverstand und das Engagement einheimischer Jäger weitestmöglich genutzt werden.

Die konkrete Zusammenarbeit zwischen Jägern und dem Nationalparkamt ist allerdings entwicklungsbedürftig. Insbesondere ist anzustreben, daß sich die Erlaubnisscheininhaber als ehrenamtliche Nationalparkwarte zur Verfügung stellen, um aktiv an der Umsetzung der Nationalparkziele mitzuarbeiten.

In jedem Fall muß in ein zukünftiges Nationalparkgesetz ein Jagdverbot ausdrücklich aufgenommen werden.

Das 1987 eingeführte Halligprogramm führte zur weitgehenden Einstellung der Bejagung von Ringelgänsen, da die Vergabe von Fördermitteln an eine naturnahe Bewirtschaftung der Halligen gekoppelt wurde und keine Bejagung von Gänsen im Frühjahr zuläßt.

Die Halligen sind den Vorländern des Festlandes strukturell (Morphologie und Vegetationstyp) und funktionell (u. a. Rast- und Nahrungsgebiet für Enten und Gänse) ähnlich. Das Hauptargument für die Einstellung der Außendeichsjagd, nämlich die Entwicklung einer natürlichen Vertrautheit der Tiere, trifft grundsätzlich auch für die Halligen zu. Vor allem weil in der Ökosystemforschung hierzu keine Untersuchungen durchgeführt wurden, muß an dieser Stelle offen bleiben, ob hieraus die Forderung nach einem Jagdverbot abzuleiten ist oder eine derartige Nutzung an diesen Orten eines künftigen Biosphärenreservates als traditionelle Nutzung Bestand haben soll. Jagdtourismus ist jedenfalls auszuschließen.

3.4 Fischerei

3.4.1 Muschelfischerei

3.4.1.1 Regelungen des Landesfischereigesetzes (LFischG)

Das neue Landesfischereigesetz regelt in §§ 40 und 41 die Rahmenbedingungen der Muschelfischerei wie folgt (MELFF 1996):

§ 40

Muschelfischerei

(1) Die Ausübung der Muschelfischerei und der Muschelzucht in den Küstengewässern bedarf der Erlaubnis des Landes Schleswig-Holstein. Zuständig für die Erteilung der Erlaubnis ist die oberste Fischereibehörde. Soweit der National-park Schleswig-Holsteinisches Watten-meer oder Naturschutzgebiete betroffen sind, wird die Erlaubnis im Einvernehmen mit der obersten Naturschutzbehörde erteilt. Die Erlaubnis soll insbesondere versagt werden, wenn die Belange der übrigen Fischerei, der Gemeingebrauch an den Küstengewässern, Belange des Insel- und Küstenschutzes oder des Naturschutzes erheblich beeinträchtigt werden.

(2) Die oberste Fischereibehörde kann durch Verordnung eine Beschränkung der Muschelfischerei hinsichtlich der Art und Größe der Fahrzeuge und der Art, Größe und Anzahl der Fanggeräte festlegen.

(3) Um eine nachhaltige Nutzung der Muschelvorkommen zu gewährleisten und um vor allem in Naturschutzgebieten und im Nationalpark Schleswig-Holsteinisches Wattenmeer eine möglichst naturschonen-de Muschelfischerei zu bewahren, soll die oberste Fischereibehörde ein Programm zur Bewirtschaftung der Muschelres-sourcen erstellen. Soweit der Nationalpark Schleswig-Holsteinisches Wattenmeer oder Naturschutzgebiete betroffen sind, wird das Programm im Einvernehmen mit der obersten Naturschutzbehörde erstellt. Die Umsetzung und Überwachung führt die obere Fischereibehörde durch.

Ein Programm zur Bewirtschaftung der Muschelres-sourcen wird im Einvernehmen mit der obersten Naturschutz-behörde erstellt

(4) Um das Einschleppen von seuchenarti-gen Krankheiten und Muschel-schädigungen zu verhindern, ist es verboten

1. Muscheln, die aus Gebieten außerhalb der schleswig-holsteinischen Küsten-gewässer stammen, in schleswig-holsteinische Gewässer auszubringen,
2. Muschelfischereifahrzeuge in schles-wig-holsteinischen Küstengewässern zu benutzen, die zuvor in anderen Ge-wässern zum Muschelfang oder zur Beförderung von Muscheln verwendet wurden.

Darüber hinaus gelten die §§ 37 und 38 LFischG entsprechend.

(5) Die obere Fischereibehörde kann in Fällen, in denen nachweisbar keine Gefahr der Einschleppung von seuchenartigen Krankheiten oder Muschelschädigungen besteht, Befreiungen von den Verboten nach Absatz 4 zulassen.

§ 41

Muschelkulturen

(1) Die oberste Fischereibehörde kann Tei-le der Küstengewässer zur Aussaat, Auf-zucht, Ernte und Lagerung von Muscheln (Muschelkulturen) zu Muschelkultur-bezirken erklären. Im Nationalpark Schles-wig-Holsteinisches Wattenmeer und in Naturschutzgebieten ist hierfür das Einvernehmen der obersten Naturschutz-behörde erforderlich. § 40 Abs. 1 Satz 3 gilt entsprechend. In den Kernzonen des Nationalparks Schleswig-Holsteinisches Wattenmeer und auf seinen trockenfallen-den Wattflächen dürfen keine Muschel-kulturen angelegt werden. Die Erklärung zum Muschelkulturbezirk ist im Amtlichen Anzeiger, Beilage zum Amtsblatt für Schleswig-Holstein, bekanntzumachen.

(2) Die oberste Fischereibehörde kann natürlichen oder juristischen Personen genehmigen, Muschelkulturbezirke durch die Anlage von Muschelkulturen zu nutzen. Die Genehmigung kann mit Nebenbestimmungen insbesondere über Kontrollen, Meldepflichten, Nutzungsab-gaben und Gebühren versehen werden. In die Genehmigung ist aufzunehmen, daß Entschädigungsansprüche gegen das Land Schleswig-Holstein ausgeschlossen sind, wenn die Kulturen insbesondere durch natürliche Ereignisse beeinträchtigt worden sind.

XI

(3) Genehmigungen anderer Behörden bleiben durch die Vorschriften der Absätze 1 und 2 unberührt.

(4) Die Muschelwerbung innerhalb eines Muschelkulturbezirkes ist nur den Berechtigten und ihren Hilfspersonen gestattet. Dritten ist es verboten, innerhalb des Bezirkes den Fischfang auszuüben.

3.4.1.2 Programm zur Bewirtschaftung der Muschelressourcen

Der Entwurf des Muschelfischereiprogramms enthält folgende Zieldefinition:

„Erklärtes Ziel der Landesregierung ist es, eine nachhaltige und schonende Nutzung der Muschelressourcen herzustellen. Verbunden damit wird das Ziel, die mit dem Fang, der Kultur sowie Weiterverarbeitung dieser Meeresfrüchte mögliche Wertschöpfung verantwortungsvoll zu nutzen. Im Nationalpark ist deren Nutzung an den Vorgaben des Nationalparkgesetzes auszurichten.

Im Nationalpark ist die Nutzung der Muscheln an den Vorgaben des Nationalparkgesetzes auszurichten

Unter Berücksichtigung der Ergebnisse des Muschelmonitorings, der Ökosystemforschung sowie der Fischereibiologie wird die Nutzung der Muscheln nach den Prinzipien der Nachhaltigkeit und Schonung des Ökosystems organisiert (Muschelfischereimanagement).

Das Programm erfaßt alle fischereilich nutzbaren Muscheln der schleswigholsteinischen Küstengewässer."

Zuständigkeiten

Für das Programm gilt die Zuständigkeit gemäß § 40 (3) LFischG. Fanglizenzen erteilt die oberste Fischereibehörde. Soweit der Nationalpark oder Naturschutzgebiete betroffen sind, wird die Erlaubnis im Einvernehmen mit der obersten Naturschutzbehörde erteilt (entsprechend § 40 (1) LFischG). Gleiches gilt für Muschelkulturbezirke im Gebiet des Nationalparks. Genehmigungen zur Nutzung erteilt die oberste Fischereibehörde. Eine Lenkung der Besatz- und Wildmuschelfischerei erfolgt durch die oberste Fischereibehörde. Die Besatzmuschelfischerei in der jetzigen Zone 1 des Nationalparks erfolgt im Einvernehmen mit dem Nationalparkamt. Bei der

oberen Fischereibehörde soll ein Sachgebiet Fisch- und Muschelmonitoring eingerichtet werden.

Eckpunkte der Miesmuschelfischerei

1. Die Kontrolle der Miesmuschelbestände und Ausübung der Miesmuschelfischerei wird durch ein Muschel-Monitoring bzw. Muschelfischerei-Management (Programm zur Bewirtschaftung der Muschelressourcen gemäß § 40 des Landesfischereigesetzes und § 2 der Küstenfischereiordnung) durchgeführt.

2. Die Anzahl der Fanglizenzen für Miesmuscheln ist auf 8 beschränkt.

3. Die Gesamtfläche der Muschelkulturbezirke im Nationalpark Schleswig-Holsteinisches Wattenmeer ist auf 2.800 ha begrenzt.

4. Das Mindestmaß für Vermarktungsware beträgt 5 cm mit einem gewichtsmäßigen Anteil von untermaßigen Muscheln bis zu 30 %. Ausnahmen hiervon bei hohem Saatfall oder sonstigen ungewöhnlichen Ereignissen auf den Kulturbänken werden auf der Grundlage des Muschelmonitorings im Einvernehmen zwischen oberer Fischereibehörde und oberer Naturschutzbehörde im Rahmen der Küstenfischereiordnung und der Lizenzvergaben geregelt.

5. Die Anlandung von Wildmuscheln für Konsumzwecke ist nicht gestattet; Wildmuscheln dürfen nur als Besatzmuscheln für die Miesmuschelkulturbezirke im Nationalpark Schleswig-Holsteinisches Wattenmeer verwendet werden. Besatzmuscheln müssen mindestens eine ganze Wachstumsperiode auf den Kulturflächen liegen.

6. Die Anlage von Miesmuschelkulturbezirken ist nur außerhalb der jetzigen Zone 1 des Nationalparkes und außerhalb der trockenfallenden Wattflächen (Eulitoral) zulässig.

7. Besatzmuschelfischerei auf trockenfallenden Wattflächen ist nicht mehr zulässig. Auf nicht trockenfallenden Wattflächen (Sublitoral) der derzeitigen Zone 1 kann die Besatzmuschelfischerei nur bei Bedarf gestattet werden, wenn im übrigen Sublitoral keine befischbaren Mengen in ausreichendem Umfang zur Verfügung stehen.
Hierzu erfaßt die obere Fischereibehörde zusammen mit den Muschelfischereibe-

trieben die Besatzmuschelbestände im Nationalpark und teilt das Ergebnis der oberen Naturschutzbehörde mit.
Die obere Fischereibehörde erteilt hierüber im Einvernehmen mit der oberen Naturschutzbehörde unter Abwägung betrieblicher und ökologischer Gründe eine Freigabe.

Im Nationalpark ist es nicht erlaubt, gezielt Meeresenten und andere Seevögel von den Muschelkulturen zu vergrämen

8. Die obere Fischereibehörde, die obere Naturschutzbehörde sowie die Erzeugergemeinschaft der Muschelfischer unterrichten zu Beginn der Muschelsaison die Öffentlichkeit über die Situation der Muschelfischerei im Nationalpark Schleswig-Holsteinisches Wattenmeer.

9. Im Nationalpark ist es nicht erlaubt, gezielt Meeresenten und andere Seevögel von den Muschelkulturen zu vergrämen, insbesondere durch Schallapparate, starke Lichtquellen, den Einsatz von Motorbooten und die gezielte Verlärmung von Bord.

Weitere Bestimmungen
Im Muschelfischereiprogramm sind weitgehende Kontrollmöglichkeiten verankert. So ist den Mitarbeiterinnen und Mitarbeitern der Fischereiverwaltung jederzeit Zugang zu den Muschelbetrieben zu gewähren und die Mitfahrt auf den Muschelkuttern zu gestatten. Über alle Fahrten, Fänge, Verpflanzungen, Pflegemaßnahmen und Anlandungen ist täglich ein fortlaufendes Betriebstagebuch zu führen und auf Verlangen offenzulegen, um die Lizenzauflagen lückenlos überprüfen zu können. Zum Verlassen schleswig-holsteinischer Gewässer bedarf es einer vorherigen Erlaubnis des Landesfischereiamtes. Die lizenzierten Fahrzeuge werden mit einem Positionssender und Positionsaufzeichnungsgerät ausgerüstet.

Die Reduzierung der Kulturflächen auf den Stand vor Nationalparkgründung würde am ehesten den Nationalparkzielen entsprechen

Bei der Anlandung müssen alle Fänge gewogen werden. Bei nicht ordnungsgemäßer Bewirtschaftung der Kulturflächen können diese den Nutzern entzogen werden. Grundsätzlich wird in die Lizenzen der Ausschluß von Entschädigungsansprüchen gegen das Land Schleswig-Holstein aufgenommen, soweit die Lizenzen im Rahmen dieses Programms, z. B. aufgrund von Monitoring-Ergebnissen, angepaßt werden, oder Schäden an Kulturen insbesondere durch natürliche Ereignisse entstehen. Im Rahmen des Monitorings, das nach trilateralen Vorgaben (TMAP) durchgeführt werden soll, haben die Muschelfischereibetriebe ihre Fahrzeuge unter Berücksichtigung betrieblicher Verhältnisse zur Verfügung zu stellen.

Andere Muschelarten
Die Begrenzung der Kulturfläche auf 2.800 ha im Nationalpark gilt für die Summe aus Miesmuschel- und Austernkulturflächen. Eine Herzmuschelfischerei im Nationalpark bleibt weiterhin ausgeschlossen. Eine weitere Lizenzvergabe für Gebiete außerhalb des Nationalparks für die Nutzung von Herzmuscheln, Scheidenmuscheln u.a. ist jeweils von einer ökologischen Bewertung abhängig, bei Trogmuscheln zusätzlich von den Ergebnissen gesonderter Untersuchungen.

3.4.1.3 Bewertung

Es gibt mehrere in ihrer Stringenz abgestufte Möglichkeiten, die durch die Muschelfischerei im Ökosystem hervorgerufenen Veränderungen zu begrenzen bzw. zu verhindern:

Erhaltung des Status Quo (8 Lizenzen, ca. 2.800 ha Kulturfläche, keine Kulturen in der jetzigen Zone 1,5 cm Mindestmaß mit Ausnahmemöglichkeit ohne festgelegten untermaßigen Höchstanteil).

Begrenzung der Muschelfischerei bei Erhalt der vorhandenen Betriebsstrukturen (zusätzlich über 1. hinausgehend: Sperrung des Eulitorals, in der Regel Sperrung der jetzigen Zone 1, Verzicht auf Wildmuschelfischerei zu Konsumzwecken, 5 cm Mindestmaß mit Ausnahmemöglichkeit mit festgelegten untermaßigen Höchstanteil, Mindestliegedauer auf den Kulturflächen, Kontrolle der Bestände und der Muschelfischerei durch ein Monitoring seitens des Landesfischereiamtes, Einvernehmensregelungen mit NPA/MNU).

Rückführung der Muschelfischerei (zusätzlich über 2. hinausgehend: Reduzierung der Kulturfläche auf den Stand vor Nationalparkgründung, Quotierung der jährlichen Anlandungsmenge auf den Durchschnittswert zu Anfang der 80er Jahre, ausnahmslose Sperrung der Kernzone, 5 cm Mindestmaß ohne Ausnahmemöglichkeit mit festgelegtem untermaßigen Höchstanteil, Kontrolle der Bestände und der Muschelfischerei durch ein Monitoring seitens des Nationalparkamtes).

Verbot der Muschelfischerei im Nationalpark, da vermutlich kein zwingendes öffentliches Interesse vorliegt.

XI

507

Das von der Landesregierung entworfene Programm entspricht dem o. g. Punkt 2. und setzt trotz der Prämisse, die aktuell vorhandenen Betriebsstrukturen und somit Arbeitsplätze erhalten zu wollen, wichtige naturschutzfachliche Forderungen um. Es beinhaltet einen wirkungsvollen Schutz ökologisch wertvoller und störungssensibler Gebiete und begrenzt zugleich den Fischereiaufwand auf den verbleibenden Flächen.

Den Prinzipien des bestehenden Nationalparkgesetzes entspräche eher ein Muschelfischereikonzept auf Basis des o. g. Punktes 3. Die Absätze 1 und 2 § 2 NPG besagen, daß der möglichst ungestörte Ablauf der Naturvorgänge zu sichern sei, ohne die herkömmlichen Nutzungen der einheimischen Bevölkerung unzumutbar zu beeinträchtigen. „Herkömmlich" meint Art und Umfang der Nutzung bis zur Nationalparkgründung. Dagegen steht jedoch die Auffassung, der § 6 (3) NPG sichere außerhalb der Zone 1 eine weitgehend freie Fischerei zu. Diese Auffassung ist in Frage zu stellen, da die im NPG vorangestellten Grundprinzipien des § 2 auch auf die zugelassenen Nutzungen anzuwenden sind.

3.4.2 Garnelenfischerei

Wie alle Nutzungen und Stoffentnahmen ist auch die Garnelenfischerei durch die Einrichtung von Referenzgebieten bzw. einer zeitlich befristeten störungsfreien Zone betroffen (vgl. Kap. XI 2.2).

Daneben sind jedoch auch sektorale Maßnahmen, insbesondere zur Einschränkung des Fischereiaufwandes, erforderlich.

Die in den letzten Jahren zu beobachtende Zunahme der Kuttergröße (vergl. Kap. VI 5) führt zu einer Erhöhung des Fischereiaufwands im seewärtigen Vorfeld des Nationalparks. Verursacht wird dies zum einen durch die gesetzliche Regelung, daß die PS-starken Kutter nur außerhalb des Wattenmeeres fischen dürfen (vergl. Kap. VI 5.3), zum anderen nutzen die großen, seegängigen Schiffe die Möglichkeit zur Winterfischerei aus, d. h. sie folgen den in die tieferen Gebiete der Nordsee abwandernden Garnelen.

Der stark gestiegene Fischereiaufwand in der dem Nationalpark vorgelagerten Nordsee läßt negative Auswirkungen für

dieses Gebiet befürchten, die dann wiederum die biologischen Abläufe im Wattenmeer beeinflussen können. Anzeichen für eine Wachstumsüberfischung des Garnelenbestandes existieren bereits (TEMMING et al. 1993).

Die Folgen der nachgewiesenen ökonomischen Überfischung innerhalb der deutschen Krabbenkutterflotte (TEMMING & TEMMING 1991) bewirken eine weitere Erhöhung des Fischereiaufwands. Das wichtigste Ziel bei der Erstellung eines Schutzkonzeptes im Zusammenhang mit der Garnelenfischerei muß demzufolge die Begrenzung bzw. Reduzierung des Fischereiaufwands sein. Dies muß nicht zu Nachteilen für die einheimische Küstenfischerei führen, sondern kann - ganz im Gegensatz - sogar dazu beitragen, die Konkurrenzfähigkeit gegenüber der industrialisierten EU-Fischerei zu stärken.

3.4.2.1 Motorleistung der Garnelenfischereifahrzeuge

Die schlechte Ertragslage in der Kabeljau- und Seezungenfischerei hat insbesondere 1994 dazu geführt, daß die relativ großen Fischkutter auf den Fang der unquotierten Garnelen ausgewichen sind. Das dadurch hervorgerufene Anwachsen der garnelenfischenden Kutterflotte hat zu einer starken Erhöhung des Fischereiaufwandes geführt. Die ungewöhnlich hohen Anlandungsmengen von Speisekrabben des Jahres 1994 belegen diese Entwicklung. Garnelenfischereifahrzeuge sollten daher EU-weit, auch außerhalb der 12 sm-Zone, nicht mehr als 300 PS haben dürfen.

3.4.2.2 Revierfischerei

Im Gegensatz zur gegenwärtigen Finanzierungspolitik wäre es wünschenswert, eher kleinere Betriebe (Schiffe) zu fördern, die wieder vermehrt der Tidenfischerei in ihren angestammten Revieren nachgehen, d. h. den Wattgebieten im Bereich des jeweiligen Heimathafens einschließlich der vorgelagerten küstennahen Nordsee. Ein regional begrenztes aber exklusives Fischereirecht könnte die Eigenverantwortlichkeit der Fischer für ihre Ressource fördern.

Kontrollmechanismen in bezug auf den Fischereiaufwand und den Zugang zu den jeweiligen Revieren würden innerhalb der Fischerei selbst wirksam, d. h. jeder

Fischer würde darauf achten, wer in seinem Revier arbeitet und mit welcher Intensität dies geschieht. Vor dem Hintergrund der derzeitigen EU-Fischereipolitik erscheint eine derartige Zielsetzung allerdings unrealisitisch.

3.4.2.3 Begrenzung der Kurrengewichte

Um immer größere Flächen pro Zeiteinheit befischen zu können, werden von Seiten der Fischerei meist zwei Wege beschritten: Entweder die Vergrößerung der Fanggeräte oder die Erhöhung der Schleppgeschwindigkeit. Letzteres hat zur Folge, daß das Fanggeschirr schwerer werden muß, damit es beim Schleppen nicht vom Boden abhebt. In jedem Fall ist eine hohe Motorleistung und ein entsprechend großer Kutter erforderlich. Eine Gewichtsbegrenzung für das Fanggerät kann dem Trend zum Einsatz bzw. Bau immer größerer Schiffe entgegenwirken. Weniger Gewicht verlangt auch weniger Motorleistung. Große, übermotorisierte Kutter werden dann schnell unwirtschaftlich, weil Anschaffungspreis und Kraftstoffverbrauch für große Motoren bzw. Schiffe entsprechend hoch sind.

Die Festlegung eines maximalen Baumkurrengewichtes ist eine geeignete Maßnahme zur Aufwandskontrolle

Da die zur Zeit bestehenden Vorschriften zur Regulierung der Motorenstärke für Baumkurrenfahrzeuge im Wattenmeer (vergl. Kap. VI 5.3) schwer zu überwachen sind und durch Manipulationen sehr leicht umgangen werden können, ist die Festlegung eines maximal zulässigen Gewichts für die Baumkurre eine sinnvolle Ergänzung zu der bestehenden Begrenzung der Motorleistung und damit eine geeignete Maßnahme zur Aufwandskontrolle oder sogar -beschränkung. Die Kontrolle der Baumkurrengewichte auf See ist von der BUNDESFORSCHUNGSANSTALT FÜR FISCHEREI (1992) bereits erfolgreich auf ihre technische Durchführbarkeit hin geprüft worden.

3.4.2.4 Verbesserung der Fangmethoden

Van-Holdt-Rollen verbessern die Fangeigenschaften und haben einen geringen Schleppwiederstand

Beim Garnelenfang werden zwangsläufig auch andere Tiere mitgefangen. Ein weiteres Schutzkonzept besteht daher in der Verbesserung der Selektionswirkung des Fanggerätes. Die Verwendung der Trichternetze sollte wieder vorgeschrieben werden (vergl. Kap. VI 5.3.2), da sie einen wertvollen Beitrag zur Beifangvermeidung insbesondere bei den Plattfischen leisten (WIENBECK 1994).

Darüber hinaus bietet sich die Verwendung eines neu entwickelten Rollengeschirrs mit den sog. "Von-Holdt-Rollen" an, das sich durch verbesserte Fangeigenschaften (saubere Fänge) und geringeren Schleppwiderstand (weniger Kraftstoffverbrauch) gegenüber herkömmlichem Geschirr auszeichnet (BERGHAHN & VORBERG 1994).

3.4.2.5 Monitoring der Fische und Krebse im Wattenmeer

Um die Garnelenfischerei im Nationalpark entsprechend den Anforderungen des Naturschutzes regeln zu können, ist sowohl die Kenntnis über die Bestandssituation und -dynamik der Garnelen als auch über die von der Fischerei betroffenen Beifangarten erforderlich (BRECKLING et al. 1994). Durch ein Monitoring der Fische und Krebse im Wattenmeer werden wichtige biotische Faktoren erfaßt, die das System maßgeblich beeinflussen bzw. die Veränderungen erkennbar werden lassen.

Zusätzlich fallen bei den entsprechenden fischereiwissenschaftlichen Untersuchungsmethoden (Probennahmen mit kommerziellen Garnelenkuttern) Daten an, die durch die Anlandestatistik allein nicht vorliegen, wie z. B. die Menge und Zusammensetzung des Fangs vor der Sortierung sowie des Beifangs nach der Sortierung oder die Bedeutung der verschiedenen Fanggründe im Nationalpark für die Fischerei. Zur Überwachung der Fisch- und Krebsfauna im Wattenmeer sind Beprobungen mit hoher räumlicher und zeitlicher Auflösung nötig.

Das im Rahmen der Ökosystemforschung entwickelte Konzept (BRECKLING et al. 1994) sieht den Einsatz verschiedener Geräte vor, die dem Vorkommen und Verhalten der verschiedenen Arten sowohl in den flachen als auch in den tiefen Bereichen des Wattenmeeres gerecht werden. Die Monitoring-Ergebnisse sind Voraussetzung für das Erkennen von Veränderungen, von denen Auswirkungen auf das System bzw. auf die Fischerei zu erwarten sind.

3.4.3 Hobbyfischerei

Für alle fischerei-lichen Regelungen ist Einvernehmen mit dem National-parkamt herzustellen

Seit dem 1. April 1994 haben mehr als 300 Hobbyfischer nach § 15 Küstenfischerei-ordnung (KüFO) die Genehmigung erhalten, über die Handangel hinaus (Rutenangel, Pödderangel, Senknetz bis 1 m², Schiebehamen bis 2 m Breite) bis zu vier Reusen, eine Baumkurre (3m breit), eine Senke und/oder eine Setzlade zu benutzen.

In Reusen ertrinken Wasservögel. Besonders häufig wird dies aus dem Bereich Amrum/Föhr gemeldet, wo schon mehrere Dutzend ertrunkener Enten in einer einzigen Reuse gefunden wurden. Dies ist unvereinbar mit dem Nationalparkgesetz § 5 (1) 4, wonach es im Nationalpark unzulässig ist, wildlebende Tiere zu beunruhigen, zu verletzen oder zu töten.

Kleine Baumkurren werden von Hobbyfischern insbesondere in flachen Bereichen eingesetzt, wo die größeren Kutter der Erwerbsfischerei nicht fischen können. Dadurch kommt es in diesen sonst ruhigen Bereichen zu vermeidbaren Störungen von Vögeln und Seehunden (vergl. Kap. XI 2.2.). Dem steht § 2 (1) des Nationalparkgesetzes entgegen, der eine möglichst ungestörte Entwicklung im Nationalpark vorschreibt. Außerdem wird der Fischereidruck auf die Krabbenbestände, die sich am Rande der Überfischung befinden (ICES 1993 a), zwar geringfügig, aber weiter erhöht.

Erdölförderung steht den National-parkzielen entgegen

Die Hobbyfischerei ist eine Freizeitgestaltung, die zum Teil sportlichen Ambitionen der Ausübenden dient. Im Vergleich zur Erwerbsfischerei spielt Hobbyfischerei zwar nur eine untergeordnete Rolle, dennoch treten in einzelnen Bereichen die obengenannten Probleme auf. Diese wären ohne weiteres vermeidbar, indem bei der Erteilung einer Ausnahmegenehmigung nach § 15 KüFO im Nationalparkgebiet Einvernehmen mit dem Nationalparkamt herzustellen wäre. Dies muß bei der Novellierung der KüFO berücksichtigt werden. Durch eine Versagung von Ausnahmegenehmigungen, durch Vorschriften für die Technik der Fanggeräte oder durch saisonale Fangbeschränkungen wäre es dem Nationalparkamt dann möglich, Störungen und Schäden in den ökologisch besonders sensiblen Gebieten zu verhindern, bzw. zu reduzieren.

3.4.4 Nebenerwerbs-fischerei

Von 1994 auf 1995 stieg die Zahl der Nebenerwerbsfischer von 106 um 214 auf 320, d. h. um mehr als 200 %. Nebenerwerbsfischer dürfen bislang auch in Zone 1 fischen und alle zulässigen Fanggeräte der Erwerbsfischerei einsetzen. Von den Nebenerwerbsfischern haben sich 233 zu Fuß und 87 mit Booten vorsorglich registrieren lassen.

Nach § 6 (2) Nationalparkgesetz ist die Fischerei in Zone 1 nur im bisherigen Umfang zulässig. Der sehr starke Anstieg der Nebenerwerbsfischer-Zahlen ist folglich nicht mit dem Nationalparkgesetz zu vereinbaren.

Generell ist anzustreben, daß bei allen, den Nationalpark betreffenden fischereilichen Regelungen seitens des zuständigen Ministeriums für Ernährung, Landwirtschaft, Forsten und Fischerei, Einvernehmen mit dem NPA herzustellen ist. Dies fordert mit einstimmigem Beschluß vom 07.09.1995 auch das Kuratorium Nordfriesland.

3.5 Rohstoffnutzung

3.5.1 Erdölförderung

Bereits vor Inkrafttreten des Nationalparkgesetzes wurde für die Region der Mittelplate und des Hakensandes südlich von Trischen die Erlaubnis zur Erdölförderung auf der Basis bestehender Rechte erteilt. Von 1987 bis 1992 wurden im Rahmen der Pilotphase jährlich ca. 250.000 t Rohöl von der künstlichen Bohrinsel Mittelplate A aus gefördert und mit einem Leichter auf dem Seeweg nach Brunsbüttel befördert (vergl. Kap. VI 6.2).

1992 trat die Ölförderung in die Hauptförderphase ein. Nach intensiver Prüfung der Rechtslage hat die Landesregierung trotz erheblicher ökologischer Bedenken hierfür die Genehmigung erteilt. Ziel der Förderphase ist zunächst eine Verdoppelung der Fördermenge.

Für 1996 plant das Betreiberkonsortium seismische Erprobungen mittels Luftpulsern in der inneren Meldorfer Bucht. Damit sollen neue geologische

Erkenntnisse gewonnen werden. Es wird vermutet, daß Ölvorkommen existieren, die mit Schrägbohrtechnik von Land aus förderbar sind.

Die Bohrinsel selbst und ihr laufender Betrieb verursachen durch Geräuschentwicklung, Beleuchtung, zusätzlichen Schiffsverkehr und das Bauwerk selbst Störungen. Das Fördergebiet müßte wegen seiner ökologischen Bedeutung den höchsten Schutzstatus erhalten, da es Mausergebiet für rund 100.000 Brandenten aus allen Teilen Europas und für etwa 30.000 Eiderenten ist.

Sand- und Kleientnahmen sollten möglichst im Binnenland erfolgen

Nach heutiger Rechtslage kann das Konsortium Mittelplate A bis zum Jahre 2011 Öl aus dem Nationalpark fördern. Danach verlängert sich die Erlaubnis automatisch, wenn nicht die Lagerstätte entleert ist bzw. das Konsortium die Verträge aufkündigt. Daß das Land dabei keine eigene Kündigungsmöglichkeit außerhalb von entschädigungspflichtigen Enteignungen hat, ist unzeitgemäß.

Es ist notwendig, diese Rechtslage intensiv zu prüfen und ggfs. im verbleibenden Zeitraum auf eine Änderung der Rechtsnormen hinzuarbeiten. Die Abwägung der schützenswerten Güter ist im Nationalparkgesetz und Landesnaturschutzgesetz eher zu Gunsten des einzigartigen Naturraumes Wattenmeer erfolgt. Dies muß zur Konsequenz haben, daß diese Nutzung in einem Nationalpark auch durch einen legislativen Akt spätestens im Jahr 2011 beendet wird. Die Alternative einer Erdölförderung von Land aus sollte gesucht und unterstützt werden.

In der Zwischenzeit sollte geprüft werden, ob nicht angesichts der Ölgewinnung in einem Nationalpark zumindest eine deutliche Erhöhung der Förderzinsen angemessen wäre. Die Mittel müßten dann unmittelbar dem Nationalparkamt für zusätzliche umweltverbessernde Maßnahmen zur Verfügung gestellt werden.

3.5.2 Kiesfischerei

Kiesfischerei soll nach einer Übergangsregelung eingestellt werden

Kiesfischerei im Nationalpark wird seit Jahren von vier Unternehmen betrieben. Der Kies bzw. Sand wird im südlichen Nordfriesland abgebaut. Das Material wird ausschließlich als Baustoff auf Inseln und Halligen insbesondere für den Wegebau benutzt (vergl. Kap. VI 6.3).

Die Entnahme von Kies aus dem Nationalpark ist weder mit dem Landesnaturschutzgesetz noch mit dem Nationalparkgesetz vereinbar. Zur Vermeidung wirtschaftlicher Härten ist die Einstellung der Kiesfischerei im Rahmen einer Übergangsregelung angemessen. Aus diesem Grund sollen keine neuen Lizenzen mehr erteilt werden und die bestehenden Befreiungen nach § 54 LNatSchG mit dem Ausscheiden der Genehmigungsinhaberinnen und Genehmigungsinhaber aus dem Berufsleben auslaufen.

3.5.3 Kleientnahme

Klei aus dem Wattenmeer wird für Deichbauten und andere Küstenschutzzwecke verwendet. In den letzten Jahren sind die Entnahmen überwiegend ins Binnenland verlagert worden (vergl. Kap. VI 6.3). Nach dem Landesnaturschutzgesetz sind Eingriffe in gesetzlich geschützte Biotope verboten, wenn alternative Entnahmestandorte zur Verfügung stehen (§ 7 LNatSchG). In der Zukunft sind daher alle Kleientnahmen grundsätzlich außerhalb des Nationalparks vorzunehmen. Dort wo Binnendeichsentnahmen nicht möglich sind, müssen Kleientnahmen auch in Zukunft aus dem Wattenmeer per Ausnahme möglich sein.

3.5.4 Sandentnahmen für Deichbauzwecke

Sandentnahmen machen den größten Teil der Rohstoffentnahmen im Wattenmeer aus. Sand wird ausschließlich zu Küstenschutzzwecken genutzt.

Nach dem Landesnaturschutzgesetz sind Eingriffe in gesetzlich geschützte Biotope verboten, wenn alternative Entnahmestandorte zur Verfügung stehen (§ 7 LNatSchG). Geeignete Sandentnahmestandorte stehen im Binnenland meist zur Verfügung.
Nur in den Fällen, wo Sandentnahmen binnendeichs nicht möglich sind, ist Sand aus dem Nationalpark zu entnehmen. Die Entnahme soll möglichst aus den Randbereichen von Prielen erfolgen. In Einzelfällen gilt dies sogar für die Kernzonen.

3.5.5 Strandholzsammeln

Das Sammeln von Strandholz findet seit
Jahren in geringem Umfang vor allem auf
den Außensänden statt. Diese traditionelle
Aktivität wurde in den Kernzonen per
Ausnahmeregelung zugelassen (vergl.
Kap. VI 6.5). Das Auslaufen der Genehmigungen in den Kernzonen des Nationalparks im Rahmen einer Übergangsregelung bedeutet keine wirtschaftliche Härte
und ist daher angemessen.

Aus diesem Grund soll neuen Antragstellern keine Ausnahmegenehmigung mehr
erteilt werden. Bisherigen Genehmigungsinhabern wird bis zur Aufgabe des
Strandholzsammelns aus eigener Motivation eine Ausnahmegenehmigung erteilt.

3.6 Telekommunikation, Energieversorgung, Wasserversorgung und Wasserentsorgung

3.6.1 Versorgungs-leitungen

*Bei der Errichtung
von Windenergie-
anlagen muß die
Beeinträchtigung
von Natur und
Landschaft sowie
von Kulturgütern
vermieden werden*

Die Versorgung mit Telekommunikationseinrichtungen, Energie (Strom, Gas) sowie
Wasser sind für die im Nationalpark
liegenden Inseln und Halligen von essenti-
eller Bedeutung und zählen zu den unverzichtbaren Infrastrukturmaßnahmen. Sie
gehören deshalb gemäß §6 Abs.1 Nr.1
NPG zu den im Nationalpark zulässigen
Maßnahmen.

Beim Neubau bzw. der Reparatur von
Leitungen sind Beeinträchtigungen des
Naturhaushaltes auszuschließen bzw. zu
minimieren, wenn:

Trassen besonders sensible Gebiete
  meiden,
notwendige Unterhaltungs- bzw. Erneuerungsarbeiten außerhalb besonders
  sensibler Jahreszeiten stattfinden,
Kontrollen mit möglichst geringer
  Frequenz und unter Verwendung umwelt-
  schonendster Verfahren erfolgen und
nicht mehr genutzte Kabel entfernt
  werden.

3.6.2 Windenergienutzung

Eine vermehrte Nutzung der Windenergie
an geeigneten Standorten ist das energiepolitische Ziel der Landesregierung. Bis
zum Jahr 2010 soll der Anteil an umwelt-
und ressourcenschonenden Energie-
gewinnungsformen auf einen Anschluß-
wert von 1.200 MW erhöht werden. Dabei
sollen erhebliche Beeinträchtigungen von
Natur und Landschaft sowie von Kulturgütern vermieden und unvermeidbare
Beeinträchtigungen, die auch mit dieser
umweltfreundlichen Energiegewinnungs-
art verbunden sind, ausgeglichen werden.
Weiterhin dürfen die Siedlungsräume der
Menschen und ihre naturnahe Erholung
nicht unvertretbar belastet werden.

Der Gesetzgeber hat in § 2 Abs. 1 des
Nationalparkgesetzes den Schutzzweck für
den Nationalpark definiert. Dazu gehört
ausdrücklich die „Schönheit und Ursprünglichkeit der Landschaft". Dieser
Schutzzweck wäre in Frage gestellt, wenn
das Wattenmeer als Gebiet zur Windenergienutzung freigestellt würde. Über
die Scheuchwirkung von Anlagen und ihre
Barrierewirkung liegen eine Reihe von
wissenschaftlichen Untersuchungen vor
(vergl. Kap. VI 7.). Demnach sind erhebliche Auswirkungen auf die Lebewelt im
Wattenmeer, hier insbesondere auf
brütende und wandernde Vögel, nachgewiesen. Es ist daher dringend notwendig,
daß ausreichende Abstände zu Nationalparken, Naturschutzgebieten und sonstigen schützenswerten Flächen eingehalten
werden. Bekannte traditionelle Vogelfluglinien müssen großräumig von einer
Windkraftnutzung freigehalten werden.

Das Wattenmeer zwischen Den Helder und
Esbjerg ist nahezu flächendeckend als
Ramsar-Gebiet ausgewiesen. Darüberhinaus erfüllt es im überwiegenden Bereich
die Bedingungen gemäß Flora-Fauna-
Habitat-Richtlinie sowie Art. 4 Vogelschutzrichtlinie der Europäischen Gemeinschaft – auch wenn diese Flächen noch
nicht offiziell gemeldet sind. Bereits auf
der trilateralen Konferenz der Umweltminister der Niederlande, Dänemarks und
Deutschlands 1991 in Esbjerg wurde der
Bedeutung des Wattenmeeres entsprechend unmißverständlich festgehalten,
daß „der Bau von Windkraftanlagen im
Wattenmeer auf der dem Meer zugewandten Seite der Deiche und der Küste zu
verbieten ist" (CWSS 1992).

In Schleswig-Holstein sind diese Überlegungen in den „Gemeinsamen Runderlaß des Innenministers, des Ministers für Finanzen und Energie, der Ministerin für Natur und Umwelt sowie der Ministerpräsidentin-Landesplanungsbehörde" vom 4. Juli 1995 eingeflossen (AMTSBLATT FÜR SCHLESWIG-HOLSTEIN 1995). Dieser schließt definitiv die Errichtung von Windkraftanlagen im Nationalpark sowie in sonstigen Vorrangflächen für den Naturschutz aus. Darüber hinaus sollen die Halligen sowie die Geestteile der Inseln Amrum, Föhr und Sylt sowie Vordeichflächen aller Art von Windenergieanlagen freigehalten werden.

Der Kreis Nordfriesland hat zur Vermeidung dauerhafter Beeinträchtigungen des Landschaftsbildes und von Naturschutzbelangen eine Flächenfindungskarte für die Windkraftnutzung erstellt. In Zusammenarbeit mit den Gemeinden und sonstigen Trägern öffentlicher Belange wurden Vorrangflächen für die Windkraftnutzung ausgewiesen, die auch in den Regionalplan Eingang finden werden. Dieses Vorgehen ist eine wichtige Voraussetzung für einen geordneten Ausbau der grundsätzlich zu fördernden Windkraftnutzung. Dabei sind Nachteile für den Naturschutz wie auch die ansässige Bevölkerung zu vermeiden. Der Kreis Dithmarschen arbeitet derzeit an einer entsprechenden Planungsgrundlage.

Jegliche militärische Nutzung im Wattenmeer muß eingestellt werden

Das Freihalten der seeseitigen Gebiete des Wattenmeeres von Windkraftanlagen entsprechend der Ministererklärung von Esbjerg ist unerläßlich für die Entwicklung des Großschutzgebietes Wattenmeer. Da Land und Wattenmeer in enger Wechselbeziehung stehen, muß aber auch landseitig durch planungsrechtliche Instrumente dafür Sorge getragen werden, daß der Ausbau der Windenergie in einem umweltverträglichen Rahmen stattfindet und die Belange des Naturschutzes berücksichtigt werden.

3.6.3 Abwasserentsorgung

Die Einträge von Schad- und Nährstoffen aus ungenügend geklärten industriellen und kommunalen Abwässern bedeuten einen großen Belastungsfaktor des Ökosystems Nordsee und damit des Nationalparks Schleswig-Holsteinisches Wattenmeer.

Zur Zeit versucht die Landesregierung durch ein breit angelegtes Förderprogramm zur Kläranlagennachrüstung (vergl. Kap. VI 7.5), diese Belastung auf regionaler Ebene zu reduzieren. Um für die Zukunft die Belastungen so weit wie möglich zurückzuführen, werden für die Kreise Nordfriesland und Dithmarschen folgende Maßnahmen als erforderlich angesehen:

▶ die Eliminierung insbesondere von Stickstoffverbindungen nach dem Stand der Technik, sowohl bei zentraler Ortsentwässerung als auch bei Einzeleinleitern,

▶ die Aufstellung eines Einleiterkatasters für alle Gewässer 1. Ordnung sowie

▶ die Aufstellung eines Konzeptes zur umweltgerechten Entsorgung des auf den Inseln und Halligen anfallenden Klärschlammes.

Da der Eintrag von Nähr- und Schadstoffen in die Nordsee sowohl ein gesamtstaatliches als auch ein europäisches bzw. internationales Problem darstellt, ist eine Intensivierung der politischen Arbeit mit dem Ziel der Minimierung des Eintrags in die Nordsee zu verfolgen (vergl. Kap. XI 3.8 und 3.9).

3.7 Militärische Nutzung

Der von Privatfirmen der Rüstungsindustrie durchgeführte Erprobungsbetrieb in der Meldorfer Bucht hat neben seinen Störwirkungen auf Organismen erhebliche Auswirkungen auf die generelle Bewertung und Akzeptanz des Nationalparks (vergl. Kap. VI 8.). Eine derartige Nutzung ist den Besuchern und Einheimischen nicht vermittelbar, da Standortalternativen bestehen und die Wehrfähigkeit der Bundeswehr bei Aufgabe des Erprobungsbetriebes nicht gefährdet wäre (Aussage von Vertretern des Bundesverteidigungsministeriums vom 17. März 1995). Entsprechend dem Landtagsbeschluß vom 04.10.1990 wird daher die endgültige Einstellung jeglicher Waffenerprobung gefordert.

Störwirkungen, die durch Militärflugzeuge und -hubschrauber bedingt sind, müssen durch verbindliche Regelungen mit den fliegenden Verbänden minimiert werden. Dabei sind bestimmte Regelflugtrassen im Nationalpark festzulegen, die von den Piloten eingehalten werden müssen (vergl. Kap. XI 3.1).

XI

3.8 Nährstoffbelastung und -eintrag

Auf der II. Internationalen Nordseeschutzkonferenz (INK) 1987 in London haben die Umweltminister der Nordseeanrainerstaaten u.a. beschlossen, Nähr- und Schadstoffeinträge auf der Basis der Daten von 1985 innerhalb von zehn Jahren um etwa 50 % zu reduzieren.

Im Qualitätszustandsbericht für die Nordsee von 1993 wurden die Reduzierungen der Einleitungen bewertet: Bei den Nährstoffen wird das Reduzierungsziel lediglich für Phosphorverbindungen erreicht. Dies ist wesentlich auf den Einsatz der Phosphatfällung in Kläranlagen und die Einführung phosphatfreier Wasch- und Reinigungsmittel zurückzuführen.

Bei den Stickstoffeinträgen wird nur eine Reduzierung von etwa 20 % erreicht. Deshalb haben die Umweltministerinnen und Umweltminister der Nordseeanrainerstaaten auf der IV. INK 1995 in Esbjerg unter anderem beschlossen, weitere Maßnahmen zur Reduktion der Nitrateinträge aus der Landwirtschaft zu unternehmen.

Das gesamte Wattenmeer von der niederländischen bis zur dänischen Küste ist ein Eutrophierungs-Problemgebiet, da neben den atmosphärischen Einträgen die einmündenden Flüsse erhebliche Nährstofffrachten mit sich führen.

Sichtbare Zeichen für eine Überdüngung des Wattenmeeres sind häufigere und längere Algenblüten in den letzten Jahren, Verschiebungen der Artenzusammensetzung von Planktonorganismen und Bodenbewohnern, vermehrtes Auftreten von Großalgenmatten und Absterben der Bodenfauna unter diesen Teppichen sowie schwarze Flecken im Wattenmeer, wo die sauerstofffreie Bodenschicht bis an die Oberfläche reicht. Auch Vogelsterben durch Botulismus wird wahrscheinlich durch Eutrophierung der Sedimente gefördert.

Die Landesregierung Schleswig-Holstein hat mit erheblichen Mitteln ein Maßnahmenbündel zur Reduzierung von Nährstoffeinleitungen aus der Fläche in Gang gesetzt (Gülleverordnung, Uferrandstreifenprogramm, Förderung des ökologischen Landbaues, Phosphatfällung und Stickstoffreduzierungen in Kläranlagen). Allerdings zeigt sich, daß diese Maßnahmen allein noch keine deutlichen Auswirkungen haben. Die am 06.02.1996 von der Bundesregierung erlassene Dünge-Verordnung enthält Grundsätze, die auf den Schutz der Gewässer abzielen und ist damit ein erforderliches Instrument des vorbeugenden Gewässerschutzes. Neben dem direkten Eintrag von Düngestoffen in Gewässer sollen Auswaschungsvorgänge vermindert werden.

Aus diesem Grund ist es Ziel des Umweltministeriums, sich in Zukunft insbesondere auf die Verminderung der Nährstoffeinträge aus der Landwirtschaft zu konzentrieren. Dazu könnten weitere Extensivierungsmaßnahmen und vor allem die Unterstützung der Landwirtschaft bei der Umstellung auf den ökologischen Landbau eine Rolle spielen. Dies ist zudem ein wichtiger Beitrag zum Klimaschutz.

Besorgniserregend ist, daß das natürliche Stickstoff/Phosphat-Verhältnis im Wattenmeer von 16 : 1 durch die unterschiedlich erfolgreiche Reduktion von Stickstoff- und Phosphatverbindungen weiter auseinanderverlagert wird. Hier muß befürchtet werden, daß weitere negative Folgen, wie z. B. die Förderung toxischer Algenblüten durch Stickstoffüberschuß, auftreten. Da die Limitierung des Planktonwachstums im Wattenmeer abhängig von der Algenart, Ort und Jahreszeit nicht durch einen einzigen Faktor erfolgt, sondern Stickstoff, Phosphor, Silikat oder Licht begrenzend wirken können, ist durch einen Gleichklang bei der Nährstoffreduzierung ein größerer Erfolg zu erwarten.

Ziel ist, wie auf der 7. Trilateralen Regierungskonferenz zum Schutz des Wattenmeeres 1994 in Leeuwarden erklärt, daß das Wattenmeer „unter dem Gesichtspunkt der Eutrophierung als „non-problem-area" bezeichnet werden kann". Weitere Schritte in Richtung auf eine Verminderung der Einträge könnten durch die Umsetzung des Biosphärenreservatsgedankens getan werden (vergl. Kap. XII).

3.9 Schadstoffbelastung und -eintrag

Schadstoffe gelangen auf denselben Wegen in das Ökosystem Nordsee und das Wattenmeer wie die Nährstoffe (vergl. Kap. VI 9.). Trotz erfolgreicher Reduzierung der Einleitungen sind Schadstoffe wie Schwermetalle und organische Verbindungen immer noch in viel zu hohen Konzentrationen vorhanden.

Sichtbare Zeichen sind z. B. Geschwüre bei verschiedenen Fischarten des Wattenmeeres oder die durch Schadstoffe zumindest geförderte Seehundseuche in 1988 (vergl. Kap. VI 9.).

Schwermetall-konzentrationen müssen den natürlichen Hintergrundwerten angenähert werden

Die Bemühungen zur Verringerung der Einträge müssen intensiviert werden. Ziel zukünftiger Politik für das Wattenmeer als Schadstoffsenke muß dabei sein, daß die Schwermetallkonzentrationen den natürlichen Hintergrundwerten angenähert werden und menschengemachte Verbindungen mittelfristig nicht mehr in den Ökosystemkompartimenten nachweisbar sind.

Diese Forderung wurde auch anläßlich der 7. Trilateralen Regierungskonferenz in Leeuwarden 1994 in den folgenden Qualitätszielen formuliert:

„Natürliche Mikroverunreinigungen: Hintergrundkonzentrationen in Wasser, Sediment und Indikatoren.

Schadstoffe (Man-Made Substances): Konzentrationen, die einer Null-Einleitung entsprechen".

Die Entsorgung von Seeschiffen in den Häfen muß kostenlos oder zwangsweise sichergestellt werden

Gemäß dem MARPOL-Übereinkommen wurde von 1988 bis 1991 im Rahmen eines Demonstrationsvorhabens mit Mitteln von Bund und Ländern eine kostenlose Entsorgung von Öl und Chemikalienrückständen der Seeschiffe in den deutschen Küstenhäfen eingerichtet. Seit der Beendigung dieses Vorhabens gingen die Entsorgungsmengen in den Häfen drastisch zurück. Um Schadstoffeinträge über Schiffe in die Küstengewässer und die Nordsee zu reduzieren, ist eine Pflichtentsorgung von Öl, Chemikalienrückständen, Müll und Fäkalien in den Häfen zu fordern, die gemäß dem Verursacherprinzip über die Hafengebühren zu finanzieren ist. Zur Vermeidung von Wettbewerbsverzerrungen sollte eine entsprechende Entsorgungsregelung in den Seehäfen mindestens EU-weit, besser auf internationaler Ebene getroffen werden.

3.10 Küstenschutzmaßnahmen im Vorland

Nach § 63 Abs. 2 Landeswassergesetz ist die Sicherung des Vorlandes Aufgabe des Landes, soweit dies für die Erhaltung der Schutzfunktion der in der Unterhaltungspflicht des Landes stehenden Deiche erforderlich ist.

Im Nationalpark Schleswig-Holsteinisches Wattenmeer, der im Abstand von 150 m von der seewärtigen Kante der Krone der Landesschutzdeiche an der Festlandsküste beginnt, ist nach § 2 Abs. 1 Nationalparkgesetz der möglichst ungestörte Ablauf der Naturvorgänge zu sichern. Nach § 2 Abs. 3 dieses Gesetzes wurden die Maßnahmen des Küstenschutzes, einschließlich der Vorlandsicherung und Vorlandgewinnung sowie der Binnenlandentwässerung, nicht eingeschränkt.

Am 1. Juli 1993 ist in Schleswig-Holstein das Landesnaturschutzgesetz (LNatSchG) in Kraft getreten und ersetzt als jüngere und speziellere Regelung § 2 Abs. 3 des Nationalparkgesetzes. Dieses hat Konsequenzen für die Bewirtschaftspraxis in den Vorländern entlang der Westküste von Schleswig-Holstein.

Das Landesnaturschutzgesetz stellt eine Reihe von Biotopen unter besonderen Schutz. Wattflächen und Salzwiesen werden in § 15a LNatSchG als "vorrangige Flächen für den Naturschutz" bezeichnet. § 15a Abs. 2 LNatSchG verbietet alle Handlungen, die zu einer Beseitigung, Beschädigung, sonstigen erheblichen Beeinträchtigungen oder zu einer Veränderung des charakteristischen Zustands der geschützten Biotope führen können. Dieses Gesetz setzt die seit 1987 geltende Rahmenregelung des Bundes (§ 20c Bundesnaturschutzgesetz) in Landesrecht um. Unter das Verbot fallen auch flächenhafte Küstenschutzmaßnahmen (Grüpp- und Lahnungsarbeiten) und die Beweidung, sofern sie den Nationalpark betreffen. Das Landesnaturschutzgesetz läßt Ausnahmen von diesem Verbot nur zu, wenn die Beeinträchtigungen ausgeglichen werden können und die Maßnahmen aus überwiegenden Gründen des Allgemeinwohls notwendig sind.

Zur Umsetzung der Bestimmungen aus dem Landesnaturschutzgesetz und dem Landeswassergesetz hat der Minister für Ernährung, Landwirtschaft, Forsten und Fischerei (MELFF) eine Arbeitsgruppe (AG Vorland) aus Vertretern des MELFF, des Ministeriums für Natur und Umwelt (MNU), des Landesamtes für den Nationalpark Schleswig-Holsteinisches Wattenmeer (NPA), des Landesamtes für Wasserhaushalt und Küsten (LW), des Marschenverbandes und der Ämter für Land- und Wasserwirtschaft (ÄLW) Heide und Husum gegründet.

Es ist gemeinsames Ziel von Küstenschutz und Naturschutz, vorhandenes Vorland zu erhalten und vor Schardeichen neu zu entwickeln

Ziel der AG Vorland war die Erarbeitung eines gemeinsam getragenen mittelfristigen Entwicklungskonzeptes für die aus Gründen des Küstenschutzes und der Außentiefunterhaltung erforderlichen Vorlandarbeiten. Das Konzept enthält die Maßnahmen im Vorlandbereich, die zur Küstensicherung notwendig sind, und ist Grundlage für Genehmigungen nach § 15a LNatSchG sowie für die Neufassung des Generalplanes Deichverstärkung, Deichverkürzung und Küstenschutz in Schleswig-Holstein. Das Konzept ist Leitlinie für Behörden, vereinfacht die Abstimmung der Jahresarbeitspläne zwischen NPA und den betroffenen ÄLW und informiert die Öffentlichkeit. Außerdem soll das Konzept für eine Wirtschaftlichkeitsbetrachtung der Küstenschutzarbeiten der ÄLW herangezogen werden.

Die AG Vorland hat folgende Grundsätze für das künftige Management erarbeitet:

► Es ist gemeinsames Ziel von Küstenschutz und Naturschutz, vorhandenes Vorland zu erhalten und vor Schardeichen neu zu entwickeln.

► Die Maßnahmen zur Vorlandentwicklung sind, abhängig von den örtlichen Verhältnissen, möglichst naturverträglich auszuführen. Dort, wo es die örtlichen Verhältnisse zulassen, wird auf technische Maßnahmen verzichtet.

Die Scherfestigkeit von unbeweideten Vorländern ist ausreichend, eine Flächenerosion tritt nicht auf

Die Ergebnisse des 1994 abgeschlossenen Forschungsvorhabens "Erosionsfestigkeit von Hellern" (ERCHINGER 1995) bestätigen die vereinbarten Managementmaßnahmen. Vorlandsalzwiesen haben aufgrund ihres schützenden Pflanzenbewuchses, selbst ohne Begrüppung und Beweidung, eine ausreichende Festigkeit gegenüber einer Erosion in der Fläche. Salzwiesen sind lediglich durch Kantenerosion gefährdet. Diesem Prozeß kann durch den

Bau von Schutzlahnungen entgegengewirkt werden.

Hinsichtlich des Vorlandmanagements bedeutet dies, daß abbrechende Vorlandkanten durch Lahnungen zu sichern sind und für die Deichfußentwässerung schmale Grüppen im deichnahen Bereich sowie eine Hauptentwässerung ausreichen. Eine systematische Bearbeitung vorhandener Salzwiesen in der Fläche ist nicht erforderlich.

Die Untersuchungen von ZHANG (1993) und HORN & ZHANG (1994) in schleswig-holsteinischen Salzwiesen zeigten eine beweidungsabhängige Scherfestigkeit. Sie steigt unabhängig von jahreszeitlichen Schwankungen mit zunehmender Beweidungsintensität an und erreicht ein Maximum bei einer Beweidungsintensität von ca. 1,0 bis 1,5 Schafeinheiten. Die Autoren empfehlen auf der Grundlage der Ergebnisse der bodenphysikalischen Untersuchungen eine extensive Beweidung mit einer 1 Schafeinheit pro ha (HORN & ZHANG 1994), obwohl Erosionserscheinungen an Bodenmonolithen unbeweideter Flächen im Wellenversuchskanal nicht auftraten. Die Scherfestigkeit von unbeweideten Vorländern ist demnach ausreichend, eine Flächenerosion tritt nicht auf. Die Scherfestigkeit wird durch eine extensive Beweidung lediglich erhöht.

Ausgehend von den Grundsätzen der AG Vorland sind regionale Küstenschutzkonzepte entwickelt worden, die künftig dem Genehmigungsverfahren nach § 15a LNatSchG zugrunde gelegt werden. Sie werden anhand eines gemeinsam getragenen Vorlandmonitoringprogrammes auf ihre Effektivität und auf ihre Naturverträglichkeit hin überprüft und weiter entwickelt.

Die als Vorrangfläche für eine natürliche Entwicklung ausgewiesenen Gebiete (Abb. 209), in denen Küstenschutzmaßnahmen nicht bzw. nicht mehr stattfinden, werden beobachtet und überwacht. Veränderungen und Entwicklungstendenzen sollen im Rahmen eines Monitoringprogrammes dokumentiert werden. Dort, wo eine 200 m breite Vorlandzone in ihrem Bestand aus Küstenschutzsicht gefährdet ist, stimmen NPA und ÄLW die zu ergreifenden Maßnahmen miteinander ab.

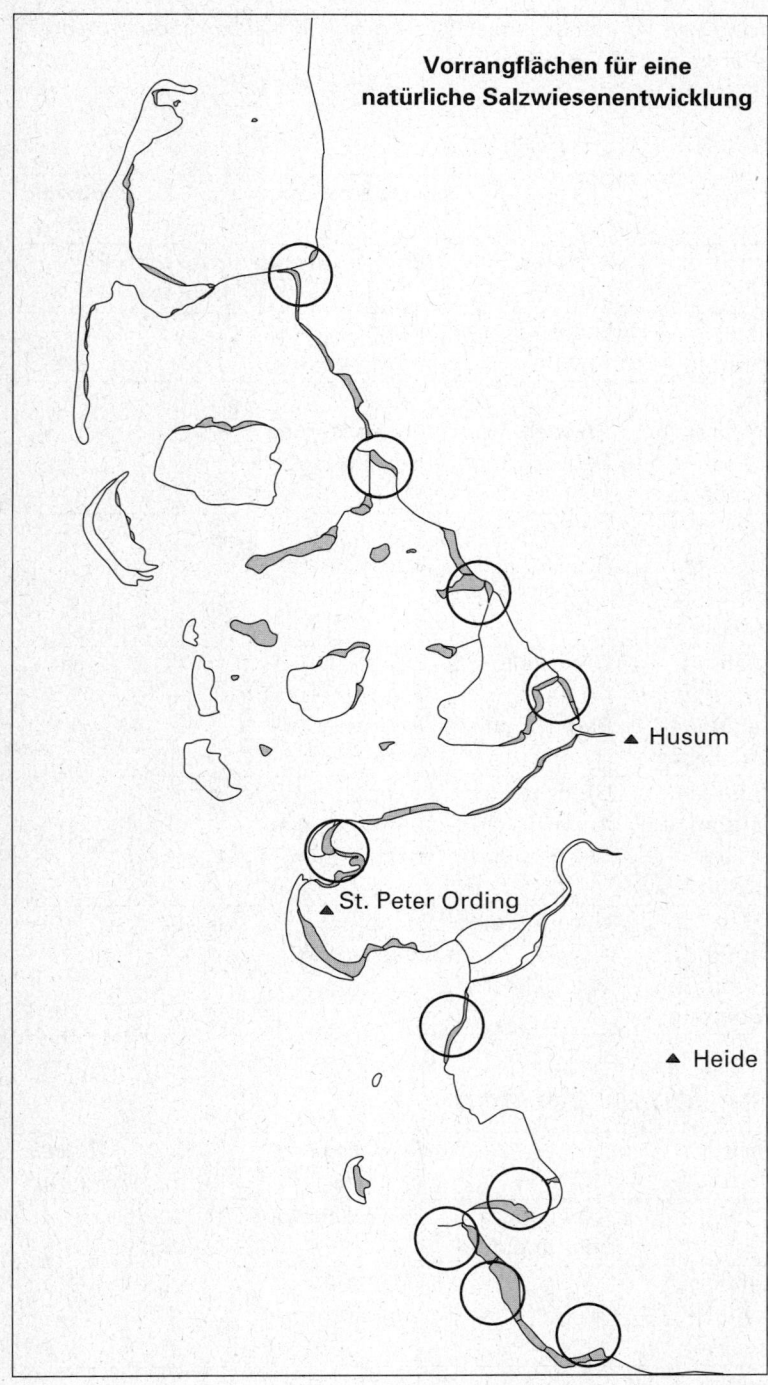

Vorrangflächen für eine natürliche Salzwiesenentwicklung

▲ Husum

▲ St. Peter Ording

▲ Heide

*Abb. 209
Vorrangfläche für
eine natürliche
Salzwiesen-
entwicklung. In
geschützten
Vorlandbereichen
finden Vorland-
sicherungs-
maßnahmen nicht
mehr statt oder sie
sind stark einge-
schränkt. In den
Salzwiesen können
sich natürliche
Übergänge zum
Watt ausbilden.*

3.10.1 Regionale Küstenschutzkonzepte

Die regional differenzierten Küstenschutzkonzepte haben eine Gültigkeit von ca.
zehn Jahren, sollen aber anhand eines
Monitoringprogrammes laufend überprüft
und wenn nötig modifiziert werden. Alle
in die Pläne aufgenommene Maßnahmen
zielen auf eine Eingriffsminimierung bei
gleichzeitiger voller Gewährleistung aller
Küstenschutzfunktionen.

Die den regionalen Plänen zugrundegelegten Prinzipien sind in einer Matrix
zusammengetragen (Tab.49). Es wird
zwischen Vorland im Aufbau (Abb. 210)
und vorhandenem Vorland (Abb. 211)
unterschieden. Im vorhandenen Vorland
werden nur noch Maßnahmen zur Sicherung der Vorlandkante, zur Haupt- und
Deichfußentwässerung sowie zum Management von Sodenflächen ausgeführt.
Dies bedeutet, daß im begrünten Vorland
keine flächenwirksamen Küstenschutzmaßnahmen durch Beweidung und
Begrüppung mehr stattfinden. Für im
Aufbau befindliches Vorland wird ein
gestaffeltes System, aufgeteilt in eine
Vorland-, Anwachs- und Turbulenzzone,
angestrebt. Hier finden Managementmaßnahmen statt.

Die Maßnahmen zur Schaffung und
Erhaltung von Vorländern sollen von
Zeitpunkt, Art und Umfang her möglichst
naturverträglich und mit minimalen
Eingriffen durchgeführt werden. Um diese
Vorgabe zu erfüllen, wurde eine Bestandsaufnahme der heutigen Arbeitstechniken
und der möglichen alternativen Maßnahmen durchgeführt. Die Varianten wurden
vergleichend bewertet.

Die Arbeitstechniken lassen sich in folgende Hauptgruppen untergliedern:

► Bau und Unterhaltung von Buhnen, von
  Lahnungen und von Erd- und Transport-
  dämmen,
► Grüpparbeiten bzw. Entwässerung,
► Sodengewinnung.

Als Ergebnis der Bestandsaufnahme und
der Bewertung bleibt festzuhalten:

► Die bisherige Bauart der Steinbuhnen
und die Form des Lahnungsbaues haben
sich bewährt und sollen für die Zukunft
beibehalten werden.

Tab. 49: Maßnahmen zur Schaffung und Erhaltung von Vorländern im schleswig-holsteinischen Wattenmeer, *)
Einzelfallentscheidung im Rahmen der Jahrespläne (MELFF 1995 f).

Vorland im Aufbau

	Bereich	Bezeichnung	Zweck	Vorlandarbeiten			Beweidung
				Arbeiten im Lahnungsfeld	Entwässerung	Transportdämme	
1. Phase	1. Lahnungsfeld	Turbulenzzone	Wellendämpfung	Unterhaltung, Anwurf	Hauptentwässerung	—	—
2. Phase	1. Lahnungsfeld	Anwachszone	Aufbau und Erhaltung von Watt- und Anwachsflächen	Unterhaltung, Anwurf, Begrüppung	Hauptentwässerung, Begrüppung	(X)	—
	2. Lahnungsfeld	Turbulenzzone	Wellendämpfung, Strömungsberuhigung	Unterhaltung, Anwurf	Hauptentwässerung	—	—
3. Phase	1. Lahnungsfeld	Vorlandzone im Aufbau	Förderung einer geschlossenen Vegetationsdecke	Unterhaltung, (Anwurf), Begrüppung*	Deichfußentwässerung, Hauptentwässerung	X	(X)
	2. Lahnungsfeld	Anwachszone	Aufbau und Erhaltung von Watt- und Anwachsflächen	Unterhaltung, Anwurf, Begrüppung*	Hauptentwässerung Begrüppung*	—	—
	3. Lahnungsfeld	Turbulenzzone	Wellendämpfung, Strömungsberuhigung	Unterhaltung, Anwurf	Hauptentwässerung	—	—

Vorhandenes Vorland

	Bereich	Bezeichnung	Zweck	Vorlandarbeiten			Beweidung
				Arbeiten im Lahnungsfeld	Entwässerung	Transportdämme	
	18 Ruten Streifen	deichnahes Vorland	Erhaltung, Deichfußentwässerung		Deichfußentwässerung	X	X
	außerhalb 18 Ruten Streifen	Nationalpark Vorland	Erhaltung	Schutzlahnungsfeld zur Sicherung der Vorlandkante	Hauptentwässerung	—	— Sodenfläche

518

Abb. 210
Küstenschutz-
maßnahmen in
Lahnungsfeldern
(Vorland im Auf-
bau). Die Zeich-
nung zeigt die
einzelnen
Bearbeitungs-
schritte. Die
Maßnahmen sind
in Tabelle 49
beschrieben
(MELFF 1995).

Vorland im Aufbau

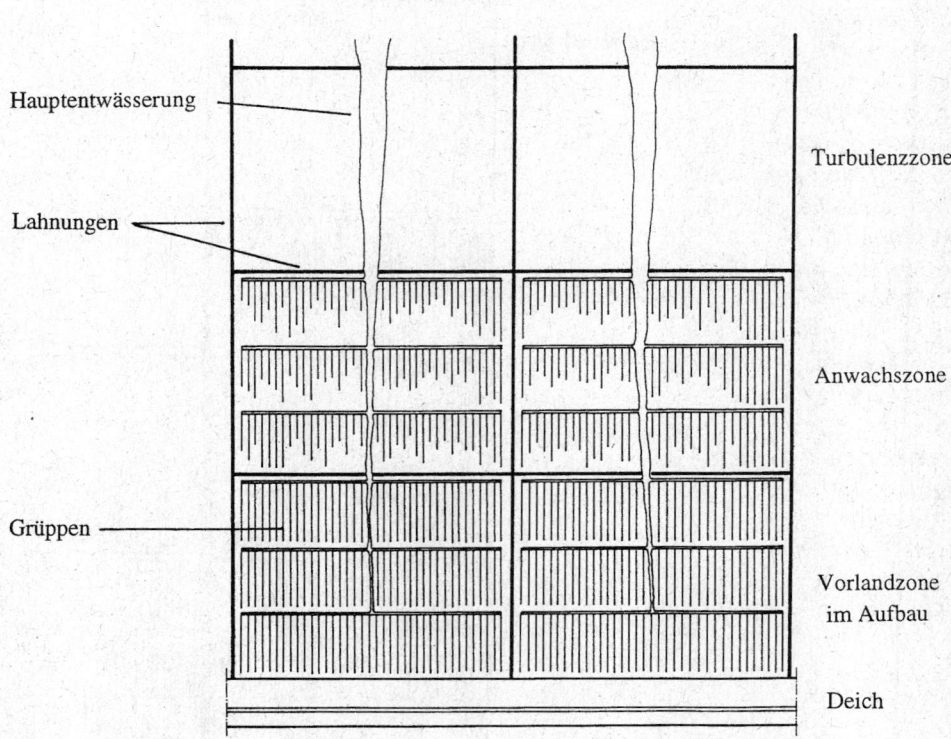

Die Anlage neuer Erddämme beim Neubau von Lahnungsfeldern soll nur im ersten Lahnungsfeld erfolgen.

Die vorhandenen Erddämme sollen nicht ausgebaut, müssen aber unterhalten werden.

Wo es die örtlichen Verhältnisse zulassen, ist der Einsatz von Fräsen und eine manuelle Begrüppung zu bevorzugen. Der Baggereinsatz ist auf ein Minimum zu reduzieren.

Um die für die Sodengewinnung notwendige Qualität zu erzielen, müssen die in den Plänen dafür ausgewiesenen Flächen weiterhin beweidet und entwässert werden.

Die Entnahmeflächen sind so zu bearbeiten, daß eine schnellere Wiederbegrünung erfolgt und die Flächen daher in kürzeren Zeitintervallen wiederverwendet werden können.

Zusätzlich zu der Bestandsaufnahme sollen die folgenden modifizierten Bearbeitungstechniken versuchsweise von den ÄLW umgesetzt und bewertet werden:

Einsatz der in den Niederlanden entwikkelten Fräsen mit Geräteträger,

Einsatz der vorhandenen Wattgrüppenbagger mit kleinerer Schaufel im Anwachs,

Offenhalten der Hauptentwässerung, dem natürlichen Verlauf eines Prieles folgend,

Deichfußentwässerung von Deichbereichen mit Deckwerk mit größeren Grüppabständen,

Treibselverwertungstechniken im Zusammenhang mit Vorlandarbeiten.

XI

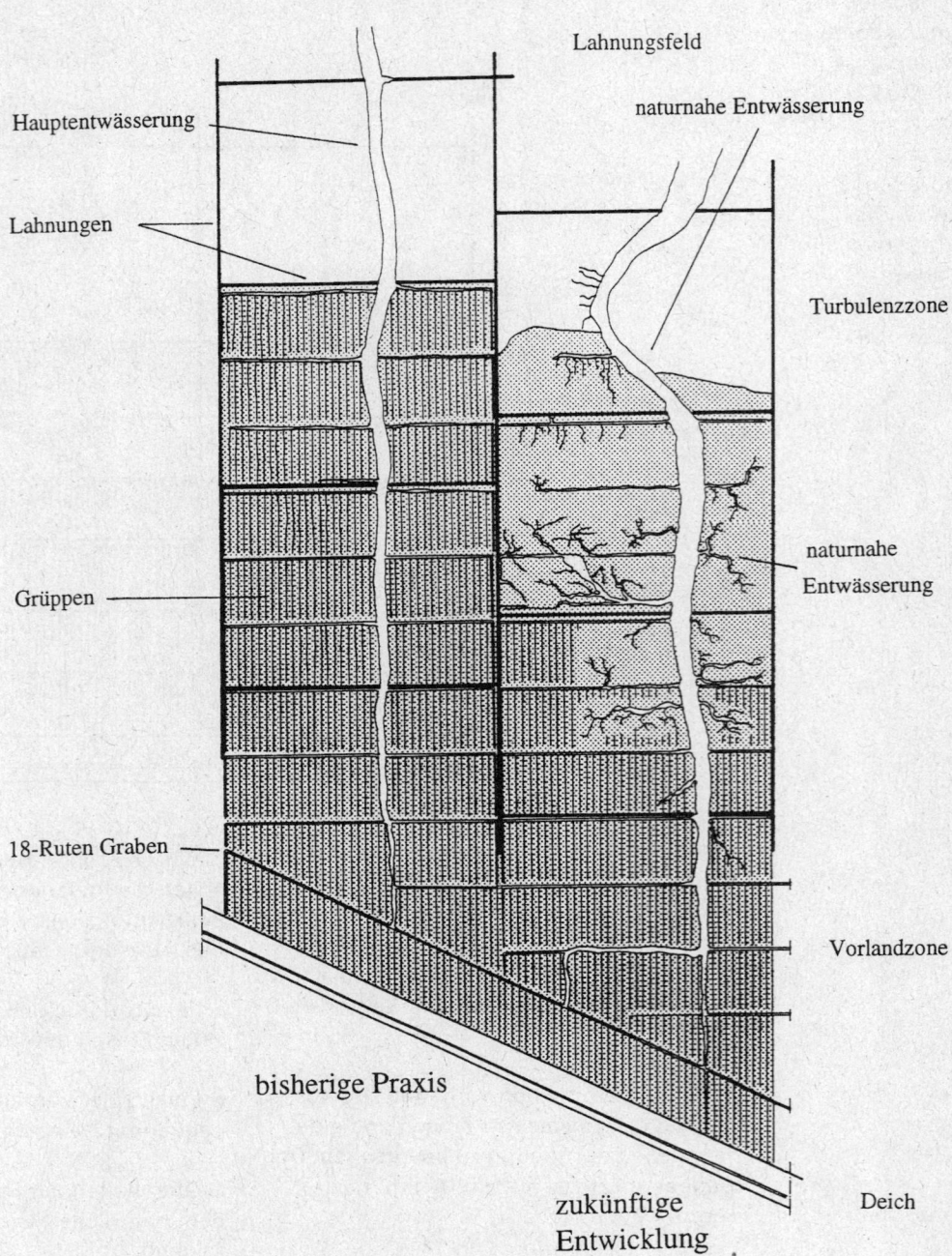

Abb. 211
Küstenschutz-
maßnahmen in
vorhandenen
Salzwiesen (Vor-
land). Die Zeich-
nung zeigt im
linken Lahnungs-
feld die bisherige
Bearbeitung und
Strukturierung der
Salzwiesen. Die
zukünftigen Maß-
nahmen und die
mögliche Entwick-
lung der Salzwiese
ist im rechten
Lahnungsfeld
dargestellt. Die
gerasterte Fläche
zeigt den mit
Salzwiesen-
vegetation bewach-
senen Bereich
(MELFF 1995).

3.10.2 Vorlandmonitoring

**Für eine ökonomi-
sche und ökologi-
sche Effizienz-
kontrolle der
Vorlandarbeiten
wurde ein
Vorlandmonito-
ringprogramm
erarbeitet**

Umfassende, systematische und örtlich
differenzierte Erkenntnisse für eine
ökonomische und ökologische Effizienzkontrolle der Vorlandarbeiten fehlen
bisher. Daher wurde ein Vorlandmonito-
ringprogramm erarbeitet, mit dem die
Effizienz der durchgeführten Maßnahmen
und Programme in den Vorländern sowie
deren Auswirkungen auf den Nationalpark
ermittelt werden können. Die auf ausgewählten Referenzflächen und -transekten
(Profile) langfristig und systematisch
erhobenen Daten werden eine fundierte

Abschätzung der Erforderlichkeit und
Effizienz von Küstenschutzmaßnahmen
sowie von Naturschutzvorhaben ermöglichen.

Es wurde ein Katalog der auf den ausgewählten Referenzflächen und -transekten
zu erhebenden Parameter erstellt. Im
einzelnen handelt es sich um hydrographische, morphologische, sedimentologische
und biologische Größen sowie um Kenn-
werte über die technischen Maßnahmen
und Nutzungen, die in einem 1-, 2- oder
5jährigen Rhythmus erhoben werden (Tab.
50). Die Datenerhebung soll überwiegend
von den zuständigen Behörden, ein

Tab. 50: Parameterliste des Vorlandmonitoringprogramms. G = Gesamtfläche, CIR = Infrarotbefliegung, P = Pegelauswertung, 1 = jährlich, Rf = Referenzfläche, N = Nivellement, B = Beprobung, 5 = alle 5 Jahre, Rt = Referenztransekt, K = Kartierung, M = Messung. [1] = Datenerhebung kontinuierlich über bestehende Pegel; [2] = Rt: Messung auf bestehenden ALW-Transekten, R:- Messung auf drei deichparallelen Transekten mit 8 Meßpunkten pro Beet; [3] = Datenerhebung auf TMAP-Flächen jährlich; [4] = Datenerhebung nur auf TMAP-Flächen; [5] = Erhebung entsprechend TMAP-Vorgaben; [6] = Exemplarisch auf Hamburger Hallig (MELFF 1995 f).

Parameter	Fläche	Methode	Rhythmus	Behörde
Hydrographie [1]				
Mthw	Rt	P	5	ALW
	Rf	P	5	ALW
MTnw	Rt	P	5	ALW
	Rf	P	5	ALW
Mthb	Rt	P	5	ALW
	Rf	P	5	ALW
Überflutungshäufigkeit	Rt	P	5	ALW
(Zeit, Anzahl Tiden)	Rf	P	5	ALW
Morphologie				
Geländehöhe [2]	Rt	N	5	ALW
	Rf	N	2 [3]	ALW
Vorlandkante	G	CIR	5	NPA/ALW
	Rf	CIR	2	NPA/ALW
Topographie	G	CIR	5	NPA/ALW
	Rf	CIR	2	NPA/ALW
Sedimentologie [4]				
Korngrößenverteilung	Rf	B	5	?
C/N-Verhältnis	Rf	B	1	?
Organische Substanz	Rf	B	1	?
Stärke der Sauerstoff-Schicht	Rf	B	1	?
Technische Maßnahmen und Nutzungen				
Treibselanfall	Rf	B	1	ALW
Lahnungen, Buhnen, Längswerke	G	K	1	ALW
Anwurf, Hauptentwässerung	G	K	1	ALW
Grüppen	G	K	1	ALW
Aufspülung	G	K	1	ALW
Soden- und Bodenentnahme	G	K	1	ALW
Beweidung	G	K	1	NPA/ALW
Biologische Parameter [5]				
Vegetationstypen	G	CIR/K	5	NPA
Vegetation-Zonierung	Rf	K	5	NPA
Vegetation-Dominanz / Diversität	Rf	K	1	NPA
Vegetationshöhe	Rf	M	1	NPA
Vegetation-Biomasse	Rf	B	5	NPA
Brutvögel	G	K	5	NPA
	Rf	K	1	NPA
Rastvögel	G	K	5	NPA
	Rf	K	1	NPA
Raumnutzung Gänse	Rf [6]	K	1	NPA

XI

geringer Teil jedoch durch Vergabe an Dritte vorgenommen werden. Die Daten sollen EDV-gestützt in einem Geographischen Informationssystem (GIS) im NPA archiviert und analysiert werden.

3.11 Baggergutverbringung

Zur Erhaltung der Vorflutfunktion der Fließgewässer sowie zur Erhaltung der Schiffbarkeit, insbesondere der Sicherheit und Leichtigkeit des Schiffsverkehrs, werden in Fließgewässern, in Bundeswasserstraßen, in Häfen und in den Zufahrten zu den Häfen regelmäßig Unterhaltungsbaggerungen durchgeführt. Im Bereich der Nordseeküste fallen daher jährlich große Baggergutmengen an (Tab. 51).

Als zuständige Genehmigungsbehörde hat das Nationalparkamt bei Baggerungen im Nationalpark sowie bei Einbringung von Baggergut in den Nationalpark über eine Ausnahmezulassung nach Naturschutzrecht zu entscheiden. Grundlage für das

Verwaltungshandeln ist das Anfang Januar 1996 von der Landesregierung beschlossene Baggergutkonzept (MNU 1996). Dieses Konzept zeigt die planerischen Voraussetzungen und Leitlinien für die Durchführung und für einzuhaltende Verwaltungsverfahren auf. Es soll den jeweiligen Unterhaltungspflichtigen darüberhinaus eine Handhabe geben, um rechtzeitig alle für eine naturschutzrechtliche Entscheidung erforderlichen Voruntersuchungen insbesondere im Hinblick auf die Beschaffenheit des anfallenden Baggergutes durchzuführen.

Das Baggergutkonzept berücksichtigt eine Reihe von internationalen Rechtsvorschriften. Die Bundesrepublik hat sich durch Zeichnung und Ratifizierung des Oslo-Übereinkommens und des London-Übereinkommens zur Verhütung der Meeresverschmutzung durch Einbringen von Abfällen durch Schiffe und Luftfahrzeuge verpflichtet (vergl. Kap. III 4), die auf der Basis dieser Übereinkommen erarbeiteten Empfehlungen und Regelungen für die Verbringung von Baggergut bei innerstaatlichen Entscheidungen zu beachten. Die Oslo-Kommission verabschiedete 1993 die überarbeiteten „Richtlinien zur Handhabung von Baggergut". Die Vertragsstaaten haben diese in ihren Entscheidungen über die Erteilung von Genehmigungen für Baggergutablagerungen u.a. im Küstengewässer zu berücksichtigen.

Nach heutiger Kenntnis sind die Schadstoffgehalte der zu baggernden Sedimente und folglich die Einträge von Schadstoffen in die Nordsee über gebaggerte Bodenmengen bei Einhaltung der Grenzwerte als geringfügig anzusehen. Da Sedimente im

Tab. 51: Jährliche Baggergutmengen im Bereich des schleswig-holsteinischen Wattenmeeres. Angaben in m^3 pro Jahr.

Bereich	Menge
Fahrrinnen	8.000 - 10.000
Häfen	
Bundeshäfen	20.000
Landeshäfen	270.000 - 340.000
Außentiefs	25.000
gesamt	323.000 - 395.000

Tab. 52: Orte von Baggergutentnahmen und Verbringungen im Bereich des schleswig-holsteinischen Wattenmeeres.

Hafen/Fahrrinne	Verbringungsort
List/Sylt	Verspülung ins Gewässer nördlich des Ellenbogens
Dagebüll	Verspülung in Lahnungsfelder nördlich Dagebüll
Wyk/Föhr	Verspülung auf das Watt vor Wyk
Fahrrinne Wittdün	Verspülung in tiefe Fahrwasser südlich von Amrum
Husum	Verspülung in die Lahnungsfelder vor dem Finkhauskoog
Büsum	Verspülung in die Tiderinne der Norderpiep
Friedrichskoog	Aufspülung von Deponieflächen vor dem Seedeich
Fahrrinne westlich von Dagebüll	Verspülen in tiefere Fahrwasserbereiche/ Aufspülen auf Wattflächen
Vorhafen des Eidersperrwerkes	Aufspülung auf Wattflächen vor dem Seedeich

Regelfall nur umgelagert werden, ist davon auszugehen, daß es zu keinen nachhaltigen Schadwirkungen auf die Gewässer kommt. Allerdings können zuvor gebundene Schwermetalle bei Veränderung des Redoxpotentials und der Sauerstoffkonzentration wieder freigesetzt werden. Auswirkungen auf das Ökosystem sind jedoch unzureichend bekannt.

Um Beeinträchtigungen zu vermeiden oder möglichst gering zu halten, ist zu prüfen, ob eine Baggergut-Verwertung an Land möglich ist oder ob anderweitige Verwendungsmöglichkeiten bestehen

Um die Beeinträchtigungen bzw. Eingriffe zu vermeiden oder möglichst gering zu halten, ist nach Maßgabe des Baggergutkonzeptes vom Unterhaltungspflichtigen zu prüfen, ob eine Verwertung des Baggergutes an Land als Baustoff möglich ist oder ob anderweitige Verwendungsmöglichkeiten bestehen. In zweiter Priorität ist zu prüfen, ob die Sedimente für Küstenschutzzwecke (Sandvorspülung, Auffüllung von Lahnungsfeldern) verwendet werden können. Erst wenn beide Verwendungsmöglichkeiten ausscheiden, ist über eine Verspülung in Tiderinnen oder auf Wattflächen zu entscheiden.

Aufgrund der hohen Ton- bzw. Schluffanteile und damit ungünstigen bodenmechanischen Eigenschaften scheidet eine Verwertung des anfallenden Baggerguts als Baustoff oder Zuschlagsstoff meist aus. Folglich ist die Rückführung der Sedimente in das Wattenmeer die Regel. Das Baggergut wird überwiegend zur Auffüllung von Lahnungsfeldern verwendet.

Außentiefs und Fahrrinnen werden mit der Schlickegge für die Schiffahrt und zur Aufrechthaltung ihrer Funktion freigehalten. Dieses Verfahren wird seitens der Landesregierung ähnlich wie die Umlagerung von Sedimenten im Rahmen des natürlichen Sedimenthaushaltes des Wattenmeeres beurteilt. Auch wenn dies im Rahmen der Ökosystemforschung nicht untersucht wurde, kann durch die künstliche Unterstützung der Aufwirbelung die Verlagerung von Sedimenten und damit die Freisetzung von sauerstoffzehrenden Substanzen, Nähr- und Schadstoffen auch anders erfolgen, als dies aufgrund der natürlichen Abläufe erfolgen würde.

Bevor Baggermaßnahmen zugelassen werden, sind Sedimentproben auf Schadstoffgehalte zu analysieren. Nur wenn festgelegte Grenzwerte nicht überschritten werden, wird einer Verbringung in das Wattenmeer zugestimmt.

Baggergut fällt in einigen Bereichen des Nationalparks an. Dabei wird es, wenn möglich, in Spülflächen im Vorland eingebracht, um vorhandene Schadstoffmengen festzulegen und damit zumindest teilweise dem System zu entziehen. Die Orte der Baggergutentnahme sowie der Verbringung ist in Tab. 52 dargestellt.

3.12 Tierseuchen

3.12.1 Massensterben von Meeressäugern

3.12.1.1 Seehundsterben 1988 und Bestandsentwicklung

Der Weltbestand der Art **Phoca vitulina** wird, teils nach Zählungen, teils nach Schätzungen, mit 300.000 - 400.000 Individuen angegeben. Die Unterart der ostatlantischen Seehunde, zu denen auch die Wattenmeerpopulation gehört, beläuft sich auf 70.000 Tiere.

Während die Größe der Wattenmeerpopulation aus alten Jagdstatistiken für die Wende zum 20. Jahrhundert mit ca. 37.000 Tieren berechnet werden kann, zeigte sich mit Aufnahme von regelmäßigen Zählungen in den 50er Jahren ein dramatischer Rückgang des gezählten Bestandes auf unter 4.000 Tiere Mitte der 70er Jahre. Ursache hierfür waren der Verlust von Lebensraum, Störungen auf den Sandbänken, eine erhebliche Belastung mit chlorierten Kohlenwasserstoffen und als herausragendster Faktor die Jagd. Die starke Bejagung führte nicht nur zum Abschuß vieler Tiere, sondern erzeugte eine ständige Fluchtbereitschaft und ein hohes Streßniveau, das sich deutlich in den außerordentlich hohen Sterblichkeitsraten der empfindlichen Jungtiere ausdrückt, die bei über 60 % im ersten Lebensjahr lag.

Nach Beendigung der Jagd - in Schleswig-Holstein im Jahre 1974 - nahm die Population zuerst langsam, dann aber zügig zu, wobei in den 80er Jahren Zuwachsraten von meist 6 - 16 % pro Jahr erreicht wurden. Positiv wirkte sich sicher auch die Schaffung von Schutzzonen im Zuge der Nationalparkgründungen aus. Diesem

Populationswachstum wurde 1988 bei einem gezählten Bestand von ca. 10.000 Tieren durch den Ausbruch einer Epidemie ein plötzliches Ende bereitet. Mehr als 60 % des Bestandes fielen einer Seuche zum Opfer.

Nach der Seuche wuchs der Bestand mit durchschnittlichen Zuwachsraten zwischen 10 - 18 % pro Jahr wieder an, so daß 1995 das Niveau von 1988 erreicht wurde.

Die Ursache des Seehundsterbens war ein hochinfektiöser Morbillivirus, der die Bezeichnung Seehundstaupevirus (Phocid distemper virus = PDV) erhielt. Er war in die immunologisch naive Wattenmeerpopulation wahrscheinlich durch Sattelrobben eingetragen worden, die vermutlich wegen durch Überfischung ausgelöster Nahrungsknappheit von ihren nördlichen Nahrungsgebieten nach Süden in die Nordsee auswichen. Die rasante Ausbreitung des Staupevirus wurde wahrscheinlich erleichtert durch Funktionsbeeinträchtigungen des Immunsystems aufgrund der hohen Belastung der Wattenmeerseehunde mit Organochlorverbindungen. Eine andere Subpopulation, die in vergleichsweise wenig belasteten Gewässern um Island herum lebt, kam ebenfalls mit dem Virus in Kontakt, zeigte jedoch keinerlei auffällige Sterblichkeit.

3.12.1.2 Wahrscheinlichkeit eines erneuten Massensterbens

Im Laufe der Jahre hat die Immunität der Seehunde gegenüber PDV abgenommen. PDV-spezifische Antikörper können nur noch bei einem relativ geringen Prozentsatz der Tiere nachgewiesen werden. Nach bisherigen Erkenntnissen können sich Morbillivieren auf Dauer nur in Populationen von mehr als 100.000 Tieren etablieren und somit zu einer dauerhaften Basisimmunität eines Großteils der Population beitragen. Niederländische Untersuchungen haben jedoch gezeigt, daß womöglich auch gesunde Tiere Ausscheider des Virus sein können. Unter diesen Bedingungen könnten auch Populationsgrößen von 10.000 Tieren ausreichen, um eine Basisimmunität zu gewährleisten. Unabhängig von diesen theoretischen Erwägungen zeigen die Totfundanalysen, daß noch immer viele Seehunde jedes Jahr an PDV sterben und somit andere die Chance zur Immunisierung haben.

Ein erneuter Ausbruch der Seuche kann nicht ausgeschlossen werden. Die Sterblichkeitsrate dürfte dann jedoch wesentlich niedriger liegen als 1988, als die Population immunologisch naiv war.

Der wachsende Bestand erhöht die Wahrscheinlichkeit für einen Seuchenausbruch nicht, solange die Lebensraumkapazität nicht überschritten wird. Diese ist noch lange nicht erreicht:

► Die Eutrophierung führt zu hohen Fischdichten und einer verbesserten Ernährungsgrundlage. Um die Jahrhundertwende gab es trotz Bejagung und ohne Eutrophierung ca. 37.000 Seehunde im Wattenmeer. 1995 wurden ca. 10.000 Tiere gezählt; der Bestand mag bei ca. 15.000 Tieren gelegen haben. Im Schnitt weisen die Tiere sehr gute Speckdichten auf. Es gibt daher keinerlei Anzeichen für einen Nahrungsmangel aufgrund innerartlicher Freßkonkurrenz.

► Schon lange vor Erreichen der Lebensraumkapazität würde sich der Populationszuwachs bei so langlebigen und hochentwickelten Tieren wie dem Seehund vermindern. Robben regeln ihre Bestandsdichte nicht über sporadische Bestandszusammenbrüche. Eine Selbstregulation der Geburtenrate deutet sich zwar an. Sie sank vor Schleswig-Holstein von ca. 25 - 27 % Mitte der 70er Jahre auf jetzt ca. 20 %. Der Populationszuwachs ist jedoch relativ stabil, da die Jungtiersterblichkeit gesunken ist.

► Das Liegeplatzangebot im Wattenmeer ist auch für eine größere Population ausreichend. Die Individualabstände auf den Bänken könnten weiterhin beibehalten werden. Bißwunden unter den normalerweise nicht kämpfenden Weibchen sind gegenwärtig nicht festzustellen. Zudem sind Robben offenbar wenig anfällig für Krankheiten, die durch direkten Kontakt von Tier zu Tier übertragen werden. Dies zeigen die enormen Dichten auf Liegeplätzen verschiedener antarktischer Robben.

► Gegenwärtig gibt es einen relativ geringen Populationszuwachs und somit offenbar eine verbesserte Gesamtkondition.

Diese Argumente verdeutlichen, daß der gegenwärtige Parasitenbefall einen Seuchenausbruch kaum begünstigen würde.

3.12.1.3 Strandungen von anderen Meeressäugern

Die Schweinswalpopulation vor Schleswig-Holstein hat eine ähnliche Größenordnung wie die der Seehunde. Dementsprechend liegen auch die Totfundzahlen auf einem ähnlichen Niveau (ca. 100 Tiere/Jahr). Anzeichen für Epidemien gibt es nicht. Kegelrobben und vereinzelt andere Robbenirrgäste, verschiedene Delphinarten und kleinere Wale werden regelmäßig tot aufgefunden, stellen aber zahlenmäßig und entsorgungsmäßig kein Problem dar.

Strandungen von großen Blau-, Finn-, Pott- oder Buckelwalen werfen allerdings Entsorgungsprobleme auf. In der Vergangenheit gab es entlang der Wattenmeerküste fast ausschließlich Einzelstrandungen. 1996 wurden hingegen 16 Pottwale mit einer Gesamtbiomasse von ca. 500 t tot an den Strand von Rømø angetrieben.

3.12.1.4 Zuständigkeiten und Verfahren bei Bergungen

Normalerweise werden um 200 Meeressäuger pro Jahr als Totfunde registriert, zumeist Seehunde und Schweinswale. Den Seehundabkommen und dem Kleinwalschutzabkommen entsprechend werden diese Tiere im Rahmen des Monitoring wissenschaftlich untersucht.

Cirka 200 Meeressäuger werden jährlich als Totfund registriert

Die Bergung von den als jagdbares Wild geltenden Seehunden wird meist von den dafür zuständigen Seehundjägern durchgeführt, z. T. aber auch durch Mitarbeiter der ÄLW. In der Praxis gilt das gleiche für andere, nicht jagdbare Robbenarten.

Kleinwale werden überwiegend von Mitgliedern der betreuenden Naturschutzverbände und durch Privatpersonen, aber auch von Seehundjägern geborgen.

Für die Bergung von Robben zahlt das Nationalparkamt pro Fund 100,00 DM ausschließlich an Seehundjäger. Die Gelder werden vom MELFF aus der Jagdabgabe

zur Verfügung gestellt. Jeder, der einen Kleinwal birgt, erhält dafür 50,00 DM vom Nationalparkamt. Diese Gelder werden nur ausgezahlt, wenn dafür vorgesehene Meldebögen ausgefüllt wurden, so daß die Datenbasis für statistische und andere wissenschaftliche Untersuchungen gesichert ist.

Die Kadaver werden in ca. 15 Tiefkühltruhen an 13 verschiedenen Standorten entlang der Westküste zwischengelagert. Das Forschungs- und Technologiezentrum Westküste (Büsum) koordiniert die Wartung und Lagerung der Tiefkühltruhen. Dort ist ein Tiefkühlcontainer installiert, der genügend Raum bietet, um mindestens so viele Tiere vorzuhalten, wie sie zu Sektionsterminen benötigt werden (ca. 15 - 20), und der als Kapazitätspuffer für die übrigen Tiefkühltruhen dienen kann.

Nach den ab 1996 in Büsum durchgeführten Sektionen werden Kleinwale in der nächsten Abdeckerei und Robben wegen ihrer Deklaration als Sondermüll in einer Sondermüllverbrennungsanlage in Hamburg verbrannt.

Bei den üblichen Totfundzahlen und den dargestellten Bergungs- und Entsorgungsverfahren treten kaum jemals hygienische Probleme auf. Bei der Strandung großer Wale und bei Massensterben von Robben oder Kleinwalen, die mit dem dargestellten System nicht bewältigt werden können, ist der jeweilige Kreis gefordert. Im Tierkörperbeseitigungsgesetz § 4 (1) ist festgelegt, daß die nach Landesrecht zuständigen Körperschaften des öffentlichen Rechts Tierkörper entsprechend den Grundsätzen des § 3 (1) zu beseitigen haben. Nach § 5 (1) gilt dies auch für freilebendes Wild. Die Grundsätze des § 3 (1) besagen u. a., daß die Tierkörper und -teile so zu beseitigen sind, daß die Gesundheit von Mensch und Tier nicht gefährdet und die öffentliche Sicherheit und Ordnung nicht gestört werden. Da die Wattflächen vor Nordfriesland und Dithmarschen inkommunalisiert sind, sind die Kreise mit ihren Veterinärämtern und ÄLW zuständig. Der Kreis kann sich nach § 4 zur Erfüllung seiner Aufgaben Dritter bedienen. Denkbar wären hier im Falle eines Massensterbens THW, Bundeswehr u. a.

Dem Nationalparkgedanken würde es zwar entsprechen, Kadaver auf abgelegenen Sänden oder einsamen Stränden liegen und die natürlichen Zersetzungsprozesse ablaufen zu lassen. In Einzelfällen kann auch durchaus so verfahren werden. Bei Strandungen großer Wale oder bei Massensterben kleinerer Meeressäuger sollten die Tiere allerdings schnellstmöglich entfernt werden, da mit einer späteren höheren Flut die verwesenden Kadaver leicht an von Menschen frequentierte Strände getrieben werden können. Die Bergung und u. U. die Zerlegung von dann bereits weitgehend zersetzten Tierkörpern wäre kaum zumutbar. Großwale müssen auch deswegen beseitigt werden, weil sie nach einem eventuellen Freispülen ein gefährliches Schiffahrtshindernis darstellen.

Zu beachten ist, daß nahezu alle Wale und viele Robben nach dem Washingtoner Artenschutzabkommen und den entsprechenden EG-Verordnungen geschützt sind, so daß der Kreis eine Ausnahmegenehmigung vom Aneignungsverbot beim LANU beantragen muß. Sobald wissenschaftliche Institute an einer Aneignung interessiert sind, gehen die Bergungs- und Entsorgungskosten zu deren Lasten, sofern keine Sondervereinbarungen getroffen werden. Eine solche Sondervereinbarung existiert mit der Universität Kiel, die auch im Besitz einer allgemeinen Aneignungserlaubnis ist.

3.12.2 Botulismus

Botulismus ist eine durch Bakterien hervorgerufene Vergiftungskrankheit: Besonders betroffen sind Wat- und Wasservögel

Botulismus ist eine durch Bakterien (*Clostridium botulinum*) hervorgerufene Vergiftungskrankheit. Die Dauerstadien dieser Bakterien (Sporen) sind weit verbreitet. Bei hohen Temperaturen können sie sich in sauerstofffreien Bereichen von stark nährstoffbelasteten Süß- und Brackgewässern massenhaft entwickeln und in der Folge ein hochgiftiges Stoffwechselprodukt freisetzen. Bei Wirbeltieren führen schon äußerst geringe Mengen dieses Nervengiftes zu Lähmungserscheinungen. Ein geeignetes Milieu kann sich besonders gut in Tierkadavern entwickeln, wodurch tote Tiere zum sekundären Botulismusherd werden. Im Boden eingeschlossene (oder vergrabene) Kadaver verursachen über Jahrzehnte hinweg sehr hohe Konzentrationen von Clostridien-Sporen und erhöhen damit die Gefahr von Botulismus-Ausbrüchen in späteren Jahren.

Von Botulismus betroffen sind in großem Umfang insbesondere Wasser- und Watvögel, die das Nervengift in Watt- und Schlickbereichen mit der Nahrung aufnehmen. Möwen, Greifvögel und Singvögel können nach Aufnahme von Aas oder Fliegenmaden verenden. Schon äußerst geringe Mengen bewirken Lähmungen der Bein-, Flug- und Halsmuskulatur sowie der Atmung. Die Tiere ersticken dann oder ertrinken, weil sie den Kopf nicht mehr über Wasser halten können (WESTPHAL 1991).

Botulismus bei Wasservögeln ist in Nordamerika seit Beginn des Jahrhunderts bekannt. In Europa wurden Botulismusausbrüche seit Mitte der 1960er Jahre festgestellt, in Deutschland erstmals 1971. An der Elbe starben 1983 mindestens 40.000 Wat- und Wasservögel in der Wedeler Marsch und 1992 etwa 13.000 Tiere im Elbmündungsbereich (HÄLTERLEIN & HEINZE 1983, HEMMERLING & HÄLTERLEIN 1992).

1995 wurde Botulismus erstmals im Wattenmeer festgestellt. Insgesamt wurden etwa 16.000 Vögel im Bereich von Trischen, Neuwerk, Scharhörn, Cuxhaven sowie am niedersächsischen Elbufer registriert, die Dunkelziffer dürfte erheblich sein. Die im Wattenmeer gesammelten Tiere waren zu 50 - 70 % Brandenten, von denen sich im August alljährlich etwa 90 % des nordwesteuropäischen Gesamt-Bestandes im Elbmündungsbereich konzentrieren und dort mausern. Der Rest waren ganz überwiegend Möwen.

Botulismus-gefährdete Gebiete sollten während länger andauernder Hitzeperioden und bei aufkommenden Sauerstoffdefiziten regelmäßig kontrolliert werden. Entsprechend § 5 in Verbindung mit § 3 Abs. 1 des Tierkörperbeseitigungsgesetzes muß bei Ausbruch der Krankheit grundsätzlich versucht werden, tote Tiere möglichst weitgehend abzusammeln und sie in einer Tierkörperverwertungsanstalt beseitigen zu lassen. Da bei größeren Vogelansammlungen nicht selten auch anders ausgelöste Vogelsterben, z. B. durch Salmonellose auftreten, sollten die ersten anfallenden Tiere mit Botulismus-Symptomen schnellstmöglich zwecks genauer Diagnose der veterinärmedizinischen Untersuchung zugeführt werden. Um das Restrisiko für Menschen, das bei ausnahmsweiser Beteiligung des Bakterientyps E und Mundkontakt gegeben wäre, weitgehend auszuschließen, sollte trotz erheblichen Aufwands dringend auch eine Typenspezifizierung vorgenommen werden. Haustiere, z. B. Hunde sind in jedem Fall gefährdet. Bei Auftreten des Typs E wäre zudem eine weitere Ausbreitung in stärker marine Bereiche zu befürchten.

Botulismus:
Die Gefährdung
überaus bedeuten-
der Bestände von
Brut- und Zugvö-
geln rechtfertigt
maßvolle Eingriffe
durch Sammeln,
auch in den Kern-
zonen des Natio-
nalparks

Ohne die geschilderten Maßnahmen zur Vermeidung lang andauernder Belastungen der Gewässer bzw. des Bodens mit Toxinen und vor allem stark erhöhten Sporen-Konzentrationen, muß nach allen vorliegenden Erfahrungen davon ausgegangen werden, daß es in Folgejahren zu weiteren Epidemien kommen würde. Diese können verheerende Ausmaße erreichen - ihre Ursache dürfte maßgeblich in anthropogenen Belastungen (Eutrophierung) zu suchen sein. Die Gefährdung überaus bedeutender Bestände von Brut- und Zugvögeln (z. B. Brandente) rechtfertigt maßvolle Eingriffe durch Sammeln, auch in den Kernzonen des Nationalparks.

3.13 Umgang mit aufgefundenen Vögeln

Alljährlich werden an der Nord- und Ostseeküste Schleswig-Holsteins mehrere hundert geschwächte oder sterbende See- und Küstenvögel gefunden. Ein Teil dieser Tiere gelangt in privat betriebene Rettungsstationen, wo sie gepflegt und z. T. später wieder ausgesetzt werden. Eine einheitliche, landesweite und praxisorientierte Regelung für den Umgang mit diesen Tieren bestand bisher nicht.

Eine Hilfeleistung
gegenüber Wild-
tieren aus Gründen
des Tierschutzes
kann insbesondere
dann gerechtfertigt
sein, wenn sie
durch menschli-
ches Verschulden
in Not geraten sind

Das Ministerium für Natur und Umwelt des Landes Schleswig-Holstein hat deshalb 1992 eine Bestandsaufnahme aller in Schleswig-Holstein tätigen Seevogelrettungsstationen im Vergleich mit der Situation im Ausland erstellt und Empfehlungen für die weitere Arbeit der Stationen in Schleswig-Holstein gegeben (GRUNSKY 1993). Durch diese Untersuchung wurde deutlich, daß die Rettung von See- und Küstenvögeln nicht auf Argumenten des Natur- oder Artenschutzes basiert, sondern eine Maßnahme des Tierschutzes ist. Hierfür werden von den mit privaten Mitteln betriebenen Rettungsstationen etwa 400 bis 3.000 DM je gerettetem Vogel aufgewendet.

Auf der Grundlage des Grunsky-Gutachtens wurden vom Landwirtschafts- und vom Umweltministerium Handlungsempfehlungen entworfen, die den Umgang mit aufgefundenen Vögeln an den schleswig-holsteinischen Küsten regeln und den Umgang mit diesen Tieren vereinheitlichen sollen.

Sie werden in den Grundsätzen zum Umgang mit aufgefundenen Vögeln an den Küsten Schleswig-Holsteins wiedergegeben:
Es ist ein Ziel des Naturschutzes, den möglichst ungestörten Ablauf der Naturvorgänge zu sichern. Dies gilt insbesondere für den Bereich des Nationalparks Schleswig-Holsteinisches Wattenmeer (§ 2 (1) NPG). Dazu gehört auch der Tod von Tieren. Unter Naturschutzgesichtspunkten mag es im allgemeinen keine rechtliche Verpflichtung geben, kranken oder sterbenden Wildtieren zu helfen. Diese Verpflichtung gibt es aber aus ethisch-moralischen bzw. tierschützerischen Gründen, obwohl die realen praktischen Möglichkeiten dafür beschränkt sind. Eine Hilfeleistung gegenüber Wildtieren aus Gründen des Tierschutzes kann insbesondere dann gerechtfertigt sein, wenn sie durch menschliches Verschulden in Not geraten sind.

Gültigkeitsbereich

Diese Richtlinie gilt für den Umgang mit einzelnen kranken, verletzt oder geschädigt gefundenen Vögeln an der Nord- und Ostseeküste Schleswig-Holsteins.

Für den Umgang mit Vögeln bei großen Katastrophenfällen gelten besondere Regelungen.

Rechtliche Situation

Rechtsgrundlage dieser Richtlinie sind die Bestimmungen des Bundesnaturschutzgesetzes (§ 20g Abs. 4), des Landesnaturschutzgesetzes (§ 27), des Bundesjagdgesetzes (§ 22a) und des Tierschutzgesetzes (§§ 1 - 4 und 16a).

Gegenüber in freier Natur gefundenen oder beobachteten Wildtieren besteht in der Regel keine gesetzliche Verpflichtung zur Hilfe bzw. zur Inbesitznahme. Ausschließlich Jagdausübungsberechtigte sind in ihrem Revier gem. § 22a BJG verpflichtet, schwerkrankes Wild, d. h. Tierarten i. S. des BJG § 2 unter den Vögeln im Küstenbereich sind dies Gänse, Enten, Säger, Höckerschwan, Bleßhuhn, Haubentaucher, Möwen, Graureiher, aus Tierschutzgründen ggf. zu töten.

An den Küsten krank oder verletzt aufgefundene Vögel gehören überwiegend zu Arten, die nicht dem Jagdrecht unterliegen (Alken, Seetaucher, Baßtölpel). Weil eine Zuordnung der Tiere in eine bestimmte Rechtskategorie für Laien schwierig ist, gelten diese Grundsätze für den Umgang mit allen aufgefundenen Vögeln.

Vögel dürfen nur im Einklang mit dem Tierschutzgesetz und nur von Personen getötet werden, die die dazu notwendigen Kenntnisse und Fähigkeiten haben (s. u.). Die kurzfristige Inbesitznahme von verletzten und kranken Vögeln ist zulässig. Die langfristige Haltung von Vögeln in Pflegestationen ist genehmigungspflichtig. Grundsätzlich sind alle Vögel nach erfolgter Pflege unverzüglich in die Freiheit zu entlassen.

Umgang mit aufgefundenen Vögeln

Es kann davon ausgegangen werden, daß Vögel, die von Menschen gegriffen werden können, geschädigt sind. Die Ursachen der Schädigungen sind in den meisten Fällen für Laien nicht erkennbar.

Werden kranke, verletzte oder geschädigte Vögel beobachtet, so ist von qualifizierten Personen (s. u.) zu entscheiden, ob

▶ sie am Ort zu belassen sind, weil sie so vermutlich am wenigsten leiden,

▶ sich die Überlebenschancen der Tiere durch die Überführung in eine Vogel-

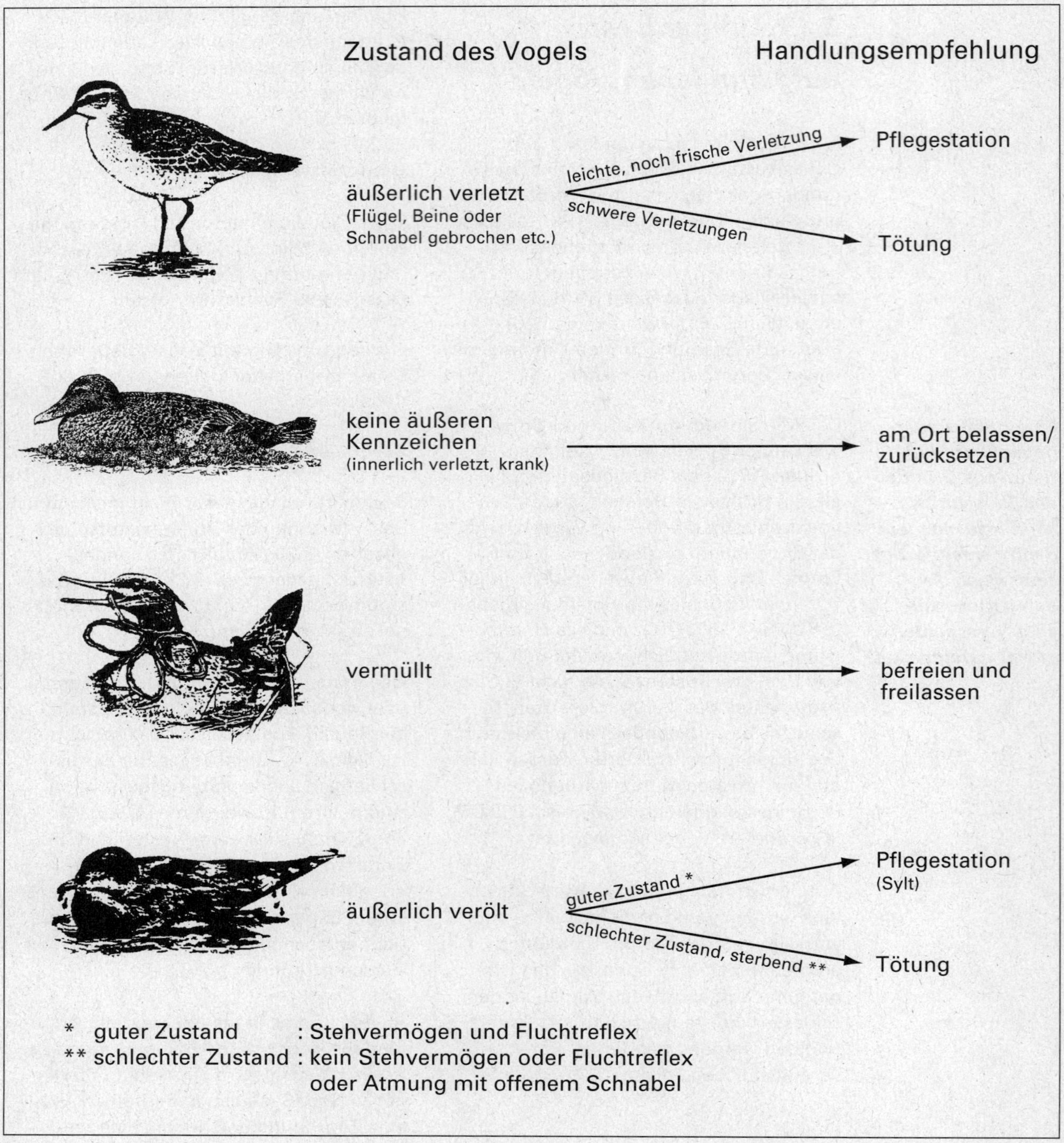

Abb. 212 Handlungsempfehlungen für den Umgang mit aufgefundenen Vögeln (vergl. Text).

Zustand des Vogels	Handlungsempfehlung

äußerlich verletzt
(Flügel, Beine oder Schnabel gebrochen etc.)

leichte, noch frische Verletzung → Pflegestation

schwere Verletzungen → Tötung

keine äußeren Kennzeichen
(innerlich verletzt, krank) → am Ort belassen/ zurücksetzen

vermüllt → befreien und freilassen

äußerlich verölt

guter Zustand * → Pflegestation (Sylt)

schlechter Zustand, sterbend ** → Tötung

* guter Zustand : Stehvermögen und Fluchtreflex
** schlechter Zustand : kein Stehvermögen oder Fluchtreflex
oder Atmung mit offenem Schnabel

Heuler sind bis zu
sechs Wochen alte
Seehundjungtiere,
die den Kontakt
zur Mutter suchen

pflegestation mit hoher Wahrscheinlichkeit verbessern würden - dann haben sie
die Tiere an die zuständige Pflegestation
weiterzuleiten oder weiterzumelden (bei
dieser Entscheidung ist die zusätzliche
Belastung der Tiere durch Fang und
Transport zu berücksichtigen und abzuwägen),

▶ oder sie offensichtlich erheblich leiden
und nur geringe Überlebenschancen
bestehen – dann haben sie die Tiere zu
töten oder die Tötung zu veranlassen.

In entsprechender Weise ist mit Vögeln zu
verfahren, die von Dritten gebracht
werden. Sie sind ggf. an den Fundort oder
an einen anderen geeigneten Ort zurück-
zubringen (Abb. 212).

Qualifizierte Personen sind Personen, die
im Rahmen ihrer Ausbildung gelernt
haben, den körperlichen Zustand von
Tieren zu beurteilen und sie ggf.
tierschutzgerecht zu töten (z. B. Tierärzte
und Tierärztinnen, Zoologen und Zoolo-
ginnen, Jäger und Jägerinnen, Tierpfleger
und Tierpflegerinnen) oder andere geeignete Personen, die durch beamtete
Tierärzte für einen tierschutzgerechten
Umgang mit kranken, verletzten und
geschädigten Vögeln entsprechend
ausgebildet wurden.

Vogelpflegestationen

Kranke, verletzte oder geschädigte Vögel,
die zeitweise gepflegt werden sollen, sind
an eine Vogelpflegestation zu überstellen.
Hierfür dürfen nur Vogelpflegestationen,
die vom Landesamt für Naturschutz und
Landschaftspflege anerkannt wurden,
genutzt werden.

3.14 Heulerproblematik

Heuler sind bis zu sechs Wochen alte
Seehundjungtiere, die den Kontakt zur
Mutter suchen. Um diesen wiederherzustellen, geben sie Kontaktsuchlaute ab, die
dem menschlichen Ohr wie ein jämmerliches Klagen erscheinen. Heuler werden
daher allzu leicht aus Unkenntnis und
falsch verstandener Tierliebe vom Strand
entfernt, in Gefangenschaft aufgezogen
und später unter Risiken für das Tier und
den Wildbestand wieder ausgewildert.

In den meisten Fällen könnte dem Heuler
die Gefangenschaftshaltung erspart
bleiben, denn eine Trennung von Mutter
und Jungtier hat oft natürliche Ursachen
oder ist nur vorübergehend. So setzt sich
die Mutter in der Abstillzeit aktiv von
ihrem 4-6 Wochen alten Jungen ab, um es
zu selbständigem Nahrungserwerb zu
veranlassen. In den Tagen dieser recht
plötzlichen Umstellung sucht das Junge
durch Heulen den Kontakt zur Mutter. In
anderen Fällen ist die Mutter auf Fischfang gegangen und hat ihr Junges für
diese Zeit auf einem Sand oder am Strand
abgelegt. Möglicherweise ist sie auch
wegen einer Störung nur kurzfristig zu
Wasser gegangen. Menschliches Eingreifen ist somit fehl am Platze. Sobald sich
Personen einem Heuler nähern, nimmt die
Mutter keinen Kontakt mehr zu dem
Jungtier auf.

In seltenen Fällen werden Jungtiere von
der Mutter verstoßen, weil sie Krankheiten
oder Verhaltensanomalien aufweisen.
Solche Tiere fallen natürlicherweise der
Selektion zum Opfer. Gleiches gilt für
Zwillingstiere, von denen die Mutter in der
Regel nur eines aufzieht.

Beim Zusammentreffen ungünstiger
Umstände kann es jedoch auch zu unbe-
absichtigten Trennungen zwischen Mutter
und Jungtier kommen, wie z. B. bei
gravierenden menschlichen Störungen,
die eine Flucht auslösen, im Zusammenwirken mit schweren Sommerstürmen, die
das gegenseitige Wiederauffinden durch
den hohen Seegang und Lärmpegel
erschweren. Eine solche dauerhafte
Trennung passiert meist in den ersten
Lebenstagen, wenn das Jungtier noch
relativ unbeholfen ist.

Beim Fund eines Heulers soll das Tier in
jedem Fall am Fundort belassen werden.
Der Fundort, sofern er touristisch frequen-

tiert wird, ist nach Möglichkeit weiträumig abzusperren (beidseitig mehrere hundert Meter) und der örtlich zuständige Seehundjäger zu benachrichtigen.

Beim Fund eines Heulers soll das Tier in jedem Fall am Fundort belassen werden

Zwar werden Seehunde seit 1974 nicht mehr bejagt, gelten aber weiterhin nach Bundesjagdgesetz als jagdbares Wild. Daher dürfen nur Jagdaufseher, in diesem Fall die von der Obersten Jagdbehörde bestellten Seehundjäger, sich dieser Tiere annehmen. Seit der Einstellung der Robbenjagd widmen sich die Seehundjäger verstärkt der Hege, dem Naturschutz, der Umweltbeobachtung und der Öffentlichkeitsarbeit vor Ort. Im einzelnen wurden ihre Aufgaben vom Arbeitskreis „Seehunde im Wattenmeer" am 09.03.1994 folgendermaßen festgelegt:

▶ Erfüllung der Aufgaben aus § 22a BJG (Verhinderung vermeidbarer Schmerzen und Leiden bei schwerkrankem Wild, wenn notwendig tierschutzgerechte Tötung), § 23 BJG (Schutz des Wildes vor Wilderern, Wildseuchen etc. und Sorge für die Einhaltung von Schutzvorschriften) und § 21 (Jagdschutz, Verpflichtungen und Befugnisse der Jagdschutzberechtigten).

▶ Bergung, Etikettierung und Erfassung von Seehundtotfunden, gegebenenfalls auch von anderen Meeressäugern.

▶ Betreuung von Lebendfunden.

▶ Konsequente Wahrnehmung des Betreuungsauftrages (Koordination mit den zuständigen Stellen, Abgrenzung gegenüber Tierschützern etc.), Information der Obersten Jagdbehörde über Gesetzesverstöße, umgehende Meldung wichtiger Beobachtungen.

▶ Konsequente Umsetzung der Heulervermeidungsstrategie als wichtigste Hegeaufgabe.

▶ Regelmäßige Berichte und Anfertigung von Beobachtungsprotokollen (Meldeformulare).

▶ Auf Anfrage Mitarbeit bei Forschungsvorhaben.

Seehundjäger haben damit Aufgaben im Nationalpark übernommen, sind im engeren Sinn jedoch keine Nationalparkwarte und dem Nationalparkamt auch nicht unterstellt. In Zukunft sollten die Seehundjäger integraler Bestandteil des aufzubauenden Nationalparkservice werden. Ihre Ernennung im Einvernehmen mit dem MNU ist anzustreben. Die heutigen Seehundjäger würden dann zu Seehundhegern, deren Einsatz im Nationalparkamt koordiniert würde.

Beim Fund eines Heulers entscheiden die Seehundjäger über das weitere Vorgehen. Im allgemeinen gibt es vier Handlungsmöglichkeiten:

▶ Der Heuler wird ein bis zwei Tiden lang beobachtet, bis das Tier selbsttätig das Wasser aufgesucht hat bzw. der Kontakt zur Mutter wiederhergestellt ist. Bis auf eine eventuelle Strandabsperrung ist kein weiteres Eingreifen erforderlich.

▶ Liegt der Heuler ungünstig im Vorland oder an einem stark frequentierten Strand, wird er markiert und zur nächstgelegenen Mutterbank verbracht.

▶ Ist der Heuler tatsächlich endgültig von der Mutter getrennt, noch nicht abgestillt und überlebensfähig, wird er in die einzige vom Land autorisierte Aufzuchtstation nach Friedrichskoog verbracht.

▶ Ist der Heuler nicht überlebensfähig, wird er getötet.

Die Erfahrungen der letzten Jahre haben gezeigt, daß immer noch relativ viele Heuler in die Aufzuchtstation eingeliefert werden. Dies ist für das einzelne Tier und den Wildbestand mit Nachteilen und Risiken behaftet. Die Gefangenschaftshaltung bedeutet einen streßreichen Transport, widernatürliche Fütterungsprozeduren und die Trennung von Mutter und Rudel. Arteigene Verhaltensweisen können darüberhinaus nicht erlernt werden. Die Tiere gewöhnen sich an Menschen und an die Nähe menschlicher Bauten. Zudem besteht in der Station ein erhöhtes Infektionsrisiko wegen der relativen räumlichen Enge, den begrenzten Wasservolumina und der Nähe zu Personen, die die Tiere mit einem für Seehunde gänzlich untypischen Erregerspektrum konfrontieren.

Da nach dem Seehundabkommen zwischen den Ländern Dänemark, den Niederlanden und Deutschland im Prinzip alle aufgenommenen Tiere wieder ausgewildert werden müssen, ergeben sich auch für den Wildbestand negative Folgen. Die Selektion wird durch die künstliche Aufzucht ausgeschaltet, und es besteht durch Auswilderung das Risiko, in die

Wildpopulation gefangenschaftstypische Krankheitserreger einzuschleppen (TOUGAARD et al. 1994).

Die Anzahl halbzahmer Tiere erhöht sich durch die jährlichen Auswilderungen ständig. Untersuchungen dazu haben ergeben, daß die Tiere nach der Auswilderung monatelang untypische Verhaltensweisen zeigen, sich mit Vorliebe in Hafenbecken und binnendeichs gelegenen Speicherbecken aufhalten, sich keinem Rudel anschließen und die üblichen Ruhepausen bei Ebbe nicht einlegen.

Da eine Heuleraufzucht wegen der steigenden Seehundbestände aus Natur- und Artenschutzgründen nicht notwendig ist, aber Nachteile und Risiken mit sich bringt, und gleichzeitig Tierschutz und jagdrechtliche Bestimmungen zu beachten sind, verfolgt das Land Schleswig-Holstein eine Heulervermeidungsstrategie. Dabei arbeiten Nationalparkamt und Landesjagdverband eng zusammen.

Die Heulervermeidungsstrategie stellt sicher, daß Störungen auf Mutterbänken minimiert werden

Mit der Heulervermeidungsstrategie soll sichergestellt werden, daß Störungen auf den Mutterbänken minimiert werden, Heuler nach Möglichkeit wieder mit der Mutter zusammengeführt werden und möglichst wenige Jungtiere in Gefangenschaft geraten. Um dies zu erreichen, sind die Kernzonen des Nationalparks so geschnitten, daß der größte Teil der Mutterbänke darin eingeschlossen ist. Für diese Gebiete werden in Kap. XI 2.2 und Kap. XI 3.2 Aussagen zum Betreten und Befahren getroffen.

Mit einer breit angelegten Öffentlichkeitsarbeit wird auf die Störungsempfindlichkeit der Seehunde in der Wurfzeit aufmerksam gemacht und darauf hingewiesen, Heuler am Fundort zu belassen. Im Arbeitskreis 'Seehunde im Wattenmeer' wird mit Seehundjägern und Seehundjägerinnen, Behördenvertretern und Behördenvertreterinnen an der weiteren Umsetzung der Heulervermeidungsstrategie gearbeitet.

Der Grundatz, eine möglichst niedrige Zahl von Heulern aus dem Wattenmeer zu entnehmen, hat inzwischen auch Eingang in „trilateralen Prinzipien für Richtlinien zur Behandlung aufgefundener Seehunde" gefunden (CWSS 1994).

Die bestehende Schonzeit des Seehundes sollte auf das ganze Jahr ausgedehnt werden

▶ Kurzfristig ist eine konsequente, strikte Umsetzung der Heulervermeidungsstrategie anzustreben.

▶ Mittelfristig würde es der veränderten Situation entsprechen, die bestehende Schonzeit für den Seehund auf volle zwölf Monate auszudehnen und damit die vorhandene Möglichkeit zur Bejagung endgültig zu beenden. Ein dann gesetzlich festzulegendes ganzjähriges Jagdverbot hätte gegenüber der alternativ denkbaren Herausnahme aus dem Bundesjagdgesetz den Vorteil, daß das funktionierende System der Seehundjäger erhalten bliebe und Robbenbergungsprämien, Forschungsprojekte und die vom Land autorisierte Seehundstation weiterhin aus der Jagdabgabe finanziert bzw. finanziell unterstützt werden können.

▶ Langfristig ist zu überprüfen, inwiefern die Heuleraufzucht überhaupt sinnvoll und zu verantworten ist. Die bisherigen Ergebnisse von telemetrischen Untersuchungen an aufgezogenen und später ausgewilderten Heulern haben gezeigt, daß die überwiegende Anzahl der Tiere im Freiland Verhaltensauffälligkeiten aufwiesen. Da die Auswilderung mit verschiedenen Risiken für die Wildpopulation. insbesondere dem der Eintragung von gefangenschaftstypischen Krankheitserregern, verbunden ist, ökologisch jedoch keine Vorteile bringt, muß ihr Sinn anhand zukünftiger Erfahrungen und zusätzlicher Untersuchungen hinterfragt werden. Das Auswilderungsgebot des trilateralen Seehundabkommens wäre dann zu revidieren.
Seit Juni 1996 existiert eine Richtlinie des Ministeriums für Umwelt, Natur und Forsten zur Behandlung von erkrankten, geschwächten oder verlassen aufgefundenen Robben (Amtsblatt für Schleswig-Holstein, Nr. 29, 1996).

XI

XII Entwicklungskonzept für ein Biosphärenreservat „Schleswig-Holsteinische Westküste"

1. Ziel und Leitbild des Biosphärenreservates

Eine wichtige Zukunftsaufgabe ist die gemeinsame und aufeinander abgestimmte Entwicklung des Nationalparks und des angrenzenden Wirtschafts- und Lebensraumes.

Wirkungsvolle Schutzmaßnahmen im Nationalpark können nur unter Berücksichtigung des Vorfeldes umgesetzt werden

Wirkungsvolle Schutzmaßnahmen im Nationalpark können nur unter Berücksichtigung des Vorfeldes umgesetzt werden, da die Lebensräume bestimmter Tiere und Pflanzen ebenso wenig an der Nationalparkgrenze enden, wie viele ökologische Prozesse.

Der Nationalpark ist aber auch wirtschaftlich eng mit seinem Vorfeld verknüpft, da die Bewohner und Bewohnerinnen der Anrainergemeinden in wichtigen Wirtschaftsbereichen von ihm abhängig sind. Gleichzeitig benötigen die Menschen an der strukturschwachen Westküste dringend Entwicklungsperspektiven.

Unter dem Leitbild „nachhaltige Entwicklung" werden Nutzungsformen und Lebensweisen verstanden, die langfristig ökologisch verträglich und wirtschaftlich tragbar sind

Das Konzept der Biosphärenreservate ist eine Möglichkeit, die relativ isolierte Existenz der Nationalparke innerhalb regionaler Strukturen zu durchbrechen (HELMINEN 1994). Wird der Nationalpark in ein Biosphärenreservat eingebettet, so entstehen Kooperations- und Kommunikationsstrukturen, die eine gemeinsame und abgestimmte Entwicklung von Nationalpark und Vorfeld erlauben. Dazu wäre in Schleswig-Holstein eine räumliche Erweiterung des bereits bestehenden Biosphärenreservates notwendig, denn dieses umfaßt bisher nur das Gebiet des Nationalparks selbst, nicht aber die mit dem Nationalpark verflochtenen Anrainergemeinden. Die schleswig-holsteinische Landesregierung möchte daher erreichen, daß sich Gemeinden auf den Inseln und Halligen sowie am Festland durch eigenen Entschluß dem Konzept Biosphärenreservat anschließen und aktiv mitarbeiten.

Entscheidend ist dabei, daß die Zielsetzung von Biosphärenreservaten den Menschen mit seinen Nutzungsansprüchen nicht ausschließt, sondern ihn bewußt als Teil der „Biosphäre" einbezieht. In Biosphärenreservaten sollten gemeinsam mit den hier lebenden und wirtschaftenden Menschen beispielhafte Konzepte zu Schutz, Pflege und nachhaltiger Entwicklung der Ressourcen erarbeitet und umgesetzt werden (STÄNDIGE ARBEITSGRUPPE DER BIOSPHÄREN-RESERVATE IN DEUTSCHLAND 1995). Biosphärenreservate sind also keine neuen Naturschutzgebiete, sondern ausdrücklich auch Gebiete, in denen menschliches Wirtschaften im Sinne einer nachhaltigen Entwicklung stattfindet, erprobt und gefördert wird.

Unter dem Leitbild „nachhaltige Entwicklung" werden Nutzungsformen und Lebensweisen verstanden, die langfristig ökologisch verträglich und wirtschaftlich tragbar sind. Sie nutzen natürliche Ökosysteme und ihre Ressourcen in der Weise, daß diese dauerhaft leistungsfähig bleiben, ohne sich zu erschöpfen (BIOSPHÄRENRESERVAT RHÖN 1995). Ziel ist es, in Biosphärenreservaten modellhaft Strategien zu entwickeln, die dem Menschen langfristig eine Existenzgrundlage sichern sollen (BIOSPHÄRENRESERVAT RHÖN 1995).

Das Biosphärenreservat Rhön zeigt, wie sich in einer von Arbeitslosigkeit und Abwanderung bedrohten Mittelgebirgslandschaft neue Entwicklungsperspektiven im Tourismus und in der Landwirtschaft eröffnen. Durch das Ingangsetzen regionaler Wirtschaftskreisläufe werden landwirtschaftliche Produkte, Waren und Dienstleistungen unter dem Qualitätssiegel des Biosphärenreservates angeboten und vermarktet. In Abgrenzung zu anderen Anbietern eröffnen sich so neue ökonomische Chancen für die Region.

XII

Damit wird deutlich, daß die Ziele eines Biosphärenreservates nicht isoliert als Naturschutzziele beschrieben werden können. Vielmehr lautet das Gesamtziel, eine ökonomische Entwicklung anzuschieben, die die Gesetze der Ökologie beachtet und nicht trotzdem, sondern gerade deswegen wirtschaftlich erfolgreich ist.

Neben dem Schutz der Biodiversität, dem Schutz ökologischer Prozesse und der Erarbeitung von Strategien nachhaltiger Nutzung haben Biosphärenreservate in Deutschland ferner die vorrangige Aufgabe, Informationsvermittlung und Umweltbildung zu fördern, Ausbildungsstrukturen zu etablieren und einen Beitrag zur globalen Umweltbeobachtung (Monitoring) zu leisten (STÄNDIGE ARBEITSGRUPPE DER BIOSPHÄRENRESERVATE IN DEUTSCHLAND 1995).

2. Gebietsvorschlag für ein Biosphärenreservat „Schleswig-Holsteinische Westküste"

Die Erweiterung des bestehenden Biosphärenreservats kann nur durch aktive Mitarbeit der Gemeinden ungesetzt werden

Aufbauend auf der rechtlichen Situation in Deutschland, auf der internationalen Definition von Nationalparken sowie auf den Leitlinien von Biosphärenreservaten wird ein Vorschlag unterbreitet, wie der Nationalpark mit seinem Vorfeld in ein erweitertes Biosphärenreservat „Schleswig-Holsteinische Westküste" integriert werden kann.

Nationalparke sind entsprechend Bundesnaturschutzgesetz großräumige und einheitlich zu schützende Gebiete von besonderer Eigenart, die sich in einem vom Menschen nicht oder wenig beeinflußten Zustand befinden. Nach internationalen Richtlinien sind es einheitlich zu schützende Gebiete, die von wirtschaftlicher Nutzung auf dem überwiegenden Teil der Fläche freizustellen sind. Eine Zonierung ist nach diesen Kriterien nicht zwingend erforderlich (STÄNDIGE ARBEITSGRUPPE BIOSPHÄRENRESERVATE DEUTSCHLAND 1995).

Biosphärenreservate vereinen dagegen die Ziele Naturschutz und nachhaltige Entwicklung, indem sie in drei abgestuften Zonen jeweils unterschiedliche Entwicklungsziele verfolgen. Das Zonierungskon-

zept der Biosphärenreservate unterscheidet Kern-, Puffer- und Entwicklungszone.

Die unterschiedliche Zielsetzung von Nationalparken und Biosphärenreservaten hat hinsichtlich der Zonierung folgende Konsequenzen:

▶ Die Kernzone des Biosphärenreservates mit der Zielsetzung der ungestörten Naturentwicklung muß mit den Kernzonen des Nationalparks übereinstimmen.

▶ Die Pufferzone des Biosphärenreservats umfaßt aufgrund des gesetzlich definierten Schutzzieles für Nationalparke die übrigen Flächen innerhalb des Nationalparks.

▶ Das bestehende Biosphärenreservat muß see- und landseitig um eine Entwicklungszone außerhalb des Nationalparks erweitert werden. Die Entwicklungszone ist Lebens-, Wirtschafts- und Erholungsraum der Bevölkerung. Ziel ist eine nachhaltige Nutzung im Rahmen eines naturraumtypischen Landschaftsbildes. In diesem Bereich sollte ein umwelt- und sozialverträglicher Tourismus gefördert werden, der mit dem landes- und regionalpolitischen Leitbild „Sanfter Tourismus" übereinstimmt (LANDESREGIERUNG SCHLESWIG-HOLSTEIN 1995).

Bereits seit 1990 ist der Nationalpark Schleswig-Holsteinisches Wattenmeer von der UNESCO als Biosphärenreservat im Rahmen des Programms „Mensch und Biosphäre" anerkannt. Dem bestehenden Biosphärenreservat fehlt jedoch bisher die oben beschriebene Entwicklungszone, denn Nationalparkfläche und Biosphärenreservatsfläche sind identisch. Inseln, die großen Halligen sowie die anrainenden Festlandsgemeinden und damit der Hauptlebens- und Wirtschaftsraum der Region gehören nicht dazu.

Die Entwicklungszone kann nach geltendem Landesrecht nicht festgesetzt werden. Der einzig mögliche Weg ihrer Realisierung besteht in einer freiwilligen Absichtserklärung von Gemeinden, die sich dem Biosphärenreservat anschließen wollen.

Das bestehende Biosphärenreservat „Schleswig-Holsteinisches Wattenmeer" sollte darum wie folgt erweitert werden, damit es zusammen mit dem Nationalpark und seinem Vorfeld zu einem Biosphärenreservat „Schleswig-Holsteinische West-küste" entsprechend der Zielsetzung der Biosphärenreservate entwickelt werden kann:

Die Entwicklungs-zone ist Lebens-, Wirtschafts- und Erholungsraum der Bevölkerung

▶ Die Kernzone des erweiterten Biosphärenreservats mit dem Leitbild der ungestörten Naturentwicklung muß mit den Kernzonen des Nationalparks übereinstimmen. Die Halligen Habel, Hamburger Hallig, Süderoog, Südfall und Norderoog sind somit Bestandteil der Kernzone. Küstenschutzmaßnahmen auf diesen Halligen sollen auch weiterhin entsprechend dem Küstenschutzkonzept (Kap. XI 3.10) durchgeführt werden.

▶ Als Pufferzone des erweiterten Biosphärenreservats sollten die Flächen des Nationalparks ausgewiesen werden, die nicht zur Kernzone zählen. Sie dienen einem abgestuften Schutz der Kernzone.

▶ Die Entwicklungszone des erweiterten Biosphärenreservats mit der Zielsetzung einer nachhaltigen Nutzung sollte das seeseitige Vorfeld bis zur 12-Seemeilen-Grenze, die sich im Privatbesitz befinden-

den Halligen Hooge, Langeneß, Oland, Gröde und Nordstrandischmoor sowie die Inselbereiche außerhalb des National-parks und das sozio-ökonomische landseitige Vorfeld umfassen.

Die genannten Halligen sind dieser Zone zugeordnet, da bei ihnen die Erhaltung der Kulturlandschaft im Vordergrund steht. Die Bewirtschaftung dieser Halligen sollte sich auch weiterhin an den Maßnahmen des Halligprogrammes orientieren (vergl. Kap. XI 2.3). Für das seeseitige Vorfeld bis zur 12 sm-Grenze muß geprüft werden, ob es durch Landesrecht, z. B. als Naturschutz-gebiet, festgesetzt werden kann.

In der seeseitigen Entwicklungszone müssen naturverträgliche und ressourcen-schonende Maßnahmen für die Fischerei ausgearbeitet und umgesetzt werden. Der nördliche Teil dieses Gebietes ist das wichtigste Schweinswalaufzuchtgebiet im küstennahen Flachwasserbereich der Nordsee und erfordert besondere Vorkehrungen zum Schutz dieser Meeressäuger (vergl. Kap. XI 2.4).

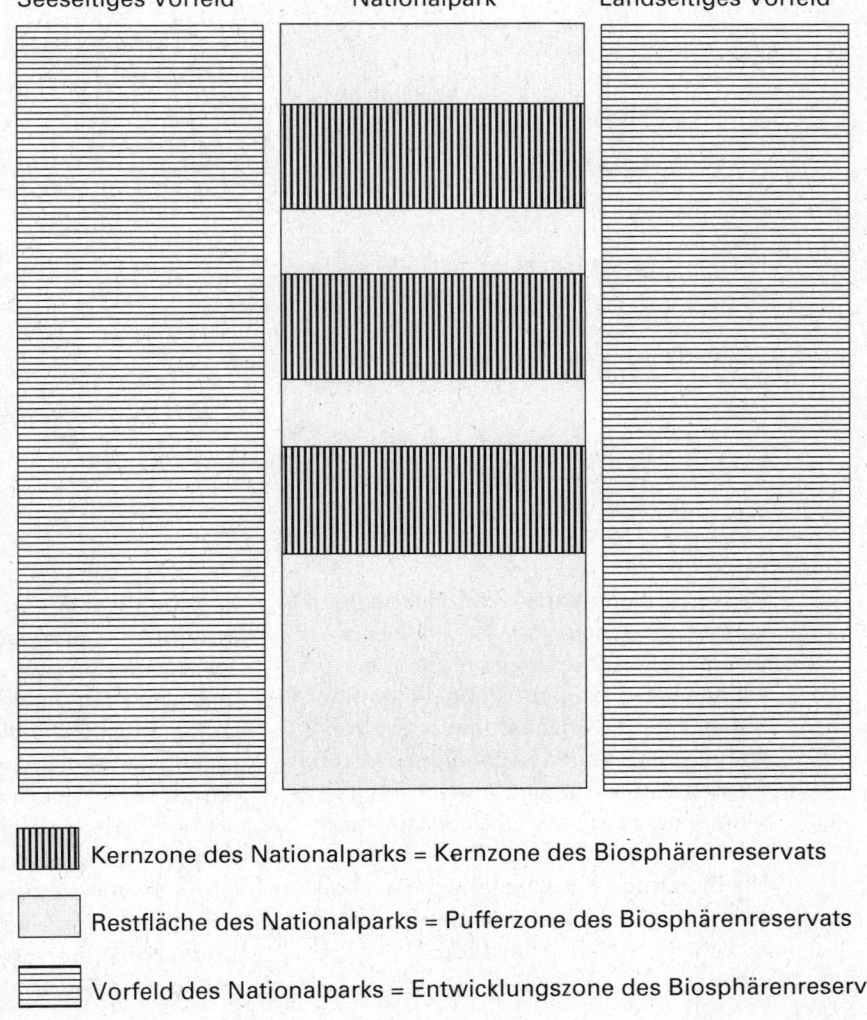

Abb. 213 Einbezug des Vorfeldes in das Biosphärenreservats-Schema: Das vorgeschlagene Biosphärenreservat sollte um ein see- und landseitiges Vorfeld erweitert werden. Auf diese Weise kann der Kerngedanke des Biosphärenreservates auch räumlich verwirklicht werden. Die Kernzonen des Nationalparkes entsprächen dann der Kernzone des Biosphärenreservates. Die verbleibende Nationalparkfläche wäre Pufferzone und das Vorfeld des Nationalparkes Entwicklungszone des Biosphären-reservates.

Seeseitiges Vorfeld   Nationalpark   Landseitiges Vorfeld

Kernzone des Nationalparks = Kernzone des Biosphärenreservats

Restfläche des Nationalparks = Pufferzone des Biosphärenreservats

Vorfeld des Nationalparks = Entwicklungszone des Biosphärenreservats

XII

Abb. 214
Abgrenzung des
Nationalparkvor-
feldes nach sozio-
ökonomischen
Kriterien. Die dicke,
gestrichelte Linie
zeigt die land-
seitige Begrenzung
(siehe Text).

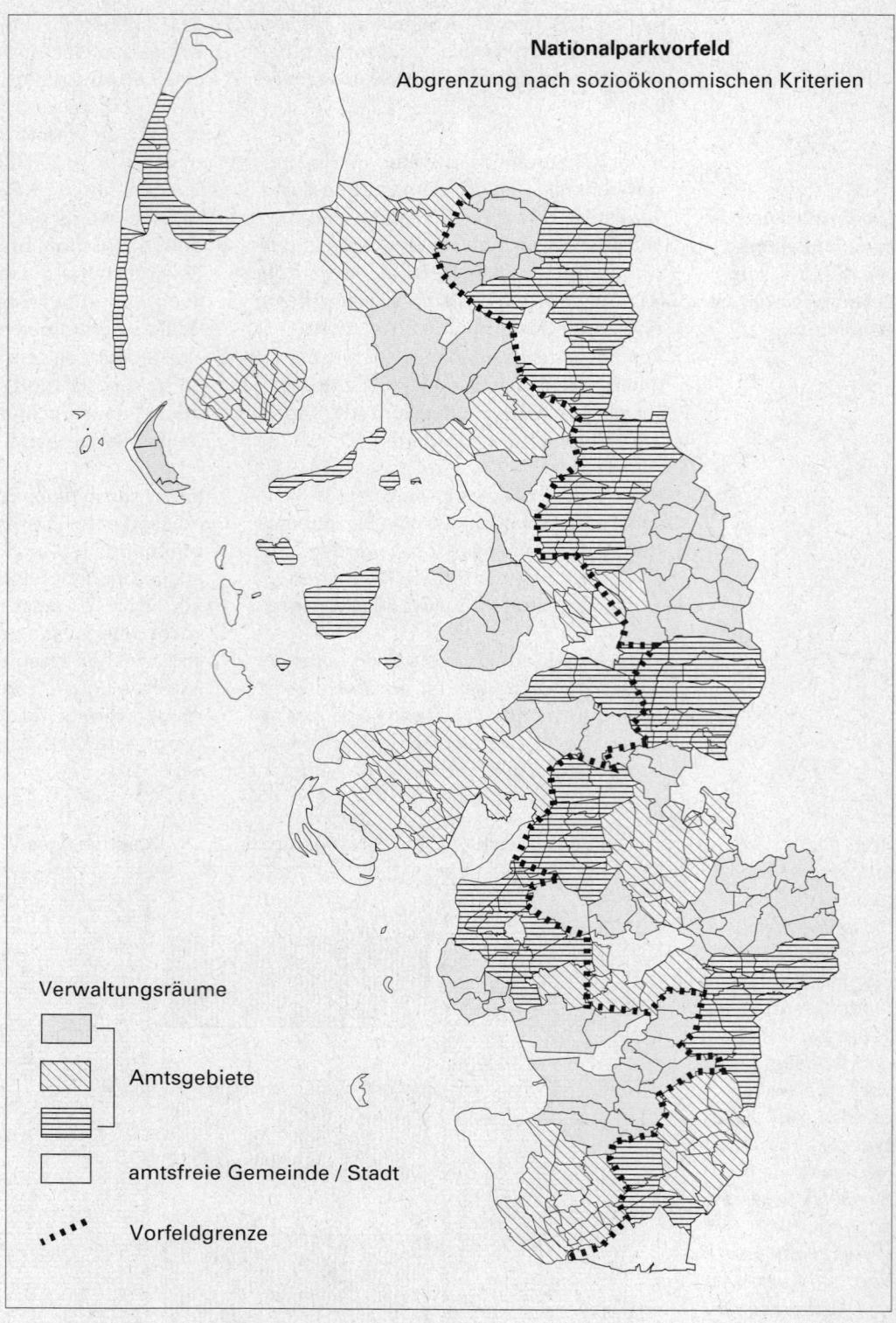

Nationalparkvorfeld
Abgrenzung nach sozioökonomischen Kriterien

Verwaltungsräume

Amtsgebiete

amtsfreie Gemeinde / Stadt

Vorfeldgrenze

Im landseitigen Vorfeld des Nationalparks können mit einem umwelt- und sozialverträglichen Tourismus, ressourcenschonender Energienutzung, einer naturnahen Landbewirtschaftung sowie verwandten Strategien nachhaltige Nutzungsformen entwickelt, und in neue, wirksame Marketing-Strategien umgesetzt werden.

Die Einbindung des Nationalparkes sowie des Vorfeldes in das Biosphärenreservat ist schematisch in Abbildung 213 dargestellt.

In Anbetracht der weitreichenden touristischen Verflechtungsbeziehungen zwischen Vorfeld und Nationalpark, aber auch in Hinblick auf die Verwaltungsstrukturen sollten nicht allein die direkten Küstenanrainer, sondern auch die binnenländisch anschließenden Gemeinden einbezogen werden, sofern sie einer gemeinsamen lokalen Tourismusorganisation angehören (Fremdenverkehrsverein oder -gemeinschaft) oder Teil ein und desselben Amtes sind. Verwaltungsgrenzen von Ämtern und lokalen Tourismusorganisationen

Die zukünftigen Planungen in Schutzgebieten und ihrem Vorfeld sollten einem verflechtungs-orientierten Ansatz folgen und nicht vom „Zuständig-keitsdenken" geprägt sein

stimmen in der Regel überein. Nur in wenigen Fällen ergeben sich Abweichungen von dieser Vorgehensweise.

Für Dithmarschen wurde bereits 1988 ein Anpassungskonzept Westküste erarbeitet, das einen Verflechtungsraum für den Nationalpark ausweist. Dieses Vorfeld deckt alle Anrainer-Ämter und -Fremdenverkehrsgemeinschaften des National-parks ab (KREIS DITHMARSCHEN 1988). Einen Vorschlag für einen weitergehenden landseitigen Verflechtungsraum, der die räumliche Basis für die Entwicklungszone bilden könnte zeigt Abbildung 214.

Dieser Raum soll keinen statischen Charakter haben. Als kommunikationsorientierter Verflechtungsraum steht vielmehr das gemeinsame Interesse von Kommunen und Verwaltung an einer zukunftsweisenden Regionalentwicklung im Mittelpunkt (Abb. 215).

Langfristig sollten auch Überlegungen zu einem grenzüberschreitenden Biosphärenreservat angestellt werden. Grenzüber-schreitende Kooperation zwischen dem Kreis Nordfriesland und der dänischen Kommune Sønderjylland hat Tradition (KREIS NORDFRIESLAND o.J.) und ist in diesem Sinne ausbaufähig. Die Gemeinde List (Sylt), die Insel Rømø sowie die Stadt Hoyer und das Amt Wiedingharde am Festland kooperieren beispielsweise im Rahmen eines europäischen Tourismusprojektes durch die EU.

Die Entwicklungszone ist als Kommunikations- und Interaktionsraum aufzufassen, in dem Gemeinden, Einwohner und Einwoh-nerinnen, Interessengruppen, Entscheidungsträger und Entscheidungsträgerin-nen sowie die Nationalparkverwaltung im Hinblick auf die Regionalentwicklung kooperieren. Dies betrifft z. B. konkrete Entwicklungs-, Besucherlenkungs- oder Verkehrskonzepte, die nur im Einverneh-men mit den Kommunen realisierbar sind. Weil gleichwohl entscheidende Kompe-tenzen bei den Landkreisen liegen, müs-sen diese i. d. R. in die Entscheidung einbezogen werden.

Zur Entwicklung des skizzierten Biosphärenreservates müssen also nicht in erster Linie Räume abgegrenzt, sondern vor allem themenadäquate Kommunikati-onsformen über Kuratorien, Arbeitskreise, Gesprächsrunden und ähnliches gesucht werden, die die Interessen und Kompeten-zen beispielsweise der Kreise oder ande-rer übergeordneter Institutionen berück-sichtigen. Vielversprechend erscheint beispielsweise die Gründung eines Zweckverbandes.

Abb. 215
Die zukünftigen Planungen in Schutzgebieten und ihrem Vorfeld sollten einem verflechtungs-orientierten Ansatz folgen und nicht vom „Zuständig-keitsdenken" geprägt sein. In einem integrativen Ansatz kann so über Gemeinde- und Landkreis-grenze hinaus eine zukunftsweisende Entwicklung verfolgt werden (FEIGE et al. 1996, verändert).

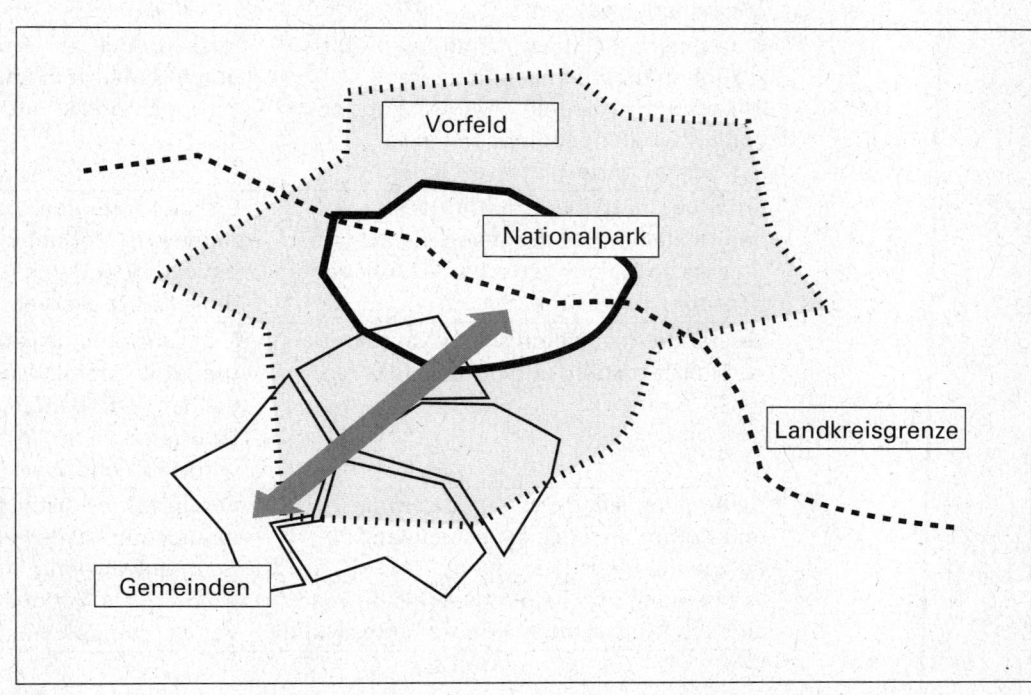

XII

3. Chancen und notwendige Schritte für ein erweitertes Biosphärenreservat

3.1 Chancen

Die Chancen des erweiterten Biosphärenreservates liegen im wechselseitigen Gewinn von Naturschutz und der nachhaltigen wirtschaftlichen Entwicklung der Region

Die Chancen des erweiterten Biosphärenreservates liegen im wechselseitigen Gewinn von Naturschutz einerseits und der nachhaltigen wirtschaftlichen Entwicklung der Region andererseits (Tab. 53).

Innerhalb eines erweiterten Biosphärenreservates ließen sich durch die Eigenaktivität der Bevölkerung sowie regionaler Institutionen bei Planungsprozessen und bei der Durchführung von Maßnahmen eine erhöhte Akzeptanz für Naturschutzziele erreichen und Eigenbeiträge aus der Region mobilisieren. Die Erarbeitung eines dem Rahmenkonzept für das Biosphärenreservat Rhön (BIOSPHÄRENRESERVAT RHÖN 1994)

vergleichbaren Entwicklungsplanes, könnte dafür Sorge tragen, daß Erfordernisse des Schutzgebietes an die regionale Entwicklung, wie z. B. eine großräumige Tourismus- oder Verkehrslenkung, frühzeitig dokumentiert und in die verbindlichen Regional- und Landschaftspläne übernommen werden könnten. Eine Beteiligung des Nationalparkamtes bei der Entwicklung des erweiterten Biosphärenreservates würde eine Integration des Nationalparks in die wirtschaftliche Entwicklung der Westküste fördern.

Gleichzeitig erhalten die Region und ihre Einwohner und Einwohnerinnen die Chance, die Potentiale, die ein Nationalpark Wattenmeer zusammen mit den attraktiven Kulturlandschaften der Inseln, Halligen und Festlandsbereiche in sich bergen, aktiv und positiv für sich zu nutzen. Herkunftszeichen und Signets bieten gerade beim Vertrieb landwirtschaftlicher Produkte Wettbewerbsvorteile (LANDWIRTSCHAFTS-CONSULTING GMBH 1995). Konfrontationen zwischen Naturschutz und Gemeinden können dagegen wie im Falle der Strandbefahrung und des Verkehrskonzeptes St. Peter-Ording zu einer

Tab. 53: Chancen für die Region und die Schutzgebietsverwaltung im Rahmen eines erweiterten Biosphärenreservates Schleswig-Holsteinische Westküste.

Region und ihre Einwohner	Schutzgebietsverwaltung
Positive Teilhabe am Schutzgebiet und seinen Potentialen anstelle von Abgrenzung und Konfrontation; Nutzung des Image und der Herkunft „Biosphärenreservat".	Aufbrechen der Isolation des Nationalparks und seiner Verwaltung gegenüber lokalen Strukturen.
Beratung und Unterstützung beim Aufbau zukunftsträchtiger nachhaltiger Wirtschaftsstrukturen, Wiederbelebung von Entwicklungspotentialen und regionalen Wirtschaftskreisläufen.	Besserer Schutz für den Nationalpark durch Puffer- und Entwicklungszone des Biosphärenreservates.
Erhaltung und Verbesserung des natürlichen und kulturgegebenen Lebensraumes sowie der wirtschaftlich relevanten Ressourcen.	Erhöhte Akzeptanz gegenüber Schutzzielen und Maßnahmen bei der Bevölkerung durch Identifikation mit dem Biosphärenreservat.
Verstärkte Acquisition sowie Koordination von Fördermitteln und Förderprojekten.	Möglichkeiten der großräumigen Steuerung und Beeinflußung von Nutzungen, die den Nationalpark tangieren (Tourismus- und Verkehrslenkung, Landwirtschaft und Wasserwirtschaft etc.).
Synergieeffekte durch die Zusammenarbeit und Kommunikation zwischen verschiedensten Interessengruppen; Vermeidung von Reibungsverlusten durch eine integrierte, abgestimmte Entwicklung.	Vereinfachte Abstimmung der naturschutzfachlichen und allgemeinen Raumentwicklung durch direkte Mitwirkung des Nationalparkamtes bei der Verwaltung des Biosphärenreservates.

negativen Presse sowie zu Blockaden in der Entwicklung führen. Fördermittel für Entlastungsmaßnahmen bleiben unge-nutzt, das touristische Image der Region wird geschädigt. Diese Reibungsverluste, die im Gegen- und Nebeneinander von Schutzgebiet und Vorfeld begründet liegen, kann die strukturschwache Westkü-ste langfristig jedoch nicht verkraften.

Stattdessen könnten über koordinierten und verstärkten Fördermitteleinsatz aus ökologisch orientierten bzw. integriert angelegten Förderprogrammen Finanzmit-tel zur Belebung regionaler Wirtschafts-kreisläufe mobilisiert werden.

Die Förderlandschaft verlangt in wachsen-dem Maße abgestimmte Entwicklungs-konzepte, damit Einzelmaßnahmen überhaupt finanziell dotiert werden. Das Biosphärenreservatskonzept bietet hier einen Rahmen, um beispielsweise Mittel aus dem LEADER-Programm der EU zu erhalten (BIOSPHÄRENRESERVAT RHÖN 1994).

Das Biosphärenreservatskonzept kann damit zum entscheidenden Motor für den Erhalt und die langfristige wirtschaftliche Entwicklung des ländlichen Raumes an der Westküste werden – wenn es Kreise und Kommunen wollen.

Da das Konzept des Biosphärenreservates auf freiwilliger Teilnahme aufbaut – „das Rahmenkonzept Rhön wurde während der gesamten Bearbeitungszeit intensiv mit allen Gemeinden, Behörden und Verbän-den abgestimmt" (BIOSPHÄREN-RESERVAT RHÖN 1994) – bleibt die Souveränität und Planungshoheit der Kommunen unangetastet.

Die ökonomischen Effekte eines derartig langfristig angelegten, komplexen Prozes-ses wie die Realisierung eines Bio-sphärenreservates lassen sich nicht in einfachen Rechenmodellen quantifizieren. Zum einen handelt es sich vielfach um Programme, die erst allmählich auf Akzeptanz stoßen und erst mittel- bis langfristig wirksam werden. Zum anderen geht es bei Maßnahmen, wie einem Wettbewerb für umweltfreundliche Gast-gewerbebetriebe oder der Einführung landwirtschaftlicher Gütezeichen, in erster Linie um einen Beitrag zur Daseinsvor-sorge. Die Betrachtung sollte daher auch aus einer anderen Perspektive erfolgen: zu fragen ist, welche Verluste langfristig entstünden, wenn wie bisher eine vor-

nehmlich quantitative Entwicklungs-richtung fortgesetzt würde.

Am Beispiel Tourismus stellt sich die Frage, wie lange in einer touristisch so hoch entwickelten Region wie dem Wattenmeer, mit einer Vielzahl stark massentouristisch geprägter Teilräume, noch quantitatives Wachstum vor Quali-tätssteigerung gelten kann. Landesweit sowie auch auf Kreis- und Verbandsebene (vergl. Kapitel VI 1.1) gehen die Bemühun-gen derzeit in eine qualitative Richtung. Bisher fehlt jedoch ein biosphären-reservatsbezogener, integrierter Gesamt-ansatz für die Westküste.

Ähnliche Überlegungen lassen sich auch auf die Landwirtschaft und Fischerei übertragen. Dort verringert die Preis-Kosten-Schere die Gewinnmargen der Betriebe stetig und verlangt damit Auf-wandssteigerung bzw. Produktionsauswei-tung. Dagegen stoßen die natürlichen Ressourcen gleichzeitig an ihre Grenzen (vergl. Kap. VI 3 und VI 5).

3.2 Umsetzungsschritte

Das MaB-Programm der UNESCO, für dessen Ausgestaltung ein „Internationaler Koordinationsrat (ICC)" zuständig ist, enthält die internationalen Richtlinien für Biosphärenreservate und ihre Anerken-nung (NETHE 1995). Darin sind jedoch nur generelle Zielsetzungen und Gestaltungs-merkmale festgelegt, wie z. B. die dreistu-fige Zonierung. Eine nach deutschem Recht verbindliche Vorgabe zu Inhalten und Zielsetzungen von Biosphären-reservaten existiert bisher nicht. Auf der Basis der durch die Ständige Arbeitsgrup-pe der Biosphärenreservate in Deutsch-land (AG BR) formulierten „Leitlinien für Schutz, Pflege und Entwicklung der Biosphärenreservate" werden derzeit Kriterien entworfen, nach denen zukünftig die Anträge der Länder auf Anerkennung geprüft werden können.

Entsprechend dieser erst sukzessive erarbeiteten und immer noch in Entwick-lung befindlichen Grundlage für Aufbau und Ausgestaltung von Biosphären-reservaten besteht kein formalisiertes, einheitliches Verfahren, wie bei der Erweiterung des Biosphärenreservates Westküste vorgegangen werden kann. Auch die bereits bestehenden elf weiteren Biosphärenreservate Deutschlands weisen

XII

aufgrund der unterschiedlichen Entstehungsgeschichte große Unterschiede in ihren administrativen, finanziellen und personellen Strukturen auf (NETHE 1995). Die nachfolgend ausgeführten Umsetzungsschritte orientieren sich daher teilweise am weit fortgeschrittenen Beispiel Rhön und nehmen auf die spezifische Situation der Westküste Bezug. Die Schritte müssen dabei nicht streng in der hier aufgeführten Reihenfolge durchgeführt werden, sie laufen vielmehr parallel und langfristig ab.

Ein wichtiger Umsetzungsschritt ist bereits erfolgt:

Die Ministerpräsidentin des Landes Schleswig-Holstein sieht die Erweiterung des Biosphärenreservats als wichtiges Ziel der Zukunft in der Nationalparkregion an

In einem Meinungsbildungsprozeß auf übergeordneter Ebene ist Konsens über den Willen zur Erweiterung des Biosphärenreservats erzielt worden: Die Ministerpräsidentin des Landes Schleswig-Holstein sieht dies als wichtiges Ziel der Zukunft in der Nationalparkregion an (MINISTERPRÄSIDENTIN DES LANDES SCHLESWIG-HOLSTEIN 1995 a).

Folgende Umsetzungsschritte müssen noch geleistet werden:

Initialisierung des Beitrittsprozesses der Kommunen

Die Entwicklungszone, also derjenige Bereich, um den das bisherige Biosphärenreservat erweitert werden könnte, kann nach geltendem Landesrecht nicht festgelegt werden. Es muß also bei den betroffenen Kommunen für einen freiwilligen Beitritt zum Biosphärenreservat geworben werden. Hierzu ist ein breiter Informations- und Diskussionsprozeß notwendig. Am Beispiel des in Gründung begriffenen Biosphärenreservates Allgäuer/Lechtaler Alpen konnte die Bedeutung einer begleitenden Öffentlichkeitsarbeit nachgewiesen werden. Eine Wanderausstellung zu Aufgaben und Zielen, Informationsfahrten sowie Diskussionsveranstaltungen bilden geeignete Elemente (NETHE 1995).

Erarbeitung eines Rahmenkonzeptes

Eine Schlüsselstellung nimmt die Erarbeitung eines gemeinsamen Rahmenkonzeptes ein

Eine Schlüsselstellung nimmt die Erarbeitung eines gemeinsamen Rahmenkonzeptes ein, welches für unterschiedliche Handlungsbereiche Ziele und Maßnahmen der verschiedenen Zonen dokumentiert, und zwar sowohl nach außen als auch nach innen. Dabei müssen die Vorstellungen von Gemeinden, regionalen Behörden und Verbänden mit denen der Schutzge-

bietsverwaltung abgestimmt werden. Es entsteht eine gemeinsame Handlungsbasis. Bei der Erarbeitung entsteht ein Diskussionsforum, welches auch den Beitrittsprozess befruchtet. Ziele und geplante Maßnahmen werden nach außen dokumentiert und können dann insbesondere in die Regionalplanung konkret integriert werden. Das Rahmenkonzept bildet die Grundlage für die Akquisition notwendiger Fördermittel, um Maßnahmen anschieben zu können.

Schaffung von Kooperations- und Kommunikationsstrukturen

Themenadäquate Kooperations- und Kommunikationsstrukturen sollten im Interesse der Integration möglichst auf vorhandenen Strukturen aufbauen. Neben einer eigenständigen Verwaltung des Biosphärenreservates könnten ergänzend privatrechtliche Träger (Vereine, Verbände, Gesellschaften) gegründet werden, die eigenständig Finanzmittel erwirtschaften, bzw. Fördermittel beantragen können (BIOSPHÄRENRESERVAT RHÖN 1994). Denkbar ist ein Trägerverein nach dem Vorbild des „Vereins Natur- und Lebensraum Rhön e.V." oder ein Zweckverband. Dieser Förderverein unterstützt die Ziele des Biosphärenreservates durch selbstinitiierte Projekte. Mögliche Mitglieder wären das Land, alle betroffenen kommunalen Gebietskörperschaften, Verbände, berufsständische Vertretungen, Initiativen etc. Eine hauptamtliche Geschäftsführung kann umfangreiche Projekte anschieben und managen.

Mögliche Partner und Partnerinnen, die wertvolle Beiträge zur Regionalentwicklung liefern können, sind das Nordfriisk Instituut, Wirtschaftsförderungsgesellschaften, das Forschungs- und Technologiezentrum Westküste, die Fachhochschule Westküste in Heide sowie die neu eingerichtete Weiterbildungseinrichtung für Gastgewerbe in Husum etc. Darüber hinaus ist eine kooperative Zusammenarbeit aller Beteiligten von zur Zeit laufenden oder geplanten Projekten anzustreben, die Entwicklungen im Sinne eines Biosphärenreservates in Gang setzen können. Konkrete Möglichkeiten der Zusammenarbeit bestehen beispielsweise in der Zukunftswerkstatt „Umwelt und Tourismus" des Kreises Nordfriesland, bei den „Struktur- und Entwicklungskonzepten" auf Eiderstedt und Nordstrand, bei den „Integrierten Inselschutzkonzepten" und bei Einzelmaßnahmen im

Rahmen des Konzeptes „Sanfter Tourismus Dithmarschen" sowie beim AGREE-
MA-Konzept des Kreises Nordfriesland.

Definition von Handlungsfeldern und Maßnahmen

Handlungsfelder und Maßnahmen für die
Kern- und Pufferzone innerhalb des Nationalparks sind in den vorherigen Kapiteln
beschrieben worden. Die Maßnahmen und
Ziele im Nationalpark müssen jedoch durch
ergänzende Strategien in der Entwicklungszone im Vorfeld unterstützt werden.

So muß z. B. die aus Naturschutzsicht
geforderte Verringerung der
fischereilichen Eingriffe innerhalb des
Nationalparks von einer Aufwands-
steuerung bzw. -reduzierung durch
existenzsichernde Maßnahmen bei der
Fischerei begleitet werden. Um die sich
wechselseitig verstärkenden Wirkungen
(Synergieeffekte) des Biosphären-
reservatskonzeptes optimal auszunutzen,
könnten unter einem öffentlichkeits-
wirksamen Signet „Biosphärenreservat
Westküste" z. B. naturverträglich gewonnene Fischereierzeugnisse als in der
Region veredelte Produkte (Tiefkühl-
Gerichte, Frischwaren) im Einzelhandel
sowie in der Gastronomie abgesetzt
werden.

Ein öffentlichkeitswirksames Signet „Biosphärenreservat Westküste" kann die ökologische und die ökonomische Modernisierung Schleswig-Holsteins voranbringen

Bei einem derart betriebenen Aufbau
regionaler Wirtschaftskreisläufe sollte
gezielt auf die Potentiale der Region
zurückgegriffen werden, nach Verknüpfun-
gen zwischen einzelnen Wirtschaftsbereichen gesucht und die Veredelung sowie
Vermarktung gestärkt werden.

Neben der Fischerei trifft dies auch für die
Landwirtschaft zu. Mittlerweile existieren
in Schleswig-Holstein zahlreiche Einzel-
initiativen, die diesem Gedanken sehr
nahe sind. So haben Verbände des Natur-
und Umweltschutzes, der Wirtschaft, der
Landwirtschaft, des Fremdenverkehrs, des
Handels, des Verbraucherschutzes sowie
die kommunalen Landesverbände gemeinsam mit der Landesregierung am 12.
Juni 1995 die Kieler Umwelterklärung
beschlossen. Darin heißt es unter anderem:

„Aus ökologischer und ökonomischer
Verantwortung gilt es, die ökologische
Modernisierung Schleswig-Holsteins
voranzubringen. Wichtige Ziele einer
ökologischen Modernisierung sind:

▶ die Innovationspotentiale des Umweltschutzes für eine zukunftssichere, umweltverträgliche Gestaltung von Produkten
und Konsum zu nutzen,
▶ Ausbildungs- und Arbeitsplätze durch
Umweltschutz zu sichern und zu schaffen
sowie eine Qualifizierung in diesem
Bereich zu fördern,
▶ die Attraktivität Schleswig-Holsteins als
Wirtschafts- und Tourismusstandort
weiter zu verbessern und nachhaltig zu
sichern und
▶ das einmalige Naturkapital Schleswig-
Holsteins gleichrangig im Interesse der
Menschen und ihrer Lebensqualität sowie
der Natur um ihrer selbst willen zu schützen und zu entwickeln.

Umweltpolitik ist ein kooperativer, arbeits-
teiliger Prozeß aktiver Zukunftsgestaltung
mit dem Ziel der Vermeidung und Minimierung von Umweltbelastungen und des
Schutzes der natürlichen Lebensgrundlagen und einer lebenswerten Umwelt.
Unsere heutigen Produktions- und Lebensweisen können angesichts der
globalen Umweltsituation nicht unverändert fortgeführt werden. Deshalb müssen
Umweltziele frühzeitig in alle umwelt-
relevanten Lebens- und Politikbereiche
integriert werden. Dies soll in Kooperation
und dem Bemühen um Konsens geschehen."

Diesen Beschluß in den Nachbarbereichen
des Nationalparks modellhaft umzusetzen,
würde den bestehenden Nationalpark mit
seinem Vorfeld zu einem wahren
Biosphärenreservat entwickeln.

Eine gerade fertiggestellte Studie für den
Kreis Nordfriesland (AGREEMA-Konzept)
hat darüberhinaus die Produktlinien
Lämmer und Rinder aus extensiver
Haltung sowie Milchprodukte als entwick-
lungsfähig herausgearbeitet. Mit Erzeuger-
zusammenschlüssen, Bringdiensten für
Wochenmärkte und Gastronomie sowie
Einbau in das Warensortiment des Einzelhandels sollen teilweise unter eigenem
Qualitätssiegel und Herkunftssignet
höhere Preise für die Erzeuger realisiert
werden (LANDWIRTSCHAFTSCONSUL-
TING GMBH 1995). Die positive Assoziati-
on und Bekanntheit der Urlaubsregion
verbessern die überregionalen Absatz-
chancen solcher Erzeugnisse.

XII

Als weitere Handlungsfelder kristallisieren sich heraus:

Umwelt- und sozialverträglicher Tourismus

Über eine Besucherlenkung hinaus muß die gesamte Entwicklung des Tourismus nachhaltig gestaltet werden, um ihn im Rahmen eines Biosphärenreservates, aber auch gemäß der landespolitischen Zielsetzung des „Sanften Tourismus", glaubhaft präsentieren zu können. Darunter fällt die Rückführung negativer Belastungswirkungen ebenso wie die Schaffung adäquater Angebote oder Ausbildungsstrukturen. Die Zukunftswerkstatt „Umwelt und Tourismus in Nordfriesland", das Konzept „Sanfter Tourismus Dithmarschen", die integrierten Inselschutzkonzepte u.v.a.m. bieten zukunftsträchtige Ansätze.

Besucherlenkung und Verkehr

Das Besucherlenkungskonzept für den Nationalpark muß bis ins Vorfeld ausgeweitet werden. Wo möglich, sollten beispielsweise Beschilderung, Wege- und Verkehrsführung sowie Informationen mit den Zielen des Konzeptes harmonieren und diese unterstützen. Konflikte, die sich aus der großräumigen Verkehrserschließung ergeben, sollten bereits auf der Ebene der Landesplanung gelöst werden. Ziel einer Verkehrskonzeption im Vorfeld sollte speziell der Abbau tourismusbedingter Verkehrsprobleme und die Stärkung des öffentlichen Personennahverkehrs sein.

Die Erhaltung des Landschaftsbildes

Mit dem Bundes- sowie Landesnaturschutzgesetz ist auch der Erhalt von Natur und Landschaft in ihrer Vielfalt, Eigenart und Schönheit zu sichern sowie gegenüber Eingriffen, auch in das Landschaftsbild, zu schützen. Die Landschaft des Wattenmeeres reichte in ihrem ursprünglichen Zustand bis weit in das Hinterland hinein. Wo immer möglich, sollten daher bislang wenig oder nicht veränderte See-Land-Übergänge erhalten bzw. wo möglich wiederhergestellt werden.

Darüber hinaus gilt in einem Biosphärenreservat Westküste der historischen Kulturlandschaft sowie landschaftsteilen und ihrem Schutz besondere Aufmerksamkeit. Ziel ist es, „aus den in der früheren Nutzung erkennbaren Anpassungen an das natürliche Standortpotential Strategien einer nach heutigen Verhältnissen rentablen Nutzung zu entwickeln" (BIOSPHÄRENRESERVAT RHÖN 1994). Dieses Handlungsfeld reicht hin bis zu Strategien des ökologischen und regionstypischen Bauens. Besondere Bedeutung hat hier derzeit die landschaftsangepaßte Standortsuche für Windkraftanlagen (vergl. Kap. XI 3.6.2).

Die Sicherung von natürlichen Lebensräumen und ökologisch sensiblen Gebieten

Neben dem gesetzlichen Naturschutz bietet hier vor allem der Vertragsnaturschutz mit der Landwirtschaft weitere Möglichkeiten. Mit ihm können Biotope erhalten und gepflegt sowie auch Entschädigungen gezahlt werden. Kommunale Landschaftspläne können Ziele des Natur- und Landschaftsschutzes in die kommunale Bauleitplanung überführen und konkretisieren.

3.3 Finanzierung des Rahmenkonzeptes

Als strukturschwacher Raum gehört die Westküste zu den bundesdeutschen Förderschwerpunkten (vergl. Kapitel II 3.8 und 3.10). Damit stehen grundsätzlich auch eine Reihe von Fördermittelquellen zur Umsetzung der Ziele eines Biosphärenreservates zur Verfügung. Die Förderrichtlinien der meisten Programme schließen heute ökologische Zielsetzungen mit ein (vergl. Kap. II 3.10). Eine Biosphärenreservatsverwaltung, z. B. in Form eines Zweckverbandes, kann jedoch aufgrund der Breite und Komplexität der Handlungsfelder bei der Mehrheit der Fördermaßnahmen nur den Anstoß geben. Als Träger und Antragsteller von Fördermaßnahmen und Projekten müssen die erwähnten privatrechtlichen Organisationen sowie Unternehmen, Personen, Institutionen der Region selbst auftreten.

Im folgenden sind Fördermöglichkeiten für Handlungsfelder und Maßnahmenbereiche beispielhaft aufgeführt:

▶ Im Falle der Erstellung des Rahmenkonzeptes Rhön konnten Mittel des LEADER-Programmes (Gemeinschaftsinitiative zur ländlichen Entwicklung) genutzt werden (BIOSPHÄRENRESERVAT RHÖN 1994). Da die Westküste ebenfalls

Ein erweitertes Biosphärenreservat erschließt vielfältige Förderprogramme

zur 5b-Gebiets-Förderkulisse der Europäischen Union zählt, können hier Mittel für ein Rahmenkonzept beantragt werden.

▶ Teilräume der Westküste sind bereits in Förderprogramme und -projekte eingebunden, die den Zielen eines Biosphärenreservates entsprechen bzw. für deren Umsetzung genutzt werden könnten. Die Fördermittel für Integrierte Inselschutzkonzepte, Struktur- und Entwicklungsanalyse Eiderstedt und Nordstrand sowie das Halligprogramm sind Landesmittel sowie Mittel aus der Gemeinschaftsaufgabe „Verbesserung der Agrarstruktur und des Küstenschutzes".

▶ Im Agrar- und Fischereibereich existieren spezifische Förderprogramme. Für die Verarbeitung und Vermarktung ihrer Produkte könnten private Trägervereine oder Zusammenschlüsse von Erzeugern gezielt Mittel beantragen (vergl. Tab. 8 in Kap. II 3.10.1). Ansätze hierfür hat das erwähnte AGREEMA-Konzept für den Kreis Nordfriesland sondiert, die durch MELFF und MWTV gefördert werden (LANDWIRTSCHAFTS-CONSULTING GMBH 1995).

▶ Besondere Bedeutung zur Sicherung von natürlichen Lebensräumen sowie der ökologischen Funktionen kommt der gezielten Förderung der kommunalen Landschaftsplanung zu, in der die Ziele des Biosphärenreservates auf Gemeindeebene festgeschrieben werden können. Das Umweltministerium des Landes hat ein entsprechendes Programm bereits aufgelegt (PRESSESTELLE DER LANDESREGIERUNG SCHLESWIG-HOLSTEIN 1993). Biotopprogramme im Agrarbereich unterstützen eine verstärkte Ökologisierung der Landwirtschaft im Rahmen des Vertragsnaturschutzes (vergl. Kap. VI 3.1.2 und II 3.10.2).

▶ Fördermaßnahmen für die gewerbliche sowie allgemeine Wirschaftsstruktur haben zumindest teilweise eine ökologische Ausrichtung erfahren, so daß sie ebenfalls für die Ziele eines Biosphärenreservates eingesetzt werden können. Dies gilt vor allem auch für die erneuerte Fassung des Regionalprogramms Westküste, das jetzt als Regionalprogramm für strukturschwache ländliche Räume verstärkt integrierte Ansätze mit Leitbildcharakter fördern soll und u.a. auch die Berücksichtigung der ökologischen Funktionen von Räumen fordert (vergl. Tab. 8 in Kap. III 3.10.1).

Diese Aufzählung erhebt keinen Anspruch auf Vollständigkeit. Die Ausführungen sollten vielmehr deutlich machen, daß die Einrichtung eines Biosphärenreservates ein koordinierendes Dach für eine integrierte Entwicklung der Westküste zusammen mit dem Nationalpark Wattenmeer sein kann. Es geht dabei nicht darum, einen weiteren isolierten Entwicklungsträger neben schon bestehenden Institutionen (wie z. B. der Wirtschaftsförderungsgesellschaft Nordfriesland) mit eigenem Budget zu schaffen, sondern die vielfältigen Ansätze zu koordinieren, damit sie effizienter und zielgerichteter eingesetzt werden können.

XII

XIII Auswirkungen der Planung

1. Empfehlungen für eine Novellierung des Nationalparkgesetzes

Aus dem vorliegenden Abschlußbericht der Ökosystemforschung im Schleswig-Holsteinischen Wattenmeer leiten sich Empfehlungen für eine Novellierung des Nationalparkgesetzes vom 22. Juli 1985 ab. Darüberhinaus entstand durch die Novellierung von Landesgesetzen (Landesnaturschutzgesetz, Landesfischereigesetz) in einigen den Nationalpark betreffenden Bereichen eine neue Rechtslage, an die das Nationalparkgesetz angepaßt werden muß.

Die Empfehlungen für eine Neufassung des Nationalparkgesetzes werden im folgenden in groben Zügen dargestellt und erläutert. Eine detaillierter Vorschlag ist zu einem späteren Zeitpunkt zu erarbeiten, nach Diskussion und Beschluß in den Nationalpark-Kuratorien und Arbeitskreisen.

Durch die Vorgaben in der Neufassung des Landesnaturschutzgesetzes vom 16.6.1993 ist der Schutz des Nationalparks Schleswig-Holsteinisches Wattenmeer verbessert worden. Trotzdem führen die Zuständigkeiten verschiedener Behörden und Ministerien nicht selten zu Zielkonflikten (z.B. Fischerei). Um dem Schutzzweck gerecht werden zu können, ist es notwendig, durch die Gestaltung des Nationalparkgesetzes als Artikelgesetz andere Rechtsvorschriften anzupassen und an den Zielen des Nationalparks zu orientieren. Damit würden alle landeshoheitlichen Maßnahmen im Nationalpark zumindest das Einvernehmen des Nationalparkamtes voraussetzen.

Aus dem Vorschlag der Ökosystemforschung, den Nationalpark um bestimmte angrenzende Gebiete und fehlende Ökosystembestandteile zu erweitern (vergl. Kap. XI 2.1), ergibt sich die Notwendigkeit einer diesbezüglichen Ergänzung der Beschreibung seiner Bestandteile (§1 NPG).

Entsprechend wären die Grenzen des Nationalparks neu zu definieren (§3 NPG). Der bestehende Katalog der Schutzbestimmungen ist zu konkretisieren und zu ergänzen. Dabei sind insbesondere die Vorgaben des LNatSchG zu berücksichtigen (§§7 bis 15a). Die Regelungen zu den Bereichen Jagd, Fischerei, Landwirtschaft und Küstenschutz/Wasserwirtschaft/ Binnenlandentwässerung sollten entsprechend der Vorschläge in den betreffenden Kapitel in jeweils eigenen Paragraphen fixiert werden.

Die Beschreibung des Schutzzwecks (§2 NPG) sollte eindeutiger als bisher formuliert sein. An erster Stelle muß hier der oberste Grundsatz des Naturschutzes im Nationalpark stehen: die Sicherung der natürlichen Entwicklung (vergl. Kap. VIII 2., Kap. IX 4.1), wie sie sinngemäß auch in den gemeinsamen Grundsätzen der Ministererklärung von Esbjerg und beispielsweise in der Nationalpark-Verordnung für das Niedersächsische Wattenmeer sowie den Gesetzen für die Nationalparke Hamburgisches Wattenmeer und Unteres Odertal verankert ist. Darüberhinaus sollte der Eigenwert der Natur in die Beschreibung des Schutzzwecks aufgenommen werden. In Anlehnung an das Gesetz über den Nationalpark Hamburgisches Wattenmeer vom 9. April 1990 (§2, Abs. 1) könnte der entsprechende Text folgendermaßen lauten:

▶ „Schutzzweck ist, das Wattenmeer in seiner Ganzheit und seiner natürlichen Dynamik um seiner selbst willen und als Lebensstätte der in diesem Lebensraum natürlich vorkommenden Arten und der zwischen diesen Arten bestehenden Lebensgemeinschaften zu erhalten und vor Beeinträchtigungen zu schützen."

Der Absatz 2 des § 2 Nationalparkgesetzes sollte aus dem Passus zum Schutzzweck herausgenommen werden und in einen § „Gebote" Eingang finden.

Die Belange des Küstenschutzes sind in einem gesonderten Paragraphen zu regeln.

Ein fachlicher Beirat sollte die Kuratorien ergänzen

Als weiteres Gremium sollte die Nationalparkverwaltung neben den Kuratorien, die überwiegend die Interessen der beteiligten Verbände und Institutionen vertreten, um einen fachlichen Beirat ergänzt werden, der die Verwaltung naturschutzfachlich berät.

Ein Nationalparkplan muß aufgestellt und fortgeschrieben werden

Die Definition und detaillierte Beschreibung der Schutzzonen (§4) muß entsprechend den Vorschlägen in den Kap. XI 2.2 bis 2.4 angepaßt werden (§4).

Bisher fehlt im Nationalparkgesetz eine vollständige Beschreibung der Aufgaben des Nationalparkamtes, wie sie im folgenden aufgeführt sind:

Das Nationalparkamt ist untere und obere Naturschutzbehörde für den Nationalpark (§45 LNatSchG) und direkt dem Ministerium für Natur und Umwelt unterstellt.

Die Aufgaben des Nationalparkamtes müssen konkretisiert werden

Seine Aufgaben bestehen in der

▶ Einrichtung und Unterhaltung eines Nationalpark-Service (integrierte Schutzgebietsbetreuung durch hauptamtliches Personal gemeinsam mit Mitarbeiterinnen und Mitarbeitern der betreuenden Naturschutzverbände), um Anwendung und Einhaltung der Schutzbestimmungen zu sichern sowie zur Information und Lenkung der Besucherinnen und Besucher;

▶ Öffentlichkeitsarbeit und Umweltbildung im Nationalpark, um Einheimische und Gäste über die Ökologie des Wattenmeeres und die Schutzziele des Nationalparks zu informieren und um den Menschen Naturerlebnisse zu ermöglichen;

Die natürliche Entwicklung des Nationalparks ist sicherzustellen

▶ Durchführung, Initiierung und Koordination von Monitoring und Forschung, um die Zusammensetzung und Entwicklung der natürlichen und naturnahen Lebensgemeinschaften sowie die Auswirkungen menschlicher Eingriffe auf diese zu erfassen, eine Bewertung des Zustandes des Ökosystemkomplexes zu ermöglichen und die zur Erreichung des Schutzzwecks erforderlichen wissenschaftlichen Grundlagen zu schaffen;

▶ Beschaffung, Bereithaltung und Pflege von wattenmeerelevanten Daten sowie Betrieb eines Geographischen Informationssystems zur Darstellung, Bearbeitung und Verschneidung flächenhafter Daten;

▶ Wahrnehmung von Aufgaben im Bereich der trilateralen Kooperation (z.B. im Rahmen der Erarbeitung und Fortschreibung eines gemeinsamen Managementplans für das gesamte Wattenmeer mit dem Ziel der Harmonisierung der Schutzkonzepte);

▶ Erstellung eines Nationalpark-Plans, der periodisch fortzuschreiben ist. Dieser Naturschutzfachplan stellt Ziele und langfristige Planungen für die Entwicklung des Nationalparks nach Maßgabe des Nationalparkgesetzes dar. Auf trilateraler Ebene formulierte Schutzziele sind in der Planung zu berücksichtigen;

▶ Planung, Förderung und Durchführung von Maßnahmen zum Schutz und zur Entwicklung des Nationalparks auf der Grundlage des Nationalparkplans;

▶ Zuständigkeit für die Vergabe der Betreuung des Wattenmeeres und die Förderung der betreuenden Verbände im Sinne von §21d LNatSchG.

▶ Zuständigkeit für Vereinnahmung und Entscheidung über die Verwendung von Ausgleichszahlungen nach §8b LNatSchG.

Bei der Erfüllung seiner Aufgaben hat das Nationalparkamt unzumutbare Beeinträchtigungen der Interessen und herkömmlichen Nutzungen der einheimischen Bevölkerung zu vermeiden, soweit der Schutzzweck dadurch nicht in Frage gestellt wird.

In einem neu einzuführenden Paragraphen „Gebote" sollten folgende Punkte Eingang finden:

Das Nationalparkamt, die staatlichen und kommunalen Behörden und öffentlichen Stellen sowie die Verbände, die für das Gebiet des Nationalparks planen, entscheiden, es bewirtschaften oder betreuen, haben zu gewährleisten,

▶ daß auf möglichst großer Fläche die ungestörte und natürliche Entwicklungsdynamik gesichert und die standorttypischen Lebensräume mit ihren Lebensgemeinschaften erhalten werden,

▶ daß die zugelassenen wirtschaftlichen Nutzungen sich an den Ansprüchen der im Gebiet lebenden Pflanzen und Tiere ausrichten, und daß sie die Eigenart, Schönheit und Ursprünglichkeit der Landschaft nicht verändern oder beeinträchtigen,

Der Nationalpark muß für Bildungs-, Erholungs- und Naturerlebniszwecke zugänglich sein

▶ daß das Gebiet der Bevölkerung und den Gästen zu Bildungs-, Erholungs- und Naturerlebniszwecken zugänglich gemacht wird, wo es der Schutzzweck erlaubt,

▶ daß die Entwicklung eines umweltschonenden, naturnahen und sozialverträglichen Tourismus gefördert wird, soweit dies mit dem Schutzzweck vereinbar ist,

▶ daß internationale Verpflichtungen, die sich aus der Anerkennung des Nationalparks oder Teilen davon als Feuchtgebiet von internationaler Bedeutung nach der RAMSAR-Konvention, als Gebiete, die die Kriterien der EU-Vogelschutz-Richtlinie bzw. der EU-Flora-Fauna-Habitat erfüllen, als von der UNESCO anerkanntes Biosphärenreservat, beachtet und umgesetzt werden,

▶ daß die Zusammenarbeit mit den Wattenmeeranrainerländern und -staaten in Fragen des Umwelt- und Naturschutzes, des Monitoring, der Forschung, der Umweltinformation und der Regionalentwicklung insbesondere im Bereich der naturnahen Erholung gestärkt und gefördert wird.

2. Finanzierung unter besonderer Berücksichtigung von Öffentlichkeitsarbeit, Umweltbildung und Nationalparkservice

2.1 Problemstellung

Die vorgenommenen Planungen enthalten eine Reihe von Maßnahmen, die den Schutz des Wattenmeeres, die Akzeptanz des Nationalparkes und seiner Regelungen sowie die Effizienz des Nationalparkamtes verbessern sollen. Diese Maßnahmen erfordern zum Teil erhebliche Mittel, die die heutigen Möglichkeiten des Landeshaushaltes übersteigen.

Als Landesoberbehörde ist das Nationalparkamt mit einem Haushalt ausgestattet, welcher sich am Aufgabenspektrum des Nationalparkgesetzes orientiert. Schon bisher konnten einige wesentliche Umsetzungsmaßnahmen jedoch nur mit Hilfe von Drittmitteln erfüllt werden. Dies wird auch künftig unerläßlich sein, da nicht davon ausgegangen werden kann, daß sich die angespannte Haushaltslage des Landes mittelfristig verbessert.

Wenn die angestrebten Schutzstrategien und Maßnahmen, vor allem die der Öffentlichkeitsarbeit und Umweltbildung sowie des Nationalparkservices, realisiert werden sollen, bedarf es einer gezielten Suche nach Finanzierungsquellen.

Ausgehend von der derzeitigen Haushaltssituation des Amtes erfolgt eine Beschreibung der finanziellen Konsequenzen der vorgeschlagenen Maßnahmen sowie von Möglichkeiten ihrer Finanzierung.

Abb. 216 Entwicklung der Ausgaben des Nationalparkamtes Schleswig-Holsteinisches Wattenmeer 1985 - 1998. 1) Aufnahme der Amtsgeschäfte zum 01.10.1985; 2) keine Differenzierung des Haushaltes nach Titelgruppen; 3) Ankauf Amtsgebäude (1,6 Mio. DM); 4) Beginn Ökosystemforschung; 5) Ende Ökosystemforschung bzw. Synthesephase; 6) ab 1995 Haushaltsansatz bzw. Mittelfristige Finanzplanung.

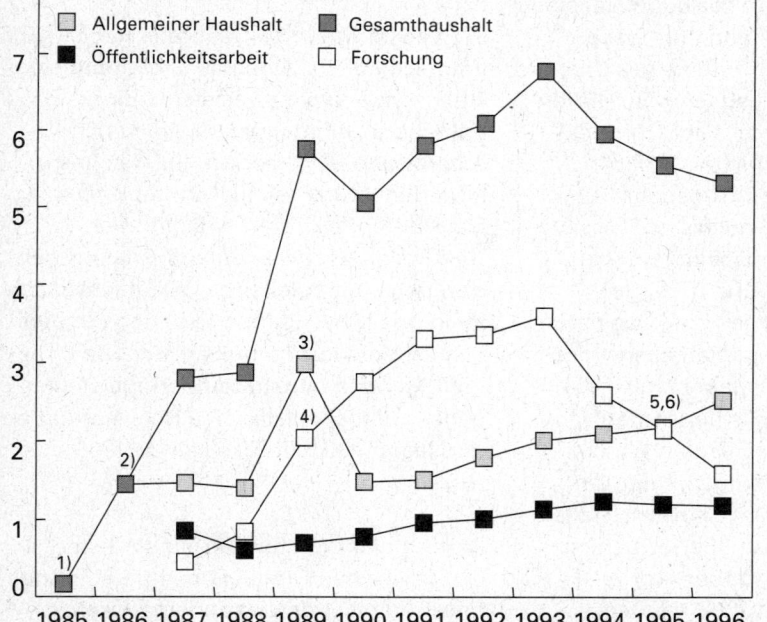

Haushaltsentwicklung des Nationalparkamtes (in Millionen DM)

XIII

547

2.2 Der Haushalt des Nationalparkamtes

Der Haushalt des Nationalparkamtes gliedert die Ausgaben in den „Allgemeinen Haushalt" und die Titelgruppen „Öffentlichkeitsarbeit/Umweltbildung" sowie „Monitoring und anwendungsbezogene Forschung".

Innerhalb einer Titelgruppe sind alle Titel – auch Personal- und Sachausgaben – gegenseitig voll deckungsfähig. Verschiebungen von Titelgruppe zu Titelgruppe oder zum Allgemeinen Haushalt sind nicht zulässig. Ebenso ist eine Übertragung von am Jahresende nicht ausgegebenen Mitteln in das nächste Haushaltsjahr nur in ganz beschränktem Umfang und auf besonderen Antrag beim Finanzminister möglich, z.B. bei investiven Ausgaben. Die dem jeweils für ein Jahr geltenden Haushalt zugewiesenen Mittel sind nach § 7 der Landeshaushaltsordnung nach den Prinzipien der Sparsamkeit und der Wirtschaftlichkeit zu verwenden.

Abbildung 216 zeigt die Entwicklung der Ausgaben des Nationalparkamtes seit seiner Gründung. Die Einnahmen sind in dieser Darstellung nicht erfaßt. Diese fließen in den Gesamthaushalt des Landes Schleswig-Holstein (z.B. Gebühren sowie Geldstrafen und Geldbußen). Andere Einnahmen kommen direkt dem Nationalparkamt zugute (z.B. Einnahmen aus Veröffentlichungen, Spenden für Zwecke des Nationalparkamtes und Zuweisungen des Bundes für Forschungsvorhaben, Beiträge der EG für die Abwicklung von EG-Projekten sowie Zuweisungen der Bundesanstalt für Arbeit für AB-Maßnahmen). Diese Einnahmen bilden zum Teil die gesamte Grundlage für diese Ausgaben. So dürfen z.B. nur soviele Mittel für ein EG-Projekt ausgegeben werden, wie tatsächlich Zuweisungen von der EG gebucht wurden. Die Spenden und auch die Zuweisungen des Bundes für Forschungsvorhaben machen dagegen nur einen Teil der veranschlagten Ausgaben aus. Das heißt, ein Teil der im Haushaltsplan ausgewiesenen Mittel darf erst ausgegeben werden, wenn die bei den jeweils benannten Einnahmetiteln veranschlagten Einnahmen auch tatsächlich eingegangen sind. Sollten die tatsächlichen Einnahmen die geschätzten Einnahmen übersteigen, so kann der jeweilige Ausgabensatz um diesen Betrag überschritten werden.

2.3 Künftiger Mittelbedarf

Der Haushaltsansatz für 1995 sowie die Planungen für die Folgejahre gehen von niedrigeren Gesamtetats im Vergleich zu den Vorjahren aus. So beträgt der Ansatz 1995 rund 5,6 Millionen DM, für 1998 sind 5,4 Millionen DM vorgesehen. Diese Entwicklung ist auf das Ende der Ökosystemforschung zurückzuführen. Für den Allgemeinen Haushalt sind Steigerungen von 23% (2,1 Millionen DM 1994 auf 2,6 Millionen DM 1998) angesetzt. Diese Steigerung ist vor allem darauf zurückzuführen, daß die im Rahmen der ÖSF beschafften EDV-Geräte abgeschrieben sind und dann aus dem Allgemeinen Haushalt ersetzt werden müssen. Für die Titelgruppe Öffentlichkeitsarbeit/Umweltbildung wird ein konstanter Mittelbedarf von ca. 1,2 Millionen DM in Ansatz gebracht. Für Forschung und Monitoring (TG 62) werden ca. 1,3 Millionen DM veranschlagt.

Hierbei ist zu berücksichtigen, daß die Kosten für die geplante Monitoringstation in den Planungen noch nicht enthalten sind, da die Investitionskosten sowie die laufenden Kosten in den ersten fünf Jahren (rd. 13,6 Millionen DM 1995 bis 2000) durch Zuschüsse abgedeckt werden sollen.

Die Finanzierung aller in den Konzepten angestrebten Maßnahmen schlägt sich in der Finanzplanung nicht nieder. Ein Teil von ihnen läßt sich - zumindest momentan - noch nicht monetär bewerten. Hierzu gehören beispielsweise Management-, Lenkungs- und Verkehrskonzepte.

Die angestrebten Maßnahmen haben sehr unterschiedliche Qualität. Die Monitoringstation ist beispielsweise eine Einrichtung mit einem „einmaligen", wenn auch erheblichen Mittelbedarf, für welches mit Inbetriebnahme relativ konkret kalkulierbare laufende Kosten anfallen. Der Nationalparkservice, die Informationszentren und die begleitende Öffentlichkeitsarbeit und Umweltbildung können dagegen auch stufenweise umgesetzt werden. Die im folgenden genannten Beträge stellen daher auf die vollständige Realisierung ab und legen dafür die Preise von 1995 zugrunde.

Bislang kúnico quantifizierbar sind die ökonomischen Dimensionen von Maßnahmen, die nicht den Nationalpark selbst, sondern das Vorfeld betreffen. Weder ist der in die Gestaltung einzubeziehende Raum präzise abgrenzbar, noch der Umfang der Maßnahmen. Viele davon sind nach der derzeitigen Ressorteinteilung auch nicht im Bereich des Umweltministeriums bzw. des Nationalparkamtes anzusiedeln.

Es handelt sich z.B. um Konzepte zur nachhaltigen Vorfeldentwicklung im Rahmen der Biosphärenreservatskonzeption, wie sie in der „Zukunftswerkstatt Westküste" oder anderweitig möglicherweise angedacht werden. Aber auch groß- bzw. kleinräumige Verkehrskonzepte, welche maßgebliche Veränderungen im Angebot des öffentlichen Personennahverkehrs, im Radverkehr, in der Verkehrsberuhigung etc. beinhalten, entziehen sich derzeit einer Berechnung. Dies gilt auch für Maßnahmen zur Extensivierung und Ökologisierung der Landwirtschaft. Für diese Maßnahmen sind daher jeweils separate Finanzierungen zu suchen.

Bereits durch flexiblere Verwendung des bestehenden Haushaltes lassen sich positive Effekte im Mitteleinsatz erzielen

2.4 Refinanzierungsmöglichkeiten für die Öffentlichkeitsarbeit, die Umweltbildung und den Nationalparkservice

Gegenwärtig kann nur ein Teil der Schutzstrategien ökonomisch annähernd präzise bewertet werden. Für die Monitoringstation besteht bereits ein eigenes Finanzierungskonzept, so daß hierfür kein weiteres Refinanzierungskonzept vonnöten ist. In Zukunft muß dort jedoch noch nach Möglichkeiten gesucht werden, wie die Einnahmesituation verbessert werden kann. Dabei kann zweigleisig vorgegangen werden:

Eine Nationalparkabgabe könnte eine Refinanzierungsquelle sein

▶ Für kurz- und mittelfristig realisierbare Einzel- und Großprojekte (Beispiel Monitoringstation), aber auch für Maßnahmen, die sich z.B. als Ergebnis des Monitorings als dringend erweisen, kann eine exakte Kalkulation erarbeitet und eine gesonderte Einmal-Finanzierung gesucht werden.

▶ Für diejenigen Maßnahmen, die nur stufenweise umsetzbar sind (Beispiel Informationszentren) oder einen permanenten Mittelbedarf haben (Beispiel Nationalpark-Service, aber auch Folgekosten der im vorigen Absatz erwähnten Projekte), ist die Suche nach laufenden Einnahmequellen erforderlich.

Im folgenden werden Möglichkeiten zur Verbesserung der wirtschaftlichen Situation des Nationalparkamtes dargestellt.

2.4.1 Flexibilisierung der Mittelverwendung des Nationalparkamtes

Bereits durch flexiblere Verwendung des bestehenden Haushaltes lassen sich positive Effekte im Mitteleinsatz erzielen. Am wichtigsten sind die Möglichkeiten Mittel zwischen den Titelgruppen zu verschieben sowie auf andere Haushaltsjahre, gegebenenfalls zeitlich befristet, zu übertragen. Eine Vermehrung der Haushaltsmittel ist damit aber nicht verbunden. Es ist darüberhinaus zu prüfen, welche Effekte sich durch einen Generalhaushalt erzielen lassen. Kleine Schritte in diese Richtung werden derzeit gegangen.

2.4.2 Refinanzierungsquellen

2.4.2.1 Nationalparkabgabe

Zur Finanzierung von Maßnahmen, die der Schaffung und dem Erhalt einer kurörtlichen Atmosphäre dienen, dürfen sogenannte prädikatisierte Fremdenverkehrsgemeinden wie Seebäder, Luftkur- oder staatlich anerkannte Erholungsorte eine Kurtaxe erheben. Abgabepflichtig sind alle nicht geschäftlich sich in diesen Gemeinden aufhaltenden Übernachtungsgäste. Die Kurtaxe wird vom Vermieter und Gemeinden erhoben und an die Gemeinde abgeführt. Diese verwendet die Mittel z.B. für Infrastrukturmaßnahmen und Dienstleistungen (Kurpark, Kurmittelhaus u.a.), von denen alle Gäste profitieren.

Seit einigen Jahren wird diskutiert, ob nicht als Pendant zur Kurtaxe auch eine „Naturtaxe" erhoben werden kann, um notwendige Naturschutzmaßnahmen zu finanzieren, die durch die Inanspruchnahme seitens der Besucher notwendig werden bzw. die einen Beitrag zur Erschließung der Natur für die Besucher leisten.

Der Begriff „Naturtaxe" ist mittlerweile namensrechtlich geschützt. Dies gilt jedoch nicht für einen Begriff wie „Nationalparkabgabe" o.ä.. Bislang steht erst eine Gemeinde vor der Einführung einer Naturtaxe: In Waldkirch (Baden-Württemberg) soll sie 1996 eingeführt werden, der Großteil der erforderlichen Genehmigungen liegt bereits vor. Es ist geplant, die Naturtaxe von 0,30 DM pro Person und Übernachtung gemeinsam mit der Kurtaxe einzuziehen. Die Mittel sollen ausschließlich Maßnahmen der Landschaftspflege zugute kommen.

Im Nationalpark Schleswig-Holsteinisches Wattenmeer kann eine derartige Abgabe nur über ein Sonderabgabengesetz realisiert werden. Zwar muß zunächst eine Fülle von Details zu Abgabenname, -art, -höhe u.s.w. geklärt werden, die Bestrebungen in Baden-Württemberg, aber auch in einigen Gemeinden Mecklenburg-Vorpommerns zeigen jedoch, daß sich immer mehr Regionen eine solche zweckgebundene Abgabe vorstellen können.

Über die Gründung einer privatwirtschaftlichen Refinanzierungsquelle können zusätzliche Mittel akquiriert werden

Prinzip dieser Abgabe muß es sein, Leistungen zu finanzieren, die direkt und unmittelbar den Besuchern des Nationalparks zugute kommen. Dies ist mit dem Nationalpark-Service gegeben. Er soll informieren, aufklären, lenken und überwachen. Er dient dazu, einerseits Ansprechpartner für Fragen der Besucher zu sein und zum anderen um Schutzgebietsinteressen durchzusetzen.

Eine Erhöhung der Kurtaxe bleibt, wenn sie begründet ist und der Gast eine dahinter stehende Leistung erkennen kann, ohne spürbare negative Konsequenzen für die Gemeinde. Angesichts einer in vielen Studien nachweisbaren Zahlungsbereitschaft der Bundesbürger für Naturschutz dürfte eine Einführung einer Nationalparkabgabe in moderater Höhe daher auf breite Akzeptanz stoßen, wenn der daraus für den Besucher entstehende Nutzen sichtbar wird. Dies wäre in Gestalt der Mitarbeiter des Nationalpark-Service gegeben, aber auch Informationszentren erfüllen diese Voraussetzung.

Ein Beispiel für eine solche Maßnahme ist der Bau einer gebührenpflichtigen Schranke an der Überfahrt zur Hamburger Hallig. Hier zeigte sich, daß es möglich ist, sich eine Qualitätsverbesserung des Naturerlebnisses bezahlen zu lassen.

Es ist denkbar eine solche Abgabe zunächst überall dort einzuführen, wo bereits jetzt eine Gebühr zu entrichten ist. Dies sind beispielsweise Strandzugänge, aber auch bezahlte Wattführungen oder Liegeplätze von Sportbooten. Hier ist der Bezug zum Nationalpark unmittelbar gegeben, eine entsprechende Gebühr somit einsichtig und nachvollziehbar.

2.4.2.2 Gründung einer privatwirtschaftlichen Vermarktungsgesellschaft

Eine weitere Möglichkeit den finanziellen Spielraum des Nationalparkamtes zu erhöhen, besteht in der Ausgliederung von ausgewählten Aufgaben aus der Verantwortung des Amtes durch Überführung in eine privatwirtschaftliche Betreiberform. Dies kann nur solche Aufgaben betreffen, die nicht hoheitliche Funktionen erfüllen (z.B. Lizenzüberwachung), oder spezielle Veranstaltungen des Amtes, Führungen (Wissenschaftlergruppen, Politiker) u.a.m.. Insbesondere Teile der Öffentlichkeitsarbeit sind für den Besucher hierfür geeignet.

Private Umweltschutzorganisationen wie der WWF oder Greenpeace nutzen bereits seit langem die Möglichkeit, durch Vermarktung des Panda-Bären bzw. anderer Artikel (Aufkleber, Photos, Schriften etc.) oder Aktivitäten zusätzliche Mittel zu akquirieren, indem sie zu diesem Zweck Vertriebsgesellschaften gegründet haben.

Im staatlichen deutschen Naturschutz gibt es hierfür noch kein Vorbild, wenn auch die Beispiele einer Reihe von Informationszentren (Bayerischer Wald), Naturkundemuseen etc. zeigen, daß durch den Verkauf von Broschüren, Büchern, besonders aber auch von Souvenir-Artikeln, mit vergleichsweise wenig Aufwand Geld verdient werden kann.

Das Nationalparkamt strebt die Gründung einer gemeinnützigen GmbH an (vergl. Kap. XI 1.1), die sich im wesentlichen zwei Aktivitäten widmen soll:

Zum einen soll sie das Logo des Nationalparkes durch Verkäufe vermarkten. Zum anderen kann sie diejenigen touristischen und Umweltbildungsdienste übernehmen, die nicht im engeren Sinn Aufgabe der Öffentlichkeitsarbeit des Nationalparkamtes sind. Insbesondere soll sie Veranstaltungen wie Seminare, Tagesfahrten, Führungen, Nationalparkerlebnistage etc. im Auftrag des Nationalparkamtes durchführen bzw. betreuen. Dies muß in Kooperation mit den privaten Verbänden geschehen.

Zielgruppen für Aktivitäten einer solchen Gesellschaft sind vor allem Schulen (Klassenfahrten), Teilnehmer an 1- bis 2-wöchigen Bildungsurlauben, Umweltbeauftragte aus Firmen (Aus- und Fortbildungskurse), aber auch Reise- und Wattführer, Reisegruppen und Tagesgäste.

Hier kann ein breites Leistungsspektrum angeboten werden, das von standardisierten, mehrstündigen bis mehrtägigen Fahrten und Führungen bis hin zu individuell konzipierten Veranstaltungen, Seminaren etc. für spezielle Interessengruppen reicht.
Darüber hinaus können Angebots-Pakete zusammengestellt werden, die (Natur-)Urlaubsaufenthalte mit mehr oder weniger engem Bezug zum Nationalpark beinhalten. Derartige Angebots-Pakete können in Zusammenarbeit mit der Deutschen Bahn AG, Busreise- und anderen Veranstaltern, örtlichen Beherbergungsbetrieben („Nationalparkhotel") geschnürt und über die zu gründende Gesellschaft vermarktet werden. Wattführungen, Fahrten mit Ausflugsschiffen, spezielle Führungen in Nationalparkinfozentren und Museen u.s.w. können Bestandteile derartiger Pauschalen sein.

Die Vermarktung kann, neben der GmbH selbst, durch andere Incoming-Büros, dem Nordseebäderverband, die Fremdenverkehrsgemeinden erfolgen, aber auch durch Aufnahme in Veranstaltungskataloge und (über-)regionale Buchungssysteme.

Nach einer Anschubfinanzierung muß ein von staatlichen Mitteln unabhängiger Betrieb möglich sein. Eine wichtige Voraussetzung ist, daß eine engagierte

Persönlichkeit gefunden werden kann, die diese innovative Initiative im Sinne des Nationalparkamtes trägt. Das Amt muß als Gesellschafter in jedem Fall Aufsichtsfunktion ausüben können.

Personalbedarf und -struktur der GmbH lassen sich noch nicht präzisieren. In jedem Fall wird die Gesellschaft ein(e)n Geschäftsführer(in) mit hauptamtlicher Tätigkeit verlangen. Zumindest in der Anfangsphase muß durch Honorarkräfte, beteiligte Verbände sowie das Nationalparkamt organisatorische Unterstützung gewährt werden. Dadurch ist zu gewährleisten, daß der Aufbau eines festangestellten Personalstammes parallel zum Umsatzwachstum verläuft.

XIII

XIV Forschungsbedarf

Mit den beiden Ökosystemforschungsvorhaben im schleswig-holsteinischen
und niedersächsischen Wattenmeer und
den Projekten SYNDWAT und TRANS-
WATT sind in den letzten Jahren umfangreiche interdisziplinäre Forschungsarbeiten im Wattenmeer durchgeführt worden.
Zu den Schwerpunkten gehörten:

► flächendeckende Erhebungen,
► die Analyse von Stoffumwandlungs-
und Austauschprozessen,
► synoptische Erfassungen zur Erstellung
von Nährstoff- und Phytoplanktonbudgets,
► die Erforschung der Elastizität und
Variabilität des Ökosystems,
► die Untersuchung zu den Auswirkungen
menschlicher Einflüsse auf die natürliche
Dynamik,
► die Erarbeitung von Schutz- und
Managementkonzepten unter Einbeziehung sozioökonomischer Aspekte,
► die Entwicklung von Modellen zum
Verständnis der Systemfunktionen und
► die Weiterentwicklung und Installation
eines sozioökonomischen Monitorings.

Erst wenn diese Verbundprojekte abge-
schlossen und ihre Ergebnisse vollständig
ausgewertet sind, wird eine umfassende
Aufstellung der Forschungsdefizite im
Wattenmeer sinnvoll und möglich sein.
Dabei sollten auch die Erkenntnisse aus
den Projekten im seewärtigen Vorfeld des
Wattenmeeres (PRISMA, KUSTOS) und im
Elbe-Ästuar (Sonderforschungsbereich
Tide-Elbe) berücksichtigt werden. Das
Bundesministerium für Bildung, Wissenschaft, Forschung und Technologie, das
einen großen Teil der Projekte finanziert
hat, hat für die Zeit nach Abschluß der
großen Verbundforschungsvorhaben eine
„Denkpause" angekündigt, in der zunächst eine umfassende Synthese und
Bewertung erfolgen soll. Diese eröffnet
die Chance, sorgfältig Bilanz zu ziehen,
noch vorhandene Wissenslücken aufzuzeigen und neu aufgetrete Fragestellungen
für zukünftige Forschung im Wattenmeer
zu formulieren.

*Der Forschungs-
bedarf spiegelt in
vielen Bereichen
die Interessenlage
des Nationalpark-
amtes wieder*

1. Ausgewählte Forschungsthemen

Die nachfolgende Zusammenstellung gibt
Beispiele für Forschungsdefizite, die
bereits jetzt benannt werden können. Sie
erhebt keinen Anspruch auf Vollständigkeit, sondern gibt nur eine Auswahl
wieder. Genannt werden Themen der
Grundlagenforschung, aber auch anwendungsorientierter Forschung. Letztere
spiegelt in vielen Bereichen die Interessenlage des Nationalparkamtes wieder.
Auch aus der Ministererklärung zur 7.
Trilateralen Regierungskonferenz zum
Schutz des Wattenmeeres und den im
Anhang formulierten ökologischen Zielen
(Eco-targets) ist Forschungsbedarf abzuleiten.

Manche der Fragen könnten im Rahmen
von Diplom- oder Doktorarbeiten bearbeitet werden. Einige der Forschungsthemen
sind Bestandteil von Projektanträgen
verschiedener Institutionen. Aus Gründen
der Übersichtlichkeit sind die Themen
bestimmten Problemfeldern, Habitaten
oder Organismengruppen zugeordnet,
vielfach bestehen jedoch Querverbindungen zu jeweils anderen Kategorien.

Klimaänderung

► Auswirkungen erhöhter UV-B-Strahlung
auf Artenzusammensetzung, Biomasse
und Produktion planktischer und
benthischer Mikroalgen;
► Auswirkungen der Remobilisation von
Nährstoffen und toxischen Substanzen als
Folge von erhöhtem Energieeintrag,
Identifizierung von biogenen Komponenten, die zur Sedimentstabilisierung
beitragen;
► Auswirkungen der Wassertemperatur-
erhöhung auf Primärproduktion und
biogeographische Verbreitungsgrenzen
von Arten und resultierende Auswirkungen auf die Lebensgemeinschaften;
► Auswirkungen des Meeresspiegelanstiegs auf Genese und Dynamik von
Salzwiesen.

XIV

Küstenschutz

► Untersuchungen zu hydrologischen, geomorphologischen und biologischen Auswirkungen von Sandentnahmen im Eulitoral im Rahmen von Küstenschutz-maßnahmen;
► Rolle der Vegetation, Beweidung und künstlicher Drainage auf Sedimentation und Erosion in Salzwiesen.

Nährstoffe

► Auswirkungen von Änderungen im N:P-Verhältnis auf Artenzusammensetzung und Biomasse der verschiedenen trophischen Ebenen im Nahrungsnetz, Auswirkungen auf Häufigkeit, Dauer und Intensität von (toxischen) Algenblüten, Auswirkungen auf die benthisch-pelagische Kopplung.

Schadstoffe

► Wege des Transfers und der Anreicherung von Schadstoffen in der Nahrungskette, Auswirkungen auf Prozesse und einzelne Arten.

Salzwiesen, Beweidung, Landwirtschaft, Enten und Gänse

► Auswirkungen von unterschiedlichem Salzwiesenmanagement auf Vorkommen, Verteilung und Anzahlen von pflanzenfressenden Enten und Gänsen;
► Auswirkungen von Änderungen in der Bewirtschaftung angrenzender Flächen auf die Nutzung der Salzwiesen durch pflanzenfressende Vögel;
► Nutzung von landwirtschaftlichen Flächen durch Pfeifente, Ringel- und Nonnengans; Ortstreue, zeitliche und räumliche Schwerpunkte bei der Wahl der Nahrungsgebiete;
► Erkennung und Schaffung von Gänseruhezonen im Vorfeld des Nationalparks.

Sandkorallenriffe

► Struktur und Dynamik von Sandkorallenriffen
► Ermittlung der Ursachen für ihren Rückgang
► Bedeutung der Sandkorallenriffe für die Ökologie des Wattenmeeres (z. B. Bedeutung für kommerziell genutzte Arten)

Seegraswiesen

► Struktur und Dynamik von Seegraswiesen, Ermittlung der Ursachen für ihren Rückgang, Ermittlung der Folgen ihres Rückgangs (z. B. für herbivore Vögel);
► Nutzung der Seegrasbestände durch herbivore Vögel, Auswirkungen auf Seegrasbestände.

Miesmuschelbänke

► Herkunft und Transport von Miesmuschellarven; genetische Analyse natürlicher Miesmuschelbänke; Einfluß verschiedener Faktoren auf den Brutfall;
► Ursachen für den Rückgang natürlicher Muschelbänke, im Zusammenhang damit Untersuchungen zur Insuffizienz der Byssusdrüse, die zu Abriß vom Substrat und zum Verschwinden natürlicher Miesmuschelbänke führen kann.

Muschelfischerei, Austern-/Miesmuschelkulturen

► Untersuchung der Muschelbestände (z. B. *Spisula*) und der Auswirkungen der Fischerei auf Benthosbestände vor den Inseln, insbesondere mit dem Bestreben, die Nahrungsgrundlage für muschelfressende Vögel sicherzustellen (entsprechend § 54 der Ministererklärung zur 7. Trilateralen Regierungskonferenz zum Schutz des Wattenmeeres);
► Auswirkung der Überdeckung natürlicher Lebensräume durch Muschelkulturen;
► Gefahr der Einschleppung von Fremdparasiten und -arten durch Besatz von Kulturen mit importierten Austern;
► Herkunft der Larven, die zur Ansiedlung der pazifischen Auster in der Sylt-Rømø Bucht und südlich des Hindenburgdamms geführt haben.

Fische, Fischerei

► Untersuchungen zur Bestandsentwicklung wattenmeertypischer Fischarten;
► Auswirkungen der Garnelenfischerei auf die Bestände und auf Populationsparameter der Zielarten sowie auf die Fauna des Meeresbodens (entsprechend § 51 der Ministererklärung zur 7. Trilateralen Regierungskonferenz zum Schutz des Wattenmeeres);
► Erforschung und Entwicklung von weiteren Methoden zur Beifangreduzierung der Garnelenfischerei
► Auswirkungen von Fischereidiscards auf die Vogelwelt;
► Erfassung von Umfang und Auswirkungen der Hobbyfischerei.

Vögel

► Ermittlung von Schlüsselfaktoren für die Wahl von Mausergebieten bei Brandenten, Auswirkungen von Schiffahrt auf Vorkommen, Verteilung und Anzahl von mausernden Brandenten;
► Ermittlung der Fluchtdistanzen von Vögeln, Auswirkung von Flugzeugen und anderen Störeinflüssen auf die Fluchtdistanz;
► Auswirkungen der Salzwiesenextensivierung auf Brut- und Rastvögel;
► Untersuchungen zum Bruterfolg und den wichtigsten Einflußfaktoren, zur Mortalität, Immigration sowie weiterer populationsbestimmenden Faktoren an geeigneten Arten als Grundlage für die Entwicklung eines umfassenden Populationsmonitorings;
► Ermittlung von potentiellen natürlichen Nahrungsgebieten und ungestörten Rast- und Mauserplätzen für Vögel, die durch menschliche Einwirkung nicht mehr oder nur eingeschränkt verfügbar sind;
► Zeitliche und räumliche Verteilung von Seevögeln und Meeressäugern in der küstennahen Deutschen Bucht.
► Untersuchungen zu bisher wenig bekannten Rastvogelarten (z. B. Sanderling, Seetaucher)

Robben

► Folgen der Verkleinerung des Jungnamensandes für die Kegelrobben, Erfassung der Ausweichliegeplätze;
► Ermittlung der Jagdgebiete, des Nahrungsbedarfs und der Nahrungswahl von Seehunden und der Einflüsse wachsender Seehundsbestände auf wirtschaftlich genutzte Fischarten;
► Ermittlung der Korrekturfaktoren für Flugzählungen von Robben;
► Störungspotential der Ausflugschiffahrt zu den Seehundbänken.

Öffentlichkeits- und Umweltbildung, Akzeptanz des Nationalparks

► Effizienzanalyse der Öffentlichkeits- und Umweltbildungsarbeit des Nationalparkamtes (Informationszentren, Ausstellungen, Pressemitteilungen, Bücher, Broschüren, Faltblätter, Wattführungen, Nationalparkservice) mit dem Ziel eines optimierten Mittel- und Personaleinsatzes;
► Untersuchungen zur Einstellung der Bevölkerung zum Nationalpark sowie von Maßnahmen zur Erhöhung der Bekanntheit und Akzeptanz des Nationalparks.

Ökosystemmodelle für das Wattenmeer können zum besseren Verständnis von Wechselwirkungen und Prozessen beitragen

Naturgeschichtliche Entwicklung

► Historische Rekonstruktion der Biotoptypen (Verteilung, Flächenanteile) des Wattenmeeres und der küstennahen Gebiete um 1850 und 1900

Sonstiges

► Untersuchungen zur psychosozialen Bedeutung ungestörter Natur;
► Erarbeitung einer ökologischen Arten-Anspruchsliste als Grundlage für zukünftige Eingriffsbewertungen sowie Schutzmaßnahmen;
► Effizienzsteigerung der Datenhaltung und des Datenaustausches.

2. Ökosystem-Modellierung

Modelle zur Hydrodynamik und zum Stofftransport im Wattenmeer sind relativ weit entwickelt und werden heute besonders im Bereich Küstenschutz angewandt. Versuche, mit mathematischen Modellen das Ökosystem Wattenmeer insgesamt, nicht nur hinsichtlich physikalischer, sondern auch chemischer und biologischer Prozesse zu beschreiben, werden erst seit einigen Jahren unternommen. Solche Ökosystemmodelle sind hochkomplex, denn sie müssen vielfältige Wechselwirkungen berücksichtigen und beinhalten daher eine große Zahl von Variablen. Darüberhinaus müssen umfangreiche Datensätze aus dem zu modellierenden Gebiet zur Kalibration und Validation eines solchen Modells zur Verfügung stehen.

Sind diese Voraussetzungen erfüllt, können auf der Grundlage von episodischen und lokalen Messungen mit Hilfe eines Modells zeitliche und räumliche Inter- bzw. Extrapolationen durchgeführt, Schlüsselprozesse simuliert und Bilanzen errechnet werden. Genau diese Ziele verfolgt ein vom Bundesministerium für Bildung, Wissenschaft, Forschung und Technologie finanziertes Vorhaben, das das GKSS-Forschungszentrum im Zusammenhang mit dem SWAP-Projekt durchführt („Modellierung von abiotischen und biotischen Teilaspekten des Ökosystems Sylt-Rømø Bucht"). In einem ersten Schritt wird hier ein vorhandenes niederländisches Wattenmeermodell (EcoWasp) an ein Teilgebiet des Schleswig-Holsteinischen Wattenmeeres angepaßt und der Stickstoffkreislauf modelliert.

XIV

Derartige Ökosystemmodelle für das Wattenmeer können zum besseren Verständnis von Wechselwirkungen und Prozessen beitragen. Ihre Weiterentwicklung sollte auch mit dem Ziel gefördert werden, ihre Prognosefähigkeit, z. B. in Bezug auf die ökologischen Auswirkungen von Klimaveränderungen, zu verbessern. Weiterhin können Ökosystemmodelle Bewertungskriterien für das TMAP erzeugen.

3. Begleitende Forschung zum Monitoring

Das trilaterale Wattenmeermonitoring erfordert eine begleitende Forschung

Das trilaterale Wattenmeermonitoring als ökologische Dauerbeobachtung physikalischer, chemischer, biologischer und sozioökonomischer Parameter erlaubt die Beschreibung von Trends und eine Zustandsbewertung des Ökosystems Wattenmeer. Ohne begleitende Forschung ist das Monitoring jedoch nur von begrenztem Wert, denn erst diese Forschung kann Defizite ausgleichen und ergänzende Informationen über die Ursachen von Veränderungen liefern. So dient begleitende ökologische Forschung der Überprüfung und - wenn nötig - flexiblen Anpassung der Parameterauswahl und der Optimierung der Meßstrategien, um neuen wissenschaftlichen Erkenntnissen zu entsprechen.

Weiterer konkreter Forschungsbedarf, vor allem zu methodischen Aspekten der ökologischen Dauerbeobachtung, ergibt sich aus den Empfehlungen der Experten- und Expertinnen-Workshops, die im Rahmen der Installation des Trilateralen Monitoring- und Bewertungsprogramms (TMAP) stattgefunden haben. Dies betrifft u.a. Untersuchungen zur Repräsentativität von Beprobungsorten und -zeitpunkten, die Optimierung von Meß- und Analysemethoden sowie Entwicklung und Anpassung neuer aufwand- und kostensparender Monitoringtechniken wie z. B. automatische Meßsysteme und Satelliten-Fernerkundung.

Die Vergangenheit hat gezeigt, daß unvorhergesehene Ereignisse (z. B. Seehundsterben) auftreten können, deren Aufklärung unmittelbar und ereignisorientiert wissenschaftliche Untersuchungen erfordert. Für solche Vorfälle müssen kurzfristig Mittel verfügbar sein, damit umgehend entsprechende Forschung in Auftrag gegeben werden kann.

4. Ergänzung des Monitorings durch sozioökonomische Parameter

Sozio-ökonomische Basis-Parameter liefern quantitative Daten zum Umfang und zur Intensität ausgewählter Nutzungen (z. B. Besucherzahlen, Bootszahlen, Flugstarts und -landungen, Zahl der Fischereifahrzeuge, Kapazitätsgrößen sowie Aufwandsgrößen, z. B. PS-Stärke oder Benzinverbrauch in der Fischerei).

Für das TMAP wurden Nutzungen ausgewählt, bei denen ein Einfluß auf wichtige Arten und Lebensgemeinschaften des Wattenmeeres als erwiesen gilt oder mit ausreichender Wahrscheinlichkeit angenommen werden kann. Im Rahmen eines integrierten Monitorings können Rückschlüsse auf die Auswirkungen der Nutzungen auf die Arten und Lebensgemeinschaften gezogen und Trends rechtzeitig identifiziert werden. Die Wirkung getroffener Maßnahmen zur Verminderung oder Umkehr der Trends - Einschränkungen des Nutzungsumfangs oder der -intensität - können dann ebenfalls beobachtet werden.

Jedoch sollte die sozioökonomische Betrachtungsweise innerhalb einer Dauerbeobachtung weitergefaßt werden. Dies ergibt sich auch aus der Empfehlung des Expertenworkshops „TMAP-Workshop" Salt marshes, Geomorphology, Recreational activities in Ribe 1995 (vergl. CWSS 1995): Die Durchführung einer begleitenden sozioökonomischen Strukturanalyse der direkten Küstenanrainergmeinden sowie Inseln und Halligen (mindestens alle 10 Jahre) sowie eine trilaterale Befragung von Besuchern zu Besucherverhalten, Einstellungen und Daten, die nicht der amtlichen Statistik zu entnehmen sind.

Neben der Überlegung, mittels eines solchen Monitorings konkretere Hinweise

Ein sozio-ökonomisches Monitoring berücksichtigt auch die Nationalparkregion als Lebens- und wirtschaftsraum der Menschen

auch über die Auswirkungen von ökologisch begründeten Schutzstrategien auf die ökonomische Situation der Anrainergemeinden zu erhalten, hätte ein solches Monitoring auch noch zwei weitere wichtige Aspekte:

▶ Der Mensch geht in das trilaterale Monitoring bisher nur indirekt (über Nutzungen) und als Belastungsfaktor ein. Damit fehlt ein Anknüpfungspunkt, eine Identifikationsmöglichkeit mit einem solchen Monitoringprogramm in der Öffentlichkeit. Auf der sozioökonomischen oder gar emotionalen Ebene wird die Verbindung zwischen dem Ökosystem Nordsee und dem Menschen und seinem Tun nicht hergestellt.

▶ Die Durchsetzung von Schutzinteressen, ein Ziel das auch letztendlich mit dem Monitoring verfolgt wird, bedarf aber einer breiten öffentlichen Unterstützung, die nur unter Einbeziehung der sozioökonomischen Ebene erreicht werden kann.

Gesetzt den Fall, im Rahmen eines trilateralen Monitoring gelänge es, auch die Einstellungen und Meinungen von Betroffenen über Nordsee- und Wattenmeerschutz über Befragungen einzufangen, ist davon auszugehen, daß dem Monitoringsystem insgesamt eine wesentlich breitere Öffentlichkeit und Akzeptanz zuteil wird. Damit könnte auch die politische Wirkung der Monitoringergebnisse aus dem naturwissenschaftlichen Teil verstärkt werden.

Für das schleswig-holsteinische Wattenmeer mündeten diese Überlegungen in einem sehr weit gefaßten sozioökonomischen Monitoringkonzept, welches sich aus drei Bausteinen zusammensetzt:

▶ Das sozioökonomische Grundmonitoring ist von der Leitfrage geprägt:

Wie entwickelt sich sich die Nationalparkregion als Lebens- und Wirtschaftsraum und welche ökonomische Bedeutung hat dabei der Nationalpark?

▶ Das Besucher- und Akzeptanzmonitoring versucht folgende Frage zu beantworten:

Wie entwickelt sich die Akzeptanz des Nationalparkes bei Einheimischen und Besuchern?

▶ Das Konfliktmonitoring ist von der Leitfrage getragen:

Wie entwickeln sich konkrete räumliche bzw. themenbezogene Konfliktsituationen und welche Hinweise ergeben sich daraus für konkrete Schutzstrategien?

Grundidee dieses Ansatzes ist der Weg von eher allgemeinen, großräumigen Informationen zu kleinräumigen, konkreten Daten in Konflikträumen.

▶ Das Grundmonitoring liefert vor allem quantitative, flächendeckende und kontinuierlich erhobene Daten über den Gesamtraum.

▶ Das Besucher- und Akzeptanzmonitoring ergänzt und vertieft diese um repräsentative qualitative Informationen zu Einheimischen und Besuchern, ihren Erwartungen und Aktivitäten, sowie zu ihrer Einstellung gegenüber dem Nationalpark.

▶ Das Konfliktmonitoring bildet die Grundlage für die Konzeption, Gestaltung und Verbesserung abgestimmter Schutzstrategien.

Schlußfolgerungen

Eine trilaterale Befragung für das Wattenmeer sollte als Pilotprojekt angelegt sein, zu dem alle drei Wattenmeeranrainerstaaten ihren nationalen Beitrag leisten. Über die Notwendigkeit einer Fortführung sollte anschließend entschieden werden; eine dauerhafte Beobachtung auch der Sozioökonomie und der Akzeptanz von Schutzzielen wäre jedoch anzustreben. Der Aufwand für eine solche Befragung ließe sich reduzieren durch die Integration bestehenden, verfügbaren Personals bei Naturschutzverbänden und nationalen Stellen als Interviewer sowie durch die mögliche Kopplung mit geplanten Befragungen.

Die Installation eines sozioökonomischen Monitorings im Schleswig-Holsteinischen Wattenmeer wie von FEIGE-MÜLLER (1995) vorgeschlagen, sollte auch in Hinblick auf die angestrebte Eintrittsmöglichkeit der Anrainergemeinden in das Biosphärenreservat erfolgen. In den Großschutzgebieten Mecklenburg-Vorpommerns wird zur Zeit ein sozioökonomisches Grundmonitoring mit vergleichbarer Konzeption aufgebaut (DWIF 1995).

XIV

XV Literaturnachweis

ABRAHAM, R. & S. VIDAL (1992): Ökologische Begleituntersuchungen zu den Küstenschutzmaßnahmen in der Nordstrander Bucht: Entomologisches Gutachten Beltringharder Koog. - Unveröffentl. Bericht, Zoologisches Institut der Universität Hamburg/ALW Husum.

ABRAHAM, R., C. DENYS & S. SCHMIDT (1994): Ökologische Begleituntersuchungen zu den Küstenschutzmaßnahmen in der Nordstrander Bucht: Untersuchungen der Wirbellosen im Beltringharder Koog. - Unveröffentl. Bericht, Zoologisches Institut der Universität Hamburg/ALW Husum.

ADAC (1991): Mehr Wissen - mehr Handeln. Bausteine für eine umweltverträgliche Tourismusentwicklung. - München.

ADAC (1992): Betriebsvergleich für Campingplätze. - München, 32 S.

ADAC (1993): Verkehr in Fremdenverkehrsgemeinden. Eine Planungshilfe für Ferienorte mit praktischen Beispielen. - München, 154 S.

AGATHA, S., K.J. HESSE, S. NEHRING & J.C. RIEDEL-LORJE (1994): Plankton und Nährstoffe in Brackwasserbecken am Rande des Schleswig-Holsteinischen Wattenmeeres unter besonderer Berücksichtigung der Ciliaten und Dinoflagellaten - Dauerstadien sowie blütenbildender und toxische Formen. - UBA-Forschungsbericht 10802085/01, 242 S.

AGÖL (1991): Rahmenrichtlinie zum ökologischen Landbau. - Stiftung Ökologie und Landbau Sonderausgabe 17, Bad Dürkheim.

AHRENDT, K. (1991): Brutvogelbestände auf Eindeichungsflächen östlich des Eiderdammes 1971-1990. - Corax 14: 249-260.

AHRENDT, K. (1994): Geologie und Küstenschutz am Beispiel Sylt. - Berichte Forschungs- und Technologiezentrum Westküste, Universität Kiel 4: 1-135.

AIEST (1988): Tagesausflugsverkehr und seine Auswirkungen. - Vol. 29, St. Gallen.

ALEXANDER, J. & M. J. MÜLLER (1991): Klimaänderung durch den Menschen? - Flensburger Regionale Studien, Heft 4: 107-129.

AMTSBLATT VON SCHLESWIG-HOLSTEIN (1995): Richtlinien für die Gewährung von Zuwendungen im Rahmen der Betreuung geschützter Gebiete. - Amtsblatt: 308-327.

ANDRESEN, B. (1994): Entwicklung der Tier- und Pflanzenwelt des Rickelsbüller Kooges und des davorliegenden Vorlandes nach Fertigstellung der Vordeichung Tonderner Marsch. - Unveröffentl. Bericht, ALW Husum.

ANDRESEN, H., J.P. BAKKER, M. BRONGERS, B. HEYDEMANN & U. IRMLER (1990): Long-term changes of salt marsh communities by cattle grazing. - Vegetatio 89: 137-148.

ANONYMUS (1913): Die Nordsee-Austernfischerei. - Fischerbote 5: 288-289.

ANONYMUS (1985a): Grundzüge eines Schutzkonzeptes für das Wattenmeer. - Grüne Mappe 1985: 21-31.

ANONYMUS (1985b): Ursachen des Rückganges von Pflanzen- und Tierarten. - Landesamt für Naturschutz und Landschaftspflege, Kiel, 159 S.

ANONYMUS (1991a): Bericht über die Regionalprogramme für die Westküste und den Landesteil Schleswig. - Kiel.

ANONYMUS (1993): Landschaftsästhetik - eine Aufgabe für den Naturschutz ? - NNA Berichte 6, H.1, 48 S.

ANONYMUS (1994a): Bekanntmachung der Proklamation der Bundesregierung über die Ausweitung des deutschen Küstenmeeres. - Bundesgesetzblatt Nr. 80: 3428-3429.

ANONYMUS (1994b): Beschluß der Bundesregierung vom 29. September 1994 zur Verminderung der CO^2-Emission und anderer Treibhausgasemissionen in der Bundesrepublik Deutschland. - IMA CO2-Reduktion.

XV

ANONYMUS (1994c): Europäischer Gerichtshof: EG Vogelschutzrichtlinie Art. 3 Abs. 4. (Santona-Urteil). - Natur & Recht 10/94: 521-524.

ANONYMUS (1994d): Schutz der grünen Erde. Klimaschutz durch umweltgerechte Landwirtschaft und Erhalt der Wälder. - Bericht der Enquete-Kommission "Schutz der Erdatmosphäre" des 12. Deutschen Bundestages.

ANONYMUS (1995): Bürgerinitiative „Rettet Sylt" macht Druck, Resolution. - Der Maueranker 14: 22-23.

ARBEITSAMT FLENSBURG (1989): Erste Jahresergebnisse der Arbeitsmarktstatistik. - Statistisches Sonderheft, Flensburg.

ARBEITSAMT FLENSBURG (1994): Sozialversicherungspflichtig Beschäftigte nach Dienststellen, Flensburg.

ARBEITSAMT FLENSBURG (o.J.): Vorläufige Jahresergebnisse der Arbeitsmarktstatistik 1993. - Statistisches Sonderheft, Flensburg.

ARBEITSAMT HEIDE (1994a): Sozialversicherungspflichtig Beschäftigte nach Dienststellen am 30. September 1993.

ARBEITSAMT HEIDE (1994b): Ausgewählte Jahreszahlen der Arbeitsmarktstatistik im Jahresvergleich 1950-1993. - Statistisches Sonderheft, Heide.

ARBEITSAMT HEIDE (1995): Jahresergebnisse 1994.

ARBEITSGRUPPE NATIONALPARK (1991): Nationalpark Schleswig-Holsteinisches Wattenmeer - Eine Zwischenbilanz aus Anlaß der 6. Trilateralen Regierungskonferenz zum Schutz des Wattenmeeres. Arbeitsgruppe Nationalpark schleswig-holsteinischer Naturschutzverbände - Husum Druck und Verlagsgesellschaft, Husum, 64 S.

ARGE ELBE (1984): Gewässerökologische Studie der Elbe von Schnackenburg bis zur See. - Wassergütestelle Elbe, Hamburg.

ARGE ELBE (1994): Maßnahmen zur Verbesserung des aquatischen Lebensraumes der Elbe. - Wassergütestelle Elbe, Hamburg.

ARNOLD, A. (1985): Agrargeographie. - Ulmer, Stuttgart.

ASMUS, H., (1987): Secondary production of an intertidal mussel bed community related to its storage and turnover compartments. - Mar. Ecol. Progr. Ser. 39: 251-266.

ASMUS, R., C. GÄTJE & V.N. DE JONGE (1994): Mikrophytobenthos - empfindliche Oberflächenhaut des Wattbodens. - In: LOZÁN, J.L., E. RACHOR, K. REISE, H. von WESTERHAGEN & W. LENZ (Hrsg.): Warnsignale aus dem Wattenmeer. - Blackwell, Berlin: 75-81.

ASSION, P. (1986): Historismus, Traditonalismus, Folklorismus. Zur musealisierenden Tendenz der Gegenwartskultur. In: JEGGLE, U. et al. (Hrsg): Volkskultur in der Moderne. Probleme und Perspektiven emprischer Kulturforschung. - Reinbek: 351-362.

AUSTEN, G. (1992): Sandwälle im südlichen Eiderstedt (Schleswig-Holstein). - Meyniana 44: 67-74.

AVERBECK, C., M. KORSCH, G. VAUK & J. WILKE (1993): Seevögel als Ölopfer. - UBA- Wasserforschungsbericht 102 04 414, Norddeutsche Naturschutzakademie, Schneverdingen, 58 S.

B.A.T. (1994): Tourismus und Lebensqualität. B.A.T. FREIZEIT-FORSCHUNGSINSTITUT - Hamburg, 65 S.

BACKHAUS, J., HARTKE, D., HÜBNER, U., LOHSE, H. & A. MÜLLER (1996): Hydrographie und Klima im Lister Tidebecken. SWAP - Sylter Wattenmeer Austauschprozesse. Projektsynthese, Tönning.

BACKHAUS, J. O. (1993): Das „Wetter" im Meer: Nord- und Ostsee. - In: SCHELLNHUBER, H.-J. & H. STERR (Hrsg.): Klimaänderung und Küste. - Springer, Berlin: 37-49.

BACKHAUS, J., D. HARTKE & U. HÜBNER (1995): Hydrodynamisches und thermodynamisches Modell des Sylter Wattenmeeres. - Abschlußbericht Teilprojekt 4.1a des Forschugsvorhabens Sylter Wattenmeer Austauschprozesse (SWAP).

BADER, D. & H. MAY (1992): EG und Naturschutz. - Economica Verlag, 193 S.

BÄHR, J. & G. KORTUM (1987): Schleswig-Holstein. - Sammlung Geographischer Führer, Bd. 15. Berlin, Stuttgart.

BÄHR, J. (1987): Nordfrieslands Küste im Wandel. In: BÄHR, J. & G. KORTUM: Geographischer Führer Schleswig-Holstein, Bd. 15: 85-111.

BAMBERG, F. (1989): Zur Ausübung der Jagd im Nationalpark Schleswig-Holsteinisches Wattenmeer. Gutachten im Auftrag des Minsteriums für Ernährung, Landwirtschaft, Forsten und Fischerei, 437 S.

BANTELMANN, A. (1966): Die Landschaftsentwicklung an der schleswig-holsteinischen Westküste, dargestellt am Beispiel Nordfriesland. - Die Küste 14: 5-99.

BANTELMANN, A. (1975): Die frühgeschichtliche Marschensiedlung beim Elisenhof in Eiderstedt. 1. Landschaftsgeschichte und Baubefunde. - Studien zu Küstenarchäologie Schleswig-Holsteins, Ser. A. Lang, Bern: 190 S.

BANTELMANN, A., A. PANTEN, R. KUSCHERT & T. STEENSEN (1995): Geschichte Nordfrieslands. - Verlag Boyens & Co., Heide, 472 S.

BARANIOK, B., U. BROCKMANN, N. DELLING, A. HAASE, U. HENTSCHKE, W. MICHAELIS, TH. RAABE, A. REIMER, A. STARKE & K.-H. VIEHWENGER (1995): Phasenverschiebung der Nährelemente N und P im Sytem Wattenmeer/Küstengewässer. - 2. KUSTOS/TRANSWATT-Statusseminar: Zusammenfassung der Vorträge und Poster: 13-14.

BAUER, S. & G. THIELCKE (1982): Gefährdete Brutvogelarten in der Bundesrepublik Deutschland und im Land Berlin: Bestandsentwicklung, Gefährdungsursachen und Schutzmaßnahmen. - Vogelwarte 31: 183-391.

BAUMEISTER, H., B. von HEEREMANN & R. JÜLICH (1995): Juristische Begleitung der Ökosystemforschung Schleswig-Holsteinisches Wattenmeer. - Abschlußbericht - UBA, UBA-Forschungsbericht 108 02 085/01, 103 S.

BAYERL, K.-A. (1992): Zur jahreszeitlichen Variabilität der Oberflächensedimente im Sylter Watt nördlich des Hindenburgdammes. - Berichte des FTZ-Westküste Nr. 2, Büsum, 134 S.

BAYNE, B.L. (1976): The biology of mussel larvae. - In: BAYNE, B.L. (Hrsg.): Marine mussels: their ecology and physiology. - IBP 10, Cambridge University Press, London: 81 - 120.

BECKER, P.H. & M. ERDELEN (1980): Brutbestand von Küsten- und Seevögeln in Gebieten des deutschen Nordseeraumes 1979 und Bestandsveränderungen in den 70er Jahren. - Berichte Dtsch. Sekt. Int. Rat Vogelschutz 20: 63-69.

BECKER, P.H. & M. ERDELEN (1987): Die Bestandsentwicklung von Brutvögeln an der deutschen Nordseeküste 1950-1979. - J. Orn. 128: 1-32.

BECKER, P.H. (1992): Seevögelmonitoring: Brutbestände, Reproduktion, Schadstoffe. - Vogelwelt 113: 262-272.

BECKER, P.H., W.A. HEIDMANN, A. BÜTHE, D. FRANK & C. KOEPFF (1992): Umweltchemikalien in Eiern von Brutvögeln der deutschen Nordseeküste: Trends 1981-1990. - J. Orn. 133: 109-124.

BEER, W. (1985): Wohnmobile und Wohnanhänger: Eine systematische Erläuterung der bau-, betriebs- und sicherheitsrechtlichen Vorschriften unter Berücksichtigung der kauf-, versicherungs- und steuerrechtlichen Besonderheiten. Beck'sche Verlagsbuchhandlung, München: 72-77.

BEHM-BERKELMANN, K. & H. HECKENROTH (1991): Übersicht der Brutbestandsentwicklung ausgewählter Vogelarten 1900-1990 an der niedersächsischen Nordseeküste. - Naturschutz Landschaftspfl. Nieders. 27: 1-97.

BEHRE, K.-E. (1994): Küstenvegetation und Landschaftsentwicklung bis zum Deichbau. - In: LOZÁN, J.L., E. RACHOR, K. REISE, H. von WESTERHAGEN & W. LENZ (Hrsg.): Warnsignale aus dem Wattenmeer. - Blackwell, Berlin: 182-189.

BEHRE, K.E. (1991): Die Entwicklung der Nordseeküsten-Landschaft aus geobotanischer Sicht. - Berichte Reinhold Tüxen Ges. 3: 45-58.

XV

BEIRAT FÜR NATURSCHUTZ UND LAND-SCHAFTSPFLEGE (1995): Zur Akzeptanz und Durchsetzbarkeit des Naturschutzes. - Natur & Landschaft 70: 51-61.

BENKE, H. & U. SIEBERT (1994): Zur Situation der Kleinwale im Wattenmeer und in der südöstlichen Nordsee. - In: LOZAN, J.L., E. RACHOR, K. REISE, H. von WESTERNHAGEN & W. LENZ: Warnsignale aus dem Wattenmeer. - Blackwell, Berlin: 309-316.

BERGHAHN, R. & R. VORBERG (1993): Auswirkungen der Garnelenfischerei im Wattenmeer. - Arb. Dt. Fisch. 57: 103-125.

BERGHAHN, R. & R. VORBERG (1994): Garnelenfischerei und Naturschutz im Nationalpark Schleswig-Holsteinisches Wattenmeer. - UBA-Forschungsbericht 10802085/01, 195 S.

BERGHAHN, R. & R. VORBERG (1996): Garnelenfischerei und Naturschutz im Nationalpark. - Schriftenreihe des Nationalparks Schleswig-Holsteinisches Wattenmeer, Heft 6, Boyens, Heide (in Druck).

BERGHAHN, R. (1990): Biologische Veränderungen im Wattenmeer.- In: LOZAN, J.L., W. LENZ, E. RACHOR, B. WATERMANN & H. von WESTERNHAGEN: Warnsignale aus der Nordsee. - Paul Parey, Berlin: 202-212.

BERGHAHN, R., R. HERPEL & K. LANGE (1993): Achsenversetzte von-Holdt-Rollen für die "Krabben"-Fischerei - Vier Fliegen mit einer Klappe. - Das Fischerblatt 41: 333-336.

BERGMANN, H.-H., M. STOCK & B. TEN THOREN (1994): Ringelgänse - arktische Gäste an unseren Küsten. - Aula, Wiesbaden, 251 S.

BEZZEL, E. (1995): Anthropogene Einflüsse in der Vogelwelt Europas. - Ein kritischer Überblick mit Schwerpunkt Mitteleuropas. - Natur & Landschaft 70: 391-411.

BGBL (1992a): Teil 1 Klärschlammverordnung (AbfKlärV) vom 15. April 1992.

BGBL (1992b): Gesetz zum Abkommen vom 31. März 1992 zur Erhaltung der Kleinwale in der Nord- und Ostsee. - Bundesgesetzblatt 24: 1113-1124.

BGBL (1995): Neunte Verordnung zur Änderung der Luftverkehrs-Ordung vom 21.03.1995. - Bundesgesetzblatt 15: 391-393.

BIERMANN, F. (1995): Schutz der Meere: Internationale Meeresumweltpolitik nach Inkrafttreten der Seerechtskonvention der Vereinten Nationen. - FS II 94-405. Forschungsprofessur Umweltpolitik, 68 S.

BIOLAND VERBAND FÜR ORGANISCH-BIOLOGISCHEN LANDBAU (1994): Bioland-Richtlinien für Pflanzenbau, Tierhaltung und Verarbeitung - Mai 1994.

BIOSPHÄRENRESERVAT RHÖN (1994): Rahmenkonzept für Schutz, Pflege und Entwicklung. - Neumann, Radebeul, 402 S.

BLAB, J. (1993): Grundlagen des Biotopschutzes für Tiere. - Kilda, Greven, 479 S.

BLAB, J., E. NOWAK, W. TRAUTMANN & H. SUKOPP (1984): Rote Liste der gefährdeten Tiere und Pflanzen in der Bundesrepublik Deutschland. - Kilda, Greven.

BMELF (1992): Agrarbericht der Bundesregierung 1992, Agrar- und ernährungspolitischer Bericht der Bundesregierung. - Bonn.

BMELF (1993a): Jahresbericht über die Deutsche Fischereiwirtschaft 1992/93. - Bonn.

BMELF (1993b): Rahmenplan der Gemeinschaftsaufgabe „Verbesserung der Agrarstruktur und des Küstenschutzes" für den Zeitraum 1993 bis 1996. - Bonn.

BMELF (1994): Agrarbericht der Bundesregierung 1994, Agrar- und ernährungspolitischer Bericht der Bundesregierung. - Bonn.

BMELF (1995): Agrarbericht der Bundesregierung 1995, Agrar- und ernährungspolitischer Bericht der Bundesregierung. - Bonn.

BMU (1994): Kernpunkte des Qualitätszustandsberichtes Nordsee (1993). - Berlin, 16 S.

BMW (1994): Dreiundzwanzigster Rahmenplan der Gemeinschaftsaufgabe „Verbesserung der regionalen Wirtschaftsstruktur" für den Zeitraum 1994 bis 1997 (1998). - Bonn.

BOCK, W. & A. BRODOWSKI (1992): Seegraskartierung Nordfriesland 1992, unveröffentl. Kartenmaterial, in: Seegras- und Grünalgenbestände im Nordfriesischen Wattenmeer unter besonderer Berücksichtigung ökologischer Faktoren. - Diplomarbeit (1993), Universität Münster: 145 S.

BOHLKEN H. & H. BENKE (1992): Untersuchungen über Bestand, Gesundheitszustand und Wanderungen der Kleinwalpopulationen (Cetacea) in deutschen Gewässern. - Zwischenbericht zum FE-Vorhaben des BMU, Nr. 108 05 017/11, Oktober 1992. Institut für Haustierkunde, Universität Kiel, 69 S.

BOHLKEN, H., H. BENKE & J. WULF (1993): Untersuchungen über Bestand, Gesundheitszustand und Wanderungen der Kleinwalpopulationen (Cetacea) in deutschen Gewässern. - Abschlußbericht zum FE-Vorhaben des BMU Nr. 108 05 017/11, unveröffentl.

BONIN-KÖRKEMEYER, B. (1993): Konzept zur Neutregelung der Besucherlenkung in den Sylter Dünen. - Unveröffentl. Endbericht, Leck.

BORCHARDT, T. & B. SCHERER (1991): Ökologische Qualitätsziele für ein gesundes Wattenmeer. - DGM-Mittlg. 3/91: 5-8.

BORCHARDT, T. (1995): Bessere Überlebenschancen für junge Seehunde. - Seevögel 16: 46-49.

BORKENHAGEN, P. (1993): Atlas der Säugetiere Schleswig-Holsteins. - Landesamt für Naturschutz und Landschaftspflege, Kiel: 1-131.

BÖTTCHER, R. (1993): Der Begriff Landschaftsbild und seine Berücksichtigung bei der Arbeit einer unteren Naturschutzbehörde. - NNA Berichte, 6. Jahrg. (1): 31-35.

BOYE, P. (1994): Afrikanisch-europäisches Wasservogelabkommen. - Natur & Landschaft. 69 (3):108.

BRÄGER, S. & J. MEISSNER (1990): Bevorzugt die Uferschnepfe (*Limosa limosa*) zur Fortpflanzungszeit intensiv oder extensiv bewirtschaftetes Grünland? - Corax 13: 387-393.

BRECKLING, P., S. BEERMANN-SCHLEIFF, I. ACHENBACH, S. OPITZ & M. WALTHE-MATHE (1994): Fische und Krebse im Wattenmeer. UBA-Forschungsbericht 10802085/01.

BREUER, W. (1993): Grundsätze für die Operationalisierung des Landschaftsbildes in der Eingriffsregelung und im Naturschutzhandeln insgesamt. - NNA-Berichte 6: 19-24.

BROCKMANN, U., V. de JONGE, & K. HESSE (1994): Zufuhr und Verteilung von Nährstoffen. - In: LOZÁN, J. L., E. RACHOR, K. REISE, H. von WESTERNHAGEN & W. LENZ (Hrsg.): Warnsignale aus dem Wattenmeer. - Blackwell, Berlin: 23-45.

BROCKMANN, U.H., U. HENTSCKE, B. BARANIOK & A. STARKE (1995): Stoffflüsse - Bilanzen. - In: HESSE, K.J.: TRANSWATT Transport, Transfer und Transformation von Biomasse-Elementen in Wattgewässern. - 1. Zwischenbericht des BMBF-Projekts 03F0130, Büsum: 13-165.

BRODERSEN, J. (1994): Naturschutz und Wassersport. Rechtliche Situation von Bootsliegeplätzen an Ufern und Küsten Schleswig-Holsteins. - Naturschutz und Landschaftsplanung 26: 102-105.

BRUNCKHORST, H. & H.-U. RÖSNER (1994): Verbreitung und Bestandsentwicklung der Pfeifente im schleswig-holsteinischen Wattenmeer. - In: RÖSNER, H.-U. (1994): Rastvögel im Wattenmeer: Bestand, Verteilung und Raumnutzung. - UBA-Forschungsbericht 10802085/01 (Band 2): 302-326.

BRUNCKHORST, H. (1996): Ökologie und Energetik der Pfeifente (*Anas penelope* L. 1758) im Schleswig-Holsteinischen Wattenmeer. - Dissertation, Fachbereich Biologie der Universität Hamburg, 140 S.

BRUNCKHORST, H., V. KNOKE & K. ESKILDSEN (1994): Wer oder was stört Pfeifenten? - In: KNOKE, V. & M. STOCK (1994): Menschliche Aktivitäten im Schleswig-Holsteinischen Wattenmeer. - UBA-Forschungsbericht 10802085/01: 493-510.

XV

BRUNS, H.A., U. FUELLHAAS, C. KLEMP, A. KORDES & H. OTTERSBERG (1994): Zur Habitatwahl von Pfeifente (*Anas penelope*) und Nonnengans (*Branta leucopsis*) und Auswirkungen von Störreizen bei der Nahrungsaufnahme (Nordkehdingen/ Landkreis Stade). - Vogelkdl. Berichte Niedersachs. 26: 59-74.

BSH (1995): Hoch- und Niedrigwasserzeiten für die Deutsche Bucht und deren Flußgebiete 1995. - Bundesamt für Seeschiffahrt und Hydrographie, Hamburg.

BUCHWALD, K. (1990): Nordsee - Ein Lebensraum ohne Zukunft? - Verlag Die Werkstatt, Göttingen, 552 S.

BUHS, F. & REISE, K. (1991): Seegraskartierung 1991. Gutachten im Auftrag des Landesamtes für das Schleswig-Holsteinische Wattenmeer, unveröff., 13 S.

BUND (1992): Wo liegen die Grenzen der Windenergie? - Kiel, 19 S.

BUNDESFORSCHUNGSANSTALT FÜR FISCHEREI (1992): Kommt die Baumkurrenbegrenzung nach Gewicht? - Das Fischerblatt 40: 311-313.

BUNDESREGIERUNG (1993): Bericht der Bundesregierung über die Entwicklung der Finanzhilfen des Bundes und der Steuervergünstigungen gemäß § 12 des Gesetzes zur Förderung der Stabilität und des Wachstums der Wirtschaft (StWG) vom 8. Juni 1967 für die Jahre 1991 bis 1994 (Vierzehnter Subventionsbericht). - Bonn.

BUSCH, M. & I. FAHNING (1992): Mindestanforderungen an gute landwirtschaftliche Praxis aus der Sicht des Bodenschutzes - Teil I. - UBA-Texte 1/92, 451 S.

CLAUSEN, B. & S.H. ANDERSEN (1988): Evaluation of Bycatch and Health Status of the Harbour Porpoise (*Phocoena phocoena*) in Danish Waters. - Danish Rev. of Game Biology 13: 1-20.

CLEMENS, T. & C. LAMMEN (1995): Windkraftanlagen und Rastplätze für Küstenvögel - ein Nutzungskonflikt. - Seevögel 16: 34-38.

COLIJN, F., N. DANKERS & A. JENSEN (1995): The need for reference areas for scientific research and (nature) management. - Wadden Sea Newsletter 2/95: 17-19.

CONRADY, D. (1988): Die Jagd auf Wasservögel im Nationalpark Schleswig-Holsteinisches Wattenmeer. - Literaturstudie im Auftrag des Landesamtes für den Nationalpark Schleswig-Holsteinisches Wattenmeer, 44 S.

CROCKFORD, N.J. (1992): A review of the possible impacts of wind farms on birds and other wildlife. - JNCC Report 27, 60 S.

CWSS (1991a): Air traffic in the Wadden Sea area. An analysis of the air traffic in the Wadden Sea area with respect of man and wildlife. - CWSS Working Document 1991-1, Wilhelmshaven.

CWSS (1991b): The Wadden Sea - Status and developments in an international perspective. - Report to the 6th Trilateral Governmental Conference on the Protection of the Wadden Sea, Esbjerg, November 1991. - CWSS, Wilhelmshaven.

CWSS (1992): Sixth Trilateral Governmental Conference on the Protection of the Wadden Sea - Esbjerg, November 13, 1991. - Ministerial declaration, seals conservation and management plan, memorandum of intent, assessment report, CWSS, Wilhelmshaven.

CWSS (1993): Quality Status Report of the North Sea. Subregion 10, The Wadden Sea. - CWSS, Wilhelmshaven, 174 S.

CWSS (1994): Final Report of the Ecotarget Group. - CWSS, Wilhelmshaven, 50 S.

CWSS (1995a): Seventh Trilateral Governmental Conference on the Protection of the Wadden Sea - Leeuwarden, November 30, 1994. - Ministerial declaration, memorandum of intent, assessment report, CWSS, Wilhelmshaven, 154 S.

CWSS (1995b): Final Report of the Joint Seal Project. Joint Management Plan for the Wadden Sea Seal Population. - CWSS, Wilhelmshaven, 77 S.

CWSS (1995c): Report of the TMAP Workshop "Salt marshes - Geomorphology - Recreational activities" 13-14 June 1995, Ribe. - CWSS, Wilhelmshaven.

CWSS (1995d): Präparation of a common coordinated Managementplan for the Wadden Sea. Final Report. - CWSS, Wilhelmshaven.

DAHLMANN, G., D. TIMM, C. AVERBECK, C. CAMPHUYSEN, H. SKOV & J. DURINCK (1994): Oiled Seabirds - Comparative Investigations on Oiled Seabirds and Oiled Beaches in the Netherlands, Denmark and Germany (1990-93). - Mar. Pol. Bull. 28: 305-310.

DANKERS, N., C.J. SMIT & M. SCHOLL (1992): Proceedings of the 7th International Wadden Sea Symposium, Ameland 1990. - Neth. Inst. of Sea Res. - Publ. Series No. 20: 1-301.

DAUMANN, A. (1990): Die Vorlandvegetation von St. Peter - Ording. - Diplomarbeit, Universität Hamburg, 103 S.

DAVIES, J.L. (1964): A morphogenic approach to the world´s shorelines. - Z. Geomorph. 8: 42-127.

DEGN, C. & U. MUUSS (1979): Topographischer Atlas Schleswig-Holstein und Hamburg. - Wachholtz, Neumünster, 235 S.

DETLEFSEN, G. U. (1984): Krabben: Garnelen - Granate. - Husum Druck- und Verlagsgesellschaft, Husum, 155 S.

DEUTSCHE GESELLSCHAFT FÜR FREIZEIT (DGF) (1993): Freizeit in Deutschland. - Essen, 104 S.

DEUTSCHER BÄDERVERBAND (1991): Begriffsbestimmungen für Kurorte, Erholungsorte und Heilbrunnen. - Bonn.

DICK, S. (1987): Gezeitenströmungen um Sylt. Numerische Untersuchungen zur halbtägigen Hauptmondtide (M2). - Dt. hydrogr. Z. 40: 25 - 44.

DIERKING, U. (1994): Atlas der Heuschrecken Schleswig-Holsteins. - Landesamt für Naturschutz und Landschaftspflege, Kiel, 61 S.

DIERKING-WESTPHAL, U. (1982): Zur Situation der Amphibien und Reptilien in Schleswig-Holstein. - Landesamt für Naturschutz und Landschaftspflege, Kiel, 109 S.

DIERKING-WESTPHAL, U. (1990): Rote Liste der in Schleswig-Holstein gefährdeten Amphibien und Reptilien. - In: LANDESAMT FÜR NATURSCHUTZ UND LANDSCHAFTSPFLEGE (Hrsg.): Rote Listen der in Schleswig-Holstein gefährdeten Pflanzen und Tiere. - Kiel, 14 S.

DIERSSEN, K. (1988): Rote Liste der Pflanzengesellschaften Schleswig-Holsteins.- Schriftenreihe des Landesamtes für Naturschutz und Landschaftspflege Schleswig-Holstein, Heft 6, 157 S.

DIERSSEN, K., I. EISCHEID, S. GETTNER, K. KIEHL, J. WALTER, T. TISCHLER, A. MIETH, H. MEYER, H.D. REINKE, I. TULOWITZKI, H. FOCK &. A. HAASE (1994a): Wachstum und Produktion in der Salzwiese und ihre Veränderung durch Beweidung - Bioindikatoren im Supralitoral, Teil C. - UBA-Forschungsbericht 10802085/01, 203 S.

DIERSSEN, K., T. TISCHLER & A. MIETH (1994b): Bioindikatoren im Suparlitoral, Teilbericht D: Dynamik im Salzwiesenökosystem und ihre Veränderung durch Beweidung 1. Teil. - UBA-Forschungsbericht 10802085/01.

DIETZ, C. (1953): Geologische Karte von Deutschland 1:25.000. Erläuterungen zu den Blättern Bredstedt und Ockholm. - Kiel.

DIJKEMA, K.S. & W.J. WOLFF (1983): Flora and vegetation of the Wadden Sea islands and coastal areas. - In: WOLFF, W. J. (Hrsg.): Ecology of the Wadden Sea. - Balkema, Rotterdam:

DIJKEMA, R. (1988): Shellfish cultivation and fishery before and after a major flood barrier construction project in the southwestern Netherlands. - J. Shellfish Res. 7: 241-252.

DWIF (1994): Zentrum für Wattenmeer-Monitoring und Information, Tönning. - Unveröffentl. Gutachten, München.

DWIF (1995a): Vorfeldabgrenzung für die Großschutzgebiete in Mecklenburg-Vorpommern. - Unveröffentl. Gutachten, München.

DWIF (1995b): Sozio-ökonomisches Monitoring- und Informationssystem für die Großschutzgebietsregion Mecklenburg-Vorpommern. Bedarfsanalyse und Konzeption. - Untersuchung im Auftrag des Ministeriums für Natur und Landwirtschaft Mecklenburg-Vorpommern.

XV

EHLERS, J. (1988): The Morphodynamics of the Wadden Sea. - Balkema, Rotterdam, 397 S.

EHLERS, J. (1994): Geomorphologie und Hydrologie des Wattenmeeres. - In: LOZAN, J.L., E. RACHOR, K. REISE, H.von WESTERNHAGEN & W. LENZ (Hrsg.): Warnsignale aus dem Wattenmeer. - Blackwell, Berlin: 1-11.

EISMA, D. (1983): Natural Forces. - In: WOLFF, W.J. (Hrsg.): Ecology of the Wadden Sea. - Balkema, Rotterdam: 1/20-1/31.

ELBRÄCHTER, M. & P. MARTENS (1996): Zeitliche und räumliche Variabilität der Mikronährstoffe und des Planktons im Sylt Römö Wattenmeer. - SWAP-Abschlußbericht, (in Vorb.).

ELLENBERG, H. (1990): Bauernhaus und Landschaft in ökologischer und historischer Sicht. - Ulmer, Stuttgart, 989 S.

ENQUETE-KOMMISSION „SCHUTZ DER ERDATMOSPHÄRE" DES DEUTSCHEN BUNDESTAGES (1992): Klimaänderung gefährdet globale Entwicklung. - Economica, Karlsruhe, 238 S.

ENQUETE-KOMMISSION "SCHUTZ DER ERDATMOSPHÄRE" DES DEUTSCHEN BUNDESTAGES (1994): Schutz der Grünen Erde. - Economica, Karlsruhe, 702 S.

ERCHINGER, H.F. (1995): Intaktes Deichvorland für Küstenschutz unverzichtbar. - Wasser & Boden 47: 48-53.

ERZ, W. (1972): Nationalpark Wattenmeer. - Paul Parey, Hamburg.

ERZ, W. (1991): Nationalparke - Indikatoren im "Ökosystem Naturschutz". - Nationalpark 2: 6-10.

ERZ, W. (1991): Tier- und Artenschutz aus fachpolitischer Sicht des Naturschutzes. - In: RAHMANN, H. & A. KOHLER (Hrsg.): Tier- und Artenschutz, 23. Hohenheimer Umwelttagung: 21-33.

ERZ, W. (1994): Bewerten und Erfassen für den Naturschutz in Deutschland: Anforderungen und Probleme aus dem Bundesnaturschutzgesetz und der UVP. - In: USHER, M.B., & W. ERZ (Hrsg.): Erfassen und Bewerten im Naturschutz. - Quelle & Meyer, Heidelberg: 131-166.

ESKILDSEN, K. (1989): Beobachtungen und Untersuchungen zum Brutverhalten der Zwergseeschwalbe (Sterna albifrons) auf Minsener Oldeoog/Niedersachsen. - Examensarbeit, Pädagogische Hochschule Flensburg, 65 S.

ESKILDSEN, K. (1994): Aktivitätsbudgets und Bestandsverlauf der Pfeifente, Anas penelope L., in einer Agrarlandschaft - am Beispiel der Nordseeinsel Pellworm/ Schleswig-Holstein. - Diplomarbeit, Universität GHS Essen, 100 S.

EXO, K.-M. (1994): Bedeutung des Wattenmeeres für Vögel. - In: LOZAN, J.L., E. RACHOR, K. REISE, H.von WESTERNHAGEN & W. LENZ (Hrsg.): Warnsignale aus dem Wattenmeer. - Blackwell, Berlin: 261-270.

EXO, K.-M., P.H. BECKER, H. SCHEUFLER, A. STEIFEL, O. THORUP, H. HÖTKER, M. STOCK & P. SÜDBECK (1996): Empfehlungen zum Bruterfolgsmonitoring bei Küstenvögeln. - Vogelwelt, Sonderband (im Druck).

EXO, M., P.H. BECKER, B. HÄLTERLEIN, H. SCHEUFLER, A. STIEFEL, O. THORUP, H. HÖTKER, M. STOCK & P. SÜDBECK (1995): Empfehlungen zum Bruterfolgsmonitoring bei Küstenvögeln - ein erstes Konzept – Vogelwelt (im Druck).

FANGER, H.-U., J. KAPPENBERG & A. MÜLLER (1995): Wasser- und Schwebstofftransport im Sylt-Römö-Wattenmeer. - Abschlußbericht Teilprojekt 4.3a des Forschungsvorhabens Sylter Wattenmeer Austauschprozesse (SWAP).

FEIGE, M. & A. MÖLLER (1994a): Projektberichte Sozioökonomie, Band B2(1): Soziokulturelle Entwicklung und sozioökonomischer Wandel. - UBA-Forschungsbericht 10802085/01.

FEIGE, M. & A. MÖLLER (1994b): Projektberichte Sozioökonomie, Band B2(2): Nationalparkbezogene Wirtschaftszweige. - UBA-Forschungsbericht 10802085/01.

FEIGE, M. & A. MÖLLER (1994c): Projektberichte Sozioökonomie, Band B3: Sozioökonomisch bedeutsame Räume. - UBA-Forschungsbericht 10802085/01.

FEIGE, M. & A. MÖLLER (1995): Konzeption für ein sozio-ökonomisches Monitoring (SÖM). - Unveröffentl. Bericht im Rahmen der Synthesephase Ökosystemforschung Schleswig-Holsteinisches Wattenmeer.

FEIGE, M. & A. MÖLLER (1995a): Bausteine für ein Nationalpark-Konzept. - Projektbericht Sozioökonomie Band D, UBA-Forschungsbericht 108 02 85/01, 99S.

FEIGE, M. & U. TRIEBSWETTER (1994): Projektberichte Sozioökonomie, Teil A: Theoretisches Konzept und Methodologie. - UBA-Forschungsbericht 10802085/01.

FEIGE, M., A. MÖLLER, & I. PIECH (1994a): Projektberichte Sozioökonomie, Teil B1: Das anthropogene System der Nationalparkregion. - UBA-Forschungsbericht 10802085/01.

FEIGE, M., B. HARRER, A. MÖLLER, I. PIECH & U. TRIEBSWETTER (1994b): Projektberichte Sozioökonomie, Teil C: Das anthropogene System des Nationalparks. - UBA-Forschungsbericht 10802085/01.

FEIGE, M.; J. MASCHKE & A. MÖLLER (1993a): Konzeption zur Neuregelung der Strandbefahrung in St. Peter-Ording. - Unveröffentl. Gutachten des DWIF im Auftrag des Landesamtes für den Nationalpark Schleswig-Holsteinisches Wattenmeer, München.

FEIGE, M.; J. MASCHKE & A. MÖLLER (1993b): Fremdenverkehrslenkungs- und Entwicklungsplan Hamburger Hallig. - Unveröffentl. Gutachten im Auftrag des Landesamtes für den Nationalpark Schleswig-Holsteinisches Wattenmeer, München.

FIEDLER, W. (1986): Eiderstedt. - Breklumer Verlag, Breklum, 119. S.

FIGGE, K., R. KÖSTER, H. THIEL & P. WIELAND (1980): Schlickuntersuchungen im Deutschen Wattenmeer. - Die Küste: 187-204.

FINCK, P., U. HAUKE & E. SCHRÖDER (1993): Zur Problematik der Formulierung regionaler Landschaftsleitbilder aus naturschutzfachlicher Sicht. - Natur & Landschaft 68: 603-607.

FISCHEREIAMT (1980): Jahresbericht der Fischereiämter: Die Kleine Hochsee- und Küstenfischerei Schleswig-Holsteins, Niedersachsens, Bremens 1979. - Kiel

FISCHEREIAMT (1981): Jahresbericht der Fischereiämter: Die Kleine Hochsee- und Küstenfischerei Schleswig-Holsteins, Niedersachsens, Bremens 1980. - Kiel

FISCHEREIAMT (1983): Jahresbericht der Fischereiämter: Die Kleine Hochsee- und Küstenfischerei Schleswig-Holsteins, Niedersachsens, Bremens 1982. - Kiel

FISCHEREIAMT (1984): Jahresbericht der Fischereiämter: Die Kleine Hochsee- und Küstenfischerei Schleswig-Holsteins, Niedersachsens, Bremens 1983. - Kiel

FISCHEREIAMT (1986): Jahresbericht der Fischereiämter: Die Kleine Hochsee- und Küstenfischerei Schleswig-Holsteins, Niedersachsens, Bremens 1985. - Kiel.

FISCHEREIAMT (1987): Jahresbericht der Fischereiämter: Die Kleine Hochsee- und Küstenfischerei Schleswig-Holsteins, Niedersachsens, Bremens 1986. - Kiel.

FISCHEREIAMT (1988): Jahresbericht der Fischereiämter: Die Kleine Hochsee- und Küstenfischerei Schleswig-Holsteins, Niedersachsens, Bremens 1987. - Kiel.

FISCHEREIAMT (1989): Jahresbericht der Fischereiämter: Die Kleine Hochsee- und Küstenfischerei Schleswig-Holsteins, Niedersachsens, Bremens 1988. - Kiel.

FISCHEREIAMT (1990): Jahresbericht der Fischereiämter: Die Kleine Hochsee- und Küstenfischerei Schleswig-Holsteins, Niedersachsens, Bremens 1989. - Kiel.

FISCHEREIAMT (1991): Jahresbericht der Fischereiämter: Die Kleine Hochsee- und Küstenfischerei Schleswig-Holsteins, Niedersachsens, Bremens 1990. - Kiel.

FISCHEREIAMT (1992): Jahresbericht der Fischereiämter: Die Kleine Hochsee- und Küstenfischerei Schleswig-Holsteins, Niedersachsens, Bremens 1991. - Kiel.

FISCHEREIAMT (1993): Jahresbericht der Fischereiämter: Die Kleine Hochsee- und Küstenfischerei Schleswig-Holsteins, Niedersachsens, Bremens 1992. - Kiel.

FISCHEREIAMT (1994): Jahresbericht der Fischereiämter: Die Kleine Hochsee- und Küstenfischerei Schleswig-Holsteins, Niedersachsens, Bremens 1993. - Kiel.

XV

FISCHEREIAMT (1995): Jahresbericht der Fischereiämter: Die Kleine Hochsee- und Küstenfischerei Schleswig-Holsteins im Jahre 1994. - Kiel

FLEET, D.M., FRIKKE, J., P. SÜDBECK & R.L. VOGEL (1994): Breeding Birds in the Wadden Sea 1991. - Wadden Sea Ecosystem 1: 1-108.

FLEET, D.M., S. GAUS, E. HARTWIG, P. POTEL & M. SCHULZE DIEKHOFF (1995): Ölopfer in der Deutschen Bucht im Zeitraum 1. Okt. 1992 bis 31. Dez. 1994. - Seevögel 16: 87-92.

FLOHN, H. (1990): Die Rolle des Wasserdampfes in der Energiebilanz der Atmosphäre und die jüngste Klimaentwicklung. - Vortrag im Rahmen des Bonner Sommerkurses zum Thema „Anthropogene Klimaveränderung".

FLOHN, H. (1991): Änderungen der Höhenwinde über Schleswig, der großräumigen Druckverteilung und der Nordseeverdunstung. - Flensburger Regionale Studien, Heft 4: 87-106.

FÖNAD (1992): Nationalparke in Deutschland: Naturschutz trotz Tourismus? FÖN-AD-Tagungsbericht - Grafenau: 74 S.

FÜHRBÖTER, (1989): Changes of the tidal water levels at the German North Sea coast. - Helgoländer Meeresunters. 43: 325 - 332.

FULLER, R.R. & D.R. LANGSLOW (1994): Ornithologische Bewertungen für den Arten- und Biotopschutz. - In: USHER, M.B. & W. ERZ (Hrsg.): Erfassen und Bewerten im Naturschutz. - Quelle & Meyer, Heidelberg: 212-235.

GARTHE, S. (1993): Quantifizierung von Abfall und Beifang der Fischerei in der südöstlichen Nordsee und deren Nutzung durch Seevögel. - Hamburger avifaun. Beitr. 25: 125-237.

GARTMANN, S., M. KRÖGER, G. MÖSSINGER, K. TAPKEN, M. WOLBERS & H.-H. BERGMANN (1995): Strand oder Sandbank? - Wie nutzen Seehunde (Phoca vitulina) ihren Lebensraum? - Seevögel 16: 50-52.

GEMEINSAMER RUNDERLASS (1995): Grundsätze zur Planung von Windenergieanlagen. - Amtsblatt für Schleswig-Holstein 30795: 478-481.

GERDES, G. (1987): Die Fauna des Farbstreifen-Sandwattes von Mellum. - In: GERDES, G., W.E. KRUMBEIN & H. REINECK (Hrsg.): Mellum, Portrait einer Insel. - Waldemar Kramer, Frankfurt a.M.: 203-218 .

GERRITSEN, F. (1992): Morphological stability of inlets and tidal channels in the Western Wadden Sea. - Netherlands Institute for Sea Research, Publi. Ser. No. 20: 151-160.

GIBBS, J., S.A. SHAW & M. GABOTT (1994): An analysis of prize formation in the Dutch mussel industry. - Aquaculture International 2: 91-103.

GLOBAL 2000 (1980): Der Bericht an den Präsidenten. - Zweitausendeins, Frankfurt.

GLOE, P. (1989): Die Bedeutung unterschiedlicher Gewässer in eingedeichten Gebieten für die Nahrungsversorgung einiger Wasservogelarten - am Beispiel des Speicherkoogs Dithmarschen (Meldorfer Bucht). - Corax 13: 148-167.

GOTTSMANN, O. (1993): Übersicht über die wichtigsten fischwirtschaftlichen Rechtsvorschriften. - In: BMELF (Hrsg.): Jahresbericht über die Deutsche Fischereiwirtschaft 1992/93. - Bonn: 23-30.

GRASSL, H. (1991): Sea level rise - a short review. - In: PROKOSCH, P., S. MIELKE & D. M. FLEET (Hrsg.): The Common Future of the Wadden Sea. - Husum Druck- und Verlagsgesellschaft, Husum: 79-86.

GRASSL, H. (1993): Globaler Wandel. - In: SCHELLNHUBER, H.-J. & STERR, H. (Hrsg.): Klimaänderung und Küste. - Springer, Berlin: 28-36.

GRASSL, H. (1995): Globale Ursachen und Auswirkungen des Treibhauseffektes. - In: MINISTERIN FÜR UMWELT UND NATUR DES LANDES SCHLESWIG-HOLSTEIN (Hrsg.): Auswirkungen der Klimaänderungen auf Schleswig-Holstein. - Kiel: 25-35.

GRIPP, K. (1964): Erdgeschichte von Schleswig-Holstein. - Wachholtz, Neumünster; 411 S.

GRUBE, J. (1991): Sanfter Tourismus in Dithmarschen. - Abschlußbericht, Nienburg.

GRUNSKY, B. (1993): Seevogelrettungssta-tionen in Schleswig-Holstein: Organisati-on, Ausstattung und Rehabilitationserfol-ge im internationalen Vergleich und Empfehlungen für weitere Arbeiten. - Unveröffentlichtes Gutachten des Mini-sters für Natur und Umwelt des Landes Schleswig-Holstein, Kiel.

GUBERNATOR, M. (1992): Struktur und Marktverflechtungen der Krabbenfische-rei. Dargestellt am Fallbeispiel Tönning (Nordfriesland). - Unveröffentl. Magister-arbeit, Freiburg.

GUBERNATOR, M. (1994): Sozioökonomi-scher Vergleich der niedersächsischen und schleswig-holsteinischen Fischereiwirt-schaft. - Inf. Fischw. 41: 136-141.

HABER, W. (1990): Ökosystemforschung Berchtesgarden. - TU München-Weihen-stephan, Berlin.

HAGGE, A. (1994): Ökologische Rolle der Brackwasserseen, Speicherbecken und Ersatzwatten. - In: LOZAN, J.L., E. RA-CHOR, K. REISE, H. von WESTERNHAGEN & W. LENZ (Hrsg.): Warnsignale aus dem Wattenmeer. - Blackwell, Berlin: 205-211.

HAGGE, H. (1988): Kartierung der realen Vegetation der schleswig-holsteinischen Festlandsalzwiesen (im Maßstab 1 : 5.000). - Unveröffentl. Forschungsgut-achten, Kiel, 25 S.

HAGGE, H. (1989): Kartierung der Salzwie-sen von Pellworm (1 : 5.000), Föhr (1 : 5.000), Föhr-Oldsum (1 : 2.500), Langeneß (1 : 2.500), Oland, westlich des Trischen-dammes (1 : 2.500), des Vorlandes von Schobüll (1 : 2.500). - Unveröffentl. For-schungsgutachten, Kiel, 69 S.

HAGMEIER, E. & R. KÄNDLER (1927): Neue Untersuchungen im nordfriesischen Wattenmeer und auf den fiskalischen Austernbänken. - Wiss. Meeresunters. 16: 1-90.

HAHNE, U. (1988): Zukunft für das Dorf? - Abschied vom Dorf? - Die Heimat 19: 241-254.

HAHNE, U. (1995): Kommunikationskon-zept Nationalpark Schleswig-Holsteini-sches Wattenmeer. - Unveröffentl. Gutach-ten, NPA Tönning.

HÄLTERLEIN, B. (1996): Brutvögel im Schleswig-Holsteinischen Wattenmeer. - UBA-Forschungsbericht 10802085/01.

HÄLTERLEIN, B. & G. HEINZE (1983): Massensterben von Vögeln durch Botulis-mus. - Ber. Dt. Sektion Int. Rat f. Vogel-schutz 23: 131-158.

HÄLTERLEIN, B., D.M. FLEET & H.-U. RÖSNER (1991): Gebietsdefinitionen für Brut- und Rastvogelzählungen an der schleswig-holsteinischen Westküste. - Seevögel 12: 21-25.

HÄLTERLEIN, B., D.M. FLEET, H.R. HENNE-BERG, T. MENNEBÄCK, L.M. RASMUS-SEN, P. SÜDBECK, O. THORUP & R. VOGEL (1995): Anleitung zur Brutbe-standserfassung von Küstenvögeln im Wattenmeerbereich. - Seevögel 16: 3-30.

HAMM, A. (1994): Landwirtschaft und Nährstoffeinträge. - Dt. Hydrogr. Zeitschr., Suppl. 1: 189-197.

HAMMOND, P. S., H. BENKE, P. BERG-GREN, D. L. BORCHERS, S. T. BUCKLAND, A. COLLET, M. P. HEIDE-JØRGENSEN, S. HEIMLICH-BORAM, A. R. HIBY, M. F. LEOPOLD & N. ØIEN (1995): Distribution and abundance of the harbour porpoise and other small cetaceans in the North Sea and adjacent waters. - LIFE Final Report 92 - 2/UK/027, 240 S.

HAMPICKE, U. (1991): Naturschutz-Ökonomie. Ulmer, Stuttgart, 342 S.

HAMPICKE, U. (1994): Wie finanziert sich Naturschutz in der Landwirtschaft? - Landesnaturschutzverband Schleswig-Holstein, Grüne Mappe 93/94: 16-24.

HANSEN, C.P. (1877): Chronik der friesi-schen Uthlande. - Lühr & Dirks, Garding, 320 S.

HARCK, O. (1973): Eisenzeitliche Muschel-haufen an der schleswigschen Ost- und Westküste. - Offa 30: 40-54.

HARRER, B., J. MASCHKE, S. SCHERR & M. ZEINER (1995): Tagesreisen der Deut-schen. Struktur und wirtschaftliche Bedeutung des Tagesausflugs- und Geschäftsreiseverkehrs in der Bundesre-publik Deutschland. - Schriftenreihe des DWIF, Heft 46, München, 192 S.

XV

HAYES, M.O. (1979): Barrier island morphology as a function of tidal and wave regime. - In: LEATHERMAN, S.P. (Hrsg.): Barrier Islands. - New York: 1-27.

HEIDE-JØRGENSEN; M. P., J. TEILMANN, H. BENKE & J. WULF (1993): Abundance and distribution of harbour porpoises Phocoena phocoena in selected areas of the western Baltic and the North Sea. - Helgoländer Meeresunters. 47: 335-346.

HEIDRICH, H. (1948): Unveröffentlichte Karte aus dem Landesfischereiamt Kiel.

HEINRICH, D. (1985): Die Fischreste aus der frühgeschichtlichen Marschensiedlung beim Elisenhof in Eiderstedt. - Schriften aus der Archäologisch-Zoologischen Arbeitsgruppe Schleswig-Kiel 9: 1-89.

HEMMERLING, W. & B. HÄLTERLEIN (1992): Botulismus an der Unterelbe. - Wattenmeer International 10 (4): 20-23.

HEMMERLING, W. (1993): Fallbeispiel Unterelbe. - Wattenmeer International 1/ 93: 11-13.

HEMMERLING, W. (1994): Naturschutzgebiete vorgestellt: Das Oldensworter Vorland - Von der Vogelwelt im Sturm erobert. - Bauernblatt, 13. August 1994: 16-17.

HERTZLER, I. (1995): Nahrungsökologische Bedeutung von Miesmuschelbänken für Vögel (Laro-Limikolen) im Nordfriesischen Wattenmeer. - Diplomarbeit, Universität Göttingen, 119 S.

HESSE, K.J. (1995): TRANSWATT - Transport, Transfer und Transformation von Biomasse-Elementen in Wattgewässern. - 1. Zwischenbericht des BMBF-Projektes, unveröffentl.

HEYDEMANN, B. & J. MÜLLER-KARCH (1980): Biologischer Atlas Schleswig-Holstein. - Wachholtz, Neumünster, 263 S.

HEYDEMANN, B. (1967): Die biologische Grenze Land-Meer im Bereich der Salzwiesen. - Steiner, Wiesbaden.

HEYKENA, A. (1965): Vegetationstypen der Küstendünen an der östlichen und südlichen Nordsee. - Mitteilungen der Arbeitsgemeinschaft für Floristik in Schleswig-Holstein und Hamburg, Heft 13, 135 S.

HICKEL, W. (1980): The influence of Elbe River water on the Wadden Sea of Sylt (German Bight, North Sea). - Dt. hydrogr. Z. 33: 43-52.

HICKEL, W., EICKHOFF, M. & H. SPINDLER (1995): Langzeituntersuchungen von Nährstoffen und Phytoplankton in der Deutschen Bucht. Dt. hydrogr. Z. Suppl. 5: 157-211.

HILDEBRANDT, V., J. GÄMPERLEIN, U. ZELLNER & W. PETERSEN (1993): Landesweite Biotopkartierung - Kreis Nordfriesland. - Landesamt für Naturschutz und Landschaftspflege Schleswig-Holstein, Kiel, 127 S.

HILGERLOH, G, & I. BIERWISCH (1991): In: BERNDT, R.K: & G. BUSCHE: Vogelwelt Schleswig-Holsteins. Band 3: Entenvögel I. - Wachholtz, Neumünster.

HINGST, K. & U. MUUSS (1978): Landschaftswandel in Schleswig-Holstein. - Wachtholtz, Neumünster.

HINZ, V. (1994): Die Fischfauna in den Kögen an der Westküste Schleswig-Holsteins. - Arb. Dt. Fischereiverbandes 60: 1-17.

HÖCK, M. & K-H. RUNTE (1992): Sedimentologisch-geochemische Untersuchungen zur zeitlichen Entwicklung der Schwermetallbelastung im Wattgebiet vor dem Morsum-Kliff/Sylt. - Meyniana 44: 129-137.

HÖCK, M. (1994): Historische Entwicklung von Schadstoffen in Sedimenten des Wattenmeers. - UBA-Forschungsbericht 10802085/01.

HÖF, F. (1992): Standortbestimmung und Standortsicherung für Wind- und Sonnenenergieanlagen. - Ein neues Aufgabenfeld der Regionalplanung. - Werkstattbericht Nr. 20, Universität Kaiserslautern.

HOFFMANN, C. (1942): Beiträge zur Vegetation des Farbstreifen-Sandwattes. - Kieler Meeresforschung 4: 85-108.

HOFSTEDE, J. (1993): Morphologische Entwicklung der nordfriesischen Außensände. - Landesamt für Wasserhaushalt und Küsten, Kiel, 29 S.

HOFSTEDE, J. (1994): Meeresspiegelanstieg und Auswirkungen im Bereich des Wattenmeeres. - In: LOZÁN, J. L., E. RACHOR, K. REISE, H. von WESTERNHAGEN & W. LENZ (Hrsg.): Warnsignale aus dem Wattenmeer. - Blackwell, Berlin: 17-23.

HOOP, M. (1977): Schleswig-holsteinische Aculeaten und Symphyten; weitere bemerkenswerte Funde. - Schr. naturw. Ver. Sch.-Holst. 47: 71-82.

HÖPER, J. & G. GERTH (1993): Zusammenarbeit zwischen den Ämtern für Land- und Wasserwirtschaft und den Wasser- und Bodenverbänden. - In: MELFF (Hrsg) (1993): 20 Jahre Ämter für Land- und Wasserwirtschaft in Schleswig-Holstein 1973-1993. - Kiel: 31-33.

HORN, R. & ZHANG, H. (1994): Untersuchungen zur Bewertung von Vorlandbewirtschaftungsverfahren nach bodenphysikalischen Kriterien. - unveröffentl. Bericht, Uni Kiel.

HÖTKER, H. & G. KÖLSCH (1993): Die Vogelwelt des Beltringharder Kooges - Ökologische Veränderungen in der eingedeichten Nordstrander Bucht. - Corax 15, Sonderheft, 145 S.

HUBOLD, G. (1994): Deutsche Fischerei im EG-Meer müßte ausgewogener und rationeller werden. - Das Fischerblatt 42: 261-276.

HULSCHER, J. B. (1989). Sterfte en overlevning van Scholekster Haematopus ostralegus bij strenge vorst. - Limosa 62: 177-181.

HÜPPOP, O. & K. HÜPPOP (1995): Der Einfluß von Landwirtschaft und Wegenutzung auf die Verteilung von Küstenvogel-Nestern auf Salzwiesen der Hallig Nordstrandischmoor (Schleswig-Holstein). - Vogelwarte 39: 76-88.

HÜPPOP, O., S. GARTHE, E. HARTWIG &. U. WALTER (1994): Fischerei und Schiffsverkehr: Vorteil oder Problem für See- und Küstenvögel.- In: LOZÁN, J. L., RACHOR, E., REISE, K., H. von WESTERNHAGEN & W. LENZ (Hrsg.): Warnsignale aus dem Wattenmeer.- Blackwell, Berlin: 278-285.

ICES (1987): Quality Status of the North Sea. - Department of the Environment, London.

ICES (1993a): First Report of the Study Group on the Life History, Population Biology and Assessment of Crangon. C.M. 1993/k (8), 39 S.

ICES (1993b): North Sea Quality Status Report 1993. - Olsen & Olsen, Fredensborg, 132 S.

IHK (1995a): Jahresbericht 1994. - Flensburg.

IHK (1995b): Die Wirtschaftslage in Schleswig-Holstein, Gastgewerbe Wintersaison 1994/95. - Flensburg.

INK (1990): North Sea Conference. - Ministerial Declaration. - The Hague.

IRMLER, U. & B. HEYDEMANN (1986): Die ökologische Problematik der Beweidung von Salzwiesen an der Niedersächsischen Küste - am Beispiel der Leybucht. - Natursch. u. Landschaftspfl. Niedersachsen, Beiheft 15, 115 S.

ITAI (1994): Jahresbericht 1993, Stand 10.8.1994: 15 S.

IUCN (1994a): Parke für das Leben. Aktionsplan für Schutzgebiete in Europa. Nationalpark-Kommission der IUCN - THE WORLD CONSERVATION UNION. - Gland und Cambridge, 154 S.

IUCN (1994b): Richtlinien für Management-Kategorien von Schutzgebieten. - Nationalparkkommission mit Unterstützung des WCMC, IUCN, Gland, Schweiz und Cambridge, Großbrittanien, FÖNAD, Grafenau, 23 S.

JANSSEN, W. & D. REISE (1995): E+E Vorhaben "Information und Umweltbildung der Seehundaufzucht- und Forschungsstation Friedrichskoog". - Evaluation im Auftrag des Bundesamtes für Naturschutz, Institut für Biologie und ihre Didaktik, Bildungswissenschaftliche Hochschule Flensburg.

JAX, K. & U. BRÖRING (1994): Ökologische Leitbilder in der Naturschutzdiskussion. - Tagungsband TU Cottbus: 63-72.

JENSEN, A. (1991): Eutrophication of the Wadden Sea. - In: PROKOSCH, P., S. MIELKE & D. M. FLEET (Hrsg.): The Common Future of the Wadden Sea. - Husum Druck- und Verlagsgesellschaft, Husum: 149-158.

XV

JESSEL, H. (1991): Nordfriesland. - Ellert und Richter, Hamburg, 231 S.

JOCHIMSEN, R. u.a. (1971): Gebietsrefomen und regionale Strukturpolitik. - Analyse Band (Veröffentlichung der Hochschule für Wirtschaft und Politik), Hamburg und Opladen.

JOHANNSEN, C.I. (1992): Eine reiche Hauslandschaft. Die nordfriesischen Häuser in Molfsee neu repräsentiert. - Nordfriesland. Zeitschrift für Kultur, Politik, Wirtschaft: 28-30.

JONG, F. de (1992): Ecological Quality objectives for the Wadden Sea. - Wadden Sea Newsletter 2/92: 23-26.

JONGE, V. DE & H. PELETIER (1992): The changing greens´alternative. - WSNL 1992-2: 27-29.

KAMP, W.D. & W. WIELAND (1993): Case Studies for Coastal Protection: Dithmarschen; Eider Estuary; Sylt. - In: Hillen, R. & H.J. Verhagen (Eds): Coastlines of the Southern North. - Sea. Anm. Soc. of Civil Enjeneer, New York: 298-313.

KASPAR, C. (1982): Unternehmensführung im Fremdenverkehr. Eine Grundage für das Management von Hotels und Restaurants, Sportbahnen und -anlagen, Reisebüros, Kur- und Verkehrsbüros. - St. Galler Beiträge zum Fremdenverkehr und zur Verkehrswirtschaft, Bd. 13, Bern und Stuttgart, 394 S.

KAULE, G. (1986): Arten- und Biotopschutz. - Ulmer, Stuttgart, 461 S.

KELLERMANN, A., K. LAURSEN, R. RIETHMÜLLER, P. SANDBECK, R. UYTERLINDE & B. van de WETERING (1994): Concept for a trilateral integrated monitoring program in the Wadden Sea. - Ophelia, Suppl. 6: 57-68.

KELLETAT, D. (1989): Morphologie der Meere und Küsten. - Teubner, Stuttgart, 212 S.

KEMPF, N. (1993): Raum-Zeit-Verteilung von Brandgänsen zur Mauserzeit im Dithmarscher Wattenmeer. - Gutachten, RWE-DEA-Aktiengesellschaft: 1-21.

KEMPF, N. (1995): Salzwiesenbeweidung in Schleswig-Holstein - Wieviele Schafe sind´s denn nun ? - Wattenmeer International 3/95: 11-13.

KEMPF, N., J. LAMP & P. PROKOSCH (1987): Salzwiesen: Geformt von Küstenschutz, Landwirtschaft oder Natur? - Tagungsbericht WWF Heft 1.

KESPER, J. (1992): Sedimentdynamik ausgewählter Außensände vor der Schleswig-Holsteinischen Westküste. - Dissertation, Universität Kiel, Fachbereich Geologie, 172 S.

KESTING, D. (1993): Wasserwirtschaft - Dienstleistung für den ländlichen Raum.- In: MELFF (Hrsg) (1993): 20 Jahre Ämter für Land- und Wasserwirtschaft in Schleswig-Holstein 1973-1993. - Kiel: 20-23.

KETELHOLD, C. (1995): Silke Zetl - Biobäuerin mit Engagement und Idealen. - Bio-Land 3/95: 42-43.

KIEHL, K. & M. STOCK (1994): Natur- oder Kulturlandschaft ? Wattenmeersalzwiesen zwischen den Ansprüchen von Naturschutz, Küstenschutz und Landwirtschaft. - In: LOZÁN, J.L., E. RACHOR, K. REISE, H. von WESTERNHAGEN & W. LENZ (Hrsg.): Warnsignale aus dem Wattenmeer. - Blackwell, Berlin: 190-196.

KIELER UMWELTERKLÄRUNG (1995): Gemeinsam die ökologische Zukunft in Schleswig-Holstein gestalten. - Kiel, 7 S.

KIFFE, K. (1989): Der Einfluß der Kaninchenbeweidung auf die Vegetation am Beispiel des Straußgras-Dünenrasens der ostfriesischen Inseln. - Tuexenia 9: 283-291.

KIRSCHNING, E. (1991): Sonnenscheindauer und Niederschlag in Schleswig-Holstein von 1968 bis 1990. - Flensburger Regionale Studien 4: 7-86.

KIRSCHNING, E., H. FLOHN, J. ALEXANDER & M.J. MÜLLER (1991): Ändert sich das Sommerklima in Schleswig-Holstein? - Flensburger Regionale Studien 4: 1-130.

KNIEF, W. (1986): Zur Brutbestandsentwicklung des Graureihers (Ardea cinerea) in Schleswig-Holstein von 1984-1986. - Corax 12: 47-53.

KNIEF, W., R.K. BERNDT, G. BUSCHE & B. STRUWE (1990): Rote Liste der in Schleswig-Holstein gefährdeten Vogelarten. - Landesamt für Naturschutz und Landschaftspflege, Kiel, 28 S.

KNOKE, V. & STOCK. M. (1994): Menschliche Aktivitäten im Schleswig-Holsteinischen Wattenmeer und deren Auswirkungen auf Vögel. - UBA-Forschungsbericht 108 02 085/21, 661 S.

KNOKE, V. (1991): Untersuchungen zur Nahrungsbiologie der Pfeifente, *Anas penelope*, L. 1758, im Beltringharder Koog. - Diplomarbeit, Universität Kiel.

KNOKE, V. (1994): Dokumentation und Empfehlungen zur Durchführung von touristischen Großveranstaltungen am Nationalpark aus ornithologischer Sicht. In: KNOKE, V. & M. STOCK (1994): Menschliche Aktivitäten im Schleswig-Holsteinischen Wattenmeer und deren Auswirkungen auf Vögel. - UBA-Forschungsbericht 108 02 085/21: 623-631.

KNOKE, V. (1994): Flugverkehr über dem Nationalpark "Schleswig-Holsteinisches Wattenmeer". - In: KNOKE, V. & M. STOCK (1994): Menschliche Aktivitäten im Schleswig-Holsteinischen Wattenmeer und deren Auswirkungen auf Vögel. - UBA-Forschungsbericht 108 02 085/21: 181-203.

KNOKE, V., A. MÖLLER & M. FEIGE (1994): Touristische Aktivitäten in Salzwiesen und die sozioökonomische Bedeutung von Freizeitaktivitäten für die Anrainergemeinden. - In: KNOKE, V. & M. STOCK (1994): Menschliche Aktivitäten im Schleswig-Holsteinischen Wattenmeer und deren Auswirkungen auf Vögel. - UBA-Forschungsbericht 10802085/01: 89-168.

KOCH, L. (1989): Kegelrobben im Wattenmeer. - Schutzstation Wattenmeer, Rendsburg, 61 S.

KOCH, L. (1992): Sind totale Ruhezonen in touristisch stark genutzten Gebieten realisierbar? - In: PROKOSCH, P.: Ungestörte Natur -Was haben wir davon ? - WWF-Tagungsband 6: 251-262.

KOCH, L. (1993): Grey Seals in the German Wadden Sea - Will they get a chance to stay? - Wadden Sea Newsletter 1/93: 26-28.

KOHLUS, J. (1994): Geographisches Informationssystem (GIS) und Rasterbildverarbeitung. - UBA-Forschungsbericht 10802085/01, 486 S.

KÖNIG, D. (1983): Das Küstengebiet von Sankt Peter-Ording, naturkundlich betrachtet. - Seevögel 4: 49-56.

KOOLHAAS, A., A. DEKINGA & T. PIERSMA (1993): Disturbance of foraging Knots by aircraft in the Dutch Wadden Sea in August-October 1992. - Wader Study Group Bull. 68: 20-22.

KOOPMANN, C., J. FALLER, K.-H. van BERNEM, A. PRANGE & A. MÜLLER (1993): Schadstoffkartierung in Sedimenten des deutschen Wattenmeeres - Juni 1989 - Juni 1992. - GKSS 94/E/6, Geesthacht, 156 S.

KÖRBER, P. (1987): Landschaftsökologische Untersuchungen im Vorland des Neufelder Kooges. - Diplomarbeit, Universität Kiel, 141 S.

KÖSTER, R. (1979): Dreidimensionale Kartierung des Seegrundes vor den Nordfriesischen Inseln. - In: Deutsche Forschungsgemeinschaft Forschungsbericht „Sandbewegung im Küstenraum". - Bold, Boppard: 146-168.

KÖSTER, R. (1991): Entstehung und künftige Entwicklung des Deutschen Wattenmeers. - In: PROKOSCH, P., S. MIELKE & D. M. FLEET (Hrsg.): The Common Future of the Wadden Sea. - Husum Druck- und Verlagsgesellschaft, Husum: 53-59.

KRAMER, J. & H. ROHDE (1992): Historischer Küstenschutz. Deichbau, Inselschutz und Binnenentwässerung an Nord- und Ostsee. - Wittwer, Stuttgart, 567 S.

KRANZ, H. (1992): Die Schiffahrt im Nationalpark Schleswig-Holsteinisches Wattenmeer - Bestandsaufnahme eines Belastungsfaktors. - Diplomarbeit, Ludwigshafen, 132 S.

KREIS DITHMARSCHEN (1988): Anpassungskonzept Küste - Zielkatalog.

KREIS DITHMARSCHEN (o.J.): Kreisentwicklungsplan Dithmarschen 1992-1996. - Heide, 222 S.

KREIS NORDFRIESLAND (o.J.): Kreisentwicklungsplan Nordfriesland 1992-1996. - Husum, 333 S.

KRÜGER, R. (1986): The decrease of harbour porpoise populations in the Baltic and North Sea. - Final report on the Swedish German Harbour Porpoise Projekt, WWF, Frankfurt.

XV

KRUMBEIN, W.E. (1987): Das Farbsteifen-Sandwatt. - In: GERDES, G., W.E. KRUM-BEIN & H. REINECK (1987): Mellum, Portrait einer Insel. - Waldemar Kramer, Frankfurt a.M.: 170-187.

KÜHN, H.J. (1993): Das sagenumwobene Rungholt. - In: GRAICHEN, G. (Hrsg.): C[14] - Die Gebeine des Papstes. - Bertelsmann, München: 179-196.

KUNZ, H. (1993): Klimaänderungen und ihre Folgen für Wasserhaushalt, Gewäs-sernutzung und Gewässerschutz. - In: SCHELLNHUBER, H.-J. & STERR, H. (Hrsg.): Klimaänderung und Küste. - Springer, Berlin: 97-136.

LAGNIER, M (1994): Erdölförderung im Nationalpark Schleswig-Holsteinisches Wattenmeer: Das Projekt Mittelplate A des Konsortiums RWE/DEA-Wintershall AG. - Diplomarbeit, Universität Bayreuth, 75 S.

LAMP, J. (1988): Ökologische Probleme durch Tourismus an der Nordseeküste. - Wattenmeer International 4/88: 3-5.

LANA (1995a): Betreuung großräumiger Schutzgebiete. Beschluß der 41. UMK. - Umweltministerium Baden-Würtemberg, 21 S.

LANA (1995b): Naturschutz und Erholung. Beschluß der 44. UMK. - Umweltministeri-um Baden-Würtemberg, 17 S.

LANA (1995c): Naturschutz und Verkehr. Beschluß der 39. UMK. - Umweltministeri-um Baden-Würtemberg, 15 S.

LANDESFREMDENVERKEHRSVERBAND SCHLESWIG-HOLSTEIN (1994): Reiten. - Kiel, 15 S.

LANDESFREMDENVERKEHRSVERBAND SCHLESWIG-HOLSTEIN (o.J.): Wasser-sport. - Kiel, 23 S.

LANDESREGIERUNG (1995): Fortschrei-bung der Tourismuskonzeption für Schles-wig-Holstein. 12.Dez. 1995, Kiel: 113S.

LANDESREGIERUNG SCHLESWIG-HOLSTEIN (1991): Bericht zur Weiterent-wicklung des Nationalparks "Schleswig-Holsteinisches Wattenmeer". - Drucksache 12/1709.

LANDWIRTSCHAFTSCONSULTING GMBH KIEL (LC) (1995): Strategie- und Maßnah-menkonzept zur Vermarktung nordfriesi-scher Produkte und Dienstleistungen der Land- und Ernährungswirtschaft. - Kiel, 27 S.

LANDWIRTSCHAFTSKAMMER SCHLES-WIG-HOLSTEIN (1989): Statistische Grund-daten aus der Agrarwirtschaft. Schleswig-Holstein, Bundesrepublik Deutschland, Europäische Gemeinschaft. - Kiel.

LANDWIRTSCHAFTSKAMMER SCHLES-WIG-HOLSTEIN (1991): Statistische Grunddaten aus der Agrarwirtschaft. Schleswig-Holstein, Bundesrepublik Deutschland, Europäische Gemeinschaft. - Kiel.

LANG, H.-R.; G. EBERLE & H. BARTL (1989): TourLex. 1700 Begriffe aus der touristischen Praxis. - Jaeger, Darmstadt.

LAURSEN, K. & J. FRIKKE (1987): Vinterfo-rekomst af dykænder, lommer og alkefugle i den sydostlige del af Vesterhavet. - Dansk Orn. Foren. Tidsskr. 81: 167-172.

LAURSEN, K. (1986): Økologiske undersø-gelser i fuglebestanden i Saltvandsøen, Margrethe-Kog og det tilstødende Vade-hav. - Rapport fra Vildtbiologisk Station, 1986.

LEOPOLD, M.F., H. SKOV & O. HÜPPOP (1992): Where does the Wadden Sea end? Links with the adjacent North Sea. - Wadden Sea Newsletter 3/93: 5-10.

LESER, H. (1986): Diercke-Wörterbuch der Allgemeinen Geographie. - Stuttgart.

LEUSCHNER, C. & B. SCHERER (1989): Fundaments of an applied ecosystem research project in the Wadden Sea of Schleswig-Holstein. - Helgoländer Meeres-unters. 43: 565-574.

LEUSCHNER, C. (1988): Ökosystemfor-schung Wattenmeer - Hauptphase Teil 1 - Erarbeitung der Konzeption sowie der Organisation des Gesamtvorhabens. - Umweltbundesamt Berlin, 151 S.

LINKE, O. (1951): Neue Beobachtungen über Sandkorallen-Riffe in der Nordsee. - Natur und Volk 81: 77-84.

LOHSE, H. & A. MÜLLER (1995): Klima und Wetter.- In: SWAP-Syntheseebericht, unveröffentl.

LORENZEN, H. (1994): Ökologisch Wirtschaften. Ein Pellwormer Gesamtkunstwerk. - Landpost 24.9.1995.

LOWRY, N. & J. TEILMANN (1994): Bycatch and bycatch reduction of the Harbour Porpoise (*Phocoena phocoena*) in Danish waters. - Rep. Int. Whal Comm., Spec. Issue 15: 203-209.

LOZÁN, J. L. (1994): Zur Geschichte der Fischerei im Wattenmeer und in Küstennähe. - In: LOZAN, J. L., RACHOR, E., REISE, K. von WESTERNHAGEN, H. & W. LENZ (Hrsg.): Warnsignale aus dem Wattenmeer. - Blackwell, Berlin: 215-226.

LOZÁN, J. L., W. LENZ, E. RACHOR, B. WATERMANN & H. von WESTERHAGEN (1990): Warnsignale aus der Nordsee. - Paul Parey, Berlin, 437 S.

LOZÁN, J.L. (1990): Zur Gefährdung der Fischfauna - Das Beispiel der diadromen Fischarten und Bemerkungen über andere Spezies.- In: LOZÁN, J.L., W. LENZ, E. RACHOR, B. WATERMANN & H. von WESTERNHAGEN (1990): Warnsignale aus der Nordsee. - Paul Parey, Berlin: 231-249.

LOZÁN, J.L., E. RACHOR, K. REISE, H. von WESTERNHAGEN & W. LENZ (1994a) (Hrsg.): Warnsignale aus dem Wattenmeer. - Blackwell, Berlin.

LOZÁN, J.L., P. BRECKLING, M. FONDS, C. KROG, H.W. VAN DE VEER & J.I.J. WITTE (1994b): Über die Bedeutung des Wattenmeeres für die Fischfauna und deren regionale Bedeutung. - In: LOZÁN, J.L., E. RACHOR, K. REISE, H. von WESTERNHAGEN & W. LENZ (Hrsg.): Warnsignale aus dem Wattenmeer. - Blackwell, Berlin: 226-234.

MARGULES, C. R. (1994): Erfassen und Bewerten von Lebensräumen in der Praxis. - In: USHER, M. B. & W. ERZ (Hrsg.): Erfassen und Bewerten im Naturschutz. - Quelle & Meyer, Heidelberg: 258-273.

MARTENS, P. (1989): On trends in nutrient concentrations in the northern Wadden Sea of Sylt. - Helgoländer Meeresunters. 43: 489-499.

MARZELLI, S. (1994): Zur Relevanz von Leitbildern und Standards für die ökologische Planung. - Vortrag ANL Seminar Leitbilder, Umweltqualitätsziele, Umweltstandards (im Druck).

MEIER, D. (1994): Geschichte der Besiedlung und Bedeichung im Nordseeküstenraum. - In: LOZÁN, J.L., E. RACHOR, K. REISE, H. von WESTERNHAGEN & W. LENZ (Hrsg.): Warnsignale aus dem Wattenmeer. - Blackwell, Berlin: 11-17.

MEIER, D. (1995): Die Neubesiedlung der Dithmarscher Seemarsch und der Wandel der Kulturlandschaft. 1. Der Natur- und Siedlungsraum. - Kölner Geogr. Arb. 66, 9 S.

MEIXNER, R. (1991): Stabilität und Variabilität der Fischereierträge im Wattenmeer. In: LUKOWICZ, M. (Hrsg.): Fragen zur fischereilichen Nutzung küstennaher Flachwassergebiete - Wattenmeer und Boddengewässer. - Arbeiten des Deutschen Fischereiverbandes, Heft 52: 78-91.

MELF (1963): Generalplan Deichverstärkung, Deichverkürzung und Küstenschutz in Schleswig-Holstein. - Kiel.

MELF (1977): Generalplan Deichverstärkung, Deichverkürzung und Küstenschutz in Schleswig-Holstein. - Kiel.

MELF (1981): Gutachten zur geplanten Vordeichung der Nordstrander Bucht. - Kiel.

MELF (1986): Generalplan Deichverstärkung, Deichverkürzung und Küstenschutz in Schleswig-Holstein. - Kiel.

MELFF (1985): Nationalpark Schleswig-Holsteinisches Wattenmeer. - Kiel, 44 S.

MELFF (1986): Halligprogramm zur Sicherung und Verbesserung der Erwerbsquellen der Halligbevölkerung im Rahmen der Landschaftspflege und Landwirtschaft, des Küstenschutzes und des Fremdenverkehrs. - Kiel, 35 S.

MELFF (1990): Küstensicherung in Schleswig-Holstein. Aufgaben und Probleme. - Kiel, 51 S.

MELFF (1991a): Operationelles Programm zur Entwicklung des ländlichen Raumes in Schleswig-Holstein nach dem Ziel-Nr.5b der Verordnung EWG Nr. 2052/88 des Rates vom 24. Juni 1988. - Kiel.

MELFF (1991b): Das schleswig-holsteinische Agrarkonzept. - Ein Orientierungsrahmen mit aktualisierten agrarpolitischen Grundsatzpositionen. - Kiel.

MELFF (1991c): Auswahl agrarstatistischer Daten für die Kreise Schleswig-Holsteins. - Kiel.

MELFF (1992a): Küstensicherung in Schleswig-Holstein - Aufgaben und Probleme. - Kiel.

MELFF (1992b): Schleswig-Holstein im Agrarbericht 1992. - Kiel.

MELFF (1993a): Auswahl agrarstatistischer Daten für die Kreise Schleswig-Holsteins 1993. - Kiel.

MELFF (1993b): Schleswig-Holstein im Agrarbericht 1993. - Kiel.

MELFF (1994a): Agrarreport Schleswig-Holstein 1994. - Kiel.

MELFF (1994b): Auswahl agrarstatistischer Daten für die Kreise Schleswig-Holsteins. - Kiel.

MELFF (1994c): Reiten in Wald und Flur - Gemeinsamer Runderlaß des Ministers für Ernährung, Landwirtschaft, Forsten und Fischerei, des Innenministers, des Ministers für Natur und Umwelt und des Ministers für Wirtschaft, Technik und Verkehr. - Kiel.

MELFF (1994d): Von gestern bis heute - Lange Zeitreihen der Agrardaten für Schleswig-Holstein und seine Naturräume. - Kiel.

MELFF (1995a): Agrarreport Schleswig-Holstein 1995. - Kiel.

MELFF (1995b): Auswahl agrarstatistischer Daten für die Kreise Schleswig-Holsteins 1995. - Kiel.

MELFF (1995c): Bericht der Landesregierung zur Situation der Lebensbedingungen der Menschen in ländlichen Regionen Schleswig-Holsteins. - Kiel.

MELFF (1995d): Landesverordnung über den Betrieb der Vogelkojen auf Föhr. Gesetz- und Verordnungsblatt für Schleswig-Holstein 2: 20.

MELFF (1995e): Landwirtschaft und Umwelt. - Kiel.

MELFF (1995f): Vorlandmanagement in Schleswig-Holstein. - Endbericht der MELFF/MNU Arbeitsgruppe "Vorland" - Kiel.

MELFF (1996): Fischereigesetz für das Land Schleswig-Holstein (Landesfischereigesetz - LFischG). - Gesetz- und Verordnungsblatt für Schleswig-Holstein vom 29.21996: 211-226.

MELTOFTE, H., J. BLEW, J. FRIKKE, H.-U. RÖSNER & C.J. SMIT (1994): Numbers and distribution of waterbirds in the Wadden Sea. - IWRB Publication 34. Wader Study Group Bulletin 74: 1-192.

MENKE, B. (1976): Befunde und Überlegungen zum nacheiszeitlichen Meeresspiegelanstieg (Dithmarschen und Eiderstedt, Schleswig-Holstein). - Probl. Küstenforsch. 11: 145-161.

MEYER, H. (1984): Experimentell-ökologische Untersuchungen an Gallmücken (Cecidomyiidae-Diptera) in Salzwiesenbereichen Nordwestdeutschlands. - Faun.-ökol. Mittl., Suppl. 5: 1-124.

MEYER, H., H. FOCK, A. HAASE, H.D. REINKE & I. TULOWITZKI (1995): Structure of the invertebrate fauna in salt marshes of the Wadden Sea coast of Schleswig-Holstein influenced by sheep-grazing. - Helgoländer Meeresunters. 49: 563-589.

MEYER, H.U. (1990): Produktion im Wattenmeer.- In: NPA & IPTS (Hrsg.): Tiere im Wattenmeer. - Schmidt & Klauning, Kiel: 23-30.

MEYNEN, E. & J. SCHMIDTHÜSEN (1962): Handbuch der naturräumlichen Gliederung Deutschlands. - Bad Godesberg.

MICHAELIS, H. & K. REISE (1994): Langfristige Veränderungen des Zoobenthos im Wattenmeer. In: LOZÁN, J.L., E. RACHOR, K. REISE, H. von WESTERNHAGEN & W. LENZ (Hrsg.): Warnsignale aus dem Wattenmeer. - Blackwell, Berlin: 106-116.

MICHAELIS, H. (1994): Der Schwund echter Brackwasserarten in Ästuaren, und kleinen Mündungsgewässern.- In: LOZÁN, J.L., E. RACHOR, K. REISE, H. von WESTERNHAGEN & W. LENZ (Hrsg.): Warnsignale aus dem Wattenmeer. - Blackwell, Berlin: 178-181.

MICHAELIS, H., H. FOCK, M. GROTJAHN & D. POST (1992): The status of the intertidal zoobenthic brackish-water species in estuaries of the German Bight. - Neth. J. Sea Res. 30: 201-207.

MIERWALD, U. & J. BELLER (1990): Rote Liste der Farn- und Blütenpflanzen Schleswig-Holstein. - Landesamt für Naturschutz und Landschaftspflege Schleswig-Holstein, Kiel, 64 S.

MINISTER FÜR NATUR, UMWELT UND LANDESENTWICKLUNG DES LANDES SCHLESWIG-HOLSTEIN (1992): Das ist Landesplanung - Die Koordination der Ansprüche an den Raum. - Kiel, 77 S.

MINISTERIUM FÜR FINANZEN UND ENERGIE DES LANDES SCHLESWIG-HOLSTEIN (1993a): Windkraft - Die neue Energiepolitik. - Kiel.

MINISTERIUM FÜR FINANZEN UND ENERGIE DES LANDES SCHLESWIG-HOLSTEIN (1993b): Energiekonzept Schleswig-Holstein. - Kiel.

MINISTERPRÄSIDENT DES LANDES SCHLESWIG-HOLSTEIN (1976): Regionalplan für den Planungsraum V - Landesplanung in Schleswig-Holstein. - Heft 12, Kiel, 80 S.

MINISTERPRÄSIDENT DES LANDES SCHLESWIG-HOLSTEIN (1979): Raumordnungsplan für das Land Schleswig-Holstein (Landesraumordnungsplan - LROPl). - Kiel.

MINISTERPRÄSIDENT DES LANDES SCHLESWIG-HOLSTEIN (1984): Regionalplan für den Planungsraum IV - Landesplanung in Schleswig-Holstein. - Heft 19, Kiel, 81 S.

MINISTERPRÄSIDENTIN DES LANDES SCHLESWIG-HOLSTEIN (1994): Entwicklungschancen im Eider-Treene-Sorge-Gebiet. Gemeinsame Suche nach neuen Entwicklungsmöglichkeiten. - Kiel, 88 S.

MINISTERPRÄSIDENTIN DES LANDES SCHLESWIG-HOLSTEIN (1995a): Nationalpark Wattenmeer: eine Attraktion, die weit über die Region hinausstrahlt. - Nationalpark Report 1995: 1.

MINISTERPRÄSIDENTIN DES LANDES SCHLESWIG-HOLSTEIN (1995b): Entwurf Landesraumordnungplan für das Land Schleswig-Holstein. Stand August 1995. - Kiel.

MINISTRY OF THE ENVIRONMENT (1991): Wardening the Wadden Sea. - Hørsholm, 62 S.

MNU (1990): Stickstoff und Schadstoffeliminations-Programm. - MNU, Kiel.

MNU (1992a): Richtlinien für die Gewährung eines erweiterten Pflegeentgeltes sowie einer Prämie für natürlich belassene Salzwiesen in Anlehnung an das Halligprogramm. - Amtsblatt für Schleswig-Holstein 1992/14: 213-216.

MNU (1994): Umwelt-Förderprogramme der Europäischen Union. - Kiel, 53 S.

MNU (1994a): Biotop-Programme im Agrarbereich. MNU, Kiel.

MNU (1994b): Der Weg zum Naturschutzgebiet. - MNU, Kiel.

MNU (1995): CO_2 Minderungs- und Klimaschutzprogramm für Schleswig-Holstein. - Beschluß der Landesregierung vom 12.09.1995, Kiel.

MNU (1996): Baggergutkonzept. - unveröffentlicht, Kiel.

MNU/MELFF (1994): Grundsätze zum Umgang mit aufgefundenen Vögeln an den Küsten Schleswig-Holsteins. - Handlungsempfehlungen des Ministeriums für Natur und Umwelt und des Ministeriums für Ernährung, Landwirtschaft, Forsten und Fischerei des Landes Schleswig-Holstein. Entwurf vom 17.02.1994. - Kiel.

MNUL (1989): Integrierte Schutzkonzepte für die nordfriesischen Inseln. - Programme und Konzepte, Teil 1: 235-266.

MNUL (1992): Das ist Landesplanung - Die Koordination der Ansprüche an den Raum. Kiel: 77 S.

MÖBIUS, K. (1877): Die Austern und die Austernwirthschaft. - Wiegand, Hempel und Parey, Berlin.

MOCK, K. & H.-U. RÖSNER (1994): Der Einfluß anthropogener Aktivitäten auf die räumliche Verteilung von Nonnengänsen. - In: KNOKE, V. & M. STOCK (1994): Menschliche Aktivitäten im Schleswig-Holsteinischen Wattenmeer und deren Auswirkungen auf Vögel. - UBA-Forschungsbericht 10802085/01: 466- 492.

MOHR, E. (1935): Historisch-zoologische Walfischstudien. Beiträge Heimatforschung Schleswig-Holstein, Hamburg und Lübeck. - Nordelbingen 11: 335-393.

XV

MÖLLER, A. & M. FEIGE (1994): Tourismus und Freizeitnutzungen im Nationalpark und in der Nationalparkregion aus sozio-ökonomischer Sicht. - In: KNOKE, V. und M. STOCK (1994): Menschliche Aktivitäten im Schleswig-Holsteinischen Wattenmeer und deren Auswirkungen auf Vögel. - UBA-Forschungsbericht 10802085/01: 53-88.

MÖLLER, A. (1992): Abfallwirtschaft in Fremdenverkehrsgemeinden dargestellt am Beispiel des Nordseeheil- und Schwefelbades Sankt Peter-Ording. - Diplomarbeit, München.

MÖLLER, A., M. FEIGE & S. VOGEL (1994): Sozioökonomische und ökologische Bedeutung der "Fahrten zu Seehundsbänken". In: VOGEL, S. (1994): Thematischer Bericht. - UBA-Forschungsbericht 10802085/01:

MONAGHAN, P., J.D. UTTLEY & M.D. BURNS (1992): Effect of changes in food availability on reproductive effort in Arctic Terns *Sterna paradisaea*. - Ardea 80: 71-81.

MORENO, P. (1993): Interactions of the German Fisheries with small cetaceans in the North Sea: a preliminary survey. - WWF-Report, 87 S.

MÜLLER, F. (1938): Das Wasserwesen an der schleswig-holsteinischen Nordseeküste; Teil 2, Die Inseln; Bd.1, Allgemeines. - Reimer-Andreus Steiner, Berlin.

MÜLLER, M. J., G. BECK & M. BECKER (1993): Untersuchungen zur ökologischen, ökonomischen und sozialen Situation und Entwicklung der Insel Pellworm. - Gutachten im Auftrag des Ministeriums für Natur und Umwelt des Landes Schleswig-Holstein und der Gemeinde Pellworm, Flensburg, 158 S.

MÜLLER, M.J. & G. RIECKEN (1989): Zur wirtschaftlichen und sozialen Situation und Entwicklung auf den Halligen Hooge und Gröde. - Gutachten im Auftrag der Gemeinde Hallig Hooge angeregt durch des Kreis Nordfriesland, Flensburg, 223 S.

MÜLLER, M.J., G. RIECKEN, R. KLEIN & U. HAHNE (1991): Zur wirtschaftlichen und sozialen Situation und Entwicklung auf den Halligen Langeneß, Oland und Nodstrandischmoor. - Gutachten im Auftrag der Gemeinden Langeneß/Oland und Nordstrand, Flensburg.

MÜLLER-WILLE, M., B. HIGELKE, D. HOFFMANN, B. MENKE, A. BRANDE, K. BOKELMANN, H. E. SAGGAU & H. J. KÜHN (1988): Norderhever-Projekt. 1. Landschaftsentwicklung und Siedlungsgeschichte im Einzugsgebiet der Norderhever (Nordfriesland). - Studien zur Küstenarchäologie Schleswig-Holsteins, Ser. C, Norderhever-Projekt, Offa 66, Neumünster.

MUUS, B.J. & P. DAHLSTRÖM (1965): Meeresfische in Farben. - BLV, München.

MUUSS, U. & C. DEGN (1974): Topographischer Atlas Schleswig-Holstein. - Landesvermessungsamt Schleswig-Holstein, Wachholtz, Neumünster, 235 S.

MUUSS, U. & M. PETERSEN (1971): Die Küsten Schleswig-Holsteins. - Wachholtz, Neumünster, 132 S.

MWTV (1990): Verkehrspolitik der Landesregierung für Schleswig-Holstein; Kiel: 93 S.

MWTV (1991): Fremdenverkehrskonzeption des Landes Schleswig-Holstein; Kiel 1991.

MWTV (1992a): Richtlinien für die Förderung von Projekten mit Vorbildcharakter und von Darstellungen mit Informationscharakter zur Umsetzung der Strategie des „Sanften Tourismus". - Amtsblatt für Schleswig-Holstein 1992: 826.

MWTV (1992b): Grundsätze für die Auswahl und Förderung von Projekten im Rahmen der Regionalprogramme „Westküste" und „Landesteil Schleswig". -

MWTV (1994): Fahrrad und Tourismus. MWTV, Kiel.

MWTV (1995): Projekte Regionalprogramm Westküste Programmjahr 1989-1994, Bewilligte Maßnahmen. - Unveröfentl.

NAETHER, E.-A. (1986): Urlaubsland Schleswig-Holstein. Eine motiv- und meinungspsychologische Untersuchung. - Studie im Auftrag des Fremdenverkehrsverbandes Schleswig-Holstein e.V., Starnberg.

NEHLS G. & M. THIEL (1993): Large scale distribution patterns of the mussel *Mytilus edulis* in the Wadden Sea of Schleswig-

Holstein: do storms structure the ecosystem? - Neth. J. Sea Res. 31: 181-187.

NEHLS, G. & M. RUTH (1994): Eiders, mussels and fisheries in the Wadden Sea - continuous conflicts or relaxed relations?. - Ophelia, Suppl. 6: 263-278.

NEHLS, G. & M. THIEL (1988): Wassersport im Nationalpark Schleswig - Holsteinisches Wattenmeer. - WWF Deutschland, 24 S.

NEHLS, G. (1990): Bestand, Jahresrhythmus und Nahrungsökologie der Eiderente, Somateria mollissima, L. 1758, im Schleswig-Holsteinischen Wattenmeer - Diplomarbeit, Unversität Kiel.

NEHLS, G. (1990): Ergebnisse der Eider- und Brandentenzählungen im Nationalpark Schleswig-Holsteinisches Wattenmeer 1989. - Unveröffentl. Bericht.

NEHLS, G. (1994): Einfluß des Schiffsverkehrs im Nationalprk Schleswig-Holsteinisches Wattenmeer auf die Bestände von mausernden Enten. In: KNOKE, V.; STOCK, M. (1994): Menschliche Aktivitäten im Schleswig-Holsteinischen Wattenmeer und deren Auswirkungen auf Vögel. - UBA-Forschungsbericht 10802085/01: 336-356.

NEHLS, G. (1995): Strategien der Ernährung und ihre Bedeutung für Energiehaushalt und Ökologie der Eiderente (*Somateria mollissima* L., 1758). - Dissertation, Universität Kiel, 173 S.

NEHLS, G. (1996): Bedeutung der Schiffahrt für die Bestände mausernder Enten im Nationalpark Schleswig-Holsteinisches Wattenmeer - Bewertung der sogenannten Befahrensregelung. - Natur & Landschaft (im Druck).

NEHLS, G., M. THIEL, S. BRÄGER & J. MEISSNER (1991): Auswirkungen des Bootsverkehrs im Nationalpark Schleswig-Holsteinisches Wattenmeer auf die räumliche Verteilung von Seehunden und mausernden Enten. - Gutachten, NPA Tönning.

NEHLS, G., N. KEMPF & M. THIEL (1992): Bestand und Verteilung mausernder Brandenten (*Tadorna tadorna*) im deutschen Wattenmeer. - Vogelwarte 36: 221-232.

NETHE, M. (1995): Biosphärenreservat Allgäuer/Lechtaler Alpen. Eine Untersuchung zur Akzeptanz eines geplanten Schutzgebiets. - Diplomarbeit, Augsburg, 105 S.

NEUDECKER, T. (1990): Genutzte Muscheln und Schnecken. - In: LOZAN, J., W. LENZ, E. RACHOR, B. WATERMANN, & H. von WESTERNHAGEN (Hrsg.): Warnsignale aus der Nordsee. - Paul Parey, Berlin: 165-176.

NEUDECKER, T. (1994): ICES-Studiengruppe zu Lebenszyklen, Populationsbiologie und Bestandsabschätzung von Sandgarnelen. - Arb. Dt. Fischereiverband 60: 51-67.

NEUHAUS, R. & S. GREIN (1993): Ökologische Begleituntersuchungen zu den Küstenschutzmaßnahmen in der Nordstrander Bucht - Boden- und Vegetationskunde. - Endbericht der Untersuchungsphase 1987-1992, Universität Kiel, 106 S.

NEUHAUS, R. & V. WESTHOFF (1994): Veränderungen und Gefährdung der Dünenvegetation. - In: LOZÁN, J.L., E. RACHOR, K. REISE, H. von WESTERNHAGEN & W. LENZ (Hrsg.): Warnsignale aus dem Wattenmeer. - Blackwell, Berlin: 200-205.

NEUHAUS, R. (1990): Stadien und Alter der Primärsukzession von Feuchtheiden in Küstendünen. - Drosera 90: 29-35.

NEUHAUS, R. (1994): Mobile dunes and eroding salt marshes. - Helgoländer Meeresunters. 48: 343-358.

NEWIG, J. (1974): Die Entwicklung von Fremdenverkehr und Freizeitwohnwesen in ihren Auswirkungen auf Bad und Stadt Westerland auf Sylt. - Schriften des Geographischen Instituts der Universität Kiel, Bd.42.

NIENHUIS, P. (1993): Nutrient cycling and foodwebs in Dutch estuaries. Hydrobiologia 265: 15-44.

NNA (1993): „Ranger" in Schutzgebieten - Ehrenamt oder staatliche Aufgabe? - NNA Berichte 6: 1-114.

NOWAK, E. (1982): Die Bonner Konvention. - Natur & Landschaft 57: 89-92.

XV

NPA (1989): Bewertung der Jagd im Nationalpark Schleswig-Holsteinisches Wattenmeeer. - Tönning, 27 S.

NUHN, H. (1990): Von der Agroindustrie zur Medizintechnik. - Geographische Rundschau, 5/1990: 246-255.

ODUM, E.P. (1980): Grundlagen der Ökologie. - Thieme, Stuttgart.

OLINS, W. (1990) Corporate Identity. - Campus, Frankfurt a.M.

ORO, D., M. BOSCH & X. RUIZ (1995): Effects of a trawling moratorium on the breeding success of Yellow-legged Gull *Larus cachinnans*. - Ibis 137: 547-549.

OWENS, N.W. (1977): Responses of wintering Brent Geese to human disturbances. - Wildfowl 28: 5-14.

PETERSEN, M. (1978): Inseln vor der südlichen Nordseeküste. - Die Küste 32: 94-109.

PETERSEN, W. (1987): Landschaftsökologische Probleme bei der Gestaltung eingedeichter Flächen des Wattenmeeres. - Bäuerliche Druckerei, Hattstedt.

PIEPER, J. (1991): Situation des Flugverkehrs im deutschen Wattenmeer. - In: PROKOSCH, P., S. MIELKE & D.M. FLEET (Hrsg.): The Common Future of the Wadden Sea. - Husum Druck- und Verlagsgesellschaft, Husum:

PIERSMA, T. (1994): Close to the edge: energetic bottlenecks and the evolution of migratory pathways in knots. - Uitgeverij Het open boek, Den Burg, 366 S.

PLACHTER, H. (1991): Naturschutz. - Ulmer, Stuttgart, 463 S.

PLACHTER, H. (1992): Grundzüge der naturschutzfachlichen Bewertung. - Veröffentl. f. Naturschutz und Landschaftspflege in Baden-Würtemberg 67: 9-48.

PLACHTER, H. (1994): Methodische Rahmenbedingungen für synoptische Bewertungsverfahren im Naturschutz. - Z. Ökologie u. Naturschutz 3/94: 87-106.

PLATTEEUW, M. (1986): Effecten von geluidshinder door militaire activiteiten op gedräg en ecologie van wadvogels. - RIN Rapp. 86/13.

PRESSESTELLE DER LANDESREGIERUNG SCHLESWIG-HOLSTEIN (1993): Förderleitfaden II, Verzeichnis der Programme in Schleswig-Holstein. - Kiel.

PRIEBS, A. (1987): Zentralisierung auf dem Lande und Funktionsverlust der Dörfer in Schleswig-Holstein - eine zwangsläufige Entwicklung? - Die Heimat 9/10: 254-261.

PROBST, W. (1994): Küstenschutz 2000 - Neue Küstenschutzstrategien erforderlich ? - Wasser & Boden 11/94: 54-59.

PROKOSCH, P. & H.-U. RÖSNER (1991): Kanadagans.- In: BERNDT, R.K. & G. BUSCHE (Hrsg.): Vogelwelt Schleswig-Holsteins, Band 3: - Entenvögel I. - Wachholtz, Neumünster.

PROKOSCH, P. & N. KEMPF (1987): Die Nutzung der Salzwiesen im schleswig-holsteinischen Wattenmeer. - In: KEMPF, N., J. LAMP & P. PROKOSCH (Hrsg.): Salzwiesen: Geformt von Küstenschutz, Landwirtschaft oder Natur? - Husum Druck- und Verlagsgesellschaft, Husum: 101-112.

PROKOSCH, P. (1984): The German Wadden Sea. - In: EVANS, P.R., J.D. GOSS-CUSTARD & W.G. HALE (Hrsg.): Coastal waders and wildfowl in winter. - Cambridge University Press: 224-237.

PROP, J. & M. R. VAN EERDEN (1981): Het voorkommen van trekvogels in het Lauwerszeegebied vanaf de afsluiting in 1969 tot en met 1978. - Limosa 54: 1-16.

QUEDENS, G. (1990): Wild und Jagd auf den Nordfriesischen Inseln. - Zwischen Eider und Wiedau: 120-132.

RAABE, E.-W. (1981): Über das Vorland der östlichen Nordseeküste. - Mitt. der AG Geobotanik Schleswig-Holstein und Hamburg, Heft 31, 118 S.

RADACH, G., W. SCHÖNFELD & H. LENHART (1990): Nährstoffe in der Nordsee - Eutrophierung, Hypertrophierung und deren Auswirkungen. - In: LOZÁN, J.L., W. LENZ, E. RACHOR, B. WATERMANN & H. von WESTERNHAGEN (Hrsg.): Warnsignale aus der Nordsee. - Paul Parey, Berlin: 48-65.

RAHMANN, M., H. RAHMANN, N. KEMPF, B. HOFFMANN & H. GLOGER (1987): Auswirkungen unterschiedlicher landwirtschaftlicher Nutzung auf die Flora und Fauna der Salzwiesen an der ostfriesischen Wattenmeerküste. - Senckenbergiana mar. 19: 163-193.

RAKHORST, H.D. (1992): A new coastal defence policy fore the Netherlands. - In: Hilgerloh, G. (Ed.): Proc. 3rd Trilateral Working Conf. on Dune Management in the Wadden Sea area, Norderney.

RAPSCH, A. (1993): Wasserverbandsrecht. - C.H. Beck, 236 S.

RAT VON SACHVERSTÄNDIGEN FÜR UMWELTFRAGEN (1980): Umweltprobleme der Nordsee. Sondergutachten 1980. - Kohlhammer, Stuttgart, 503 S.

RATHS, U., U. RIECKEN & A. SSYMANK (1995): Gefährdung von Lebensraumtypen in Deutschland und ihre Ursachen - Auswertung der Rote Listen gefährdeter Biotoptypen. - Natur & Landschaft 70: 203-212.

RAUMORDNUNGSBERICHT DER LANDESREGIERUNG (1991): Raumordnungsbericht 1991, Landesplanung in Schleswig-Holstein. - Heft 23, Kiel, 128 S.

REINECK, H.-E. (1982): Das Watt - Ablagerungs- und Lebensraum. - Frankfurt a.M, 185 S.

REINEKING, B. & G. VAUK (1982): Seevögel - Opfer der Ölpest. - Jordsand Buch Nr. 2, Niederelbe-Verlag, Ottendorf, 143 S.

REISE, K. & A. SCHUBERT (1987): Macrobenthic turnover in the subtidal Wadden Sea: the Norderaue revisited after 60 years. - Helgoländer Meeresunters. 41: 69-82.

REISE, K. (1981): Ökologische Experimente zur Dynamik und Vielfalt der Bodenfauna in den Nordseewatten. - Verh. Dtsch. Zool. Ges.: 1-15.

REISE, K. (1982): Long-term changes in the macrobenthic invertebrate fauna of the Wadden Sea: are polychaetes about to take over? - Neth. J. Sea Res. 16: 29-36.

REISE, K. (1985): Tidal Flat Ecology. - Springer, Berlin.

REISE, K. (1989): Langfristige Veränderungen im Benthos des Wattenmeeres. - Arb. Dt. Fischerei-Verbandes 48: 65-75.

REISE, K. (1991): Ökologische Qualitätsziele für eine finale Nordsee. - DGM.-Mittlg. 3/91: 2-4.

REISE, K. (1992a): The changing green on tidal flats in the Wadden Sea. - WSNL 1992/1: 24-25.

REISE, K. (1992b): Wogt das Wattenmeer aus verschwommener Herkunft in eine programmierte Zukunft ?- In: PROKOSCH, P. (Hrsg.): Ungestörte Natur - Was haben wir davon ? - WWF-Tagungsberichte 6: 203-211.

REISE, K. (1993a): Ausblick: Wohin entwickelt sich das Wattenmeer? In: LOZAN, J.L., E. RACHOR, K. REISE, H. von WESTERNHAGEN & W. LENZ (Hrsg.): Warnsignale aus dem Wattenmeer.- Blackwell, Berlin: 343-348.

REISE, K. (1993b): Die verschwommene Zukunft der Nordseewatten. - In: SCHELLNHUBER, H.-J. & H. STERR (Hrsg.): Klimaänderung und Küste. - Springer, Berlin: 223-243.

REISE, K. (1993c): Welchen Naturschutz braucht das Wattenmeer? - Wattenmeer International 4/93: 1-28.

REISE, K. (1994a): The Wadden Sea. Museum or Cradle for Nature?. - WSNL 1/94: 5-8.

REISE, K. (1994b): Vorkommen von Grünalgen und Seegras im Nationalpark Schleswig-Holsteinisches Wattenmeer. - UBA-Forschungsbericht 10802085/01.

REISE, K. (1995): Natur im Wandel beim Übergang vom Land zum Meer. - In: ERDMANN, K.-H. & H. G. KASTENHOLZ (Hrsg.): Umwelt- und Naturschutz am Ende des 20. Jahrhunderts. - Springer, Berlin: 27-41.

REISE, K., E. HERRE & M. STURM (1989): Historical changes in the benthos of the Wadden Sea around the island iof Sylt in the North Sea - Helgoländer Meeresunters. 43: 417-433.

XV

REISE, K., K. KOLBE & V.N. DE JONGE (1994): Makroalgen und Seegrasbestände im Wattenmeer. - In: LOZÁN, J.L., E. RACHOR, K. REISE, H. von WESTERHAGEN & W. LENZ (Hrsg.): Warnsignale aus dem Wattenmeer. - Blackwell, Berlin: 90-106.

REISE, K., W. ARMONIES & K. SIMON (1994): Sensibilität qualitativer Bioindikatoren im Wattenmeer: Untersuchungen zur Elastizität und Stabilität der Lebensgemeinschaften im Eu- und Sublitoral. - UBA-Forschungsbericht 10802085/01.

REMANE, A., V. STORCH & U. WELSCH (1986): Systematische Zoologie. - Fischer, Stuttgart, 698 S.

REMMERT, H. (1984): Ökologie. - Springer, Berlin. .

RIECKEN, G. (1982): Die Halligen im Wandel. - Inst. f. Regionale. Forschung und Information im Dt. Grenzverein e. V., Druck- und Verlagsgesellschaft Husum, Husum, 160 S.

RIECKEN, U. (1995): Meeres- und Küstenbiotoptypen - Biotop-Klassifizierung und Gefährdungseinstufung. - Dtsch. Hydr. Z., Suppl. 5: 73-80.

RIEKEN, U., U. RIES & A. SSYMANK (1994): Rote Liste der gefährdeten Biotoptypen der Bundesrepublik Deutschland. - Schriftenreihe Landschaftspflege und Naturschutz, H. 41, 184 S.

RIESEN, W. & K. REISE (1982): Macrobenthos of the subtidal Wadden Sea: revisited after 55 years. - Helgoländer Meeresunters. 35: 409-423.

ROBERTS, E. L. (1966): Movements and flock behaviour of Barnacle Geese on the Solway Firth. - Wildfowl 17: 36-45.

RÖDER, G. (1990): Biologie der Schwebfliegen Deutschlands (Diptera: Syrphydae). - Erna Bauer Verlag, Keltern-Weiler, 575 S.

ROHDE, J.E. (1988): Naturwunder Küste. Nordsee, Ostsee, Schleswig-Holstein. - Sonderausgabe, Verlag C.J. Bucher, München.

ROHLF, D. (1991): Finanzierung des Naturschutzes. - Natur & Recht 10: 473-478.

RÖSNER, H.-U. & M. STOCK (1994): Numbers, recent changes, seasonal development and spatial distribution of Darkbellied Brent Geese in Schleswig-Holstein. - In: NUTGEREN van, J. (1994): Brent geese in the Wadden Sea. - Dutch Society for the preservation of the Wadden Sea, Harlingen: 69-85.

RÖSNER, H.-U. (1993): The Joint Monitoring Project for migratory birds in the Wadden Sea. - Common Wadden Sea Secretariat, Wilhelmshaben, 15 S.

RÖSNER, H.-U. (1994a): Rastvögel im Wattenmeer: Bestand, Verteilung und Raumnutzung. - UBA-Forschungsbericht 10802085/01, Band 1: 1-222 .

RÖSNER, H.-U. (1994b): Rastvögel im Wattenmeer: Bestand, Verteilung und Raumnutzung. - UBA-Forschungsbericht 10802085/01, Band 2: 223-406.

RÖSNER, H.-U. (1994c): Population indices for migratory birds in the Schleswig-Holstein Wadden Sea from 1987 to 1993. - Ophelia Suppl. 6: 171-186.

RÖSNER, H.-U., J. BLEW, J. FRIKKE, H. MELTOFTE & C.J. SMIT (1995): Anzahl und Verteilung von Wat- und Wasservögeln im Wattenmeer. - Natur & Landschaft 70: 412-419.

RÖSNER, H.U., M.V. ROOMEN, P. SÜDBECK & L.M. RASMUSSEN (1994): Migratory Waterbirds in the Wadden Sea 1992/1993. - Wadden Sea Ecosystem No. 2. Common Wadden Sea Secretariat & Trilateral Monitoring and Assessment Group, Wilhelmshaven.

ROWECK, H. (1994): Grenzen des gestaltenden Naturschutzes aus ökologischer Sicht. - Landesnaturtschutzverband Schleswig-Holstein, Grüne Mappe 1993/94: 9-16.

RÜGER, A. (1993): Agrarpolitik und Naturschutz. - Betrifft: Natur 4/93: 1-24.

RÜGER, A., C. PRENTICE & M. OWEN (1987): Ergebnisse der Internationalen Wasservogelzählung des Internationalen Büros für Wasservogelforschung (IWRB) von 1967-1983. - Seevögel 8: 7-78.

RUTH, M. & H. ASMUS (1994): Muscheln: Biologie, Bänke, Fischerei und Kulturen. - In: LOZÁN, J.L., E. RACHOR, K. REISE, H. von WESTERNHAGEN & W. LENZ (Hrsg.): Warnsignale aus dem Wattenmeer. - Blackwell, Berlin: 122-132.

RUTH, M. (1994): Untersuchungen zur Biologie und Fischerei von Miesmuscheln im Nationalpark Schleswig-Holsteinisches Wattenmeer. - UBA-Forschungsbericht 10802085/01, 327 S.

SACHVERSTÄNDIGENRAT FÜR UMWELT-FRAGEN (1985): Umweltprobleme in der Landwirtschaft, Sondergutachten. - Stuttgart.

SALZWEDEL, H., RACHOR, E. & D. GER-DES (1985): Benthic Macrofauna Communities in the German Bight. - Veröffentl. Inst. Meeresforsch. Bremerh. 20: 199-267.

SARRAZIN, J. (1987): Küstenfischerei in Ostfriesland 1890-1920. - Ostfriesische Landschaft 64: 124-129.

SAUM-ALDEHOFF, T. (1993): Die Wildnis im Kopf - wie wir Landschaften erleben. - Psychologie heute: 64-69.

SAVAGE, R. E., (1956): The great spatfall of mussels (*Mytilus edulis* L.) in the River Conway estuary in Spring 1940. - Fishery Investigations Ser. II. 20: 1-22.

SCHEFFER, F. & P. SCHACHTSCHABEL (1984): Lehrbuch der Bodenkunde. - Enke, Stuttgart, 442 S.

SCHELLNHUBER, H.-J. & W. von BLOH (1993): Homöostase und Katastrophe: Ein geophysiologischer Zugang zur Klimawirkung. - In: SCHELLNHUBER, H.-J. & H. STERR (Hrsg.): Klimaänderung und Küste. - Springer, Berlin: 11-27.

SCHERENBERG, R. (1992): Küstenschutz und Binnenlandentwässerung in den Marschen Nordfrieslands und Eiderstedts. - In: KRAMER, J. & H. ROHDE (Hrsg): Historischer Küstenschutz. - Wittwer, Stuttgart: 403-461.

SCHERZINGER, W. (1991): Das Mosaik-Zyklus-Konzept aus der Sicht des zoologischen Artenschutzes. - Laufener Seminarbeiträge 5/91: 30-42.

SCHINKE, H. (1993): On the occurence of deep cyclones over Europe and the north atlantic in the period 1930 - 1991. - Beitr. Phys. Atmosph 66: 223-237.

SCHIRMER, M. (1994): Ökologische Konsequenzen des Ausbaus der Ästuare von Elbe und Weser. - In: LOZÁN, J.L., E. RACHOR, K. REISE, H. von WESTERNHA-GEN & W. LENZ (Hrsg.): Warnsignale aus dem Wattenmeer. - Blackwell, Berlin: 165-171.

SCHLESWIG-HOLSTEIN (1990): Verkehrspolitik der Landesregierung für Schleswig-Holstein. - Kiel, 93 S.

SCHLESWIG-HOLSTEIN (1991): Fremdenverkehrskonzeption des Landes Schleswig-Holstein. - Kiel.

SCHLESWIG-HOLSTEIN (1994): Urlaub in Schleswig-Holstein. Eine Strukturanalyse der touristischen Angebote in Schleswig-Holstein. - Kiel, 114 S.

SCHLESWIG-HOLSTEINISCHER LANDTAG (1993): Antwort der Landesregierung auf die Große Anfrage der Fraktion der SPD, Umsetzung der Fremdenverkehrskonzeption "Sanfter Tourismus" - Drucksache 13/1135, Kiel, 82 S.

SCHLESWIG-HOLSTEINISCHER LANDTAG (1995): Bericht der Landesregierung - Zur Situation der Lebensbedingungen der Menschen in ländlichen Regionen Schleswig-Holsteins. - Kiel, 236 S.

SCHLÜNZEN, K. H. (1994): Atmosphärische Einträge von Nähr- und Schadstoffen. - In: LOZÁN, J.L., E. RACHOR, K. REISE, H. von WESTERNHAGEN & W. LENZ (Hrsg.): Warnsignale aus dem Wattenmeer. - Blackwell, Berlin: 45-48.

SCHMIDT-MOSER, R. (1986): Die Vogelwelt im Hauke-Haien-Koog. - Seevögel 7, Sonderheft 1, 49 S.

SCHMIDTKE, K.-D. (1993): Die Entstehung Schleswig-Holsteins. - Wachholtz, Neumünster.

SCHNAKENBECK, W. (1928): Die Nordseefischerei. - In: LÜBBERT, H & E. EHREN-BAUM (Hrsg): Handbuch der Seefischerei Nordeuropas, Bd. V, Die deutsche Seefischerei, Heft 1. - Schweizerbart'sche Verlagsbuchhandlung, Stuttgart, 229 S.

XV

SCHNEIDER, G., HICKEL, W. & P. MARTENS (1996): Lateraler Austausch von Nähr- und Schwebstoffen zwischen dem Nordsylter Wattgebiet und der Nordsee. SWAP - Sylter Wattenmeer Austauschprozesse. Projektsynthese, Tönning.

SCHNEIDER, G. & P. MARTENS (1994): A comparison of summer nutrient data obtained in Königshafen Bay (North Sea, German Bight) during two investigation periods: 1979-1983 and 1990-1992. - Helgoländer Meeresunters. 48: 173-183.

SCHNEIDER, G., W. HICKEL & P. MARTENS (1995): Der gezeiteninduzierte Austausch von gelösten und partikulären Stoffen zwischen der Nordsee und dem Sylter Wattgebiet: Implikationen für die Quellen-Senken-Diskussion. - Abschlußbericht Teilprojekt 4.3a des Forschungsvorhabens Sylter Wattenmeer Austauschprozesse (SWAP).

SCHNÜLL, R. & W. HALLER (1994): Innovative Verkehrskonzeption St. Peter-Ording. - Hannover.

SCHREIBER, M. (1993): Zum Einfluß von Störungen auf die Rastplatzwahl von Watvögeln. - Inform. Naturschutz Niedersachsen 13: 161-169.

SCHUBERT, A. (1987): Tourismus im Nationalpark Schleswig-Holsteinisches Wattenmeer 1987 - Zählungen, Bewertungen und methodische Empfehlungen. - Gutachten im Auftrag des Landesamtes für den Nationalpark Schleswig-Holsteinisches Wattenmeer, Tönning, 120 S.

SCHUBERT, A. (1988): Schutzzonenkonzept. - Gutachten im Auftrag des Landesamtes für den Nationalpark Schleswig-Holsteinisches Wattenmeer, Tönning.

SCHUBERT, R. (1991): Lehrbuch der Ökologie. - Fischer, Jena, 657 S.

SCHUCHARDT, B., M. SCHIRMER & B. JATHE (1993): Vergleichende Bewertung der ökologischen Situation der tidebeeinflußten Flußunterläufe Norddeutschlands. - Jb. Natursch. Landschaftspfl. 48: 137-152.

SCHULTZ, W. (1987): Einfluß der Beweidung von Salzwiesen auf die Vogelfauna. - In: KEMPF, N., J. LAMP & P. PROKOSCH (Hrsg.): Salzwiesen: Geformt von Küstenschutz, Landwirtschaft oder Natur? - Husum Druck- und Verlagsgesellschaft, Husum: 255-270.

SCHULZ, E. (1937): Das Farbstreifen-Sandwatt und seine Fauna, eine ökologisch-biozönotische Untersuchung an der Nordsee. - Kieler Meeresforsch. 1: 359-378.

SCHULZ, M. (1995): Oase im Watt. - Spiegel Spezial 2/95: 92.

SCHULZ, R. & M. STOCK (1991): Kentish Plovers and tourists - conflicts in a highly sensitive but unprotected area in the Wadden Sea National Park of Schleswig-Holstein. - Wadden Sea Newsletter 1/91: 20-24.

SCHULZ, R. & M. STOCK (1993): Kentish Plovers and Tourists: Competitors on Sandy Coasts? - Wader Study Group Bull. 68: 83-91.

SCHWARZ, J. & B. HEIDEMANN (1994): Zum Status der Bestände der Seehund- und Kegelrobbenpopulation im Wattenmeer. - In: LOZÁN, J.L., E. RACHOR, K. REISE, H. von WESTERHAGEN & W. LENZ (Hrsg.): Warnsignale aus dem Wattenmeer. - Blackwell, Berlin: 296-303.

SCHWARZ, J. & G. HEIDEMANN (1992): Seal stations - reliable instruments of nature protection? Wadden Sea Newsletter 2/92: 11-15.

SCHWEDHELM, E. & G. IRION (1985): Schwermetalle und Nährelemente in den Sedimenten der deutschen Nordseewatten. - Cour. Forsch.-Inst. Senckenberg 73: 1-119.

SEIBOLD, E. (1974): Die Meeresregion. - In: BRINKMANN, R.: Lehrbuch der allgemeinen Geologie, Band 1, Festland-Meer. - Enke, Stuttgart, 358 S.

SHARPE, G.W. (1982) Interpreting the Environment. - John Wiley & Sons, New York.

SIMON, M. & K. REISE (1994): Naturschutz im Wattenmeer kleinkariert? Ein Plädoyer für größere Kerngebiete. - Nationalpark 4/94: 10-12.

SIOLI, E. (1985): Einfluß von Vertritt und anderen anthropogenen Faktoren auf das Ökosystem des Sandstrandes und der Strandwälle im Nordseeküstenbereich. - Diplomarbeit, Universität Kiel, 136 S.

SMIT, C.J. & G.J.M. VISSER (1993): Effects of disturbance on shorebirds: a summary of existing knowledge from the Dutch Wadden Sea and Delta area. - Wader Study Group Bull. 68: 20-22.

SMIT, C.J. (1995): Food for shellfish eating birds: can prey species others than cockle and mussel provide sufficient alternative food for birds in meagre years ? - Wadden Sea Newsletter 2/95: 5-8.

SMIT, J. & J.W. DE WILDE (1980): Profiel van de garnalenmarkt. - Landbouw-Economisch-Instituut, Deen-Haag.

SSYMANK, A. (1994): Neue Anforderungen im europäischen Naturschutz. Das Schutzgebietssystem NATURA 2000 und die "FFH-Richtlinie" der EU. - Natur & Landschaft 69: 395-406.

STADELMANN, R. (1981): Meer - Deiche - Land. Küstenschutz und Landgewinnung an der deutschen Nordseeküste. - Wachholtz, Neumünster, 153 S.

STÄDTISCHER KURBETRIEB WESTER-LAND/SYLT (1991): Nordseeheilbad Westerland und Insel Sylt - Fremdenverkehrsbericht 1991. - Westerland.

STÄDTISCHER KURBETRIEB WESTER-LAND/SYLT (1992): Nordseeheilbad Westerland und Insel Sylt - Fremdenverkehrsbericht 1992. - Westerland.

STÄDTISCHER KURBETRIEB WESTER-LAND/SYLT (1993): Nordseeheilbad Westerland und Insel Sylt - Fremdenverkehrsbericht 1993. - Westerland. 27 S.

STÄDTISCHER KURBETRIEB WESTER-LAND/SYLT (1994): Nordseeheilbad Westerland und Insel Sylt - Fremdenverkehrsbericht 1994. - Westerland.

STÄNDIGE ARBEITSGRUPPE DER BIO-SPHÄRENRESERVATE IN DEUTSCHLAND (1995): Biosphärenreservate in Deutschland - Leitlinien für Schutz, Pflege und Entwicklung. - Springer, Stuttgart, 377 S.

STATISTISCHES BUNDESAMT (1975): Statistisches Jahrbuch 1975 für die Bundesrepublik Deutschland. - Wiesbaden.

STATISTISCHES BUNDESAMT (1992): Statistisches Jahrbuch 1992. - Wiesbaden.

STATISTISCHES BUNDESAMT (1994): Statistisches Jahrbuch 1994. - Wiesbaden.

STATISTISCHES LANDESAMT SCHLES-WIG-HOLSTEIN (1972): Hauptnutzungsarten, Größenstruktur und Rechtsform der land- und forstwirtschaftlichen Betriebe Schleswig-Holsteins 1971. Ergebnisse der Grunderhebung der Landwirtschaftszählung 1971. - Statistische Berichte, Kiel.

STATISTISCHES LANDESAMT SCHLES-WIG-HOLSTEIN (1975): Bevölkerung in Schleswig-Holstein am 27.5.1970 nach Alter, Familienstand und Religionszugehörigkeit. - Statistische Berichte, Kiel.

STATISTISCHES LANDESAMT SCHLES-WIG-HOLSTEIN (1980): Nutzungsarten der Bodenflächen in Schleswig-Holstein. Ergebnisse der Flächenerhebung 1979. - Statistische Berichte, Kiel.

STATISTISCHES LANDESAMT SCHLES-WIG-HOLSTEIN (1982): Nutzungsarten der Bodenflächen in Schleswig-Holstein. Ergebnisse der Flächenerhebung 1981. - Statistische Berichte, Kiel.

STATISTISCHES LANDESAMT SCHLES-WIG-HOLSTEIN (1985): Bevölkerungsentwicklung in den Gemeinden Schleswig-Holsteins 1984. - Statistische Berichte, Kiel.

STATISTISCHES LANDESAMT SCHLES-WIG-HOLSTEIN (1986a): Bevölkerungsentwicklung in den Gemeinden Schleswig-Holsteins 1985. - Statistische Berichte, Kiel.

STATISTISCHES LANDESAMT SCHLES-WIG-HOLSTEIN (1986b): Nutzungsarten der Bodenflächen in Schleswig-Holstein. Ergebnisse der Flächenerhebung 1985. - Statistische Berichte, Kiel.

STATISTISCHES LANDESAMT SCHLES-WIG-HOLSTEIN (1987): Bevölkerungsentwicklung in den Gemeinden Schleswig-Holsteins 1986. - Statistische Berichte, Kiel.

STATISTISCHES LANDESAMT SCHLES-WIG-HOLSTEIN (1988): Der Fremdenverkehr in den Gemeinden Schleswig-Holsteins 1987. - Statistische Berichte, Kiel.

XV

STATISTISCHES LANDESAMT SCHLES-WIG-HOLSTEIN (1989a): Gemeindeergeb-nisse der Volks- und Berufszählung '87, Teil 1. - Statistische Berichte, Kiel.

STATISTISCHES LANDESAMT SCHLES-WIG-HOLSTEIN (1989b): Bevölkerung der Gemeinden in Schleswig-Holstein am 31.12.1988. - Statistische Berichte, Kiel.

STATISTISCHES LANDESAMT SCHLES-WIG-HOLSTEIN (1989c): Statistische Berichte; Kiel

STATISTISCHES LANDESAMT SCHLES-WIG-HOLSTEIN (1989d): Bevölkerungsent-wicklung in den Gemeinden Schleswig-Holsteins 1988. - Statistische Berichte, Kiel.

STATISTISCHES LANDESAMT SCHLES-WIG-HOLSTEIN (1989e): Der Fremdenver-kehr in den Gemeinden Schleswig-Holsteins 1988. - Statistische Berichte, Kiel.

STATISTISCHES LANDESAMT SCHLES-WIG-HOLSTEIN (1989f): Wohngebäude und Wohungen in den Gemeinden Schles-wig-Holsteins. Ergebnisse der Gebäude- und Wohnungszählungen am 25.10.1968 und 25.5.1987 sowie der Fortschreibung des Wohnungsbestandes. - Statistische Berichte, Kiel.

STATISTISCHES LANDESAMT SCHLES-WIG-HOLSTEIN (1990a): Bevölkerungsent-wicklung in den Gemeinden Schleswig-Holsteins 1989. - Statistische Berichte, Kiel.

STATISTISCHES LANDESAMT SCHLES-WIG-HOLSTEIN (1990b): Der Fremdenver-kehr in den Gemeinden Schleswig-Holsteins 1989. - Statistische Berichte, Kiel.

STATISTISCHES LANDESAMT SCHLES-WIG-HOLSTEIN (1990c): Gäste und Über-nachtungen im Fremdenverkehr in Schles-wig-Holstein im Januar 1990 bis Dezem-ber 1990. - Statistische Berichte, Kiel.

STATISTISCHES LANDESAMT SCHLES-WIG-HOLSTEIN (1990d): Nutzungsarten der Bodenflächen in Schleswig-Holstein. Ergebnisse der Flächenerhebung 1989. - Statistische Berichte, Kiel.

STATISTISCHES LANDESAMT SCHLES-WIG-HOLSTEIN (1991a): Bevölkerungsent-wicklung in den Gemeinden Schleswig-Holsteins 1990. - Statistische Berichte, Kiel.

STATISTISCHES LANDESAMT SCHLES-WIG-HOLSTEIN (1991b): Der Fremdenver-kehr in den Gemeinden Schleswig-Holsteins 1990. - Statistische Berichte, Kiel.

STATISTISCHES LANDESAMT SCHLES-WIG-HOLSTEIN (1992a): Bevölkerungsent-wicklung in den Gemeinden Schleswig-Holsteins 1991. - Statistische Berichte, Kiel.

STATISTISCHES LANDESAMT SCHLES-WIG-HOLSTEIN (1992b): Der Fremdenver-kehr in den Gemeinden Schleswig-Holsteins 1991. - Statistische Berichte, Kiel.

STATISTISCHES LANDESAMT SCHLES-WIG-HOLSTEIN (1992c): Agrarstruktur in Schleswig-Holstein 1991. Ausgewählte Strukturen nach Kreisen und Naturräu-men. - Statistische Berichte, Kiel.

STATISTISCHES LANDESAMT SCHLES-WIG-HOLSTEIN (1993a): Bevölkerungsent-wicklung in den Gemeinden Schleswig-Holsteins 1992. - Statistische Berichte, Kiel.

STATISTISCHES LANDESAMT SCHLES-WIG-HOLSTEIN (1993b): Der Fremdenver-kehr in den Gemeinden Schleswig-Holsteins 1992. - Statistische Berichte, Kiel.

STATISTISCHES LANDESAMT SCHLES-WIG-HOLSTEIN (1994a): Bevölkerungsent-wicklung in den Gemeinden Schleswig-Holsteins 1993. - Statistische Berichte, Kiel.

STATISTISCHES LANDESAMT SCHLES-WIG-HOLSTEIN (1994b): Der Fremdenver-kehr in den Gemeinden Schleswig-Holsteins 1993. - Statistische Berichte, Kiel.

STATISTISCHES LANDESAMT SCHLES-WIG-HOLSTEIN (1994c): Nutzungsarten der Bodenflächen in Schleswig-Holstein. Ergebnisse der Flächenerhebung 1993. - Statistische Berichte, Kiel.

STATISTISCHES LANDESAMT SCHLES-WIG-HOLSTEIN (1995a): Bevölkerungsentwicklung in den Gemeinden Schleswig-Holsteins 1994. - Statistische Berichte, Kiel.

STATISTISCHES LANDESAMT SCHLES-WIG-HOLSTEIN (1995b): Der Fremdenverkehr in den Gemeinden Schleswig-Holsteins 1994. - Statistische Berichte, Kiel.

STENGEL, T. & W. ZIELKE (1994): Der Einfluß eines Meeresspiegelanstiegs auf Gezeiten und Sturmfluten in der Deutschen Bucht. - Die Küste 56: 93-117.

STERR, H. (1993): Vulnerability of the coasts of Germany due to the impacts of climate change: analyses and research demands. - In: STERR, H., J. HOFSTEDE & H.-P. PLAG (Hrsg.): Proceedings of the International Coastal Congress ICC - Kiel '92. - Verlag Peter Lang, Frankfurt a.M.: 733-747.

STERR, H. (1995): Die Auswirkung des Treibhauseffekts auf die schleswig-holsteinischen Küsten und das Wattenmeer. - In: MINISTERIN FÜR NATUR UND UMWELT DES LANDES SCHLESWIG-HOLSTEIN (Hrsg.): Auswirkung der Klimaveränderungen auf Schleswig-Holstein, Kiel: 36-55.

STOCK, M. & F. HOFEDITZ (1994a): Beeinflussen Flugbetrieb und Freizeitaktivitäten das Aktivitätsmuster von Ringelgänsen im Wattenmeer ? - Artenschutzreport H. 4/94: 13-19.

STOCK, M. & F. HOFEDITZ (1994b): Grenzen der Kompensation : Energiebudgets von Ringelgänsen unter der Wirkung von Störreizen. - In: KNOKE, V. & M. STOCK (1994): Menschliche Aktivitäten im Schleswig-Holsteinischen Wattenmeer . - UBA-Forschungsbericht 10802085/01: 511-554.

STOCK, M. (1985): Salzwiesen als Lebensraum für Käfer - Zur Biologie und Ökologie ausgewählter Arten. - Seevögel 6: 11-14.

STOCK, M. (1992): Ungestörte Natur oder Freizeitnutzung ? - Das Schicksal unserer Strände. - In: PROKOSCH, P. (Hrsg.) Ungestörte Natur - Was haben wir davon ? - WWF-Tagungsbericht 6: 223-249.

STOCK, M., J. STROTMANN, H. WITTE & G. NEHLS (1987): Jungvögel sterben im harten Winter zuerst: Winterverluste beim Austernfischer, Haematopus ostralegus. - J. Orn. 128: 325-331.

STOCK, M. , G. TEENCK, M. GROSSMANN & J. LINDEMANN (1992): Halligextensivierung: Sind Auswirkungen auf die Vogelwelt erkennbar ? - Vogelwelt 113: 20-35.

STOCK, M., D. BOEDECKER, U.-H. SCHAUSER & R. SCHULZ (1993): A GIS-supported sensitivity analysis. Implementation of results from ecosystem research. - In: STERR, H., J. HOFSTEDE & H.P. PLAG (Hrsg.): Proceedings of the International Coastal Congress ICC - Kiel '92. - Verlag Peter Lang, Frankfurt a.M.: 528-541.

STOCK, M. , K. KIEHL & H.D. REINKE (1996): Salzwiesenschutz im Schleswig-Holsteinischen Wattenmeer. - Schriftenreihe Nationalpark Schleswig-Holsteinisches Wattenmeer, H. 7 (im Druck).

STOCK, M., H. ZUCCHI, H.-H. BERGMANN & K. HINRICHS (1995a): Watt. Lebensraum zwischen Land und Meer. - Boyens, Heide, 139 S.

STOCK, M., F. HOFEDITZ, K. MOCK & B. POHL (1995b): Einflüsse von Flugbetrieb und Freizeitaktivitäten auf Verhalten und Raumnutzung von Ringelgänsen (*Branta bernicla bernicla*) im Wattenmeer. - Corax 16: 63-83.

STOCK, M., K. KIEHL & H.D.REINKE (1994a): Salzwiesenschutz im schleswig-holsteinischen Wattenmeer. - UBA-Forschungsbericht 10802085/01, 122 S.

STOCK, M., P.H. BECKER & K.-M. EXO (1994b): Menschliche Aktivitäten im Wattenmeer - ein Problem für die Vogelwelt? - In: LOZÁN, J.L., E. RACHOR, K. REISE, H. von WESTERHAGEN & W. LENZ (Hrsg.)(1994): Warnsignale aus dem Wattenmeer. - Blackwell, Berlin: 285-295.

STRASSENBAUAMT DES LANDES SCHLESWIG-HOLSTEIN (1993): Verkehrsmengenkarte 1990.

STREIF, H. & C. HINZE (1980): Geologisch-bodenkundliche Aspekte zum holozänen Meeresspiegelanstieg im niedersächsischen Küstenraum. - Geol. Jb. 8: 39-53.

XV

587

STREIF, H. & R. KÖSTER (1978): Zur Geologie der deutschen Nordseeküste. - Die Küste 32: 30-49.

STREIF, H. (1986): Zur Altersstellung und Entwicklung der Ostfriesischen Inseln. - Offa 43: 29-44.

STREIF, H. (1993): Geologische Aspekte der Klimawirkungsforschung im Küstenraum der südlichen Nordsee. - In: SCHELLNHUBER, H.J. & H. STERR (Hrsg.): Klimaänderung und Küste. Einblick ins Treibhaus. - Springer, Berlin: 77-93.

STRIPP, K. (1969): Die Assoziationen des Benthos in der Deutschen Bucht. - Veröffentl. Inst. Meeresforsch. Bremerh. 12: 95-141.

STRUNZ, H. (1993): Über Sinn und Unsinn von Zonierungen in Nationalparken. - Nationalpark 2/93: 20-25.

SUCCOW, M. (1993): Neuorientierung der Landnutzung. - In: KÖHLER, A. & R. BOCKER (Hrsg.): Die Zukunft der Kulturlandschaft. - Verlag Josef Markgraf, Weikersheim: 25-35.

TASKER, M.L., A. WEBB, A.J. HALL, M.W. PIENKOWSKI & D.R. LANGSLOW (1987): Seabirds in the North Sea. - NCC, Aberdeen, 336 S.

TAUBERT, A. (1986): Morphodynamik und Morphogenese des Nordfriesischen Wattenmeeres (Deutsche Bucht, Nordsee). - Hamb. Geogr. Stud. 42: 1-269.

TEMMING, A. & B. TEMMING (1991): Aufwandssteigerung und ökonomische Überfischung der Krabbenfischerei in der Nordsee. - Arb. Dt. Fisch.-Verb. 52: 95-136.

TEMMING, A., U. DAMM & T. NEUDECKER (1993): Trends in the size composition of commercial catches of Brown Shrimp (Crangon crangon L.) along the German coast and the implication for population structure and stock conditions. - ICES C.M. 1993/K (53): 14S.

TEN BRINK, B. J. E., S. H. HOSPER & F. COLIJN (1991): A quantitative method for description and assessment of ecosystems: The AMOEBA approach. - Mar. Poll. Bull. 23: 265-270.

THIEL, M., G. NEHLS, S. BRÄGER & J. MEISSNER (1992): The impact of boating of the distribution of seals and moulting ducks in the Wadden Sea of Schleswig-Holstein. - Netherlands Institute for Sea Reserch, Publ. Ser. No. 20: 221-233.

THIEL, M., G. NEHLS, S. BRÄGER & J. MEISSNER (1992): The impact of boating of the distribution of seals and moulting ducks in the Wadden Sea of Schleswig-Holstein.- Nethlands Institute for Sea Reserch, Publ. Ser. No. 20: 221-233.

THIEM, H. (1992): Wasserrecht Schleswig-Holstein. - Kommunale Schriften, 253 S.

THIEM, M. (1994): Tourismus und kulturelle Identität. Die Bedeutung des Tourismus für die Kultur touristischer Ziel- und Quellgebiete. - Berner Studien zu Freizeit und Tourismus, Bern/Hamburg.

THIEME, E. (1986): Beobachtungen zum Tagesrhythmus und zum Nahrungsverhalten des Großen Brachvogels (Numenius arquata) in Eiderstedt und Nordfriesland. - Corax 11: 237-239.

THIESSEN, H. (1986): Zur Bestandsentwicklung und Situation von Möwen Laridae und Seeschwalben Sternidae in Schleswig-Holstein - Gedanken zum "Möwenproblem". - Seevögel 7: 1-12.

THORSON, G. (1957): Bottom communities (Sublittoral or Shallow Shelf). - Geol. Soc. America Mem. 67: 461-534.

TIEWS, K. (1965): Lichtung des Nordseegarnelenbestandes (Crangon crangon) durch Wegfraß. - Arch. Fisch. Wiss. 16: 169-181.

TISCHLER, T. (1985): Freiland-Experimentelle Untersuchungen zur Ökologie und Biologie phytophager Käfer (Coleoptera: Chrysomelidae, Curculionidae) im Litoral der Nordseeküste. - Faun.-ökol. Mittl., Suppl. 6: 1-180.

TISCHLER, T., A. MIETH, H.D. REINKE, I. TULOWITZKI, H. FOCK U. A. HAASE (1994): Ökologie von Salzwiesenarten und Salzwiesenlebensgemeinschaften - Wirbellosenfauna. - Bioindikatoren im Supralitoral, Teil B. - UBA-Forschungsbericht 10802085/01, 64 S.

TMEG (1993): Integrated Monitoring Program of the Wadden Sea Ecosystem. Report of the Trilateral Monitoring Expert Group. - CWSS Wilhelmshaven, 43 S.

TÖPFER (PLANUNG UND BERATUNG GmbH) (1991): Abfallentsorgungskonzept in der Nordregion Schleswig-Holstein, Gebiet Landkreis Nordfriesland, Kurzfassung. - o.O.

TÖPPE, A. (1992): Zur Analyse des Meeresspiegelanstiegs aus langjährigen Wasserstandsaufzeichnungen an der Deutschen Nordseeküste. - Mitt. d. Lichtweiss-Instituts f. Wasserbau der Technischen Universität Braunschweig, H. 120, 132 S.

TOUGAARD, S., B. CLAUSEN, P.U. JEPSEN, G. HEIDEMANN, J. SCHWARZ, P. RIJNDERS & M. DEN BOER (1994): Statement on seal rehabilitation and release, based on scientific experience and knowledge. - Internal paper, 4 S.

TROMMER, G. (1985): Naturinterpretation - das Konzept der „Rucksackschule" im Naturpark Harz. - Verh. Ges. f. Ökol. Bd. XV: 287-294.

TTG (BÜRO TEJA TRÜPER & GONDESEN) (1981): Untersuchung der Bedarfsentwicklung der Standortmöglichkeiten für Sportboothäfen und sonstige Wassersportanlagen. - Im Auftrag des Ministers für Ernährung, Landwirtschaft und Forsten des Landes Schleswig-Holstein, Lübeck, 228 S.

TTG (BÜRO TEJA TRÜPER & GONDESEN) (1982): Landschaftsbezogene Erholung Nordfriesland - Gutachten über landschaftsbezogene Erholung im Küstenbereich des Kreises Nordfriesland einschliesslich des Wattenmeeres mit Inseln und Halligen und der Halbinsel Eiderstedt. - Lübeck, 299 S.

UBA (1992): Daten zur Umwelt 1990/91. - Erich Schmidt, Berlin, 675 S.

UBA (1993): Warnsignale aus dem Wattenmeer. - Berlin, 26 S.

UBA (1994a): Daten zur Umwelt 1992/93. - Erich Schmidt, Berlin, 688 S.

UBA (1994b): Stoffliche Belastung der Gewässer durch die Landwirtschaft und Massnahmen zu ihrer Verringerung. - UBA-Bericht 2/94, 208 S.

VAN DEN HOEK, C., ADMIRAAL, W., COLIJN, F. & W. N. DE JONGE (1979): The role of algae in the ecosystem of the Wadden Sea: a review. In: WOLFF, W. J. (Hrsg.): Flora and vegetation of the Wadden Sea. Leiden 9-118.

VAUK, G. & J. PRÜTER (1986): Durchführung und erste Ergebnisse einer Silbermöwen (Larus argentatus)-Bestandsregelung auf der Insel Scharhörn im Mai 1986. - Seevögel 7: 35-39.

VAUK, G. & J. PRÜTER (1987): Möwen. - Jordsand Buch Nr. 6, Niederelbe Verlag.

VAUK, G., G. DAHLMANN, E. HARTWIG, J.C. RANGER, B. REINEKING, E. SCHREY, E. & E. VAUK-HENZELT (1987): Ölopferfassung an der deutschen Nordseeküsten und Ergebnisse der Ölanalysen sowie Untersuchungen zur

VCSH (VERBAND DER CAMPINGPLATZHALTER SCHLESWIG-HOLSTEIN) (1994): Camping Schleswig-Holstein. - Wittenborn, 43 S.

VEEN, J. (1977): Functional and causal aspects of nest distribution in colonies of Sandwich Tern (Sterna s. sandvicensis Lath.). - Behav. Suppl. 20: 1-184.

VEREIN NATUR- UND LEBENSRAUM RHÖN (1994a): Landwirtschaft in der Rhön. - Fallblatt.

VEREIN NATUR- UND LEBENSRAUM RHÖN (1994b): Weniger Verkehr durch regionale Produkte. - Faltblatt.

VINTHER, M. (1995): Incidental catch of harbour porpoise (Phocoena phocoena) in the Danish North Sea gill-net fisheries: preliminary results. - Proceedings of the Scientific Symposium on the 1993 North Sea Quality Status Report, 18-21 April 1994, Ebeltoft, Denmark.

VISSER, G. J. M. (1986): Verstoring en reacties van overtijende vogels op de Noordvarder (Terschelling) in samenhang met de omgeving. - RIN Rapp. 86/17: 1-221.

VLAS, J. de (1979): Secondary production by tail regeneration in a tidal flat population of lugworms (Arenicola maritima), cropped by flatfish. - Neth. J. Sea Res. 13: 362-393.

XV

VOGEL, S. & H. von NORDHEIM (1995): Gefährdung von Meeressäugetieren durch Schiffsverkehr. - Seevögel 16: 82-86.

VOGEL, S. & L. KOCH (1992): Report on occurrence of grey seals (*Halichoerus grypus*) in the Schleswig-holstein Wadden Sea. - Säugetierkdl. Inform. 3: 449-459.

VOGEL, S. (1994a): Ausmaß und Auswirkungen von Störungen auf Seehunde. - In: LOZÁN, J.L., E. RACHOR, K. REISE, H. von WESTERHAGEN & W. LENZ (Hrsg.): Warnsignale aus dem Wattenmeer. - Blackwell, Berlin: 303-308.

VOGEL, S. (1994b): Robben im schleswig-holsteinischen Wattenmeer. - UBA-Forschungsbericht 10802085/01, 108 S.

VOGEL, S. (1994c): Verletzungen und Tötungen von Meeressäugern durch Schiffsverkehr. - Studie erstellt im Auftrag des Bundesamtes für Naturschutz, Fachbetreuung: Fachgebiet Meeres- und Küstennaturschutz, Institut für Haustierkunde der Universität Kiel, Forschungsstelle Wildbiologie.

VOGEL, S. (1996): Robben im schleswig-holsteinischen Wattenmeer. - Schriftenreihe des Nationalparks Schleswig-Holsteinisches Wattenmeer, Heft 9, Boyens, Heide (in Druck).

VOSS, M. & T. BORCHARD (1992): Quality Objectives for the Wadden Sea: problems and attemps for solutions. - Wadden Sea News Letter 2/92: 20-22.

VOSS, M. (1992): Qualitätsziele für die Nordsee ? - Pro und Kontra - Pro. - Dt. Hydrogr. Z. 44: 283-288.

WAGLER, H. (1990): Untersuchungen zur Verbreitung von *Sertularia cupressina* L. im Wattenmeer (Deutsche Bucht) unter dem Aspekt der anthropogenen Beeinträchtigung - 18 Jahre nach Einstellung der Seemoosfischerei. - Diplomarbeit, Universität Hamburg, 71 S.

WALTER, U. & P. H. BECKER (1994): The significance of discards from the brown shrimp fisheries for seabirds in the Wadden Sea - preliminary results. - Ophelia, Suppl.6 : 253-263.

WEBER, W., S. EHRICH & E. DAMM (1990): Beeinflussung des Ökosystems Nordsee durch die Fischerei. - In: LOZÁN, J.L., W. LENZ, E. RACHOR, H. von WESTERNHAGEN & B. T. WATERMANN (1990) (Hrsg.): Warnsignale aus der Nordsee. - Parey, Hamburg: 252-267.

WEICHART G. (1986): Nutrients in the German Bight, a trent Analysis. Dt. hydrogr. Z. 39: 197-206.

WENDISCH, J. (1993): Die Fischwirtschaftspolitik 1992/93. - In: BMELF (Hrsg.): Jahresbericht über die Deutsche Fischereiwirtschaft 1992/93. - Bonn: 7-22.

WESTHOFF, V. & M.F. VAN OOSTEN (1991): De plantengroi van de Waddeneilanden. - Stichting Uitgeverij, Utrecht, 417 S.

WESTPHAL, U. (1991): Botulismus bei Vögeln. - Aula, Wiesbaden: 100 S.

WIEGLEB, G. (1994): Einführung in die Thematik des Workshops "Ökologische Leitbilder". - Tagungsband TU Cottbus: 7-13.

WIELAND, P. (1972): Untersuchungen zur geomorphologischen Entwicklungstendenz des Außensandes Blauort. - Die Küste 23: 122-149.

WIENBECK, H. (1994): Trichternetze - ein wirksames Mittel zur Bestandsschonung von Plattfischen. - Das Fischerblatt 42: 300-304.

WIESE, V. (1991): Atlas der Land- und Süßwassermollusken in Schleswig-Holstein. - Landesamt für Naturschutz und Landschaftspflege, Kiel: 1-251.

WILHELMSEN, U. (1994): Ökosystemforschung Schleswig-Holsteinisches Wattenmeer - Eine Zwischenbilanz. - Landesamt für den Nationalpark Schleswig-Holsteinisches Wattenmeer, Tönning, 122 S.

WILLIAMS, G. & J.E. FORBES (1980): The habitat and dietary preferences of Dark-bellied Brent Geese and Wigeon in relation to agricultural management. - Wildfowl 31: 151-157.

WINDTEST KAISER-WILHELM-KOOG GMBH (1994): Windkraft, eine saubere, ökologische, zukunftsträchtige Energiequelle. - Jubiläumsschrift zum 13. September 1994, Kaiser-Wilhelm-Koog.

 WINKEL, G. (1995): Umwelt und Bildung. - Kallmeyer, Seelze.

WINKELMAN, J.E. (1985): Impact of medium-sized wind turbines on birds: a survey on flight behaviour, victims, and disturbance. - Neth. J. Agric. Sci. 33: 75-78.

WIRTSCHAFTSFÖRDERUNGSGESELL-SCHAFT SCHLESWIG-HOLSTEIN MBH (1988): Schleswig-Holstein für Unternehmer. - Kiel.

WOHLENBERG, E. (1985): Die Halligen Nordfrieslands. - Boyens, Heide.

WOLDSTEDT, P. & K. DUPHORN (1974): Norddeutschland und angrenzende Gebiete im Eiszeitalter. - Koehler, Stuttgart, 500 S.

WOLFF, W.J. (1983): Ecology of the Wadden Sea, Vol 1-3. - Balkema, Rotterdam.

WOLFF, W.J. (1992): Ecological developments in the Wadden Sea until 1990. - Neth. Institut for Sea Res. - Publ. Ser. No. 20: 23-32.

WWF (1991): Eine gemeinsame Zukunft für das Wattenmeer. - WWF-Wattenmeerstelle, Husum, 7 S.

ZELTNER, U. (1989): Tiere brauchen komplexe Lebensräume. - Bauernblatt/ Landpost 43/139: 21-22.

ZENTRALE FÜR WASSERVOGELFOR-SCHUNG UND FEUCHTGEBIETSSCHUTZ IN DEUTSCHLAND (1993): Die Feuchtgebiete internationaler Bedeutung in der Bundesrepublik Deutschland. - Münster, 232 S.

ZIEGELMEIER, E. (1966): Die Schnecken der deutschen Meeresgebiete und brackigen Küstengewässer. - Helgoländer Meeresunters. 13: 1-61.

ZIERL, H. (1994): Leitbild Nachhaltigkeit. - Tagungsband TU Cottbus: 37-45.

ZWISCHENSTAATLICHER VERHAND-LUNGSAUSSCHUSS FÜR EINE KONVENTION ZUM SCHUTZ DER BIOLOGISCHEN VIELFALT (1992): 7. Verhandlungsrunde/ 5. Tagung des INC Nairobi 11.5.-22.5.1992. - Entwurf eines Übereinkommens zum Schutz der biologischen Vielfalt.

XV

XVI Anhang

1. Nationalpark-bestimmungen

1.1 Gesetz zum Schutze des schleswig-holsteinischen Wattenmeeres (Nationalparkgesetz)

**Gesetz
zum Schutze des schleswig-holsteinischen Wattenmeeres**
(Nationalparkgesetz)
Vom 22. Juli 1985
GS Schl.-H II, Gl.Nr. 791-6

Der Landtag hat das folgende Gesetz beschlossen:

§ 1
Errichtung eines Nationalparks

An der schleswig-holsteinischen Nordseeküste wird entsprechend § 15 des Landschaftspflegegesetzes ein Nationalpark errichtet und nach Maßgabe dieses Gesetzes unter Schutz gestellt. Der Nationalpark trägt den Namen „Schleswig-Holsteinisches Wattenmeer".
Er besteht aus
1. dem eigentlichen Wattenmeer mit den Wattflächen, Rinnen und anderen Unterwasserbereichen;
2. den Vorländereien am Festland sowie an den Inseln Föhr, Pellworm und Nordstrand;
3. den Halligen Habel, Norderoog, Süderoog, Südfall, Helmsand und der Hamburger Hallig;
4. den vom Watt umgebenen Außensänden Uthörn, Japsand, Norderoogsand, Süderoogsand, Blauort und der Strandinsel Trischen;
5. den sonstigen entstandenen oder entstehenden kleinen Inseln sowie
6. den Sandplaten westlich der Halbinsel Eiderstedt.

§ 2
Schutzzweck

(1) Die Errichtung des Nationalparks dient dem Schutz des schleswig-holsteinischen Wattenmeeres und der Bewahrung seiner besonderen Eigenart, Schönheit und Ursprünglichkeit. Seine artenreiche Pflanzen- und Tierwelt ist zu erhalten und der möglichst ungestörte Ablauf der Naturvorgänge zu sichern.
(2) Unzumutbare Beeinträchtigungen der Interessen und herkömmlichen Nutzungen der einheimischen Bevölkerung sind zu vermeiden. Jegliche Nutzungsinteressen sind mit dem Schutzzweck im allgemeinen und im Einzelfall gerecht abzuwägen.
(3) Die Maßnahmen des Küstenschutzes einschließlich der Vorlandsicherung und Vorlandgewinnung sowie der Binnenlandentwässerung werden nicht eingeschränkt. Die Schafgräsung bleibt zulässig, soweit sie dem Küstenschutz dient.

§ 3
Grenzen des Nationalparks

(1) Die Grenzen des Nationalparks bilden
1. im Norden: die deutsch-dänische Grenze;
2. im Osten: eine Linie im Abstand von 150 m von der seewärtigen Kante der Krone der Landesschutzdeiche an der Festlandküste, von der Mitteltide-hochwasserlinie (MThw-Linie) bei Geesthängen und vom Dünenfuß bei Dünen;
3. im Süden: die nördliche Wattkante des Hauptfahrwassers der Elbe, der Medem-Reede, der Neufelder Rinne sowie deren Verbindungslinien;
4. im Westen: die Nord- und Ostküsten der Inseln Sylt und Amrum unter Einbeziehung der Knobsände westlich von Amrum und südlich von Amrum eine auf Scharhörn sowie südlich des Süderoogsandes eine auf den Großen Vogelsand gerichtete Linie;
5. bei den angrenzenden Inseln Sylt und Amrum und um die ausgenommenen Inseln Föhr, Pellworm, Nordstrand und die Halligen Oland, Langeneß, Gröde, Hooge und Nordstrandischmoor eine Linie im Abstand von 150 m von der seewärtigen Kante der Krone der Landesschutz- oder Sommerdeiche, vom Böschungsfuß der Deckwerke bei unbedeichten Uferstrecken und von der Abbruchkante oder der MThw-Linie.
(2) Nicht zum Gebiet des Nationalparks gehören die zu den Inseln und Halligen führenden Dämme mit einem beidseitigen 150 m breiten Streifen, die Häfen und die Hafenanlagen sowie diejenigen Hafeneinfahrten, die von Leitdämmen oder Molen

ein- oder beidseitig begrenzt sind.

(3) Bei einmündenden Gewässern gilt deren seewärtige Grenze.

(4) In der diesem Gesetz beigefügten Übersichtskarte ist das Gebiet des Nationalparks schwarz schraffiert dargestellt.

(5) Die genauen Grenzen des Nationalparks sind in Karten im Maßstab 1:50.000 und für die Elbmündung im Maßstab 1:30.000 mit einer roten Grenzlinie eingetragen. Die maßgebenden Ausfertigungen dieser Karten sind dem Urdokument dieses Gesetzes beigefügt und werden beim Präsidenten des Schleswig-Holsteinischen Landtages verwahrt. Sie sind Bestandteil dieses Gesetzes. Weitere Ausfertigungen der Karten werden beim Minister für Ernährung, Landwirtschaft und Forsten (Minister) in Kiel, beim Landesamt für den Nationalpark „Schleswig Holsteinisches Wattenmeer" (Landesamt) in Tönning, bei den Landräten der Kreise Nordfriesland in Husum und Dithmarschen in Heide sowie bei den Ämtern Landschaft Sylt, Amrum, Föhr-Land und Pellworm aufbewahrt. Sie können während der Dienststunden von jedermann eingesehen werden.

(6) Bei Veränderungen der Begrenzungsmerkmale nach Absatz 1 gegenüber den Darstellungen in den Karten sind die veränderten Begrenzungsmerkmale maßgebend. Der Minister kann durch Verordnung die Karten nach Absatz 5 Satz 1 den Veränderungen der Begrenzungsmerkmale des Nationalparks anpassen. § 60 Abs. 1 und 6 des Landschaftspflegegesetzes gilt entsprechend.

§ 4
Schutzzonen

(1) Der Nationalpark wird in folgende Zonen eingeteilt:

Zone 1:
die in den Karten zu diesem Gesetz als Zone 1 dargestellten Flächen mit den wichtigsten Seehundbänken, Brut-, Nahrungs- und Mauserplätzen der Vögel sowie den geomorphologisch bedeutsamen Außensänden und Salzwiesen mit Ausnahme der in den Karten dargestellten Fahrwasser;

Zone 2:
die nicht in der Zone 1 liegenden Salzwiesen sowie die wegen ihrer besonderen Eigenart und Ursprünglichkeit oder des Artenreichtums der dortigen Pflanzen- und Tierwelt oder zur zusätzlichen Sicherung der Zone 1 eines intensivierten Schutzes bedürfenden Flächen;

Zone 3:
alle übrigen, nicht in der Zone 1 und 2

liegenden Flächen; hierzu gehört das in § 6 Abs. 4 Nr. 2 genannte Gebiet.

(2) Der Minister kann durch Verordnung im Einvernehmen mit den Kuratorien die Zonen 2 und 3 räumlich festlegen. Das gilt auch für die Anpassung der Gebietsgrenzen der Zone 1 an die natürlichen Veränderungen. Das Einvernehmen ist mit dem Kuratorium herzustellen, dessen Gebiet nach § 9 Abs. 1 Satz 1 und 2 betroffen ist. Kommt ein Einvernehmen nicht zustande, erläßt die Landesregierung die Verordnung. § 60 Abs. 1 und 6 des Landschaftspflegegesetzes gilt entsprechend.

§ 5
Schutzbestimmungen

(1) Im Nationalpark sind, soweit in diesem Gesetz oder in den aufgrund dieses Gesetzes erlassenen Verordnungen Maßnahmen und Nutzungen nicht zugelassen sind, alle Handlungen nicht zulässig, die zu einer Zerstörung, Beschädigung oder Veränderung des Schutzgebiets oder seiner Bestandteile oder einer nachhaltigen Störung führen können. Insbesondere ist es nicht zulässig,

1. Eingriffe im Sinne des § 7 Abs. 1 des Landschaftspflegegesetzes, Sprengungen oder Bohrungen vorzunehmen;
2. die Lebens- und Zufluchtstätten der Tiere oder die Standorte der Pflanzen zu beseitigen oder zu verändern;
3. Pflanzen oder Pflanzenbestandteile zu entnehmen;
4. wildlebenden Tieren nachzustellen, sie durch Lärm oder anderweitig zu beunruhigen, sie zu verletzen, zu töten oder sie, ihre Eier oder ihre sonstigen Entwicklungsformen zu beschädigen oder an sich zu nehmen;
5. Pflanzen standortfremder Arten einzubringen oder Tiere solcher Arten auszusetzen, die im Nationalpark nicht ihren Lebensraum haben;
6. Zelte oder sonstige bewegliche Unterkünfte aufzustellen sowie Sachen aller Art zu lagern;
7. die Land- und Wattflächen mit Luftkissen- oder Amphibienfahrzeugen zu befahren.

(2) Darüber hinaus ist es nicht zulässig, die Zone 1 und die mit Verbotshinweisen gekennzeichneten Flächen der Zone 2 zu betreten oder mit anderen landgängigen Fahrzeugen zu befahren. Ausgenommen hiervon sind die Eigentümer und Nutzungsberechtigten sowie deren Beauftragte und Personen, die von den zuständigen Behörden dazu ermächtigt worden sind. Die zur Erreichung des

Schutzzweckes erforderlichen Verbote nach Satz 1 in der Zone 2 und die Art der Kennzeichnung bestimmt das Landesamt.

§ 6
Zulässige Maßnahmen und Nutzungen

(1) In dem Nationalpark bleiben neben den Maßnahmen und Nutzungen nach § 2 Abs. 3 zulässig die

1. Maßnahmen zur Versorgung und Entsorgung der Inseln und Halligen;

2. Maßnahmen zur Abwehr einer unmittelbar drohenden Gefahr für das Leben und die Gesundheit von Menschen;

3. gesetzlichen Aufgaben der Wasser- und Schiffahrtsverwaltung des Bundes sowie die Maßnahmen der Unfallbekämpfung einschließlich des Seenotrettungswesens und des Katastrophenschutzes;

4. Maßnahmen der Deutschen Bundespost zur Post- und Fernmeldeversorgung;

5. Schutz-, Pflege- und Entwicklungsmaßnahmen des Landesamtes und die von ihm zugelassenen Forschungsarbeiten;

6. Nutzung und Unterhaltung rechtmäßig errichteter baulicher Anlagen.

(2) In der Zone 1 ist über die Maßnahmen und Nutzungen nach Absatz 1 hinaus die berufsmäßige Fischerei auf Fische, Krabben und Miesmuscheln in der bisherigen Art und im bisherigen Umfang zulässig. Eine darüber hinaus gehende Fischerei in dieser Zone bedarf der Genehmigung des Ministers.

(3) In der Zone 2 ist über die Maßnahmen und Nutzungen nach den Absätzen 1 und 2 hinaus zulässig die

1. Fischerei und Beweidung;

2. Ausübung der Jagd im Rahmen der Anordnungen und Genehmigungen des Ministers;

3. ordnungsgemäße Unterhaltung der bei Inkrafttreten dieses Gesetzes bestehenden Straßen und Wege;

4. Errichtung von baulichen Anlagen für den Badebetrieb.

(4) In der Zone 3 sind über die Maßnahmen und Nutzungen nach den Absätzen 1 bis 3 hinaus zulässig die

1. Maßnahmen zum Bau und zur Unterhaltung von Häfen einschließlich der damit räumlich zusammenhängenden Ablagerung von Baggergut;

2. Erdölförderung ausschließlich im Gebiet der Mittelplate und des Hakensandes südlich Trischen; sie bedarf der Genehmigung des Ministers;

3. Sand- und Kiesfischerei mit Genehmigung des Landesamtes;

4. Entnahme von Schlick, Sole und Seewasser für den persönlichen Bedarf und für Kurzwecke in Fremdenverkehrseinrichtungen in den Kreisen Nordfriesland und Dithmarschen. Eine darüber hinausgehende Entnahme bedarf der Genehmigung des Landesamtes.

(5) Von den Schutzbestimmungen des § 5 Abs. 1 Nr. 3, 4, 6 und Abs. 2 Satz 1 kann das Landesamt auch im Einzelfall Ausnahmen zulassen, wenn damit keine nachhaltige Störung im Sinne des § 5 Abs. 1 Satz 1 verbunden ist. Im übrigen gilt § 61 Abs. 2 Satz 1 des Landschaftspflegegesetzes sinngemäß.

(6) Soweit mit den zugelassenen Maßnahmen und Nutzungen ein Eingriff in Natur und Landschaft verbunden ist, finden die §§ 7 bis 10 des Landschaftspflegegesetzes Anwendung.

§ 7
Ausführungsverordnung

Der Minister kann im Benehmen mit den Kuratorien durch Verordnung

1. weitere Maßnahmen und Nutzungen in den Zonen 2 und 3 für die Erholung sowie für den Fremdenverkehr und andere wirtschaftliche Zwecke generell oder regional begrenzt zulassen, soweit dies mit dem Schutzzweck zu vereinbaren ist und sonstige Belange des Naturschutzes und der Landschaftspflege nicht entgegenstehen;

2. den Umfang der Maßnahmen und Nutzungen in den Fällen des § 6 Abs. 3 Nr. 3 und 4 und Abs. 4 Nr. 1 bestimmen, soweit dies der Schutzzweck erfordert. § 4 Abs. 2 Satz 3 gilt entsprechend.

§ 8
Landesamt

(1) Das Landesamt für den Nationalpark „Schleswig-Holsteinisches Wattenmeer" wird als Landesoberbehörde mit dem Sitz in Tönning errichtet.

(2) Das Landesamt ist für die Durchführung dieses Gesetzes und der aufgrund dieses Gesetzes erlassenen Verordnungen zuständig, soweit in diesem Gesetz nichts anderes bestimmt ist. Abweichend von § 49 Abs. 1 und § 51 Abs. 1 des Landschaftspflegegesetzes ist für das Gebiet des Nationalparks das Landesamt zuständig. Es hat nach pflichtgemäßem Ermessen die zur Durchführung und Einhaltung dieser Vorschriften notwendigen Maßnahmen zu treffen.

(3) Das Landesamt kann sich zur Durchführung bestimmter Aufgaben der Ämter für Land- und Wasserwirtschaft in Husum und Heide bedienen. Das Landesamt hat über § 4 des Landschaftspflegegesetzes hinaus mit den Landschaftspflege-

XVI

behörden der Kreise Nordfriesland und
Dithmarschen eng zusammenzuarbeiten.

§ 9
Kuratorien

(1) Beim Landesamt wird für die den
Kreisen Nordfriesland und Dithmarschen
zugehörigen und vorgelagerten Gebiete
des schleswig-holsteinischen Wattenmeeres je ein Kuratorium errichtet. Die
Grenze zwischen den Gebieten der beiden
Kuratorien ist die Mitte des Hauptfahrwassers in der Eidermündung. Jedes
Kuratorium besteht aus folgenden Mitgliedern:
1. dem Landrat als Vorsitzendem;
2. zwei von dem Kreistag zu bestimmenden Personen;
3. fünf Personen aus den Gemeinden,
deren Gebiete an das Nationalparkgebiet
angrenzen; sie sind von dem Kreisverband
des Schleswig-Holsteinischen Gemeinde-
tages im Benehmen mit den Kreisan-
gehörigen Städten zu benennen;
4. einem Vertreter der Wasser- und Bodenverbände des Kreises, der vom Marschen-
verband Schleswig-Holstein benannt wird;
5. dem Landesbeauftragten für Naturschutz und Landschaftspflege;
6. einem Kreisbeauftragten für Naturschutz und Landschaftspflege, der von der
unteren Landschaftspflegebehörde zu
benennen ist;
7. zwei Wissenschaftlern, die vom Minister bestellt werden;
8. einer vom Landesnaturschutzverband
Schleswig-Holstein e.V. zu benennenden
Person;
9. je einem Vertreter des Fremdenverkehrs, des Sportes, der Landwirtschaft
und der Fischerei, die vom Nordseebäderverband Schleswig-Holstein e.V., dem
Kreissportverband e.V. und den Berufsver-
bänden zu benennen sind;
10. je einem im Kreisgebiet ansässigen
Vertreter der gewerblichen Wirtschaft und
der Gewerkschaften, die vom Minister
bestellt werden;
11. zwei Vertretern von betreuenden
Naturschutzvereinen, die vom Minister
bestellt werden.
Der Bundesminister für Ernährung,
Landwirtschaft und Forsten und der
Bundesminister für Verkehr können je ein
Mitglied in die Kuratorien entsenden.
(2) Der Minister kann durch Verordnung
das Nähere über Berufung, Amtsdauer
und Entschädigung der Mitglieder der
Kuratorien sowie die Grundzüge der
Geschäftsordnung regeln.
(3) Die Kuratorien haben neben der
Mitwirkung an dem Erlaß der Verordnungen nach § 4 Abs. 2 und § 7 das Landesamt zu beraten. Das Landesamt hat über
Grundsatzfragen und langfristige Planungen im Einvernehmen mit den Kuratorien
zu entscheiden; § 4 Abs. 2 Satz 3 gilt
entsprechend. Ausgenommen sind solche
Maßnahmen, die keinen Aufschub dulden.
Soweit ein Einvernehmen nicht hergestellt
werden kann, entscheidet der Minister.

§ 10
Entschädigung, Härteausgleich

(1) § 45 Abs. 1 Satz 1 und Abs. 2 und 3 des
Landschaftspflegegesetzes gilt entsprechend. Zur Leistung der Entschädigung ist
das Land verpflichtet.
(2) § 46 Satz 1 des Landschaftspflegegesetzes gilt entsprechend.

§ 11
Ordnungswidrigkeiten

(1) Ordnungswidrig handelt, wer vorsätz-
lich oder fahrlässig entgegen
1. § 5 Abs. 1 Satz 2 Nr. 1 Eingriffe im Sinne
des § 7 Abs. 1 des Landschaftspflegegesetzes, Sprengungen oder Bohrungen
vornimmt;
2. § 5 Abs. 1 Satz 2 Nr. 2 die Lebens- und
Zufluchtstätten der Tiere oder die Standorte der Pflanzen beseitigt oder verändert;
3. § 5 Abs. 1 Satz 2 Nr. 3 Pflanzen oder
Pflanzenbestandteile entnimmt;
4. § 5 Abs. 1 Satz 2 Nr. 4 wildlebenden
Tieren nachstellt, sie durch Lärm oder
anderweitig beunruhigt, sie verletzt oder
tötet oder sie, ihre Eier oder ihre sonstigen Entwicklungsformen beschädigt oder
an sich nimmt;
5. § 5 Abs. 1 Satz 2 Nr. 5 Pflanzen
standortfremder Arten einbringt oder
Tiere solcher Arten aussetzt, die im
Nationalpark nicht ihren Lebensraum
haben;
6. § 5 Abs. 1 Satz 2 Nr. 6 Zelte oder sonstige bewegliche Unterkünfte aufstellt sowie
Sachen aller Art lagert;
7. § 5 Abs. 1 Satz 2 Nr. 7 die Land- oder
Wattflächen mit Luftkissen- oder Amphibienfahrzeugen befährt;
8. § 5 Abs. 2 die Zone 1 und die mit
Verbotshinweisen gekennzeichneten
Gebiete der Zone 2 betritt oder mit anderen landgängigen Fahrzeugen befährt.
(2) Die Ordnungswidrigkeit kann in den
Fällen
1. des Absatzes 1 Nr. 1 mit einer Geldbuße
bis zu einhunderttausend Deutsche Mark,
2. des Absatzes 1 Nr. 2 bis 8 mit einer
Geldbuße bis zu zehntausend Deutsche
Mark
geahndet werden.
(3) § 64 Abs. 2, §§ 66 und 68 des

Landschaftspflegegesetzes gelten entsprechend.

§ 12
Änderung des Landschaftspflegegesetzes
Das Landschaftspflegegesetz[1]) wird wie folgt geändert:

1. In § 49 Abs. 1 Satz 1 werden der Punkt durch ein Semikolon ersetzt und folgende Worte angefügt:"§ 8 Abs. 2 des Nationalparkgesetzes bleibt unberührt."

2. § 51 Abs. 1 erhält folgende Fassung: „(1) In den Küstengewässern, für die Binnenwasserstraßen des Bundes und auf sonstigen Flächen, die nicht zum Gebiet einer Gemeinde gehören, ist die oberste Landschaftspflegebehörde anstelle der unteren Landschaftspflegebehörde zuständig; § 8 Abs. 2 des Nationalparkgesetzes bleibt unberührt."

3. § 60 Abs. 6 Satz 1 erhält folgende Fassung: „Die Abgrenzung eines Schutzgebiets ist in der Schutzverordnung
1. im einzelnen zu beschreiben oder
2. zu beschreiben und in Karten darzustellen, die bei Behörden eingesehen werden können. Die Behörden sind in der Verordnung zu benennen.
Der Schutzverordnung kann als Anlage eine Übersichtskarte beigefügt werden."

§ 13
Inkrafttreten
(1) Dieses Gesetz tritt am 1. Oktober 1985 in Kraft.

(2) Die Betreuungsverhältnisse für die im Gebiet des Nationalparks bestehenden Schutzgebiete enden mit dem Inkrafttreten der Verordnungen nach § 4 Abs. 2 Satz 1 oder 4.

(3) Mit dem Inkrafttreten der Verordnungen nach § 4 Abs. 2 Satz 1 oder 4 treten die folgenden Verordnungen hinsichtlich derjenigen Flächen außer Kraft, welche im Gebiet des Nationalparks liegen:

1. Verordnung über das Naturschutzgebiet „Hamburger Hallig", Kreis Nordfriesland, vom 16. April 1930 (Reg.Amtsbl. S. 158)[2]);

2. Verordnung über das Naturschutzgebiet „Vogelfreistätte Hallig Norderoog" in dem Gemeindebezirk Hooge, Kreis Nordfriesland, vom 1. Juli 1939 (Reg.Amtsbl. S. 208)[3]);

3. Verordnung über das Naturschutzgebiet „Hallig Südfall" im Kreise Nordfriesland vom 22. Januar 1959 (GVOBl. Schl.-H. S. 1)[4]);

4. Verordnung über das Naturschutzgebiet „Insel Trischen" im Kreise Dithmarschen vom 28. Oktober 1959 (GVOBl. Schl.-H. S. 206)[5]);

5. Landesverordnung über das Naturschutzgebiet „Hallig Süderoog" vom 28. Juli 1977 (GVOBl. Schl.-H. S.206)[6]);

6. Landesverordnung über das Naturschutzgebiet „Wattenmeer nördlich des Hindenburgdammes" vom 1. November 1980 (GVOBl. Schl.-H. S. 318)[7]);

7. Landesverordnung über das Naturschutzgebiet „Nordfriesisches Wattenmeer" vom 23. August 1982 (GVOBl. Schl.-H. S. 198)[8]);

8. Kreisverordnung zum Schutze von Landschaftsteilen im Dithmarscher Wattenmeer vom 6. Dezember 1976 (Amtsbl. Schl.-H./AAz 1977 S. 4).

Der Minister kann durch Verordnung die Flächen beschreiben und in Karten darstellen, die weiterhin Schutzgebiet bleiben; die Karten sind Bestandteil der Verordnung.

Das vorstehende Gesetz wird hiermit verkündet.

Kiel, den 22. Juli 1985

Der Ministerpräsident   Der Minister
Dr. Barschel   für Ernährung,
Landwirtschaft
und Forsten
Flessner

[1]) GS Schl.-H. II, Gl.Nr. 791-4
[5]) GS Schl.-H. II, Gl.Nr. 791-3-52
[2]) GS Schl.-H. II, Gl.Nr. 791-0-2
[6]) GS Schl.-H. II, Gl.Nr. 791-4-15
[3]) GS Schl.-H. II, Gl.Nr. 791-3-25
[7]) GS Schl.-H. II, Gl.Nr. 791-4-34
[4]) GS Schl.-H. II, Gl.Nr. 791-3-50
[8]) GS Schl.-H. II, Gl.Nr. 791-4-47

XVI

1.2 Allgemeinverfügung zur Zulassung von Ausnahmen nach dem Nationalparkgesetz

Landesamt für den Nationalpark „Schleswig-Holsteinisches Wattenmeer"

**Allgemeinverfügung
Zulassung von Ausnahmen
nach dem Nationalparkgesetz**

Bekanntmachung des Landesamtes für den Nationalpark „Schleswig-Holsteinisches Wattenmeer"vom 21. Juli 1987 - 5301.12-10 -
Aufgrund des § 6 Abs. 5 Satz 1 des Nationalparkgesetzes vom 22. Juli 1985 (GVOBl. Schl.-H. S. 202) werden die folgenden Handlungen im Nationalpark „Schleswig-Holsteinisches Wattenmeer" allgemein zugelassen:
1. Die Entnahme von Wattwürmern außerhalb der Zone 1 durch Fischereischeininhaber im Handstichverfahren für den persönlichen Bedarf. § 2 Abs. 2 der Landesverordnung über ein Grabungsschutzgebiet im Bereich der Watten und Sände des nordfriesischen Wattenmeeres vom 23. August 1973 (GVOBl. Schl.-H. S. 319) ist zu beachten;
2. die Entnahme von Pflanzen oder Pflanzenbestandteilen außerhalb der Zone 1 unter Beachtung der Einschränkungen des § 23 Abs. 2 des Landschaftspflegegesetzes;
3. die Entnahme von Pflanzen oder Tieren außerhalb der Zone 1 in kleinen Mengen für Zwecke der Forschung oder Bildung; dies gilt auch für Wattführungen, die durch beim Landesamt für den Nationalpark „Schleswig-Holsteinisches Wattenmeer" registrierte Wattführer durchgeführt werden;
4. das Betreten der Zone 1 und der mit Verbotshinweisen gekennzeichneten Flächen (der Zone 2) durch amtlich bestellte Seehundjäger im Rahmen der Jagdaufsicht, jedoch ohne Jagdausübung.
Alle Handlungen, die über den in den Nummern 1 bis 4 bezeichneten Umfang hinausgehen, bedürfen weiterhin einer Einzelgenehmigung durch das Landesamt für den Nationalpark „Schleswig Holsteinisches Wattenmeer".
Amtsbl. Schl.-H. 1987 S. 342

1.3 Kuratorienverordnung Nationalpark

Landesverordnung über die Kuratorien beim
Landesamt für den Nationalpark Schleswig-Holsteinisches Wattenmeer (Kuratorienverordnung Nationalpark) vom 20. Dezember 1985
GS Schl.-H. II, Gl.Nr. 791-6-1

Aufgrund des § 9 Abs. 2 des Nationalparkgesetzes vom 22. Juli 1985 (GVOBl. Schl-H. S. 202) wird verordnet:

**§ 1
Bezeichnung**
Die nach § 9 Abs. 1 Satz 1 des Nationalparkgesetzes errichteten Kuratorien führen folgende Bezeichnungen:

1. Nationalparkkuratorium Nordfriesland,
2. Nationalparkkuratorium Dithmarschen.

**§ 2
Amtsdauer, Ausschluß der Mitgliedschaft**
(1) Die Amtsdauer der nach § 9 Abs. 1 Satz 3 des Nationalparkgesetzes benannten oder bestellten Mitglieder beträgt 5 Jahre. Sie beginnt mit der ersten Sitzung des Kuratoriums, die auf die jeweilige Benennung oder Bestellung folgt. Scheidet ein Mitglied vor Ablauf der Amtsdauer aus, ist für die restliche Amtsdauer ein neues Mitglied zu benennen oder zu bestellen.

(2) Bedienstete des Landes Schleswig-Holstein, die beim Minister für Ernährung, Landwirtschaft und Forsten oder beim Landesamt für den Nationalpark Schleswig-Holsteinisches Wattenmeer (Landesamt) beschäftigt sind, dürfen den Kuratorien nicht angehören.

**§ 3
Pflichten der Mitglieder**
Die Mitglieder haben ihre Tätigkeit gewissenhaft und unparteiisch auszuüben. Sie sind zur Verschwiegenheit verpflichtet; § 95 Abs. 2 des Landesverwaltungsgesetzes gilt entsprechend.

**§ 4
Ausscheiden und Abberufen von Mitgliedern**
(1) Beabsichtigt ein nach § 9 Abs. 1 Satz 3 des Nationalparkgesetzes benanntes oder bestelltes Mitglied aus dem Kuratorium auszuscheiden, teilt es dies der Stelle mit, die es benannt oder bestellt hat; diese

unterrichtet unverzüglich den Vorsitzenden des Kuratoriums. Die Mitgliedschaft endet mit der Benennung oder Bestellung eines neuen Mitgliedes.

(2) Ein benanntes oder bestelltes Mitglied kann aus dem Kuratorium abberufen werden; § 98 des Landesverwaltungsgesetzes gilt entsprechend. Die Abberufung wird mit der Benennung oder Bestellung eines neuen Mitgliedes wirksam.

§ 5
Sitzungen

(1) Der Vorsitzende lädt das Kuratorium zu einer Sitzung ein, wenn es die Geschäftslage erfordert, mindestens jedoch einmal im Jahr. Auf schriftlichen Antrag von mindestens einem Drittel der Mitglieder hat der Vorsitzende eine Sitzung anzuberaumen; der Antrag muß den Beratungsgegenstand enthalten. Das gleiche gilt, wenn das Landesamt die Anberaumung einer Sitzung zur Beratung einer dringenden Angelegenheit verlangt; in diesem Falle ist die Dringlichkeit zu begründen.

(2) Die Kuratorien können Angelegenheiten in einer gemeinsamen Sitzung beraten.

(3) Zu den Sitzungen des Kuratoriums ist mindestens 14 Tage vorher schriftlich einzuladen. In der Einladung ist die Tagesordnung anzugeben.

(4) Für die Sitzungen des Kuratoriums gilt:
1. Die Sitzungen sind nicht öffentlich;
2. Vertreter des Landesamtes haben auf Verlangen des Vorsitzenden
    an den Sitzungen teilzunehmen;
3. der Vorsitzende kann
a) Vertreter anderer Behörden hinzuziehen
b) die Teilnahme anderer Personen zulassen, soweit dies sachdienlich ist oder wichtige Gründe nicht entgegenstehen; das Kuratorium kann von den Entscheidungen des Vorsitzenden abweichen.
(5) Über jede Sitzung des Kuratoriums ist eine Niederschrift anzufertigen. Sie muß enthalten:
1. den Ort und den Tag der Sitzung,
2. die Namen der anwesenden Kuratoriumsmitglieder und der sonstigen Sitzungsteilnehmer
3. die behandelten Tagesordnungspunkte,
4. die gestellten Anträge,
5. das Ergebnis der Anhörung Dritter,
6. die gefaßten Beschlüsse und
7. das Ergebnis von Wahlen.
Die Niederschrift ist vom Vorsitzenden und vom Protokollführer zu unterzeichnen.

(6) Das Kuratorium kann sich eine Geschäftsordnung geben. Die §§ 101 und 102 des Landesverwaltungsgesetzes gelten entsprechend, soweit diese Verordnung nicht etwas anderes bestimmt.

§ 6
Beschlußfähigkeit, Beschlußfassung, Wahlen

(1) Das Kuratorium ist beschlußfähig, wenn alle Mitglieder ordnungsgemäß geladen worden sind und mindestens die Hälfte der Mitglieder anwesend ist.
(2) Das Kuratorium beschließt mit Stimmenmehrheit; Stimmengleichheit gilt als Ablehnung.
(3) Für die Wahlen durch das Kuratorium gilt § 104 des Landesverwaltungsgesetzes entsprechend.

§ 7
Vertreter des Vorsitzenden, Geschäftsführung

(1) Das Kuratorium wählt aus seiner Mitte einen Vertreter des Vorsitzenden.
(2) Das Kuratorium kann sich für die Führung seiner Geschäfte des Landesamtes bedienen.

§ 8
Entschädigung

(1) Für die Teilnahme an Sitzungen erhalten die Mitglieder des Kuratoriums Sitzungsgeld und Reisekosten. Das Sitzungsgeld beträgt 40,00 DM. Reisekosten werden nach Maßgabe des Bundesreisekostengesetzes nach der Reisekostenstufe B gezahlt, soweit die Auslagen nicht nach anderen Vorschriften zu ersetzen sind.

(2) Entgangener Arbeitsverdienst wird nicht ersetzt.

§ 9
Inkrafttreten

Diese Verordnung tritt am Tage nach ihrer Verkündung in Kraft.

Kiel, den 20. Dezember 1985

Der Minister
für Ernährung,
Landwirtschaft und Forsten
Flessner

XVI

2. Quellenverzeichnis: Gesetze, Verordnungen, Richtlinien

2.1 Bundesgesetze/ EU Richtlinien

Abfallgesetz (AbfG)
Gesetz über die Vermeidung und Entsorgung von Abfällen
(BGBl. III 2129-27-1) vom 27.08.86 (BGBl. I, S. 1410, berichtigt S. 1501), zuletzt geändert am 27.09.94 (BGBl. I, S. 2705)

Baugesetzbuch (BauGB)
(BGBl. III 213-1) in der Fassung der Bekanntmachung vom 8. Dezember 1986 (BGBl. I. S. 2253), zuletzt geändert am 27.12.1993 (BGBl. I. S. 2378)

Bundesberggesetz (BBergG)
(BGBl. III 750-15) vom 13.08.80 (BGBl. I, S. 1310), geändert durch das Gesetz zur Änderung des Bundesberggesetzes vom 12.02.90 (BGBl. I, S. 215), zuletzt geändert am 06.06.94 (BGBl. I. S. 1170)

Bundesimmissionsschutzgesetz (BImSchG)
Gesetz zum Schutz vor schädlichen Umwelteinwirkungen durch Luftverunreinigungen, Geräusche, Erschütterungen und ähnliche Vorgänge (BGBl. III 2129-8) in der Fassung der Bekanntmachung vom 14.05.90 (BGBl. I. S. 880), zuletzt geändert am 27.06.94 (BGBl, I, S. 1440)

Bundesjagdgesetz
(BGBl. III 792-1) vom 20.09.76 (BGBl. I, 1. S. 2849), zuletzt geändert am 23.09.90 (BGBl. II, S. 885, 1071)

Bundesnaturschutzgesetz (BNatSchG)
Gesetz über Natur und Landschaftspflege (BGBl. III 791-1) in der Fassung der Bekanntmachung vom 12.03.87 (BGBl. I. S. 889), zuletzt geändert am 06.08.93 (BGBl. I. S. 1458)

Bundeswaldgesetz (BWaldG)
Gesetz zur Erhaltung des Waldes und zur Förderung der Forstwirtschaft (BGBl. III 790-18) vom 02.05.75 (BGBl. I. S. 1037), zuletzt geändert am 27.07.84 (BGBl. I, S. 1034)

Bundeswasserstraßengesetz (WaStrG)
vom 02.04.68 in der Neufassung vom 23.08.90 (BGBl. I. S. 1819)

Chemikaliengesetz (ChemG)
Gesetz zum Schutz vor gefährlichen Stoffen (BGBl. III 8053-6) in der Fassung der Bekanntmachung vom 25.07.94 (BGBl. I. S. 1703)

DDT-Gesetz
Gesetz über den Verkehr mit DDT (BGBl. III 2121-9) vom 07.08.72 (BGBl. I. S. 1385), zuletzt geändert am 24.06.94 (BGBl. I, S. 1416)

Düngemittelgesetz (DMG)
(BGBl. III 7820-2) vom 15.11.77 (BGBl. I. S. 2134), zuletzt geändert am 12.07.89 (BGBl. I, S. 1435)

EG-Nitratrichtlinie
Richtlinie des Rates vom 12.12.91 zum Schutz der Gewässer vor Verunreinigungen durch Nitrat aus landwirtschaftlichen Quellen (91/676/EWG) (ABl. EG vom 31.12.91, Nr. L 375/1)

Flurbereinigungsgesetz (FlurbG)
(BGBl. III 7815-1) in der Fassung der Bekanntmachung vom 16.03.76 (BGBl. I S. 546), zuletzt geändert durch Gesetz vom 23.08.94 BGBl. I. S. 2187)

Gesetz über die Beförderung gefährlicher Güter
(BGBl. III 9241-23) vom 06.08.75 (BGBl. I, S. 2121), zuletzt geändert am 06.06.94 (BGBl. I. S. 1416)

Gesetz über die Umweltverträglichkeitsprüfung (UVPG)
(BGBl. III 2120-4-2) vom 12.02.90 (BGBl. I, S. 205), zuletzt geändert durch Gesetz vom 23.11.94 (BGBl. I, S. 3486)

Gesetz zu dem Übereinkommen vom 3. März 1973 über den internationalen Handel mit gefährdeten Arten freilebender Tiere und Pflanzen
(BGBl. III 188-12) vom 22.05.75 (BGBl. II S. 773), zuletzt geändert am 20.12.85 (BGBl. I, S. 2473)

Gesetz zu dem Übereinkommen vom 23.06.79 zur Erhaltung der wandernden wildlebenden Tierarten vom 29.06.84 (BGBl. II, 569)

Gesetz zu dem Übereinkommen vom 19.09.79 über die Erhaltung der europäischen wildlebenden Pflanzen und Tiere und ihrer natürlichen Lebensräume vom 17.07.84 (BGBl. II, 618)

Grundgesetz (GG)
Grundgesetz für die BRD (BGBl. III 100-1) vom 23.05.49 BGBl. S. 1), zuletzt geändert am 27.10.94 (BGBl. I. S. 3146)

Pflanzenschutzgesetz (PflSchG)
Gesetz zum Schutz der Kulturpflanzen (BGBl. III 7823-5) vom 15.09.86 (BGBl. I. S. 1505), zuletzt geändert am 27.06.94 (BGBl. I. S. 1440)

Raumordnungsgesetz (ROG)
(BGBl. III 2300-1) in der Fassung der Bekanntmachung vom 28.04.93 (BGBl. I. S. 630), zuletzt geändert am 27.12.93 (BGBl. I, S. 2378)

Richtlinie der Kommission vom 08. Juni 1994 zur Änderung 79/409/EWG des Rates über die Erhaltung der wildlebenden Vogelarten (94/24 EWG) (AB 1. Nr. L 164, S. 9)

Richtlinie des Rates vom 07. März 1985 betreffend Luftqualitätsnormen für Stickstoffdioxid (85/203/EWG)(ABL. Nr. L 87/1), zuletzt geändert am 23.12.91 (91/692/EWG) (ABl. Nr. L 377, S. 48)

Tierkörperbeseitigungsgesetz (BGBl. III 7831-8) vom 02.09.75 (BGBl. I. S. 2313, berichtigt S. 2610)

Tierschutzgesetz vom 01.10.72, zuletzt geändert am 18.08.1986 (BGBl. I. S. 1319).

Umweltinformationsgesetz (UIG) (BGBl. III 2129-24) vom 08. Juli 94 (BGBl. I. S. 1490), verabschiedet als Art. 1 des Gesetzes zur Umsetzung der Richtlinie 90/313/EWG des Rates vom 7. Juni 1990 über den freien Zugang zu Informationen über die Umwelt, in Kraft getreten am 16. Juli 1994

Verordnung (EWG) Nr. 3626/82 der Kommission vom 03. Dezember 1982 zur Anwendung des Übereinkommens über den internationalen Handel mit gefährdeten Arten freilebender Tiere und Pflanzen in der Gemeinschaft (ABl. Nr. L 384, S. 1)

Verordnung (EWG) Nr. 1970/92 der Kommission vom 30. Juni 1992 zur Änderung der Verordnung (EWG) Nr. 3626/82 des Rates zur Anwendung des Übereinkommens über den internationalen Handel mit gefährdeten Arten freilebender Tiere und Pflanzen in der Gemeinschaft (ABl. L 201)

Waschmittelgesetz (WRMG)
Gesetz über die Umweltverträglichkeit von Wasch- und Reinigungsmitteln (BGBl. III 753-8) in der Fassung der Bekanntmachung vom 05.03.87 (BGBl. I. S. 875), zuletzt geändert am 27.06.94 (BGBl. I. S. 1440)

Wasserhaushaltsgesetz (WHG)
Gesetz zur Ordnung des Wasserhaushaltes (BGBl. III 753-1) in der Fassung der Bekanntmachung vom 23.09.86 (BGBl. I. S. 1529, berichtigt S. 1654), zuletzt geändert am 27.06.94 (BGBl. I. S. 1440).

2.2 Bundesverordnungen

Klärschlammverordnung (AbfKlärV) (BGBl. III 2129-6-6) vom 15.04.92 (BGBl. I. S. 912)

Richtlinie des Bundesministers für Umwelt, Naturschutz und Reaktorsicherheit zur Förderung von Erprobungs- und Entwicklungsvorhaben im Bereich Naturschutz und Landschaftspflege vom 16.12.1987 (GMBl. 1988, S. 109)

TA-Luft
Technische Anleitung zur Reinhaltung der Luft
1. Allgemeine Verwaltungsvorschrift zum BImSchG (GMBl. S. 95, berichtigt S. 202) vom 27.02.86

Seeschiffahrtsstraßen-Ordnung (SeeSchStrO) vom 15.04.87, zuletzt geändert am 07.12.1994 (BGBl I S. 3744)

Verordnung über das Befahren der Bundeswasserstraßen in Nationalparken im Bereich der Nordsee (NPNordSBefV) vom 12.02.1992 in der Fassung der Bekanntmachung vom 15.02.95 (BGBl I. S. 212)

2.3 Landesgesetze

Landesabfallwirtschaftsgesetz (LAbfWG)
(GS Schl.-H. II, Gl, Nr. 2129-3) vom
06.12.91 (GVOBl. Schl.-H., S. 640), zuletzt
geändert am 17.04.93 (GVOBl. Schl.-H. S.
172)

Landesentwicklungsgesetz
Gesetz über Grundsätze zur Entwicklung
des Landes (GS Schl.-H. II, Gl, Nr. 230-2) in
der Fassung der Bekanntmachung vom
22.09.81 (GVOBl. Schl.-H. S. 117), zuletzt
geändert am 19.11.85 (GVOBl. Schl.-H. S.
374)

Landesnaturschutzgestz (LNatSchG)
Gesetz zum Schutz der Natur in der
Fassung der Bekanntmachung des Gesetzes zur Neufassung des Landeschafts-
pflegegesetzes (GS Schl.-H. II, Gl. Nr. 791-
7) vom 16.06.93 (GVOBl. Schl.-H. S. 215)

Landesplanungsgesetz
Gesetz über die Landesplanung (GS Schl.-
H. II, Gl. Nr. 230-1) in der Fassung der
Bekanntmachung vom 10.06.92 (GVOBl.
Schl.-H., 342)

Landesverwaltungsgesetz
(GS Schl.-H. II, Gl. Nr. 20-1-13) in der
Fassung der Bekanntmachung vom
19.03.79 (GVOBl. Schl.-H. S. 181), Neufassung vom 02.06.92 (GVOBl. Schl.-H., S.
243), zuletzt geändert am 11.03.93 (GVOBl.
Schl.-H. S. 128)

Landeswaldgesetz (LWaldG)
(GS Schl.-H. II, Gl. Nr. 790-3) in der Fassung der Bekanntmachung des Gesetzes
zur Neufassung des Landeswaldgesetzes
vom 11.08.94 (GVOBl. Schl.-H. S. 438

Landeswassergesetz (LWG)
Wassergesetz des Landes Schleswig-
Holstein (GS Schl.-H. II, Gl. Nr. 753-2) in
der Form der Bekanntmachung vom
07.02.1992, in der berichtigten Fassung
vom 26.05.94 (GVOBl. Schl.-H. S.)

Nationalparkgesetz
Gesetz zum Schutz des schleswig-holstei-
nischen Wattenmeeres (GS Schl.-H. II, Gl.
Nr. 791-6) vom 22.07.85 (GVOBl. Schl.-H.,
S. 202), zuletzt geändert am 06.12.89
(GVOBl. Schl.-H., S. 171)

Regierungsentwurf Landesentwicklungsgrundsätzegesetz
Regierungsentwurf des Gesetzes über
Grundsätze zur Entwicklung des Landes in
der Fassung vom 01.02.95

Landesjagdgesetz (LJagdG)
in der Fassung vom 11.08.94 (GVOBl. S.
452)

Fischereigesetz des Landes Schleswig-
Holstein (LandesFischG)
vom 10.2.1996 (GVOBl. S. 211).

Gesetz über den Fischereischein vom
19.04.39, zuletzt geändert am 06.12.89
(GVOBl. S. 171)

2.4 Landesverordnungen/
-richtlinien

Gülle-Verordnung
Landesverordnung über das Aufbringen
von Gülle (GS Schl.-H. II, Gl. Nr. 7820-1)
27.06.89 (GVOBl. Schl.-H. S. 73)

Landesverordnung über die zuständigen
Behörden und Übertragung von Ermächti-
gungen nach dem Bundesnaturschutzgesetz und der Bundesartenschutz-
verordnung (ZustVOArtenschutz) (GS
Schl.-H. II, Gl. Nr. 200-0-165) vom 03. Juli
1987 (GVOBl. Schl.-H. S. 254)

Muster Baumschutzverordnung/-Satzung
(GS Schl.-H. II, Gl. Nr. 7911.8), 15.03.95
(ABl. Schl.-H. S. 248), berichtigt am
28.03.95 (ABl. Schl.-H. S. 302)

Ozon-Verordnung (OzonVO)
Landesverordnung zur Bekämpfung der
Luftverschmutzung durch Ozon (GS Schl.-
H. II, Gl, Nr. B 2129-8-2) vom 03.08.94
(GVOBl. Schl.-H., S. 341)

Richtlinien für die Gewährung eines
erweiterten Pflegeentgeltes sowie einer
Prämie für natürlich belassene Salzwiesen
in Anlehnung an das Halligprogramm
Bekanntmachung vom 19. März 1992 - XI
530/5327.6600 - Amtsblatt für Schleswig-
Holstein Nr. 14, 1992, Seite 213

Smog-Verordnung (SmogVO)
Landesverordnung zur Verhinderung
schädlicher Umwelteinwirkungen bei
austauscharmen Wetterlagen (GS Schl.-H.,
Gl Nr. 2129-2) vom 31.10.89 (GVOBl. Schl.-
H., S. 159)

Landesverordnung für die Häfen in
Schleswig-Holstein (HafVO)
vom 13.02.76, zuletzt geändert am
20.10.80 (GVOBl. S. 299)

Landesverordnung für die Sicherheit beim
Umgang mit gefährlichen Gütern in den
schleswig-holsteinischen Häfen (Hafen-
sicherheitsverordnung -HSVO) vom
07.09.77.

Landesverordnung über die Ausübung der
Fischerei in den Küstengewässern
(Schleswig-Holsteinische Küstenfischereiordnung - KüFO) vom 01.04.94 (GVOBl. S.
201)

Landesverordnung über die Ausübung der
Fischerei in den Binnengewässern
(Schleswig-Holsteinische Binnenfischerei-
ordnung - BiFO) vom 01.04.94 (GVOBl. S.
208)

Landesverordnung zur Durchführung des
Gesetzes über den Fischereischein vom
22.02.83, zuletzt geändert am 15.04.91
(GVOBl. S. 254).

Landesverordnung über die Kuratorien
beim Landesamt für den Nationalpark
Schleswig-Holsteinisches Wattenmeer
(Kuratorienverordnung Nationalpark) vom
20.12.85 (GVOBl. 1986, S. 19)

Landesverordnung über das Halten und
Beaufsichtigen von Hunden (Hunde-
verordnung) vom 07.07.93 (GVOBl. S. 282)

Landesverordnung über Sportboothäfen
(Sportboothafenverordnung) vom
15.02.83

Landesverordnung über das Zelt- und
Campingplatzwesen (Zelt- und
Campingplatzverordnung vom 07.01.1983,
zuletzt geändert am 01.03.88 (GVOBl. S.
104)

Landesverordnung zur Übertragung von
Zuständigkeiten für die Gefahren (...) in
Küstengewässern vom 02.05.1972 (GVOBl.
S. 62)

Grundsätze zur Planung von Windenergieanlagen vom 04. Juli 1995 (Amtsblatt S.
478)

Landesverordnung über die Badestellen
(...), Badestellenverordnung vom 28.03.85,
zuletzt geändert am 23.05.91 (GVOBl. S.
269)

Kennzeichnungsverwaltungsvorschrift.
(KennzVV) vom 23.08.95 (Amtsblatt S.
654)

2.5 Naturschutz- und Landschaftsschutzgebietsverordnungen

Naturschutzgebiet Dithmarscher Eidervorland mit Watt
Verordnung vom 22.12.89, GVOBl. SH
1990, S. 15

Naturschutzgebiet Insel Trischen
Verordnung vom 28.10.89, GVOBl. SH, S.
206

Naturschutzgebiet Kronenloch/
Speicherkoog Dithmarschen
Verordnung vom 23.12.1985, GVOBl. SH
1986, S. 21

Naturschutzgebiet Wöhrdener Loch/
Speicherkoog Dithmarschen
Verordnung vom 27.11.90, GVOBl. SH
1991, S. 5

Naturschutzgebiet Hamburger Hallig
Verordnung vom 16.04.1930, Reg. Amtsblatt S. 158

Naturschutzgebiet Kampener Vogelkoje
auf Sylt
Verordnung vom 18.03.35, Reg. Amtsbl. S.
98

Naturschutzgebiet Nordspitze Amrum auf
der Insel Amrum
Verordnung vom 29.10.36, Reg. Amtsbl. S.
343

Naturschutzgebiet Beltringharder Koog
Verordnung vom 17.12.91, GVOBl. 92, S.
26

Naturschutzgebiet Vogelfreistätte Hallig
Norderoog
Verordnung vom 01.07.39, Reg. Amtsbl. S.
208

Naturschutzgebiet Hallig Südfall
Verordnung vom 22.01.59, GVOBl. SH, S. 1

Naturschutzgebiet Morsum-Kliff
Verordnung vom 09.08.68, GVOBl. SH S.
273, geändert am 09.07.74 GVOBl. SH S.
247

Naturschutzgebiet Amrumer Dünen
Verordnung vom 18.03.71,
GVOBl. SH S. 147

Naturschutzgebiet Hörnum-Odde/Sylt
Verordnung vom 02.12.72,
GVOBl. SH, S. 232

Naturschutzgebiet Rantumer Dünen/Sylt
Verordnung vom 28.02.73,
GVOBl. SH S. 77

Naturschutzgebiet Hallig Süderoog
Verordnung vom 28.07.77,
GVOBl. SH, S. 206

Naturschutzgebiet Wester-Spätinge
Verordnung vom 09.02.78,
GVOBl. SH S. 50

Naturschutzgebiet Nielönn/Sylt
Verordnung vom 05.03.79,
GVOBl. SH S. 266

Naturschutzgebiet Braderuper Heide/Sylt
Verordnung vom 05.03.79,
GVOBl. SH S. 268

Naturschutzgebiet Baakdeel-Rantum/Sylt
Verordnung vom 05.03.79,
GVOBl. SH S. 270

Naturschutzgebiet Dünenlandschaft auf
dem Roten Kliff/Sylt
Verordnung vom 05.03.79,
GVOBl. SH S. 272

Naturschutzgebiet Nord-Sylt
Verordnung vom 23.05.80,
GVOBl. SH. S. 188

Naturschutzgebiet Wattenmeer
nördlich des Hindenburgdammes
Verordnung vom 01.11.80,
GVOBl. SH S. 318

Naturschutzgebiet Nordfriesisches
Wattenmeer
Verordnung vom 23.08.82,
GVOBl. SH S. 198

Naturschutzgebiet Rickelsbüller Koog
Verordnung vom 11.11.82,
GVOBl. SH, S. 293

Naturschutzgebiet Rantumbecken
Verordnung vom 29.11.83, GVOBl. SH
1984, S. 1

Naturschutzgebiet Grüne Insel
mit Eiderwatt
Verordnung vom 15.12.89, GVOBl. SH
1990, S. 9

Landschaftsschutzgebiet Dithmarscher
Wattenmeer
Verordnung vom 06.12.76, Amtsbl. SH/
AAz. 1977, S. 7

Landschaftsschutzgebiet Schobüller Berg
Verordnung vom 18.10.54, Amtsbl. SH/
AAz. S. 312, geändert am 07.01.88

Landschaftsschutzgebiet Süd-Ost-Heide,
Kampen
Verordnung vom 10.01.57, Amtsbl. SH/
AAz. S. 27, geändert am 05.03.79

Landschaftsschutzgebiet Nord-Ost-Heide,
Kampen
Verordnung vom 08.07.57, Amtsbl. SH/
AAz S. 165, geändert am 29.08.84 und am
15.01.85

Landschaftsschutzgebiet Dünen- und
Heidelandschaft Hörnum auf Sylt
Verordnung am 30.06.65, Amtsblatt SH/
AAz. S. 179

Landschaftsschutzgebiet Rantum (Sylt)
Verordnung vom 30.07.65, Amtsbl. SH/
AAz. S. 183

Landschaftsschutzgebiet Archsum
Verordnung vom 31.01.68, Amtsbl. SH/
AAz. S. 40

Landschaftsschutzgebiet Morsum
Verordnung vom 12.09.68, Amtsbl. SH/
AAz. S. 225

Landschaftsschutzgebiet Jükermarsch und
Tipkenhügel
Verordnung vom 30.01.69, Amtsbl. SH/
AAz. S. 27

Landschaftsschutzgebiet Amrum
Verordnung vom 26.04.77, Amtsbl. SH/
AAz.: S. 169

3. Programm zur Bewirtschaftung der Muschelressourcen in schleswigholsteinischen Küstengewässern (Entwurf)

Entwurf Stand: 29.01.1996
Programm zur Bewirtschaftung der Muschelressourcen in schleswig-holsteinischen Küstengewässern gemäß § 40 (LFischG)

1. Ziel

Erklärtes Ziel der Landesregierung ist es, eine nachhaltige und schonende Nutzung der Muschelressourcen herzustellen. Verbunden damit wird das Ziel, die mit dem Fang, der Kultur sowie Weiterverarbeitung dieser Meeresfrüchte mögliche Wertschöpfung verantwortungsvoll zu nutzen. Im Nationalpark Schleswig-Holsteinisches Wattenmeer ist deren Nutzung an den Vorgaben des Nationalparkgesetzes auszurichten.

Unter Berücksichtigung der Ergebnisse des Muschelmonitorings, der Ökosystemforschung sowie der Fischereibiologie wird die Nutzung der Muscheln nach den Prinzipien der Nachhaltigkeit und Schonung des Ökoystems organisiert (Muschelfischereimanagement).

Das Programm erfaßt alle fischereilich nutzbaren Muscheln der schleswigholsteinischen Küstengewässer.

2. Rechtlicher Rahmen

2.1 Gesetze und Verordnungen

Die gesetzlichen Grundlagen der schleswig-holsteinischen Muschelfischerei bilden zur Zeit fünf Gesetze und die dazugehörigen Verordnungen:

das Landesfischereigesetz vom 26. Januar 1996 (Gesetz- und Verordnungsblatt Schleswig-Holstein, S. ..),
die Schleswig-Holsteinische Küstenfischereiordnung vom 01.04.1994 (GVOBl. Schl.-H. S. 201) in der zur Zeit geltenden Fassung,
das Bundeswasserstraßengesetz vom 02.04.1996 (BGBl. Teil II, S. 173), in der Fassung vom 23.08.1990 (BGBl. Teil I, S. 1818),

für die Muschelfischerei im Gebiet des Nationalparks das Gesetz zum Schutze des Schleswig-Holsteinischen Wattenmeeres vom 22.07.1985 (GVOBl. Schl.-H. S. 202) und
das Gesetz zum Schutz der Natur - Landesnaturschutzgesetz - vom 16. Juni 1993 (GVOBl. Schl.-H. S. 215).

2.2 Nutzung des Muschelfischereirechts des Landes durch Dritte

Die Muscheln unterliegen nicht - wie die Fische - dem freien Fischfang. In § 1 Abs. 3 Bundeswasserstraßengesetz überläßt der Bund den Küstenländern das alleinige Recht zur Nutzung der Muscheln in den Küstengewässern. Das Land Schleswig-Holstein nutzt das ihm zustehende Muschelfischereirecht durch Vergabe von privatrechtlichen Fischereierlaubnissen (Lizenzen). Insoweit werden die nicht öffentlich-rechtlich umsetzbaren Maßnahmen privatrechtlich im Rahmen der Lizenzen geregelt.

Für bereits bestehende Betriebe gelten die Prinzipien des Bestandsschutzes für eingerichtete und ausgeübte Gewerbebetriebe, die Sozialpflichtigkeit des Eigentums und die Dispositionsfreiheit ihres Wirtschaftens im Rahmen ordnungsgemäßer Betriebsführung und dieses Programmes.

Die Vergabe von Fanglizenzen für Muschelressourcen erfolgt auf der Basis des Muschelmonitorings, der Fischereibiologie und sonstiger wissenschaftlicher Forschungsergebnisse nach den Prinzipien der Nachhaltigkeit und Schonung des Ökosystems.

Eine nachhaltige Nutzung im Sinne des UN-Übereinkommens über die biologische Vielfalt (Rio-Übereinkommen 1992) bedeutet dabei „die Nutzung von Bestandteilen der biologischen Vielfalt in einer Weise und in einem Ausmaß, die nicht zum langfristigen Rückgang der biologischen Vielfalt führen, wodurch ihr Potential erhalten bleibt, die Bedürfnisse und Wünsche heutiger und künftiger Generationen zu erfüllen".

Internationale Empfehlungen (z. B. Internationales Wattenmeersymposium, Ministererklärungen der Trilateralen Regierungskonferenz zum Schutz des Wattenmeeres, Nordseeschutzkonferenzen) haben keine unmittelbar rechtliche Bindung für die schleswigholsteinische Muschelfischerei; sie sollen aber im Rahmen der rechtlichen Möglichkeiten soweit wie möglich umgesetzt werden.

3. Zuständigkeiten

Zuständig für dieses Programm ist der Minister für Ernährung, Landwirtschaft, Forsten und Fischerei (oberste Fischereibehörde). Soweit der Nationalpark Schleswig-Holsteinisches Wattenmeer oder Naturschutzgebiete betroffen sind, wird das Programm im Einvernehmen mit der obersten Naturschutzbehörde erstellt (§ 40 Abs. 3 LFischG). Die Umsetzung und Überwachung führt das Fischereiamt des Landes Schleswig-Holstein (obere Fischereibehörde) durch.

Obere Naturschutzbehörde im Sinne dieses Programmes ist das Landesamt für den Nationalpark Schleswig-Holsteinisches Wattenmeer (NPA).

Nutzungserlaubnisse (Fanglizenzen) erteilt die oberste Fischereibehörde. Soweit der Nationalpark oder Naturschutzgebiete betroffen sind, wird die Erlaubnis im Einvernehmen mit der obersten Naturschutzbehörde erteilt (§ 40 Abs. 1 LFischG).

Muschelkulturbezirke im Gebiet des Nationalparks weist die oberste Fischereibehörde im Einvernehmen mit der obersten Naturschutzbehörde aus. Genehmigungen zur Nutzung von Muschelkulturbezirken erteilt die oberste Fischereibehörde.

Die Lenkung der Besatz- und Wildmuschelfischerei erfolgt durch die obere Fischereibehörde. Besatzmuschelfischerei in der jetzigen Zone 1 des Nationalparks erfolgt im Einvernehmen mit der oberen Nturschutzbehörde. Bei der oberen Fischereibehörde wird ein Sachgebiet Fisch- und Muschelmonitoring eingerichtet.

4. Muschelfischerei

Neben der Miesmuschel- und Austernfischerei können auch bisher nicht oder wenig genutzte Muschelarten, wie z. B. die Trogmuschel und die Scheidenmuschel, zunehmende Bedeutung erlangen, weil nach entsprechenden Bestandsuntersuchungen und aufgrund der Marktnachfrage sich lukrative Fischereien entwickeln. Im Nationalpark ist die Nutzung anderer Arten als Miesmuscheln und Austern ausgeschlossen.

4.1. Miesmuscheln

Ziel der Miesmuschelfischerei ist es, die als Muschelkulturbezirke ausgewiesenen Kulturflächen mit Besatzmuscheln zu besetzen. Die Muscheln wachsen hier zur Marktreife heran und werden dann abgefischt und vermarktet. Hierbei ist fischereipolitisch von Bedeutung, daß ein möglichst hoher Anteil der Kulturmuscheln in Schleswig-Holstein be- und verarbeitet wird, um Wertschöpfung und Arbeitsplätze in der Region zu sichern und auszubauen. Die Miesmuschelfischerei soll nur noch stattfinden als Kulturmuschelwirtschaft unter Verzicht auf die Anlandung von marktfreien Wildmuscheln. Wildmuscheln dürfen ohnehin nur für den Besatz der Kulturmuschelflächen verwendet werden.

4.2 Austern

Nach dem Zusammenbruch der heimischen Austernbestände (Ostra edulis) 1921/22 hat es in schleswig-holsteinischen Küstengewässern keine nennenswerte Austernfischerei mehr gegeben. Seit einigen Jahren werden in Aquakulturen Austern der Art Crassostrea gigas gezüchtet.

Im Rahmen der hieraus gewonnenen Erkenntnisse und Forschungsergebnisse soll geprüft werden, ob zur Steigerung der Wirtschaftskraft Schleswig-Holsteins weitere Anlagen eingerichtet werden können; im Nationalparkgebiet unter Einhaltung der auf 2.800 ha begrenzten Muschelkulturfläche.

4.3 Herzmuscheln

Das Land verzichtet seit 1989 auf die Nutzung des Rechts auf Herzmuschelfischerei im Nationalpark.

Ob in Zukunft außerhalb des Nationalparks Schleswig-Holsteinisches Wattenmeer unter Wahrung des Schongedankens wieder eine Herzmuschelfischerei aufgenommen werden kann, muß im Rahmen des Muschelmonitorings und einer fischereibiologischen und ökologischen Bewertung geprüft werden.

4.4 Trogmuscheln

Vor dem Schleswig-Holsteinischen Wattenmeer wurden von der Fischerei bedeutende Vorkommen von Trogmuscheln (Spisula solida) entdeckt. Seit der Ausweitung der Hoheitsgrenzen zum 01.01.1995 auf 12 Seemeilen fallen einige Trogmuschelvorkommen in das schleswig-holsteinische Hoheitsgebiet. Das Land

Schleswig-Holstein hat im Jahr 1995 sechs Lizenzen zum Fang von Trogmuscheln im Seegebiet zwischen 3 und 12 Seemeilen vergeben, im wesentlichen an solche Betriebe, die vorher eine Fangerlaubnis vom damals zuständigen Bundesministerium für Ernährung, Landwirtschaft und Forsten erhalten hatten. Auf der Basis eines Muschelmonitorings sowie einer fischereibiologischen und ökologischen Bewertung dieser Fischerei wird der mögliche Umfang festgelegt.

Damit wird Ziffer 54 der Erklärung der Umweltminister (Leeuwarden, November 1994) entsprochen. Bis zum Vorliegen von Ergebnissen der geplanten Untersuchungen werden keine weiteren Lizenzen vergeben.

4.5 Andere nutzbare Muschelarten
Die Ausgabe von dauerhaften Lizenzen für die Nutzung anderer Muschelarten ost davon abhängig, daß im Rahmen eines Monitorings und einer ökologischen Bewertung unter Wahrung der Prinzipien der Nachhaltigkeit und der Schonung des Ökosystems Vergabekriterien entwickelt werden.

5. Eckpunkte der Miesmuschelfischerei im Nationalpark
Die Kontrolle der Miesmuschelbestände und Ausübung der Miesmuschelfischerei wird durch ein Muschel-Monitoring bzw. Muschelfischerei-Management (Programm zur Bewirtschaftung der Muschelressourcen gemäß § 40 des Landesfischereigesetzes und § 2 der Küstenfischereiordnung) durchgeführt.
Die Anzahl der Fanglizenzen für Miesmuscheln ist auf 8 beschränkt.
Die Gesamtfläche der Muschelkulturbezirke im Nationalpark Schleswig-Holsteinisches Wattenmeer ist auf 2.800 ha begrenzt.

Das Mindestmaß für Vermarktungsware beträgt 5 cm mit einem gewichtsmäßigen Anteil von untermaßigen Muscheln bis zu 30 %. Ausnahmen hiervon bei hohem Saatfall oder sonstigen ungewöhnlichen Ereignissen auf den Kulturbänken werden auf der Grundlage des Muschelmonitoring im Einvernehmen zwischen oberer Fischereibehörde und oberer Naturschutzbehörde im rahmen der Küstenfischereiordnung und der Lizenzvergaben geregelt.
Die Anlandung von Wildmuscheln für Konsumzwecke ist nicht gestattet; Wildmuscheln dürfen nur als Besatzmuscheln für die Miesmuschelbezirke im National-

park Schleswig-Holsteinisches Wattenmeer verwendet werden.
Besatzmuscheln müssen mindestens eine ganze Wachstumsperiode auf den Kulturflächen liegen.

Die Anlage von Miesmuschelkulturbezirken ist nur außerhalb der jetzigen Zone 1 des Nationalparkes und außerhalb der trockenfallenden Wattflächen (Eulitoral) zulässig.

Miesmuschelfischerei auf trockenfallenden Wattflächen ist nicht mehr zulässig. Auf nicht trockenfallenden Wattflächen (Sublitoral) der derzeitigen Zone 1 kann die Besatzmuschelfischerei nur bei bedarf gestattet werden, wenn im übrigen Sublitoral keine befischbaren Mengen in ausreichendem Umfang zur Verfügung stehen.

Hierzu erfaßt die obere Fischereibehörde zusammen mit den Muschelfischereibetrieben die Besatzmuschelbestände im Nationalpark und teilt das Ergebnis der oberen Naturschutzbehörde mit.
Die obere Fischereibehörde erteilt hierüber im Einvernehmen mit der oberen Naturschutzbehörde unter Abwägung betrieblicher und ökologischer Gründe eine Freigabe.

Die obere Fischereibehörde, die obere Naturschutzbehörde sowie die Erzeugergemeinschaft der Muschelfischer unterrichten zu Beginn der Muschelsaison die Öffentlichkeit über die Situation der Muschelfischerei im Nationalpark Schleswig-Holsteinisches Wattenmeer.

Im Nationalpark ist es nicht erlaubt, gezielt Meeresenten und andere Seevögel von den Muschelkulturen zu vergrämen, insbesondere durch Schallapparate, starke Lichtquellen, den Einsatz von Motorbooten und die gezielte Verlärmung von Bord.

6. Ordnungsgemäße Muschelfischerei
Die ordnungsgemäße Muschelfischerei wird durch die obere Fischereibehörde unter Beachtung folgender Grundsätze festgelegt:

Nachhaltige Nutzung der Muschelressourcen bei gebotener Schonung des Ökosystems.

Besatzmuscheln dürfen ohne zeitliche Einschränkung gefischt und auf Kulturflächen in Miemuschelkulturbezirke verbracht werden. Ebenso ist die Pflege der

Kulturen, Kontrolle und Verpflanzung von einem Miesmuschelkulturbezirk zu anderen ganzjährig erlaubt.

Mitarbeitern der Fischereiverwaltung ist zu jeder Zeit der Zugang zu den Muschelbetrieben und seinen Einrichtungen zu ermöglichen, die Teilnahme an Fahrten zu gestatten und alle mit dem Betrieb zusammenhängenden Aufzeichnungen und Informationen vorzulegen.

Über alle Fahrten, Fänge, Verpflanzungen, Pflegemaßnahmen und Anlandungen ist täglich ein fortlaufendes Betriebstagebuch zu führen nach Maßgabe des Fischereiamtes, um die ordnungsgemäße Muschelfischerei sowie die Lizenzauflagen lückenlos belegen zu können.

Maßnahmen bei Nichteinhaltung der Regeln der ordnungsgemäßen Muschelfischerei sowie der sonstigen Bedingungen und Auflagen sowohl der Lizenzen für die Muschelkutter und auch der Auflagen aus den entsprechenden Ausweisungen der Muschelkulturbezirke werden in den Lizenzen geregelt.

Die Betriebe haben ihre Kulturflächen ordnungsgemäß zu bewirtschaften. Wird dieses Ziel ohne triftige Begründungen zwei Jahre lang nicht erreicht, kann die Nutzung solcher Muschelkulturbezirke entzogen werden.

Lizenzinhaber müssen Mitglieder in der Erzeugerorganisation der schleswig-holsteinischen Muschelfischer und sollen Teil der schleswig-holsteinischen Volkswirtschaft sein.

7. Überwachung

Um eine ordnungsgemäße Durchführung des Muschelfischereimanagements zu gewährleisten, müssen notwendige Kontrollen, Überwachungen und Sanktionen gesichert sein. Wesentliche Elemente hierbei sind:

zeitliche, örtliche und mengenmäßige Regelung der Besatzmuschelfischerei bei Vorliegen der Voraussetzungen der Nr. 5 Ziffer 7, Satz 2,

Erfassung und Regelung von Anlandungen und sonstigen Aktivitäten der Muschelkutterbetriebe sowie entsprechende Auflagen,

Führung eines fortlaufenden Betriebstagebuches mit Aufzeichnungen über u. a.

Fangmengen, Fangzeiten, Fangpositionen sowie den entsprechenden Daten über Gewicht, Qualität und Verbleib der vermarktungsfähigen Ware bzw. der Besatzmuscheln für die Miesmuschelfischerei nach Maßgabe der oberen Fischereibehörde,

Verwiegen der angelandeten Fänge nach Schaffung der Infrastruktur, Installation und Betrieb von Einrichtungen an Bord der lizensierten Fahrzeuge, die automatisch Positionen und auch andere Markmale nach Maßgabe der oberen Fischereibehörde aufzeichnen, senden und speichern.

8. Vergabe von Lizenzen

Das dem Land zustehende Muschelfischereirecht wird genutzt durch die Vergabe von Lizenzen mit begründeten materiellen Auflagen und einem angemessenen Nutzungsentgelt, um die möglichen Fischereiressourcen nachhaltig und schonend im Interesse der Bevölkerung Schleswig-Holsteins zu nutzen.

Die Lizenzen enthalten alle notwendigen Vertragsbedingungen, damit insbesondere die Nachhaltigkeit der Bestandsnutzung sowie die notwendige Schonung des Ökosystems einschließlich erforderlicher Kontroll- uns Sanktionsmaßnahmen, das Entgelt sowie die ordnungsgemäße Fischerei sichergestellt sind.

Einschränkungen der Muschelfischerei im Gebiet des Nationalparkes aufgrund von Ergebnissen der Ökosystemforschung und des laufenden Monitoringprogrammes, die über den Rahmen des Nationalparkgesetzes sowie der Sozialpflicht des Eigentums der eingerichteten und ausgeübten Gewerbebetriebe der Muschelfischerei hinausgehen, werden im Rahmen der Lizenzen geregelt. Gleiches gilt für die Genehmigungen zur Nutzung von Muschelkulturbezirken.

Grundsätzlich wird in den Lizenzen der Ausschuß von Entschädigungsansprüchen gegen das Land Schleswig-Holstein aufgenommen, soweit die Lizenzen im Rahmen dieses Programmes angepaßt werden. Weiterhin werden Entschädigungsansprüche gegen das Land Schleswig-Holstein ausgeschlossen, wenn die Muschelkulturen durch andere Vorgänge, insbesondere natürlicher Art, beeinträchtigt oder zerstört werden.

9. Muschelmonitoring

Zur Erfassung und Bewertung der Muschelbestände wird ein Muschelmonitoring durchgeführt, das als eine der Grundlagen für ein Muschelfischereimanagement dienen soll und schon seit längerem auf internationaler Ebene von den Nordseeanrainerstaaten fest vereinbart worden ist.

4. Fraßschäden von Gänsen und Enten

Durch wandernde Tierarten entstehen in vielen Teilen der Erde regelmäßig Schäden in der Landwirtschaft. In Afrika sind es beispielsweise Heuschrecken und Elefanten, in Nordamerika Schnee- und Kanadagänse. An der Westküste Schleswig-Holsteins verursachen vor allem Pfeifenten, Nonnen- und Ringelgänse derartige Schäden.

Das konzentrierte Vorkommen dieser Arten ist ein Naturphänomen in den Küstenmarschen Europas. Seit Jahrtausenden folgen diese Arten dem Ostatlantischen Zugweg der Küstenvögel. Von jeher konzentrierten sie sich in wenigen, besonders geeigneten Gebieten. Die Marschen, Wattflächen und Inseln der schleswig-holsteinischen Westküste bilden für diese Arten eine naturräumliche Einheit hoher Attraktivität und Bedeutung. In den letzten Jahren haben die durch Enten und Gänse verursachten Fraßschäden deutlich zugenommen (Abb. 217). Was sind die Ursachen dieser Entwicklung? Welchen Umfang haben die Schäden? Bestehen Zusammenhänge mit der Einrichtung des Nationalparks?

1. Die Vogelarten: Pfeifente, Nonnengans und Ringelgans

Pfeifenten brüten in weiten Bereichen Westrußlands und Nordskandinaviens. Nonnen- und Ringelgänse sind demgegenüber auf wenige arktische Küstenbereiche beschränkt. Den größten Teil des Jahres verbringen alle drei Arten jedoch in ihren traditionellen Überwinterungsgebieten, die sich weitgehend überschneiden. Sie liegen an der südlichen Nordseeküste, auf den britischen Inseln und in Westfrankreich. Das schleswig-holsteinische Wattenmeer bildet etwa die Nordgrenze des Verbreitungsgebietes dieser Arten im Winter. Die Gänse ernähren sich ausschließlich tagsüber. Im Mittwinter verlassen sie dieses Gebiet für mehrere Monate, da die Tage zu dieser Zeit so kurz sind, daß sie selbst dann nicht ausreichend Nahrung aufnehmen könnten, wenn sie von morgens bis abends fressen würden. Pfeifenten fressen demgegenüber bevorzugt nachts. Sie ziehen ab, wenn ihnen bei geschlossener Schneelage mehr als 3 Tage keine Nahrung zugänglich ist.

2. Umfang der Schäden

Auf den Halligen sind es vor allem Ringelgänse, die Fraßschäden verursachen. Diese Schäden werden durch das Halligprogramm weitgehend ausgeglichen (vergl. Kap. VI 3). Am Festland und auf den Inseln sind Fraßschäden vor allem auf Pfeifenten und Nonnengänse zurückzuführen. In größerem Umfang wurden diese

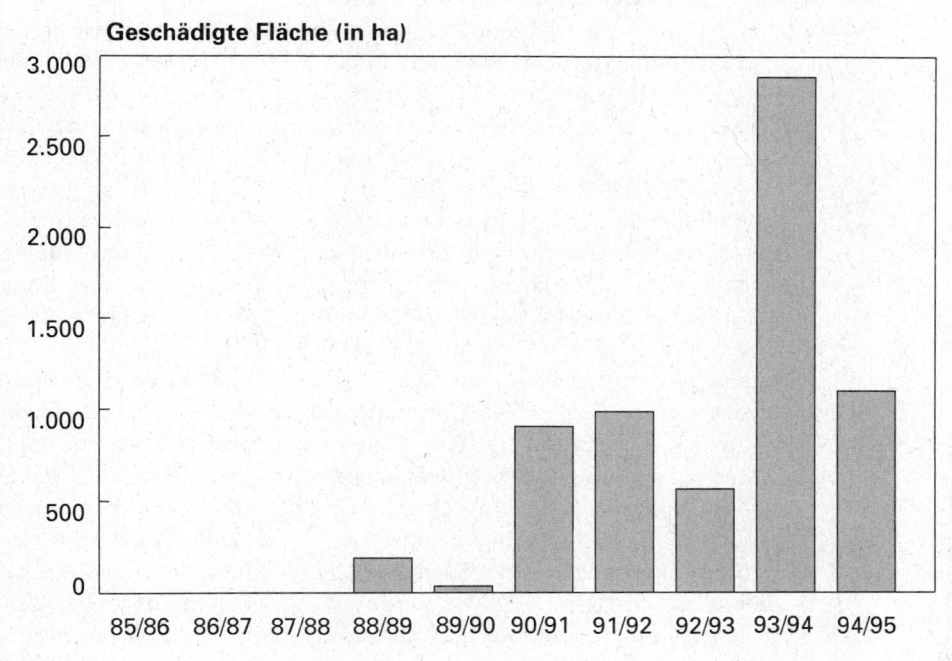

Abb. 217
Am Festland und auf den Inseln sind Fraßschäden auf Ackerflächen vor allem auf Pfeifenten und Nonnengänse zurückzuführen. In größerem Umfang wurden diese Schäden erstmals im Winter 1988/1989 festgestellt. Seit 1990/1991 wird der Umfang der Schäden von den Landwirtschaftsschulen aufgenommen.

Geschädigte Fläche (in ha)

Schäden erstmals im Winter 1988/89 festgestellt. Seit 1990/91 werden die Schäden von den Landwirtschaftsschulen klassifiziert (Schadstufe I: 10-30 dt/ha Verlust, Schadstufe II: > 30 dt/ha Verlust oder Umbruch). Der Schadensumfang wird vom Witterungsverlauf wesentlich mit beeinflußt, was z.B. die sehr hohen Schäden im Winter 1993/94 erklärt.

3. Ursachen

Da vor allem Pfeifenten die Schäden verursachen, wird auf diese Art besonders eingegangen.

Bis in die 60er Jahre überwinterten Pfeifenten in Großbritannien vor allem an der Küste. In den 70er Jahren änderte sich das Verbreitungsmuster. Die Tiere wurden zunehmend im Binnenland beobachtet. Damit waren erstmals auch Fraßschäden auf Winterraps und Winterweizen verbunden. Vermutlich entwickelten die Tiere die Tradition, Wintersaaten zu fressen. Ausgelöst wurde diese Verhaltensänderung möglicherweise dadurch, daß der Anbau von Wintersaaten in den europäischen Überwinterungsgebieten generell zunahm. Dies war auch an der Westküste der Fall, wo sich die Anbaufläche zwischen den 60er und 80er Jahren verdreifachte. Für Pfeifenten und andere pflanzenfressende Tiere sind Winterraps und -weizen besonders attraktiv, weil sie sehr viel verdaulicher als Salz- oder Weidegräser sind.

Die großflächigen Eindeichungen (Eiderästuar 1971, Meldorfer Bucht 1972/78, Rickelsbüller Koog 1981, Nordstrander Bucht 1987) erhöhten die Attraktivität der Westküste zusätzlich. In den ersten Jahren nach der Eindeichung bildeten sich in diesen Gebieten große Quellerbestände aus, die wegen der ölhaltigen Samen gern von Pfeifenten gefressen werden. In der Folge wurden außergewöhnlich große Pfeifentenbestände in diesen Gebieten registriert.

Von Beginn der 60er Jahre bis zu den frühen 80er Jahren haben sich die Herbstbestände der Pfeifente an der schleswig-holsteinischen Westküste etwa verdreifacht (von 50.000 auf 140.000 Individuen). Seit den 80er Jahren steigen die Herbstbestände nur noch wenig an. Die nordwesteuropäische Gesamtpopulation nahm seit den 60ern vergleichsweise wenig zu, so daß der Bestandsanstieg an der Westküste auf regionale Ursachen zurückgeführt werden muß.

Größere Schäden werden dort seit 1988/89 beobachtet. Dieses Gebiet wurde früher vor allem von durchziehenden Vögeln im Herbst genutzt. Das gute Nahrungsangebot und die neue Tradition, dieses Angebot auch zu nutzen, führten dazu, daß ein zunehmender Anteil des Herbstbestandes nun auch an der Westküste überwintert. Die Pfeifenten sind Kulturfolger geworden.

Für einen Zusammenhang zwischen der Zunahme der Fraßschäden mit der Extensivierung der Salzwiesen gibt es keine Hinweise. Es bestehen keine zeitlichen oder räumlichen Übereinstimmungen: Erste Schäden durch Pfeifenten traten bereits 1988/89 auf, während erst 3-4 Jahre später einzelne Salzwiesenbereiche eine höhere Vegetation aufwiesen, weil die Schafbeweidung dort reduziert oder eingestellt wurde. Auf Eiderstedt, Pellworm und Föhr wurden umfangreiche Schäden im Binnenland festgestellt, bevor die Beweidungsintensität in den Vorländern vermindert wurde. Die seit 1993 fortschreitende Extensivierung führte zu keiner weiteren Zunahme von Schäden. Untersuchungen unterschiedlich intensiv beweideter Salzwiesenbereiche auf der Hamburger Hallig deuten in dieselbe Richtung. Seit 4 Jahren unbeweidete Flächen wurden von Pfeifenten ebenso genutzt, wie intensiv beweidete Gebiete. Auch ein Zusammenhang mit der Einstellung der Jagd besteht nicht: Erste Fraßschäden traten auf, als die Außendeichsjagd noch uneingeschränkt möglich war (1988/89). In verschiedenen Gebieten nahmen die Schäden zu, obwohl die Jagdintensität sich nicht änderte (z.B. auf Pellworm und im Meldorfer Speicherkoog).

Die Zunahme von Fraßschäden an der Westküste kann vermutlich auch nicht mit der Einführung von bitterstofffreiem 00-Raps erklärt werden, der in Schleswig-Holstein seit 1987 ausschließlich verwendet wird. Die Bitterstoffe (Glucosinulate) waren nämlich auch bei älteren Rapssorten nur in den Samen konzentriert. Die von Pfeifenten gefressenen grünen Pflanzenteile enthielten aber nie Glucosinulate. Nach englischen Untersuchungen zeigten Pflanzenfresser keine Bevorzugung für 00-Raps.

4. Maßnahmen

Zur Abwehr von Enten- und Gänseschäden werden vor allem Vogelscheuchen, Flatterbänder, Blinklichter und Knallapparate eingesetzt. Zusätzlich erfolgen Vergrämungsabschüsse. Außerhalb der regulären Jagdzeit wurden dafür in allen beantragten Fällen Ausnahmegenehmigungen erteilt. Bei Pfeifenten sind diese Maßnahmen aber wenig erfolgreich, weil die Tiere nur während der abendlichen Dämmerungsflüge bejagt werden können.

5. Entschädigung

Ende der 70er Jahre wurde eine intensive öffentliche Diskussion zum Ringelgansproblem auf den Halligen geführt. Durch die Einführung des Halligprogramms bekommen die Halliglandwirte und Halliglandwirtinnen seit 1986 ein Entgelt für die Bewirtschaftung der Halligen unter Naturschutzauflagen. Die Gänse können sich ungestört auf den Halligen aufhalten. Da Ertragsausfälle über das Programm finanziell ausgeglichen werden, sind die Konflikte auf den Halligen weitgehend entschärft.

Schäden, die auf Ackerflächen durch Pfeifenten und Nonnen- und Ringelgänse entstehen, werden im Rahmen einer Richtlinie vom Umweltministerium des Landes teilweise ausgeglichen. Hierfür wurden seit 1990/91 jeweils zwischen 120.000 und 450.000 DM/Jahr zur Verfügung gestellt. Die betroffenen Landwirte erhielten in dieser Zeit 30-100 DM/ha (Schadstufe I) bzw. 200-400 DM/ha (Schadstufe II). Damit werden etwa 20 bis 30 % der Schäden entgolten. Zudem werden im Rahmen der neuen EU Marktordnung seit 1992 flächenbezogene Prämien gezahlt. Dadurch werden die Schadenssummen z.B. bei Raps schon im Vorwege annähernd halbiert.

Bei vielen wandernden Großtierarten können Probleme mit der Landwirtschaft durch Managementmaßnahmen nach dem Prinzip „Zuckerbrot und Peitsche" reduziert werden: Einerseits werden sie auf Agrarflächen intensiv bejagt und von dort vertrieben; andererseits werden besonders attraktive Lebensräume für die Tiere vorgehalten (z.B. Schutz- und Äsungsgebiete).

Diese Methode kann zwar bei Gänsen, bei Pfeifenten aber kaum angewendet werden: Eine Bejagung oder Vertreibung von Ackerflächen ist nur ausnahmsweise möglich, weil Pfeifenten dort nur während der Nacht fressen. Andererseits stehen ihnen gerade mit Winterweizen und Winterraps erstklassige, großflächige und störfreie Nahrungsgebiete zur Verfügung.

Der im wesentlichen durch die hohe Attraktivität landwirtschaftlicher Flächen verursachte Fraßdruck ist ein Standortfaktor und -nachteil für einzelne landwirtschaftliche Betriebe an der Westküste geworden. Die betroffenen Landwirte und Landwirtinnen fordern einen finanziellen Ausgleich ihrer Ertragsausfälle, da sie nicht als Einzelne die Kosten tragen können, die sich aus der Verantwortung von Land und Bund für den Schutz durchziehender Tierarten ergibt.

Das Problem der Fraßschäden an der Westküste wird bei Beibehaltung der jetzigen Bewirtschaftungsform weiterhin bestehen. Der „Arbeitskreis Enten- und Gänseschäden" hofft, daß eine Lösung auf europäischer Ebene gefunden werden kann und strebt u.a. eine Modifizierung des Flächenstillegungsprogramms an. In bestimmten Gebieten werden zudem Versuche mit Ablenkungsfütterungen durchgeführt.

XVI

5. Veröffentlichungsliste der Ökosystemforschung schleswig-holsteinisches Wattenmeer

AGATHA, S. & RIEDEL-LORJE, J.C. (1993): Taxonomical and Ecological Studies on *Strombidium conicum* (LOHMANN, 1908) WULFF 1919 (Ciliophora: Oligotrichida). - Arch.Protistenkunde (Veröff.-Nr. 83)

ALBRECHT, A. & REISE, K. (1994): Effects of *Fucus vesiculosus* covering intertidal mussel beds in the Wadden Sea. - Helgoländer Meeresunters. 48: 243-256 (Veröff.-Nr. 128)

ARMONIES, W. (1992): Migratory rhythms of drifting juvenile molluscs in tidal waters of the Wadden Sea. - Mar. Ecol. Progr. Ser., 83:197-206 (Veröff.-Nr. 29)

ARMONIES, W. (1994): Drifting meio- and macrobenthic invertebrates on tidal flats in Königshafen: a review. - Helgoländer Meeresunters. 48: 299-320 (Veröff.-Nr. 123)

ARMONIES, W. (1994): Turnover of post-larval bivalves in sediments of tidal flats in Königshafen (German Wadden Sea). - Helgoländer Meeresunters. 48: 291-297 (Veröff.-Nr. 124)

ARMONIES, W. & HARTKE, D. (1994): Floating of mud snails, *Hydrobia ulvae*, in tidal waters of the Wadden Sea, and its implications on distribution patterns. - Helgoländer Meeresunters. 49 (im Druck) (Veröff.-Nr. 115)

ARMONIES, W. & HELLWIG-ARMONIES, M. (1992): Passive settlement of *Macoma balthica* spat on tidal flats of the Wadden Sea and subsequent migration of juveniles. - Neth. J. Sea Res. 29 (4): 371-378 (Veröff.-Nr. 32)

ASMUS, H. (1994): Benthic grazers and suspension feeders - which one assumes the energetic dominance in Königshafen? - Helgoländer Meeresunters. 48: 217-231 (Veröff.-Nr. 126)

ASMUS, H. et al. (1992): Complementary oxygen and nutrient fluxes in seagrass beds and mussels banks. - Proc. Joint ECSA/ER Symp. (im Druck) (Veröff.-Nr. 36)

ASMUS, R.M. & BAUERFEIND, E. (1994): The microphytobenthos of the Königshafen - spatial and seasonal distribution on a sandy tidal flat. - Helgoländer Meeresunters. 48: 257-276 (Veröff.-Nr. 129)

ASMUS, H., ASMUS, R.M., PRINS, T.C., DANKERS, N., FRANCES, G., MAAß, B. & REISE, K. (1992): Benthic-pelagic flux rates on mussel beds: tunnel and tidal flume methodology compared. - Helgoländer Meeresunters. 46: 341-361 (Veröff.-Nr. 35)

AUSTEN, G. (1994): Hydrodynamics and particulate matter budget of Königshafen, SE North Sea. - Helgoländer Meeresunters. 48: 183-200 (Veröff.-Nr. 121)

AUSTEN, I. (1992): Geologisch-sedimentologische Kartierung des Königshafens (List/Sylt). - Meyniana, 44: 45-52 (Veröff.-Nr. 77)

AUSTEN, I. (1994): The surficial sediments of Königshafen - variations over the past 50 years. - Helgoländer Meeresunters. 48: 163-171 (Veröff.-Nr. 120)

BAYERL, K.-A. & AUSTEN, I. Vergleich zweier Facien im nördlichen Sylter Wattenmeer (Deutsche Bucht) - unter besonderer Berücksichtigung biodepositärer Prozesse. - Meyniana 46: 37-57 (Veröff.-Nr. 137)

BAYERL, K.A. & HIGELKE, B. (1994): The development of northern Sylt during the latest holocene. - Helgoländer Meeresunters. 48: 145-162 (Veröff.-Nr. 119)

BEERMANN-SCHLEIFF, S., BRECKLING, P. & NELLEN, W. (1991): Fischereibiologische Untersuchungen an Prielen im Nationalpark Schleswig-Holsteinisches Wattenmeer. - Arb. Dt. Fischereiverb. 52: 29-44 (Veröff.-Nr. 15)

BERGHAHN, R. (1990): On the potential impact of shrimping on trophic relationships in the Wadden Sea. - Proc. 24th EMBS, Aberdeen University Press: 130-140 (Veröff.-Nr. 7)

BERGHAHN, R. (1991): Fangtechnik in der Garnelenfischerei unter Nordseeschutzaspekten. - Seevögel 12 (Sonderh. 1): 11-12 (Veröff.-Nr. 4)

BERGHAHN, R. (1991): Winterfischerei auf Garnelen - ja oder nein? - Fischerblatt 39 (6): 173-179 (Veröff.-Nr. 8)

BERGHAHN, R. (1992): Fischerei im Wattenmeer - Garnelenfischerei. - Fischerblatt 40 (4): 129-132 (Veröff.-Nr. 178)

BERGHAHN, R. (1992): Garnelenfischerei, Seehunde und Möwen. - Fischerblatt 40(3): 88-93 (Veröff.-Nr. 16)

BERGHAHN, R. (1992): On the reduction of by-catch in the German shrimp fishery. - Proc. Intern. Conf. Shrimp By-Catch, Buena Vista, Florida, 24-27 May 1992: 279-283 (Veröff.-Nr. 28)

BERGHAHN, R. (1992): Unterwasser-Video-Vorführungen. - Fischerblatt 40 (12): 362-363) (Veröff.-Nr. 180)

BERGHAHN, R. (1992): Winterfischerei - Auswertung biologischer Proben vielversprechend. - Fischerblatt 40 (11): 345 (Veröff.-Nr. 179)

BERGHAHN, R. (1992): WWF-Gutachten zum Schutz des Wattenmeeres. - Fischerblatt 40 (4): 128-129 (Veröff.-Nr. 189)

BERGHAHN, R. (1993): Situation und Auswirkungen: Krabben-Fischerei im Wattenmeer. - Wattenmeer International 3/93: 4-5 (Veröff.-Nr. 181)

BERGHAHN, R. (1994): Auswirkungen der Garnelenfischerei auf Wirbeltiere und Krebse im Wattenmeer. - In: LOZÁN, J.L., RACHOR, E., REISE, K., WESTERNHAGEN, H. von & LENZ, W. (Hrsg.): Warnsignale aus dem Wattenmeer: 248-252. Blackwell, Berlin (Veröff.-Nr. 151)

BERGHAHN, R. (1994): Garnelenfischerei im Wattenmeer. - SDN-Magazin 1/1994: 12-13 (Veröff.-Nr. 183)

BERGHAHN, R. (1994): Ökosystemforschungsprojekt „Garnelenfischerei" abgeschlossen. - Fischerblatt 42 (12): 360-362 (Veröff.-Nr. 182)

BERGHAHN, R. (1995): Der Beifang in der Garnelenfischerei und die Forderung nach fischereifreien Zonen im Wattenmeer. - Arb. Dt. Fischereiverb. 60: 23-50 (Veröff.-Nr. 171)

BERGHAHN, R. (1995): Episodic mass invasions of juvenile gadoids into the Wadden Sea and their consequences for the population dynamics of brown shrimp (Crangon crangon). - Proc. 29th Europ. Mar. Biol. Symp. (eingereicht) (Veröff.-Nr. 170)

BERGHAHN, R. & RÖSNER, H.-U. (1992): A method to quantify feeding of seabirds on discards from the shrimp fishery in the North Sea. - Neth. J. Sea Res. 28 (4): 347-350 (Veröff.-Nr. 17)

BERGHAHN, R. & VORBERG, R. (1993): Auswirkungen der Garnelenfischerei im Wattenmeer. - Arb. Dt. Fisch. Verb. 57: 103-125 (Veröff.-Nr. 85)

BERGHAHN, R., WALTEMATH, M. & RIJNSDORP, A. (1992): Mortality of fish from the by-catch of shrimp vessels in the North Sea. - J. Appl. Ichthyol., 8: 293-306 (Veröff.-Nr. 19)

BERGHAHN, R., BULLOCK, A.M. & KARAKIRI, M. (1993): Effects of solar radiation on the population dynamics of juvenile flatfish in the shallows of the Wadden Sea. - J. Fish. Biol. 42: 239-345 (Veröff.-Nr. 18)

BERGHAHN, R., HERPEL, R. & LANGE, K. (1993): Achsenversetzte von-Holdt-Rollen für die „Krabben"-Fischerei - Vier Fliegen mit einer Klappe. - Fischerblatt 41 (12): 333-336 (Veröff.-Nr. 87)

BERGHAHN, R., LÜDEMANN, K. & RUTH, M. (1994): Differences in individual growth of newly settled 0-group plaice (Pleuronectes platessa L.) in the intertidal of neighbouring Wadden Sea areas. - Neth. J. Sea Res. 34 (1-3): 131-138 (Veröff.-Nr. 117)

BERGHAHN, R., WIESE, K. & LÜDEMANN, K. (1995): Physical and physiological aspects of gear efficiency in North Sea Brown Shrimp fisheries. - Helgoländer Meeresunters. 49: 507-518 (Veröff.-Nr. 86)

BORCHARDT, T. (1995): Bessere Überlebenschancen für junge Seehunde. - Seevögel, 16 (2): 46-49 (Veröff.-Nr. 186)

BRECKLING, P (1994): Neue Umweltbeobachtungsprogramme in Küstengewässern der Nordsee. - Arb. Dt. Fischereiverb. 60: 69-81 (Veröff.-Nr. 160)

BRECKLING, P. & NEUDECKER, T. (1993): Monitoring the fish fauna in the Wadden Sea with stow nets. A comparison of demersal and pelagic fish stocks in a deep tidal channel. - Arch. fish. mar. res. (Arch. Fischereiwiss.) 42 (1): 3-15 (Veröff.-Nr. 46)

XVI

DERNEDDE, T. (1993): Vergleichende Untersuchungen zur Nahrungszusammensetzung von Silbermöve (*Larus argentus*), Sturmmöve (*L. canus*) und Lachmöve (*L. ridibundus*) im Königshafen/Sylt. - Corax, 15 (3): 222-240 (Veröff.-Nr. 66)

DERNEDDE, T. (1994): Foraging overlap of three gull species (*Larus* spp.) on tidal flats in the Wadden Sea. - Ophelia, Suppl. 6: 225-238 (Veröff.-Nr. 148)

DIERSSEN, K., EISCHEID, I., HÄRDTLE, W., HAGGE, H., HAMANN, U., KIEHL, K., KÖRBER, P., LÜTKE TWENHÖVEN, F., NEUHAUS, R. & WALTER, J. (1991): Geobotanische Untersuchungen an den Küsten Schleswig-Holsteins. - Ber. Reinh. Tüxen-Ges. 3: 129-155 (Veröff.-Nr. 5)

EXO, K.-M., BECKER, P.H., HÄLTERLEIN, B., HÖTKER, H., SCHEUFLER, H., STIEFEL, A., STOCK, M., SÜDBECK, P. & THORUP, O.(1995): Bruterfolgsmonitoring bei Küstenvögeln. - Vogelwelt, Sonderheft „Zur Lage der Vögel in Deutschland" (eingereicht) (Veröff.-Nr. 196)

FLOTHMANN, S. & WERNER, I. (1992): Experimental eutrophication on an intertidal sandflat: Effects on microphytobenthos, meio- and macrofauna. - In: COLOMBO, C. et al. (Hrsg.): Marine eutrophication and population dynamics: 93-100. Olsen & Olsen, Fredensborg (Veröff.-Nr. 51)

FOCK, H. & REINKE, H.-D. (1993): Structure, diversity and stability of a salt marsh hemi-edaphic invertebrate community. - Ophelia, Suppl. 6: 297-314 (Veröff.-Nr. 97)

GÄTJE, C. (1994): Ökosystemforschung im schleswig-holsteinischen Wattenmeer. - Arb. Dt. Fischereiverb. 61: 1-11 (Veröff.-Nr. 159)

GÄTJE, C., KELLERMANN, A. & SCHREY, E. (1993): Schleswig-Holstein: Monitoring - in Zukunft international. - Wattenmeer International 2: 8-9 (Veröff.-Nr. 80)

GROENEWOLD, S., BERGHAHN, R. & ZANDER, C.-D. (1993): Parasite communities of four fish species in the Wadden Sea and the role of fish discarded by the shrimp fisheries in parasite transmission. - Helgoländer Meeresunters. 50: 69-85 (Veröff.-Nr. 106)

HÄLTERLEIN, B. & BEHM-BERKELMANN, K. (1991): Brutvogelbestände an der deutschen Nordseeküste im Jahre 1990 - Vierte Erfassung durch die Arbeitsgemeinschaft „Seevogelschutz". - Seevögel 12: 47-51 (Veröff.-Nr. 6)

HÄLTERLEIN, B. & STEINHARDT, B. (1992): Brutvogelbestände an der deutschen Nordseeküste im Jahre 1991. Fünfte Erfassung durch die Arbeitsgemeinschaft „Seevogelschutz". - Seevögel 14 (1): 1-5 (Veröff.-Nr. 45)

HÄLTERLEIN, B. & SÜDBECK, P. (1995): Brutbestands-Monitoring von Küstenvögeln an der deutschen Nordseeküste. - Vogelwelt 117, Sonderheft „Zur Lage der Vögel in Deutschland" (eingereicht) (Veröff.-Nr. 199)

HÄLTERLEIN, B., FLEET, D.M. & RÖSNER, H.-U. (1991): Gebietsdefinitionen für Brut- und Rastvogelzählungen an der schleswig-holsteinischen Westküste. - Seevögel 12 (2): 21-25 (Veröff.-Nr. 3)

HÄLTERLEIN, B., HECKENROTH, H. & MERCK, T. (1995): Rote Liste der Brutvogelarten des deutschen Wattenmeer- und Nordseebereichs. - Schriftenreihe für Landschaftspflege und Naturschutz 44: 119-133 (Veröff.-Nr. 158)

HÄLTERLEIN, B., FLEET, D.M., HENNEBERG, H., MENNEBÄCK, T., RASMUSSEN, L.-M., SÜDBECK, P., THORUP, O. & VOGEL, R. (1995): Anleitung zur Brutbestandserfassung von Küstenvögeln im Wattenmeerbereich. - Seevögel 16 (1): 1-24

HASSALL, M., LANE, S.J., STOCK, M., PERCIVAL, S. & POHL, B. (1994): Monitoring feeding behaviour of Brent Geese (*Branta bernicla bernicla*) using position sensitive radio transmitters. - J. Wildlife Management (eingereicht) (Veröff.-Nr. 163)

HESSE, K.-J., TILLMANN, U., NEHRING, S. & BROCKMANN, U. (1994): Factors Controlling Phytoplankton Distribution in Coastal Waters of the German Bight (North Sea). - Proc. 28th EMBS, Hersonisos, 1993 (im Druck) (Veröff.-Nr. 107)

HÖCK, M. & RUNTE, K.-H. (1992): Sedimentologisch-geochemische Untersuchungen zur zeitlichen Entwicklung der Schwermetallbelastung im Wattgebiet vor dem Morsum-Kliff/Sylt. - Meyniana 44: 129-137 (Veröff.-Nr. 27)

HÖCK, M. & RUNTE, K.-M. (1993): Sedimentologisch-geochemische Untersuchungen zur Schadstoffentwicklung in den Wattgebieten nördlich der Hallig Oland. - Meyniana, 45: 181-189 (Veröff.-Nr. 76)

HÖCK, M & RUNTE,K.-H. (1994): Untersuchungen zur Sediment- und Schwermetallentwicklung im Königshafen (List/Sylt). - Meyniana 46 (im Druck) (Veröff.-Nr. 133)

HÖTKER, H. (1996): Der Energieumsatz brütender Säbelschnäbler (*Recurvirostra avosetta*). - J. Orn. (eingereicht) (Veröff.-Nr. 227)

HÜPPOP, O. (1993): Auswirkungen von Störungen auf Küstenvögel. - Dokumentation des Vortragszyklus „Wilhelmshavener Tage" 4: 95-119 (Veröff.-Nr. 78)

HÜPPOP, O. & HAGEN, K. (1990): Der Einfluß von Störungen auf Wildtiere am Beispiel der Herzschlagrate brütender Austernfischer (*Haematopus ostrealegus*). - Die Vogelwarte 35: 301-310 (Veröff.-Nr. 10)

HÜPPOP, O. & HÜPPOP, K. (1995): Der Einfluß von Landwirtschaft und Wegenutzung auf die Verteilung von Küstenvogel-Nestern auf Salzwiesen der Hallig Nordstrandischmoor (Schleswig-Holstein). - Die Vogelwarte 39: 76-88 (Veröff.-Nr. 190)

KAISER, M. (1991/1992) Ziele und erste Ergebnisse der Ökosystemforschung. - Dt.Hydrogr.Zeitschr., 44(5/6): 311-319 (Veröff.-Nr. 30)

KELLERMANN, A., LAURSEN, K., RIETHMÜLLER, R, SANDBECK, P., UYTERLINDE, R., VAN DE WETERING, D. (1994): Concept for a trilateral integrated monitoring program in the Wadden Sea. - Proc. 8th Intern. Wadden Sea Symp., Esbjerg, Danmark, 29 Sept. - 2 Oct. 1993, Ophelia, Suppl. 6: 57-68 (Veröff.-Nr. 92)

KELLERMANN, A., GÄTJE, C. & SCHREY, E. (1995): Ökosystemforschung im Schleswig-Holsteinischen Wattenmeer. - In: MÜLLER, F., WINDHORST, W. (Hrsg.): Handbuch der Ökosystemforschung (in Vorbereitung) (Veröff.-Nr. 172)

KERSTEN, M., FÖRSTNER, U., KRAUSE, P., KRIEWS, M., DANNECKER, W., GARBE-SCHÖNBERG, C.-D., HÖCK, M., TERZENBACH, U.& GRASSL, H. (1992): Pollution source reconnaisance using stable lead isotope ratios ($^{206/207}$Pb). - In: VERNET, J.-P. (Hrsg.): Impact of Heavy Metals on the Environment: 311-325. Elsevier, Amsterdam (Veröff.-Nr. 53)

KETZENBERG, C. (1994): Auswirkung von Störungen auf nahrungssuchende Eiderenten (*Somateria mollissima*) im Königshafen Sylt. - Corax 15 (3): 241-244 (Veröff.-Nr. 63)

KETZENBERG, C. & EXO, K.-M. (1996): Wo fressen wir heute? Habitatnutzung des Goldregenpfeifers (*Pluvialis apricaria*) (Veröff.-Nr. 233)

KIEHL, K. & STOCK, M. (1994): Natur- oder Kulturlandschaft? Wattenmeersalzwiesen zwischen den Ansprüchen von Naturschutz, Küstenschutz und Landwirtschaft. - In: LOZÁN, J.L., RACHOR, E., REISE, K., WESTERNHAGEN, H. von & LENZ, W. (Hrsg.): Warnsignale aus dem Wattenmeer: 190-196. Blackwell, Berlin (Veröff.-Nr. 150)

KNOKE, V. (1994): Touristische Aktivitäten im Nationalpark Schleswig-Holsteinisches Wattenmeer: Methodik einer Bestandsaufnahme und Beispiele für Auswirkungen auf die Vogelwelt. - Ber. z.Vogelschutz 32: 75-83 (Veröff.-Nr. 152)

KOHLUS, J. (1992): Der GIS-Einsatz am Nationalparkamt für das Schleswig-Holsteinische Wattenmeer - Ein Subzentrum der WATIS. - In: GÜNTHER, SCHULZ, SEGGELKE (Hrsg.): Umweltanwendungen geographischer Informationssysteme UGIS. Tagungsband 1992: 118-126 (Veröff.-Nr. 40)

KOHLUS, J. (1993): Karthographie Ökologischer Objekte im Wattenmeer. - Greifswalder Geograph. Schriften (Veröff.-Nr. 48)

KOPACZ, U. (1994): Evidence for tidally-induced vertical migration of some gelatinous zooplankton in the Wadden Sea area near Sylt. - Helgoländer Meeresunters. 48: 333-342 (Veröff.-Nr. 131)

KUBE, J., RÖSNER, H.U., BEHMANN, H., BRENNING, U. & GROMADZKA, J. (1994): Der Zug des Alpenstrandläufers (*Calidris alpina*) an der südlichen Ostseeküste und im schleswig-holsteinischen Wattenmeer im Sommer und Herbst 1991. - Corax 15 (Sonderheft 2): 73-82 (Veröff.-Nr. 89)

XVI

LOSE, H., MÜLLER, A. & SIEWERS, H. (1995): Mikrometeorologische Messungen im Wattenmeer. - GKSS-Forschungszentrum Geesthacht GmbH, Geesthacht. 52 S. (Veröff.-Nr. 226)

LOZÁN, J.L., RACHOR, E., REISE, K., WESTERNHAGEN, H. von (1994): Ausblick: Wohin entwickelt sich das Wattenmeer? - In: LOZÁN, J.L., RACHOR, E., REISE, K., WESTERNHAGEN, H. von & LENZ, W. (Hrsg.): Warnsignale aus dem Wattenmeer: 343-348. Blackwell, Berlin (Veröff.-Nr. 208)

LOZÁN, J.L., RACHOR, E., REISE, K., WESTERNHAGEN, H. von, LENZ, W. (1994): Überblick: Warnsignale aus dem Wattenmeer. - In: LOZÁN, J.L., RACHOR, E., REISE, K., WESTERNHAGEN, H. von & LENZ, W. (Hrsg.): Warnsignale aus dem Wattenmeer: 333-341. Blackwell, Berlin (Veröff.-Nr. 207)

LÜDEMANN, K. (1993): Fishery induced skin injuries in flatfish from the by-catch of shrimpers. - Dis. Aquat. Org., 16: 127-132 (Veröff.-Nr. 75)

METZMACHER, K.A. & REISE, K. (1994): Experimental effects of tidal flat epistructures on foraging birds in the Wadden Sea. - Ophelia, Suppl. 6: 217-224 (Veröff.-Nr. 103)

MEYER, H. & REINKE, H.D. (1996): Spezialisierung und räumliche/zeitliche Einnischung der Wirbellosenfauna in Salzwiesen. - Mitt. Dtsch. Ges. Allg. Angew. Entomol. (DGAAE) (eingereicht) (Veröff.-Nr. 176)

MEYER, H. & REINKE, H.D. (1996): Veränderungen der biozönotischen Struktur der Wirbellosenfauna von Salzwiesen durch unterschiedliche Schafbeweidungsintensitäten. - Faunistisch ökologische Mitt. (eingereicht) (Veröff.-Nr. 177)

MEYER, H., FOCK, H., HAASE, A., REINKE, H.D. & TULOWITZKI, I. (1992): Structure of the invertebrate fauna in saltmarshes of the wadden sea coast of Schleswig-Holstein influenced by sheep-grazing. - Symp. 100 Jahre BAH, Helgoland, 13-18 Sept. 1992, Abstract Vol.: 138-139 (Veröff.-Nr. 38)

MICHAELIS, H. & REISE, K. (1994): Langfristige Veränderungen des Zoobenthos im Wattenmeer. - In: LOZÁN, J.L., RACHOR, E., REISE, K., WESTERNHAGEN, H. von &

LENZ, W. (Hrsg.): Warnsignale aus dem Wattenmeer: 106-116. Blackwell, Berlin (Veröff.-Nr. 205)

NEEBE, B. & HÜPPOP, O. (1994): Der Einfluß von Störreizen auf die Herzschlagrate brütender Küstenseeschwalben (Sterna paradisaea). Artenschutzreport 1994 (4): 8-13 (Jena) (Veröff.-Nr. 136)

NEHLS, G. (1993): Metabolic response to salt intake in Eider Ducks (Somateria mollissima). - Verh. Dtsch. Zool. Ges., 86 (1): 103 (Veröff.-Nr. 64)

NEHLS, G. (1995): Strategien der Ernährung und ihre Bedeutung für Energiehaushalt und Ökologie der Eiderente (Somateria mollissima). - Dissertation an der Universität Kiel, 175 S. (Veröff.-Nr. 198)

NEHLS, G. (1995): Low costs of salt turnover in eiders Somateria mollissima. - Ardea (im Druck) (Veröff.-Nr. 201)

NEHLS, G. & KETZENBERG, C. (1993): Do eiders (Somateria mollissima) exhaust their food resources? A study on natural mussel beds in the Wadden Sea. - Dan. Rev. Game Biol. (im Druck) (Veröff.-Nr. 69)

NEHLS, G. & RUTH, M. (1994): Eiders, mussels and fisheries - continuous conflicts or relaxed relations? - Ophelia, Suppl. 6: 263-278 (Veröff.-Nr. 93)

NEHLS, G. & RUTH, M. (1994): Eiderenten und Muschelfischerei im Wattenmeer - ist eine friedliche Koexistenz möglich ? - Arb. Dt. Fischereiverb. 60: 82-112 (Veröff.-Nr. 155)

NEHLS, G. & TIEDEMANN. R. (1994): What determines the densities of feeding birds on tidal flats? A case study on dunlin Calidris alpina in the Wadden Sea. - Neth. J. Sea Res. 31 (4): 375-384 (Veröff.-Nr. 88)

NEHLS, G. & THIEL, M. (1993): Large-scale distribution pattern of the mussel Mytilus edulis in the Wadden Sea of Schleswig-Holstein - Do storms structure the ecosystem? - Neth. J. Sea Res. 31 (2): 181-187 (Veröff.-Nr. 70)

NEHLS, G., KEMPF, N. & THIEL, M. (1992): Bestand und Verteilung mausernder Brandenten (Tadorna tadorna) im deutschen Wattenmeer. - Die Vogelwarte, 36 (3): 221-232 (Veröff.-Nr. 14)

NEHLS, G., SCHEIFFARTH, G., DERNEDDE, T. & KETZENBERG, C. (1993): Seasonal aspects of the consumption by birds in the Wadden Sea. - Verh. Dtsch. Zool. Ges. 86 (1): 286 (Veröff.-Nr. 65)

NEHRING, S. (1992): Mechanisms for recurrent nuisance algal blooms in the coastal zones: resting cyst formation as life-strategy of dinoflagellates. - In: STERR, H., HOFSTEDE, J. & PLAG, H.-P. (Hrsg.): Proceedings of the International Coastal Congress ICC - Kiel 1992: 454-467. Lang, Frankfurt/M (Veröff.-Nr. 41)

NEHRING, S. (1993): Cysts as factors in phytoplankton ecology: Resting and temporary cysts of dinoflagellates. - Symp. 100 Jahre BAH, Helgoland, 13-18 Sept. 1992, Abstract Vol., 148-149 (Veröff.-Nr. 43)

NEHRING, S. (1994): Dinoflagellaten-Dauercysten in deutschen Küstengewässern: Vorkommen, Verbreitung und Bedeutung als Rekrutierungspotential. - Dissertation an der Universität Kiel, 257 S. (Veröff.-Nr. 229)

NEHRING, S., HESSE, K.-J., TILLMANN (1994): The German Wadden Sea: A problem area for nuisance blooms? - Proc. 6th Intern. Conf. Toxic Marine Phytoplankton, Nantes, 1993 (im Druck) (Veröff.-Nr. 116)

PULFRICH, A. & RUTH, M. (1993): Methods for monitoring the spatfall of mussels (Mytilus edulis L.) in the Schleswig-Holstein Wadden Sea. - ICES Stat. Meet. 1993 (im Druck) (Veröff.-Nr. 96)

REISE, K. (1991): Mosaic Cycles in the Marine Benthos. - In: REMMERT, H. (Hrsg.): The Mosaic-Cycle Concept of Ecosystems, Ecological Studies Vol. 85: 61-82. Springer, Berlin (Veröff.-Nr. 1)

REISE, K. (1991): Wechselbad für Spezialisten. - WWF-Journal 1991 (4): 14-15 (Veröff.-Nr. 90)

REISE, K. (1991): Dauerbeobachtungen und historische Vergleiche zu Veränderungen in der Bodenfauna des Wattenmeeres. - Laufener Seminarbeiträge 1991 (7): 55-60 (Veröff.-Nr. 91)

REISE, K. (1992): The Changing Green on Tidal Flats in the Wadden Sea. - Wadden Sea Newsletter 1992 (1): 24-25 (Veröff.-Nr. 108)

REISE, K. (1992): Wogt das Wattenmeer aus verschwommener Herkunft in eine programmierte Zukunft? - In: PROKOSCH, P. (Hrsg.): Ungestörte Natur. Tagungsbericht Nr. 6 der Umweltstiftung WWF-Deutschland (Fachtagung anläßl. d. 11. Internatl. Wattenmeertages, Husum, 1991): 203-211 (Veröff.-Nr. 109)

REISE, K. (1992): The Wadden Sea as a pristine nature reserve. - Neth. J. Sea Res. 20: 49-53 (Veröff.-Nr. 110)

REISE, K. (1993): Welchen Naturschutz braucht das Wattenmeer? - Wattenmeer International 11 (4) (Veröff.-Nr. 104)

REISE, K. (1993): Sea reclamation is needed. - Wadden Sea Newsletter 1993 (2): 26 (Veröff.-Nr. 111)

REISE, K. (1993): Forschung satt im Nationalparkwatt? - Wattenmeer International 1993 (2): 4-6 (Veröff.-Nr. 112)

REISE, K. (1993): Ausländer durch Austern im Wattenmeer. - Wattenmeer International 1993 (3): 16-17 (Veröff.-Nr. 113)

REISE, K. (1993): Die verschwommmene Zukunft der Nordseewatten. - In: SCHELLNHUBER, H.-J. & STERR, H. (Hrsg.): Klimaänderung und Küste: 223-229. Springer, Berlin (Veröff.-Nr. 114)

REISE, K. (1994):. Changing life under the tides of the Wadden Sea. - Ophelia, Suppl. 6: 117-126 (Veröff.-Nr. 105)

REISE, K. (1994): Ökologische Qualitätsziele für eine ziellose Natur? - Schriftenreihe der Schutzgemeinschaft Deutsche Nordseeküste e.V. (SDN-Kolloquium 1994): 38-45 (Veröff.-Nr. 193)

REISE, K. (1994): The Wadden Sea: Museum or Cradle for Nature? - Wadden Sea Newsletter 1994/1: 5-8 (Veröff.-Nr. 194)

REISE, K. (1994): Das Schlickgras Spartina anglica: die Invasion einer neuen Art. - In: LOZÁN, J.L., RACHOR, E., REISE, K., WESTERNHAGEN, H. von & LENZ, W. (Hrsg.): Warnsignale aus dem Wattenmeer: 211-214. Blackwell, Berlin (Veröff.-Nr. 206)

XVI

REISE, K. (1995): Natur im Wandel beim Übergang vom Land zum Meer. - In: ERDMANN, K.-H. & KASTENHOLZ, H.G. (Hrsg.): Umwelt- und Naturschutz am Ende des 20. Jahrhunderts: 27-40. Springer, Stuttgart (Veröff.-Nr. 209)

REISE, K. (1995): Predictive ecosystem research in the Wadden Sea. - Helgoländer Meeresunters. 49: 495-505 225)

REISE, K. & GÄTJE, C. (1994): Königshafen: the natural history of an intertidal bay in the Wadden Sea - an introduction. - Helgoländer Meeresunters. 48:141-143 (Veröff.-Nr. 195)

REISE, K. & SIEBERT, I. (1994): Mass occurrence of green algae in the German Wadden Sea. - Dt. hydrogr. Z., Suppl. 1:171-180 (Veröff.-Nr. 191)

REISE, K., ASMUS, R. & ASMUS, H. (1993): Ökosystem Wattenmeer: Warteschleifen im Stoffumsatz. - BIUZ 23 (5): 301-307 (Veröff.-Nr. 59)

REISE, K., HERRE, E. & STURM, M. (1994): Biomass and abundance of macrofauna in intertidal sediments of Königshafen in the northern Wadden Sea. - Helgoländer Meeresunters., 48: 201-215 (Veröff.-Nr. 125)

REISE, K., KOLBE, K. & V. de JONGE (1994): Makroalgen und Seegrasbestände im Wattenmeer. - In: LOZÁN, J.L., RACHOR, E., REISE, K., WESTERNHAGEN, H. von & LENZ, W. (Hrsg.): Warnsignale aus dem Wattenmeer: 90-100. Blackwell, Berlin (Veröff.-Nr. 204)

RIEDEL-LORJE, J.C. (1994): Hypothesen zur Biologie von Brackwasserplankton. - Acta Protozoologica (im Druck) (Veröff.-Nr. 146)

RÖSNER, H.-U. (1991): Zur Verteilung farbberingter Silbermöwen aus dem nordöstlichen Wattenmeer im ersten Lebensjahr - ein Zwischenbericht. - Corax 14 (2): 136-141 (Veröff.-Nr. 11)

RÖSNER, H.-U. (1992): Preliminary trend indices for Wadden Sea migrants. - Proc. Conf. Bird Numbers 1992 (im Druck) (Veröff.-Nr. 42)

RÖSNER, H.-U. (1993): Monitoring von Nonnen- und Ringelgänsen (Branta leucopsis, B. bernicla) im Schleswig-Holsteinischen Wattenmeer: Das Gänsejahr 1991/92. - Corax 15): 245-260 (Veröff.-Nr. 49)

RÖSNER, H.-U. (1994): Population indices for migratory birds in the Schleswig-Holstein Wadden Sea from 1987 to 1993. - Ophelia, Suppl. 6: 171-186 (Veröff.-Nr. 147)

RÖSNER, H.-U. & PROKOSCH, P. (1992): Coastal birds counted in a spring-tide rhythm - a project to determine seasonal and long-term trends of numbers in the Wadden Sea. - Neth. J. Sea Res. 20: 275-279 (Veröff.-Nr. 21)

RÖSNER, H.-U. & STOCK, M. (1994): Numbers, recent changes, seasonal development and spatial distribution of Dark-bellied Brent Geese in Schleswig-Holstein. - In: NUGTEREN, J. van (ed.) (1994): Proc. Internatl. Workshop ,Brent Geese in the Wadden Sea', Leeuwarden: 69-85 (Veröff.-Nr. 162)

ROSS, J. & KROHN, J. (1994): Competition of suspended matter in a Wadden Sea bight (Königshafen, Sylt). - Arch. Hydr. (Beihefte) Ergebnisse der Limnologie (eingereicht) (Veröff.-Nr. 153)

RUTH, M. (1991): Miesmuschelfischerei im Nationalpark Schleswig-Holsteinisches Wattenmeer - ein Fischereizweig im Interessenkonflikt zwischen Ökonomie und Naturschutzinteressen. - Arb. Dt. Fischereiverb. 52: 137-168 (Veröff.-Nr. 23)

RUTH, M. (1992): Miesmuschelfischerei im schleswig-holsteinischen Wattenmeer. Ein Beispiel für die Problematik einer Fischerei im Nationalpark. - Schriftenr. Schutzgemeinsch. Dt. Nordseeküste 1: 26-46 (Veröff.-Nr. 33)

RUTH, M. (1993): Miesmuschelfischerei im Wattenmeer: Situation und Auswirkungen. - Wattenmeer International (im Druck) (Veröff.-Nr. 82)

RUTH, M. (1994): Die Auswirkungen der Muschelfischerei auf die Struktur des Miesmuschelbestandes im Schleswig-Holsteinischen Wattenmeer - mögliche Konsequenzen für das Ökosystem. - Proc. 8th Intern. Wadden Sea Symp., Esbjerg, Denmark, 29 Sept. - 2 Oct. 1993, Ophelia (im Druck) (Veröff.-Nr. 94)

SCHEIFFAHRT, G. (1996): How expensive
is wintering in the wadden sea. Thermo-
static costs of bartailed goodwids (*Limosa
lapponica*) in the northern part of the
wadden sea. (Veröff.-Nr. 231)

SCHEIFFAHRT, G. & NEHLS, G. (1996):
Food consumption by carnivorous birds in
the Wadden Sea. - Helgoländer Meeresunters. (im Druck) (Veröff.-Nr. 210)

SCHEIFFAHRT, G., KETZENBERG, C. &
EXO, K.-M. (1993): Utilization of the
Wadden Sea by waders: differences in
time budgets between two populations of
Bartailed Godwits (*Limosa lapponica*) on
spring migration. - Verh. Dtsch. Zool. Ges.,
86 (1): 287 (Veröff.-Nr. 71)

SCHEIFFAHRT, G., NEHLS, G. & AUSTIN,
J. (1996): Modelling distribution of birds
on tidal flats in the wadden sea and
visualisation of results with the GIS
IDRISI. - Salzburger Geogr. Mat. CD-ROM
(in Vorbereitung) (Veröff.-Nr. 234)

SCHERER, B. (1991): Ecosystem Research
Project - Schleswig-Holstein. - Wadden
Sea Newsletter 1991 (1): 8-12 (Veröff.-Nr.
55)

SCHNEIDER, G. & MARTENS, P. (1994): A
comparison of summer nutrient data
obtained in Königshafen Bay (North Sea,
German Bight) during two investigation
periods: 1979-1983 and 1990-1992. -
Helgoländer Meeresunters. 48: 173-182
(Veröff.-Nr. 130)

SCHORIES, D. (1995): Sporulation of
Enteromorpha spp. (Chlorophyta) and
overwintering of spores in sediments of
the Wadden Sea, Island Sylt, North Sea. -
Neth. J. Aquat. Ecol. (im Druck) (Veröff.-
Nr. 175)

SCHORIES, D. & REISE, K. (1993): Germi-
nation and anchorage of *Enteromorpha*
spp. in sediments of the Wadden Sea. -
Helgoländer Meeresunters. (im Druck)
(Veröff.-Nr. 47)

SCHULZ, R. & STOCK, M. (1991): Kentish
plovers and tourists - conflicts in a highly
sensitive but unprotected area in the
Wadden Sea National Park of Schleswig-
Holstein. Wadden Sea Newsletter 1: 20-24
(Veröff.-Nr. 2)

SCHULZ, R. & STOCK, M. (1992): Kentish
plovers and tourists: competitors on
sandy coasts? - Wader Study Group Bull.
68: 83-91 (Veröff.-Nr. 13)

SEAMAN, M. & RUTH, M. (1994): The
Molluscan Fisheries of Germany. - In:
ROSENFIELD, A, BURRELL, V. & MACKEN-
ZI, C. (Hrsg.): The history, present conditi-
on and future of the molluscan fisheries of
North America and Europe. - Mar. Fish.
Rev. (im Druck) (Veröff.-Nr. 50)

SIMON, M.K. & REISE, K. (1994): Natur-
schutz im Wattenmeer kleinkariert? Ein
Plädoyer für größere Kerngebiete. -
Nationalpark 4/94: 10-12 (Veröff.-Nr. 192)

STOCK, M. (1991): Studies on the effects
of disturbances on staging Brent geese: a
progress report. - IWRB Goose Res. Group
Bull., 1: 11-18 (Veröff.-Nr. 9)

STOCK, M. (1992): Effects of man-induced
disturbances on staging Brent geese. -
Neth. J. Sea Res. 20: 289-293 (Veröff.-Nr.
12)

STOCK, M. (1992): Ungestörte Natur oder
Freizeitnutzung? - Das Schicksal unserer
Strände. In: PROKOSCH, P. (Hrsg.): Unge-
störte Natur - was haben wir davon? -
Tagungsbericht der Umweltstiftung WWF-
Deutschland (Fachtagung anläßl. d. 12.
Internatl. Wattenmeertages, Husum,
1992): 223-249 (Veröff.-Nr. 22)

STOCK, M. (1993): Saltmarshes in Schleswig-Holstein: From a green towards a
natural succession. - Wadden Sea Newsletter 1993 (1): 11-14 (Veröff.-Nr. 62)

STOCK, M. & HOFEDITZ, F. (1993): Beeinflussen Flugbetrieb und Freizeitaktivitäten
das Aktivitätsmuster von Ringelgänsen im
Wattenmeer? - Artenschutzreport 1994 (4):
13-19 (Veröff.-Nr. 79)

STOCK, M. & HOFEDITZ, F. (1994): Zeit-
Aktivitäts-Budgets von Ringelgänsen
(*Branta bernicla bernicla*) in unterschied-
lich stark vom Menschen beeinflußten
Salzwiesen des Wattenmeeres. - Die
Vogelwarte 38: 121-145 (Veröff.-Nr. 165)

STOCK, M. & HOFEDITZ, F. (1996): Grenzen der Kompensation: Energiebudgets
von Ringelgänsen unter der Wirkung von
Störreizen. - J. Orn. (eingereicht) (Veröff.-
Nr. 166)

XVI

STOCK, M., HOFEDITZ, F.& ESCHKÖTTER, S. (1992): Motion-sensitive radio collars for automatic monitoring of activity patterns in Brent geese: a critical analysis and first results. - IWRB Goose Res. Group Bull. 3: 21-32 (Veröff.-Nr. 24)

STOCK, M., BOEDECKER, D., SCHAUSER, U.-H. & SCHULZ, R. (1993): A GIS-supported sensitivity analysis. Implementation of results from ecosystem research. - In: STERR, H., HOFSTEDE, J. & PLAG, H.-P. (Hrsg.): Proceedings of the International Coastal Congress ICC - Kiel 1992: 528-541. Lang, Frankfurt/M (Veröff.-Nr. 44)

STOCK, M., BERGMANN, H.-H., HELB, H.-W., KELLER, V., SCHNIDRIG-PETRIG, R. & ZEHNTER, H.-C. (1993): Der Begriff „Störung" in naturschutzorientierter Forschung: ein Diskussionsbeitrag aus ornithologischer Sicht. - Z. Ökologie und Naturschutz 3: 49-57 (Veröff.-Nr. 73)

STOCK, M., BECKER, P. & EXO, K.-M. (1994): Menschliche Aktivitäten im Wattenmeer - ein Problem für die Vogelwelt. - In: LOZÁN, J.L., RACHOR, E., REISE, K., WESTERNHAGEN, H. von & LENZ, W. (Hrsg.): Warnsignale aus dem Wattenmeer: 285-295. Blackwell, Berlin (Veröff.-Nr. 149)

STOCK, M., HOFEDITZ, F., MOCK, K. & POHL, B. (1994): Einflüsse von Flugbetrieb und Freizeitaktivitäten auf Verhalten und Raumnutzung von Ringelgänsen (Branta bernicla bernicla) im Wattenmeer. - Corax 16: 63-83 (Veröff.-Nr. 164)

SÜDBECK, P. & HÄLTERLEIN, B. (1994): Brutvogelbestände an der Deutschen Nordseeküste im Jahr 1992. Sechste Erfassung durch die AG Seevogelschutz. - Seevögel 14: 11-15 (Veröff.-Nr. 102)

SÜDBECK, P. & HÄLTERLEIN, B. (1995): Brutvogelbestände an der deutschen Nordseeküste im Jahre 1993 - Siebte Erfassung durch die Arbeitsgemeinschaft „Seevogelschutz". - Seevögel 16: 25-30 (Veröff.-Nr. 185)

TEMMING, A. & TEMMING, B. (1992): Economic overfishing and increase of fishing effort in the North Sea brown shrimp fishery. - ICES C.M. 1992/K: 37 Shellfish Chee. 20 S. Appendix (mimeo) (Veröff.-Nr. 95)

THIEL, M. & DERNEDDE, T. (1994): Recruitment of shore crabs Carcinus maenas on tidal flats: mussel clumps as an important refuge for juveniles. - Helgoländer Meeresunters. 48: 321-332 (Veröff.-Nr. 132)

THIEL, M. & REISE, K. (1993): Interaction of nemertines and their prey on tidal flats. - Neth. J. Sea Res. 31 (2): 163-172 (Veröff.-Nr. 52)

THIEL, M., NORDHAUSEN, W.& REISE, K. (1994): Nocturnal surface activity of endobenthic nemertines on tidal flats. - Proc. EMBS Sympos., Kreta 1993 (im Druck) (Veröff.-Nr. 139)

TIEDEMANN, R. & NEHLS, G. (1993): Tidale und saisonale Variation in der Nutzung unterschiedlicher Wattflächen durch nahrungssuchende Vögel. - Corax (im Druck) (Veröff.-Nr. 68)

TIEDEMANN, R., NOER, R. & H. (1993): Genetische Untersuchungen zur Verwandtschaft der Eiderentenpopulationen (Somateria mollissima) im Ostseeraum. - Verh. Dtsch. Zool. Ges., 86 (1): 62 (Veröff.-Nr. 67)

TULOWITZKI, I. (1993): Einfluß der Beweidung auf die Populationsstruktur der Kleinzikade Psammotettix putoni (Hom. AUCH) in der Salzwiese der Schleswig-Holsteinischen Westküste. - In: RIEWENHERM, S. & LIETH, H., Verh. Ges. Ökol. (Osnabrück 1989) Bd. XIX/II, 152-162 (Veröff.-Nr. 72)

TULOWITZKI, I. (1993): Einflüsse von Schafbeweidung und Temperaturverlauf auf Populationsdynamik und Produktion von Psammotettix putoni (Ohm., Auch.) in Salzwiesen der schleswig-holsteinischen Westküste. - Mitt. Dtsch. Ges. Allg. Angew. Ent. 9, Gießen. 5 S. (Veröff.-Nr. 81)

VOGEL, S. (1994): Ausmaß und Auswirkung von Störungen auf Seehunde. - In: LOZÁN, J.L., RACHOR, E., REISE, K., WESTERNHAGEN, H. von & LENZ, W. (Hrsg.): Warnsignale aus dem Wattenmeer: 303-308. Blackwell, Berlin (Veröff.-Nr. 143)

VOGEL, S. & KOCH, L. (1992): Report on occurrence of grey seals (Halichoerus gryphus FABRICIUS 1791) in the Schleswig-Holstein Wadden Sea. - Säugetierkdl. Inform. 3 (16): 449-459 (Veröff.-Nr. 39)

VORBERG, R. (1995): On the decrease of Sabellarian reefs along the German North Sea coast. - Publ. Serv. Géol. Lux. 29: 87-93 (Veröff.-Nr. 142)

VOSS, M. (1991/1992) Qualitätsziele für die Nordsee: Pro. - Dt. Hydrogr. Zeitschr., 44 (5/6): 283-287 (Veröff.-Nr. 31)

VOSS, M. & BORCHARDT, T. (1992): Quality objectives for the Wadden Sea: Problems and Attempts for Solution. - Wadden Sea Newsletter 2: 20-22 (Veröff.-Nr. 34)

WAGLER, H. & BERGHAHN, R. (1992): On the occurrence of white weed *Sertularia cupressina* eighteen years after giving up white weed fisheries. - Neth. J. Sea Res., 20: 299-301 (Veröff.-Nr. 20)

WAHLS, S. & EXO, K.-M. (1996): Kiebitzregenpfeifer (*Pluvialis squatarola*) im Wattenmeer - Zwischenstopp im Schlaraffenland? (Veröff.-Nr. 232)

WILHELMSEN, U. (1993): Ökosystemforschung im Nationalpark Schleswig-Holsteinisches Wattenmeer. - Z. Ökologie und Naturschutz (eingereicht) (Veröff.-Nr. 84)

WILHELMSEN, U. (1994): Ökosystemforschung Wattenmeer - Handlungsempfehlungen für den Naturschutz. - SDN-Magazin (im Druck) (Veröff.-Nr. 168)

WILHELMSEN, U., REISE, K. (1994): Grazing on green algae by the periwinkle *Littorina littorea* in the Wadden Sea. - Helgoländer Meeresunters. 48: 233-242 (Veröff.-Nr. 127)

WILHELMSEN, U., GÄTJE, C. & MARENCIC, H. (1995): Wadden Sea Ecosystem Research - The Husum Symposium. - WSN (eingereicht) (Veröff.-Nr. 187)

ZÜHLKE, R., REISE, K. (1994): Response of macrofauna to drifting tidal sediments. - Helgoländer Meeresunters. 48: 277-289 (Veröff.-Nr. 122)

XVI

6. Glossar

Die aufgeführten Begriffsbestimmungen
beziehen sich ausschließlich auf den
Inhalt der Beiträge und sind daher weder
allgemeingültig noch umfassend dargestellt.

Abbruchkanten
morphologische Erscheinungsform beim
Abbruch exponierter Uferstrecken an
Festlands- und Inselküsten infolge von
Seegangwirkung, Strömung oder Eis.

abiotische Faktoren
nicht durch Lebewesen verursachte
Einflüsse (Boden, Wasser,
Luft,Temperatur, Strahlung usw.).

Abrasion
Flächenhafte abtragende Tätigkeit der
Brandung oder Wellenbewegung.

Absorption
Anlagerung eines Stoffes an Oberflächen.

Abundanz
Häufigkeit einer Tier- oder Pflanzenart auf
einer bestimmten Fläche.

Ackerbau
regelmäßig wiederkehrende, boden-
bezogene Maßnahmen zur Schaffung
günstiger Wachstumsbedingungen für
den Pflanzenbau.

adult
ausgewachsen, geschlechtsreif.

Agrarstruktur
Gesamtheit der Bedingungen, unter denen
die landwirtschaftliche Produktion und
Vermarktung von Agrarprodukten stattfin-
det. Dazu zählen u.a. Siedlungsform,
Flurverfassung, Besitzstruktur,
Betriebsgrößenstruktur, Formen der
Bodennutzung und Viehhaltung sowie die
Marktstruktur.

Akkumulation
Anhäufung, Speicherung, Ansammlung.

allochton
andernorts entstanden und in das Gebiet
eingetragen.

alluvial
vergl. holozän

Altmarsch
Gebiete, die zwischen dem 1. und 15 Jh.
n. Chr. eingedeicht worden sind. Sie
liegen landwärts und recht tief, so daß die
Entwässerung der schweren feuchten
Böden sehr aufwendig ist. Es findet
vorwiegend Grünlandnutzung statt.

anadrom
zum Laichen flußaufwärts ins Süßwasser
wandernd.

anthropogen
vom Menschen beeinflußt oder geschaffen.

äolisch
vom Wind verursacht.

Areal
Raum, der von den Individuen einer Art
entsprechend ihrer Lebensansprüche
bewohnt werden kann.

Artenschutz
Aufgabenbereich des Naturschutzes mit
dem Ziel, den Gesamtbestand an wildlebenden Tier- und Pflanzenarten innerhalb
ihres natürlichen Areals in ihrer gegebenen Vielfalt so zu erhalten und zu fördern,
daß die Evolution der Arten gesichert
bleibt.

Artenvielfalt
Quantität der Artenzusammensetzung
einer Lebensgemeinschaft.

Ästuar
trichterförmige Verbreiterung eines in das
Meer mündenden Flusses.

Ausflug
„eine Reise, die aus dem üblichen Wohn-
und/oder Arbeitsumfeld herausführt,
weniger als 24 Stunden dauert bzw. keine
Übernachtung mit einschließt und nicht zu
den routinemäßig wiederkehrenden
Ortsveränderungen beruflicher, sozialer
oder freizeitorientierter Art gehört" (AIEST
1988).

Außensände
an der Seeseite des Wattenmeeres gelegene Sandbänke, die durch Wellenenergie
und Windeinfluß über die mittlere Tidehochwasserlinie aufgewachsen sind.

autochthon
an Ort und Stelle entstanden (Gegensatz:
allochthon).

Barren
durch Überlagerung von Sandrippeln
enstandene Sandbänke an der seewärtigen Wattaußenkante.

Basislinie
Grundlage für die Bemessung der seewärtigen Begrenzung des Küstenmeeres bzw.
für die Ausdehnung der Hoheitsgewässer.
Sie besteht aus „natürlichen" Basislinien
(dies sind im Bereich von Gezeitengewäs-
sern die natürliche Null-Meter-Linien bzw.
die Wattgrenze) und „geraden", konstruierten Basislinien im Bereich von Buchten
(Buchtabschlußlinien). Die Basislinie auf
der Grundlage des Seerechtsüberein-
kommens von 1982 der Vereinten Nationen ist in den Seegrenzkarten der deutschen Küste Nr. 2920 und 2921 des BSH
verzeichnet.

Benthos
Lebensformgruppe der in und auf dem
Boden von Gewässern lebenden Organis-
men.

Bevölkerungsstruktur
bezeichnet den soziodemographischen
Aufbau und die Zusammensetzung der
Bevölkerung in einem definierten Gebiet
zu einem bestimmten Zeitpunkt.
Soziodemographische Merkmale, die die
Struktur der Bevölkerung kennzeichnen,
sind Geschlecht, Altersstruktur, Stellung
im Beruf, Haushaltsgröße, Erwerbsstruktur etc.

Biodiversität
vergl. Diversität

biogen
aus lebender Substanz entstanden.

Bioindikatoren
Pflanzen oder Tiere, die auf bestimmte
Veränderungen der Umweltbedingungen
sensibel reagieren und diese damit
anzeigen können.

Biomasse
die Menge lebender Organismen in Masse
pro Flächeneinheit.

Biosphäre
der von Organismen bewohnbare Raum
der Erde und Erdhülle: „So tief wie ein
Fisch tauchen und so hoch wie ein Vogel
fliegen kann".

Biosphärenreservatvon der UNESCO
vorgeschlagene Schutzgebietsform, die
wesentliche Ökosystemtypen der Erde
sichern soll.

Biotop
durch abiotische Standortmerkmale
geprägte Lebensstätte einer Biozönose.

Biotopkomplex
charakteristische Kombination von Biotoptypen im räumlichen Gefüge.

Biotoptyp
Gesamtheit gleichartiger Biotope.

Bioturbation
Bodenumlagerung durch Lebewesen.

Biozönose
Gemeinschaft der in einem Biotop regelmäßig vorkommenden Lebewesen verschiedener Arten, die untereinander in
Wechselbeziehungen stehen.

Brackwasser
Gemisch von Meer- und Süßwasser (mit
0,5 bis 30 psu Salzgehalt).

Buhne
mehr oder weniger senkrecht zum Ufer in
ein Gewässer vorgebautes Uferschutzwerk
aus Busch, Holz, Stein, Stahlbeton oder
Asphalt.

Byssus
von Miesmuscheln erzeugte hornartige
Fäden, die Haltefunktion haben.

Corporate Design
charakteristisches, einheitliches äußeres
Erscheinungsbild.

Corporate Identity
die unverwechselbaren Elemente des
Denkens und Handelns, durch die sich
eine Gruppe von ihren Mitbewerbern
unterscheidet.

Dauergrünland
langjährig und innerhalb einer Wachstumsperiode mehrmalig von der Landwirtschaft zur Futtergewinnung nutzbarer
Bestand aus mehreren Pflanzenarten.

Denudation
flächenhafte Abtragung der Erdoberfläche
u.a. durch Wind, Wasser.

Deposition
Ablagerung von luftgetragenen Schadstoffen.

Derivat
chem. Verbindung, die aus einer anderen
entstanden ist.

Detritus
kleine und kleinste zerriebene Teilchen
von abgestorbenen Tieren und Pflanzen
des Meeres, oft auch mit Einschluß
anorganischer Teilchen.

diadrom
Fische, die zum Laichen in Gewässer mit
einem anderen Salzgehalt wandern (vergl.
anadrom und katadrom).

Diatomee
einzellige Alge mit einem Kieselsäure-
skelett; Kieselalge.

Dinoflagellaten
einzellige, geiseltragende Algen, Verursacher sommerlicher, z. T. toxischer Algenblüten.

Discard
ins Gewässer zurückgeworfene Fischerei-
reste, Beifang und Schlachtabfälle.

diurnal
am Tage, während der Helligkeitsphase
ablaufend.

Diversität
Bezeichnung für die Vielfalt in
Organismengemeinschaften, beurteilt
nach Artendichten und Einheitlichkeit der
Individuendichten.

Dominanz
Vorherrschen von bestimmten Arten
innerhalb einer Lebensgemeinschaft.

Drainagepriel
Abflußrinnen der Wattplaten, die gewöhnlich bei Niedrigwasser trockenfallen.

East-Atlantic-Flyway
Ostatlantischer Zugweg der Küstenvögel.
Er verbindet die Brutgebiete in der kanadi-
schen und russischen Arktis mit den
Überwinterungsgebieten in West-Europa
und West-Afrika.

Eco-target
ökologische Entwicklungsziele; ökologische Qualitätsziele

Emergenzmarsch
Zone oberhalb der mittleren Tidehochwasserlinie, die nur bei Springtiden
überflutet wird.

Emission
Ausstoß von Schadstoffen durch einen
Verursacher.

endemisch
Bezeichnung für Pflanzen- und Tierarten,
die nur in einem mehr oder weniger
natürlich abgegrenzten Gebiet und sonst
nirgends vorkommen.

Endofauna
im Boden lebende Tiere.

Epifauna
an der Bodenoberfläche lebende Tiere.

Epilitoral
episodisch (nur bei Extremwasserständen)
überfluteter Landbereich.

Epiphyten
Pflanzen, die auf anderen Pflanzen siedeln.

Erosion
Abtragung der Bodendecke.

Eulitoral
Bereich, der bei Hochwasser regelmäßig
überflutet wird und bei Niedrigwasser
trockenfällt; das eigentliche Watt.

euryhalin
an breite Salzgehaltsschwankungen
angepaßt.

eutroph
mit Nährstoffen überversorgt.

Eutrophierung
Anreicherung von Nährstoffen in einem
Ökosystem.

Extrembiotop
Lebensraum mit stark wechselnden
Umwelteinflüssen.

Fremdenverkehr
„Gesamtheit der Beziehungen und Erscheinungen, die sich aus der Reise und
dem Aufenthalt von Personen ergeben,
für die der Aufenthaltsort weder haupt-
sächlicher noch dauernder Wohn- und
Arbeitsort ist" (KASPAR 1975). Die Begriffe Fremdenverkehr und Tourismus werden
synonym verwendet.

Fething
künstliche Süßwasserauffangbecken auf
den Warften der Halligen.

Feuchtbiotop
Lebensstätte von Biozönosen, die mindestens zeitweilig auf feuchte Umweltbedingungen angewiesen sind.

fluviatil
von fließendem Wasser verursacht.

Geestinsel
Sammelbegriff für die drei nordfriesischen Inseln Sylt, Amrum und Föhr.

Geographisches Informations System
dient im Rahmen der Umweltbeobachtung zur Datenspeicherung, hilft bei der Auswertung der erhobenen Daten und Extrapolation von Beobachtungsergebnissen und unterstützt die Auswahl der Probeflächen für die ökologische Umweltbeobachtung.

glazial
von Gletschern gebildet.

Grüppe
(flacher) Graben im Deichvorland, der zur Förderung der Landaufhöhung und/oder Entwässerung regelmäßig ausgehoben wird.

Habitat
der Lebensraum einer Art.

Halophyten
salztolerante Pflanzen, die in Salzwiesen, am Strand und in den Vordünen vorkommen.

herbivor
sich ausschließlich von Pflanzen ernährend.

Holozän / holozän
jüngste Abschnitt des Quartär, beginnt mit dem Ende der letzten Eiszeit (alter Name: Alluvium), Jetzt-Zeit.

Hypertrophierung
starke, übermäßige Nährstoffversorgung; Überdüngung.

Ichthyologie
Fischkunde.

in situ
an Ort und Stelle.

Immissionen
Luftverunreinigungen, Geräusche, Erschütterungen, Strahlen und Wärme die in die Umwelt eingetragen werden.

interspezifische Konkurrenz
Konkurrenz zwischen Arten (z. B. um Lebensraum).

intraspezifische Konkurrenz
Konkurrenz zwischen den Individuen einer Art (z. B. um Nahrung).

Jungmarsch
ca. 2 m über NN liegende, nach Eindeichung oder natürlicher seewärtiger Landbildung gewonnene Flächen mit Getreide- und Grünlandnutzung.

juvenil
nicht ausgewachsen, Jugendstadium.

karnivor
fleischfressend, sich räuberisch ernährend.

katadrom
zum Laichen vom Süß- ins Salzwasser flußaufwärts wandernd.

kohärent
zusammenhängend.

Konsumenten
direkt und indirekt die Primärproduktion der Pflanzen nutzende Organismen.

Konvention
völkerrechtlicher Vertrag.

Koog
eingedeichte ehemalige Wattgebiete bzw. Vorländer, (synonym: Polder, Binnengroden).

k-Strategen
Arten mit geringer Fortpflanzungsrate und oft spezieller Anpassung an ihren Lebensraum.

Kulturlandschaft
vergl. Landschaft

Küstenschutzanlagen
Baumaßnahmen zum Schutz der Festlandsfläche vor Überflutung (Deiche, Buhnen und Lahnungen etc.).

Lahnung
buhnenartiger Damm aus Buschwerk, das zwischen zwei Pfahlreihen fest mit Draht verschnürt ist. Sie dienen in rechteckigen Landgewinnungsfeldern zur Beruhigung der Wasserbewegung und damit der Schlickablagerung.

XVI

Landschaft

nach Struktur und Funktion geprägter, als Einheit aufzufassender Ausschnitt der Erdoberfläche, aus einem Ökosystemgefüge oder Ökotopengefüge bestehend. Eine Naturlandschaft wird überwiegend von naturbetonten, eine Kulturlandschaft überwiegend von anthropogenen Ökosystemen eingenommen.

Landschaftsökologie

Lehre von der Struktur, Funktion und Entwicklung der Landschaft. Schwerpunkt ist dabei, Abhängigkeitsverhältnisse der Organismen und Lebewesen von ihren als Umwelt bezeichneten Standortfaktoren zu analysieren.

Landschaftspflege

Gesamtheit der Maßnahmen zur Sicherung der nachhaltigen Nutzungsfähigkeit der Naturgüter sowie der Vielfalt, Eigenart und Schönheit von Natur und Landschaft.

Landschaftsplanung

raumbezogenes Planungsinstrument auf gesetzlicher Grundlage, zur Verwirklichung der Ziele von Naturschutz und Landschaftspflege in besiedelter und unbesiedelter Landschaft, gegliedert in Landschaftsprogramm, Landschaftsrahmenplan und Landschaftsplan.

Landschaftsschutz

a) Gesamtheit der Maßnahmen von Naturschutz und Landschaftspflege zur Sicherung von Landschaften und Landschaftsteilen.
b) Im Naturschutzrecht: Die Ausweisung von Landschaftsschutzgebieten.

Landwirtschaft

ist die planmäßige Bewirtschaftung des Bodens zum Zwecke der Gewinnung pflanzlicher und tierischer Produkte.

Lee

windabgewandte Seite.

letal

tödlich.

limnisch

im Süßwasser vorkommend.

Luv

windzugewandte Seite.

Mäander

Windung eines Fließgewässers.

Makrozoobenthos

mit bloßem Auge erkennbare Tiere des → Benthos.

Marsch

alluvialer Schwemmlandboden, der aus Ablagerungen des Tidemeeres oder der Tideflüsse entstanden ist.

Mitteltidehochwasser

durchschnittlicher Hochwasserstand am Ende der Flut.

Mitteltideniedrigwasser

durchschnittlicher Niedrigwasserstand am Ende der Ebbe.

modal split

Aufteilung der Verkehrsmittelnutzung auf die verschiedenen Verkehrsträger (z.B. PKW, Bus, Bahn, Flugzeug etc.).

monetär

geldlich, die Finanzen betreffend.

Monitoring

dauerhafte Beobachtung und Aufzeichnung verschiedener Parameter.

Moräne

Ablagerungen der eiszeitlichen Gletscher.

Morphodynamik

Prozesse auf und an der Oberfläche der Erde.

Morphogenese

Entstehung der Oberflächenformen der Erde.

Morphologie

Wissenschaft von den Oberflächenformen.

nachhaltige Nutzung

die Nutzung von Bestandteilen der biologischen Vielfalt in einer Weise und in einem Ausmaß, die nicht zum langfristigen Rückgang der biologischen Vielfalt führen, wodurch ihr Potential erhalten bleibt, die Bedürfnisse und Wünsche heutiger und künftiger Generationen zu erfüllen (Rio-Übereinkommen 1992)

Nachhaltigkeit

in der Landwirtschaft: Die Fähigkeit eines lebenden Systems, bei Nutzung und Ausgleich der Verluste dauerhaft gleiche Leistungen zu erbringen, ohne sich zu erschöpfen.

Nationalparkregion
Der Raum, der mit dem Nationalpark in
unmittelbarer und enger räumlicher
Verflechtung steht. Dazu gehören alle
Anrainergemeinden in den Westküsten-
kreisen Nordfriesland und Dithmarschen
sowie die nordfriesischen Inseln und
Halligen.

naturnah
ohne direkten Einfluß des Menschen
entstanden, durch menschliche Einflüsse
nicht wesentlich verändert; bei Enden des
Einflusses kaum Änderungen, selbst-
regelungsfähig.

Naturraum
physisch-geographische Raumeinheit mit
typischen Landschaften, Bio- und Öko-
typen.

Naturschutz
Gesamtheit der Maßnahmen zur Erhaltung und Förderung von Pflanzen und
Tieren wildlebender Arten, ihrer Lebensgemeinschaften und natürlichen Lebensgrundlagen sowie zur Sicherung von
Landschaften und Landschaftsteilen unter
natürlichen Bedingungen.

Nehrung
schmale, langgestreckte Sandablagerung
an einer Flachküste, die ein Haff oder eine
Lagune vom Meer trennt.

Nekton
Gesamtheit der aktiv schwimmenden
Tiere.

Nipptide
Gezeit mit schwach ausgeprägtem Tidenhub, bei halbem Mond aufgrund der
Kräfteverhältnisse von Sonne und Mond
auftretend.

Normalnull
Meeresspiegelniveau in topographischen
Karten.

Ökologie
Wissenschaft vom Stoff- und Energiehaushalt der Biosphäre bzw. ihrer Untergliede-
rungen (z.B. Ökosysteme) sowie von den
Wechselwirkungen ihrer Bewohner
untereinander und mit ihrer abiotischen
Umwelt.

Ökonomie
Wissenschaft von den Beziehungen
zwischen Aufwand und Ertrag bei der
Erzeugung von Gütern und Dienstleistungen.

Ökosystem
funktionelle natürliche Einheit der Biosphäre als Wirkungsgefüge aus Lebewesen, unbelebten natürlichen und vom
Menschen geschaffenen Bestandteilen,
die untereinander und mit ihrer Umwelt in
energetischen, stofflichen und informato-
rischen Wechselwirkungen stehen.

Pelagial
Lebensraum des freien Wassers.

Pendler
Personen, die zur Arbeit oder Ausbildung
den Wohnort verlassen. Differenziert wird
weiter in Tagespendler (täglicher Wechsel
zwischen Wohn-und Arbeitsstätte) und
Wochenendpendler (wöchentlicher Wechsel zwischen Wohn- und Arbeitsstätte).

persistent
ausdauernd, beharrend.

Photosynthese
Aufbau chemischer Verbindungen in
Pflanzen durch Lichteinwirkung, Aufbau
von organischer Substanz aus anorganischen Verbindungen.

Phytoplankton
ohne Eigenbewegung im Wasser schwe-
bende Pflanzen.

planar
eben, in der Vegetationskunde die Stufe
der Küstenebenen.

Plankton
ohne Eigenbewegung im Wasser schwe-
bende Lebewesen, die durch Strömung
verdriftet werden.

Platen
im allgemeinen Sandbänke zwischen den
Gezeitenrinnen; in Anlehnung an den
Sprachgebrauch im Raum Nordfriesland
wurde dieser Begriff auf alle tiden-
periodisch trockenfallende Gebiete des
Wattenmeeres ausgedehnt.

Pleistozän/ pleistozän
Eiszeitalter, Abteilung des Quartär.

Polder
vergl. Koog

Population
Gesamtheit der Individuen einer Art mit
gemeinsamen genetischen Gruppen-
merkmalen innerhalb eines bestimmten
Raumes.

XVI

627

Prädator
Freßfeind; Beutegreifer.

Priel
Wasserrinne im Watt, die auch zur Niedrigwasserzeit noch mit natürlichem Gefälle Wasser führt.

Prielstrom
Hauptentwässerungsrinne des Wattenmeeres.

primärer Sektor
Sammelbegriff für direkte Ressourcennutzung betreibende Wirtschaftszweige (z.B. Landwirtschaft, Fischerei). Primärproduktion Aufbau organischer Substanz aus anorganische Stoffen und Sonnenlicht durch Pflanzen.

Produktivität
Produktionsrate (Produktion pro Zeiteinheit) von Biomasse in einem Ökosystem oder Teilen davon; auch: Fähigkeit zur Produktion, ausgedrückt in der Produktionsrate.

psu
Salinität in Promille (practical salinity unit).

Referenzwert
Bezugswert (z.B. ursprüngliche, natürliche Verhältnisse beschreibend und damit als anzustrebendes „Umweltqualitätsziel" geeignet).

Rekrutierung
Bestandserneuerung; Nachwachsen eines neuen Jahrgangs.

Restströmung
Strömung nach Abzug der Gezeitenbewegung.

rezent
jetzt lebend, noch vorhanden, andauernd.

Rote Liste
offizielle Bilanz des Artenschwundes in der Bundesrepublik, von Fachwissenschaftlern ständig überarbeitet. In den Roten Listen werden alle heimischen Tier- und Pflanzenspezies aufgeführt, die im Bestand gefährdet oder vom Aussterben bedroht sind.

r-Strategen
Arten mit sehr hoher Fortpflanzungsrate und oft geringem Spezialisierungsgrad.

18-Ruten-Graben
in Vorzeiten angelegter, 90,4 Meter vom Deichfuß entfernter Graben im Vorlandbereich (ab 1971 Verringerung der Entfernung auf 70,4 Meter); 1 Rute = 5,02 Meter.

saisonal
jahreszeitlich.

Salinität
Salzgehalt.

Salzmarsch
marine Deichvorländer, auch Heller genannt.

Schardeich
Deich ohne Vorland. Sein am Watt liegender Fuß wird bei Tidehochwasser regelmäßig überflutet und muß daher durch Uferschutzwerke besonders gesichert werden.

Schelf
zum Festlandssockel gehörender Flachmeerbereich bis zu einer Wassertiefe von etwa 200 m; Kontinentalrand.

Schöpfwerk
Pumpanlage, die tiefgelegene Polder- oder binnendeichs gelegene Flächen bei hohen Außenwasserständen entwässern kann.

Sedimentation
Vorgang der Ablagerung von Stoffen. Seewasserstraßen Flächen zwischen der mittleren Tidehochwasserlinie und der 12 sm Grenze; auch bei Niedrigwasser befahrbar.

sessil/ Sessilität
Lebensweise im Wasser; fest auf einem Substrat aufgewachsen.

Seston
im Wasser verteilte, sehr feine Partikel (einschließlich Plankton).

Sietland
tiefgelegene, alte Marsch am Übergang zur Geest.

Sommerdeich
niedriger Deich, der die Halligen vor den niedrigeren, sommerlichen Sturmfluten schützt.

Speicherbecken
künstliche Wasserflächen zur Sicherung der Vorflut; durch Süßwasserzufuhr und Verbindung zum Wattenmeer, z.T. brackig.

Springtide
Gezeit mit besonders starkem Tidenhub, regelmäßig aufgrund der Kräfteverhältnisse von Sonne und Mond auftretend.

stochastisch
zufällig auftretend, aber mit einer gewissen Wahrscheinlichkeit mathematisch vorhersagbar.

Sublitoral
ständig von Salzwasser bedeckte Zone im Vorstrandbereich unterhalb der Springtideniedrigwasserlinie.

Submergenzmarsch
regelmäßig überflutete Zone der Marsch.

Subsistenz
materielle Existenz; Lebensgrundlage.

Sukzession
Aufeinanderfolge von Arten, bzw. Lebensgemeinschaften einer Lebensstätte, die von einem Pionierstadium bei gleichzeitiger Veränderung der abiotischen Faktoren zu einem sich selbst erhaltenden Stadium eines Fließgleichgewichtes führt.

Supralitoral
oberhalb des MThW liegende Trockenstrände und unbedeichte Salzmarschen der Inseln und Festlandsküsten, die nur bei hoch auflaufenden Fluten von Salzwasser überspült sind.

Synergismus
Zusammenwirken mehrerer Komponenten.

Teek
vergl. Treibsel

Tektonik/ tektonisch
Teilgebiet der Geologie, daß sich mit dem Bau der Erdkruste und ihren inneren Bewegungen befaßt.

Tourismus
vergl. Fremdenverkehr

toxisch
giftig.

Transgression
Vordringen des Meeres über das Festland aufgrundeiner Senkung der Landmasse bzw. Hebung des Meeresspiegels.

Treibsel
nach übernormalen Hochwasserständen abgelagertes schwimmfähiges Material des Spülsaumes (Synonym: Teek).

trilateral
die Wattenmeeranrainer Niederlande, Deutschland und Dänemark betreffend.

trophisch
mit der Ernährung zusammenhängend.

Umwelt
Umgebung von Organismen und ihren Gemeinschaften mit der Gesamtheit der auf sie einwirkenden Einflüsse.

Umweltqualitätsziele
politisch definierte, auf (vergl.) Immissionen bzw. Betroffene bezogene Ziele über zu erreichende Niveaus der Umweltgüte.

Umweltschutz
(meist technische) Maßnahmen zur Vermeidung von nachhaltigen Schäden. Umweltstandards   operationalisierte, d.h. in meßbare Indikatoren und zugeordnete Wertniveaus umgesetzte Umweltqualitätsziele.

Urlauberausflügler
Personen, die einen Ausflug während des Aufenthaltes am Urlaubsort beginnen und am selben Tag dorthin zurückkehren.

vagil
Tiere (meist auf Meereslebewesen bezogen), die sich frei im Raum bewegen können.

Verflechtung
enge und dauerhafte funktionale Beziehungen zwischen Räumen, Objekten und Funktionsbereichen. Betrachtet werden hier Verflechtungen von Pendlerströmen, Versorgungsbeziehungen und Ausflugsverkehr.

Vorfluter
in der Regel Flüsse, in der Marsch häufig künstliche Gräben und Sielzüge zur Sicherstellung der Entwässerung.

Vorleistung
Wert der Güter, die in einer definierten Zeit während der Produktion verbraucht werden. Dazu zählen u. a. Roh-, Brenn- und Treibstoffe, Transportkosten, Reparaturen und Mieten sowie Gebühren und Anwaltskosten.

XVI

Wanderungssaldo
Differenz zwischen Fort- und Zuzügen für
ein definiertes Gebiet; Angaben sowohl
absolut oder als Prozentangabe.

Warft
vergl. Wurt

Wehlen
bei Deichbrüchen entstandene Gewässer
hinter dem Deich.

Westküstenkreise
die beiden Kreise Nordfriesland
und Dithmarschen an der Westküste
Schleswig-Holsteins.

Wirtschaftsraum
Landschaftsausschnitt, der durch bestimmte sozioökonomische Struktur-
merkmale bzw. funktionale Verflechtungen
charakterisiert ist.

Wirtschaftszweige
Bezeichnung für die Wirtschaftsab-
teilungen in der amtlichen Statistik der
Bundesrepublik Deutschland.

Wohnortausflügler
Personen, die den Ausflug am Wohnort
beginnen und am selben Tag dorthin
zurückkehren.

Wurt
vom Menschen aufgeschütteter Erdhügel
in Überschwemmungsgebieten an der
Meeresküste, an Tideflüssen und -strö-
men. zum Schutz für Mensch und Vieh bei
Sturmtiden.

Zentraler Ort
Ort, an dem zentrale Güter und Dienste
zur Versorgung des Umlandes angeboten
werden. Je nach Angebot und Ausstattung werden die Standorte hierarchisch in
ländliche Zentralorte, Unter-, Mittel- und
Oberzentren kategorisiert.

Zooplankton
tierische Lebewesen, im Wasser ohne
Eigenbewegung schwebend.

7. Abkürzungsverzeichnis

Abb.
Abbildung

ABM
Arbeitsbeschaffungsmaßnahme

ADAC
Allgemeiner Deutscher Automobil Club

AEWA
African Eurasian Waterbird Agreement

AG
Arbeitsgemeinschaft

AG BR
Ständige Arbeitsgemeinschaft der
Biosphärenreservate Deutschlands

AGREEMA
Strategie- und Maßnahmenkonzept zur
Vermarktung nordfriesischer Produkte und
Dienstleistungen der Agrar- und Ernäh-
rungswirtschaft.

AlgFES
Algenfrüherkennungssystem

ALW/ÄLW
Amt/Ämter für Land- und
Wasserwirtschaft

ANU
Akademie für Natur und Umwelt

ASCOBANS
Agreement on the Conservation of Small
Cetaceans of the Baltic and North Seas

BAH
Biologische Anstalt Helgoland

BFA
Bundesforschungsanstalt für Fischerei

BFANL
Bundesforschungsanstalt für Naturschutz
und Landschaftspflege

BFG
Bundesforschungsanstalt für
Gewässerkunde

BfN
Bundesamt für Naturschutz

BGBl
Bundesgesetzblatt

BJG
Bundesjagdgesetz

BLMP
Bund-Länder-Meßprogramm

BMBF
Bundesministerium für Bildung, Wissenschaft, Forschung und Technologie

BMELF
Bundesministerium für Ernährung, Landwirtschaft, Forsten und Fischerei

BMU
Bundesministerium für Umwelt, Naturschutz und Reaktorsicherheit

BMV
Bundesministerium für Verkehr

BMVg
Bundesministerium für Verteidigung

BNatSchG
Bundesnaturschutzgesetz

BR
Biosphärenreservat

BSH
Bundesamt für Seeschiffahrt und
Hydrographie

CD
Corporate Design

CIR
Color-Infrarot

CMA
Centrale Marketinggesellschaft der
deutschen Agrarwirtschaft

CWSS
Common Wadden Sea Secretariat

DWD
Deutscher Wetterdienst

DWIF
Deutsches Wirtschaftswissenschaftliches
Institut für Fremdenverkehr e.V. an der
Universität München

EAGLF
Europäischer Ausrichtungs- und Garantie-
fonds für die Landwirtschaft

EDV
Elektronische Datenverarbeitung

EFRE
Europäische Fonds für regionale
Entwicklung

EG
Europäische Gemeinschaft

ESF
Europäische Sozial-Fonds

ETG
Eco Target Group

EU
Europäische Union

EWG
Europäische Wirtschaftsgemeinschaft

FFH-RL
Flora, Fauna, Habitate-Richtlinie

FÖNAD
Föderation der Nationalparke Deutschlands, Sektion Deutschland e.V.

FTZ
Forschungs- und Technologiezentrum
Westküste, Büsum

FWL
Friedrich-Wilhelm-Lübke (Koog)

GA
Gemeinschaftsaufgabe

GIS
Geographisches Informationssystem

GKSS
GKSS-Forschungszentrum Geesthacht

ICAO
International Civil Aviation Organisation

ICC
International Coordination Council

ICES
International Council for the Exploration
of the Sea

IFAB
Institut für angewandte Biologie

IHK
Industrie- und Handelskammer

IKSE
Internationale Kommission zum Schutz
der Elbe

IMO
International Marine Organization

INK
Internationale Nordseeschutzkonferenz

IPCC
Intergovernmental Panel on Climatic
Change

IPTS
Landesinstitut Schleswig-Holstein für
Praxis und Theorie der Schule

IRV
Internationaler Rat für Vogelschutz

ITAI
Institut für theoretische und angewandte
Informatik Niebüll e.V.

IUCN
International Union for the Conservation
of Nature

IWRB
International Waterfowl Research Bureau

Kap.
Kapitel

KSA
Kommunaler Schadensausgleich

KüFO
Küstenfischereiordnung

LANA
Länderarbeitsgemeinschaft Naturschutz,
Landschaftspflege und Erholung

LANU
Landesamt für Natur und Umwelt

LAWA
Länderarbeitsgemeinschaft Wasser

LEADER
EU-Programm: Gemeinschaftsinitiative
„Verbindung zwischen Aktionen zur
Entwicklung der ländlichen Wirtschaft"

LFischG
Landesfischereigesetz

LIFE
EU-Programm: „Finanzierungsinstrument
für die Umwelt"

LN
Landesamt für Naturschutz und
Landschaftspflege

LNatSchG
Landesnaturschutzgesetz

LPflegG
Landschaftspflegegesetz

LROPl
Landesraumordnungsplan

LVWG
Landesverwaltungsgesetz

MaB
„Man and Biosphere",
Programm der UNESCO

MARPOL
Marine Pollution

MdI
Ministerium des Inneren des Landes
Schleswig-Holstein

MELFF
Ministerium für Ernährung, Landwirtschaft, Forsten und Fischerei

MNU
Ministerium für Natur und Umwelt

MNUL
Ministerium für Natur, Umwelt und
Landesentwicklung

MThb
Mittlerer Tidenhub

MThw
Mittleres Tidehochwasser

MTmw
Mittleres Tidemittelwasser

Mtnw
Mittleres Tideniedrigwasser

MUDAB
Meeresumwelt-Datenbank

MWTV
Ministerium für Wirtschaft, Technologie
und Verkehr

NGO
Nicht-Regierungs-Organisation (non-
governmental organisation)

NIC
Nordfriesisches Innovationszentrum

NIUS-SH
Natur- und Umweltinformationssystem
Schleswig-Holstein

NN
Normalnull: für Landkarten maßgebliches
Meeresspiegelniveau

NNA
Norddeutsche Naturschutzakademie

NP
Nationalpark

NPA
Landesamt für den Nationalpark Schles-
wig-Holsteinisches Wattenmeer
(Nationalparkamt)

NSG
Naturschutzgebiet

OSCOM
Oslo-Commission

ÖSF
Ökosystemforschung

ÖUB
Ökologische Umweltbeobachtung in
Biosphärenreservaten

PARCOM
Paris Commission

PCB
polychlorierte Biphenyle

QSR
Quality Status Report

RAMSAR
Konvention über Feuchtgebiete internationaler Bedeutung, im besonderen
als Wasservogelhabitat (in Ramsar
beschlossen)

SAC
Special Area of Conservation

SCANS
Small Cetacean Abundance in the North
Sea (and adjacent waters)

SCI
Site of Community Interest
SeeSchStrO Seeschiffahrtsstraßen-
ordnung

SH
Schleswig-Holstein

XVI

SHW
Schleswig-Holsteinisches Wattenmeer

SPA
Special Protected Area = bestehende EG-Schutzgebiete

Spthw
Springtidehochwasser

SRR 10
Subregional Report 10 des Quality Status Reports

STAT.LA S-H
Statistisches Landesamt Schleswig-Holstein

SWAP
Sylter Wattenmeer Austauschprozesse (Forschungsvorhaben der Ökosystemforschung Schleswig-Holsteinisches Wattenmeer, Teil B)

Tab.
Tabelle

TG
Titelgruppe

Thb
Tidenhub

Thw
Tidehochwasser

TMAG
Trilateral Monitoring and Assessment Group

TMAP
Trilateral Monitoring and Assessment Programme

TMEG
Trilateral Monitoring Expert Group

Tnw
Tideniedrigwasser

TÖB
Träger öffentlicher Belange

UBA
Umweltbundesamt

UN
United Nations

UNB
Untere Naturschutz Behörde

UNEP
Umweltprogramm der Vereinten Nationen

UNESCO
United Nations Educational, Scientific and Cultural Organisation

UQZ
Umweltqualitätsziele

UVP
Umweltverträglichkeitsprüfung

vergl.
vergleiche

VS-RL
Vogelschutz-Richtlinien

WaDaBa
Wattenmeerdatenbank

WATiS
Wattenmeer Informationssystem

WKA
Windkraftanlage

WSA
Wasser- und Schiffahrtsamt

WSD
Wasser- und Schiffahrtsdirektion

ZWW
Zugang zu Watt und Wasser

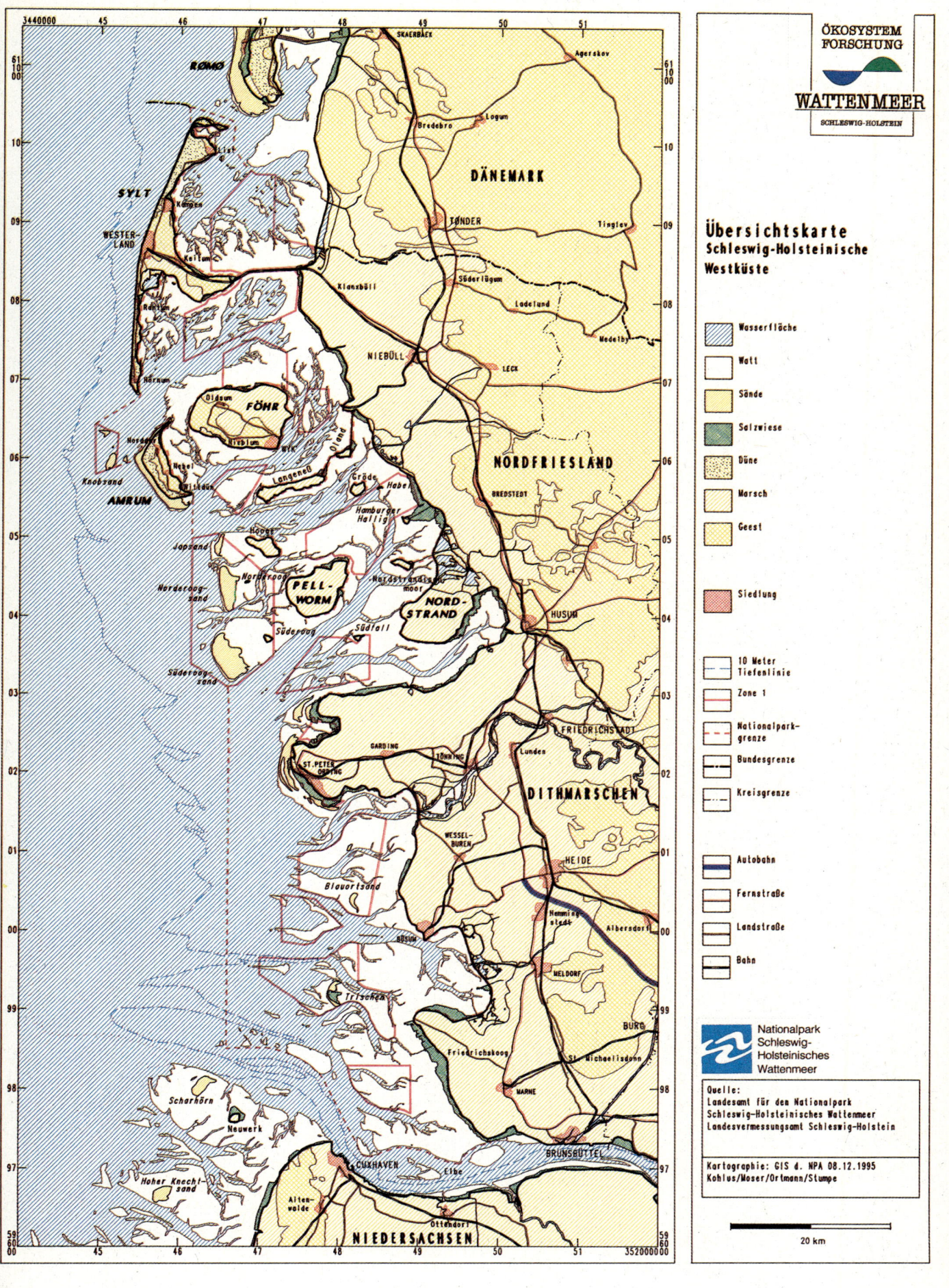

ÖKOSYSTEM FORSCHUNG

WATTENMEER

SCHLESWIG-HOLSTEIN

Übersichtskarte
Schleswig-Holsteinische
Westküste

	Wasserfläche
	Watt
	Sände
	Salzwiese
	Düne
	Marsch
	Geest
	Siedlung
	10 Meter Tiefenlinie
	Zone 1
	Nationalpark-grenze
	Bundesgrenze
	Kreisgrenze
	Autobahn
	Fernstraße
	Landstraße
	Bahn

Nationalpark
Schleswig-
Holsteinisches
Wattenmeer

Quelle:
Landesamt für den Nationalpark
Schleswig-Holsteinisches Wattenmeer
Landesvermessungsamt Schleswig-Holstein

Kartographie: GIS d. NPA 08.12.1995
Kohlus/Moser/Ortmann/Stumpe

20 km

Karte Nr. 1

arten

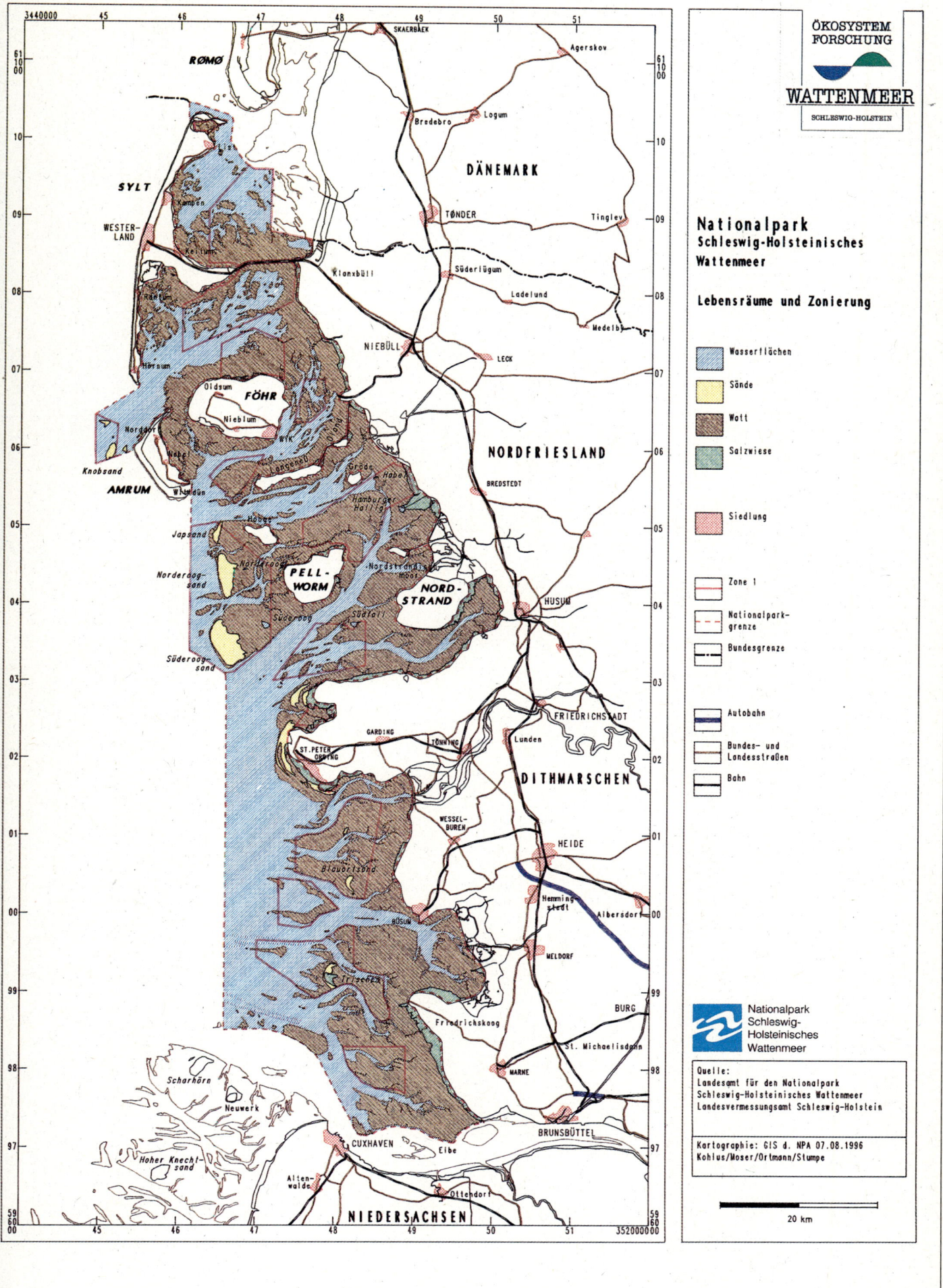

ÖKOSYSTEM FORSCHUNG

WATTENMEER
SCHLESWIG-HOLSTEIN

Nationalpark
Schleswig-Holsteinisches
Wattenmeer

Lebensräume und Zonierung

Wasserflächen

Sände

Watt

Salzwiese

Siedlung

Zone 1

Nationalpark-
grenze

Bundesgrenze

Autobahn

Bundes- und
Landesstraßen

Bahn

Nationalpark
Schleswig-
Holsteinisches
Wattenmeer

Quelle:
Landesamt für den Nationalpark
Schleswig-Holsteinisches Wattenmeer
Landesvermessungsamt Schleswig-Holstein

Kartographie: GIS d. NPA 07.08.1996
Kohlus/Moser/Ortmann/Stumpe

20 km

Karte Nr. 2

arten

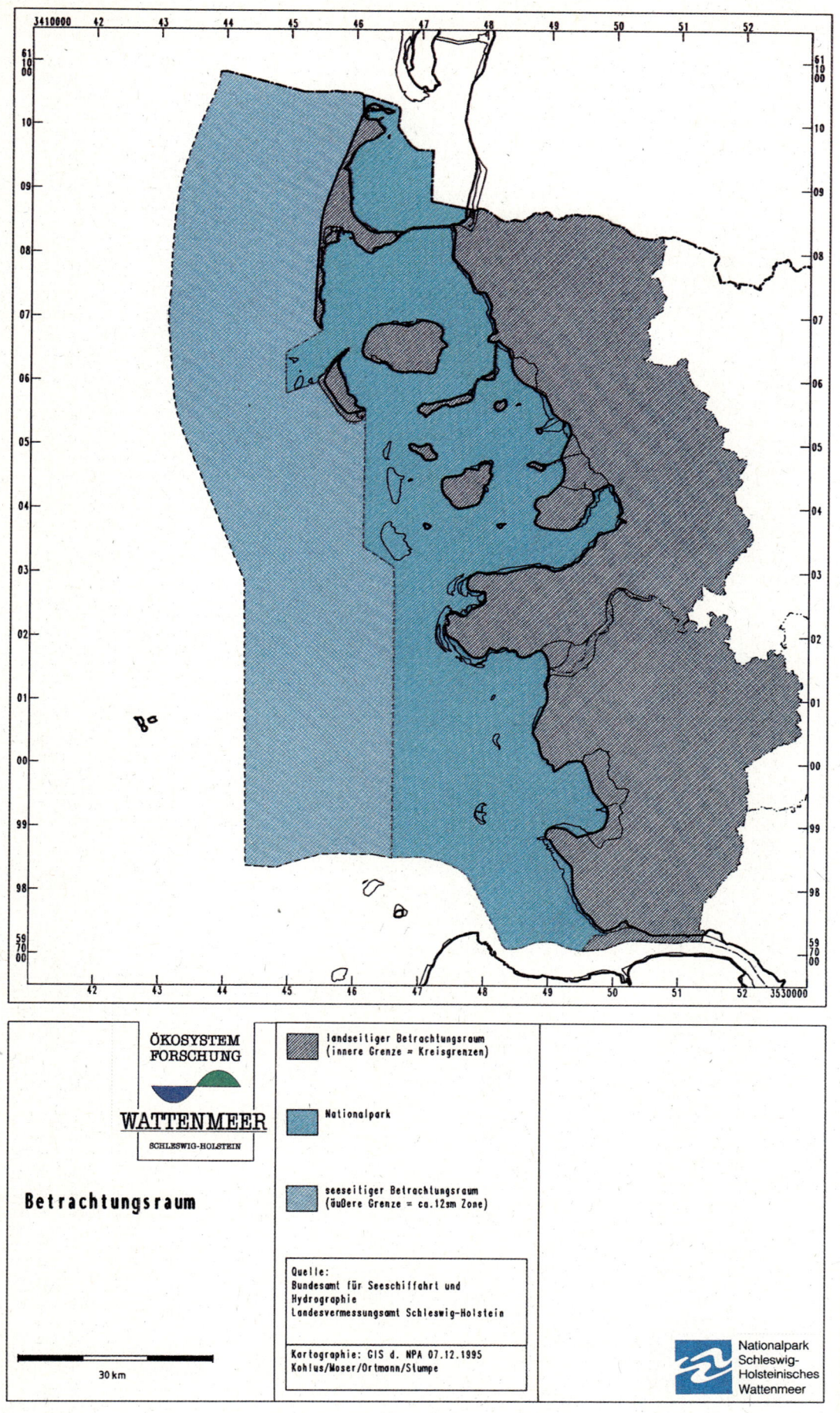

ÖKOSYSTEM
FORSCHUNG

WATTENMEER
SCHLESWIG-HOLSTEIN

Betrachtungsraum

30 km

landseitiger Betrachtungsraum
(innere Grenze = Kreisgrenzen)

Nationalpark

seeseitiger Betrachtungsraum
(äußere Grenze = ca.12sm Zone)

Quelle:
Bundesamt für Seeschiffahrt und
Hydrographie
Landesvermessungsamt Schleswig-Holstein

Kartographie: GIS d. NPA 07.12.1995
Kohlus/Moser/Ortmann/Stumpe

Nationalpark
Schleswig-
Holsteinisches
Wattenmeer

Karte Nr. 3

Karten

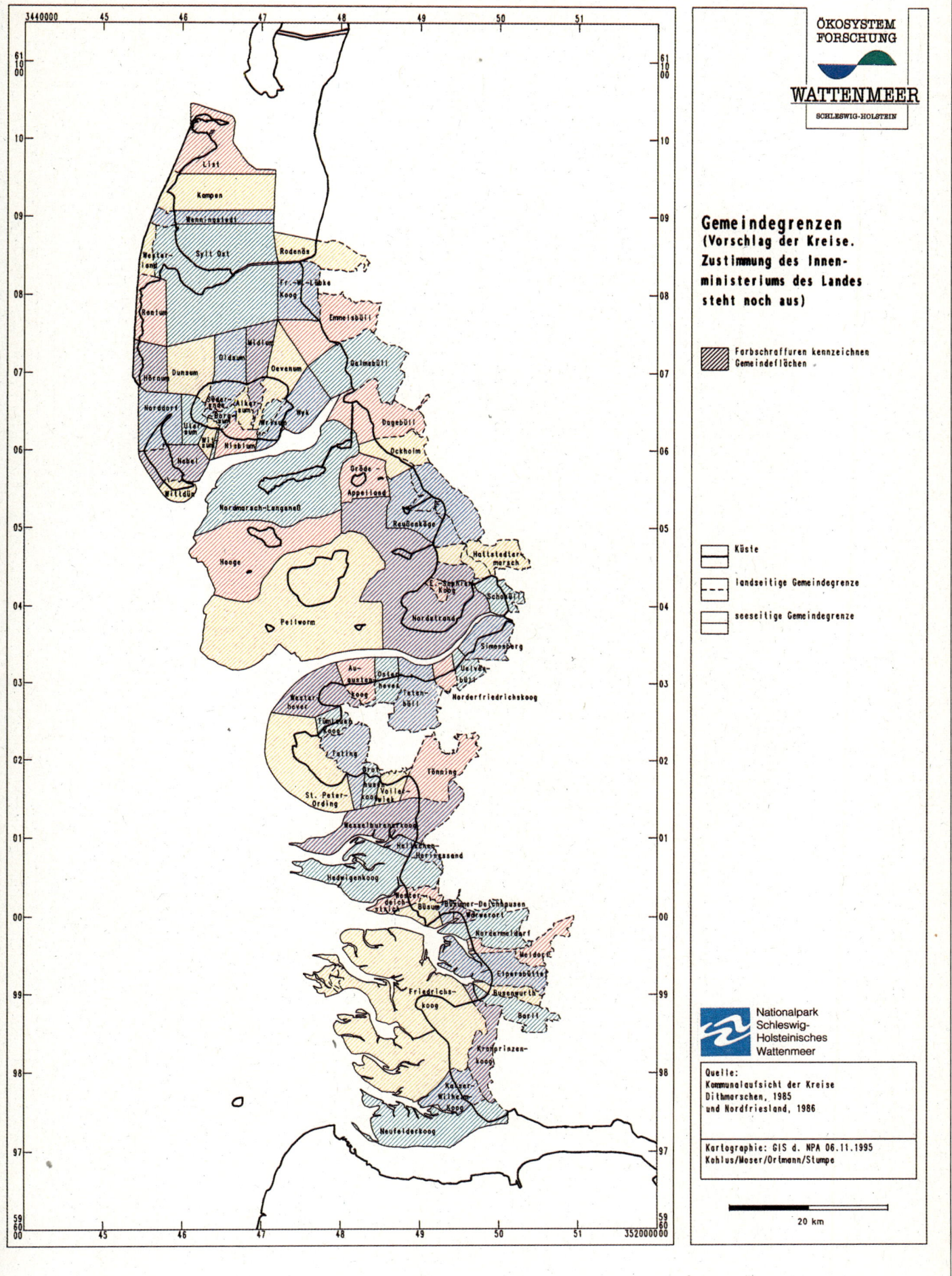

ÖKOSYSTEM
FORSCHUNG

WATTENMEER
SCHLESWIG-HOLSTEIN

Gemeindegrenzen
(Vorschlag der Kreise.
Zustimmung des Innen-
ministeriums des Landes
steht noch aus)

Farbschraffuren kennzeichnen
Gemeindeflächen

Küste

landseitige Gemeindegrenze

seeseitige Gemeindegrenze

Nationalpark
Schleswig-
Holsteinisches
Wattenmeer

Quelle:
Kommunalaufsicht der Kreise
Dithmarschen, 1985
und Nordfriesland, 1986

Kartographie: GIS d. NPA 06.11.1995
Kohlus/Moser/Ortmann/Stumpe

20 km

Karte Nr. 4

Karten

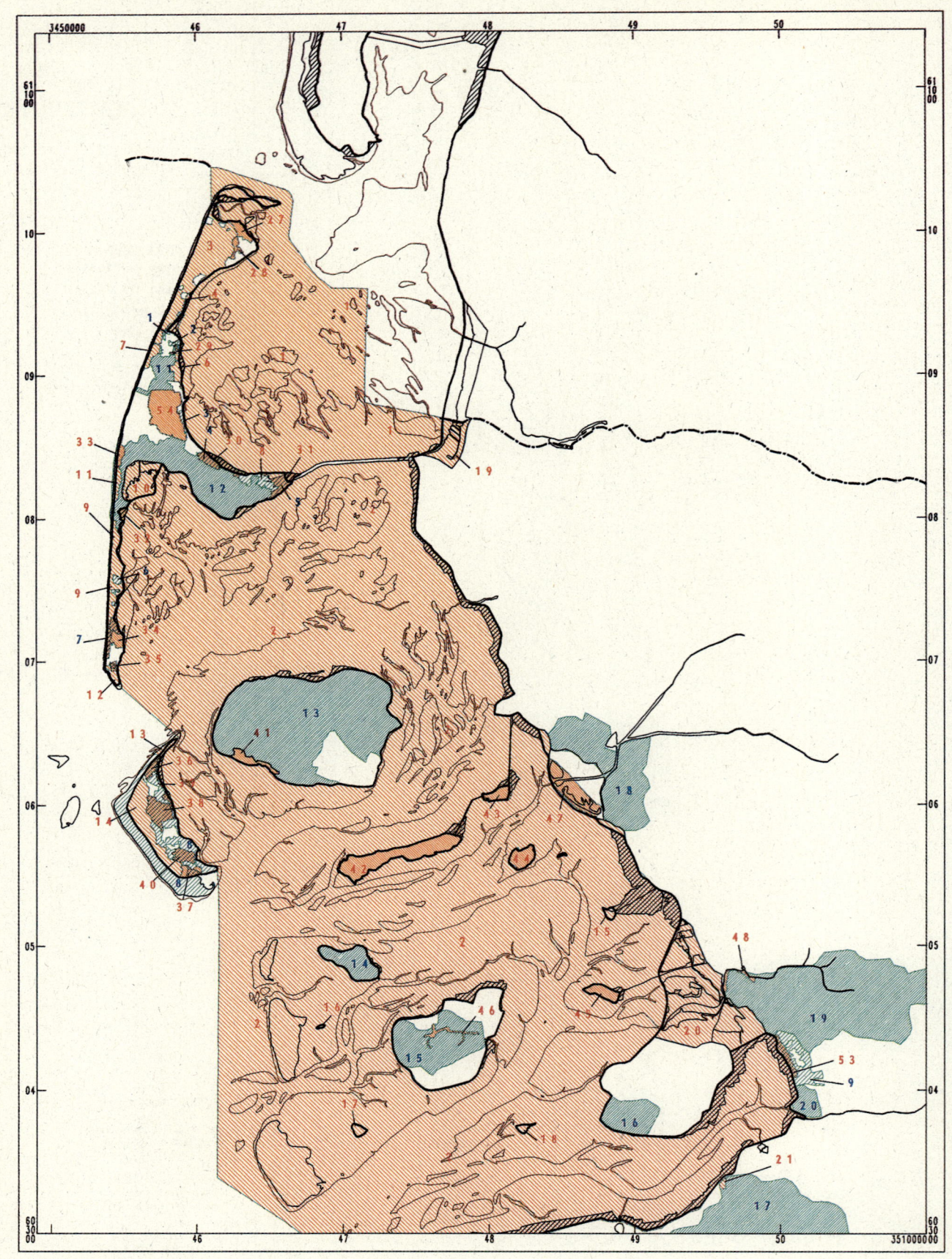

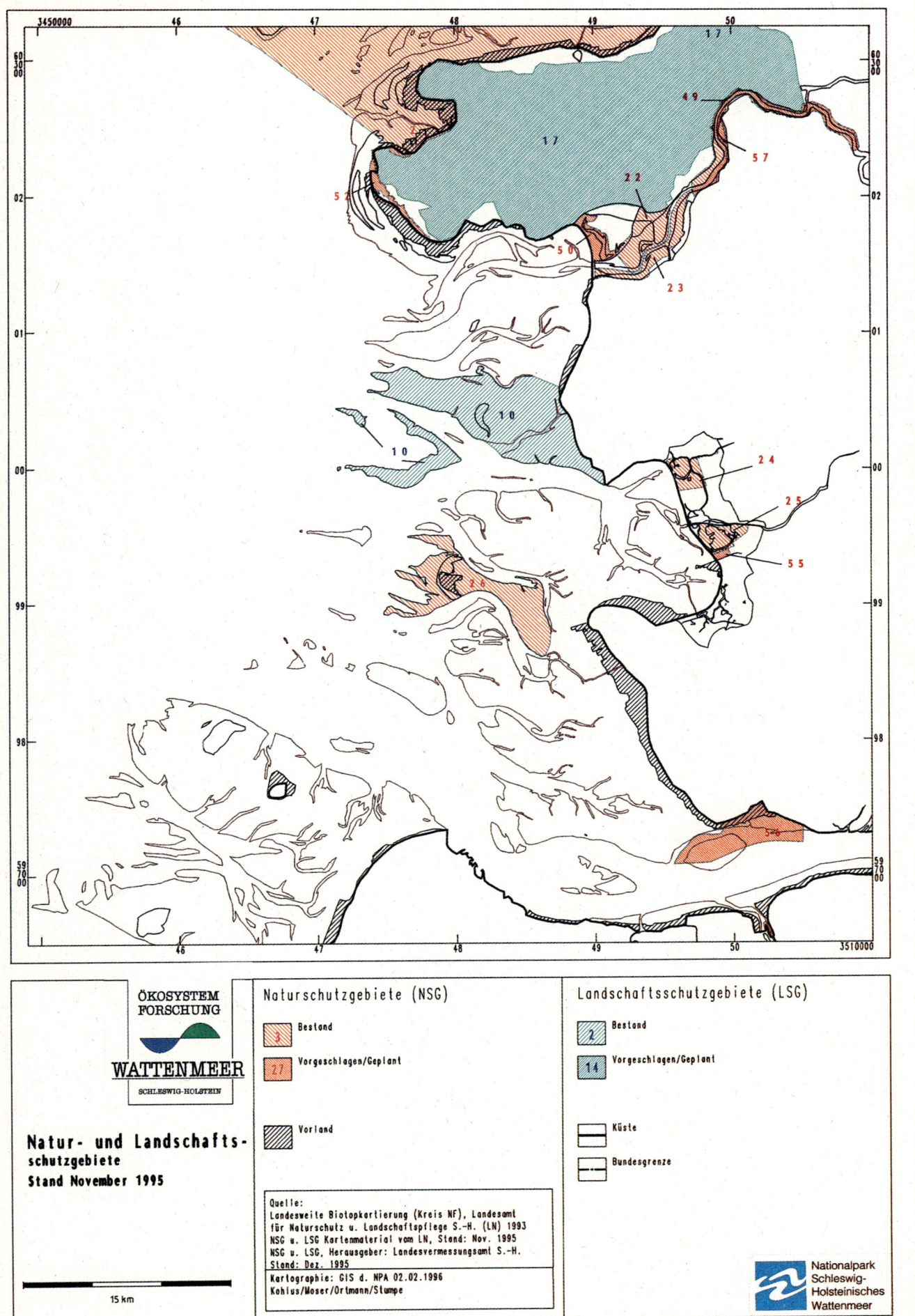

ÖKOSYSTEM
FORSCHUNG

WATTENMEER
SCHLESWIG-HOLSTEIN

Natur- und Landschafts-
schutzgebiete
Stand November 1995

Naturschutzgebiete (NSG)

3	Bestand
27	Vorgeschlagen/Geplant
	Vorland

Landschaftsschutzgebiete (LSG)

2	Bestand
14	Vorgeschlagen/Geplant
	Küste
	Bundesgrenze

Quelle:
Landesweite Biotopkartierung (Kreis NF), Landesamt
für Naturschutz u. Landschaftspflege S.-H. (LN) 1993
NSG u. LSG Kartenmaterial vom LN, Stand: Nov. 1995
NSG u. LSG, Herausgeber: Landesvermessungsamt S.-H.
Stand: Dez. 1995
Kartographie: GIS d. NPA 02.02.1996
Kohlus/Moser/Ortmann/Stumpe

15 km

Nationalpark
Schleswig-
Holsteinisches
Wattenmeer

Karte Nr. 5 Süd

Karten

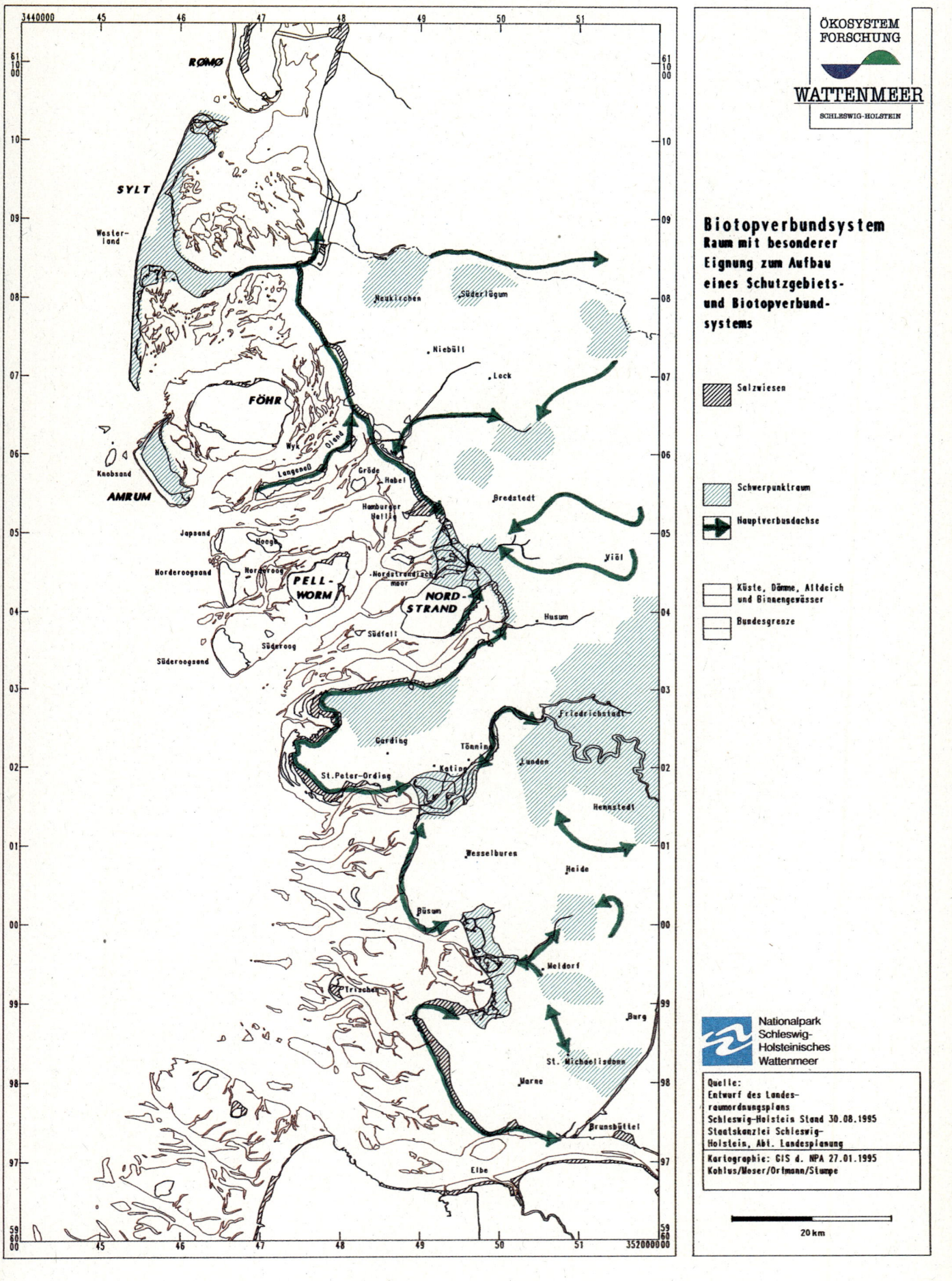

ÖKOSYSTEM
FORSCHUNG

WATTENMEER

SCHLESWIG-HOLSTEIN

Biotopverbundsystem
**Raum mit besonderer
Eignung zum Aufbau
eines Schutzgebiets-
und Biotopverbund-
systems**

Salzwiesen

Schwerpunktraum

Hauptverbundachse

Küste, Dämme, Altdeich
und Binnengewässer

Bundesgrenze

Nationalpark
Schleswig-
Holsteinisches
Wattenmeer

Quelle:
Entwurf des Landes-
raumordnungsplans
Schleswig-Holstein Stand 30.08.1995
Staatskanzlei Schleswig-
Holstein, Abt. Landesplanung
Kartographie: GIS d. NPA 27.01.1995
Kohlus/Moser/Ortmann/Stumpe

20 km

Karte Nr. 6

Karten

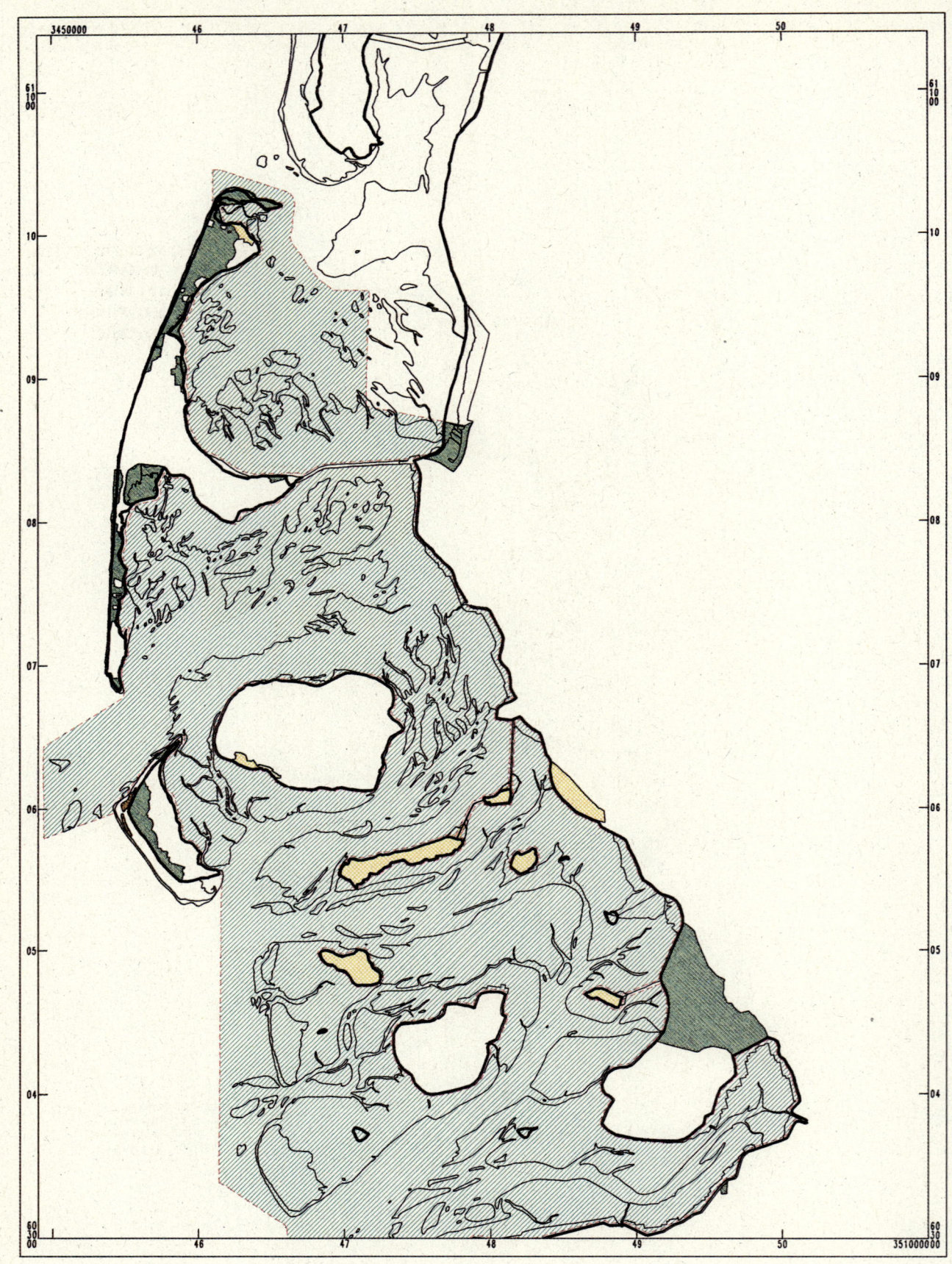

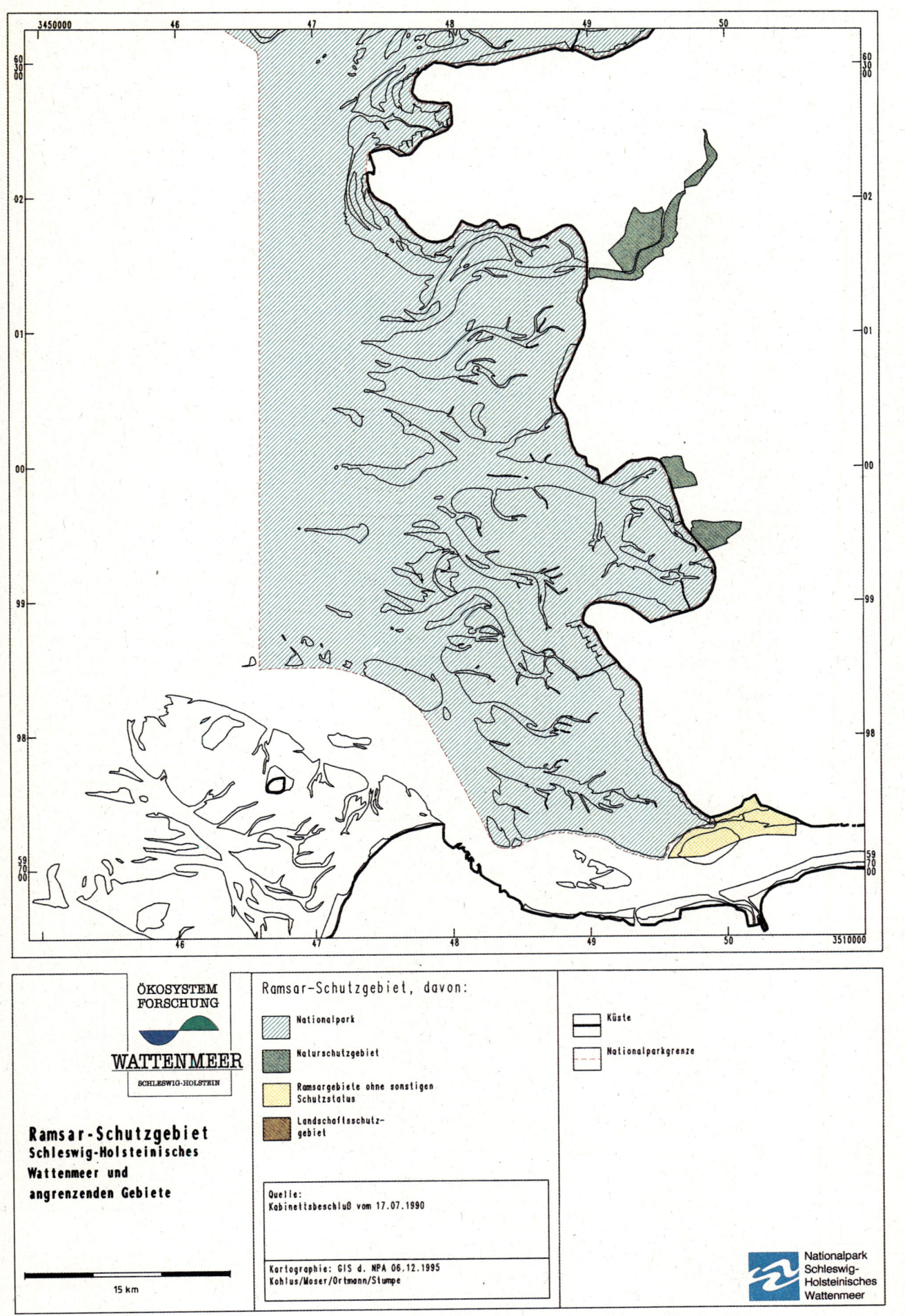

60
30
00

02

01

00

99

98

59
00
00

3450000   46   47   48   49   50   3510000

60
30
00

02

01

00

99

98

59
70
00

Ramsar-Schutzgebiet, davon:

Nationalpark

Naturschutzgebiet

Ramsargebiete ohne sonstigen
Schutzstatus

Landschaftsschutz-
gebiet

Küste

Nationalparkgrenze

Ramsar-Schutzgebiet
Schleswig-Holsteinisches
Wattenmeer und
angrenzenden Gebiete

15 km

Quelle:
Kabinettsbeschluß vom 17.07.1990

Kartographie: GIS d. NPA 06.12.1995
Kohlus/Moser/Ortmann/Stumpe

Nationalpark
Schleswig-
Holsteinisches
Wattenmeer

Karte Nr. 7 Süd

Karten

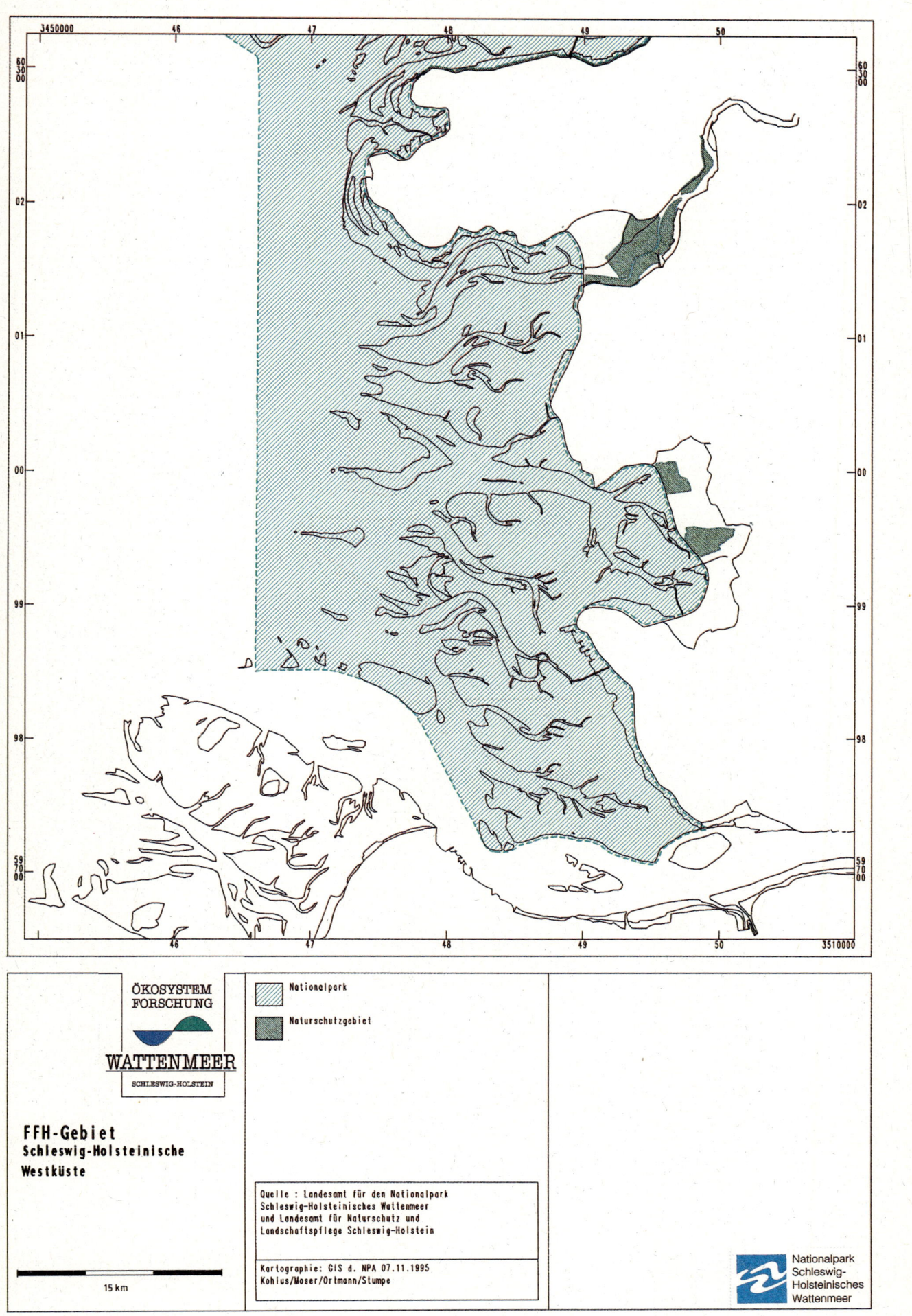

ÖKOSYSTEM
FORSCHUNG

WATTENMEER
SCHLESWIG-HOLSTEIN

FFH-Gebiet
Schleswig-Holsteinische
Westküste

15 km

Nationalpark

Naturschutzgebiet

Quelle : Landesamt für den Nationalpark
Schleswig-Holsteinisches Wattenmeer
und Landesamt für Naturschutz und
Landschaftspflege Schleswig-Holstein

Kartographie: GIS d. NPA 07.11.1995
Kohlus/Moser/Ortmann/Stumpe

Nationalpark
Schleswig-
Holsteinisches
Wattenmeer

Karte Nr. 8 Süd

Karten

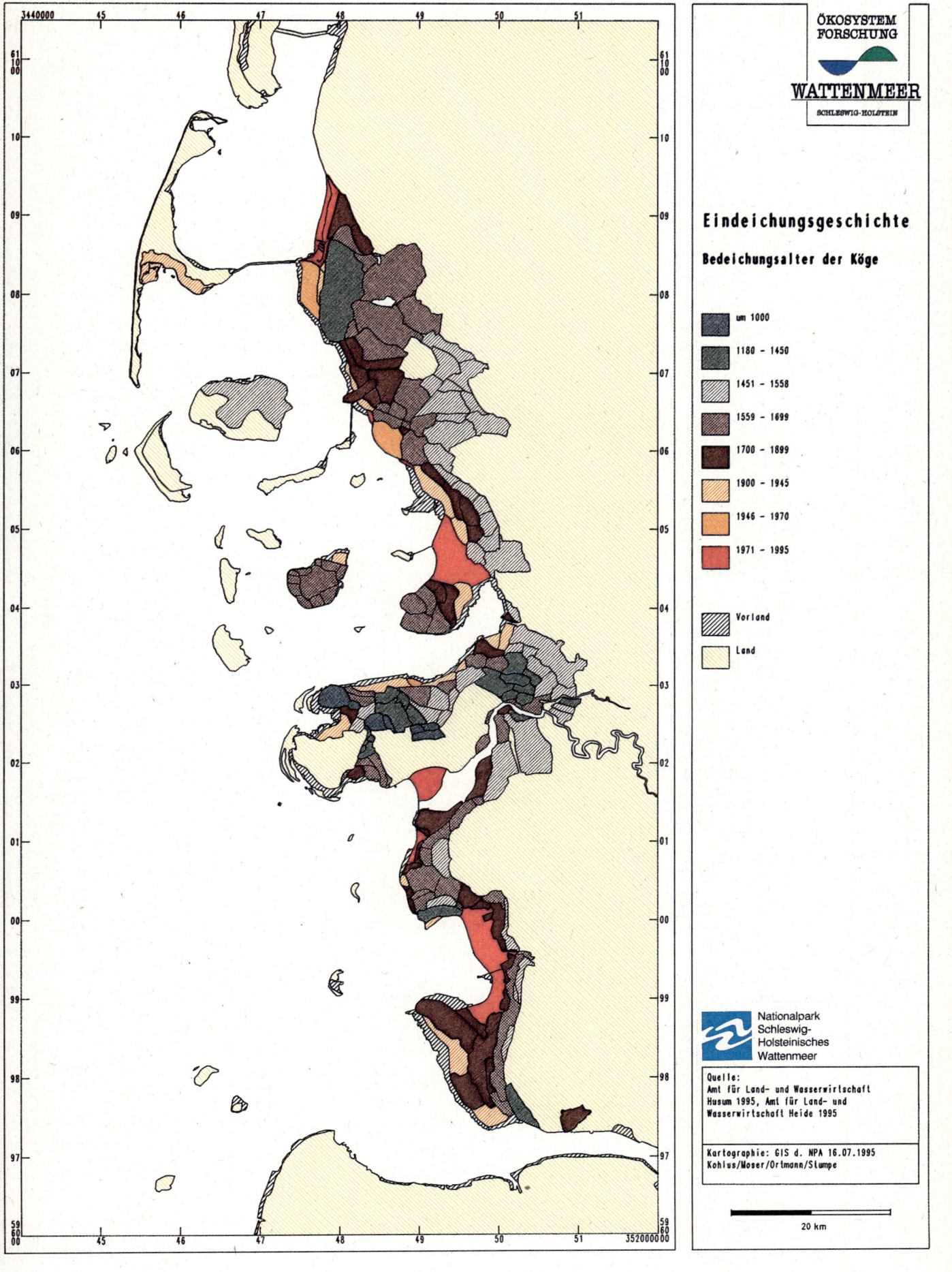

ÖKOSYSTEM FORSCHUNG

WATTENMEER
SCHLESWIG-HOLSTEIN

Eindeichungsgeschichte

Bedeichungsalter der Köge

- um 1000
- 1180 – 1450
- 1451 – 1558
- 1559 – 1699
- 1700 – 1899
- 1900 – 1945
- 1946 – 1970
- 1971 – 1995

- Vorland
- Land

**Nationalpark
Schleswig-
Holsteinisches
Wattenmeer**

Quelle:
Amt für Land- und Wasserwirtschaft
Husum 1995, Amt für Land- und
Wasserwirtschaft Heide 1995

Kartographie: GIS d. NPA 16.07.1995
Kohlus/Moser/Ortmann/Stumpe

20 km

Karte Nr. 9

Karten

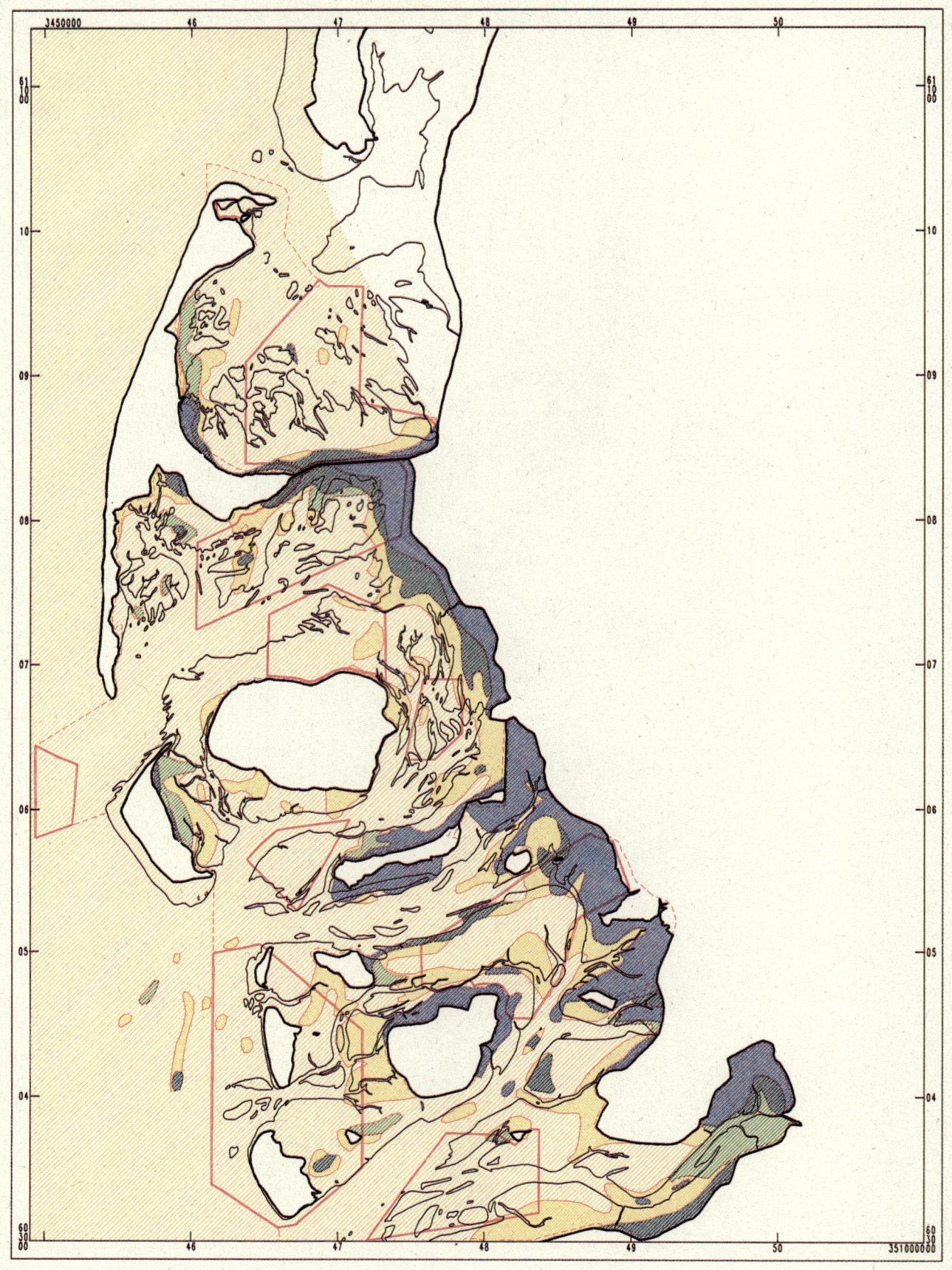

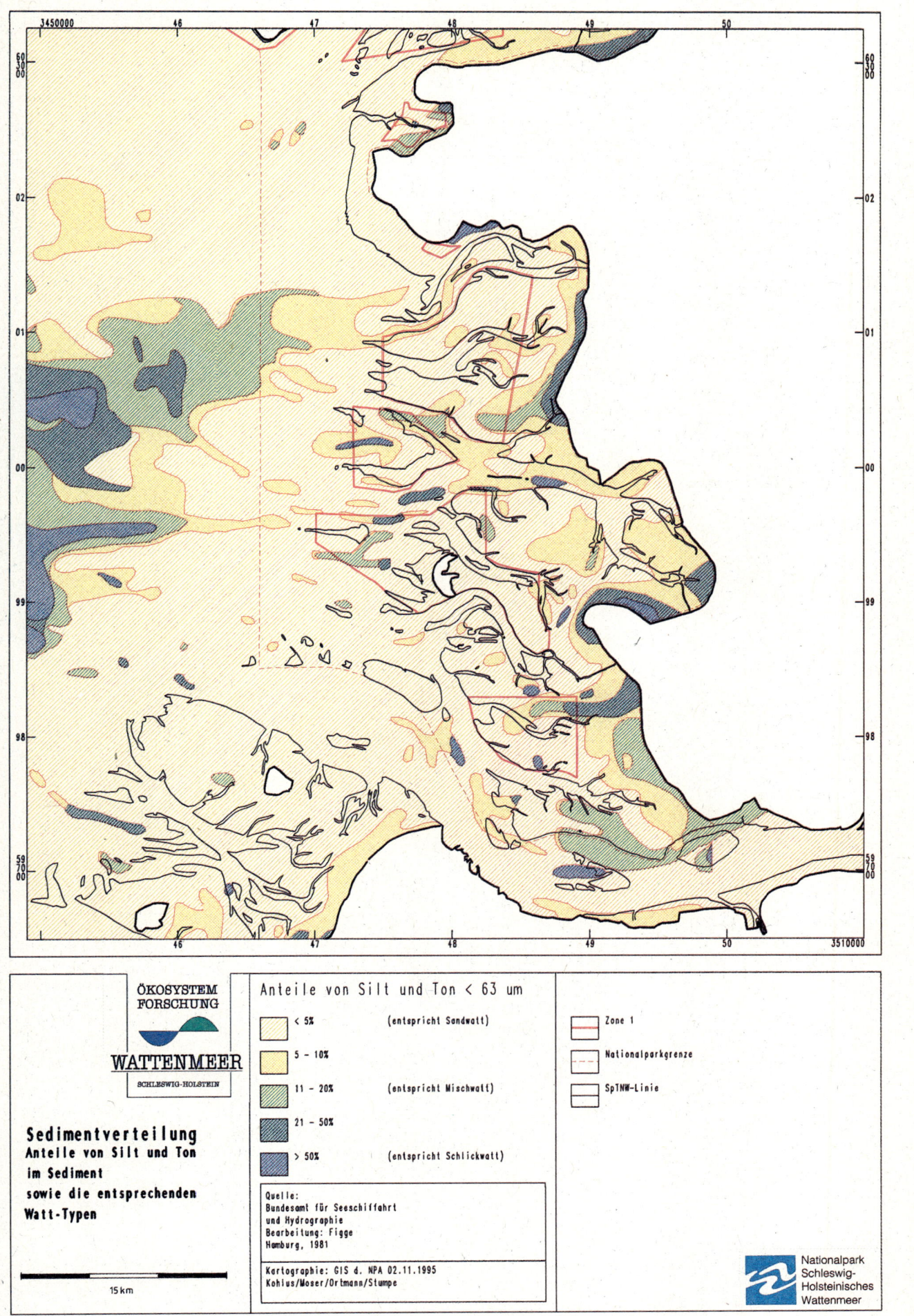

ÖKOSYSTEM
FORSCHUNG

WATTENMEER

SCHLESWIG-HOLSTEIN

Sedimentverteilung
Anteile von Silt und Ton
im Sediment
sowie die entsprechenden
Watt-Typen

Anteile von Silt und Ton < 63 um

< 5%	(entspricht Sandwatt)
5 - 10%	
11 - 20%	(entspricht Mischwatt)
21 - 50%	
> 50%	(entspricht Schlickwatt)

Zone 1

Nationalparkgrenze

SpTNW-Linie

Quelle:
Bundesamt für Seeschiffahrt
und Hydrographie
Bearbeitung: Figge
Hamburg, 1981

Kartographie: GIS d. NPA 02.11.1995
Kohius/Moser/Ortmann/Stumpe

15 km

Nationalpark
Schleswig-
Holsteinisches
Wattenmeer

Karte Nr. 10 Süd

Karten

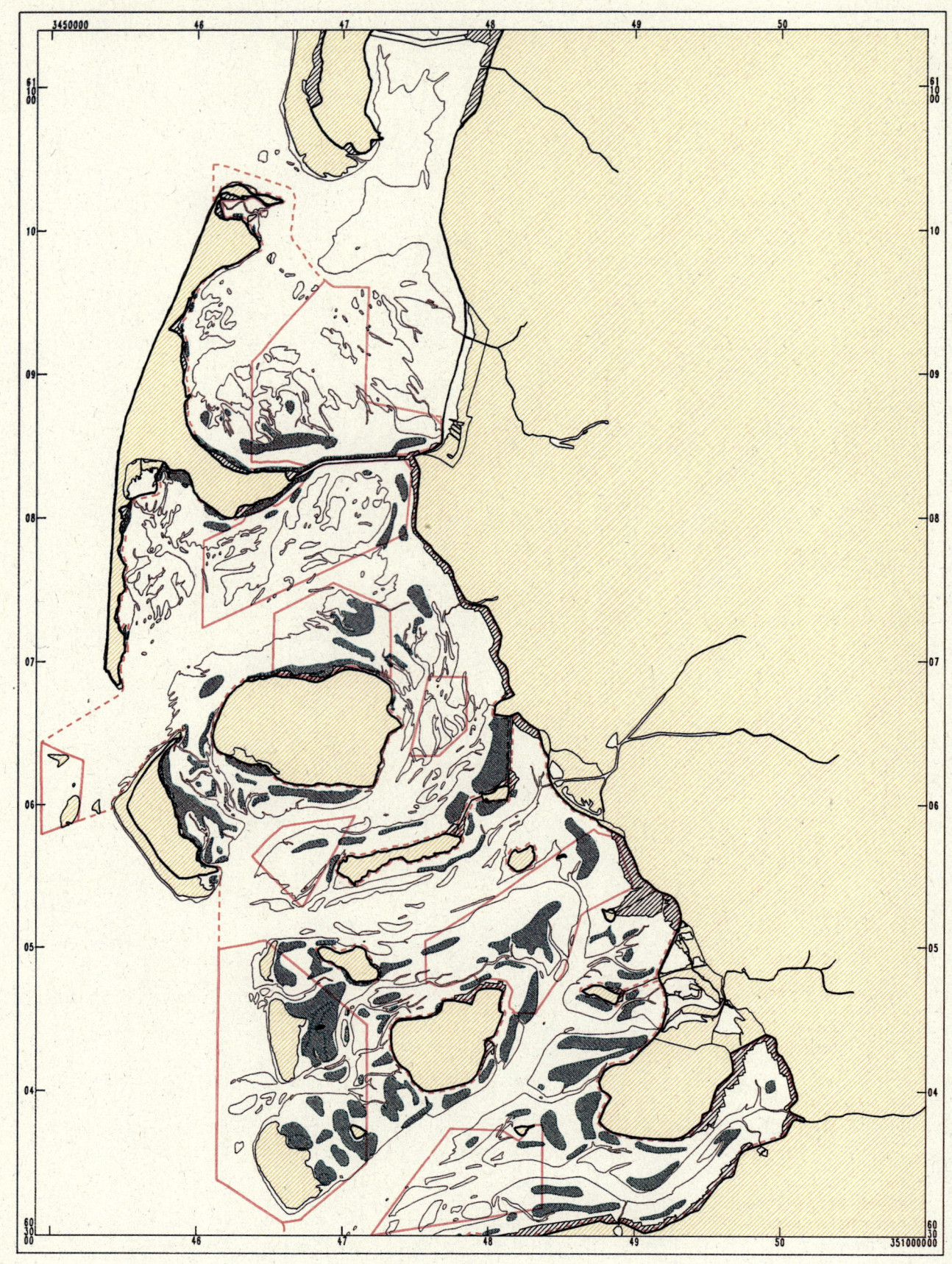

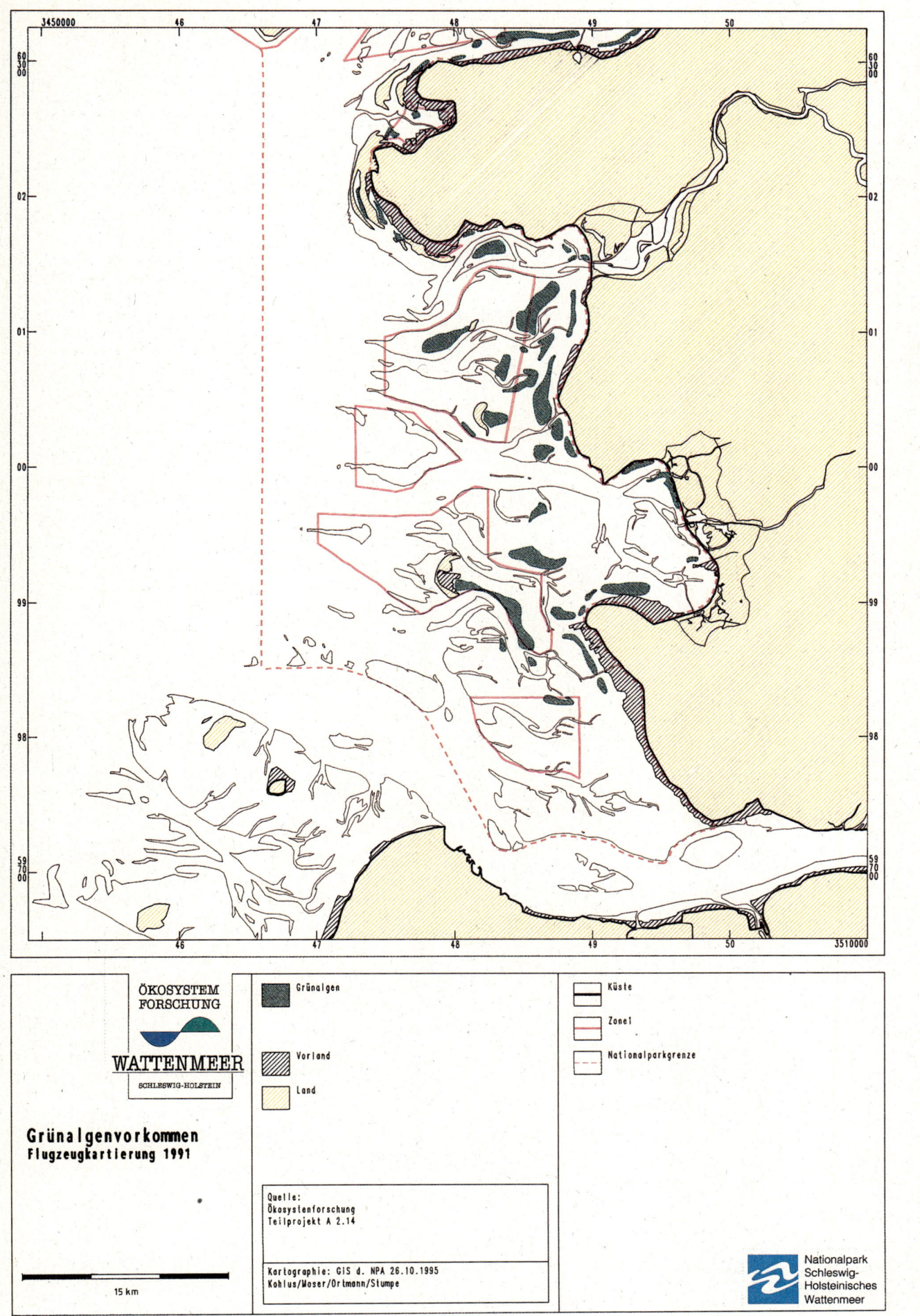

ÖKOSYSTEM
FORSCHUNG

WATTENMEER
SCHLESWIG-HOLSTEIN

Grünalgen Grünalgenvorkommen

Vorland

Land

Küste

Zone1

Nationalparkgrenze

Grünalgenvorkommen
Flugzeugkartierung 1991

Quelle:
Ökosystenforschung
Teilprojekt A 2.14

Kartographie: GIS d. NPA 26.10.1995
Kohlus/Moser/Ortmann/Stumpe

15 km

Nationalpark
Schleswig-
Holsteinisches
Wattenmeer

Karte Nr. 11 a Süd

Karten

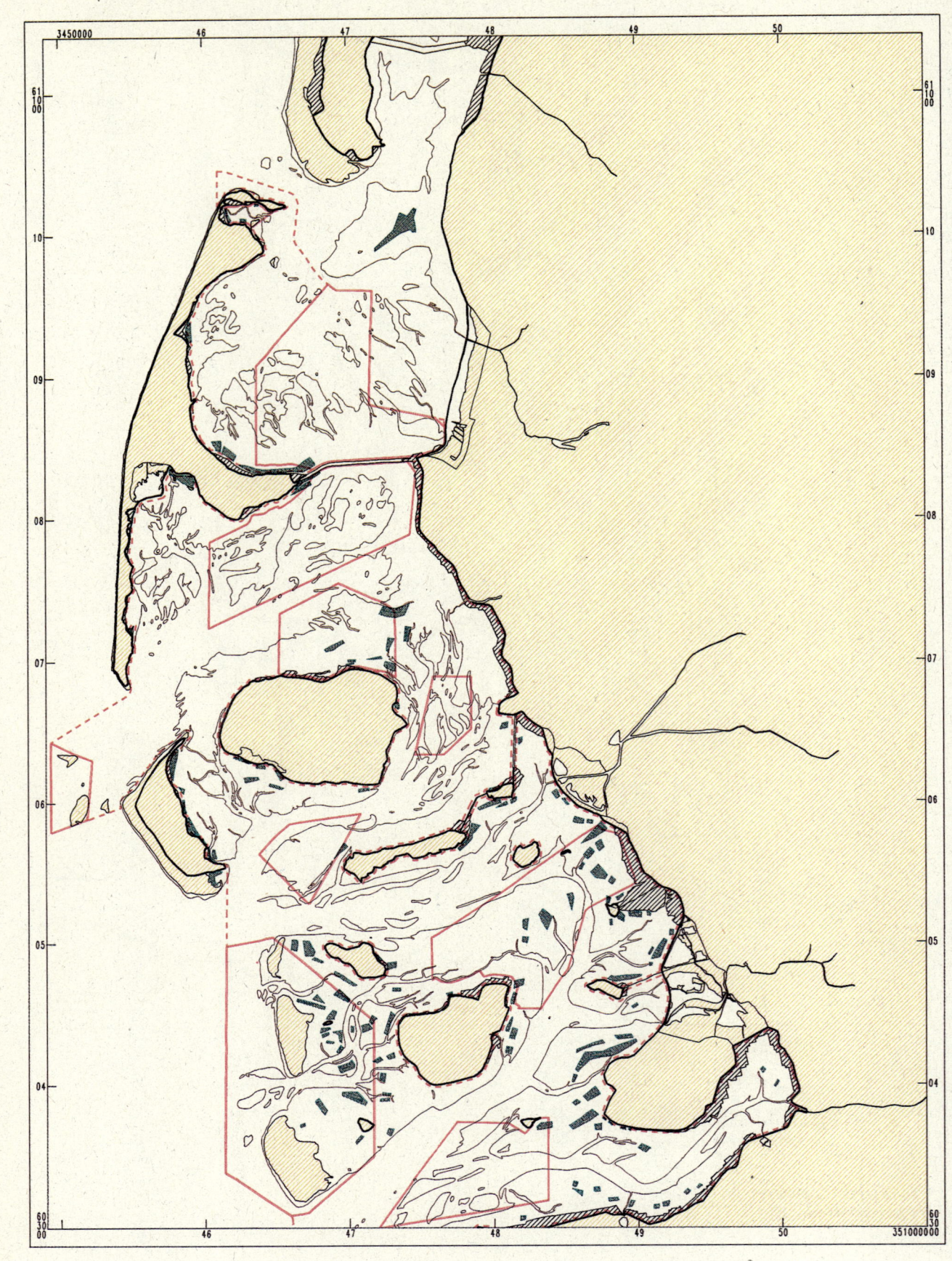

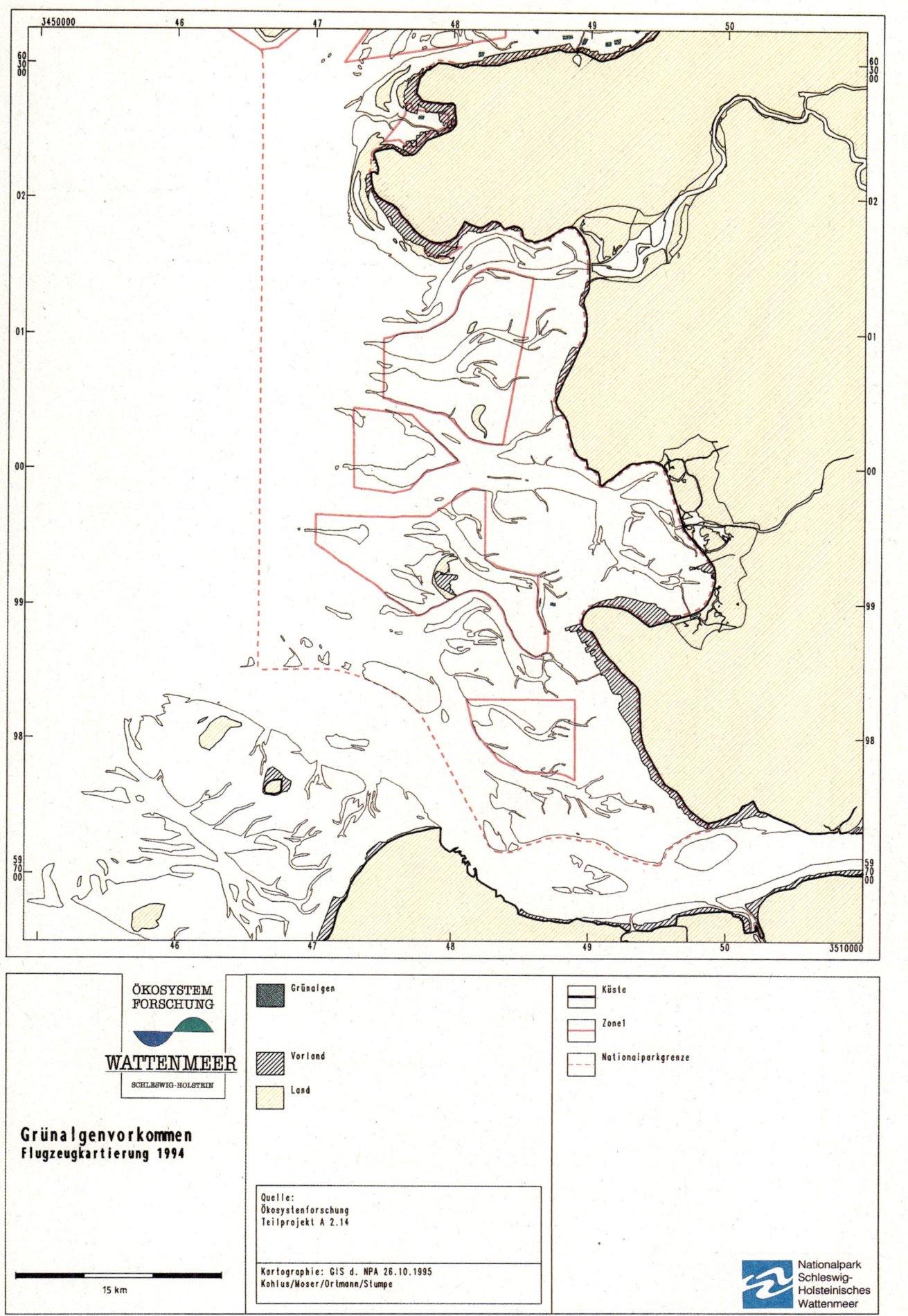

ÖKOSYSTEM
FORSCHUNG

WATTENMEER
SCHLESWIG-HOLSTEIN

Grünalgenvorkommen
Flugzeugkartierung 1994

Grünalgen

Vorland

Land

Küste

Zone1

Nationalparkgrenze

Quelle:
Ökosystenforschung
Teilprojekt A 2.14

Kartographie: GIS d. NPA 26.10.1995
Kohlus/Moser/Ortmann/Stumpe

15 km

Nationalpark
Schleswig-
Holsteinisches
Wattenmeer

Karte Nr. 11 b Süd

Karten

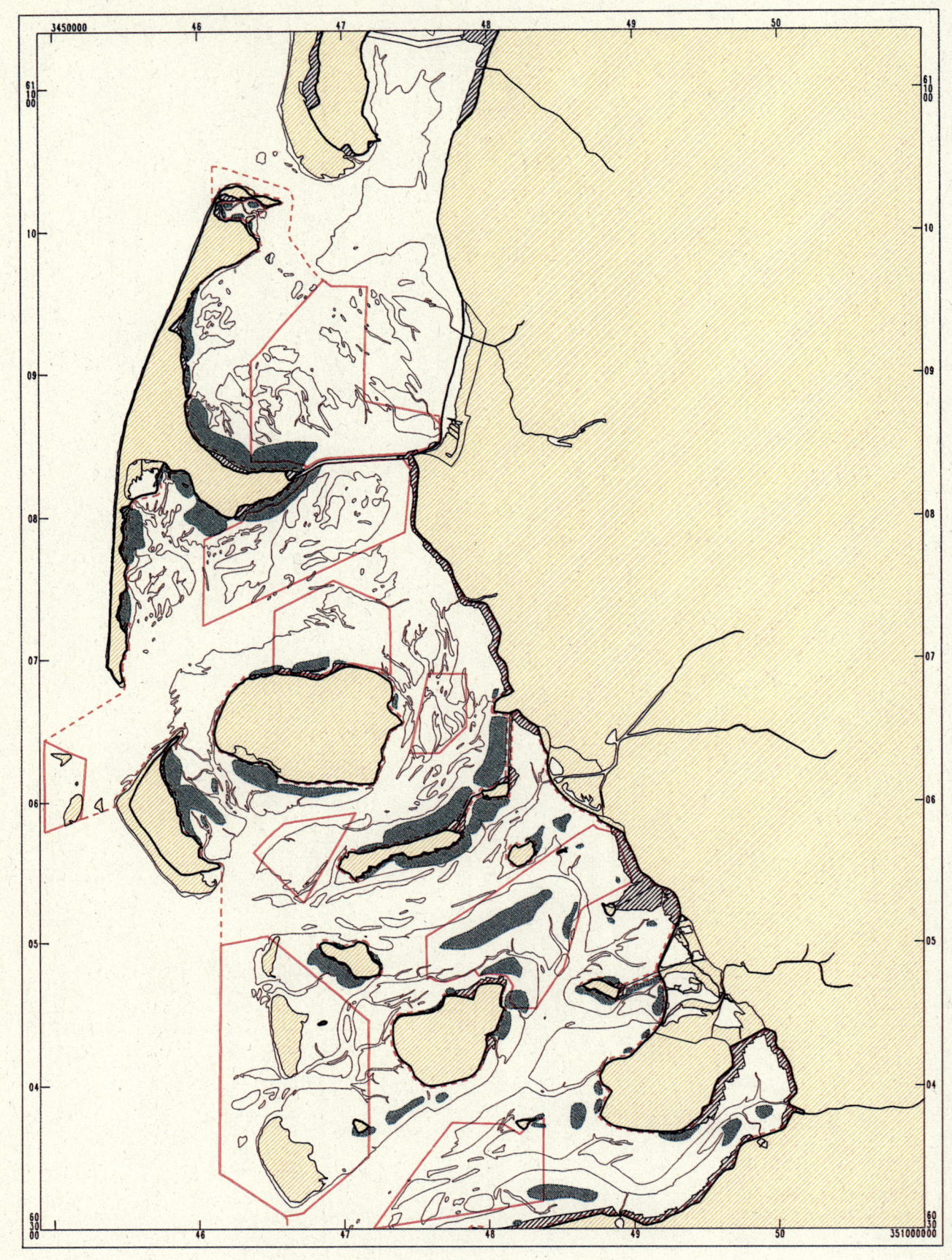

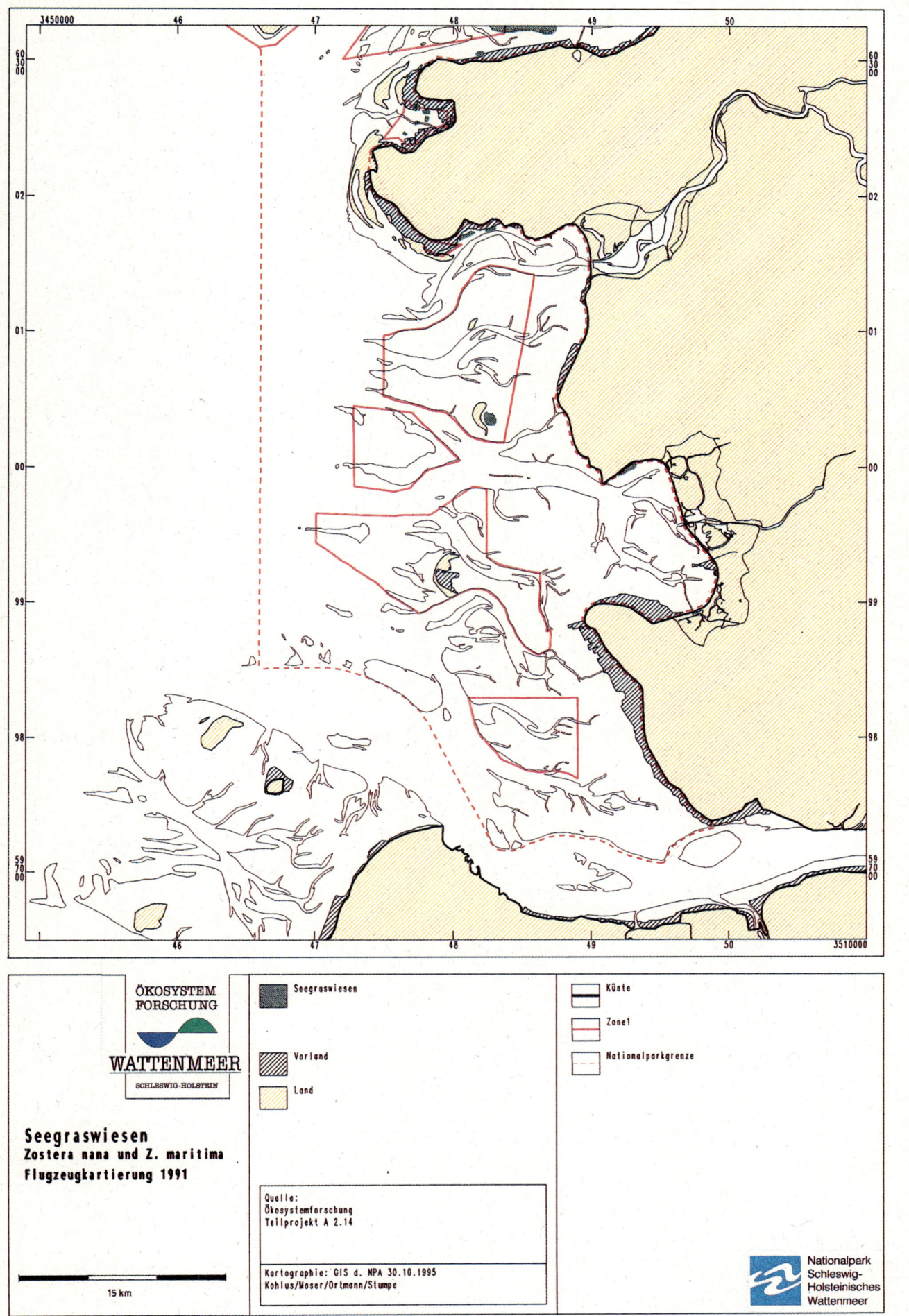

ÖKOSYSTEM
FORSCHUNG

WATTENMEER
SCHLESWIG-HOLSTEIN

Seegraswiesen
Zostera nana und Z. maritima
Flugzeugkartierung 1991

15 km

	Seegraswiesen
	Vorland
	Land

	Küste
	Zone1
	Nationalparkgrenze

Quelle:
Ökosystemforschung
Teilprojekt A 2.14

Kartographie: GIS d. NPA 30.10.1995
Kohlus/Moser/Ortmann/Stumpe

Nationalpark
Schleswig-
Holsteinisches
Wattenmeer

Karte Nr. 12 a Süd

Karten

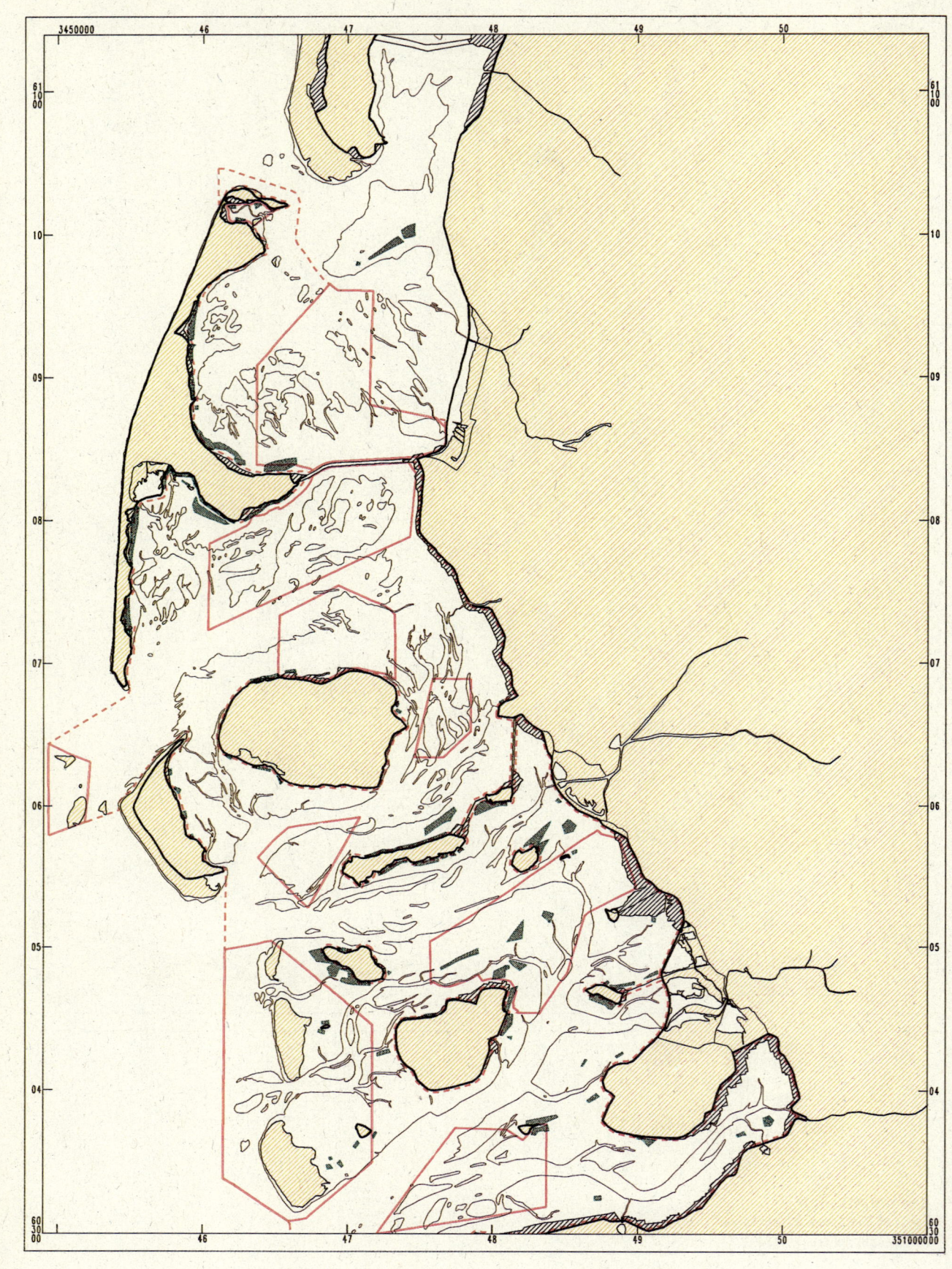

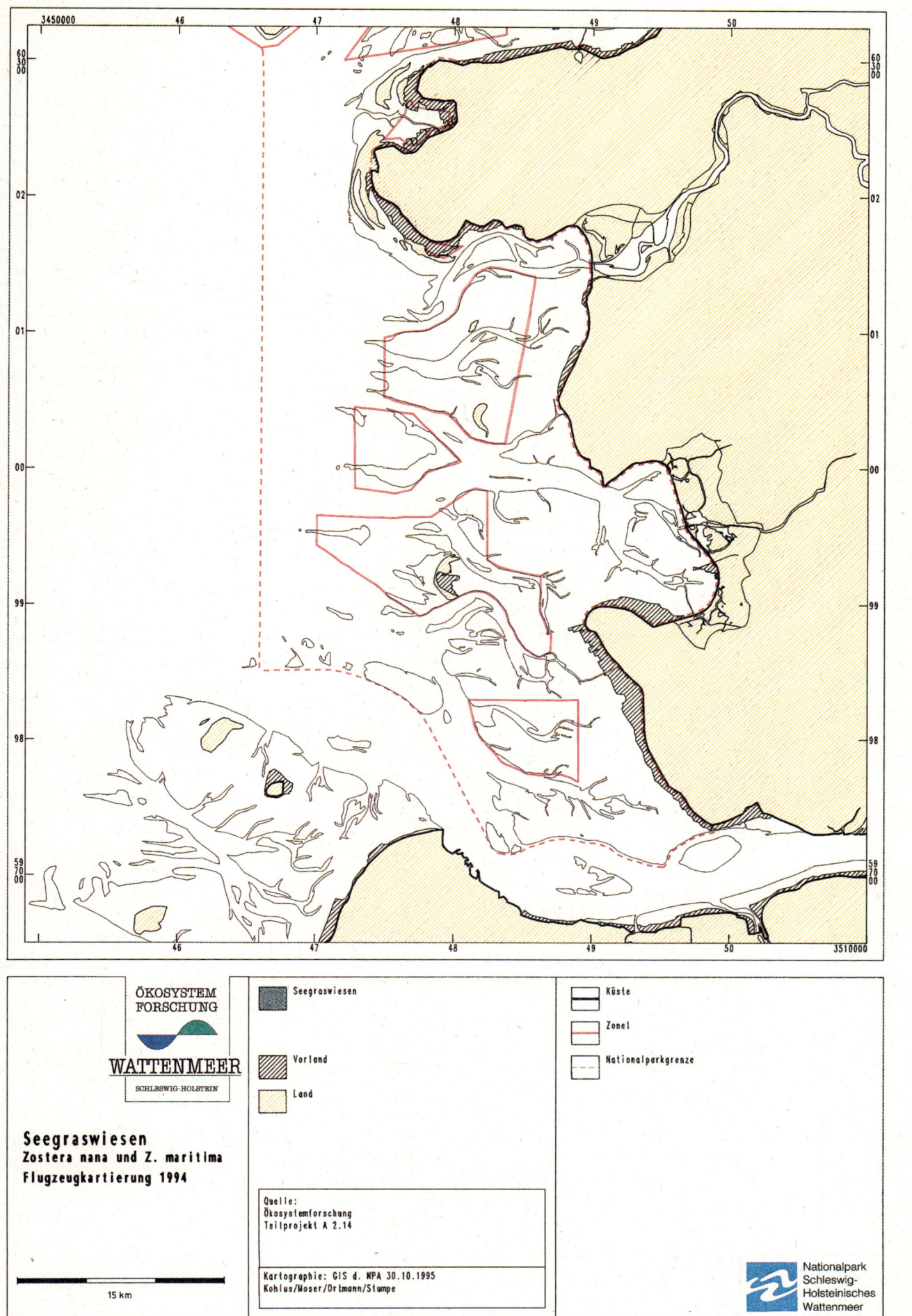

ÖKOSYSTEM
FORSCHUNG

WATTENMEER
SCHLESWIG-HOLSTEIN

Seegraswiesen
Zostera nana und Z. maritima
Flugzeugkartierung 1994

			Seegraswiesen
			Vorland
			Land

	Küste
	Zone I
	Nationalparkgrenze

Quelle:
Ökosystemforschung
Teilprojekt A 2.14

Kartographie: GIS d. NPA 30.10.1995
Kohlus/Moser/Ortmann/Stumpe

15 km

Nationalpark
Schleswig-
Holsteinisches
Wattenmeer

Karte Nr. 12 b Süd

Karten

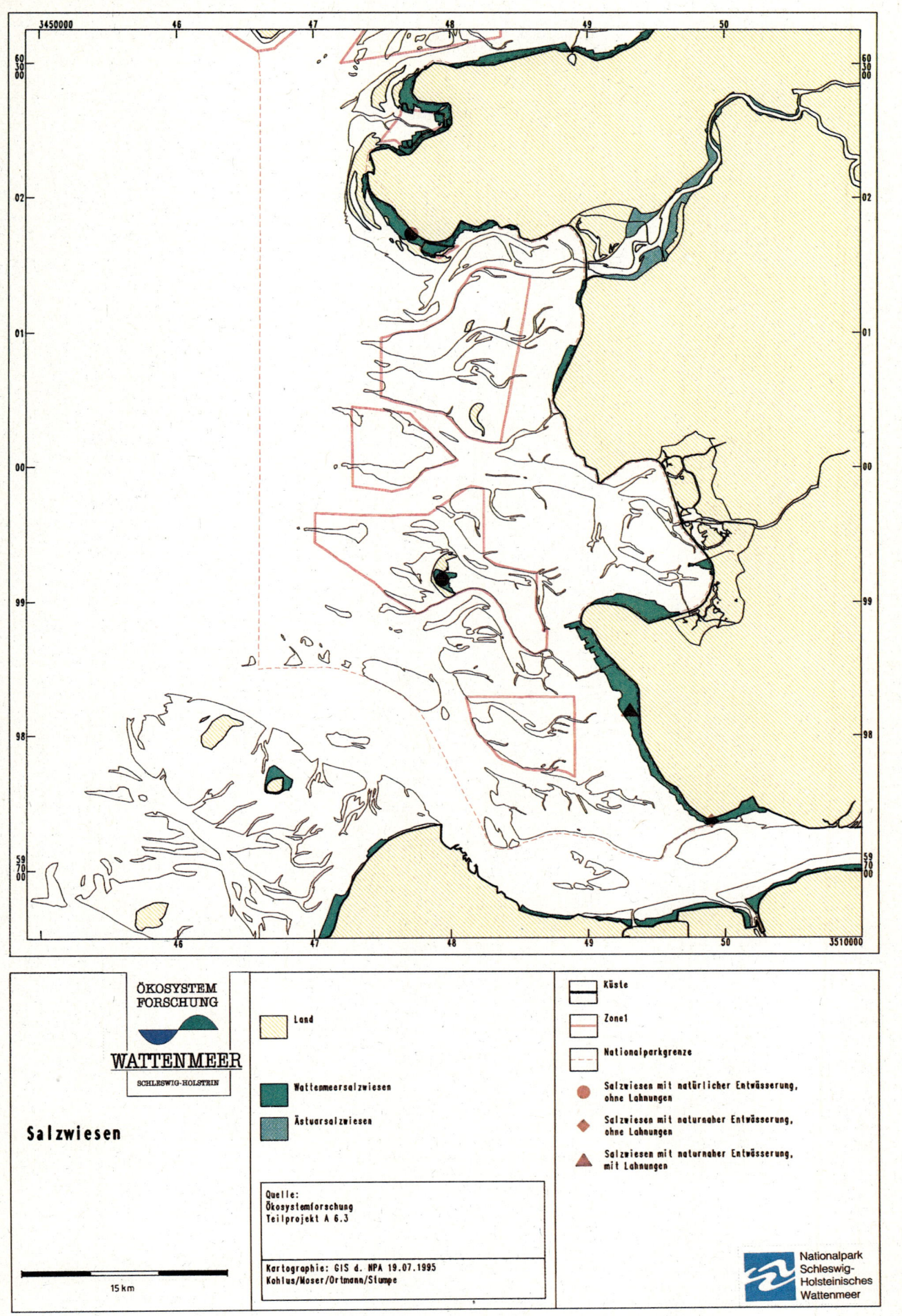

ÖKOSYSTEM
FORSCHUNG

WATTENMEER
SCHLESWIG-HOLSTEIN

Salzwiesen

Land

Wattenmeersalzwiesen

Ästuarsalzwiesen

Küste

Zone 1

Nationalparkgrenze

● Salzwiesen mit natürlicher Entwässerung,
ohne Lahnungen

◆ Salzwiesen mit naturnaher Entwässerung,
ohne Lahnungen

▲ Salzwiesen mit naturnaher Entwässerung,
mit Lahnungen

Quelle:
Ökosystemforschung
Teilprojekt A 6.3

Kartographie: GIS d. NPA 19.07.1995
Kohlus/Moser/Ortmann/Stumpe

15 km

Nationalpark
Schleswig-
Holsteinisches
Wattenmeer

Karte Nr. 13 Süd

Karten

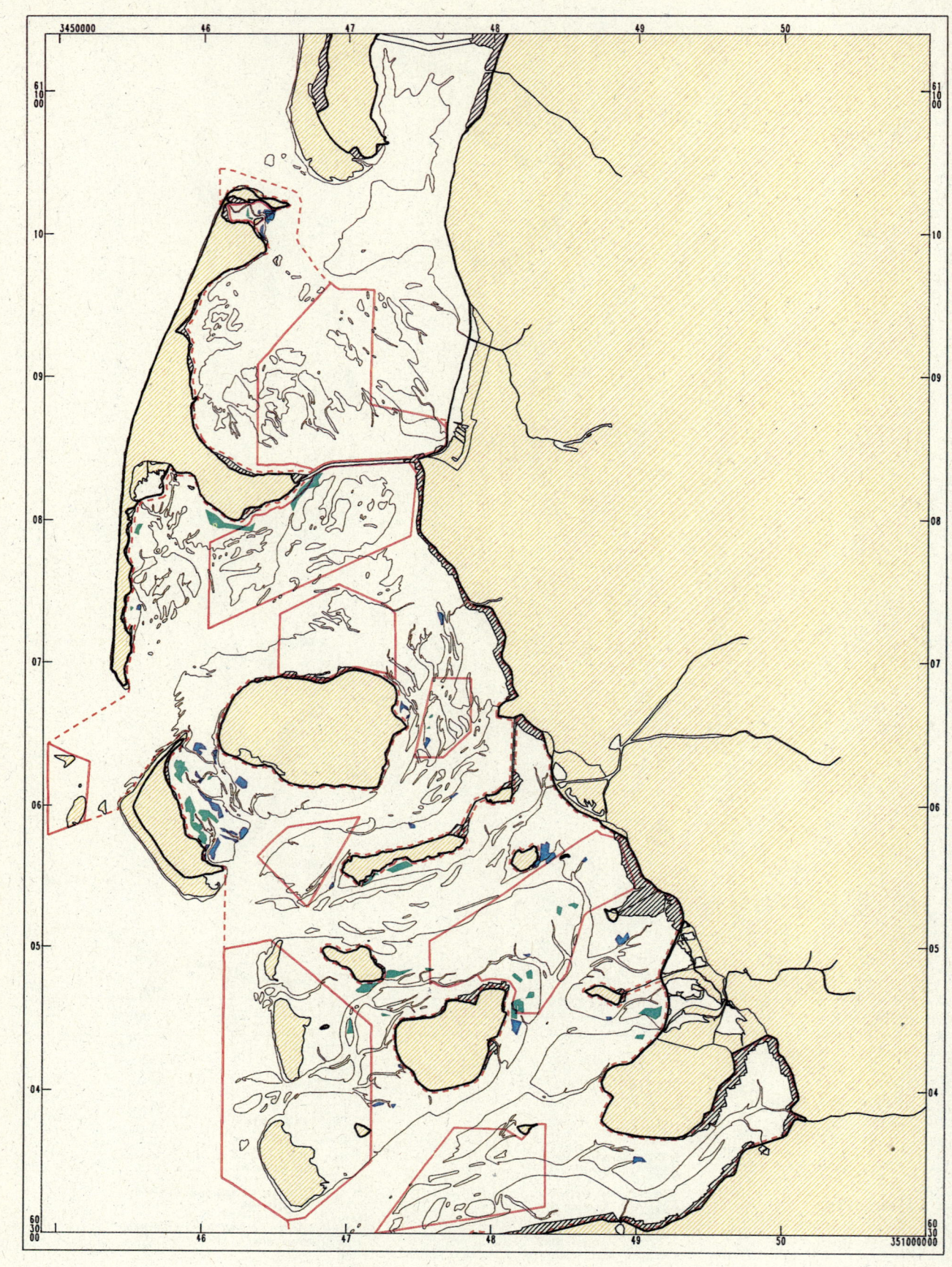

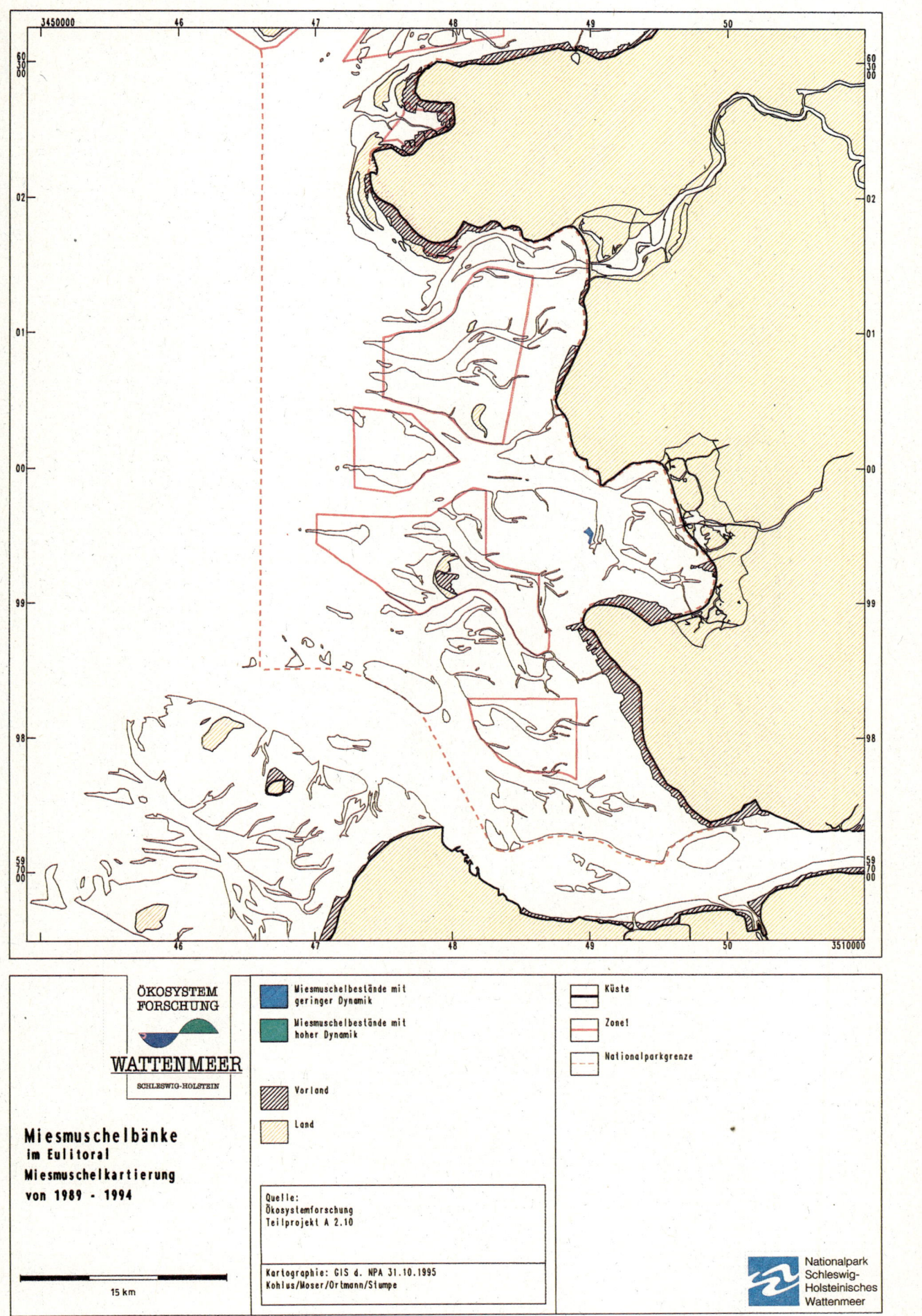

ÖKOSYSTEM
FORSCHUNG

WATTENMEER
SCHLESWIG-HOLSTEIN

Miesmuschelbänke
im Eulitoral
Miesmuschelkartierung
von 1989 - 1994

15 km

Miesmuschelbestände mit
geringer Dynamik

Miesmuschelbestände mit
hoher Dynamik

Vorland

Land

Küste

Zone1

Nationalparkgrenze

Quelle:
Ökosystemforschung
Teilprojekt A 2.10

Kartographie: GIS d. NPA 31.10.1995
Kohlus/Moser/Ortmann/Stumpe

Nationalpark
Schleswig-
Holsteinisches
Wattenmeer

Karte Nr. 14 Süd

Karten

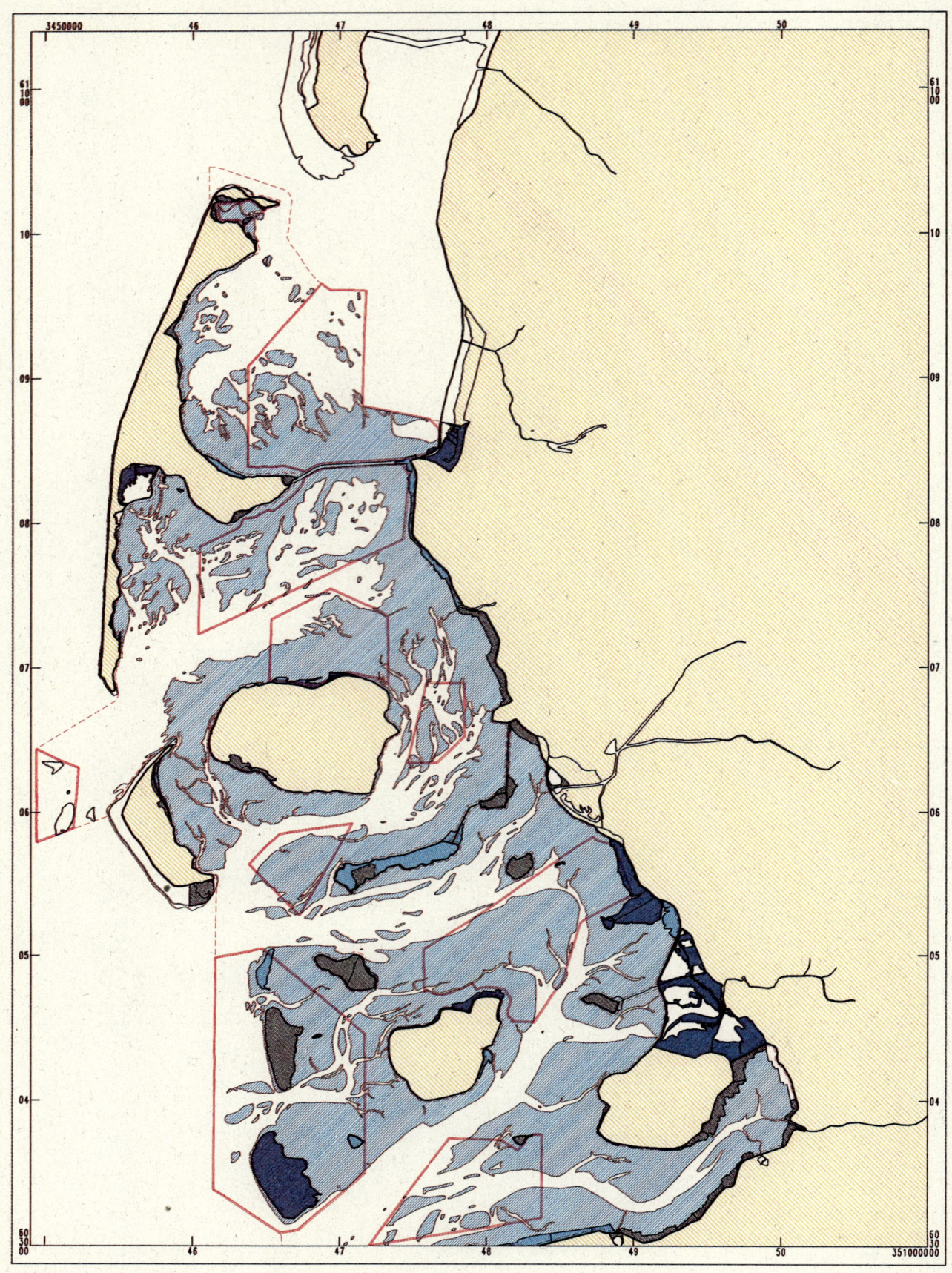

Karte Nr. 15 No

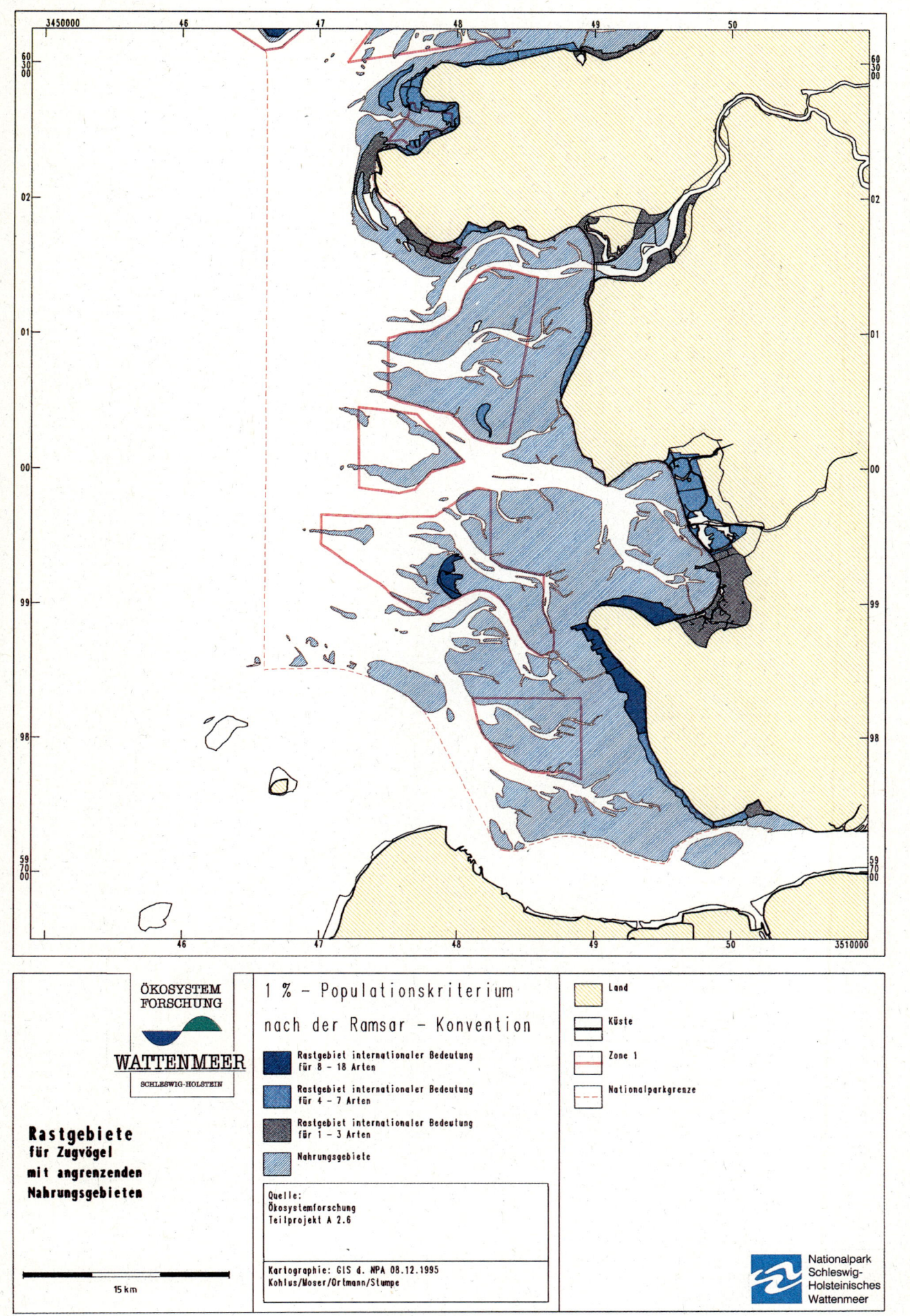

Rastgebiete
für Zugvögel
mit angrenzenden
Nahrungsgebieten

15 km

1 % – Populationskriterium
nach der Ramsar – Konvention

Rastgebiet internationaler Bedeutung
für 8 – 18 Arten

Rastgebiet internationaler Bedeutung
für 4 – 7 Arten

Rastgebiet internationaler Bedeutung
für 1 – 3 Arten

Nahrungsgebiete

Quelle:
Ökosystemforschung
Teilprojekt A 2.6

Kartographie: GIS d. NPA 08.12.1995
Kohlus/Moser/Ortmann/Stumpe

Land

Küste

Zone 1

Nationalparkgrenze

Nationalpark
Schleswig-
Holsteinisches
Wattenmeer

Karte Nr. 15 Süd

Karten

Karte Nr. 16 Nor

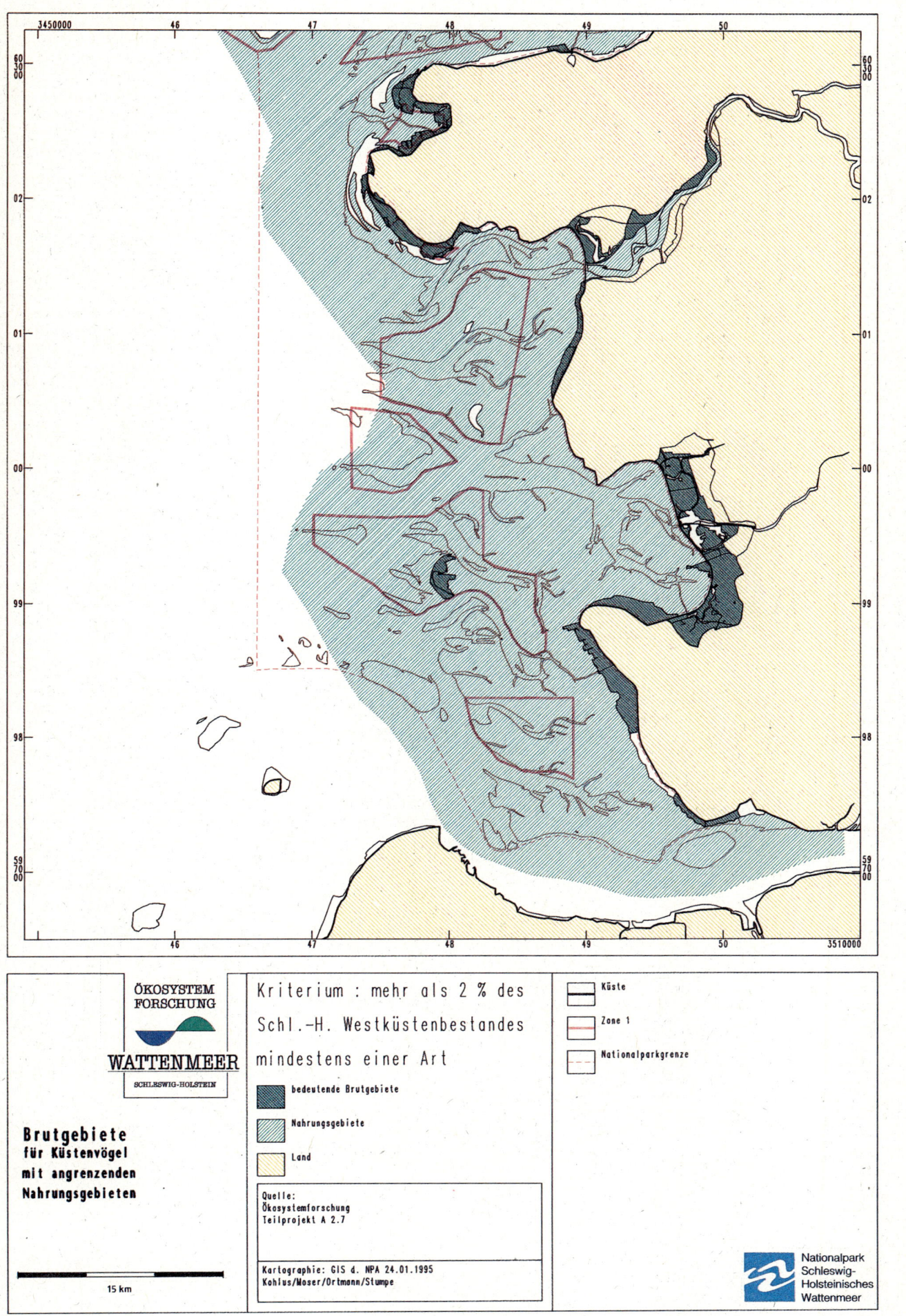

ÖKOSYSTEM
FORSCHUNG

WATTENMEER
SCHLESWIG-HOLSTEIN

Brutgebiete
für Küstenvögel
mit angrenzenden
Nahrungsgebieten

15 km

Kriterium : mehr als 2 % des
Schl.-H. Westküstenbestandes
mindestens einer Art

bedeutende Brutgebiete

Nahrungsgebiete

Land

Quelle:
Ökosystemforschung
Teilprojekt A 2.7

Kartographie: GIS d. NPA 24.01.1995
Kohlus/Moser/Ortmann/Stumpe

Küste

Zone 1

Nationalparkgrenze

Nationalpark
Schleswig-
Holsteinisches
Wattenmeer

Karte Nr. 16 Süd

Karten

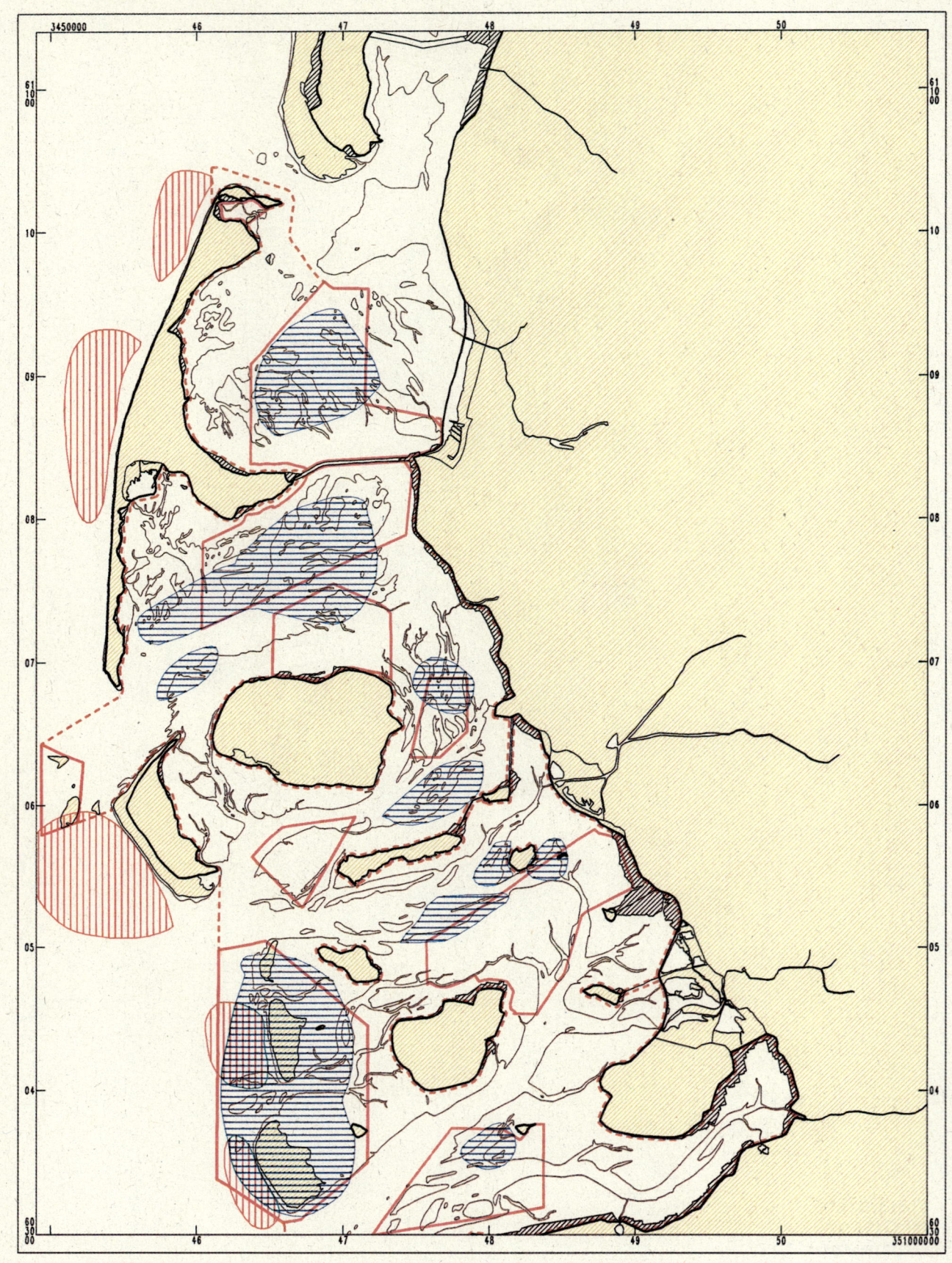

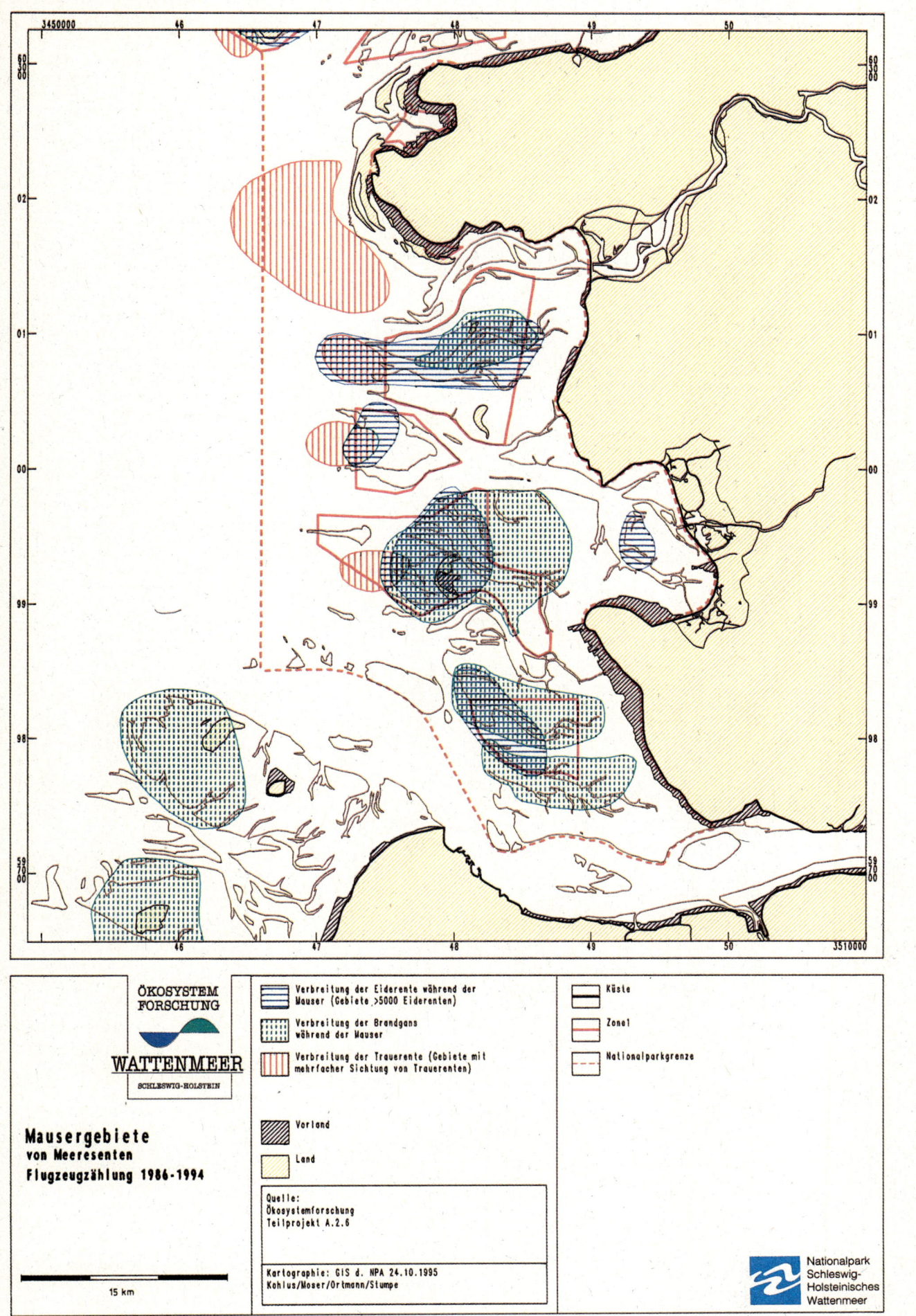

ÖKOSYSTEM
FORSCHUNG

WATTENMEER

SCHLESWIG-HOLSTEIN

Mausergebiete
von Meeresenten
Flugzeugzählung 1986-1994

15 km

	Verbreitung der Eiderente während der Mauser (Gebiete >5000 Eiderenten)
	Verbreitung der Brandgans während der Mauser
	Verbreitung der Trauerente (Gebiete mit mehrfacher Sichtung von Trauerenten)
	Vorland
	Land

	Küste
	Zone 1
	Nationalparkgrenze

Quelle:
Ökosystemforschung
Teilprojekt A.2.6

Kartographie: GIS d. NPA 24.10.1995
Kohlus/Moser/Ortmann/Stumpe

Nationalpark
Schleswig-
Holsteinisches
Wattenmeer

Karte Nr. 17 Süd

Karten

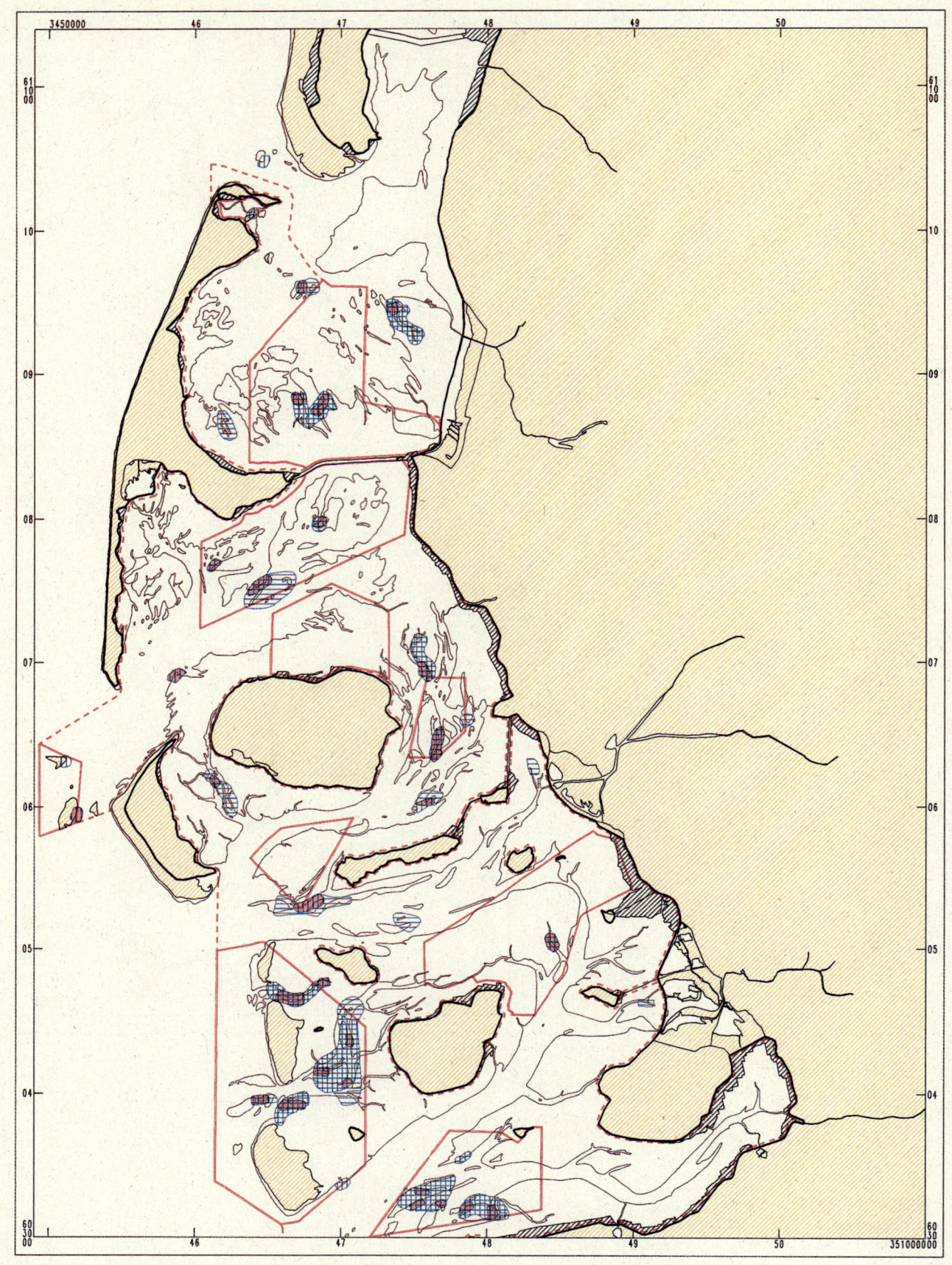

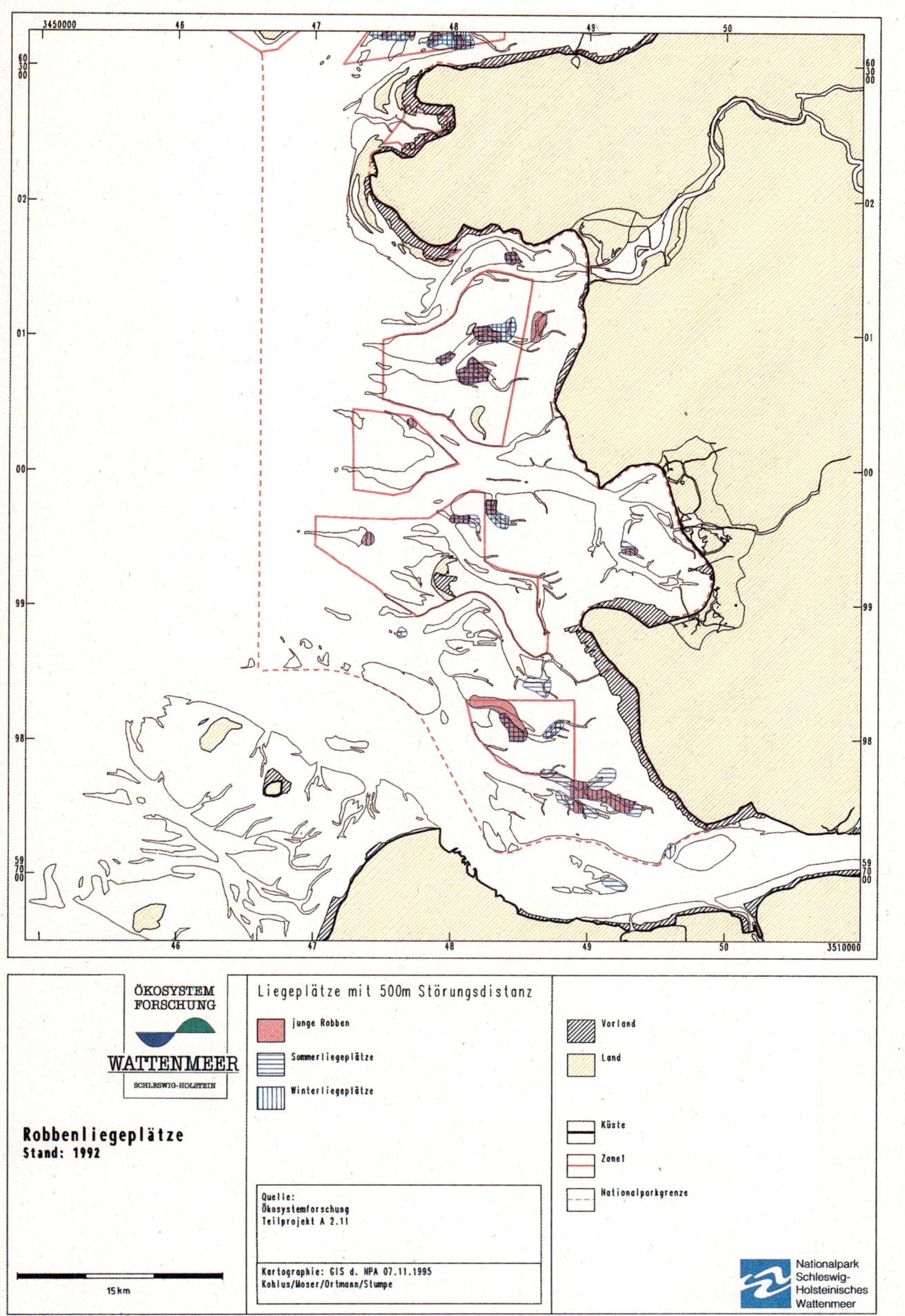

ÖKOSYSTEM
FORSCHUNG

WATTENMEER
SCHLESWIG-HOLSTEIN

Robbenliegeplätze
Stand: 1992

Liegeplätze mit 500m Störungsdistanz

junge Robben

Sommerliegeplätze

Winterliegeplätze

Vorland

Land

Küste

Zone1

Nationalparkgrenze

Quelle:
Ökosystemforschung
Teilprojekt A 2.11

Kartographie: GIS d. NPA 07.11.1995
Kohlus/Moser/Ortmann/Stumpe

15 km

Nationalpark
Schleswig-
Holsteinisches
Wattenmeer

Karte Nr. 18 Süd

Karten

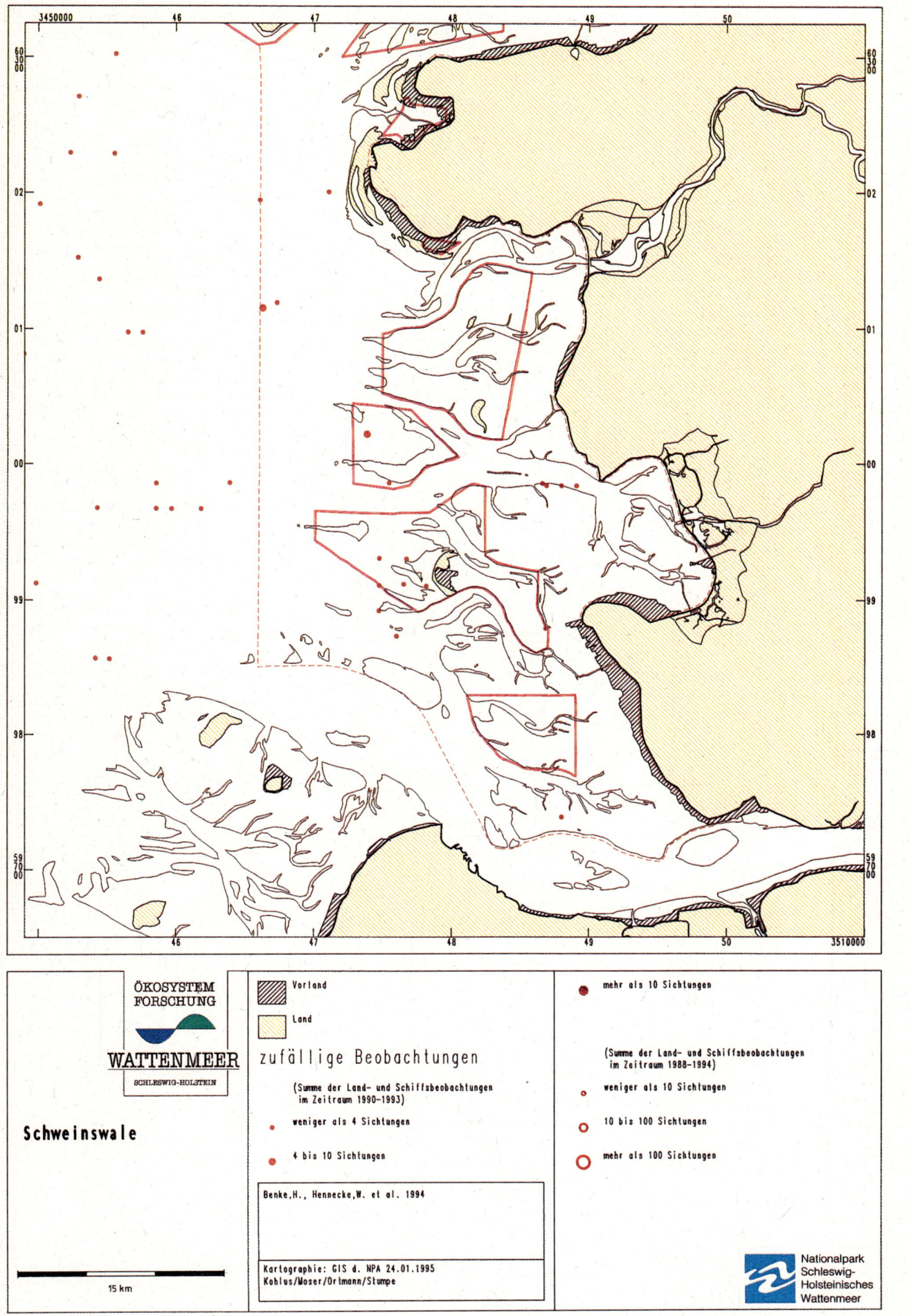

ÖKOSYSTEM
FORSCHUNG

WATTENMEER

SCHLESWIG-HOLSTEIN

Schweinswale

15 km

▨	Vorland
▨	Land

zufällige Beobachtungen

(Summe der Land- und Schiffsbeobachtungen
im Zeitraum 1990-1993)

• weniger als 4 Sichtungen

● 4 bis 10 Sichtungen

Benke,H., Hennecke,W. et al. 1994

Kartographie: GIS d. NPA 24.01.1995
Kohlus/Moser/Ortmann/Stumpe

● mehr als 10 Sichtungen

(Summe der Land- und Schiffsbeobachtungen
im Zeitraum 1988-1994)

○ weniger als 10 Sichtungen

○ 10 bis 100 Sichtungen

○ mehr als 100 Sichtungen

Nationalpark
Schleswig-
Holsteinisches
Wattenmeer

Karte Nr. 19 Süd

Karten

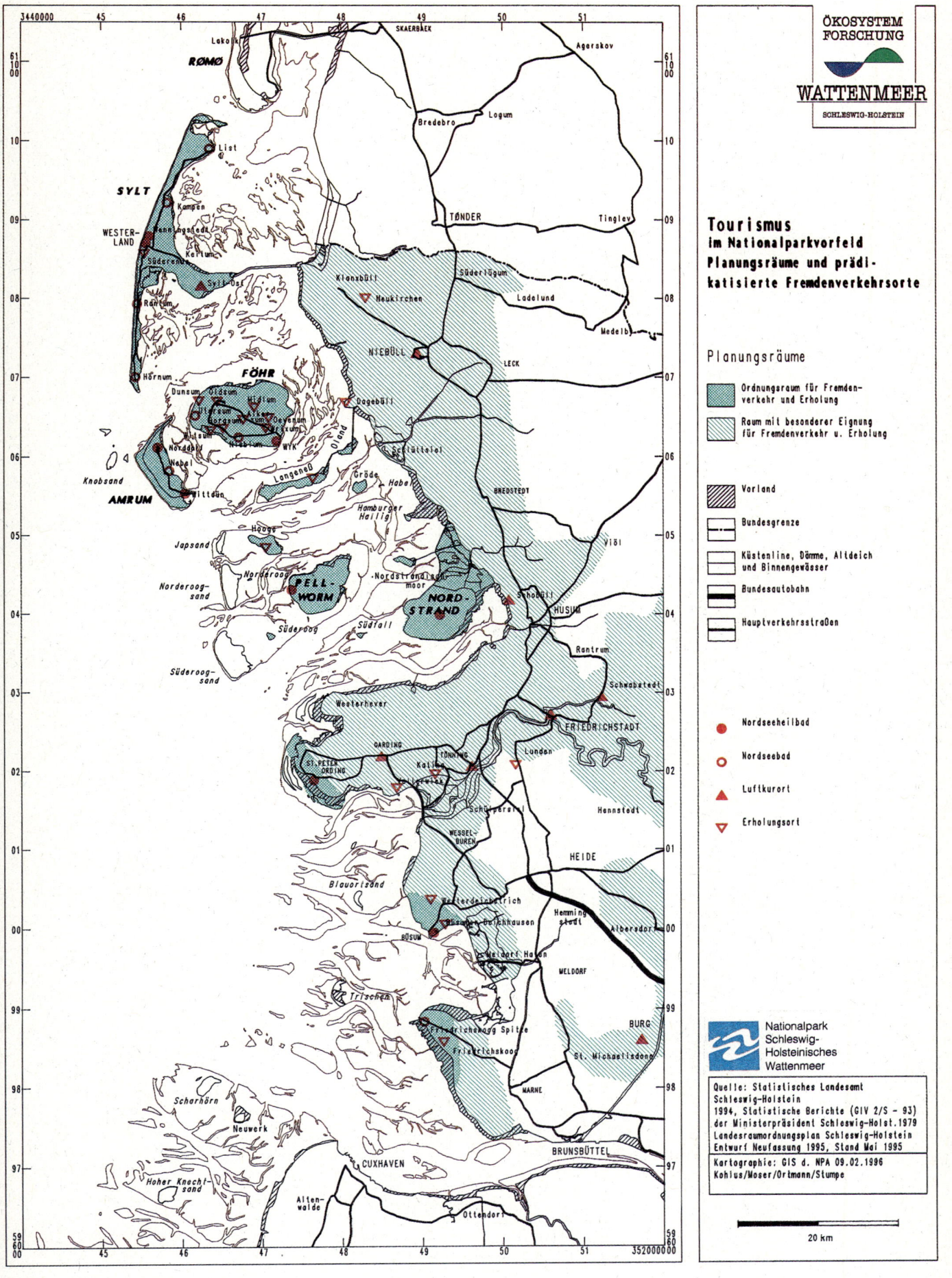

Quelle: Statistisches Landesamt
Schleswig-Holstein
1994, Statistische Berichte (GIV 2/S - 93)
der Ministerpräsident Schleswig-Holst.1979
Landesraumordnungsplan Schleswig-Holstein
Entwurf Neufassung 1995, Stand Mai 1995

Kartographie: GIS d. NPA 09.02.1996
Kohlus/Moser/Ortmann/Stumpe

ÖKOSYSTEM FORSCHUNG

WATTENMEER

SCHLESWIG-HOLSTEIN

Tourismus
im Nationalparkvorfeld
Planungsräume und prädi-
katisierte Fremdenverkehrsorte

Planungsräume

Ordnungsraum für Fremden-
verkehr und Erholung

Raum mit besonderer Eignung
für Fremdenverkehr u. Erholung

Vorland

Bundesgrenze

Küstenlinie, Dämme, Altdeich
und Binnengewässer

Bundesautobahn

Hauptverkehrsstraßen

● Nordseeheilbad

○ Nordseebad

▲ Luftkurort

▽ Erholungsort

**National park
Schleswig-
Holsteinisches
Wattenmeer**

20 km

Karte Nr. 20

Karten

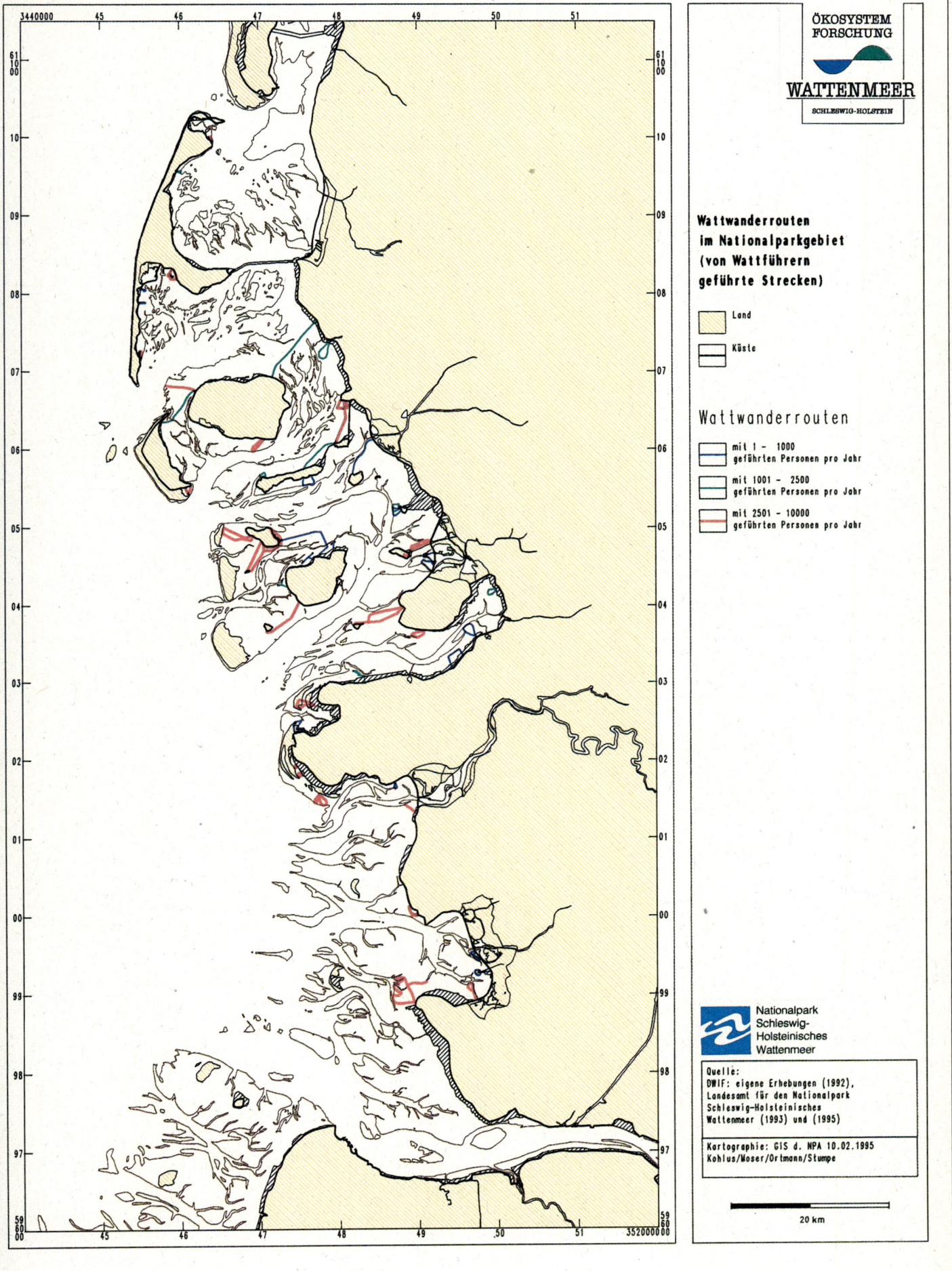

Wattwanderrouten
im Nationalparkgebiet
(von Wattführern
geführte Strecken)

Land

Küste

Wattwanderrouten

mit 1 – 1000
geführten Personen pro Jahr

mit 1001 – 2500
geführten Personen pro Jahr

mit 2501 – 10000
geführten Personen pro Jahr

Nationalpark
Schleswig-
Holsteinisches
Wattenmeer

Quelle:
DWIF: eigene Erhebungen (1992),
Landesamt für den Nationalpark
Schleswig-Holsteinisches
Wattenmeer (1993) und (1995)

Kartographie: GIS d. NPA 10.02.1995
Kohlus/Moser/Ortmann/Stumpe

20 km

Karte Nr. 21

Karten

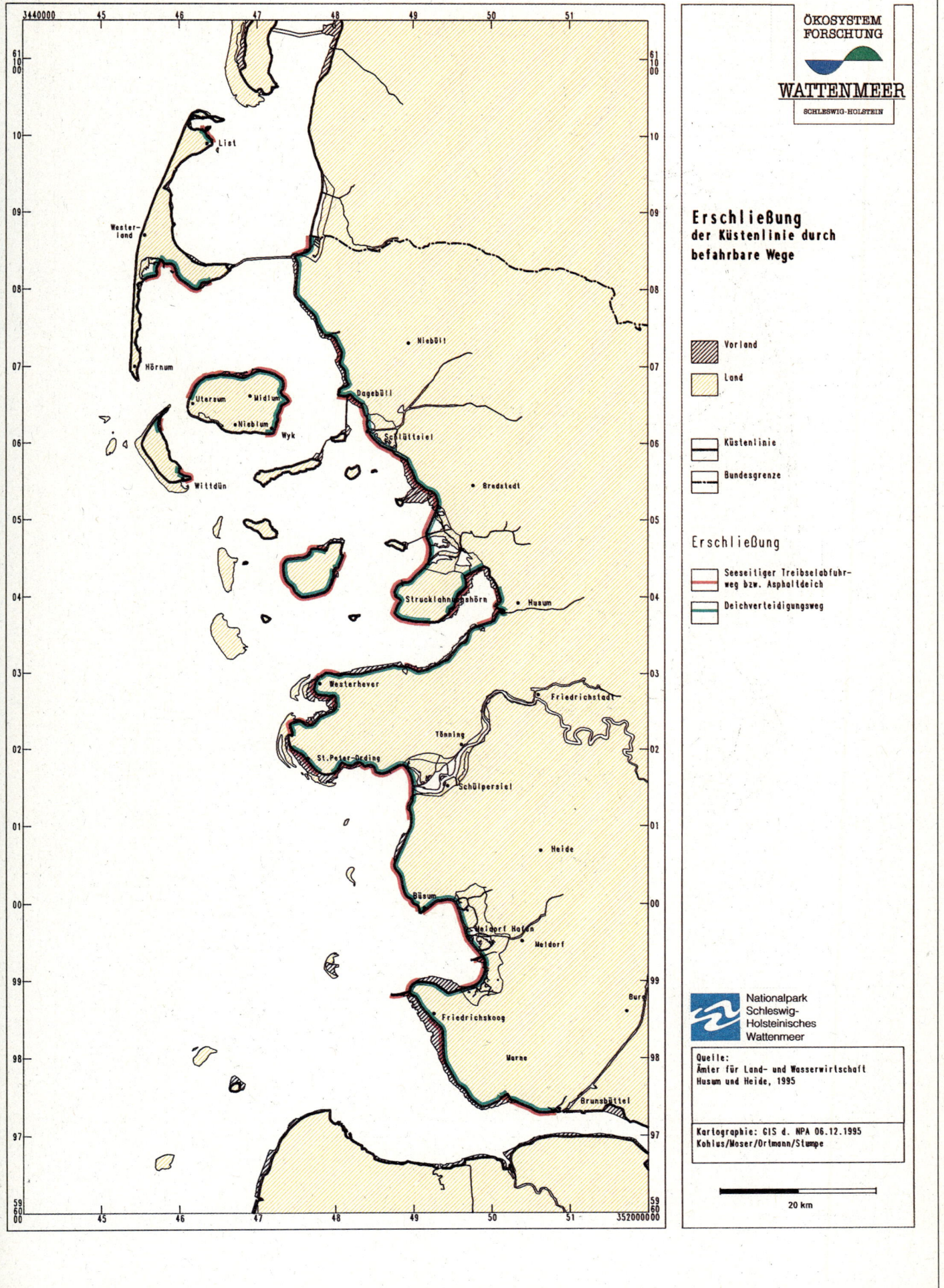

ÖKOSYSTEM FORSCHUNG

WATTENMEER
SCHLESWIG-HOLSTEIN

Erschließung
der Küstenlinie durch befahrbare Wege

▨	Vorland
▨	Land
	Küstenlinie
	Bundesgrenze

Erschließung

—	Seeseitiger Treibselabfuhrweg bzw. Asphaltdeich
—	Deichverteidigungsweg

Nationalpark
Schleswig-
Holsteinisches
Wattenmeer

Quelle:
Ämter für Land- und Wasserwirtschaft
Husum und Heide, 1995

Kartographie: GIS d. NPA 06.12.1995
Kohlus/Moser/Ortmann/Stumpe

20 km

Karte Nr. 22

Karten

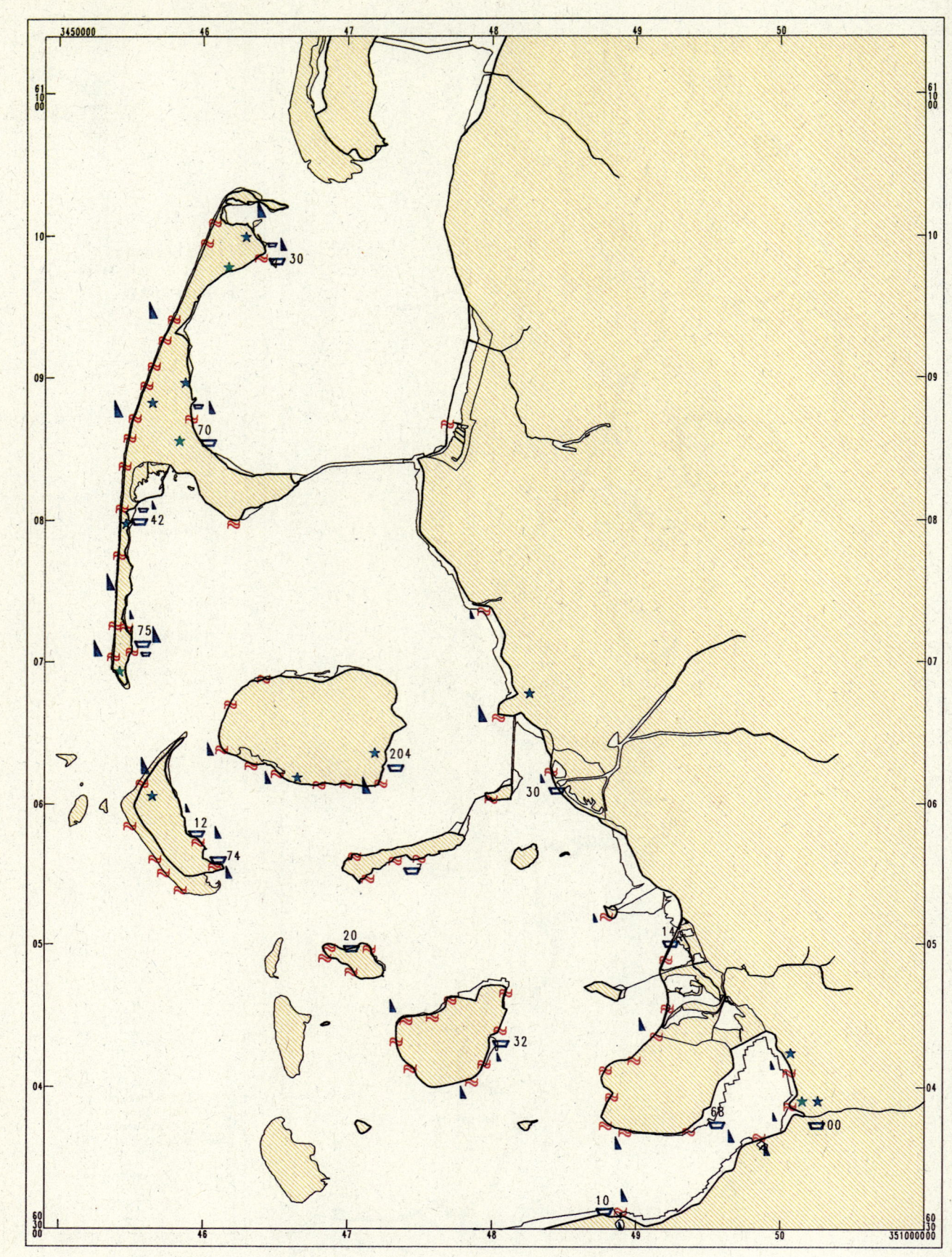

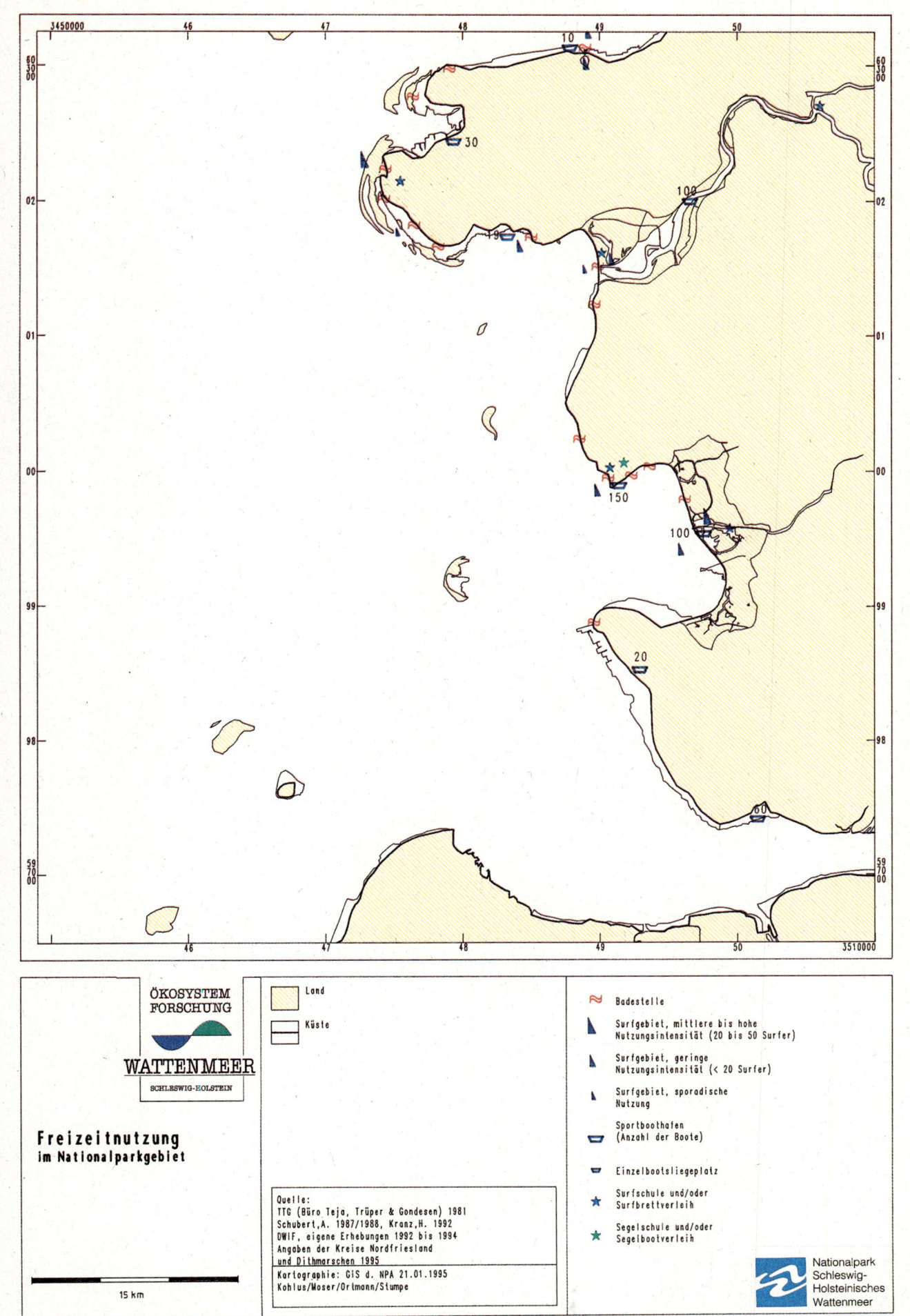

ÖKOSYSTEM
FORSCHUNG

WATTENMEER
SCHLESWIG-HOLSTEIN

Freizeitnutzung
im Nationalparkgebiet

| | Land |
| | Küste |

Quelle:
TTG (Büro Teja, Trüper & Gondesen) 1981
Schubert,A. 1987/1988, Kranz,H. 1992
DWIF, eigene Erhebungen 1992 bis 1994
Angaben der Kreise Nordfriesland
und Dithmarschen 1995
Kartographie: GIS d. NPA 21.01.1995
Kohlus/Moser/Ortmann/Stumpe

15 km

≈ Badestelle

Surfgebiet, mittlere bis hohe
Nutzungsintensität (20 bis 50 Surfer)

Surfgebiet, geringe
Nutzungsintensität (< 20 Surfer)

Surfgebiet, sporadische
Nutzung

Sportboothafen
(Anzahl der Boote)

Einzelbootsliegeplatz

★ Surfschule und/oder
Surfbrettverleih

★ Segelschule und/oder
Segelbootverleih

Nationalpark
Schleswig-
Holsteinisches
Wattenmeer

Karte Nr. 23 Süd

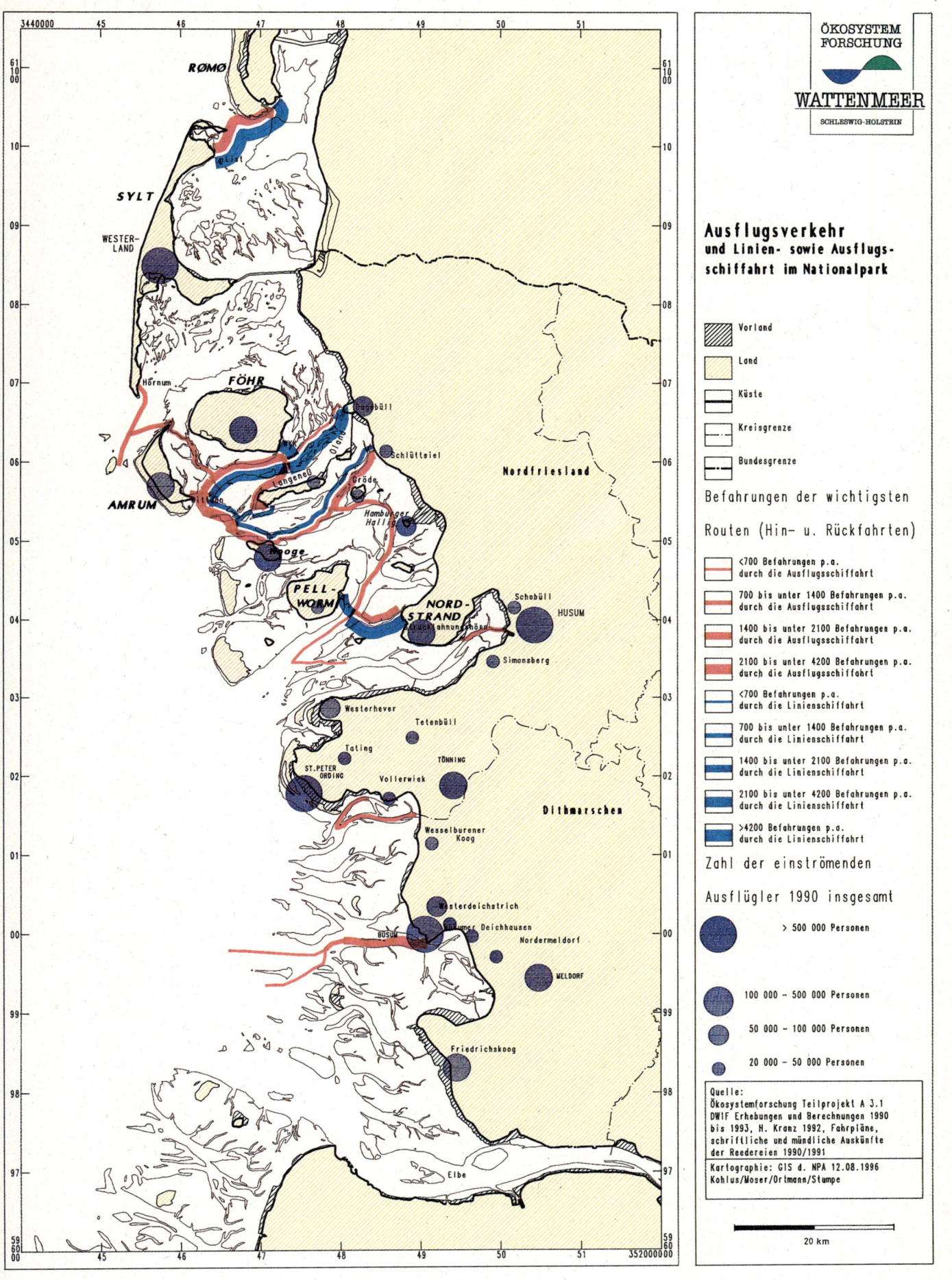

ÖKOSYSTEM
FORSCHUNG

WATTENMEER
SCHLESWIG-HOLSTEIN

Ausflugsverkehr
und Linien- sowie Ausflugsschiffahrt im Nationalpark

Vorland

Land

Küste

Kreisgrenze

Bundesgrenze

Befahrungen der wichtigsten

Routen (Hin- u. Rückfahrten)

<700 Befahrungen p.a.
durch die Ausflugsschiffahrt

700 bis unter 1400 Befahrungen p.a.
durch die Ausflugsschiffahrt

1400 bis unter 2100 Befahrungen p.a.
durch die Ausflugsschiffahrt

2100 bis unter 4200 Befahrungen p.a.
durch die Ausflugsschiffahrt

<700 Befahrungen p.a.
durch die Linienschiffahrt

700 bis unter 1400 Befahrungen p.a.
durch die Linienschiffahrt

1400 bis unter 2100 Befahrungen p.a.
durch die Linienschiffahrt

2100 bis unter 4200 Befahrungen p.a.
durch die Linienschiffahrt

>4200 Befahrungen p.a.
durch die Linienschiffahrt

Zahl der einströmenden

Ausflügler 1990 insgesamt

> 500 000 Personen

100 000 - 500 000 Personen

50 000 - 100 000 Personen

20 000 - 50 000 Personen

Quelle:
Ökosystemforschung Teilprojekt A 3.1
DWIF Erhebungen und Berechnungen 1990
bis 1993, H. Kranz 1992, Fahrpläne,
schriftliche und mündliche Auskünfte
der Reedereien 1990/1991

Kartographie: GIS d. NPA 12.08.1996
Kohlus/Moser/Ortmann/Stumpe

20 km

Karte Nr. 24

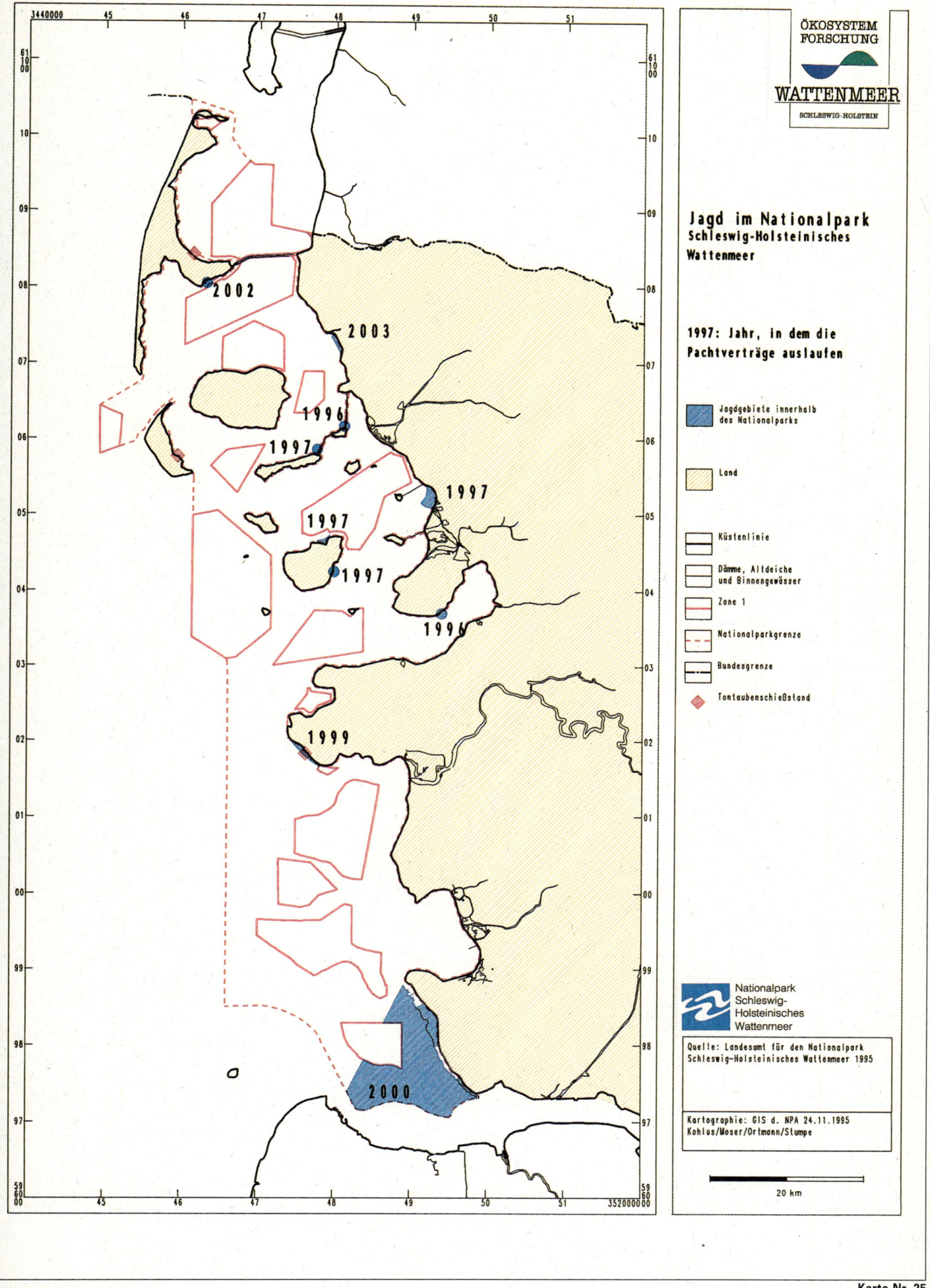

ÖKOSYSTEM FORSCHUNG

WATTENMEER
SCHLESWIG-HOLSTEIN

Jagd im Nationalpark
Schleswig-Holsteinisches
Wattenmeer

1997: Jahr, in dem die Pachtverträge auslaufen

Jagdgebiete innerhalb des Nationalparks

Land

Küstenlinie

Dämme, Altdeiche und Binnengewässer

Zone 1

Nationalparkgrenze

Bundesgrenze

Tontaubenschießstand

Nationalpark
Schleswig-
Holsteinisches
Wattenmeer

Quelle: Landesamt für den Nationalpark
Schleswig-Holsteinisches Wattenmeer 1995

Kartographie: GIS d. NPA 24.11.1995
Kohlus/Moser/Ortmann/Stumpe

20 km

Karte Nr. 25

Karten

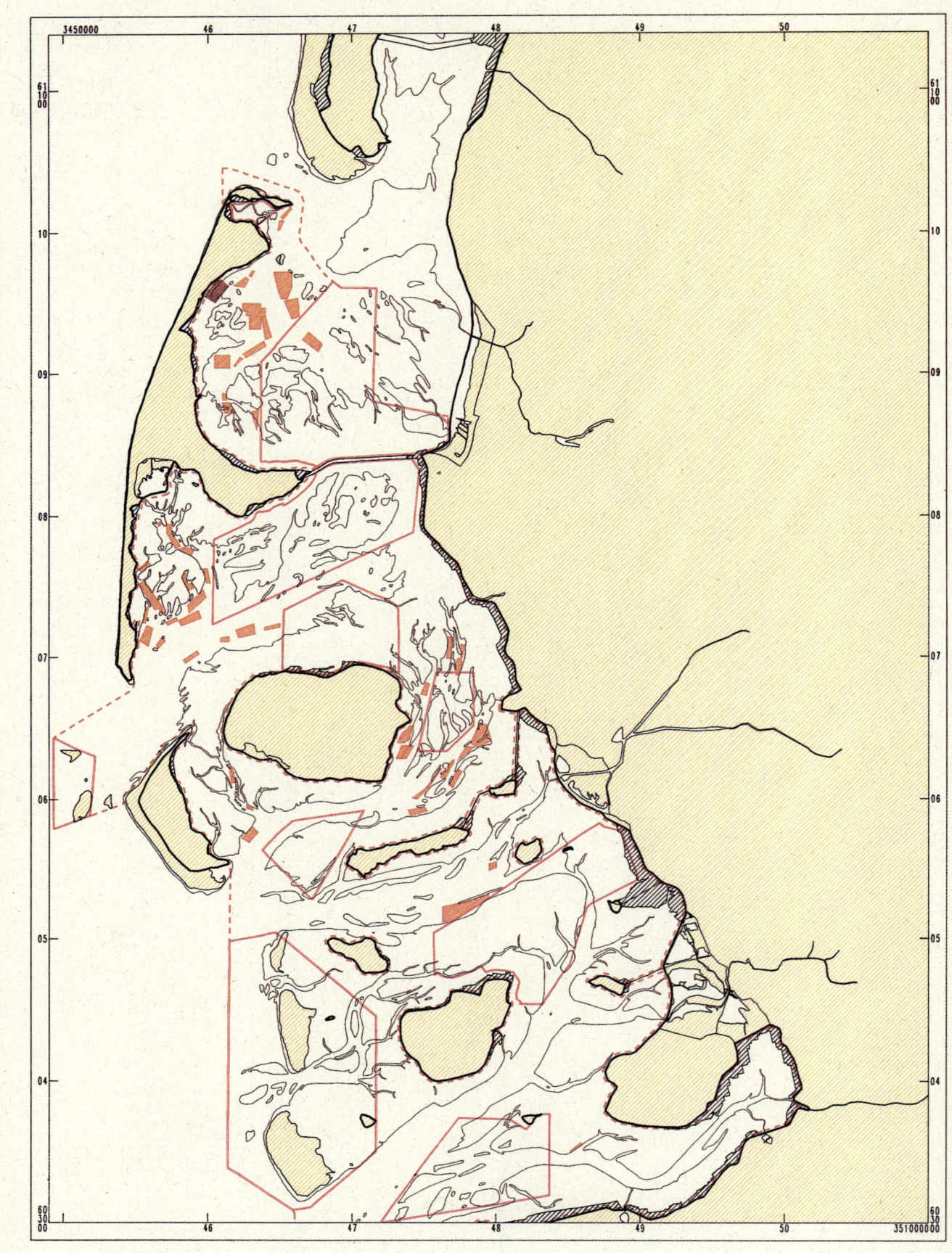

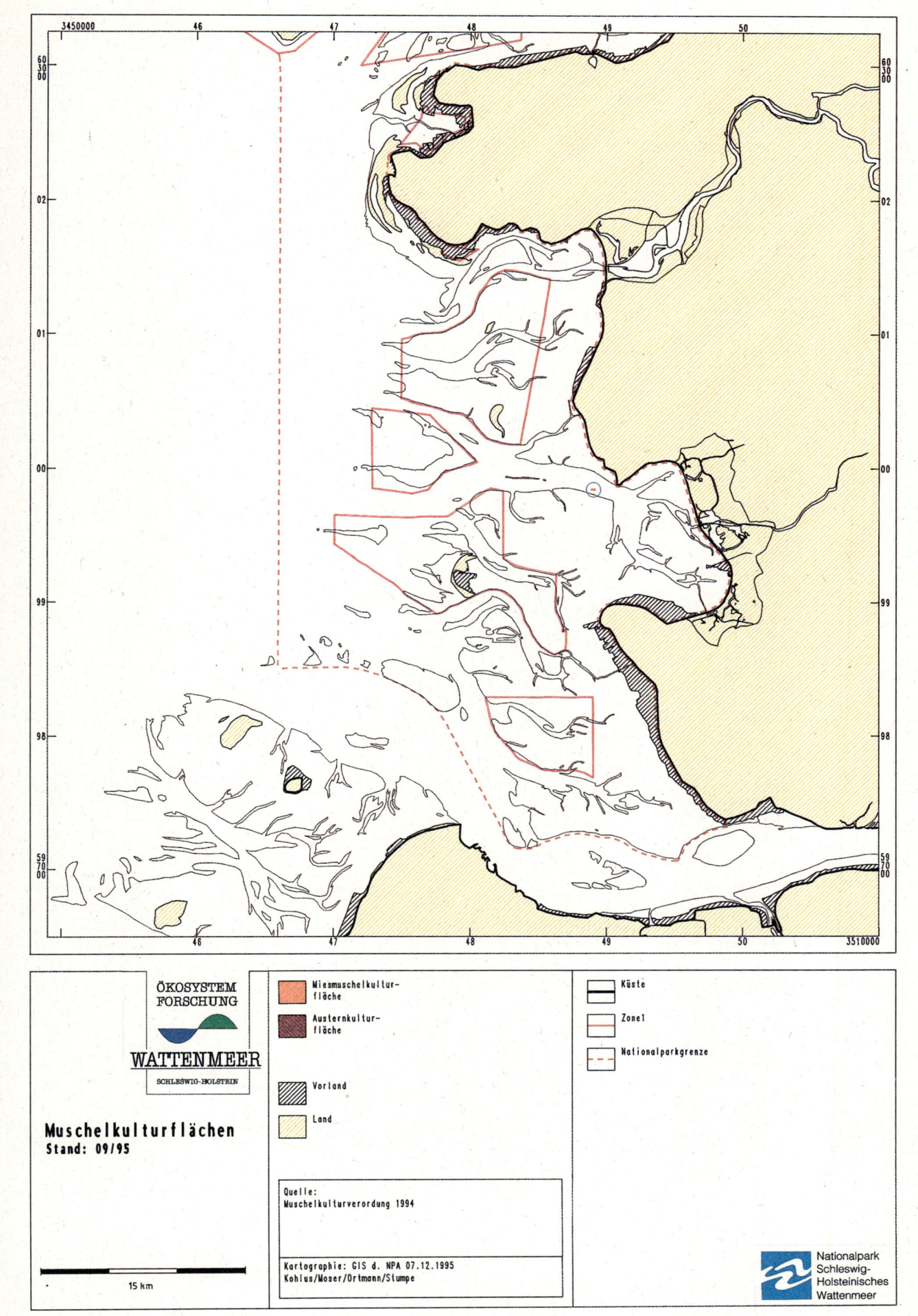

ÖKOSYSTEM
FORSCHUNG

WATTENMEER
SCHLESWIG-HOLSTEIN

Muschelkulturflächen
Stand: 09/95

15 km

	Miesmuschelkultur-fläche
	Austernkultur-fläche
	Vorland
	Land

	Küste
	Zone1
	Nationalparkgrenze

Quelle:
Muschelkulturverordnung 1994

Kartographie: GIS d. NPA 07.12.1995
Kohlus/Moser/Ortmann/Stumpe

Nationalpark
Schleswig-
Holsteinisches
Wattenmeer

Karte Nr. 26 Süd

Karten

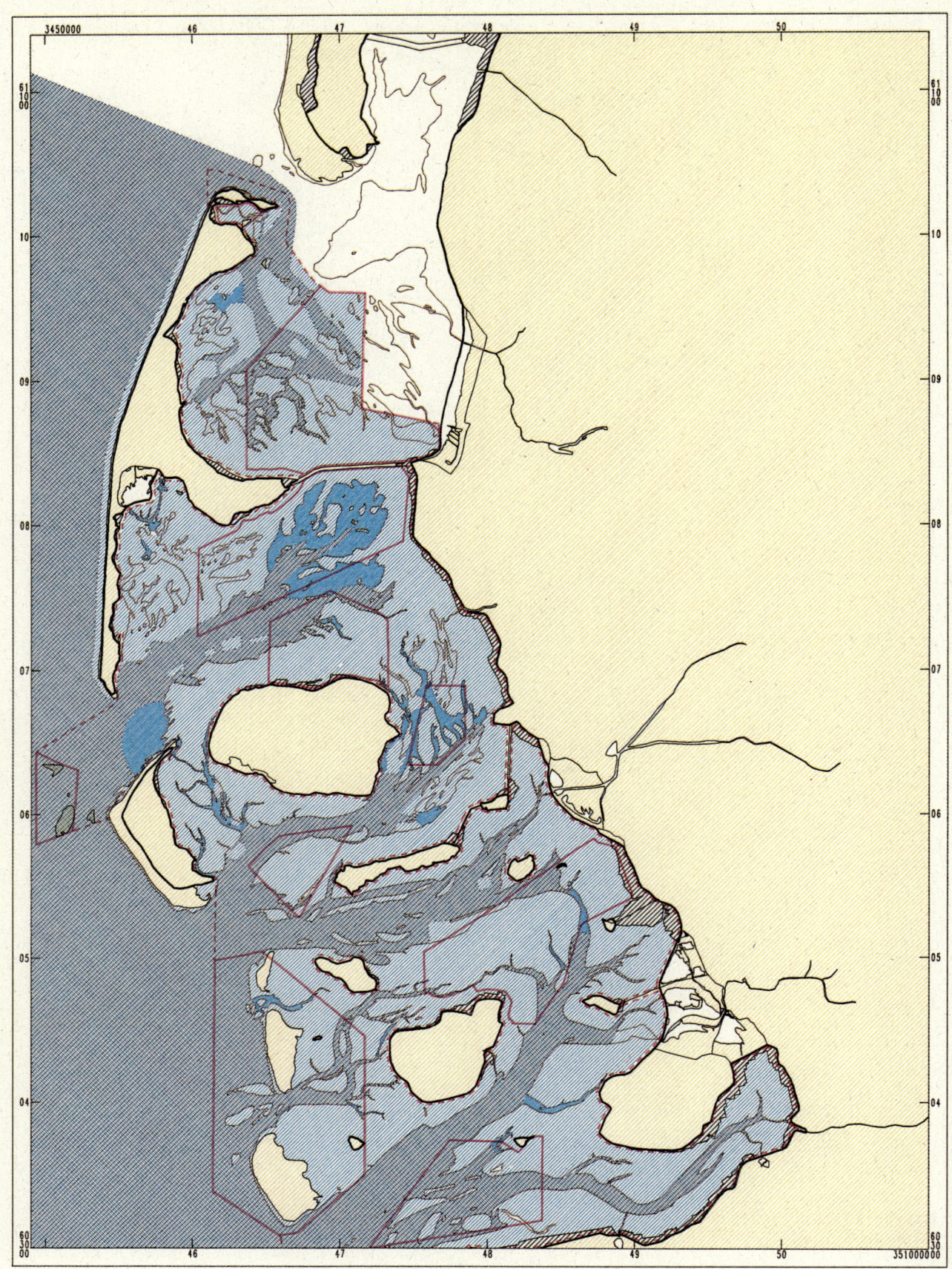

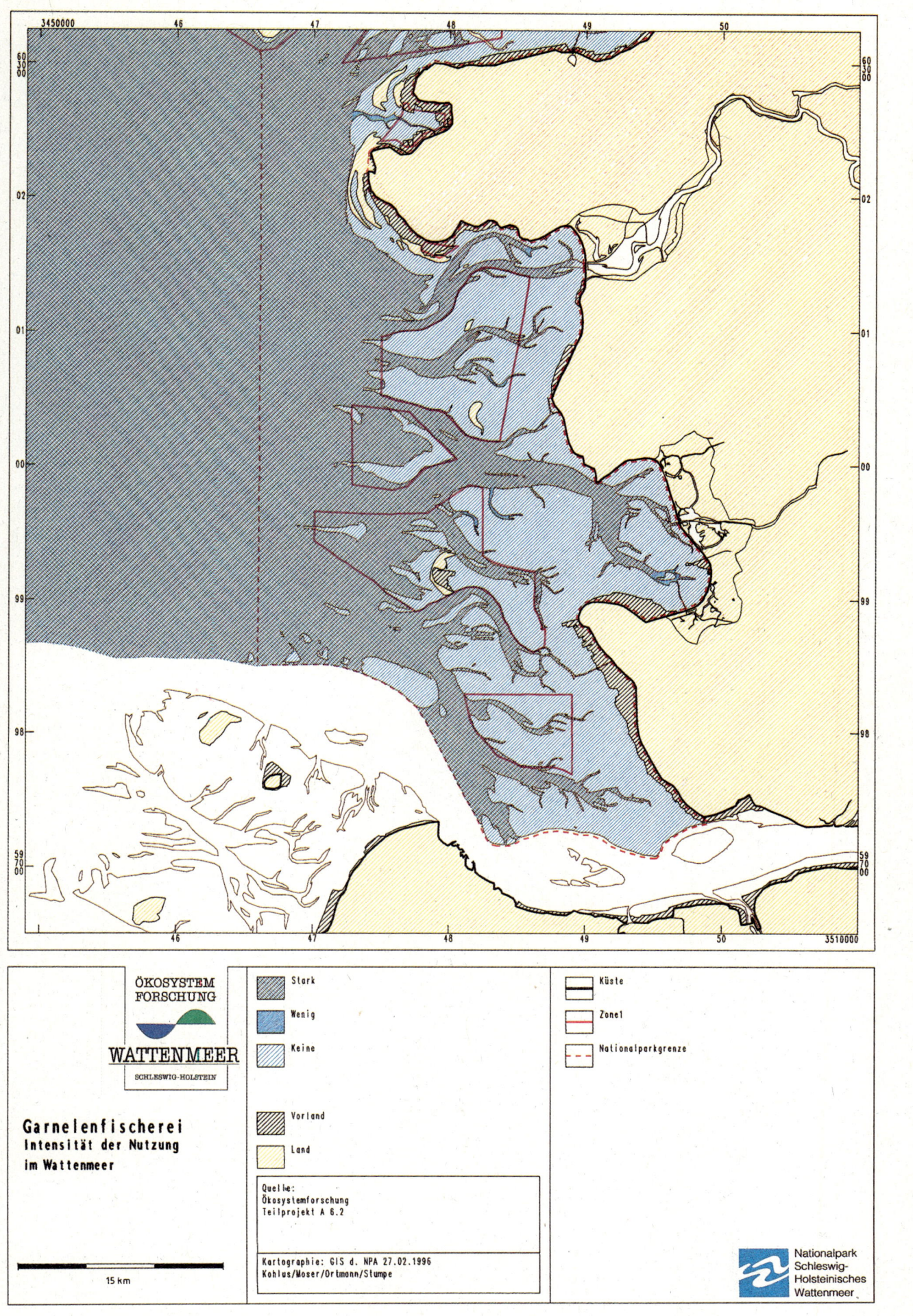

ÖKOSYSTEM
FORSCHUNG

WATTENMEER
SCHLESWIG-HOLSTEIN

Garnelenfischerei
Intensität der Nutzung
im Wattenmeer

15 km

▨	Stark
▦	Wenig
▨	Keine
▨	Vorland
▨	Land

Quelle:
Ökosystemforschung
Teilprojekt A 6.2

Kartographie: GIS d. NPA 27.02.1996
Kohlus/Moser/Ortmann/Stumpe

▭	Küste
▭	Zone1
▭	Nationalparkgrenze

Nationalpark
Schleswig-
Holsteinisches
Wattenmeer

Karte Nr. 27 Süd

Karten

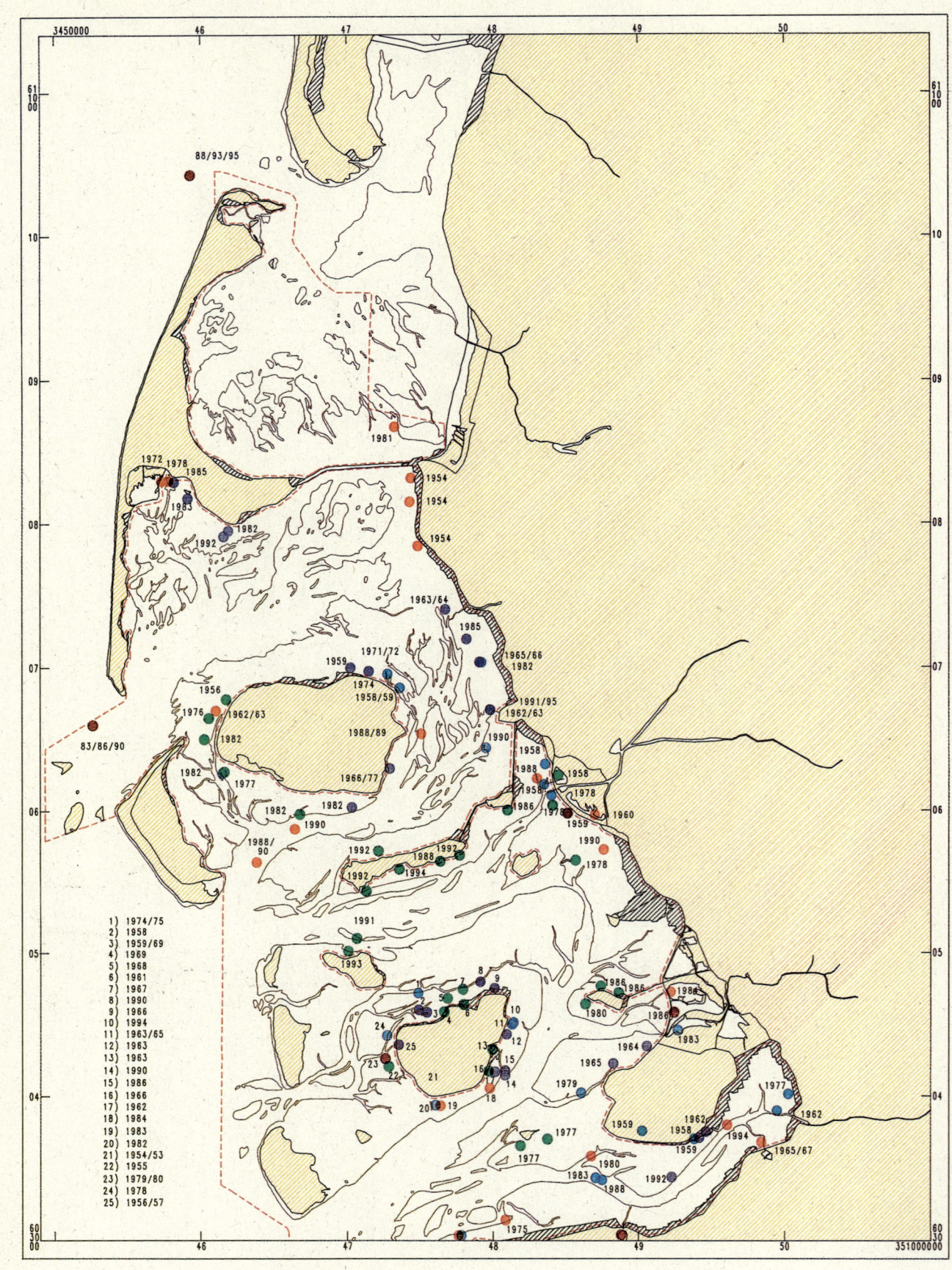

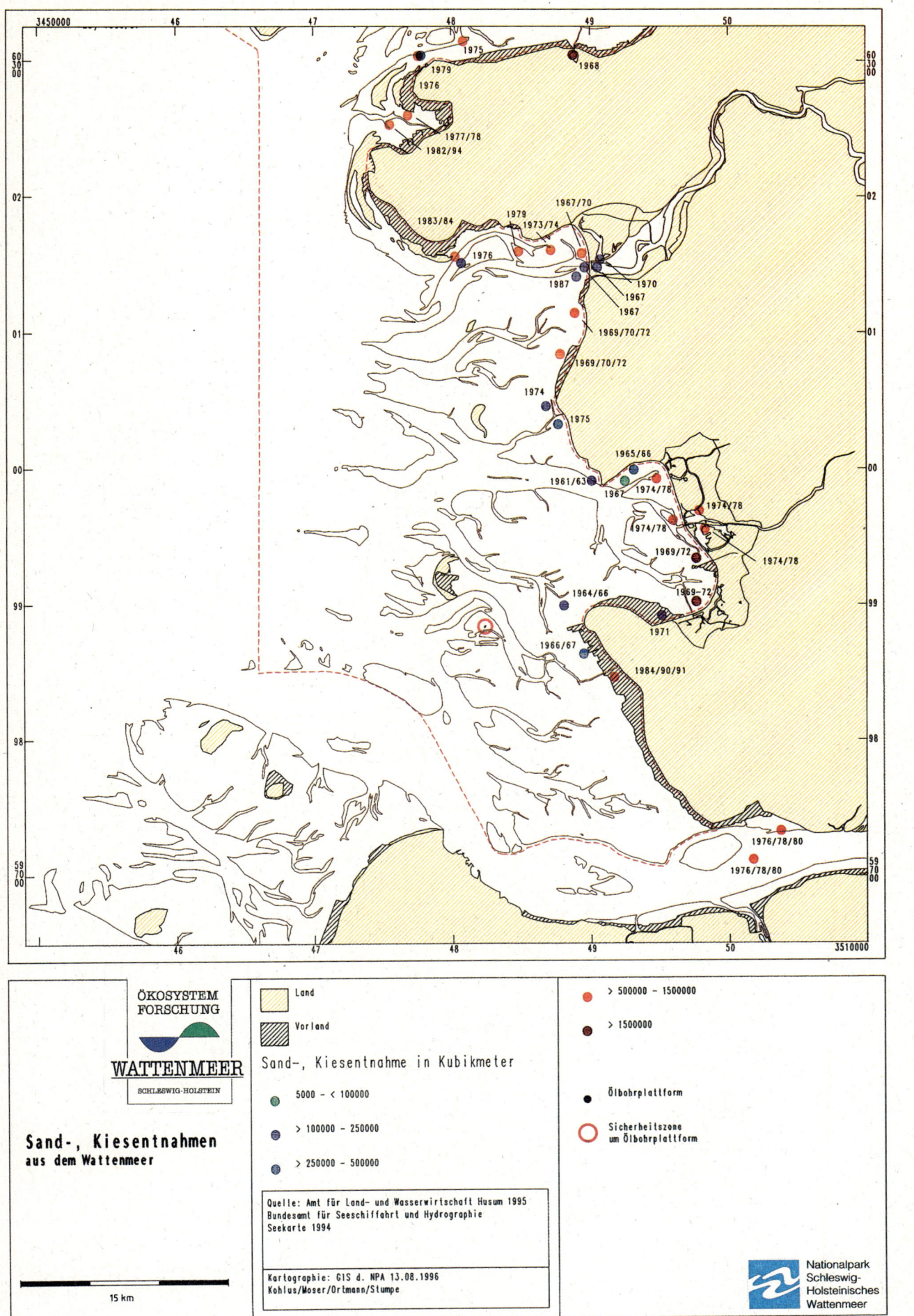

Sand-, Kiesentnahme in Kubikmeter

●	5000 – < 100000	
●	> 100000 – 250000	
●	> 250000 – 500000	
●	> 500000 – 1500000	
●	> 1500000	
●	Ölbohrplattform	
○	Sicherheitszone um Ölbohrplattform	

Land

Vorland

ÖKOSYSTEM FORSCHUNG

WATTENMEER
SCHLESWIG-HOLSTEIN

Sand-, Kiesentnahmen
aus dem Wattenmeer

15 km

Quelle: Amt für Land- und Wasserwirtschaft Husum 1995
Bundesamt für Seeschiffahrt und Hydrographie
Seekarte 1994

Kartographie: GIS d. NPA 13.08.1996
Kohlus/Moser/Ortmann/Stumpe

Nationalpark
Schleswig-
Holsteinisches
Wattenmeer

Karte Nr. 28 Süd

Karten

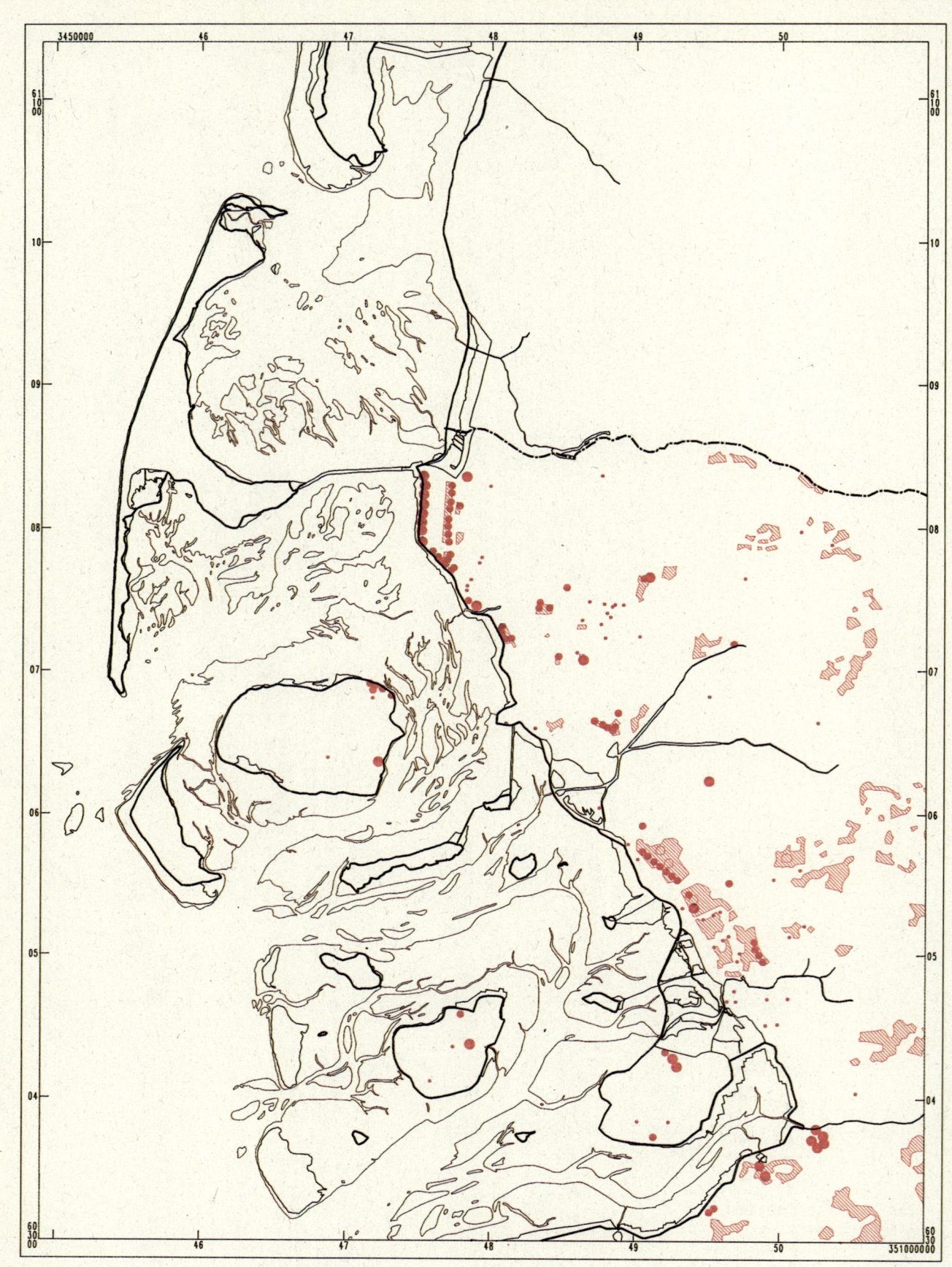

Karte Nr. 29 Nord

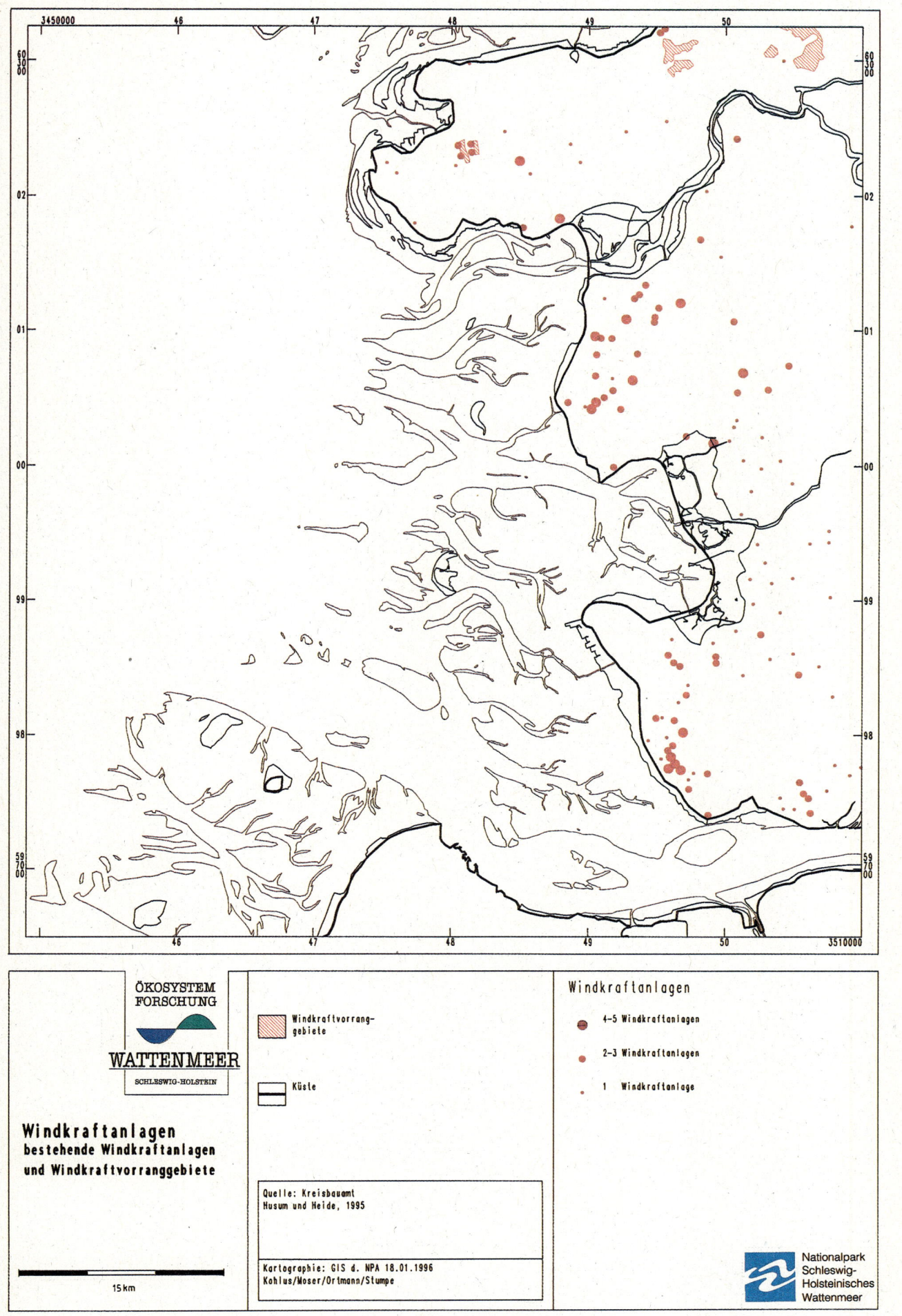

3450000	46	47	48	49	50	

Windkraftanlagen
bestehende Windkraftanlagen
und Windkraftvorranggebiete

Windkraftvorrang-
gebiete

Küste

Quelle: Kreisbauamt
Husum und Heide, 1995

Kartographie: GIS d. NPA 18.01.1996
Kohlus/Moser/Ortmann/Stumpe

15 km

Windkraftanlagen

● 4–5 Windkraftanlagen

● 2–3 Windkraftanlagen

・ 1 Windkraftanlage

Nationalpark
Schleswig-
Holsteinisches
Wattenmeer

Karte Nr. 29 Süd

Karten

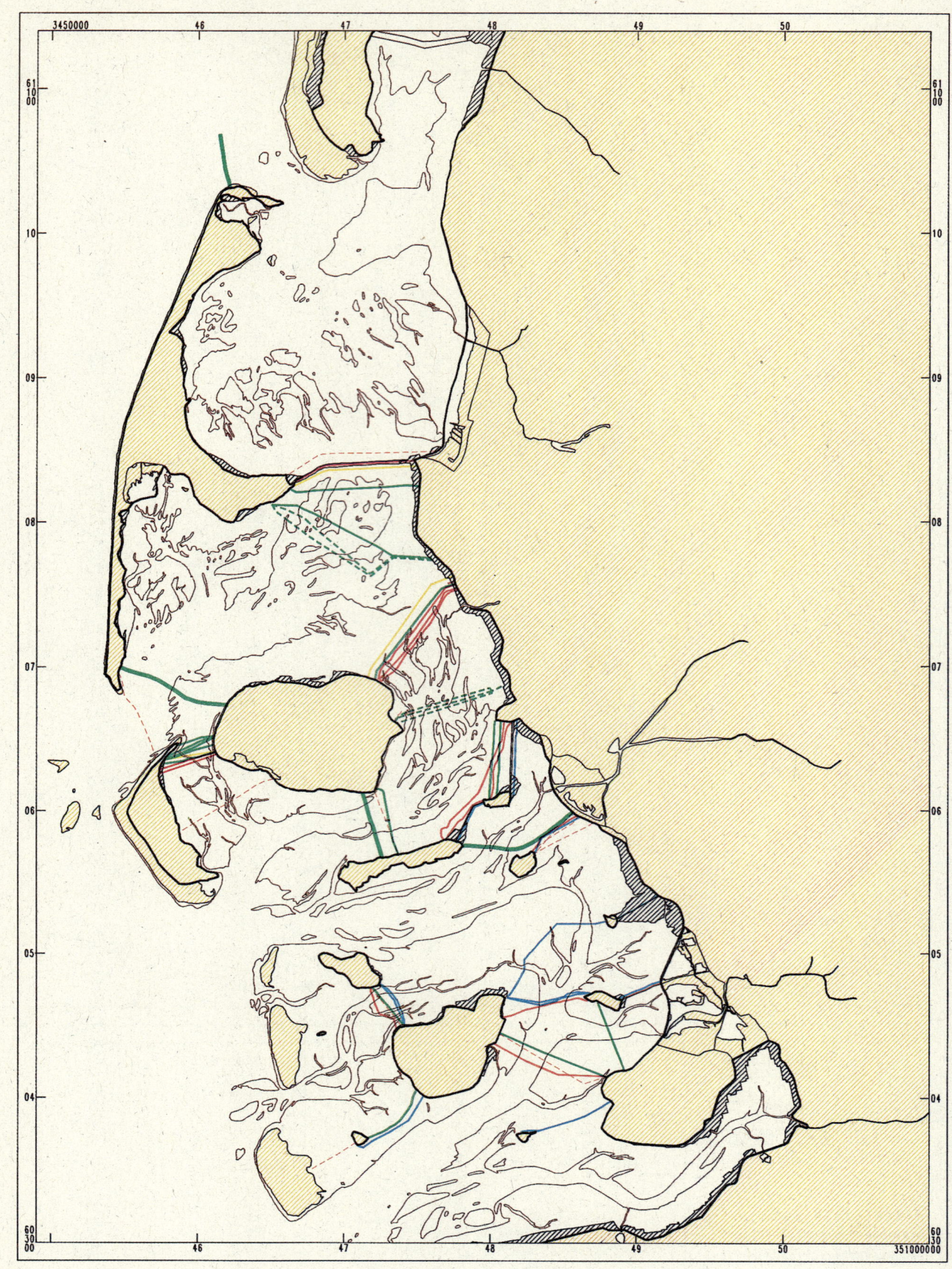

Karte Nr. 30 Nor

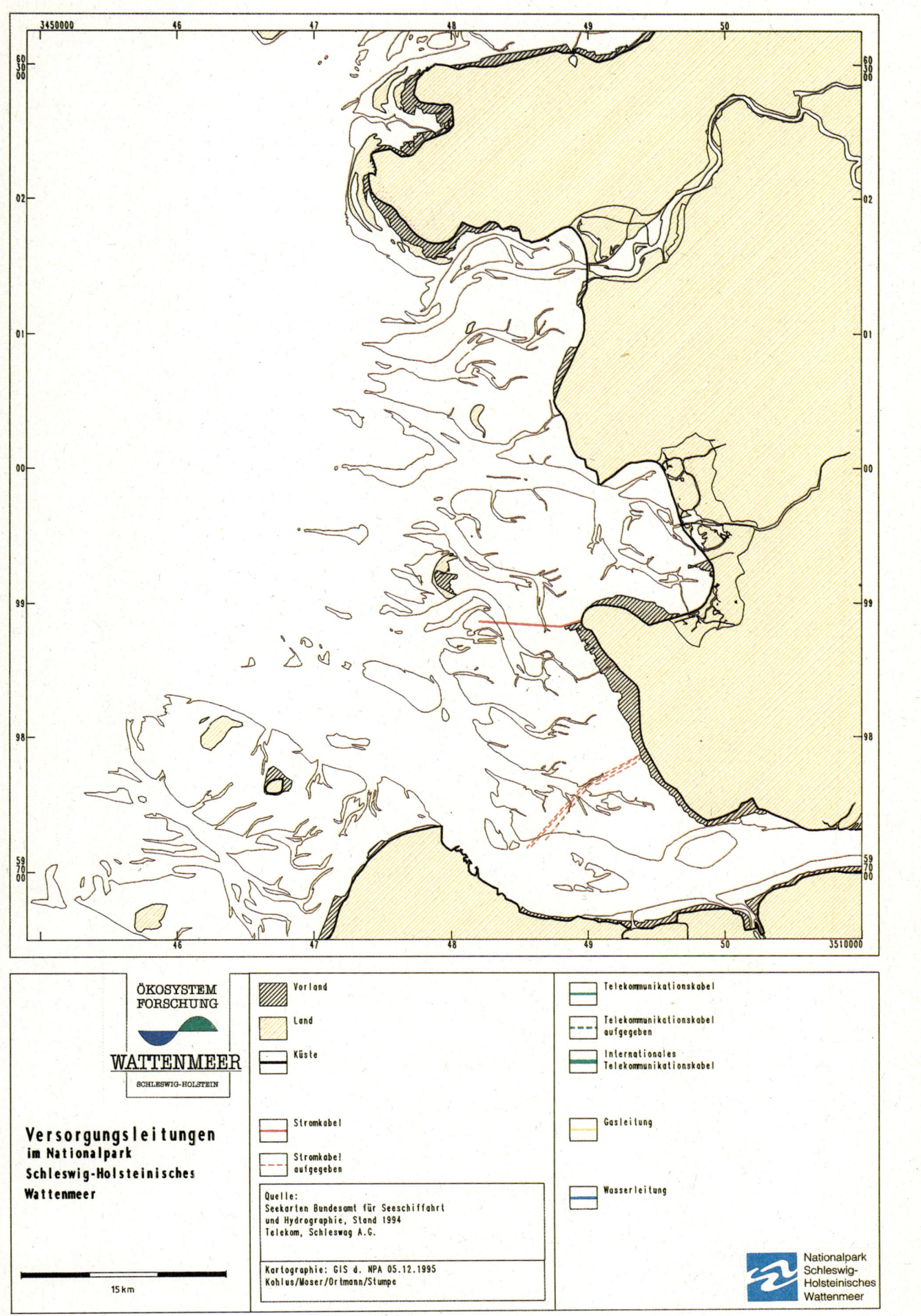

ÖKOSYSTEM
FORSCHUNG

WATTENMEER
SCHLESWIG-HOLSTEIN

Versorgungsleitungen
im Nationalpark
Schleswig-Holsteinisches
Wattenmeer

Vorland	
Land	
Küste	
Stromkabel	
Stromkabel aufgegeben	

Quelle:
Seekarten Bundesamt für Seeschiffahrt
und Hydrographie, Stand 1994
Telekom, Schleswag A.G.

Kartographie: GIS d. NPA 05.12.1995
Kohlus/Moser/Ortmann/Stumpe

Telekommunikationskabel	
Telekommunikationskabel aufgegeben	
Internationales Telekommunikationskabel	
Gasleitung	
Wasserleitung	

Nationalpark
Schleswig-
Holsteinisches
Wattenmeer

15 km

Karte Nr. 30 Süd

Karten

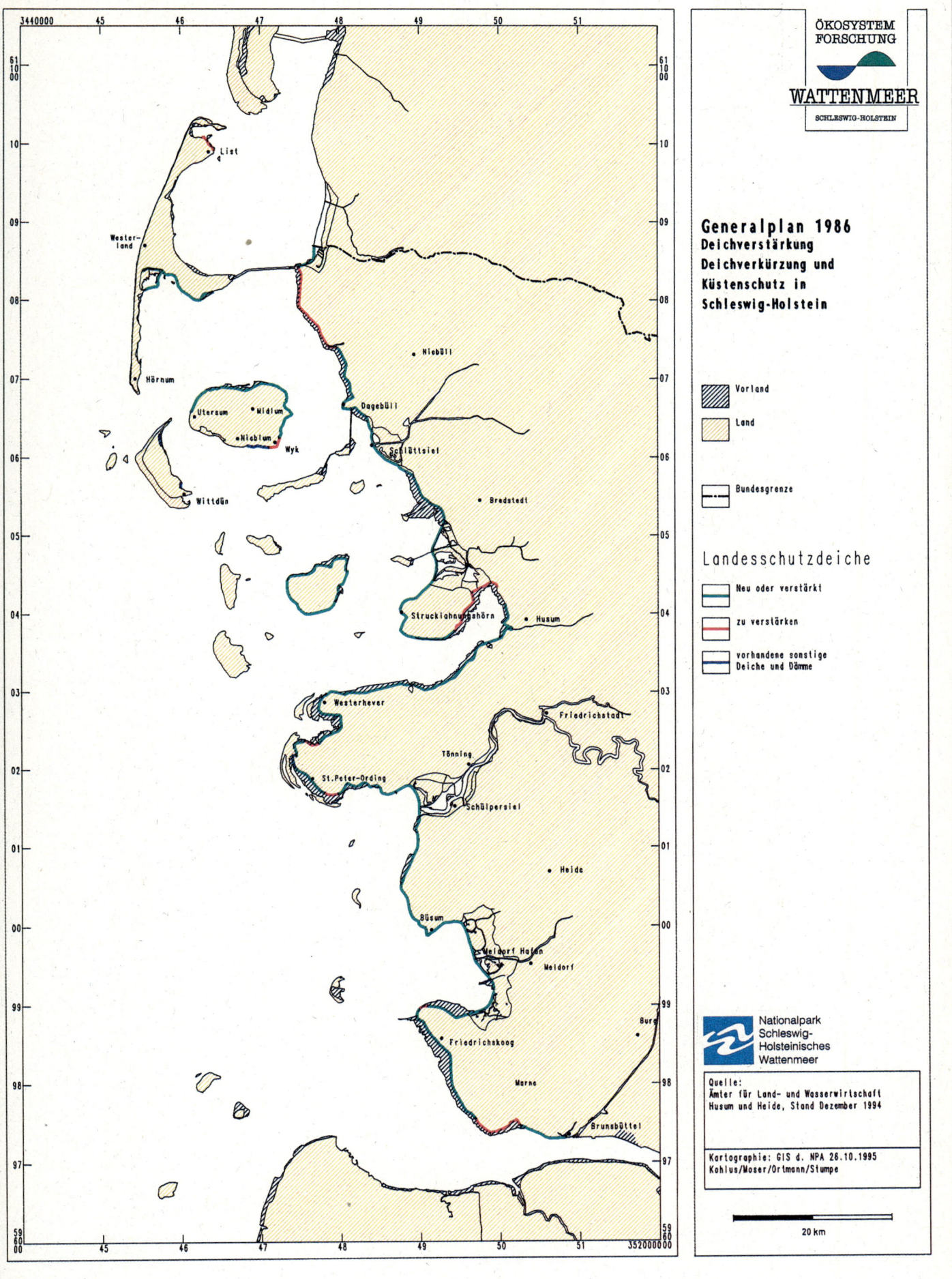

ÖKOSYSTEM
FORSCHUNG

WATTENMEER
SCHLESWIG-HOLSTEIN

Generalplan 1986
Deichverstärkung
Deichverkürzung und
Küstenschutz in
Schleswig-Holstein

Vorland

Land

Bundesgrenze

Landesschutzdeiche

Neu oder verstärkt

zu verstärken

vorhandene sonstige
Deiche und Dämme

Nationalpark
Schleswig-
Holsteinisches
Wattenmeer

Quelle:
Ämter für Land- und Wasserwirtschaft
Husum und Heide, Stand Dezember 1994

Kartographie: GIS d. NPA 26.10.1995
Kohlus/Moser/Ortmann/Stumpe

20 km

Karte Nr. 31

Karten

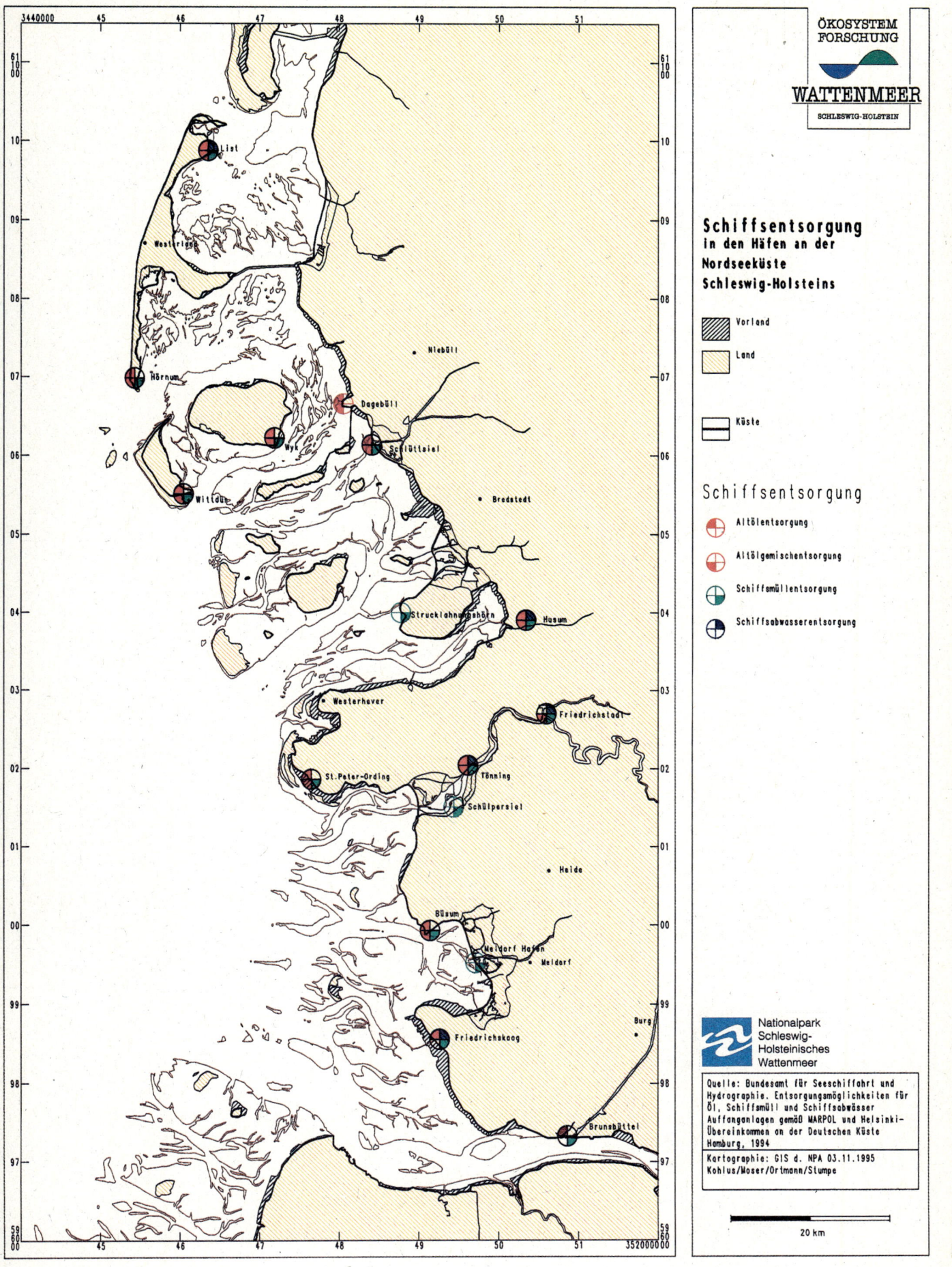

Schiffsentsorgung
in den Häfen an der
Nordseeküste
Schleswig-Holsteins

Vorland

Land

Küste

Schiffsentsorgung

Altölentsorgung

Altölgemischentsorgung

Schiffsmüllentsorgung

Schiffsabwasserentsorgung

Nationalpark
Schleswig-
Holsteinisches
Wattenmeer

Quelle: Bundesamt für Seeschiffahrt und
Hydrographie. Entsorgungsmöglichkeiten für
Öl, Schiffsmüll und Schiffsabwässer
Auffanganlagen gemäß MARPOL und Helsinki-
Übereinkommen an der Deutschen Küste
Hamburg, 1994

Kartographie: GIS d. NPA 03.11.1995
Kohlus/Moser/Ortmann/Stumpe

20 km

Karte Nr. 32

Karten

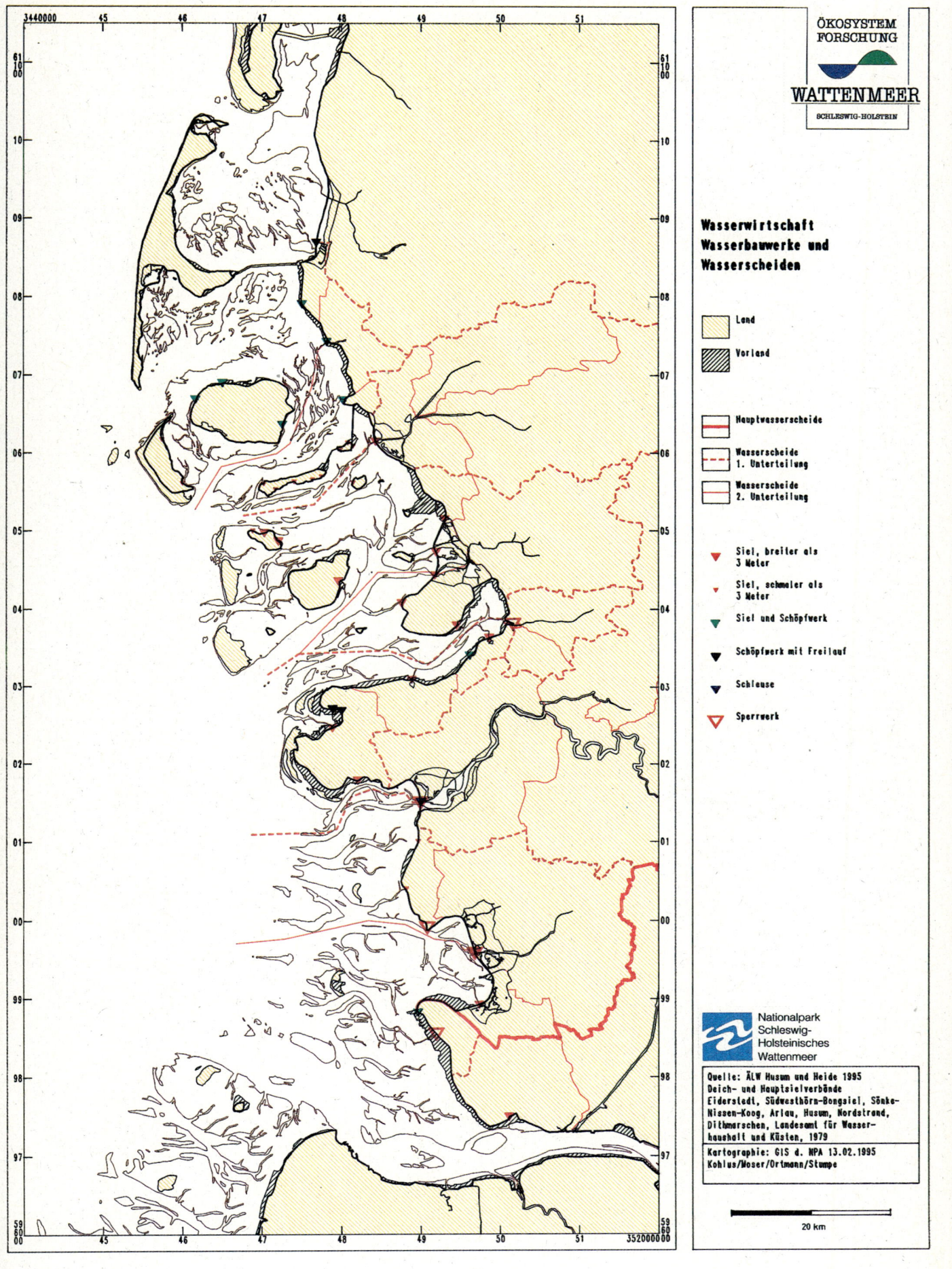

ÖKOSYSTEM
FORSCHUNG

WATTENMEER

SCHLESWIG-HOLSTEIN

**Wasserwirtschaft
Wasserbauwerke und
Wasserscheiden**

Land

Vorland

Hauptwasserscheide

Wasserscheide
1. Unterteilung

Wasserscheide
2. Unterteilung

▼ Siel, breiter als
3 Meter

▾ Siel, schmaler als
3 Meter

▼ Siel und Schöpfwerk

▼ Schöpfwerk mit Freilauf

▼ Schleuse

▽ Sperrwerk

Nationalpark
Schleswig-
Holsteinisches
Wattenmeer

Quelle: ÄLW Husum und Heide 1995
Deich- und Hauptsielverbände
Eiderstedt, Südwesthörn-Bongsiel, Sönke-
Nissen-Koog, Arlau, Husum, Nordstrand,
Dithmarschen, Landesamt für Wasser-
haushalt und Küsten, 1979

Kartographie: GIS d. NPA 13.02.1995
Kohlus/Moser/Ortmann/Stumpe

20 km

Karte Nr. 33

Karten

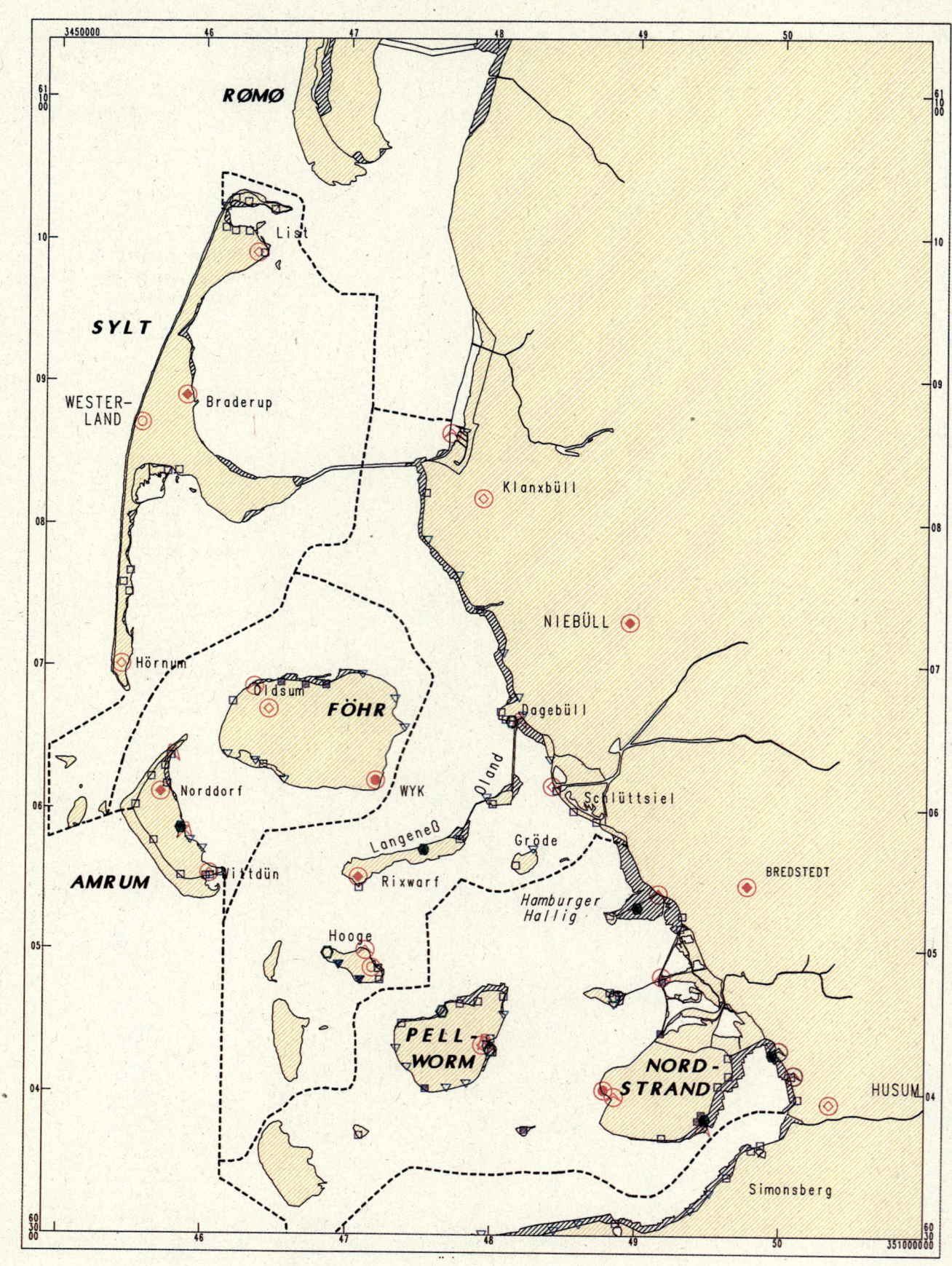

RØMØ

SYLT

List

WESTER-
LAND

Braderup

Klanxbüll

NIEBÜLL

Hörnum

Oldsum

FÖHR

Dagebüll

Norddorf

WYK

Oland

Schlüttsiel

AMRUM

Wittdün

Langeneß

Rixwarf

Gröde

BREDSTEDT

Hamburger
Hallig

Hooge

PELL-
WORM

NORD-
STRAND

HUSUM

Simonsberg

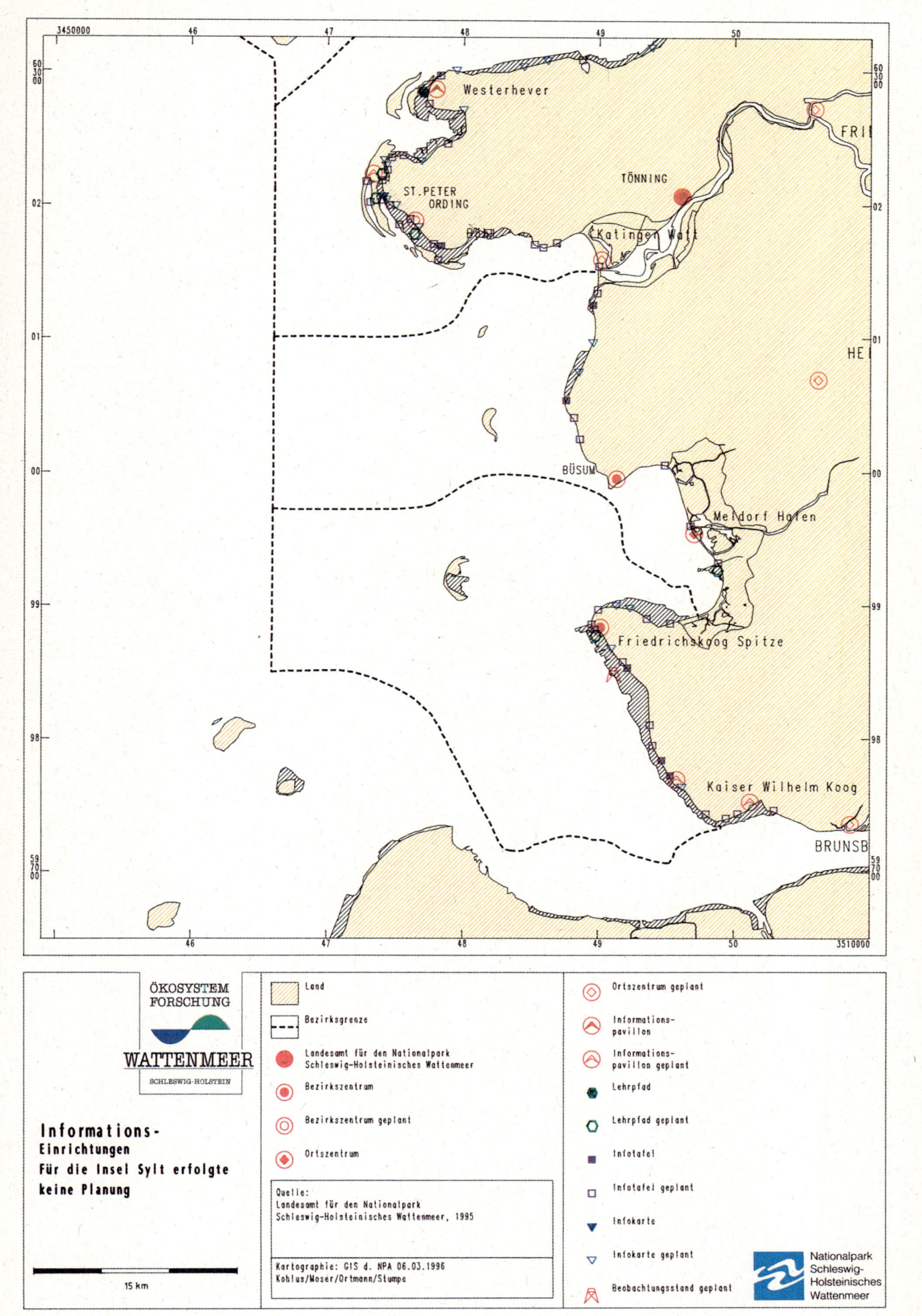

ÖKOSYSTEM
FORSCHUNG

WATTENMEER

SCHLESWIG-HOLSTEIN

Informations-
Einrichtungen
Für die Insel Sylt erfolgte
keine Planung

15 km

	Land
	Bezirksgrenze
●	Landesamt für den Nationalpark Schleswig-Holsteinisches Wattenmeer
◉	Bezirkszentrum
◎	Bezirkszentrum geplant
◈	Ortszentrum

Quelle:
Landesamt für den Nationalpark
Schleswig-Holsteinisches Wattenmeer, 1995

Kartographie: GIS d. NPA 06.03.1996
Kohlus/Moser/Ortmann/Stumpe

◎	Ortszentrum geplant
⌂	Informations-pavillon
⌂	Informations-pavillon geplant
⬢	Lehrpfad
⬡	Lehrpfad geplant
▪	Infotafel
▫	Infotafel geplant
▼	Infokarte
▽	Infokarte geplant
⌂	Beobachtungsstand geplant

Nationalpark
Schleswig-
Holsteinisches
Wattenmeer

Karte Nr. 34 Süd

Karten

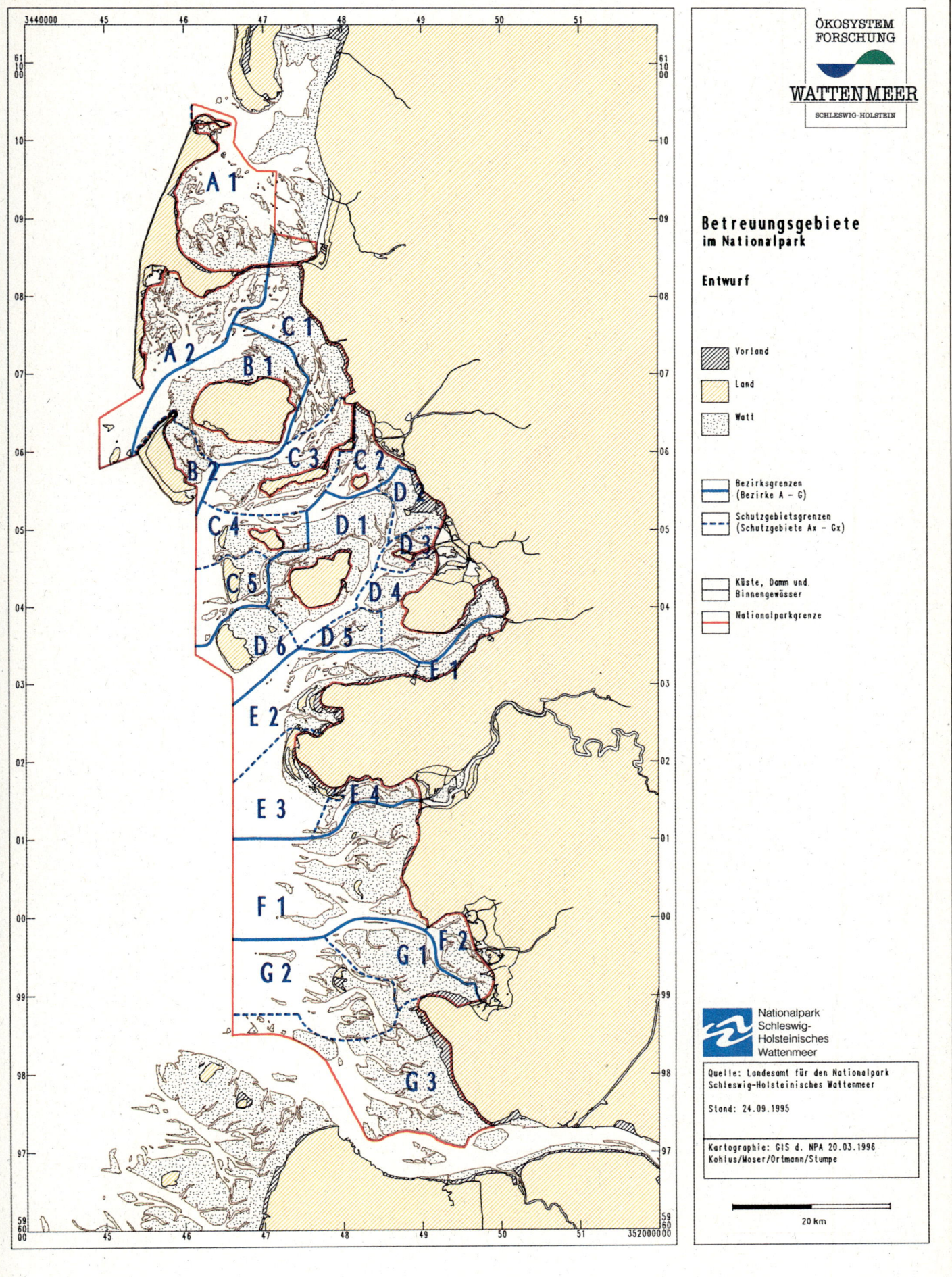

ÖKOSYSTEM
FORSCHUNG

WATTENMEER
SCHLESWIG-HOLSTEIN

Betreuungsgebiete
im Nationalpark

Entwurf

Vorland

Land

Watt

Bezirksgrenzen
(Bezirke A – G)

Schutzgebietsgrenzen
(Schutzgebiete Ax – Gx)

Küste, Damm und
Binnengewässer

Nationalparkgrenze

Nationalpark
Schleswig-
Holsteinisches
Wattenmeer

Quelle: Landesamt für den Nationalpark
Schleswig-Holsteinisches Wattenmeer

Stand: 24.09.1995

Kartographie: GIS d. NPA 20.03.1996
Kohlus/Moser/Ortmann/Stumpe

20 km

Karte Nr. 35

Karten

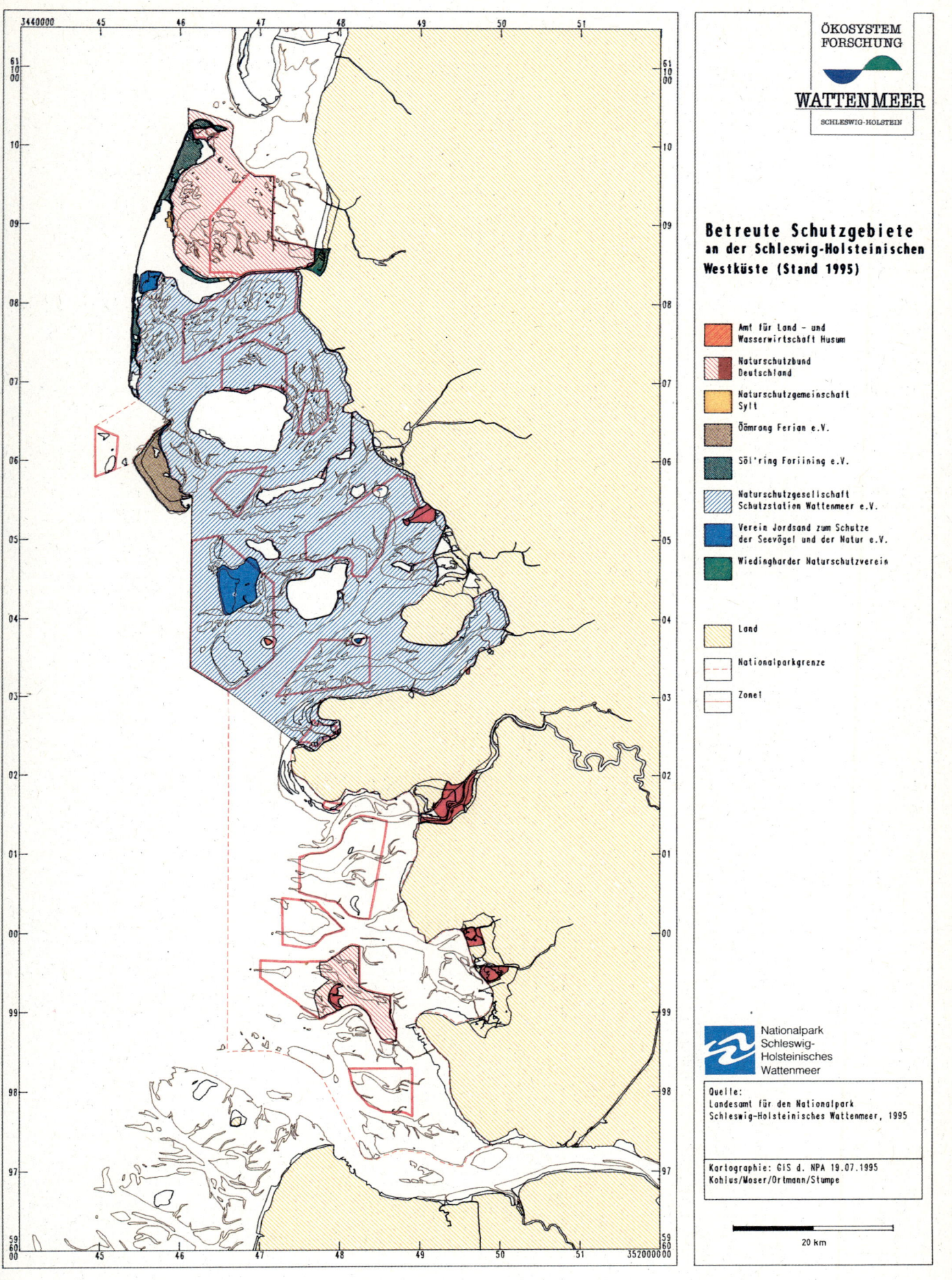

ÖKOSYSTEM
FORSCHUNG

WATTENMEER
SCHLESWIG-HOLSTEIN

Betreute Schutzgebiete
an der Schleswig-Holsteinischen
Westküste (Stand 1995)

Amt für Land – und
Wasserwirtschaft Husum

Naturschutzbund
Deutschland

Naturschutzgemeinschaft
Sylt

Öömrang Ferian e.V.

Söl'ring Foriining e.V.

Naturschutzgesellschaft
Schutzstation Wattenmeer e.V.

Verein Jordsand zum Schutze
der Seevögel und der Natur e.V.

Wiedingharder Naturschutzverein

Land

Nationalparkgrenze

Zone1

Nationalpark
Schleswig-
Holsteinisches
Wattenmeer

Quelle:
Landesamt für den Nationalpark
Schleswig-Holsteinisches Wattenmeer, 1995

Kartographie: GIS d. NPA 19.07.1995
Kohlus/Moser/Ortmann/Stumpe

20 km

Karte Nr. 36

Karten

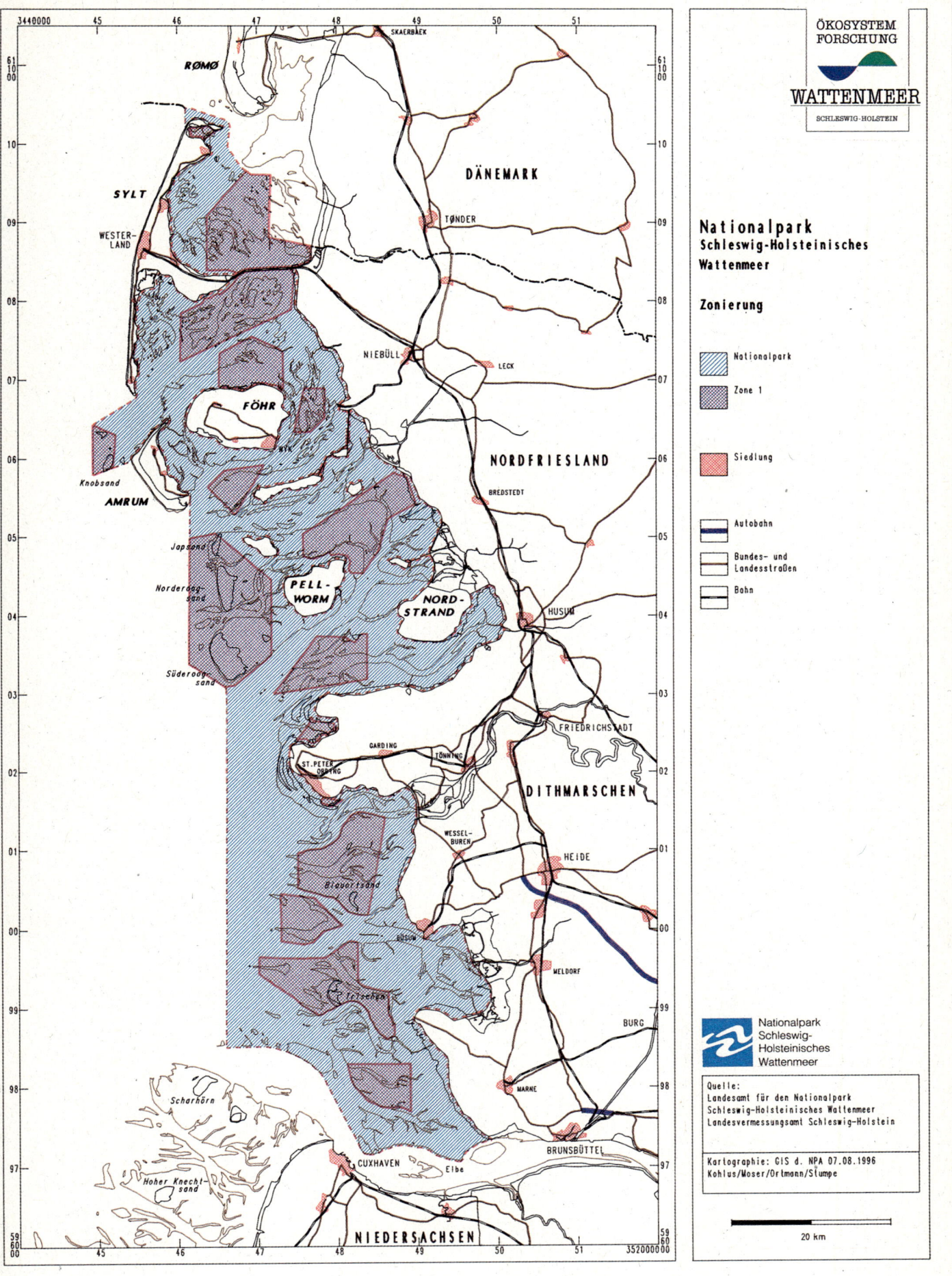

ÖKOSYSTEM
FORSCHUNG

WATTENMEER
SCHLESWIG-HOLSTEIN

Nationalpark
Schleswig-Holsteinisches
Wattenmeer

Zonierung

Nationalpark
Zone 1
Siedlung
Autobahn
Bundes- und
Landesstraßen
Bahn

Nationalpark
Schleswig-
Holsteinisches
Wattenmeer

Quelle:
Landesamt für den Nationalpark
Schleswig-Holsteinisches Wattenmeer
Landesvermessungsamt Schleswig-Holstein

Kartographie: GIS d. NPA 07.08.1996
Kohlus/Moser/Ortmann/Stumpe

20 km

Karte Nr. 37

Karten

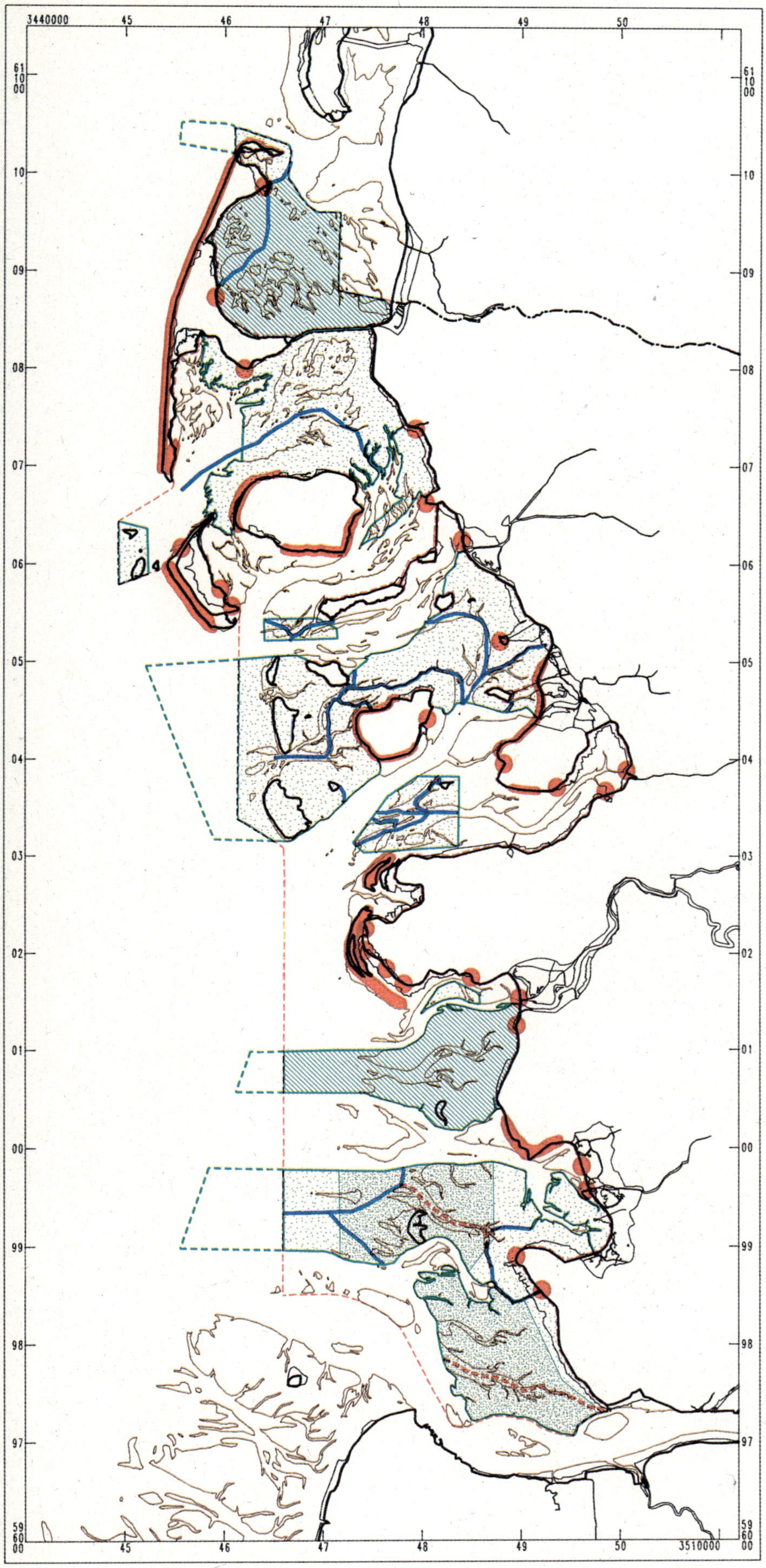

Vorschlag für neue Kernzonen

Kernzonen des Nationalparks innerhalb der bestehenden Nationalparkgrenze

- sind in weiten Teilen für Erholungs- und Bildungszwecke zugänglich: auf ausgewiesenen Wegen ist das Betreten erlaubt;

- dürfen in der Umgebung von Halligen, Inseln und entlang der Festlandsküste betreten werden;

- haben zum Erreichen des Schutzzweckes und aus Sicherheitsgründen für Wattwanderungen über große Entfernungen und in bestimmte Gebiete hinein ein Wegegebot;

- bleiben für das Befahren mit Wasserfahrzeugen in gekennzeichneten Fahrwassern offen;

- schränken die verabredeten Fahrten zu den Seehundsbänken nicht ein;

- begrenzen die Erwerbsfischerei nicht; Ausnahme: die besonders sensiblen und zeitlich befristet gesperrten Mausergebiete im Dithmarscher Wattenmeer;

- lassen zukünftig andere Arten der Fischerei und die Entnahme von Bodenschätzen nicht mehr zu.

Besonders sensible Bereiche der Kernzone

- müssen in der Zeit vom 1. Juli bis zum 31. September eines jeden Jahres frei sein von jeglichem Betreten und Befahren; ansonsten gelten die Regelungen der Kernzone.

Referenzgebiete

- dienen der Dauerbeobachtung und Forschung;

- lassen abweichend von den Regelungen in den Kernzonen keinerlei Ressourcennutzung zu;

- lassen das Befahren in gekennzeichneten Fahrwassern zu.

Äußere Begrenzung der Kernzonen innerhalb der 3 sm-Grenze

Erholungsgebiete

- dienen vorrangig touristischen Freizeitaktivitäten. Sie umfassen sowohl Land- als auch Wattbereiche.

Gekennzeichnete Fahrwasser in Kernzonen

Gekennzeichnete Fahrwasser in besonders sensiblen Bereichen der Kernzonen

- sind in der Zeit vom 1. Juli bis zum 31. September eines jeden Jahres nicht befahrbar.

Nationalpark
Schleswig-
Holsteinisches
Wattenmeer

Kartographie: GIS d. NPA 08.05.1996
Kohlus/Moser/Ortmann/Stumpe

30 km

Karte Nr. 38

Karten

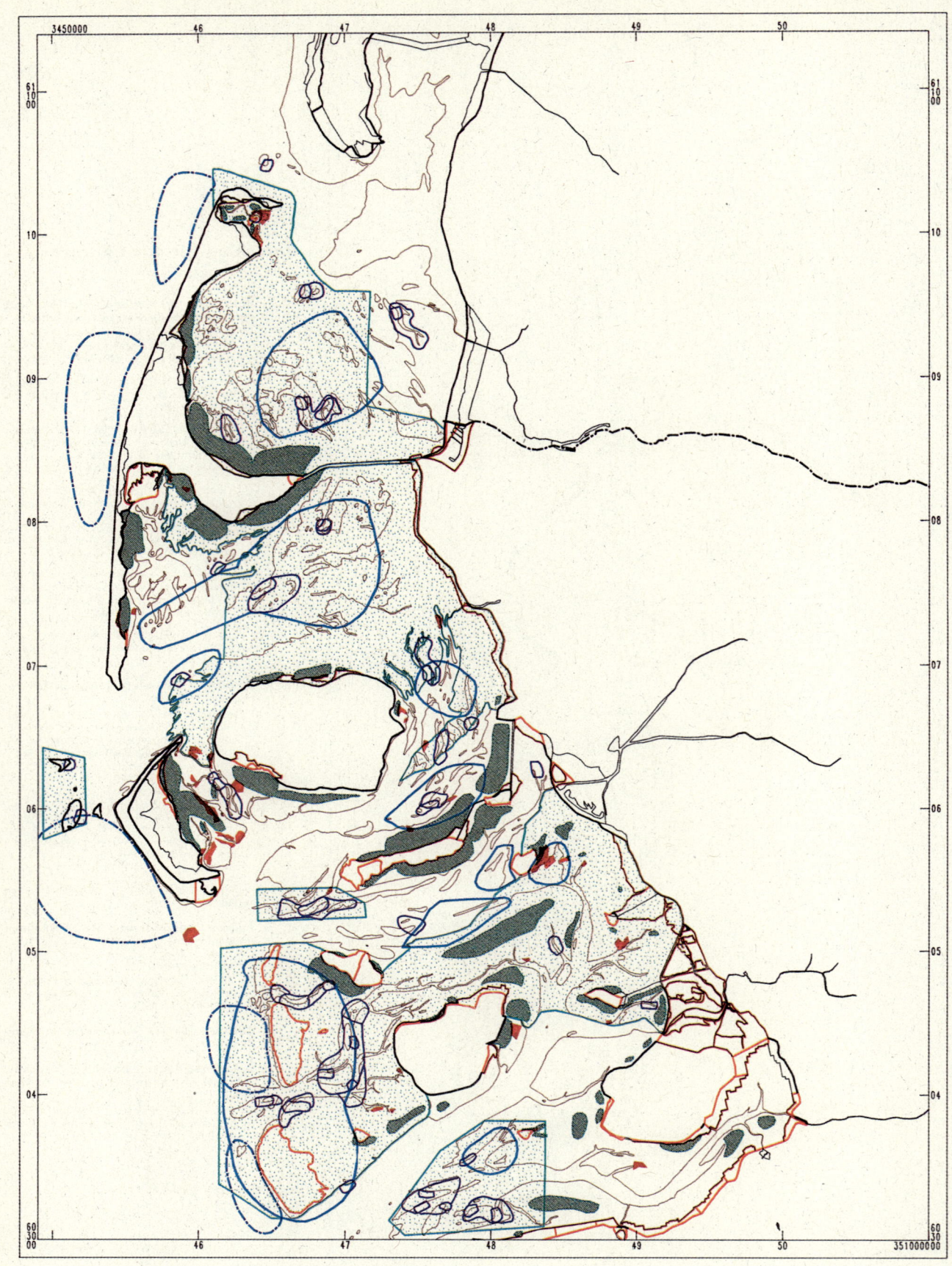

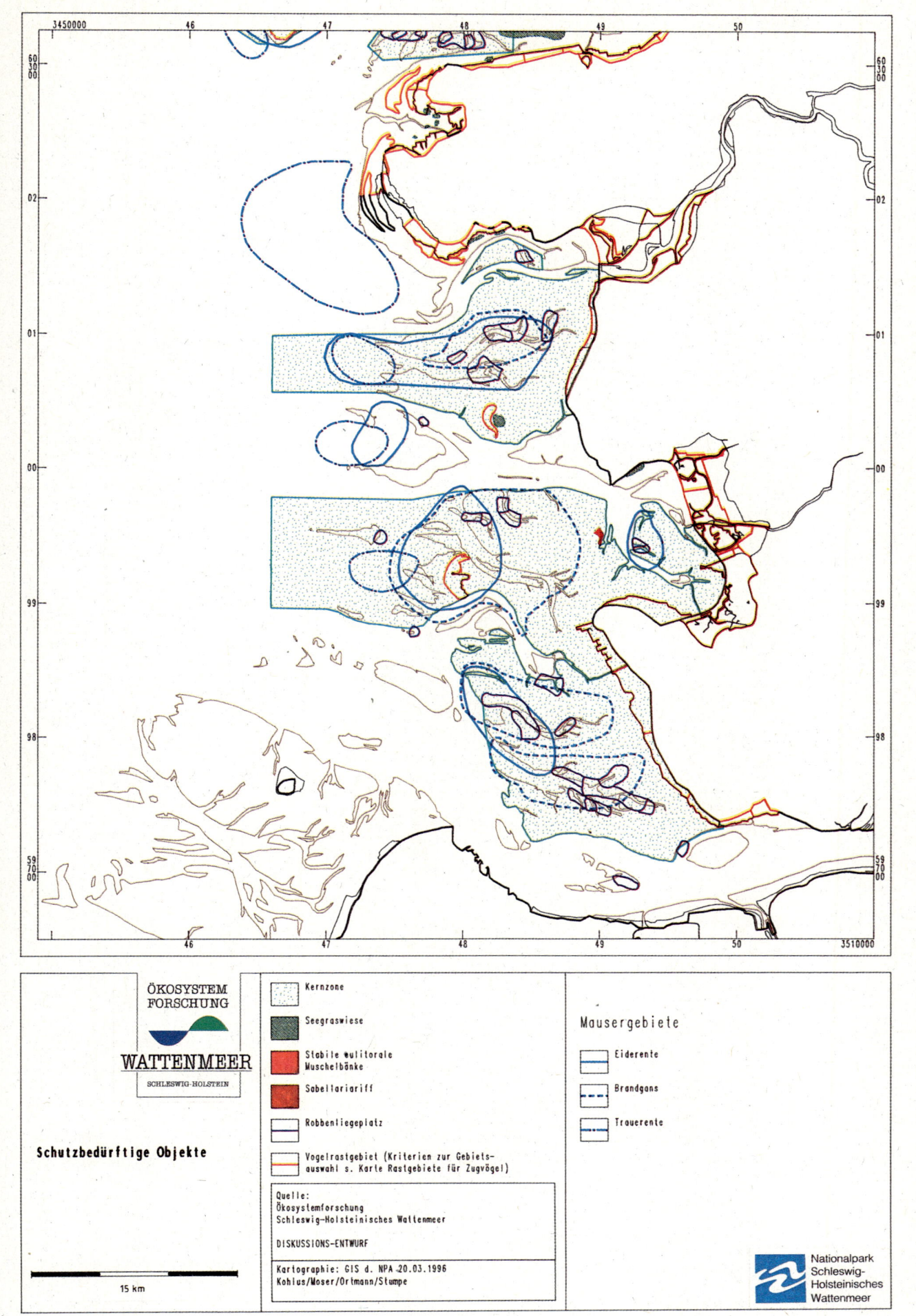

ÖKOSYSTEM
FORSCHUNG

WATTENMEER
SCHLESWIG-HOLSTEIN

Schutzbedürftige Objekte

Kernzone

Seegraswiese

Stabile eulitorale
Muschelbänke

Sabellariariff

Robbenliegeplatz

Vogelrastgebiet (Kriterien zur Gebietsauswahl s. Karte Rastgebiete für Zugvögel)

Quelle:
Ökosystemforschung
Schleswig-Holsteinisches Wattenmeer

DISKUSSIONS-ENTWURF

Kartographie: GIS d. NPA 20.03.1996
Kohlus/Moser/Ortmann/Stumpe

15 km

Mausergebiete

Eiderente

Brandgans

Trauerente

Nationalpark
Schleswig-
Holsteinisches
Wattenmeer

Karte Nr. 39 Süd

Karten

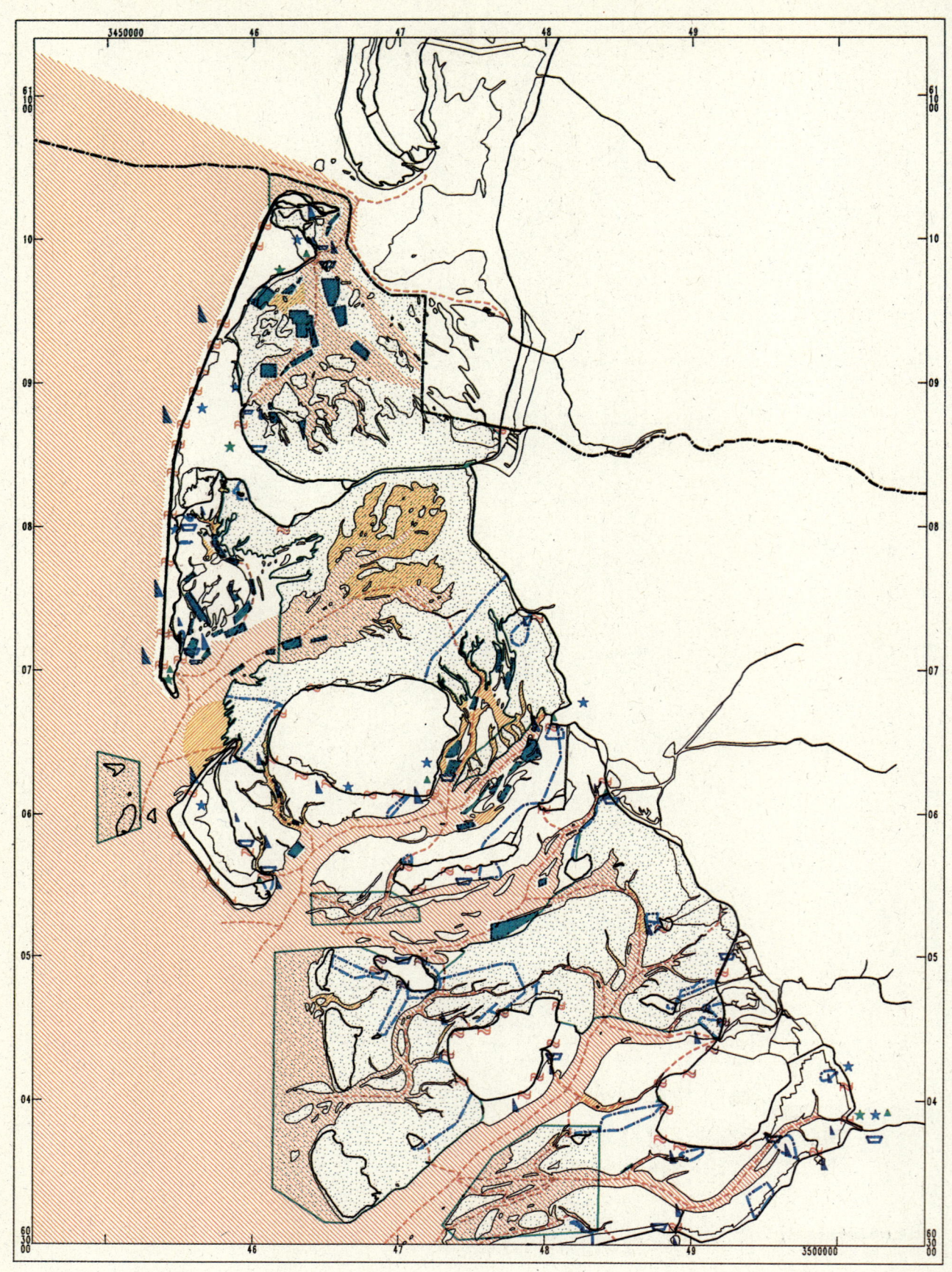

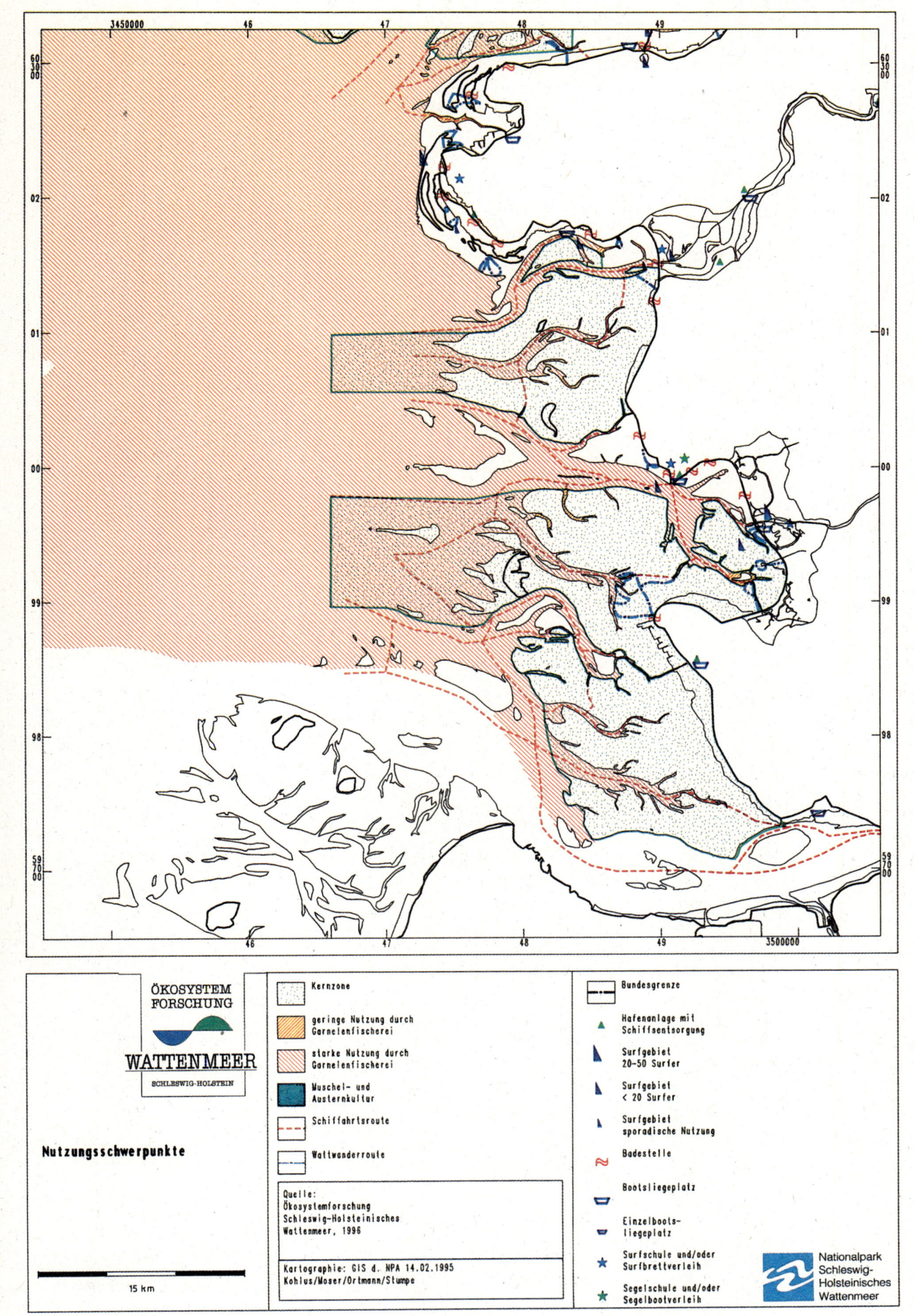

ÖKOSYSTEM FORSCHUNG

WATTENMEER

SCHLESWIG-HOLSTEIN

Nutzungsschwerpunkte

15 km

Kernzone

geringe Nutzung durch Garnelenfischerei

starke Nutzung durch Garnelenfischerei

Muschel- und Austernkultur

Schiffahrtsroute

Wattwanderroute

Quelle:
Ökosystemforschung
Schleswig-Holsteinisches
Wattenmeer, 1996

Kartographie: GIS d. NPA 14.02.1995
Kohlus/Moser/Ortmann/Stumpe

Bundesgrenze

Hafenanlage mit Schiffsentsorgung

Surfgebiet 20–50 Surfer

Surfgebiet < 20 Surfer

Surfgebiet sporadische Nutzung

Badestelle

Bootsliegeplatz

Einzelboots- liegeplatz

Surfschule und/oder Surfbrettverleih

Segelschule und/oder Segelbootverleih

Nationalpark
Schleswig-
Holsteinisches
Wattenmeer

Karte Nr. 40 Süd

Karten

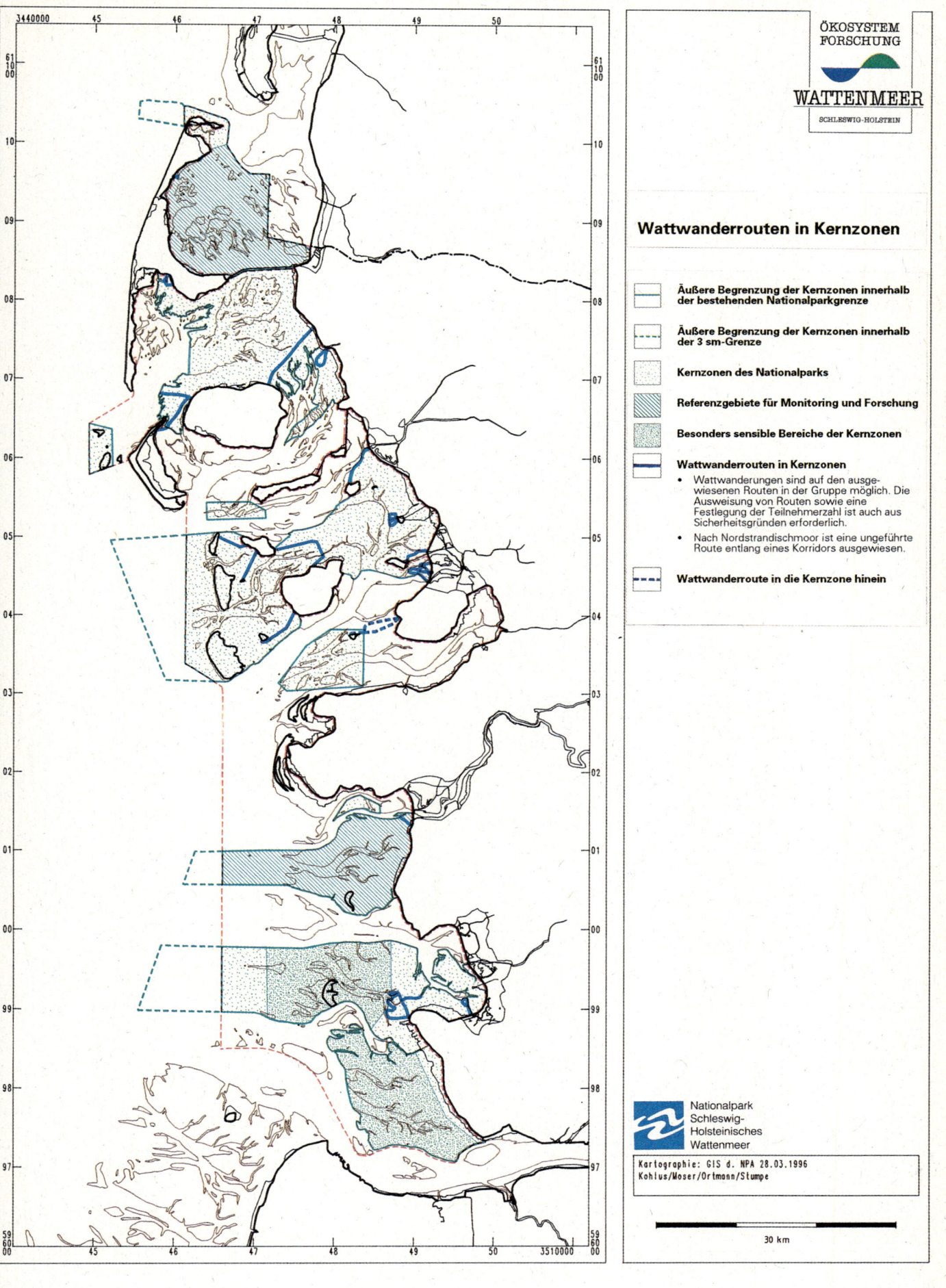

Wattwanderrouten in Kernzonen

Äußere Begrenzung der Kernzonen innerhalb der bestehenden Nationalparkgrenze

Äußere Begrenzung der Kernzonen innerhalb der 3 sm-Grenze

Kernzonen des Nationalparks

Referenzgebiete für Monitoring und Forschung

Besonders sensible Bereiche der Kernzonen

Wattwanderrouten in Kernzonen

- Wattwanderungen sind auf den ausgewiesenen Routen in der Gruppe möglich. Die Ausweisung von Routen sowie eine Festlegung der Teilnehmerzahl ist auch aus Sicherheitsgründen erforderlich.

- Nach Nordstrandischmoor ist eine ungeführte Route entlang eines Korridors ausgewiesen.

Wattwanderroute in die Kernzone hinein

ÖKOSYSTEM FORSCHUNG

WATTENMEER
SCHLESWIG-HOLSTEIN

Nationalpark
Schleswig-
Holsteinisches
Wattenmeer

Kartographie: GIS d. NPA 28.03.1996
Kohlus/Moser/Ortmann/Stumpe

30 km

Karte Nr. 41

Karten

Sachregister

Danksagung

Für die Erstellung des vorliegenden ÖSF-Syntheseberichtes wurden über die Arbeit der Autorengruppe hinaus zahlreiche Zuarbeit geleistet, die zum Gelingen dieses zeitaufwendigen und arbeitsintensiven Projektes wesentlich beitrugen.

Die Autorinnen und Autoren bedanken sich bei der Vielzahl von externen Gutachterinnen und Gutachtern, die ihren Fachbereich betreffende Textpassagen auf ihre sachliche Richtigkeit überprüften und wertvolle Hinweise lieferten. Es sind dies Dr. H. Asmus/BAH, Dr. H. Baumeister/IUR Bremen, Dr. S. Beddig/Universität Hamburg-Zentrum für Meeres- und Klimaforschung, F. de Jong/CWSS, Dr. G. Kutscher/LANU, Dr. U. Hahne/Bildungswissenschaftliche Hochschule Flensburg, Dr. J. Hofstede/LANU, W. Kamp/ALW-Husum, D. Kesting/MUNF, Prof. H. Klug/Universität Kiel-Geogr. Institut und G. Unger-Schneeberg/FTZ, Dr. D. Meier/FTZ, O. Ostermann, Landesnationalparkamt Mecklenburg-Vorpommern, Bettina Reineking/CWSS, Prof. C. Reise, D. Wienhold/MUNF und D. Zidorn/ALW-Husum.

Für Zuarbeiten in Form von Texten, zahlreichen Hinweisen und fruchtbaren Diskussionen danken wir den Mitarbeiterinnen und Mitarbeitern des Nationalparkamtes, insbesondere J. Bernhardi, E. Bockwoldt, C. Carstensen, Dr. H. Behnke, K. Boley-Fleet, Dr. T. Borchardt, Dr. H. Brunckhorst, Dr. H. Grimm, B. Hälterlein, Dr. D. Hansen, J. Kohlus, Dr. K. Koßmagk-Stephan, F. Liebmann, Dr. B. Scherer und G. Wohlgemuth.

Besonderen Dank verdienen C. Arlt, P. Ehrich und H. Jens, die unermüdlich Texte schrieben und mit großer Geduld unzählige Korrekturen einfügten. F. Liebmann hat die Grundlagen für die technische Erstellung des Berichtes zusammengetragen und das Layout der Abbildungen mit entworfen. Für die Erstellung von Zeichenvorlagen bedanken wir uns bei D. Timm. B. Hälterlein hat uns uneigennützig bei der Anfertigung von Scanvorlagen und Grafiken unterstützt. Die verwaltungstechnische Abwicklung des Projektes führten dankenswerterweise J. Bernhardi und R. Raudies durch.

Wir danken weiterhin P. Haß/ALW-Husum für die Bereitstellung von Daten zum Halligprogramm, R. Herzog /MELFF für die Bereitstellung von Agrardaten, B. Jannson/MUNF für die Bereitstellung von Daten zu Biotop- und Halligprogrammen, Dr. H. J. Kühn/LA f. Vor- und Frühgeschichte für die Bereitstellung von Unterlagen zum Grabungsschutz, C.-P. Petersen/Deich- und Hauptsielverband Dithmarschen für die Bereitstellung einer Kurzdarstellung zum Deich- und Hauptsielverband, V. Petersen/MNU und T. Thiessen/Deich- und Hauptsielverband Garding für die Bereitstellung von Literatur und U. Walther/Institut für Vogelforschung-Wilhelmshaven für die Bereitstellung von Bildmaterial, sowie allen ungenannten Helferinnen und Helfern, die durch ihr Dazutun, durch Ermutigungen oder durch ihren Beistand die Fertigstellung des Syntheseberichtes beförderten.

Das Vorhaben Ökosystemforschung Wattenmeer ist von der UNESCO als internationales MaB 5-Pilotprojekt anerkannt. Der Teil A wurde finanziell gefördert vom Bundesministerium für Umwelt, Naturschutz und Reaktorsicherheit/ Umweltbundesamt und dem Ministerium für Natur und Umwelt des Landes Schleswig-Holstein. Das Bundesministerium für Bildung, Wissenschaft, Forschung und Technologie/Projektträger Biologie, Energie und Ökologie trug die Kosten für den Teil B (SWAP) sowie für die Synthesephase.